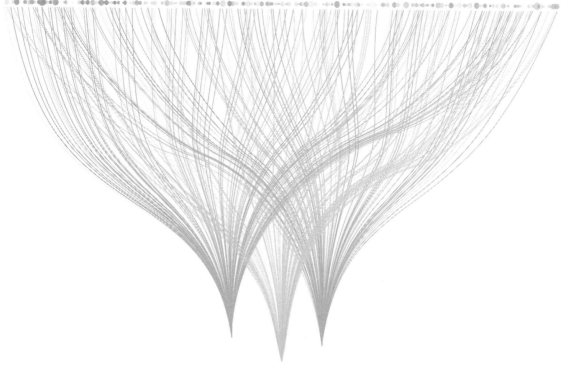

能源环境工程

廖传华　王小军　王银峰　李聃　著

化学工业出版社

·北京·

内容简介

能源和环境是当前发展的两大主题，如何在科学合理地开发利用各种能源的同时，以循环经济模式为指导，尽可能减缓或消除其对环境的污染，是促进国民经济发展，打赢"绿水蓝天保卫战"的重要措施。

本书主要针对化石能源以及可再生能源，分别对其开采（开发）和利用方式、技术方法、工艺过程及主要设备进行了详细介绍，在此基础上，结合工艺路线对开发利用过程中可能产生的环境问题进行剖析，并有针对性地提出了相应的环境保护对策。本书全面介绍了煤炭、石油、天然气、太阳能、风能、生物质能、水能、海洋能、地热能、氢能、核能的开发利用及产生的环境问题和相应的对策，最后从绿色发展和能源安全的角度进行了详细的阐述，助力实现能源工业绿色发展。

本书可供从事煤炭、石油等传统能源及太阳能、风能、生物质能、海洋能等新能源行业，以及环境污染治理及保护行业的科研人员、工程技术人员和管理人员阅读参考，也可供高等学校能源与环境系统工程、能源工程、新能源、环境工程、环境科学、化学工程等相关专业的师生参考使用。

图书在版编目（CIP）数据

能源环境工程/廖传华等著. —北京：化学工业出版社，2020.11
ISBN 978-7-122-37104-1

Ⅰ．①能… Ⅱ．①廖… Ⅲ．①能源开发-关系-环境工程 Ⅳ．①X24

中国版本图书馆 CIP 数据核字（2020）第 092105 号

责任编辑：卢萌萌　仇志刚　董小翠　　　　　加工编辑：孙晓路　陈小滔
责任校对：王素芹　　　　　　　　　　　　　装帧设计：王晓宇

出版发行：化学工业出版社（北京市东城区青年湖南街 13 号　邮政编码 100011）
印　　装：北京新华印刷有限公司
787mm×1092mm　1/16　印张 36½　字数 951 千字　2020 年 11 月北京第 1 版第 1 次印刷

购书咨询：010-64518888　　　　　　　　　　售后服务：010-64518899
网　　址：http://www.cip.com.cn
凡购买本书，如有缺损质量问题，本社销售中心负责调换。

定　　价：198.00 元　　　　　　　　　　　　版权所有　违者必究
京化广临字 2020-13

前言

能源是社会进步和经济发展的重要基础，安全可靠的能源供应体系和高效、清洁、经济的能源利用，是支撑经济和社会持续发展的重要保证。能源主要包括煤炭、石油、天然气、太阳能、风能、生物质能、水能、海洋能、地热能、氢能、核能等一次能源以及电力、热力、成品油等二次能源，还包括其他新能源和可再生能源。

煤、石油、天然气是所有能源中最重要的能源，也是全球经济发展的基本能源。但这些化石能源的大量使用，对环境造成了严重的危害。为积极应对气候变化、调整能源结构、保障能源安全、实现可持续发展战略，我国政府提出争取到 2020 年非化石能源占一次能源消耗的比例达到 15%左右，单位国内生产总值的 CO_2 排放比 2005 年下降 30%～50%，并作为约束性指标纳入国民经济和社会发展中长期规划。我国能源消费的格局是富煤、贫油、少气，可再生能源丰富，因此大力发展可再生能源，形成多种能源互补、均衡发展的能源结构，可以显著提高能源转化效率，是实现可持续发展的重要途径。

所有能源的开发和利用都会对环境造成一定的影响。能源开发利用与生态环境是一个矛盾的共同体，在能源开发利用的过程中不可避免地会对环境造成破坏。为此，必须全面了解各种能源开发利用可能产生的环境污染问题，从而有针对性地提出减缓或解决措施，使两者相辅相成、互为促进，为实现可持续发展的战略目标奠定能源与环境的基础。本书分别对煤炭、石油、天然气、太阳能、风能、生物质能、水能、海洋能、地热能、氢能、核能的开发利用过程进行了详细介绍，对各种能源开发过程中产生的环境问题进行了分析，并针对性地提出了解决对策。

全书共分 13 章。第 1 章对能源的分类、能源的利用方式及利用过程产生的环境问题进行了阐述；第 2～12 章分别介绍了煤炭、石油、天然气、太阳能、风能、生物质能、水能、海洋能、地热能、氢能、核能的各种开发利用技术和开发利用各环节产生的环境问题及对策；第 13 章阐述了绿色发展与能源安全的关系。

全书由南京工业大学廖传华、南京水利科学研究院王小军、南京工业大学王银峰和中海油能源发展安全环保公司李聃著写，其中第 1 章～第 4 章由廖传华、王小军著写，第 5 章、第 11 章由王银峰著写，第 6 章、第 7 章、第 9 章由廖传华著写，第 8 章、第 13 章由王小军著写，第 10 章、第 12 章由李聃著写。全书由廖传华统稿。

在本书著写过程中，常州市范群干燥设备有限公司范炳洪董事长、北京化工大学屈一新教授、中国农业大学刘相东教授、南京水利科学研究院秦福兴教授级高级工程师、华陆工程科技有限责任公司郭卫疆教授级高级工程师、中国五环工程有限公司蔡晓峰教授级高级工程师、南京三方化工设备监理有限公司赵清万教授级高级工程师、南京工业大学黄振仁教授、朱廷风高级工程师、南京凯盛国际工程有限公司周玲高级工程师等提出了大量宝贵的建议，研究生廖玮、陈厚江、洪至康、周旭等在资料收集与处理方面提供了大量的帮助，在此一并表示衷心的感谢。

本书先后得到国家自然科学基金（项目编号：51722905，41961124006）、江苏省"六大人才高峰"高层次人才项目（项目编号：JNHB-068）、中央财政水资源节约、管理与保护项目（项目编号：126302001000160081）、中央分成水资源费项目（项目编号：1261530210031）等支持，在此表示诚挚感谢！

本书《能源环境工程》与《环境能源工程》互为姊妹篇，从整书的谋篇布局至素材的收集与整理过程都得到了化学工业出版社编辑的通力配合，历时五年，经多次修改，终于付梓，激励之情，无以言表。然能源环境问题涉及的知识面广，由于作者水平有限，不妥及疏漏之处在所难免，恳请广大读者不吝赐教，作者将不胜感激。

廖传华

目录

第 8 章　水能的开发利用与环境问题及对策　/　387

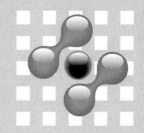

第**1**章 绪论

能源是社会进步和经济发展的重要基础，安全可靠的能源供应体系和高效、清洁、经济的能源利用，是支撑经济和社会持续发展的重要保证。能源供应方式和技术水平决定了经济发展的水平，每次能源革命都伴随着经济结构的调整。世界各国的经济腾飞和工业化必须以大量的能源消费作为支撑，由于各国的历史背景不同，发展程度不同，经济积累不同，而且地域各异，因此各国对能源的消费和需求极不均衡。当今世界新技术、新产品迅猛发展，孕育着新一轮产业革命，新兴产业正成为引领未来经济社会发展的重要力量，世界主要国家纷纷调整发展战略，大力培育新兴产业，抢占未来经济科技竞争的制高点。

为积极应对气候变化、保障能源安全、实现可持续发展战略，我国正在进行能源结构调整，提出争取到 2020 年非化石能源占一次能源消耗的比例达到 15%左右，单位国内生产总值的 CO_2 排放比 2005 年下降 30%～50%，并作为约束性指标纳入国民经济和社会发展中长期规划。我国能源结构的格局是富煤、贫油、少气，可再生能源丰富。因此大力发展可再生能源，形成多种能源互补、均衡发展的能源结构，可以显著提高能源转化效率，是实现可持续发展的重要途径。

1.1 能源的分类、性质与评价

能源是自然界中能够为人类提供某种形式能量的物质资源，也被称为能量资源或能源资源。它是可产生各种能量（如热能、电能、光能和机械能等）或可做功的物质的统称，或者是能够直接取得以及通过加工、转换而取得有用能的各种资源。

1.1.1 能源的分类

能源主要包括煤炭、石油、天然气、煤层气、太阳能、风能、生物质能、水能、海洋能、地热能、核能等一次能源以及电力、热力、成品油等二次能源，还包括其他新能源和可再生能源。尚未开发的能量资源只称为资源，不能列入"能源"的范畴。

人类可利用的能源多种多样，可从不同角度对其加以分类。按形成条件、可否再生、利用历史状态与技术水平以及对环境的污染程度，可将能源按表 1-1 进行分类。

表 1-1　能源的分类

按利用状况分	按使用性质分	按获得方法分	
		一次能源	二次能源
常规能源	燃料能源	煤炭、石油、天然气、生物质能	煤气、焦炭、汽油、煤油、柴油、液化气、甲醇、酒精
	非燃料能源	水能	电、蒸汽、热水、余热
非常规能源	燃料能源	核能	人工沼气、氢能
	非燃料能源	太阳能、风能、地热能、海洋能	激光能

（1）一次能源与二次能源

一次能源是指自然界中存在的天然能源，如煤炭、石油、天然气、核能、太阳能、水能、风能、地热能、海洋能、生物质能等。一次能源的一部分是来自天体的"吸入能量"，主要来自太阳能和月球能，另一部分存在于地面或地球内部。来自太阳的能量除太阳能外，还包括取之不尽的水能、风能、生物质能、海洋流动动力等其他能源；月球能主要表现为潮汐能。目前被大量开发和利用的能源是化石燃料的化学能、核燃料的原子能（核能）以及地热能。

二次能源是指由一次能源直接或间接加工转换而成的人工能源，如热能、机械能、电能等。

（2）化石能源与非化石能源

化石能源指在漫长的地质年代里，由于海、陆相沉积和多次的构造运动以及温度和压力作用而促使深部地层中长期保存下来的有机物质转化成的不可再生能源，如石油、天然气和煤炭。

非化石能源指除化石能源外，其他一切可供利用的能源。

（3）可再生能源与非可再生能源

可再生能源是指不需人为参与、可以再生的能源的总称，严格来说，是人类历史时期内都不会耗尽的能源。

有些能源的形成必须要经过亿万年的时间，短时间无法得到补充，被称为非可再生能源，如煤炭、石油、天然气、煤层气等。

（4）常规能源与非常规能源

常规能源是指开发技术已经成熟、已大量生产并广泛利用的能源，如化石燃料、水能等。

非常规能源也称新能源，是指技术上正在开发、尚未大量生产并广泛利用的能源，如太阳能、风能、海洋能、生物质能等。核能及地热能也常被看作新能源。

（5）清洁能源与非清洁能源

在开发和利用中对环境无污染或污染程度很轻的能源叫做清洁能源，否则称为非清洁能源。清洁能源主要有太阳能、水能、核能、风能、生物质能、海洋能等。气体燃料中氢是一种清洁能源。

值得注意的是，从能源生产过程的全生命周期来看，没有哪种能源是绝对的清洁能源，在其开发利用过程中，都会或多或少地对环境产生一定的影响。今后技术发展的方向，就是尽量提高能源的利用效率，尽量降低能源开发利用对环境造成的影响和破坏。

1.1.2 能源的性质

能源的种类不同，其性质也迥异。为便于描述，按常规能源与新能源两个大类介绍能源的性质。

1.1.2.1 常规能源

常规能源是指开发历史悠久、利用技术已非常成熟的能源，主要包括煤炭、石油、天然气。

（1）煤炭

煤是最丰富的化石原料，是原始植物经过复杂的物理和化学作用转变而成的，这一演变过程称为成煤作用。最初这些植物的沉积常常是在沼泽地或潮湿的环境中进行，并逐渐腐烂风化形成泥浆或泥煤。泥煤就是煤的前身，泥煤经过埋藏沉积以及随后的地质过程，包括压力及温度增高，最终演变成煤。

我国是煤炭大国，在今后相当长的一段时间内，煤炭仍将是我国的主要能源。《能源发展战略行动计划（2014—2020 年）》明确要求推进煤电大基地、大通道建设。依据区域水资源分布特点和生态环境承载能力，严格煤矿环保和安全准入标准，推广充填、保水等绿色开采技术，重点建设晋北、晋中、晋东、神东、陕北、黄陇、宁东、鲁西、两淮、云贵、冀中、河南、内蒙古东部、新疆 14 个亿吨级大型煤炭基地。到 2020 年，基地产量占全国的 95%。采用最先进节能节水环保发电技术，重点建设锡林郭勒、鄂尔多斯、晋北、晋中、晋东、陕北、哈密、准东、宁东 9 个千万千瓦级大型煤电基地。

《现代煤化工产业创新发展布局方案》要求统筹区域资源供给、环境容量、产业基础等因素，结合全国主体功能区规划以及大型煤炭基地开发，按照生态优先、有序开发、规范发展、总量控制的要求，依托现有产业基础，采取产业园区化、装置大型化、产品多元化的方式，以石油化工产品能力补充为重点，规划布局内蒙古鄂尔多斯、陕西榆林、宁夏宁东、新疆准东 4 个现代煤化工产业示范区。

（2）石油

石油是古代动植物有机残骸为砂石泥土覆盖，在与外界空气隔绝的条件下，长期受地质与细菌的作用逐渐形成的。石油不仅是重要的能源资源，也是宝贵的化工原料。从石油中不仅可炼制出各种液体燃料和润滑油脂等，并且可生产出许多重要工业产品，如合成纤维、塑料、染料、医药原料、橡胶、炸药等。因此，石油在国民经济建设和国防建设中都起着十分重要的作用。

我国"富煤、贫油、少气"的能源结构特点，决定了我国石油行业的发展方向。《石化产业规划布局方案》明确要求推动产业集聚发展，重点建设大连长兴岛（西中岛）、河北曹妃甸、江苏连云港、上海漕泾、浙江宁波、广东惠州、福建古雷七大石化产业基地。七大基地全部分布在沿海重点开发地区，瞄准现有三大石化集聚区，同时立足于海上能源资源进口的重要通道。

上海漕泾、浙江宁波、江苏连云港三大基地位于经济活力强劲、发展潜力巨大的长三角地区，是石化下游产品消费中心，也是当前国家实施"一带一路"与长江经济带两大战略的关键交汇区域。广东惠州、福建古雷两大基地位于泛珠三角地区，面向港澳台，区位独特，是国家实施"一带一路"战略的核心承载腹地。大连长兴岛、河北曹妃甸两大基地位于环渤海地区，是国家实施京津冀协同战略的集中辐射区域。

（3）天然气

天然气是除煤和石油之外的另一种重要的一次能源。天然气燃烧时有很高的发热值，不仅对环境的污染也不大，而且还是重要的化工原料。

我国是利用天然气最早的国家，但资源赋存量不足。目前为解决天然气短缺的现状，我国一方面立足国内，加大天然气资源的勘探与开发力度；另一方面积极加强与俄罗斯、中亚、中东地区的资源大国合作，经过天然气管线进口天然气，以满足国内日益增大的天然气需求。

1.1.2.2 新能源

新能源是相对于常规能源而言的，特别是煤炭、石油和天然气等化石能源。根据技术发展水平和开发利用程度，不同国家和地区在不同历史时期对新能源的界定会有所区别，但广义上通常具有以下特征：尚未大规模作为能源开发利用，有的甚至还处于初期研发阶段；资源赋存条件和物理化学特征与常规能源有明显区别；可以再生与持续发展，但开发利用或转化技术较复杂，成本尚较高；清洁环保，可实现二氧化碳等污染物零排放或低排放；这类能源通常资源量大、分布广泛，但大多具有能量密度低和发热量小的缺点。

（1）太阳能

太阳能是指地球所接受的来自太阳的辐射能量。每年到达地球表面的太阳辐射能相当于消耗 $1.8×10^{14}$t 标准煤带来的能量，约为目前全世界所消费的各种能量总和的 1 万倍。因地理位置以及季节和气候条件的不同，不同地点和不同时间里所接受到的太阳能有所差异。目前人类所利用的太阳能尚不及能源总消耗量的 1%。

中国的太阳能资源大致在 $930\sim2330MJ/m^2$，以 $1630MJ/m^2$ 为等值线，自大兴安岭南麓至滇藏交界处，把中国分为两大部分。大体来说，我国有三分之二的地域太阳能资源较好，特别是青藏高原和新疆、甘肃、内蒙古一带，利用太阳能的条件尤其有利。

太阳辐射能与煤炭、石油、天然气相比，有其独特的优点：普遍，阳光普照大地，处处都有太阳能，可以就地利用，不需到处寻找；无害，利用太阳能做能源，没有废渣、废料、废水、废气排出，没有噪声，不产生对人体有害的物质，不会污染环境；长久，只要有太阳存在，就有太阳辐射，因此利用太阳能做能源可以说是取之不尽用之不竭；巨大，一年内到达地面的太阳辐射能的总量要比地球上现在每年消耗的各种能源的总量大几万倍。

但太阳能存在两个缺点：一是能流密度低，二是受昼夜和天气条件的限制较强，因而产生收集和利用的不稳定性和不连续性。人类早在数千年前就已对太阳能进行了最初级的利用，但直到第二次世界大战之后，才真正开始进行太阳能的大规模开发和利用。鉴于太阳能的上述特点，研究太阳能的收集、转换、储存以及输送等技术问题，已成为太阳能研究领域的热点。

目前太阳能利用技术主要包括太阳能光热利用、太阳能光电利用、太阳能制冷与热泵技术等。

（2）风能

太阳照射到地球表面后，地球表面各处由于受热不同而产生温差，进而引起大气的对流运动形成风，而这种空气流动产生的动能称为风能。风能实际上是太阳能的一种能量转换形式，因而也是一种可再生能源。风能的大小取决于风速和空气密度。据估计，到达地球的太阳能中虽然只有大约2%转化为风能，但总量仍十分可观。全球的风能总量约为 $2.74×10^9MW$，其中可利用的风能为 $2×10^7MW$。据估计，地球陆地表面 $1.06×10^8km^2$ 中约有 27%的地区年平均风速高于 5m/s（距地面 10m 处）。

风能的利用主要是以风能作为动力和风力发电两种形式，其中以风力发电为主。风力发电从 19 世纪开始提出，到 20 世纪 80 年代开始飞速发展。近几十年来，风机功率增大了 1000 倍，成本也大幅下降。全球风电发展正在进入一个迅速扩张的阶段，风能产业将保持每年 20% 以上的增速。

风能发电主要有三种形式：一是独立运行，二是风力发电与其他发电方式（如柴油机发电）相结合，三是风力并网发电。小型独立风力发电系统一般不并网，只能独立使用，单台装机容量为 100W～5kW，通常不超过 10kW。

（3）生物质能

生物质一般是指源于动物或植物、积累到一定量的有机类资源，包括地球上所有动物、植物和微生物。作为一种能量可以利用的生物质能，90% 来源于植物。植物通过光合作用将吸收的阳光与 CO_2 和水合成碳水化合物，把太阳能转变成生物质的化学能固定下来。因此，生物质能在本质上是来源于太阳，即为太阳能的有机储存。

生物质能的突出特点是：蕴藏量巨大，是可再生能源；具有普遍性、易取得性；是可再生能源中唯一可以储存与运输的能源，这给其加工转换与连续使用带来一定的方便；与矿物能源相比，生物质能的燃用过程对环境污染小；挥发组分高，碳活性高，易燃，在 400℃ 左右，可释放出大部分挥发组分。

生物质能一直是人类赖以生存的重要能源之一。人类从发现火开始就以生物质能的形式利用太阳能来做饭和取暖。在世界能源消费中，它仅次于煤炭、石油和天然气，居于世界能源消费总量的第四位，约占 14%，极有可能成为未来可持续能源系统的重要组成部分。到 21 世纪中叶，采用新技术生产的各种生物质替代燃料将占全球总能耗的 40% 以上。

生物质能主要来源于植物，地球上植物的光合作用每年生产大约 2200 亿吨生物质（干基），相当于全球能源消费总量的 10 倍左右。可作为能源开发利用的生物质包括：农业生产副产物（如秸秆、玉米芯、稻壳等）、原木采伐及木材加工剩余物（如枝杈、树皮、锯末、树叶等）、农副产品加工的废弃物和废水、人畜粪便、城市有机垃圾与污水、水生植物等。

虽然地球上的生物质资源量丰富，但不可能每年新产生的生物质全部用于生物质能的生产，人类能够开发利用的只是其中一小部分。有关研究表明，到 2050 年全球生物质能资源潜力为 10 亿至 262 亿吨油当量，即平均为 60 亿至 119 亿吨油当量，相当于生物质每年产生量的 10%～20%。在理论上，如果把生物质的最大潜力充分发挥，能够满足人类对能源的全部需求，但受生态环境、可获得性、开发成本、粮食安全等多种因素的制约，可被利用的生物质只占 10%～20% 左右。

（4）水能

水能是指水体所具有的动能、势能和压力能的统称。广义的水能资源包括水能、潮汐能、波浪能和海流能等能量资源，狭义的水能资源仅指河流的水能资源。目前，绝大多数都是采用狭义水能的定义，而将潮汐能、波浪能和海流能等能量资源归为海洋能。

水能是自然界广泛存在的一次能源，它可以通过水电站方便地转换为优质的二次能源——电能，所以通常所说的"水电"既是常规能源，又是可再生能源，而且水力发电对环境无污染，因此水能被认为是世界上众多能源中永不枯竭的优质能源。

（5）海洋能

海洋能包括潮汐能、波浪能、海流能、海水温差能、盐差能等。

海水的潮汐运动是月球和太阳的引力所造成的，经计算可知，在日月的共同作用下，潮汐的最大涨落为 0.8m 左右。由于近岸地带地形等因素的影响，某些海岸的实际潮汐涨落还

会大大超过这一数值。潮汐的涨落蕴藏着很可观的能量，据测算全世界可利用的潮汐能约为 10^9kW，大部分集中在比较浅窄的海面上。潮汐能发电是从 20 世纪 50 年代才开始的，现已建成的最大潮汐发电站是法国朗斯河口发电站，它的总装机容量为 24 万 kW，年发电量为 5 亿 kW·h。

海流亦称洋流，有一定的宽度、长度、深度和流速，一般宽度为几十到几百海里（n mile）（1n mile=1.852km）之间，长度可达数千海里，深度约几百米，流速通常为 1～2n mile/h，最快的可达 4～5n mile/h。太平洋上有一条名为"黑潮"的暖流，宽度在 100n mile 左右，平均深度为 400m，平均日流速 30～80n mile，它的流量是陆地上所有河流总和的 20 倍。现在一些国家海流发电的试验装置已在运行之中。

水是地球上热容量最大的物质，到达地球的太阳辐射能大部分都为海水所吸收，它使海水的表层维持着较高的温度，而深层海水的温度基本上是恒定的，这就造成海洋表层与深层之间的温差。依据热力学第二定律，存在着一个高温热源和一个低温热源就可以构成热机对外做功，海水温差能的利用就是根据这个原理。20 世纪 20 年代就已有人做过海水温差能发电的试验。1956 年在西非海岸建成了一座大型试验性海水温差能发电站，它利用 20℃的温差发出了 7500kW 的电能。

盐差能是指海水和淡水间或两种含盐浓度不同的海水之间的化学电位差能。利用大海与陆地河口交界处水域的盐度差所潜藏的巨大能量一直是科学家的理想。据估计，世界各河口区的盐差能达 3×10^{10}kW，可能利用的就有 2.6×10^9kW，因此开发盐差能将是新能源利用的发展方向之一。

（6）地热能

地热是一种来源于地球内部的巨大热能资源。地热的产生受两种因素控制，即地幔流体的热对流作用和地壳中放射性元素的衰变。据测算，在地球的大部分地区，从地表向下每深入 100m 温度就约升高 3℃，地面下 35km 处的温度为 1100～1300℃，地核的温度则更高，达 2000℃以上。估计每年从地球内部传到地球表面的热量约相当于燃烧 370 亿吨煤所释放的热量。如果只计算地下热水和地下蒸汽的总热量，就是地球上全部煤炭所储藏的热量的 1700 万倍。而且地热能的能量转化率为风能、太阳能的数倍，这使得地热能被广泛应用于能源工业中。

地热能的利用方式一般包括高温地热发电和中低温地热能直接利用。不同品质的地热能，可用于不同的目的。流体温度为 200～400℃的地热能，主要用于发电和综合利用；150～200℃的地热能，可用于发电、工业热加工、工业干燥和制冷；100～150℃的地热能，可用于采暖、工业干燥、脱水加工、回收盐类和双循环发电；50～100℃的地热能，可用于温室、采暖、家用热水、工业干燥和制冷；20～50℃的地热能，主要用于洗浴、养殖、种植和医疗等。

人类利用地热发电已有超过 100 年的历史。1904 年，Conti 在意大利的拉尔代雷洛建立了世界上第一座地热发电机，并于 10 年后（1914 年）以 250kW 的产能正式商业性投产。此后，世界各国相继在高温地热田中开展地热发电项目。1980—2005 年，世界地热发电机装机总量平均每 5 年增长 1GW。截至 2010 年，全球范围内开展地热发电的国家达到了 24 个，地热总装机容量超过 10GW，虽然仅占总发电量的 0.5%，但随着地热开发技术的不断革新，地热发电必将在未来能源结构中占有重要地位。

（7）氢能

氢的资源丰富，地球上的氢主要以其化合物（水和烃类化合物）形式存在。

氢的来源具有多样性，可以通过一次能源（化石燃料，如天然气、煤、煤层气，或者可再生能源，如太阳能、风能、生物质能、地热能等）或者二次能源（如电力）获得氢能。氢气具有可储存和可再生性，可以同时满足资源、环境和可持续发展的要求。

氢能的主要特点是资源丰富、热值高和无污染。氢能除在化工、炼油和食品工业等领域的常规用途外，作为一种清洁能源，也获得了更为广泛的应用。按氢能释放形式（化学能和电力），氢的应用主要集中在直接燃烧（供热）和燃料电池（供电）两个方面。

（8）核能

与传统能源相比，核能的优越性极为明显。1kg ^{235}U 裂变所产生的能量大约相当于 2500 吨标准煤燃烧所释放的热量。一座装机容量 100 万 kW 的火力发电站每年需 200 万至 300 万吨原煤，大约是每天 8 列火车的运量，而同样规模的核电站每年仅需含 3% ^{235}U 的浓缩铀 28t 或天然铀燃料 150t。所以，即使不计算把节省下来的煤用作化工原料所带来的经济效益，只是从燃料的运输、储存上来考虑，也便利得多、节省得多。据测算，地壳里有经济开采价值的铀矿不超过 400 万吨，所能释放的能量与石油资源的能量大致相当。如按目前的速度消耗，充其量也只能用几十年。不过，在 ^{235}U 裂变时除产生热能之外还产生多余的中子，这些中子的一部分可与 ^{238}U 发生核反应，经过一系列变化后能够得到 ^{239}Pu，而 ^{239}Pu 也可以作为核燃料，运用这些方法就能大大提高 ^{235}U 资源的能量。

目前，核反应堆还只是利用核的裂变反应，如果利用核聚变反应可控热核反应发电的设想得以实现，其效益必将极其可观。

核能利用的一大问题是安全问题。核电站正常运行时不可避免地会有少量放射性物质随废气、废水排放到周围环境，必须加以严格的控制。据专家估计，在安全得到保障情况下，相对于同等发电量的电站来说，燃煤电站所引起的癌症致死人数比核电站高出 50～100 倍，遗传效应也要高出 100 倍。

发展核电在缓解化石燃料危机、满足能源需求、改善能源结构以及控制环境污染等方面具有重要意义。核电与水电、火电一起构成世界能源的三大支柱，但发展核能必须关注三个主要问题：一是安全问题；二是核能及其燃料循环的经济问题；三是核能持续发展的铀资源保证问题。世界上共有 100 多个国家开展铀资源的勘查工作，40 多个国家公布了探明铀资源量，铀主要分布在澳大利亚、加拿大和哈萨克斯坦等国。

1.1.3　能源的评价

能源多种多样，各有优缺点。为了正确选择和使用能源，必须对各种能源进行正确的评价。能源评价包括以下几个方面。

（1）储量

储量是能源评价中一个非常重要的指标，作为能源的一个必要条件是储量要足够丰富。对储量常有不同的理解。一种理解是，对煤和石油等化石燃料而言，储量是指地质资源量；对太阳能、风能、地热能等新能源而言则是指资源总量；另一种理解是，储量是指有经济价值的可开采的资源量或技术上可利用的资源量。有经济价值的可开采资源量又分为普查量、详查量和精查量等。在油气开采中，通常将累计探明的可采储量与可采资源量之比称为可采储之比，用以说明资源的探明程度。储量丰富且探明程度高的能源才有可能被广泛应用。

（2）能量密度

能量密度是指在一定的质量、空间或面积内，从某种能源中所能得到的能量。如果能量密度很小，就很难用作主要能源。太阳能和风能的能量密度很小，各种常规能源的能量密度都比较大，核燃料的能量密度最大。

（3）储能的可能性

储能的可能性是指能源不用时是否可以储存起来、需要时能否立即供应。化石燃料容易储能，而太阳能、风能则比较困难。大多数情况下，能量的使用是不均衡的，通常白天用电多，深夜用电少；冬天需要热，夏天需要冷。因此在能量利用中，储能是很重要的一环。

（4）供能的连续性

供能的连续性是指能否按需要的量和所需的速度连续不断地供给能量。显然太阳能和风能很难做到供能的连续性。太阳能白天有，夜晚无；风力时大时小，且随季节变化大。因此常常需要储能装置来保证供能的连续性。

（5）能源的地理分布

能源的地理分布和能源的使用关系密切。能源的地理分布不合理，开发、运输、基本建设等费用都会大幅度地增加。

（6）开发费用和利用能源的设备费用

各种能源的开发费用以及利用该种能源的设备费用相差悬殊。太阳能、风能不需要任何成本即可得到，各种化石燃料从勘探、开采到加工却需要大量投资。但利用能源的设备费用正好相反，对于太阳能、风能、海洋能等能量密度低的能源，其单位能量的利用设备费远高于利用化石燃料。核电站的核燃料费远低于燃油电站，但其设备费却高得多。因此，在对能源进行评价时，开发费用和利用能源的设备费用是必须考虑的重要因素，需进行经济分析和评估。

（7）运输费用与损耗

运输费用与损耗是能源利用中必须考虑的一个问题。例如，太阳能、风能和地热能都很难输送出去，煤、石油等化石燃料很容易从产地输送到用户。核电站的核燃料运输费用极少，因为核燃料的能量密度是煤的几百万倍，而燃煤电站的输煤费用很高。此外，运输中的损耗也不可忽视。

（8）能源的可再生性

在能源日益短缺的今天，评价能源时必须考虑能源的可再生性。太阳能、风能、水能等都可再生，而煤、石油、天然气不能再生。在条件许可和经济上基本可行的情况下，应尽可能采用可再生能源。

（9）能源的品位

能源的品位有高低之分。例如，水能可以直接转换为机械能和电能，其品位必然要比先由化学能转换为热能，再由热能转换为机械能的化石燃料高些。另外在热机中，热源的温度越高，冷源的温度越低，循环热效率就越高，因此温度高的热源品位比温度低的热源品位高。在使用能源时，特别要防止高品位能源降级使用，应根据使用需要适当安排不同品位的能源。

（10）对环境的影响

使用能源一定要考虑对环境的影响。化石燃料对环境的污染大；太阳能、氢能、风能对环境基本上没有污染。在使用能源时应尽可能地采取各种措施防止对环境的污染。

在对各种能源进行选择和评价时还须考虑国情。我国能源结构是以煤为主的格局，经济发展不均衡、人口众多；此外也应依据国家的有关政策、法规，例如，我国能源开发与节约并重的基本方针；同时充分考虑技术与设备的难易程度，只有这样才能对能源进行正确的评价和选择。

1.2　能源的利用、输送与储存

能源的种类不同，其利用方式也各异。从能量蕴藏方式看，煤、石油、天然气、生物质能、氢能等以化学能的形式蕴藏能量，太阳能、地热能以热的形式蕴藏能量，风能、海（潮）流能、潮汐能以动能的形式蕴藏能量。正由于能量蕴藏方式不同，造成各种能源的利用方法也各不相同。

1.2.1　能源的利用

按能量的表现形式，热能是自然界广泛存在的一种能量，其他形式的能量（机械能、电能、化学能）都很容易转换成热能。能源利用的本质，就是将各种能源所蕴藏的能量转化为需要的能量形式。各种能量之间的转换必然遵守能量守恒和转换定律。

按能量转化方法的不同，能源利用方法可分为化学能转换为热能、热能转换为机械能、机械能转换为电能、电能转换为热能。各种能量转换方法的原理及工业应用如表 1-2 所示。

表 1-2　各种能量转换方法的原理及工业应用

能量转换方法	原　　理	工业应用
化学能转换为热能	通过燃烧，将燃料中的可燃元素与空气中的氧剧烈反应而放出热，燃烧越完全，转换效率越高	煤炭燃烧 油料燃烧 气体燃烧
热能转换为机械能	在热源和冷源之间，将热能转换为机械能，热源温度越高，冷源温度越低，转换效率越高	蒸汽轮机 燃气轮机 内燃机
机械能转换为电能	由旋转设备的机械能带动发电机发电	火力发电中，蒸汽轮机、燃气轮机带动发电机发电； 水力发电中，水轮机带动发电机发电； 风力发电中，风力机带动发电动发电
电能转换为热能	通过电加热装置，将电能转换为热能	电阻加热 电弧加热 感应加热 介质加热

1.2.1.1　化学能转换为热能

燃料燃烧是化学能转换为热能的最主要方式。燃料的燃烧反应是一个氧化反应，燃料中的可燃元素碳、氢、硫和空气中的氧剧烈反应时发出显著的光和热。

通过燃料燃烧将化学能转换为热能的装置称为燃烧设备。锅炉就是典型的燃烧设备，它是通过燃烧将燃料的化学能转换为高温烟气的热能，并用之加热水使之变成蒸汽，再利用蒸汽推动汽轮机做功，带动发电机发电。由锅炉获得的热水或蒸汽也可供采暖或其他用户使用。

（1）燃料的燃烧特点

燃料燃烧过程是一个复杂的化学物理过程，燃料燃烧必须具备的条件是：必须有可燃物（燃料）；必须有使可燃物着火的能量（或称热源），即使可燃物的温度达到着火温度以上；必须供给足够的氧气或空气。缺少任何一个条件，燃烧就无法进行。此外，为了维持燃烧过程，还必须保证：把温度维持在燃料的着火温度以上；把适当的空气量以正确的方式供给燃料，

使燃料能充分地与空气接触；及时妥善地排走燃烧产物；提供燃烧所必需的足够空间（燃烧室）和时间。

无论哪种燃料，根据燃烧状况的好坏可以把燃烧分为完全燃烧和不完全燃烧。完全燃烧是指燃料中的可燃部分全部燃尽。由于燃烧空气量及供应方法都很合适，完全燃烧时几乎不冒黑烟，燃烧产物中不含任何可燃物质，燃烧产生的热量也最多。空气供给量不足或供给方式不合适，或者燃烧温度降低，燃烧时就会冒大量黑烟，这就是所谓的不完全燃烧。此时燃烧产物中会含有一些可燃物质，如游离碳、炭黑、CO、CH_4、H_2 等，不完全燃烧时产生的热量也较少。为衡量燃烧的完善程度，引入了燃烧效率。燃烧效率是燃料燃烧时实际所产生的热量与燃料标准发热量之比。燃烧效率越高，燃烧就越完全。良好的燃烧过程，其燃烧效率可达 97% 以上。

由于燃料不同，如煤、油和气体燃料，它们的燃烧特点也不同。根据不同燃料的燃烧特点，采取各种措施提高燃料的燃烧效率，这是节能的重要途径。此外，燃料燃烧时会产生严重的环境污染问题，因此发展和推广高效、低污染的燃烧技术既是节能的需要，也是保护环境实现可持续发展的重要措施。

（2）煤的燃烧技术

煤的燃烧基本上有两种：第一种是煤粉悬浮在空间燃烧，称为室燃或粉状燃烧；第二种是煤块在炉排上燃烧，称为层燃或层状燃烧。其他燃烧方式，如旋风燃烧只是空间燃烧的一种特殊形式，流化床燃烧介于第一种和第二种燃烧方式之间，它既有空间燃烧又有固定炉排燃烧。煤从进入炉膛到燃烧完，一般要经过 3 个过程，即着火前的准备阶段（水分蒸发、挥发分析出、温度升高到着火点）、挥发分和焦炭着火与燃烧阶段、残炭燃尽形成灰渣阶段。

目前煤的燃烧方式主要是煤粉燃烧和流化燃烧，我国大型锅炉和工业锅炉大多采用煤粉燃烧。煤粉燃烧技术发展至今已经历半个多世纪，为了适应煤种多变、锅炉调峰及稳燃和强化燃烧的需要，煤粉燃烧技术得到了迅速的发展。随着环保要求的日益严格，低污染煤粉燃烧技术也越来越受到重视。近几年为了将稳燃和低污染燃烧结合起来，高浓度煤粉燃烧技术得到了迅速发展。这些先进的煤粉燃烧技术不但能提高燃烧效率、节约煤炭、减少污染，还为锅炉的调峰和安全运行创造了条件。

煤粉燃烧稳定技术是通过各种新型燃烧器来实现煤粉的稳定着火和燃烧强化。采用新型燃烧器不但能使锅炉适应不同的煤种，特别是能燃用劣质煤和低挥发分煤，而且能提高燃烧效率，实现低负荷稳燃，防止结渣，并节约点火用油。

煤的流化燃烧是继层煤燃烧和粉煤燃烧后发展起来的一种新的煤燃烧方式。这种燃烧方式的煤种适应性广，易于实现炉内脱硫和低 NO_x 排放，燃烧效率高，负荷调节性好，能有效利用灰渣。

（3）油的燃烧技术

油是最常用的液体燃料，油的燃烧方法有内燃和外燃两种方式。内燃是在发动机气缸内部极为有限的空间进行高压燃烧，是一种瞬间的燃烧过程。外燃是不在机器内燃烧而在燃烧室内燃烧，并直接利用燃烧发出的热量，如锅炉、窑炉内进行的燃烧。

油燃烧的全过程包含着油加热蒸发（传热过程）、油蒸气和助燃空气的混合（物质扩散过程）和着火燃烧（化学反应）3 个过程，其中油加热蒸发是制约燃烧速率的关键。为了加速油的蒸发，主要的方法是扩大油的蒸发面积，通常油总是被雾化成细小油滴参与燃烧。油雾化质量的好坏直接影响燃烧效率。

雾化细度是衡量雾化质量的一个主要指标，通常雾化气流中油滴的大小各不相同，油滴直径越小，单位质量的表面积就越大。例如，1cm^3 球形油滴的表面积仅为 4.83cm^2，如将它分成 10^7 个直径相同的小油滴，其表面积将增加 250 倍，达到 1200cm^2。

从雾化的角度来说，不仅雾化油滴的平均直径要小，而且要求油滴大小尽量均匀。影响雾化质量的主要因素是喷射速度和燃油温度。研究表明，雾化油滴的尺寸取决于油气间相对速度的平方，相对速度越大，雾化油滴越细；燃油温度越高，表面张力和黏度下降，雾化油滴的直径变小。

为了实现油的高效低污染燃烧，需要提高燃油的雾化质量和实现良好的配风。

（4）气体燃料的燃烧技术

气体燃料便于储存、运输，燃烧方便，随着天然气的开发和煤的气化，其应用越来越广泛。燃烧效率主要取决于气体燃料燃烧器。对气体燃烧器的基本要求是：不完全燃烧损失小，燃烧效率高；燃烧速率高，燃烧强烈，燃烧热负荷高；着火容易，火焰稳定性好，既不回火又不脱火；燃烧产物有害物质少，对大气污染小；操作方便，调节灵活，寿命长，能充分利用炉膛空间。

常用的气体燃烧器是扩散性燃烧器，对这类燃烧器，可燃气体与助燃空气不预先混合，燃烧所需空气由周围环境或相应管道供应、扩散而来。图 1-1 就是简单的扩散式燃烧器。

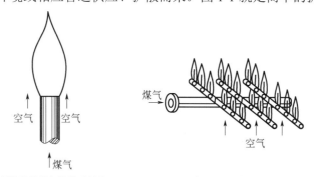

(a) 最简单的煤气扩散式燃烧器　　(b) 多排喷孔的煤气扩散式燃烧器

图 1-1　简单的扩散式燃烧器

另一种常用的气体燃烧器是预混式燃烧器，其特点是燃烧前可燃气体与氧化剂已经混合均匀，燃烧时这种燃烧器通常无火焰，因此也称无焰燃烧器。还有一种部分预混式燃烧器，这种燃烧器的特点是在燃烧器头部设预混段，可燃气体与空气进行部分预混，其余空气靠扩散供应。目前家庭用煤气灶大多属于此类。

1.2.1.2　热能转换为机械能

将热能转换为机械能是目前获取机械能的最主要方式，将热能转换成机械能的装置称为热机。因为热机能为各种机械提供动力，因此，通常又称其为动力机械。根据热力学第二定律，热能不可能全部转换为机械能，所有的热机都是工作在一个高温热源和一个低温冷源之间。高温热源的温度越高，低温冷源的温度越低，热机将热能转换为机械能的数量就越多，也就是说热机的效率越高。

应用最广泛的热机有内燃机、蒸汽轮机、燃气轮机等。内燃机主要为各种运输车辆、工程机械提供动力，也用于可移动的发电机组；蒸汽轮机主要用于发电厂中，用它带动发电机发电，也作为大型船舶的动力，或驱动大型水泵和大型压缩机、风机；燃气轮机除用于发电外，还是飞机的主要动力来源，也是船舶的动力来源。

（1）蒸汽轮机

蒸汽轮机，简称汽轮机，是将蒸汽的热能转换成机械功的热机。汽轮机单机功率大、效率高、运行平稳，现代火电厂和核电站都用它驱动发电机，汽轮发电机所发的电量占总发电量的80%以上。汽轮机还用来驱动大型鼓风机、水泵和气体压缩机，也是舰船的动力来源。

汽轮机的工作原理如图1-2所示，其中（a）为冲动式汽轮机，其工作原理是：锅炉产生的具有一定压力和温度的蒸汽通过汽轮机的喷嘴后，压力降低，速度增加；这股高速气流冲到装在叶轮上的动叶片上，方向有了改变，动量发生变化，从而对动叶片产生作用力，推动转子转动，便将热能转换成由主轴输出的机械功。在冲动式汽轮机中，蒸汽的压降主要是在喷嘴叶片中发生。另外一种汽轮机，蒸汽同时在定叶片（喷嘴）和动叶片产生压降，此时除了从定叶片出口的高速气流冲击动叶片转动外，气流还在动叶片中加速，从而产生反作用力，推动叶片转动，这种汽轮机称为反动式汽轮机，如图1-2（b）所示。

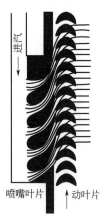

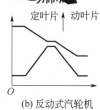

(a) 冲动式汽轮机　(b) 反动式汽轮机

图1-2　汽轮机的工作原理

为充分利用高温高压蒸汽膨胀的能量，大型汽轮机通常有多级叶片，并将汽轮机分为高压缸、中压缸和低压缸。根据汽轮机的排气压力，可分为凝汽式汽轮机和背压式汽轮机，凝汽式汽轮机带有凝汽器，它的排气压力低于大气压；背压式汽轮机无凝汽器，其排气压力高于或等于大气压力。显然，进入汽轮机的高温蒸汽参数一定时，凝汽式汽轮机由于其排气压力低，排气温度也低，所以热效率高于背压式汽轮机。但背压式汽轮机排出的低压蒸汽还可作其他用途。

汽轮机还可根据是否从中抽气，分为抽气式汽轮机和非抽气式汽轮机。抽气式汽轮机抽出的蒸汽既可供其他热用户使用，也可用来加热给水，以提高整个电厂的循环效率。在大型火电厂中，汽轮机通常分成高压缸和低压缸，锅炉来的新蒸汽在高压缸中做功后，其排气先被送到再热器，使蒸汽温度提高后再进入汽轮机的低压缸做功。这种汽轮机称为再热式汽轮机。采用再热方式可提高循环的热效率。

（2）燃气轮机

燃气轮机和蒸汽轮机的最大不同是，它不是以蒸汽作工质，而是以气体作工质。燃料燃烧所产生的高温气体直接推动燃气轮机的叶轮对外做功，因此以燃气轮机作为热机的火电厂不需要锅炉。图1-3是最简单的燃气轮机发电装置示意图，它包括3个主要部件：压气机、燃烧室和燃气轮机。

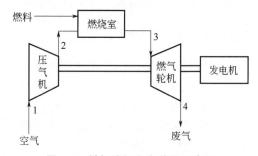

图1-3　燃气轮机发电装置示意图

空气进入压气机，被压缩升压后进入燃烧室，喷入燃油即进行燃烧，燃烧所形成的高温燃气与燃烧室中的剩余空气混合后进入燃气轮机的喷管，膨胀加速而冲击叶轮对外做功。做功后的废气排入大气。燃气轮机所做的功一部分用于带动压气机，一部分对外输出（称为净功），用于带动发电机或其他负载。和汽轮机相比，燃气轮机具有以下优点：

① 质量轻、体积小、投资省：燃气轮机的质量及所占的容积只有汽轮机的几分之一或几十分之一，因此耗材少，投资费用低，建设周期短。

② 启动快、操作方便：从冷态启动到满载只需几十秒或几十分钟，而汽轮机则需几小时甚至十几小时；同时由于燃气轮机结构简单、辅助设备少，运行时操作方便，能够实现遥控，自动化程度可以超过汽轮机。

③ 水、电、润滑油消耗少，只需少量的冷却水或不用水，因此可在缺水地区运行；辅助设备用电少，润滑油的消耗少，通常只占燃料费的1%左右，而汽轮机要占6%左右。

鉴于燃气轮机的上述优点，以燃气轮机作热机的火电厂主要用于尖峰负荷，对电网起调峰作用。但燃气轮机在航空和舰船领域却是最主要的动力机械。由于燃气轮机小而轻，启动快，功率大，目前飞机上的涡轮喷气发动机、涡轮螺旋桨发动机、涡轮风扇发动机都是以燃气轮机作为主机或启动辅机。高速水面舰艇、水翼艇、气垫船也广泛采用燃气轮机作动力。

从热力学理论可知，提高热源温度和降低冷源温度是提高热功转换效率的关键，由于燃气轮机平均吸热温度远高于蒸汽轮机，因此，其热功转换效率也比蒸汽轮机高许多。但燃气轮机的功率却远远小于蒸汽轮机，而且可靠性也不够高，难以成为火力发电的主力机组。但是20世纪80年代以来，燃气轮机技术迅速发展，如寻求耐高温材料、改进冷却技术、进一步提高燃气初温、提高压比、充分利用燃气轮机余热、研制新的回热器等。现在燃气轮机的初温已超过1400℃，单机功率已高达250MW，循环效率达37%～42%，可靠性也大大提高。这些发展已使燃气轮机逐渐成为发电的主力机组。

（3）内燃机

内燃机包括汽油机和柴油机，是应用最广泛的热机。大多数内燃机是往复式的，有汽缸和活塞。内燃机有很多分类方法，但最常用的是根据点火顺序分类或根据汽缸排列方式分类。按点火或着火顺序，可将内燃机分为四冲程发动机和二冲程发动机。

四冲程发动机的工作过程如图1-4所示。它完成一个循环要求有4个完全的活塞冲程：

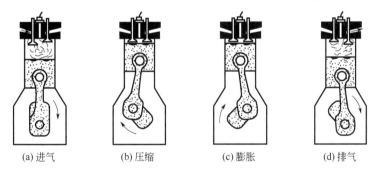

(a) 进气　　　　(b) 压缩　　　　(c) 膨胀　　　　(d) 排气

图1-4　压燃式四冲程发动机的工作过程

① 进气冲程：活塞下行，进气门打开，空气被吸入而充满汽缸。

② 压缩冲程：所有气门关闭，活塞上行压缩空气，在接近压缩冲程终点时，开始喷射燃油。

③ 膨胀冲程（即下行冲程）：所有气门关闭，燃烧的混合气膨胀，推动活塞下行，此冲程是四个冲程中唯一做功的冲程。

④ 排气冲程：排气门打开，活塞上行将燃烧后的废气排出汽缸，开始下一个循环。

二冲程发动机是将四冲程发动机完成一个工作循环所需要的四个冲程纳入二个冲程。图 1-5 为二冲程发动机示意图。当活塞在膨胀冲程中沿汽缸下行时，首先开启排气口，高压废气开始排入大气。当活塞向下运动时，同时压缩曲轴箱内的空气-燃油混合气；当活塞继续下行时，活塞开启进气口，使被压缩的空气-燃油混合气从曲轴箱进入汽缸。在压缩冲程（活塞上行）时，活塞先关闭进气口，然后关闭排气口，压缩气缸中的混合气。在活塞将要到达上止点之前，火花塞将混合气点燃。于是活塞被燃烧膨胀的燃气推向下行，开始另一膨胀做功冲程。当活塞在上止点附近时，化油器进气口开启，新鲜空气-燃油混合气进入曲轴箱。在这种发动机中，润滑油与汽油混合在一起对曲轴和轴承进行润滑。这种发动机的曲轴每转一周，每个汽缸点火一次。

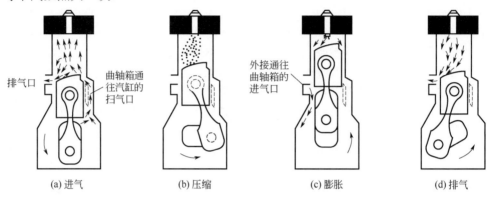

图 1-5　二冲程发动机的工作原理

四冲程发动机和二冲程发动机相比，经济性好，润滑条件好，易于冷却；但二冲程发动机运动部件少，质量小，发动机运行较平稳。

内燃机只能将燃料热能的 25%～45%转换成机械能，其他部分大多被排气或被冷却介质带走，因此如何利用内燃机排气中的能量就成了提高内燃机动力性和经济性的主要问题。早在 20 世纪初，瑞士工程师就提出了涡轮增压的设想，即利用废气涡轮增压器给进入汽缸的气体增压，使进入汽缸的空气密度增加，从而大大提高缸内的平均指标压力，使内燃机的功率显著增加。废气涡轮增压能回收 25%～40%的排气能量，所以采用增压技术不但能提高发动机的功率，而且还能降低油耗和改善内燃机的排放性能。目前 70%以上的车用柴油机都采用了涡轮增压技术，车用汽油机基本普遍采用。目前增压技术的发展主要表现在两个方面：增压比和增压器效率不断提高；增压系统向多种形式发展，使得变工况和低负荷下发动机都具有良好的运行特性。

随着科学技术的发展，绝热柴油机、全电子控制内燃机、燃用天然气、醇类替代燃料和氢的新型发动机都相继问世。由于环境问题日益突出，研制新一代高效、低排放的发动机已成为科学界和工程技术界共同努力的目标。

1.2.1.3　机械能转换为电能

广泛应用的电能主要由机械能转换得到：在火力发电中，蒸汽轮机、燃气轮机带动发电机发电；在水力发电中，水能先转换成水轮机的机械能，水轮机再带动发电机发电；在风力发电中，风能先转换为风力机的机械能，再带动发电机发电。

（1）火力发电厂的生产过程

火力发电厂简称火电厂，是利用煤、石油、天然气等燃料的化学能生产电能的工厂。虽然火电厂的种类很多，但从能量转换的观点分析，其生产过程却基本相同，即：首先通过锅炉将燃料的化学能转换为蒸汽的热势能，然后通过汽轮机将蒸汽的热势能转换为汽轮机的机械能，最后通过发电机将汽轮机的机械能转换为电能。在锅炉中，燃料的化学能转变为蒸汽的热能；在汽轮机中，蒸汽的热能转变为转子旋转的机械能；在发电机中机械能转换为电能。其基本生产过程为：

燃煤被输煤皮带从煤场运至煤斗中。为提高燃煤效率，煤斗中的原煤要先送至磨煤机内磨成煤粉。磨碎的煤粉由热空气携带送入锅炉炉膛内燃烧。燃煤燃尽的灰渣落入炉膛下面的渣斗内，与从除尘器分离出的细灰一起用水冲至灰浆泵房内，再由灰浆泵送至灰场。煤粉燃烧后形成的热烟气沿锅炉的水平烟道和尾部烟道流动，放出热量，然后进入除尘器，将烟气中的煤灰分离出来。洁净的烟气在引风机的作用下通过烟囱排入大气。助燃用的空气由送风机送入装设在尾部烟道上的空气预热器内，利用热烟气加热空气。这样一方面使进入锅炉的空气温度提高，易于煤粉着火和燃烧，另一方面降低排烟温度，提高热能利用率。从空气预热器排出的热空气分为两股：一股去磨煤机干燥和输送煤粉，另一股直接送入炉膛助燃。

在除氧水箱内的水经过给水泵升压后通过高压加热器送入省煤器。在省煤器内，水受到热烟气的加热，然后进入锅炉顶部的汽包内。在锅炉炉膛四周密布着水管，称为水冷壁。水冷壁水管的上下两端均通过联箱与汽包连通，汽包内的水经由水冷壁不断循环，吸收煤燃烧过程中放出的热量。部分水在冷壁中被加热沸腾后汽化成水蒸气，这些饱和蒸汽由汽包上部流出进入过热器中。饱和蒸汽在过热器中继续吸热，成为过热蒸汽。过热蒸汽有很高的压力和温度，因此有很大的热势能。具有热势能的过热蒸汽经管道引入汽轮机后，便将热势能转变成动能。高速流动的蒸汽推动汽轮机转子转动，形成机械能。汽轮机的转子与发电机的转子通过联轴器联在一起。当汽轮机转子转动时便带动发电机转子转动。在发电机转子的另一端带着一台直流发电机，叫励磁机。励磁机发出的直流电送至发电机的转子线圈中，使转子成为电磁铁，周围产生磁场。当发电机转子旋转时，磁场也是旋转的，发电机定子内的导线就会切割磁力线感应产生电流。这样，发电机便把汽轮机的机械能转变为电能。电能经变压器将电压升高后，由输电线送至电用户。

释放出热势能的蒸汽从汽轮机下部的排汽口排出，称为乏汽。乏汽在凝汽器内被由循环水泵送入凝汽器的冷却水冷却，重新凝结成水，此水称为凝结水。凝结水由凝结水泵送入低压加热器并最终回到除氧器内，完成一个循环。在循环过程中难免有汽水的泄漏，即汽水损失，因此要适量地向循环系统内补给一些水，以保证循环过程的正常进行。高、低压加热器是为提高循环热效率所采用的装置，除氧器是为了除去水中含有的氧气以减少其对设备及管道的腐蚀。

炉、机、电是火电厂中的主要设备，亦称三大主机。与三大主机相辅工作的设备称为辅助设备或辅机。主机与辅机及其相连的管道、线路等称为系统。火电厂的主要系统有燃烧系统、汽水系统、电气系统等，辅助生产系统有燃煤输送系统、水化学处理系统、灰浆排放系统等。主、辅系统相互协调，共同完成电能的生产任务。现代火力发电厂采用了先进的计算机分散控制系统，可以对整个生产过程进行控制和自动调节，整个电厂基本完全实现自动化控制。图 1-6 所示是现代火力发电厂生产系统。

（2）水力发电

水力发电是利用河川、湖泊等位于高处具有位能的水流至低处，利用流水落差来转动水轮机将其中所含的位能和动能转换成水轮机的机械能，再以水轮机为原动机，带动发电机把机械能转换为电能的发电方式，如图 1-7 所示。

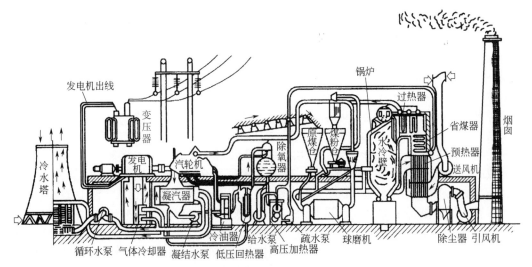

图 1-6　现代火力发电厂生产系统

图 1-7　水力发电的转换原理

水力发电可以代替大量的煤炭、石油、天然气等化石能源，可以避免燃烧矿物燃料而产生的对人类生存环境的污染，并可以实现对水资源的综合利用——兴水利、除水害，兼而取得防洪、航运、农灌、供水、养殖、旅游等经济和社会效益。建设水电站还可以同时带动当地的交通运输、原材料工业乃至文化、教育、卫生事业的发展，成为振兴地区经济的前导。电能输送方便，可减少交通运输负荷。水电站还有启动快、停机快的特点，对变化的电力负荷适应性很强，可以为电力系统提供最便利有效的调峰、调频和备用手段，保证电网运行的安全性。

（3）风力发电

风力发电是将风的动能通过风力机转换成机械能，再带动发电机发电，转换成电能。

风力发电通常有 3 种运行方式：一是独立运行方式，通常是一台小型风力发电机向一户或几户提供电力，用蓄电池蓄能，以保证无风时的用电；二是风力发电与其他发电方式（如柴油机发电）相结合，向一个单位或一个村庄，或一个海岛供电；三是风力发电并入常规电网运行，向大电网提供电力，常常是一处风场安装几十台甚至几百台风力发电机，这是风力发电的主要发展方向。

1.2.1.4　电能转换为热能

电能和热能是能量的不同形式，它们之间也是可以相互转换的，前述的火力发电厂是将热能转换为汽轮机的机械能，进而由机械能转化为电能，而电加热装置是将电能转换为热能。电能转换为热能的方式，主要有电阻加热、电弧加热、感应加热和介质加热四种类型。

（1）电阻加热

电阻加热又分为直接电热法和间接电热法两种。

1）直接电热法

直接电热法是使电流通过被加热物体本身，利用被加热物体本身的电阻发热而达到加热目的的方法。如在家用电器中，利用水本身的电阻加热水的热水器等。

采用直接电热法时，待热物体两端直接接到电路中，用一个具有抽头的变压器或一个变阻器来调节工作电压或工作电流。在热水器内、外电路中提供的电压保持不变，而水的电阻则以改变电极位置和电极面积大小的办法来调节。凡是利用直接电热法加热的物体，其本身必须具有一定的电阻值，其电阻值太小或太大都不适宜采用直接电热法。

2）间接电热法

在间接电热法中，电流通过的回路并不是所要加热的物体，而是另一种专门材料制成的电热元件。选取的电热元件取决于加热温度与周围的情况，可使用镍铬丝、盐浴、石墨、钨丝等。在间接电热法中，电流使电热元件产生热量，再利用不同的传热方式（辐射、对流及传导）将热量传送到被加热物体。这种间接电热法电阻加热是目前使用较为广泛的一种加热形式，主要用来加热和干燥物体、铅锌铝等低熔点金属的熔化、轻合金的热处理及钢材的淬火等。小至电吹风、大至电阻炉，都是采用这种间接电热法。电砂锅就是一种间接电热法电阻加热装置，它的锅体是用陶瓷做成的，其材质和外形与普通的砂锅相似，锅底装有发热板，发热板结构采用金属管状电热元件的铸铝板。发热板与底座之间装有可调的热双金属控温器或电子控温器。

（2）电弧加热

电弧加热是利用电极与电极之间或电极与工件之间放电促使空气电离形成的电弧产生高温加热物体的方式。家用电器产品中的电子点火器和工农业生产中常用的电弧焊及电弧炉等都属于此类。

电弧炉是用一根或三根石墨制的电极与熔化材料间形成电弧，用这种电弧热来加热材料的炉子，它可达到非常高的温度（3500℃左右）。三根电极的电弧炉，其三根电极通以三相的工频交流电，每一根电极分别与熔化材料间形成电弧。这种电弧炉的电压比较低，一般在150～500V之间，用晶闸管的变流技术来改变电压，以调整熔化的电能。由于电弧炉产生很高的能量密度，所以一般均是大容量的炉子。它的电流很大，有数万安。电极具有电极升降装置，为了形成稳定的电弧，要经常控制电极的位置，以使电弧形成一定的长度。

（3）感应加热

在被加热物体的周围安装感应线圈，当交流电通过线圈时，就有电磁场产生，该交变磁场在感应线圈内侧的被加热物体中产生感应涡流。涡流在被加热物体中产生涡流损耗和磁滞损耗（通常将两者合称为铁损），使被加热物体发热。用这种感应涡流来加热的方法称为感应加热。感应加热不像其他的加热方法要用高温热源，由于它是在被加热物体中直接产生热，因此其加热温度在理论上是无限制的，而且它的热效率也较高。

由于线圈的电抗与漏磁通量起主要作用，感应线圈负载的功率因数非常低。为了改善功率因数，可将大容量的电容器与负载并联。

感应加热按电源的频率，可分为低频感应加热和高频感应加热两类。

1）低频感应加热

低频感应加热电源频率为50Hz，由于是一般的工频电源，所以设备简单，价格低廉。典型的工频感应熔化炉炉中心有铁芯，由于在铁芯中产生交变磁通，就在环状的熔化金属的三次回路中感应生成大电流。

这种炉的热效率很高，常被用来熔化锌、黄铜等低熔点的金属以及铸铁液的保温。

2）高频感应加热

高频感应加热电源频率为 50Hz 以上，电源设备中必须要有高频发生装置。高频发生装置在低频范围内使用晶闸管，在中频范围内用高频发电机，在高频范围内则使用真空振荡器。

高频感应熔化炉在感应线圈中通过高频电流，熔化室中的熔化金属产生涡流，这种炉子被用作各种金属的熔化，特别是能在短时间内熔化，适用于特殊钢的熔化。

电磁炉方便使用，热效率高，清洁环保，得到了越来越多的应用。它的工作原理是在加热线圈盘中通入 250kHz 以上的高频电流，产生交变磁场。交变磁场作用于导磁、导电的金属锅底产生涡流。由于锅底电阻的作用，使涡流的热量迅速转换为热能，作为加热物体所需的热量发出。

（4）介质加热

介质加热是将被加热物体置于高频交变电场中，利用被加热物体的介质损耗加热。在工业上用来加热和干燥电介类或半导体类材料，在家用电器产品中用来制造微波炉等产品。

波长在厘米段，电磁波通过被加热物体时，其能量会被吸收，这种波称为微波。微波具有遇到金属反射，对绝缘材料如瓷器、石块、玻璃及塑料可透过，遇水和含水材料则被吸收并转化为热的特点。电磁波是电磁控管产生的，在微波炉里使用产生等幅振荡的磁控管，电磁波的频率在 1000MHz 左右，它以 14.7cm 的波长通过天线棒和波道在工作空间发射。工作空间用不锈钢制成，对电磁波可反射。金属风扇旋转使工作间电磁波分布开，使加热物体的各个侧面都能碰到电磁波并吸收能量而加热。

微波设备不但可用于家庭电器，还可用于化学、生物、医疗等领域。

1.2.2 能源的输送

能源输送是能源利用中的一个重要环节，是能源生产和消费得以联系的纽带和桥梁，是保障国民经济各部门顺利发展和人民生活需要的重要因素。能源输送的原则应该是最佳的线路、最短的距离、最少的时间、最快的速度、最经济的运输方式、最小的运输损耗和运费，将能源产品按需要、分品种、及时准确、连续不断、保质保量地提供给消费者。

（1）电能的输送

电能的特点是发电、传输、用电同时发生。由于目前还不能大规模地储存电能，因此电能生产中的发电、供电、配电必须紧密配合，以保证供电的安全性、可靠性以及电能质量，如保持电压周波的稳定、保证电压的对称性和正弦性等。采用大机组发电，建设大电网，提高输电电压就成为电力工业发展的趋势。

电能的传递路径和转换效率如图 1-8 所示，投入的一次能源约有 70% 在转换和输配环节中损失掉了，在任何一个环节中节约哪怕一个百分点的能源，都可能取得巨大的经济效益。

（2）煤炭的运输

"三西"（山西、陕西、内蒙古西部）是我国煤炭能源中心和外运基地，其煤炭资源占我国总煤炭资源分布的 64%。煤炭输送主要是以"三西"为中心向全国缺煤省市输送。

1）煤炭的铁路输送

铁路是我国煤炭运输的主导方式，发挥着骨干作用，铁路煤炭运量占铁路货运总量的 40% 左右。

我国已形成 4 大煤运通道："三西"外运通道、东北通道、华东通道、中南通道。"三西"煤运通道分北、中、南 3 大通路。北通路由大秦、丰沙大、京原、集通和朔黄 5 条线组成，其中大秦是专为煤炭运输修筑的铁路，约占"三西"煤炭外运量的 55%，北通路运出的煤炭除供应京津冀地区外，大部分在秦皇岛转海运；中通路由石太和邯长两条线组成，其运出的煤炭大多经新菏兖日铁路从日照港转海运,也有部分转焦枝陇海铁路;南通路由太焦、侯月、陇海、西康和宁西 5 条线组成。"三西"地区铁路运输能力处于饱和状态。

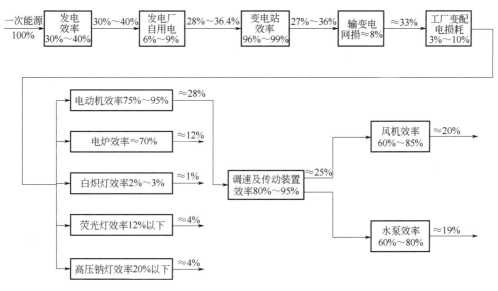

图 1-8 电能的传递路径和转换效率

2）煤炭的水路输送

国内水路煤炭运输主要分 4 个大的通道:北煤南运的海运通道、长江煤炭运输通道、京杭运河通道、西江煤炭运输通道。进口煤炭水路运输:北煤南运海运大通道、北方装船港(秦皇岛、唐山港、天津港、黄骅港、青岛港、日照港、连云港、营口港和锦州港)、华东接卸地(上海、江苏、浙江、福建)、华南接卸地(广东、广西等)以及沿海电厂接卸码头等。

"铁水联运"是北煤南运的主要方式,因此海运能力在煤炭运输系统中仅次于铁路。

3）煤炭的公路运输

公路煤炭运输是铁路和水路运输的重要补充,主要用于中、短距离的公路直达运输或公路集港运输。

（3）石油和天然气的输送

1）石油的输送

我国原油的输送主要是通过管道、水运和铁路,其中管道是主力,我国原油的 70%靠管道运输。

管道输油有以下优点:连续性强、运量大,且不会像铁路和水路输油那样产生空驶现象;可实现密闭输送,输送损失小;与建铁路相比,建设周期短、资金回收快、输油成本低。据测算,管道、铁路油罐车、汽车油罐车三者的输油成本之比为 1：3：160。我国原油输送已基本实现了管道化,管道输油已占原油产量的 95%以上。

铁路输送成品油,不但损耗大,成本高,油罐车需空载运回,且成品油的流向多在京沪、京广线上,运输紧张,因此应发展成品油的管道输送。

水路输送也是原油和成品油输送的一个重要方面。

2）天然气的输送

天然气主要是靠管道输送。我国主要的天然气管网有川渝天然气管网、陕甘宁输气管道、青海输气管道、新疆输气管道、莺歌海输气管道、"西气东输"管道。

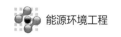

1.2.3 能源的储存

无论在日常生活中，还是在工业生产中，对大多数能量转换或利用系统而言，获得的能量和需求的能量常常是不一致的，为了保证能量利用过程的连续进行，就必须有某种形式的能量储存措施或专门设置一些储能设备。在实际应用中涉及的储能问题主要是机械能、电能和热能的储存。

（1）机械能的储存

在许多机械和动力装置中，常采用旋转飞轮来储存机械能。例如，在带连杆曲轴的内燃机、空气压缩机及其他工程机械中都利用旋转飞轮储存的机械能使汽缸中的活塞顺利通过上死点，并使机械运转更加平稳；曲柄式压力机更是依靠飞轮储存的动能工作。

机械能以势能方式储存是最古老的能量储存形式之一，包括弹簧、扭力杆和重力装置等。这类储能装置大多数储存的能量都较小，常被用来驱动钟表、玩具等。需要更大的势能储存时，只能采用压缩空气储能和抽水储能。

压缩空气储存机械能是利用地下洞穴（如废弃的矿坑、废弃的油田或气田、封闭的含水层、天然洞穴等）来容纳压缩空气。供电需要量少时，利用多余的电能将压缩空气压入洞穴；当需要时，再将压缩空气取出，混入燃料进行燃烧，然后利用高温烟气推动燃气轮机做功，所发的电能供高峰时使用。与常规燃气轮机相比，因为省去了压缩机的耗功，可使燃气轮机的功率提高 50%。

利用谷期多余的电能，通过抽水蓄能机组（同一机组兼有抽水和发电的功能）将低处的水抽到高处的上池（水库）中，这部分水量以势能形式储存，在用电高峰期将这部分水量通过水轮机组发电。这种大规模的机械能储存方式已成为世界各国解决用电峰谷差的主要手段。

（2）电能的储存

对于电力工业而言，电力需求的最大特点是昼夜负荷变化很大，巨大的用电峰谷差使峰期电力紧张，谷期电力过剩。如果能将谷期（深夜和周末）的电能储存起来供峰期使用，将大大改善电力供需矛盾，提高发电设备的利用率，节约投资。另外，在太阳能利用中，由于太阳昼夜的变化和受天气、季节的影响，也需要有一个储能系统来保证太阳能利用装置的连续工作。

日常生活和生产中最常见的电能储存形式是蓄电池，它先将电能转换为化学能，在使用时再将化学能转换成电能。此外，电能还可储存于静电场和感应电场中。

（3）热能的储存

热能储存，就是把一个时期内暂时不需要的多余热量通过某种方式收集并储存起来，等到需要时再提取使用。从储存的时间来看，有 3 种情况：

① 随时储存。以小时或更短的时间为周期，其目的是随时调整热能供需之间的不平衡。例如热电站中的蒸汽蓄热器，依靠蒸汽凝结或水的蒸发来随时储热和放热，使热能供需之间随时维持平衡。

② 短期储存。以天或周为储热的周期，其目的是维持 1 天（或 1 周）的热能供需平衡。例如对太阳能采暖，太阳能集热器只能在白天吸收太阳的辐射热，因此集热器在白天收集到的热量除了满足白天采暖的需要外，还应将部分热能储存起来，供夜晚或阴雨天采暖使用。

③ 长期储存。以季节或年为储存周期，其目的是调节季节（或年）的热量供需关系。例如把夏季的太阳能或工业余热长期储存下来，供冬季使用；或者冬季将天然冰储存起来，

供来年夏季使用。

热能储存的方法一般可分为显热储存、潜热储存和化学储存 3 大类。

显热储存是通过蓄热材料温度升高来达到蓄热的目的。潜热储存是利用蓄热材料发生相变而储热。由于相变潜热比显热大得多，潜热储存有更高的储能密度，储存同样多的热量，潜热蓄能器所需要的容积比显热储能设备要小得多。化学能储存是利用某些物质在可逆反应中的吸热和放热过程来达到热能的储存和提取。这是一种高能量密度的储存方法，但在应用上还存在不少技术上的困难，目前难以进行实际应用。

1.3 能源开发利用导致的主要环境灾害

煤、石油、天然气等化石能源是最重要的能源，也是全球经济发展的基本能源。大量化石能源的使用，对全球环境造成了严重的危害，主要表现为酸雨污染、荒漠化加剧、温室效应及生物多样性减少等。各种环境灾害的成因及危害见表 1-3。

表 1-3 各种环境灾害的成因及危害

环境灾害	成 因	危 害
酸雨污染	化石燃料燃烧排放的 SO_x 和 NO_x	1）危害人体健康； 2）使水体酸化； 3）破坏土壤、植被、森林； 4）腐蚀金属、油漆、皮革、纺织品及建筑材料等。
荒漠化加剧	由于人类的一些不正当活动以及自然灾害，使得一些地区的土地失去肥力及生长植物的能力	1）土壤裸露，水土流失严重； 2）土壤肥力和持水能力下降
温室效应	化石能源的广泛利用产生了大量 CO_2 等温室气体	1）大部分热带、亚热带地区和多数中纬度地区普遍存在作物减产的可能； 2）对许多缺水地区的居民来说，水的有效利用降低，特别是亚热带地区； 3）受到传染性疾病影响的人口数量增加，热死亡人数也将增加； 4）大暴雨事件和海平面升高引起的洪涝灾害，将危及许多低洼和沿海居住区； 5）夏季高温而导致用于降温的能源消耗增加
生物多样性减少	1）能源的大量开采使用占用大面积土地，破坏大量天然植被，造成土壤、水和空气污染，危害了森林，给相对封闭的水生态系统带来毁灭性影响； 2）全球变暖，导致气候形态在较短的时间内发生较大变化，使自然生态系统无法适应，可能改变生物群落的边界	生物多样性不断减少，影响人类生存的基础； 1）食物来源减少； 2）药物来源减少； 3）工业原料及产品减少； 4）遗传多样性减少，生物活力弱化； 5）农业生产力降低

1.3.1 酸雨污染

在能源的开发利用过程中，会向大气排放大量的 S 和 N 的氧化物。

环境中硫氧化物的人为来源主要是煤炭、石油等化石燃料的燃烧、金属冶炼、化工生产、水泥生产、造纸以及其他含硫原料的工业生产。其中，煤炭与石油的燃烧过程排出的 SO_2 数量最大，约占人为排放量的 90%。在过量空气条件下，约有 5% 的 SO_2 转化为 SO_3，它们大都随烟气排入大气中，只有少部分可燃硫与灰渣中的碱土金属氧化物反应，形成硫酸盐而留在灰渣中，一般可燃性硫分的 80% 都会转换成 SO_x 随烟气排出。原油中除含有各种烃类组分

外，还含有一定的硫分，燃烧时其所含硫分即以 SO_2 的形式排入大气中。

人为排放的 NO_x 大部分是大气中的 N_2 在高温下燃烧时产生的。化石燃料中的含氮物质在 900℃燃烧时，空气中的 N_2 会与 O_2 反应生成 NO_x，燃烧温度达到 1300℃时 NO_x 的产生尤为迅速。燃料中的含氮量越高或燃烧时的空气越多，在高温下燃烧时生成的 NO_x 量也越多，燃烧产生的 NO_x 中 90%是 NO，NO 在空气中停留一段时间后逐渐氧化成 NO_2。

这些污染物在大气中不会分解消失，而是通过大气传输，在一定条件下形成酸雨。酸雨通常指 pH 值低于 5.6 的降水，现在泛指酸性物质以湿沉降或干沉降的形式从大气转移到地面上。湿沉降是指酸性物质以雨、雪形式降落地面，干沉降是指酸性颗粒物以重力沉降、微粒碰撞和气体吸附等形式由大气转移到地面。酸雨污染可以发生在其排放地 500～2000km 的范围内，酸雨的长距离传输会造成典型的越境污染问题。

酸雨的危害主要表现在以下几个方面。

① 对人体健康的直接危害。硫酸雾和硫酸盐雾的毒性比 SO_2 大得多，可侵入肺的深部组织，引起肺水肿等疾病而使人致死。如 1952 年 12 月 5～18 日世界公害史上著名的"伦敦烟雾事件"。

② 使水体酸化。酸雨使河流、湖泊的水体酸化，抑制水生生物的生长和繁殖，杀死水中的浮游生物，减少鱼类的食物来源，使水生生态系统紊乱，严重影响水生动植物的生长。如挪威和瑞典南部 1/5 的湖没有鱼，加拿大有 1.4 万个湖成为死湖。此外，酸化水中 Al、Cu、Zn、Cd 等金属含量比中性地下水高很多。

③ 破坏土壤、植被、森林。酸雨降落在地面以后首先污染土壤，使土壤 pH 值下降变成强酸土。强酸土会抑制硝化细菌和固氮菌的活动，使有机物分解变慢，营养物质循环降低，土壤肥力降低，有毒物质更毒害作物根系，杀死根毛，导致发育不良或死亡，生态系统生物产量明显下降。1982 年我国重庆郊区有几万亩水稻、豆类植物受酸雨危害，损失在 6.5%以上。森林中的植物生长期长，酸雨对植物作用时间也较长，加之土壤不加管理，在酸雨长期影响下，土壤 pH 值就降低。因此酸雨对森林系统的影响要比农田生态系统大得多，而且一旦酸化就需很长的时间才能恢复。酸雨还通过对植物表面（茎、叶）的淋洗直接伤害或通过间接危害，使森林衰亡，并诱使病虫害爆发，造成森林大片死亡。德国巴登符腾堡有 6.4 万公顷森林因酸雨而死亡；巴西利亚有 5.4 万公顷森林危在旦夕；1985 年我国重庆南山风景区马尾松死亡面积达 800 公顷，被视为世界上大气污染对森林造成毁灭性灾害的典型。

④ 腐蚀金属、油漆、皮革、纺织品及建筑材料等。酸雨会造成油漆涂料变色、金属制品生锈、纸张变脆、衣服褪色、塑料制品老化等，因而对电线、铁轨、桥梁、建筑、名胜古迹等均会造成严重损害。世界上许多以大理石和石灰石为材料的古建筑和石雕艺术品遭酸雨腐蚀而严重损坏，如乐山大佛、加拿大的议会大厦、雅典的巴特农神庙、印度的泰姬陵、法国的埃菲尔铁塔、埃及的金字塔及狮身人面像等。

1.3.2　荒漠化加剧

1992 年联合国环境与发展大会对荒漠化的定义是：荒漠化是由于气候变化和人类不合理的经济活动等因素使干旱、半干旱和具有干旱灾害的半湿润地区的土地发生退化。土地开垦成农田以后，生态环境就发生了根本的变化，稀疏的作物遮挡不住暴雨对土壤颗粒的冲击；缺少植被而裸露的地表因日晒风吹，不断损失掉它的水分和肥沃的表层细土；单调的作物又被吸走了土壤中的某些无机和有机肥料，年复一年，不断减少着土壤的肥力，导致土壤品质恶化，水土流失加速进行。

荒漠化的发生、发展和社会经济活动有着密切的关系。人类不合理的经济活动不仅是荒漠化的主要原因，反过来人类也是它的直接受害者。

森林的过度砍伐也是荒漠化形成的重要原因。黄河中游的黄土高原本是茂密的森林，但由于人类的活动，使大面积的森林遭受破坏。缺乏森林保护的土地阻挡不住西伯利亚气候系统的侵蚀，形成了干旱、荒凉的黄土高坡，面临荒漠化的严重威胁。

森林对维系地球生态平衡、净化空气、涵养水源、保持水土、防风固沙、调节气候、吸尘灭菌、美化环境、消除噪声起着重要的、不可替代的作用。现今，地球上仅存大约 28 亿公顷森林和 12 亿公顷稀疏林，占地球陆地面积的 1/5，森林破坏的速度为每年 1130 万公顷。森林面积缩小使生活在其中的野生动物失去了适宜的生活环境，使 2.5 万种物种面临灭绝的威胁。森林破坏造成环境质量的恶化。

森林锐减的主要原因包括：

① 人口的压力。2011 年 10 月底世界人口已达 70 亿，其中 75%以上集中在不发达的第三世界国家，他们的主要问题仍然是粮食和能源。为了有吃、有穿、有住、有柴烧，不得不向森林索取，毁林开荒、伐木为薪，致使大片的森林以惊人的速度消失。

② 滥伐树木。人类开始大规模利用热带木材是最近 30 年的事。发达国家近 30 年来热带木材的进口量增加了 16 倍，占世界木材、纸浆供给量的 10%。发达国家为保护自己国内的木材资源，转向发展中国家索取。欧洲国家从非洲，美国从中南美洲，日本从东南亚进口木材。

③ 毁林烧柴。人类燃薪煮食取暖所使用的能量超过由水电站或核电站所产生的能量，根据联合国环境规划署的统计，为了煮食和取暖，人们每年砍伐烧毁的林区达 $2.2×10^4$ 万 km^2，木柴中的大部分能量被浪费掉。另外，火灾频繁、病虫危害也是森林锐减的一个原因。

1.3.3 温室效应

宇宙中任何物体都会辐射电磁波，物体温度越高，辐射的波长越短。太阳表面温度约 6000K，它发射的电磁波长很短，称为太阳短波辐射。地面在接受太阳长波辐射而增温的同时，也时刻向外辐射电磁波而冷却。地球发射的电磁波称为地面长波辐射。短波辐射和长波辐射在经过地球大气时的遭遇是不同的：大气对太阳短波辐射几乎是透明的，却强烈吸收地面长波辐射。大气在吸收地面长波辐射的同时也向外辐射波长更长的长波辐射（因为大气的温度比地面更低），其中向下到达地面的部分称为逆辐射。地面接受逆辐射后就会升温，大气对地面起到了保温作用，这就是温室效应原理。全球的地面平均温度约为 15℃，如果没有大气，地球获得的太阳热量和地球向宇宙空间放出的热量相等，地球的地面平均温度应为 −18℃。这 33℃的温差就是因为地球有大气，造成温室效应。

地球大气中起温室作用的气体主要有 CO_2、CH_4、O_3、N_2O、氟利昂以及水汽等。化石能源的广泛利用产生了大量 CO_2，而生态循环中用以化解 CO_2 的绿色植物链远远不能满足能源消耗所带来 CO_2 的要求，因而导致 CO_2 在大气中的含量不断增加，温室效应不断加剧。

温室效应破坏地球热交换的平衡，使得地球的平均温度上升幅度增加，影响整个水循环过程，使蒸发加大，可能改变区域降水量和降水分布格局，增加降水极端异常事件的发生，导致洪涝、干旱灾害的频次和强度增加，使地表径流发生变化。预测到 2050 年，高纬度地区和东南亚地区径流将增加，中亚、地中海地区、南非、澳大利亚呈减少的趋势。对我国而言，七大流域天然年径流量整体呈减少趋势。长江及其以南地区年径流量变幅较小，淮河及其以北地区变幅较大，以辽河流域增幅最大，黄河上游次之，松花江最小。全球变暖使我国各流域年平均蒸发增大，其中黄河及内陆河地区的蒸发量将可能增大 15%左右。

温室效应带来的气候变化可能带来许多不利影响，如：大部分热带、亚热带地区和多数

中纬度地区普遍存在作物减产的可能；对许多缺水地区的居民来说，水的有效利用降低，特别是亚热带区；受到传染性疾病影响的人口数量增加，热死亡人数也将增加；大暴雨事件和海平面升高引起的洪涝灾害，将危及许多低洼和沿海居住区；由于夏季高温而导致用于降温的能源消耗增加。

1.3.4　生物多样性减少

生物多样性是一个地区内基因、物种和生态系统多样性的总和，分成相应的 3 个层次，即基因、物种和生态系统。基因或遗传多样性是指种内基因的变化，包括同种的显著不同的种群（如水稻的不同品种）和同一种群内的遗传变异。物种多样性是指一个地区内物种的变化。生态系统多样性是指群落和生态系统的变化。目前国际上讨论最多的是物种的多样性。

由于工业化和城市化的发展，能源的大量利用占用大面积土地，破坏大量天然植被，造成土壤、水和空气污染，危害了森林，特别是对相对封闭的水生态系统带来毁灭性影响。另外，由于全球变暖，导致气候形态在较短的时间内发生较大变化，使自然生态系统无法适应，可能改变生物群落的边界。

人类的生存离不开其他生物。地球上多种多样的植物、动物和微生物为人类提供不可缺少的食物、纤维、药物和工业原料。它们与其物理环境之间相互作用所形成的生态系统，调节着地球上的能量流动，保证了物质循环，从而影响着大气构成，决定着土壤性质，控制着水文状况，构成了人类生存和发展所依赖的生命支持系统。物种的灭绝和遗传多样性的丧失，将使生物多样性不断减少，影响人类生存的基础。

据专家估计，从恐龙灭绝以来，当前地球上生物多样性损失的速度比历史上任何时候都快，鸟类和哺乳动物现在的灭绝速度或许是它们在未受干扰的自然界中的 100～1000 倍。在 1600～1950 年间，已知的鸟类和哺乳动物的灭绝速度增加了 4 倍。自 1600 年以来，大约有 113 种鸟类和 83 种哺乳动物已经消失。在 1850～1950 年间，鸟类和哺乳动物的灭绝速度为平均每年一种。20 世纪 90 年代初，联合国环境规划署首次评估生物多样性的一个结论是：在可以预见的未来，5%～20% 的动植物种群可能受到灭绝的威胁。其他一些研究也表明，如果目前的灭绝趋势继续下去，在下一个 25 年间，地球上每 10 年大约有 5%～10% 的物种将要消失。

从生态系统类型来看，最大规模的物种灭绝发生在热带森林，其中包括许多人们尚未调查和命名的物种。热带森林物种占地球物种的 50% 以上，据科学家估计，按照每年砍伐 1700 万公顷的速度，在今后 30 年内，物种极其丰富的热带森林可能被毁掉，大约 5%～10% 的热带森林物种可能面临灭绝。另外，世界范围内，同马来西亚面积差不多的温带雨林也消失了。整个北温带和北方地区，森林覆盖率并没有很大变化，但许多物种丰富的原始森林被次生林和人工林代替，许多物种濒临灭绝。总体来看，大陆上 66% 的陆生脊椎动物已成为濒危种和渐危种。海洋和淡水生态系统中的生物多样性也在不断丧失和严重退化，其中受到最严重冲击的是处于相对封闭环境中的淡水生态系统。同样，历史上受到灭绝威胁最大的是另一些处于封闭环境岛屿上的物种，岛屿上大约有 7400 种的鸟类和哺乳动物灭绝了。目前岛屿上的物种依然处于高度濒危状态。在未来的几十年中，物种灭绝情况大多数将发生在岛屿和热带森林系统。

1.4　控制环境问题的主要对策

由上述可以看出，能源开发利用对生态环境的影响是非常直观的，两者是一个矛盾的共同体，在能源开发利用的过程中不可避免地会对环境造成破坏。

人类只有一个地球，为了改善和保护人居环境，世界各国对能源开发利用引起的环境问题日益重视。我国经济发展一直秉持着可持续发展的战略方针，而能源是实现可持续发展的物质基础，并与环境、经济等要素密切相关。因此，必须要在发展社会经济的同时，平衡好能源与环境的相互关系。

针对大量化石能源使用导致的环境灾害，可根据表 1-4 所示的控制方法，采用相应的控制措施。

表 1-4　各种环境灾害的控制方法与措施

环境灾害	控制方法	控制措施
酸雨污染	控制人为活动，减少化石能源利用过程硫氧化物和氮氧化物向大气的排放	1）提高化石燃料的燃烧效率； 2）用清洁能源代替化石能源； 3）改变能源消费观念
荒漠化加剧	利用先进的技术把已经荒漠的土地重新开垦得以利用	1）合理利用水土资源； 2）合理控制人口增长速度； 3）采取退耕还林的策略； 4）有效提高治理技术水平； 5）加快国土的绿化
温室效应	控制温室气体的排放	1）采用替代能源，减少使用化石燃料； 2）提高能源利用效率； 3）控制人口增长，实行可持续发展战略； 4）增加植被，防止森林破坏和荒漠化
生物多样性减少	减少能源开发利用；改善温室效应	1）减少能源，尤其是化石能源的利用； 2）提高能源的使用效率； 3）调整能源结构，尽量采用可再生清洁能源； 4）对生物多样性进行科学合理的保护

1.4.1　酸雨的控制对策

酸雨的控制方法是控制人为活动，减少化石能源利用过程硫氧化物和氮氧化物向大气的排放，从而消除酸性降雨量的管理方法。主要控制措施包括以下几个方面。

（1）提高化石燃料的燃烧率

酸雨的产生，一个重要的原因就是化石燃料的燃烧不充分导致空气中的硫化物和硝化物含量增加，从而使得雨水的酸性加强。为了对酸雨进行有效的控制，提高化石燃料的燃烧效率是非常重要的措施。所以在目前的工业生产和人民生活中，在进行化石燃料利用的时候，要改变过去煤炭整块燃烧模式，利用现在的先进生产方式对煤炭进行粉化处理，通过粉化处理后，大大提升煤炭的燃烧率。随着燃烧效率的提升，空气中的硫化物和硝化物的含量会显著的降低，这对于控制酸雨的形成具有积极的意义。

（2）用清洁能源代替化石燃料

化石燃料是产生酸雨的罪魁祸首，所以要进行酸雨控制，减少化石燃料的燃烧是非常必要的。在目前的社会条件下，风能、太阳能等清洁能源已经被广泛利用到了社会生产生活中，这些能源的利用，一方面可缓解我国能源紧张的局面，另一方面又不会产生类似于酸雨的环境污染问题，所以非常值得大力推广。

在环保意识不断强化的现今社会，利用天然气、太阳能等代替煤炭等化石燃料，可以有

效地减少化石燃料的使用量，进而降低酸雨的发生概率。

（3）改变能源消费观念

在过去，人们对于能源消费的观念主要考虑到的是经济性，但是随着环境问题的不断恶化，改变能源消费结构已经成为了社会发展的必由之路。在这样的大环境中，人们的能源消费观念也应该做出改变，为了环境更好地发展，在能源消费方面，清洁能源应该作为能源消费的首选，也就是说在能源消费方面，必须要打破传统的经济性观念，向环保型理念发展。通过观念的改变，促进经济的可持续发展。

具体实践中，针对能源利用的不同主体，采取的措施也各不相同。燃煤工厂应采取的措施是：在尽可能提高煤炭燃烧效率的同时，对于所有的煤炭燃烧系统，均采用烟气脱硫装置，减少二氧化硫的排放量。社会和公民应采取的措施是：用煤气或天然气代替烧煤；时时刻刻处处节约用电（因为当前的大部分电厂是燃煤发电）；支持公共交通（减少车辆就可以减少汽车尾气的排放）；购买包装简单的商品（因为生产豪华包装要消耗不少电能，而对消费者来说包装并没有任何实用价值）；支持废物回收再生（废物再生可以大量节省电能和少烧煤炭）。政府可以采取的措施是：对化石燃料的生产与消费，依比例课税，如此一来，或许可以促使生产厂商及消费者在使用能源时有所警惕，避免做出无谓的浪费。

1.4.2　荒漠化的防治对策

荒漠化主要指由于人类的一些不正当活动以及自然灾害，使得一些地区的土地失去肥力及生长植物的能力。荒漠化治理就是利用先进的技术把已经荒漠的土地重新开垦得以利用。荒漠化防治应坚持维护生态平衡与提高经济效益相结合，在现有经济、技术条件下，以防为主，保护并有计划地恢复荒漠植被，重点治理已遭沙丘入侵、风沙危害严重的地段，因地制宜进行综合治理。

荒漠化治理已成为世界性难题，制止沙漠扩张、绿化沙漠已成为 21 世纪人类争取生存环境、扩大生存空间的首要问题。目前采用的措施主要有：

（1）合理利用水土资源

对于已经荒漠化的土地，由于其生态环境基础较为薄弱，稍有不慎就会对当地造成极大的破坏。因此，对还没荒漠化的土地资源应实施科学合理的保护与应用，宜农则农、宜林则林、宜牧则牧，开展综合治理。对于已经荒漠化的土地，应采取科学的方法种植易存活植物，以达到减少水土流失的目的。

（2）合理控制人口增长速度

人口的快速增加，不仅会导致荒漠化进程的加剧，还会带来一些其他的环境问题。只有合理控制人口增长速度，才能有效改善我国的生态环境。

（3）采取退耕还林的策略

退耕还林一方面可以增加我国的绿地面积，另一方面可有效修复被破坏的生态环境及改善水土流失的现状。此外，采取防风固沙措施也可有效防治土地荒漠化。

（4）有效提高治理技术水平

为取得良好的治理效果，应在总结前人经验的基础上，结合当下先进的技术，制订完善的治理方案。

（5）加快国土的绿化

根据各荒漠化地区的实际情况，大力开展植树造林。同时摈弃传统的以经济林发展为主要的模式，积极倡导发展生态防护林。

我国是世界上荒漠化面积较大、危害最为严重但治理成效最显著的国家之一。据 2014 年第五次监测结果数据显示，全国荒漠化土地面积由 262.37 万平方公里（1 平方公里=1 平方千米）减少到 261.16 万平方公里，净减少 12120 平方公里，年均减少 2424 平方公里；沙化土地由 173.11 万平方公里减少到 172.12 万平方公里，净减少 9902 平方公里，年均减少 1980 平方公里，与第四次监测期内的年均减少 1717 平方公里相比，减少的幅度有所增加。目前，我国平均每年在西部地区"生态建设"投入至少在 800 亿元人民币以上，这将是西部国内生产总值的 3.6%，西部生态环境保护投入力度如此巨大，可谓举世罕见。又如为进一步减轻京津地区风沙危害，构筑北方生态屏障等需要，2012 年 9 月召开的国务院常务会议讨论通过的《京津风沙源治理二期工程规划（2013—2022 年）》，计划总投资将达 877.92 亿元。

1.4.3　温室效应的控制对策

导致温室效应的气体主要有 CO_2、CH_4、O_3、N_2O、氟利昂以及水汽等。能源的广泛利用产生了大量 CO_2，而生态循环中用以化解 CO_2 的绿色植物链远远不能满足能源消耗所带来 CO_2 的要求，因而导致温室效应日益加剧。因此，控制温室效应的主要方法就是控制温室气体的排放，可从以下几个方面进行。

（1）采用替代能源，减少使用化石燃料

现在人类使用的化石燃料约占能源使用总量的 90%，是温室气体排放的重要来源。世界能源消费结构是：石油约占能源的 40%，煤占 30%，天然气占 20%，核能占 6.5%。寻找替代能源，开发利用生物质能、太阳能、水能、风能、海洋能、核能等可显著减少温室气体排放量。目前，全人类所需的化石能源仅占地球每年从太阳获得能量的 1/20000；世界已开发的水电仅占可开发量的 5%，具有很大潜力。

（2）提高能效

当前，人类生活中到处都在大量使用能源，尤以住宅和办公室的冷暖气设备、交通用的汽车为甚，提高能效可显著减少 CO_2 的排放，因为提高能效就相当于减少了能源的消耗量。在此方面，政府可出台相关政策对用能过程进行指导，如对化石燃料的生产与消费，可实施阶梯价格，以促使生产者和消费者避免无谓的浪费。

（3）控制人口增长，实行可持续发展战略

人口的无序增长，不仅加大了对生物界和地球资源的索取，也导致了环境的恶化。气候危机实质上是一种人口危机，人口的增加将会直接或间接增加大气中温室气体的含量。

（4）增加植被，防止森林破坏和荒漠化

森林是吸收 CO_2 的大气净化器，能够把氧气放回到大气中，把碳固定在植物纤维质里，因此森林是抑制气候危机、推迟或扭转温室效应最有效的吸收源。

1.4.4　生物多样性减少的控制对策

追根溯源，生物多样性减少是由于能源的大量开采使用占用了大面积土地，破坏了大量天然植物，造成水体、土壤和空气污染；与此同时，温室效应的加剧导致全球变暖，使自然生态系统在短时间内无法适应这种破坏性改变。因此，控制生物多样性减少，也必须从能源开发与利用角度寻求相应措施。

（1）减少能源，尤其是化石能源的利用

各种能源的开发与利用过程均不可避免对水体、土壤和空气造成污染，尤其是化石能源，其导致的污染尤甚。因此，减少能源的利用，就可减弱对环境的污染，进而避免对自然系统的破坏。

（2）提高能源的使用效率

提高能源的使用效率，相当于减少了能源的利用量。

（3）调整能源结构，尽量采用可再生清洁能源

当前我国能源消费结构的特点是以煤为主，油气为辅，可再生清洁能源的利用占比还相当少。对于可再生能源，其使用过程可近似认为是"从自然中来，回自然中去"，对自然环境的破坏比传统化石能源要小得多。因此，加大可再生清洁能源的开发利用力度，对于进一步调整能源消费结构，减少对自然环境的破坏，延缓生物多样性减少具有重要意义。

除采取相应措施控制外，还要控制生物多样性的减少，对生物多样性进行科学合理的保护。

1.5　本书的主要任务和内容

由前述可知，大量化石能源的使用会导致酸雨污染、荒漠化加剧、温室效应及生物多样性减少等环境灾害，但并不是说化石能源的使用是造成环境灾害的唯一原因。除了化石能源的大量使用外，人类的其他一些无序活动，如人口的无序增长导致衣食住行需求量的增大，工业生产过程中大量的无组织排放等，也是形成酸雨污染和加剧温室效应的重要原因；对大自然的掠夺式开发等，也是造成荒漠化与生物多样性减少的重要原因。另外，环境灾害的形成也不是一朝一夕之事，是工业革命之后，随着大量化石能源的开发与使用而逐渐累积形成的。因此，要改善或延缓环境灾害，应从现在做起，加强政府的引导作用，全民积极参与节能减排，全社会加强节约型社会的建设，从而实现能源消费结构的合理改变，大幅减少化石能源的使用。

然而，并不是只有化石能源的使用才会导致这些问题，从能源开发利用的全生命周期来看，所有能源的开发和利用都会对环境造成一定的影响，所谓的清洁能源也不例外。例如，太阳能光电利用过程中必不可少的太阳能电池，其生产过程与废弃后的处理过程均会产生大量的污染；太阳能光热利用过程中，太阳能镜场会对动物造成致命的威胁；水能的开发和利用可能会造成地面沉降、地震、生态系统变化；地热能的开发和利用可能会导致地下水污染和地面下沉。针对于此，本书以煤炭、石油、天然气、太阳能、风能、生物质能、水能、海洋能、地热能、氢核和核能为对象，分别介绍了其开发利用的技术与方法，对开发利用各环节中可能产生的环境污染问题进行了分析，并有针对性地提出了减缓措施或解决对策，以使能源开发利用与环境保护两个方面相辅相成、互为促进，进而为实现可持续发展的战略目标奠定能源与环境的基础。

参考文献

[1] 朱玲，周翠红. 能源环境与可持续发展 [M]. 北京：中国石化出版社，2013.

［2］杨天华，李延吉，刘辉. 新能源概论［M］. 北京：化学工业出版社，2013.

［3］卢平. 能源与环境概论［M］. 北京：中国水利水电出版社，2011.

［4］廖传华，耿文华，张双伟. 燃烧技术、设备与工业应用［M］. 北京：化学工业出版社，2018.

［5］廖传华，李海霞，尤靖辉. 传热技术、设备与工业应用［M］. 北京：化学工业出版社，2018.

［6］廖传华，周玲，高豪杰，等. 污泥稳定化与资源化的化学处理方法［M］. 北京：化学工业出版社，2019.

［7］刘焕磊，陈冬，杨天锋，等. 太阳能燃气轮机发电技术综述［J］. 热力发电，2018，47（2）：6-15，62.

［8］王志锋. 太阳能热发电站设计［M］. 北京：化学工业出版社，2012.

［9］杨洪义，翟瑞生. 谈电热转换技术［J］. 黑龙江科技信息，2012，（20）：30.

［10］潘永康，王喜忠，刘相东. 现代干燥技术（第二版）［M］. 北京：化学工业出版社，2007.

［11］朱文学. 热风炉原理与技术［M］. 北京：化学工业出版社，2005.

［12］汪翔，陈海生，徐玉杰，等. 储热技术研究进展与趋势［J］. 科学通报，2017，62（5）：1602-1610.

［13］吴娟，龙新峰. 热化学储能的研究现状与发展前景［J］. 现代化工，2014，34（9）：17-21.

［14］王艳. 高温固体储热系统特性研究［C］. //首届中国太阳能热发电大会论文集. 敦煌：中国太阳能热发电大会，2016：541-548.

［15］韩君. 化学回热系统实验研究［M］. 哈尔滨：哈尔滨工程大学，2014.

［16］王孝军. 化学回热系统仿真研究［J］. 哈尔滨：哈尔滨工程大学，2012.

［17］金红光，林汝谋. 能的综合梯级利用与燃气轮机总能系统［M］. 北京：科学出版社，2008.

［18］马文通. 燃气轮机及燃气——蒸汽联合循环在部分工况下的仿真研究［D］. 上海：上海交通大学，2009.

［19］潘雪雷，王俊辉，晏梦雨，等. 单根纳米器件在能量储存与转化中的应用［J］. 中国材料进展，2018，37（1）：51-58.

［20］余林峰，陈晋，丁冬海，等. 类石墨烯材料在能量储存转换领域的应用［J］. 硅酸盐通报，2015，34（1）：156-163.

［21］GHAVIHA N，杨宇. 能量储存系统在铁路运输中的应用综述［J］. 国外铁道车辆，2018，55（4）：8-11.

［22］许林玉. 能量储存：电力革命［J］. 世界科学，2015，（12）：26-29.

［23］康飞宇，贺艳兵，李宝华，等. 炭材料在能量储存与转化中的应用［J］. 新型炭材料，2011，26（4）：246-254.

［24］曾平，佟刚，程光明，等. 压电发电能量储存方法的初步研究［J］. 压电与声光，2008，（2）：230-232，235.

［25］赵鲁臻. 永磁振动发电装置能量储存的研究［D］. 天津：河北工业大学，2011.

［26］李明，王六玲，马煜. 太阳能热化学能量贮存与转化研究［J］. 太阳能学报，2008，29（11）：1359-1363.

［27］赵永志. 能源生产利用对环境影响之浅析［J］. 资源与环境，2017，（18）：145.

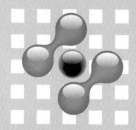

第 2 章　煤炭的开发利用与环境问题及对策

煤炭是埋藏于地层内已炭化的可燃物，作为燃料比较便宜，是使用最广泛的一种固体燃料。

煤炭是世界储量最丰富的化石燃料。世界各地都有煤炭资源，但主要分布在北半球北纬 30°～70° 之间，占世界煤炭资源的 70%。世界煤炭可采储量的 60% 集中在美国（25%）、前苏联（23%）和中国（12%），此外，澳大利亚、印度、德国和南非 4 个国家共占 29%。就煤炭质量而言，亚洲国家优质煤占总资源的比例较大。我国煤炭行业的主要竞争对手为美国、印度、澳大利亚、南非和独联体国家。

我国的煤炭储藏量巨大，保有探明储量达 1.3 万亿吨，但分布极不平衡，总体上看是北多南少、西多东少。在昆仑山—秦岭—大别山一线以北地区，煤炭资源量占全国的 90.3%，其中太行山至贺兰山之间地区占北方地区的 65%；昆仑山—秦岭—大别山一线以南的地区，只占全国的 9.7%，其中 90.6% 又集中在川、云、贵、渝等省市。正由于煤炭资源和现有生产力呈逆向分布，从而形成了"北煤南运"和"西煤东调"的基本格局。大量煤炭自北向南、由西到东长距离运输，给煤炭生产和运输造成很大压力。

2.1　煤炭的分类及其组成

煤是棕色至黑色的可燃烧的类似岩石的固体，由植物经过物理和化学的演变和沉积而成。最初这些植物的沉积常常是在沼泽地或潮湿的环境中进行，并逐渐腐烂风化形成泥浆或泥煤。泥煤就是煤的前身，泥煤经过埋藏沉积以及随后的地质过程，包括压力及温度增高，最终演变成煤。

2.1.1　煤炭的分类

在煤化过程的不同阶段，除泥煤外，煤炭可分为褐煤、烟煤（包括高、中、低挥发分）以及无烟煤（包括半无烟煤、无烟煤、高炭化无烟煤或石墨煤）。

① 泥煤是最年轻的煤，也是由植物刚刚变过来的煤，其炭化程度最低，在结构上它还保留有植物遗体的痕迹。泥煤多是由沼泽地带的植物沉积在空气量不足和存在大量水分的条件下生成的，其含水量高达 80%～90% 左右，因而泥煤质地疏松，吸水性强，需进行露天干

燥以后才可用于燃烧。

在使用方面上泥煤挥发分高,可燃性好,反应性高。它含硫低,机械性差,灰分熔点很低。工业上泥煤用于烧锅炉和作气化原料,但其工业价值不大,不能远途运输,只能作地方性燃料使用。

② 褐煤是泥煤经过进一步炭化后生成的,是植物炭化的第二期产物,但煤化程度仍较低,其颜色一般为褐色或暗褐色,无光泽,含木质结构。由于能将热碱水染成褐色,因而得名"褐煤"。

褐煤可用作工业或生活燃料,也可用作气化与低温干馏用原料,但由于其在空气中易风化和破碎,只能作地方性燃料,多被就近利用。

③ 烟煤是一种煤化程度较高的煤种,已完全看不见木质构造,其外观为黑色或灰黑色,有沥青似的光泽。烟煤质地较硬,有较高的硬度,燃烧时出现红黄色火焰和棕青色浓烟,带有沥青气味。

烟煤较易着火,自燃着火温度约 400~500℃。烟煤的最大特点是具有黏结性,因此是炼焦的主要原料。

④ 无烟煤也称"白煤",是煤化程度最高的煤,也是年龄最老的煤。它由烟煤在炭化过程中进一步逸出挥发分与水分,炭分相应增高而形成,其特点是色黑质坚,有半金属光泽。

无烟煤挥发分不仅析出温度高,而且量少,因此着火困难并较难燃尽。无烟煤无结焦性,焦炭呈粉状,灰分量少但熔点低。无烟煤燃烧时几乎不产生煤烟,火焰很弱或无火焰,不黏结,自燃着火温度在 700℃左右。同时,由于无烟煤组织密实、坚硬、吸水性小,适合于远途运输、长期贮存。因此,无烟煤通常用作动力和生活用燃料,也用于制取化工用气。

2.1.2 煤炭的组成

2.1.2.1 煤炭的成分

煤炭的成分包括可燃成分和不可燃成分。可燃成分或粗略地分为挥发分和固定碳两部分,或精细地按元素组成分。不可燃成分包括水分和灰分。

(1)可燃成分

固体燃料的可燃成分包括挥发分与固定碳。可燃元素有碳、氢、氧、氮、硫五种,其中碳和氢是主要发热元素,氧只是助燃,氮不参与燃烧,硫则是有害的杂质。

① 挥发分。将干燥的固体燃料在隔绝空气的情况下加热到高温,逸出的气态部分便是挥发分,亦称挥发分产率,符号为"V"。挥发分产率一定程度上代表了煤化程度,是煤分类的重要指标。

挥发分主要含 CH_4、H_2 等可燃气体和少量的 O_2、N_2、CO_2 等不可燃气体。一般随煤的炭化程度加深而减少,但挥发分的发热量却因其中可燃物质改变而有所提高。随着固体燃料加热温度和持续时间的增加,挥发分的产量将增加,成分也发生变化,所以测定时必须说明当时的条件。

挥发分易燃,因此含挥发分高的煤容易点火,火焰长且持续时间较长,这种煤宜作火焰加热炉燃料,燃烧效率也较高。

② 固定碳。固体燃料干馏时留下的固态剩余物中除去灰分就是固定碳,以符号"C_{GD}"表示。在烟煤和无烟煤的可燃成分中,固定碳占有最大的质量比和最多部分的发热量,是主要的发热部分。

(2)不可燃成分

① 水分。也称全水分,用符号"W"表示。机械地浸附在燃料颗粒外表面及大毛细管内,

可用风干方法除去的水分叫外在水分（W_{WZ}）；通过毛细管吸附在燃料内部，需要加热才能去除的水分叫内在水分（W_{NZ}）。外在水分与内在水分的和便是全水分。

煤炭的水分因煤种、开采方法而异，运输、储存等条件也影响煤炭的实际含水量。水分增多会使煤炭的可燃成分降低，从而既造成运输能力的浪费，又使煤易于风化变质，所以水分是煤质与计价的一项重要指标。

② 灰分。燃料燃烧后余下的固态残留部分即为灰分，符号为"A"。它们中的一部分是在燃料形成过程中混杂进来的，另一部分是在燃料开采、运输和储存过程中带进来的。灰分使可燃成分比率和燃烧温度降低，是固体燃料质量分级的一项重要指标。

在燃煤装置中，灰分的熔点对运行的经济性和安全性有较大影响。如果灰分熔点过低，在燃烧过程中易产生裹灰，造成煤的不完全燃烧，并在炉排上结块，影响通风，恶化燃烧，还给清灰除渣带来困难。

我国煤炭的灰分一般在 10%～30%左右。

2.1.2.2 煤炭的化学组成

煤炭是由极其复杂的有机化合物组成的。一般由 C、H、O、N、S 各元素的分析值及水分、灰分的质量分数来表达煤炭的化学组成。

（1）碳

碳是煤中的主要可燃元素。随着煤炭的形成年代的增长，由于一些不稳定的成分逐渐析出，碳的含量将逐步增高，这一过程称为煤的炭化过程。炭化程度低的泥煤含碳量为 60%～70%，炭化程度高的无烟煤可达 90%～98%。

煤炭中的碳是以与氢、氧化合成有机化合物状态存在的。在炭化程度高的煤中也可能存在结晶状态的碳。碳是一种较难燃烧的元素，炭化程度高的煤着火与燃烧均较困难。

（2）氢

氢也是煤炭的主要可燃元素，煤炭中含氢量约为 2%～6%。

氢在煤炭中以两种形式存在，与碳、硫等化合为各种可燃有机化合物，称为有效氢，也称自由氢，这些可燃有机化合物在煤炭受热时易裂解析出，且易于着火燃烧，并放出热量。另一种是和氧结合在一起的，叫化合氢，它不能放出热量。在计算发热量和理论空气需要量时，以有效氢为准。

含氢量高的煤种在燃烧时易生成带黑头的火焰，即燃烧时易生成炭黑，在储存时易风化而失去部分可燃物质，因此在储存与使用时都应加以注意。

（3）氧和氮

煤炭中的氧和氮都是不可燃成分。

氧在煤炭中是一种有害物质，氧和碳、氢等结合生成氧化物使碳、氢失去燃烧的可能性。可燃物质中碳含量越高，氧含量越少。

一般情况下氮不能参加燃烧，也不会氧化，而是以自由状态转入燃烧产物。但在高温下或有触媒存在时，部分氮可和氧形成 NO_x 而污染大气。煤炭中含氮约 0.5%～2%。

（4）硫

硫是燃料中最有害的可燃元素。硫在燃烧后会生成 SO_2 和 SO_3 气体，这些气体会与燃烧产物中的水蒸气结合，形成对燃烧装置金属表面有严重腐蚀作用的亚硫酸和硫酸蒸气。SO_2 与 SO_3 排入大气还会严重污染大气。发电厂的排气中含有硫化物，出于环境保护的需要，应加设除硫装置，但这会使发电厂的设备费用增加 20%左右。所以煤炭中的硫是合理干净地使用煤炭的关键问题。我国煤炭的硫含量约为 0.5%～3%，亦有少数煤炭超过 3%。

硫在煤炭中有三种存在形式：有机硫，来自母体植物，与煤呈化合态均匀分布；黄铁矿硫，以 FeS_2 形式存在；硫酸盐硫，以 $CaSO_4 \cdot 2H_2O$ 和 $FeSO_4$ 等形式存在于灰分中。

（5）灰分

灰分是煤炭中所含矿物质（硫酸盐、黏土矿物质及稀土元素）在燃烧过程中高温分解和氧化后生成的固体残留物。煤炭中灰分是一种有害成分。对工业锅炉来说，灰分高的煤热值低，不好烧，给设备维护带来困难。对燃气轮机用煤，更是要求灰分非常低。灰分给涡轮叶片带来腐蚀、沉积、浸蚀。现在国际上已经研究出可将煤中灰分精洗到 1%以下供燃气轮机使用，但价格很贵，难以工业化。

煤炭中的灰分可分为两种：一种是煤化过程中由土壤等外界带入的矿物质，称为外来灰分。这种灰分可以用浮选等物理选矿方法来清除。一般工业用的洗净煤含灰量在 8%左右。特别仔细的物理洗煤技术可将煤中灰分洗到 3%左右，进一步降低灰分就要用化学方法。另一种灰分是原来成煤植物中固有的，称之为内在灰分。减少内在灰分必须将煤磨细后，用化学液体（如氢氟酸）与灰分作用，然后再用碱液洗掉酸，最后用水洗。这一过程成本昂贵，对环境污染严重。

（6）水分

水分是燃料中无用的成分。煤炭中水分包括两部分：

① 外部水分或湿成分。这是机械地附着在煤表面的水分，它与大气温度有关。把煤磨碎后在大气中自然干燥到风干状态，这部分水分就可除去。外部水分随运输和储存条件的变动很大。

② 内在水分。这是煤炭达到风干状态后所残留的水分，它包括被煤炭吸收并均匀分布在可燃质中的化学吸附水和存于矿物质中的结晶水。内在水分只有在高温分解时才能除掉。通常作分析计算和燃烧评价时所说的水分就是指的这部分水。

煤炭的成分通常用各组分的质量分数表示。由于燃料中水分和灰分常受季节、运输和储存等外界条件变化影响，数值会有很大波动。同一种燃料由于取样时条件不同，或者在同一实验条件下由于所采用的分析基准不一样，所得结果亦会不相同。所以固体燃料和液体燃料的元素分析值都必须标明所采用的基准，否则就无意义。

2.2 煤炭的开采与利用技术

煤炭都是埋藏在地下煤层中的，在利用之前必须进行开采。另外，由于其成分复杂，在开采利用过程中会产生严重的环境污染，因此，开发清洁高效的煤炭利用技术对提高利用效率、降低环境压力具有重要意义。

2.2.1 煤炭开采技术

埋藏在地下的煤层由于成煤条件不同，地质情况各异，有的埋藏很深，有的埋藏很浅，因此开采方法也不一样。煤的开采方法有两类：露天开采和井下开采。

（1）露天开采

露天开采就是移走煤层上覆的岩石及覆盖物，使煤敞露地表而进行开采，其中移去土岩

的过程称为剥离，采出煤炭的过程称为采煤。露天采煤通常将井田划分为若干水平分层，自上而下逐层开采，在空间上形成阶梯状。

露天开采的生产环节为：用穿孔爆破并用机械将岩煤预先松动破碎；用采掘设备将岩煤由整体中采出；装入运输设备，运往指定地点，将运输设备中的剥离物按程序排放于堆放场；将煤炭卸在洗煤厂或其他卸矿点。

露天开采的优点是生产空间不受限制，可采用大型机械设备进行开采，矿山规模大，开采效率高，生产成本低，建设周期短；资源回采率可达90%以上，资源利用合理；劳动条件好，安全性高，死亡率仅为地下采煤的1/30左右，是目前我国的主要煤炭开采方法。缺点是占用土地多，会造成一定的环境污染；生产过程需受地形及气候条件的制约；在资源方面，对煤炭赋存条件要求较严，只宜在埋藏浅、煤层厚度大的矿区采用。

与国外先进水平相比，我国露天开采存在着规模小、产业集中度低、经济效益较低，技术工艺与装备水平、设备制造水平相对落后，自动化程度低，大型成套装备国产化程度低、进程较慢等问题，要向大型化、系列化、自动化方向发展。

（2）井下开采

井下开采是与露天开采相对应的一种开采方式。与露天开采相比，井下开采技术的难度较大，但由于大多数煤矿都埋藏在地下，不适合露天开采，因此必须采用井下开采方式。

井下开采又可分为平硐开拓、斜井开拓和竖井开拓。我国适合露天开采的煤炭资源不多，煤炭生产以地下开采为主。井下开采技术的应用必须适应于煤矿地质和煤层分布的情况，并提前制定好开采方案，确定设备的应用和支护方式。在露天开采中，一般采用直接开采方式，但在井下开采中由于受环境、设备等条件制约，通常采用从上到下的开采方式。随着开采技术不断发展，定向开采方式也逐渐得到了广泛应用。

定向开采不再局限于某一个环节的开采，而是从整体出发，采用定向钻进手段对于事先校对好的方位进行煤矿开采。在钻具进入矿层后，再使用测量仪器对开采方位进行检测和调整，从而确保开采角度的精确性。在钻具行进的过程中，还需不断对钻具角度进行调整，防止钻具偏离预定轨道，造成不必要的故障和事故。

2.2.2 煤炭利用技术

煤炭利用的目的是通过各种物理和化学的方法，将采出煤所蕴含的化学能转化为热能和机械能，实现能源化利用，或者将其所含有的主要成分转化为化学品。

作为最基本的能源，大部分煤炭都用于提供热能，因此煤炭燃烧是最早开发的煤炭利用方法，也是目前最主要的煤炭利用方法。但由于煤炭的储存状况及组分非常复杂，在直接燃烧利用中会产生严重的环境污染，因此，开发清洁高效的煤炭利用技术对提高利用效率、降低环境压力具有重要意义。

洁净煤技术是旨在减少污染和提高效益的煤炭加工、燃烧、转换和污染控制等新技术的总称，主要包括洁净生产、加工技术，高效洁净转化技术，高效洁净燃烧发电技术。洁净煤技术于20世纪80年代中期兴起于美国，迄今美国已在先进的燃煤发电系统和液体燃料替代方面取得了重大进展。欧盟、日本、澳大利亚等也相继推出洁净煤研究开发与实施计划。在我国，煤炭清洁高效利用技术包括4个领域、14项技术，即：煤炭加工——洗选、型煤、水煤浆；煤炭高效洁净燃烧——循环流化床发电技术、增压流化床发电技术、整体煤气化联合循环发电技术；煤炭转化——气化、液化、燃料电池；污染排放控制与废弃物处理——烟气净化、电厂粉煤灰综合利用、煤层气开发利用、煤矸石和煤泥水综合利用、工业锅炉和窑炉技术改造。

2.3　煤炭清洁加工技术

在我国，煤炭清洁加工技术主要包括洗选、型煤和水煤浆技术。各种煤炭清洁加工技术的目的与加工方法如表 2-1。

表 2-1　各种煤炭清洁加工技术的目的与加工方法

加工技术	目　的	加工方法
洗选	采取一定的方法降低原煤中的灰分、硫分等杂质的含量，并加工成质量均匀、能适应各种要求的商品煤	物理洗选； 化学洗选； 生物洗选
型煤	加工成具有一定几何形状和冷热强度，并具有良好燃烧特性和环保效果的固态工业燃料	无黏结剂冷压成型； 有黏结剂冷压成型； 热压成型
水煤浆	制成硫含量和灰分较低，具有良好流动性、稳定性的煤基流体燃料	湿法制浆； 干法磨矿制浆； 干法、湿法联合制浆

2.3.1　洗选

煤炭洗选也称选煤，是采取一定的方法降低原煤中的灰分、硫分等杂质的含量，并将原煤加工成质量均匀、能适应用户需要的不同品质及规格的商品煤，它是煤炭进一步深加工的前提。

选煤的方法很多，包括物理洗选、化学洗选和生物洗选。

物理选煤是根据煤炭和杂质物理性质（如粒度、密度、硬度、磁性及电性等）上的差异进行分选，主要的物理分选方法有：重力选煤，包括跳汰选煤、重介质选煤、斜槽选煤、摇床选煤、风力选煤等；电磁选煤，利用煤和杂质的电磁性能差异进行分选，这种方法在选煤实际生产中没有应用。

物理化学选煤也称浮游选煤（简称浮选），是依据矿物表面物理化学性质的差别进行分选，使用的浮选设备很多，主要包括机械搅拌式浮选和无机械搅拌式浮选两种。

物理选煤和物理化学选煤技术是实际选煤生产中常用的技术，用于从煤中分离出矸石、硫化铁等异物，而不能分离以化学态存在于煤中的硫，也不能分离出氮化物，一般可除去煤中 60%灰分和 40%黄铁矿硫。新型物理选煤技术是把煤粉磨得更细，从而能使更多的杂质从煤中分离出来。超细粉的新技术可以除去 9%以上的硫化物及其他杂质。

化学选煤是借助化学反应使煤中有用成分富集，除去杂质和有害成分的工艺过程。在实验室中常用化学方法脱硫。根据常用的化学药剂种类和反应原理的不同，可分为碱处理、氧化法和溶剂萃取等。但这一过程成本昂贵，对环境污染严重。

生物选煤是用某些自养性和异养性微生物，直接或间接地利用其代谢产物从煤中溶浸硫，达到脱硫的目的。生物选煤都是在常温下进行，脱硫过程中煤损失少，但是作用时间长，需要很大的反应器，工艺复杂，成本高，这些因素都制约生物脱硫的大规模工业应用。最新的方法是采用酶来脱除煤中的有机硫。

2.3.2　型煤

型煤是一种或多种性质不同的煤炭按照本身特性经科学配合掺进一定比例的黏结剂、固硫剂、蓬松剂等，使其发热量、挥发分、固硫率等技术指标达到预定值，经过粉碎、混配、

轧制成型等工艺过程加工成具有一定几何形状和冷热强度并有良好燃烧特性和环保效果的固态工业燃料。型煤是各种洁净煤技术中投资小、见效快、适宜普遍推广的技术。与原煤直接燃烧相比，可减少烟尘 50%～80%，减少 SO_2 排放 40%～60%，燃烧热效率提高 20%～30%，节煤率达 15%，具有节能和环境保护的双重效益。

型煤一般分为民用型煤和工业型煤两类。民用型煤广泛用于炊事、取暖等，如各种蜂窝煤、煤球等。与民用型煤相比，我国工业型煤发展很慢，特别是供锅炉用的工业型煤更是如此。大量炉窑仍然烧原煤，热效率低、污染严重。若将粉煤制成型煤，并加入不同的添加剂，增加型煤的反应活性、易燃性、热稳定性，提高煤的灰熔点和固硫功能，将提高煤炭的利用率。

在粉煤成型工艺技术中，不同用途的型煤，其工艺途径和参数有一定差别，但归纳起来可分为三种典型工艺，即无黏结剂冷压成型、有黏结剂冷压成型和热压成型，如图 2-1 所示。

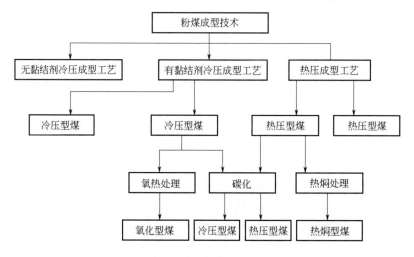

图 2-1　粉煤成型过程示意图

（1）无黏结剂冷压成型

无黏结剂冷压成型即粉煤不加黏结剂，只靠外力的作用成型，许多国家已广泛采用这种方法来制造泥煤、褐煤，作为家庭燃料或工业燃料。对于烟煤和无烟煤，由于它们的煤化度高，其粉煤的无黏结剂成型较为困难，目前，工业上尚未普遍采用无黏结剂成型工艺。

粉煤无黏结剂成型不需要添加任何黏结剂，不但节约大量原材料，相应地保持型煤的碳含量，而且简化成型工艺，是粉煤成型的一个重要发展方向。

（2）有黏结剂冷压成型

有黏结剂冷压成型即在粉煤中加入黏结剂再经压制成型。在烟煤、无烟煤等无黏结剂成型较为困难的情况下，工业上普遍采用黏结剂冷压成型方法。目前我国合成氨行业所用型煤大部分都采用这种成型方法，因为在这些煤种的粉煤中加入质量分数为 5%～20%的适当黏结剂，借助黏结剂的作用，成型压力就可减至 5～50MPa，因此在工业上容易实现。

尽管有黏结剂冷压成型工艺使用的黏结剂品种很多，型煤制造工艺流程各有不同，但这种类型的型煤生产过程中都必须包括成型原料的制备、成型和生球固结 3 个共同的工序。其简要生产流程如下：

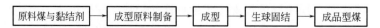

但必须指出，由于使用了黏结剂，将会出现下列问题：降低型煤的固定碳含量，尤其是使用石灰、水泥、黏土之类无机物时更为明显；一般黏结剂的价格比粉煤贵，虽然使用量较少，但也要增加型煤成本；黏结剂本身需要处理，且还要与粉煤均匀混合，以及后期固结，使成型工序增加，工艺复杂化；工业用型煤数量大，黏结剂用量相应也需很多，黏结剂要有充足的来源。

（3）热压成型

粉煤热压成型是通过快速加热来提高煤的黏结性，在煤的塑性温度区间内，借助于成型机施加外部压力，使软化了的煤粒相互黏结熔融在一起。一般来说，在中压下（50MPa）即可获得强度较好的型煤。

加热到塑性温度的煤粒，进一步热分解和热缩聚，使煤粒"软化"，并由于气体产物的生成，使煤粒膨胀。为了使热解的挥发产物进一步析出，以防止热压后型块膨胀或碳化处理时开裂，应在塑性温度下隔热维温 2～4min 左右。经过维温分解以后，处于胶质状态的煤料中，除可熔物质外，还存在不可熔物质或惰性粒子。为了使其均匀分布于熔融物质中，煤料可在挤压机中进一步受到粉碎、挤压和搅拌，以提高型煤结构的均匀性和强度。

热压成型方法并不需要外加其他黏结剂，只靠煤本身的黏结性成型，可省去添加黏结剂带来的许多麻烦。实践证明，用这种成型方法制得的型焦或型煤的机械强度高，是粉煤成型中的一个重要方向。

热压成型工艺按加热的方式可分为气体热载体快速加热热压成型工艺和固体热载体快速加热热压成型工艺两大类。热压所得到的型煤，最好在热压温度下，在隔热和隔绝空气的条件下进行一定时间的热焖处理。

2.3.3　水煤浆

散煤燃烧存在缺点：储运复杂，燃烧效率低，除大型电站效率较高外，一般的燃煤锅炉效率较低，其中包括燃尽率和锅炉效率。水煤浆选用洗精煤或选配低硫、低灰分煤制浆，煤炭经过洗选，可脱除硫 30%～40%（脱除黄铁矿硫 60%～80%），脱除灰分（煤矸石等）50%～80%，原始烟尘与灰渣量减少，因而浆中硫含量和灰分较低。另外，水煤浆储运是全密封进行的，其燃烧火焰中心温度较燃油低 100～200℃，有助于抑制 NO_x 生成。

水煤浆是一种成本低、见效快、技术相对简单的经物理方法加工的煤基流体燃料，具有以下优点：水煤浆为多孔隙的煤粉和水的固液混合物，具有良好的流动性、稳定性，易运输，可减少运输途中的损失，节省储煤场地，特别是可以采用液体燃料方式用泵和管道输送；水煤浆加工简单，并易储存；不存在自燃着火、粉尘飞场等问题；可以实现 100%代油，且可与油一样雾化燃烧，因此，原有的锅炉只需经过简单改造即可燃用水煤浆，燃烧效率高，电厂锅炉能达到 98%～99%以上，与煤粉接近；在水煤浆加工过程中，可以进行脱硫脱灰等净化处理，原煤制成水煤浆，其灰分低于 8%，硫分低于 1%，且燃烧时火焰中心温度比一般煤粉温度低 200℃ 左右，因此燃烧时烟尘、SO_2、NO_x 等的排放都低于燃料油和烧散煤。

2.3.3.1　水煤浆定义和分类

水煤浆是由大约 70%的煤、29%的水和 1%的添加剂通过物理加工得到的一种低污染、高效率、可管道输送的代油煤基流体燃料。从发展的种类和用途上可分为多种，如表 2-2 所示。

表 2-2　水煤浆的种类和用途

水煤浆种类	水煤浆特征	使用方式	用　途
中浓度水煤浆	50%煤，50%水	管道输送	终端经脱水供燃煤锅炉
高浓度水煤浆	70%煤，29%水，1%添加剂	泵送，雾化	直接做锅炉燃料（代油）
超细、超低灰煤浆	煤粒度<10μm，灰分<1%，浓度50%	替代油燃料	内燃机直接燃用
高、中灰煤泥浆	煤灰分25%，浓度50%～65%	泵送炉内	供燃煤锅炉
超纯煤浆	煤浆灰分很低（0.1%～0.5%）	直接作燃料	供燃油锅炉、燃气锅炉
原煤煤浆	原煤就地，炉前制浆	直接作燃料	供燃煤锅炉、工业锅炉
脱硫型水煤浆	煤浆中加入脱硫剂	泵送炉内，燃烧脱硫	可提高脱硫率10%～20%

2.3.3.2　水煤浆生产工艺

（1）制浆技术

制浆技术是水煤浆技术的核心技术之一，完善的制浆工艺对于提高水煤浆的质量和降低水煤浆的成本起着至关重要的作用。水煤浆制备生产工序通常包括选煤、破碎、磨矿（加入添加剂）、混捏和搅拌、滤浆等多个环节，每个环节的作用是：

① 选煤。是制浆的基础，包括两个含义：一是选择合适的制浆用煤或配煤，即成浆性能好，并且具有良好燃烧特性的煤；二是原料煤进行脱灰脱硫处理，以保证制浆原料煤的质量。

普通水煤浆，是在制浆前采用一般的选煤方法，制浆原料煤的灰分一般在 9%左右；精细水煤浆，一般要经过两次选煤，第一次是常规的选煤方法，把灰分降到 9%左右，然后再超细粉碎，使煤中矿物质和可燃体充分解离，再用特殊的方法使煤的灰分降到 1%左右；高灰水煤浆，制浆原料本身就是经过洗选的尾煤，不用洗选。

② 破碎与磨矿。是制浆工艺过程中最关键的环节。为了减少磨矿功耗，磨矿前原料煤必须先经破碎（按照多破少磨原则，破碎粒度越细越好），然后经过磨矿至水煤浆产品所需要的细度，并使其粒度分布达到较高堆积效率。其粉碎过程即先破碎后磨煤，分湿法和干法两种；磨矿回路可以是一段磨矿，也可以是由多台磨机构成的多段磨矿。磨矿的设备主要有雷蒙磨、中速磨、风扇磨、球磨、棒磨、振动磨和搅拌磨。

③ 混捏和搅拌。混捏的目的是使干磨所产生的煤粉或中浓度磨矿产品经过滤机脱水所得的滤饼与水和分散剂均匀混合，并初步形成有一定流动性的浆体，便于在下一步搅拌工序中进一步混匀，混捏的设备通常是捏混机。搅拌的作用是使煤颗粒、水与添加剂充分均匀混合，而且在搅拌过程中再使煤浆经受强力剪切，以加强添加剂与煤颗粒表面间的相互作用，改善浆体的流动性能，搅拌的设备通常是搅拌机。

④ 滤浆。其作用是除去在制浆过程中出现的粗颗粒和混入浆体的某些杂物，以保证水煤浆产品在储运和燃烧过程中不堵塞管路和喷嘴，滤浆的设备是筛网滤浆器。

在制浆工艺中，还必须配置煤量、水量、添加剂量、煤浆流量、料位、液位等在线检测与控制计量。目前，针对不同的水煤浆用户，国内制浆厂的生产工艺呈现多样化发展。我国的制浆生产工艺主要分为湿法制浆、干法制浆和间歇式制浆，其中采用湿法磨矿制浆工艺最为普遍。

（2）湿法制浆工艺

湿法磨矿制浆工艺按照磨矿浓度又可分为高浓度磨矿制浆工艺，中浓度磨矿制浆工艺，中、高浓度联合磨矿制浆工艺。此外还有浮选精煤制浆工艺及煤泥制浆工艺等。

1）高浓度磨矿制浆工艺

其工艺流程如图 2-2 所示，是将煤、水和分散剂一起加入磨机研磨，磨矿产品再经搅拌、稳定剂处理，即为成品水煤浆。采用这种工艺需要很好地掌握磨机的结构和运行参数。该工艺的优点是在高浓度下使磨介表面可黏附较多的煤浆，有利于在研磨中产生较多的细粒来改善粒度分布，也有利于分散剂及时与煤粒表面接触，从而提高制浆效果。缺点是对变化的煤种适应性差；对磨机的结构参数和运行参数要求严格，因为浆体浓度过高会严重影响磨矿的功效，并且磨矿产品粒度分布与调整受到一定的局限。但由于其工艺流程简单，我国大多数浆厂都采用这种工艺。

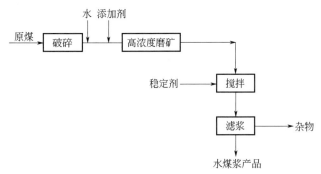

图 2-2　高浓度磨矿制浆工艺流程图

2）中浓度磨矿制浆工艺

其工艺流程如图 2-3 所示，是指采用 50% 左右的浓度磨矿。由于中浓度磨矿产品粒度分布堆积效率不高，一般都要采用两段以上的中浓度磨矿，以调整磨矿产品的粒度分布，使其达到较高的堆积效率。同时对磨矿产品还要进行过滤、脱水，脱水后的滤饼再加入分散剂进行捏混、搅拌、调浆、稳定性处理后为成品水煤浆。该工艺是通过不同阶段磨矿产品的搭配来调整磨矿产品粒度分布，还需有过滤脱水等工序，工艺流程较为复杂。

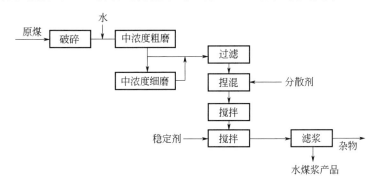

图 2-3　中浓度磨矿制浆工艺流程图

3）中、高浓度联合磨矿制浆工艺

其工艺流程如图 2-4 所示。是采用高浓度和中浓度两段磨矿，粗磨和细磨相结合。中、日合资兖日水煤浆厂采用的中、高浓度制浆工艺，粗磨仍然采用中浓度磨矿，细磨不是像中浓度制浆工艺从粗磨中分出一部分，而是从入料中分出一部分高浓度细磨，然后和经脱水的中浓度粗磨后的物料加分散剂混捏成浆。该工艺的特点是：可以获得较好的级配，堆积效率较高（74%），但仍需要过滤脱水环节。

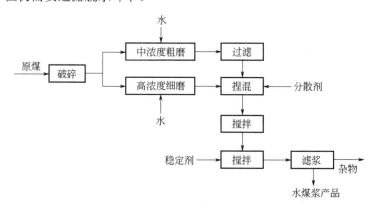

图 2-4　中、高浓度联合磨矿制浆工艺流程图

该工艺的优点是：可获得堆积效率较高的磨矿产品，但由于细磨只起到改善级配的作用，对提高制浆能力作用不大，能耗相对较高。因此，大多在处理难制浆煤种或要求获得高质量水煤浆产品中才采用。

4）浮选精煤制浆工艺

该工艺是我国独创的一种湿法制浆工艺，是利用煤炭洗选过程中自然产生的细粒煤泥经浮选、过滤、调整粒度后制成水煤浆。其最大优点是省去对煤的研磨，制浆成本大大降低。

5）煤泥浆制浆工艺

该工艺是利用洗煤厂排出的浮选尾煤，调制成经济型煤泥水煤浆。由于煤泥本身粒度细，不需要磨矿也不需要加入任何添加剂，大大简化了制浆工艺。

（3）干法磨矿制浆工艺

干法磨矿制浆工艺是煤料经破碎、选分（分选粒度）后与水、添加剂经搅拌后制成煤浆母料（速溶水煤浆粉），装袋外运至炉前加水再调至成浆，如图 2-5 所示。

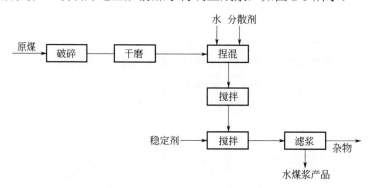

图 2-5　干法磨矿制浆工艺流程图

干法磨矿制浆工艺的不足之处是：对一般的干法磨机，要求入料煤的水分小于5%，洗精煤的水分都比较高，难以满足该要求；能耗比湿法磨矿制浆高，在同样的细度下，干法磨机的能耗比湿法磨机约高 30%；干法磨矿的安全和环境不如湿法磨矿；粒度分布不如湿法磨矿，堆积效率较低，干法磨煤颗粒表面氧化较快，影响制浆效果。

（4）干法、湿法联合制浆工艺

其工艺流程如图 2-6 所示。该流程是在干法制浆工艺的基础上，分出一部分干法粉碎的物料再用湿法进一步粉碎，其特点是与干法相比，可以获得更好的粒度分布，即获得更好的级配。但该流程仍是以干法磨煤为主，干法制浆的不足之处依然存在。

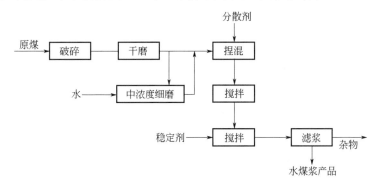

图 2-6　干法、湿法联合制浆工艺流程图

虽然相对于原煤而言，水煤浆具有诸多的优点，但也存在一些缺点，需要在应用中予以重视和改进：从水煤浆的性能来看，它适合长途运输，但由于水煤浆中含 30% 左右的水分，水的长距离运输是一种经济浪费，因此要充分考虑浆厂与电厂之间的距离；如果存放周期过长或浆液质量有问题，水煤浆有可能会在储罐、管道中沉淀，清通比较困难，所以储罐的机械搅拌设施及严格的管理措施是必要的；尽管水煤浆的含灰量比原煤少，但也存在结渣、积灰以及磨损等问题。直到目前为止，这一问题的解决方法还在探索中。

2.4　煤炭的燃烧方法

在我国燃料资源中，煤是最主要的部分。从我国的能源结构考虑，煤在今后相当长的时期内仍将是我国的主要能源。煤的燃烧方法很多，目前应用的煤炭燃烧方法主要有层状燃烧、沸腾燃烧、流化燃烧和悬浮燃烧，各种煤炭燃烧方法的燃烧特性、适用对象、燃烧装置及其优、缺点如表 2-3 所示。

表 2-3　各种煤炭燃烧方法的燃烧特性、适用对象、燃烧装置及其优、缺点

燃烧方法	燃烧特性	适用对象	燃烧装置	优点	缺点
层状燃烧	固体燃料置于炉箅上，在与空气接触进行的燃烧过程中不离开燃料层	粒径较大的煤块（20～30mm）	层燃炉	燃烧过程比较稳定	燃烧强度不能太高
沸腾燃烧	在火床通风速度达到煤粒沉降速度时的临界状态下燃烧	粒径较小（<10mm）的煤粒或煤屑	沸腾燃烧炉	（1）燃烧稳定，对燃料适应性大；（2）传热强烈，可节省受热面钢材；（3）污染排放少；（4）容积热强度大，锅炉体积小；（5）灰渣可充分利用	（1）飞灰量大；（2）受热面和炉墙磨损严重；（3）烟尘排放浓度大；（4）燃料需进行破碎，耗电量大；（5）脱硫剂利用率低

续表

燃烧方法	燃烧特性	适用对象	燃烧装置	优点	缺点
流化燃烧	煤粒在流化状态下进行的燃烧	粒径较小的煤粒（0.2~5mm）	流化床锅炉	（1）燃料适应性强； （2）易于实现炉内高效脱硫； （3）NO_x排放量低； （4）燃烧效率高； （5）灰渣便于综合利用	（1）受热面磨损严重； （2）自动控制要求高
悬浮燃烧	煤粉悬浮在炉膛中进行的燃烧	粒径较小的煤粉（20~70μm）	煤粉炉或旋风炉	（1）可以大量使用劣质煤和煤屑； （2）燃烧效率高，炉膛温度高	（1）对含水量要求高，需干燥； （2）对煤的细度要求高，要磨粉，电力消耗高

2.4.1 块煤的层状燃烧

块煤是指粒径较大的煤块，其燃烧方式主要是层状燃烧，相应的燃烧装置是层燃炉。

层状燃烧的特征是将固体燃料置于固定的或移动的炉箅上，与通过炉箅送入燃料层的空气进行燃烧，生成的高温燃烧产物离开燃料层而进入炉膛，如图2-7。在燃烧过程中燃料不离开燃料层，故称为层燃。绝大部分燃料是在炉箅上燃烧，少量细煤末和挥发分在炉膛空间燃烧，灰渣则排到坑里。

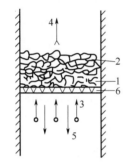

图2-7 层状燃烧示意图
1—灰渣层；2—燃料层；3—空气；
4—燃烧产物；5—灰渣；6—炉箅

采用层状燃烧法时，固体燃料在自身重力的作用下彼此堆积成致密的料层。为了保持燃料在炉箅上稳定，煤块的质量必须大于气流作用在煤块上的动压冲力。对于一定直径的煤块，如果气流速度太高，当煤块的质量和气流对煤块的动压相等时，煤块将失去稳定性，如果再提高空气流速，煤块将被吹走，造成不完全燃烧。

为了能在单位炉箅上燃烧更多的燃料，必须提高气流速度，因此也必须保证有一定直径的煤块。另外，煤块越小，反应面积越大，燃烧反应越强烈。因此，应当同时考虑上述两个方面，确定一个合适的块度。例如，烧烟煤时，煤块最合适的尺寸约为20~30mm，这样大小的煤块可以保证燃烧的稳定性，同时也可以保证有足够的反应面积。

层燃炉的应用历史悠久，从一般的人工加煤燃烧室发展到复杂的机械加煤燃烧室。根据燃烧炉的用途和生产工艺特点的不同，燃烧室的结构也有所不同。常见的层燃炉有固定炉排燃烧炉、振动炉排燃烧炉、往复推动式炉排燃烧炉和链式炉排燃烧炉。

层状燃烧法是一种最简单和最普通的块煤燃烧法，优点是燃料的点火热源比较稳定，因此燃烧过程也比较稳定。缺点是鼓风速度不能太大，而且，机械化程度较差，因此燃烧强度不能太高，从发展来看，层状燃烧法不能满足大型工业炉的需要，而且不能完全机械化和自动化。

2.4.2 碎煤的沸腾燃烧

碎煤是指粒径较小（一般小于10mm）的煤粒或煤屑，其燃烧方式主要是沸腾燃烧，相应的燃烧装置叫沸腾炉。

沸腾燃烧相当于在火床中当火床通风速度达到煤粒沉降速度时的临界状态下的燃烧，煤粒由气力系统送入沸腾床中，燃烧所需空气经布风板孔以高速喷向煤层，使煤粒失去稳定而在煤层中作强烈的上下翻腾运动，因其颇类似沸腾状态，故称为沸腾燃烧。图 2-8 所示为沸腾燃烧的原理。由于煤粒和空气进行剧烈的搅拌和混合，燃烧过程十分强烈，燃料燃尽率很高（一般可达到 96%～98%以上），所以沸腾燃烧能有效地燃用多种燃料，如无烟煤、烟煤、褐煤及油页岩等多种固体燃料。但由此而由烟气带出的飞灰量也较大，一般需经二级除尘后才能达到排放标准。

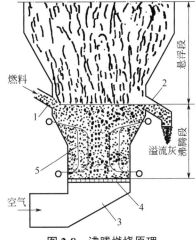

图 2-8　沸腾燃烧原理

1—燃料管；2—排灰管；3—进气管；
4—布风板；5—混合器

为防止沸腾层内灰渣结块破坏燃烧过程，通常在沸腾床内设置埋管受热面，使床内温度维持在 800～900℃之间。这些受热面由于受到强烈翻腾煤粒的冲刷，使热阻的层流边界层常遭破坏，故受热面可达到很高的传热系数［可达 250～350W/（m²·℃）］。因此，较小的受热面积即可传递大量的燃烧放热量。沸腾燃烧属低温燃烧，在 800～900℃的床层温度下，对脱硫化学反应很有利，因此，常随燃料加入一定数量的 $CaCO_3$ 及 $MgCO_3$ 作为脱硫剂。据研究，在 Ca/S≥2 的条件下，可使燃料中大部分的硫（80%～90%）被化合成 $CaSO_4$ 炉渣残留下来，从而防止有害气体 SO_x 对大气的污染。由于低温燃烧，排气中的有害成分 NO_x 也大为降低。

固体燃料的沸腾燃烧，是介于层燃燃烧和悬浮燃烧之间的一种燃烧方式，它是利用空气动力使煤在沸腾状态下完成传热、传质和燃烧反应。沸腾燃烧法所使用的煤的粒度一般在10mm 以下，大部分是 0.2～3mm 的碎屑。沸腾燃烧炉具有如下优点。

（1）燃烧稳定，对燃料适应性大

沸腾炉采用颗粒较小的煤末工作，燃烧面积很大。且颗粒在炉内停留时间长，炉内蓄热量大，混合又十分强烈。因此着火和燃烧都很稳定，可以采用含灰量多、水分大、挥发分少的劣质燃料来工作。又由于沸腾炉内温度较低，有利于灰熔点低、含碱量高的燃料工作。所以这种燃烧方式可以采用广泛的燃料品种，燃料的适应性大。

（2）沸腾床内传热强烈，可节省受热面钢材

沸腾床内的受热面，由于颗粒上下翻滚，因此传热性能很好，传热系数通常可达 250～350W/（m²·K）。这一数值比一般对流传热系数大 3～4 倍，因而可大大节省受热面耗用的钢材。

（3）污染物排放较少，对环境保护有利

沸腾床内维持的温度较低，因此燃烧生成的 NO_x 较少，可以大大减轻氮氧化物对大气的污染。

（4）容积热强度大，锅炉体积小

沸腾炉内燃烧强度很大，炉膛的容积热强度可达 1750～2080kW/m³，约为普通煤粉炉的5 倍，再加上炉内传热系数又大，因此沸腾炉的体积较小。与煤粉炉相比体积约可减小 2/3，造价可降低 15%左右。

（5）灰渣具有"低温烧透"的特点

灰渣不会软化和黏结，可用作水泥等建筑材料，也可作沥青和塑料的填料，或进行其他综合利用。由于沸腾炉能烧各种燃料，解决了劣质煤的利用问题，并给大量煤矸石的利用找

到了出路，对实现煤炭资源的合理利用问题有重要意义。然而，沸腾炉在运行过程中也存在不少问题，主要包括：

① 飞灰量大，飞灰中含碳量高，因而锅炉热效率低（60%～75%）。

② 炉内受热面和炉墙磨损比较严重，沸腾层中埋管一般一年左右就得更换。

③ 烟尘排放浓度大，一般必须二级除尘。

④ 运行中燃料需破碎至10mm以下，且送风需要压力高（5886～7848Pa）的鼓风机，因而耗电量大。

⑤ 加石灰石脱硫时，石灰石的钙利用率低，为达到较高的脱硫效率，需用大量的石灰石。

上述问题严重影响沸腾炉的进一步发展和应用，但随着沸腾燃烧技术的进一步发展，这些问题不断地得到了改善和解决，由此发展起来的流化床燃烧技术已在实际中得到了广泛应用。

2.4.3 粒煤的流化燃烧

固体颗粒在自下而上的气流作用下具有流体性质的过程称为流化。使煤在流化状态下进行的燃烧称为流化床燃烧。颗粒尺度较大而操作气速较小时在床下部形成鼓泡流化床，即其连续相是气固乳化团，其分散相是以气为主的气泡。在气泡上浮作用下，床内颗粒之间有较强的热质交换。颗粒尺度较小、操作气速较高，加以使用分离器使逸出物料不断返回时，形成另一种流化床，称快速流化床，其分散相为气固乳化团，其连续相为含少量颗粒的气体。目前的循环流化床是有灰循环过程的流化床锅炉的总称。

2.4.3.1 流化床燃烧的优点

煤的流化床燃烧是继层燃燃烧和悬浮燃烧之后发展起来的第三代煤燃烧技术，由于固体颗粒处于流态化状态下具有诸如气固和固固充分混合等一系列特殊气固流动、热量、质量传递和化学反应特性，从而使得流化床燃烧具备一些与层燃燃烧和悬浮燃烧不同的性能。

流化床燃烧具有以下优点。

（1）燃料适应性强

流化床内新加入的燃料和脱硫剂占整个床料的比例很小，燃料一旦进入流化床，立刻被大量的灼热惰性粒子包围和稀释，并在床层温度不明显降低的前提下，使燃料迅速加热到高于其着火温度，顺利地着火、燃烧和燃尽。因此流化床燃烧不但可以燃用优质煤，而且可以燃用高灰煤、高硫煤、高水分煤、煤矸石、泥煤、煤泥、油页岩、石油焦、炉渣和垃圾等。许多循环流化床燃用煤的灰分高达40%～60%。

（2）易于实现炉内高效脱硫

流化床内气固混合充分且燃烧温度恰好处于$CaCO_3$与SO_2反应的最佳温度，在燃烧过程中加入廉价易得的石灰石或白云石，就可方便地实现炉内高效脱硫。

（3）NO_x排放量低

流化床燃烧实际上是一种有效的低温强化燃烧方式，床内温度低且分布均匀，烟气中的氮氧化物（NO_x）的含量很低。

对于分一次空气和二次空气加入助燃空气的分段流化循环流化床来说，因炉膛底部处于还原状态，此处析出的部分燃料氮会转化为分子氮，不能充分与氧反应生成NO_x，而分子氮即使在炉膛上部的氧化区也难氧化，因此NO_x生成量更小。

（4）燃烧效率高

流化床的气固混合好，燃烧速率高，较小煤粒在炉膛高度的有效范围内，有足够时间燃尽。因此，相对于层燃炉而言，燃烧效率要高。特别是循环流化床锅炉，因为绝大部分未燃尽的炭粒被高温旋风分离器捕集后再送回炉膛，从而获得更长的燃尽时间，所以能在比鼓泡流化床更宽的运行变化范围内获得更高的燃烧效率，达到可与煤粉炉相媲美的程度。

（5）灰渣便于综合利用

流化床的低温燃烧特性使其产生的灰渣具有较好的活性，可以用来做水泥熟料或其他建筑材料的原料。另外，流化床燃烧温度低，燃烧过程中钾、磷等升华很少，灰渣中钾、磷等成分含量相对较高，能用于改良土壤和做肥料添加剂。

除此之外，循环流化床锅炉还具有负荷调节性能好、便于大型化等优点。

与常压流化床相比，增压流化床内气体密度大，允许使用较低的流化速度（约为 1m/s），这样可减轻床内受热面和炉墙的磨蚀；较高的压力也允许床层较深，因此低速和深床的综合效应使得气体在床内的停留时间增长，从而进一步减少脱硫所需的脱硫剂用量，并且改善燃烧效率。

2.4.3.2　流化床燃烧工艺及设备

流化床燃烧设备称流化床锅炉，又称沸腾炉，有着与常规锅炉类似的水汽系统，差异主要表现在燃烧系统，在辅助系统中煤制备系统、鼓风及引风除尘系统、脱硫剂系统、排渣系统、仪表控制系统方面也有一定差异。随着流化床锅炉的大型化，流化速度得到了提高，出现了常压鼓泡流化床锅炉、常压循环流化床锅炉、增压鼓泡流化床锅炉、增压循环流化床锅炉等类型，燃烧压力从常压增加到了 10 多个大气压。从常压锅炉到增压锅炉的发展使锅炉截面热负荷提高了 6～10 倍，从鼓泡床到循环床的发展使锅炉截面热负荷提高了 1～2 倍。流化床锅炉的发展使锅炉在相同功率的条件下，大幅度减少了炉膛面积。

（1）鼓泡流化床锅炉

图 2-9 是鼓泡流化床锅炉的结构示意图。给煤可采用床上方重力送入、螺旋输送机给入和给煤喷嘴气流输送等多种方式。重力送入机械由送煤链条、调节挡板和单向煤阀等构成，结构相对简单，对燃料的粒度、水分含量要求较宽松，但送入的小粒径煤容易被气流吹走，影响燃尽程度，而且给煤也不易均匀分布到整个床面上。螺旋输送机给煤可使小粒径煤不会被风吹走，但也不易做到沿床面均匀分布。对于容量大于 65t/h 的锅炉，多采用气流给煤喷嘴方式，但气流给煤对煤的粒度和水分要求相对比较严格，防止造成给煤喷嘴堵塞。

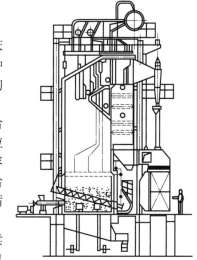

鼓泡流化床炉底无移动的链条炉排，无法自动将渣连续排出炉外，因此必须在布风板或炉底布置冷渣管，按时排出沉积在床层底部无法流化的重颗粒及不正常燃烧时产生的

图 2-9　鼓泡流化床锅炉结构示意图

渣块，保证正常流化；在床面附近还要布置溢流孔连续排出溢流灰，保持流化床床面正常高度和恒定的存料量。在正常存料量下仅 1%～3% 的床料是燃料，所以着火条件良好，燃料适应性广泛。流化床中的细小颗粒必然会产生扬析，所以在床面上必须布置合适高度的悬浮段，让吹出床面的细粒和析出的挥发分有充分的停留时间，保证较高燃尽率。同时炉膛布置足够数量的受热面，以保持 850℃ 左右的正常床温，受热面主要由膜式水冷壁和埋浸受热面组成。膜式水冷壁延伸到炉底，风帽即安装于水冷壁鳍上，风室也焊接在水冷壁上，整个炉膛、布

风装置和风室连成一体，能很好解决炉膛热膨胀带来的一系列问题。

但鼓泡流化床也存在许多问题和缺陷，如热效率低（一般在 60%左右），锅炉对流面、埋管磨损严重，在向鼓泡流化床内加石灰石脱硫时，石灰石的钙利用率较低，大型化受到床面积限制等。

（2）循环流化床锅炉

循环流化床燃烧与鼓泡流化床燃烧的最大区别是：在循环流化床中布置有高温或中低温分离器，可将未燃尽的煤粒分离下来，经回送装置送回床层继续燃烧。除了分离器难以分离下来的极细颗粒外，其余颗粒都要经历几次、几十次、甚至上百次的循环燃烧，这大大增加了颗粒在床内的总的停留时间，以保证充分的燃尽。另一个主要区别是：鼓泡流化床燃烧的流化速度通常只有 2.5～3.0m/s，属鼓泡流化床流动状态，而循环流化床燃烧的流化速度通常为 3～10m/s，甚至超过 10m/s。

根据燃料粒度、二次风比例及流化速度的不同，循环流化床燃烧炉膛内的流动状态有三种情况：炉膛上下均为快速床流化状态；炉膛下部呈湍动床状态，上部为快速床状态；炉膛下部呈鼓泡床状态，上部为快速床状态。显然，三种情况无论哪一种都与单一的鼓泡流化床在流动结构和流动特性上有很大不同。图 2-10 为循环流化床锅炉的燃烧原理示意图。可以看出，常压循环流化床锅炉由固体物料循环回路和对流烟道两大部分组成。

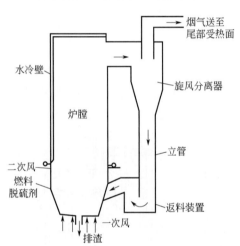

图 2-10　循环流化床锅炉的燃烧原理示意图

一般地，循环流化床燃烧系统由给料系统、燃烧室（炉膛）、分离装置、循环物料回送装置等组成，有的还外置一个热交换器或内部热交换热器（有些炉型中，返料装置与外置流化床换热器相结合）。炉膛内通常布置有水冷管，燃烧产生热量的一部分就由这些水冷管吸收。而在对流烟道上布置有过热器、省煤器和空气预热器等，用于吸收烟气的余热。此外，循环流化床锅炉还配有排渣和颗粒分级设备。

循环流化床的关键部件是分离装置，其形式有旋风分离型、炉内卧式分离型、惯性分离型、炉内旋涡型和组合分离型等几种。气流从燃烧室携带出来的高温物料经分离器分离后，由循环物料回送装置送回燃烧室，完成循环。分离器引出的高温烟气经尾部受热面冷却后，经除尘器除尘后排入大气。

相比鼓泡流化床，循环流化床具有以下技术特点：

① 循环流化床为湍流床或快速床，炉内混合或湍动强烈，且煤粒反复循环，具有足够长的反应时间，因此燃烧效率高于鼓泡床。

② 循环流化床的操作速率是鼓泡床的 3～5 倍，炉膛截面热负荷远大于鼓泡床，因此炉膛截面积可大大减小；另外可采用前后墙气力给煤，减少给煤点，因此，容易解决大型化问题。

③ 循环流化床燃烧的炉膛温度控制在 850～900℃左右，属低温燃烧；另外，在炉膛上中下不同位置都可以布置二次风，采用分级燃烧，因而可有效抑制 NO_x 的生成。

④ 循环流化床燃烧属低温及分级配风燃烧，燃烧温度水平在 850～900℃范围内，低温燃烧技术可实现直接向炉膛中加入石灰石在燃烧过程中直接脱硫，脱硫效率高且技术简单、

设备经济。

⑤ 循环流化床负荷调节简单，调节速度快于鼓泡流化床。

⑥ 不布置埋管受热面，不存在鼓泡流化床锅炉中的埋管易磨损问题。另外，床内没有埋管，启动、停炉、结焦处理时间短，长时间压火后也可直接启动。

循环流化床燃烧的主要问题是：

① 由于高颗粒浓度和高气速，在分离器之前对流受热面磨损严重，限制了烟速的提高。

② 高循环倍率循环锅炉中分离器在 800～850℃温度下工作，一旦运行不正常，烟温偏高时就会产生结渣，使整个循环系统的工作受到影响，甚至不能正常运行。

③ 循环流化床锅炉的负荷、过热气温、循环倍率和床温等均彼此关联，因此自动控制要求很高。

（3）增压流化床锅炉

增压流化床燃烧技术的出现主要是为了提高流化床的压力，使其能与燃气轮机配套组成联合循环机组，以提高整个热力循环的效率。和常压流化床一样，增压流化床也有鼓泡流化床和循环流化床之分。

从结构上看，增压流化床锅炉与常压流化床锅炉的不同之处在于，它的鼓泡或循环流化床炉膛、启动燃烧器和高温旋风分离器（对于增压循环流化床锅炉）等被置于一个大的压力容器中，加压 0.6～1.6MPa，如图 2-11 所示。

从系统配置来看，由于增压流化床内煤的燃烧是在高压下进行的，因此，除了锅炉产生的蒸汽可用来驱动汽轮机发电外，燃烧产生的高压热烟气经过净化，以满足燃气轮机和环境保护的要求后，进入燃气轮机的膨胀室，膨胀产生的能量一方面可用于驱动压缩机，为增压流化床锅炉提供压缩空气，另一方面，能用于发电，从而组成联合循环发电系统。增压流化床可组成增压流化床燃气-蒸汽联合循环（pressurized fluidized-bed combustion combined cycle，PFBC-CC），提高发电效率。增压流化床排出的是有压高温烟气，经高温除尘器除尘后可推动燃气轮机发电，燃气轮机排出的具有较高温度的废气供余热锅炉产生蒸汽，蒸汽再推动蒸汽轮机发电，这样就组成了燃煤燃气-蒸汽联合循环，称为第一代 PFBC-CC 技术。

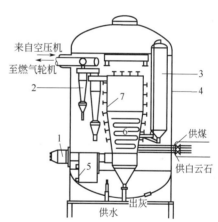

图 2-11　增压流化床锅炉结构示意图

1—床体预热器；2—旋风器；3—灰容器；
4—压力容器；5—灰冷却器；6—管束；7—床体

第一代 PFBC-CC 的热力系统包括 3 部分：空气-燃气循环系统，水-蒸汽系统，煤、脱硫剂、废料系统。空气经低压压气机压缩后，通过内冷却器冷却，进一步在高压压气机中升压至 0.6～2MPa，温度达 300℃。高温、高压空气经增压流化床风板下部的配风喷嘴喷进流化床，作为流化介质和助燃空气。燃烧产生的高温燃气（温度约 850℃）由流化床上部空间进入旋风分离器净化后，再送至燃气轮机膨胀做功，做功后经余热回收，再由烟囱排向大气。与此同时，给水经预热后进入流化床锅炉中，在其中受热后产生蒸汽并进入蒸汽轮机做功。其发电效率比相同参数的常规粉煤电站的发电效率可高出 3～5 个百分点。

在第一代 PFBC-CC 中，由于流化床的燃烧温度一般控制在 850～900℃的范围内，因此进入燃气轮机的燃气温度多在850℃以下。燃气轮机入口温度低，除直接限制了燃气-蒸汽联合循环的热效率外（一般不会超过40%），还使燃气轮机的功率远小于蒸汽轮机的功率（即燃气轮机的功率只占总功率的20%～25%），严重制约了燃气轮机优势的发挥。另外，增压流化床锅炉进入燃气轮机的高温正压燃气中，含有大量的粉尘，虽经旋风分离器除尘，仍有相当数量的粉尘进入燃气轮机，加速了轮机叶片的磨损。

为了克服第一代PFBC-CC燃气轮机进气温度低（低于900℃）的不足，在其基础上增加了一个煤气化炉和燃气轮机的顶置燃烧室，以及在旋风除尘器后设置陶瓷过滤器。煤和脱硫剂先送入加压气化炉，经气化炉气化生成低热值煤气和半焦，半焦和另一些煤送入增压流化床锅炉，通入过量空气燃烧；低热值煤气经除尘脱硫净化后，在前置燃烧室产生高温燃气（1300～1400℃），并与增压流化床排出的温度为850℃左右的烟气汇成1150℃左右的高温燃气进入燃气轮机，从而使燃气轮机发电比例达到50%左右，称为第二代PFBC-CC技术。

增压流化床在加压条件下燃烧，大大强化了燃烧和传热过程，燃烧室截面热强度比常压时增加5～15倍，从而可大大减小锅炉炉膛和受热面尺寸，进而缩小设备尺寸。另外，在第二代系统中以循环流化床代替鼓泡床，这是由于循环流化床比鼓泡床燃烧更完全，可以达到更高的燃烧效率；可以在低的Ca/S下达到更高的脱硫效率，减少了脱硫剂的消耗；循环流化床的流化速度高，因此炉膛的热负荷高，断面尺寸小，质量轻，有利于大型化；加上炉膛较为细长，便于利用分级燃烧技术来更好地控制NO_x的生成。

2.4.4 粉煤的悬浮燃烧

在工业上，固体燃料除了以块状作层状燃烧和以粒状作沸腾燃烧或流化燃烧外，还可将其碾磨成一定细度（一般是20～70μm）的粉末用空气通过喷燃器（或称煤粉燃烧器，如图2-12所示）送入炉膛，在炉膛空间中作悬浮状燃烧。

与层状燃烧法相比，粉煤悬浮燃烧法的最大优点是可以大量使用劣质煤和煤屑，甚至还可以掺用一部分无烟煤和焦炭屑。实践证明，当用层状燃烧法燃烧发热量较低和灰分含量较高的劣质煤时，炉温只能达到1100℃，而改用粉煤燃烧法时，由于粉煤燃烧速率快，完全燃烧程度高，炉温可达到1300℃。

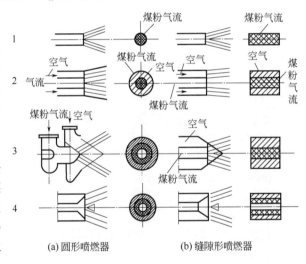

图 2-12　煤粉燃烧器

采用粉煤悬浮燃烧法，最好使用挥发分高一点的煤，这样可以借助于挥发分燃烧时放出的热量来促进炭粒的燃烧，有利于提高燃烧速率和完全燃烧程度，一般希望挥发分大于20%。此外，应注意控制原煤的含水量。煤中的水分对煤粉的磨制和输送妨碍极大，因此，原煤在磨制前应进行干燥处理，最好把水分降到1%～2%，一般不超过3%～4%。实践证明，当水分含量达到7%时，在同样粉煤细度的情况下，磨粉电力消耗将显著增加，而且还会显著降低煤粉机的粉煤产量。

按空气流动方式的不同，悬浮燃烧可分为直流式（火炬式）燃烧和旋涡式（旋风式）燃烧两种。直流式燃烧采用的燃烧设备叫煤粉炉（因采用粉状燃料得名），旋涡式燃烧采用的燃烧设备叫旋风炉（因空气旋转得名）。

2.4.5　水煤浆燃烧技术

水煤浆的燃烧过程及原理与燃油锅炉类似，但是由于水煤浆燃料相对原煤、油、天然气等原料的不同物理化学特性，燃烧系统必须做特殊的设计，制备好的水煤浆在锅炉的燃烧系统应经过以下过程。

① 水煤浆的炉前搅拌系统（在搅拌罐中）以防止发生沉淀；

② 水煤浆的炉前过滤系统（在线过滤器）以滤去杂质，过滤器应具有承压、密封和清洗等功能；

③ 供浆系统，如供浆泵、供浆管路等，并可以实现连续调节供浆量供给；

④ 炉前水煤浆雾化喷嘴，以压缩空气或蒸汽为介质进行雾化，雾化喷嘴设计的好坏直接影响水煤浆的点火、燃烧的效率；

⑤ 水煤浆燃烧器，水煤浆含有30%的水分，燃烧器的设计应考虑水煤浆的这些特殊的物理化学特性，燃烧器的设计将直接影响水煤浆的点火及燃烧效率；

⑥ 雾化的水煤浆喷入炉内完成燃烧，炉内的布置应满足水煤浆的特殊的燃烧特性；

⑦ 其他系统，燃烧后的灰渣要经过除灰系统、排渣系统等，这些系统都应按照水煤浆特性做相应的设计。

虽然采用煤炭清洁燃烧技术可以减少煤炭燃烧过程中对大气的污染，但以煤直接作为燃料仍然存在许多不足，不仅燃烧装置复杂，能量转换效率差，而且某些场合（如某些运输式或移动式动力装置中）更难以使用煤为燃料。为此，从 20 世纪 70 年代以来各国纷纷致力于研究煤的气化和液化新技术，以期从煤制取使用方便、能量转换效率高，且燃烧污染低的燃料。目前，有些研究已逐步投入使用。

2.5　煤炭气化技术

煤炭气化是指在特定的设备内于一定温度及压力下使煤中的有机质与气化剂发生一系列化学反应，将煤转化为灰渣和可燃性气体的过程。煤炭气化能够达到充分利用煤炭资源的目的，是洁净、高效利用煤炭的最主要途径，在电力生产、城市供暖、燃料电池、液体燃料和化工原料合成等方面有着广泛的应用。随着煤炭转化日益向电—热—化工多联产方向发展，煤的气化已成为多联产系统和许多能源高新技术的关键环节，是未来洁净煤技术中的核心技术。

2.5.1　煤炭气化的基本原理

煤炭的气化过程是以煤或煤焦为原料，以氧气（空气、富氧或纯氧）、蒸汽或氢气为气化剂，在高温条件下，通过一系列反应将原料煤从固体燃料转化为气体燃料的过程。气化过程发生的反应包括煤的热解、燃烧和气化反应。从物理化学过程来看，煤炭的气化共包括煤炭干燥脱水、热解脱挥发分和热解半焦的气化反应，如图 2-13 所示。

图 2-13　煤气化的一般历程

煤的干燥过程在 200℃ 以前完成，在此阶段煤失去大部分水分，并以水蒸气形式逸出。之后，进入煤的干馏阶段，开始发生煤的热解反应，一部分干馏气相产物，随着气化条件的不同，直接或间接转化成 CO_2、CO、H_2、CH_4 等，成为气化产物的组成部分。一些分子量较大的挥发物则以焦油形式析出或参与二次气化反应，留下的热解半焦则进行后续的气化反应。

气化反应是在缺氧状态下进行的，因此煤气化反应的主要产物是可燃性气体 CO、H_2 和 CH_4，只有小部分碳被完全氧化为 CO_2，可能还有少量的 H_2O。该过程中主要的化学反应有：

碳完全燃烧 $C+O_2 \longrightarrow CO_2 + 393.8 \text{kJ/mol}$ (2-1)

碳不完全燃烧 $2C+O_2 \longrightarrow 2CO + 115.7 \text{kJ/mol}$ (2-2)

CO_2 在半焦上的还原 $CO_2 + C \longrightarrow 2CO - 164.2 \text{kJ/mol}$ (2-3)

水煤气变换反应 $C+H_2O \longrightarrow CO + H_2 - 131.5 \text{kJ/mol}$ (2-4)

                      $CO+H_2O \longrightarrow CO_2 + H_2 + 41.0 \text{kJ/mol}$ (2-5)

甲烷化反应 $CO+3H_2 \longrightarrow CH_4 + H_2O + 250.3 \text{kJ/mol}$ (2-6)

                      $C+2H_2 \longrightarrow CH_4 + 71.9 \text{kJ/mol}$ (2-7)

煤炭气化反应的进行伴随有吸热或放热现象，这种反应热效应是气化系统与外界进行能量交换的主要形式。其中反应（2-3）、反应（2-4）为吸热过程，是造气的主要反应，其余的反应都是放热反应。即使在无外界提供热源的情况下，煤的氧化燃烧和挥发分析出过程放出的热量，足以为其他吸热反应提供能量，即实现自供热，为煤的气化过程提供必要的热反应条件。

除了以上反应外，煤中存在的少量的杂质元素如硫、氮等，也会与气化剂或气化产物发生反应，在还原性气氛下生成 H_2S、COS、N_2、NH_3 以及 HCN 等物质，具体反应如下：

$$S+O_2 \longrightarrow SO_2 \qquad (2\text{-}8)$$

$$SO_2 + 3H_2 \longrightarrow H_2S + 2H_2O \qquad (2\text{-}9)$$

$$SO_2 + 2CO \longrightarrow S + 2CO_2 \qquad (2\text{-}10)$$

$$2H_2S + SO_2 \longrightarrow 3S + 2H_2O \qquad (2\text{-}11)$$

$$2S + C \longrightarrow CS_2 \qquad (2\text{-}12)$$

$$S + CO \longrightarrow COS \qquad (2\text{-}13)$$

$$N_2 + 3H_2 \longrightarrow 2NH_3 \qquad (2\text{-}14)$$

$$N_2 + H_2O + 2CO \longrightarrow 2HCN + 1.5O_2 \qquad (2\text{-}15)$$

$$N_2 + xO_2 \longrightarrow 2NO_x \qquad (2\text{-}16)$$

由于气化过程中氧供给不足，反应多在还原环境下进行，所以气化产物中的含硫化合物主要以 H_2S 为主，另有少量的 COS 和 CS_2，一般情况下 SO_2 不出现，但煤气中水蒸气过剩量越大，SO_2/H_2S 量就会越大。含氮化合物主要以 NH_3 为主，HCN 和 NO_x（$NO+NO_2$）为次要产物。这些气体产物在煤气净化工序中予以脱除，得到有用的硫、氮化合物副产物，消除了潜在的污染，最终将煤转化为洁净的气体燃料。

在以上气化过程的主要反应中，由原料煤和输入气化剂 O_2、H_2O 之间直接发生的反应称为一次反应，其余反应为气化初级产物与初始物质之间的反应，称为二次反应。

可以看出，煤的气化过程是一个复杂的物理化学过程，在气化炉中所进行的反应，除部分为气相均相反应外，大多数属于气固非均相反应过程，所以气化过程的速率与化学反应速率和扩散传质速率有关，其反应机理符合非均相无催化反应的一般历程。煤或煤焦的气化反应一般经历七个相继发生的步骤：

① 反应气体从气相扩散到固体碳表面（外扩散）；

② 反应气体再通过颗粒的孔道进入小孔的内表面（内扩散）；

③ 反应气体分子吸附在固体表面上，形成中间络合物；

④ 形成的中间络合物之间，或中间络合物和气相分子之间发生反应，属于表面反应步骤；

⑤ 吸附态的产物从固体表面脱附；

⑥ 产物分子通过固体的内部孔道扩散出来（内扩散）；

⑦ 产物分子从颗粒表面扩散到气相中（外扩散）。

以上七个步骤可归纳为两类，①、②、⑥、⑦为扩散过程，其中又有外扩散和内扩散之分；而③、④、⑤为吸附、表面反应和脱附，其本质都是化学过程，故合称表面反应过程。煤或半焦在气化温度下，其扩散过程和化学过程交替进行，由于各步骤的阻力不同，反应过程的总速率将取决于阻力最大的步骤，即速率最慢的步骤是整个气化过程的速率控制步骤。因而，总反应速率可以由外扩散过程、内扩散过程或表面反应过程控制。大量实验研究表明，低温时表面反应过程是气化反应的控制步骤，高温条件下，扩散或传质过程逐步变为控制步骤。

2.5.2　煤炭气化过程的影响因素

原料煤、气化剂以及不同的气化方法和操作条件都会影响到煤气化的效果。通常衡量煤气化效果的指标有气化强度、碳的转化率、冷煤气效率和热煤气效率等。

气化强度是指气化炉单位面积每小时所能气化的原料煤质量，单位是 $t/(m^2 \cdot h)$，它反映气化过程的生产能力；碳转化率则反映原料中碳的转化程度，一般转化率越高，灰渣中未转化碳的量越少；冷煤气效率和热煤气效率的区别如下，这两个值与煤气的余热回收和后续应用相关。

$$冷煤气效率(\%)=粗煤气热值（标准温度下）/原料煤热值$$

$$热煤气效率(\%)=（粗煤气热值+粗煤气显热）/原料煤热值$$

（1）原料煤的气化性质

煤的气化性质主要包括反应活性、黏结性、结渣性、热稳定性、机械强度及粒度等。

1）反应活性

反应活性指在一定条件下，煤炭与不同的气化介质如二氧化碳、氧气、水蒸气、氢气相互作用的反应能力。表示煤炭反应活性的方法很多，现在通常以被还原为 CO 的 CO_2 量占通入 CO_2 总量的体积分数来表示，即 CO_2 的还原率作为反应活性的指标。

反应活性的强弱直接影响到产气率、耗氧量、煤气成分、灰渣或飞灰的含碳量及热效率等。首先，反应活性越强的煤，在气化和燃烧过程中反应速率越快，效率越高，其起始气化的温度就越低，而低温条件对生成 CH_4 有利，也能减少氧耗。其次，与同样煤灰软化温度的低反应活性煤相比，使用较少的水蒸气就可以控制反应温度不超过煤灰软化温度，减少了水蒸气的消耗量。一般而言，煤化程度越低，挥发分越高，煤质越年轻，反应活性越好，随着原煤变质程度的增加，煤的反应活性急剧下降。

2）黏结性

煤的黏结性是指煤被加热到一定温度时，煤受热分解并产生胶质体，最后黏结成块状焦炭的能力。煤的黏结性不利于气化过程的进行，黏结性强的煤料，在气化炉上部加热到 400～500℃时，会出现高黏度的液相，使料层黏结和膨胀，小块的煤被黏合成大块，破坏料层中气流的均匀分布，并阻碍料层的正常下移，使气化过程恶化。严重黏结时，会使气化过程无法进行。因此一般移动床煤气化炉要求气化用煤是不黏结的，或者只有很弱的黏结性。使用黏

结性的煤，需在气化炉内黏结区部位增设搅拌装置进行破黏处理。

3）结渣性与灰熔融性

煤中的矿物质，在高温和活性气化介质的作用下，转变为牢固的黏结物或熔融炉渣的能力称为结渣性。对移动床气化炉，大块的炉渣将会破坏床内均匀的透气性，从而影响生成煤气的质量；严重时炉篦不能顺利排渣，需用人力捅渣，甚至被迫停炉。此外炉渣包裹了未气化的原料，使排出炉渣的含碳量增高。对流化床来说，即使少量的结渣，也会破坏正常的流化状态。

煤的结渣性不仅与煤的灰熔融性和灰分含量有关，也与气化的温度、压力、停留时间以及外部介质性质等操作条件有关。在生产中，往往以灰熔点作为判断结渣性的主要指标。煤灰软化温度越低的煤越易结渣。不同的气化设备对煤灰软化温度的选择不同，如液态排渣的气化炉要求煤灰的软化温度越低越好，而固态排渣的气化炉则需要通过控制温度以免出现结渣。

4）热稳定性

热稳定性是指煤在高温下燃烧或气化过程中对温度剧烈变化的稳定程度，也就是块煤在温度急剧变化时保持原来粒度的性能。热稳定性好的煤，在燃烧或气化过程中，能以原来的粒度烧掉或气化，而不碎成小块；而热稳定性差的煤，则迅速裂成小块或粉末。对于移动床气化炉来说，热稳定性差的煤，将会增加炉内的气流阻力，降低煤的气化效率，并使带出物增多。煤的热稳定性与煤的变质程度、成煤条件、煤中的矿物组成以及加热条件有关。一般烟煤的热稳定性较好，褐煤、无烟煤和贫煤的热稳定性较差。因为褐煤中水分含量高，受热后水分迅速蒸发使煤块破裂。无烟煤则因其结构致密，受热后内外温差大，膨胀不均产生应力，使块煤破裂。贫煤急剧受热也容易爆裂，即热稳定性也较差。热稳定性差的煤在进入移动床气化炉的高温区前，先在较低温度下做预处理，可使其热稳定性提高。

5）机械强度

煤的机械强度是指块煤的抗破碎度、耐磨强度和抗压强度等综合性物理和机械性能。机械强度高的煤在移动床气化炉的输送过程中容易保持其粒度，从而有利于气化过程均匀进行，减少带出物量。机械强度较低的煤，只能采用流化床或气流床进行气化。一般来说，无烟煤的机械强度较大。

6）粒度分布

不同的气化方式对原料煤的粒度要求不同。在固定床气化炉中，要求使用 5～50mm 的块煤，煤的粒度应该均匀合理，细粉煤的比例不应该太大，粒度不均将导致炉内燃料层结构不均匀，大块燃料滚向膛壁，小颗粒和粉末落在燃料层中心，从而造成炉壁附近阻力较小，大部分空气从这里通过，使这里的燃料层上移，严重时破坏燃料层烧穿。均匀的炉料可使炉内料层有很好的均匀透气性，获得较好的煤气质量和较高的气化效率。对于块煤欠缺时，可将细粒煤制成型煤进行造气。

流化床气化炉要求 8mm 以下的细粒煤，一般要求在 3～5mm 之间，并且要十分接近，若粒度太小，由于颗粒间的强烈摩擦形成细粉，增加了煤气中带出物小颗粒的含量，使碳转化率降低；但粒度太大，挥发分的逸出会受到阻碍，从而使煤粒发生膨胀，导致密度下降，在较低的气速下就可流化，从而减小生产能力。在实际生产中，活性高的煤块度可大些，而机械强度低的煤，块度应小些。

气流床气化炉要求煤粒在 0.1mm 以下，至少有 85% 小于 200 网目的粉煤，干法进料气流床对原料煤的粒径及均一性要求最低；水煤浆进料时，则要求有一定的粒度级配，以提高水煤浆的浓度。熔融床气化炉则要求是 6mm 以下的细粒煤。

7）水分与灰分

煤的其他性质如水分、灰分都会对气化过程产生一定影响。水分过高，会增加气化过程中的热能消耗，降低气化反应的温度，超过一定限度时，须在入炉前进行干燥（水煤浆气化法例外）。灰分过高，会增加热量损失和碳的不完全反应等。因此，在选择气化用煤时需要综合考虑。

8）挥发分

煤的挥发分是指煤在与空气隔绝的容器中加热一定时间后，从煤中分解出来的液体（蒸汽状态）和气体产物——焦油、酚及甲烷等。若生产燃料气，甲烷是有用的；若生产合成气，甲烷则属惰性气体。焦油必须回收处理，否则会堵塞管道及阀门。挥发分析出的现象，只有在固定床气化时才会出现。在流化床和气流床气化中，因气化反应温度高，煤中挥发分经高温裂解，生成气态产物直接转入煤气中，没有干馏物产生。

9）固定碳

煤中固定碳含量的高低，对煤完全气化后所得气化指标的好坏有直接关系。气化用煤的固定碳含量高，则煤气产率高，气化效率和热效率都高，相应地，单位质量煤的空气消耗、蒸汽消耗也高。因煤阶不同，煤的固定碳含量也不同，因而在工业生产或设计中针对不同变质程度的煤种，应采用不同的氧气和水蒸气的理论消耗值。

（2）操作条件

操作条件主要是指气化温度、气化压力，两者有时交互作用，共同对煤的一些性质产生影响。

1）气化温度

通常气化温度的选择需要考虑以下几个方面：对于固态排渣的气化方法，为了防止结渣，应将温度控制在煤灰软化温度以下，但同时温度增高有利于提高煤的反应活性和碳的转化率，而不同的操作温度还会影响到产物的生成，如低温条件有利于 CH_4 的生成。

2）气化压力

加压气化是强化煤气化的一种方法，但它对煤气组成、煤的部分气化性质也会带来影响。相比气化温度，压力对气化的影响更为重要。它不仅能直接影响化学反应的进行，还会对煤的性质产生影响，从而间接影响气化效果。

一般来说，在加压的情况下，气体密度增大，化学反应速率加快，有利于单炉生产能力的提高；从气化反应平衡来讲，加压有利于甲烷的形成，不利于二氧化碳的还原和水蒸气的分解，从而导致水耗量增大，煤气中二氧化碳浓度有所增加。

煤的黏结性随压力的增加而增加。弱黏结性煤，黏结指数都随压力的增加而上升，而且在压力增加到 0.5～1MPa 以前，黏结性增加较快；黏结性煤，黏结指数也随压力的增加而增加，并且随压力的增加开始增加较快，然后逐渐减慢。压力对煤的结渣性也有影响，一般情况下，结渣率随系统压力的增加而减小，这是因为加压时，由于在恒定的空气流量下，实际流速下降，造成燃烧反应速率下降，热量的释放减缓，因而结渣率随系统压力的增加而减小。

（3）煤气的种类

一般将煤气化生成的气体产物称为煤气，其中气化炉出口处的未经净化的煤气又常称为粗煤气。不同的气化方法可以生产出不同性质（组成和热值）的煤气。根据其性质，煤气可以广泛地应用于各个工业和民用领域，如作为气体燃料的城市煤气、工业用发生炉煤气、水煤气和替代合成气，以及可进行液体燃料和化工产品合成的合成气等。

如按照煤气在标准状态下的热值分类，可以分为：低热值煤气，其热值小于 $8.3MJ/m^3$；

中热值煤气，其热值为 $16.7\sim33.5MJ/m^3$；高热值煤气，其热值大于 $33.5MJ/m^3$。

如果结合煤气化的气化剂组成以及产物气体的成分和用途，按其热值高低（由低至高）可细分为：发生炉煤气、水煤气、合成气、城市煤气以及替代天然气等。表 2-4 所示为各类煤气的典型组成和热值。

表 2-4　几类煤气的典型组成和热值

煤气名称	气化剂	煤气组成/%						低位发热量/（MJ/m^3）
		H_2	CO	CO_2	N_2	CH_4	O_2	
空气煤气	空气	2.6	10	14.7	72	0.5	0.2	3.76～4.60
混合煤气	空气、蒸汽	13.5	27.5	5.5	52.8	0.5	0.2	5.02～5.23
水煤气	蒸汽、氧气	48.4	38.5	6	6.4	0.5	0.2	10.03～11.29
半水煤气	蒸汽、空气	40	30.7	8	14.6	0.5	0.2	8.78～9.61
合成天然气	氧、蒸汽、氢	1～1.5	0.02	1	1	96～97	0.2	33.44～37.62

（4）煤气化过程的强化

许多方面的研究和生产实践证明，在固定床煤气发生炉中的气化强度可以达到 $450\sim500kg/（m^2\cdot h）$ 而不至于影响煤气的质量和炉子的操作。

根据还原层的气化反应所进行的研究证明，其反应速率存在着极大的提升潜力。在现有生产条件下（空气-蒸汽鼓风，固定料层，常压操作），煤气发生炉完全有可能进一步提高气化速率而不影响煤气质量。

在工业实践和对还原反应所进行的研究中证明了以下情况，当气化强度在 $600kg/（m^2\cdot h）$ 以下，气化层最高温度在 $1100\sim1200℃$ 时，反应实际上是在外扩散区进行。这就是说，在增加质量交换速率的同时，气化速率也会相应增加，因而煤气成分实际上没有明显的改变。但如果超过这一范围，反应将转移到动力区，这时反应速率将跟不上鼓风速率的增加，因而一部分气体未经还原而通过还原层，使煤气质量变坏。要改善这一情况就必须提高反应层的温度，或者增加反应层的表面积（亦即增加燃料高度或减小燃料的块度）。但在普通结构的层状煤气发生炉中，气化层的最高允许温度取决于灰分的熔点，因而不能过分提高，而燃料的块度也不能过分减小。因此可以认为，在目前这种气化条件下，合理的气化强度不宜超过 $600kg/（m^2\cdot h）$。

对于炭的燃烧和气化这一多相反应来说，在高温条件下，其反应速率是很大的，因此，气化过程的速率主要取决于气体向反应表面的扩散速率，后者与煤气炉中的气体速率直接有关。因此，加大风量，提高气流速率是强化生产的主要手段。

必须指出，煤的气化是一个物理化学的综合过程，在采取上述强化生产措施的同时，必须考虑和其他技术措施相配合。例如：加强原料的准备，特别是燃料的粒度应严格控制；相应提高加料及排渣设备的工作能力；相应提高风机、煤气输送和清洗设备的工作能力。

2.5.3　煤炭气化方法的分类

迄今为止，已开发及处于研究发展中的煤气化方法不下百种，由于许多因素互相掺杂，对气化过程进行通用的系统分类是比较困难的。有效的煤气化方法是根据不同的过程参数或所用的不同燃料种类进行分类的，依气固接触形式、传热方式、进料方式、排渣方式而不同，并因此对气化原料煤的要求也不同。

根据入炉煤在炉内的过程，煤炭气化可分为移动床气化、流化床气化、气流床气化、熔融床气化和地下气化。前三种气化方法对原料煤的粒度和黏结性、操作条件等有不同的要求，同时热效率、碳转化效率、处理能力及煤气组成也有明显的区别。表 2-5 列出了这三类气化炉的重要特点。

表 2-5　三种典型气化方法的比较

项目	移动床气化法	流化床气化法	气流床气化法
典型气化炉形式			
原料煤粒度/mm	3～30	1～5	<0.1
适用煤种	非黏结性煤	黏结性较低的煤种	基本无限制
供料方式	块煤（干式）	煤粉（干式）	煤粉（干式）或水煤浆（湿式）
排渣/灰方式	干式排灰或液态排渣	干式排灰或团聚排灰	液态排渣
气化温度/℃	450～1000（干式排灰）600～1600（液态排渣）	850～1100	1500～1800
碳转化率/%	高（99.7）	低（>95）	高（>99）
冷煤气效率/%	高（约 89）	中（80～85）	低（76～80）
生产能力	低	中	高
代表技术	II 型炉，W-G 炉（常压），UGI 间歇式水煤气炉，ATC/Wellman 两段炉，Lurgi/BGC-Lurgi 加压炉	温克勒炉，KRW/U-Gas 炉，HTW 炉	Texaco/E-Gas（水煤浆供料），Shell/Prenflo/GSP（干粉供料）

2.5.3.1　移动床气化法

煤炭在移动床气化炉中的气化，也称为块煤气化，是最早出现的煤炭气化方法。从炉型上可概括为常压气化炉和加压气化炉两种，在运行方式上有连续式和间歇式的区分。

（1）常压移动床气化法

常压移动床气化法是在常压条件下运行，采用自供热和干法排灰的方式进行移动床气化。在气化炉内，固体原料煤从炉顶加入，在向下移动的过程中与从炉底通入的气化剂逆流接触，进行充分的热交换并发生气化反应，使得沿床层高度方向上有一明显变化的温度分布，一般自上而下可分为预热层、干馏层、气化层（还原层）、燃烧层（氧化层）以及灰渣层，如图 2-14 所示。

生产时，气化剂通过气化炉的布风装置自下而上均匀送入炉内，首先进入灰渣层，与灰渣进行热交换而被预热，灰渣则被冷却后经由旋转炉箅离开气化炉。由于灰渣层温度较低，且残炭含量较小，因此灰渣层基本不发生化学反应。

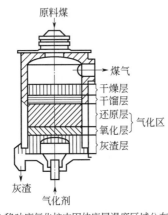

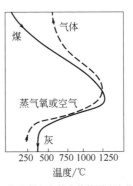

(a) 移动床气化炉内固体床层温度区域分布　　(b) 气化煤与气体产物的温度变化

图 2-14　移动床气化炉

预热后的气化剂在氧化层与炽热的焦炭发生剧烈的氧化反应，主要生成 CO_2 和 CO，并放出大量的热，因此氧化层是炉内温度最高的区域，并为其他气化反应提供热量，是维持气化炉正常运行的动力带，其发生的主要反应有：

$$C+O_2 \longrightarrow CO_2+393.8kJ/mol \tag{2-17}$$

$$2C+O_2 \longrightarrow 2CO+115.7kJ/mol \tag{2-18}$$

在氧化层中，残留的极少量未燃尽炭和不可燃的灰分进入灰渣层冷却，高温的未反应气化剂以及生成的气体产物则继续上升，遇到上方区域的焦炭。在这里二氧化碳和水蒸气分别与焦炭发生还原反应，因此称为还原层。还原层是煤气中可燃气体（CO 和 H_2）的主要生成区域，也称气化层。其主要反应均为吸热反应，因此其温度与氧化层相比有所降低。

$$CO_2+C \longrightarrow 2CO-164.2kJ/mol \tag{2-19}$$

$$C+H_2O \longrightarrow CO+H_2-131.5kJ/mol \tag{2-20}$$

还原层上升的气流中主要成分是可燃性气体产物（CO 和 H_2 等）和未反应尽的气体（CO_2、H_2O、N_2）等，在上部区域与刚进入炉内的原料煤相遇，进行热交换，原料煤在温度超过 350℃ 时，发生热解并析出挥发分（可燃气体或焦油）生成焦炭，由于此时上升气流中已几乎不含氧气，所以煤实际处于无氧热解的干馏状态，因此称为干馏层，其反应过程可表示为：

$$煤 \longrightarrow CH_4+H_2+CO_2+H_2O+C_mH_n+焦油+半焦$$

由上面的表达式可以看出，干馏层生成的煤气中含有许多气体杂质，这些气体杂质与还原层生成的煤气混合即为发生炉煤气，经过炉顶附近的干燥层将原料煤预热干燥后离开发生炉。事实上，在发生炉中的气化反应并非有如上面的分层面，但通过分析不同炉层内主要气体组成的变化（见图 2-15），可见其变化趋势与分层的描述基本一致。

常压移动床气化法通常包括煤气发生炉气化法、水煤气气化法和相应的两段炉气化法。

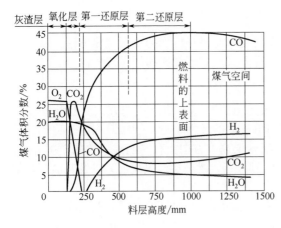

图 2-15　气体组成沿料层高度变化图

（2）加压移动床气化法

加压移动床气化法是一种在高于大气压力（1.0～2.0MPa 或更高压力）的条件下进行煤的气化操作，通常以氧气和水蒸气作为气化介质，以褐煤、长焰煤或不黏煤为原料的气化技术，其突出优点是煤气热值高，煤种适应性强，耗氧量较低，气化强度高，生产能力增大，粉尘带出量少等。加压气化技术的主要缺点是粗煤气中含有较多的酚类、焦油和轻油蒸气，煤气净化处理工艺较复杂，易造成二次污染，投资高，设备的维护和运行费用较高。

加压气化除了一般常压气化发生的煤燃烧、二氧化碳还原、水煤气反应和水煤气平衡反应外，主要是发生了一系列甲烷生成的反应，而这些反应在常压下是需要催化剂参与才能发生的。

$$C+2H_2 \longrightarrow CH_4+Q \tag{2-21}$$

$$CO+3H_2 \longrightarrow CH_4+H_2O+Q \tag{2-22}$$

$$2C+2H_2O \longrightarrow CH_4+CO_2+Q \tag{2-23}$$

$$CO_2+4H_2 \longrightarrow CH_4+2H_2O+Q \tag{2-24}$$

加压移动床气化与常压移动床气化类似，气化炉内也可按反应区域来进行分层，各层的主要反应及产物如图 2-16 所示。其主要特点是在还原层上方，由于 H_2、CO_2 和 C 进行了大

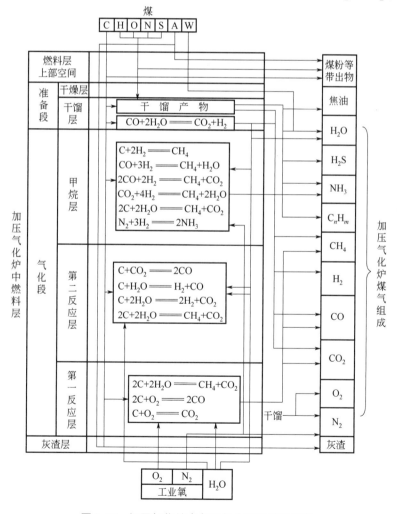

图 2-16 加压气化炉中各层的主要反应及产物

量反应，不断生成 H_2 和 CO，同时因吸热使环境温度降低，为甲烷的生成创造了条件。随着碳加氢反应及 CO 和 H_2 合成反应的进行，甲烷的量不断增加，形成了所谓的甲烷层。由于生成甲烷的反应速率较慢，因此与氧化层和还原层相比，甲烷层较厚，占整个料层的近 1/3。

与此同时，在加压条件下，其他反应也受到了不同程度的影响。由于主要的氧化反应 $C+O_2 \longrightarrow CO_2$ 和水煤气平衡反应 $CO+H_2O \longrightarrow CO_2+H_2$ 的反应前后体积不变，因此压力提高不影响化学平衡，但加快了反应速率。而水煤气生成反应 $C+H_2O \longrightarrow CO+H_2$ 和二氧化碳还原反应 $C+CO_2 \longrightarrow 2CO$ 则是体积增大的反应，压力提高化学平衡向左移动，因此在加压气化生成的煤气中 CO_2 含量高，CO 和 H_2 含量降低，水蒸气消耗大，废水多。

鲁奇（Lurgi）炉是加压移动床气化炉中应用最广、最为成熟的炉型，一般分为两类：固态排灰的鲁奇炉和液态排渣的 BGL-Lurgi 炉。图 2-17（a）是第四代的干式排灰鲁奇炉的结构。整个气化炉大体可分为加煤、搅拌、炉体、炉栅和排渣五大部分。由于气化炉处于高压操作条件，因此加煤装置采用双阀钟罩形式以保证原料煤可以连续不断地进入气化炉。布煤器和搅拌器同时由电机带动，如果气化没有黏结性的煤种，可以不设搅拌器。气化炉炉体由双层钢板焊制，形成水夹套，在其中形成的蒸汽汇集到上部蒸汽包通过汽水分离引出。其他结构如旋转炉箅等与常压移动床气化炉类似。

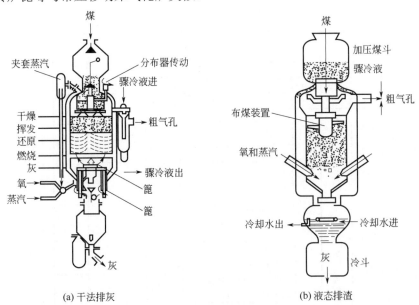

(a) 干法排灰　　　　　　　　　　　(b) 液态排渣

图 2-17　加压鲁奇炉

保持炉内压力稳定对加压移动床气化十分重要，它直接影响到气化过程工况条件与产物气体的组成。鲁奇炉采用与太空舱缓冲门相似的煤锁与灰锁装置实现这一功能。煤锁加煤过程与灰锁排灰过程同为间歇性的操作，通过操作阀门，使煤锁或灰锁充压、泄压来实现加煤或排灰这一过程。

干式排灰鲁奇炉的操作压力通常为 3MPa，在炉内氧化区域最高温度约为 1000℃，粗煤气离开炉顶的温度为 260～538℃，这取决于气化煤种，同样粗煤气的组成也随着煤种的不同而不同。

与常压移动床气化法相比，鲁奇炉的 CH_4 和 CO_2 的含量都有很大的提高，粗煤气经脱 CO_2 和变换精制处理后，可作为合成氨、合成甲醇以及合成油品的原料气，也可以用于生产高热值的替代煤气。尤其重要的是，任何合成工艺都需在高压下进行，这就显示了鲁奇炉在加压条件下运行的优势。同时，新型鲁奇炉的粗煤气产量已达 $156m^3/d$ 以上，这是常压气化难以相比的。

图 2-17（b）为液态排渣 BGL-Lurgi 炉的结构图。它与干式排灰气化炉最主要的区别是水蒸气和氧气的比，在干法排灰中该比例一般为 4∶1 至 5∶1，而在液态排渣炉中则为 0.5∶1。降低水蒸气和氧气的比，可使炉膛氧化区的温度上升，以超过煤灰的软化温度，使其以液态灰渣的形式排出炉外。

液态排渣炉通过提高炉温来加快气化反应的速率，炉内最高温度一般在1300℃以上，出口粗煤气的温度为 550℃左右，使得气化强度和生产能力有了显著的提高，约为干法排灰式的 3 倍多。同时灰渣中含碳量有所下降，碳利用率一般在 92% 以上。此外，水蒸气利用率高是其另外一个显著的优点。但由于液态排渣的高温特点，使得气化煤气的组成也发生了变化，高温条件削弱了放热的甲烷生成反应，同时水蒸气量的减少使 CO_2 还原成 CO 的反应加强，因此同干法排灰相比，其粗煤气中 CH_4 含量下降，CO 和 H_2 组分之和约提高 25%，同时 CO/H_2 上升，而 CO_2 则由 30% 降到 5%~6%。

2.5.3.2　流化床气化法

流化床煤气化技术是气化碎煤的主要方法。流化床气化法的原理与流化床燃烧具有相同之处，都是利用煤的流态化实现煤的化学反应，只是流化床煤气化用气化剂代替了燃烧用的空气，使煤和气化剂在流态化状态下发生气化。

（1）流化床气化的原理与特点

图 2-18 所示为典型的温克勒气化炉示意图，煤料经过破碎处理后，通过螺旋给料机或气流输送系统进入气化炉，具有一定压力的气化剂从床层下部经过布风板吹入，将床上的碎煤托起，当气流速度上升到某一定值时，煤粒互相分开上下翻滚，同时床层膨胀且具有了流体的许多特性，即形成了流化床。根据流态化原理，影响流态化过程的主要因素是气流速度，即通过床层界面的平均流速，如果气流速度小于某一定值，则煤粒将不能流化，床层有结渣的危险。通常根据试验来选择确定最佳流化速度，并作为气化炉的操作气速。另外流化效果还受煤粒粒径的影响，如果煤粒太小，则将随煤气夹带出炉外，如果煤粒太大，则很难流化。工业中粒度要求较移动床要小，一般在 0.1~6mm 左右。

在流化床中，通常将气化温度控制在 950℃，以免在流化不均引起局部过热时，产生局部结渣从而使流化状态破坏。因此，与移动床相比，其氧化反应进行得比较缓慢，而且只能用于气化反应性较好的煤种，如褐煤等。但在流化床内部由于燃料颗粒与气化剂混合良好，其温度沿床层高度的变化比固定床平缓。图 2-19 为流化床和移动床的温度分布比较。

与固定床类似，在流化床气化区仍分为氧化层和还原层，但其还原层温度较高且一直可以延伸到整个床层。流化床气化煤气中 CO_2 的含量较高，这是由于床层燃料量较固定床少，所以还原反应进行得不完全，使得煤气中 CO_2 含量较高，同时由于床内温度分布均匀，粗煤气出口温度较高。同时在流化床内由于具有良好的传质传热性能，因此进入气化炉的燃料可以迅速地分布在炽热颗粒之间而迅速加热，其干燥和热解过程在反应区同时进行，使得挥发分的分解完全，煤气中热解产物的含量很少，几乎不含焦油。

总的来说，由于流化床温度均匀，气固混合良好，同时煤的粒度小，比表面积大，因此能获得较高的气化强度和生产能力。但其缺点也同样突出，在流化状态下，很难将灰渣和料层进行分离，70%的灰及部分未燃尽炭被煤气夹带出气化炉，既增加了煤气净化的难度，也造成很大程度的热损失。同时，另外的灰分通过黏结落入灰斗，灰渣和飞灰的含碳量均较高，这是流化床气化最大的问题。

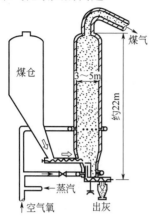

图 2-18 温克勒气化炉示意图

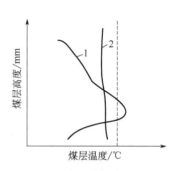

图 2-19 流化床和移动床的温度分布比较

1—移动床；2—流化床

（2）灰团聚流化床煤气化技术

为了保持床层中的高炭灰比和稳定的不结渣操作，流化床内部物料必须良好混合，这样其排料组成与床内物料相同，排出的固体灰渣以及煤气带出物的含碳量就比较高（15%~20%）。为此提出了灰团聚（或称灰熔聚、灰黏聚）技术，具体措施是在流化床层形成局部高温区，使煤中的灰分在软化而未熔融的状态下，相互团聚而黏结成含碳量较低的灰渣，结球长大到一定程度时靠其重量与煤粒分离下落到炉底灰渣斗，从而有选择性地将灰球排出炉外，降低了灰渣的含碳量（5%~10%）。这一技术在一定程度上既克服了固态排渣碳损失高，又避免了液态排渣高显热损失和对床层的影响，提高了气化过程的碳转化率，是煤气化排渣技术的重要突破。

目前采用灰团聚排渣技术的有美国的 U-gas 气化炉、KRW 气化炉和中国科学院山西煤炭化学研究所的 ICC 煤气化炉。美国开发的 U-gas 和 KRW 灰团聚气化工艺还同时进行了炉内脱硫试验，取得了脱硫效率达 80%~90%的好结果。采用这一工艺生产的煤气可供联合循环发电（IGCC）作为燃料使用。

（3）循环流化床煤气化技术

循环流化床（CFB）气化炉的流化速度范围大于传统流化床速度而小于气动提升管速度，根据气化原料的种类，以气/固速度差异最大为特征，在两者之间选择合适的速度。物料循环量比传统流化床高，可达 40 倍以上。

循环流化床气化过程可克服鼓泡流化床中存在大量气泡造成气固接触不良的缺点，同时可避免气流床所需过高的气化温度，克服大量煤转化为热能而不是化学能的缺点，综合了气流床和鼓泡床的优点。CFB 的操作气速介于鼓泡床和气流床之间，煤颗粒与气体之间有很高的滑移速度，使气固两相之间具有更高的传热传质速率。整个反应器系统和产品气的温度均一，不会出现鼓泡床中局部高温造成结渣。CFB 可在高温（接近灰软化温度）下操作，使整个床层都具有很高的反应能力。CFB 除外循环还存在内循环，床中心区颗粒向上运动，而靠近炉壁的物料向下运动，形成内循环。新加入的物料和气化剂能与高温循环颗粒迅速而完全混合，加上良好的传质传热，可使新加入的低温原料迅速升温，并在反应器底部就开始气化反应，使整个反应器生产强度增加。另外，由于循环比率高达几十倍，使颗粒在床内停留时间增加，碳转化率也得到提高。

2.5.3.3　气流床气化法

气流床气化法用极细的粉煤为原料，被氧气和水蒸气组成的气化剂高速气流携带进入并在气化炉内进行充分的混合、燃烧和气化反应。气流床气化是气固并流，气体与固体在炉内的停留时间几乎相同，都比较短，一般在 1～10s。煤粉气化的目的是通过增大煤的比表面积来提高气化反应速率，从而提高气化炉的生产能力和碳的转化率。

气流床气化法属于高温气化技术，从操作压力上可分为常压气化与加压气化，除 K-T 炉为常压气化外，其他炉型均采用加压气化的方式。在气流床气化时，一般很少用空气做气化剂，基本都直接用氧气和过热蒸汽作为气化剂，因此，在炉内气化反应区温度可高达 2000℃。由于煤被磨得很细，具有很大的比表面积，又处于加压条件下，因此气化反应速率极快，气化强度和单炉气化能力比前两类气化技术都高。气流床气化的主要特点表现为煤种适应性强，煤粉在气化炉中的停留时间极短，煤气中夹带有大量未反应的碳，不利于 CH_4 的生成，煤气中 CO 含量高、热值低，粗煤气中不含焦油、酚及烃类液体等污染物，煤气温度高（一般都在 1400℃左右）等。

2.5.3.4　熔融床气化法

熔融床气化法的特点是在温度较高（1600～1700℃）且高度稳定的熔融金属或金属盐熔池内，完成气化反应的全部过程，生成以 CO 和 H_2 为主的煤气，煤的转化率高达 99%。熔融床气化反应过程是一种属于气、液、固三相反应的气化方法，其间不只是煤与气化剂发生反应，熔融介质也直接或间接地参与了反应过程。其最大的特点是能够改善气固接触状况，并具有一定的催化作用，使得煤种适应性较广，然而熔融物对于炉膛的腐蚀以及熔融物再生等问题阻碍了这类气化炉的进一步发展。

熔融物的作用是：作为煤和气化剂的分散剂，蓄热和提供气化反应热。依据熔融介质的种类不同可分为熔渣床气化法、熔铁床气化法和熔盐床气化法三类，如表 2-6 所示。

表 2-6　熔渣床、熔铁床及熔盐床气化法的特点比较

熔融物质	熔渣床/灰渣	熔铁床/铁	熔盐床/碳酸钠等
操作温度/℃	1600～1700	1350～1430	930～980
操作压力/MPa	—	0.14～0.3	1～1.97
主要特点	生成的灰渣直接与熔渣混合，省去了排渣要求	对硫有很强的亲和力，有脱硫介质的作用	腐蚀性较小，熔点也较低
主要问题	渣池析铁，即灰渣中的氧化铁被还原成金属铁，沉在池底	—	碳酸钠的再生、回收和循环系统复杂
代表技术	鲁末尔（Rummel）法、Sharberg-Otto 法	At-gas 法	AI 法、Kellogg 法

2.5.3.5　煤炭地下气化

煤炭地下气化（underground coal gasification，UCG）是对地下煤层就地进行气化产生煤气的一种气化方法。在某些场合，如煤层埋藏很深、甲烷含量很高，或煤层较薄、灰分含量高、顶板状况险恶，进行开采既不经济又不安全时，如能采用地下气化方法则可以解决这些问题。

因此，地下气化不仅是一种造气的工艺，也是一种有效利用煤炭的方法，提高了煤炭的实际可采储量。此外，地下气化可从根本上消除煤炭开采的地下作业，将煤层所含的能量以清洁的方式输出地面，而残渣和废液则留于地下，从而大大减轻采煤和制气对环境造成的污染。

煤炭地下气化的原理与一般气化原理相同，即将煤与气化剂作用转化为可燃气体。其基本过程如图 2-20 所示，从地表沿着煤层开掘两个钻孔 1 和 2。两钻孔底有一水平通道 3 相连接，图中 1、2、3 所包围的整体煤堆，即为进行气化的盘区 4。在水平通道的一端（如靠近钻孔 1 处）点火，并由钻孔 1 鼓入空气，此时即在气化通道的一端形成一燃烧区，其燃烧面称为火焰工作面。生成的高温气体沿气化通道向前渗透，同时把其携带的热量传给周围的煤层，在气化通道中形成由燃烧区（Ⅰ）、还原区（Ⅱ）、干馏区（Ⅲ）和干燥区（Ⅳ）组成的气化反应带。

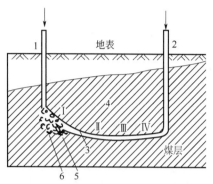

图 2-20 煤炭地下气化反应带示意
1，2—钻孔；3—水平通道；4—气化盘区；
5—火焰工作面；6—崩落的岩石；
Ⅰ—燃烧区；Ⅱ—还原区；
Ⅲ—干馏区；Ⅳ—干燥区

随着煤层的燃烧，火焰工作面不断地向前、向上推进，火焰工作面下方的折空区不断被烧剩的灰渣和顶板垮落的岩石所充填，同时煤块也可下落到折空区，形成一反应性高的块煤区。随着系统的扩大，气化区逐渐扩及整个气化盘区的范围，并以很宽的气化前沿向出口推进。

由钻孔 2 到达地面的是焦油和煤气，燃气热值约为 4000kJ/m³ 左右，煤气的组成大致为 CO_2：9%～11%；CO：15%～19%；H_2：14%～17%；O_2：0.2%～0.3%；CH_4：1.4%～15%；N_2：53%～55%。

煤炭地下气化集建井、采煤、气化三大工艺于一体，抛弃了庞大笨重的采煤设备和地面气化设备，变传统的物理采煤为化学采煤，是多学科开发清洁能源和化工原料的高新技术，大大减少了煤炭生产和使用过程中所造成的环境破坏，并可大大提高煤炭资源的利用率，被誉为第二代采煤方法和煤炭加工及综合利用的最佳途径，深受世界各国重视，也是中国洁净煤发展的重要方向之一。但由于地下煤层的构成及其走向变化多端，虽经多年的研究试验，但至今尚未形成一种工艺成熟、技术可靠、经济合理的地下气化方法，有待今后的努力探索。

2.5.4 煤气的净化

从煤气化炉引出的煤气中，含有一定量的灰分、硫化物、碱金属盐和卤化物等有害物质，各种物质含量的多少与原料煤的性质和气化炉的形式有关。这种含有大量灰尘和有害物质的煤气称为粗煤气。如果将粗煤气供应到燃气-蒸汽联合循环系统中去，不仅会导致输送设备和燃气轮机的腐蚀、磨损、结垢及堵塞，影响其使用寿命和工作可靠性，而且会造成与直接燃煤相类似的污染，达不到洁净燃煤的目的。而作为化工原料气时，不同的用途对气化煤气组分的要求是不同的，因此，在实际煤气生产过程中，还要通过一系列的后期加工来净化和调整煤气组分，以满足不同的使用需要。经过净化处理后的煤气称为精煤气。

常见的工艺有冷却、除尘、CO 变换和甲烷化。根据用户对煤气质量要求的不同，煤气净化的程度和方式也有所不同。

（1）煤气的冷却

煤气之所以需要冷却是因为：需要用鼓风机压入管网；进行除尘和捕集焦油；使煤气脱

水干燥。常用的煤气冷却设备主要有洗涤塔和竖管冷却器。

洗涤塔是由锅炉钢板焊接而成的圆筒形结构，被冷却的煤气由下面送入，水则从上面喷下和煤气直接接触。根据水与煤气形成接触面的方式，洗涤塔可分为有填料和无填料两种。

在有填料的洗涤塔中，水与煤气的接触表面是由被水润湿的填料表面所形成，最常用的填料是木格板、焦炭块等。在无填料的洗涤塔中，冷却表面是由水滴表面构成。水滴的大小直接和所形成的冷却表面有关。从冷却效果上来看，有填料的洗涤塔效果最好。

洗涤塔除了有冷却作用外，对除掉煤气中的粉尘和焦油也起很大作用，因此，它也是一种常用的除尘设备。

竖管冷却器是一种水管式竖管冷却器，煤气从上部管引入，从下部管排出。水从下部管进入，通过换热管组后由上部出口排出。焦油水的冷却液则经水封槽由冷却器中排出。

在冷却管中所进行的传热过程包括煤气、水蒸气和液体的冷却和冷凝。在这些过程中，每一过程的温度差及传热系数都是不同的，因此，在确定所需的冷却表面时，应分别按以下三个阶段进行：煤气及水蒸气冷却到蒸汽的凝结温度；水蒸气的凝结；煤气和冷凝液冷却到规定的温度。整个冷却器的冷却表面根据上述各个阶段所需的冷却表面之和求得。

（2）煤气的除尘

根据工艺要求的不同，煤气的除尘程度也不同，一般可以分为三级：

① 粗除尘：煤气含尘量达 $1.5g/m^3$ 以下，适用于短而粗、没有支管的煤气管道；

② 半精除尘：煤气含尘量达 $0.1\sim1.0g/m^3$，用于支管多、距离长的煤气管道；

③ 精除尘：煤气含尘量为 $0.01\sim0.03g/m^3$，这种煤气主要用于煤气发动机。

煤气除尘的方法有两类，即干法除尘和湿法除尘。

干法除尘的特点是，煤气的温度应能保证使煤气中的水蒸气和焦油蒸气不致在除尘器中冷凝下来。在干除尘器中，一般采用的粗除尘设备是沉降室和旋风除尘器，精除尘设备则用电滤器。

沉降室是利用使煤气的速度急剧降低和流动方向急剧改变的原理来达到除尘的目的，所以又称为重力除尘器。旋风除尘器主要是利用离心力的作用使煤气中的固体尘粒分离出来，其除尘效果较沉降室好，气流速度要求在 $15\sim20m/s$。电滤器又名静电除尘器，可以除掉煤气中的粉尘和焦油，是一种精除尘设备。煤气中的粉尘、焦油和水滴进入电离区后，获得与放电电极相同的电荷，并向相反的电极移动，当其达到沉降极后即失去电荷而沉降在电极上，在这里积聚到一定数量后，即因自身重力作用而下降，并从出口排出。

静电除尘器可以除掉其他方法所不能除掉的最小悬浮微粒，其除尘效率与气流速度、煤气湿度及温度有关。一般要求煤气温度应在 $80\sim100℃$，煤气速度为 $2\sim4m/s$。静电除尘的电能消耗较小，每 $1000m^3$ 煤气所消耗的电能为 $0.4\sim0.8kW\cdot h$。

湿法除尘的特点是用水将煤气冷却和湿润，将煤气中的水分、焦油及尘粒同时清除出去。常用的湿法除尘器有洗涤塔（半精除尘）、离心式洗涤机和文氏管（精除尘）。

（3）脱除酸性气体

粗煤气中的酸性气体主要是指硫化物和 CO_2，其中硫化物又以 H_2S 和羰基硫 COS 为主。如果以粗煤气生产中高热值燃气或合成气为主，CO_2 的存在会降低煤气热值，因此必须脱除 CO_2；对于制取低热值燃气，一般不需要脱 CO_2。而硫化物的存在不仅会引起很多催化剂中毒，而且其燃烧会生成 SO_2 污染大气，因此在多数情况下脱硫都是必须的。常见的脱硫方法通常都能在一定程度脱除 CO_2，所不同的是对于 H_2S、COS 和 CO_2 的脱除程度。

一般来说，脱除酸性气体可分为干法和湿法两类。干法工艺采用固体吸收剂或吸附剂，

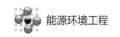

主要有氧化铁法、氧化锌法和活性炭法。其特点是脱除效率高，工艺简单，但设备笨重，投资大，需间断式再生或更换。而且干法工艺一般用于脱硫，对 CO_2 脱除的效果不是很明显。

湿法工艺的基本原理可以概括为：用对酸性气体有吸收能力（溶解或反应）的溶液，在适宜的条件下，洗涤粗煤气，从而使其中的酸性气体与其他气体分离，而吸收溶液再经升温、降压或其他措施，使被吸收的酸性气体重新释放出来并回收，从而使吸收剂得到再生。因此，湿法工艺一般可分为吸收和再生两大阶段。按其吸收和再生的原理，湿法工艺又可细分为化学吸收法、物理吸收法和物理化学法。湿法工艺脱除效率相对较低，但处理量大，可连续操作，投资和运行费用较低，因此应用较为广泛。常见的湿法脱硫工艺有烷基醇胺法和低温甲醇洗涤法。

（4）CO 变换

如果煤气化的最终产品要求是城市煤气、替代天然气、合成气或是制氢气的话，那么对粗煤气中 CO 和 H_2 的比例必须进行调整。对于城市煤气，为了减少毒性，一般认为 CO 的体积含量应控制在 10% 以下；作为替代天然气，甲烷化阶段要求 H_2 比 CO 含量多 3 倍；作为合成气，则要求 CO 尽可能的少，较高的 CO 分压会使催化剂表面结炭，从而导致催化剂失活；如果制氢，则要求 CO 的含量接近于零。对于 CO 含量过高的粗煤气，通过水煤气变换反应调整 H_2 和 CO 的比例的工序就称为 CO 变换。其基本原理就是水煤气变换反应，同时还会发生 COS 水解反应。可表示为：

$$CO+H_2O \longrightarrow CO_2+H_2 \tag{2-25}$$

$$COS+H_2O \longrightarrow CO_2+H_2S \tag{2-26}$$

工业上常采用中温变换，其反应温度为 380～520℃。为了降低反应温度和提高反应速率，CO 变换需要在催化剂下进行。催化剂的选择主要根据粗煤气和净化器中 CO 的含量以及粗煤气中硫的含量。一般情况下，CO 变换之前需要进行酸性气体的脱除，这样就可以采用铁铬系催化剂、铜锌催化剂等不抗硫的催化剂。

（5）煤气甲烷化

一般粗煤气中含有大量的 CO 和 H_2 以及一定量的 CH_4，为了进一步提高煤气热值，减少 CO 含量，采用甲烷化工艺是加工煤气的重要手段。尤其是在合成天然气的生产中，必须对粗煤气进行甲烷化。甲烷化过程主要是使煤气中的 H_2 和 CO 在催化剂作用下发生反应生成 CH_4。

$$CO+3H_2 \longrightarrow CH_4+H_2O \tag{2-27}$$

同时还会发生水煤气变换反应：

$$CO+H_2O \longrightarrow CO_2+H_2 \tag{2-28}$$

以及其他生成 CH_4 的次要反应：

$$CO+4H_2 \longrightarrow CH_4+2H_2O \tag{2-29}$$

$$2CO \longrightarrow C+CO_2 \tag{2-30}$$

$$C+2H_2 \longrightarrow CH_4 \tag{2-31}$$

影响甲烷化反应过程的因素很多，如催化剂的活性、原料气的组成以及反应温度和压力等。从化学反应来看，甲烷化反应是强放热反应，为防止催化剂超温失活，必须有效地排出反应生成热；同时该反应还是体积缩小的反应，因此加压有利于甲烷的生成。

在催化剂方面，活性较好的甲烷化催化剂一般都含有高浓度的非常活泼的 Ni、Al 以及其他的助催化剂，并以硅藻土或氧化铝为载体。这些催化剂一般都不抗硫，因为活性镍会因吸硫而丧失活性，同时氯化物也会使这类催化剂受到损害，因此，甲烷化的原料气必须进行彻底净化。除此之外，在进行甲烷化反应过程中，还需要着重考虑如何避免 CO 和 CH_4 分解导致的碳沉积反应发生，并使催化剂失活的现象。研究表明，对于镍基催化剂而言，当原料气中的 H_2/CO 的比值为 2.6 或更大一些时，在高压和低于 820℃的条件下，不会发生碳沉积现象。

煤气化技术的重要性在于它彻底打破了煤炭复杂的分子结构，将其转变成为结构和组分都十分简单的化学品，从而让人们对煤炭资源的价值进行了再认识。通过煤炭气化技术，既可获取清洁的城市煤气以替代天然气进行燃烧，也可用于联合循环发电或燃料电池发电，还可根据需要采用不同的工艺合成化学原料或动力燃料。

2.6 煤炭液化技术

煤炭液化是把固体煤炭通过一系列化学加工过程，使其转化成为液体燃料、化工原料和产品的先进洁净煤技术。煤和石油的主要成分都是 C 和 H，不同之处在于煤中 H 元素的含量只有石油的一半，从理论上说，煤转化为石油，需改变煤中 H 元素的含量。煤中 C、H 含量比越小，越容易液化，因此褐煤和煤化程度较低的烟煤易于液化。

根据转化过程的不同，煤炭液化方法包括直接加氢液化和煤间接液化，广义的煤炭液化还包括煤的低温干馏制取煤焦油。

煤直接加氢液化是采用高温、高压氢气，在催化剂和溶剂作用下进行裂解、加氢等反应，将煤直接转化为分子量较小的燃料油和化工原料的工艺技术。煤间接液化是将煤气化得到的原料气，在一定条件下，经催化合成液体燃料及其他化学产品的工艺技术。

2.6.1 煤炭直接液化

煤炭直接液化是在较高温度（＞400℃）和较高压力（＞10MPa）的条件下，通过溶剂和催化剂对煤进行加氢裂解而直接获得液化油。

$$nC +(n+1)H_2 \longrightarrow C_nH_{2n+2} \tag{2-32}$$

在此过程中，煤的大分子结构首先受热分解成独立的自由基碎片，在高压氢气和催化剂的作用下，自由基碎片加氢形成稳定的低分子物。如果对自由基供氢量不足，或自由基之间没有溶剂分子隔开，自由基在高温下又会缩聚成大分子。因此，液化反应必须有足够的氢源和溶剂。煤直接液化的反应机理如图 2-21 所示。

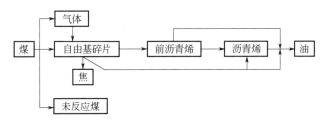

图 2-21 煤直接液化的反应机理

从煤的元素组成看，煤和石油的差异主要是氢碳原子比不同。煤的氢碳原子比为 0.2～1，

而石油的氢碳原子比为 1.6～2，煤中氢元素比石油少得多。因此，要制取与石油相当的燃油，必须对产品中的 H/C 值进行调整，这就需要在临氢环境中进行液化。

煤在一定温度、压力下的加氢液化过程基本分为三大步骤：

① 当温度升至 300℃以上时，煤受热分解，即煤的大分子结构中较弱的桥键开始断裂，打碎了煤的分子结构，从而产生大量的以结构单元为基体的自由基碎片，自由基的分子量在数百范围内。

② 在具有供氢能力的溶剂环境和较高氢气压力的条件下，自由基碎片被加氢得到较高稳定性，得到沥青烯、前沥青烯和液化油分子 3 种不同成分。能与自由基结合的氢并非是分子氢（H_2），而应是氢自由基，即氢原子，或者是活化氢分子，氢原子或活化氢分子的来源有：煤分子中碳氢键断裂产生的氢自由基；供氢溶剂碳氢键断裂产生的氢自由基；氢气中的氢分子被催化剂活化；化学反应放出的氢。当外界提供的活性氢不足时，自由基碎片可发生缩聚反应和高温下的脱氢反应，最后生成固体半焦或焦炭。

③ 继续加氢，前沥青烯转成为沥青烯，沥青烯再转化为油类物质。油类物质再继续加氢，脱除其中的 O、N、S 等杂原子，转化为成品油。成品油经分馏，即可获得汽油、航空煤油和柴油等。

现代由于多种新型催化剂的应用，这种方法越来越成熟，被许多国家采纳。煤直接液化所产生的液化油，含有许多芳烃和 O、N、S 等杂原子，可直接作为锅炉燃料油使用；但如果用作发动机原料，就必须进行提质加工，才能把液化油提炼成符合质量标准的汽油、柴油等成品油。

2.6.1.1 加氢液化原料

（1）原料煤的选择

选择加氢液化原料煤，应从技术经济指标出发，主要考虑以下三个指标：

① 无灰干燥基原料煤的液体油收率高。

② 煤转化为低分子产物的速度，即转化的难易。对于容易转化的煤，可选用较缓和的反应条件，且反应设备的处理能力较高。

③ 氢耗量。氢气占煤液化成本的比例很高，一般为 30%或更高；另外，生产氢气需要消耗大量的能源，所以氢耗量也影响液化热效率。

原料煤的性质和煤液化之间的相关关系十分复杂，不仅因为煤的多样性和不均一性，还因为对一个特定的煤来说，这种关系除考虑煤本身性质外，还与煤的转化深度、液化反应速率、使用的溶剂、过程条件等密切相关。液化条件比较温和时，煤性质对煤液化特性的影响就大；而在苛刻条件下，不同煤加氢液化时转化率的差异就不甚明显。

（2）溶剂的作用

有许多有机溶剂能在一定条件下溶解一定量的煤。根据溶解效率和溶解温度将溶剂分为五类：非特效溶剂，特效溶剂，降解溶剂，反应性溶剂，气体溶剂。

在煤炭加氢液化过程中，溶剂的作用主要体现在以下几个方面：与煤配成煤浆，便于煤的输送和加压；溶解煤，防止煤热解产生的自由基碎片缩聚；溶解气相氢，使氢分子向煤或催化剂表面扩散；向自由基碎片直接供氢或传递氢；溶剂直接与煤质反应。

（3）催化剂

为了提高煤加氢液化速率，提高转化率、油收率和设备的处理能力，降低反应压力和生产成本及改善油品性质，选用的加氢液化催化剂应具有活性高、选择性好、抗毒性强、价格低以及来源广等特点。

适合作煤加氢液化催化剂的物质很多，但有工业价值的催化剂主要有：铁系催化剂，Co、Mo、Ni 等金属氧化物催化剂及金属卤化物催化剂。

各种催化剂的活性是不相同的。催化剂的活性主要取决于金属的种类、比表面积和载体等。当催化剂的组成和结构确定后，催化剂在使用过程中显示出活性的大小与下列因素有关：催化剂用量、催化剂加入方式、煤中矿物质、溶剂的影响、碳沉积和蒸汽烧结。

2.6.1.2　煤加氢液化的工艺过程及影响参数

煤直接液化的典型工艺流程如图 2-22 所示。液化过程中，将煤、催化剂和循环溶剂制成的煤浆，与制得的氢气混合送入反应器。在液化反应器内，煤首先发生热解反应，生成自由基"碎片"，不稳定的自由基"碎片"再与氢在催化剂存在条件下结合，形成分子量比煤低得多的初级加氢产物。出反应器的产物构成十分复杂，包括气、液、固三相。气相的主要成分是氢气，分离后循环返回反应器重新参加反应；固相为未反应的煤、矿物质及催化剂；液相则为轻油（粗汽油）、中油等馏分油及重油。液相馏分油经提质加工（如加氢精制、加氢裂化和重整）得到合格的汽油、柴油和航空煤油等产品。重质的液固淤浆经进一步分离得到重油和残渣，重油作为循环溶剂配煤浆用。

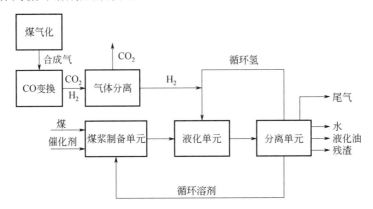

图 2-22　煤直接液化的典型工艺流程简图

反应温度、反应压力、反应停留时间、煤浆浓度和气/液比是煤加氢液化的主要工艺参数，对煤液化过程有很大影响。

（1）反应温度

反应温度是煤加氢液化的重要工艺参数。煤液化反应对反应温度最敏感，这是因为一方面温度增加后，氢气在溶剂中的溶解度增加，更重要的是反应速率随温度的增加呈指数增加。没有一定的温度，无论多长时间，煤也不能液化。在其他条件配合下，煤加热到最合适的反应温度，就可获得理想的转化率和油收率。

反应温度对油品的性质也有很大的影响，随着反应温度的增加，加氢裂解反应程度加深，油的分子量减少，油品黏度下降，发生脱氢和脱烷基反应，使油的芳香度增加。

反应温度在一定范围内提高，可使催化剂活性增加，但反应温度太高，催化剂表面产生碳沉积或蒸汽烧结现象，使活性降低或丧失活性，液化效果变差。

煤液化反应温度要根据原料煤的性质、溶剂质量、反应压力及反应停留时间等因素综合

考虑。一般来说，烟煤的反应温度要比更易液化的褐煤的反应温度高 5～10℃。

（2）反应压力

煤加氢液化过程中，通常采用较高的压力。催化剂存在下的液相加氢速率与催化剂表面接触的液体层中的氢气浓度有关。这个浓度取决于氢在溶剂中的溶解度和氢分压，氢在溶剂中的溶解度越大和氢分压越高，液体中氢的浓越愈大。催化剂表面氢气浓度则取决于液体的浓度及其扩散速率。当扩散速率和催化剂活性一定时，可以认为加氢反应速率服从质量作用定律，即与氢分压成正比，所以氢分压越高越有利于煤的液化反应。

氢气压力提高，有利于氢气在催化剂表面吸附和氢向催化剂孔深处扩散，使催化剂的活性表面得到充分利用，因此，催化剂的活性和利用率在高压下比低压时高。

但是，氢压提高，高压设备投资、能量消耗和氢耗量都要增加，因而产品成本高，阻碍了煤加氢液化工业的发展，因此如何降低压力是目前努力追求的目标。

必须指出，压力对反应速率的影响主要是通过催化剂吸附能力的增强来实现的，而催化剂本身反应速率的影响远超过压力的影响。

（3）反应停留时间

所谓反应停留时间是指反应器内液相的实际停留时间，它是一个平均的概念，实际上液相（包括固体颗粒）的某一组分或某一微小个体在反应器内的停留时间呈一分布曲线。反应停留时间和反应温度、反应压力一样，影响着煤加氢液化的转化率和油收率。在合适的反应温度和足够氢供应下，随着反应停留时间的延长，液化率刚开始增加很快，以后逐渐减慢；而沥青烯和油收率相应增加，并依次出现最高点；气体产率开始很少，随着反应时间的延长，后来增加很快；同时氢耗量也增加。从生产角度出发，一般要求反应时间短，这就意味着高处理能力。不过合适的反应停留时间与煤种、催化剂、反应温度、压力、溶剂以及对产品的质量要求等因素有关，应通过实验来确定。

（4）煤浆浓度

从理论上讲，煤浆浓度对液化反应的影响应该是浓度越稀越有利于煤热解自由基碎片的分散和稳定，但为了提高反应器的空间利用率，煤浆浓度应尽可能高。试验研究证明，高浓度煤浆在适当调整反应条件的前提下，也可以达到较高的液化油产率，主要是因为煤浆浓度提高后在液化反应器的液相中溶剂的成分减少，而煤液化产生的重质油和沥青烯类物质含量增加，更有利于它们进一步加氢反应生成可蒸馏油。

在煤液化工艺中，选择煤浆浓度还要考虑煤浆的输送和煤浆预热炉的适应性。对于煤浆的输送，首先要考虑的是煤浆能配制多高的浓度，它取决于高压煤浆泵输送煤浆所允许的煤浆黏度范围。煤浆浓度过稀，煤的颗粒在煤浆管道内容易沉降，在高压煤浆泵的止逆阀处容易沉积，造成煤浆泵工作故障。煤浆浓度过高，造成煤浆黏度过高，煤浆在管道内流动的阻力增大，使煤浆泵输送功率增大，也会使煤浆泵不能正常工作。煤浆黏度与煤浆浓度有直接关系，也与煤的性质和溶剂的性质以及配制煤浆的温度有关。

（5）气/液比

气/液比通常用标准状态下的气体体积流量（m^3/h）与煤浆体积流量（m^3/h）之比来表示，是一个无量纲的参数。实际上对反应起影响作用的是反应条件下气体实际体积流量与液相体积流量之比，其主要原因是在反应器内液体（包括溶剂和煤液化产生的液化油）各组分分子在液相和气相中必然达到气液平衡，而与气液平衡有关系的应是反应器内气相与液相的实际体积流量之比。

当气/液比提高时，液相的较小分子更多地进入气相中，而气体在反应器内的停留时间远低于液体停留时间，这样就减小了小分子的液化油继续发生裂化反应的可能性，与此相反却增加了液相中大分子的沥青烯和前沥青烯在反应器内的停留时间，从而提高了它们的转化率。另外，气/液比的提高会增加液相的返混程度，这对反应也是有利的。这些都是对反应的正面影响。但是，气/液比提高会使反应器内气含率（气相所占的反应空间与整个反应器容积之比）增加，使液相所占空间（也可以说是反应器的有效空间）减小，这样就使液相停留时间缩短，反而对反应不利。另外，提高气/液比还会增加循环压缩机的负荷，即增加能量消耗。这些是对反应的负面影响。综合以上分析，煤液化反应的气/液比有一个最佳值，大量试验研究结果得出其最佳值为 $700\sim1000\mathrm{m}^3/\mathrm{t}$。

由上可知，煤液化工艺条件各因素对液化反应及液化装置的经济性均有正反两方面的影响，必须通过大量试验和经济性的反复比较来确定合适的工艺条件。

2.6.1.3　煤炭直接液化工艺

为降低液化产物的成本，目前国际上有代表性的煤加氢液化工艺有：氢-煤法、Bottrop 煤加氢液化工艺、合成油法、煤炭溶剂萃取加氢液化工艺、煤油共炼技术以及煤超临界萃取工艺。

（1）氢-煤法

氢-煤法是美国戴诺莱伦公司所属碳氢研究公司研制。以褐煤、次烟煤或烟煤为原料，生成合成原油或低硫燃料油，合成原油可进一步加工提质成运输用的燃料，低硫燃料油做锅炉燃料。其工艺流程如图 2-23 所示。

该工艺的特点是：采用固、液、气三相沸腾床催化反应器（图 2-24），使反应器内物料分布均衡，温度均匀，反应过程处于最佳状态，有利于加氢液化反应的进行；残渣作气化原料制氢气，可有效地利用残渣中的有机物，使液化过程的总效率提高。实践证明，此法对制取洁净的锅炉燃料和合成原油是有效的。

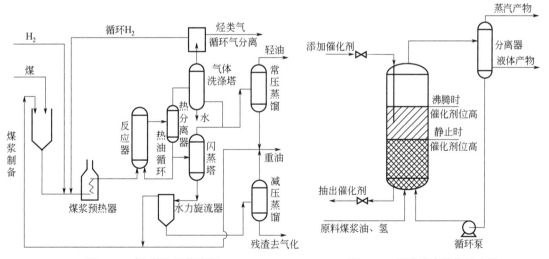

图 2-23　氢-煤法工艺流程　　　　图 2-24　煤沸腾床催化反应器

（2）Bottrop 煤加氢液化工艺

Bottrop 煤加氢液化工艺是由德国煤矿研究院和萨尔煤矿公司在早期 Bergius-I.G 工艺基

础上研制成功的，以生产合成原油为目的。1981 年在 Bottrop 建立了日处理煤 200t 的工业试验装置，并进行了生产运转，其工艺流程如图 2-25 所示。

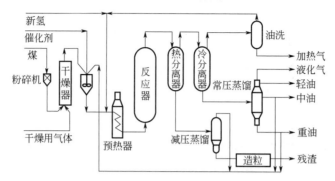

图 2-25　Bottrop 煤加氢液化工艺流程

（3）合成油法

合成油法（synthoil process）由美国矿业局开发，以煤催化加氢液化脱硫制取合成原油为目的，已在 0.5t/d 装置上进行了半工业性试验。合成油法的工艺流程如图 2-26 所示。

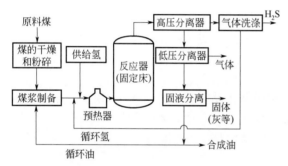

图 2-26　合成油法工艺流程

（4）煤炭溶剂萃取加氢液化工艺

溶剂精炼煤法（solvent refining of coal，SRC）是将煤用供氢溶剂萃取加氢，生产清洁的低硫低灰的固体燃料和液体燃料。通常对生产低硫、低灰固体燃料为主要产物的方法称为 SRC-Ⅰ法，而生产液体燃料为主要产物的方法称为 SRC-Ⅱ法。

1）SRC-Ⅰ法

SRC-Ⅰ法工艺很多，现只介绍一种 PAMCO 法，这是由美国匹兹堡和中途岛采煤公司（Pittsburg and Midway Coal Mining Co）开发的方法，有两个实验工厂，处理量分别为 6t/d 和 50t/d，其工艺流程如图 2-27 所示。该工艺采用过滤法进行固液分离，脱灰率可达 98% 以上，但过滤速度慢，设备庞大。

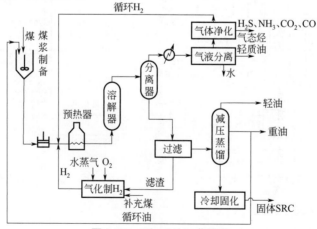

图 2-27　SRC-I 法工艺流程

2）SRC-Ⅱ法

SRC-Ⅱ法是在 SRC-Ⅰ法的基础上发展起来的，其特点是将气液分离器排出的含固体的煤溶浆循环做溶剂，因此也称为循环 SRC 法。按流程和产品结构不同，可分为循环 SRC-Ⅱ（固体）法、循环 SRC-Ⅱ（联合产品）法和循环 SRC-Ⅱ（液体）法三种。通常将循环 SRC-Ⅱ（液体）法简称 SRC-Ⅱ法，其工艺流程如图 2-28 所示。

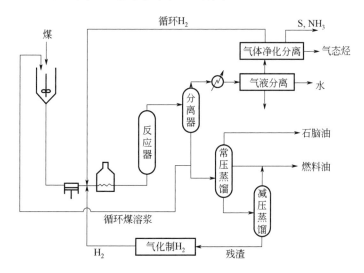

图 2-28 SRC-Ⅱ法工艺流程

SRC-Ⅱ工艺的特点是：用部分热煤溶浆做循环溶剂，使煤溶解的有效时间增长，煤浆中矿物质含量增加，有利于氢裂解反应的加速和液化反应的加深，使液体油产率增加；采用蒸馏法完成产品分离，省去过滤、产物固化等工序，简化工艺流程；不外加催化剂，通过煤中矿物质催化活性的有效利用，获得较高的液化效率，降低生产成本。

SRC-Ⅰ和 SRC-Ⅱ的液化机理基本相同，都是先将煤与溶剂混合制成煤糊，在高温高压下热解成碎片，然后碎片从供氢溶剂得到氢而稳定化，失去氢的芳烃溶剂再加氢成为供氢溶剂。两者的区别在于 SRC-Ⅰ氢化程度浅，加氢少（2%），产品以高分子固体燃料为主；SRC-Ⅱ加氢量大（3%～6%），氢化程度较深，以低分子液体产品为主。

（5）煤油共炼技术

煤油共炼是将煤和石油同时加氢裂解，转变成轻质油、中油和少量气体的加工工艺。典型工艺是由美国碳氢研究公司在石油加氢裂解（H-油法）和煤两段液化技术基础上开发的 HRI 工艺，其工艺流程如图 2-29 所示。

HRI 工艺的特点是：采用两段沸腾床催化反应器，使用高活性 $CoMo/Al_2O_3$ 和 $NiMo/Al_2O_3$ 载体催化剂，以连续加入和排出的方式保持反应器内催化剂活性；煤油浆一次通过反应装置，在煤浓度高时，用少量的重质油循环，循环比为 0.5。

试验表明，采用 HRI 工艺进行煤油共炼，煤和渣油（>528℃）的转化率分别达 90%～95%和 82%～92%，金属脱除率达 98%以上，氢利用率为 16%～20%，馏分油产率为 65%～80%，油品质量好，含 N、S 杂原子少，适合加工成各种运输燃料。

（6）煤超临界萃取

超临界萃取主要利用物质在超临界状态下具有较高的溶解能力、扩散能力和挥发能力，达到物质分离的目的，其过程既类似溶剂萃取，又类似蒸馏，因此，可以看成是萃取-蒸馏相结合的化工过程。

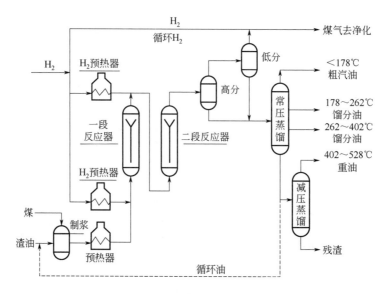

图 2-29 HRI 煤油共炼工艺流程

超临界萃取对原料煤细度有一定要求，但也不宜太细，因为煤是多孔物质，超临界流体的穿透力强，粒度小于 3mm 的煤粒对萃取速率和产率影响不大，如果粒度太细，对煤粉与萃取物的分离造成困难。

原料煤的水分控制在 5%～15% 范围内，对萃取产率影响很小。为了生产上易处理和减少热负荷，采用干燥过的煤较为合适。

煤的超临界萃取应选择高密度溶剂；来源广泛，价格低廉；稳定性好。通常在研究中采用甲苯作为煤超临界萃取的溶剂。研究结果表明，添加四氢萘的混合溶剂，萃取率提高，而且四氢萘的促进作用主要发生在 350℃ 以后的温度，说明四氢萘的加入阻止了煤分解产物在较高温度时形成半焦的聚合反应。

麦多克斯提出日处理原料煤 10000t 的工厂设计方案，采用甲苯作萃取溶剂，其工艺流程如图 2-30 所示。将已干燥的煤破碎至小于 1.6mm，与溶剂甲苯分别加热，逆向进入萃取器进行超

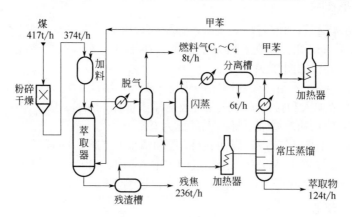

图 2-30 甲苯超临界萃取煤 10000t/d 工艺流程

临界萃取，萃取温度为 455℃，萃取压力为 10MPa，含萃取物的蒸汽（甲苯、萃取物、水和气态烃等）从萃取器顶部导出，经冷却、减压，使溶剂萃取物冷凝，送入脱气塔脱出的气态烃作燃料。

（7）神华集团煤直接液化工艺

我国神华集团在充分借鉴、消化、吸收国外现有煤直接液化工艺技术的基础上，开发了神华集团煤直接液化工艺，其工艺流程如图 2-31 所示。

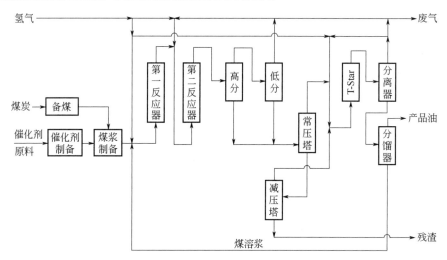

图 2-31 神华集团煤直接液化工艺流程

2.6.2 煤炭间接液化

煤炭间接液化是先将煤气化制出以 CO 和 H_2 为主的煤气，经过变换和净化送入反应器，在一定温度、压力和催化剂的作用下，生产出烃类燃料油及化工原料和产品的加工过程，也称煤基费托（F-T）合成法。

2.6.2.1 煤基 F-T 合成的工艺过程

煤基 F-T 合成烃类油一般要经过原料煤预处理、煤炭气化、气体净制、部分气体转换（也可不用）、F-T 合成和产物回收加工等工序。其工艺过程如图 2-32 所示。

（1）原料煤预处理

根据所选用气化炉对原料煤的要求进行预加工，以提供符合气化要求的原料。通常包括破碎、筛分、干燥等作业。

（2）煤炭气化

煤在高温下与气化剂（氧、水蒸气、CO_2 等）反应，生成煤气。为了生产合成原料气（$CO+H_2$），通常选用水蒸气和氧气（或空气）作气化剂，在一定范围内通过控制水蒸气/氧气比来调节原料气中 H_2 与 CO 的比值。

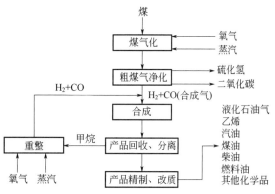

图 2-32 煤基 F-T 合成工艺过程

（3）气体净制

由气化炉出来的粗煤气，除有效成分 CO+H₂ 外，还含有一定量的焦油、灰尘、H₂S、H₂O 等杂质，这些杂质是 F-T 合成催化剂的毒物，CO₂ 虽不是毒物，但是非有效成分，会影响 F-T 合成效率。因此，原料气在进入 F-T 合成前，必须先将粗煤气洗涤冷却，除去焦油、灰尘；再进一步净制，脱除 H₂S、CO₂、有机硫等。净制方法有物理吸收法、化学吸收法和物理化学吸收法。脱除净煤气中的酸性气体，具体选用哪一种净化工艺，要考虑经济问题，需根据原料气的组成、要求脱除气体的程度及净化加工成本诸因素决定。

（4）气体转换

由气化炉产出的粗煤气经净制后，净煤气中的有效成分 H₂ 与 CO 之比一般为 0.6～2，一些热效率高、成本低的第二代气化炉，生产的原料气 H₂ 与 CO 比值很低，只有 0.5～0.7，往往不能满足 F-T 合成工艺的要求，所以在合成工艺前，需将部分净化气或尾气进行气体转换，调节合成原料气的 H₂ 与 CO 比值，以达到合成工艺要求。转换方法一般分为 CO 变换法和甲烷重整法两种。

气体转化工序的设置取决于 F-T 合成工艺对原料气组成（H₂/CO）的适应性。

（5）F-T 合成和产物回收加工

经过气体净制和转换，得到符合 F-T 合成要求的原料气，再送 F-T 合成，合成后的产物经冷凝回收并加工成各种产品。F-T 合成，由于操作条件、催化剂和反应器的形式不同，形成许多不同的合成工艺。工业上采用的是中压铁剂固定床 Arge 合成和中压铁剂气流床 Synthoil 合成。例如 SASOL-Ⅰ 合成厂采用 Arge 合成和 Synthoil 合成联合流程，如图 2-33。SASOL-Ⅱ、SASOL-Ⅲ合成厂均采用 Synthoil 合成工艺，如图 2-34，其他工艺尚处于开发阶段。

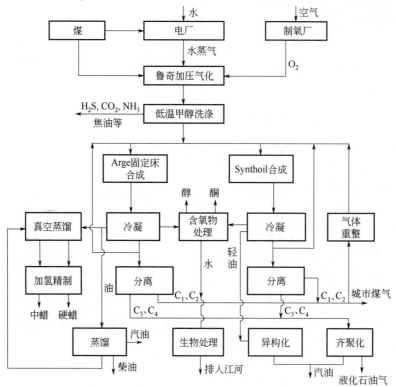

图 2-33　SASOL-Ⅰ 合成工艺流程

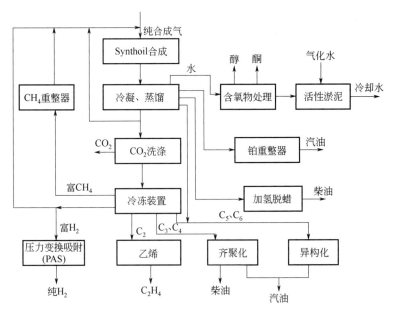

图 2-34　SASOL-Ⅱ合成工艺流程

2.6.2.2　煤基 F-T 合成的机理

F-T 合成反应的化学计量式因催化剂的不同和操作条件的差异将导致较大差别，但可用以下两个基本反应式描述。

（1）烃类生成反应

$$CO+2H_2 \longrightarrow (—CH_2—)+H_2O \tag{2-33}$$

（2）水气变换反应

$$CO+H_2O \longrightarrow H_2+CO_2 \tag{2-34}$$

由以上两式可得合成反应的通用式：

$$2CO+H_2 \longrightarrow (—CH_2—)+CO_2 \tag{2-35}$$

（3）烷烃生成反应

$$nCO+(2n+1)H_2 \longrightarrow C_nH_{2n+2}+nH_2O \tag{2-36}$$
$$2nCO+(n+1)H_2 \longrightarrow C_nH_{2n+2}+nCO_2 \tag{2-37}$$
$$3nCO+(n+1)H_2O \longrightarrow C_nH_{2n+2}+(2n+1)CO_2 \tag{2-38}$$
$$nCO_2+(3n+1)H_2 \longrightarrow C_nH_{2n+2}+2nH_2O \tag{2-39}$$

（4）烯烃生成反应

$$nCO+2nH_2 \longrightarrow C_nH_{2n}+nH_2O \tag{2-40}$$
$$2nCO+nH_2 \longrightarrow C_nH_{2n}+nCO_2 \tag{2-41}$$
$$3nCO+nH_2O \longrightarrow C_nH_{2n}+2nCO_2 \tag{2-42}$$
$$nCO_2+3nH_2 \longrightarrow C_nH_{2n}+2nH_2O \tag{2-43}$$

间接液化的主要反应就是上面的反应，由于反应条件的不同，还有甲烷生成反应、醇类生成反应（生产甲醇就需要此反应）和醛类生成反应等。

CO+H₂ 合成气通过各种不同的路线可以制取许多的化工产品，通过 F-T 合成得到汽油、柴油、石蜡等各种产物。

2.6.2.3 煤基 F-T 合成过程的工艺参数

以生产液体燃料为目的产物的 F-T 合成，提高合成产物的选择性至关重要。产物的分配除受催化剂影响外，还由热力学和动力学因素所决定。在催化剂的操作范围内，选择合适的反应条件，对调节选择起着重要作用。

（1）原料气组成

原料气中有效成分（CO+H₂）含量高低影响合成速率的快慢。一般是 CO+H₂ 含量高，反应速率快，转化率增加，但是反应放出热量多，易造成床层超温。另外制取高纯度的 CO+H₂ 合成气的成本较高，所以一般要求其含量为 80%～85%。

提高合成气中 H₂ 与 CO 比值和反应压力，可以提高 H₂ 和 CO 利用比。排除反应气中的水汽，也能增加 H₂ 与 CO 利用比和产物产率，因为水汽的存在增加一氧化碳的变换反应（$CO+H_2O \longrightarrow H_2+CO$），使 CO 的有效利用率降低，同时也降低合成反应速率。

对于铁催化剂合成，利用残气（尾气）循环可以提高 H₂ 与 CO 利用比。再者，要求合成原料气中含硫量小于 2mg/m³（CO+H₂），因为含硫量高，易使催化剂中毒失去活性。

（2）反应温度

F-T 合成反应温度主要取决于合成时所选用的催化剂。对每一系列 F-T 合成催化剂，只有当它处于合适的温度范围时，催化反应是最有利的，而且活性高的催化剂，合适的温度范围较低。

（3）反应压力

反应压力不仅影响催化剂的活性和寿命，也影响产物的组成与产率。对铁催化剂采用常压合成，其活性低，寿命短，一般要求在 0.7～3.0MPa 压力下合成比较好；钴剂合成可以在常压下进行，但是以 0.5～1.5MPa 压力下合成效果更佳。

压力增加，反应速率加快，尤其是氢气分压的提高，更有利于反应速率的加快，这对铁催化剂的影响比钴催化剂更加显著。

（4）空速

对不同的催化剂和不同的合成方法，都有最适宜的空间速度范围。如钴催化剂合成的适宜空间速度为 80～100h⁻¹，沉淀铁剂 Arge 合成的适宜空间速度为 500～700h⁻¹，熔铁剂气流床合成的适宜空间速度为 700～1200h⁻¹。在适宜的空间速度下合成，油收率最高。但是空间速度增加，一般是转化率降低，产物变轻，并且有利于烯烃的合成。

2.6.2.4 煤炭间接液化工艺的特点

煤炭间接液化工艺具有以下特点：

① 合成条件较温和，无论是固定床、流化床还是浆态床，反应温度均低于 350℃，反应压力 2.0～3.0MPa。

② 转化率高，如沙索公司 SAS 工艺采用熔铁催化剂，合成气的一次通过转化率达到 60% 以上，循环比为 2.0 时，总转化率即达 90% 左右。壳牌公司的 SMDS 工艺采用钴催化剂，转化率甚至更高。

③ 受合成过程链增长转化机理的限制，目标产品的选择性相对较低，合成副产物较多，正构链烃的范围可从 C₁ 至 C₁₀₀；随合成温度的降低，重烃类（如蜡油）产量增大，轻烃类（如

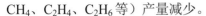

CH_4、C_2H_4、C_2H_6 等）产量减少。

④ 有效产物－CH_2－的理论收率低，仅为 43.75%，工艺废水的理论产量却高达 56.25%。

⑤ 煤消耗量大，一般情况下，约 5～7t 原煤产 1t 成品油。

⑥ 反应物均为气相，设备体积庞大，投资高，运行费用高。

⑦ 煤基间接液化全部依赖于煤的气化，没有大规模气化便没有煤基间接液化。

2.6.2.5　煤炭直接液化和间接液化工艺过程的比较

煤炭直接液化和间接液化工艺过程的比较如表 2-7。

表 2-7　煤炭直接液化和间接液化工艺过程的比较

工艺过程	直接液化（加氢液化）工艺过程	间接液化（F-T 合成）工艺过程
第一步	氢气制备：采用煤气化或天然气转化	煤的气化：得到粗合成气
第二步	油煤浆：将煤、催化剂和循环油制成的煤浆，与制得的氢气混合送入反应器	合成气精制：粗合成气经除尘、冷却、宽温耐硫变换和酸性气体脱除，得到成分合格的合成气
第三步	加氢液化反应：煤热解，再与氢在催化剂存在条件下结合形成分子量比煤低得多的初级加氢产物	F-T 合成反应：在一定的温度、压力及催化剂作用下，H_2 和 CO 转化为直链烃类、水以及含氧有机化合物
第四步	生成物包括气、液、固三相，液相、馏分经提质加工，得到合格的汽油、柴油和航空煤油等产品	生成物包括水相、油相和气相，油相采用常规石油炼制手段得到合格的油品或中间产品
特征	第一、二步先并联，后面步骤串联	纯串联

表 2-8 为煤炭直接液化工艺和间接液化工艺特点的比较。

表 2-8　煤炭直接液化和间接液化工艺特点的比较

工艺特点	直接液化（加氢液化）工艺特点	间接液化（F-T 合成）工艺特点
收率	油收率高，中国神华煤制油装置的油收率可高达 63%～68%	转化率高：沙索公司 SAS 工艺采用熔铁催化剂，合成气的一次通过转化率达到 60%以上，总转化率达 90%
煤耗	煤消耗量小，生产 1t 液化油，需消耗原料洗精煤 2.4t 左右（包括 23.3%气化制氢用原料煤，不计燃料煤）	煤消耗量大，生产 1t F-T 产品，需消耗原料洗精煤 3.3t 左右（不计燃料煤）
选择性	目标产品的选择性相对较高，馏分油以汽、柴油为主	目标产品的选择性相对较低，合成副产物较多
气化	制氢方法有多种选择，无需完全依赖于煤的气化	间接液化必须配备大规模的煤气化装置
反应条件	反应条件相对较苛刻，压力达到 17～30MPa，温度 430～470℃	合成条件较温和，反应温度低于 350℃，反应压力 2.0～3.0MPa
产物	出液化反应器的产物组成较复杂，液、固两相混合物由于黏度较高，分离相对困难	随合成温度的降低，重烃类（如蜡油）产量增大，轻烃类（如 CH_4、C_2H_4、C_2H_6）产量减少
其他	氢耗量大，工艺过程中不仅补充大量新氢，还需要循环油作供氢溶剂，使装置的生产能力降低	有效产物—CH_2—的理论收率低，仅为 43.75%，工艺废水的理论产量却高达 56.25%

通过直接液化和间接液化相组合以优化最终油品性能，通过煤炭分级利用以提升能量利用效率，通过油煤混炼或引入焦炉煤气以实现原料的多元化，通过 IGCC 和其他化学品装置实现多联产，是我国煤制油行业的发展趋势。

2.7　先进煤炭利用技术

为了进一步提高煤炭利用的效率与附加值，同时减缓对环境破坏的压力，先后开发了多种先进煤炭利用技术。

2.7.1　整体气化联合循环发电技术

整体煤气化联合循环发电系统（IGCC）是将煤气化技术和高效的联合循环相结合的先进动力系统，它由两大部分组成：煤的气化与净化部分和燃气-蒸汽联合循环发电部分。第一部分的主要设备有气化炉、空分装置、煤气净化设备（包括硫的回收装置）；第二部分的主要设备有燃气轮机发电系统、余热锅炉、蒸汽轮机发电系统。

IGCC 的工艺流程如图 2-35 所示。煤首先经过气化成为中低热值煤气，再经过净化除去煤气中的硫化物、氮化物、粉尘等污染物，变为清洁的气体燃料，然后送入燃气轮机的燃烧室燃烧，加热气体工质以驱动燃气轮机做功，燃气轮机的排气进入余热锅炉加热给水，产生过热蒸汽驱动蒸汽轮机做功。

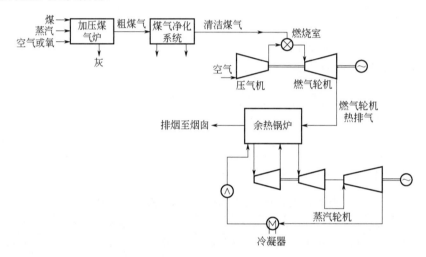

图 2-35　IGCC 的工艺流程图

IGCC 技术把洁净的煤气化技术与高效的燃气-蒸汽联合循环发电系统结合起来，既有高发电效率，又有极好的环保性能，是一种有发展前景的洁净煤发电技术。在目前技术水平下，IGCC 发电的净效率可达 43%～45%，今后可望达到更高。而污染物的排放量仅为常规燃煤电站的 1/10，脱硫效率可达 99%，二氧化硫排放在 25mg/m³ 左右，远低于排放标准 1200mg/m³，氮氧化物排放只有常规电站的 15%～20%，耗水只有常规电站的 1/3～1/2，对于环境保护具有重大意义。

由图 2-35 可以看出 IGCC 整个系统大致可分为：煤的制备、煤的气化、热量的回收、煤气的净化和燃气轮机及蒸汽轮机发电几个部分。可能采用的煤气化炉有气流床（entrained flow bed）、固定床（fixed bed）和流化床（fluidized bed）三种方案。在整个 IGCC 的设备和系统中，燃气轮机、蒸汽轮机和余热锅炉等反复设备和系统均是已经商业化多年且十分成熟的产品，因此，IGCC 发电系统能够最终商业化的关键是煤气化炉及煤气净化系统。具体来说，对 IGCC 气化炉及煤气净化系统的要求是：

① 气化炉的产气率、煤气的热值和压力及温度等参数能满足设计的要求；

② 气化炉有良好的负荷调节性能，能满足发电厂对负荷调节的要求；

③ 煤气的成分、净化程度等要能满足燃气轮机对负荷调节的要求；

④ 具有良好的煤种适应性；

⑤ 系统简单，设备可靠，易于操作，维修方便，具有电厂长期、安全可靠运行所要求的可用率；

⑥ 设备和系统的投资、运行成本低。

运行实践表明，IGCC 电厂具有如下优点：

（1）IGCC 用水量较少

与同等规模的 PC 电厂相比，IGCC 电厂的冷却水用量减少 33%。这是由于 IGCC 电厂生产的约 2/3 电力都来自燃气轮机，1/3 来自汽轮发电机，而汽轮发电机才需要冷却水。尽量减少用水需要，对缓解当地的用水压力、促进节水型社会的建设具有重要意义。

（2）IGCC 的副产品易于实现资源化利用

在采用高温气化技术时，原料所剩余的灰渣以一种类似玻璃一样的不会渗析的废渣形式排出。这种废渣可用于生产水泥或屋面瓦，或作为沥青填缝料或集料。这种废渣与绝大多数 PC 电厂所生成的底灰和飞灰不同，底灰和飞灰更容易渗析。而且，这种废渣比飞灰更容易输送、贮存和运输。

（3）IGCC 具有碳捕集优点

虽然 IGCC 电厂（燃烧前）和 PC 电厂（燃烧后）都有可用的 CO_2 捕集技术，但 IGCC 电厂可能具有优势，因为燃烧前 CO_2 捕集所要求的技术已经成功地运用于煤气化（但不是 IGCC）技术。目前，美国正对此项技术进行深入研究以便在 IGCC 电厂配置条件下达到更好的性能。此外，这些捕集技术当中的一些技术能在足够高的压力下生成浓缩的 CO_2 气流，以满足压缩 CO_2 在管道内输送时压缩机的要求，以便将 CO_2 埋藏或用于提高石油采收率。但是，IGCC 与 PC 电厂之间在 CO_2 捕集的成本和性能方面仍然存在巨大的差异。

然而，IGCC 将制得的合成气（$CO+H_2$）作为燃气轮机的燃料来发电，从资源利用的角度来讲，是一种浪费。当前煤化工的主要发展方向是把煤气化变成合成气后，再通过不同的配比，在不同的压力和温度条件下加工成需要的下游产品，如油、天然气、合成氨、尿素、烯烃、乙二醇、甲醇、芳烃、醋酸等。

随着化学合成法的进步、膜分离技术的工程化以及大型气化炉的出现，生产甲醇、二甲醚等化学品也变得更加容易实现，这些都大大促进了以煤气化为核心的多联产系统的发展。现代高层次的多联产一体化系统如图 2-36 所示。

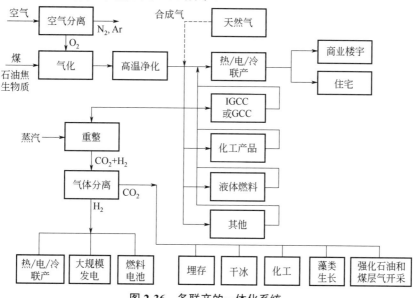

图 2-36　多联产的一体化系统

要实现这种多联产的一体化系统，必须解决一系列的科学和技术问题，例如：合成气的蒸汽重整；与发电结合在一起的甲醇、二甲醚生产工艺流程的简化；用于大流量空气分离的气体膜分离技术；CO_2 的处理与综合利用技术等。

2.7.2　燃料电池和 IGCC 组合的联合循环

燃料电池是将氢、天然气、甲醇、煤气等气体燃料的化学能通过电化学直接转化为电能的装置。将燃料电池用于清洁煤发电是 21 世纪最具潜力的新型煤发电技术，因为这种发电技术不但效率高，而且 CO_2 排放很少。将燃料电池和 IGCC 组合起来的联合循环发电系统如图 2-37 所示。

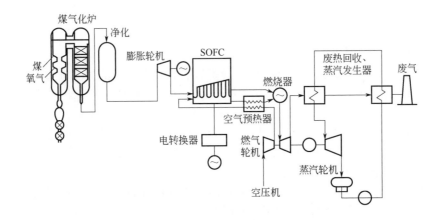

图 2-37　燃料电池和 IGCC 组合起来的联合循环发电系统
SOFC 温度：1000℃；电厂效率：53%；
发电比率：SOFC　50%；燃气轮机　20%；蒸汽轮机　25%；膨胀轮机　5%

图中 SOFC 为固体氧化物燃料电池，它是以 H_2、CO 和 HC 气体作燃料的第二代高温燃料电池，因此，从煤气炉产生的煤气经除尘、脱硫等净化处理后，就能直接用作燃料电池的燃料。由于第二代燃料电池运行温度高，产生的 1000℃排气可直接用于燃气-蒸汽联合循环。而运行温度较低的磷酸燃料电池，100℃的排气余热可以向建筑物供暖，并实现热电联产。

目前燃料电池已在分布式能源系统中作为电源使用，但要真正使燃料电池和 IGCC 组合的联合循环发电系统商业化，还需要做大量的工作。

2.7.3　燃气-蒸汽-电力多联产系统

传统的煤炭利用方式是单一利用，或作为燃料提供热能或发电，或作为原料提供各种煤化工产品。随着科学技术的进步和循环经济模式的推广，这种单一利用方式并不是最佳的利用方式。例如，在煤的转化（气化或液化）过程中，片面地追求高的转化率必然带来系统设备复杂、成本过高等问题。21 世纪新型煤炭利用系统应以煤气化为龙头，利用得到的合成气，一方面用以制氢，供燃料电池汽车用；另一方面通过高温固体氧化物燃料电池联合循环发电。按照这种方式，能源利用率可高达 50%～60%，不但污染物排放少，经济性也比现代煤粉锅炉高出 10%。新型煤炭利用系统如图 2-38 所示。

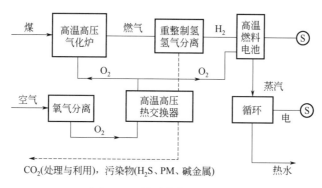

图 2-38　新型煤炭利用系统

2.8　煤炭开发利用过程中的环境问题

　　煤炭热量高，标准煤的发热量为 29260kJ/kg。而且煤炭在地球上的储量丰富，分布广泛，一般也比较容易开采，因而被广泛用作各种工业生产中的燃料，而且利用技术与方法也不断创新，利用效率不断提高。

　　煤炭是一种可以用作燃料或工业原料的矿物。煤作为一种燃料，早在 800 年前就已经开始得到应用。从 18 世纪末的产业革命开始，随着蒸汽机的发明和使用，煤被广泛用作工业生产的燃料，给社会带来了前所未有的巨大生产力，随之发展起煤炭、钢铁、化工、采矿、冶金等工业，有力推动了社会进步。

　　中国是世界上最主要的产煤大国。虽然随着经济的发展，中国煤炭消费比例在缓慢下降，但经济发展和能源储备特点决定了煤炭的地位，在今后很长的一段时间内，中国能源的支柱仍然是煤炭。煤炭是中国最主要的"一次能源"，对社会和经济的发展起到了重要作用，同时也是中国实施可持续发展战略的资源保证，但在煤炭的开采、加工和使用的全过程中都存在着环境污染问题，所以对于煤炭资源一定要做到合理开发利用。

　　煤炭产业对环境的污染主要产生于四个环节，即开采、运输、加工和利用。

2.8.1　煤炭开采过程产生的环境问题

　　煤炭开采过程中产生的污染物为有害气体、废水及固体废弃物，可分别导致大气污染、水体污染、固体废弃物污染、土壤及植被破坏、生态平衡破坏等环境问题，各环境问题的形成原因及危害如表 2-9 所示。

表 2-9　煤炭开采过程中环境问题的形成原因及危害

环境问题	形成原因	危　　害
大气污染	(1) 排放的瓦斯气； (2) 采煤过程中产生的烟尘、尾煤、煤尘； (3) 原煤堆场产生的扬尘	(1) 产生爆炸隐患，加剧温室效应，进而导致土壤沙化； (2) 对一线工人的安全与健康造成隐患； (3) 对矿区周边居民的生活造成影响
水体污染	(1) 采煤工人排放的生活污水对地表水造成的污染； (2) 矿坑水排放对地表水造成的污染； (3) 选煤废水对地下水造成的污染； (4) 形成区域降落漏斗，进而引起地表塌陷	(1) 水质被污染，影响居民的生活； (2) 含水层疏干，影响植物生长； (3) 地表水系断流，破坏生态环境； (4) 地面塌陷，引起山体滑坡和泥石流

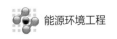
续表

环境问题	形成原因	危　害
固体废弃物污染	（1）煤矸石造成的污染； （2）生活废弃物造成的污染	（1）占用土地，自燃而引发火灾，造成滑坡； （2）污染环境，传播疾病，污染地表水和地下水，引发火灾
土壤及植被破坏	作业和运输车辆的通行；辅助工程的建设等	（1）使地表土壤的裸露面积增加，增加了水土流失的可能性； （2）使表层熟土被深层生土替代，降低了土壤的营养含量； （3）破坏植物根系，导致植被数量或种类减少
破坏生态平衡	使野生动物、植物和林业系统遭受破坏	（1）影响野生动物； （2）影响野生植物； （3）影响林业生态系统

（1）大气污染

煤炭开采过程中产生的气体污染包括与煤伴生的瓦斯气体，采煤坑道中产生的烟尘、尾煤、煤尘等，原煤堆场产生的扬尘。

1）与煤伴生的瓦斯气体

瓦斯是煤炭生产中极为常见的气体，是一种有害气体，其主要成分是甲烷，同时含有少量的一氧化碳、二氧化碳等。常年在井下作业的煤炭开采工人，长期受一氧化碳和二氧化碳等有害气体的伤害，会对身体健康造成极大的隐患。而且当瓦斯浓度积累到一定程度时，极易发生爆炸事故，对采煤工人的安全造成极大威胁。

为了减少瓦斯等有害气体对人体的危害，一般采用矿井通风的方式将这些有害气体排入大气中。但当大气中甲烷浓度升高时，将加剧局地的温室效应，进而引发次生灾害，最典型的就是水分蒸发加剧。对于我国来说，煤炭分布与水资源分布正好相反，往往煤炭资源丰富的地区是水资源匮乏的地区，由温室效应加剧引起的水分蒸发加剧又将导致土壤持水能力减弱，从而引起土壤沙化。

2）采煤坑道中产生的烟尘、尾煤、煤尘等

由于通风作用，在采煤坑道中，细小煤粉不可避免地被扬起而形成烟尘等。采煤工人长期处于扬尘环境中，可导致煤肺病或煤硅肺病。当坑道内的煤粉浓度积累到一定程度时，极易发生粉尘爆炸，造成严重后果，如采煤坑道遭到破坏、采煤工人受到伤害。

3）原煤堆场产生的扬尘

在原煤堆场，由于煤中水分的不断蒸发，煤块或煤粒不断破碎为更小的煤粒或煤粉，在风吹作用下就会形成扬尘。由于煤的密度比空气大，被扬起的煤粉最终仍会降落地面。降落地面的煤粉落到农作物叶面上，会减少其光合作用面积，影响农作物生长；煤粉中的一些化学物质随雨水流到周围耕地或地下水，从而污染水源，改变土壤化学成分，影响耕种；落在建筑物上，使建筑物老化加速；落在晾晒的衣物上，使衣物变脏。更为严重的，甚至会因煤粉不断累积而自燃，引起火灾。

（2）水体污染

通常，煤炭开采使得水质受到直接或间接的影响，煤矿的排水及煤矿副产品污染了地表水、地下水，不仅使得矿区周围水域、土壤遭受损害，还使得包括生活用水在内的整个水系遭受损害。煤炭开采过程中存在四种污染方式。

1）生活污水对地表水的污染

矿区人员的生活性活动排出大量的生活污水，使得各种溶解态有机物和无机盐、微生物进入地表水系统，污染生态水环境。

2）矿坑水排放对地表水的污染

在煤炭开采过程中，为保证开采的安全，会排出地表渗透水、矿坑水和洗选水等。其中，矿坑水占比例最大，含有 P、Cl、As、B、Hg、Pb、Cd、Cu、Zn 等元素，这些元素在化学反应的作用下产生新的化合物，导致 pH 值呈偏酸性，氟化物超出标准值，而且还混入了大量煤尘和有害元素等污染物，未经处理的部分矿坑水含有悬浮物、酸性和微小放射性元素，并伴有腥臭、细菌和超标的大肠杆菌，如果未经处理或处理未达标而直接排入沟渠河流等地表水体，将对地表水产生严重污染，不仅影响水生生物的生长，也对生活用水和工农业用水产生极大的影响。

3）选煤废水对地下水的污染

原煤洗选过程是将煤中的有害物质转移至洗选剂而去除，产生的洗煤废水如果直接排放，其中所含的悬浮物、重金属离子和各类浮选剂将逐渐渗入地下水，从而造成地下水污染。

4）地面塌陷

煤炭开采不仅会破坏含水层的水位，而且使其水质、水量发生变化，形成区域降落漏斗，局部地区由于水力联系形成导水带，导致地下水渗漏，引起矿区范围内地表沉陷、裂缝裂隙的形成。另外矿区的含水层、煤层被破坏，含水大幅度下降，甚至造成当地排水、供水等一系列的问题。同时由于长时间大范围在煤层浅层干旱区开采，加大了采空区面积、地面塌陷的范围以及采空区导水裂隙带，使得地表水、地下水、矿坑水之间形成直接联系，造成河川径流的大量渗漏，最终导致径流量显著减少。

煤炭开采多数以地下矿井开采为主，这种开采方式必然会造成地表塌陷，而且地表塌陷的面积要比煤炭开采面积大 1 倍左右，平均每开采 1 万吨煤炭塌陷农田 0.2 公顷，平均每年塌陷 2 万公顷。长时间的地表塌陷就会在平原地区出现积水受淹的现象，部分地区也会出现土地资源盐渍化的现象，这对土地资源的破坏是极其严重的，而在山地地区严重的地表塌陷还会引起山体滑坡和泥石流，对土地资源和生态环境产生十分不利的影响，极大破坏了生态平衡。

煤炭开采带来的水污染问题不容忽视。目前我国 70%矿区缺水，40%矿区严重缺水。13 个大型煤炭基地，11 个在北方地区，有 10 个基地缺水或严重缺水，大型煤炭基地矿区开发面临水资源制约的严峻问题。另外，煤炭资源开发快速向西部生态环境脆弱地区转移，高强度开发煤炭资源给西部富煤地区的环境带来严重的影响，西部干旱缺水地区煤炭开发问题可能会更加突出，部分矿区径流与排泄条件均受到采煤活动的影响，出现了含水层疏干、地表水系断流、水质污染等水环境严重的问题。

（3）固体废弃物污染

煤炭开采过程中产生的固体废弃物污染主要来自两个方面：煤矸石和生活废弃物。

1）煤矸石污染

煤炭开采过程中会产生一种叫煤矸石的固体废弃物，这种物质是煤炭开采中最重要的固体废弃物，以前认为其没有使用价值，所以被排放出来之后也是常年的堆积在一起，这种情况就会占用矿区周边大量的土地，同时其在风化之后还会产生自燃的现象，自燃后排放出的有毒气体对矿区附近的自然环境造成了十分严重的破坏，并且在遇到暴雨后堆积成山的煤矸石还会发生滑坡的现象，直接威胁着矿区居民的人身和财产安全。

另外，煤矸石长时间堆放，形成黑灰色的人工矸石山丘地貌，这些山丘物质在风化和大气降雨淋滤等方式的作用下流入地表水和地下水系统，还会造成严重的水体污染。

2）生活废弃物污染

目前，我国煤炭开采的机械化水平还较低，大部分工作仍需以人为主。为了完成煤炭开采，每个煤矿都集结了大量的煤矿工人。煤矿工人及其家属在日常生活过程中，不可避免会产生大量的生活废弃物（俗称生活垃圾，包括厨余物、废纸、废塑料、废织物、废金属等）。这些生活废弃物在自然条件下较难被降解，长期堆积形成的垃圾山，不仅会影响环境卫生，而且会腐烂变质，产生大量的细菌和病毒，极易通过空气、水、土壤等环境媒介而传播疾病；垃圾中的腐烂物在自身降解期间会产生水分，径流水以及自然降水也会进入到垃圾中，当垃圾中的水分超出其吸收能力之后，就会渗流并流入到周围的地表水或者土壤中，从而给地表水、地下水以及土壤造成极大的污染。另外，垃圾在长期堆放过程中会产生大量的沼气，极易引起垃圾爆炸事故，给人们造成极大的损失。

（4）土壤及植被破坏

煤炭开采会对项目区内的植被及土壤造成严重的影响，具体表现为：大量作业和运输车辆的通行，使地表土壤的裸露面积增加，增加了水土流失的可能性；铺设管道、电缆等辅助工程，使表层熟土经过翻、挖等作业流程被深层的生土所替代，大大降低了土壤的营养含量；极易对植物根系造成毁灭性破坏，导致项目区内植被数量或种类的减少，不利于维持生态系统的平衡性等。

（5）破坏生态平衡

煤炭开采对生态平衡的破坏表现为三个方面：对野生动物的影响、对野生植物的影响和对林业生态系统的影响。

1）对野生动物的影响

煤炭开采对陆生动物的影响主要表现在：开采活动扰乱野生动物的栖息地、活动区域等；机械设备等会产生不同程度的噪声，对野生动物造成惊扰等。

2）对野生植物的影响

煤炭开采对野生植物的影响主要表现在施工过程中所使用的施工车辆或机械对野生植物造成碾压和破坏，使植被根系遭到彻底破坏，且被破坏的植被在短时间内无法恢复正常，进而对该项目区的生态稳定性造成严重影响。

3）对林业生态系统的影响

煤炭开采对林业生态系统造成的影响主要表现在两个方面：

① 林地面积的损失。在林地地段进行的施工活动会对现有林地造成不同程度的破坏，甚至造成大部分林地的无法恢复。针对这部分无法恢复的林地，只能将其土地利用方式转换为荒草地或其他利用类型。

② 生物量及其生产力的损失。针对能恢复的林地，其在恢复期间的生物量和生产力均呈大幅度下降，这一过程所造成的损失是巨大的。

2.8.2　煤炭运输过程产生的环境问题

我国的煤炭运输包括三种方式：一是由于煤炭产区（中西部地区）与消费地区（东部沿海工业城市）距离较远而发生的长途运输，目前铁路运煤是中国煤炭运输的主要方式；二是"车—船—车"运输，即先通过公路或铁路运输将煤从矿区运至码头，再通过水运的方式运输到消费地区，卸在码头后用汽车运至用户；三是用户内部从煤堆到用煤装置的短途运输，一般采用汽车进行接驳运输或采用带式输送。

无论何种运输，都不可避免地会造成污染。由于铁路运输的路途长、运载量大，因此铁路运输的污染是煤炭运输中的主要因素，其运输污染也是煤炭产业干预生态环境的一环。煤炭在铁路运输过程中，由于振动、泄漏、气流及天气原因，部分暴露在外的煤尘因风和颠簸作用而飘洒到运输沿线。这种运输过程中产生的飘洒不仅会造成煤炭损失，而且会导致严重的环境问题。其形成原因及危害如表 2-10 所示。

表 2-10　煤炭铁路运输过程中环境问题的形成原因及危害

环境问题	形成原因	危　害
煤粉污染	由于振动、泄漏、气流及天气原因，部分暴露在外的煤尘因风和颠簸作用而飘洒	造成煤炭损失
		影响铁路运行
		影响铁路沿线人员的健康
		影响铁路周边农作物生长

（1）造成煤炭损失

煤炭在铁路运输过程中飘洒的粉尘会造成煤炭资源的严重浪费。据铁道运输部门统计，铁路运输原煤过程中，当运距小于 500km 时，原煤损耗率在 0.8%～1.2%；当运距在 500～1000km 时，原煤损耗率在 1.2%～2.5%。精煤运输的损耗率在 2%～4%，平均运煤损耗率为 1.2%。中国每年因煤炭运输扬尘散落的煤粉在 1800 万吨左右。

（2）影响铁路运行

散煤料在车厢运输过程中，车厢顶部煤层表面的风力可达 5 级以上，表面煤尘极易散落。特别在两车会车时，风力会急剧加大形成煤粉的扬尘。当列车通过隧道时风力剧增，列车车厢表面的细颗粒煤及煤尘被吹落到列车外部。由于风力和颠簸作用，漂浮的煤尘极易停留在隧道内部并吸附到隧道表面及沿线电网的电路绝缘子等设备上，严重影响沿线电网和电路绝缘子的寿命。由于煤尘的酸性特点，会对铁路沿线的构筑物、建筑物、钢轨和扣件等产生腐蚀破坏。当扬尘落下并黏附于机车上，会引起机车本身设备故障，增加沿线维护和检修工人的工作量。在铁路沿线一些狭小空间如果煤尘浓度过高，还存在煤尘爆炸的危险。

（3）影响铁路沿线人员的健康

运煤中产生的煤尘破坏了铁路沿线的工作环境，影响了沿线工人的健康。特别在一些空间较为局促的隧道内，长期进行维护和检修的工人更容易吸入煤尘，危害身体健康。在北方的陕西、山西、内蒙古，有的地方空气中的扬尘质量浓度达到 34～85mg/m^3，远超过国家规定的 0.5mg/m^3 标准，极大地威胁着沿线群众的身体健康。

（4）影响铁路周围农作物

飞舞的煤尘落到周围农作物叶面上，会减少其光合作用面积，影响农作物生长。原煤中一些化学物质（如硫等）会随着雨水流到周围的耕地或者地下水，从而改变土壤的化学成分，影响耕种。被污染的农作物销售受到严重限制，降低了沿线居民的收入，增加了社会的不稳定因素。

2.8.3　煤炭加工过程产生的环境问题

煤炭加工过程是指采取相应的手段或措施，将煤加工成满足一定品质和规格要求的煤。在我国，煤的加工过程主要指选煤、型煤加工和水浆煤生产。

2.8.3.1　选煤过程产生的环境问题

我国原煤中粉煤含量高，煤层顶、底板和夹矸的岩性属于泥化泥岩和炭质泥岩的矿区为

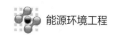

数较多，为满足后续利用的要求，对原料进行洗选非常必要。

选煤过程产生的环境问题主要包括三个方面，即粉尘、噪声和污水。各种环境问题的形成原因及危害如表 2-11 所示。

表 2-11 选煤过程中环境问题的形成原因及危害

环境问题	形成原因	危害
粉尘	从受煤漏斗、原煤筛分、原煤破碎、煤泥晾干场等污染源扬起	（1）影响员工的身体健康； （2）产生爆炸和着火； （3）影响生产； （4）影响环境卫生
噪声	生产中各类设备运转产生的刺激性声音	（1）影响交流； （2）影响身心健康； （3）降低工作效率
污水	细煤粉被外排水夹带而形成煤泥水	（1）浪费煤炭资源； （2）污染环境

（1）粉尘

选煤厂生产中的运输、破碎、筛分等环节都会不同程度地产生粉尘，主要粉尘污染源有：受煤漏斗、原煤筛分、原煤破碎、煤泥晾干场。产生的粉尘可分为沉积煤尘和浮游煤尘两种，由于自重及其性质，呈对数曲线形式沉降在尘源 15～20m 的范围。煤尘具有吸湿性、分散性、吸附性、悬浮性、凝聚性、荷电性和燃爆性等特点。

选煤中产生粉尘的危害主要表现在以下几个方面。

1）影响员工的身体健康

长期接触煤尘的员工可导致煤肺病或煤硅肺病。

2）产生爆炸和着火

煤尘达到一定浓度后，遇有明火，易产生爆炸和着火，煤尘爆炸可以摧毁煤矿设施，引起火灾产生各种有害气体，威胁员工生命，酿成重大事故。

3）影响生产

若煤尘沉积在选煤设备上，易发生电路中断，阻碍照明和影响设备正常运转等机电事故。

4）影响环境卫生

不利于管理者的检查和操作者对设备的巡视与监控，降低劳动者的生产激情，是现代化管理工作顺利展开的大忌。

（2）噪声

噪声是一种严重的环境污染，选煤厂产生噪声的设备主要有：原煤准备车间的破碎机；主厂房内的跳汰机；分级、脱水的各类筛子；供风用的鼓风机、压风机；脱水用的离心机；真空过滤机上的真空泵；水泵、渣浆泵、溜槽等。

选煤厂产生噪声的危害主要表现为：

1）影响交流

噪声会引起员工的听觉疲劳，时间久后引起听力损失，最后导致耳聋，影响交流质量。

2）影响身心健康

长时间处于噪声环境，会引起头晕、头痛、耳鸣、心血管等疾病，进而影响健康。

3）降低工作效率

处于噪声环境中，会导致员工心理烦躁，造成疲劳，降低工作效率。

（3）污水

选煤厂生产中的污水主要指煤泥水，是洗煤过程中细煤粉夹带于外排水而形成的混合物。大量煤泥水的产生，不仅损失了大量的优质细煤粉，造成资源的浪费，而且可造成严重的环境污染。全国选煤厂每年大约外排煤泥水 $3700 \times 10^4 m^3$，煤泥流失量约 $30 \times 10^4 m^3$。据调查，中国的 532 条河流中，有 82% 受到污染，其中 30 条 500km 以上的河流中，有 18 条受到煤泥水污染。

2.8.3.2　型煤加工过程产生的环境问题

型煤是通过添加黏结剂、固硫剂、蓬松剂等，将煤炭加工成具有一定几何形状和冷热强度并有良好燃烧特性和环保效果的固态工业燃料。型煤生产过程中产生的环境问题主要是扬尘污染、噪声污染和化学药剂污染。各种环境问题的形成原因及危害如表 2-12 所示。

表 2-12　型煤生产过程中环境问题的形成原因及危害

环境问题	形成原因	危　害
扬尘污染	（1）待加工粉煤露天堆放过程中产生的扬尘； （2）掺加黏结剂、固硫剂时搅动而产生扬尘	（1）影响员工的身体健康； （2）产生爆炸和着火； （3）影响生产； （4）影响环境卫生
噪声污染	生产中各类设备运转产生的刺激性声音	（1）影响交流； （2）影响身心健康； （3）降低工作效率
化学药剂污染	飞溅、漏出的化学药剂	（1）污染工作环境； （2）危害身体健康

（1）扬尘污染

型煤生产过程中的扬尘主要来自两个方面：一是待加工粉煤露天堆放而产生的扬尘，二是生产过程中产生的扬尘。

在粉煤堆场，受风吹和日晒的影响，煤中所含的水分不断蒸发，煤粉变轻，煤粉与煤粉之间的黏结力减弱，在风吹作用下就会形成扬尘。生产过程中，在掺加黏结剂、固硫剂等药剂时，在搅动作用下，也较易产生扬尘。

型煤生产中产生粉尘的危害主要表现在以下几个方面：

1）影响员工的身体健康

长期接触煤尘的员工可导致煤肺病或煤硅肺病。

2）产生爆炸和着火

煤尘达到一定浓度后，遇有明火，易产生爆炸和着火，煤尘爆炸可以摧毁煤矿设施，引起火灾产生各种有害气体，威胁员工生命，酿成重大事故。

3）影响生产

由于煤的密度比空气大，被扬起的煤粉最终仍会降落。若煤尘沉积在成型设备上，易发生电路中断，阻碍照明和影响设备正常运转等机电事故。

4）影响环境卫生

不利于管理者的检查和操作者对设备的巡视与监控，降低劳动者的生产激情，是现代化管理工作顺利展开的大忌。

（2）噪声污染

噪声是一种严重的环境污染，型煤生产厂产生噪声的设备主要是捏混设备、搅拌设备及成型设备。噪声的危害主要表现为：

1）影响交流

噪声会引起员工的听觉疲劳，时间久后引起听力损失，最后导致耳聋，影响交流质量。

2）影响身心健康

长时间处于噪声环境，会引起头晕、头痛、耳鸣、心血管等疾病，进而影响健康。

3）降低工作效率

处于噪声环境中，会导致员工心理烦躁，造成疲劳，降低工作效率。

（3）化学药剂污染

型煤生产过程中，为保证产品的质量，需向煤粉中掺加黏结剂、固硫剂、稳定剂等药剂。如果计量不精确、操作不精细，则经常会发生药剂飞溅、漏出的情况，从而对环境造成污染。化学药剂污染可能产生的危害是：

1）污染工作环境

型煤生产所用的黏结剂一般为有机黏结剂，飞溅或漏出的黏结剂会使员工的工作环境受到污染，稍有不慎会发生滑倒危险。

2）危害身体健康

型煤生产所用的固硫剂大多为碱性，员工接触到飞溅或漏出的黏结剂，会造成身体伤害。

2.8.3.3 水煤浆生产过程产生的环境问题

水煤浆生产是向选用的煤种中加入添加剂，经磨粉、混捏和搅拌作用，使其成为一种稳定的液基燃料。与型煤生产相似，水煤浆生产过程中产生的环境问题主要是扬尘污染、噪声污染和化学药剂污染，但形成原因不同。水煤浆生产过程中各种环境问题的形成原因及危害如表 2-13 所示。

表 2-13　水煤浆生产过程中环境问题的形成原因及危害

环境问题	形成原因	危　害
粉尘污染	在破碎与粉磨过程中产生	（1）影响员工的身体健康； （2）产生爆炸和着火； （3）影响生产； （4）影响环境卫生
噪声污染	生产中破碎与粉磨设备运转产生的刺激性声音	（1）影响交流； （2）影响身心健康； （3）降低工作效率
化学药剂污染	飞溅、漏出的化学药剂	污染工作环境

（1）粉尘污染

水煤浆生产过程中的扬尘主要来自破碎与磨矿过程。产生粉尘的危害主要表现在以下几个方面：

1）影响员工的身体健康

长期接触煤尘的员工可导致煤肺病或煤硅肺病。

2）产生爆炸和着火

煤尘达到一定浓度后，遇有明火，易产生爆炸和着火，煤尘爆炸可以摧毁煤矿设施，引起火灾产生各种有害气体，威胁员工生命，酿成重大事故。

3）影响生产

由于煤的密度比空气大，被扬起的煤粉最终仍会降落。若煤尘沉积在破碎与磨矿设备上，易发生电路中断，阻碍照明和影响设备正常运转等机电事故。

4）影响环境卫生

不利于管理者的检查和操作者对设备的巡视与监控，降低劳动者的生产激情，是现代化管理工作顺利展开的大忌。

（2）噪声污染

噪声是一种严重的环境污染，水煤浆生产厂产生噪声的设备主要是破碎设备、粉磨设备、捏混设备及搅拌设备。噪声的危害主要表现为：

1）影响交流

噪声会引起员工的听觉疲劳，时间久后引起听力损失，最后导致耳聋，影响交流质量。

2）影响身心健康

长时间处于噪声环境，会引起头晕、头痛、耳鸣、心血管等疾病，进而影响健康。

3）降低工作效率

处于噪声环境中，会导致员工心理烦躁，造成疲劳，降低工作效率。

（3）化学药剂污染

在水煤浆生产过程中，为保证产品的质量，需向煤浆中添加稳定剂、助燃剂等化学药剂。如果计量不精确、操作不精细，则经常会发生药剂飞溅、漏出的情况，从而对环境造成污染。

水煤浆生产所用的稳定剂和助燃剂一般为有机溶剂，飞溅或漏出的化学药剂会使员工的工作环境受到污染，稍有不慎会发生滑倒危险。

2.8.4　煤炭利用过程产生的环境问题

煤炭利用包括煤炭的燃烧、煤炭的气化与煤炭的液化。煤炭的燃烧属于直接利用，将化学能转化为热能，是目前应用最为广泛的煤炭利用技术；煤炭气化与煤炭液化是以煤炭为原料，分别制备合成气和液体燃料的煤炭间接利用技术。

无论是直接利用的煤炭燃烧，还是间接利用的煤炭气化与煤炭液化，其生产过程中都会产生严重的环境问题。

2.8.4.1　煤炭燃烧过程产生的环境问题

煤炭在燃烧过程中提供了人类所需的热能，同时也向大气中排出了大量的烟尘、硫氧化物、氮氧化物、微量重金属元素及烃类化合物、二噁英等其他有机物质。在我国，燃煤产生的粉尘和二氧化碳排放量分别约占总排放量的 70% 和 90%。这些烟气排入大气，给工农业生产及人类的生存都带来了很大的危害。

煤炭燃烧过程中排放的污染物主要有烟尘、硫氧化物、氮氧化物、二氧化碳和微量重金属元素等。各种污染物的排放会导致大气污染、水体污染和土壤污染等环境问题。煤炭燃烧过程中环境问题的形成原因及危害如表 2-14 所示。

表 2-14　煤炭燃烧过程中环境问题的形成原因及危害

环境问题		形成原因	危　害
大气污染	烟尘	在煤炭燃烧过程中产生的固体小颗粒	(1) 影响环境卫生； (2) 使土壤变质； (3) 危害人体健康
	硫氧化物	煤中所含的硫与空气中的氧发生反应而生成	(1) 腐蚀金属； (2) 形成酸雨或酸性尘
	氮氧化物	煤中所含的氮元素及空气中的氮气在高温条件下被氧化形成	(1) 危害人体健康； (2) 危害森林和农作物； (3) 产生温室效应
	二氧化碳	煤中所含碳元素与空气中的氧发生反应而生成	(1) 影响人体舒适感； (2) 产生温室效应
	重金属元素	煤中含有的重金属燃烧后在微粒上富集，形成各种重金属尘	(1) 直接毒害人体健康； (2) 产生二次污染
	多环有机化合物	煤中所含有的和不完全燃烧生成的	强致癌
水体污染	灰渣	煤所固含的无机物和有机物反应后生成的无机物组成	(1) 大量堆放占用土地资源； (2) 污染水体； (3) 污染大气
土壤污染			

（1）大气污染

煤炭燃烧过程中的大气污染主要是由煤燃烧过程中产生的烟尘、硫氧化物、氮氧化物、二氧化碳和微量重金属元素以及多环有机化合物等有害物质造成的。

1）烟尘

烟尘是煤炭燃烧过程中与废气同时排出的烟和尘的总称。烟是指废气中夹带的煤炭燃烧过程中产生的固体小颗粒，尘是指煤炭自身所含有的小颗粒无机物，但两者往往无法严格区分。

烟尘按粒径大小分为降尘和飘尘：直径在 $10\mu m$ 以上，在飘浮过程中能依靠其自重以较快速度降落到地面上的称为降尘；直径小于 $10\mu m$ 的微粒，在空气中可长时间飘浮的称为飘尘。

烟尘的危害主要表现在以下方面：

① 影响环境卫生。降尘对人体的影响不大，但会导致室内外蒙尘，从而对环境卫生产生较大影响。

② 使土壤变质。降尘虽然对人体的影响不大，但积存过多会使土壤变质，造成对植物生存的影响，存在于水中对动物影响也很大。

③ 危害人体健康。飘尘对人体危害较大，主要是通过呼吸道进入人体内部，危害程度取决于粒径的大小及其化学成分，粒径越小，危害越大。烟尘中的炭黑、多环芳烃、苯并芘等可以致癌，还含有汞、铅、铍、钒、铬、砷、镍等对人体有害的痕量元素。

2）硫氧化物

煤炭中含有硫，在煤炭燃烧过程中，煤中所含的硫会与空气中的氧气发生反应而生成硫氧化物，产生的硫氧化物主要有二氧化硫、三氧化硫、硫酸雾和酸性尘等。硫氧化物的危害主要表现在：

① 腐蚀金属。烟气中的 SO_3 与烟气中的水结合生成 H_2SO_4。当温度降低时，硫酸气体将形成硫酸雾，硫酸雾凝结于金属表面，对金属具有强烈的腐蚀作用。

② 形成酸雨。排入大气中的二氧化硫气体在金属飘尘的触媒作用下，也会被氧化成 SO_3，遇水形成硫酸雾，若被雨水淋落即形成酸雨。硫酸雾凝结于微粒表面，使一些微粒相互黏结，长大成雪片状的酸性尘。另外，当锅炉低负荷运行时，烟气温度低于烟气露点，产生的低温腐蚀硫酸物和未保温的金属烟囱及烟道内的酸蚀金属硫酸盐等脱落成块状或片状物质，随烟

气排入大气，也成为酸性尘。

3）氮氧化物

煤中含有的氮元素及空气中所含的氮气在高温燃烧条件下与氧气发生化学反应而生成氮氧化物。氮氧化物（NO_x）有 NO、NO_2、N_2O、N_2O_4、N_2O_5 等形式，但在煤燃烧过程中生成的氮氧化物主要是 N_2O、NO 和 NO_2。氮氧化物对人体、动植物的生长及自然环境有很大的危害，主要表现在以下方面。

① 危害人体健康。NO 具有一定毒性，很容易和血液中的血色素结合，使血液缺氧，引起中枢神经麻痹症。大气中的 NO 可氧化为毒性更大的 NO_2。NO_2 对呼吸器官黏膜有强烈的刺激作用，引起肺气肿和肺癌；在阳光作用下 NO_x 与挥发性有机化合物反应能生成臭氧，臭氧是一种有害的刺激物。NO_x 参与光化学烟雾的形成，其毒性更强。

② 危害森林和农作物。大气中 NO_x 对森林和农作物的损害是很大的，可引起森林和农作物枯黄，产量降低，品质变劣。NO_x 还可以生成酸雨和酸雾，对农作物和森林的危害很大。

③ 产生温室效应。NO_x 也是一种温室气体，大量排放会产生温室效应。

4）二氧化碳

所有炭基燃料燃烧的主要产物就是 CO_2，煤炭也不另外。煤炭燃烧排放烟道气中的 CO_2 达 15%～20%。CO_2 不是有毒气体，但也存在一些危害性，主要表现在：

① 影响人体舒适感。二氧化碳使空气中的含氧量减少，会使人感到头痛和呼吸短促。

② 产生温室效应。大气中 CO_2 的最大危害是产生温室效应，它能选择性吸收地球表面的低温辐射红外光谱，使大气层温度升高，同时发出较强烈的热辐射，使地球表面得到的总辐射量增加而变暖。

5）微量重金属元素

煤中有多种重金属元素，如 As、Cr、Cd、Pb、Hg、Se、Be、Mn、Ni、Ra、U、Th 等，这些元素在燃烧过程中有三种变化迁移方式：对高熔点元素，在燃烧中不挥发，所以排入大气中的很少，主要集中在灰渣中；对于易挥发不易冷凝的元素，在燃烧中全部以气态排入大气；对于高温下易挥发、低温易冷凝的元素，易在微粒上富集，形成各种重金属尘。在上述三种方式中，最有害的是重金属尘，其危害主要表现为：

① 直接毒害人体健康。吸附并富集重金属的亚微米级微粒排入大气后，对人体健康毒害很大。例如，吸入铬尘，会引起鼻中隔溃疡和穿孔，增加肺癌发病率；吸入锰尘，会引起中毒性肺炎；吸入镉尘，会引起心肺机能不全。

② 产生二次污染。吸附了重金属的飘尘会促进大气中各种化学反应，产生二次污染。如遇大雨，有些重金属以可溶盐的形式进入地面水和地下水，造成水污染，最终污染食物和饮用水，甚至通过食物链在生物和人体中不断富集，对人体危害更大。

6）多环有机化合物

由于煤是高度复杂的有机物，含有许多环状有机物。当煤热解和不完全燃烧时，都会在烟气中形成微量的多环化合物（POM）。在烟气冷却过程中，煤燃烧产物参与的反应中也会形成 POM。煤热解与燃烧中产生的环状结构含氮化合物，如吡啶、吡咯、喹啉和苯基氰等在一定条件下也能形成多环有机物。目前多环有机物的产生及排放机理尚不完全清楚。虽然 POM 大部分属于非致癌物质，但也有像苯并芘这种强致癌物，即使只有很小量，也对人类存在巨大的危害。POM 的产生与煤种以及燃烧方式有关。

（2）水体污染和土壤污染

煤炭燃烧过程中产生的水体污染和土壤污染都是由煤燃烧所产生的灰渣引起的。

灰渣由煤固含的无机物及所含有机物氧化生成的无机物两部分组成。煤的种类不同,灰渣产生量也不同。由于煤炭在燃烧过程中去除了碳,灰渣中杂质的浓度将增高很多倍,经过煅烧与粉碎,有害物质可能变为更容易进入水或空气的形态,如果任意堆放或弃入水体,会对环境造成严重的危害,主要表现为:

1)占用土地资源

大量灰渣的堆放,势必占用大量的土地资源。

2)污染水体和土壤

露天堆放的灰渣在雨水的冲淋下,其中的有害物质进入水体,将对地表水和地下水造成严重污染。地表水作为农业生产的主要灌溉水源,一旦污染会直接造成农作物污染以及影响水体的自净作用,危害水生生物的生存,污染物被水生生物吸收后,能在水生生物中富集、残留,并通过食物链把有毒物质带入家畜及人体中,最终危及人体健康。另外,被污染的地表水还会由于渗流作用而导致土壤污染和地下水污染。

3)污染大气

大量堆放的灰渣被雨水淋湿后,各成分之间会发生化学反应生成有毒气体并排入大气,从而对大气造成污染。这也是火电站释放出的放射性物质比核电站还多的重要原因。

2.8.4.2 煤炭气化过程产生的环境问题

采用煤炭气化工艺生产洁净煤气代替直接烧煤是提高能源质量、减少环境污染的有效途径,但煤气化过程中也会产生污染。煤气化过程中产生的污染主要包括大气污染、水体污染和土壤污染。另外,由于煤气化过程是一个高耗水过程,因此煤气化工程也会对当地的水资源造成严重影响。

煤炭气化过程中环境问题的形成原因及危害如表 2-15 所示。

表 2-15 煤炭气化过程中环境问题的形成原因及危害

环境问题		形成原因	危　害
大气污染	废气	煤中含有的氧、氮、硫等杂原子在高温条件下反应生成	(1)腐蚀金属材质设备和管道; (2)导致酸雨或酸尘; (3)产生温室效应
水体污染	废水	煤气的洗涤和冷却	(1)污染地表水; (2)污染地下水
土壤污染	灰渣	煤所固含的无机物和有机物反应后生成的无机物	(1)大量堆放占用土地资源; (2)污染土地
水资源短缺	气化过程的高耗水		当地水资源缺短,供需矛盾加大

(1)大气污染

煤中含有的氧、硫、氮等杂原子在气化过程中会产生包括氧、硫、氮原子的有机和无机化合物,它们成为污染物的概率比一般的烃类化合物要高得多。煤气化工艺不同,产生的污染物数量和种类也不同。例如,鲁奇气化工艺对环境的污染负荷远远大于德士古气化工艺,以褐煤和烟煤为原料产生的污染程度远远高于以无烟煤和焦炭为原料产生的污染物。

气态污染物与气化过程产生的烟尘一同排入大气,就会导致大气污染,其主要危害为:

1)腐蚀设备和管道

气化气中含有的 SO_3 等酸性气体在温度降低时会形成酸雾而凝结于金属表面,对金属材质的设备和管道具有强烈的腐蚀作用。

2）导致酸雨或酸尘

废气中含有的硫氧化物和氮氧化物排入大气，会导致酸雨或酸尘，腐蚀建筑物，危害森林和农作物。

3）产生温室效应

废气中含有的 NO_x 和 CO_2 均属温室气体，大量排放会产生温室效应。

（2）水体污染

煤气化过程产生的废水主要来自发生炉煤气的洗涤和冷却过程，产生的废水量和组成随原料煤种、操作条件和废水系统的不同而变化。在用烟煤和褐煤作原料时，废水的水质相当恶劣，含有大量的酚、焦油和氨等。气化工艺不同，废水中杂质的浓度也大不相同。与固定床相比，流化床和气流床工艺的废水水质比较好。

大量废水的产生与排放，不仅会污染地表水，而且还会由于渗流等作用而使地下水受到污染，从而造成严重的水体污染。

（3）土壤污染

煤是由有机质和无机质两大部分构成的，在加工利用后必然留下矿物质——灰渣。煤气化灰渣是造成土壤污染的最主要原因，其危害表现为：

1）占用土地资源

大量灰渣的堆放，势必占用大量的土地资源。

2）污染土地

露天堆放的灰渣在雨水的冲蚀下，灰渣中含有的无机成分逐渐渗入土地，改变土壤的组织与成分，进而影响土地的种植能力。

（4）水资源短缺

气化过程是一个高耗水过程，而我国煤炭资源丰富的地区正好是水资源匮乏的地区，大量水资源的消耗将导致当地水资源压力加剧，供需矛盾更加突出。

2.8.4.3　煤炭液化过程产生的环境问题

煤炭液化包括煤炭间接液化和煤炭直接液化两种工艺。

煤炭间接液化主要包括煤气化和气体合成两大部分，气化部分的污染与前述的煤炭气化过程相同；合成部分的主要污染物是产品分离系统产生的废水，其中含有醇、酸、酮、醛、酯等有机氧化物。

煤炭直接液化产生大量包括煤中矿物质及催化剂在内的液化残渣，它一般用于气化，因此转为灰渣；废水和废气数量不多，而且都进行处理，主要环境问题是气体和液体的偶尔泄漏以及放空气体仍含有一定量的污染物等。

煤炭液化尚未全面工业化，今后如果建立投产，将会同时建立"三废"治理设施，所以污染物都在厂区内得到处理，这对环境保护是十分有益的。

2.9　煤炭开发利用过程中环境问题的对策

针对前述煤炭开发利用各环节中环境问题的形成原因，可针对性地采取相应的对策，以期尽可能降低煤炭开发利用对环境的影响，从而实现可持续发展战略目标。

2.9.1 煤炭开采过程中环境问题的对策

煤炭开采是煤炭利用的开端，煤炭只有经开采出来，才能实现其能源化利用。由前述可知，煤炭开采过程产生的环境问题是气体污染、水体污染和固体污染，对于这些问题，可分别从技术层面和政策层面采取应对措施。

2.9.1.1 技术层面的应对措施

根据表 2-9 中各环境问题的形成原因，可从技术层面采取以下对策，以减轻环境问题的影响。

（1）大气污染的控制

煤炭开采过程导致大气污染的主要原因是排放的瓦斯气体，采煤过程中产生的烟尘、尾煤、煤尘，以及原煤堆场产生的扬尘。针对这些污染源，可分别采取相应的对策。

1）瓦斯气体的控制

瓦斯是一种温室气体，大量排放会产生温室效应；瓦斯也是一种可燃气体，积累到一定浓度时会发生爆炸。因此，对于瓦斯气体，应尽可能杜绝其排放，防止其积累。

如前所述，瓦斯是与煤伴生的一种气体，实际操作过程中无法杜绝，因此只能采取加强通风等措施，降低其累积浓度，以减轻对工作人员的伤害。同时应做好作业点的瓦斯浓度监测工作，防止大量瓦斯气体突然溢出而使浓度意外超标的情况发生。在条件允许的情况下，工作人员应配戴防毒面罩。

瓦斯气体的主要成分是甲烷，因此，可将其作为一种可燃气体加以回收利用。实际上，对于煤矿产生的高浓瓦斯气体，基本都做到了回收利用，既可有效避免瓦斯排放产生的温室效应和瓦斯积累导致的爆炸隐患，还补充了能源，具有明显的经济效益、环境效益和社会效益。但对于低浓度瓦斯气体，其回收难度较大，回用成本较高。因此应大力开发低浓度瓦斯气体的利用技术。

2）烟尘、尾煤与煤尘的控制

对于采煤过程中产生的烟尘、尾煤与煤尘，可充分利用矿井水实现水力采煤，通过水的润湿作用而消除煤尘等的产生；如果不能采用水力采煤，则可采用喷雾、洒水等方法，使刚形成的煤尘或已扩散的浮游煤尘从空气中沉降，其沉降率可达 90% 以上；也可采用除尘设备进行除尘，以减少空气中粉尘的含量。

当然，在现有技术水平条件下，采煤过程中的扬尘不可避免，无法做到完全消除，因此，当作业点的含尘量超过标准值时，工作人员要采取佩戴滤尘效果较好的防尘口罩等防尘措施。

3）原煤堆场扬尘的控制

对于原煤堆场产生的扬尘，可采取多种措施：在堆场上覆盖篷布或防尘网，以杜绝或减弱风吹扬尘；定时对煤堆喷水或洒水，以增加表面煤层的水分，减轻扬尘，同时也可使刚形成的煤尘或已扩散的浮游煤尘从空气中沉降；实施表面固化，通过在煤堆表面喷洒适量的抑尘剂，在煤堆表层形成固化层，从而达到防止扬尘的目的。

（2）水体污染的控制

煤炭开采过程中水体被污染的原因是生活污水、矿坑水、选煤废水等的排放，首先导致地表水受到污染，然后在渗流作用下使地下水被污染。同时由于煤矿采空、含水层水位被破坏，进而导致地面塌陷。针对各种情况，可分别采取如下应对措施。

1）对排放的废水进行处理

无论是操作人员日常生活产生的生活污水，还是生产过程中产生的矿坑水和选煤废水，其中含有大量的污染物质，直接排放都会导致地表水受到污染，然后在渗流作用下使地下水被污染。为了减缓水体污染，必须对排放的所有废水进行分类收集和处理，使其达到受纳水体的标准或者回用的标准。

废水的处理可分为物理法、化学法和生物法等。无论何种废水，根据其所含的特征污染物的类别，总可选用一种合适的处理方法。具体处理方法可参考相关书籍（《物理法水处理过程与设备》《化学法水处理过程与设备》《生物法水处理过程与设备》）。

2）地面塌陷的预防

地面塌陷，大多是由于地下煤层被采空而引起的。因此，可对采空区回填土或充水，以防止地下采空而引起地面塌陷。

（3）固体污染的控制

煤炭开采过程中产生的固体污染主要来自煤矸石和生活废弃物，可分别采取如下应对措施。

1）煤矸石的控制

对于产生的煤矸石，应实现专区堆放，堆放点应通风、遮雨，以防止风化产生自燃，避免雨水淋滤而污染地表水和地下水。

目前，随着煤炭利用技术的发展，煤矸石经过适当的处理，也可实现资源化利用。随着利用技术的不断成熟和应用领域的不断拓宽，煤矸石大量堆放导致的污染将不复存在。

2）生活废弃物的控制

煤矿工人及其家属在日常生活过程中，不可避免会产生大量的生活废弃物。对于这些生活废弃物，首先应分类收集，然后根据各自的特性采用合适的技术进行无害化处理与资源化利用，从而消除其可能产生的污染。

（4）土壤及植被保护

在项目区内，应将施工严格控制在规划区域内，以减少土壤表层裸露的面积，避免出现水土流失现象；在地面工程建设前，需对项目区内的土壤土质情况进行勘察，以明确表层熟土的厚度，计算各层土壤开挖量，划定堆放点，在地面作业完成后，分别回填深层生土和表层熟土，以保证土壤内部的营养含量；在地面工程建设完成后，需组织相关人员对施工活动中所产生的建筑废料进行清理，避免因这些材料的难降解性对土壤造成影响。

（5）生态保护

1）野生动物保护措施

良好的植被生长条件是野生动物生存的基础，因此在地面工程建设完成后，应开展树木或草木种植工作，改善项目区域的植被条件，以便为野生动物的生长与繁衍创造一个良好的环境。

2）野生植被的保护

主要采用自然恢复与人工恢复相结合的方式，其中人工恢复主要是结合地形地貌、湿、温度等条件，有选择性地对生长速率较快的本土植物进行种植，以在短时间内恢复该区域的植被生长体系，减少地面工程建设对原地面植被的影响。

3）林业生态系统保护

施工道路尽量利用林业项目区内现有的道路，若由于地面工程建设需要新修施工道路时，应尽量缩短其长度；针对林业项目区内需要特别保护或珍惜的树种，可在施工前安排人员对其进行移栽；对林业项目区内整个施工用地面积进行严格控制，减少林木的砍伐量等。

针对林业地段遭到破坏的植被，适宜采用种植树木的方式，对于树木种植成活率较低的地方，可适当种草或浅根系经济林木；在保证林地原有生态系统组成不变的前提下，在布局上可采取交错分布的种植方式，以促进植物种类的多样性发展，进而形成一个稳定性较强的生态体系；相关检疫部门应对种植所选的树种、种苗等进行病害方面的检疫，防止引入病害。

综上所述，对于煤炭开采过程中产生的各类环境问题，技术层面采取的对策如表2-16所示。

表2-16 煤炭开采过程中环境问题的形成原因及技术对策

环境问题	形成原因	对策
大气污染	(1) 排放的瓦斯气； (2) 采煤过程中产生的烟尘、尾煤、煤尘； (3) 原煤堆场产生的扬尘	(1) 加强通风，降低浓度，加强监测，实现甲烷的回收利用； (2) 采用水力采煤技术，消除烟尘，加水抑尘，除尘，加强个人防护； (3) 堆场上覆盖篷布或防尘网，定时表面喷水增湿，实施表面固化
水体污染	(1) 采煤工人排放的生活污水对地表水造成污染； (2) 矿坑水排放对地表水造成污染； (3) 选煤废水对地下水造成污染； (4) 形成区域降落漏斗，进而引起地表塌陷	(1) 对生活污水、矿坑水、选煤废水等进行合适处理； (2) 对采空区进行回填土或充水
固体废弃物污染	(1) 煤矸石污染； (2) 生活废弃物污染	(1) 专区堆放，通风遮雨，资源化利用； (2) 分类收集，无害化处理与资源化利用
土壤及植被破坏	作业和运输车辆的通行，辅助工程的建设等	(1) 严格控制施工区域； (2) 对土质情况进行勘探，顺序堆放与回堆，以保证土壤内部的营养含量； (3) 及时清理建筑废料
破坏生态平衡	使野生动物、植物和林业系统遭受破坏	(1) 野生动物保护； (2) 野生植物保护； (3) 林业生态系统保护

2.9.1.2 政策层面的应对措施

对于煤炭开采过程中产生的环境问题，也需从政策层面出发，在政府的引导下，采取如下的应对措施。

（1）研发绿色开采技术

针对上述环境问题，可针对煤炭开采过程中污染源的产生，大力研发绿色开采技术，对现有开采技术进行升级改造，以有效降低开采过程中的环境污染。具体来说，政府和企业宜研发煤炭绿色开采技术，从源头上降污，降低煤炭开采对矿区造成的生态环境污染。采取"绿色开采为基础，精准开采为辅助，总量控制为导向"的战略布局，开采应满足安全、技术、经济和环境要求的绿色煤炭资源，将互联网技术和智能设备引入传统采矿业，通过物联网、大数据和云计算等信息技术，对矿山实现数字化、可视化和智能化管理，以实现清洁、高效的绿色开采并防控灾害，最大限度地减少煤炭开采所带来的生态失衡问题。

（2）推行绿色精准开采

在研发绿色开采技术的基础上，还需加强基础设备、关键技术的研发工作，建立绿色煤炭精准开采的研究平台，鼓励煤炭企业、高等院校和科研院所合作研究，为煤炭绿色精准开采提供技术和人才支持。政府可以通过颁布煤炭精准开采技术税收优惠政策，激励企业研发清洁、高效、绿色、智能的煤炭开采技术，并建立国家级煤炭精准开采工程示范基地，扶持区域展开精准开采、智能化开采的工作，实现科学闭坑与灾害防治、生态环境美化恢复的全生命周期的可持续发展。

（3）做好生态规划

煤炭开采是一个长远的问题，要将煤炭开采的当下利益与长远效益结合起来，做好生态规划，减少煤炭开采与环境污染之间的矛盾，使得煤炭开采既能获取经济效益又能够实现对自然环境的保护。因此，相关部门应该建立健全环境评价标准，加大对煤炭开采的管理，转变以往盲目浪费式的开采，向清洁、高效、节能的开采目标努力。另外，煤炭开采造成了严重的土地塌陷、水资源污染和大气污染，相关部门应该对此高度重视，采取有针对性的防治策略。

2.9.2　煤炭运输过程中环境问题的对策

我国当前的煤炭运输是采用以铁路运输为主，水路运输和汽车运输为辅的方式。煤炭铁路运输过程中产生的环境问题主要是运输过程中煤粉抛洒泄漏导致的飘尘，其形成原因如表 2-10 所示。根据各种形成原因，可采取如下措施，从源头上减轻运输过程中煤粉的泄漏，从而减缓其对环境造成的危害。

（1）车厢加盖或篷布遮盖防尘法

在货运列车车厢上加盖或利用篷布等遮盖，防止煤粉散落和吹入空气中，这种方法简单，防尘效果较好，但成本较高，操作麻烦。煤炭运输在列车车厢加盖或拉篷布的过程中，需要依靠众多工人完成，不仅增加了人工数量和装车费用，还降低了铁路的装车速度。使用后的篷布还需定期更换和清洗，增加了维护工作量。因此，车厢加盖或篷布防尘法的人工安全、工资成本、装车时间等都成为抑制铁路运输发展的重要因素。

（2）洒水抑尘法

洒水抑尘法是较为传统的抑尘方式，也是目前铁路煤炭运输采用的主要抑尘措施。洒水抑尘包括车辆洒水和喷淋洒水两种方式，应根据煤炭的运输和环境温度综合考虑选择合适的洒水方式。当煤尘浓度较高时，为了尽量减少洒水水量，可利用一些化学添加剂，增加水湿润煤尘的效果。洒水抑尘经济性较差，采用洒水车洒水时，所配套的油料、燃料及相应配套部件较贵，洒水成本高。同时在北方一些缺水地区，水源供给极为困难。洒水抑尘受环境温度影响较大，当环境温度升高后，水的蒸发较快，微尘量急剧增加，此时需要增加洒水量和洒水频率，浪费大量的水资源，不利于环保、节能节水。

（3）列车煤层表面固化技术

列车煤层表面固化技术，是通过使用固化抑尘剂喷洒在煤层表面，使煤层表面形成以煤块、煤粒和煤尘黏结在一起的直径较大的固化层，以达到防止扬尘污染效果的防尘技术。抑尘药剂主要是利用药剂的凝聚和成膜作用将煤尘捕捉、团聚和固化，将煤尘锁在其网状结构内。该网状结构也可以将水分锁住，降低水的蒸发，同时起到保湿的作用。

（4）堵漏、整平、喷洒固化剂综合防尘法

此方法就是在运煤车装车前先用堵漏材料堵塞车厢的缝隙，然后装车时平整煤车表面，最后用固化剂喷洒煤车表面煤颗粒，实现装车、整平、喷洒自动化控制，解决煤尘扬尘污染。

综上所述，煤炭铁路运输过程中环境问题的对策如表 2-17 所示。

表 2-17　煤炭铁路运输过程中环境问题的对策

环境问题	形成原因	对　　策
煤粉污染	由于振动、泄漏、气流及天气原因，部分暴露在外的煤尘因风和颠簸作用而飘洒	车厢加盖或篷布遮盖防尘
		洒水抑尘
		煤层表面固化技术
		堵漏、整平、喷洒固化剂综合防尘

煤炭公路运输导致的环境问题与铁路运输基本相似，只是相对铁路运输而言，其运载量小，因此环境问题不算突出。其实，从运输的路况来看，煤炭公路运输中由于路面不平、运输过程中颠簸导致的抛洒问题比铁路运输尤甚。因此，对于煤炭的公路运输，更应加强运输车辆的堵漏及煤层的固化。

对于煤炭水路运输，由于其运输过程中的行驶速度较慢，基本不存在铁路运输那样的颠簸泄漏、风吹抛洒问题，但其装、卸载过程中的风吹扬尘非常严重。针对于此，结合码头的具体情况，采用洒水抑尘是最经济的方法。

2.9.3　煤炭加工过程中环境问题的对策

煤炭加工过程是指采取相应的手段或措施，将煤加工成满足一定品质和规格要求的煤。在我国，煤炭的加工过程主要指选煤、型煤加工和水煤浆生产。根据表 2-11、表 2-12 和表 2-13 可知，无论哪种加工过程，其产生的环境问题均主要是操作过程的粉尘污染和设备运转过程产生的噪声污染。选煤加工过程中还会产生煤泥水，而型煤和水煤浆生产过程中会产生化学药剂污染。

针对各种环境问题产生的根源，可分别采取如下应对措施：

（1）粉尘污染

对于选煤、型煤和水煤浆生产过程的粉尘污染，可采取如下应对措施。

1）抑尘

抑尘是指控制入厂原煤含尘量，提高入场毛煤的水分。

2）降尘

降尘是指通过采用喷雾、洒水等方法，使刚形成的煤尘或已扩散的浮游煤尘从空气中沉降，其沉降率可达 90% 以上。

3）除尘

除尘是用除尘设备进行除尘。除了除尘器外，还有泡沫、通风、物理化学和其他除尘措施。

4）个体防护

当作业含点尘量超过标准值时，工作人员要采取佩戴滤尘效果好的防尘口罩等防尘措施，以达到良好的效果。

（2）噪声污染

选煤、型煤和水煤浆生产过程的噪声可通过以下手段来进行有效控制。

1）采用先进设备防噪

尽量采用符合环保要求的噪声低、振动小的先进设备。对噪声和振动较大的设备等均采取防振、防噪措施，或建立隔音室，或对设备及部件进行更换和改造，使其符合环保有关规定。

2）采取合理措施降噪

对容易产生噪声的工段或部位，可采取加橡胶衬里、加导向板等措施降噪。

3）隔噪

对于无法防噪降噪的设备，可将其独立安装在密闭室内，室内四周均覆盖一定厚度的吸噪层，使噪声不能传出，从而达到隔噪的目的。

总之，通过各种降噪手段，力争使主厂房周围的噪声降至 84dB（A）以下。

（3）煤泥水污染

采用洗水闭路循环，实现煤泥水回收、澄清及洗水循环，可控制煤泥水排放，防止侵占农田和防止污染。

煤泥水处理方法及设备很多，有的既可作为分选设备，也可看成是煤泥水处理设备。处理方法主要有粗颗粒处理、细颗粒处理、极细颗粒处理。在实际生产中，要合理地补充凝聚剂、絮凝剂等药剂。

（4）化学药剂污染

煤炭加工过程中需要使用大量的化学药剂，如选煤过程用的浮选剂，型煤生产过程用的黏结剂、固硫剂等，水煤浆生产过程用的燃烧稳定剂等。在化学药剂使用过程中，不可避免会因操作不当而发生飞溅、倾出或泄漏，从而造成药剂污染。一旦有药剂溅出或漏出，应根据药剂的化学性质，立即用抹布擦拭，再用水冲洗。冲洗废水应采用合适的处理技术进行无害化处理，避免形成二次污染。

综上所述，选煤、型煤、水煤浆等煤炭生产过程中各种环境问题的形成原因及对策如表 2-18 所示。

表 2-18　煤炭生产过程中环境问题的形成原因及对策

环境问题	形成原因	对　策
扬尘污染	生产过程中扬起的煤尘	（1）抑尘； （2）降尘； （3）除尘； （4）个人防护
噪声	生产中各类设备运转产生的刺激性声音	（1）采用先进设备防噪； （2）采取合理措施降噪； （3）隔噪
化学药剂污染	飞溅、漏出的化学药剂	（1）抹布擦拭； （2）清水冲洗； （3）冲洗水处理

2.9.4　煤炭利用过程中环境问题的对策

煤炭利用包括煤炭的直接利用（采用燃烧的方式，将煤炭的化学能转化为热能，进一步转化为电力）、煤炭的转化利用（煤炭气化与煤炭液化），其中应用最为广泛的是煤炭燃烧技术。

无论是直接利用的煤炭燃烧，还是转化利用的煤炭气化与煤炭液化，其生产过程中都会产生严重的环境问题。因此，应针对各种环境问题的产生原因，采取相应的对策，以减轻煤炭利用过程对环境的影响。

2.9.4.1　煤炭燃烧过程中环境问题的对策

煤炭在燃烧过程中提供了人类所需的热能，同时也向大气中排出了大量的污染物，给工

农业生产及人类的生存都带来了很大的危害。根据表 2-14 可知，煤炭燃烧过程产生的环境问题主要是大气污染、土壤污染和水体污染，根据各自的形成原因，可分别采取如下的应对措施。

（1）大气污染的对策

煤炭燃烧导致大气污染的原因是煤炭在燃烧过程中向大气排放出大量的烟尘、硫氧化物、氮氧化物、二氧化碳、重金属元素、多环有机化合物等。针对各种污染物的产生原因，可分别采取以下应对措施。

1）烟气除尘

烟尘是煤炭燃烧过程中与废气同时排出的烟和尘的总称。为了减少煤炭在燃烧过程中向大气排放的烟尘量，可对排放的烟气进行除尘处理。采用的设备可分为干式除尘器和湿式除尘器。

干式除尘器是指不对含尘气体或分离的尘粒进行润湿的除尘设备。干式除尘器根据烟尘从烟气中分离出来的作用原理，可分为机械力除尘器、过滤除尘器和电除尘器三种。湿式除尘器是利用含尘气流与水或某种液体表面接触，使尘粒从气流中分离出来的装置，包括冲击式、泡沫式、文丘里式等除尘器。湿式除尘器可分为储水式、加压式和旋转式三种。

事实上，大气中对人类最有害的粉尘是粒径小于 3μm 的微粉，它们长期飘浮在大气中，能通过人的呼吸道进入肺部，特别是当富集有毒的重金属元素和一些致癌物质时，危害更大。因此，从保护大气环境的角度来说，重点是控制 3μm 以下的飘尘。对于 3μm 以下的微尘，只能采用洗涤式、袋式过滤和静电式除尘器，对于容量较大的工业锅炉应选用除尘效率高的湿法除尘器或静电除尘器。

2）烟气脱硫

煤炭中含有硫，在煤炭燃烧过程中，煤中所含的硫会与空气中的氧气发生反应而生成硫氧化物，产生的硫氧化物主要有二氧化硫、三氧化硫、硫酸雾和酸性尘等。为了降低煤炭燃烧过程中硫氧化物的排放量，可对排放的烟气进行脱硫处理。

根据脱硫产物的状态（固态或液态）可分为干法和湿法。干法脱硫有喷雾干燥法、循环流化床干法烟气脱硫法等，湿法脱硫有石灰石/石灰法、双碱法等。根据含硫产物是否回收可分为抛弃法和回收法两大类，前者把含硫产物作为固体废弃物而抛弃，后者则把含硫产物作为副产品予以回收。当烟气中 SO_2 浓度较高时，可考虑采用回收法。抛弃法中应用较多的有石灰石/石灰浆液洗涤法、石灰浆喷雾干燥法、碱性浆液洗涤法、双碱法等，其中石灰石/石灰浆液洗涤法应用最多。回收法中应用较多的有石灰石（石灰）/石膏法、亚硫酸钠循环洗涤法、氧化镁浆液洗涤法、氨溶液洗涤法、碱性硫酸铝溶液洗涤法。此外还有活性炭法、柠檬酸钠溶液洗涤法等。

3）烟气脱硝

煤中含有的氮元素及空气中所含的氮气在高温燃烧条件下与氧气发生化学反应而生成氮氧化物（NO_x）。NO_x 控制技术可分为燃料脱氮技术、烟气脱硝技术、低 NO_x 燃烧技术三大类。燃料脱氮很困难，成本也很高。目前工业上广泛应用并已取得很好效果的主要是烟气脱硝和低 NO_x 燃烧技术。

烟气脱硝技术主要有选择性催化还原法（SCR）、选择性非催化还原法（SNCR）、湿式氧化吸收脱硝法、电子束辐射法和脉冲电晕法等。SCR 技术是最早实现工业化应用的脱硝技术，技术相对较为成熟，几乎所有的烟气脱硝装置都采用 SCR 技术。

低 NO_x 燃烧方法有低氧燃烧法、二段燃烧法、排烟再循环法、乳化燃烧法、沸腾燃烧法等，此外还有形形色色的低 NO_x 燃烧器。在实际使用中，这些低 NO_x 燃烧方法及燃烧器一般

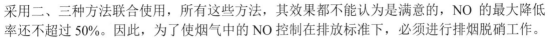

采用二、三种方法联合使用，所有这些方法，其效果都不能认为是满意的，NO 的最大降低率还不超过 50%。因此，为了使烟气中的 NO 控制在排放标准下，必须进行排烟脱硝工作。

　　4）二氧化碳捕集与利用

　　所有炭基燃料燃烧的主要产物就是 CO_2，煤炭也不另外。煤炭燃烧排放烟道气中的 CO_2 达 15%～20%。CO_2 不是有毒气体，但放任其排入大气，会导致温室效应加剧。可对燃煤烟气中的 CO_2 进行捕集、纯化后实现资源化利用，既减少了 CO_2 的排放量，减轻了温室效应，又可得到廉价的 CO_2 资源并制得多种产品，实现环境效益与经济效益的双丰收。

　　5）重金属污染控制

　　煤中有多种重金属元素，如 As、Cr、Cd、Pb、Hg、P、F、Cl、Se、Be、Mn、Ni、Ra、U、Th 等，根据其熔点的高低，这些元素在燃烧过程中会分别迁移至灰渣、大气和粉尘。

　　为了控制煤炭燃烧过程中的重金属排放，可分别采取开采低浓度痕量元素的煤、在燃烧前除去有害重金属元素、在燃烧后的排放物中除去这些元素等措施。具体的工艺方法有洗选分离法、控制燃烧工况法、除尘净化法、吸附法等。

　　6）多环有机化合物控制

　　煤燃烧不完全时，会产生大量的烃类化合物，危害最大的是多环有机化合物。绝大部分烃类化合物属于温室气体，大量排入大气会加剧温室效应；部分多环有机化合物具有强致癌效应，即使只有很少量，也会对人类造成巨大的危害。

　　为控制多环有机化合物对大气造成污染，应分别从两个方面入手：采用先进燃烧技术，实现煤炭的完全燃烧，避免多环有机化合物的产生；对排放烟气进行洗涤等处理，去除多环有机化合物。

（2）土壤污染和水体污染

　　煤是由有机质和无机质两大部分构成的，因此煤在加工利用后必然留下矿物质——灰渣。煤炭燃烧过程中产生的土壤污染和水体污染都是由灰渣导致的。大量灰渣堆放，必将占用大量的土地，而且灰渣中的杂质在雨水的冲蚀下流入土壤和地表水，然后通过渗流进入地下水，从而导致土壤污染和水体污染。对于燃烧产生的灰渣，可采取以下应对措施：

　　1）禁止露天堆放

　　由于灰渣的密度较小，露天堆放易产生扬尘；露天堆放的灰渣易在雨水的冲蚀下导致土壤污染和水体污染。因此应禁止露天堆放，而应堆积在专用的堆场内，并且堆场的地面应固化处理。

　　2）资源化利用

　　经燃烧后，灰渣中的有机成分都被分解了，只剩下无机成分。因此，可对其实现资源化利用，例如用作生产水泥的原料，用于制砖等。既减少了灰渣量，减少了灰渣占用土地量，又可减轻水泥和砖生产中原料取用对自然环境的破坏。

　　综上所述，煤炭燃烧过程中环境问题的形成原因及对策如表 2-19 所示。

表 2-19　煤炭燃烧过程中环境问题的形成原因及对策

环境问题		形成原因	对　　策
大气污染	烟尘	在煤炭燃烧过程中产生的固体小颗粒	烟气除尘
	硫氧化物	煤中所含的硫与空气中的氧发生反应而生成	烟气脱硫
	氮氧化物	煤中所含的氮元素及空气中的氮气在高温条件下被氧化形成	烟气脱硝
	二氧化碳	煤中所含碳元素与空气中的氧发生反应而生成	二氧化碳捕集与利用

续表

环境问题	形成原因		对　策
大气污染	重金属元素	煤中含有的重金属燃烧后在微粒上富集，形成各种重金属尘	（1）开采低浓度痕量元素的煤； （2）燃烧前除去有害重金属元素； （3）燃烧后除去重金属元素
	多环有机化合物	煤中所含有的和不完全燃烧生成的	（1）采用先进燃烧技术； （2）烟气处理
土壤污染	灰渣	煤所固含的无机物和有机物反应后生成的无机物	（1）专用堆场堆积，地面固化处理； （2）资源化利用
水体污染			

2.9.4.2　煤炭气化过程中环境问题的对策

采用煤炭气化工艺生产洁净煤气代替直接烧煤是提高能源质量、减少环境污染的有效途径，但煤气化过程中也会产生污染。煤气化过程中产生的污染物主要包括废气、废水和灰渣三类，这些污染物分别导致大气污染、水体污染和土壤污染。另外，煤气化是一个高耗水过程，会对当地的水资源造成严重影响。因此，可根据各类环境问题的形成原因，采取相应的控制对策。

（1）大气污染控制

煤中含有的氧、硫、氮等杂原子在气化过程中会产生包括氧、硫、氮原子的有机和无机化合物，它们成为污染物的概率比一般的烃类化合物要高得多。如果这些污染物不经处理而直接排向大气，就会导致大气污染。例如，固定床气化炉生产水煤气或半水煤气时，在吹风阶段有相当多的废水和烟尘排放大气，从而对局地大气环境造成严重的污染。

由于大气污染是由废气排放引起的，因此，可通过对排放废气进行达标处理而减弱甚至消除大气污染。

（2）水体污染控制

煤气化过程产生的废水主要来自发生炉煤气的洗涤和冷却过程，产生的废水量和组成随原料煤种、操作条件和废水系统的不同而变化。在用烟煤和褐煤作原料时，废水的水质相当恶劣，含有大量的酚、焦油和氨等。气化工艺不同，产生的废水中杂质的浓度也大不相同。与固定床相比，流化床和气流床工艺的废水水质比较好。

水体污染的主要原因是废水。气化废水直接排入水体，会导致地表水被污染，然后通过渗流、雨水漫溢等途径，进而污染地下水。因此，对于气化过程产生的废水，需根据废水中的特征污染因子，选取合适的处理技术对其进行达标处理后排放。

（3）土壤污染控制

土壤污染主要由气化灰渣的随意堆积而导致的。随意堆积的灰渣，其中部分活性较高的有害成分会逐渐转移至土壤中，从而导致土地被污染。另外，随意堆积的气化渣在雨水的淋蚀作用下，其中部分可溶性有害成分会随雨水直接转移至土壤中，并不断扩散至地表水和地下水，不仅造成土壤污染，还会造成水体污染。因此，对于气化过程产生的灰渣，不能随意堆积，而应堆积在专用的堆场内，并且堆场的地面应固化处理。

目前，随着循环经济意识的增强和相关科技水平的提高，气化灰渣的资源化利用技术也不断取得新的进展。如果能根据气化灰渣的组成、性质而实现资源化利用，那么，由于灰渣而引起的土壤污染、水体污染问题将不复存在。因此，灰渣资源化利用是解决灰渣所带来环境问题的根本出路。

（4）水资源控制

煤炭气化是一个耗水量非常高的过程，而煤炭资源丰富的地区往往水资源短缺，因此，煤气化工程的大量上马必将导致当地水资源供需矛盾更加突出，从而引起水资源纠纷，增加社会不稳定因素。因此，需对气化过程的所有用水节点进行仔细分析，采用水夹点法对各用水节点对水质水量的要求进行科学计算，采用先进的节水技术和设备，实现水资源利用率的最大化。

综上所述，煤炭气化过程中环境问题的形成原因及对策如表 2-20 所示。

表 2-20　煤炭气化过程中环境问题的形成原因及对策

环境问题		形成原因	对　　策
大气污染	废气	煤中含有的氧、氮、硫等杂原子在高温条件下反应生成	废气处理达标排放
水体污染	废水	进行煤气洗涤和冷却产生的废水	废水处理达标排放
土壤污染	灰渣	煤所固含的无机物和有机物反应后生成的无机物	（1）设置专用堆场，地面固化处理；（2）资源化利用
水资源短缺		气化过程的高耗水	采用先进节水技术与设备

2.9.4.3　煤炭液化过程中环境问题的对策

煤炭液化包括煤炭间接液化和煤炭直接液化两种工艺。

（1）煤炭间接液化的污染物

煤炭间接液化主要包括煤气化和气体合成两大部分，气化部分的污染与前述的煤炭气化制气过程相同；合成部分的主要污染物是产品分离系统产生的废水，其中含有醇、酸、酮、醛、酯等有机氧化物。

（2）煤炭直接液化的污染物

煤直接液化产生大量包括煤中矿物质及催化剂在内的灰渣；废水和废气数量不多，而且都进行处理，主要环境问题是气体和液体的偶尔泄漏以及放空气体仍含有一定量的污染物等。

无论是煤炭间接液化还是直接液化，其环境问题的对策可参考煤炭气化过程环境问题的对策，对由废气和废水引起的环境问题，可通过对废气和废水分别进行达标处理而控制；对于灰渣导致的环境题，可通过对灰渣实现资源化利用而消除。

2.9.4.4　应对煤炭利用过程中环境问题的政府定位

无论是煤炭的直接燃烧利用，还是间接转化利用，其利用过程都会产生严重的环境问题。为打赢"蓝天保卫战"，还老百姓一片绿水青山，政府应充分发挥其主导作用，引导企业进行如下工作。

（1）推广煤炭清洁利用技术

普及煤炭绿色利用技术，可实现能源损耗和污染降低的目的。目前相关煤炭专项利用产业的资源利用效率低，清洁煤生产利用工艺应用并不普遍，大中小企业基础加工设备水平参差不齐，对环境污染监测难度较大且效率不高，源头降污对于煤炭加工产业转型迫在眉睫。

能源环境工程

对此，可由政府主导，推广煤炭清洁利用技术，大力推广燃烧煤炭过程中的洁净技术，从煤炭洗选、型煤加工和水煤浆等燃烧前净化加工技术，到流化床净化燃烧，再到脱硫、脱硝等燃烧后净化处理技术，将燃烧前、燃烧中、燃烧后三个环节产生的污染降到最低限度；进一步发展战略性新型产业煤制油工艺，对传统煤化工产业进行技术升级改造，使其成为高端煤化工产业，实现煤炭高效集约化、多元化、绿色化利用。

建议政府对煤炭利用效率低、高污染的企业出台相关的政策，通过税收、环境规划或市场竞争手段，督促企业创新研发和进行相关技术引入，将煤炭化工产业由资源消耗型向创新驱动型转变，提升煤炭资源清洁生产的利用效率，缓解产业污染强度较大的现状，提高煤炭产业整体生态效率。另外，对清洁煤炭利用产业，政府可通过减免燃油税等税收优惠，缓解企业因一次性投入过大而造成的暂时亏损现象，保障产业健康发展。

（2）优化煤炭产业结构

煤炭行业作为供给侧改革的重点产业领域，长期内规模溢出效率正逐渐下降，要解决产能过剩的问题，需要对煤炭产业进行兼并重组，"关停并转"高污染、低效率的不合格企业，并以股份制形式建设大型煤炭集团，在提高煤炭产业集中度的同时，使整体的技术水平和资产基础均有一定的提升，先进的产能得到进一步的释放。

（3）优化产业结构

在优化产业结构的过程中，需要对进入煤炭市场的企业设置低碳准入门槛，建立公开、透明的市场进入条件，规定相关企业的最低规模标准和技术水平要求，并制定煤炭行业市场准入负面清单，以限制效率低、技术差的企业，通过市场调控调动行业内竞争的积极性，监督企业生产和生活行为，减少"批小建大，未批先建"的违规行为；对退出煤炭行业的企业，应逐步完善市场退出机制，政策上支持退出市场的煤炭企业职工的安置和分流问题，逐步解决冗余劳动力的权益保障问题，减少遗留问题和后续投入，减轻国家长期负担。同时，政府需要健全产权交易机制，解决市场退出壁垒较高的现状，并对不同类型的企业，提出差异性的退出政策，逐渐地有计划地解决煤炭产业转型问题。

参考文献

[1] 廖传华，耿文华，张双伟. 燃烧技术、设备与工业应用［M］. 北京：化学工业出版社，2018.

[2] 朱玲，周翠红. 能源环境与可持续发展［M］. 北京：中国石化出版社，2013.

[3] 杨天华，李延吉，刘辉. 新能源概论［M］. 北京：化学工业出版社，2013.

[4] 卢平. 能源与环境概论［M］. 北京：中国水利水电出版社，2011.

[5] 陈鹏. 中国煤炭性质、分类和利用［M］. 北京：化学工业出版社，2001.

[6] 张晋霞，马瑞欣，张春娜. 选煤概论［M］. 徐州：中国矿业大学出版社，2017.

[7] 孟献梁，武建军. 煤炭加工利用概论［M］. 徐州：中国矿业大学出版社，2018.

[8] 周安宁，黄定国. 洁净煤技术［M］. 徐州：中国矿业大学出版社，2018.

[9] 向英温，杨先林. 煤的综合利用基本知识问答［M］. 北京：冶金工业出版社，2002.

[10] 张长森. 煤矸石资源化综合利用新技术［M］. 北京：化学工业出版社，2008.

[11] 韩怀强，蒋挺大. 粉煤灰利用技术［M］. 北京：化学工业出版社，2000.

[12] 郎会荣，杜平，肖伟丽. 煤的综合利用［M］. 成都：电子科技大学出版社，2014.

[13] 汪建新，陈晓娟. 煤化工技术及装备［M］. 北京：化学工业出版社，2015.

[14] 郭树才，胡浩权. 煤化工工艺学（第三版）[M]. 北京：化学工业出版社，2012.

[15] 吴秀章. 煤制低碳烯烃工艺与工程 [M]. 北京：化学工业出版社，2014.

[16] 李景霞，郎会荣，杜平，等. 煤的综合利用 [M]. 成都：电子科技大学出版社，2014.

[17] 丁云杰. 煤制乙醇技术 [M]. 北京：化学工业出版社，2014.

[18] 朱银惠，郭东萍. 煤焦油工艺学 [M]. 北京：化学工业出版社，2016.

[19] 马宝歧，张秋民. 半焦的利用 [M]. 北京：冶金工业出版社，2014.

[20] 李全生，方杰，曹志国. 碳约束条件下国外主要采煤国煤炭开发经验 [J]. 煤炭工程，2017，49（A1）：12-15，18.

[21] 陈军波. 煤田地质勘探与煤炭开发的关系 [J]. 建筑工程技术与设计，2018（29）：698.

[22] 王燕. 煤田地质勘探与煤炭开发的关系 [J]. 内蒙古煤炭经济，2017（21）：33，77.

[23] 袁庆. 物理理论分析与煤炭开发的高效性结合探究 [J]. 煤炭技术，2014（1）：214-216.

[24] 任世华，罗腾，赵路正. 煤炭开发利用碳减排潜力分析 [J]. 中国能源，2013，35（1）：24-27.

[25] 裴多斐. 煤炭开发生态环境影响评价系统：以窑沟乡永胜煤矿为例 [D]. 呼和浩特：内蒙古大学，2013.

[26] 刘彩侠，谢飞武. 矿区煤炭开采与水土保持生态建设关系分析 [J]. 工程技术，2015（37）：263.

[27] 孙庆彬. 煤炭开发中节能减排技术创新问题研究 [D]. 北京：北京科技大学，2012.

[28] 刘勇生. 煤炭开发负外部性及其补偿机制研究 [D]. 北京：北京理工大学，2014.

[29] 张伟，张波. 子洲鸿伟煤炭开发建设项目水土流失预测分析 [J]. 陕西水利，2018（3）：133-134，137.

[30] 王忠武. 新陆煤矿煤炭开发利用问题与对策研究 [D]. 哈尔滨：哈尔滨工业大学，2014.

[31] 赵骏，左海滨，龙思阳，等. 热溶煤的燃烧特性 [J]. 工程科学学报，2018，40（3）：330-339.

[32] 王辉，杨大伟，刘松霖，等. O_2/CO_2 条件下煤泥球团的燃烧特性实验研究 [J]. 哈尔滨工业大学学报，2019，51（1）：45-51.

[33] 邹潺，王春波，邢佳颖. 煤燃烧过程中砷与氮氧化物的反应机理 [J]. 燃料化学学报，2019，47（2）：1-6.

[34] 张志，陈登高，李振山，等. 煤粉燃烧 H_2S 预测模型在对冲燃烧锅炉中的 CFD 应用 [J]. 中国电机工程学报，2018，38（13）：3865-3872，4027.

[35] 马仑，方庆艳，汪涂维，等. 混煤燃烧过程中的交互作用：煤种对混煤燃烧与 NO_x 排放特性的影响 [J]. 煤炭学报，2017，42（9）：2442-2448.

[36] 徐通模，惠世恩. 燃烧学 [M]. 北京：机械工业出版社，2017.

[37] 谌伊竺，邵应娟，钟文琪. 煤颗粒固定床加压富氧燃烧特性与污染物生成试验研究 [J]. 东南大学学报（自然科学版），2019，49（1）：164-170.

[38] 要雅姝，温渡，周屈兰，等. 高温水蒸气氛围中煤燃烧特性研究 [J]. 西安交通大学学报，2018，52（2）：84-92.

[39] 郭利. 层燃锅炉煤结焦特性判别指数研究 [D]. 哈尔滨：哈尔滨工业大学，2017.

[40] 张品. 大颗粒煤燃烧特性实验研究及层燃数值模型改进 [D]. 上海：上海交通大学，2015.

[41] 朱伟峰. 层燃机械炉排锅炉改造技术应用及节能环保意义探究 [J]. 中国化工贸易，2018，10（25）：146.

[42] 王清成，邓剑. 层燃炉煤燃烧炭黑形成规律的实验研究 [J]. 化学世界，2013，49（6）：321-323，348.

[43] 王清成. 层燃炉煤燃烧炭黑形成机理的实验研究与排放控制方法 [D]. 上海：上海交通大学，2007.

[44] 李东雄，白静利，王俊武，等. 层燃炉煤燃烧特性及脱硫综合实验研究系统设计 [J]. 建筑热能通风空调，2011，30（6）：83-85，97.

[45] 高建民，赵来福，徐力，等. 烟煤典型层燃过程 NO_x 生成特性 [J]. 工业锅炉，2012（2）：1-5.

[46] 周国江，吴鹏，朱书全. 煤质及粒度对层燃过程燃烧特性影响的研究 [J]. 洁净煤技术，2008，14（3）：41-44.

[47] 李飞翔. 层燃炉排缝隙式配风结构的数值模拟与试验研究 [D]. 西安：西安交通大学，2009.

[48] 常兵. 配风方式对层燃炉燃烧特性影响的试验研究 [D]. 西安：西安交通大学，2007.

[49] 段丁杰，李爱莉. 分解炉内煤粉悬浮燃烧特性及动力学参数的实验研究 [J]. 建材发展导向，2016，14（24）：42-45.

[50] 王辉，姜秀民，马玉峰，等. 水煤浆流化——悬浮燃烧技术及 14MW 锅炉的应用 [J]. 煤炭学报，2008，33（3）：

334-338.

[51] 王辉，姜秀民，沈玲玲．水煤浆流化——悬浮燃烧技术及14MW卧式锅炉设计 [J]．煤炭学报，2008，33（7）：789-793.

[52] 吉登高，王祖讷，付晓恒，等．水煤浆悬浮燃烧燃料氮的释放特性 [J]．中国矿业大学学报，2006，35（3）：389-392.

[53] 刘纯林．煤粉高温悬浮燃烧动力学数据处理 [D]．南京：南京工业大学，2008.

[54] 王辉．水煤浆流化——悬浮燃烧机理研究 [D]．哈尔滨：哈尔滨工业大学，2007.

[55] 张龙习．燃油锅炉改造为水煤浆流化悬浮燃烧锅炉 [J]．节能与环保，2011（4）：58-60.

[56] 刘国强．水煤浆流化悬浮燃烧技术及油炉改造 [J]．节能与环保，2008（7）：31-33.

[57] 王晓琴．新型煤粉燃烧器的结构优化及数值模拟 [D]．重庆：重庆大学，2011.

[58] 刘乃宝，孙倩．35t/h流化悬浮燃烧水煤浆锅炉的设计与应用 [J]．工业锅炉，2012（4）：10-13，26.

[59] 刘丝雨，刘安源，马玉峰．运行参数变化对水煤浆流化燃烧过程的影响 [J]．洁净煤技术，2016，12（3）：79-83.

[60] 赖木贵，伍圣才．水煤浆悬浮燃烧锅炉和流化燃烧锅炉的比较 [J]．特种设备安全技术，2015（6）：7-9.

[61] 武立俊，杨巧文，杨丽．褐煤流化燃烧过程中石灰石脱硫机理研究 [J]．煤炭加工与综合利用，2014（1）：65-68.

[62] 岳光溪，周大力，田文龙，等．中国煤炭清洁燃烧技术路线图的初步探讨 [J]．中国工程科学，2018，20（3）：74-79.

[63] 裴婷．煤泥燃烧过程的试验研究 [D]．徐州：中国矿业大学，2016.

[64] 尹炜迪，李博，吴玉新，等．循环流化床锅炉煤泥燃烧行为模型 [J]．煤炭学报，2015，40（7）：1628-1633.

[65] 王云雷．煤泥及其混煤的燃烧特性分析 [D]．徐州：中国矿业大学，2015.

[66] 林炳丞，吴平，吴丽萍，等．油田油泥与煤在流化床中的混烧 [J]．环境工程学报，2018，12（4）：257-265.

[67] 陈超，邵应娟，钟文琪，等．煤在加压流化床富氧燃烧条件下的碳转化规律 [J]．东南大学学报（自然科学版），2019，49（1）：171-177.

[68] 张勇，张玉斌，杨天亮，等．褐煤半焦旋风燃烧数值模拟 [J]．热力发电，2017，46（2）：42-48，54.

[69] 宋长志，安丰所．煤粉旋风燃烧技术在手烧锅炉中的应用 [J]．节能，2014，33（9）：77-78.

[70] 景煜，刘丽娟，黎柴佐．一种旋风燃烧器内煤颗粒燃烧及沉积特性的研究 [J]．动力工程学报，2012，32（11）：836-840.

[71] 张乾熙．液排渣粉煤旋风燃烧器内的燃烧数值模拟及炉壁传热特性分析 [D]．湛江：广东海洋大学，2009.

[72] 贾传凯．水煤浆旋风燃烧器 [J]．工业锅炉，2007（2）：25-29.

[73] 吕元，吕复，吕宣德．煤粉热风炉在喷雾干燥塔供热系统中的设计与应用 [J]．工业炉，2018，40（1）：22-27.

[74] 孙付成．煤气化细粉灰的循环流化床燃烧试验研究 [D]．北京：中国科学院研究生院，2015.

[75] 涂亚楠，王卫东，李峰，等．离心力场中瘦煤水煤浆的沉降失效特性 [J]．煤炭学报，2018，43（8）：2318-2323.

[76] 刘铭．工业废水制备水煤浆的研究进展 [J]．煤炭技术，2018，37（1）：354-356.

[77] 王双妮，刘建忠，吴红丽，等．水煤浆复配分散剂研究进展 [J]．应用化工，2017，46（8）：1616-1619，1623.

[78] 段清兵，张胜局，段静，等．水煤浆制备与应用技术及发展展望 [J]．煤炭科学技术，2017，45（1）：205-213.

[79] 李和平，张晓光，吴佳芮，等．水煤浆添加剂的特性参数测定与筛选 [J]．煤炭转化，2017，40（4）：48-56.

[80] 姚彬，扈广法，王燕，等．掺配油泥制备水煤浆的实验研究 [J]．煤炭工程，2017，49（1）：142-144.

[81] 李科裕，谢燕，曹阳，等．无烟煤掺混白酒酒糟制备生物质水煤浆 [J]．燃料化学学报，2016，44（6）：408-414.

[82] 黄孟．粗颗粒常规浓度水煤浆储存特性的试验研究 [J]．煤炭技术，2018，37（1）：310-311.

[83] 张纪芳，敖先权，郑越源，等．无烟煤与烟煤配煤对水煤浆性能的影响 [J]．煤炭技术，2018，37（5）：290-292.

[84] 王锴，李哲，闫思勤，等．低阶煤浮选降灰及提高水煤浆浓度技术研究 [J]．煤炭工程，2018，50（1）：124-127.

[85] 刘铭．固体废弃物制备水煤浆技术的环保应用 [J]．煤炭技术，2018，37（7）：290-292.

[86] 王朝阳．型煤干燥设备设计与分析 [D]．石家庄：河北科技大学，2019.

[87] 王亚杰，左海滨，赵骏，等．Hypercoal制备热压型煤的试验研究 [J]．煤炭学报，2007，42（A2）：537-542.

[88] 坚一明，李显，钟梅，等．生物质型煤技术进展 [J]．现代化工，2018，38（7）：48-52.

[89] 王晨，陈亚飞，白向飞，等．洁净民用型煤燃烧特性及污染物的排放 [J]．煤炭转化，2018，41（3）：76-80.

[90] 张丹丹．温度对原煤与型煤渗透特性的影响分析 [J]．煤矿安全，2018，49（4）：152-155，159.

[91] 别星辰. 桉树木屑型煤燃烧特性研究 [D]. 南京：南京林业大学，2017.

[92] 柳晓莉，娄振，刘康. 添加煤焦油对型煤渗透率的影响 [J]. 煤炭技术，2018，37（8）：287-289.

[93] 徐东耀，倪嘉彬，陈佐会，等. "SO_2 近零排放"型煤技术研发新进展 [J]. 环境工程，2018，36（4）：98-102.

[94] 陈彦广，王琦旗，韩洪晶，等. 木质素磺酸盐型煤的制备及其性能 [J]. 环境工程学报，2017，11（7）：4355-4361.

[95] 郭振坤，荣令坤，张金山，等. 淀粉黏结剂在型煤中的影响研究 [J]. 煤炭技术，2017，36（2）：314-315.

[96] 陈娟，刘皓，李健，等. 低变质粉煤的玉米秸秆型煤黏结剂的研究 [J]. 中国煤炭，2017，43（4）：105-108.

[97] 郭振坤，荣令坤，张金山. 腐殖酸对型煤成型的影响研究 [J]. 中国胶粘剂，2017，26（6）：43-45，60.

[98] 李键，路广军，杨凤玲，等. 膨润土基黏结剂对型煤高温黏结特性的影响 [J]. 煤炭转化，2018，41（6）：22-28，35.

[99] 郭振坤. 利用神木粉煤制备型煤试验研究 [D]. 包头：内蒙古科技大学，2017.

[100] 李梅. 新型生物质型煤的制备及燃烧特性研究 [D]. 西安：西安科技大学，2017.

[101] 郭振坤. 黏结剂对型煤成型的试验研究 [J]. 矿产综合利用，2017（3）：62-66.

[102] 田达理. 利用管输煤浆制备型煤的试验研究 [J]. 煤炭技术，2017，36（6）：295-297.

[103] 王辅臣，代正华. 煤气化——煤炭高效清洁利用的核心技术 [J]. 化学世界，2015，51（1）：51-55.

[104] 沈开绪，张将，沈来宏. CO_2 气氛下煤与蓝藻共气化的行为演变特性 [J]. 化工学报，2018，69（12）：5256-5265.

[105] 张海霞，刘伟伟，于旷世，等. 循环流化床工业气化炉高钠煤配煤气化 [J]. 煤炭学报，2017，42（4）：1021-1027.

[106] 田硕，刘琳琳，都健. 基于不同气化剂的 BGL 炉煤气化的模拟和优化 [J]. 华东理工大学学报（自然科学版），2018，44（4）：518-523.

[107] 刘祥. 探讨煤炭深加工示范项目中的煤气化技术 [J]. 中国石油和化工标准与质量，2016，36（6）：97-98.

[108] 王亚雄，杨景轩，张忠林，等. 低阶煤热解—气化—燃烧 TBCFB 系统模拟及优化 [J]. 化工学报，2018，69（8）：3596-3604.

[109] 郑忆南. 气流床煤气化细灰流动特性研究 [J]. 高校化学工程学报，2018，32（1）：108-116.

[110] 孟庆岩，杨志荣，黄戒介，等. 神木煤与黏结煤配伍制气化焦的黏结特性 [J]. 煤炭转化，2017，40（5）：45-49.

[111] 郭旸，周璐，陈小凯，等. 配煤对气化焦孔隙结构及分形特征的影响 [J]. 煤炭转化，2019，42（1）：40-47.

[112] 吴国光. 煤炭气化工艺学 [M]. 徐州：中国矿业大学出版社，2015.

[113] 任立伟，魏蕊娣，高玉红，等. 3 种煤的气化反应动力学研究 [J]. 煤炭技术，2017，36（11）：310-312.

[114] 赵利安，张尤华. 基于煤气化的煤焦油裂解影响因素分析 [J]. 内蒙古煤炭经济，2008，（23）：62-63.

[115] 丁在兴. 煤炭气化煤种适应性和有效产出成本探讨 [J]. 中国化工贸易，2018，10（24）：33.

[116] 吕记巍，敖先权，陈前林，等. 煤气化可弃型催化剂 [J]. 化学进展，2019，30（9）：1455-1463.

[117] 李勇，孙明威，杨佩芟，等. 试论煤气化技术在煤炭深加工示范项目中的应用 [J]. 科技经济导刊，2018，26：40.

[118] 陈家仁. 煤炭廉价、清洁、安全、高效、利用技术展望——型煤、气化篇 [J]. 中氮肥，2018（1）：1-3，23.

[119] 唐梓峻，崔帅. 型煤气化的热力学研究 [J]. 化学世界，2018，54（6）：381-386.

[120] 叶超. 煤炭部分气化分级转化关键技术的研究 [D]. 杭州：浙江大学，2018.

[121] 吴汉栋. 碳氢组分解耦的煤炭分级气化方法与系统集成 [D]. 北京：中国科学院大学，2018.

[122] 李鹏. 煤气化技术在煤炭深加工示范项目中的应用分析 [J]. 当代化工研究，2017（8）：94-95.

[123] 邹涛，徐宏伟，袁善录，等. 配入低阶煤对制得气化焦气化特性的影响 [J]. 煤炭学报，2017，42（A2）：514-519.

[124] 赵俊梅，王雄，卢财，等. 煤中矿物质对高温气化反应的影响 [J]. 煤炭技术，2018，37（9）：362-363.

[125] 井云环，金政伟，吴跃. 不同煤气化技术对其物耗及能耗的影响 [J]. 煤炭科学技术，2018，46（A1）：256-259.

[126] 郭威. 水煤浆气化反应过程的建模与操作优化 [D]. 上海：华东理工大学，2018.

[127] 刘兵，彭宝仔，方新晖，等. 水煤浆气流床的气化能效比较 [J]. 煤炭转化，2018，41（4）：62-66.

[128] 张强，孙峰，代正华，等. 水煤浆气化炉异常工况动态模拟研究 [J]. 高校化学工程学报，2017，31（4）：856-862.

[129] 周鹏，郎中敏. GE 水煤浆加压气化中粗煤气洗涤工艺的优化和设计 [J]. 现代化工，2018，38（7）：194-198.

[130] 李自恩. 褐煤水煤浆气化系统水过剩原因分析 [J]. 化学工程，2018，46（9）：68-72.

[131] 王明霞，李得第，何先标，等. 煤气化联产合成氨工艺废水制备水煤浆 [J]. 工业水处理，2018，38（11）：17-20.

[132] 王照成，乔昱焱，赵保林，等. 水煤浆气化制氢配套变换流程对比分析 [J]. 现代化工，2018，38（10）：231-234.

[133] 张庆，龚岩，郭庆华，等. 热氧喷嘴水煤浆气化试验研究 [J]. 中国电机工程学报，2015，35（16）：4122-4130.

[134] 孙欣. 水煤浆气化炉工作衬关键部位的设计优化 [J]. 耐火材料，2018，52（5）：378-381.

[135] 葛世荣. 深部煤炭化学开采技术 [J]. 中国矿业大学学报，2017，46（4）：679-691.

[136] 刘淑琴，张尚军，朱茂斐，等. 煤炭地下气化技术及其应用前景 [J]. 地学前缘，2016，23（3）：97-102.

[137] 刘淑琴，牛茂斐，闫艳，等. 煤炭地下气化气化工作面径向扩展探测研究 [J]. 煤炭学报，2018，43（7）：2044-2051.

[138] 刘淑琴，牛茂斐，齐凯丽，等. 煤炭地下气化特征污染物迁移行为探测 [J]. 煤炭学报，2018，43（9）：2619-2625.

[139] 梁杰. 煤炭地下气化技术进展 [J]. 煤炭工程，2017，49（8）：1-4，8.

[140] 湛伦建，徐冰，叶云娜，等. 煤炭地下气化过程中有机污染物的形成 [J]. 中国矿业大学学报，2016，45（1）：150-156.

[141] 王建华，王作棠，陈文译，等. 煤炭地下气化发电技术分析 [J]. 煤炭技术，2017，36（2）：289-291.

[142] 周昊，郭娇娇，何绪文，等. 煤地下气化对地下水的影响及防治措施 [J]. 煤炭技术，2018，37（2）：154-156.

[143] 桑磊，舒歌平. 煤直接液化性能的影响因素浅析 [J]. 化工进展，2018，37（10）：3788-3798.

[144] 季节，马�榕达，郑文华，等. 煤直接液化残渣对沥青—集料黏附性的影响 [J]. 中国公路学报，2018，31（9）：27-33.

[145] 张传江，韩来喜，蒋雪冬，等. 煤直接液化反应器循环杯的数值模拟与优化 [J]. 化工学报，2017，68（7）：2703-2712.

[146] 刘均庆，宫晓颐，郑冬芳，等. 煤直接液化残渣制备中间相沥青炭纤维 [J]. 功能材料，2015，46（A2）：176-180.

[147] 周涛，张昕阳，方亮，等. 两类新型煤直接液化催化剂的合成研究进展 [J]. 现代化工，2017，37（7）：63-67，69.

[148] 宋真真，孙鸣，黄晔，等. 神华煤直接液化残渣萃取组分改性石油沥青 [J]. 化工进展，2017，36（9）：3273-3279.

[149] 程时富，张元新，常鸿雁，等. 煤直接液化残渣的萃取和利用研究 [J]. 煤炭转化，2015，38（4）：38-42.

[150] 白雪梅，李克健，章序文，等. 掺兑蒽油加氢制备煤直接液化循环溶剂 [J]. 石油学报（石油加工），2016，32（2）：369-374.

[151] 牛犇. 煤直接液化中溶剂的作用及氢传递机理 [D]. 大连：大连理工大学，2017.

[152] 石越峰. 煤直接液化残渣改性沥青的制备及其性能研究 [D]. 北京：北京建筑大学，2017.

[153] 王迪. 煤直接液化残渣改性沥青混合料在道路工程中的应用技术研究 [D]. 北京：北京建筑大学，2018.

[154] 曹雪萍，单贤根，王洪学，等. 不同溶剂下煤直接液化初级产物的物性 [J]. 煤炭转化，2016，39（1）：44-48.

[155] 常鸿雁，程时富，王国栋，等. 神华煤直接液化残渣的萃取分离和利用研发进展 [J]. 煤炭工程，2017，49（A1）：61-66.

[156] 曹雪萍，单贤根，白雪梅，等. 煤直接液化重质产品油的催化加氢实验研究 [J]. 煤炭转化，2017，40（1）：46-52.

[157] 白雪梅，李克健，章序文，等. 煤直接液化油加氢催化剂活性评价 [J]. 煤炭转化，2016，39（2）：36-41.

[158] 熊春华，安高军，鲁长波，等. 煤基直接液化低凝点柴油试验研究 [J]. 中国石油大学学报（自然科学版），2017，41（5）：181-186.

[159] 单贤根，李克健，章序文，等. 神华上湾煤恒温阶段直接液化反应动力学 [J]. 化工学报，2017，68（4）：1398-1406.

[160] 王薇，舒歌平，章序文，等. 煤直接液化过程中供氢溶剂的组成分析 [J]. 煤炭转化，2018，41（4）：48-55.

[161] 王洪学. 煤直接液化油制备环烷基油工艺技术研究 [J]. 煤炭技术，2019，38（1）：169-172.

[162] 单贤根，舒歌平，章序文，等. 煤直接液化柴油加氢制备转质白油研究 [J]. 石油炼制与化工，2018，49（10）：43-47.

[163] 宋永辉，马巧娜，贺文晋，等. 煤直接液化残渣热解过程气体产物的析出 [J]. 光谱学与光谱分析，2016，36（7）：2017-2021.

[164] 武立俊，皮中原，王烨敏. 煤直接液化产物中含氧组分试验研究 [J]. 中国煤炭，2018，44（1）：94-97.

[165] 冯婉路. 锡林浩特煤的直接液化性能研究 [D]. 上海：华东理工大学，2017.

[166] 单贤根. 煤直接液化反应过程研究 [D]. 上海：华东理工大学，2017.

[167] 刘丘林，冯雷. 基于煤直接液化残渣路面应用研究 [J]. 筑路机械与施工机械化，2017，34（9）：41-45.

［168］偶国富，易玉微，金浩哲，等. 煤直接液化减压进料阀组数值模拟与优化［J］. 煤炭学报，2015，40（12）：2961-2966.

［169］门卓武，李初福，翁力，等. 煤低温热解与直接液化联产系统研究［J］. 煤炭学报，2015，40（3）：690-694.

［170］邵光涛. 煤间接液化汽油组分与甲醇制丙烯副产类汽油调合研究［J］. 石油炼制与化工，2018，49（1）：75-78.

［171］章丽萍，温晓东，史云天，等. 煤间接液化灰渣制备免烧砖研究［J］. 中国矿业大学学报，2015，44（2）：354-358.

［172］章丽萍，刘青，陈傲雷，等. 煤间接液化固体废物污染特性研究［J］. 中国矿业大学学报，2015，44（5）：931-936.

［173］孙启文，吴建民，张宗森，等. 煤间接液化技术及其研究进展［J］. 化工进展，2013，32（1）：1-12.

［174］刘汉刚. 神华宁煤煤炭间接液化项目储运装置工艺设计［J］. 煤炭工程，2016，48（2）：22-24.

［175］杨保兰，辛浩田，陈伟珂. 煤炭间接液化项目设计阶段进度控制系统研究［J］. 项目管理技术，2018，16（7）：116-122.

［176］马磊. 400 万吨/年煤炭间接液化项目环境风险评价与研究探讨［D］. 上海：华东理工大学，2017.

［177］石永胜，刘志学，杜娟. 间接液化加氢装置减压塔技术改造［J］. 现代化工，2015，35（6）：149-150，152.

［178］钱伯章. 陕西未来能源公司百万吨级煤间接液化核心工艺低温费-托合成［J］. 炼油技术与工程，2018，48（3）：64.

［179］相宏伟，杨勇，李永旺. 煤炭间接液化：从基础到工业化［J］. 中国科学（化学），2014，44（12）：1876-1892.

［180］菅青娥，刘虎在. 在内蒙古发展间接液化煤制油产业的思考与建议［J］. 现代化工，2015，35（1）：15-17，19.

［181］石永胜，刘志学. SC-I 型催化剂在间接液化加氢装置的首次工业应用［J］. 现代化工，2015，35（11）：136-138，140.

［182］李凯，孟迎，袁秋华. 煤间接液化技术的发展现状及工程化转化［J］. 煤炭与化工，2017，40（8）：34-36.

［183］高智德，黄超鹏，赵永恒，等. 400 万吨/年煤炭间接液化项目加氢反应器内衬开裂分析［J］. 石油化工设备，2017，47（4）：81-86.

［184］李海奇. 煤间接液化油品加工单元改造方案的实施与分析［J］. 化工管理，2017（22）：67-68.

［185］要辉. 煤间接液化产品加工利用技术探讨［J］. 建筑工程技术与设计，2017（21）：263-264.

［186］武杰. Y 公司 200 万吨煤炭间接液化示范项目可行性研究［D］. 呼和浩特：内蒙古大学，2015.

［187］李海军. 神华间接液化节能增效探究［J］. 神华科技，2016，14（4）：68-70.

［188］齐亚平，刘虎在. 煤间接液化轻质馏分油生产特种溶剂油研究［J］. 现代化工，2014，34（1）：125-126.

［189］许毅. 煤间接液化产品结构的发展方向［J］. 大氮肥，2015，38（3）：145-150.

［190］刘子梁，孙英杰，李卫华，等. 煤间接液化工艺中气化炉渣综合利用研究进展［J］. 洁净煤技术，2016，22（1）：118-125.

［191］刘永，邓蜀平，蒋云峰. 煤炭间接液化项目的碳元素迁移分析［J］. 煤化工，2015，43（1）：13-16.

［192］吴建民，孙启文，岳建平，等. 煤间接液化中费托合成单元装置的㶲分析［J］. 化学工程，2012，40（12）：53-56.

［193］刘光启，白亮，余晓忠. 煤炭直接液化产业技术经济分析［J］. 煤炭加工与综合利用，2014，（6）：45-50，15.

［194］何川. 煤间接液化制油技术探讨［J］. 山东工业技术，2015（2）：93.

［195］何川. 煤间接液化制油安全生产策略探讨［J］. 山东工业技术，2015（2）：265.

［196］张兴伟. 关于煤直接液化和间接液化的比较分析研究［J］. 中国化工贸易，2018，10（3）：246.

［197］王铁力. 煤炭铁路运输过程中的环境污染及防治［J］. 洁净煤技术，2014，20（3）：112-114.

［198］闫楠. 煤炭产业的环境保护问题及建议［J］. 中国环境管理，2018，10（3）：38-40.

［199］孙羽. 煤炭利用的环境影响技术水平及政策比较研究［D］. 太原：中北大学，2015.

［200］汪云甲，王行风，麦方代. 煤炭开发的资源环境累积效应及评价研究［M］. 北京：中国环境科学出版社，2018.

［201］李井峰，熊日华. 煤炭开发利用水资源需求及应用策略研究［J］. 煤炭工程，2016，48（7）：115-117，121.

［202］谢宜含. 煤炭开发中的环境污染问题分析［J］. 大科技，2017（1）：274.

［203］仲淑姮. 煤炭开发的环境成本研究［J］. 北京：冶金工业出版社，2012.

［204］程诚. 我国煤炭开发和利用中存在的问题和发展建议［J］. 露天采矿技术，2017，32（2）：42-44，48.

［205］王双明. 生态脆弱区煤炭开发与生态水位保护［M］. 北京：科学出版社，2010.

［206］麻晋玮. 基于生态足迹煤炭开发战备环评研究——以山西省离柳矿区为例［D］. 太原：山西大学，2015.

［207］白雪爽. 华亭县煤炭开发对水土保持的影响及对策［J］. 环境研究与监测，2016，29（2）：48-50.

［208］林显高. 浅析盘县煤炭开发与利用环境的影响［J］. 农技服务，2016（6）：238，206.

［209］帅航. 关于我国煤炭开发与环境保护的几点思考［J］. 山东工业技术，2016（24）：81.

［210］慕君辉. 新疆煤炭开发全流程生态补偿应对策略研究［D］. 乌鲁木齐：新疆大学，2013.

［211］沈宝中. 浅谈煤炭开发中的环保问题［J］. 经济期刊，2015（10）：246.

［212］王勇民. 煤炭开发与环境保护的管理机制探讨［J］. 中国软科学，2011（4）：29-32.

［213］李晓明. 生态脆弱区煤炭开发的生态承载力的研究［D］. 包头：内蒙古科技大学，2012.

［214］郑彭生，郭中权. 国内煤气化废水处理关键问题分析［J］. 水处理技术，2018，44（3）：17-20.

［215］李得第，刘建忠，吴红丽，等. 煤气化废水组分特征分析［J］. 煤炭技术，2017，36（9）：289-291.

［216］陈文敏，杨金和，詹隆. 煤矿废弃物综合利用技术［M］. 北京：化学工业出版社，2010.

［217］王卓，张潇源，黄霞. 煤气化废水处理技术研究进展［J］. 煤炭科学技术，2018，46（9）：19-30.

［218］程浩. 渗透汽化同步去除煤气化废水中酚和油的研究［D］. 太原：太原理工大学，2018.

［219］范树军，余良永，刘春辉. 煤直接液化高浓度污水处理技术开发及应用［J］. 煤炭工程，2017，49（A1）：33-36.

［220］郭耀文，刘军，高意，等. 2种膜生物反应器处理煤间接液化废水的应用［J］. 工业水处理，2018，（8）：95-97，101.

［221］廖传华，米展，周玲，等. 物理法水处理技术与设备［M］. 北京：化学工业出版社，2016.

［222］廖传华，朱廷风，代国俊，等. 化学法水处理技术与设备［M］. 北京：化学工业出版社，2016.

［223］廖传华，韦策，赵清万，等. 生物法水处理技术与设备［M］. 北京：化学工业出版社，2016.

［224］王明华，蒋文化，韩杰. 现代煤化工发展现状及问题分析［J］. 化工进展，2017，36（8）：2882-2887.

［225］陈吟颖，王淑娟，冯武军，等. 煤炭利用净化度的构建分析［J］. 清华大学学报（自然科学版），2010，50（11）：1829～1833.

［226］刘伟. 试论热能与动力工程的应用及其对环境的影响［J］. 节能环保，2018（30）：200.

［227］LI D，ZHANG H H，USMAN M，et al. Study on the hydrotreatment of C9 aromatics over supported multi-metal catalysts on gamma-Al_2O_3［J］. Journal of Renewable and Sustainable Energy，2014，6（3）：1-15.

［228］USMAN M，LI D，RAZZAQ R，et al. Novel MoP/HY catalyst for the selective conversion of naphthalene to tetralin［J］. Journal of Industrial and Engineering Chemistry，2015，（23）：21-26.

［229］USMAN M，LI D，LI C S，et al. Highly selective and stable hydrogenation of heavy aromatic-naphthalene over transition metal phosphides［J］，Science China：Chemistry，2015，58（4）：738-746.

［230］YANG D，LI D，YAO H Y，et al. Reaction of Formalin with Acetic Acid over Vanadium−Phosphorus Oxide Bifunctional Catalyst［J］. Industrial & Engineering Chemistry Research，2015，（54）：6865-6873.

［231］HAN L J，LI D，LI C S. Batch analysis of H2-rich gas production by coal gasification using CaO as sorbent［J］. Energy Sources，Part A：Recovery，Utilization，and Environmental Effects，2016，38（2）：243-250.

［232］李聘，王万福，邓海发，等. 煤制气项目挥发性有机物排放点源及控制措施［J］. 油气田环境保护，2016，26（5）：26-29.

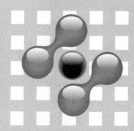

第 3 章 石油的开发利用与环境问题及对策

石油是古代动植物有机残骸被砂石泥土覆盖，在与外界空气隔绝的条件下，长期受地质与细菌的作用，逐渐形成的。石油不仅是重要的能源资源，也是宝贵的化工原料。从石油中不仅可炼制出各种液体燃料和润滑油脂等，还可生产出许多重要工业产品，如合成纤维、塑料、染料、医药用品、橡胶、炸药等。因此，石油在国民经济建设和国防建设中都起着十分重要的作用。

世界石油资源在地区分布上的总的特点是相对集中。首先，全世界共有 600 多个沉积盆地，已发现的油、气田只占 1/4，其中 37 个盆地就集中全世界较可靠的石油远景储量（1500 亿吨）的 95%，仅阿拉伯-波斯湾盆地即达 710 亿吨之多。其他还有 6 个石油储量在 40 亿～60 亿吨的大盆地，分别是：委内瑞拉的马拉开波（57 亿吨）、俄罗斯的伏尔加-乌拉尔（54 亿吨）、西西伯利亚（50 亿吨）、墨西哥的雷费马-坎佩切（50 亿吨）、美国的佩米安（42 亿吨）、利比亚的锡尔特（42 亿吨）。其次，以全世界已发现的约 30000 个油田来说，仅 37 个储量在 6.7 亿吨以上的巨型油田，合计储量即占世界总储量的 51%；储量为 0.67 亿～6.7 亿吨的 260 个大型油田，合计储量占世界总储量的 29%；储量为 670 万～6700 万吨的 700 个中型油田，合计储量占世界总储量的 15%，而其余 2.9 万个小油田合计仅占世界总储量的 5%。第三，以世界 160 多个国家论，储油国约为 60 多个，仅沙特阿拉伯一国即独占世界总储量的 1/4，以下依次为墨西哥、科威特、俄罗斯、伊朗、阿联酋、美国、伊拉克、利比亚、委内瑞拉、中国、尼日利亚、英国、印度尼西亚、阿尔及利亚和挪威。

我国石油资源的地理分布很不平衡，勘探程度差别也很大。目前石油探明储量多集中在黑龙江、山东和辽宁省，其探明的可采量占全国总量的 70%。目前，全国已在 19 个省、市、自治区发现油气田。近海大陆架勘探中，发现了渤海盆地、南黄海盆地、东海盆地、南海珠江口盆地、北部湾盆地、莺歌海盆地 6 个大型含油盆地。主要油田有：年产石油 1000 万～5000 万吨的大庆油田、胜利油田和辽河油田，年产 500 万～1000 万吨的中原油田、新疆油田和华北油田，年产 500 万吨以下的有天津大港油田、吉林油田、河南中原油田、长庆油田和江汉油田。

石油工业是一个以石油勘探、开采、储运、炼制为主的工业，目的是生产各种燃料和化学品，以满足人民衣食住行及国防建设的需要。

3.1 石油开采

油田开发是一项庞大的、复杂的系统工程，涉及的技术领域很广，开发包括石油勘探、钻井和油田的开采。石油勘探是石油开发中最重要的基础环节，通常分为区域普查、构造详查、预探和详探4个阶段。油田发现之后，通过探井和评价井的试油、试采及生产试验，取得足够的地质、油藏和其他数据，然后由地质、油藏工程、钻采、地面工程和经济评价等专业人员，对油田开发进行可行性研究。目的是掌握油田投入开发在技术上是否可行，在经济上是否合理。

油田总体开发方案经石油公司最高领导层和国家有关部门批准后，进入油田开采实施（建设阶段）。根据开采方案设计要求进行钻井、完井和油气集输等地面工程建设。该阶段结束后，转入油田开发生产阶段。这个阶段应特别注意油藏管理，不断地进行油田开发调整，使油田正常运转，保持旺盛的生产能力。油田开发方案工作流程如图3-1所示。由于石油开发工作流程复杂，本章仅针对石油开采这一过程进行论述。

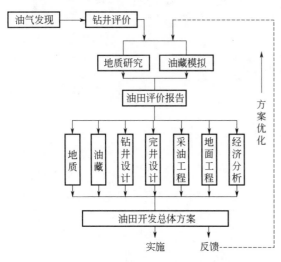

图 3-1　油田开发方案工作流程示意图

石油开采是一项包括地下、地上等多种工艺技术的系统工程，主要包括钻井、测井、井下作业（试油、压裂、酸化、洗井、除砂）、采油、集油等。按照开采地域的不同，又可分为陆上石油开采和海洋石油开采。

3.1.1 陆上石油开采

陆上石油开采是指对陆地上的油田进行开采，其主要工序包括钻井、油井完成、油井生产。

3.1.1.1 钻井

钻井，就是从地面打开一条通往油、气层的孔道，以获取地质资料和油气能源。现代钻井通常使用井架钻井，油井平均深度为1700m，有的大于10000m。

钻井工作贯穿整个勘探、建设和生产过程，分别起着评价、建产和开发调整的作用。在油田建设阶段，所钻井的类型称为开发井，用来开发油气田，建立油藏流体采出到地面的通道。开发井包括采油井、采气井、注水井、注气井等。

常用的钻井方法有冲击钻井和旋转钻井。冲击钻井是一种古老的钻井方法，也是旋转钻井方法出现前采用的钻井方法。该技术是利用钻井工具本身的重力冲击井底，破碎岩石的方法，如图3-2所示。而旋转钻井采用钻头的旋转，在钻头压力破碎岩石的同时，使用旋转作用切削和研磨岩石，如图3-3所示。与冲击钻井相比，旋转钻井的钻井速度较快，能够适应多种钻井环境。

在钻井过程中，井底岩石被钻头破碎后形成小的碎块，称为岩屑，为提高钻井速度，要把岩屑及时从井底清除，携带至地面，合适的钻井液能够保证清洗过程顺利、安全、高效地进行。钻井液在钻井过程中的主要作用是：清洗井底，携带岩屑；冷却和润滑钻井工具；保护井壁，防止坍塌；平衡地层压力；保护油气层。

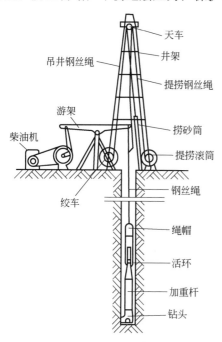

图 3-2　冲击钻井示意图

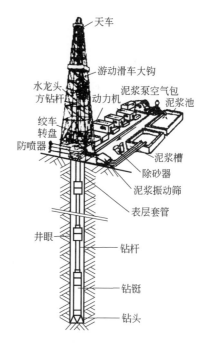

图 3-3　转盘旋转钻井示意图

固井作业是钻井工程中的一道重要工序。固井作业的主要作用是加固井壁和分隔油、气、水层。一口井从开始到完成，时常需要下入多层套管并注入水泥，需要进行多次固井作用。图 3-4 所示为三层套管固井示意图。第一层为表层套管，目的是固封表层的豁口层、流沙层、砾石层以及水层等，并在井口安装防止井喷的装置；第二层为技术套管，目的是固封易坍塌层和高压水层，或保护浅部的油气层等；第三层为油层套管，主要是为试油和油气层的开采创造条件。需要注意的是，根据不同的地质条件和完钻井深，下入的套管级数是不同的。

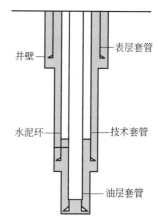

图 3-4　三层套管固井示意图

3.1.1.2　油井完成

油井完成是钻井后的一个重要环节，主要包括钻井生产层、确定井底完成方式、安装井底和井口装置等。完井质量直接影响油井投产后的生产能力和油井寿命。完井是油气井生产前的最后一道工序，完井就是沟通油气层和井筒，为油气从地层流入井底提供通道。任何限制油气从地层流入井筒的现象都是对地层的污染和伤害。

根据油井和地层的连通方式，完井分为裸眼完井、射孔完井、衬管完井和砾石充填完井等。

3.1.1.3　油井生产

在油井投入生产前，通常进行通井、刮管和洗井作业，检查井筒是否畅通，保证套管内壁的清洁，使得下井工具正常工作及封隔器成功坐封。对于低渗透的储层，还需要对油层进行酸化、压裂等提高单井产量的改造措施。

如果地层压力较高，通过油层本身的压力使原油喷到地面，这种方法叫自喷采油法。如果地层压力低，不能把原油从井底举升到地面，则需要借助外界补充的能量将原油采到地面，这种方法叫人工举升方式。油井都有衰老的问题，当自喷井产油一段时间后，油压降低，产量下降。当衰老到不能自喷时，就需用抽油泵或深井泵采油。再过一段时间后，抽油泵也不能连续采用，需要间歇一段时期，让地下远处的石油聚集过来再抽一段时间。依靠地下自然压力把油集中到油井的采油期称为一次采油期，它只能采出油藏的15%～25%。为了增加采收率，可向地下油藏注水或气体，以保持其压力，这时称为二次采油。二次采油的采收率平均可达25%～33%，个别高达75%。如果加注蒸汽或化学溶剂以加热或稀释石油后再开采，称为三次采油。三次采油的成本很高，还需消耗大量能量。当采油成本不合算或耗能过大时，就应关闭油井。

3.1.1.4 注水开采技术

我国已投产的油田多数实施注水开采，注水开采油田的全过程就是以水驱油。通过注水井往油层中注水，将油层中的油和天然气驱替到油井中，然后流到地面。在整个过程中，从油井中采出的水是从无到有，从低到高，最后达到含水的极限。而原油产量则由高到低，逐步下降，一直降到没有经济效益为止。油田的产量变化与油井含水上升密切相关，根据陆上油田的开采实践，注水开采油田可划分为四个阶段：第一阶段是建设投产、产量上升，不含水到低含水（<25%）阶段；第二阶段是油田稳产，中含水（25%～75%）阶段；第三阶段是产量递减，高含水（75%～90%）阶段；第四阶段是低速开采，特高含水（>90%）阶段。

不同开采阶段的主要工作措施如表3-1所示。

表3-1 不同开采阶段的主要工作措施

阶段	产量变化	含水率/%	采出地质储量/%	工作措施
1	建设投产产量上升	<25	4.0	需要注水的油田及时注水，分层注水
2	稳产	25～75	12.8	前期：放大生产压差，提高产液量，进行油井增长措施；后期：换大泵，调整井网，钻加密井
3	递减	75～90	6.4	油井堵水，注水井堵大通道，控水稳油
4	低速开采	>90	9.8	控水稳油，维持生产所必要的井下作业措施

从表3-1可以看出，砂岩油田注水开采的平均采收率大约在33%，其中：建设投产，产量上升阶段（低含水阶段）采出4%左右；稳产阶段（中含水25%～75%），采出12.8%左右；递减和低速开采阶段（高含水75%～90%和特高含水>90%），采出16.2%左右，因此约有一半的可采储量是在高含水和特高含水阶段采出的。通过表3-1可以推断出当油井含水25%时，每采出3t原油，同时要采出1t水；当含水上升到75%时，每采出1t原油，同时要采出3t水。由于水的密度比原油大，当含水增加时，井底压力增加，生产压差（地层压力与井底压力差）减小，产液量下降。所以，当油井含水之后，如果油井有自喷能力，随着油井含水上升，在地面上要不断地放大油嘴，即放大生产压差来提高油井的产液量，才能保持原油稳产。如果油井已没有自喷能力，改用机械采油，例如采用井下抽油泵或井下潜油电动离心泵，而且还要随着油井含水的上升，不断地换成大泵以提高产液量。但当油田含水达到60%以上时，即使提高排液量仍不能保持稳产，与此同时，还必须采取一些相应的增产措施，以及补钻加密井和调整井等，才能保持稳产。至于油田开采的高含水阶段，又会有许多新的技术工作要开展。

随着我国国民经济的增长，对石油的需求也不断提高。目前我国石油短缺状况十分严重，石油供需矛盾日益突出。主要表现在：一方面我国人均石油资源量仅为世界水平的 1/6；另一方面，已开发的油田多数已进入高含水的中后期开发阶段，水驱采收率不高（平均仅33%），约 2/3 的资源还留在地下，而开发剩余的可采储量和勘探发现新储量的难度越来越大。因此，在提高已探明资源的利用率的同时，要提高油井产量，保持油田稳产，需要开展大量的油藏地质研究、井下作业和油田调整挖潜工作，并不断采用先进技术，才能使油田开采达到较好的效果。目前我国正在进行大幅度提高石油采收率的研究，采用的方法主要有化学复合驱、超临界流体驱替等方法。化学复合驱发挥了碱、聚合物和表面活性剂等化学剂的作用，特别是利用了原油中的天然表面活性剂与加入的表面活性剂、聚合物间的协同效应，可大幅度提高石油采收率。超临界流体驱替是利用超临界流体的高扩散能力、高溶解能力、高热焓等特性，将油藏中采用常规方法无法采出的油开采出来，主要用于稠油开采。

3.1.2　海上石油开采

石油蕴藏量在我国海域有着非常庞大的数量，为满足国民经济发展对石油的需求，海上石油开采也日渐发展。海洋石油的开采过程与陆上石油开采过程大体相似，也包括钻井、钻井完成、钻井生产、采油（气）等环节。但海洋石油开采过程还包括对海底采出的原油进行集中、处理、贮存等环节。

3.2　原油输送

我国原油的输送主要是通过管道、水运和铁路，其中管道是主力，我国原油的70%靠管道运输。管道输油有以下优点：连续性强、运量大，且不会像铁路和水路输油那样产生空驶现象；可实现密闭输送，输送损失小；与建铁路相比，建设周期短、资金回收快、输油成本低。据测算，管道、铁路油罐车、汽车油罐车三者的输油成本之比为 1∶3∶160。

3.2.1　管道输送

通常陆上油田向炼油厂输送原油的方式有 3 种：通过管道直接输送到炼油厂；原油经管道输送再转海运或江运送至炼油厂；原油管道输送转铁路送至炼油厂。随着城市化进程的不断加快和人民生活质量的提升，采用管道输送的石油量将越来越大，石油输送管道建设是保证石油安全输送的重要环节，管道的铺设和质量很大程度影响着石油的安全使用，因此，管道建设需要长期的策划和准备，施工中要严格遵循各项规章制度，以保证管道建设的安全性和规范性。

进行石油输送管道设计时，必须考虑各种摩擦阻力损失，尽可能降低管道内壁的粗糙度，以降低其输送过程的压力降，从而降低加压的功耗，提高输送过程的经济性。同时需对管道进行防腐处理，以延长输送管道的使用寿命。一般地，输送速度和管道直径是一对矛盾体，采用大口径的输送管道可降低摩擦阻力损失，但管道投资费用增加；通过提高输送速度可以减小管道直径，但加压设备的投资与功耗均会增加。因此，应对这两个方面进行统筹协调，既能满足用户的需要，又能减少输送的运行成本。

石油输送管道工程属于长途的施工工程，其工作量一般都是沿线分布，常具有以下特点：施工作业性质比较独立；施工方在野外工作的时间比较长；施工方的施工进程加快，工作人员流动性较大；工程复杂程度高、技术要求高。在建设管道过程中有很多的实际问题需要解

决，如线路的选择。管道的线路要考虑到地质情况，有的是地震多发带，有的是地质疏松不适合铺设管道，安全得不到保障。有的要穿过沙漠、峡谷、雪山、草地、高山、河流，这些都是在建设过程中一定会遇到的问题，需要在建设过程中解决。在管道输送过程中，应采取优化的管理措施，通过自控系统的应用，提高输送管道的效率。

3.2.2 油轮运输

如果石油产地与消费地区之间的距离远，并隔着海洋，则可用专门的油轮来运输。油轮运输的特点是量大、运费低，缺点是速度慢。

与铁路运输相比，油轮运输具有很高的性价比。

3.2.3 铁路运输

我国的国情相对复杂，面临的问题也多，有的地方不适合建设管道，但对石油的需求又很旺盛，这种情况多采用铁路运输。石油的铁路运输是先将石油储存在专用的储罐，再通过铁路运输至消费地。

石油铁路运输，可以建设专门的运输铁路，也可在一般的铁路上挂靠石油专列。其特点是运输量大，方便快捷。

上述的几种输送方式是我国目前都在应用的石油输送方式，但是大量输送的方式是管道输送。管道输送的量特别巨大，并且可以持续的供油，适合于长距离输送，但是前期投资巨大，没有强大的国力是很难实现的。但一旦建成，它巨大的优势就体现出来了。现代工业生产的特征是连续生产，不会因为其他因素而停产，否则会造成巨大的经济损失。管道运输就完美地解决了这个问题。另外，管道运输的效率较高，一条标准的石油管道综合经济效益是其他运输方式的几十倍乃至上百倍。石油输送管道一般埋在地下，所占面积不大，但发挥的效果是巨大的，节约了社会资源，提高了综合效率。

3.3 石油加工

石油加工是采用一定的技术与设备，将原油加工成符合后续使用要求的产品。根据原油加工的目的，可将原油加工分为原油预处理加工与原油炼制加工。

3.3.1 原油预处理

原油中含有大量的盐和水，对后续加工处理过程所用的设备具有较强的腐蚀性，而且还会增大过程的能耗，因此必须加以去除。原油预处理的目的是脱除原油中所含的盐和水。虽然原油在油田已进行了脱盐脱水处理，但其处理效果很不稳定，含盐量、含水量均无法满足后续加工过程对含水和含盐的要求，因此在原油加工前必须进一步脱除盐水。

原油中的盐大部分溶于所含水中，因此脱盐脱水是同时进行的。为了脱除悬浮在原油中的盐粒，在原油中注入一定量的新鲜水（注入量一般为5%），充分混合，然后在破乳剂和高压电场的作用下，使微小水滴逐步聚集成较大水滴，借重力从油中沉降分离，达到脱盐脱水的目的。这种脱盐脱水的方法通常称为电化学脱盐脱水过程。原油乳化液通过高压电场时，在分散相水滴上形成感应电荷，带有正、负电荷的水滴在作定向位移时，相互碰撞而合成大水滴，加速沉降。水滴直径越大，原油和水的相对密度差越大，温度越高，原油黏度越小，沉降速度越快。在这些因素中，水滴直径和油水相对密度差是关键，当水滴直径小到使其下降速度小于原油上升速度时，水滴就不能下沉，而随油上浮，达不到沉降分离的目的。

我国各炼厂大都采用二级脱盐脱水工艺，如图 3-5。原油自油罐抽出后，先与淡水、破乳剂按比例混合，经加热到规定温度，送入一级脱盐罐，一级电脱盐的脱盐率在 90%～95% 之间，在进入二级脱盐之前，仍需注入淡水。一级注水是为了溶解悬浮的盐粒，二级注水是为了增大原油中的水量，以增大水滴的偶极聚结力。

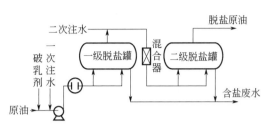

图 3-5　原油二级脱盐脱水工艺流程图

3.3.2　石油炼制

开采出来的石油（原油）可以直接作燃料用，但经济效益较差，若在炼油厂进行深加工，经济效益可以增加许多倍。而且飞机、汽车、拖拉机等也不能直接燃用原油，必须把原油炼制成燃料油才能使用。因此石油炼制是石油利用中非常重要的一环。

石油炼制是以原油为原料，采用物理方法生产各种燃料油和润滑油的加工过程。其主要加工方法有常减压蒸馏、重油裂化、石油精炼与油品精制。

① 常减压蒸馏　是分别在常压和减压条件下，通过蒸馏过程将石油分割为不同沸点范围的馏分，然后进一步加工利用，或除去这些馏分中的非理想组分，或经化学变化得到所需组成结构进而获得一系列合格产品。

② 重油裂化　是以蒸馏过程剩余的重质馏分油为原料，在热和催化剂的作用下发生裂化反应，转变成裂化气、汽油和柴油等轻质馏分油的过程。裂化工艺大体可分为热裂化和催化裂化两种。由于热裂化的产品质量较差，且开工周期短，因此热裂化已被催化裂化所代替。

③ 石油精炼　目的是提高产品的质量，以获得更多质量更高的油品。精炼方法主要有重整、异构化、烷基化和叠合。通过精炼可将普通直馏汽油重整或异构化为高辛烷值的汽油，将裂化气烷基化或聚合成高辛烷值的汽油，同时还可制得石油化工和有机化工的基本原料。

④ 油品精制　石油经过一次加工（蒸馏）、二次加工（裂化）所得到的汽油、喷气燃料油、煤油和柴油等燃料中由于含有各种杂质，产品性能不能全面达到使用要求，往往不能直接作为商品出售或使用，还需经过三次加工（包括石油烃烷基化、烯烃叠合、石油烃异构化等）才能生产高辛烷值的汽油组分和各种化学品，该加工过程称为油品精制。

3.3.2.1　石油炼制厂的类型

石油炼制企业的类型各异，根据主要产品的特性，石油炼制厂可分为四种类型。

（1）燃料型炼油厂

以生产汽油、喷气燃料油、柴油、燃料油等石油燃料为主要产品，同时也附带生产燃料气、芳香烃和石油焦。这类炼油厂的工艺特点是通过一次加工尽量提取原油中的轻质馏分，并利用裂化和焦化等二次加工工艺将重质馏分转化为汽油、柴油等轻质油品。随着石油加工向综合利用方向发展，这类炼油厂所占比例会越来越少。图 3-6 为燃料型炼油厂的生产工艺流程。

（2）燃料-润滑油型炼油厂

产品除燃料油外还生产各种润滑油原料，然后将这些原料加以精制，一般采用的过程包括溶剂脱蜡、溶剂精制、白土精制及加氢精制等，制得润滑油组分，并以这些组分为基本原料，根据润滑油品种和质量具体要求，再按一定比例加入各种添加剂，最后调配成润滑油成品。若以减压渣油为原料生产重质润滑油馏分，还需增加丙烷脱沥青装置。

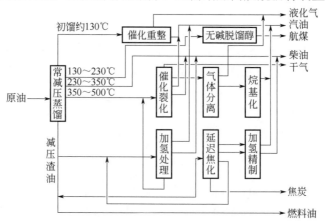

图 3-6　燃料型炼油厂的生产工艺流程

（3）燃料-化工型炼油厂

除生产各种燃料油品外，还利用催化裂化、延迟焦化、催化重整、芳烃抽提、气体分离等装置生产炼厂气、液化石油气和芳烃等作为石油化工原料。其工艺流程如图 3-7 所示。

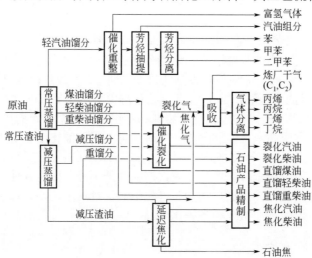

图 3-7　燃料-化工型炼油厂工艺流程

随着石油化学工业的发展，为综合利用石油资源，将炼油厂与石油化工厂联合组成石油化工联合企业，利用炼油厂提供的石油化工原料生产各种基本有机化工产品以及合成树脂、合成橡胶、合成纤维和化肥等，已成为石油化工行业实现集约化生产的趋势，并正在逐渐向"大容量、高参数、长周期"方向发展。所谓大容量，指生产规模扩大，单台装置的容量增大；高参数指生产工艺条件提高，以实现高转化率和高收率；长周期指采用各种技术手段和方法，确保装置能长时间安全高效运行。要满足上述这些要求，对石油化工行业提出了新的挑战。

（4）燃料-润滑油-化工型炼油厂

该炼油厂既生产燃料、润滑油类石油产品，又生产石油化工原料。其特点是装置类型多，产品种类广。

3.3.2.2　典型炼制工艺流程

石油炼制行业主要加工方法有常减压蒸馏、裂化、精炼与精制。

（1）常减压蒸馏

原油通过常减压蒸馏分离成若干个沸点范围适合作不同燃料的馏分。通常这种蒸馏是在两个塔（常压蒸馏塔和减压蒸馏塔）中进行的。常压蒸馏在大气压下进行，仅能分离出沸点较低的馏分。通过常压蒸馏，将原油分割为拔顶气馏分（C_4 及 C_4 以下的轻质烃）、直馏汽油、航空汽油、煤油、轻柴油（沸点 250～300℃）和重柴油（沸点 300～350℃）等，而剩余部分从塔底排出进入减压蒸馏塔，在真空情况（8kPa）下进行，使重油的沸点降低，避免了裂解和焦化。常压重油可以进一步提取润滑油馏分。

常减压蒸馏的工艺流程如图 3-8 所示。原油经预热后进入脱盐罐，脱除盐水后经过一系列的换热器，使温度升高到 200～250℃，然后进入初馏塔进行预分离，将原油中部分较轻的组分蒸出，经冷凝冷却后在塔顶回流罐作气液分离，液体的一部分返回塔顶作回流，另一部分作轻汽油（或称石脑油）送出装置。从初馏塔塔底出来的头拔原油，经常压加热炉加热至360～370℃，进入常压蒸馏塔，在此轻质油料气化蒸出。塔顶油气经冷凝冷却后在塔顶回流罐进行气液分离，液体的一部分返回塔顶作回流，另一部分作为汽油送出装置。常压塔一般有 4～5 根侧线，在此抽出液体，可依次得到航空煤油、灯用煤油、轻柴油和重柴油等。这些馏分在汽提塔中用水蒸气汽提，脱除轻组分后，与原油换热，冷却至规定温度送出装置。从初馏塔塔顶和常压塔塔顶的回流罐中分离出的石油气体为 C_1～C_4 轻质烷烃和少量轻油，可引至加热炉作燃料或经压缩后进行气体分馏，以回收液化石油气（液态烃）。

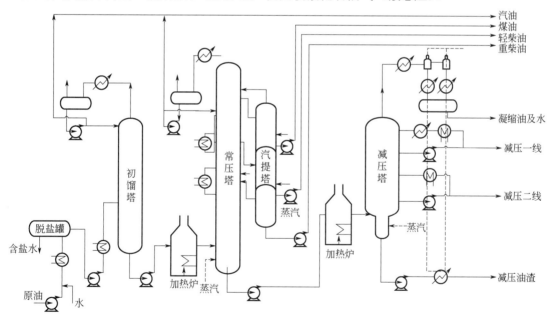

图 3-8　常减压蒸馏工艺流程

常压塔塔底未气化的重油（常压渣油）经水蒸气汽提吹出轻组分后进加热炉，加热至400～410℃进入减压塔，在减压条件下使重质油气化蒸出。塔顶为不凝气和水蒸气，经冷凝后采用真空喷射器抽出不凝气，使塔内压力维持在 2～8kPa。减压塔一般有 3～5 根侧线，用作引出润滑油原料或裂化原料。液体侧线经水蒸气汽提、换热、冷却至规定的温度后送出装置。

减压塔塔底渣油经水蒸气汽提，以提高拔出率，然后经换热、冷却至规定温度后送出装置。减压渣油经调合后可作为重质燃料油供炼钢厂或发电厂使用，或作为丙烷脱沥青、延迟焦化、氧化沥青装置的原料。

（2）催化裂化

中国的原油一般轻馏分较少，通常减压蒸馏后可得到 10%～40% 的汽油、煤油及柴油等轻质油品，其余的是重质馏分和残渣油。为了满足国民经济对轻质燃料油，尤其是汽油的需要，通常可采用催化裂化、催化重整、烷基化、异构化等方法，所以现代炼油厂中的催化裂化工艺十分重要，其装置性能的好坏对全厂的经济效益有显著的影响。

催化裂化是在热和催化剂作用下使重质油发生裂化反应，转变为裂化气、汽油和柴油等轻质馏分油的过程。原料采用原油蒸馏所得的重质馏分油或在重质馏分油中混入少量渣油，渣油是经溶剂脱沥青后的脱沥青渣油或常压渣油及减压渣油。催化裂化除得到高辛烷值（80以上）汽油外，还可得到裂化气，其中含有丙烯、异丁烯、正丁烯，可作基本有机化工的原料。催化裂化的工艺流程如图 3-9 所示，包括原料的催化裂化、催化剂的再生及产物的分离。

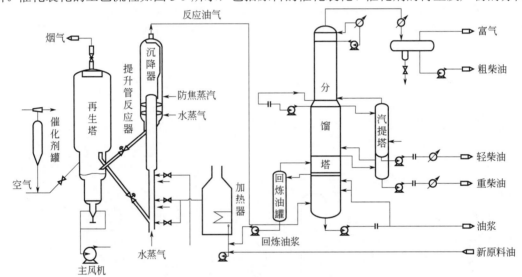

图 3-9　催化裂化工艺流程

新鲜原料油经换热后与回炼油混合，经加热炉加热至 300～400℃ 后至提升管反应器下部的喷嘴，原料油用蒸汽雾化并喷入提升管内，与来自再生器的高温催化剂（600～750℃）接触，随即气化并进行反应。由于反应使大分子变成小分子，油气体积增大，在管内的线速度不断增加，催化剂也被加速，一直到提升管口。油气在提升管内的停留时间很短，一般只有几秒钟，反应温度为 480～530℃，压力为 0.14MPa（表压）。反应产物经旋风分离器分离出夹带的催化剂后离开反应器去分馏塔。

积有焦炭的催化剂（称待生催化剂）由沉降器落入下面的汽提段。汽提段内装有多层人字形挡板并在底部通入过热水蒸气，待生催化剂上吸附的油气和颗粒之间空间的油气被水蒸气置换而返回上部。经汽提后的待生催化剂通过待生斜管进入再生器。

再生器的主要作用是烧去催化剂因反应而生成的积炭，使催化剂的活性得以恢复。再生温度一般为 600～700℃，再生用的空气由主风机供给，空气通过再生器下面的辅助燃烧室及分布板进入密相床层。再生后的催化剂（称再生催化剂）落入溢流管，再经再生斜管送回反应器循环使用。再生烟气经旋风分离器分离出夹带的催化剂后，经双动滑阀排入大气。

（3）延迟焦化

延迟焦化是一种重质油热炼化工艺，在加热炉的高热强度炉管中，油品达到结焦温度，同时通过提高油品的流速使其无法结焦，而延迟到在焦炭塔中裂化、结焦。延迟焦化的原料多为重油、渣油、沥青及各种污油，产品主要为焦炭、汽油、柴油、蜡油、液态烃及副气等。

延迟焦化装置通常为间歇操作，最常用的为"一炉两塔"工艺，始终有一个塔处于生产状态，另一个处于准备冷焦、除焦或油气预热状态。来自加热炉的物料进入焦炭塔，待充装一定容积后，先用四通阀将物料切换至另一个焦炭塔。在焦炭塔内的油气经充分裂解、缩合后，轻组分分别进入分馏塔，焦炭留在塔内。再通过四通阀通入蒸汽，将遗留的油气进一步提升至放空冷却塔，同时冷却塔内温度。然后用水将塔内焦层冷却至 80～90℃后，水从塔内排出，该过程所用的水称为冷焦水。延迟焦化装置通常采用水力除焦，即水力切焦器利用高压水产生的高速水流将焦炭切割成块，焦炭及水从焦炭塔内流出，进入储焦池，该过程所用的水称为切焦水。

（4）催化加氢

催化加氢是指石油馏分在氢气存在下催化加氢过程的通称，对提高原油的加工深度，合理利用石油资源，改善产品质量，提高轻油的收率以及减少大气污染都具有重要意义。

目前炼油厂采用的加氢过程主要有加氢精制和加氢裂化两大类。加氢精制主要用于油品精制，其目的是除掉油品中的硫、氮、氧等杂原子及金属杂质，有时还对部分芳烃进行加氢，改善油品的使用性能。所用原料有重整油、汽油、煤油、各种中间馏分油、重油和渣油。加氢裂化是在较高压力下烃分子与氢气在催化剂表面进行裂解和加氢反应生成较小分子的过程。根据原料的不同，加氢裂化分为馏分油加氢裂化和渣油加氢裂化。馏分油加氢裂化的原料主要有减压蜡油、焦化蜡油、裂化循环油及脱沥青油等，目的是生产高品质的轻质油品，如柴油、航空煤油、汽油等。渣油加氢裂化主要是热解反应，同时对产品进行加氢精制。

根据原料性质、产品要求和处理量大小，加氢裂化装置主要有一段加氢裂化和两段加氢裂化，我国引进的加氢装置两者均有。

1）一段加氢裂化

一段加氢裂化流程用于由粗汽油生产液化气，由减压蜡油、脱沥青油生产航空煤油和柴油。图 3-10 为直馏重柴油馏分（330～490℃）一段加氢裂化工艺流程。原料油经泵升压至 16.0MPa，与氢气混合、换热后进入加热炉，反应器的进料温度为 370～450℃。原料在反应温度 380～440℃，空速 1.0h^{-1}，氢油比约为 2500（体积比）的条件下进行反应。为控制反应温度，向反应器分层注入冷氢。反应产物经与原料换热后温度降至 200℃，再经空冷器冷却，温度降至 30～40℃之后进入高压分离器。反应产物进入空冷器之前注入软化水以溶解其中的 NH_3、H_2S 等，防止水合物析出而堵塞管道。自高压分离器顶部分出循环气，经循环氢压缩机升压后，返回反应系统循环使用。自高压分离器底部分出生成油，经减压系统减压至 0.5MPa，进入低压分离器，在低压分离器中将水脱出，并释放出部分溶解气体，作为富氢气送出装置，可以作燃料用。生成油经加热后送入稳定塔，在 1.0～1.2MPa 下蒸出液化气，塔底液体经加热炉加热至 320℃后送入分馏塔，最后得到轻汽油、航空煤油、冷凝柴油和塔底油（尾油），尾油可一部分或全部作循环油，与原料混合再去反应。

2）两段加氢裂化

图 3-11 所示为两段加氢裂化的工艺流程，原料油经泵升压并与循环氢混合后首先与生成油换热，再在加热炉中加热至反应温度，进入第一段加氢精制反应器，在加氢活性高的催化

剂上进行脱硫、脱氮反应，原料中的微量金属也被脱掉，反应生成物经换热、冷却后进入高压分离器，分出循环氢。生成油进入脱氨（硫）塔，脱去 NH_3 和 H_2S，作为第二段加氢裂化反应器的原料。在脱氨塔中用氢气吹掉溶解气、氨和硫化氢。第二段进料与循环氢混合后，进入第二段加热炉，加热至反应温度，在装有高酸性催化剂的第二段加氢裂化反应器内进行裂化反应。反应生成物经换热、冷却、分离，分出溶解气和循环氢后送至稳定和分馏系统。

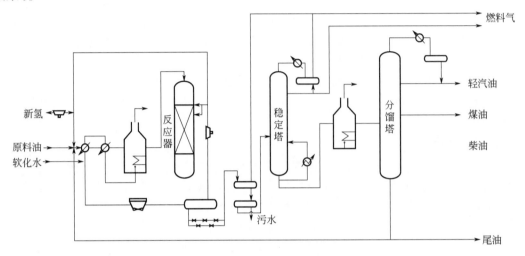

图 3-10　一段加氢裂化工艺流程

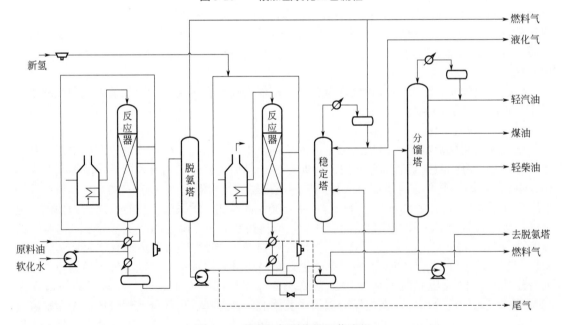

图 3-11　两段加氢裂化的工艺流程

两段加氢裂化流程具有原料适用性广、操作灵活性大等特点，采用两段加氢裂化流程处理重质原料油生产重整原料油以扩大芳烃的来源，已成为许多国家重视的一种工艺方案。我国南京的金陵石化厂就是用胜利减压蜡油来生产重整原料油制取苯、甲苯和二甲苯的，取得了良好的经济效益。

（5）催化重整

催化重整是在加热、氢压和催化剂存在的条件下，使轻汽油馏分（或石脑油）的分子重新排列，转变为芳烃和异构烷烃，同时副产氢气及液化气的一种单元过程。原料通过预处理，得到馏分范围、杂质含量都合乎要求的重整原料，与循环氢混合，再经换热、加热后，进入重整反应器。反应器的入口温度一般为 480～520℃，第一个反应器的入口温度比较低，后面的反应器入口温度稍高些。铂铼重整的操作条件一般为：压力 1.8MPa，空速 1.5h^{-1}，氢油比约 1200（体积比）；铂重整的操作条件为：压力 2.5～3MPa，空速 2～5h^{-1}，氢油比 1200～1500（体积比）。反应器出来的反应产物经高压分离器分出富氢气体（含氢体积分数为 85%～95%），重整油进入稳定塔，塔底得到重整汽油。

以生产芳烃为目的时，催化重整装置由原料预处理、重整、芳烃抽提和芳烃精馏四个部分组成。重整后需加氢，使烯烃变成烷烃，再经过稳定塔，脱去气态烃和戊烷，然后进行芳烃抽提。

连续重整是催化重整的重要组成部分，目前常用的连续重整工艺有 UOP 与 IFP 两种。

1）UOP 连续重整工艺

其工艺流程如图 3-12 所示。重整通常设 3～4 个反应器，反应器从上而下叠置在一起，催化剂在反应器内靠重力向下移动。运转过程中积炭的催化剂即待生催化剂从反应器底部流出，被输送到具有特殊结构的再生器中进行再生。再生后的催化剂经氢气还原，再返回第一反应器，依次流经第二、第三、第四反应器，构成了催化剂连续再生回路。这一工艺的优点是产品收率高，氢产率和氢纯度高，产品质量稳定，运转周期长等。

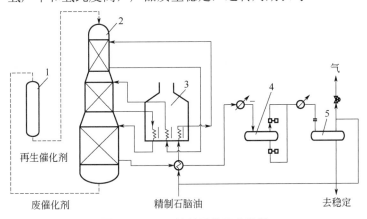

图 3-12　UOP 连续重整工艺流程

1—再生器；2—反应器；3—加热炉；4—低压分离炉；5—高压分离器

2）IFP 连续重整工艺

其工艺流程如图 3-13 所示。此工艺与 UOP 连续重整工艺的不同之处在于多个反应器采用并列式放置，新鲜催化剂从一个反应器顶部加入，逐步移至底部，连续地用氢气提升到后一个反应器的顶部，流经三个反应器后，用氮气将第三反应器底部流出的积炭催化剂提升到一个固定床再生器进行再生，再生后的催化剂循环使用。

3.3.2.3　石油炼制的产品

石油炼制的原理是利用石油中各种不同成分具有不同沸点的特点，将原油加热，从而在不同温度范围内（称为馏程）获得不同的石油产品。在接近大气压力条件下，于 40～180℃馏出者为汽油，于 150～300℃馏出者为煤油，于 200～350℃馏出者为直馏柴油，余下者为高

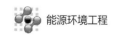

沸点的重质油，称为常压重油。

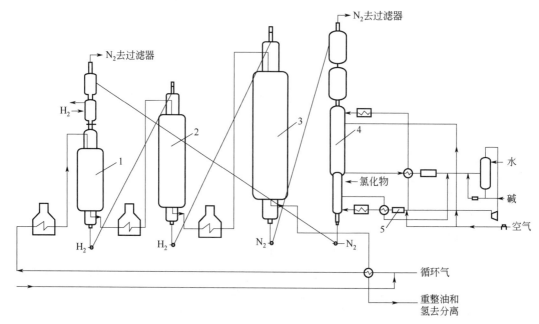

图 3-13　IFP 连续重整工艺流程
1～3—反应器；4—再生器；5—干燥器

通过常压蒸馏所获得的各种馏分仍是一个多组分的混合物，可进一步加工，例如把高沸点的常压重油加热至 400℃以上可以继续分馏出各种重质油来。但炼油厂为了简便，一般采用降低压力的方法来提取，即根据气压降低、沸点下降的原理，在压力为 0.01MPa 下，在 400℃左右可以从常压重油分馏出在常压下沸点为 700℃以下的石油产品。降压分馏的产品有重柴油及沸点较高的蜡油（可作为生产润滑油的原料），余下者称减压重油，其初沸点大于 340～370℃。通常将常压重油与减压重油统称为直馏重油。

为了增产轻质油、增加品种和提高质量，炼油厂还采用裂化的方法从某些重质油中生产出汽油、柴油以及一些高级车用汽油和航空汽油等。所谓裂化就是使分子较大的烃类裂解为分子较小的烃类，以取得轻质油产品。裂化方法又可分为热裂化和催化裂化。经过上述加工方法可获得可燃气、汽油和润滑油等产品，残留的高沸点重质油称裂化重油，其初沸点大于500～550℃。与直馏重油相比，其密度、黏度及所含杂质均较高，燃料稳定性差，易沉淀堵塞油管，燃烧性能亦较差。近年来还采用加氢等工艺来增产轻质油产品。通过以上介绍可以看出，通过提高石油加工深度，可以获得更多的轻质石油产品。

按石油产品的用途和特性，可将其分成 14 大类，即溶剂油、燃料油、润滑油、电器用油、液压油、真空油脂、防锈油脂、工艺用油、润滑脂、蜡及其制品、沥青、油焦、石油添加剂和石油化学品。主要石油产品的用途如下：

① 溶剂油：按用途可分为石油醚、橡胶溶剂油、香花溶剂油等，可用作橡胶、油漆、油脂、香料、药物等的工业溶剂、稀释剂、提取剂，在毛纺工业中作洗涤剂。

② 燃料油：按燃料油的馏分组成可分为石油气、汽油、煤油、柴油、重质燃料油，柴油之前的各种油品统称为轻质燃料油。按使用对象或使用条件，各种燃料油又可分成不同级别，如汽油可分车用汽油和航空汽油，前者供各种形式的汽车使用，后者供螺旋桨式飞机使用；煤油可分航空煤油和灯用煤油，前者作喷气式飞机的燃料，后者供点灯用（分为灯用、

信号灯用）、拖拉机用，也可作洗涤剂和农用杀虫药溶剂；柴油可分为轻柴油（用于高速柴油机）、重柴油（用于低速柴油机）、船用柴油和直馏柴油。

石油气可用于制造合成氨、甲醇、乙烯、丙烯等。

③ 润滑油：润滑油品种很多，几种典型的润滑油如：汽油机油和柴油机油，前者用于各种汽油发动机，后者用于柴油机，主要是供润滑和冷却；机械油，用于纺织缝纫机及各种切削机床；压缩机油、汽轮机油、冷冻机油和气缸油；齿轮油，又分为工业齿轮油和拖拉机、汽车齿轮油，前者用于工业机械的齿轮传动，后者用于拖拉机、汽车的变速箱；液压油，用作各类液压机械的传动介质；电器用油，又分为变压器油、电缆油，主要起绝缘作用。因其原料属润滑油馏分范围，通常也将其包括在润滑油中。

④ 润滑脂：是在润滑油中加入稠化剂制成的。根据稠化剂的不同，又可分为皂基脂、烃基脂、无机脂和有机脂 4 大类。用于不便于使用润滑油润滑的设备，如低速、重负荷和高温下工作的机械，工作环境潮湿、水和灰尘多且难以密封的机械。

⑤ 石蜡和地蜡：石蜡和地蜡是不同结构的高分子固态烃。石蜡分为精白蜡、白石蜡、黄石蜡、食品蜡等，可分别用于火柴、蜡烛、蜡纸、电绝缘材料、橡胶、食品包装、制药工业等。

⑥ 沥青：沥青可分为道路沥青、建筑沥青、油漆沥青、橡胶沥青、专用沥青等多种类型。主要用于建筑工程防水、铺路以及涂料、塑料、橡胶等工业中。

⑦ 石油焦：石油焦是优良的碳质材料，用于制造电极，也可作冶金过程的还原剂和燃料。

3.4　石油的利用

石油的利用主要分三个方面：一是将石油作为能源，通过燃烧方式将其化学能转化为热能，即石油的能源化利用；二是将石油作为化工原料，生产一系列重要的有机化工原料和产品，如乙烯、丙烯、丁二烯、苯、甲苯、二甲苯、醇、酮、醛、酸类及环氧化合物等；三是以前述生产的有机化工原料和产品为原料进一步制备三大合成材料。习惯上，将以石油为原料生产有机化工原料和产品的化工利用称为石油化工，而将以石油化工的产品为原料进一步制备三大合成材料的化工利用称为高分子化工。

3.4.1　石油的能源利用

石油的能源利用就是将石油作为能源的载体，通过一系列的手段将其中所含的化学能转化为热能（当然，也包括进一步将热能转化为机械能或电能）的利用方法。石油的能源化利用分三种：原油直接作为燃料燃烧、石油炼制产品的燃烧、石油炼制后重油的燃烧。其中，石油炼制产品的燃烧是目前石油能源化利用的最主要方式。

3.4.1.1　原油直接燃烧

习惯上把未经加工处理的石油称为原油。常温条件下，原油是一种黑褐色并带有绿色荧光、具有特殊气味的黏稠性油状液体，是烷烃、环烷烃、芳香烃和烯烃等多种液态烃的混合物。主要成分是碳和氢两种元素，分别占 $83\% \sim 87\%$ 和 $11\% \sim 14\%$；还有少量的硫、氧、氮和微量的磷、砷、钾、钠、钙、镁、镍、铁、钒等元素。其比例为 $0.78 \sim 0.97$，分子量为 $280 \sim 300$，凝固点为 $-50 \sim 24℃$。

石油是多种物质的混合物，可以直接燃烧，最早的关于石油的古书记载的就是石油在自然界中的燃烧。与煤炭一样，石油燃烧也会放出大量的热量。但由于石油中含有很多的杂质，

导致石油的易燃度降低，难以着火，而且放热量减少，从而造成能源的浪费。另外，原油直接燃烧会生成多种有毒有害的气体，主要有氮氧化物、一氧化碳、二氧化硫和非甲烷烃类等气体，同时产生大量的浓烟。其中的氮氧化物包括一氧化二氮（N_2O）、一氧化氮（NO）、二氧化氮（NO_2）、三氧化二氮（N_2O_3）、四氧化二氮（N_2O_4）和五氧化二氮（N_2O_5）等。除二氧化氮以外，其他氮氧化物均极不稳定，遇光、湿或热变成二氧化氮及一氧化氮，一氧化氮又变为二氧化氮。二氧化硫、氮氧化物都具有不同程度的毒性，而且是形成酸雨的主要物质，非甲烷烃与氮氧化物是形成光化学烟雾的必要条件，会对环境造成严重的污染。

因此，现在基本不将原油直接用作燃料燃烧，而是将原油经炼制加工制成多种石油产品，如石油燃料、石油溶剂与化工原料、润滑油、石蜡、石油沥青、石油焦等，提高其利用价值。

3.4.1.2 石油炼制产品的燃烧

石油炼制的原理是利用石油中各种不同成分具有不同沸点的特点，将原油加热，从而在不同温度范围内（称为馏程）获得不同的石油产品，其中各种燃料油产量最大，接近总产量的90%。

燃料油的燃烧方法有内燃和外燃两种方式。内燃是在发动机气缸内部极为有限的空间进行高压燃烧，是一种瞬间的燃烧过程，如汽车发动机、柴油发动机等。外燃是不在机器内燃烧而在燃烧室内燃烧，并直接利用燃烧发出的热量，如锅炉、窑炉内进行的燃烧。

油燃烧的全过程包含着油加热蒸发（传热过程）、油蒸气和助燃空气的混合（物质扩散过程）和着火燃烧（化学反应）3 个过程，其中油加热蒸发是制约燃烧速率的关键。为了加速油的蒸发，主要的方法是扩大油的蒸发面积，通常油总是被雾化成细小油滴参与燃烧。油雾化质量的好坏直接影响燃烧效率。

雾化细度是衡量雾化质量的一个主要指标，通常雾化气流中油滴的大小各不相同，油滴直径越小，单位质量的表面积就越大。例如，$1cm^3$ 球形油滴的表面积仅为 $4.83cm^2$，如将它分成 10^7 个直径相同的小油滴，其表面积将增加 250 倍，达到 $1200cm^3$。

从雾化的角度来说，不仅雾化油滴的平均直径要小，而且要求油滴大小尽量均匀。影响雾化质量的主要因素是喷射速度和燃油温度。研究表明，雾化油滴的尺寸取决于油气间相对速度的平方，相对速度越大，雾化油滴越细；燃油温度越高，表面张力和黏度下降，雾化油滴的直径变小。

为了实现油的高效低污染燃烧，需要提高燃油的雾化质量和实现良好的配风。

3.4.1.3 石油炼制后重油的燃烧

石油炼制得到炼制产品后剩下的组分俗称重油，是一种很有特色的化石燃料：与煤相比，燃烧洁净，热值高；与天然气相比，安全、易于储存且不受地域限制；与轻油相比，经济便宜。近年来，随着优质燃油和天然气的价格不断上涨，重油作为替代动力燃料越来越受到人们的重视。但由于重油的闪点较高，常态下难于着火燃烧；由于重油中高分子烃类化合物含量高，不易燃尽，在燃烧过程中易排放大量的污染性气体，如 SO_2 和 NO_x 等，并由于不完全燃烧而产生烃类气体、CO 和碳粒子。为了加强重油与空气的混合，稳定火焰，以及避免灰积淀，在重油燃烧中往往采取提高燃烧空气流速及旋转空气等措施，但同时带来了增加噪声排放的问题。另外，当负荷增加时，不完全燃烧损失及有害气体排放明显增加；而当负荷减小时，燃烧工况恶化，甚至出现熄火现象。

针对重油燃烧中存在的问题，目前在改善重油燃烧方面采取的主要措施有：

① 预热和旋转空气。雾化空气一方面可以降低反应活化能，改善重油的着火条件；另

一方面可以提高燃烧温度，有助于实现完全燃烧。而旋转空气不但可以加强油与气的混合，实现均匀燃烧，减少析碳和有害气体的排放，而且还可增加径向气体动量，有利于稳定燃烧火焰。

② 改善雾化质量，包括油的预热、加压均匀化、加水（或其他轻烃）乳化、气泡雾化等。

③ 控制燃烧区中氧的浓度。常用的控制方法有等当量燃烧、分级燃烧和废气循环燃烧等。

在目前的燃烧工艺中，重油都是以"油滴"状态燃烧，燃烧过程和蒸发过程同时发生，燃烧过程中总是存有"油核"。理论上，一种高效低排污的燃烧工况只有在燃料与空气均匀混合的条件下才能实现，即只有气态燃料才能实现与空气的完全均匀混合。要实现重油高效、低成本、低排污的燃烧目标，应设法让重油与空气实现预混燃烧。采用预蒸发技术即可达到这一目标。

3.4.2　石油的化工利用

石油的化工利用是以石油为原料，通过各种化学加工方法制取一系列有机化工原料和产品，如乙烯、丙烯、丁二烯、苯、甲苯、二甲苯和醇、酮、醛、酸类及环氧化合物等。

3.4.2.1　烯烃生产

烃类裂解制乙烯是石油化工中最重要的过程之一，所得裂解气是含有多种烃类及杂质的混合气体，如乙烯、丙烯、丁二烯、苯、甲苯、二甲苯，及副产氢、甲烷等，为此需进行分离和精馏，以得到石油化工的原料。甲烷主要用作气体燃料和生产合成氨；乙烯主要用于生产聚乙烯、聚氯乙烯、环氧乙烷、二氯乙烷等；丙烯主要用于生产聚丙烯、丙烯腈、环氧丙烷等产品；C_4 馏分经分离得丁二烯、异丁烯和丁烯，用于生产丁苯橡胶、顺丁橡胶、ABS 塑料、聚丁烯等；芳烃不仅可直接作为溶剂，也是三大合成材料的原料。

根据加工需要，除少数乙烯、丙烯可作化学级使用外，大部分需达到聚合级的要求，即乙烯的纯度需达到 99.8%～99.95%，丙烯的纯度需达到 99.7%～99.8%，C_4 的纯度需大于 99%。

裂解气的深冷分离法主要包括气体净化系统、压缩和冷冻系统、精馏分离系统。

① 气体净化系统：裂解气中含有少量杂质，如酸性气体、水和炔烃。烯烃的进一步加工对纯度的要求较高，需对其进行净化，以保证产品质量，避免催化剂中毒并减轻设备腐蚀。

② 压缩和冷冻系统：裂解气中许多组分在常压下都是气体，其沸点都很低。如果在常压下进行各组分的冷凝分离，则分离的温度很低，需要大量的冷量。为使分离温度不太低，可以适当提高分离压力，以便提高分离温度并降低各组分的相对挥发度。

③ 精馏分离系统：由于不同碳原子数的烃之间的相对挥发度较大，分离比较容易，而同一碳原子数的烯烃和烷烃之间的相对挥发度较小，分离比较困难。所以在深冷分离时，先进行不同碳原子数的烃的分离，然后再进行同一碳原子数的烯烃和烷烃的分离。

图 3-14 所示为裂解气的顺序深冷分离流程。裂解气经压缩机三段压缩至 1MPa，送入碱洗塔脱去 H_2S、CO_2 等酸性气体，然后经过 4～5 段压缩机压缩至 3.6MPa，经冷却至 15℃，去干燥器脱水，使裂解气的露点温度达到-70℃左右。干燥后的裂解气经一系列冷却冷凝，在前冷箱中分出富氢和四股馏分，富氢经过甲烷化作加氢用氢气。四股馏分进入脱甲烷塔的不同塔板，轻馏分因密度低进入上层塔板，重馏分因密度高进入下层塔板。脱甲烷塔塔顶脱去甲烷馏分，塔釜液是 C_2 以上馏分，进入脱乙烷塔，塔顶分出 C_2 馏分，塔釜液为 C_3 以上馏分。

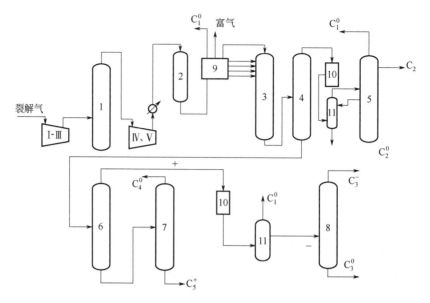

图 3-14 裂解气的顺序深冷分离流程

1—碱洗塔；2—干燥器；3—脱甲烷塔；4—脱乙烷塔；5—乙烯塔；6—脱丙烷塔；

7—脱丁烷塔；8—丙烯塔；9—冷箱；10—加氢脱炔反应器；11—绿油塔

由脱乙烷塔顶来的 C_2 馏分，经过换热升温，进行气相加氢脱乙炔，在绿油塔用乙烯塔来的侧线馏分洗去绿油，再经过干燥，然后送去乙烯塔。在乙烯塔上部的侧线引出纯度为 99.9% 的乙烯产品。塔釜液为乙烷馏分，送回裂解炉作裂解原料，塔顶为甲烷和氢气。脱乙烷塔釜液入脱丙烷塔，塔顶分出 C_3 馏分，塔釜液为 C_4 以上馏分。由于塔釜液中含有二烯烃，易聚合结焦，故塔釜温度不宜超过 100℃，并需加入阻聚剂。由脱丙烷塔蒸出的 C_3 馏分，经过加氢脱丙炔和丙二烯，在绿油塔脱去绿油和加氢时带入的甲烷、氢，再入丙烯塔进行精馏，塔顶蒸出纯度为 99.9% 的丙烯产品，塔釜液为丙烷馏分。脱丙烷塔的釜液在脱丁烷塔分成 C_4 馏分和 C_5 以上馏分，C_4 和 C_5 馏分分别送往下步工序，以便进一步分离与利用。

C_4 馏分中含有丁二烯、1-丁烯、顺-2-丁烯，反-2-丁烯、异丁烯、正丁烷、异丁烷等组分。随着石油化学工业的发展，C_4 烃烯的用途越来越广，如丁二烯是生产合成橡胶、合成树脂等产品的原料。如何充分利用 C_4 馏分已成为影响乙烯厂和炼油厂经济效益的一个重要因素。

丁二烯有两种异构体，即 1,3-丁二烯和 1,2-丁二烯，其中 1,3-丁二烯是需要的。丁二烯的工业生产主要是由乙烯装置副产的 C_4 馏分中分离出来和丁烯氧化脱氢制取的。一般在石脑油裂解生产乙烯时，丁二烯主要由 C_4 馏分中分离得到，而以轻烃（乙烷、丙烷等）作为乙烯装置的裂解原料时，副产的丁二烯不能满足需要，因此可以由正丁烷或正丁烯脱氢或氧化脱氢制取丁二烯。近年来，从 C_4 馏分中分离丁二烯（即抽提法）已占优势。在分离流程中，首先需要分出丁二烯，再分离出异丁烯，然后通过精馏分离获得高纯度 1-丁烯。

图 3-15 为二甲基甲酰胺（DMF）法萃取精馏丁二烯的工艺流程图。该法以二甲基甲酰胺为溶剂，采用二级萃取和二级精馏相结合的流程得到聚合级的丁二烯。原料 C_4 馏分气化后进入第一萃取精馏塔，经 DMF 萃取蒸馏分出丁烷、丁烯。塔釜含溶剂的馏分经汽提塔解吸出溶剂，溶剂循环返回第一萃取塔。解吸出的富含丁二烯的馏分经第二萃取蒸馏塔分离出炔烃，再经两次蒸馏除去甲基乙炔、1,2-丁二烯、乙烯基乙炔等，得到高纯度的丁二烯产品。溶剂循环量的 1% 送至溶剂再生系统，经过减压蒸馏脱除丁二烯的二聚体、水等物质。

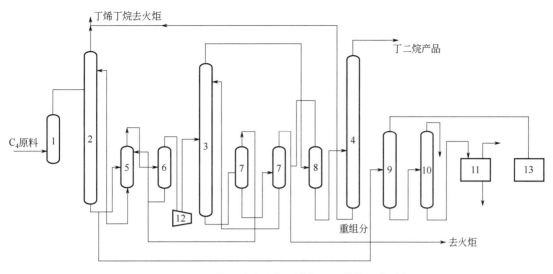

图 3-15　二甲基甲酰胺法萃取精馏丁二烯的工艺流程

1—蒸发器；2—第一萃取蒸馏塔；3—第二萃取蒸馏塔；4—丁二烯蒸馏塔；5—汽提塔；6—分离器；

7—丁二烷回收塔；8—脱轻组分；9—溶剂脱二聚塔；10—回收塔；11—焦油罐；12—压缩机；13—二聚物储罐

生产过程中，第一萃取精馏塔的塔顶温度为 42℃，塔釜温度为 120～130℃，为防止在塔釜发生丁二烯的聚合，在溶剂中添加糠醛和亚硝酸钠阻聚剂，并使塔釜温度低于 145℃。

DMF 法适用于含丁二烯为 30%以上的 C_4 馏分的分离，回收率超过 97%，丁二烯产品的纯度为 99.7%以上，可用于顺丁橡胶的生产。

甲基叔丁基醚（MTBE）的辛烷值高，蒸气压低，有类似于汽油的性质，在汽油中掺加一定量的 MTBE 可提高汽油的辛烷值。同时，将 C_4 馏分中的异丁烯转化为汽油的掺加组分，为充分利用 C_4 馏分中的其他组分提供了有利条件。

MTBE 的典型工艺流程如图 3-16 所示。甲醇与含异丁烯的 C_4 馏分经预热进入列管式固定床反应器，反应温度为 50～60℃，反应后的产物有甲基叔丁基醚、异丁烯、甲醇及不反应的其余 C_4 馏分，经换热后进入提纯塔，塔釜为 MTBE 成品，塔顶的甲醇及其余的 C_4 馏分送入水洗塔回收甲醇，水洗塔釜液即甲醇水溶液送至甲醇回收塔回收甲醇，循环使用。水洗后的 C_4 馏分可作进一步处理。

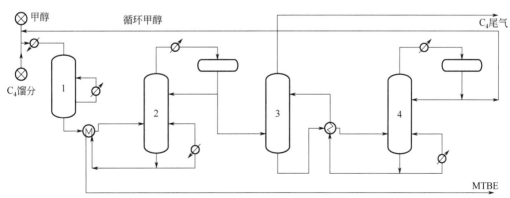

图 3-16　MTBE 的典型工艺流程示意图

1—醚化反应器；2—MTBE 提纯塔；3—甲醇水洗塔；4—甲醇回收站

3.4.2.2 芳烃生产

芳烃是含苯环结构的烃类化合物，其中的苯、甲苯、二甲苯（简称 BTX）是石油化工的重要原料，广泛用于合成树脂、纤维、塑料、洗涤剂，也用于制取中间体合成精细化工产品。

（1）芳烃抽提

石油芳烃主要由催化重整油及乙烯装置副产裂解汽油中分离得到。如催化重整油中一般含芳烃 50%～72%（其中苯为 6%～8%，甲苯 20%～25%，二甲苯 21%～30%），裂解汽油中一般含芳烃 54%～73%（其中苯 19.6%～36%，甲苯 10%～15.0%，二甲苯 8%～14%）。

目前工业上一般采用环丁砜抽提工艺从芳烃原料油中提取芳烃，其工艺流程如图 3-17 所示。原料油从抽提塔中部进入，在塔内与自上而下的溶剂逆流接触，塔顶出来的抽余油经冷却后进入抽余油水洗塔，用水逆流洗涤，除去微量溶剂，洗后的抽余油送出装置。抽提塔底溶解了大量芳烃和少量非芳烃的第一富溶剂与贫溶剂换热后进入提馏塔顶，进行抽提蒸馏提馏操作，除去非芳烃，塔顶出来的含非芳烃的芳烃馏出物经冷凝冷却后进入回流芳烃罐，将油水分离，油作为回流芳烃送回抽提塔底。提馏塔塔底富含芳烃的第二富溶剂送至回收塔从中部进入，在塔内进行减压汽提蒸馏将芳烃与溶剂分离。塔顶馏出物经冷凝冷却后进入芳烃罐，进行油水分离，一部分作为回流，其余作为芳烃产品，送至精馏装置进一步精制。由芳烃罐分出的水作为水洗水，被送往抽余油水洗塔，回收塔底出来的贫溶剂作为水汽提塔底热源后，再与第一富溶剂换热后循环返回抽提塔顶，完成溶剂循环。抽余油水洗塔的塔底水送至水汽提塔，提馏除去水中的微量非芳烃，塔顶馏出物送至回流芳烃罐，塔底水蒸气送至溶剂再生塔底，进行减压水蒸气蒸馏，塔顶馏出物送至回收塔底，溶剂再生塔塔底不定期排渣。

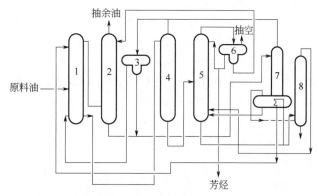

图 3-17　环丁砜抽提工艺流程

1—抽提塔；2—抽余油水洗塔；3—回流芳烃罐；4—提馏塔；5—回收塔；6—芳烃罐；7—水汽提塔；8—溶剂再生塔

由于环丁砜的凝固点为 27℃，含水 3%时的凝固点为 9℃，因此有关的管线需进行保温处理。为减少溶剂的变质，在环丁砜溶剂中添加单乙醇胺，以控制溶剂的 pH 值为 6。

（2）芳烃脱烷基化

在芳烃的应用中，苯的需求量最大，其次是对二甲苯，但在石油芳烃中苯与对二甲苯的量是有限的，为此开发了脱烷基制苯工艺、二甲苯异构化等芳烃转化工艺。

芳烃脱烷基化反应，工业上主要应用的是甲苯脱甲基制苯和甲基萘脱甲基制萘。最常用的催化剂是氧化铬-氧化铝，如 Hydeal 法在 600～650℃、3.4～3.9MPa 的条件下，理论收率大于 98%，苯的纯度可达 99.98%。为了抑制芳烃裂解生成甲烷等副反应，可用碱或碱土金属作为助催化剂，同时加入反应物 5%（质量分数）的水蒸气，以抑制缩合物及焦的生成。

图 3-18 为以催化重整油、裂解汽油等为原料的催化加氢脱烷基苯过程，将原料与氢气经加热炉加热至所需的温度后送至反应器，在不同的反应条件下，第一台反应器中进行烯烃和烷烃的加氢裂解反应，第二台反应器中进行加氢脱烷基反应。反应后出来的气体经冷凝后进入闪蒸分离器，分出的氢气一部分直接返回反应器，其余送至氢气提浓装置除去轻质烃。液体芳烃经稳定塔除去轻质烃，由白土塔脱去烯烃后送至精馏塔精制得到产品苯。未转化的甲苯由循环塔返回反应器使用，重质芳烃排出系统。

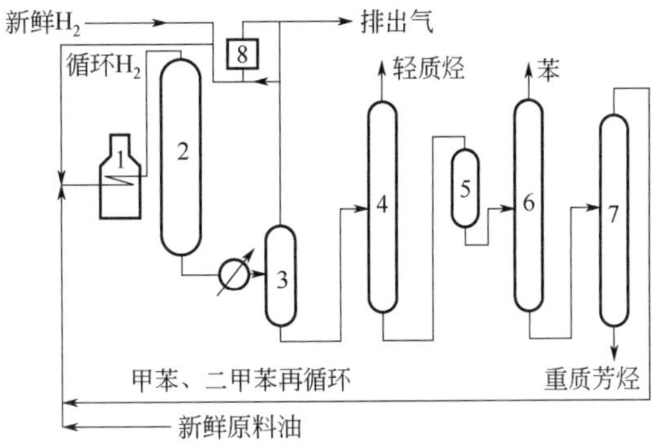

图 3-18　Hydeal 法催化加氢脱烷基制苯工艺流程
1—加热炉；2—反应器；3—闪蒸分离器；4—稳定塔；
5—白土塔；6—苯塔；7—再循环塔；8—H₂ 提浓装置

（3）芳烃歧化

芳烃歧化是指两个相同的芳烃分子在催化剂的作用下，一个芳烃分子上的侧链烷基转移到另一个芳烃分子上的反应。在工业上应用最广的是甲苯歧化制取苯和二甲苯。目前需求量最大的是对二甲苯，其次是邻二甲苯。图 3-19 所示为日本东丽与 UOP 公司开发的 Tatoray 法甲苯歧化工艺流程。原料甲苯和芳烃（C₉A）经进料泵与循环氢混合，混合后的物料与反应器出来的物料换热后，经过原料加热炉预热到反应要求的温度，自上而下通过歧化反应器，与催化剂接触发生歧化与烷基转移反应。反应产物离开反应器经换热器与原料换热，再经冷凝冷却后进入产品分离器进行气液分离。气液分离器顶部分出的富氢气体大部分经氢循环压缩机加压循环使用，少部分作燃料使用；气液分离器下部出口的液体产物进入汽提塔，在汽提塔顶分出轻组分，汽提塔底物料经苯塔、甲苯塔、二甲苯塔、重芳烃塔，先后分出苯、甲苯、二甲苯、芳烃和重芳烃（C₁₀₊A）。甲苯和芳烃循环使用，作为歧化与烷基化的原料。苯和二甲苯都是产品，重芳烃作为副产物。

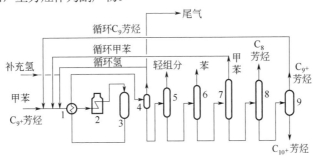

图 3-19　Tatoray 法甲苯歧化工艺流程
1—换热器；2—加热炉；3—反应器；4—气液分离器；5—汽提塔；6—苯塔；7—甲苯塔；8—二甲苯塔；9—C₉ 塔

歧化与烷基化转移是芳烃联合装置的一部分。如图 3-20 所示，芳烃联合装置包括加氢、重整、芳烃抽提、芳烃分馏、歧化和烷基化转移、二甲苯异构化、吸附分离等单元操作过程。

3.4.2.3　高分子化工

高分子化工是合成高分子材料的统称，其主要产品可分为合成树脂、合成纤维和合成橡胶三大类，其产量占合成材料总量的 90%。

目前，高分子化工大都是以石油化工的产品作为原料，将石油化工过程制取的单体聚合

成聚合物。也有以煤和天然气作为原料经过化学制取单体进而合成聚合物的。

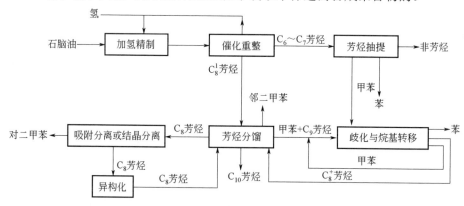

图 3-20　芳烃联合装置工艺流程示意图

（1）合成树脂

合成树脂可分为热塑性和热固性两类，由合成树脂经成型加工而制得的塑料也分为热塑性塑料和热固性塑料两类。当前世界的塑料总产量为 300Mt，其中热塑性塑料约占 60%，而聚乙烯、聚丙烯、聚氯乙烯和聚苯乙烯等四种产品占热塑性塑料的 80% 以上。

1）聚乙烯生产过程

聚乙烯是聚烯烃中产量最大的一个品种，是由乙烯聚合而成的聚合物。聚乙烯产品有高压低密度聚乙烯（HP-LDPE）、线性低密度聚乙烯（LLDPE）、高密度聚乙烯（HDPE）、极低密度聚乙烯（VLDPE）、超低密度聚乙烯（ULDPE）、超高分子量聚乙烯（UHMNPE）、聚烯烃树脂的化学改性如氯化聚乙烯等，其中，高压法生产的聚乙烯占聚乙烯生产量的 50%，一半以上用于薄膜制品，其次是管材、注射成型制品、电线包覆层。中低压聚乙烯则以注射成型制品及中空制品为主。超高分子聚乙烯，由于其优异的综合性能，可作为工程塑料使用。

高压聚乙烯是采用气相本体聚合的，其典型聚合条件是：压力为 100～300MPa，温度为80～300℃，采用氧或有机过氧化物为引发剂。用氧引发时，温度为 230℃；用有机过氧化物引发时，温度为 150℃。由于反应温度高于乙烯的临界温度，因此聚合时单体处于气相，这是少有的。为了有利于链的增长反应（与乙烯的浓度有关），并超过终止反应（不受乙烯浓度影响），需在高压下进行。乙烯的转化率一般为 15%～25%，最高可达 35%，其余则循环使用。

乙烯高压聚合的生产流程如图 3-21 所示。来自乙烯精制车间的乙烯原料，其压力通常为3MPa，与低压分离器的循环乙烯及分子量调节剂的混合物混合后，由压缩机压缩至 25MPa，再与高压分离器的循环乙烯混合，然后进行二次压缩至 250～300MPa，一般管式反应器的最高压力为 300MPa，釜式反应器的最高压力为 250MPa。达到压力的乙烯经冷却后进入聚合反应器，引发剂用高压泵送入乙烯进料口或直接注入聚合设备。聚合后的物料经适当冷却后进入高压分离器，减压至 25MPa，未反应的乙烯与聚乙烯分离，经冷却脱去低聚合物后，返回压缩机循环使用。聚乙烯则进入低压分离器，减压至 0.1MPa 以下，使残存的乙烯进一步分离循环使用。聚乙烯经后处理，如挤出切粒、干燥、密炼、混合、造粒等，制成粒状。

2）聚氯乙烯生产过程

聚氯乙烯塑料是仅次于聚乙烯的第二大吨位塑料品种，主要用于制作薄膜、人造革、管材、板材、门窗、棒材、电线电缆绝缘层、化工容器以及地板、家具等。

聚氯乙烯是氯乙烯的均聚物，目前工业上采用的氯乙烯聚合方法有四种：悬浮聚合、本体聚合、乳液聚合和溶液聚合，其中最普遍采用的是悬浮聚合法，其工艺流程如图 3-22 所示。

将计量的软水加入反应釜中，启动搅拌，加入分散剂、引发剂和助剂，使之溶解和分散均匀，然后停止搅拌，并将釜内空气用氮气进行置换，然后将氯乙烯加入釜中，在 0.66～0.86MPa 的压力下加热至 47～58℃，同时进行搅拌及聚合反应。聚合反应温度的允许波动范围为±0.2～0.5℃，因此采用向釜夹套通入冷却水移出反应热，或釜顶冷凝器进行回流冷凝排除反应热。经 12～14h 的聚合，转化率达 85%～95% 时，将压力降至 0.46～0.56MPa，即可准备出料。

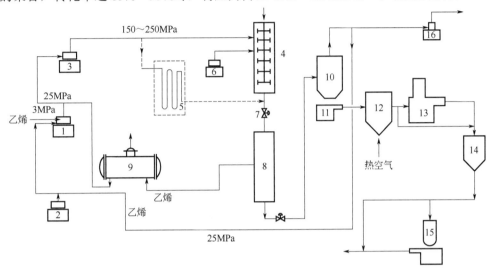

图 3-21　乙烯高压聚合生产流程图

1——一次压缩机；2——分子量调节剂泵；3——二次高压压缩机；4——釜式聚合反应器；5——管式聚合反应器；

6——催化剂泵；7——减压阀；8——高压分离器；9——废热锅炉；10——低压分离器；11——挤出切粒机；

12——干燥机；13——密炼机；14——混合机；15——混合物造粒机；16——压缩机

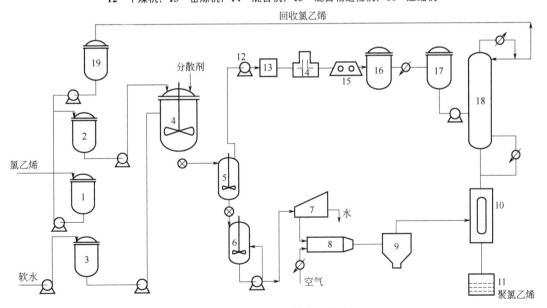

图 3-22　氯乙烯悬浮聚合工艺流程

1——氯乙烯贮槽；2——氯乙烯计量槽；3——软水计量槽；4——反应釜；5——单体回收槽；6——混合槽；7——离心分离机；

8——转鼓干燥机；9——旋风分离器；10——袋式过滤器；11——转动筛；12——泵；13——水分离槽；14——气柜；

15——压缩机；16——氯乙烯中间槽；17——粗氯乙烯槽；18——氯乙烯精馏塔；19——回收氯乙烯槽

聚合结束后，利用聚合釜内的余压将聚合物悬浮液压入沉析槽，让未反应的单体返回气柜。聚氯乙烯则在沉析槽中进行碱处理，以破坏低分子聚合物，中和其中的酸性物质，并水解其中的引发剂等，然后进行脱水洗涤和干燥，即可得到聚氯乙烯合格产品。

（2）合成纤维

合成纤维一般是由单体经聚合反应制得线性高分子，再通过机械加工而制得的纤维，具有优良的物理、机械和化学性能，如强度高、弹性高、耐磨性好、吸水性低、保暖性好、耐酸碱性好、不会发霉和虫蛀，因此除用作纺制各种衣料外，还可用作轮胎帘子线、运输带、渔网、绳索、滤布和工作服等。高性能特种纤维可用于国防和航天航空等领域。

1）聚酰胺纤维生产过程

聚酰胺纤维俗称尼龙（Nylon），英文名称 polyamide（简称 PA），是分子主链上含有重复酰胺基团—[NHCO]—的热塑性树脂总称，包括脂肪族 PA、脂肪-芳香族 PA 和芳香族 PA。其中，脂肪族 PA 品种多，产量大，应用广泛。尼龙是最重要的工程塑料，产量在五大通用工程塑料中居首位，其主要品种是尼龙 6 和尼龙 66，占绝对主导地位。

聚酰胺 6 又称为尼龙 6，一般是由己内酰胺开环聚合制取。工业上生产聚酰胺 6 通常用水作催化剂进行连续聚合。根据产品要求，可采用常压法、高压法、常减压并用及固相聚合。常压连续聚合工艺是生产纤维级聚酰胺 6 切片的主要方法，高压法是生产帘子线、工程级聚酰胺 6 的方法。聚合中，引发剂用量为己内酰胺的 0.5%～5% 左右。为了控制产品的分子量，加入分子量调节剂乙酸（0.07%～0.14%）或己二酸（0.2%～0.3%），使分子量控制在 15000～23000 范围内。图 3-23 为常压法连续聚合生产尼龙 6 的工艺流程，其中 Ⅰ 和 Ⅱ 分别表示采用直形管与 U 形管。

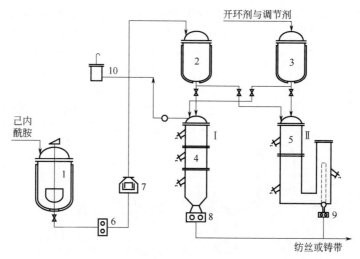

图 3-23　常压法连续聚合生产尼龙 6 的工艺流程

1—己内酰胺熔融釜；2—己内酰胺熔体贮罐；3—助剂计量槽；4—直形 VK 管；
5—U 形 VK 管；6,8,9—齿轮泵；7—烛筒形过滤器；10—水封管

直形连续聚合管（称 VK 管）高约 9m，用联苯-联苯醚为热载体分别加热。第一段加热至 230～240℃，第二段加热至（265℃±2℃），第三段加热至（240℃±2℃）。投料前先用氮气排除聚合管内的空气，再将熔融（90℃～100℃）的己内酰胺经过滤后，用计量泵送入直形管反应器的顶端，同时加入引发剂和分子量调节剂，物料由上而下在管内多孔挡板间曲折流下。在第一段，己内酰胺引发开环并初步聚合，经过第二、第三段时，完成聚合反应。反应过程中的水分

不断从反应器的顶部排出，物料在管内的平均停留时间约为 20～24h，熔融高聚物可直接纺丝。

尼龙 66 工业丝的生产主要采用连续缩聚，包括缩聚、盐处理与尼龙 66 盐缩聚三个工段。

缩聚反应的初始温度控制在 214℃左右，逐渐升高到后期的 280℃左右，即高于聚合物熔点 15℃左右。反应初期压力选择为 1.76MPa 左右。随着反应的进行，单体初步缩聚成预聚体后，除去反应体系中的水，进一步提高聚合物的分子量。所以反应中后期降至常压乃至负压进行缩聚。在盐溶解槽内把固体尼龙 66 盐溶解于 55℃的高纯水中制成 50%的溶液，送往活性炭处理槽，吸附溶液中的可溶性杂质，经活性炭过滤器循环过滤除去活性炭，制得的精尼龙 66 盐溶液送往第一中间槽，进一步对盐液质量确认后送往精制盐槽内向聚合工序供料。

50%的精制尼龙 66 盐溶液在计量槽内分批计量后，加入一定量的反应催化剂。盐溶液进入第二中间槽，泵送到盐过滤器过滤后，再经盐预热器加热至 90℃进入浓缩槽，在温度 120℃和压力 29.4kPa 下浓缩至接近平衡浓度 70%，从而减轻反应器的蒸发负荷。

70%的盐溶液在送往反应器前先经第一、第二预热器加热至 214℃，进入反应器的物料在 1.71MPa 压力下，温度逐渐升高至 245℃继续蒸发排出水分，并开始初步缩聚，预聚物含水 10%、聚合度约 22。预聚物经减压到接近常压，温度达到 280℃后进入前聚合器。为了增强后工序纺丝的拉伸性能，物料在进入减压器前注入约 20μg/g 的 TiO_2。预聚物在前聚合器内，水分迅速被排除到常压饱和溶解水量，保持 280℃，常压下继续缩聚，制得聚合度约 58 和相对黏度（甲酸法）35 左右的聚合物，经齿轮泵送往后聚合器。后聚合器内物料保持 280℃，在负压下缩聚成适宜纺制高强力帘子布用的高聚物。

2）聚酯纤维生产过程

聚酯纤维是由二元酸和二元醇经缩聚后制得的，其主要品种是聚对苯二甲酸乙二酯，是由对苯二甲酸和乙二醇缩聚制得的纤维，商品名为"涤纶"，俗称"的确良"。由于聚酯纤维弹性好，织物易洗易干，保形性好，是理想的纺织纤维，可纯纺或与其他纤维混纺制作各种服装及针织品，同时在工业上也可用作轮胎帘子线、运输带等。

涤纶聚酯是以对苯二甲酸（PTA）和乙二醇（EG）为原料，经酯交换和缩聚反应得到的。图 3-24 所示为吉玛连续直缩工艺流程。EG/PTA 按摩尔比 1.138 加入打浆罐 D-13，并同时计量加

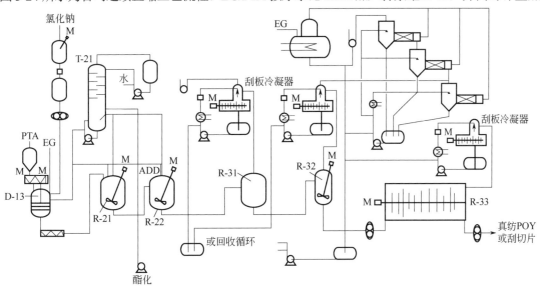

图 3-24　吉玛连续直缩工艺流程
D-13—浆料制备器；R-21，R-22—酯化反应器；R-31，R-32—预缩聚反应器；
R-33—终缩釜；T-21—EG（乙二醇）回收塔

入催化剂及酯化和缩聚过程回收精制后的 EG。配制好的浆液以螺杆泵连续计量送入第一酯化釜 R-21，在压力 0.11MPa 和温度 257℃下搅拌进行酯化，酯化率达 93%。以压差送入第二酯化釜 R-22，在压力 0.1～0.105MPa 和温度 265℃下搅拌继续进行酯化，酯化率可达 97%左右。然后酯化产物以压差送入预缩聚釜 R-31，在压力 25kPa 和温度 273℃下进行预缩聚；预缩聚物再送入缩聚釜 R-32，在压力 10kPa 和温度 278℃下搅拌继续缩聚。缩聚产物经齿轮泵送入卧式终缩釜 R-33，在压力 100Pa 和温度 285℃下，搅拌进行到缩聚终点（通常聚合度在 100 左右）。PET 熔体可直接纺丝或铸条冷却后切粒。

（3）聚丙烯腈生产过程

聚丙烯腈通常为丙烯腈的三元共聚物，第一单体为丙烯腈（质量分数 88%～95%），第二单体为丙烯酸甲酯（质量分数 4%～10%），第三单体（质量分数 0.3%～2%）常为含磺酸基团或羧酸基团的单体或含碱性基团的单体。聚丙烯腈是合成纤维的主要品种之一，国内的商品名为腈纶，为世界三大合成纤维之一。

聚丙烯腈的工业生产方法有溶液聚合法和水相沉淀聚合法两种。

溶液聚合法是单体溶于某一溶剂中进行聚合、而生成的聚合物也溶于该溶剂中的聚合方法，优点是反应温度易于控制，并可进行连续聚合。聚合结束后，聚合液可直接纺丝，所以又称为一步法。其生产流程如图 3-25 所示。丙烯腈（AN）、丙烯酸甲酯（MA）、衣康酸（又名亚甲基丁二酸、亚甲基琥珀酸、2-亚甲基丁二酸，第三单体）的共聚是以硫氰酸钠水溶液为溶剂，同时加入调节剂（异丙醇）和浅色剂（二氧化硫脲，TUD），在引发剂偶氮二异丁腈（AIBN）的作用下进行聚合的。通常先将衣康酸与 22%的 NaOH 配制成 13.5%的衣康酸钠盐溶液，在搅拌器内与硫氰酸钠、偶氮二异丁腈和二氧化硫脲混合，将其 pH 值调至 4～5。然后在混合器中与 AN、MA 混合，经预热后进入聚合釜，在反应温度 75～80℃的条件下，经过 1.5h 的聚合反应，转化率为 70%～75%。聚合后的浆液进入脱单体塔，在真空度为 90.6kPa 的条件下脱除单体，单体在喷淋冷凝器中用冷却至 9℃的混合液喷淋冷却后返回混合器，聚合液经二次脱单体，冷却后直接送去纺丝。

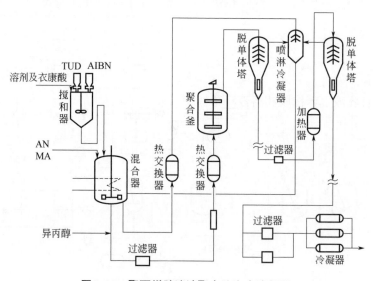

图 3-25　聚丙烯腈溶液聚合法生产流程图

水相沉淀聚合法以丙烯腈为主要原料，甲基丙烯酸甲酯为第二单体，采用氧化还原体系，如 $NaClO_3$-$NaHSO_3$ 作引发剂，进行二元水相悬浮聚合。所得聚合物不溶于水相而沉淀出来，由于在纺丝前还要进行聚合物的溶解工序，所以称为二步法。

由于采用水溶性氧化还原体系，聚合温度低，聚合物质量较好，反应热容易控制，分子量分布较窄，转化率也较高，其工艺流程如图 3-26 所示。将反应混合物（水、引发剂、乳化剂等）与单体（单体与水的比例为 15%～40%）经计量后加入聚合釜中，在 pH 值为 2～5 和温度为 30～60℃的条件下，聚合 1.5～3h 后，聚合转化率为 80%～85%。从聚合釜出来的含单体的高聚物淤浆流到碱终止釜，在釜内加入 NaOH 水溶液以改变高聚物淤浆的 pH 值，使反应终止。再将高聚物淤浆送到脱单体塔，用低压蒸汽在减压下除去未反应的单体，单体回收后循环使用。脱去单体的高聚物淤浆经离心脱水、洗涤、干燥即可得到丙烯腈共聚物。

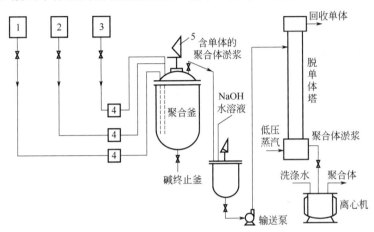

图 3-26　连续式水相沉淀聚合工艺流程示意图
1—AN 计量槽；2—反应混合液贮槽；3—计量槽；4—计量泵；5—搅拌器

（4）合成橡胶

天然橡胶是由异戊二烯构成的一类线性柔性天然高分子化合物，具有一系列优良的物理和机械性能，如良好的弹性、较高的机械强度、良好的耐屈挠疲劳性能等，是一种用途广泛的通用橡胶。由于资源有限，此后相继开发了合成橡胶，如丁苯、顺丁、丁腈、丁基、乙丙、氯丁等橡胶，以代替天然橡胶作轮胎、胶管、胶带、胶鞋以及各种橡胶配件。

1）丁苯橡胶生产过程

丁苯橡胶有乳液丁苯橡胶和溶液丁苯橡胶。

根据聚合温度、配方及其制备条件的不同，丁苯橡胶主要有两种类型：热丁苯橡胶和冷丁苯橡胶。以过硫酸钾为引发剂，在大约 50℃下聚合而成的，称为热丁苯橡胶；采用氧化还原的引发剂体系，在低温 5℃下进行聚合的称为冷丁苯橡胶。由于冷丁苯橡胶性能优良，目前国内丁苯橡胶全部采用冷法生产，其工艺流程如图 3-27 所示。

冷丁苯橡胶的生产工艺过程包括：油相及水相的配制；助剂（引发剂、活化剂、调节剂、终止剂、防老剂溶液）的配制；共聚合；脱气（回收单体）；乳胶的凝聚及后处理。

精制后的苯乙烯与丁二烯（用 10%～15%浓度的 NaOH 水溶液进行淋洗，以除去所含的阻聚剂）分别按比例在油相混合槽中均匀混合。乳化剂混合液（水相）是按规定量将软水、乳化剂、电解质（磷酸钠）、除氧剂（保险粉）混合而成。然后将油相、水相经过滤并用盐水冷却，再在乳化槽充分混合均匀进行乳化后，送入第一聚合釜中。在送入管线中加入引发剂溶液（5%～10%引发剂的歧化松香皂液），同时在第一聚合釜中还要加入活化剂溶液（还原剂、螯合剂、NaOH 络合液）、调节剂。聚合装置一般由 8～12 个不锈钢聚合釜串联而成，用

盐水或液氨蒸发冷却，每釜停留 1h。反应物料聚合达到规定的转化率后，加入终止剂（二硫代氨基甲酸钠）以使聚合反应停止进行。为此，在聚合釜后面装有数个串联的小型终止釜，可以根据测定的转化率在不同位置添加终止剂溶液。

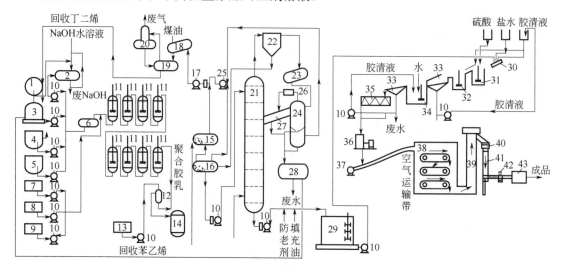

图 3-27　乳液聚丁苯橡胶冷法连续聚合工艺流程

1—丁二烯原料贮罐；2—阻聚剂（TBC）除去槽；3—苯乙烯原料贮槽；4—皂液贮槽；5—水槽；6—冷却器；7—过氧化物计量罐；8—活化剂计量罐；9—调节剂计量罐；10—泵；11—聚合釜；12—转化率调节器；13—终止剂计量罐；14—泄料罐；15—第一闪蒸槽；16—第二闪蒸槽；17—压缩机；18，23，27—冷凝器；19—丁二烯贮槽；20—洗气罐；21—苯乙烯脱气塔；22—气体分离器；24—升压分离器；25—真空泵；26—喷射泵；28—苯乙烯倾析槽；29—混合槽；30—凝聚槽；31—胶粒皂化槽；32—停置槽；33—振动筛；34—胶粒洗涤槽；35—挤压脱水机；36—粉碎机；37—鼓风机；38—干燥箱；39—输送器；40—自动计量器；41—压胶机；42—金属检测器；43—包装机

从终止釜流出的胶乳被卸入胶乳缓冲罐，然后经过两个不同真空度的闪蒸器回收未反应的丁二烯。回收的丁二烯压缩液化，再经冷凝除去惰性气体后循环使用。脱除了丁二烯的胶乳进入脱苯乙烯的汽提塔，然后胶乳进入混合槽，与防老剂乳液（也可在脱气前加入）及其他添加剂搅拌混合均匀，达到要求的浓度后送往后处理工序。混合均匀的胶乳，送到凝聚槽加入 24%～26%的食盐水和 0.5%的稀硫酸进行凝聚，使橡胶完全凝聚成小胶粒，再经胶粒皂化槽、洗涤槽、振动筛、真空过滤器，经粉筛、干燥、压块后包装成成品。

2）顺丁橡胶生产过程

生产所用的原料单体为 1,3-丁二烯，纯度大于 99.5%。在齐格勒-纳塔型催化剂或有机锂催化剂的作用下，在溶液中定向聚合，即可制得顺 1,4-聚丁二烯。

顺丁橡胶的生产工艺流程如图 3-28 所示。单体和溶液经精制、脱水后，以一定比例与催化剂混合后连续加至聚合釜。聚合系统在聚合前必须先经充分脱氧、脱水。聚合釜为装有搅拌和冷却夹套的压力釜，通常由 2～5 台串联使用。反应温度若用钴、钛催化剂时为 0～50℃，而用镍系催化剂时为 50～80℃，压力为反应温度下单体与溶剂的蒸气压，约为 0.1～0.3MPa，反应时间为 3～5h，聚合液中橡胶的浓度常在 10%～15%之间。得到的聚合液溶液，加入终止剂和防老剂后送入混合槽混合，然后将聚合液喷入由蒸汽加热的热水中，在蒸出溶剂的同时，聚合物凝聚成小颗粒。经几个凝聚釜充分除净溶剂后的聚合物淤浆送入后处理，经过滤除水后所得湿聚合物（橡胶）用挤压膨胀干燥机干燥后，成型包装即可得到产品。因此总工序是由原料精制、催化剂配制、聚合、分离回收、后处理等步骤所组成。

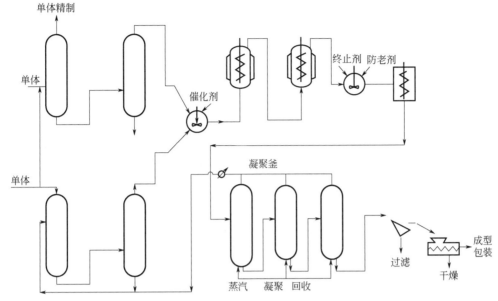

图 3-28　顺丁橡胶的生产工艺流程

聚合反应结束后，常用醇类及胺类等可溶于有机溶剂的极性物质作为终止剂，如甲醇、乙醇、异丙醇和氨等。然后采用水析凝聚干燥法，将胶液注入热水，用水蒸气汽提，脱除溶剂及未反应的单体，使聚合物凝聚成小颗粒。

3.5　石油开发利用过程中的环境问题

与煤炭相比，石油的热值较高，而且储量丰富，便于运输，被广泛用作各种燃料。另外，石油经加工后可得到多种多样的产品，可为人类提供各种生活用品（如各种特征材料）并满足各种物质欲望（如各种材料的衣服）。因此石油作为现代社会发展进程中的能源支柱，在振兴经济和促进社会发展方面发挥着举足轻重的作用。但是，石油及其加工产品在给人们生活带来诸多便利的同时，也不可避免地带来了自然环境污染和生态环境破坏等问题。

3.5.1　石油开采过程产生的环境问题

石油开采过程中，既产生含油污水、含油固体物、落地原油等污染物排放，又伴随着地质勘探、钻井、道路建设以及油田地面工程建设等活动占用土地的问题。这些污染物的排放累积和工程活动的实施开展对石油开采区周边区域的水体、大气、土壤等生态环境造成了综合性、长期性、系统性的影响。

3.5.1.1　石油开采过程的主要污染物

石油开采是一项包括地下、地上等多种工艺技术的系统工程，主要包括物理勘探、钻井、测井、井下作业试油、压裂、酸化、洗井、除砂、采油气、油气集输、储运等。在这些具体

的开发生产过程中，不同的生产阶段与不同的工艺过程，均会产生大量不同的污染物。

（1）钻井过程的主要污染物

钻井是利用特定工具和技术，产生足够的压力把钻头压到地层，用动力转动钻杆带动钻头旋转破碎井底岩石，在地层中钻出一个较大孔眼的过程。在钻井过程中不仅占用土地、破坏地表植被，而且会排放废钻井液、机械冲洗水、跑冒滴漏的各种废液、油料等污染物。钻井阶段的污染物主要来自钻井设备和钻井施工现场，在实际生产作业过程中产生大量的固体废弃物、废水、废弃泥浆、岩屑、噪声等各种污染物，对周边环境造成一定的影响和危害。

（2）井下作业过程的主要污染物

井下作业过程是石油开采生产阶段的重要环节之一，是对石油、天然气井实施油气勘探、修理、维护、增产等一切井下施工的统称，是石油开发过程中的重要组成部分。其主要污染物有废弃钻井泥浆、冲砂施工时携带出井口的砂及压裂施工时散落的砂、起油管、抽油杆带出的蜡等固体污染物，洗井、压井、冲砂、套铣等施工时产生的废水，酸化、酸压后排出的废酸液等液体污染物、落地原油及二氧化硫、氮氧化物、烃类、硫化氢等气体污染物。

（3）采油、集输过程的主要污染物

采油生产过程主要是把地下石油、天然气资源经天然和人工的方式由地层下开采出地面，从油井采出的气液混合物通过集输管道、计量站进入原油处理站，进行气液分离、脱水处理过程，达到向外输出的要求。在采油、集输过程中，产生的主要污染物有采油水、落地原油、油泥砂、采油废气、采油噪声等。

生产运行后期，随着原油产量下降和原油含水量上升，排放的废水污染物相应增加，但生产噪声及向土壤输入的落地原油将比开发施工期有明显下降。

另外，油田开发不仅在正常运行情况下会对环境产生影响，而且当事故发生时，污染物对周边环境的影响更大，如在开发建设期可能出现的井喷事故产生的有毒气体及生产运行期发生的输油管线泄漏、井壁泄漏等事故产生的落地原油，对环境和人造成很大的危害。

3.5.1.2　陆基石油开采过程中的环境问题

如前所述，陆基石油开采过程中的各环节均会产生大量的污染物，从而导致严重的环境问题。陆基石油开采过程中环境问题的形成原因及危害如表 3-2 所示。

表 3-2　陆基石油开采过程中环境问题的形成原因及危害

环境问题	形成原因	危　害
大气污染	挥发的有毒废气，钻井、井下作业产生的废气，大型柴油机排放的各类废气和烟尘等有害气体	（1）产生光化学烟雾，破坏臭氧层； （2）对人身健康产生较大影响
水体污染	含油污水、钻井泥浆、废液泄漏等对地表水源造成污染，进而造成土壤污染及地下水污染	（1）造成灌溉区土壤及农作物污染损害； （2）污染通过食物链富集并危及人类健康； （3）污染通过渗流而污染地下水
土壤污染	（1）施工占地，使土壤结构遭到破坏； （2）产生的废弃物对土壤造成污染	（1）污染物组分在土壤中富集； （2）降低土壤肥力，破坏植物根系，影响农作物生长
破坏生态系统	使野生动物、植物和林业系统遭受破坏	（1）影响野生动物； （2）影响野生植物； （3）影响林业生态系统
水资源短缺	开采过程的大量取水	区域水资源供需矛盾更加突出

（1）大气污染

陆基石油开采过程造成大气污染的主要原因是石油开采过程释放的气体污染物，包括：油气挥发进入大气的有毒废气，钻井、井下作业过程中产生的大量废气，大型柴油机排放的各类废气和烟尘等有害气体，主要含有 SO_2、NO_x、烃类等气体污染物。各类油气挥发物含有大量有毒有害气体，这些有毒气体经太阳光照射，温度升高，与空气发生复杂的化学和物理反应，产生光化学烟雾，将会破坏臭氧层，对大气环境造成严重危害。SO_2 对人类身体健康有较大影响，主要表现在影响呼吸道，导致咳嗽、胸痛、支气管炎、肺气肿等刺激作用发生；CO 危及人体中枢神经系统；NO_x 对人体呼吸器官有强烈刺激，引起哮喘，甚至肺气肿、肺癌等病症；H_2S 经黏膜吸收，会导致呼吸道及眼睛刺激症状频发，甚至出现急性中毒症状，呼吸道麻痹，从而导致死亡。牛冠明等的研究表明，在石化厂周围一定距离范围内，大气污染对儿童肺功能已产生显著影响。

（2）水体污染

石油开采过程导致的水体污染表现在两个方面。

1）地表水源污染

石油开采过程中产生的各类污染物直接排入水体，就会造成地表水源污染，而地表水源污染会直接造成灌溉区土壤及农作物污染损害，农作物的污染损害将会导致区域内的家畜、家禽体内有毒物质的富集，通过食物链危及人类健康。张亚非通过调查发现，若原油泄漏时泄漏区域内的农作物正处于生长期，可以直接导致该区域农作物大量死亡或减产。曹文钟等人对大庆油田开发区域的研究发现，滞留在草原中的落地原油对草原植被产生一定的消极影响，影响牧草质量并在牧草中富集，通过各级生物链将严重影响到牲畜和人体健康。

2）地下水源污染

钻井废液和含油废水等泄漏于地表，当土壤孔隙较大时，由降雨形成的地表径流将落地原油和受污染的土壤渗透到土壤深层，从而造成地下水污染。刘宇程等利用水质调查监测井对新疆地区油田开发区 30 个监测点进行了地下水水质监测，结果表明油气开发活动对地下水资源造成了一定的污染，特别是出现渗漏的干化池周围地下水污染严重。

（3）土壤污染

油田开采过程的施工期占地，均会对附近土壤产生相应破坏。如地面工程建设过程中，因井场、道路、管网、站场等长期或临时占地，以及堆积、挖掘、碾压、践踏使得土壤结构遭到破坏，土壤表面被压实、板结，进而导致土壤次生盐碱化发生，影响土壤生产力；运行期间试油、采油、集输等各种活动，产生跑、冒、滴、漏等落地油、洗井废水等，造成土地退化、土壤板结、面积减少。无论是临时性占地，还是永久性占地，都改变了土壤原有的理化性质和结构，使原有土壤的结构和物理化学性状都难以恢复。

石油开采过程中会产生大量的废弃污染物，如落地原油、含油污水、含油固体废物和钻井泥浆等。废弃石油污染物如果处理不当，长时间遗留在开采井场区域内，由于其密度小、黏附性强，很容易吸附在土壤颗粒上，进入土壤内部，污染物质难以通过扩散作用进行稀释，大部分的石油烃被固定在土壤中，其中高分子量石油烃难以被降解，随着大量污染物累积、时间延长，使得难降解组分在土壤中大量富集。此外，石油污染物进入土壤环境后，污染物中含有的各类反应基团与氮、磷结合，限制了微生物的硝化作用和脱磷作用，从而导致土壤中有效氮、有效磷减少，土壤肥力降低，各类污染物附着

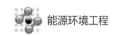

在植物根系表面形成油膜，阻碍植物根系呼吸和对养分的吸收，从而导致植物根系腐烂，影响农作物的生长。

刘键对胜利油田采油区 4 个不同开采年代油井周边土壤的取样与测试分析表明，油井周边土壤中石油烃浓度达到 993~5550mg/kg，均高于土壤石油污染临界值（500mg/kg），石油烃浓度随离油井距离增加而降低。土壤中石油烃含量与有机碳呈显著正相关。石油污染物导致土壤 pH 值降低、C/N 和 C/P 浓度比升高。

（4）破坏生态平衡

油田开采期间的占地、石油开采机械的运转、各种建筑物与构筑物的建设等，都会使自然生态系统遭到严重破坏。石油开采过程对生态平衡的破坏表现为三个方面：对野生动物的影响、对野生植物的影响和对林业生态系统的影响。

1）对陆生动物的影响

石油开采对陆生动物的影响主要表现在：开采活动扰乱野生动物的栖息地、活动区域等；机械设备等会产生不同程度的噪声，对野生动物造成惊扰等。

2）对野生植物的影响

石油开采对野生植物的影响主要表现在施工过程中所使用的施工车辆或机械对野生植物造成碾压和破坏，使植被根系遭到彻底破坏，且被破坏的植被在短时间内是无法恢复正常的，进而对该项目区的生态稳定性造成严重影响。

3）对林业生态系统的影响

石油开采对林业生态系统造成的影响主要表现在两个方面。

① 林地面积的损失。在林地地段进行的施工活动会对现有林地造成不同程度的破坏，甚至造成大部分林地的无法恢复。针对这部分无法恢复的林地，只能将其土地利用方式转换为荒草地或其他利用类型。

② 生物量及其生产力的损失。对于能恢复的林地，其在恢复期间的生物量和生产力均呈大幅度下降，这一过程所造成的损失也是巨大的。

（5）水资源紧缺

油田开采过程中修建了大量的机井取水工程，过度开采地下水用于注水采油生产，造成开采区域地下水位急剧下降，使区域水资源的供需矛盾更加突出。程金香的研究表明，石油开采活动在一定程度上会降低地下水位，严重影响石油开采区地下水的供给和应用，进而影响该区域的水文地质环境。马耀春对青西油田的研究表明，长期无计划超量开采地下水供给油田勘探开发，引起了该区域地下水位持续下降，使地下水量大幅度减少。

由此可见，陆基石油的开采过程会导致大气污染、水体污染、土壤污染、生态系统破坏、水资源紧缺等环境问题，而且这些问题的影响具有长期性、综合性的特点，导致石油开采区域内的自然生态环境严重恶化，对人类的生存发展产生负面影响。因此，政府部门和企业有必要在大力开采石油资源、促进社会经济发展的前提下，制定相关的防治措施，有效降低石油开采各环节对自然生态环境的影响，实现石油开采和自然生态环境的可持续发展。

3.5.1.3 海洋石油开采产生的环境问题

我国海域有着非常庞大的石油蕴藏量，但是海上石油的开采对于海洋环境的污染是必须要重视的。海洋石油的开采过程包括钻井生产、采油气、集中、处理、贮存、运输等环节，海洋石油开采过程中的污染源如表 3-3。

表 3-3　海洋石油开采过程的污染源

海油开采环节	污染物	产生的原因	污染特性
开采	原油	井喷事故	突发性
		采油管破裂	突发性
	钻井废弃物	钻井过程产生的泥浆、岩屑、废弃的钻井液等	短期性
	工业废水	开采设备运转产生	长期性
	生活污水	开采人员日常生活排放	长期性
集中处理	原油	转运过程产生的原油泄漏	突发性
	含油污水	采出油脱水产生的含油污水	长期性
	含油废气	采出油加工过程产生的含油废气	长期性
储存	原油	储油泄漏	突发性
运输	原油	油轮事故	突发性
		违章排污	突发性
	废气	运输车、船排放的废气	长期性

在海洋石油开采的过程中，大量废弃物和污水排入海中，对海域的自然环境造成了不利影响，特别是对海洋生物栖息地的破坏，海洋生物也受到石油污染，造成其死亡，产生毒性伤害。海洋石油开采过程中环境问题的形成原因及危害如表 3-4 所示。

表 3-4　海洋石油开采过程中环境问题的形成原因及危害

环境问题	形成原因	危　　害
生态破坏	采油过程中泄漏的油气	（1）破坏光合作用，影响海洋植物生长； （2）影响海气交换，破坏海洋中溶解气体的循环平衡； （3）消耗海水中的溶解氧，导致海洋生物缺氧而死亡
社会危害	采油过程中的各种污染物直接排放至海水中	（1）减少海洋渔业资源； （2）影响工农业生产； （3）影响旅游业； （4）危害身体健康

（1）生态破坏

采油过程中的油气泄漏是频繁发生的。泄漏的油气会导致严重的生态危害，主要有如下几个方面。

1）破坏光合作用

石油污染破坏了海洋固有的碳和氧吸收机制（形成碳酸氢盐和碳酸盐，缓冲海洋的 pH 值），从而破坏了海洋中氧气和二氧化碳的平衡；泄漏的油膜削弱和阻挡太阳辐射射入海洋，从而降低海水温度并破坏海洋中氧气和二氧化碳的平衡。这导致海洋酸化的发生，破坏了光合作用的客观条件，从而影响海洋植物的生长。另外，分散的乳化油侵入海洋植物，破坏叶绿素，阻止植物呼吸孔正常活动。

2）影响海气交换

油气一旦泄漏，就会漂浮在海面，从而将空气和海水隔绝，阻止氧气和二氧化碳等气体的交换。氧气的交换受阻，海洋中的氧气被消耗掉，不能被大气补充。二氧化碳交换被阻止，使缓冲海洋 pH 值的功能被破坏，破坏了海洋中溶解气体的循环平衡，进而加剧海洋酸化。

3）影响海洋生态

被石油覆盖的海域将导致海水缺氧，从而导致大量海洋生物因缺氧而死亡。另外，厌氧生物繁殖，海洋生态系统的食物链遭到破坏，导致整个海洋生态系统的不平衡。

4）毒化作用

石油中所含的芳烃是海洋环境中最严重的有机污染物，严重威胁了海洋生物的生存，造成不可估量的损失。

（2）社会危害

海洋石油开采过程产生的各种污染物直接排放至海水中，不仅会对海洋生态系统产生上述的破坏，还会进一步对社会生产活动造成影响。

1）对渔业的危害

由于石油污染会抑制光合作用，降低溶解氧含量和破坏生物生理功能，因此海洋渔业资源正在逐渐减少。烃类化合物对新兴海水养殖业的危害不容忽视。

2）对工农业生产的影响

海中的石油很容易附着在渔网上，增加了清理的难度，降低了网的效率，增加了捕鱼成本，并造成巨大的经济损失。对于以海水为原料的海水淡化厂和其他公司来说，受污染的海水将不可避免地大大增加生产成本。

3）对旅游业的影响

海洋石油很容易附着在岸边，影响沿海城市的形象，从而对旅游业造成影响。

4）危害人的健康

石油进入海洋后，有害物质不易分解，不仅伤害水生生物，还会通过食物链进入人体进行生物积累，危害人类的肝脏、肠道、肾脏和胃，还可引起人体组织细胞突变，从而对人体和生态系统造成长期影响。

海上石油开采所造成的污染已引起社会各界广泛关注，因此治理海洋石油污染应从强化管理角度入手，寻找解决措施。

3.5.2 石油输送过程产生的环境问题

陆上油田向炼油厂输送原油的方式有 3 种：通过管道直接输送到炼油厂；原油经管道输送再转海运或江运送至炼油厂；原油管道运输转铁路送至炼油厂。其中管道运输是主力，我国原油的 70%靠管道运输，即使是采用船运或车运的方式，也大多都是先采用管道输送的方式将原油输送至码头或车站后再进行船舶或车辆的装载。

虽然石油管道输送具有连续性强、运输量大、密闭输送、损失小、建设周期短、资金回收快、输油成本低等优点，但石油输送管道在施工建设期间会产生一系列的环境问题，导致生态系统受到严重影响。石油输送管道建设期间环境问题的形成原因及危害如表 3-5所示。

表 3-5 石油输送管道建设期间环境问题的形成原因及危害

环境问题		形成原因	危 害
大气污染	扬尘	（1）土建施工造成地表裸露； （2）建筑材料运输和清除垃圾时产生扬尘	（1）影响环境卫生； （2）危害人体健康
水体污染	废水	运输车辆、施工器具的冲洗废水，润滑油、废柴油等油类，泥浆废水以及混凝土保养时排放的废水	（1）污染地表水； （2）污染地下水和土壤

环境问题	形成原因		危　害
固体废弃物污染	生活垃圾；弃土、建筑垃圾	（1）施工人员日常生活产生生活垃圾； （2）施工过程中产生弃土和建筑垃圾	（1）腐烂，影响环境卫生；滋生蚊蝇，传播疾病； （2）破坏地表形态和土层结构，破坏植被
噪声污染	人类活动、交通运输工具、施工机械的机械运动		影响周边居民、鸟类的生活
土壤破坏	管沟开挖、管道敷设、管沟回填等施工环节		（1）地表土壤裸露面积增加，增加了水土流失的可能性； （2）表层熟土被深层生土替代，降低了土壤的营养含量
生态平衡破坏	（1）施工车辆或机械对地表植物造成碾压和破坏； （2）机械设备等产生的噪声对野生动物造成惊扰； （3）穿越河流施工时，会增加水体的泥沙量； （4）施工活动对现有林地造成不同程度的破坏		（1）地表植被破坏； （2）危害野生动物； （3）影响水生生物的成活率、生长率； （4）破坏林地；减少生物量及其生产力

（1）大气污染

在石油输送管道铺设阶段，进行土建施工时，不仅会损坏施工现场的植被以及地表，表层的土壤裸露后会出现扬尘，而且容易产生扬尘的建筑材料在运送过程中，要是没有采用合理的遮盖手段，也容易出现扬尘。清除施工垃圾时也会出现扬尘。类比调查发现，正在进行的施工活动会导致一些区域在其相应的环境空间中，存在一定浓度的颗粒物，如果空气过于干燥，当风力较大时，施工现场表层的浮土可能扬起，其影响范围可超过施工现场边缘以外 50m 远。

（2）水体污染

在石油输送管道施工期进行土建工作时，运输车辆、施工机具的使用，必然会产生废水。废水主要包括运输车辆、施工机具的冲洗废水，润滑油、废柴油等油类，泥浆废水以及混凝土保养时排放的废水，直接排放会对地表水造成严重的污染，而地表水作为农业生产的主要灌溉水源，一旦污染会直接造成农作物污染以及影响水体的自净作用，危害水生生物的生存，污染物被水生生物吸收后，能在水生生物中富集、残留，并通过食物链把有毒物质带入家畜及人体中，最终危及人体健康。另外，被污染的地表水还会由于渗流作用而导致土壤污染和地下水污染。

（3）固体废弃物污染

石油输送管道施工期间产生的固体废弃物主要包括施工人员产生的生活垃圾、生产过程产生的弃土和建筑垃圾等。

生活废弃物在自然条件下较难被降解，长期堆积形成的垃圾山，不仅会影响环境卫生，而且会腐烂变质，产生大的细菌和病毒，极易通过空气、水、土壤等环境媒介而传播疾病。垃圾中的腐烂物在自身降解期间会产生水分，径流水以及自然降水也会进入到垃圾中，当垃圾中的水分超出其吸收能力之后，就会渗流并流入到周围的地表水或者土壤中，从而给地下水以及地表水带来极大的污染。另外，垃圾在长期堆放过程中会产生大量的沼气，极易引起垃圾爆炸事故，给人们造成极大的损失。

与生活垃圾相比，建筑垃圾在自然条件下基本不会降解，长期堆积会破坏地表形态和土层结构，破坏植被。

（4）噪声污染

由于人类活动、交通运输工具、施工机械的机械运动，相应施工过程中产生的噪声、灯

光等可能对周边居民、邻近的鸟类栖息地和觅食的鸟类产生一定影响，导致施工区域及周边区域中分布的鸟类数量减少、多样性降低，但这种影响是局部的、短期的、可逆的，当工程建设完成后，其影响基本可以消除。

（5）土壤破坏

石油输送管道建设中的管沟开挖、管道敷设、管沟回填等施工环节会对项目区内的土壤造成严重的影响，具体表现为：地表土壤的裸露面积增加，增加了水土流失的可能性；表层熟土经过翻、挖等作业流程被深层的生土所替代，大大降低了土壤的营养含量。

（6）生态平衡破坏

石油输送管道铺设过程对生态平衡的破坏表现在三个方向：一是对地表植被的破坏；二是对野生动物生存的影响；三是对林业生态系统的影响。

1）对地表植被的破坏

石油输送管道铺设过程对地表植被的影响主要表现在施工过程中所使用的施工车辆或机械对地表植物造成碾压和破坏。大量工程实践证明，管沟两侧约 5m 范围内的植被所遭受的破坏是最为严重的，以管沟为中心，其两侧 2.5m 范围内的植被根系遭到彻底破坏，且被破坏的植被在短时间内是无法正常恢复的，导致项目区内植被数量或种类的减少，进而对该项目区的生态稳定性造成严重影响。

2）对野生动物生存的影响

石油输送管道铺设过程对陆生动物的影响主要表现在：由于管道施工的特性，可能会分割或扰乱野生动物的栖息地、活动区域等；管道施工过程中所使用的机械设备等会产生不同程度的噪声，对野生动物造成惊扰等。由于在该项目区内所开展的管道施工活动具有一定的短暂性、分段性，因此其对陆生生物的影响是可控的。

对水生动物的影响主要表现在：在管道需穿越河流进行施工时，由于多采用开挖深埋的方式进行施工，会增加水体中的泥沙量，进而对水生生物的成活率、生长率等造成影响，降低了鱼类对疾病的抵抗能力。

3）对林业生态系统的影响

石油输送管道建设过程对林业生态系统造成的影响主要体现在两个方面：

① 林地面积的损失。在林地地段进行管道建设的过程中，管沟开挖等施工活动会对现有林地造成不同程度的破坏，甚至造成大部分林地的无法恢复。针对这部分无法恢复的林地，只能将其土地利用方式转换为荒草地或其他利用类型。

② 生物量及其生产力的损失。针对能恢复的林地，其在恢复期间的生物量和生产力均呈大幅度下降，这一过程所造成的损失也是巨大的。

3.5.3　原油加工过程产生的环境问题

原油加工是为满足后续石油利用对产品性能的要求而对石油进行的加工，主要包括原油预处理和石油炼制两类过程。

3.5.3.1　原油预处理过程产生的环境问题

原油预处理是脱除原油中所含的盐和水，使其满足后续加工过程对含水和含盐的要求。原油预处理过程产生的污染物主要是含盐废水或含油废水，因此其产生的环境问题主要是水体污染和土壤污染，形成原因及危害如表 3-6 所示。

表 3-6　原油预处理过程中环境问题的形成原因及危害

环境问题	形成原因	危　害
水体污染	从原油中脱出的含盐废水和含油废水	（1）污染地表水； （2）污染地下水； （3）污染土壤
土壤污染	从原油中脱出的盐分和油分	（1）土壤含盐量增加，导致土壤次生盐碱化； （2）油分被土壤颗粒吸附而富集； （3）土壤结构变化，影响农作物生长

（1）水体污染

目前原油脱盐脱水主要是采用电化学脱盐脱水法，处理过程中必然会产生大量的含盐废水和含油废水。在这些废水的储存、处理过程中，操作不慎会造成水体污染。其对水体的污染分为地表水和地下水的污染。首先，含盐废水排入地表水体，将使地表水体中的盐分浓度升高，作为农业生产的主要灌溉水源，地表水中盐分浓度的升高将直接影响农作物的生长，同时危害水生生物的生存。含油废水排入地表水体后，会影响水体的自净作用，而且所含的污染物被水生生物吸收后，能在水生生物中富集、残留，并通过食物链把有毒物质带入家畜及人体中，最终危及人体健康。另外，被污染的地表水会由于渗流作用而导致土壤污染和地下水污染。因此要求在施工现场设置废水处理装置，使原油脱盐脱水过程中产生的含盐废水和含油废水经处理后达标排放或回用。

（2）土壤污染

原油预处理过程中产生的含盐废水渗入土壤后，会使土壤的含盐量增加，导致土壤次生盐碱化发生，影响土壤生产力。含油废水溅落到地面，由于所含油分的密度小、黏附性强，很容易吸附在土壤颗粒上，进入土壤内部，污染物质难以通过扩散作用进行稀释，大部分的石油烃被固定在土壤中，其中的高分子量石油烃难以被降解，随着大量污染物累积加剧，时间延长，使得难降解组分在土壤中大量富集。此外，石油污染物进入土壤环境后，污染物中含有的各类反应基团与氮、磷结合，限制了微生物的硝化作用和脱磷作用，从而导致土壤中有效氮、有效磷减少，土壤肥力降低，各类污染物附着在植物根系表面形成油膜，阻碍植物根系呼吸和对养分的吸收，从而导致植物根系腐烂，影响农作物的生长。

3.5.3.2　石油炼制过程产生的环境问题

石油炼制是将原油加工成能满足不同使用要求的产品，为各行各业的发展提供了不可缺少的动力与燃料。石油炼制分 3 个部分：把原油蒸馏分为几个不同的沸点范围（即馏分）称为一次加工，包括常压蒸馏或常减压蒸馏；将一次加工得到的馏分再加工成商品油称为二次加工，包括催化、加氢裂化、延迟焦化、催化重整、加氢精制等；由二次加工得到的商品油制取基本有机化工原料的工艺称为三次加工，如裂解制取乙烯、芳烃等化工原料。在这些过程中，产生的污染物主要分为废气、废水、含油污泥三大类。正由于这些废气废物的产生，造成了严重的环境问题。石油炼制过程中环境问题的形成原因及危害如表 3-7 所示。

表 3-7　石油炼制过程中环境问题的形成原因及危害

环境问题	形成原因		危　害
大气污染	烟尘、沥青油烟等	在燃料燃烧过程中产生的固体小颗粒	（1）影响环境卫生； （2）使土壤变质； （3）危害人体健康

环境问题		形成原因	危　害
大气污染	二氧化硫	燃料中所含的硫与空气中的氧发生反应而生成	（1）腐蚀金属； （2）形成酸雨或酸性尘
	氮氧化物	燃料中所含的氮元素及空气中的氮气在高温条件下被氧化形成	（1）危害人体健康； （2）危害森林和农作物； （3）形成酸雨和酸雾； （4）产生温室效应
	二氧化碳	燃料中所含碳元素与空气中的氧发生反应而生成	（1）影响人体舒适感； （2）产生温室效应
	重金属元素	燃料中含有的重金属燃烧后在微粒上富集，形成各种重金属尘	（1）直接毒害人体健康； （2）产生二次污染
	非甲烷烃	燃料中所含有的和不完全燃烧生成的	强致癌
水体污染	废水	生产过程各环节产生的各类废水	（1）污染地表水； （2）污染土壤和地下水
土壤污染	含油污泥	生产过程中产生的各类含油污泥	（1）污染组分大量富集； （2）降低土壤肥力，影响作物生长

（1）大气污染

石油炼制过程造成大气污染的原因是炼制过程中产生的废气。

石油炼制产生的废气可分为两大类：一是燃料燃烧产生的烟气，如加热炉烟气、工业锅炉烟气等，这类废气中影响环境的物质主要有烟尘、SO_2、NO_x、CO_2、重金属元素等；二是生产工艺过程产生的废气，如催化裂化再生烟气、克劳氏炉硫回收尾气、氧化沥青尾气、油品挥发排放气等，这类废气包括 H_2S、催化剂粉尘、沥青油烟、非甲烷烃等。这些没有经过清洁设备处理的气体，在空气中的大量排放造成严重的大气污染问题，并引发一系列的危害。

1）烟尘

烟尘是燃料燃烧过程中与废气同时排出的烟和尘的总称。烟尘按粒径大小分为降尘和飘尘：直径在 10μm 以上，在飘浮过程中能依靠其自重以较快速度降落到地面上的称为降尘；直径小于 10μm 的微粒，在空气中可长时间飘浮的称为飘尘。

烟尘的危害主要表现在以下方面。

① 影响环境卫生。降尘对人体的影响不大，但会导致室内外蒙尘，从而对环境卫生产生较大影响。

② 使土壤变质。降尘虽然对人体的影响不大，但积存过多会使土壤变质，造成对植物生存的影响，存在于水中对动物影响也很大。

③ 危害人体健康。飘尘对人体危害较大，主要是通过呼吸道进入人体内部，危害程度取决于粒径的大小及其化学成分，粒径越小，危害越大。烟尘中的炭黑、多环芳烃、苯并芘等可以致癌，还含有汞、铅、铍、钒、铬、砷、镍等对人体有害的痕量元素。

2）硫氧化物及硫化氢

一般地，燃料中均含有一定比例的硫，在燃烧过程中，燃料中所含的硫会与空气中的氧气发生反应而生成硫氧化物，产生的硫氧化物主要有二氧化硫、三氧化硫、硫酸雾和酸性尘等。另外，克劳氏炉硫回收尾气中含有硫氧化物。硫氧化物的危害主要表现在以下几个方面。

① 腐蚀金属。烟气中的 SO_3 与烟气中的水结合生成 H_2SO_4。当温度降低时，硫酸气体将形成硫酸雾，硫酸雾凝结于金属表面，对金属具有强烈的腐蚀作用。

② 形成酸雨。排入大气中的二氧化硫气体在金属飘尘的触媒作用下，也会被氧化成 SO_3，遇水形成硫酸雾，若被雨水淋落即形成硫酸雨。硫酸雾凝结于微粒表面，使一些微粒相互黏

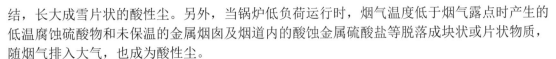

结，长大成雪片状的酸性尘。另外，当锅炉低负荷运行时，烟气温度低于烟气露点时产生的低温腐蚀硫酸物和未保温的金属烟囱及烟道内的酸蚀金属硫酸盐等脱落成块状或片状物质，随烟气排入大气，也成为酸性尘。

3）氮氧化物

燃料中含有的氮元素及空气中所含的氮气在高温燃烧条件下与氧气发生化学反应而生成氮氧化物。氮氧化物（NO_x）有 NO、NO_2、N_2O、N_2O_4、N_2O_5 等形式，但燃烧过程中生成的氮氧化物主要是 N_2O、NO 和 NO_2。氮氧化物对人体、动植物的生长及自然环境有很大的危害，主要表现在以下方面。

① 危害人体健康。NO 具有一定毒性，很容易和血液中的血色素结合，使血液缺氧，引起中枢神经麻痹症。大气中的 NO 可氧化为毒性更大的 NO_2。NO_2 对呼吸器官黏膜有强烈的刺激作用，引起肺气肿和肺癌；在阳光作用下 NO_x 与挥发性有机化合物反应能生成臭氧，臭氧是一种有害的刺激物。NO_x 参与光化学烟雾的形成，其毒性更强。

② 危害森林和农作物。大气中 NO_x 对森林和农作物的损害是很大的，可引起森林和农作物枯黄，产量降低，品质变劣。NO_x 还可以生成酸雨和酸雾，对农作物和森林的危害很大。

③ 产生温室效应。NO_x 也是一种温室气体，大量排放会产生温室效应。

4）二氧化碳

所有炭基燃料燃烧的主要产物就是 CO_2。石油炼制过程中燃料燃烧排放烟道气中的 CO_2 达 15%～20%。CO_2 不是有毒气体，但也存在一些危害性，主要表现在：

① 影响人体舒适感。二氧化碳使空气中含氧量减少，因而使人感到头痛和呼吸短促。

② 产生温室效应。大气中 CO_2 过量会产生温室效应，它能选择性吸收地球表面的低温辐射红外光谱，使大气层温度升高，同时发出较强烈的热辐射，使地球表面得到的总辐射量增加而变暖。

5）重金属元素

石油炼制过程所用燃料中有多种重金属元素，如 As、Cr、Cd、Pb、Hg、Se、Be、Mn、Ni、Ra、U、Th 等，这些元素在燃烧过程中有三种变化迁移方式：对高熔点元素，在燃烧中不挥发，所以排入大气中的很少，主要集中在灰渣中；对于易挥发不易冷凝的元素，在燃烧中全部以气态排入大气；对于高温下易挥发、低温易冷凝的元素，易在微粒上富集，形成各种重金属尘。在上述三种方式中，最有害的是重金属尘，其危害主要表现为以下几方面。

① 直接毒害人体健康。吸附并富集重金属的亚微米级微粒排入大气后，对人体健康毒害很大。例如，吸入铬尘，会引起鼻中隔溃疡和穿孔，增加肺癌发病率；吸入锰尘，会引起中毒性肺炎；吸入镉尘，会引起心肺机能不全。

② 产生二次污染。吸附了重金属的飘尘会促进大气中各种化学反应，产生二次污染。如遇大雨，有些重金属以可溶盐的形式进入地表水和地下水，造成水污染，最终污染食物和饮用水，甚至通过食物链的富集，在生物和人体中不断富集，对人体危害更大。

6）非甲烷烃

石油炼制过程中，燃料燃烧过程及石油炼制过程均会产生非甲烷烃。虽然大部分非甲烷烃不会对人类产生危害，但也有少部分非甲烷烃具有强致癌性，即使只有很少量，也对人类存在巨大的危害。

（2）水体污染

石油炼制过程中产生的废水主要包括含硫污水、汽提净化污水、碱渣污水、轻污油罐脱水、汽油罐脱水、污水处理场"三泥"滤后液、其他特殊的高浓度污水、生产装置无组织排

放的污水等。虽然在排放前经过了技术处理，但仍会含有一些污染物。根据有关资料，加工 1t 原油，耗水 1.22t，排放经过处理后的污水 0.52t。这些污水的大量排放就会对河流等地表水体造成严重污染。

地表水作为农业生产的主要灌溉水源，一旦污染会直接造成农作物污染以及影响水体的自净作用，危害水生生物的生存，污染组分被水生生物吸收后，能在水生生物中富集、残留，并通过食物链带入家畜及人体中，最终危及人体健康。另外，被污染的地表水还会由于渗流作用而导致土壤污染和地下水污染。

（3）土壤污染

石油炼制过程中会产生大量的含油污泥，主要包括隔油池底泥、浮选池浮渣、油罐底泥等，其组成为含水率 41.89%、含砂率 45.08%、含油率 13.03%，经过技术处理后，油回收率能达到 95%。含油污泥会对土质造成重大污染。

含油污泥会改变土壤原有的理化性质和结构，使原有土壤的结构和物理化学性状都难以恢复。由于其密度小、黏附性强，很容易吸附在土壤颗粒上，进入土壤内部，污染物质难以通过扩散作用进行稀释，大部分的石油烃被固定在土壤中，其中的高分子量石油烃难以被降解，随着大量污染物累积加剧，时间延长，使得难降解组分在土壤中大量富集。此外，石油污染物进入土壤环境后，污染物中含有的各类反应基团与氮、磷结合，限制了微生物的硝化作用和脱磷作用，从而导致土壤中有效氮、有效磷减少，土壤肥力降低，各类污染物附着在植物根系表面形成油膜，阻碍植物根系呼吸和对养分的吸收，从而导致植物根系腐烂，影响农作物的生长。

3.5.4 石油利用过程产生的环境问题

如前所述，石油的利用主要分三个方面：一是将石油炼制的油品作为燃料的能源化利用；二是石油作为原料的石油化工；三是将石油化工的产品作为原料的高分子化工。由于石油及石油制品的特殊性，在其利用过程中均会产生一系列的环境问题。

3.5.4.1 石油能源化利用过程的环境问题

石油的能源化利用就是将石油炼制的各种油品作为燃料，通过燃烧的方式将其化学能转化为热能（也包括进一步将热能转化为机械能或电能）的利用方法。实际过程中，石油的能源化利用包括油品储运及油品燃烧两个方面。

（1）油品储运过程中的环境问题

随着交通运输业的飞速发展，对各种燃料油的需求量大幅增加，其储存和运输量也相应增加。然而，在油品储运过程中，由于设备的缺陷、落后的过程、工作人员的疏忽以及其他因素导致的油品泄漏现象时有发生，含油废水的排放问题也较为严重。这些问题不仅会造成油品损耗，还会产生严重的环境问题，进而威胁人们的身体健康。油品储运过程中环境问题的形成原因及危害如表 3-8 所示。

表 3-8 油品储运过程中环境问题的形成原因及危害

环境问题		形成原因	危害
大气污染	油气	汽油等油品在储运过程中挥发产生	（1）污染空气； （2）安全隐患，易导致爆炸事故
水体污染	废水	储罐进油、油罐检修等环节产生	（1）污染地表水； （2）污染土壤和地下水

环境问题		形成原因	危　害
土壤污染	含油底泥	油罐和运输工具产生的含油底泥	（1）污染组分大量富集； （2）降低土壤肥力，影响作物生长
噪声污染	噪声	油品的装卸过程和运输工具的运行过程中产生	（1）影响交流； （2）影响身心健康； （3）降低工作效率

1）大气污染

油品储运过程中造成大气污染的主要原因是轻质组分的挥发。

石油能源化利用过程中，应用最多的是各种由原油提取的轻质组分，如汽油、煤油、柴油等，但轻组分在运输时会遇到持续的挥发性问题，这是由化学特性决定的，不是什么工艺可以彻底解决的。汽油在运输过程中的挥发会随着环境温度的升高而加剧，不仅造成巨大的经济损失，而且挥发的轻质组分会对当地大气环境造成严重污染。另外，在天气条件差、气体流动性差的条件下，挥发产生的轻质组分如果积累到一定浓度后，还会存在安全隐患，极易引起爆炸事故而造成严重的经济财产损失甚至危及生命。

挥发分虽然无法杜绝，但是挥发的效率却可以通过不同的工艺尽量降低。油品存储的环境、油品中是否含有一些特定的化学药剂，或者填装、转运过程中的操作精度，都会对油品的挥发造成很大的影响。有石油企业做过统计，一台 $5000m^3$ 的满载储油罐，一天大概要挥发掉 350kg 的轻组分，一年就要挥发掉超过 100t 的油品，这个损失是极为惊人的，必须加以重视。

2）水体污染

油品储运过程中导致水体污染的原因是废水。

油品进罐时一般都含有水分，需要对其进行静置或分离之后将其脱除。对于油罐检修的时候，应使用蒸汽或水对其进行清洗。初期雨水也可能包括一些油。如果油品采取集中储存的方式，罐区中的废水主要源自油罐脱水以及油罐清罐水和初期雨水。如果油品采取船运方式，则产生的废水中还有一部分源自装船时由油轮里卸下的压舱水。如果这些废水没经合理处理而直接排放，就会对地表水体造成严重污染。

地表水作为农业生产的主要灌溉水源，一旦污染会直接造成农作物污染以及影响水体的自净作用，危害水生生物的生存，污染组分被水生生物吸收后，能在水生生物中富集、残留，并通过食物链进入家畜及人体中，最终危及人体健康。另外，被污染的地表水还会由于渗流作用而导致土壤污染和地下水污染。

3）土壤污染

在油品储运过程中，油罐和运输工具在使用过程中会不可避免产生油罐底泥，这些呈油渣的底泥如果不经彻底处理而随意堆放，就会造成严重的土壤污染。

含油底泥随意抛弃在土壤中，会改变土壤原有的理化性质和结构，使原有土壤的结构和物理化学性状都难以恢复。由于其所含油分的密度小、黏附性强，很容易吸附在土壤颗粒上，进入土壤内部，污染物质难以通过扩散作用进行稀释，大部分的石油烃被固定在土壤中，其中的高分子量石油烃难以被降解，随着大量污染物累积加剧，时间延长，使得难降解组分在土壤中大量富集。此外，石油污染物进入土壤环境后，污染物中含有的各类反应基团与氮、磷结合，限制了微生物的硝化作用和脱磷作用，从而导致土壤中有效氮、有效磷减少，土壤肥力降低，各类污染物附着在植物根系表面形成油膜，阻碍植物根系呼吸和对养分的吸收，从而导致植物根系腐烂，影响农作物的生长。

4）噪声污染

在油品的装卸过程及油品运输设备的运行过程中，均会产生高分贝噪声，严重影响人们的听觉，对于高于130dB的噪声，会导致耳聋耳鸣。例如，在油品储运的电机和压缩设备在运行环节就会产生极大的噪声，带来声音的污染。其危害主要表现为：

① 影响交流。噪声会引起员工的听觉疲劳，时间久后引起听力损失，最后导致耳聋，影响交流质量。

② 影响身心健康。长时间处于噪声环境，会引起头晕、头痛、耳鸣、心血管等疾病，进而影响健康。

③ 降低工作效率。处于噪声环境中，会导致员工心理烦躁，造成疲劳，降低工作效率。

（2）油品使用过程中的环境问题

油品的使用，就是将石油炼制得到的各种燃料油燃烧，将其化学能转化为热能，大多数同时进一步转化为机械能。使用油品最多的是交通运输业，其次是各种工业窑炉。交通运输业应用油品的方式是内燃式，工业窑炉应用油品的方式是外燃式。随着国民经济的发展和人民生活水平的提高，我国各种交通车辆的保有量不断增加，因此对各类油品，尤其是汽油和柴油的需求将持续增长。

无论汽油还是柴油，其使用方式都是燃烧。无论内燃式还是外燃式，其在使用过程中都会产生各种不同的污染源。

1）汽油在使用过程中产生的污染源

汽油主要由碳和氢组成，正常燃烧时生成二氧化碳、水蒸气和过量的氧等物质。但由于燃料中含有其他杂质和添加剂，且常常不能完全燃烧，常排出一些有害物质。研究表明，汽车尾气成分非常复杂，有100种以上，其主要污染物包括一氧化碳、烃类化合物、氮氧化物、硫氧化物、含铅尾气等。

① 一氧化碳

一氧化碳会阻碍人体血液吸收和输送氧气，影响人体造血机能，随时可能诱发心绞痛、冠心病等疾病。

② 烃类化合物

烃类化合物会形成毒性很强的光化学烟雾，伤害人体，并会产生致癌物质。产生的白色烟雾对家畜、水果及橡胶制品和建筑物均有损坏。大多数国家和地区的汽油标准对芳烃含量的限制较宽松，主要原因是车用汽油的主要添加剂是重整生成油，而重整生成油富含芳烃，是汽油辛烷值的主要来源。美国从改善环境质量出发，规定汽油中芳烃含量不大于27%（V/V），苯含量不大于1%（V/V），蒸气压根据地区要求不大于49~57kPa，氧的质量分数大于2‰。

③ 硫氧化物

排入大气中的硫氧化物在金属飘尘的触媒作用下，会被氧化成 SO_3，遇水形成硫酸雾，若被雨水淋落即形成硫酸雨，可使植物由绿色变为褐色直至大面积死亡。硫酸雾凝结于微粒表面，使一些微粒相互黏结，长大成雪片状的酸性尘。

汽油含硫量直接关系到尾气中硫氧化物的排放。北美、欧盟和日本的汽油硫含量降至了50mg/kg 以下，甚至 10mg/kg 以下。我国国家标准《车用汽油》（GB 17930—2016）将硫含量降为 10mg/kg。

④ 氮氧化物

汽油中含有的氮元素及空气中所含的氮气在高温燃烧条件下与氧气发生化学反应而生成氮氧化物。氮氧化物对人体、动植物的生长及自然环境有很大的危害，主要表现在以下方面。

a．危害人体健康。NO 具有一定毒性，很容易和血液中的血色素结合，使血液缺氧，引起中枢神经麻痹症。大气中的 NO 可氧化为毒性更大的 NO_2。NO_2 对呼吸器官黏膜有强烈的刺激作用，引起肺气肿和肺癌；在阳光作用下 NO_x 与挥发性有机化合物反应能生成臭氧，臭氧是一种有害的刺激物。NO_x 参与光化学烟雾的形成，其毒性更强。

b．危害森林和农作物。大气中的 NO_x 对森林和农作物的损害是很大的，可引起森林和农作物枯黄，产量降低，品质变劣。NO_x 还可以生成酸雨和酸雾，对农作物和森林的危害很大。

c．产生温室效应。NO_x 也是一种温室气体，大量排放会产生温室效应。

⑤ 含铅尾气

汽油含铅会导致排放的尾气含铅。铅在废气中呈微粒状态，随风扩散。农村居民一般从空气中吸入体内的铅量每天约为 1 μg；城市居民，尤其是街道两旁的居民会大大超过农村居民。铅进入人体后，主要分布于肝、肾、脾、胆、脑中，以肝、肾中的浓度最高。几周后，铅由以上组织转移到骨骼，以不溶性磷酸铅形式沉积下来。人体内约 90%～95%的铅积存于骨骼中，只有少量铅存在于肝、脾等脏器中。骨中的铅一般较稳定，当食物中缺钙或有感染、外伤、饮酒、服用酸碱类药物而破坏了酸碱平衡时，铅便由骨中转移到血液，引起铅中毒的症状。铅中毒的症状表现很广泛，如头晕、头痛、失眠、多梦、记忆力减退、乏力、食欲不振、上腹胀满、嗳气、恶心、腹泻、便秘、贫血、周围神经炎等；重症中毒者有明显的肝脏损害，会出现黄疸、肝脏肿大、肝功能异常等症状。

⑥ 二氧化碳

汽油在使用中排放的 CO_2 较多。CO_2 不是有毒气体，但也存在一些危害性，主要表现在两个方面。

a．影响人体舒适感。二氧化碳使空气中含氧量减少，因而使人感到头痛和呼吸短促。

b．产生温室效应。大气中 CO_2 的最大危害是产生温室效应，它能选择性吸收地球表面的低温辐射红外光谱，使大气层温度升高，同时发出较强烈的热辐射，使地球表面得到的总辐射量增加而变暖。

2）汽油使用过程中的环境问题

汽油使用过程中产生的环境问题是大气污染，其形成的原因及危害如表 3-9 所示。

表 3-9　汽油使用过程中大气污染的形成原因及危害

环境问题		形成原因	危　害
大气污染	一氧化碳	不完全燃烧产生	危害人体健康
	烃类化合物	不完全燃烧产生	产生光化学烟雾
	硫氧化物	汽油中所含的硫与空气中的氧发生反应而生成	（1）腐蚀金属； （2）形成酸雨或酸性尘
	氮氧化物	汽油中所含的氮元素及空气中的氮气在高温条件下被氧化形成	（1）危害人体健康； （2）形成光化学烟雾，危害农作物生长； （3）产生温室效应
	含铅尾气	汽油中所含的铅在燃烧条件下转移至废气	危害人体健康
	二氧化碳	汽油完全燃烧产生	（1）影响人体舒适感； （2）产生温室效应

3）柴油在使用过程产生的污染源

和汽油一样，柴油在使用中如果不完全燃烧，也会产生一氧化碳、烃类化合物等污染源，但对环境影响最大的是氮氧化物、硫氧化物以及 PM（微粒）。

① 氮氧化物。柴油中所含的氮元素在高温燃烧条件下会形成氮氧化物。氮氧化物的主要危害是直接对动物的呼吸系统产生毒害，对植物的危害也十分严重。在不利的气象条件下，比如盆地有充足的阳光的话，可能产生光化学烟雾，极大的危害生物，带来很强的环境破坏，比较著名的环境事件就是洛杉矶烟雾事件。

② 硫氧化物。柴油中所含的硫元素在燃烧过程中会形成硫氧化物。排入大气的硫氧化物是形成酸雨的主要原因，将造成环境污染。因此柴油硫含量是各国柴油标准关注的重点，欧Ⅳ车用柴油硫含量要求不超过 50mg/kg，欧Ⅴ车用柴油硫含量要求不超过 10mg/kg。德国已要求柴油硫含量不大于 10mg/kg，美国要求不大于 15mg/kg。我国规定优质轻柴油含硫量不高于 0.2%，一级品不高于 0.5%，合格品不高于 1%，在质量标准上与国外先进水平差距较大。

③ PM。PM 是指细颗粒物，又称细粒，细颗粒。PM 分两种：一种是干碳烟，在高温下形成；另一种是湿碳烟，是碳粒和未燃烃类以及柴油解离产物的混合体。PM 微粒的粒径越小，对人类呼吸系统的危害越大，危害最严重的属 $PM_{2.5}$，其危害主要表现为：

对呼吸系统健康的影响。$PM_{2.5}$ 进入肺部对局部组织有堵塞作用，可使局部支气管的通气功能下降，细支气管和肺泡的换气功能丧失。吸附着有害气体的 $PM_{2.5}$ 可以刺激或腐蚀肺泡壁，长期作用可使呼吸道防御机能受到损害，发生支气管炎、肺气肿和支气管哮喘等。$PM_{2.5}$ 还可直接或间接地激活肺巨噬细胞和上皮细胞内的氧化应激系统，刺激炎性因子的分泌以及中性粒细胞和淋巴细胞的浸润，引起动物肺组织发生脂质过氧化等。大量的流行病学研究发现，无论是短期还是长期暴露于高浓度颗粒物环境中，均可提高人群中呼吸系统疾病的发病率和死亡率。

对心血管系统健康的影响。$PM_{2.5}$ 在进入人体后，通过诱导系统性炎症反应和氧化应激，导致血管收缩，血管内皮细胞功能出现紊乱，大量活性氧自由基释放入血液，进而促进凝血功能，导致血栓形成、血压升高和动脉粥样硬化斑块形成；另外，$PM_{2.5}$ 还可通过肺部的自主神经反射弧，刺激交感神经和副交感神经中枢，在影响血液系统和血管系统的同时，还可影响心脏的自主神经系统，导致心率变异性降低、心率升高和心律失常。大量的流行病学研究显示，短期暴露于高浓度 $PM_{2.5}$ 环境（甚至是暴露数小时）后就可显著增加人群每日心血管疾病事件（如冠心病、心肌梗死、心衰、心律失常、中风等）的就诊率和死亡率。

致癌效应。$PM_{2.5}$ 中的多个成分具有致癌性或促癌性，如多环芳烃，镉、铬、镍等重金属。实验研究发现 $PM_{2.5}$ 的有机提取物和无机提取物也都具有致突变和遗传毒性。

对身体其他系统的影响。$PM_{2.5}$ 在进入母体后，可通过引起系统性的氧化应激、炎症反应、血液流变学和动力学的改变，对胎儿产生危害，产生一系列的不良生殖问题。

4）柴油使用过程中的环境问题

柴油使用过程中环境问题的形成原因及危害如表 3-10 所示。

表 3-10　柴油使用过程中环境问题的形成原因及危害

环境问题		形成原因	危害
大气污染	一氧化碳	不完燃烧产生	危害人体健康
	烃类化合物	不完全燃烧产生	产生光化学烟雾

环境问题		形成原因	危　害
大气污染	硫氧化物	柴油中所含的硫与空气中的氧发生反应而生成	（1）腐蚀金属； （2）形成酸雨或酸性尘
	氮氧化物	柴油中所含的氮元素及空气中的氮气在高温条件下被氧化形成	（1）危害人体健康； （2）形成光化学烟雾，危害农作物生长； （3）产生温室效应
	PM	柴油不完全燃烧产生的碳烟	危害人体健康
	二氧化碳	柴油完全燃烧产生	（1）影响人体舒适感； （2）产生温室效应

3.5.4.2　石油化工利用过程中的环境问题

石油的化工利用是以石油为原料生产各种化学品和化学原料，包括传统的石油化工和高分子化工两类生产过程。

石油化工利用过程中会产生大量的有害物质，正是这些有害物质的产生与排放导致了严重的环境问题，给人类的生产生活环境带来了很大的威胁。石油化工利用过程中环境问题的形成原因及危害如表 3-11 所示。

表 3-11　石油化工利用过程中环境问题的形成原因及危害

环境问题		形成原因	危　害
大气污染	粒子类物质	排放的烟气、烟尘和粉尘等	（1）危害人类健康； （2）污染建筑物； （3）影响植物生长； （4）安全隐患，易导致爆炸事故
	含硫化合物	生产过程中产生的二氧化硫、硫化氢	（1）影响人体健康； （2）形成酸雨，污染环境
	有机化合物	生产过程中产生的烃类化合物	影响人体健康
	含氮化合物	生产过程中产生的氮氧化物	（1）危害人体健康； （2）危害森林和农作物生长； （3）产生温室效应
	一氧化碳	不完全燃烧产生	影响人体健康
	卤素及其化合物	含卤素原料在生产过程中产生的废气	（1）污染大气环境； （2）腐蚀设备及建筑物
水体污染	废水	石油化工利用过程中产生的含油、含盐、含酚等有害废水	（1）污染地表水； （2）污染土壤和地下水
土壤污染	废弃物	石油化工利用过程中产生的各类废弃物	（1）改变土壤性质； （2）降低土壤肥力，影响作物生长
噪声污染	噪声	机械设备、大功率机组运行过程中产生	（1）影响交流； （2）影响身心健康； （3）降低工作效率

（1）大气污染

石油化工利用过程中造成大气污染的主要原因是生产过程中产生的各类废气。

石油化工产业的废气污染有着不同的形式，根据生产行业主要分为石油化工废气、石油

化肥废气、合成纤维废气等。这些废气的成分较为复杂，其主要包含粒子类物质、含硫化合物、含氮化合物、一氧化碳和有机化合物等。这些物质具有强烈的腐蚀性、毒害性，是危害大气环境的主要污染源。

1）粒子类物质

石油化工利用过程排放废气中的粒子类物质主要来自生产中排放的烟气、烟尘和粉尘等。根据粒子类物质直径的大小，可划分为粗粒粉尘、细粒粉尘、烟和雾等。粒子类物质的危害主要表现为：

① 危害人类的健康。飘逸在大气中的粉尘往往含有许多有毒成分，如铬、锰、镉、铅、汞、砷等。当人体吸入粉尘后，小于 5μm 的微粒极易深入肺部，引起中毒性肺炎或硅肺，有时还会引起肺癌。沉积在肺部的污染物一旦被溶解，就会直接侵入血液，引起血液中毒，未被溶解的污染物也可能被细胞所吸收，导致细胞结构的破坏。

② 污染建筑物。飘逸的粉尘在重力作用下落在建筑物表面，或者在建筑物外墙的吸附作用下被吸附，会污染建筑物，影响建筑物的使用寿命，甚至使有价值的古代建筑遭受腐蚀。

③ 影响植物生长。降落在植物叶面的粉尘会阻碍光合作用，抑制其生长。

④ 存在爆炸隐患。由于粉尘的粒径小，表面积大，其表面能也增大。粉尘与空气混合，能形成可燃的混合气体，若遇明火或高温物体，极易着火，顷刻间完成燃烧过程，释放大量热能，使燃烧气体骤然升高，体积猛烈膨胀，形成很高的膨胀压力。

2）含硫化合物

含硫化合物主要有两种，即 SO_2、H_2S。

石油化工废气中的 SO_2 主要是通过矿物燃料的燃烧产生的；H_2S 主要是在石油冶炼、硫化染料等生产过程中形成的。如果这两种物质处理不当排放到空气中，不仅会对大气环境造成严重污染，而且一旦浓度超标便会对人体生命健康造成威胁。另外，SO_2、H_2S 也是酸雨的主要成分，会对环境造成严重的破坏。

3）有机化合物

有机化合物中含量最多的成分就是烃类化合物，如烷烃、烯烃、芳香烃等。另外，部分有机化合物中还含有少量的硫或氮。这些有机化合物常常带有强烈的刺鼻性气味，含有较多的致癌物，具有较强的毒害性，可对人体器官造成不利影响。

4）含氮化合物

含氮化合物主要有两种，即 NO 和 NO_2，通常是由石油原料的燃烧生成的。另外，硝酸、炸药、氮肥制备期间也会产生含氮化合物。

含氮化合物对人体、动植物的生长及自然环境有很大的危害，主要表现在以下方面。

① 危害人体健康。NO 具有一定毒性，很容易和血液中的血色素结合，使血液缺氧，引起中枢神经麻痹症。大气中的 NO 可氧化为毒性更大的 NO_2。NO_2 对呼吸器官黏膜有强烈的刺激作用，引起肺气肿和肺癌；在阳光作用下 NO_x 与挥发性有机化合物反应能生成臭氧，臭氧是一种有害的刺激物。NO_x 参与光化学烟雾的形成，其毒性更强。

② 危害森林和农作物生长。大气中 NO_x 对森林和农作物的损害是很大的，可引起森林和农作物枯黄，产量降低，品质变劣。NO_x 还可以生成酸雨和酸雾，对农作物和森林的危害很大。

③ 产生温室效应。NO_x 也是一种温室气体，大量排放会产生温室效应。

5）一氧化碳

含碳物质燃烧不彻底时会产生 CO，石油化工生产中催化裂化反应排放的烟气中含有大量 CO。

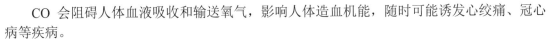

CO 会阻碍人体血液吸收和输送氧气，影响人体造血机能，随时可能诱发心绞痛、冠心病等疾病。

6）卤素及其化合物

当石油化工生产过程所用原料中含有卤素时，其产生的废气就会含有卤素及其化合物，如氯碱厂将 Cl_2、HCl 作为生产原料，其排出的废气均含有卤素。这些含卤素废气和它的化合物在与水蒸气结合时，会生成腐蚀性有害气体卤化氢而严重污染大气环境，并对设备及建筑物等造成腐蚀。

（2）水体污染

石油化工利用过程中导致水体污染的原因是生产过程中产生的各类废水。

石油化工企业在生产过程中会产生含油、盐以及酚等有害物质的废水，不仅成分复杂，而且排放量大，处理起来非常困难。因此，石油化工产业的废水污染不仅浪费了大量的水资源，而且直接排放还会对环境造成严重的污染，给地表水体带来一定程度的破坏。

地表水作为农业生产的主要灌溉水源，一旦污染会直接造成农作物污染以及影响水体的自净作用，危害水生生物的生存。污染组分被水生生物吸收后，能在水生生物中富集、残留，并通过食物链把有毒物质带入家畜及人体中，最终危及人体健康。另外，被污染的地表水还会由于渗流作用而导致土壤污染和地下水污染。

（3）土壤污染

石油化工生产过程中产生的废弃物很多，诸如酸渣、盐泥、碱渣，以及污泥等。这些废弃物中还有很多的重金属，对土地的污染非常严重。废弃物随意抛弃在土壤中，会改变了土壤原有的理化性质和结构，使其结构和物理化学性状都难以恢复。与此同时，石油化工产品在运输过程中，也会有一些石油类的物质吸附在土壤颗粒上并深入到土壤中，污染物中含有的各类反应基团与氮、磷结合，限制了微生物的硝化作用和脱磷作用，从而导致土壤中有效氮、有效磷减少，土壤肥力降低，各类污染物附着在植物根系表面形成油膜，阻碍植物根系呼吸和对养分的吸收，从而导致植物根系腐烂，影响农作物的生长。

（4）噪声污染

石油化工产生的噪声主要有以下几种，即火炬噪声、电动机噪声、管道噪声，以及放空噪声等。随着石油化工生产规模不断扩大，大量的机械设备、大功率机组等应用到生产中，噪声的污染可想而知。噪声会引起员工的听觉疲劳，时间久后引起听力损失，最后导致耳聋，影响交流质量；长时间处于噪声环境，会引起头晕、头痛、耳鸣、心血管等疾病，进而影响健康；处于噪声环境中，会导致员工心理烦躁，造成疲劳，降低工作效率。

3.6 石油开发利用过程中环境问题的对策

石油具有较高的热值，而且便于运输和储存，因此被广泛用作各种燃料和原料，在振兴经济和促进社会发展方面发挥着举足轻重的作用。但是，石油及其加工产品在给人们生活带来诸多便利的同时，也不可避免地带来了自然环境污染和生态环境破坏等问题。

针对前述石油开发利用各环节中环境问题形成的原因，可针对性地采取相应的措施，以期尽可能降低石油开发利用对环境的影响，从而实现可持续发展战略目标。

3.6.1 石油开采过程中环境问题的对策

由前述可知,石油开采过程产生的环境问题是大气污染、水体污染、土壤污染、生态系统破坏、水资源紧缺等,对于这些问题,可根据其产生的原因而针对性地提出应对措施。

3.6.1.1 陆基石油开采过程中环境问题的对策

由表 3-2 可知,陆基石油的开采过程会导致大气污染、水体污染、土壤污染、生态系统破坏、水资源紧缺等环境问题,而且这些问题的影响具有长期性、综合性的特点,导致石油开采区域内的自然生态环境严重恶化,对人类的生存发展产生负面影响。因此,政府部门和企业有必要在大力开采石油资源、促进社会经济发展的前提下,采取以下对策,以有效降低石油开采各环节对自然生态环境的影响,实现石油开采和自然生态环境的可持续发展。

(1)大气污染的对策

陆基石油开采过程造成大气污染的主要原因是石油开采过程释放的气体污染物,包括油气挥发进入大气的有毒废气,钻井、井下作业过程中产生的大量废气,大型柴油机排放的各类废气和烟尘等有害气体,主要含有 SO_2、NO_x、烃类等气体污染物。为了减少油气田开发对大气的污染,对于油气田开发中所产生的烃类,主要采取密闭的流程、完善的集输设备和工艺来限制烃类挥发;对于产生的废气,应实施组织排放,即对产生的废气进行收集并处理后再排放。

(2)水体污染的对策

陆基石油开采过程中产生的各类污染物直接排入水体,就会造成地表水源污染,而地表水源污染进而会造成土壤污染,最终在渗流作用下使地下水被污染。为了减少陆基石油开发对水环境的污染,应对开采过程中产生的各类废水进行分类收集和处理,使其达到接纳水体的标准或者回用的标准。

当污染源还没有进入地下含水层时,可采取堵塞或截流的方法来切断污染来源,防止污染源进入地下水层对水环境造成污染。对油气传输管道应采取防腐措施,避免油气泄漏对地下水的污染。

(3)土壤污染的对策

陆基石油开采过程中造成土壤污染的主要原因是施工期占地对土壤的破坏和废弃污染物对土壤的污染,使土壤结构和性质发生改变。

为了减少油气田开发对土壤环境的污染,应尽量减少油气田开发的面积,降低土壤环境污染率;重视开挖堆土及回填技术,划定堆放点,在地面作业完成后,分别回填深层生土和表层熟土,努力恢复原有土壤结构,以保证土壤内部的营养含量;在容易发生风蚀的地方,应采取积极的固沙措施;加强对油气田开发工作的管理,避免发生油气田开发的事故性污染,对开发过程中产生的各种废弃物进行分类收集,并采取合适的技术方法进行无害化处理;在地面工程建设完成后,需组织相关人员对施工活动中所产生的建筑废料进行清理,避免因这些材料的难降解性对土壤造成影响;加强对土壤环境污染监测,及时发现土壤污染问题,及时采取防治措施,避免土壤污染面积的不断扩大。

(4)生态保护

陆基石油开采过程中的占地、石油开采机械的运转、各种建筑物与构筑物的建设等,都会使自然生态系统遭到严重破坏。为了尽量减少对自然植被及野生动物的影响,在施工中应尽量减少占地，实行滚动式开发，将油气田占用面积缩小至最低限度。积极开展绿化工作，注意施工后的地表修复和绿化；管沟回填后应注意地表的平整度，在工作空间内，种植草坪和树木可起到美化环境和保护土壤结构的双重作用。另外，在油气开发过程中，大力提倡油气田机械和设施实施"绿色工程"，以避免强烈色调刺激动物的栖息和繁殖等。

1）野生动物保护措施

良好的植被生长条件是野生动物生存的基础，因此在地面工程建设完成后，应开展树木或草木种植工作，改善项目区域的植被条件，以便为野生动物的生长与繁衍创造一个良好的环境。

2）野生植被的保护

主要采取自然恢复与人工恢复相结合的方式，其中人工恢复主要是结合地形地貌、湿、温度等条件，有选择性地对生长速率较快的本土植物进行种植，以在短时间内恢复该区域的植被生长体系，减少地面工程建设对原地面植被的影响。

3）林业生态系统的保护

施工道路应尽量利用林业项目区内现有的道路，若由于地面工程建设需要新修施工道路时，应尽量缩短其长度；针对林业项目区内需要特别保护或珍惜的树种，可在施工前安排人员对其进行移栽；对林业项目区内整个施工用地面积进行严格控制，减少林木的砍伐量等。

针对林业地段遭到破坏的植被，应采用种植树木的方式；对于树木种植成活率较低的地方，可适当种草或浅根系经济林木；在保证林地原有生态系统组成不变的前提下，在布局上可采用交错分布的种植方式，以促进植物种类的多样性发展，进而形成一个稳定性较强的生态体系；相关检疫部门应对种植所选的树种、种苗等进行病害方面的检疫，防止引入病害。

综上所述，陆基石油开采过程中各类环境问题的形成原因及可采取的对策如表3-12所示。

表3-12 陆基石油开采过程中环境问题的形成原因及对策

环境问题	形成原因	对策
大气污染	挥发的有毒废气，钻井、井下作业产生的废气，大型柴油机排放的各类废气和烟尘等有害气体	（1）采用密闭的流程、完善的集输设备与工艺限制烃类挥发； （2）组织排放，分类收集，集中处理
水体污染	含油污水、钻井泥浆、废液泄漏等对地表水源造成污染，进而造成土壤污染及地下水污染	（1）对废水实现分类收集与处理； （2）采用堵塞或截流的方法切断污染源，阻止污染物进入地下水； （3）对油气传输管道采取防腐措施
土壤污染	（1）施工占地，使土壤结构遭到破坏； （2）产生的废弃物对土壤造成污染	（1）减少开发占地，降低土壤污染率； （2）挖堆土回填，恢复土壤结构； （3）对各类废弃物进行分类收集和无害化处理； （4）加强土壤环境污染监控
破坏生态系统	使野生动物、植物和林业系统遭受破坏	（1）野生动物保护； （2）野生植物保护； （3）林业生态系统保护

3.6.1.2 海洋石油开采过程中环境问题的对策

由表3-4可知，海洋石油开采过程中的环境问题主要是开采过程中大量废弃物和污水排入海中而造成生态破坏与社会危害。对此，可分别从技术层面和政策层面采取相应的对策。

（1）技术层面的对策

技术层面上，应对海洋石油开采过程中产生的各类废弃物与污水进行分类收集，并采取合适的方法进行无害化处理，使其达标排放；一旦发生意外泄漏，应立即采取有效手段对泄漏至海域的油膜进行捕集、清除，尽量减少其中的油类等污染物对海域水生态环境的破坏，进而降低其社会危害。

目前，清除海洋石油污染的方法主要有物理修复法、化学修复法和生物修复法。物理修复法是处理溢油的最普遍的方法，就是当海洋表面存在比较厚的油层的时候，利用设备将海面上的石油进行析出，从而保持海洋表面的清洁。化学方法是通过燃烧、喷洒化学药品等途径将海面的石油溶解。生物治理是在被污染海域投入大量微生物，利用微生物来溶解污染物，降低污染物的浓度，并将其分解。和其他几种方法相比，生物治理是最环保、效率最高、最可靠的方法，并且对海洋环境造成的伤害最小，成本也最低。但生物治理有一个缺点，就是微生物并不能在短时间内分解石油，需要一个漫长的过程，现在最常用的方法仍然是物理修复法和化学方法，对于微生物溶解石油的技术仍需要人们去大力开发。因此，在科研上要投入大量的资金和技术支持，努力研发溶解石油最快、最有效的方法，减少在石油开采中对海洋的伤害，充分调动各种资源并将其进行整合利用，为保护海洋环境做出贡献。

（2）政策层面的对策

目前，海上石油开采所造成的污染已引起社会各界的广泛关注，治理海洋石油污染应从强化管理的角度入手，即从政策层面寻找解决措施。

海洋生态环境问题产生的主要原因有以下三点：

① 过度使用资源。人口与经济发展对自然资源供给、再生和增殖循环的影响，破坏了生态平衡，导致自然生产力和环境循环能力下降。

② 对经济增长的过度追求。传统的粗放型管理发展模式以牺牲环境利益为代价追求经济效益，只注重眼前利益，没有长远的发展观，海洋污染对社会的长期影响并不被重视，造成了先污染后治理的局面。

③ 过度的人口压力。世界人口增长过快，对石油资源的需求也在增长。环境问题的本质是发展问题，所以必须在解决环境问题的过程中发展，必须加强环境教育，提高公众保护环境的意识，通过创建环境意识和认识科学的环境价值，实现发展和环境的和谐。

解决措施如下：

1）完善法规体系，坚决依法治理和保护海洋环境

海洋环境的污染很大程度上在于法律制度的不完善，管理执法没有落实，并且海洋污染的有关法律并不是很多，或者已经制定的法律可实行性很弱，这就要求在以后的工作中要充分发挥生态文明意识的积极能动性，合理规划海上石油开采行为，加大可再生资源的利用率，加大对海洋环境和生态系统的保护，真正实现海洋的可持续发展。要适应市场经济的要求，修改完善现行法律、法规。因此制定专项的海洋石油污染的法律迫在眉睫，只有加强对海洋保护的宣传，加强企业对法律的了解和遵守，依法开采石油，依法保护海洋环境，依法治理海洋污染，才能降低海洋环境被破坏的风险，维持海洋的生态平衡，实现海洋资源的可持续发展。

2）加强海洋环境保护管理体制建设

目前我国海洋环境保护实行的是综合管理和产业管理体制，管理主要集中在行业，整体管理薄弱。针对防止海洋石油污染，国家海洋局负责防止海洋石油开发造成的污染，中国港口的监控系统以及渔业行政和海军分别负责防止船舶造成的污染等问题。但由于缺乏有效的

综合管理或机构间协调，因此彼此的利益和问题难以有效划分。相比之下，许多发达国家和新兴工业国家，如美国、日本和韩国，都建立了行政管理机构。因此认为，中国应当结合实际情况，建立一个国家海洋管理或协调的全国委员会，以使国家海洋局、渔业管理和海军有效地相互合作和工作，有效地统一管理或协调。

综上所述，海洋石油开采过程中环境问题的形成原因及对策如表 3-13 所示。

表 3-13　海洋石油开采过程中环境问题的形成原因及对策

环境问题	形成原因	对　　策
生态破坏	采油过程中泄漏的油气、产生的各类污染物	（1）对污染物进行分类收集和处理； （2）对泄漏的原油进行捕集、清除
社会危害	采油过程中的各种污染物直接排放至海水中	（1）完善法规体系，依法治理与保护； （2）加强海洋环境保护管理体制建设

3.6.2　石油输送过程中环境问题的对策

石油管道输送是当前石油运输的最主要方式，石油运输过程中的环境问题主要指石油管道输送过程中的环境问题。由表 3-5 可知，石油输送管道在建设期间产生的环境问题主要是大气污染、水体污染、固体废弃物污染、噪声污染、土壤破坏和生态平衡破坏，针对各问题产生的原因，可针对性地采取如下对策。

（1）大气污染的对策

石油输送管道建设过程中导致大气污染的主要原因是土建施工造成的表层土壤裸露、建筑材料运送和施工垃圾清除时产生的扬尘。因此，可对施工场地进行合理的规划控制，尽量减少施工占地造成的表层土壤裸露。同时，在施工过程中采用洒水的方法能有效避免扬尘，可将其对环境的影响降到最低。

对于土建施工造成的表层土壤裸露而导致的扬尘，可在施工场所上覆盖防尘网或对施工场地进行不间断喷雾或洒水，以增加其湿度而杜绝或减弱风吹扬尘；对于建筑材料运送过程中产生的扬尘，可在运送车辆上覆盖篷布或防尘网；清除施工垃圾时，先在施工垃圾表面喷水或洒水，增加垃圾表面的水分，减轻扬尘，从而达到防止扬尘的目的。

（2）水体污染的对策

石油输送管道施工期产生水体污染的原因是运输车辆、施工机具的冲洗废水、润滑油、废柴油等油类、泥浆废水以及混凝土保养时排放的废水。为消除或减轻废水对水体的污染，必须对排放的所有废水按"清浊分流"的原则组织排放、集中处理，使其达到接纳水体的标准或者回用的标准。

废水的处理可分为物理法、化学法和生物法等。无论何种废水，根据其所含的特征污染物的类别，总可选用一种合适的处理方法。具体处理方法可参考相关书籍（《物理法水处理过程与设备》《化学法水处理过程与设备》《生物法水处理过程与设备》）。

（3）固体污染的对策

石油输送管道建设期间产生固体污染的原因是由于施工期间产生的生活垃圾、弃土和建筑垃圾等固体废弃物。在自然条件下，这些固体废弃物很难降解，从而导致污染。针对各种固体废弃物的特性，可分别采取如下应对措施。

对于生活垃圾，首先应分类收集，然后根据各自的特性采用合适的技术进行无害化处理与资源化利用，消除其可能产生的污染；对于弃土，应在开挖前做好工程施工规划，尽量使

其回填，无法回填的，应尽量将其用于植树、种草，以减少其扬尘的产生；对于建筑垃圾，在地面完工时应进行清理。

（4）噪声污染的对策

在石油输送管道建设期间，由于人类活动、交通运输工具、施工机械的机械运动，不可避免地会产生一定的噪声污染。对于石油输送管道建设期间产生的噪声，可采取以下手段来进行有效控制。

1）采用先进设备防噪

尽量采用符合环保要求的噪声低、振动小的先进设备。对噪声和振动较大的设备等均采取防振、防噪措施，或建立隔音室，或对设备及部件进行更换和改造，使其符合环保有关规定。

2）采取合理措施降噪

对容易产生噪声的工段或部位，可采取加橡胶衬里、导向板等措施降噪。

3）隔噪

对于无法防噪、降噪的设备，可将其独立安装在密闭室内，室内四周均覆盖一定厚度的吸噪层，使噪声不能传出，从而达到隔噪的目的。

（5）土壤污染的对策

石油输送管道建设中造成土壤污染的原因是施工导致地表土壤裸露面积增加，增加了水土流失的可能性；表层熟土经过翻、挖等作业流程被深层的生土所替代，大大降低了土壤的营养含量。因此，在项目区内，应将施工严格控制在规划区域内，以减少土壤表层裸露的面积，避免出现水土流失现象；在地面工程建设前，需对项目区内的土壤土质情况进行勘察，以明确表层熟土的厚度，计算各层土壤开挖量，划定堆放点，在地面作业完成后，分别填回深层生土和表层熟土，以保证土壤内部的营养含量；在地面工程建设完成后，需组织相关人员对施工活动中所产生的建筑废料进行清理，避免因这些材料的难降解性对土壤造成影响。

（6）生态保护

石油输送管道建设期间的占地、各种机械的运转、各种建筑物与构筑物的建设等，都会使自然生态系统遭到严重破坏。为尽量减少对自然植被及野生动物的影响，应尽量减少占地。实行滚动式开发，将占用面积缩小至最低限度。积极开展绿化工作，注意施工后的地表修复和绿化。管沟回填后应注意地表的平整度，在工作空间内，种植草坪和树木可起到美化环境和保护土壤结构的双重作用。另外，在管道铺设过程中，大力提倡施工机械实施"绿色工程"，以避免强烈色调刺激动物的栖息和繁殖等。

1）野生动物保护措施

良好的植被生长条件是野生动物生存的基础，因此在地面工程建设完成后，应开展树木或草木种植工作，改善项目区域的植被条件，以便为野生动物的生长与繁衍创造一个良好的环境。在穿越河流施工过程中，应避免施工活动所产生的污水或汽油等污染物进入河流内，以减少对水生生物的影响。

2）野生植被的保护

主要采用自然恢复与人工恢复相结合的方式，其中人工恢复主要是结合地形地貌、湿、温度等条件，有选择性地对生长速率较快的本土植物进行种植，以在短时间内恢复该区域的植被生长体系，减少地面工程建设对原地面植被的影响。

3）林业生态系统保护

施工道路尽量利用林业项目区内现有的道路，若由于地面工程建设需要新修施工道路，应尽量缩短其长度；针对林业项目区内需要特别保护或珍惜的树种，可在施工前安排人员对其进行移栽；对林业项目区内整个施工用地面积进行严格控制，减少林木的砍伐量等。

针对林业地段遭到破坏的植被，应采用种植树木的方式；对于树木种植成活率较低的地方，可适当种草或浅根系经济林木；在保证林地原有生态系统组成不变的前提下，在布局上可采用交错分布的种植方式，以促进植物种类的多样性发展，进而形成一个稳定性较强的生态体系；相关检疫部门应对种植所选的树种、种苗等进行病害方面的检疫，防止引入病害。

石油输送管道建设期间环境问题的形成原因及对策如表 3-14 所示。

表 3-14　石油输送管道建设期间环境问题的形成原因及对策

环境问题	形成原因	对　　策
大气污染	（1）土建施工造成地表裸露产生的扬尘； （2）建筑材料运输和清除垃圾时产生扬尘	（1）对裸露地面进行覆盖或不间断喷水； （2）运送建筑材料时加覆盖层； （3）清除垃圾时先洒水抑尘
水体污染	运输车辆、施工车具的冲洗废水，润滑油、废柴油等油类、泥浆废水以及混凝土保养时排放的废水	组织排放、集中处理
固体废弃物污染	（1）施工人员日常生活产生的生活垃圾； （2）施工过程中产生的弃土、建筑垃圾	（1）对生活垃圾，分类收集，无害化处理； （2）弃土，尽量回用； （3）建筑垃圾彻底清除
噪声污染	人类活动、交通运输工具、施工机械的机械运动	防噪、降噪、隔噪
土壤破坏	管沟开挖、管道敷设、管沟回填等施工环节	（1）减少占地，减少地表裸露面积； （2）挖出土依次堆放和回填； （3）建筑废料及时清理
生态平衡破坏	（1）施工车辆或机械对地表植物造成碾压和破坏； （2）分割或扰乱野生动物的栖息地、活动区域等以及机械设备等产生的噪声对野生动物造成惊扰； （3）穿越河流施工时，会增加水体中的泥沙量； （4）施工活动对现有林地造成不同程度的破坏	（1）减少占地； （2）实行滚动式开发； （3）施工后地表修复和绿化； （4）加强动植物和林地系统保护

3.6.3　原油加工过程中环境问题的对策

原油加工是为满足后续石油利用对产品性能的要求而对石油进行的加工，主要包括原油预处理和石油炼制两类过程。

3.6.3.1　原油预处理过程中环境问题的对策

原油预处理是脱除原油中所含的盐和水，使其满足后续加工过程对含水和含盐的要求。由表 3-6 可知，原油预处理过程会产生大量的含盐废水或含油废水，从而导致水体污染和土壤污染等环境问题。针对各环境问题的形成原因，可分别采取如下应对措施。

（1）水体污染的对策

原油预处理过程导致水体污染的原因是生产过程中产生的大量含盐废水和含油废水，含盐废水排入水体，会使水体盐分浓度升高，影响水生生物的生存、破坏水体的自净能力；含油废水排入水体后，一是会影响水生植物的光合作用，二是被水生生物富集、残留，并通过

食物链危害人体健康。因此要求在施工现场设置废水处理装置，将原油脱盐脱水过程中产生的含盐废水和含油废水进行组织排放、分类收集、集中处理，使其达到接纳水体的标准或者回用的标准。

（2）土壤污染的对策

原油预处理过程导致土壤污染的原因归根到底还是生产过程中产生的含盐废水或含油废水。含盐废水会通过渗流作用进入土壤，使土壤的含盐量增加，从而改变土壤的性质，影响土壤生产力。含油废水进入土壤后，废水中所含的大部分难降解石油烃被富集在土壤中，并通过化学反应改变土壤的性能，最终影响农作物生长。高分子量的石油烃难以被降解，随着大量污染物累积加剧，时间延长，使得难降解组分在土壤中大量富集。此外，石油污染物进入土壤环境后，污染物中含有的各类反应基团与氮、磷结合，限制了微生物的硝化作用和脱磷作用，从而导致土壤中有效氮、有效磷减少，土壤肥力降低，各类污染物附着在植物根系表面形成油膜，阻碍植物根系呼吸和对养分的吸收，从而导致植物根系腐烂，影响农作物的生长。

为防治原油预处理过程中导致的土壤污染，可采取与防治水体污染相同的措施，对生产过程中排放的含盐废水和含油废水进行组织排放、分类收集、集中处理，使其达到接纳水体的标准或者回用的标准。但必须加以注意的是，在组织排放、分类收集和处理过程中，一定要保证输送管道和处理设备的密闭性，防止产生意外的泄漏。

综上所述，原油预处理过程中环境问题的形成原因及对策如表 3-15 所列。

表 3-15　原油预处理过程中环境问题的形成原因及对策

环境问题	形成原因	对　　策
水体污染	从原油中脱出的含盐废水和含油废水	组织排放、分类收集、集中处理，达标排入受纳水体或回用
土壤破坏	从原油中脱出的盐分和油分	（1）组织排放、分类收集、集中处理，达标排入受纳水体或回用； （2）加强运行管理，杜绝泄漏

3.6.3.2　石油炼制过程中环境问题的对策

石油炼制是将原油加工成能满足不同使用要求的产品，为各行各业的发展提供动力与燃料。由表 3-7 可知，石油炼制过程中产生的环境问题主要是大气污染、水体污染和土壤污染，产生原因是生产过程产生的废气、废水、含油污泥三大类污染物。针对各种环境问题的产生原因，可针对性地采取如下应对措施。

（1）大气污染的对策

石油炼制过程造成大气污染的原因是炼制过程中产生的粉尘、SO_2、NO_x、重金属元素、沥青油烟、非甲烷烃等污染物以及大量排放 CO_2。针对各种污染物的产生原因，可分别采取以下应对措施。

1）烟气除尘

为了减轻石油炼制过程中向大气排放的粉尘对环境造成的影响，可对排放的烟气进行除尘处理。采用的设备可分为干式除尘器和湿式除尘器。

干式除尘器是指不对含尘气体或分离的尘粒进行润湿的除尘设备。干式除尘器按烟尘从烟气中分离出来的作用原理，可分为机械力除尘器、过滤除尘器和电除尘器三种。湿式除尘器是利用含尘气流与水或某种液体表面接触，使尘粒从气流中分离出来的装置，包括冲击式、泡沫式、文丘里式等除尘器。湿式除尘器可分为储水式、加压式和旋转式三种。

2）烟气脱硫

石油中含有的硫元素在石油炼制过程中会与空气中的氧气发生反应而生成硫氧化物，产生的硫氧化物主要有 SO_2、SO_3，从而形成硫酸雾和酸性尘等，对环境造成严重的影响。为了降低石油炼制过程中硫氧化物的排放量，可对排放的烟气进行脱硫处理。

烟气脱硫可根据脱硫产物的状态（固态或液态）分为干法脱硫和湿法脱硫。干法脱硫有喷雾干燥法、循环流化床等，湿法脱硫有石灰石/石灰法、双碱法等。根据含硫产物是否回收可分为抛弃法和回收法两大类，前者把含硫产物作为固体废物而抛弃，后者则把含硫产物作为副产品予以回收。当烟气中 SO_2 浓度较高时，可考虑采用回收法。抛弃法中应用较多的有石灰石/石灰浆液洗涤法、石灰浆喷雾干燥法、碱性浆液洗涤法、双碱法等，其中石灰石/石灰浆液洗涤法应用最多。回收法中应用较多的有石灰石（石灰）/石膏法、亚硫酸钠循环洗涤法、氧化镁浆液洗涤法、氨溶液洗涤法、碱性硫酸铝溶液洗涤法。此外还有活性炭法、柠檬酸钠溶液洗涤法等。

3）尾气脱氮

石油中含有的氮元素在炼制条件下与氧气发生化学反应而生成氮氧化物（NO_x）。为降低 NO_x 的危害，目前大多采取尾气脱氮技术。

尾气脱氮技术是在特定的条件下，将尾气中的 NO_x 去除，减少其向大气的排放量。常用的尾气脱氮技术有选择性催化还原法（SCR）、选择性非催化还原法（SNCR）、湿式氧化吸收脱硝法、电子束辐射法和脉冲电晕法等。其中 SCR 技术应用最为成熟。

4）二氧化碳捕集与利用

CO_2 不是有毒气体，但放任其排入大气，会加剧温室效应。可对石油炼制尾气中的 CO_2 进行捕集、纯化后实现资源化利用，既减少 CO_2 的排放量，减轻温室效应，又可得到廉价的 CO_2 资源并制得多种产品，实现环境效益与经济效益的双丰收。

5）重金属污染控制

为了控制石油炼制过程中的重金属排放，可在尾气排放前对其进行水洗、吸附等处理，使其中的重金属组分捕集、分离，减少排放尾气中的重金属含量。

6）非甲烷烃控制

石油炼制过程中，所用燃料的燃烧过程及原油的炼制过程均会产生非甲烷烃。虽然大部分非甲烷烃不会对人类产生危害，但也有少部分非甲烷烃具有强致癌性，即使只有很少量，也对人类存在巨大的危害。

控制非甲烷烃对大气造成污染，应分别从两个方面入手：采用先进燃烧技术，实现燃料的完全燃烧，避免多环有机化合物的产生；对排放烟气进行洗涤等处理，去除非甲烷烃。

（2）水体污染的对策

石油炼制过程导致水体污染的原因是生产过程中产生的含硫污水、汽提净化污水、碱渣污水、轻污油罐脱水、汽油罐脱水、污水处理场"三泥"滤后液、其他特殊的高浓度污水、生产装置无组织排放的污水等。这些废水直接排入受纳水体，就会导致水体污染。另外，被污染的地表水还会由于渗流作用而导致土壤污染和地下水污染。

为消除或缓解石油炼制过程的水体污染，要求在施工现场设置废水处理装置，将石油炼制过程中产生的各类废水进行组织排放、分类收集、集中处理，使其达到接纳水体的标准或者回用的标准。

（3）土壤污染的对策

石油炼制过程引起土壤污染的原因是生产过程中产生的各种含油污泥。含油污泥会改变

土壤的性质和结构，使土壤肥力降低，影响农作物生长。

为了消除或缓解石油炼制过程中含油污染对土壤环境的污染，应加强对生产过程的管理，将生产过程产生的含油污泥定点堆放，堆放点底部应进行防漏、防渗等固化处理，防止含油污泥中的污染组分通过渗流作用而流入土壤。对已产生的含油污泥应妥善处理，实现其无害化与资源化利用。与此同时，加强对土壤环境污染的监测，及时发现土壤污染问题，及时采取防治措施，避免土壤污染面积的不断扩大。

含油污泥对于土壤和水体而言是一种污染源，但由于含油污泥本身含有较高浓度的有机组分，因此也是一种能源载体，可采用适当的技术在进行无害化处理的同时实现资源化利用。具体处理方法可参考相关书籍（《污泥减量化与稳定化的物理处理技术》《污泥无害化与资源化的化学处理技术》《污泥稳定化与资源化的生物处理技术》）。

综上所述，石油炼制过程中环境问题的形成原因及对策如表3-16所示。

表3-16 石油炼制过程中环境问题的形成原因及对策

环境问题		形成原因	对　　策
大气污染	烟尘、沥青油烟等	在石油炼制过程中产生的固体小颗粒	尾气除尘
	二氧化硫	石油中所含的硫与空气中的氧发生反应而生成	尾气脱硫
	氮氧化物	石油中所含的氮元素与空气中的氮气在高温条件下氧化形成	尾气脱氮
	二氧化碳	石油中所含的碳元素与空气中的氧发生反应而生成	二氧化碳捕集与资源化利用
	重金属元素	石油中含有的重金属燃烧后在微粒上富集，形成各种重金属尘	尾气水洗、吸附
	非甲烷烃	石油的燃烧过程及原油炼制过程生成的	燃料完全燃烧；尾气水洗
水体污染	废水	生产过程各环节产生的各类废水	组织排放、集中处理、达标排放
土壤污染	含油污泥	生产过程中产生的各类含油污泥	（1）定点堆放，堆放点作防渗防漏处理；（2）无害化处理与资源化利用

实际生产中，要降低石油炼制过程对环境的污染，可从以下方面着手。

1）从源头进行处理

要降低石油炼制过程对环境的污染，必须对污染源进行处理，从源头上削减污染物的产生与排放。石油炼制企业需增强对废水、废气、废渣这三种污染物的处理力度，使用先进的技术和设备来处理废弃物，减少污染物的排放。严格遵循清洁生产的规定，将浓度不同的废液分开处理，并对经过处理后的废水进行回用。企业要安装必要的防污检测装置，以及时对所排放的废气废液加以检测，防止超标排放。

2）改进清洁生产的技术水平

在石油炼制过程中，不可避免地会产生一些废弃物，应改进生产技术与工艺，尽可能提高资源利用率。对于催化裂化的设备，需要尽可能运用含硫较少的原料，以减少其他原料与硫的反应；对于减压馏分加氢脱硫技术，在将一些原料投入设备之前应进行预处理，减少原料中的硫、氮以及氢等，以尽量减少硫元素在整个炼制过程中的量，进而减少污染物的排放。

3）提高三种污染物的处理技术水平

对于污染源的处理，不仅需要在源头上进行防治，还需要提高排放过程中的处理水平。

对于废气的处理，需对排放的废气进行综合治理，重点建设脱硫装置以及加氢技术，将石油炼制过程中的硫、氮、氢等脱出，减少硫的污染，同时，还可采取集中供气的办法，不仅能够大幅提高热效率，还可降低粉尘的排放；对于废液，要实现废液处理装置以及处理技术的优化升级，对一些过滤干净、不含硫的废水可进行重新利用，提高水资源的利用率；对于固体废弃物，可采用脱硫装置减少废渣中的硫含量，并且对于可循环利用的产品进行回收处理。

4）加强对石油炼制过程的监管

加强管理与控制也是一种有效的降污途径。在石油炼制过程中，很多垃圾废弃物的产生与随意排放都是由于监管不力。为了实现清洁生产的目标，需要加强管理控制力度。

3.6.4　油品利用过程中环境问题的对策

如前所述，石油的利用主要分三个方面：一是将石油炼制油品作为燃料的能源化利用，二是石油作为化工原料的石油化工，三是将石油化工的产品作为原料的高分子化工。由于石油及石油制品的特殊性，在其利用过程中均会产生一系列的环境问题，应根据各种环境问题的形成原因，有针对性地采取相应的措施。

3.6.4.1　石油能源利用过程中环境问题的对策

目前石油的能源利用就是将石油炼制的各种油品作为燃料，通过燃烧的方式将其化学能转化为热能（也包括进一步将热能转化为机械能或电能）的利用方法。实际过程中，石油的能源利用包括油品储运及油品使用两个方面。

（1）油品储运过程中环境问题的对策

由表 3-8 可知，油品储运过程中产生的环境问题主要是大气污染、水体污染、土壤污染和噪声污染，因此，可针对各种环境问题产生的原因采取针对性的应对措施。

1）大气污染的对策

油品储运过程中造成大气污染的主要原因是轻质组分的挥发。轻质组分在储运过程中的挥发是由化学特性决定的，不是工艺可以彻底解决的。因此，针对油品储运过程中轻质组分的挥发，无法从工艺杜绝，但可采取以下措施减缓其对环境造成的污染。

① 建立废油废气回收装置。在储存和运输过程中，油品的泄漏不可避免，因此，要想减少油品挥发导致的损失和污染，确保油气达到规定排放标准，企业应加强对油气回收工作的重视。这就要求企业建立相应的油气回收装置，对废油废气进行合理回收，降低油气泄漏导致的环境污染问题的发生概率。

② 合理选择油品储存装置。针对油品易挥发的特点，在进行油品储运时，需要合理选择油品的储运装置，降低油品的意外漏出。油品的运输装置主要以气罐装置为主，最常见的包括浮顶样式和内浮样式，这些油品储运装置极大地减少了油品的意外泄漏，对于油品的挥发现象具有抑制作用，间接对油品的安全性和环保性起到保护作用。

③ 严格控制油罐温度，减少挥发污染。油品储存时，管理人员应对油罐周围环境进行严格控制。一方面，应加强对油罐温度的重视，积极做好温度控制工作，如在大型浮顶油罐外部安装适当降温水循环设备和环形冷却喷洒水管等，最大程度减小因温度升高而导致的原油蒸发问题；另一方面，应尽量将油罐及相应设备设置浮顶，并定期对其进行保养维修，严格控制因外部因素导致的油罐腐蚀裂缝现象，减少油品损耗。

④ 为油罐安装呼吸阀挡板。由于油品的蒸发损耗是经过呼吸阀实现的，因此，通过对呼吸阀进行革新改造处理，在呼吸阀上安装一个挡板，减少油品的蒸发损耗，达到油品储运

的技术要求。在大罐进行收发油作业时，由于收发油品的流速过快，而引起大量的空气进入到罐内，引起油品的损耗。在大罐的呼吸阀下面安装一块挡板，使进入到大罐内的空气不直接冲击罐内的液面，当空气经过呼吸阀时，由挡板将其折射到管壁上，避免对液面产生冲刷作用，达到一定的降耗效果。

2）水体污染的对策

油品储运过程中导致水体污染的原因是储运各环节产生的各类废水，如油品进罐前的分离水、油罐检修时的清洗废水、初期雨水、集中储存罐区中的油罐脱水及清罐水等。如果这些废水没经合理处理而直接排放，就会对地表水体造成严重污染，还会由于渗流作用而导致土壤污染和地下水污染。

为防止油品储运过程造成的水体污染，要求对油品储运各环节产生的各类废水按"清浊分流"的原则进行组织排放、分类收集、集中处理，使其达到接纳水体的标准或者回用的标准。

对于各类废水，依处理方法的本质特征可分为物理法、化学法和生物法等。无论何种废水，根据其所含的特征污染物的类别，总可选用一种合适的处理方法。具体处理方法可参考相关书籍（《物理法水处理过程与设备》《化学法水处理过程与设备》《生物法水处理过程与设备》）。

3）土壤污染的对策

油品储运过程造成土壤污染的原因是油罐和运输工具产生的油罐底泥，这些呈油渣的底泥如果不经彻底处理而随意堆放，会改变土壤的性质和结构，从而造成严重的土壤污染。

为了减少油罐底泥的产生，可在罐内建立侧壁搅拌器，连续或使其进行间歇的混合，能够极大地降低污泥沉积以及对清洗槽进行清洗的次数。

对于产生的油罐底泥，可将其定期清出。为了消除或缓解油罐底泥对土壤环境的污染，应将生产过程产生的含油污泥定点堆放，堆放点底部应进行防漏、防渗等固化处理，防止底泥中的污染组分通过渗流作用而流入土壤。对已产生的油罐底泥应妥善处理，实现其无害化与资源化利用。与此同时，加强对土壤环境污染监测，及时发现土壤污染问题，及时采取防治措施，避免土壤污染面积的不断扩大。

从本质上讲，油罐底泥是一种含油污泥，虽然会对于土壤和水体产生污染，但由于含油污泥本身含有较高浓度的有机组分，因此也是一种很好的能源载体，可选用适当的技术在进行无害化处理的同时实现资源化利用。具体处理方法可参考相关书籍（《污泥减量化与稳定化的物理处理技术》《污泥无害化与资源化的化学处理技术》《污泥稳定化与资源化的生物处理技术》）。

4）噪声污染的对策

在油品的装卸过程及运输设备的运行过程中，均会产生高分贝噪声，从而导致噪声污染。

减少噪声污染可选择低噪声电机、大功率泵的电机安装噪声屏蔽，主要是对电机噪声进行隔离，降噪一般约为10~15dB；也可在压缩机的出口和排气管上安装消声器。

综上所述，油品储运过程中环境问题的形成原因及对策如表3-17所示。

表3-17　油品储运过程中环境问题的形成原因及对策

环境问题	形成原因	对　　策
大气污染	汽油等在储运过程中挥发产生的油气	（1）建立废油废气回收装置； （2）合理选择油品储存装置，严格控制油罐温度； （3）油罐安装呼吸阀挡板
水体污染	储罐进油、油罐检修等环节产生的废水	组织排放、分类收集、集中处理、达标排放

环境问题	形成原因	对 策
土壤污染	油罐和运输工具产生的含油底泥	（1）罐内侧壁安排搅拌器，减少含油底泥产生量； （2）定点堆放，堆放点底部做防渗防漏处理； （3）无害化处理与资源化利用
噪声污染	油品装卸或油品运输工具运行过程中产生的噪声	（1）选用低噪声电机； （2）安装噪声屏蔽，实现隔噪； （3）安装消声器

（2）油品使用过程中环境问题的对策

油品的使用，就是将石油炼制得到的各种燃料油燃烧，将其化学能转化为热能，大多数同时进一步转化为机械能。目前使用量最大、应用面最广的油品是汽油和柴油，因此本节仅讨论汽油和柴油使用过程中环境问题的对策。

1）汽油在使用过程中环境问题的对策

汽油主要用于汽车，通过内燃式燃烧将其化学能转化为热能和机械能，驱动汽车行驶。由表 3-9 可知，汽油利用过程中产生的环境问题主要是由于汽油不完全燃烧产生的污染物而导致的大气污染。汽油不完全燃烧产生的污染物包括一氧化碳、烃类化合物、氮氧化物、硫氧化物、含铅尾气，因此可分别针对各种污染物采取相应的对策。

① 一氧化碳控制。一氧化碳是汽油不完全燃烧的产物，为减少汽油使用过程中由于不完全燃烧产生的一氧化碳，应提高汽车的燃烧性能。

② 烃类化合物控制。烃类化合物也是汽油不完全燃烧的产物，也可通过提高汽车的燃烧性能而减少烃类化合物的排放。同时，也可通过提高油品质量控制烃类化合物的排放，如严格控制汽油中芳烃（特别是苯）和烯烃的含量，并进一步降低汽油蒸气压。

③ 硫氧化物控制。硫氧化物是汽油所含的硫元素在高温燃烧条件下转化而成的，要减少硫氧化物排放，可提高油品的质量，降低油中硫含量。

④ 氮氧化物。氮氧化物是由汽油中含有的氮元素在高温燃烧条件下产生的，要控制氮氧化物排放，可在车外设置净化处理装置，如三元催化等。

⑤ 含铅尾气。汽油含铅会导致排放的尾气含铅。要消除尾气中的铅，也需在车外设置净化处理系统。

汽油使用过程中环境问题的形成原因及对策如表 3-18 所示。

表 3-18　汽油使用过程中环境问题的形成原因及对策

环境问题		形成原因	对 策
大气污染	一氧化碳	不完燃烧产生	提高车辆燃烧性能
	烃类化合物	不完全燃烧产生	（1）提高车辆燃烧性能； （2）改善油品品质
	硫氧化物	汽油中所含的硫与空气中的氧发生反应而生成	改善油品品质
	氮氧化物	汽油中所含的氮元素及空气中的氮气在高温条件下被氧化形成	车外设置净化处理装置
	含铅尾气	汽油中所含的铅在燃烧条件下转移至废气	车外设置净化处理装置

2）柴油在使用过程中环境问题的对策

柴油使用过程中产生的环境问题与汽油基本相似，因此可采取相似的对策，如表 3-19 所示。但由于柴油机的效率高于汽油机，所以推广柴油机的使用会减少 CO_2 的排放。

表 3-19 柴油使用过程中环境问题的形成原因及对策

环境问题		形成原因	对　　策
大气污染	一氧化碳	不完燃烧产生	提高车辆燃烧性能
	烃类化合物	不完全燃烧产生	（1）提高车辆燃烧性能； （2）改善油品品质
	硫氧化物	柴油中所含的硫与空气中的氧发生反应而生成	改善油品品质
	氮氧化物	柴油中所含的氮元素及空气中的氮气在高温条件下氧化形成	车外设置净化处理装置
	PM	柴油不完全燃烧产生的碳烟	车外设置净化处理装置

总体而言，针对汽油和柴油在使用中产生的环境问题，可采取如下三条对策：

第一，也是最根本和最终的途径，改变汽车的动力。如开发电动汽车及代用燃料汽车。此途径可使汽车根本不产生或只产生很少的污染气体。

第二，改善现有的汽车动力装置和燃油质量。采用设计优良的发动机、改善燃烧室结构、采用新材料、提高燃油质量等都能使汽车排气污染减少，但是不能达到"零排放"。

第三，也是目前广泛采用的适用于大量在用车和新车的净化技术，采用一些先进的机外净化技术对汽车产生的废气进行净化以减少污染。机外净化技术就是在汽车的排气系统中安装各种净化装置，采用物理、化学方法减少排气中的污染物。机外净化装置可分为催化反应器和过滤收集器两类，前者多用于汽油机汽车，后者多用于柴油机汽车，但都不能达到"零污染"。

3.6.4.2　石油化工利用过程中环境问题的对策

由表 3-11 可知，石油化工利用过程中会产生的大量有害物质，导致大气污染、水体污染、土壤污染和噪声污染等环境问题。因此，可根据各环境问题产生的原因，针对性地采取如下对策。

（1）大气污染控制

石油化工利用过程造成大气污染的主要原因是生产过程中产生的各类废气。这些废气的成分较为复杂，主要包含粒子类物质、含硫化合物、含氮化合物、一氧化碳和有机化合物等，带有强烈的刺激性气味，甚至发出恶臭，这些气体的处理最好是采用燃烧、吸附、生物脱臭等方法。对于含较小直径颗粒的有害烟雾，应通过玻璃纤维过滤法将其彻底滤除。

要想有效处理石油化工中的废气污染，最根本的还是要加强无污染、少污染的生产工艺的应用，加强生产设备的改进，尽量提高管道设备与机泵设备的密闭性，科学进行废气的回收与再利用。如果是污染程度最严重的酸性废气，最主要的处理方法就是根据特定的反应机理将其转化，实现变废为宝。与此同时，还可以使用高烟囱扩散的方法将大气的污染根据预测浓度进行科学的组织排放，进而实现更大范围的扩散，降低部分地区的局部污染程度。

（2）水体污染控制

石油化工利用过程中导致水体污染的原因是生产过程中产生的各类含油、盐以及酚等有害物质的废水，不仅成分复杂，而且排放量大，处理起来非常困难。

对于石油化工生产过程中造成的废水污染，首先要建立健全用水排水系统，建立起没有害处的生产工艺，降低设备的排污量，使污水处理负荷减少，保证工艺流程的优化。尽量取消直排式冷却水，使得循环水利用率得到提高。加强管理，防止跑、冒、滴、漏等现象的发生，做好预处理和局部处理的工作，将有用物质有效回收，使水的重复利用率逐渐提高，将清污分流、污污分流等工作做好，科学合理地规划排水系统，进而保证废水的达标排放。

（3）土壤污染控制

石油化工生产过程中导致土壤污染的原因是生产过程中产生的酸渣、盐泥、碱渣及污泥等废弃物。要防止废弃物对土壤的污染，首先可通过改进生产工艺，减少废弃物的减少量；其次，对产生的废弃物，可根据其组分与性质，分门别类地进行无害化治理和资源化利用。

尽管当前石油化工产业的废弃物得到了一定程度的治理，但还存在着一些不好解决的问题。首先，使用硫酸进行碱渣的酸化，将环烷酸和粗酚进行回收，这样的方法尽管可行，但是很难控制酸化条件。比如使用二氧化碳进行碱渣的处理将环烷酸与粗酚回收，非常容易发生乳化现象，粗酚与环烷酸非常难分离处理，如果再加热破乳，则会使操作过程过于复杂。其次，碱渣中和法在进行废弃物的处理时，需要将酸渣回收利用，实现硫酸钠的生产，尽管工艺相对成熟，但产品有异味。通过氨水与酸渣的中和进行硫铵的生产，在进行反应时，也容易导致大气污染。

（4）噪声污染控制

随着生产规模的大型化，大型机械设备、大功率机组等的应用，导致石油化工利用过程产生非常严重的噪声污染。

在石油化工生产过程中进行噪声的处理主要有两种方式。首先，加强对装置与设备的噪声水平的控制，在引进装置时，不仅要看重工艺是否先进，而且要考虑噪声控制水平，并结合实际情况提出具体的要求。在进行工程设计时，要尽量将噪声控制设计水平提高，如果有特殊的声源，要尽量进行污染源的压缩。

综上所述，石油化工利用过程中环境问题的形成原因及对策如表 3-20 所示。

表 3-20　石油化工利用过程中环境问题的形成原因及对策

环境问题		形成原因	对　　策
大气污染	废气	生产过程排放的，含粒子类物质、含硫化合物、含氮化合物、一氧化碳和有机化合物	（1）燃烧、吸附、生物脱臭处理； （2）过滤清除小颗粒杂质； （3）改进设备，减少泄漏； （4）资源化利用
水体污染	废水	石油化工利用过程中产生的含油、含盐、含酚等有害废水	（1）健全用水排水系统； （2）废水处理达标排放或回用
土壤污染	废弃物	石油化工利用过程中产生的各类废弃物	（1）改进生产工艺，减少产生量； （2）无害化处理与资源化利用
噪声污染	噪声	大型机械设备、大功率机组运行过程中产生	（1）控制噪声水平； （2）隔离噪声

除前述针对各环境问题产生的原因而采取相应的措施外，还应从源头出发，加强石油化工的清洁生产，减少各类污染源的产生。

清洁生产对工业生产提出了非常严格的要求。在工业生产的过程中，一定要进行资源与能源的节约，及时将落后的工艺与设备以及有害的原材料等淘汰，实现废弃物排放数量、污染率以及毒性的降低。尽量减少产品从原材料转变为成品过程中对环境造成的不良影响，一定要将产品全生命周期中的各项因素纳入实践中，进而实现产品的清洁生产。

石油化工是一个重要的行业，石油化工企业主要有污染不可控、严重污染环境、治理难

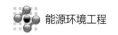

度大等生产特点,这在很大程度上决定了在石油化工企业中开展清洁生产的重要性和迫切性。清洁生产是现代石油化工企业积极响应国家可持续发展战略的主要表现,更是企业自身实现可持续发展的关键性措施,不仅在控制污染方面有着重要的作用,而且增强了企业在市场竞争中的实力,同时有效增加了企业的经济效益和社会效益,为企业健康发展打下了坚实的基础。

参考文献

[1] 朱玲,周翠红. 能源环境与可持续发展 [M]. 北京:中国石化出版社,2013.

[2] 杨天华,李延吉,刘辉. 新能源概论 [M]. 北京:化学工业出版社,2013.

[3] 卢平. 能源与环境概论 [M]. 北京:中国水利水电出版社,2011.

[4] 潘一,张秋实,佟乐,等. 油气开采工程 [M]. 北京:中国石化出版社,2014.

[5] 彭永灿,秦军,谢建勇. 中深层稠油油藏开发技术与实践 [M]. 北京:石油工业出版社,2018.

[6] 郭肖. 非常规油气田开发教程 [M]. 北京:科学出版社,2018.

[7] 王步娥,宋开利. 致密油气开采技术与实践 [M]. 北京:中国石化出版社,2015.

[8] 雷宇,李勇. 气举采油工艺技术 [M]. 北京:石油工业出版社,2011.

[9] LYONS W 著. 采油采气工程指南 [M]. 王俊亮,郭昊,钦东科,等译. 北京:石油工业出版社,2015.

[10] 刘丽,赵跃军,曲国辉,等. 特殊油气田开发 [M]. 北京:石油工业出版社,2018.

[11] 廖传华,耿文华,张双伟. 燃烧技术、设备与工业应用 [M]. 北京:化学工业出版社,2018.

[12] 袁士义,王强. 中国油田开发主体技术新进展与展望 [J]. 石油勘探与开发,2018,45(4):657-668.

[13] 析创伟. 玉北6块油田开发方案研究 [D]. 大庆:东北石油大学,2018.

[14] 武毅. 辽河油田开发技术思考与建议 [J]. 特种油气气藏,2018(6):96-100.

[15] 刘凡. 水驱油田开发生产调控优化方法 [J]. 石油地质与工程,2018(4):69-71,125.

[16] 李玉红,常毓文,吴向红,等. 长期停产对油田开发规律的影响 [J]. 西南石油大学学报(自然科学版),2016,38(4):117-122.

[17] 赵兵杰,张建护,王克宽,等. 国内开孔设备现状及在海洋石油开发中的应用 [J]. 中国造船,2009,A1:683-687.

[18] 殷国瑞,屈泰来. 地质特征对油田开发的影响探析 [J]. 云南化工,2018,45(2):172.

[19] 呼红蕾,贺付龙. 油田开发后期的采油工艺技术研究 [J]. 化设计通讯,2018,44(12):49.

[20] 刘聪. 新肇油田开发地质特征及注水开发效果研究 [D]. 大庆:东北石油大学,2018.

[21] 温锐. 浅析石油开采三次采油技术应用现状及发展展望 [J]. 化工管理,2018(21):168.

[22] 李瑞. 三元复合驱采油技术在石油开采中的应用 [J]. 石化技术,2018,25(4):154.

[23] 殷永强. 石油开采中三元复合驱采油技术的应用 [J]. 化工设计通讯,2018,44(4)31.

[24] 程亚敏,李艾玲,马玉琪,等. 石油开采三次采油技术应用现状及发展展望 [J]. 广州化工,2017,45(7):1-2,13.

[25] 朱大雷. 四种石油开采助剂在采油中的应用 [J]. 科技创新与应用,2016(13):113.

[26] 吴奕含. 低渗透油田的石油开采技术研讨 [J]. 化工管理,2019(2):212.

[27] 昝晨垚,王锴,焦金,等. 石油开采中水平井钻井技术的作用分析 [J]. 中国化工贸易,2018(28):79.

[28] 姚密. 绿色低碳理念下的石油开采与绿色管理 [J]. 化学工程与装备,2018(8):180-181.

[29] 田玲. 海洋石油开采工程 [M]. 东营:石油大学出版社,2015.

[30] 安国亭,卢佩琼. 海洋石油开发工艺与设备 [M]. 天津:天津大学出版社,2001.

[31] 金鑫. 海洋石油开发工程项目的进度管理研究——基于 YC 油田开发工程项目实践 [D]. 广州:暨南大学,2015.

[32] 张昕，马晓迅. 石油炼化深度加工技术［M］. 北京：化学工业出版社，2011.

[33] 刘志坚. 石油炼制及石油化工催化剂［M］. 北京：中国石化出版社，2015.

[34] ROBERT A M. Handbook of Petroleum Refining Processes. 萃取脱硫与分离工艺［M］. 哈尔滨：哈尔滨工业大学出版社，2017.

[35] ROBERT A M. Handbook of Petroleum Refining Processes. 裂化与焦化［M］. 哈尔滨：哈尔滨工业大学出版社，2017.

[36] 从海峰，李洪，高鑫，等. 蒸馏技术在石油炼制工业中的发展与展望［J］. 石油学报（石油加工），2015，31（2）：315-324.

[37] 沈波，嵇大勇. 石油炼制工艺的催化重整反应［J］. 中国化工贸易，2018（25）：72.

[38] 张强. 石油炼制加工及常见工艺流程介绍［J］. 科学技术创新，2018（27）：53-54.

[39] 杨建伟. 石油炼制技术发展趋势探讨［J］. 中国化工贸易，2018，10（34）：108.

[40] 刘家明，王玉翠，将荣兴. 石油炼制工程师手册（第 2 卷）：炼油装置工艺及工程［M］. 北京：中国石化出版社，2017.

[41] 荣尧. 石油炼制企业节能减排技术与管理［D］. 北京：北京大学，2014.

[42] 张涛. 关于石油炼制设备腐蚀的防治措施［J］. 化工管理，2017（12）：17.

[43] 田志仁，夏青. 石油炼制竣工环保验收监测检查常见问题［J］. 中国环境监测，2017，33（1）：44-49.

[44] 陈俊武. 回顾中国石油炼制工业的进步和技术创新［J］. 化工学报，2013，64（1）：28-33.

[45] 祁涛，李顺凯，刘锦程，等. 石油炼制过程中催化裂化装置应用分析［J］. 科技创新导报，2018，15（6）：91-92.

[46] 石油炼制与化工编辑部. 加氢技术［M］. 北京：中国石化出版社，2000.

[47] 张世哲. 石油炼制中的加氢技术问题研究［J］. 云南化工，2018，45（8）：60-61.

[48] 赵岩，徐建华. 我国石油化工行业事故风险分析［J］. 北京大学学报（自然科学版），2018，54（4）：857-864.

[49] 吴德荣. 石油化工结构工程设计［M］. 上海：华东理工大学出版社，2018.

[50] 张继群. 石油化工和化学工业用水定额［M］. 北京：中国质检出版社，2014.

[51] 黄兴华，刘守超，马红蕾. 石油化工生产节能措施［J］. 化工设计通讯，2018，44（2）：172.

[52] 沙莎，崔积山，郭森，等. 石油化工园区环境风险管控探讨［J］. 环境保护，2017，45（5）：26-28.

[53] 史艳华，叶青松，梁平，等. 石油化工过程装备的环烷酸腐蚀与防护［J］. 材料保护，2017，50（3）：68-73，78.

[54] 许茸. 石油化工技术的新进展［J］. 石化技术，2018，25（10）：228.

[55] 师行艳，王军，王熙承，等. 石油化工装置脱臭设计［J］. 化工管理，2018（20）：109-110.

[56] 张凯博，贾永磊. 石油化工工程设计分析［J］. 化工设计通讯，2018，44（5）：39.

[57] 康明艳. 石油化工生产技术［M］. 北京：中央广播电视大学出版社，2014.

[58] 吕斌，郭时金. 石油化工装置管道设计［J］. 化工设计通讯，2018，44（10）：27.

[59] 罗毅，王娟. 石油化工仪表的选择与应用［J］. 化工设计通讯，2018，44（6）：29-30.

[60] 孟凡超. 石油化工装置防雷设计［J］. 科技创新与应用，2018（12）：92-93.

[61] 刘成玉. 石油化工装置工艺的研究［J］. 中国新技术新产品，2018（4）：70-71.

[62] 李海媚. 高分子化工材料的应用前景探究［J］. 中国化工贸易，2018，10（3）：252.

[63] 吴涛. 高分子化工材料的现状与研究［J］. 信息记录材料，2018，19（12）：14-15.

[64] 季学广. 浅谈高分子化工材料在我国的发展［J］. 化工设计通讯，2018，44（12）：72.

[65] 李诗媛，张廷栋，于挺. 我国高分子化工材料的发展现状［J］. 化工设计通讯，2017，43（4）：51.

[66] 张耿明. 高分子化工材料的特点、用途和发展现状［J］. 化工设计通讯，2016，42（9）：37.

[67] 杜伯学，韩晨磊，李进，等. 高压直流电缆聚乙烯绝缘材料研究现状［J］. 电工技术学报，2019，34（1）：179-191.

[68] 喻健良，纪文涛，孙会利，等. 乙烯/聚乙烯两相体系爆炸特性［J］. 化工学报，2017，68（12）：4841-4847.

[69] 陶文彪，朱光亚，宋述勇，等. 交联聚乙烯中丛状电树枝的生长机制［J］. 中国机电工程学报，2018，38（13）：4004-4012，4042.

[70] 刘炯，林祥，任冬云. 压力对低密度聚乙烯熔体黏度的影响 [J]. 高分子材料科学与工程，2018，34（2）：93-98，104.

[71] 王孟，单德才，廖云，等. 超高分子量聚乙烯均匀塑性形变热行为 [J]. 高分子材料科学与工程，2018，34（1）：50-53.

[72] 石素宁，赵康，辛长征，等. 微注射成型高密度聚乙烯——线性低密度聚乙烯共混物的微结构及力学性能 [J]. 复合材料学报，2018，35（9）：2493-2480.

[73] 王吉辉，郑威，郭雁，等. 低缠结超高分子量聚乙烯微观结构与拉伸性能 [J]. 高分子材料科学与工程，2019，35（1）：48-52.

[74] 刘丽，刘昕，陈琦波，等. 聚乙烯尾气安全回收和利用 [J]. 天然气化工（C1 化学与化工），2018，43（2）：84-86.

[75] 杜伯学，李忠磊，杨卓然，等. 高压直流交联聚乙烯电缆应用与研究 [J]. 高电压技术，2017，43（2）：344-354.

[76] 杨乐，魏江涛，罗筑，等. 高密度聚乙烯的熔融支化及其对性能的影响 [J]. 高分子学报，2017（8）：1339-1349.

[77] 张宁，侯斌，张博，等. 线型低密度聚乙烯的分级制备 [J]. 合成树脂与塑料，2018，35（5）：10-12.

[78] 陈毅明，沃奇中，裘杨燕. 综合管廊用聚氯乙烯通信管材的开发 [J]. 给水排水，2018，55（A2）：216-218.

[79] 单博，张小萍，史伟国. 乙烯-醋酸乙烯共聚物改性聚氯乙烯的研究 [J]. 中国塑料，2018，32（2）：63-66.

[80] 廖怡文，田雨灵，周勇，等. 焙纺氯化聚氯乙烯纤维的制备及性能研究 [J]. 合成纤维工业，2018，41（4）：43-45.

[81] 杨璐. 黏合剂用氯化聚氯乙烯的制备、表征及性能 [D]. 青岛：青岛科技大学，2018.

[82] 徐契. 硬质交联聚氯乙烯泡沫材料的制备研究 [D]. 上海：华东理工大学，2018.

[83] 王文玲. 聚氯乙烯复合材料共混改性的研究 [D]. 青岛：青岛科技大学，2018.

[84] 胡昕雨，张晓红. 阻燃抗熔滴聚酯纤维和尼龙纤维的研究进展 [J]. 化学工程与装备，2018（7）：252-254.

[85] 张小良，张志凯，沈倩，等. 聚酰胺纤维粉尘的爆炸特性 [J]. 中国粉体技术，2016，22（3）：22-26.

[86] CHAPMAN W. 聚酯和聚酰胺纤维最新进展 [J]. 国际纺织导报，2018，46（8）：12.

[87] 胡尉博. 聚酰胺纤维的表面改性及其性能研究 [D]. 武汉：武汉理工大学，2016.

[88] 宗源. 远红外聚酰胺纤维及其织物的制备和性能研究 [D]. 上海：东华大学，2013.

[89] 孙振华，马建伟. 抗菌聚酰胺纤维的研究现状及展望 [J]. 产业用纺织品，2018，36（9）：1-4.

[90] 庞宏伟. 导电芳香族聚酰胺纤维的制备与性能研究 [D]. 上海：上海大学，2016.

[91] 周正东. 改性聚酰胺纤维的开发现状及发展趋势 [J]. 合成纤维工业，2014，37（1）：60-65.

[92] 刘潇. 循环利用聚酯纤维再生资源 [J]. 染整技术，2018，40（4）：7-9，36.

[93] 赵星，郭江彦. 阻燃聚酯纤维的制备及性能研究 [J]. 印染助剂，2018，35（4）：31-34，41.

[94] 李珊珊，乔辉，胡蝶，等. 聚酯纤维抗静电改性的研究进展 [J]. 现代化工，2017，37（9）：17-20.

[95] 张斌，裴春明，张建功，等. 聚酯纤维用于低频降噪的研究 [J]. 中国电力，2017，50（4）：94-99.

[96] 王鸣义. 高品质阻燃聚酯纤维及其织物的技术进展和趋势 [J]. 纺织导报，2018（2）：13-22，24.

[97] 徐造林，章友鹤，赵连英，等. 探析新型改性聚酯纤维的性能特点及应用领域 [J]. 纺织导报，2018（11）：79-82.

[98] 白瑛. 酸性染料可染聚酯纤维的研究 [J]. 合成纤维，2019，48（1）：12-14.

[99] 王振安，李楠，吕汪泽，等. 聚丙烯腈纳米纤维的高效制备及结晶取向性能 [J]. 高分子学报，2018（6）：755-764.

[100] 席诗悦. 废聚丙烯腈的高质化利用 [D]. 北京：中国地质大学，2018.

[101] 赵雅娴，武帅，康震，等. H_2O_2 改性对聚丙烯腈原丝化学结构的影响 [J]. 复合材料学报，2019，36（1）：85-95.

[102] 黄翔宇，宋文迪. 连续搅拌釜合成聚丙烯腈的聚合工艺 [J]. 高分子材料科学与工程，2017，33（4）：14-18，24.

[103] 任元林，王灵杰，刘甜甜. 无卤阻燃聚丙烯腈纤维的制备及性能 [J]. 高分子材料科学与工程，2016，32（5）：130-133.

[104] 任元林，张悦，谷叶童，等. 含磷阻燃聚丙烯腈纤维的制备及其性能 [J]. 纺织学报，2017，38（8）：1-5.

[105] 李福崇，王琳蕾，李旭，等. 链中环氧化溶聚丁苯橡胶的制备及性能 [J]. 合成橡胶工业，2018，41（5）：331-335.

[106] 韩明哲，仝璐，孙福权，等. 官能化溶聚丁苯橡胶的性能评价 [J]. 合成橡胶工业，2018，41（3）：190-193.

[107] 刘春利. 芳纶表面改性对丁苯橡胶生热的影响 [D]. 贵阳：贵州大学，2018.

[108] 邢震艳，傅智盛，范志强．丁苯橡胶的合成与应用进展［J］．弹性体，2018，28（6）：68-73.

[109] 付宾，杨晓翔．炭黑颗粒对丁苯橡胶材料力学性能的影响［J］．力学季刊，2017，38（3）：510-517.

[110] 杨灵娟，何连成，龚光碧，等．乳聚丁苯橡胶共混改性研究现状［J］．合成橡胶工业，2017，40（1）：75-80.

[111] 仝璐，韩明哲，靳昕东，等．双官能化溶聚丁苯橡胶结构与性能评价［J］．合成橡胶工业，2017，40（1）：24-27.

[112] 姜连升．稀土顺丁橡胶［M］．北京：冶金工业出版社，2016.

[113] 朱寒，郝雁钦，段常青，等．窄分子量分布超高顺式稀土顺丁橡胶的合成与性能［J］．合成橡胶工业，2018，41（2）：88-94.

[114] 陆本申．顺丁橡胶装置回收精制系统的优化［D］．上海：华东理工大学，2017.

[115] 张浩，于琦周，张新惠，等．窄分布支化结构稀土顺丁橡胶的性能［J］．应用化学，2016，33（12）：1408-1414.

[116] 许晋国．不同品种顺丁橡胶性能比较［J］．广东化工，2018，45（7）：43-45，25.

[117] 王丽静，曲亮靓，解希铭，等．顺丁橡胶的结构与性能研究［J］．轮胎工业，2018，38（11）：667-672.

[118] 安晓辉．稀土顺丁橡胶的基本性能研究［J］．中国化工贸易，2018，10（32）：216.

[119] 薛超．顺丁橡胶溶剂及丁二烯回收工艺模拟与优化［D］．北京：中国石油大学，2016.

[120] 杨硕．石油开采存在的问题及原因［J］．化工管理，2016（24）：58.

[121] 廖传华，张秝湲，冯志祥．重点行业节水减排技术［M］．北京：化学工业出版社，2016.

[122] 王双峰．石油开采对自然环境的影响探析［J］．中国石油和化工标准与质量，2016，36（16）：90-91.

[123] 宁奎斌，陶虹，孙晓东，等．石油开采对陕北生态脆弱区地质环境影响成灾机理分析［J］．灾害学，2018，33（4）：44-47.

[124] 陈志谋，胡波，陈金虎，等．利用 InSAR 技术监测石油开采引起的地表形变［J］．测绘通报，2017（11）：42-46.

[125] 李刚，王启龙，何利蓉，等．石油开采对延安周边黄土高原丘陵沟壑区群落多样性的影响［J］．中国矿业，2018，27（A2）：51-55.

[126] 白玉军，李冬冬，许晋东，等．石油开采中产生的硫化氢危害及防护研究［J］．化工管理，2018（27）：27-28.

[127] 刘金虎，邹若华，张玮，等．石油开采对地下水的污染及防治对策［J］．科技经济导刊，2018，26（35）：113.

[128] 李永，张丽娜．海洋石油开发中的环境立法之完善——以规制海洋石油开发溢流为视角［J］．求是学刊，2018，45（3）：100-107.

[129] 崔红梅．我国海洋石油开发环境保护法律制度研究［D］．成都：西南石油大学，2018.

[130] 周阳．我国海洋石油开发环境污染的罚款设定研究［D］．成都：西南石油大学，2018.

[131] 朱作鑫．海洋石油开发污染损害赔偿基金制度的价值基础［J］．生态经济，2018，34（6）：194-198.

[132] 殷晓程．海洋石油开发跨界损害的国际赔偿责任［D］．呼和浩特：内蒙古大学，2015.

[133] 彭吉友，隋迎光，左常腾．海洋石油开发中油污染监测现状［J］．环境工程，2015，33（A1）：737-739，833.

[134] 王晓冬．浅谈如何在海洋石油开发中做好海洋环保工作［J］．化工管理，2018（16）：118.

[135] 吴红卫．海洋石油开发中的安全管理研究：以渤海油田开发为例［D］．北京：中国地质大学，2010.

[136] 李遐桢，甄增水．论海洋石油开发油污事故赔偿责任限制［J］．华北科技学院学报，2015，12（2）：78-82.

[137] 邵洪军．论海洋石油开发中的海洋环境保护［J］．中国造船，2010，51（A2）：665-670.

[138] 邱弋冰．海洋石油开发工程环境影响后评价研究［D］．青岛：中国海洋大学，2006.

[139] 柴红云，赵东风，卢磊．石油开采过程中环境影响后评价的初步探索［J］．现代化工，2017，37（2）：17-19，21.

[140] 王林昌．石油开发对环境的影响及对策研究：以中原油田为例［D］．青岛：中国海洋大学，2009.

[141] 牛丽春，肖烯杰，陈磊．我国环境影响评价的研究进展及存在问题［J］．四川有色金属，2011（1）：45-48.

[142] 梁鹏，陈凯麒，苏艺，等．我国环境影响后评价现状及其发展策略［J］．环境保护，2013，41（1）：35-37.

[143] 邓晴雯．石化项目环境影响后评价方法及案例研究［D］．大连：大连理工大学，2015.

[144] 张力军，张鹏国，费良军．油气田开发对生态环境影响的综合评价指标体系与评价方法研究［J］．沈阳农业大学学报，2011，42（5）：600-605.

[145] 江志华，王华，蔡伟叙，等. 海洋石油开发工程环境影响后评价初探 [J]. 油气田环境保护，2006，16（3）：52-54，62.

[146] 韩胜国. 石油开采污染治理调查分析及其防治对策 [J]. 节能环保，2018（8）：3826-3826.

[147] 刘德敏，马晓红. 油田开发对生态环境的影响研究 [J]. 中国科技信息，2010（22）：25-27.

[148] 张昌楠. 油田开发对环境的影响分析 [J]. 环境保护与循环经济，2008，28（2）：49-51.

[149] 董培林，寇杰，曹学文. 三次采出液处理技术及应用 [M]. 北京：中国石化出版社，2010.

[150] 刘金虎，邹若华，何能欣，等. 石油开采废水处理技术的现状与展望 [J]. 山东工业技术，2019，（2）：79.

[151] 李超. 石油开采废水处理技术的现状与展望 [J]. 中国化工贸易，2018，10（31）：63.

[152] 欧盟委员会联合研究中心. 石油炼制天然气加工工业污染综合防治最佳可行技术 [M]. 周岳溪，吴昌永，伏小勇，等译. 北京：化学工业出版社，2016.

[153] 王军键，安莹，周振，等. 某石油化工污水处理厂有机物迁移转化规律研究 [J]. 工业水处理，2018，38（9）：68-72.

[154] 吕兆丰，魏巍，杨干，等. 某石油炼制企业 VOCs 排放源强反演研究 [J]. 中国环境科学，2015，35（10）：2958-2963.

[155] 李煜婷，许德刚，冉照宽，等. 石油炼制中多环芳烃的排放和消减特征研究 [J]. 华南师范大学学报（自然科学版），2018，50（6）：54-60.

[156] 黄春燕. 石油化工废气处理技术及发展趋势 [J]. 中国新技术新产品，2018（9）：123-124.

[157] 徐占杰. 石油炼制过程中的清洁技术分析 [J]. 中国石油和化工标准与质量，2016，36（7）：79-80.

[158] 任艳芳. 研究石油炼制企业的清洁生产工艺 [J]. 中国化工贸易，2018（29）：68.

[159] 李伟强. 研究石油炼制企业的清洁生产工艺 [J]. 当代化工研究，2018（2）：121-122.

[160] 程俊梅. 某石油炼制污水重大污染源分析与控制对策 [J]. 水处理技术，2014，40（12）：115-118.

[161] 王天普. 石油化工清洁生产与环境保护技术进展 [M]. 北京：中国石化出版社，2005.

[162] 宋亚平. 石油化工生产中的环境保护问题探究 [J]. 化工管理，2018（3）：65.

[163] 刘悦婷. 石油化工企业废气污染治理与控制技术措施研究 [J]. 中国资源综合利用，2018，36（10）：115-117.

[164] 董志强，马晓茜，张凌. 石油利用对环境影响的生命周期分析 [J]. 石油与天然气化工，2004，33（6）：456-459.

[165] 杨春林. 石油化工生产中环境保护问题的研究 [J]. 湖北农机化，2018（10）：62-62.

[166] 王璐. 超声波辅助石油炼制废催化剂除油实验研究 [D]. 昆明：昆明理工大学，2018.

[167] 廖传华，米展，周玲，等. 物理法水处理过程与设备 [M]. 北京：化学工业出版社，2016.

[168] 廖传华，朱廷风，代国俊，等. 化学法水处理过程与设备 [M]. 北京：化学工业出版社，2016.

[169] 廖传华，韦策，赵清万，等. 生物法水处理过程与设备 [M]. 北京：化学工业出版社，2016.

[170] 王安，杜英，林函. 建设项目环境影响后评价的主要内容及存在的问题研究 [J]. 环境科学与管理，2014，39（1）：168-171.

[171] 马喜立，魏巍贤. 国际油价波动对中国大气环境的影响研究 [J]. 中国人口·资源与环境，2016，26（11）（增刊）：61-64.

[172] 霍全，窦涛，李聘，等. HL/HW 复合沸石对烃类催化裂化催化剂性能的影响 [J]. 催化学报，2009，30（9）：907-912.

[173] 李聘. 过渡金属磷化物催化剂的制备、表征与应用 [D]. 北京：中国石油大学，2012.

[174] LI D，LI C S，SUZUKI K. Catalytic oxidation of VOCs over Al- and Fe-pillared montmorillonite [J]. Applied Clay Science，2013（77-78）：56-60.

[175] 李世刚，王万福，孟庭宇，等. 工业污泥超临界水氧化处理的研究进展 [J]. 工业水处理，2018，38（1）：1-5.

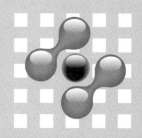

第 **4** 章　天然气的开发利用与环境问题及对策

天然气是除煤和石油之外的另一种重要的一次能源，蕴藏在地下多孔隙岩层中，包括油田气、气田气、煤层气、泥火山气和生物生成气等，也有少量储于煤层。天然气中各种烃类化合物的含量最高达 90%以上，发热量非常高，而且对环境的污染也不大，是一种清洁能源，被广泛用作民用和工业用燃料。此外，天然气还是化学工业（化肥、塑料、合成橡胶、染料、医药以及人造石油等）的宝贵原料。

中国是一个天然气资源大国，经过十几年的艰苦勘探，发现在我国 960 万平方千米的土地和 300 多万平方千米的管辖海域下，蕴藏着十分丰富的天然气资源，资源总量可达 40 万亿～60 多万亿立方米，是一个天然气资源大国。陆上天然气主要分布在中部和西部地区的塔里木、四川、鄂尔多斯、东海陆架、柴达木、松辽、莺歌海、琼东南和渤海湾九大盆地，超过全国总量的一半。但我国的天然气田主要以中小型为主，大型气田比较少，且大多数气田的地质构造比较复杂，勘探开发难度大。

除天然气外，我国还具有主要富集于华北地区非常规的煤层气远景资源。

4.1　天然气的性质和开采方法

天然气是一种由烃类化合物、硫化氢、氮和二氧化碳等组成的混合气体，是由地下开采出来的可燃气体。根据其来源又可分为由气田开采而来的气田天然气和在油田中随石油一同开采出来的油田天然气（又称伴生天然气）。通常 60%的天然气是气田天然气，40%为油田天然气。

除油气田天然气外，天然气还包括天然气水合物、煤层气、页岩气。天然气水合物是一种由水分子和燃气分子构成的具有极强燃烧能力的白色固体结晶物质。煤层气是一种与煤伴生，以吸附状态储存于煤层内的非常规天然气，在 7～17MPa 和 40～70℃时每吨煤可吸附 13～30m^3 的甲烷。页岩气是赋存于以富有机质页岩为主的储集岩系中的非常规天然气。

4.1.1　油气田天然气的性质和开采方法

气田天然气的主要成分为甲烷（CH$_4$），含量可达 80%～98%（体积分数），此外还有少

量的烷族重烃类化合物（C_nH_{2n+2}），如乙烷（C_2H_6）、丙烷（C_3H_8）等（含量约为 0.1%～7.5%）和硫化氢（约 1%以内）等，其他如氮（约 0～5%）和二氧化碳（约 1%以内）等不可燃气体则为数很少。气田天然气是一种无色、稍带腐烂臭味的气体，它的密度约 0.73～0.80kg/m³，比空气轻，易于着火燃烧，燃烧所需空气量较大，约 9～14m³/m³。因甲烷及其他烃类化合物在燃烧时能析出碳粒，故火焰明亮，辐射能力强。

气田天然气的成分随产地不同可以有很大不同，有的含氮气和二氧化碳量高达 15%，因而天然气的热值也有很大差异，高的有 40MJ 左右（每立方米），低的只有 33MJ 左右。天然气的燃烧是很干净的，火焰黑度低。在有些工业炉窑中需增加火焰辐射换热，为提高天然气火焰黑度，通常采取的措施有：向火焰喷射重油或焦油；通过预热使部分天然气热分解析出游离碳来提高黑度等。

油田天然气也称石油伴生气，是随采油而从油井中得到的。油田天然气除了主要含有甲烷外，还含有较多的烷族重烃类化合物，这是油田天然气与气田天然气的主要不同之处。

油田天然气的产量很可观，是天然气的一个重要来源。油田天然气绝大多数是湿性气，需要分离丙烷以上成分才宜输出作燃料，这样供应的石油气已同干性天然气没有什么区别，因而它已成为天然气的一个组成部分。

油气田天然气是流体矿藏，且埋藏在一定深度的地下，只能采用钻井的方法开采，就是钻一个通道到地下的油气藏，使油气藏中的油气通过这个通道流到地面。天然气的勘探、开采与石油类似，但采收率较高，可达 60%～95%。

4.1.2 天然气水合物的性质和开采方法

天然气水合物（gas hydrate）是一种白色的固体结晶物质，有极强的燃烧能力，俗称"可燃冰"或者"固体瓦斯"和"气冰"。

4.1.2.1 天然气水合物的性质

天然气水合物由水分子和燃气分子构成，外层是水分子构架，核心是燃气分子。其中燃气分子绝大多数是 CH_4，所以天然气水合物也称为甲烷水合物，分子式为 $CH_4 \cdot 8H_2O$。根据理论计算，1m³ 的天然气水合物可释放出 168m³ 的 CH_4 和 0.8m³ 的水，因此是一种高能量密度的能源。天然气水合物资源丰富，全球天然气水合物中 CH_4 的总量估计约为 $1.8×10^{16}$m³，其含碳总量为石油、天然气和煤含碳总量的 2 倍，因此有专家乐观地估计，当全球化石能源枯竭殆尽时，天然气水合物将成为新的替代能源。

可燃冰是自然形成的，它们最初来源于海底的细菌。海底有很多动植物的残骸，这些残骸腐烂时产生细菌，细菌排出 CH_4，当正好具备高压和低温的条件时，细菌产生的 CH_4 气体就被锁进水合物中。天然气水合物只能存在于低温高压环境中，一般要求温度低于 0～10℃，压力高于 10MPa。一旦温度升高或压力降低，CH_4 就会逸出，天然气水合物便趋于崩解。

天然气水合物虽然给人类带来了新的能源希望，但它也可对全球气候和生态环境甚至人类的生存环境造成严重的威胁。当前大气中 CO_2 以每年 0.3%的速率增加，而大气中的 CH_4 却以每年 0.9%的速率在更为迅速地增加着，而且 CH_4 的温室效应是 CO_2 的 20 倍。全球海底天然气水合物中的 CH_4 总量约为地球大气中 CH_4 量的 3000 倍，如此大量的 CH_4 如果释放，将对全球环境产生巨大影响，严重影响全球气候。另外，固结在海底沉积物中的水合物，一旦条件发生变化，释放出 CH_4，将会明显改变海底沉积物的物理性质，引发大规模的海底滑坡，毁坏一些海底重要工程设施，如海底输电或通信电缆、海洋石油钻井平台等。

4.1.2.2　天然气水合物的开采方法

（1）钻孔取芯技术

随着钻探技术和海洋取样技术的提高，给人们提供了直接研究天然气水合物的机会。同时，钻探取芯技术也是证明地下水合物存在的最直接的方法之一。目前，已在墨西哥湾、布莱克海岭取到了天然气水合物岩芯。通常采用钻杆岩芯或活塞式取样器。分析测试时，取用一定样品（100～200g）放入无污染的封闭罐内，再在罐中注入足够的水，并保留一定的空间（100cm³），通过罐顶气、样品机械混合后释放出的气体及样品经酸抽取后释放出的 $CH_4 \sim C_4H_{10}$ 的组分进行气相色谱分析，以及对罐顶气进行甲烷 $\delta^{13}C$ 和 δD 分析，不但可以推算水合物的类型，还可以确定水合物的成因。

（2）测井方法

测井方法鉴定一个特殊层含气水合物的 4 个条件是：具有高电阻率（约为水的 50 倍以上）；短的声波传播时间（比水低 131μs/m）；钻探过程中明显有气体排放；必须有两口或多口钻井区。

（3）化学试剂法

盐水、甲醇、乙醇、乙二醇、丙三醇等化学试剂可以改变水合物形成的平衡条件，降低水合物的稳定温度。化学试剂法比热激法缓慢，但有降低初始能源输入的优点，其最大缺点是费用昂贵。

（4）减压法

通过降低压力，引起天然气水合物相平衡曲线稳定的移动，达到促使水合物分解的目的。一般通过在水合物下的游离气聚集层中"降低"天然气压力或形成一个天然气"囊"。开采水合物下的游离气是降低储层压力的有效方法。另外，通过调节天然气的提取速度可以达到控制储层压力的目的，进而达到控制水合物分解的效果。减压法的最大特点是不需要昂贵的连续激发，因而可能成为今后大规模开采天然气水合物的有效方法之一，但单独使用减压法开采天然气很慢。

从以上各种方法的使用来看，单独采用一种方法开采天然气水合物是不经济的。若将降压法和热工开采技术结合起来，即用热激法分解水合物，降压法提取游离气，会有较好的前景。

4.1.3　煤层气的性质和开采方法

我国是世界上主要的煤炭生产大国之一，也是世界上煤炭资源和煤层气资源最丰富的国家之一。我国煤层气资源分布广泛，据 2006 年我国新一轮全国煤层气资源评价显示，埋深 2000m 以浅煤层气地质资源量为 $36.8 \times 10^{12} m^3$，1500m 以浅煤层气可采资源量为 $10.9 \times 10^{12} m^3$。我国煤层气地质资源量与常规天然气地质资源量 $38 \times 10^{12} m^3$ 相当，约占世界总量的 13%，仅次于俄罗斯和加拿大，居第三位。

4.1.3.1　煤层气的性质

煤层气（俗称瓦斯）是一种与煤伴生、以吸附状态储存于煤层内的非常规天然气。煤层气中的 CH_4 含量大于 95%，热值在 33.44MJ/m³ 以上，是一种优质洁净的能源。

4.1.3.2 煤层气的开采方法

煤层气资源的埋藏深度对其开发利用有重要影响。根据美国的经验，深度在1000m内的煤层气资源具有较好的经济效益，反之经济效益明显下降。我国目前具有经济开采价值（<1000m）的资源约占资源总量的1/3，应优先考虑开发利用。

在煤层气开采方面，我国煤层气的地质条件远较国外复杂，成煤时代、煤阶、构造环境以及水动力条件也与国外相差甚远，国外的成藏富集理论不完全适合我国煤层气的勘探。此外，我国煤层气开发时间短，勘探理论不成熟，开发试验选区不理想，钻井成功率低，而且试验气井产量普遍较低，产量递减快。

我国煤层气利用率低有两方面的原因：我国煤层气资源赋存条件复杂，煤层渗透率低，抽采出的煤矿瓦斯中，低质量浓度瓦斯占很大比例，目前缺少低质量浓度瓦斯的有效利用方式，大量瓦斯被直接排放到大气中，导致瓦斯利用有限；我国煤层气产业体系尚不完善，上游开发、中游集输、下游利用发展不协调，上游抽采出的煤层气缺少有效利用的方式或与之相配套的长输管线。目前我国一方面正在加强有关煤层气成藏机制及经济开采的基础研究，另一方面也在加紧引进国外的先进技术。

4.1.4 页岩气的性质和开采方法

页岩气是赋存于以富有机质页岩为主的储集岩系中的非常规天然气，是连续生成的生物化学成因气、热成因气或二者的混合，可以游离态存在于天然裂缝和孔隙中，以吸附态存在于干酪根、黏土颗粒表面，还有极少量以溶解态储存于干酪根和沥青质中，游离气比例一般在20%～85%。

4.1.4.1 页岩气的性质

与常规储层气相比，页岩气的形成和富集有自身独特的特点，分布在盆地内厚度大、分布广的页岩烃源岩地层中。页岩气藏具有自生自储特点，页岩既是烃源岩，又是聚集、保存的储层和盖层，不受构造控制，无圈闭、无清晰的气水界面。

页岩气几乎存在于所有的盆地沉积中，只是由于埋藏深度、含气饱和度等差别而具有不同的工业价值。页岩气埋藏深度从200m到3000m，大部分产气页岩分布范围广、厚度大，且普遍含气，这使得页岩气井能长期稳定地产气，开采寿命长，生产周期长。

中国页岩气资源潜力大，勘探开发还处于起步阶段，海相页岩是开发的有利对象，陆相页岩是重要的资源。积极开发页岩气对保障能源安全、缓解天然气供给压力有重要意义。

4.1.4.2 页岩气的开采方法

页岩气开采关键技术包括水平井和水力压裂技术。水平井和水力压裂技术不仅极大提高了页岩气的开采速率，还提高了单井最终采收率，大部分生产井的极限采收率在15%～35%之间。

（1）水平井

水平井能够扩大井筒与地层的接触面积，增加储层泄流面积，提高产量。在直井中水力压裂技术可以将井筒与储层的接触面积扩大数百倍，而水平井中，井筒与储层的接触面积会呈指数增长。

水平井的关键问题是井身结构设计、钻井工艺、固井与完井，由于页岩地层裂缝发育、机械承受能力低，需要采用快速、高效、稳定、目标区域可准确控制的钻井工艺，最大化泄流面积和产量，同时保证生产的安全稳定。

（2）水力压裂技术

水力压裂的原理是利用地面高压泵组，将超过地层吸液能力的大量压裂液泵入井内，在井底或封隔器封堵的井间产生高压，当压力超过井壁附近岩石的破裂压力时，就会产生裂缝。随着压裂液注入，裂缝会逐渐延伸，进一步注入带有支撑剂的混砂液，在裂缝中填充支撑剂。停泵后，由于支撑剂对裂缝壁面有支撑作用，在地层中就形成了有一定长度、宽度的填砂裂缝。生产实践表明，页岩气产量与压裂产生的裂缝网络的复杂程度和储层改造体积正相关。

页岩气采出过程一般分为 3 个阶段：裂缝中的游离气被采出，开采速率较高，但下降迅速；基质和微裂缝中的游离气采出，开采速率小于第一阶段；吸附气的解吸扩散，游离气和吸附气的产出比例因页岩气藏特点不同而不同。

4.2　天然气的加工

天然气的加工，就是以天然气为原料，将其加工为满足用户使用要求的产品。从油气田开采出来的天然气中含有 CO_2、H_2O、H_2S 和其他含硫化合物等杂质，不同地区的天然气组成有显著的差别。天然气作为商品，在输送至用户或深加工之前，需要净化以达到一定的质量指标要求，如要满足燃烧工艺特性以及某些边界值，则要求水露点、烃露点、H_2S 含量、总硫含量、氧含量达到一定标准。燃烧工艺特性对以供热为主要用途的气体具有重要意义，而气体中杂质的最大允许含量对远距离输送的安全性关系重大（H_2S 的腐蚀、氢气诱导的胀裂腐蚀和 CO_2 的腐蚀），对近区分配管和地下贮罐等也有影响。

为达到所要求的质量指标，井口出来的天然气通常需经过脱硫、脱水、脱 C_2 以上烃等净化环节。图 4-1 为天然气加工处理的典型工艺流程。将采掘口压力为 40MPa 的天然气先减压到气体收集管网的压力（10MPa），随气逸出的大量气源水和 C_5 以上的烃类被冷凝。不论是含 H_2S 和 CO_2 量低的天然气（可直接送入管网），还是需先送入中心气体净化装置脱除 H_2S 和 CO_2 的天然气，一般都应先经干燥使露点达到-5～8℃，这是出于腐蚀方面的考虑。

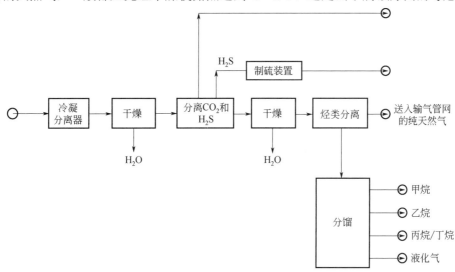

图 4-1　天然气加工处理的典型工艺流程

4.2.1 天然气脱硫脱碳

天然气中的硫化物主要以硫化氢（H_2S）存在，同时还可能有一些有机硫化物，如硫醇（CH_4S）、硫醚（CH_3SCH_3）及二硫化碳（CS_2）等。天然气脱硫工艺除用于脱除 H_2S 和有机硫化物外，通常还可用于脱除 CO_2。目前天然气脱硫工艺有多种方法，包括以醇胺法（简称胺法）为主的化学溶剂法、以砜胺法为主的化学-物理溶剂法、物理溶剂法、直接转化法（亦称氧化还原法）、吸附法和非再生法等，其中占主导地位的是醇胺法和砜胺法。

醇胺法和砜胺法两者的工艺过程相同，只是使用的吸收剂不同。醇胺法是以醇胺水溶液为吸收剂，属化学吸收，砜胺法则以醇胺的环丁砜水溶液为吸收剂，是以醇胺的化学吸收和环丁砜的物理吸收联合的化学-物理吸收，此吸收方法被称为 Sulinol 法。图 4-2 所示为醇胺法和砜胺法的典型工艺流程，包括吸收、闪蒸、换热及再生四个环节。吸收环节使天然气中的酸性气体脱除到规定指标；闪蒸用于除去富液中的烃类（以降低酸性气体中的烃含量）；换热是以富胺液回收贫胺液的热量；再生是将富液中的酸性气体解吸出来以恢复其脱硫性能。

原料气经气液进口分离器 1 后，由下部进入吸收塔内与塔上部喷淋的醇胺溶液逆流接触，净化后的天然气由塔顶流出。吸收酸性气体后的富胺溶液由吸收塔底流出，经过闪蒸罐 7，释放出吸收的烃类气体，然后经过滤器 8 除去可能的杂质。富胺溶液在进入再生塔 10 之前，在换热器 9 中与贫胺溶液进行热交换，温度升至 82～94℃进入再生塔 10 上部，沿再生塔向下与蒸汽逆流接触，大部分酸性气体被解吸，半贫液进入再沸器 13 被加热到 107～127℃，酸性气体进一步解吸，溶液得到较完全再生。再生后的贫胺溶液由再生塔底流出，在换热器 9 中先与富液换热并在溶液冷却器进一步冷却后循环回吸收塔。再生塔顶馏出的酸性气体经过冷凝器 11 和回流罐 12 分出液态水后，酸性气体送至硫磺回收装置制硫或送至火炬中燃烧，分出的液态水经回流泵返回再生塔。

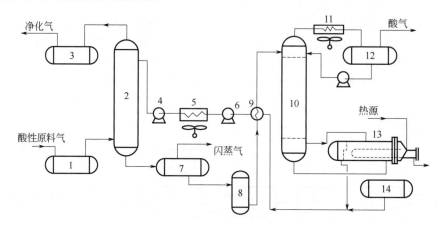

图 4-2　醇胺法和砜胺法的典型工艺流程

1—进口分离器；2—吸收塔；3—出口分离器；4—醇胺溶液泵；5—溶液冷却器；6—升压泵；7—闪蒸罐；
8—过滤器；9—换热器；10—再生塔；11—塔顶冷凝器；12—回流罐；13—再沸器；14—缓冲罐

4.2.2 天然气脱水

从油、气井采出并脱硫后的天然气中一般都含有饱和水蒸气，在外输前通常要将其中的水蒸气脱除至一定程度，使其露点或水含量符合管道输送的要求。此外，为了防止天然气在压缩天然气加气站的高压系统和天然气冷凝液回收及天然气液化装置的低温系统形成水合物或冰堵，还应对其深度脱水。脱水前原料气的露点与脱水后干气的露点之差称为露点降。常用露点降表示天然气的脱水深度或效果，而干气露点或水含量则应根据管道输送的要求和天然气冷凝液回收及天然气液化装置的工艺要求而定，然后按照不同的露点降、干气露点或水含量选择合适的脱水方法。

天然气脱水有冷却法、吸收法和吸附法等，其中吸收法主要用于使天然气露点符合管输要求的场合，而吸附法脱水则主要用于天然气冷凝液回收、天然气净化装置以及压缩天然气加气站。图 4-3 所示为三甘醇脱水工艺流程。此工艺流程由高压吸收及低压再生两部分组成，原料气先经分离器 1（洗涤器）除去游离水、液烃和固体杂质，如果杂质过多，还要采用过滤分离器。由原料气分离出的气体进入吸收塔 2 的底部，与向下流过各层塔板或填料的甘醇溶液逆流接触，使气体中的水蒸气被甘醇溶液吸收。离开吸收塔的干气经气体/贫甘醇换热器先使贫甘醇进一步冷却，然后进入管道外输。

吸收了气体中的水蒸气的甘醇富液从吸收塔下侧流出，先经高压过滤器（图 4-3 中未画出）除去原料气带入富液中的固体杂质，再经再生塔顶回流冷凝器及贫/富甘醇换热器 7 预热后进入闪蒸罐 4，分出被富甘醇吸收的烃类气体（闪蒸气）。此气体一般作为本装置燃料用，但含硫闪蒸气则应灼烧后放空。从闪蒸罐底部流出的富甘醇经过纤维过滤器（滤布过滤器、固体过滤器）和活性炭过滤器 6，除去其中的固、液杂质后，再经贫/富甘醇换热器 7 进一步预热后进入再生塔 9 的精馏柱。从精馏柱流入再沸器的甘醇溶液加热至 177～204℃，通过再生脱除所吸收的水蒸气后成为贫甘醇。为使再生后的贫甘醇液质量分数在 99% 以上，通常还需向再沸器 10 或汽提段中通入汽提气，即采用汽提法再生。

三甘醇脱水装置吸收系统主要由吸收塔和再生系统组成。再生系统包括再生塔 9、再沸器 10 及缓冲罐 8 等。吸收塔一般由底部的分离器、中部的吸收段及顶部的除沫器组合成一个整体。吸收段采用泡罩和浮阀塔板，也可采用填料。三甘醇溶液的吸收温度一般为 20～50℃，最好在 27～38℃，吸收塔内压力为 2.8～10.5MPa，最低应大于 0.4MPa。

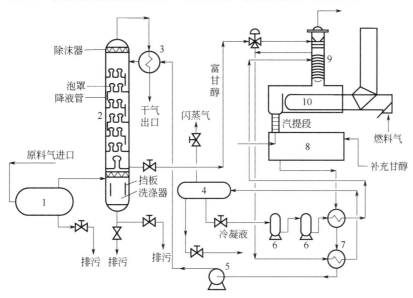

图 4-3　三甘醇脱水工艺流程

1—原料气分离器；2—吸收塔；3—气体/甘醇换热器；4—闪蒸罐；5—甘醇泵；
6—活性炭过滤器；7—贫/富甘醇换热器；8—缓冲罐；9—再生塔；10—再沸器

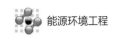

大多数气田是用集中处理来分离天然气中的 H_2 和 CO_2，通常也都采用吸收分离法。有许多有机溶剂可用作吸收剂，可借化学或物理原理分别或同时将 CO_2 和 H_2S 吸收脱除。

经脱除 CO_2 和 H_2S 后的天然气一般已相当干燥，可直接送入输气管道。如果还需将天然气中 C_2 以上的烃类用深冷法分离，可在深冷之前用活性 Al_2O_3、硅胶（干燥至露点-40℃）或分子筛（干燥至露点-70℃）使气体干燥。否则，虽然湿含量已很低，但还会因结冰而使深冷装置入口堵塞。

4.2.3　天然气凝液回收

天然气脱 C_2 以上烃的过程，即从天然气中回收乙烷、丙烷、丁烷等烃类混合物的过程，称为天然气凝液（天然气冷凝液）回收。根据湿天然气的气量、压力和组成的不同，可用不同的方法分离 C_2 以上烃类，主要有吸附法、油吸收法及冷凝分离法三种。最简单的是用分步冷凝法分离，即先将湿天然气冷却，使大部分高沸点组成凝出。一般采用丙烷或氨式冷冻机外冷式冷凝，或通过节流阀绝热膨胀以及膨胀透平膨胀做功来完成。凝液则用常压或加压多级低温蒸馏，分别得到各纯组分如甲烷、乙烷、丙烷、气态石脑油等，如图 4-4 所示。

在常压蒸馏时，脱甲烷塔的塔顶用液体乙烷冷却，而脱乙烷塔的塔顶则用液体丙烷作冷却剂，其余各项可用空气来冷却。

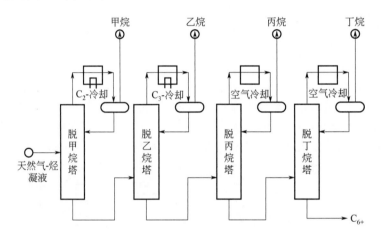

图 4-4　从湿天然气中分离烃类的低温蒸馏法

4.3　天然气的输送

天然气是一种清洁、绿色环保的燃料，广泛应用于人类的生产和生活中，因此，天然气通过油气生产现场进行加工处理后，必须采用一定的方式，将其输送给用户。

天然气可以采用多种方式进行输送，如果将天然气以气体的状态进行运输，这种方式称为管道运输。如果是将天然气液化后再进行的输送，称为液化天然气输送。由于天然气属于可以扩散的能源，给输送带来安全隐患，无论采用哪种输送方式，在输送过程中必须严格注意安全问题。

4.3.1　天然气的管道输送

天然气输送的最佳方式是管道输送，大型稳定的气源常采用管道输送至消费区。为了提高天然气运输的效率，必须采取压缩的方式，采用天然气压缩机进行处理，提高天然气的压力，达到增压输送的效果。对于距离较长的天然气管道输送，为了补充管路的压降，每隔 80～160km 需设一增压站，并定期对天然气输送管道进行维护和保养，以保证稳定的长距离的输送，因此长距离管道输送的投资较大。

进行天然气输送管道设计时，必须考虑各种摩擦阻力损失，尽可能降低管道内壁的粗糙度，以降低其输送过程的压力降，从而降低加压的功耗，提高输送过程的经济性。同时需对管道进行防腐处理，以延长输气管道的使用寿命。一般地，输气速度和管道直径是一对矛盾体，采用大口径的输气管道可降低摩阻损失，但管道投资费用增加；通过提高输气速度可以减小管道直径，但加压设备的投资与功耗均会增加。因此，应对这两个方面进行统筹协调，既能满足用户的需要，又能减少输气的运行成本。

对于需要增压的输气管道，可以提高天然气压缩机进口的压力，或者将压缩机前移，以达到正常输气的技术要求。并采用先进的输气设备，减少设备维修保养的费用，提高设备的运行效率，保证长期平稳地输送天然气。

在天然气输送过程中，应采用高效的分离设备脱除天然气中的液体和固体杂质，保证输送清洁的天然气产品，降低输送管道中的损失，提高输气的效率。对长距离输气管道应用变径管，以适应不同输送路径的技术要求，并设置收发球装置，对输气管道进行清管作业，降低天然气输送过程中的摩擦阻力损失，才能保证正常的输气。

在建设管道过程中有很多的实际问题需要解决。一是线路的选择，管道的线路要考虑到地质情况，有的是地震多发带，有的是地质疏松不适合铺设管道，安全得不到保障。有的要穿过沙漠、峡谷、雪山、草地、高山、河流，这些都是在建设过程中一定会遇到的问题，需要在建设过程中解决。在天然气的管道输送过程中，应采取优化的管理措施，通过自控系统的应用，提高天然气输送管道的效率。充分利用天然气本身所具有的能量，降低输送过程中的各种能量消耗，尽可能降低输气成本，才能提高天然气生产企业的经济效益。

4.3.2　液化天然气的输送

近年来由于加压与低温技术的发展，天然气液化后进行远距离输送也达到了工业应用阶段。其成本虽然较管道输送（天然气）高一些，但液化后天然气体积仅为原来体积的 1/600，可以用冷藏油轮运输，运到使用地后气化，而不受管线限制，可视作管道输送的一种补充。

液化天然气输送是先对天然气进行液化处理，输送液化天然气。液化天然气可以采用管道、公路、铁路以及船舶运输等多种输送方式。采取不同的输送方式，会产生不同的输送效果，应以天然气用户的需要为出发点，设计不同的输送方式。

液化天然气的生产具有一定的工序，通过天然气的开采、液化、储存、运输和装卸，液化天然气的再气化以及销售等诸多环节，实现液化天然气的生产加工一体化，达到液化天然气生产的技术要求。

（1）液化天然气的管道输送

液化天然气的管道输送采用密闭集输的工艺流程，通过升压泵提高液化天然气的压力，使其沿管道进行输送。当输送管道的温度升高后，会有一部分天然气气化，形成气液两相流动，到达用户位置后，可以通过冷却处理，达到用户需要的质量要求。可以通过优选天然气的低温输送工艺技术，保证液化天然气的输送质量。

（2）液化天然气的油轮运输

如果天然气产地与消费地区之间的距离远，并隔着海洋，则可用专门的油轮来运输。首先对天然气进行液化处理，使其由气体状态转化为液体状态，再利用油轮自身的液化气储罐

进行远洋运输。油轮运输的特点是量大、运费低，缺点是速度慢。

油轮运输具有很高的性价比，我国进口中东的天然气都是用专门的天然气油轮进行输送的。以前这种油轮我国需要进口，后来由于科学技术的发展，现在这种油轮我国可以独立制造，并且可以出口到国外，技术水平也达到了国际先进水平。

（3）液化天然气的铁路运输

我国的国情特别复杂，面临的问题也多，有的地方不适合建设管道，但对天然气的需求又很旺盛，这种情况多采用铁路来运输。液化天然气的铁路运输是先将天然气液化，储存在专用的液化天然气储罐，再通过铁路运输至消费地。

液化天然气铁路运输，可以建设专门的天然气运输铁路，也可在一般的铁路上挂靠天然气专列。其特点是运输量大，方便快捷。

（4）液化天然气的公路运输

液化天然气的公路运输是发生在城市总站和各个天然气分站之间的，因为他们的用气量相对较少，其他运输方式都不合适，就用专门的液化气罐车来运输。

液化气输送罐车是铁路或公路运输的关键设备，可采用堆积绝热或真空粉末绝热等方式对液化天然气输送罐车进行处理，以保证液化天然气的输送效率，降低输送过程中的天然气损耗。

上述的几种天然气输送方式是中国目前都在应用的天然气输送方式，但是大量输送的方式是管道输送。管道输送的量特别大，并且可以持续的供气，适合于长距离输送，但是前期投资巨大，没有强大的国力是很难实现的。但一旦建成，它巨大的优势就体现出来了。现代工业生产的特征是连续生产，不会因为其他因素而停产，否则会造成巨大的经济损失。管道运输就完美地解决了这个问题。用户的消费量可以用计算机来控制，并通过建立气压站来稳定供气压力。另外，管道运输的效率较高，一条标准的天然气管道综合经济效益是其他运输方式的几十倍乃至上百倍。天然气管道埋在地下，所占面积不大，但发挥的效果是巨大的，节约了社会资源，提高了综合效率。

4.4 天然气的利用

天然气的利用主要分两个方面：一是将天然气作为直接能源，通过燃烧方式将其化学能转化为热能；二是将天然气作为化工原料，通过净化分离和裂解、蒸汽转化、氧化、氯化、硫化、硝化、脱氢等反应制成氢气、甲醇、合成氨、乙炔、二氯甲烷、四氯化碳、二硫化碳、硝基甲烷等化学品。习惯上，将以天然气为原料的化工利用称天然气化工，是石油化学工业的分支之一。

4.4.1 天然气的能源利用

天然气的能源利用是将天然气通过直接燃烧的方式将其化学能转化为热能。天然气的主要成分是甲烷，天然气的燃烧主要是甲烷分子和氧气发生反应，反应产物主要是二氧化碳和水。与其他燃料气体相比，天然气的燃烧产物不易积炭，其产物中的碳氧化物、氮氧化物及可吸入颗粒物的含量都相对较低，可使空气污染率大幅降低，因此天然气是一种清洁能源。另外，天然气是较为安全的燃气之一，它不含一氧化碳，也比空气轻，一旦泄漏，立即会向上扩散，不易积聚形成爆炸性气体，安全性较其他燃料气体而言相对较高。表 4-1 为天然气与煤气、石油气等燃料气体的优劣势对比。

表 4-1 天然气与煤气、石油气等燃料气体的优劣势对比

项目	天然气	煤气	石油气
热值/（MJ/m³）	37.5	14.7	11.9
相对密度	0.579	0.452	1.686
毒性	无毒	有毒	无毒
爆炸极限	5%～17%	5%～39%	1.5%～9.5%
清洁度	清洁	有杂质	清洁
安全性	较好	较差	较差

采用天然气作为能源，可减少煤和石油的用量，因而大大改善环境污染问题；天然气作为一种清洁能源，能减少二氧化硫和粉尘排放量近 100%，减少二氧化碳排放量 60% 和氮氧化物排放量 50%，并有助于减少酸雨形成，纾缓地球温室效应，从根本上改善环境质量，因此得到了广泛的利用。目前，天然气能源利用的主要领域是：

① 民用及商业燃料。天然气发热量高、污染少，是一种优质的民用及商业燃料，广泛用于民用及商业燃气灶具、热水器、采暖及制冷。我国城镇人口到 2020 年达到 7.3 亿，其中大中型城市人口 3.5 亿，气化率将为 85%～95%，其他城镇人口 3.8 亿，气化率将达 45%。民用及城市商业用气需求将为（670～713）×10⁸m³。

② 交通。天然气作为燃料，具有单位热值高、排气污染小、供应可靠、价格低等优点，已成为世界车用清洁燃料的发展方向，而天然气汽车则已成为发展最快、使用量最多的新能源汽车。

天然气汽车的一氧化碳、氮氧化物与烃类化合物排放水平都大大低于汽油、柴油发动机汽车，不积炭，不磨损，运营费用很低，是一种环保型汽车。

③ 发电。以天然气为燃料的燃气轮机电厂的废物排放量大大低于燃煤与燃油电厂，而且发电效率高，建设成本低，建设速度快；另外，燃气轮机启停速度快，调峰能力强，耗水量少，占地省；天然气联合循环发电，不仅经济，而且污染少，在国外已大量采用。我国到 2020 年将占到总发电量的 5.6%～7.1%，天然气需求量为（533～627）×10⁸m³。

④ 工业燃料。天然气的热值高，燃烧过程的污染少，燃烧后很洁净，是上好的工业燃料，广泛用于热风机、各种窑炉等。

（1）热风机行业

热风机应用非常广泛，如金属烤漆或喷塑行业、食品加工、粮食储备、陶瓷原料制备、商场冬季采暖等，以天然气为燃料的热风机，无疑是性能最优良的。

金属烤漆工艺的温度为 100～140℃，喷塑工艺的温度为 170～210℃。采用天然气作为燃料，可完全满足生产工艺的要求。

所有的粮库都有粮食干燥设备。除农村小粮库采用燃煤热风干燥外，更多的粮库是采用燃油、燃气热风机干燥粮食。

建筑瓷砖生产中，需要将瓷泥浆干燥成瓷泥粉末后再进行模压，因此在瓷砖烧成窑前都配有巨大的干燥塔。热风机将热风直接从塔底鼓进干燥塔，雾化的瓷泥浆从塔顶落下，热风和瓷泥雾在塔内逆向对流，瓷泥雾在落到塔底时就变成了瓷泥粉。

对一些用模具成形的陶瓷厂，模具每使用一次就会吸满水，使用后都必须进行干燥。除了余热烘干外，用得最多的就是使用热风机提供烘烤热源。商场冬季取暖大量使用热风机作大门热风幕或室内热风取暖。工厂车间采暖也不乏用热风机供暖。

（2）陶瓷窑

陶瓷窑采用天然气作燃料，既可提高产品质量，又可降低建设成本。因为天然气含杂质

极少，燃烧时火焰的洁净度很高，不会发生杂质污损产品的现象，从而提高产品合格率，尤其对于高档产品更为明显。对于非洁净能源窑炉，为了不让能源杂质污损产品就必须采取隔焰措施。方法之一是将窑设计成隔焰窑，火焰燃烧室与工件加热区严格用碳化硅板隔开，使火焰根本不会与产品接触，火焰将碳化硅板烧红，由碳化硅板向工件辐射热能，达到烧成的目的。方法之二是用耐火材料制成匣钵，将工件密扣在匣钵中再进炉烧制，这样也可以防止火焰杂质影响产品质量。隔焰窑的建造成本远高于裸烧窑，匣装不但要增加匣钵，还会减少装炉量和增加匣钵的蓄热损失。而对于天然气窑炉而言，火焰洁净度高，可以直接与产品接触不会影响产品质量，所有这些增加成本的损失都不会发生。

（3）锻造加热炉

锻造炉采用天然气做燃料，利用天然气的洁净优势可以将排放物对环境的影响降到最低，加热炉尾气可以直接排入厂房内而不至于影响车间生产环境。同时，天然气锻造炉不需要依赖烟囱的抽力就能运行，只需要有高出炉顶 2m 左右的铁烟囱即可。这样既可以节省烟道和烟囱投资，又可以使炉子安装时不受烟道位置的限制，工艺流程布置更合理。另外，天然气加热炉顶的短小烟囱很容易制成热交换器，将燃烧所需要的助燃风进行预热，做成蓄热式燃烧系统，从而提高热效率。

对于中小型锻造加热炉，天然气燃烧机一般装在顶部。对于中大型加热炉，烧嘴装在两侧。为了使炉膛温度均匀，应选用高速烧嘴。锻造加热所用的烧嘴一般不采用全自动机电一体化烧嘴，而采用自动分体式烧嘴，这样有利于得到高速火焰，也便于灵活的工艺控制。

天然气能源利用的主要设备是天然气燃烧器。从广义上讲，家用的热水器、煤气灶，乃至打火机等都可以认为是燃烧器的一种。按其工作原理，可将燃烧器定义为是一种将物质通过燃烧使其化学能转化为热能的设备，即将空气与燃料通过预混装置按适当比例混兑以使其充分燃烧。

天然气燃烧器的分类方法很多，按燃烧控制方式可分为单段火燃烧器、双段火燃烧器、比例调节燃烧器；按燃料的雾化方式可分为机械式雾化燃烧器和介质雾化燃烧器；按燃烧器的结构形式可分为整体式燃烧器以及分体式燃烧器。其中分体式燃烧器主要应用于工业生产，其主要特征为燃烧系统、给风系统、控制系统等均分解安装，该种机器主要适合于大型设备或高温等特殊工作环境。

4.4.2 天然气的化工利用

天然气的化工利用是以天然气为原料生产化学品的利用方式，是化学工业的分支之一，一般包括天然气的净化分离、化学加工。以天然气为原料的化工生产装置投资省、能耗低、占地少、人员少、环保性好、运营成本低。

天然气的化工利用目前有四个方面的趋势：以天然气为原料的合成氨工业发展最快，许多国家的制氨原料已由煤向天然气转移，生产规模逐渐扩大；以天然气制甲醇和乙炔占有重要地位，特别是甲醇已成为天然气利用中仅次于合成氨的第二大产品；加强综合利用，从天然气中回收硫，提取氦，并利用工艺过程中产生的各种尾气生产所需的产品，如以甲醇吹出气制合成氨，以乙炔尾气制合成氨或甲醇，副产品一氧化碳和二氧化碳分别同甲醇和氨生产醋酸和尿素，更加经济，更加有效地利用了天然气资源；重视湿性天然气和油田伴生气的利用，以这些气体中富含的乙烷、丙烷为原料制取乙烯和丙烯，以湿性天然气中的乙烷制取氯乙烯，制取乙烯副产的裂解汽油经加氢处理提取芳烃等。

4.4.2.1 天然气制甲醇

天然气的主要组分是甲烷，还含有少量的其他烷烃、烯烃与氮气，是制造甲醇的主要原料。

以天然气为原料生产甲醇有蒸汽转化、催化部分氧化、非催化部分氧化等方法。工业上用得最多的是水蒸气两段连续催化转化法和蓄热式间歇催化转化法。

蓄热式间歇催化转化法是以蓄热的方式供给转化反应需要的反应热。整个过程分吹风蓄热和转化制气两个阶段，前一阶段让部分天然气与适当过量的空气在烧嘴和燃烧炉内燃烧，并放出大量的热，部分蓄积在燃烧炉、蓄热炉和转化炉内。制气阶段用的蒸汽、工艺空气和天然气入炉后，首先吸收炉内蓄积的热量而被预热，温度升高并发生转化反应。随着反应的进行，不断消耗热量，当炉内温度下降到一定限度时，停止制气，再行吹风。如此交替循环进行，保持整个过程的不稳定热平衡。其工艺流程如图 4-5 所示。

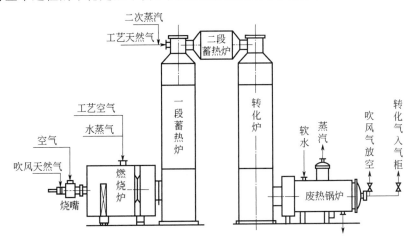

图 4-5　天然气间歇转化的工艺流程

连续转化法的特点是把从天然气制合成原料气的过程分成两个阶段，分别在两个设备中进行。前阶段，原料在一段管式转化炉中经间壁加热，进行主要的 CH_4—H_2O 转化反应，生成 CO 和 H_2；后阶段让一段转化气在二段竖井炉中配入适当的工艺空气，进行自热的部分氧化和转化反应。其工艺流程如图 4-6 所示。

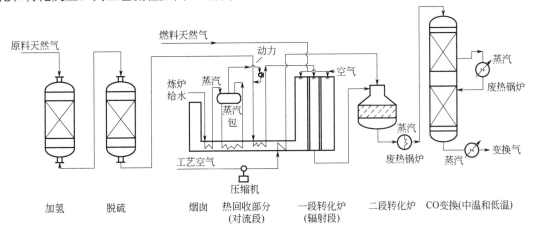

图 4-6　天然气两段法连续转化工艺流程

在天然气蒸汽转化法制的合成气中，氢过量而一氧化碳与二氧化碳量不足，工业上的解决方法是采用添加二氧化碳的蒸汽转化法，以达到合适的配比。二氧化碳可以外部供应，也可由转化炉烟道气中回收。另一种方法是以天然气为原料的二段转化法，即在第一段转化中

进行天然气的蒸汽转化，只有约 1/4 的甲烷进行反应，第二段进行天然气的部分氧化，不仅所得合成气配比合适，而且由于反应温度提高到 800℃ 以上，残留的甲烷可以减少，增加了合成甲醇的有效气体组分。转化后的气体经压缩去合成工段合成甲醇。

4.4.2.2　天然气制合成氨

氨是化肥工业和基本有机化工的主要原料。除氨本身可用作化肥外，还可以加工成各种氮肥和含氮复合肥，如氨与二氧化碳合成尿素，与无机酸反应制得硫酸铵、氯化铵、硝酸铵、磷酸铵等。氨还可以用来制造硝酸、聚氨酯、聚丙烯腈、丁腈橡胶、磺胺类药物以及含氮的无机和有机化合物。另外，液氨也用作制冷剂。

在合成氨的生产中，根据合成气制备的原料和方法不同，其生产工艺流程也不相同，但都包括原料气制备、原料气净化和氨合成三个工序。

当采用天然气为原料时，代表性的工艺流程如图 4-7 所示。天然气原料经压缩和预热后进入脱硫工序，当硫含量达到要求后进入转化工段，通过化学反应而生成氢、氮原料气。然后将原料气分别经 CO 变换、CO_2 脱除和甲烷化反应，除去其中所含的杂质后，即进入氨合成塔发生化学反应生成氨。氨的合成反应是一个可逆反应，其生成率为 10%～15%，因此需采用液化的方法使生成的氨与未反应的气体分离，并将未反应的氢、氮气循环使用。

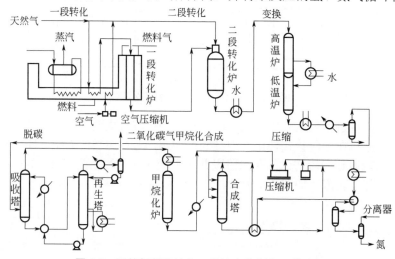

图 4-7　天然气蒸汽转化、热法净化制氨工艺流程

4.4.2.3　天然气制乙炔

天然气部分氧化热解制乙炔的工艺流程如图 4-8 所示，主要包括两个部分：稀乙炔的制备和乙炔提浓。

（1）稀乙炔的制备

将压力为 0.35MPa 的天然气和氧气分别在预热炉内预热至 650℃，然后进入反应器上部的混合器内，按总氧比为 0.5～0.6 的比例均匀混合。混合后的气体经多个旋焰烧嘴导流进入反应道，在 1400～1500℃ 的高温下进行部分氧化热解反应。反应后的气体被反应器中心塔形喷头喷出的水幕淬冷至 90℃ 左右，出反应炉的裂化气中乙炔的体积分数为 8% 左右。由于热解反应中有炭析出，裂化气中炭黑质量浓度约为 1.5～2.0g/m³，这些炭黑依次经过沉降槽、淋洗冷却塔、电除尘器等清除设备后，降至 3mg/m³ 以下，然后将裂化气送入稀乙炔气柜储存。

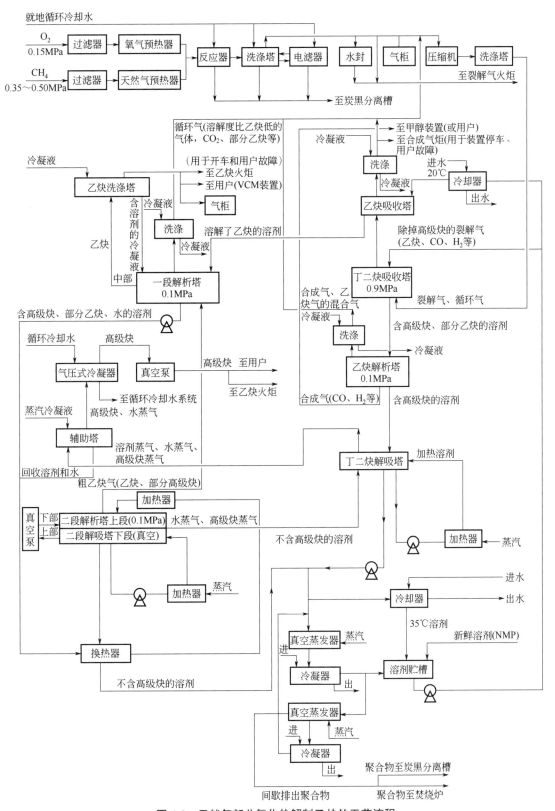

图 4-8 天然气部分氧化热解制乙炔的工艺流程

（2）乙炔提浓

现行的乙炔提浓工艺主要用 N-甲基吡咯烷酮为乙炔吸收剂进行吸收富集，如图 4-8 所示。由气柜来的稀乙炔气与回收气、返回气混合后，由压缩机经两级压缩至 1.2MPa 后进入预吸收塔。在预吸收塔中，用少量吸收剂除去气体中的水、萘及高级炔烃（丁二炔、乙炔基炔、甲基乙炔等）等高沸点杂质，同时也有少量乙炔被吸收剂吸收。

经预吸收后的气体进入主吸收塔时压力仍为 1.2MPa 左右，温度为 20～35℃。在主吸收塔内，用 N-甲基吡咯烷酮将乙炔及其同系物全部吸收，同时吸收部分二氧化碳和低溶解度气体。从顶部出来的尾气中 CO 和 H_2 的体积分数高达 90%，乙炔的体积分数很小（小于 0.1%），可用作合成氨或合成甲醇的合成气。

将预吸收塔底部流出的富液用换热器加热至 70℃，节流减压至 0.12MPa 后，送入预解吸塔上部，并用主吸收塔的尾气（分流一部分）对其进行反吹解吸其中吸收的乙炔和 CO_2 等，上段所得解吸气称为回收气，送循环压缩机。余下液体经 U 形管进入预解吸塔的下段，在 90% 真空度下解吸高级炔烃，解吸后的贫液循环使用。

主吸收塔出来的吸收富液节流至 0.12MPa 后进入逆流解吸塔的上部，在此解吸低溶解度气体（如 CO_2、H_2、CO、CH_4 等）。为充分解吸这些气体，用二解吸塔导出的部分乙炔气体进行反吹，将低溶解度气体完全解吸，同时少量乙炔也会被吹出。此段解吸气因含有大量乙炔，返回压缩机压缩循环使用，因而称为返回气。经上段解吸后的液体在逆流解吸塔的下段用二解吸塔解吸气底吹，从中部出来的气体就为乙炔的提浓气，乙炔纯度在 99% 以上。

逆流解吸塔底出来的吸收液用真空解吸塔解吸后的贫液预热至 105℃ 左右后送入二解吸塔，进行乙炔的二次解吸，解吸气用作逆流解吸塔的反吹气，解吸后的吸收液进入真空解吸塔，在 80% 左右的真空度下，以 116℃ 左右的温度加热吸收液（沸腾），将溶剂中的所有残留气体全部解吸出去。解吸后的贫液冷却至 20℃ 左右返回主吸收塔使用，真空解吸尾气通常用火炬烧掉。溶剂中的聚合物质量分数最多不能超过 0.45%～0.8%，因此需不断抽取贫液去再生，再生方法一般采用减压蒸馏和干馏。

乙炔提浓除 N-甲基吡咯烷酮溶剂外，还可用二甲基甲酰胺、液氨、甲醇、丙酮等作为吸收剂进行吸收提浓。除采用溶剂吸收法提浓乙炔外，还可采用变压吸附分离方法。

部分氧化法是天然气生产乙炔中应用最多的方法，但投资和运行成本较高，其原因为：

① 部分氧化法是通过甲烷部分燃烧作为热源来裂解甲烷，因此形成的高温环境温度受限，而且单吨产品消耗的天然气量过大。

② 部分氧化法必须建立空分装置以供给氧气，由于有氧气参加反应，使生产运行处于不安全范围内，因而必须增加复杂的防爆设备。氧的存在还使裂解气中有氧化物存在，增加了分离和提浓工艺段的设备投资。

③ 裂化气组成比较复杂，C_2H_2 为 8.54%，CO 为 25.65%，CO_2 为 3.32%，CH_4 为 5.68%，H_2 为 55%，这给分离提浓工艺及人员配置等诸方面都带来了麻烦，从而增加了运行成本。

4.5 天然气开发利用过程中的环境问题

与煤和石油相比，天然气属于清洁燃料，这是指其在燃烧过程中排放相对较少而言的，但其开采、输送、转化过程也会给环境带来一定程度的污染，因此，如何在提高资源利用率的前提下实现生态环境的保护，成为环境领域的研究热点。

4.5.1　天然气开采过程中的环境问题

如前所述，天然气包括油气田天然气、天然气水合物、煤层气和页岩气，无论何种天然气，其开采过程均会产生环境问题。油气田天然气和页岩气是当前利用最多的天然气，因此本节分别对油气田天然气和页岩气开采过程中的环境问题进行阐述。

4.5.1.1　油气田天然气开采过程中的环境问题

油气田天然气从开发建设到生产，污染物排放较为复杂，对环境影响也较大，每个阶段排放的污染物和产生的环境问题各不相同。

在开发建设期间，由于钻大量的生产井以及地面配套站场、管网、道路的建设，产生钻井泥浆、钻井污水、钻井烟气、岩屑以及噪声，从而产生水体废水、大气污染、土壤污染、噪声污染及地表植物破坏，进而影响野生动物的生存。油气田开发建设期对区域环境的影响比较显著，但持续时间较短。

生产运行期间，主要是采油、井下作用、油气集输、储运等工艺过程以及钻少量的加密井、生产调整井所产生的含油污水、井下作业废水、挥发性烃类气体、加热炉烟气及噪声、油气水三相分离过程中产生的含油污水、含油污泥等污染物，从而产生水体污染、大气污染、土壤污染和噪声污染等环境问题，会对周围环境产生一定的影响，这一阶段持续时间较长。

油气田天然气开发过程中环境问题的形成原因及危害如表 4-2 所示。

表 4-2　油气田天然气开发过程中环境问题的形成原因及危害

环境问题		形成原因	危　害
大气污染	酸雨	排放的二氧化硫	（1）污染空气质量； （2）危害人类和动物呼吸系统； （3）通过降雨污染土壤，影响植物生长
	光化学烟雾	排放的非甲烷烃与氮氧化物	
水体污染	废水	钻井污水、采油污水、洗井污水、油区雨水、生活污水及泄漏的原油	（1）污染地表水； （2）污染地下水和土壤
土壤污染	废水、废气和固体废弃物	废水、废气和固体废弃物会直接或间接进入土壤	（1）土壤性质变化； （2）土壤肥力下降； （3）土壤酸碱化； （4）沙漠化加重
噪声污染	各种机械在运转过程中会产生		影响人类生活
生态平衡破坏	（1）占用大规模的地表空间； （2）缩小了野生动物的栖息空间；减少了动物的食物资源		（1）地表植被破坏； （2）危害野生动物

（1）大气污染

油气田天然气开采过程中造成大气污染的因素是排放的废气，废气中的污染物主要有二氧化硫、粉尘、烟尘、一氧化碳、氮氧化物和总烃等。二氧化硫、氮氧化物是形成酸雨的主要原因，总烃中的非甲烷烃与氮氧化物是形成光化学烟雾的必要条件。由于排放的有害气体不易扩散，会严重影响油气田区域的大气环境。这些污染物污染空气质量，直接危害人类及动物呼吸系统，并通过降雨等途径再次进入土壤，危害植物生长。

（2）水体污染

油气田天然气开采过程对水体的污染分为地表水和地下水的污染。钻井污水、采油污水、洗井污水、油区雨水、生活污水以及油气田开发和建设过程中出现的原油泄漏、污水乱排等现象对地表水水质造成严重污染。地表水作为农业生产的主要灌溉水源，一旦污染会直接造成农作物污染以及影响水体的自净作用，危害水生生物的生存，污染物被水生生物吸收后，能在水生生物中富集、残留，并通过食物链进入家畜及人体中，最终危及人体健康。另外，被污染的地表水还会由于渗流作用而导致土壤污染和地下水污染。

天然气开采过程中的钻井液对地下水体的侵入、试气过程中压井液对于含水地层的侵入、循环泥浆及反排污水处理不及时造成的泄漏，都会对地下水造成严重的污染，后期生产过程中地层返出水的处理等问题，无一不威胁着脆弱的生态环境。

（3）土壤污染

油气田天然气开采过程中的废水、废气和固体废弃物会直接或间接进入土壤，造成土壤生态环境的变化，主要是土壤物理、化学性质的改变，土壤肥力的降低以及酸碱化、沙漠化加重。因此，土壤资源作为当今世界人类最大的资源，应加强保护。

（4）噪声污染

油气田天然气开采过程中，钻井、开采机械在运转过程中会产生严重的噪声污染。噪声对人类生活的影响迅速、直接，最令人难以忍受。

（5）生态平衡破坏

油气田天然气开采对生态平衡的破坏表现在两个方面：

1）地表植被破坏

油气田本身的开发会占用大规模的地表空间，破坏相当数量的地表植被；油气田开采过程中产生的落地原油虽然大部分被回收，但仍有很大一部分不能被回收。滞留在土壤中的落地原油对自然植被毫无疑问会产生影响。

2）危害野生动物

油气田建设项目占地及人类活动增加，缩小了野生动物的栖息空间，并且由于工程占地导致荒漠植被的损失、污染破坏，进而造成动物的食物资源减少，对野生动物都有一定的影响。

4.5.1.2 页岩气开采过程中的环境问题

目前，美国与加拿大拥有世界上最先进的页岩气勘探开发技术，已经进入到页岩气开发高速发展阶段。页岩气的大量开采减少了美国对进口能源的依赖，加快了再工业化进程，但大量开采使得天然气在能源市场价格持续走低、环境问题日益严重，同时也限制了水资源的利用。中国页岩气资源丰富，总地质储量预计可达 $150 \times 10^{12} m^3$，开发勘探前景良好。目前，中国已成为继美国、加拿大之后的第三个商业性开发页岩气国家。近年来，由于能源需求增长、技术进步、相关政府政策的支持，页岩气发展迅猛，产量迅速上升，后续资源潜力巨大。

然而，开采工艺的特殊性使得页岩气开发比常规油气开发具有更大的潜在环境风险。随着页岩气规模化开发工作的推进，页岩气开采过程中产生的大气污染、水体污染、土壤污染、噪声污染、生态平衡破坏、水资源短缺等问题日渐突出，并严重威胁着人类的生存。

页岩气开发过程中环境问题的形成原因及危害如表 4-3 所示。

表 4-3 页岩气开发过程中环境问题的形成原因及危害

环境问题		形成原因	危 害
大气污染	温室效应	页岩气泄漏	（1）气候变暖； （2）危害人类和动物呼吸系统； （3）通过降雨污染土壤，影响植物生长
	光化学烟雾	机械运转排放的氮氧化物和烃类化合物	
水体污染	废水	采用的压裂液及返排液中夹杂的泥沙、酸液及化学添加剂	（1）污染地表水； （2）污染地下水和土壤
土壤污染	钻井岩屑、油基泥浆等；裂解液和化学药品	（1）开采过程产生的钻井岩屑、油基泥浆和污泥； （2）裂解液和化学药品的存放和使用不慎	（1）土壤性质变化； （2）土壤肥力下降； （3）土壤酸碱化
噪声污染	钻井和压裂机械在运转过程中会产生		影响人类生活
生态平衡破坏	（1）占用大规模的地表空间，裂解液滞留在土壤中； （2）缩小了野生动物的栖息空间，减少了动物的食物资源； （3）断层的活化，地质结构的改变		（1）地表植被破坏； （2）危害野生动物； （3）水土流失、地表沉陷，诱发滑坡和地震等地质灾害
水资源短缺	页岩气开采需要高压水力压裂，耗水量大		水资源压力加剧，供需矛盾更加突出

（1）大气污染

页岩气开采过程导致的大气污染主要表现为两个方面：一是温室效应，二是污染气体排放。

1）温室效应

页岩气的主要成分甲烷是温室气体。同等质量的甲烷与二氧化碳，前者导致的气温上升是后者的几十倍。目前，全球变暖的 1/3 原因是甲烷气体的产生。页岩气开采过程中会造成一定的甲烷泄漏，特别是在钻井、完井、修井和输气环节，由于故意排放、设备泄漏、操作不当等易导致释放和泄漏，从而加剧温室效应。

2）污染气体排放

页岩气开采所用的动力设备及运输设备如钻机、压缩机、卡车和其他机械设备运行过程中也会产生大量的氮氧化物及烃类化合物，加剧光化学烟雾。页岩气开采注水过程需要柴油机提供动力，在消耗柴油的过程中会溢出大量苯系物，且会产生氮氧化物、颗粒物粉尘等空气污染。

（2）水体污染

页岩气开采过程中造成的水体污染表现在两个方面：一是地表水污染，二是地下水污染。

1）地表水污染

页岩气开采过程中所采用的压裂液及返排液中夹杂着大量的泥沙、酸液及化学添加剂，如表面活性剂、润滑剂、阻垢剂、杀菌剂、支撑剂等，还有一些夹杂着天然气烃类物质及放射性物质，这些返排液和压裂液的不当处理会污染地表水；且返排液中含有天然有毒物质高矿化度地层水，对地表饮用水水源造成威胁。虽然有些废液在污水处理厂进行了处理，但有些并未达标就排入了河流，严重污染了地表水。

地表水作为农业生产的主要灌溉水源，一旦污染会直接造成农作物污染以及影响水体的自净作用，危害水生生物的生存，污染组分被水生生物吸收后，能在水生生物中富集、残留，并通过食物链进入家畜及人体中，最终危及人体健康。另外，被污染的地表水还会由于渗流作用而导致土壤污染和地下水污染。

2）地下水污染

如果管路密封不良，或者是遇到断层及裂缝区，压裂液及页岩气可能会窜入水层并对地

下水造成影响；大型开采作业中，设备的震动会干扰地下水层，以致其浑浊；且一些固井、完井不合理或者井眼没有封存好的废弃井，也有可能污染地下水。

（3）土壤污染

页岩气开采过程中会产生大量钻井岩屑、油基泥浆和污泥，存放和处置不当可能会引起周边土壤污染。钻井所需的裂解液和化学药品在存放和使用过程中若有不慎也会污染土壤。页岩气开采钻探过程中各种钻井废液的溢出和泄漏也会导致钻井平台周边土壤的污染，改变原有土地利用方式，造成土壤扰动。

由于页岩气自身特点，页岩气的开发需要铺设管道，所需的管道多，施工过程中会对周边环境及其植被产生破坏性影响。页岩气井水力压裂过程中需要大量大型施工设备，所占用的土地面积比常规油气田的钻井区大得多，它会对地表植被造成破坏，引起土壤扰动，污染土壤表面或浅层地表。

（4）噪声污染

页岩气开采过程中，钻井和压裂机械在运转过程中会产生严重的噪声污染。噪声对人类生活的影响迅速、直接，最令人难以忍受。

（5）生态平衡破坏

页岩气开采过程对生态平衡的破坏表现在三个方向：一是对地表植物的破坏；二是对野生动物生存的影响；三是改变地质结构。

1）对地表植被的破坏

页岩气的开发会占用大规模的地表空间，破坏相当数量的地表植被；页岩气开发过程中溅落的裂解液和化学药品无法完全回收的部分滞留在土壤中，对自然植被产生影响。

2）对野生动物生存的影响

页岩气开采过程中对地表植物的破坏会破坏野生动物栖息地，减少野生动物的食物资源，同时开采过程中产生的噪声会使野生动物感到害怕，影响其生存与繁衍，最终威胁到物种生存和生物多样性。

3）改变地质结构

采用水力压裂大规模开采页岩气会导致断层的活化，地质结构的改变，会导致水土流失、地表沉陷，诱发滑坡和地震等地质灾害。2013 年美国地震学家 N.V.D. Elst、W.Ellsworth 认为，页岩气开采水力压裂法是引起美国多场地震的诱因。

（6）水资源短缺

页岩气开采需要高压水力压裂，耗水量大、技术要求高。页岩气开发所采用的高压水力压裂技术，平均每口井耗水 $0.38 \times 10^4 \sim 1.51 \times 10^4 \mathrm{m}^3$，是常规水力压裂井的 50～100 倍。目前常使用水平井分级多段水力压裂技术，其耗水量更多，每口井耗水量高达几万立方米，远远高于常规压裂用水。大量水资源的消耗将导致当地水资源压力加剧，供需矛盾更加突出。对于缺水地区，发展页岩气对水资源供给提出了挑战。我国页岩气发育较好的盆地，水资源短缺问题严重，这对页岩气开发提出了挑战。

4.5.2　天然气加工过程中的环境问题

天然气的加工，就是将开采出来的天然气中所含的 CO_2、H_2O、H_2S 和其他含硫化合物等杂质去除，以达到一定的质量指标和满足远距离输送与储存的安全要求。天然气加工主要包括天然气脱硫脱碳和天然气脱水干燥两个过程。

4.5.2.1　天然气脱硫脱碳过程中的环境问题

天然气脱硫脱碳的目的是脱除天然气中含有的 H_2S、有机硫化物和 CO_2，目前应用最多的是醇胺法和砜胺法两种工艺，生产过程包括吸收、闪蒸、换热及再生四个环节，区别是使用的吸收剂不同。在天然气脱硫脱碳的不同环节，由于设备腐蚀或操作不规范，可能产生的污染物各不相同，因而导致的环境问题也各不相同。

（1）吸收过程产生的污染物

吸收是采用碱性吸收剂将天然气中的酸性气体脱除到规定指标，主要设备是吸收塔。在操作过程中，由于设备腐蚀或操作不规范，飞溅或泄漏出的吸收液流入水体，就会改变地表水体的 pH，影响水生生物的生存条件并降低水体的自净能力，从而造成水体污染。如果泄漏出的碱性吸收液渗入土壤，会改变土壤的结构，使土壤板结，并引发次生盐碱污染，造成土壤性质的改变，轻则降低土壤的肥力和生产力，重则破坏植物的根系，影响植物生长。渗入土壤的吸收液通过渗流作用流入地下水系，还会对地下水造成污染。

（2）闪蒸过程产生的污染物

天然气中含有的烃类物质大多属于小分子烃类，挥发温度低、挥发度大，闪蒸就是利用烃类物质的这一特点，通过对吸收后的富液加热，去除其中已吸收的烃类，以降低酸性气体中的烃含量。因此，如果闪蒸设备密封性差或被吸收的酸性气体腐蚀而发生泄漏，就会导致解吸的烃类物质逸出到大气中，造成大气污染。虽然大部分小分子烃类物质并不会对人类产生危害，但绝大部分都具有刺激难闻的气味，会对人体呼吸系统产生一定的影响。也有部分烃类物质具有致癌性，会对人类造成巨大的危害。

（3）换热过程产生的污染物

吸收液的再生是通过加热将吸收液吸收的酸性气体解吸，使其恢复吸收能力。再生后的贫液温度较高，而吸收液在低温条件下才具有较好的吸收能力，因此可采用富液与贫液换热的方式，既提高待再生富液的温度，减少再生所需的加热量，同时降低再生后贫液的温度，使其具有较好的吸收能力，这一过程即为吸收液的换热过程。换热过程的最主要设备是换热器。

由于富液中含有已吸收的酸性气体，在换热过程中吸收热量后会将酸性气体解吸，在水分存在条件下，极易造成换热设备的腐蚀而发生泄漏，泄漏出来的吸收液如果进入地表水体，就会造成水体污染，并通过渗透和渗流作用进一步污染土壤和地下水，泄漏的酸性气体排入大气则会导致大气污染。

（4）再生过程产生的污染物

贫液是指具有较强吸收能力的吸收液，富液是指吸收了酸类气体、已降低或失去吸收能力的液体。要实现吸收液的循环利用，必须将富液中的酸性气体解吸出来以恢复其吸收能力，这个过程就是再生。

一般地，再生是采用对富液加热、改变酸性气体在吸收液中的溶解度而实现富液脱吸的。因此，再生环节是一个耗能过程，为实现加热，必须燃烧一定的燃料对富液加热，将其已吸收的酸性气体解吸出来。无论采用何种燃料，如果燃料中含有硫、氮等元素，则会产生硫氧化物和氮氧化物而造成大气污染。

另外，再生的主要设备是再生塔，再生塔顶馏出的酸性气体经过冷凝分出液态水后，送至硫磺回收装置制硫或送至火炬中燃烧，分出的液态水经回流泵返回再生塔。在再生过程中，由于再生设备密封性差或被腐蚀而导致泄漏，会使吸收液蒸汽和酸性气体逸出，而造成对大气

的污染。碱性吸收液蒸汽逸出至大气,会刺激局部地区工人的呼吸系统,引发不适感;酸性气体逸出至大气后,不仅会对操作人员的呼吸系统造成破坏,还可能随空气而扩散,遇水蒸气形成酸雨,最终落回地面,不仅对人、畜和农作物造成破坏,而且会对设备与建筑造成腐蚀。

因此,天然气脱硫脱碳过程中环境问题的形成原因及危害如表 4-4 所示。

表 4-4　天然气脱硫脱碳过程中环境问题的形成原因及危害

环境问题	形成原因		危　害
大气污染	酸性气体	闪蒸设备密封性差或被腐蚀而泄漏	(1) 酸性气体会形成酸雨; (2) 烃类气体影响人体呼吸系统; (3) 燃烧尾气形成酸雨; (4) 吸收液蒸汽影响人体呼吸系统
		再生设备密封性差或被腐蚀而泄漏	
		换热设备被腐蚀而泄漏	
	烃类气体	闪蒸设备密封性差或被腐蚀而泄漏	
	燃烧尾气	再生过程中燃料燃烧所释放	
	吸收液蒸气	再生设备密封性差或被腐蚀而泄漏	
水体污染	碱性吸收液	吸收过程中设备泄漏或操作不规范溅出	(1) 污染地表水; (2) 污染土壤和地下水
		换热过程中设备被腐蚀而泄漏	
土壤污染	碱性吸收液	(1) 吸收过程中设备泄漏或操作不规范溅出; (2) 换热过程中设备被腐蚀而泄漏	(1) 改变土壤结构,使土壤板结; (2) 改变土壤性质,影响土壤肥力和生产力

4.5.2.2　天然气脱水过程中的环境问题

天然气脱水的目的是将天然气中所含的饱和水蒸气脱除,使其露点或含水量符合管道输送的要求。目前主要采用三甘醇吸收法脱水,主要设备是吸收塔和再生系统。

(1) 吸收过程产生的污染物

吸收是采用三甘醇吸收天然气中所含的水蒸气,所用设备为吸收塔。在吸收操作过程中,如果吸收塔密封不严或操作不规范,会导致吸收塔泄漏或溅出。吸收液是一种有机溶剂,具有良好的吸水性,泄漏或溅出的吸收液流入水体,会改变地表水体的性质,降低水体的自净能力,从而造成水体污染。如果泄漏出的吸收液渗入土壤,会改变土壤的结构和性质,轻则降低土壤的肥力和生产力,重则破坏植物的根系,影响植物生长。渗入土壤的吸收液通过渗流作用流入地下水系,还会造成土壤污染和地下水污染。

(2) 再生过程产生的污染物

再生是通过加热使吸收了水分的吸收液分离出被吸收的水蒸气和烃类气体,恢复其吸收能力,所用的设备为再生塔,包括精馏段和提馏段。解吸出的烃类气体作为再生加热用的燃料燃烧。在再生过程中,由于再生设备密封性差或被腐蚀而导致泄漏,会使吸收液蒸汽和烃类气体逸出至大气,造成大气污染,对当地居民的呼吸系统产生刺激。

因此,在整个天然气脱水过程中,各环境问题的形成原因及危害如表 4-5 所示。

表 4-5　天然气脱水过程中环境问题的形成原因及危害

环境问题	形成原因		危　害
大气污染	吸收液蒸汽	再生塔密封不严或操作不规范而逸出	刺激当地居民的呼吸系统
	烃类气体	再生塔密封不严或操作不规范而逸出	

环境问题	形成原因		危　害
水体污染	吸收液	吸收塔设备泄漏或操作不规范溅出	（1）污染地表水； （2）污染土壤和地下水
土壤污染	吸收液	吸收过程中设备泄漏或操作不规范溅出	（1）改变土壤结构，使土壤板结； （2）改变土壤性质，影响土壤肥力和生产力

4.5.2.3　天然气凝液回收过程中的环境问题

天然气凝液回收是从天然气中回收乙烷、丙烷、丁烷等烃类混合物的过程，一般采用分步冷凝法分离，得到甲烷、乙烷、丙烷、气态石脑油等产品，所用设备主要是冷冻机、透平膨胀机、蒸馏塔。

（1）冷冻过程产生的污染物

天然气凝液回收先将湿天然气冷冻，使大部分高沸点组成凝出。一般采用丙烷或氨式冷冻机外冷凝，或通过节流阀绝热膨胀以及在透平膨胀机内膨胀做功来完成。无论是采用冷冻机外冷凝还是膨胀冷凝，在其工作过程中均会产生噪声污染。噪声污染会引起员工的听觉疲劳，时间久后引起听力损失，最后导致耳聋，影响交流质量。处于噪声环境中，会导致员工心理烦躁，造成疲劳，降低工作效率。长时间处于噪声环境，会引起头晕、头痛、耳鸣、心血管等疾病，进而影响身体健康。

（2）蒸馏过程产生的污染物

蒸馏是将冷冻形成的天然气凝液采用常压或加压多级低温蒸馏的方法脱出凝液。在常压蒸馏时，脱甲烷塔的塔顶用液体乙烷冷却，而脱乙烷塔的塔顶则用液体丙烷作冷却剂，其余各项可用空气来冷却。

无论是常压或多压多级蒸馏，如果由于设备密封不严或被腐蚀而泄漏，就会使蒸馏得到的产品漏入大气，这些漏入大气的烃类物质不仅会造成大气污染，影响周边居民的身体健康，而且如果空气不流通，积累至一定浓度时，还极易发生爆炸，造成安全事故。

综上所述，天然气凝液回收过程中各环境问题的形成原因及危害如表 4-6 所示。

表 4-6　天然气凝液回收过程中环境问题的形成原因及危害

环境问题	形成原因		危　害
大气污染	烃类气体	蒸馏塔密封不严或被腐蚀而泄漏	（1）影响居民身体健康； （2）存在安全隐患
噪声污染	噪声	冷冻机或膨胀透平运行过程中产生	（1）引起听觉疲劳和听力损伤； （2）降低工作效率； （3）影响身体健康

4.5.3　天然气输送过程中的环境问题

天然气的大规模运输方式主要有两种：管道运输和液化天然气船舶运输。随着城市化进程的不断加快和人民生活质量的提升，天然气长输管道建设也进入一个高速发展阶段。天然气因其易燃易爆的危险属性，通过加强管道工程建设过程的管理，最大限度地控制安全事故的发生，可确保天然气运输达到安全可控的目的。另外，天然气长输管道工程属于长途施工工程，其工作量一般都是沿线分布，常具有以下特点：施工作业性质比较独立；施工方在野

外工作的时间比较长；施工方的施工进程加快，工作人员流动性较大；工程复杂程度高、技术要求高。

天然气长输管道在建设过程中，难免会对沿线的土壤、植被等自然资源造成破坏，从而产生大气污染、水体污染、固体废弃物污染、噪声污染、土壤污染和生态平衡破坏。

（1）大气污染

在天然气输送管道铺设阶段，进行土建施工时，不仅会损坏施工现场的植被以及地表，表层的土壤裸露会出现扬尘，而且容易产生扬尘的建筑材料在运送过程中，要是没有采取合理的遮盖手段，也容易出现扬尘。清除施工垃圾时也会出现扬尘。类比调查发现，进行的施工活动会导致一些区域在其相应的环境空间中可能存在一定浓度的颗粒物，如果空气过于干燥，当风力较大时，施工现场表层的浮土可能扬起，其影响范围可超过施工现场边缘以外50m远。

（2）水体污染

在天然气输送管道施工期进行土建施工时，运输车辆、施工机具的使用，必然会产生废水。废水主要包括运输车辆、施工机具的冲洗废水，润滑油、废柴油等油类，泥浆废水以及混凝土保养时排放的废水。这些废水如果未经处理而直接排放，就会对地表水体造成污染。地表水作为农业生产的主要灌溉水源，一旦污染会直接造成农作物污染以及影响水体的自净作用，危害水生生物的生存，污染物被水生生物吸收后，能在水生生物中富集、残留，并通过食物链进入家畜及人体中，最终危及人体健康。另外，被污染的地表水还会由于渗流作用而导致土壤污染和地下水污染。

（3）固体废弃物污染

天然气输送管道施工过程产生的固体废弃物主要包括施工人员产生的生活垃圾、施工产生的弃土和建筑垃圾等。

生活废弃物在自然条件下较难被降解，长期堆积形成的垃圾山，不仅会影响环境卫生，而且会腐烂变质，产生大量的细菌和病毒，极易通过空气、水、土壤等环境媒介而传播疾病；垃圾中的腐烂物在自身降解期间会产生水分，径流水以及自然降水也会进入到垃圾中，当垃圾中的水分超出其吸收能力之后，就会渗流并流入到周围的地表水或者土壤中，从而对地下水以及地表水造成极大的污染。另外，垃圾在长期堆放过程中会产生大量的沼气，极易引起垃圾爆炸事故，给人们造成极大的损失。

建筑垃圾在自然条件下基本不会降解，长期堆积会破坏地表形态和土层结构，破坏植被。

（4）噪声污染

天然气长输管道建设过程中，由于人类活动、交通运输工具、施工机械的机械运动，相应施工过程中产生的噪声、灯光等可能对邻近的鸟类栖息地和觅食的鸟类产生一定影响，导致施工区域及周边区域中分布的鸟类数量减少、多样性降低，但这种影响是局部的、短期的、可逆的，当工程建设完成后，其影响基本可以消除。

（5）土壤污染

天然气长输管道建设中的管沟开挖、管道敷设、管沟回填等施工环节会对项目区内的土壤造成严重的影响，具体表现为：地表土壤的裸露面积增加，增加了水土流失的可能性；表层熟土经过翻、挖等作业被深层的生土所替代，大大降低了土壤的营养含量。

（6）生态平衡破坏

天然气输送管道铺设过程对生态平衡的破坏表现在三个方向：一是对地表植物的破坏；

二是对野生动物生存的影响；三是对林业生态系统的影响。

1）对地表植物的破坏

天然气输送管道铺设对野生植物的影响主要表现为施工车辆或机械对地表植物造成碾压和破坏。大量工程实践证明，管沟两侧约 5m 范围内的植被所遭受的破坏是最为严重的，以管沟为中心，其两侧 2.5m 范围内的植被根系遭到彻底破坏，且被破坏的植被在短时间内是无法正常恢复的，导致项目区内植被数量或种类的减少，进而对该项目区的生态稳定性造成严重影响。

2）对野生动物生存的影响

对陆生动物的影响主要表现为：由于管道施工的特性，可能会分割或扰乱野生动物的栖息地、活动区域等；管道施工过程中所使用的机械设备等会产生不同程度的噪声，对野生动物造成惊扰等。由于在该项目区内所开展的管道施工活动具有一定的短暂性、分段性，因此其对陆生生物的影响是可控的。

对水生动物的影响主要表现为：在管道需穿越河流进行施工时，由于多采用开挖深埋的方式进行施工，会增加水体中的泥沙量，进而对水生生物的成活率、生长率等造成影响；降低了鱼类对疾病的抵抗能力。

3）对林业生态系统的影响

天然气长输管道建设对林业生态系统造成的影响主要体现为：

① 林地面积的损失。在林地地段进行的管沟开挖等施工活动会对现有林地造成不同程度的破坏，甚至造成大部分林地无法恢复。针对这部分无法恢复的林地，只能将其土地利用方式转换为荒草地或其他利用类型。

② 生物量及其生产力的损失。针对能恢复的林地，其在恢复期间的生物量和生产力均呈大幅度下降，这一过程所造成的损失是巨大的。

天然气管道输送过程中环境问题的形成原因及危害如表 4-7 所示。因此，结合管道施工的实际情况，制定生态环境预防及保护措施十分重要，也是保证天然气长输管道运行安全的重要措施。

表 4-7　天然气管道输送过程中环境问题的形成原因及危害

环境问题	形成原因	危害
大气污染	（1）土建施工造成地表裸露而产生扬尘； （2）建筑材料运输和清除垃圾时产生扬尘	（1）影响环境卫生； （2）危害人体健康
水体污染	运输车辆、施工机具的冲洗废水，润滑油、废柴油等油类，泥浆废水以及混凝土保养时排放的废水	（1）污染地表水； （2）污染地下水和土壤
固体废弃物污染	（1）施工人员日常生活产生的生活垃圾； （2）施工过程中产生的弃土和建筑垃圾	（1）腐烂，影响环境卫生，滋生蚊蝇，传播疾病； （2）破坏地表形态和土层结构，破坏植被
噪声污染	人类活动、交通运输工具、施工机械的机械运动	影响人类、鸟类的生活
土壤破坏	管沟开挖、管道敷设、管沟回填等施工环节	（1）地表土壤裸露面积增加，增加了水土流失的可能性； （2）表层熟土被深层生土替代，降低了土壤的营养含量
生态平衡破坏	（1）施工车辆或机械对地表植物造成碾压和破坏； （2）分割或扰乱野生动物的栖息地、活动区域等，机械设备等产生的噪声对野生动物造成惊扰； （3）穿越河流施工时，会增加水体中的泥沙量； （4）施工活动对现有林地造成不同程度的破坏	（1）地表植被破坏； （2）危害野生动物； （3）影响水生生物的成活率、生长率，降低鱼类对疾病的抵抗能力； （4）破坏林地，减少生物量及其生产力

4.5.4 天然气利用过程中的环境问题

天然气的利用方式有能源利用和化工利用。无论哪种方式,其利用过程中都会产生一系列的环境问题。

4.5.4.1 天然气能源利用过程中的环境问题

天然气能源利用是通过燃烧装置将天然气的化学能转化为热能的利用方式,主要设备是燃烧器。

天然气主要由碳和氢组成,正常燃烧时生成二氧化碳、水蒸气和过量的氧等物质,因此是一种清洁能源,在热值、环保、安全性等领域具有明显优势。然而,作为能源利用的天然气中往往还含有其他杂质和添加剂,且常常不能完全燃烧,常排出一些有害物质。研究表明,天然气不完全燃烧产生的污染物主要包括一氧化碳、烃类化合物、氮氧化物、硫氧化物。

天然气在使用过程中所产生的环境问题主要体现在以下几个方面。

（1）一氧化碳

天然气的主要成分是甲烷,完全燃烧的产物是二氧化碳和水,但在不完全燃烧时会产生大量的一氧化碳。一氧化碳会阻碍人体血液吸收和输送氧气,影响人体造血机能,随时可能诱发心绞痛、冠心病等疾病。

（2）非甲烷烃类化合物

在天然气的成分中含有大量的非甲烷烃类化合物,这些非甲烷烃类化合物如果不完全燃烧,所产生的物质会在大气中形成气溶胶,而且在阳光的作用下会发生光化学作用,加剧气溶胶的产生,会形成毒性很强的光化学烟雾,伤害人体,并会产生致癌物质。产生的白色烟雾对家畜、水果及橡胶制品和建筑物均有损坏。此外,天然气中含有部分颗粒物,这部分物质如果不能完全燃烧,也将随燃烧产物进入空气中,使空气中 $PM_{2.5}$ 的含量增加。因此,即使对于天然气这种"洁净型"能源,也应注意可能产生的环境问题。

（3）硫氧化物

天然气中本身也含有一定量的有机硫化物,在进行天然气处理时难以将其除净,所以在天然气使用过程中会产生硫氧化物污染。另外,为使工作人员及时察觉泄漏并采取相关措施,天然气在使用过程中会加入一定量的加臭剂。加臭剂的主要成分是有机硫,从而产生硫化物污染。

排入大气中的硫氧化物在金属飘尘的触媒作用下,会被氧化成 SO_3,遇水形成硫酸雾,若被雨水淋落即形成硫酸雨,可使植物由绿色变为褐色直至大面积死亡。硫酸雾凝结于微粒表面,使一些微粒相互黏结,长大成雪片状的酸性尘。另外,当锅炉低负荷运行时,烟气温度低于烟气露点产生的低温腐蚀硫酸物和未保温的金属烟囱及烟道内的酸蚀金属硫酸盐等脱落成块状或片状物质,随烟气排入大气,也成为酸性尘。

（4）氮氧化物

与其他气体燃料相比,天然气较为清洁,但燃烧也会产生一定量的氮氧化物。氮氧化物不是大气污染的主要来源,但是当大气中的氮氧化物浓度较高时,会对人体、动植物的生长及自然环境有很大的危害,主要表现在以下方面。

1）危害人体健康

NO 具有一定毒性,很容易和血液中的血色素结合,使血液缺氧,引起中枢神经麻痹症。大气中的 NO 可氧化为毒性更大的 NO_2。NO_2 对呼吸器官黏膜有强烈的刺激作用,引起肺气肿和肺癌；在阳光作用下 NO_x 与挥发性有机化合物反应能生成臭氧，臭氧是一种有害的刺激物。NO_x 参与光化学烟雾的形成，其毒性更强。

2）危害森林和农作物

大气中 NO_x 对森林和农作物的损害是很大的，可引起森林和农作物枯黄，产量降低，品质变劣。NO_x 还可以生成酸雨和酸雾，对农作物和森林的危害很大。

3）产生温室效应

NO_x 也是一种温室气体，大量排放会产生温室效应。

（5）二氧化碳

天然气的主要成分以碳为主，在使用过程中不可避免地会产生二氧化碳。CO_2 不是有毒气体，但也存在一些危害性，主要表现在：

1）影响人体舒适感

二氧化碳使空气中含氧量减少，因而使人感到头痛和呼吸短促。

2）产生温室效应

大气中 CO_2 的最大危害是产生温室效应，能选择性吸收地球表面的低温辐射红外光谱，使大气层温度升高，同时发出较强烈的热辐射，使地球表面得到的总辐射量增加而变暖。

综上所述，天然气能源利用过程中环境问题的形成原因及危害如表4-8所示。

表 4-8　天然气能源利用过程中环境问题的形成原因及危害

环境问题		形成原因	危　害
大气污染	一氧化碳	不完燃烧产生	危害人体健康
	非甲烷烃类化合物	不完全燃烧产生	产生气溶胶，影响人体健康
	硫氧化物	天然气本身所含的硫及添加的除臭剂中的有机硫燃烧而生成	（1）腐蚀金属； （2）形成酸雨或酸性尘
	氮氧化物	空气中的氮气在燃烧条件下反应形成	（1）危害人体健康； （2）形成光化学烟雾； （3）危害农作物生长； （4）产生温室效应
	二氧化碳	天然气完全燃烧产生	（1）影响人体舒适感； （2）产生温室效应

4.5.4.2　天然气化工利用过程中的环境问题

天然气的化工利用是以天然气为原料生产化学品的利用方式。由于天然气成分相对简单，以天然气为原料的化工生产装置投资省、能耗低、占地少、人员少、环保性好、运营成本低，因此以天然气为原料的化工利用近年来发展很快，主要领域是生产甲醇、合成氨、乙炔等。但化工利用过程也会产生大量的有害物质，从而导致严重的环境问题，给人类的生产生活环境带来了很大的威胁。

（1）大气污染

天然气化工利用过程中造成大气污染的主要原因是生产过程中产生的各类废气。

天然气化工利用产生的废气往往成分较为复杂，主要包含粒子类物质、含硫氧化物、含氮化合物、一氧化碳和有机化合物等。这些物质具有强烈的腐蚀性、毒害性，是危害大气环

境的主要污染源。

1）粒子类物质

天然气中含有部分颗粒物，这部分物质如果不能完全燃烧和转化利用，将转移进入空气中，使空气中 PM$_{2.5}$ 的含量增加。另外，天然气化工利用过程大多需在高温条件下进行，其温度条件几乎都是采用燃料燃烧的方式提供，在燃料燃烧过程中也会产生烟气、烟尘和粉尘等。粒子类物质的危害主要表现为：

① 危害人类的健康。飘逸在大气中的粉尘往往很难沉降。当人体吸入粉尘后，小于 5μm 的微粒极易深入肺部，引起中毒性肺炎或硅肺，有时还会引起肺癌。沉积在肺部的污染物一旦被溶解，就会直接侵入血液而引起血液中毒，未被溶解的污染物也可能被细胞所吸收，导致细胞结构的破坏。

② 污染建筑物。飘散在大气中的粒径稍大的粉尘在重力作用下落在建筑物表面，或者在建筑物外墙的吸附作用下被吸附，会污染建筑物，影响建筑物的使用寿命，甚至使有价值的古代建筑遭受腐蚀。

③ 影响植物生长。降落在植物叶面的粉尘会阻碍植物的光合作用，抑制其生长。

④ 存在爆炸隐患。由于粉尘的粒径小，比表面积大，因此表面能也较大。粉尘与空气混合能形成可燃的混合气体，若遇明火或高温物体，极易着火，顷刻间完成燃烧过程，释放大量热能，使燃烧气体温度骤然升高，体积猛烈膨胀，形成很高的膨胀压力。

2）硫氧化物

天然气中含有一定浓度的硫化物（包括二氧化硫、硫化氢、有机硫等），这些硫化物在生产条件下会转化为硫氧化物。排入大气中的硫氧化物在金属飘尘的触媒作用下，会被氧化成 SO$_3$，遇水形成硫酸雾，若被雨水淋落即形成硫酸雨，可使植物由绿色变为褐色直至大面积死亡。硫酸雾凝结于微粒表面，使一些微粒相互黏结，长大成雪片状的酸性尘。

3）有机化合物

天然气化工生产产生的有机化合物中最多是的非甲烷烃类化合物，部分有机化合物还含有少量的硫或氮。这些有机化合物常常带有强烈的刺鼻性气味，具有较强的毒害性，可对人体器官造成不利影响，其中含有较多的致癌物。

4）含氮化合物

天然气中的含氮杂质在生产条件下会转化为含氮化合物，主要是 NO 和 NO$_2$。含氮化合物对人体、动植物的生长及自然环境有很大的危害，主要表现在以下方面。

① 危害人体健康。NO 具有一定毒性，很容易和血液中的血色素结合，使血液缺氧，引起中枢神经麻痹症。大气中的 NO 可氧化为毒性更大的 NO$_2$。NO$_2$ 对呼吸器官黏膜有强烈的刺激作用，引起肺气肿和肺癌；在阳光作用下 NO$_x$ 与挥发性有机化合物反应能生成臭氧，臭氧是一种有害的刺激物。NO$_x$ 参与光化学烟雾的形成，其毒性更强。

② 危害森林和农作物生长。大气中 NO$_x$ 对森林和农作物的损害是很大的，可引起森林和农作物枯黄，产量降低，品质变劣。NO$_x$ 还可以生成酸雨和酸雾，对农作物和森林的危害很大。

③ 产生温室效应。NO$_x$ 也是一种温室气体，大量排放会产生温室效应。

5）一氧化碳

天然气的主要成分是甲烷，完全反应的产物是二氧化碳和水，但反应不完全时会产生大量的一氧化碳，因此天然气化工生产排放的烟气中含有大量 CO。

一氧化碳会阻碍人体血液吸收和输送氧气，影响人体造血机能，随时可能诱发心绞痛、冠心病等疾病。

（2）水体污染

天然气化工利用过程中导致水体污染的原因是生产过程中产生的各类废水。

天然气化工企业在生产过程中会产生多种含有害物质的废水，不仅成分复杂，而且排放量大，处理起来非常困难。因此，天然气化工产生的废水不仅浪费了大量的水资源，而且直接排放还会对环境造成严重的污染，给地表水体带来一定程度的破坏。

地表水作为农业生产的主要灌溉水源，一旦污染会直接造成农作物污染以及影响水体的自净作用，危害水生生物的生存，污染物被水生生物吸收后，能在水生生物中富集、残留，并通过食物链进入家畜及人体中，最终危及人体健康。另外，被污染的地表水还会由于渗流作用而导致土壤污染和地下水污染。

（3）土壤污染

天然气化工生产过程中会产生很多的固体废弃物，有些还含有重金属。固体废弃物随意抛弃在土壤中，会改变了土壤原有的理化性质和结构，使原有土壤的结构和物理化学性状都难以恢复。天然气化工产品在运输过程中，也会有一些油类物质吸附在土壤颗粒上并深入到土壤中，污染物中含有的各类反应基团与氮、磷结合，限制了微生物的硝化作用和脱磷作用，从而导致土壤中有效氮、有效磷减少，土壤肥力降低，各类污染物附着在植物根系表面形成油膜，阻碍植物根系呼吸和对养分的吸收，从而导致植物根系腐烂，影响农作物的生长。

（4）噪声污染

随着天然气化工生产规模的不断扩大，大型机械设备、大功率机组等的广泛应用，噪声的辐射可想而知。天然气化工产生的噪声主要有以下几种，即火炬噪声、电动机噪声、管道噪声，以及放空噪声等，都是非常严重的噪声污染。噪声会引起员工的听觉疲劳，时间久后引起听力损失，最后导致耳聋，影响交流质量；长时间处于噪声环境，会引起头晕、头痛、耳鸣、心血管等疾病，进而影响健康；处于噪声环境中，会导致员工心理烦躁，造成疲劳，降低工作效率。

综上所述，天然气化工利用过程中环境问题的形成原因及危害如表4-9所示。

表4-9　天然气化工利用过程中环境问题的形成原因及危害

环境问题		形成原因	危　害
大气污染	粒子类物质	排放的烟气、烟尘和粉尘等	（1）危害人类健康； （2）污染建筑物； （3）影响植物生长； （4）安全隐患，易导致爆炸事故
	含硫化合物	生产过程中产生的二氧化硫、硫化氢	（1）影响人体健康； （2）形成酸雨，污染环境
	有机化合物	生产过程中产生的烃类化合物	影响人体健康
	含氮化合物	生产过程中产生的氮氧化物	（1）危害人体健康； （2）危害森林和农作物生长； （3）产生温室效应
	一氧化碳	不完全燃烧产生	影响人体健康
水体污染	废水	天然气化工利用过程中产生的各种含有毒有害物质的废水	（1）污染地表水； （2）污染土壤和地下水

环境问题		形成原因	危　害
土壤污染	废弃物	天然气化工利用过程中产生的各类固体废弃物	（1）改变土壤性质； （2）降低土壤肥力，影响作物生长
噪声污染	噪声	大型机械设备、大功率机组运行过程中产生	（1）影响交流； （2）影响身心健康； （3）降低工作效率

4.6　天然气开发利用过程中环境问题的对策

天然气是一种清洁能源，因此被广泛用作燃料和化工原料，为国民经济的发展作出了巨大的贡献。但清洁是相对的，天然气的清洁性是指其在燃烧和转化过程中排放相对较少，其开采、输送、加工、利用各环节也会给环境带来一定程度的污染，因此，应根据天然气开发利用各环节中环境问题形成的原因，针对性地采取相应的对策，以尽可能降低天然气开发利用过程对环境的影响，从而实现可持续发展战略目标。

4.6.1　天然气开采过程中环境问题的对策

油气田天然气和页岩气是当前利用最多的天然气，因此本节分别讨论油气田天然气和页岩气开采过程中环境问题的对策。

4.6.1.1　油气田天然气开采过程中环境问题的对策

由表 4-2 可知，油气田天然气开采过程会导致水体污染、大气污染、土壤污染和噪声污染等环境问题，而且这个阶段持续时间较长。为了减轻油气田天然气开采对环境的影响，可针对各环境问题的形成原因采取针对性的控制措施。

（1）大气污染的控制

油气田天然气开采过程中造成大气污染的主要原因是排放的气体污染物，包括二氧化硫、粉尘、烟尘、一氧化碳、氮氧化物和总烃等。为了减少油气田天然气开采对大气的污染，对于产生的废气，应实施组织排放，对产生的废气进行收集并处理后再排放。

（2）水体污染的控制

油气田天然气开采过程中产生的各类污染物直接排入水体，就会造成地表水源污染，进而造成土壤污染和地下水污染。为了减少油气田天然气开发对水环境的污染，应对开采过程中产生的各类废水进行分类收集和处理，使其达到受纳水体的标准或者回用的标准。

在污染源还没有进入地下含水层前，可采用堵塞或截流的方法来切断污染来源，防止污染源进入地下水层对水环境造成污染。对油气传输管道采取防腐措施，避免油气泄漏对地下水的污染。

废水的处理可分为物理法、化学法和生物法等。无论何种废水，根据其所含的特征污染物的类别，总可选用一种合适的处理方法。具体处理方法可参考相关书籍（《物理法水处理过程与设备》《化学法水处理过程与设备》《生物法水处理过程与设备》）。

（3）土壤污染的控制

油气田天然气开采过程造成土壤污染的主要原因是施工占地对土壤产生的破坏和废弃污染物对土壤的污染，使土壤结构和性质发生改变。

为了减少油气田天然气开发过程对土壤环境的污染，应尽量减少油气田开发的占地，降低土壤环境污染率；重视开发挖堆土及回填技术，划定堆放点，在地面作业完成后，分别填回深层生土和表层熟土，努力恢复原有土壤结构，以保证土壤内部的营养含量；在容易发生风蚀的地方，应着重防止风蚀作用，采取积极的固沙措施；加强对油气田开发工作的管理，避免发生油气田开发的事故性污染，对开发过程中产生的各种废弃物进行分类收集，并采取合理的技术方法进行无害化处理；在地面工程建设完成后，需组织相关人员对施工活动中所产生的建筑废料进行清理，避免因这些材料的难降解性对土壤造成影响；加强对土壤环境污染监测，及时发现土壤污染问题，及时采取防治措施，避免土壤污染面积的不断扩大。

（4）噪声污染的控制

油气田天然气开采过程中，钻井、开采机械在运转过程中会产生严重的噪声污染。噪声对人类生活的影响迅速、直接，最令人难以忍受。因此，采取各种减噪、降噪、隔噪措施，既从源头上降低噪声的产生，又将噪声控制在一定的程度，从而减轻其对人体的影响。

（5）生态保护

油气田天然气开采过程中的占地、开采机械的运转、各种建筑物与构筑物的建设等，都会使自然生态系统遭到严重破坏。为了尽量减少对自然植被及野生动物的影响，在施工中应实行滚动式开发，将油气田开采占地面积缩小至最低限度。积极开展绿化工作，注意施工后的地表修复和绿化；管沟回填后应注意地表的平整度，在工作空间内，种植草坪和树木可起到美化环境和保护土壤结构的双重作用。另外，在油气田开发过程中，大力提倡油气田机械和设施实施"绿色工程"，以避免强烈色调刺激动物的栖息和繁殖等。

1）野生动物保护措施

良好的植被生长条件是野生动物生存的基础，因此在地面工程建设完成后，应开展树木或草木种植工作，改善项目区域的植被条件，以便为野生动物的生长与繁衍创造一个良好的环境。

2）野生植被的保护

主要采取自然恢复与人工恢复相结合的方式，其中人工恢复主要是结合地形地貌、湿度、温度等条件，选择性地种植生长速率较快的本土植物，以在短时间内恢复该区域的植被生长体系，减少地面工程建设对原地面植被的影响。

3）林业生态系统保护

施工道路尽量利用林业项目区内现有的道路，若由于地面工程建设需要新修施工道路时，应尽量缩短其长度；针对林业项目区内需要特别保护或珍惜的树种，可在施工前安排人员对其进行移栽；对林业项目区内整个施工用地面积进行严格控制，减少林木的砍伐量等。

针对林业地段遭到破坏的植被，应优先采取种植树木的方式，对于树木种植成活率较低的地方，可适当种草或浅根系经济林木；在保证林地原有生态系统组成不变的前提下，在布局上可采用交错分布的种植方式，以促进植物种类的多样性发展，进而形成一个稳定性较强的生态体系；相关检疫部门应对种植所选的树种、种苗等进行病害方面的检疫，防止引入病害。

综上所述，对于油气田天然气开采过程中产生的各类环境问题，可采取的对策如表 4-10 所示。

表 4-10　油气田天然气开发过程中环境问题的形成原因及对策

环境问题		形成原因	对　　策
大气污染	酸雨	排放的二氧化硫	组织排放，分类处理
	光化学烟雾	排放的非甲烷烃与氮氧化物	
水体污染	废水	开采各环节产生的多种废水	分类收集与处理

续表

环境问题	形成原因		对　　策
土壤污染	废水、废水和固体废弃物	废水、废气和固体废弃物会直接或间接进入土壤	（1）减少开发占地，降低土壤污染率； （2）挖堆土回填，恢复土壤结构； （3）对各类废弃物进行分类收集和无害化处理； （4）加强土壤环境污染监控
噪声污染	钻井、开采机械在运转过程中会产生		防噪、降噪、隔噪
生态平衡破坏	（1）占用大规模的地表空间； （2）缩小了野生动物的栖息空间，减少了动物的食物资源		（1）减少占地，施工后地表修复和绿化； （2）加强动植物和林地系统保护

4.6.1.2　页岩气开采过程中环境问题的对策

由表 4-3 可知，页岩气开采过程中产生的环境问题主要是大气污染、水体污染、土壤污染、噪声污染、生态平衡破坏、水资源短缺，严重威胁着人类的生存。为缓解页岩气开发对环境的破坏，可针对各环境问题产生的原因，采取相应的对策。

（1）大气污染的控制

页岩气开采过程导致的环境问题是温室气体和污染气体的排放而导致的温室效应和大气污染，要控制页岩气开采过程对环境的破坏，就必须采取有效措施控制温室气体的产生和污染气体的排放。

1）温室效应的控制

页岩气的主要成分甲烷是温室气体，开采过程中发生的泄漏是导致温室效应的最主要原因，因此要控制温室效应，就应杜绝开采各环节可能发生的泄漏；对于无法防止和杜绝的排放，应采取措施做到组织排放；所有操作均应严格执行相关规定，杜绝可能导致的释放和泄漏。

2）污染气体排放的控制

页岩气开采过程中排放的污染气体主要由所用动力设备及运输设备在运行过程中燃油不完全燃烧产生，因此，要控制开采过程中污染气体的排放，应从两方面着手：一是提高动力设备及运输设备的性能，提高燃油的燃烧效率；二是采用高品质燃油，尽可能减少燃油的杂质。

（2）水体污染的控制

页岩气开采过程中造成水体污染的原因是生产过程中产生的废水。废水不经处理直接排入水体，就会造成地表水污染，然后在渗流作用下进入地下水，造成地下水污染。为减少页岩气开采过程对水环境的污染，应对开采过程中产生的各类废水进行分类收集和处理，使其达到接纳水体的标准或者回用的标准。当污染源还没有进入地下含水层前，采用堵塞或截流的方法来切断污染来源，防止污染源进入地下水层对水环境造成污染。

废水的处理可分为物理法、化学法和生物法等。无论何种废水，根据其所含的特征污染物的类别，总可选用一种合适的处理方法。具体处理方法可参考相关书籍（《物理法水处理过程与设备》《化学法水处理过程与设备》《生物法水处理过程与设备》）。

（3）土壤污染的控制

页岩气开采过程中造成土壤污染的原因主要是施工期产生的大量钻井岩屑、油基泥浆和污泥存放和处置不当。

为了减少页岩气开发对土壤环境的污染，应采用先进技术和设备，尽量减少开发占地，降低土壤环境污染率；重视开发挖堆土及回填技术，划定堆放点，在地面作业完成后，分别填回深层生土和表层熟土，努力恢复原有土壤结构，以保证土壤内部的营养含量；在容易发生风蚀的地方，应着重防止风蚀作用，采取积极的固沙措施；加强对开发工作的管理，避免发生事故性污染，对开发过程中产生的各种废弃物进行分类收集，并采取合理的技术方法进行无害化处理；在地面工程建设完成后，需组织相关人员对施工活动中所产生的建筑废料进行清理，避免因这些材料的难降解性对土壤造成影响；加强对土壤环境污染监测，及时发现土壤污染问题，及时采取防治措施，避免土壤污染面积的不断扩大。

（4）噪声污染的控制

页岩气开采过程中，钻井和压裂机械在运转过程中会产生严重的噪声污染。根据噪声产生的原因，可采取以下手段来进行有效控制。

1）采用先进设备防噪

尽量采用符合环保要求、噪声低、振动小的先进设备。对噪声和振动较大的设备等均采取防振、防噪措施，或建立隔音室，或对设备及部件进行更换和改造，使其符合环保有关规定。

2）采取合理措施降噪

对容易产生噪声的工段或部位，可采取加橡胶衬里、加导向板等措施降噪。

3）隔噪

对于无法防噪降噪的设备，可将其独立安装在密闭室内，室内四周均覆盖一定厚度的吸噪层，使噪声不能传出，从而达到隔噪的目的。

（5）生态保护

页岩气开采过程中的占地、钻井和压裂机械的运转、各种建筑物与构筑物的建设等，都会使自然生态系统遭到严重破坏。为了尽量减少对自然植被及野生动物的影响，在施工中，应实行滚动式开发，将占地面积缩小至最低限度。积极开展绿化工作，注意施工后的地表修复和绿化；管沟回填后应注意地表的平整度，在工作空间内，种植草坪和树木可起到美化环境和保护土壤结构的双重作用。另外，在开发过程中，大力提倡机械和设施实施"绿色工程"，以避免强烈色调刺激动物的栖息和繁殖等。

1）野生动物保护措施

良好的植被生长条件是野生动物生存的基础，因此在地面工程建设完成后，应开展树木或草木种植工作，改善项目区域的植被条件，以便为野生动物的生长与繁衍创造一个良好的环境。

2）野生植被的保护

主要采用自然恢复与人工恢复相结合的方式，其中人工恢复主要是结合地形地貌、湿度、温度等条件，选择性地种植生长速率较快的本土植物，以在短时间内恢复该区域的植被生长体系，减少地面工程建设对原地面植被的影响。

3）林业生态系统保护

施工道路尽量利用林业项目区内现有的道路，若由于地面工程建设需要新修施工道路时，应尽量缩短其长度；针对林业项目区内需要特别保护或珍惜的树种，可在施工前安排人员对其进行移栽；对林业项目区内整个施工用地面积进行严格控制，减少林木的砍伐量等。

针对林业地段遭到破坏的植被，应采取种植树木的方式进行恢复，对于树木种植成活率较低的地方，可适当种草或浅根系经济林木；在保证林地原有生态系统组成不变的前提下，

在布局上可采用交错分布的种植方式，以促进植物种类的多样性发展，进而形成一个稳定性较强的生态体系；相关检疫部门应对种植所选的树种、树苗等进行病害方面的检疫，防止引入病害。

4）地质结构稳定化

大规模水力压裂开采页岩气会导致断层的活化、地质结构的改变，会导致水土流失、地表沉陷，诱发滑坡和地震等地质灾害。对此，可采用污泥回注的方式，使采空层稳定化，既从根本上消除了地表沉陷、滑坡的发生，又为污泥处理寻找了新的方式。

（6）水资源控制

页岩气开采过程的耗水量非常大，大量水资源的消耗将导致缺水地区的水资源压力加剧，供需矛盾更加突出。为了缓解水资源紧张的局面，可采用先进的节水技术和设备，尽量提高水的回用率。

综上所述，针对页岩气开发过程中环境问题的形成原因，可采用表 4-11 所示的对策。

表 4-11　页岩气开发过程中环境问题的形成原因及对策

环境问题	形成原因		对　策
大气污染	温室效应	页岩气泄漏	（1）杜绝泄漏，无法避免的做到组织排放； （2）提高机械的燃烧性能，采用高品质燃油
	光化学烟雾	机械运转排放的氮氧化物和烃类化合物	
水体污染	废水	采用的压裂液及返排液中夹杂的泥沙、酸液及化学添加剂	组织排放、分类处理、达标排放或回用
土壤污染	钻井岩屑、油基泥浆等；裂解液和化学药品	（1）开采过程产生的钻井岩屑、油基泥浆和污泥； （2）裂解液和化学药品的存放和使用不慎	（1）减少开发占地，降低土壤污染率； （2）挖堆土回填，恢复土壤结构； （3）对各类废弃物进行分类收集和无害化处理； （4）加强土壤环境污染监控
噪声污染	钻井和压裂机械在运转过程中会产生		防噪、降噪、隔噪
生态平衡破坏	（1）占用大规模的地表空间，裂解液滞留在土壤中； （2）缩小动物的栖息空间，减少动物的食物资源； （3）断层的活化，地质结构的改变		（1）减少占地面积，清除污染物； （2）加强动、植物和林业生态系统保护； （3）采取回注技术，稳定地质结构
水资源短缺	页岩气开采需要高压水力压裂，耗水量大		采用节水技术和设备，提高水的回用率

4.6.2　天然气加工过程中环境问题的对策

天然气加工主要包括天然气脱硫脱碳和天然气脱水干燥两个过程，各过程产生的污染物不同，因而导致的环境问题也不同，应根据环境问题发生的原因寻求相应的解决对策。

4.6.2.1　天然气脱硫脱碳过程中环境问题的对策

由表 4-4 可知，天然气脱硫脱碳过程中导致的环境问题主要是大气污染、水体污染和土壤污染，究其原因，是由于生产过程中产生了不同的污染物，可根据各环境问题产生的原因，采取相应的对策进行控制。

（1）大气污染的控制

天然气脱硫脱碳过程造成大气污染的原因是在吸收、闪蒸、再生和换热各环节因设备密封不严、设备腐蚀泄漏而导致酸性气体、烃类气体、燃料燃烧尾气和吸收液蒸气逸出。因此，要控制大气污染，必须确保设备密封可靠，防腐蚀性能优良，杜绝各种可能产生的泄漏。同时，提高燃料的品质，尽量选用清洁燃料，减少因燃料燃烧而排放的废气。

（2）水体污染的控制

天然气脱硫脱碳过程造成水体污染的原因是在吸收和换热环节因操作不当而导致吸收液溅出和因设备密封不严或腐蚀泄漏而导致吸收液漏出。因此，要控制水体污染，首先要严格按操作规定进行操作，防止因操作不当而导致吸收液溅出；其次是确保设备密封可靠，防腐蚀性能优良，防止发生泄漏。

（3）土壤污染控制

土壤污染也是由于吸收液的溅出或泄漏，因此其控制对策与水体污染的控制对策大体相同。

天然气脱硫脱碳过程中各环境问题的形成原因及对策如表 4-12 所示。

表 4-12　天然气脱硫脱碳过程中环境问题的形成原因及对策

环境问题		形成原因	对　　策
大气污染	酸性气体	（1）闪蒸设备密封性差或被腐蚀而泄漏； （2）再生设备密封性差或被腐蚀而泄漏； （3）换热设备被腐蚀而泄漏	（1）确保设备密封可靠、防腐蚀性能优良； （2）提高燃料品质，选用清洁燃料，减少燃烧废气
	烃类气体	闪蒸设备密封性差或被腐蚀而泄漏	
	燃烧尾气	再生过程中燃料燃烧所释放	
	吸收液蒸气	再生设备密封性差或被腐蚀而泄漏	
水体污染	碱性吸收液	（1）吸收过程中设备泄漏或操作不规范溅出； （2）换热过程中设备被腐蚀而泄漏	（1）严格按规定操作，杜绝吸收液溅出； （2）确保设备密封可靠、防腐蚀性能优良
土壤污染	碱性吸收液	（1）吸收过程中设备泄漏或操作不规范溅出； （2）换热过程中设备被腐蚀而泄漏	（1）严格按规定操作，杜绝吸收液溅出； （2）确保设备密封可靠、防腐蚀性能优良

4.6.2.2　天然气脱水过程中环境问题的对策

由表 4-5 可知，天然气脱水过程中的环境问题主要是大气污染、水体污染和土壤污染，可针对各环境问题产生的原因采取相应的对策。

（1）大气污染的控制

天然气脱水过程中导致大气污染的原因是再生塔密封不严或操作不规范而使吸收液蒸气和烃类气体逸出。为防止大气污染，首先要严格按相关规定操作，杜绝不规范操作而导致的逸出；其次是确保设备密封可靠，防止意外泄漏。

（2）水体污染的控制

天然气脱水过程中导致水体污染的原因是吸收塔设备操作不规范而导致吸收液溅出或密封不严而导致吸收液泄漏。为此，首先要严格按相关规定操作，杜绝不规范操作而导致的吸收液溅出；其次是确保设备密封可靠，防止意外泄漏。

（3）土壤污染的控制

天然气脱水过程导致土壤污染的原因与导致水体污染的原因相同，因此可采取相同的措

施进行控制。

综上所述，针对天然气脱水过程中产生的各环境问题，可采取表 4-13 所示的对策。

表 4-13　天然气脱水过程中环境问题的形成原因及对策

环境问题		形成原因	对　策
大气污染	吸收液蒸气	再生塔密封不严或操作不规范而逸出	（1）严格按规定操作，杜绝不规范操作引起的逸出； （2）确保设备密封可靠，防止意外泄漏
	烃类气体	再生塔密封不严或操作不规范而逸出	
水体污染	吸收液	吸收塔设备泄漏或操作不规范溅出	（1）严格按规定操作，杜绝不规范操作引起的溅出； （2）确保设备密封可靠，防止意外泄漏
土壤污染	吸收液	吸收过程中设备泄漏或操作不规范溅出	（1）严格按规定操作，杜绝不规范操作引起的溅出； （2）确保设备密封可靠，防止意外泄漏

4.6.2.3　天然气凝液回收过程中环境问题的对策

由表 4-6 可知，天然气凝液回收过程中的环境问题主要是大气污染和噪声污染，其产生原因各不相同，可根据其产生原因采取相应的对策，从源头上控制环境问题。

（1）大气污染的控制

天然气凝液回收过程中产生大气污染的原因是凝液分级蒸馏时，由于蒸馏塔密封不严或被腐蚀而使烃类气体漏至大气。因此，要防止大气污染，必须确保蒸馏塔密封可靠或防腐蚀性能优良。

（2）噪声污染的控制

天然气凝液回收过程中，无论是采用冷冻机还是透平膨胀机，其在运行过程中都会产生噪声污染。因此，要控制生产过程中的噪声，应针对噪声源采取相应的防噪、降噪、隔噪等措施。

天然气凝液回收过程中各环境问题的形成原因及对策如表 4-14 所示。

表 4-14　天然气凝液回收过程中环境问题的形成原因及对策

环境问题		形成原因	对　策
大气污染	烃类气体	蒸馏塔密封不严或被腐蚀而泄漏	确保设备密封可靠、防腐蚀性能优良
噪声污染	噪声	冷冻机或透平膨胀机运行过程中产生	采取相应的防噪、降噪、隔噪等措施

4.6.3　天然气输送过程中环境问题的对策

随着城市化进程的不断加快和人民生活质量的提升，对天然气的需求量日渐增大，因此天然气管道输送也日益增加。运输管道在运行期间基本不会产生任何污染，但其在建设期间会对沿线的土壤、植被等自然资源造成破坏，从而产生大气污染、水体污染、固体废弃物污染、噪声污染和生态平衡破坏，如表 4-7 所示。可根据各污染产生的原因，采取相应的对策进行控制。

（1）大气污染的控制

天然气输送管道建设过程中导致大气污染的主要原因是土建施工对现场植被破坏造成

表层土壤裸露产生的扬尘和建筑材料运送过程和施工垃圾清除时产生的扬尘。

对于土建施工造成表层土壤裸露而导致的扬尘，可在施工场所上覆盖防尘网或对施工场地进行不间断喷雾或洒水，以增加其湿度而杜绝或减弱风吹扬尘，将其对环境的影响降到最低；对于建筑材料运送过程中产生的扬尘，可在运送车辆上覆盖篷布或防尘网；清除施工垃圾时，先在垃圾表面喷水或洒水，增加垃圾表面的水分，减轻扬尘，从而达到防止扬尘的目的。

（2）水体污染的控制

天然气输送管道施工过程产生水体污染的原因是运输车辆、施工机具的冲洗废水，润滑油、废柴油等油类，泥浆废水以及混凝土保养时排放的废水。为消除或减轻废水对水体的污染，必须对排放的所有废水按"清浊分流"的原则组织排放、集中处理，使其达到接纳水体的标准或者回用的标准。

废水的处理可分为物理法、化学法和生物法等。无论何种废水，根据其所含的特征污染物的类别，总可选用一种合适的处理方法。具体处理方法可参考相关书籍（《物理法水处理过程与设备》《化学法水处理过程与设备》《生物法水处理过程与设备》）。

（3）固体废弃物污染的控制

天然气输送管道建设期间产生固体污染的原因是施工产生的生活垃圾、弃土和建筑垃圾等固体废弃物。在自然条件下，这些固体废弃物很难降解，长期堆积会破坏地表形态和土层结构，破坏植被，从而导致污染。针对各种固体废弃物的特性，可分别采取如下应对措施。

对于生活垃圾，应分类收集，根据各自的特性采用合适的技术进行无害化处理与资源化利用，从而消除其可能产生的污染；对于弃土，在开挖前做好工程施工规划，尽量使其回填，无法回填的，应尽量将其用于植树、种草，以减少其扬尘的产生；对于建筑垃圾，在地面作业完工时应进行清理。

（4）噪声污染的控制

在天然气输送管道建设期间，人类活动，交通运输工具和施工机械的运行，都会产生一定的噪声污染。可采取以下手段来进行有效控制。

1）采用先进设备防噪

尽量采用符合环保要求的噪声低、振动小的先进设备。对噪声和振动较大的设备等均采取防振、防噪措施，或建立隔音室，或对设备及部件进行更换和改造，使其符合环保有关规定。

2）采取合理措施降噪

对容易产生噪声的工段或部位，可采取加橡胶衬里、加导向板等措施降噪。

3）隔噪

对于无法防噪降噪的设备，可将其独立安装在密闭室内，室内四周均覆盖一定厚度的吸噪层，使噪声不能传出，从而达到隔噪的目的。

（5）土壤污染的控制

天然气长输管道建设中造成土壤污染的原因是施工导致地表土壤裸露面积增加，增加了水土流失的可能性；表层熟土经过翻、挖等作业流程被深层的生土所替代，大大降低了土壤的营养含量。因此，在项目区内，应将施工严格控制在规划区域内，以减少土壤表层裸露的面积，避免出现水土流失现象；在地面工程建设前，需对项目区内的土壤土质情况进行勘察，以明确表层熟土的厚度，计算各层土壤开挖量，划定堆放点，在地面作业完成后，分别填回深层生土和表层熟土，以保证土壤内部的营养含量；在地面工程建设完成后，需组织相关人

员对施工活动中所产生的建筑废料进行清理，避免因这些材料的难降解性对土壤造成影响。

（6）生态平衡破坏

天然气输送管道建设期间的占地、各种机械的运行、各种建筑物与构筑物的建设等，都会使自然生态系统遭到严重破坏。为尽量减少对自然植被及野生动物的影响，应实行滚动式开发，将占地面积缩小至最低限度。积极开展绿化工作，注意施工后的地表修复和绿化；管沟回填后应注意地表的平整度，在工作空间内，种植草坪和树木可起到美化环境和保护土壤结构的双重作用。另外，在施工过程中，大力提倡油气田机械和设施实施"绿色工程"，以避免强烈色调刺激动物的栖息和繁殖等。

1）野生动物保护措施

良好的植被生长条件是野生动物生存的基础，因此在地面工程建设完成后，应开展树木或草木种植工作，改善项目区域的植被条件，以便为野生动物的生长与繁衍创造一个良好的环境。

在穿越河流施工过程中，应避免施工活动所产生的污水或汽油等污染物进入河流内，以减少对水生生物的影响。

2）野生植被的保护

主要采用自然恢复与人工恢复相结合的方式，其中人工恢复主要是结合地形地貌、湿度、温度等条件，选择性地种植生长速率较快的本土植物，以在短时间内恢复该区域的植被生长体系，减少地面工程建设对原地面植被的影响。

3）林业生态系统保护

施工道路尽量利用林业项目区内现有的道路，若由于地面工程建设需要新修施工道路，应尽量缩短其长度；针对林业项目区内需要特别保护或珍惜的树种，可在施工前安排人员对其进行移栽；对林业项目区内整个施工用地面积进行严格控制，减少林木的砍伐量等。

针对林业地段遭到破坏的植被，应采用种植树木的方式进行恢复，对于树木种植成活率较低的地方，可适当种草或浅根系经济林木；在保证林地原有生态系统组成不变的前提下，在布局上可采用交错分布的种植方式，以促进植物种类的多样性发展，进而形成一个稳定性较强的生态体系；相关检疫部门应对种植所选的树种、树苗等进行病害方面的检疫，防止引入病害。

天然气管道输送过程中环境问题的形成原因及对策如表 4-15 所示。

表 4-15 天然气管道输送过程中环境问题的形成原因及对策

环境问题		形成原因	对策
大气污染	扬尘	（1）土建施工造成地表裸露； （2）建筑材料运输和清除垃圾时产生扬尘	（1）对裸露地面进行覆盖或不间断喷水； （2）运送建筑材料时加覆盖层； （3）清除垃圾时先洒水抑尘
水体污染	废水	运输车辆、施工机具的冲洗废水，润滑油、废柴油等油类，泥浆废水以及混凝土保养时排放的废水	组织排放、集中处理
固体废弃物污染	生活垃圾；弃土、建筑垃圾	（1）施工人员日常生活产生； （2）施工过程中产生	（1）对生活垃圾，分类收集，无害化处理； （2）弃土，尽量回用； （3）建筑垃圾彻底清除
噪声污染	人类活动、交通运输工具、施工机械的机械运动		防噪、降噪、隔噪
土壤污染	管沟开挖、管道敷设、管沟回填等施工环节		（1）减少占地，减少地表裸露面积； （2）挖出土依次堆放和回填； （3）建筑废料及时清理

续表

环境问题	形成原因	对　　策
生态平衡破坏	（1）施工车辆或机械对地表植物造成碾压和破坏； （2）分割或扰乱野生动物的栖息地、活动区域等，机械设备等产生的噪声对野生动物造成惊扰； （3）穿越河流施工时，会增加水体中的泥沙量； （4）施工活动对现有林地造成不同程度的破坏	（1）实行滚动式开发，减少占地； （3）施工后地表修复和绿化； （3）避免污水或汽油等污染物进入河流内； （4）加强动植物和林地系统保护

4.6.4　天然气利用过程中环境问题的对策

天然气的利用方式有能源利用和化工利用。无论哪种方式，其利用过程中都会产生一系列的环境问题，应根据不同环境问题产生的原因，采取相应的控制手段，以减轻其对环境的影响。

4.6.4.1　天然气能源利用中环境问题的对策

由表 4-8 可知，天然气能源利用过程中所产生的环境问题主要是由有害气体排放所引起的大气污染，因此，可针对各有害气体产生的原因，采取相应的对策。

（1）一氧化碳的控制

一氧化碳是天然气不完全燃烧的产物，为减少天然气能源利用过程中不完全燃烧产生的一氧化碳，应改善燃烧器的性能，提高天然气的燃烧效率。

（2）非甲烷烃类化合物的控制

非甲烷烃类化合物也是天然气不完全燃烧的产物，也可通过提高燃烧器的气密性而减少烃类化合物的排放。在对燃烧设备的气密性进行改进后，所产生的颗粒物将无法进入空气，即无法产生气溶胶和 $PM_{2.5}$。与此同时，对天然气进行深度处理，也可以除去大部分颗粒物，从而避免气溶胶产生。

（3）硫氧化物的控制

硫氧化物是天然气本身所含的硫化物杂质及加臭剂所含的有机硫经燃烧转化而成的，要减少硫氧化物排放，需对天然气进行深度处理，尽可能降低其中硫化物杂质的含量，避免燃烧产生二氧化硫对空气造成污染。另外，需对加臭剂进行改进，可选用既无污染又具有一定刺激性气味的物质，研制新型加臭剂，从而避免硫化物污染。

（4）氮氧化物的控制

氮氧化物是天然气本身所含的氮化物杂质在燃烧过程中产生的，因此可通过对天然气进行深度处理，尽可能降低其中氮化物的含量，避免燃烧产生氮氧化物对空气造成污染。

由于空气中含有大量的氮气，在天然气使用中产生氮氧化物是无法避免的，但可通过对天然气燃烧排气进行处理，减少氮氧化物的排放，从而减轻对环境的污染。

（5）二氧化碳的控制

天然气的主要成分以甲烷为主，在使用过程中不可避免地会出现二氧化碳。为控制由于二氧化碳排放而引起的温室效应，可将二氧化碳进行捕集。

综上所述，对于天然气能源利用过程中的环境问题，可采取表 4-16 所示的对策。

表 4-16　天然气能源利用过程中环境问题的形成原因及对策

环境问题		形成原因	对　策
大气污染	一氧化碳	不完全燃烧产生	（1）提高燃烧器的燃烧性能； （2）提高燃烧设备的气密性； （3）对天然气进行深度处理
	非甲烷烃类化合物		
	硫氧化物	天然气本身所含的硫及添加的除臭剂中的有机硫燃烧而生成	（1）对天然气进行深度处理； （2）对加臭剂进行改进
	氮氧化物	空气中的氮气在燃烧条件下反应生成	（1）对天然气进行深度处理； （2）对燃烧排气进行处理
	二氧化碳	天然气完全燃烧产生	对二氧化碳进行捕集

4.6.4.2　天然气化工利用中环境问题的对策

由表 4-9 可知，天然气化工利用过程中产生的环境问题主要是大气污染、水体污染、土壤污染和噪声污染。因此，可根据各环境问题产生的原因，针对性地采取对策。

（1）大气污染的控制

天然气化工利用过程造成大气污染的主要原因是生产过程中产生的各类废气。这些废气的成分较为复杂，其主要包含粒子类物质、含硫化合物、含氮化合物、一氧化碳和有机化合物等，带有强烈的刺激性气味，甚至发出恶臭，处理的最好办法是采用燃烧、吸附、生物脱臭等方法。对于含较小直径颗粒的有害烟雾，应通过玻璃纤维过滤法将其彻底滤除。

要控制天然气化工中的废气污染，最根本的是要加强无污染、少污染的生产工艺的应用，加强生产设备的改进，尽量提高管道设备与机泵设备的密闭性，科学进行废气的回收与再利用。如果是污染程度最严重的酸性废气，最主要的处理方法就是根据特定的反应机理将其转化，实现变废为宝。与此同时，还可以使用高烟囱扩散的方法将污染气体根据预测浓度进行科学的组织排放，进而实现更大范围的扩散，降低部分地区的局部污染程度。

（2）水体污染的控制

天然气化工利用过程中导致水体污染的原因是生产过程中产生的各类废水，不仅成分复杂，而且排放量大，处理起来非常困难。

对于天然气化工生产过程中造成的废水污染，首先要建立健全用水排水系统，建立起没有害处的生产工艺，降低设备的排污量，使污水处理负荷减少，保证工艺流程的优化。其次，加强管理，防止跑、冒、滴、漏等现象的发生，做好预处理和局部处理的工作，将有用物质有效回收，使水的重复利用率逐渐提高，将清污分流、污污分流等工作做好，科学合理地规划排水系统，进而保证废水的达标排放。

（3）土壤污染的控制

天然气化工生产过程中导致土壤污染的原因是产生的固体废弃物，其中有些还含有重金属。

要防止废弃物对土壤的污染，首先可通过改进生产工艺，减少废弃物的减少量；其次，对产生的废弃物，可根据其组分与性质，分门别类地进行无害化治理和资源化利用。

（4）噪声污染的控制

生产规模的大型化，大型机械设备、大功率机组等的应用，导致天然气化工利用过程产生非常严重的噪声污染。

天然气化工生产过程中进行噪声的处理主要有两种方式。首先，加强对装置与设备的噪声水平的控制，在引进装置时，不仅要看重工艺是否先进，而且要考虑噪声控制水平，并且要结合实际情况提出具体的要求。在进行工程设计时，要尽量将噪声控制设计水平提高，如果有特殊的声源，要尽量进行污染源压缩。

综上所述，天然气化工利用过程中环境问题的对策如表 4-17 所示。

表 4-17　天然气化工利用过程中环境问题的对策

环境问题		形成原因	对　策
大气污染	废气	生产过程排放的，含粒子类物质、含硫化合物、含氮化合物、一氧化碳和有机化合物	(1) 燃烧、吸附、生物脱臭处理； (2) 过滤清除小颗粒杂质； (3) 改进设备，减少泄漏； (4) 资源化利用
水体污染	废水	天然气化工利用过程中产生的含油、含盐、含酚等有害废水	(1) 健全用水排水系统； (2) 废水处理达标排放或回用
土壤污染	废弃物	天然气化工利用过程中产生的各类废弃物	(1) 改进生产工艺，减少产生量； (2) 无害化处理与资源化利用
噪声污染	噪声	大型机械设备、大功率机组运行过程中产生	(1) 控制噪声水平； (2) 隔离噪声

参考文献

[1] 朱玲，周翠红. 能源环境与可持续发展 [M]. 北京：中国石化出版社，2013.

[2] 杨天华，李延吉，刘辉. 新能源概论 [M]. 北京：化学工业出版社，2013.

[3] 卢平. 能源与环境概论 [M]. 北京：中国水利水电出版社，2011.

[4] 潘一，张秋实，佟乐，等. 油气开采工程 [M]. 北京：中国石化出版社，2014.

[5] 刘丽，李铭，张承丽，等. 天然气开采技术 [M]. 北京：石油工业出版社，2018.

[6] 张守良，马发明. 天然气井下节流技术 [M]. 北京：石油工业出版社，2015.

[7] 科尔卡. 天然气开采工程 [M]. 郭平，汪周华，杨依依，等编译. 北京：石油工业出版社，2013.

[8] 刘丽，赵跃军，曲国辉，等. 特殊油气田开发 [M]. 北京：石油工业出版社，2018.

[9] 郭肖. 非常规油气田开发教程 [M]. 北京：科学出版社，2018.

[10] 王步娥，宋开利. 致密油气开采技术与实践 [M]. 北京：中国石化出版社，2015.

[11] LYONS W. 采油采气工程指南 [M]. 王俊亮，郭昊，钦东科，等译. 北京：石油工业出版社，2015.

[12] 王遇冬. 天然气开发与利用 [M]. 北京：中国石化出版社，2011.

[13] 刘玉山，祝有海，吴必豪. 天然气水合物：21 世纪的新能源 [M]. 北京：海洋出版社，2017.

[14] 王鼎玺. 天然气开采排水采气工艺适用效果探究 [J]. 中国石油和化工标准与质量，2017，37（7）：125-126.

[15] 王磊，苏本营，方广玲，等. 天然气开采压裂返排液污泥用于荒漠区植被修复的可行性 [J]. 环境科学研究，2017，30（10）：1570-1579.

[16] 徐璇，饶维，王薛辉，等. 采气单井站噪声的治理 [J]. 石油与天然气化工，2018，47（4）：120-124.

[17] 科卡尔. 天然气开采工程 [M]. 北京：石油工业出版社，2013.

[18] 景红，陈丽荣，崔建荣. 天然气开采技术措施探讨 [J]. 云南化工，2018，45（5）：185.

[19] 张守良，马发明，徐永高. 采气工程手册 [M]. 北京：石油工业出版社，2016.

[20] 王景芹. 排水采气技术优选三维图版 [J]. 特种油气藏，2018，25（1）：116-120.

[21] 刘海涛. 天然气开采技术与项目管理研究 [J]. 化学工程与装备，2018（8）：191-192，201.

[22] 张晓鹏. 排水采气工艺的研究 [J]. 化学工程与装备，2018（11）：88-89.

[23] 侯宁博，刘利娜，赵培程，等. 天然气开采新工艺探讨 [J]. 化工设计通讯，2017，43（6）：92.

[24] 王朋飞. 天然气开采技术发展趋势 [J]. 化工管理，2017（19）：2.

[25] 刘丽．天然气开采技术［M］．北京：石油工业出版社，2018.

[26] 周彬，姜婷婷，陈小明，等．低压天然气开采技术分析［J］．中国石油和化工标准与质量，2018，38（14）：189-190.

[27] 崔建荣，景红，徐志刚，等．天然气开采及中压集输工艺技术分析［J］．数字化用户，2018，24（44）：69.

[28] 韩涛．油田采气井口采气工艺［J］．化学工程与装备，2018（4）：140-141.

[29] 陈炽彬，张万兵．海上边际气田水下井口排水采气工艺技术［J］．天然气工业，2016，36（1）：66-71.

[30] 张旭东．水平气井新型排水采气工艺模拟实验研究［D］．成都：西南石油大学，2018.

[31] 贾彦伯．油田低产气井涡流排水采气技术研究［D］．沈阳：沈阳航空航天大学，2016.

[32] 胡新原．低压天然气开采技术的研究［J］．科技创新导报，2016，13（10）：59-60.

[33] 赵云泽，薛威．石油天然气开采技术措施优化［J］．数字化用户，2017，23（48）：58.

[34] 丛宇．低压天然气开采技术探讨［J］．化工设计通讯，2017，43（4）：67.

[35] 唐骞．天然气开采技术探讨［J］．化工设计通讯，2017，43（4）：67.

[36] 丁景辰．致密气藏同步同转增压排水采气工艺［J］．特种油气藏，2017，24（3）：145-149.

[37] 陈德飞，孟祥娟，周玉，等．岩石破坏后力学特性及其对天然气开采的影响［J］．断块油气田，2016，23（3）：405-408.

[38] 曹英斌．天然气净化装置分析化验［M］．北京：中国石化出版社，2014.

[39] 宋彬，李金金，龙晓达．天然气净化厂尾气 SO_2 排放治理工艺探讨［J］．天然气工业，2017，37（1）：137-144.

[40] 蒯家建．高含硫天然气净化工艺能效评价及优化研究［D］．重庆：重庆科技学院，2018.

[41] 冀承坤．天然气净化工艺能耗评价及节能研究［D］．大庆：东北石油大学，2017.

[42] 张旭．天然气净化系统工艺过程与装置配气优化研究［D］．西安：西北大学，2018.

[43] 丁晓明．天然气净化厂低温余热发电方案的研究［D］．成都：西南石油大学，2018.

[44] 王宇．天然气净化厂用能分析及节能技术研究［D］．成都：西南石油大学，2018.

[45] 薛勇勇，刘阳，刘琳琳，等．基于层次分析法优化天然气净化工艺［J］．化工进展，2016，35（5）：1298-1302.

[46] 陈颖，张雪楠，梁宏宝，等．富含 CO_2 天然气净化技术现状及研究方向［J］．石油学报（石油加工），2015，31（1）：194-202.

[47] 胡天友，王晓东，贾勇，等．大型天然气净化厂硫磺回收加氢尾气深度脱硫技术研究及工业应用［J］．石油与天然气化工，2018，47（4）：1-5.

[48] 温崇荣，马枭，袁伟建，等．天然气净化厂硫磺回收及尾气处理过程有机硫的产生与控制措施［J］．石油与天然气化工，2018，47（6）：12-17.

[49] 陈昌介，何金龙，温崇荣．高含硫天然气净化技术现状及研究方向［J］．天然气工业，2013，33（1）：112-115.

[50] 李岳峰．天然气净化技术措施探讨［J］．气体净化，2018，18（5）：33-34.

[51] 仝淑月，周树青，边江，等．天然气脱水技术节能优化研究进展［J］．应用化工，2018，47（8）：1732-1735.

[52] 叶仕生．天然气脱水系统过程控制的设计与实验［D］．广州：华南理工大学，2017.

[53] 方超．浅谈天然气脱水技术［J］．化学工程与装备，2018（8）：163-164.

[54] 程列．万州作业区天然气脱水工艺中影响三甘醇寿命因素及对策研究［D］．重庆：重庆科技学院，2017.

[55] 李星雨．天然气脱水技术综述［J］．辽宁化工，2017，46（3）：269-270.

[56] 刘霄，刘唯佳，张倩，等．天然气脱水技术优选［J］．油气田地面工程，2017，36（10）：31-35.

[57] 《天然气脱水》编写组．天然气脱水［M］．北京：石油工业出版社，2017.

[58] 周生杰．普光净化厂天然气脱水技术［J］．石化技术，2018，25（7）：35.

[59] 刘腊．新疆某气田天然气脱水工艺设计研究［D］．北京：中国石油大学（北京），2016.

[60] 苏民德，俞接成，卫德强．天然气脱水技术探讨［J］．北京石油化工学院学报，2015，23（1）：10-15.

[61] 王少梅，郑东振，任苗苗．撬装式液化天然气脱水装置［J］．化学与黏合，2017，39（6）：451-454.

[62] 宋庆翔，瞿媛媛，张丛健，等．膜分离天然气脱水蒸汽技术的研究现状［J］．化学通报，2018，81（10）：903-908.

[63] 李强．海洋石油天然气脱水系统改造方案的比选［J］．中国水运，2018，18（5）：105-106.

[64] 刘建勋，宁雯宇．天然气脱水方法综述［J］．当代化工，2015，44（7）：1548-1549，1552.

[65] 王金磊. 液化天然气装置脱水工艺设计及分析 [J]. 大庆：东北石油大学，2015.

[66] 马国光. 天然气工程（第三版·富媒体）地面集输工程分册 [M]. 北京：石油工业出版社，2017.

[67] 莫克哈塔布，波·斯佩特. 天然气输送与处理手册 [M]. 何顺利，顾岱鸿，刘广峰，等译. 北京：中国石油工业出版社，2011.

[68] 朱学全. 天然气输送的方式探讨 [M]. 化工管理，2017（8）：78-78.

[69] 王德萍. 天然气输送技术应用浅析 [M]. 油气储运，2018（10）：23-23.

[70] 严铭卿，廉乐明. 天然气输配工程 [M]. 北京：中国建筑工业出版社，2005.

[71] 宋世昌，李光，杜丽民. 天然气地面工程设计（上卷）[M]. 北京：中国石化出版社，2014.

[72] 宋世昌，李光，杜丽民. 天然气地面工程设计（下卷）[M]. 北京：中国石化出版社，2014.

[73] 樊栓狮. 天然气水合物储存与运输技术 [M]. 北京：化学工业出版社，2005.

[74] 王德萍. 天然气输送技术应用浅析 [J]. 中国化工贸易，2018，10（30）：23.

[75] 刘永卫. 天然气输送管道的优化设计 [J]. 化工管理，2018（9）：186.

[76] 李长俊，刘刚，贾文龙. 高含硫天然气输送管道内硫沉积研究进展 [J]. 科学通报，2018，63（9）：816-827.

[77] 朱学全. 天然气输送的方式探讨 [J]. 化工管理，2017（24）：78.

[78] 韩旭，杨凯然，谷洪秀，等. 液化天然气输送水锤模拟分析 [J]. 哈尔滨商业大学学报（自然科学版），2018，34（3）：338-342.

[79] 张琦. 天然气输送管道运行及质量管理 [J]. 石化技术，2018，25（10）：191.

[80] 张雯莉. 天然气输送管道放空管设计方法研究 [D]. 成都：西南石油大学，2015.

[81] 刘刚. 天然气输送环节的节能降耗综述 [J]. 中外能源，2016（3）：92-95.

[82] 姜玲玲. 我国天然气输送管道发展方向及相关技术问题 [J]. 化工管理，2017（26）：212.

[83] 莫克哈塔布. 天然气输送与处理手册 [M]. 北京：石油工业出版社，2011.

[84] 张双，张国亮，郭小满. 浅谈液化天然气输送及应用技术 [J]. 中国化工贸易，2013，5（7）：315.

[85] 王金锋. 近海小规模液化天然气输送 [J]. 油气田地面工程，2008（5）：4-5.

[86] 张康杰. 液化天然气（LNG）的输送方式浅析 [J]. 卷宗，2018，8（32）：190.

[87] 杜旭，陈煜，巨永林. 液化天然气（LNG）的长距离输送及其冷能利用 [J]. 化工学报，2018，69（A2）：442-449.

[88] 冯若飞，李学新，焦光伟，等. 液化天然气长输管道输送技术 [J]. 天然气与石油，2012，30（2）：8-10，16.

[89] 王志恒. 液化天然气的运输方式及其特点 [J]. 化工管理，2018（36）：42-43.

[90] 黄立凤. 液化天然气储罐安全防护技术现状及发展趋势 [J]. 化工管理，2018（27）：171.

[91] 王磊. 分析液化天然气储运的安全性 [J]. 建筑工程技术与设计，2018（9）：3889.

[92] 胡杰，朱博超，王建明. 天然气化工技术及利用 [M]. 北京：化学工业出版社，2006.

[93] 魏顺安. 天然气化工工艺学 [M]. 北京：化学工业出版社，2009.

[94] 罗仂. 天然气化工技术探讨 [J]. 化工设计通讯，2017，43（8）：10.

[95] 张夏丽. 天然气化工生产中的安全环保措施 [J]. 当代化工研究，2018（1）：25-26.

[96] 殷喜丰，宋鹏，张斌，等. 天然气化工生产工艺技术优化研究 [J]. 数字化用户，2018，24（27）：84.

[97] 马刚. 天然气化工发展现状及前景分析 [J]. 石化技术，2018，25（8）：282.

[98] 刘子琦. 天然气化工工艺生产管理 [J]. 化工设计通讯，2017，43（8）：102.

[99] 曹新. 天然气化工生产工艺技术优化 [J]. 化工设计通讯，2017，43（8）：56.

[100] 张爱明. 天然气化工利用与发展趋势 [J]. 天然气化工（C1化学与化工），2012，37（3）：69-72.

[101] 韩烁. 天然气化工生产中的安全生产管理措施 [J]. 化工设计通讯，2017，43（8）：157，159.

[102] 王俊奇，张钊，郑欣. 天然气化工与利用 [M]. 北京：中国石化出版社，2011.

[103] 黄风林. 石油天然气化工工艺 [M]. 北京：中国石化出版社，2011.

[104] 胡文. 天然气化工技术现状及其发展研究 [J]. 当代化工，2005，44（5）：1001-1002，1005.

[105] 汪洋, 阿海, 姚燕敏. 天然气制甲醇工艺研究进展 [J]. 中国石油和化工标准与质量, 2018, 38 (5): 162-165.

[106] 喻伟. 天然气制甲醇的工艺现状及发展前景 [J]. 化工设计通讯, 2018, 44 (9): 18.

[107] 李青林. 天然气制甲醇装置能耗分析研究 [J]. 化工管理, 2018 (1): 68.

[108] 李强. 天然气制甲醇合成工艺优化 [J]. 化工管理, 2018 (5): 95.

[109] 杨孝林, 李海建, 吴宝鹏, 等. 天然气制甲醇的工艺分析及发展前景 [J]. 化工管理, 2018 (25): 180-181.

[110] 苏平, 洪杰, 戴维. 天然气制甲醇工艺特点及操作要点 [J]. 化工管理, 2018 (1): 189.

[111] 姜豪谨. 天然气制甲醇装置能耗分析与节能途径探讨 [J]. 化工设计通讯, 2018, 44 (2): 9.

[112] 罗云干, 张小桥, 柴金龙. 浅析如何手动分析天然气制甲醇装置的水碳比 [J]. 中国化工贸易, 2018, 10 (25): 211.

[113] 徐斗娇. 天然气制甲醇工艺流程及其控制研究 [J]. 化工管理, 2018 (11): 194.

[114] 曾凡平. 浅析天然气制甲醇与煤炭制甲醇的经济性 [J]. 科学与财富, 2018 (36): 171.

[115] 卫达. 国内外天然气制甲醇技术措施的发展 [J]. 云南化工, 2018, 45 (4): 152.

[116] 任保全. 天然气制甲醇竞争力分析及应用前景展望 [J]. 化工设计通讯, 2018, 44 (9): 17.

[117] 秦杰, 许新乐. 天然气制甲醇工艺过程的能效优化 [J]. 能源化工, 2016, 37 (2): 80-85.

[118] 曾凡平, 刘会桢, 徐华银, 等. 天然气制甲醇装置优化探讨 [J]. 河南化工, 2016, 33 (4): 35-37.

[119] 郑勤. 天然气制甲醇装置水碳化控制及联锁设计 [J]. 大氮肥, 2016, 39 (5): 331-334.

[120] 何磊. 天然气制甲醇装置能耗分析与节能途径探讨 [D]. 大连: 大连理工大学, 2013.

[121] 王兴元, 刘刚, 梅祥. 天然气制甲醇装置增产降耗措施浅析 [J]. 中氮肥, 2016 (6): 58-59.

[122] 先中国. 天然气制乙炔工艺探讨 [J]. 中国化工贸易, 2018, 10 (14): 71.

[123] 陈海滨. 天然气制乙炔装置副产炭黑处理技术 [J]. 化工设计通讯, 2018, 44 (7): 57-58.

[124] 赵生斌. 天然气制乙炔高级炔废气回收工艺 [J]. 石化技术, 2018, 25 (9): 35.

[125] 张文霞. 天然气制乙炔及下游产品的研究开发与展望 [J]. 中国化工贸易, 2018, 10 (17): 6.

[126] 贾永校. 天然气制乙炔技术研究现状及思考 [J]. 化工管理, 2017 (29): 155.

[127] 杨原涛. 部分氧化法天然气制乙炔工艺技术探讨 [J]. 化工设计通讯, 2017, 43 (8): 111.

[128] 陈万明. 天然气制乙炔过程中废硫酸的循环利用 [D]. 重庆: 重庆大学, 2014.

[129] 史生明, 卢建敏. 天然气制乙炔净化技术发展分析 [J]. 中国科技博览, 2015 (47): 5.

[130] 陈林. 天然气制乙炔的炭黑生成与控制 [J]. 维纶通讯, 2014, 34 (3): 28-29.

[131] 李小红, 唐晓东, 李晶晶, 等. 天然气制乙炔净化技术应用研究进展 [J]. 化学工业与工程技术, 2013, 34 (4): 27-31.

[132] 王志方. 天然气制乙炔工艺的氢能利用与多联产系统 [D]. 北京: 北京化工大学, 2008.

[133] 曾毅, 王公应. 天然气制乙炔及下游产品研究开发与展望 [J]. 石油与天然气化工, 2005, 34 (2): 89-93, 77.

[134] 廖传华, 张秝渷, 冯志祥. 重点行业节水减排技术 [M]. 北京: 化学工业出版社, 2016.

[135] 王策. 石油天然气开发对生态环境的影响破坏与整治 [J]. 中国化工贸易, 2015, 7 (14): 302-302.

[136] 张文泉, 侯俊, 尚婷婷. 页岩气开采的环境问题及建议 [J]. 广东化工, 2017, 44 (2): 52-53.

[137] 张巍. 组合工艺处理采气废水的研究 [D]. 绵阳: 西南科技大学, 2018.

[138] 廖传华, 米展, 周玲, 等. 物理法水处理过程与设备 [M]. 北京: 化学工业出版社, 2016.

[139] 廖传华, 朱廷风, 代国俊, 等. 化学法水处理过程与设备 [M]. 北京: 化学工业出版社, 2016.

[140] 廖传华, 韦策, 赵清万, 等. 生物法水处理过程与设备 [M]. 北京: 化学工业出版社, 2016.

[141] 赵生斌, 于琳. 天然气制乙炔炭黑废水处理工艺 [J]. 天然气化工 (C1 化学与化工), 2013, 38 (2): 66-69.

[142] 陈海滨. 净化天然气制乙炔的废硫酸处理利用研究 [J]. 当代化工研究, 2018 (5): 54-55.

[143] 董志强, 马晓茜, 张凌, 等. 天然气利用对环境影响的生命周期分析 [J]. 天然气工业, 2003, 23 (6): 126-130.

[144] 师春元, 向启贵. 天然气勘探开发工程环境影响评价 [J]. 石油与天然气化工, 2001, 30 (4): 212-214.

[145] 杨德敏, 喻元秀, 梁睿, 等. 我国页岩气开发环境影响评价现状、问题及建议 [J]. 安全环保, 2018, 38 (8): 119-125.

[146] 熊建嘉, 胡勇, 常宏岗, 等. 天然气净化厂尾气达标排放对策 [J]. 天然气工业, 2019, 39 (2): 94-101.

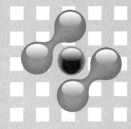

第 **5** 章　太阳能的开发利用与环境问题及对策

人类利用太阳能已有悠久的历史。太阳能利用主要包括太阳能光热利用和太阳能光电利用。太阳能光热利用是将太阳辐射的热量经收集后直接利用，是目前应用最为广泛的太阳能利用方式，主要应用方式有太阳能供暖和制冷，太阳能干燥农副产品、药材和木材，太阳能淡化海水，太阳能热动力发电等。太阳能光电利用是将太阳的光转化为电能而加以利用，即光伏发电。

与传统化石能源相比，太阳能是一种清洁、永不衰竭的可再生能源，而且无需运输，因此其利用得到各国政府的重视和政策支持，也是各国政府在环境能源利用方面可持续发展战略的重要内容。但太阳能存在两个主要缺点：一是能流密度低；二是其强度受各种因素（季节、地点、气候等）的影响，不能维持常量。这两个缺点大大限制了太阳能的有效利用。

虽然通常意义上将太阳能定义为清洁能源，但从全生命周期来看，无论是太阳能的光热利用还是光电利用，在其开发建设期和运行期内都不可避免地会对当地环境造成一定的影响。因此，在利用太阳能时，一定要考虑其不同阶段可能产生的环境问题，并有针对性地提出解决方案，尽可能实现太阳能的"清洁"利用。

5.1　太阳辐射与太阳能

太阳是一个巨大、久远、无尽的能源。尽管太阳辐射到达地球大气层的能量仅为其总辐射能量（约为 $3.75 \times 10^{23}kW$）的二十二亿分之一，但仍高达 $1.73 \times 10^{14}kW$，即太阳每秒钟照射到地球上的能量相当于完全燃烧 500 万吨标准煤。地球上的风能、水能、海洋温差能、波浪能和生物质能以及部分潮汐能都来源于太阳；地球上的化石燃料从根本上说也是远古以来贮存下的太阳能。我国太阳能资源丰富，根据中国气象科学院的数据，有 2/3 以上的国土面积年日照在 2000h 以上，年平均辐射量超过 $6.0 \times 10^4MJ/m^2$，各地太阳年辐射量大致在 930～2330MJ/m^2 之间。

5.1.1　太阳的结构

太阳是一个炽热的气态球体，直径约为 1.39×10^6km，质量约为 $2.2 \times 10^{27}t$，是地球质量

的 3.32×10^5 倍，体积比地球大 1.3×10^6 倍，平均密度是地球的 $1/4$。其主要组成气体为 H（80%）和 He（19%）。由于太阳内部持续进行着氢聚合成氦的核聚变反应，所以不断地释放出巨大的能量，并以辐射和对流的方式由核心向表面传递热量，温度也从中心向表面逐渐降低。虽然 1g H 聚合成 He 在释放巨大能量的同时质量亏损 0.0072g，但根据目前太阳产生核能的速率估算，H 的储量足够维持 600 亿年，因此太阳能可以说是用之不竭的。

太阳的结构如图 5-1 所示。在太阳平均半径 23%（$0.23R$）的区域内是太阳的内核，其温度约为 $(0.8 \sim 4.0) \times 10^7$K，密度是水的 $80 \sim 100$ 倍，占太阳全部质量的 40%，总体积的 15%。这部分产生的能量占太阳产生总能量的 90%。氢聚合时放出 γ 射线，当它经过较冷区域时，由于消耗能量，波长增长，变成 X 射线或紫外光及可见光。在 $(0.23 \sim 0.7)R$ 之间的区域称为"辐射输能区"，温度降到 1.3×10^5K，密度下降为 0.079g/cm^3；在 $(0.7 \sim 1.0)R$ 之间的区域称为"对流区"，温度下降到 5×10^3K，密度下降到 10^{-8}g/cm^3。太阳的外部是光球层，就是人们肉眼所看到的太阳表面，其温度为 5762K，厚约 500km，密度为 10^{-6}g/cm^3，由强烈电离的气体组成，太阳的绝大部分辐射都是由此向太空发射的。

从太阳的构造可知，太阳并不是一个温度恒定的黑体，而是一个能发射和吸收不同波长的分层辐射体。地球大气层外太阳辐射光谱如图 5-2 所示。了解太阳辐射光谱对提高太阳能利用率是非常重要的，如研制各种性能优良的太阳能选择性涂层，能利用更宽波段的光催化剂等。

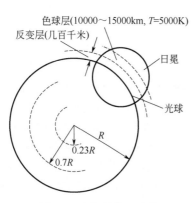

图 5-1　太阳结构示意图

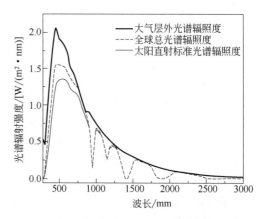

图 5-2　地球大气层外太阳辐射光谱能量分布曲线

5.1.2　太阳常数

地球每天绕着通过它本身南极和北极的"地轴"自西向东自转 1 周，每小时自转 15°。除自转外，地球还循偏心率很小的椭圆轨道每年绕太阳运行 1 周。地球自转轴与公转轴轨道面的法线始终成 23.5°。地球公转时自转轴的方向不变，总是指向地球的北极。地球处于运行轨道的不同位置时，太阳光投射到地球上的方向也就不同，于是形成了地球上的四季变化。

地球以椭圆轨道绕太阳运行，因此太阳与地球之间的距离（日地距离）并不是一个常数，而且每天都不一样。某一点的辐射强度与距辐射源距离的平方成反比，这意味着地球大气上方的太阳辐射强度会随日地距离不同而不同。然而，由于日地间距离太大（平均距离为 1.5×10^8km），地球大气层外的太阳辐射强度近乎是一个常数。因此，人们就提出用"太阳常数"来描述地球大气层上方的太阳辐射强度。所谓太阳常数，是指在平均日地距离时，在地球大气层上界垂直于太阳辐射的单位表面积上所接受的太阳辐射能，用符号 I_{sc} 表示，其单位为 W/m^2。1981 年，世界气象组织（MWO）公布的太阳常数是 1368W/m^2。2004 年，Gueymard 给出的最新测得的太阳常数为 1366W/m^2。近年来通过各种先进手段测得的太阳常数的标准值为 1367W/m^2。一年中由于日地距离的变化而引起太阳辐射强度的变化不超过 3.4%。

5.1.3　到达地面的太阳辐射

太阳辐射穿过大气层而到达地面时，由于大气中空气分子、水蒸气和尘埃等对太阳辐射的吸收、反射和散射，不仅使辐射强度减弱，还会改变辐射的方向和辐射的光谱分布。因此，实际到达地面的太阳辐射通常是由直射和漫射两部分组成。直射是指直接来自太阳、其辐射方向不发生改变的辐射，漫射则是被大气反射和散射后方向发生了改变的太阳辐射。

到达地面的太阳辐射主要受大气层厚度的影响。大气层越厚，太阳辐射的吸收、反射和散射就越严重，到达地面的太阳辐射就越少。此外，大气的状况和质量对到达地面的太阳辐射也有影响。太阳辐射穿过大气层的路径长短与太阳辐射的方向有关。

地球上不同地区、不同季节、不同气象条件下到达地面的太阳辐射强度都是不同的。可根据各地的地理和气象情况，将到达地面的太阳辐射强度数据制成各种供工程使用的图表，对太阳能利用、建筑物的采暖、空调设计等都至关重要。

太阳辐射能量主要集中在 300～3000nm 的波段内（图 5-2），这一波段内的能量约占太阳辐射总能量的 99%，其中紫外光波段约占 9%，可见光波段约占 43%，红外光波段约占 48%。因此在太阳能利用过程中，300～3000nm 的波段是主要的研究对象。

5.1.4　太阳能资源的分布

（1）我国太阳能资源的分布

中国地处北半球欧亚大陆的东部，主要处于温带和亚热带，具有比较丰富的太阳能资源。根据全国 700 多个气象台站长期观测积累的资料表明，中国各地的太阳能辐射年总量大致在 3.35×10^3～8.40×10^{3}MJ/m^2，其平均值约为 5.86×10^{3}MJ/m^2。根据各地接受太阳总辐射量的多少，可将全国划分为五类地区，见表 5-1。

表 5-1　我国主要地区按太阳能资源分布的分类表

类别	全年日照时数/h	年总辐射量/（MJ/m^2）	主要地区
1	3200~3300	6680~8400	青藏高原、甘肃北部、宁夏北部、新疆东部
2	3000~3200	5850~6680	河北西北部、山西北部、内蒙古南部、宁夏南部、甘肃中部、青海东部、西藏东南部和新疆南部
3	2200~3000	5000~5850	山东、河南、河北东北部、山西南部、新疆北部、吉林、辽宁、云南、陕西北部、甘肃东北部、广东南部、福建南部、江苏北部、安徽北部
4	1400~2200	4200~5000	长江中下游、福建、浙江和广东的部分地区
5	1000~1400	3350~4200	四川、贵州

一类地区：是我国太阳能资源最丰富的地区，年太阳辐射总量为 6680～8400MJ/m^2，相当于日辐射量为 5.1～6.4kW·h/m^2。这些地区包括宁夏北部、甘肃北部、新疆东部、青海西部和西藏西部等地。

二类地区：是我国太阳能资源较丰富的地区，年太阳辐射总量为 5850～6680MJ/m^2，相当于日辐射量为 4.5～5.1kW·h/m^2。这些地区包括河北西北部、山西北部、内蒙古南部、宁

夏南部、甘肃中部、青海东部、西藏东南部和新疆南部等地。

三类地区：是我国太阳能资源中等类型地区，年太阳辐射总量为 5000～5850MJ/m²，相当于日辐射量为 3.8～4.5kW·h/m²。主要包括山东、河南、河北东北部、山西南部、新疆北部、吉林、辽宁、云南、陕西北部、甘肃东北部、广东南部、福建南部、江苏北部、安徽北部、台湾西南部等地。

四类地区：是我国太阳能资源较差的地区，年太阳辐射总量为 4200～5000MJ/m²，相当于日辐射量为 3.2～3.8kW·h/m²。这些地区包括湖南、湖北、广西、江西、浙江、福建北部、广东北部、陕西南部、江苏南部、安徽南部以及黑龙江、台湾东北部等地。

五类地区：是我国太阳能资源最差的地区，年太阳辐射总量为 3350～4200MJ/m²，相当于日辐射量为 2.5～3.2kW·h/m²。这些地区主要包括四川、贵州两省。

（2）世界太阳能资源的分布

太阳辐射的分布因纬度、季节、一天内时间的不同而变化。根据太阳辐射地理分布将地球南北半球分别划分为四个地域带。以北半球为例（同样适用于南半球），最有利的地域带为北纬 15°N～35°N，是太阳能应用最有利的地区，特点是：属于半干旱地区，具有最大的太阳辐射量，一般年光照时间为 3000h。中度有利的地域带为介于赤道和北纬 15°N，其特点是：湿度高，云量频繁，散射辐射的比例相当高，年日照时间约为 2500h，且四季变化不大。较差的地域为北纬 35°N～45°N，虽然太阳辐射的强度平均值与另外两个地域带几乎一样，但由于有两个明显的季节性变化，在冬季辐射强度和日照时间相对较低。最不利的地域带位于北纬 45°N 以上，这里冬季时间较长，约一半的辐射为漫辐射。值得关注的是，多数发展中国家位于比较有利的地区之间，即北纬 15°N～35°N。

5.1.5　太阳能的特点

太阳能具有如下优点：

① 普遍。太阳光普照大地，没有限制，处处都有，可直接开发利用，且无须开采和运输。

② 巨大。每年到达地球表面的太阳辐射能约相当于 130 万吨标准煤，其总量属世界上可以开发的最大能源。因此对太阳能的开发利用在全球范围内得到了广泛关注。

但同时，太阳能也具有以下缺点：

① 分散性。尽管到达地球表面的太阳能辐射总量很大，但能流密度很低，因此，想要得到一定的转换功率，往往需要面积相当大的一套转换设备，造价较高。

② 不稳定性。由于受昼夜、季节、地理纬度和海拔高度等自然条件的限制，以及晴、阴、云、雨等随机因素的影响，到达某一地面的太阳辐射强度既是间断的，又是极不稳定的，这给太阳能的大规模应用增加了难度。

目前，人类对太阳能的利用主要包括太阳能光热利用和太阳能光电利用两个大方面。有些方面在理论与技术上均已成熟，但有些装置因为效率偏低、成本较高，总的来说，其经济性还无法与常规能源相竞争。

5.2　太阳能的光热利用

太阳能光热利用是直接将太阳辐射的能量加以收集利用，传统的太阳曝晒法就是太阳能光热利用的一种。直接利用太阳辐射能量的太阳能光热利用具有设备简单、投资小、见效快等特点，但效率太低，现代的太阳能光热利用技术都是通过太阳能集热器提高太阳辐射能量的转换效率而实现太阳能的高效热利用。

5.2.1 太阳能集热器

太阳能集热器是把太阳辐射能转换成热能的设备，是太阳能热利用中的关键设备。太阳能集热器按是否聚光这一特征可分为非聚光型和聚光型两大类。

（1）非聚光型集热器

非聚光型集热器是不进行聚光的集热器，最典型的非聚光型集热器是平板集热器，它吸收太阳辐射能的面积与采集太阳辐射能的面积相等，能利用太阳的直射和漫射辐射。典型的平板集热器如图 5-3 所示，主要由吸热体、透明盖板、保温材料和外壳组成。

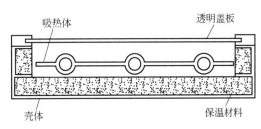

图 5-3 典型的平板集热器

① 吸热体：它的作用是吸收太阳能并将其内的流体加热，包括吸热面板和与吸热面板结合良好的流体管道。为提高吸热效率，吸热板常经特殊处理或涂有选择性涂层，选择性涂层对太阳的短波辐射具有很高的吸收率，而本身发射出的长波辐射的发射率却很低，这样既可吸收更多的太阳辐射能，又可减少因吸热体本身辐射而造成的热损失。

② 透明盖板：它布置在集热器的顶部，其作用是减少集热板与环境之间的对流和辐射散热，并保护集热板不受雨、雪、灰尘的侵袭。透明盖板应对太阳光透射率高，而自身的吸收率和反射率却很低。为提高集热器效率，可采用两层盖板。

③ 保温材料：它填充在吸热体的背部和侧面，其作用是防止集热器向周围散热。

④ 外壳：它是集热器的骨架，应具有一定的机械强度、良好的水密封性能和耐腐蚀性能。

经过多年的发展，平板集热器的性能日益提高，形式多样，规格齐全，能满足各种太阳能热利用装置的需要。近年来，真空管平板集热器有了很大的发展，它将单根真空管装配在复合抛物面反射镜的底面，兼有平板和固定式聚光的特点，能吸收太阳光的直射和 80%的散射。由于复合抛物面反射镜是一种性能优良的广角聚光镜，集热管又为双层玻璃真空绝热，隔热性能优良，工作流体通道采用不锈钢管，集热面为选择性吸热表面，因此这种真空管平板集热器性能优良，工作温度最高可超过 175℃。即使在环境温度比较低和风速较高的情况下，也有较高的效率，已广泛用于家庭热水采暖、空调和工业热利用中。图 5-4 为全玻璃真空集热管的示意图。

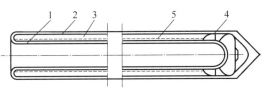

图 5-4 全玻璃真空集热管

1—内玻璃管；2—外玻璃管；3—真空夹层；
4—带有吸气剂的卡子；5—选择性涂层

（2）聚光型集热器

平板集热器直接采集自然阳光，集热面积等于散热面积，理论上不可能获得较高的运行温度。为了更有效地利用太阳能，必须提高入射阳光的能量密度，使之聚集在较小的集热面上，以获得较高的集热温度，并减少散热损失，这就是聚光型集热器的特点。

聚光型集热器通常由三部分组成：聚光器、吸收器和跟踪系统。其工作原理是：自然阳光经聚光器聚焦到吸收器上，并加热吸收器内流动的集热介质。跟踪系统则根据太阳的方位随时调节聚光器的位置，以保证聚光器的开口面与入射太阳光总是互相垂直的。

提高自然阳光能量密度的聚光方式很多，根据光学原理，可以分为反射式和折射式两大类。反射式是依靠镜面反射将阳光聚集到吸收器上，常用的有槽形抛物面反射镜和旋转抛物面反射镜、圆锥反射镜、球面反射镜等。折射式是利用制成棱状面的透射材料或一组透镜使入射阳光产生折射再聚集到吸收器上。

聚光型集热器的跟踪装置大体可分为两类：两维跟踪系统和一维跟踪系统。两维跟踪系统同时跟踪太阳的方位角和高度角的变化，通常采用光电跟踪方式。一维跟踪系统只跟踪太阳的方位角，对高度角只作季节性调整，通常采用光电跟踪或时钟机械跟踪，时钟机械跟踪精度虽然比不上光电跟踪，但结构简单，维修方便，且无需外部动力，对一些小型聚光型集热器颇为经济实用。

5.2.2　太阳能供暖

太阳能供暖是一种应用历史非常悠久的太阳能热利用方式，早期先民就已开始在太阳辐射强度较大的白天通过曝晒而实现太阳能供暖了。目前，由于气候变化导致极端天气的大概率出现，居民供暖已成为能源消耗的一个重要部分。开展太阳能供暖技术的开发和应用能有效缓解能源供需的矛盾，受到世界各国的重视。

5.2.2.1　太阳能供暖的原理

太阳能供暖系统由太阳能集热系统、水循环系统、风循环系统及控制系统组成，如图 5-5 所示。

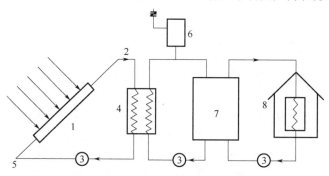

图 5-5　太阳能供暖系统简图

1—集热器；2—上水管；3—水泵；4—板式换热器；5—下水管；6—补给水箱；7—蓄热水箱；8—用户

在太阳能集热系统中，集热器按最佳倾角放置，防冻介质在太阳能集热器吸收热量后从集热器的上集管流入板式换热器，在板式换热器中与来自水箱的水循环进行换热后，经过水泵后由集热器的下集管进入太阳能集热器继续加热，板式换热器的另一侧与蓄热水箱相连，当蓄热水箱内的水从板式换热器吸收热量后，温度上升，密度减小，因而不断上升。这样，由冷热水的密度差提供动力而不断对流循环，水温逐渐提高，直到集热器吸收的热量与散失的热量相平衡时，水温不再升高。补给水箱供给蓄热水箱所需的冷水。

5.2.2.2　太阳能供暖的分类

太阳能供暖系统按水循环的动力，可以分为自然循环式和强制循环式两种。太阳能集热系统一般包括太阳能集热器、储水箱及连接管线和调节控制阀门等，强制循环系统包括水泵，间接系统包括换热器，闭式系统还包括膨胀罐。

自然循环式太阳能供暖系统如图 5-6 所示，是依靠集热器和储水箱中的温差形成系统的热虹吸压头，使水在系统中循环，与此同时，将集热器的净能量收益通过加热水而蓄入储水箱内。运行过程是水在集热器中接受太阳辐射加热，温度升高，加热后的水从集热器的上循环管进入储水箱的上部，与此同时，储水箱底部的冷水由下循环管流入集热器，经过一段时间后，水箱中的水形成明显的温度分层，上层水达到可使用的温度。用热水时，由补给水箱向储水箱底部补充冷水，将储水箱上层热水顶出使用，其水位由补给水箱内的浮球阀控制。

强制循环式太阳能供暖系统分为设置或不设置换热器两种方式。这就是说，在寒冷地区，为了防止集热器在冬季被冻坏，在集热器与储水箱之间设置换热器，构成双循环系统，集热器一侧采用防冻液，从而解决了集热器的防冻问题，如图 5-7 所示即为设置换热器的强制循环式太阳能供暖系统，这两种强制循环式太阳能供暖系统有时也简称为直接加热和间接加热方式。

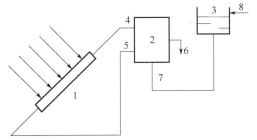

图 5-6　自然循环式太阳能供暖系统简图

1—集热器；2—循环水箱；3—补给水箱；4—上循环管；
5—下循环管；6—供热水管；7—补给水管；8—自来水管

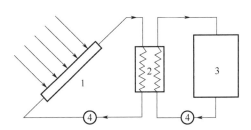

图 5-7　设置换热器的强制循环式
太阳能供暖系统简图

1—集热器；2—换热器；3—水箱；4—循环水泵

与常规能源采暖系统相比，太阳能采暖系统有如下特点：

① 系统运行温度低。由于太阳能集热器的效率随运行温度升高而降低，因此应尽可能降低集热器的运行温度，即尽可能降低采暖系统的热水温度。若采用地板辐射采暖或顶棚辐射采暖系统，则集热器的运行温度在 30~38℃之间即可，所以可使用平板集热器；若采用普通散热器采暖系统，则集热器的运行温度必须达到 60~70℃或以上，所以应使用真空管集热器。

② 有储存热量的设备。照射到地面的太阳辐射能受气候和时间的支配，不仅有季节之差，一天之内也有变化，要满足连续采暖的需求，系统中必须有储热设备。对于液体太阳能采暖系统，储热设备可用储热水箱；对于空气太阳能采暖系统，储热设备可用岩石堆积床。

③ 与辅助热源配套使用。由于太阳能不能满足采暖需要的全部热量，或者因气候变化大而储存热量有限时，特别在阴、雨、雪天和夜晚几乎没有或根本没有日照时，太阳能不能成为独立的能源。太阳能采暖系统的辅助热源可采用电力、燃煤、燃气、燃油和生物质能等。

④ 适合在节能建筑中应用。由于地面上单位面积能够接收的太阳辐射能有限，因此要满足建筑物采暖的需求且达到一定的太阳能保证率，就必须安装足够多的太阳能集热器。如果建筑围护结构的保温水平低，门窗的气密性又差，那么有限的建筑围护结构面积不足以安装所需的太阳能集热器面积。

5.2.2.3　集热器的定位

在进行太阳能热利用系统设计时，所需集热器面积除与安装地点的太阳能资源有关外，还与集热器安装倾斜面的倾角和方位角有关。

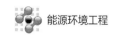

为了保证有足够的太阳光照射在集热器上，集热器的东、南、西方向不应有遮挡的建筑物或树木；为了减少散热量，整个系统宜尽量放在避风口，如尽量放在较低处；最好设阁楼层等将储水箱放在建筑内部，以减少热损失；为了保证系统总效率，连接管路应尽可能短，对自然循环式这一点格外重要。

太阳能系统集热器安装位置的选择，应根据建筑物类型、使用要求、安装条件等因素综合确定，一般安装在屋面、阳台或朝南外墙等建筑围护结构上；根据计算得到的集热器总面积，在建筑围护结构表面不够安装时，可按围护结构表面最大容许安装面积确定集热器总面积。

（1）集热器的安装方位和倾角

集热器采光面上能够接收到的太阳光照会受集热器安装方位和安装倾角的影响。根据集热器安装地点的地理位置，对应一个可接收最多的全年太阳光照辐射热量的最佳安装方位和倾角范围，该最佳范围的方位是正南，或南偏东、偏西10°，倾角为当地纬度±10°；当安装方位偏离正南向的角度再扩大到南偏东、偏西30°时，集热器表面接收的全年太阳光照辐射热量只减少了不到15%，所以，推荐的集热器最佳安装范围是正南，或南偏东、偏西30°，倾角为当地纬度±10°。

全年使用的太阳能热水系统，集热器安装倾角等于当地纬度。如系统侧重在夏季使用，其安装倾角推荐采用当地纬度减10°；如系统侧重在冬季使用，其安装倾角推荐采用当地纬度加10°。

（2）集热器的前后排间距

如果太阳能集热器的位置设置不当，受到前方障碍物或前排集热器的遮挡，系统的实际运行效果和经济性就会大受影响，所以，需要对放置在建筑围护结构上太阳能集热器采光面上的日照时间做出规定。冬至日太阳高度角最低，接收太阳光照的条件最不利，规定此时集热器采光面上的日照时数不少于4h。由于冬至前后10点之前和14点之后的太阳高度角较低，系统能够接收到的太阳能热量较少，对系统全天运行的工作效率影响不大；如果增加对日照时数的要求，则安装集热器的屋面面积要加大，在很多情况下不可行，所以，取冬至日日照时间4h为最低要求。

集热器遮挡问题分为两类：一类是集热器前方有建筑物，在某一时刻建筑物遮挡投射到集热器的阳光；另一类是平行安装的集热器阵列，前排对后排的遮挡。前一类，由于建筑物相对于集热器的方位和建筑物宽度对遮挡均有影响，很难用简单公式描述相对关系，可以利用软件进行分析。当建筑物与集热器平行且宽度较大时，可以类同于第二类遮挡问题处理。

5.2.2.4 集热器的连接方式

集热器的连接方式对太阳能系统中各个集热器的流量分配和换热均有影响。集热器的连接方式主要有三种：一是串联，一台集热器出口与另一台集热器入口相连；二是并联，一台集热器的出、入口与另一台集热器的出、入口相连；三是混联，若干集热器并联，各并联集热器组之间再串联，这种混联称为并串联，若干集热器串联，各串联集热器组之间再并联，这种混联称为串并联。并联连接方式的系统流动阻力较小，适宜用于自然循环系统，但并联的组数不宜过多，否则会造成集热器之间流量不平衡。12片集热器组成的并联系统，在流量大时，集热器间的工作温度可相差22℃，会影响集热器的平均效率。

强制循环系统，动力压头较大，可根据安装需要灵活采用并串联或串并联。集热器组并联时，各组并联的集热器数应该相同，这样有利于各组集热器流量的均衡。对于每组并联的集热器组，集热器的数量不宜超过 10 片，否则始末端的集热器流量过大，而中间的集热器流量很小，造成系统效率下降。

集热器组中各集热器的连接尽可能采用并联，串联的集热器数目应尽可能少。根据工程经验，平板型集热器每排并联数目不宜超过 16 个；热管真空管集热器串联时，集热器组的联箱总长度不宜超过 20m；全玻璃真空管东西向放置的集热器，在同一斜面上多层布置时，串联的集热器组的联箱总长度不宜超过 6m。对于自然循环系统，每个系统全部集热器的数目不宜超过 24 个，大面积自然循环系统，可以分成若干子系统。

5.2.2.5　集热器面积的确定

（1）直接式太阳能采暖系统集热器面积的确定

直接式太阳能采暖系统集热器面积根据集热器性能、当地辐射条件、采暖需求工况确定：

$$A_c = \frac{3600TQ_Hf}{J_T\eta_{cd}(1-\eta_L)} \tag{5-1}$$

式中，A_c 为直接式太阳能采暖系统集热器总面积，m^2；T 为每日采暖时间，h；Q_H 为日平均采暖负荷，W；J_T 为系统使用期当地在集热器平面上的平均太阳能辐射量，J/m^2；f 为太阳能保证率，参考表 5-2 取值；η_{cd} 为系统使用期的平均集热效率；η_L 为管道及储水箱的热损失率，一般取值 0.2～0.3。

表 5-2　不同地区采暖系统太阳能保证率的推荐选用值

太阳能资源	等级	太阳能保证率 $f/\%$	
		短期蓄热系统	季节蓄热系统
丰富区	Ⅰ	$f \geqslant 50$	$f \geqslant 60$
较富区	Ⅱ	$30 \leqslant f < 50$	$40 \leqslant f < 60$
一般区	Ⅲ	$10 \leqslant f < 30$	$20 \leqslant f < 40$
贫乏区	Ⅳ	$5 \leqslant f < 10$	$10 \leqslant f < 20$

（2）间接式太阳能采暖系统集热器面积的确定

与直接式太阳能采暖系统相比，间接式太阳能采暖系统因换热器内外存在温差，系统加热能力相同时，间接式太阳能采暖系统集热器的平均工作温度高于直接式系统，集热器效率降低。所以，要获得相同热水，间接系统的集热器面积要大于直接系统。间接系统集热器面积可按式（5-2）计算：

$$A_{IN} = A_c\left(1 + \frac{F_RU_LA_c}{U_{hx}A_{hx}}\right) \tag{5-2}$$

式中，A_{IN} 为间接系统集热器总面积，m^2；F_RU_L 为集热器总热损失系数，$W/(m^2 \cdot ℃)$；U_{hx} 为换热器传热系数，$W/(m^2 \cdot ℃)$；A_{hx} 为换热器换热面积，m^2。

5.2.2.6　集热器与供暖方式的搭配

目前国内太阳能集热器主要有平板型、全玻璃真空管、热管真空管 3 种类型。供暖方

式主要有散热器供暖、低温地板辐射供暖和风机盘管供暖 3 种。由于每种集热器和供暖方式均有各自的运行温度，因此如何搭配太阳能集热器和供暖方式，决定了系统是否能够有效运行。

（1）从保热性能上分析

集热器的选择主要从保热性能来分析，各种供暖方式与不同太阳能集热器的搭配详见表 5-3。

表 5-3　供暖方式和太阳能集热器的搭配

供暖方式（工作温度）		
低温热水地板辐射供暖（35~45℃）	风机盘管供暖（50~60℃）	散热器供暖（70~95℃）
平板型集热器、全玻璃真空管集热器、热管真空管集热器	全玻璃真空管集热器、热管真空管集热器	热管真空管集热器

（2）从系统运行安全可行性考虑

在非供暖季，由于系统所需负荷减少，太阳能偏执器会长时间处于空晒、闷晒的不利条件下，太阳能系统会产生过热问题。在这种环境下要保证集热器长时间安全、可靠地运行，必须选择合适的太阳能集热器，并采取相应的保护措施。

根据太阳能集热器的集热特性，平板型集热器冬季在 75℃左右，夏季在 90℃左右，集热效率接近于 0，达到吸热与散热自平衡状态，本身就解决了系统的过热问题。其他两种真空管集热器，必须加装相应的散热装置才能解决系统的过热问题，增加了系统的复杂程度和造价。因此，从系统运行安全可靠性考虑，平板型集热器是太阳能供暖系统的最佳选择。

（3）太阳能供暖系统应用效果注意事项

太阳能供暖系统应用效果主要考虑两个问题：太阳能集热器面积与供暖面积的配比；太阳能供暖系统与建筑的结合。

太阳能集热器面积与供暖面积的配比要考虑以下 3 个问题：太阳能的节能率、建筑的供暖负荷和系统的经济效益。太阳能集热器面积太小，起不到应有的作用；面积太大，经济效益降低。因此，综合考虑各种因素，太阳能系统的供暖贡献率宜取 60%以下，太阳能集热器面积与供暖面积的配比应控制在 1/10~1/5。

太阳能供暖系统与建筑的结合要考虑以下 2 个问题：在实际的太阳能供暖项目中，太阳能集热器可采用嵌入屋面瓦中、安装在屋面瓦上、安装在南立面上、安装在大倾角坡屋面上等多种方式；如果在建筑设计时没有考虑太阳能系统的安装，在施工中会遇到诸如屋顶集热器安装预埋、管道布置、设备间选取、供水供电等各种问题，因此，在建筑设计时必须考虑太阳能系统的设计、安装，才能保证施工的顺利进行及系统的质量。

5.2.3　太阳能热发电技术

太阳能热发电是利用集热器将太阳光聚集并将其能量转化为工作流体的高温热能，通过常规的热机或其他发电技术将其转换成电能的技术。由于太阳能热发电系统的集成技术及能源利用方式较多，因而系统类型繁多。

5.2.3.1　太阳能热发电的原理及其分类

太阳能热发电是通过将太阳能聚集，将其热量汇集并转换成电能的技术。其工作过程是：

首先是利用聚光集热装置将太阳能收集起来，将集热工质加热到一定的温度，经过换热器将热能传递给动力回路中循环做功的工质或产生高温高压的过热蒸汽，驱动汽轮机，再带动发电机发电。而从汽轮机出来的乏汽，其压力和温度已大大降低，或经冷凝器凝结成液体后被重新泵入换热器，开始新的循环，或产生高温高压的空气，驱动汽轮机，再带动发电机发电。从热力学角度讲，太阳能光热发电系统与常规的化石能源热力发电方式的热力学工作原理相同，都是通过兰金循环、布雷顿循环或斯特林循环将热能转换为电能，区别仅在于两者的热源不同，且太阳能光热电站一般带有储热装置。

太阳能热发电包括太阳能间接热发电和太阳能直接热发电两类。太阳能间接热发电是将太阳能汇集后通过热机带动常规发电机发电；太阳能直接热发电是在太阳的照射下，利用半导体或金属材料的温差发电、真空器件的热电子和热离子发电等。前者已有 100 多年的发展历史，而后者尚处于原理性试验阶段。通常所说的太阳能光热发电技术主要是指太阳能间接热发电。

太阳能热发电系统的形式多种多样，按太阳能聚光集热方式的不同可划分为抛物槽式、碟式、塔式、太阳能塔热气流、太阳能池等；按照太阳能热功转换的热力循环方式不同，可以分为兰金循环（汽轮机）、布雷顿循环（燃气轮机）、斯特林循环（斯特林机）、奥托和狄赛尔循环（内燃机）及联合循环等；按照太阳能热利用模式或各种能源转化利用模式的不同，可以分为单纯太阳能发电系统、太阳能与化石能源互补综合发电系统以及太阳能热化学整合的多能源互补的发电系统。

5.2.3.2　塔式太阳能热发电技术

塔式太阳能热发电又称为高温太阳能热发电，主要由定日镜系统、吸热与热能传递系统（热流体系统）、发电系统 3 部分组成。定日镜系统实现对太阳的实时跟踪，并将太阳光反射到吸热器。位于高塔上的吸热器吸收由定日镜系统反射来的高热流密度辐射能，并将其转化为工作流体的高温热能。高温工作流体通过管道传递到位于地面的蒸汽发生器，产生高压过热蒸汽，推动常规汽轮机发电。由于使用了高塔聚集，典型的塔式太阳能热发电系统可以实现 $200\sim1000$ 以上的聚焦比，投射到塔顶吸热器的平均热流密度可达 $300\sim1000kW/m^2$，工作温度可高达 $1000℃$ 以上，电站规模可达 $200MW$ 以上。塔式太阳能热发电系统主要有熔盐系统、空气系统和水/蒸汽系统。无论采用哪种工质，系统的蓄热至关重要。

（1）塔式熔盐系统

熔盐吸热、传热系统一般以熔融硝酸盐为工作介质，系统低温侧一般为 $290℃$，高温侧为 $565℃$。低温熔盐通过熔盐泵从低温熔盐储罐被送至塔顶的熔盐吸热器，吸热器在平均热流密度约 $430kW/m^2$ 的聚焦辐射下将热量传递给流经吸热器的熔盐。熔盐吸热后温度升高至约 $565℃$，再通过管道送至位于地面的高温熔盐罐。来自高温熔盐罐的熔盐被输送至蒸汽发生器，产生高温过热蒸汽，推动传统的汽轮机做功发电。

以熔盐为吸热、传热介质，主要有以下几个优点：除克服流动阻力外，系统无压运行，安全性提高；传热工质在整个吸热、传热循环中无相变，且熔盐热容量大，吸热器可承受较高的热流密度，从而使吸热器做得更紧凑，减少制造成本，降低热损；熔盐本身是很好的蓄热材料，系统传热、蓄热可共用同一工质，使系统极大地简化。但是，熔盐介质也有其缺点：熔盐的高温分解和腐蚀问题，相关材料必须耐高温和耐腐蚀，使系统成本增加、可靠性降低；熔盐的低温凝固问题，在夜间停机时高、低温熔盐储罐都必须保温，以防止熔盐凝固，清晨开机时也必须对全部管道进行预热，这些都将增加系统的伴生电耗。典型的塔式熔盐系统是美国的 Solar Two 试验电站，其系统如图 5-8 所示。

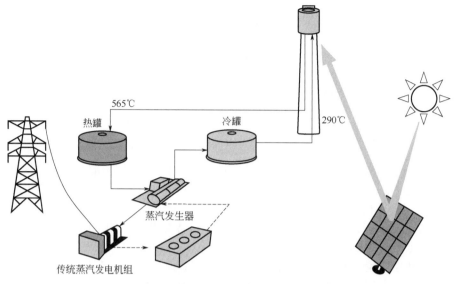

图 5-8　Solar Two 塔式熔盐电站示意图

（2）塔式水/蒸汽系统

水/蒸汽系统以水为传热介质。这类系统中，过冷水经泵增压后被送到塔顶吸热器，在吸热器中蒸发并过热后被送到地面，驱动汽轮机发电。在此系统中吸热器与反射镜场聚焦光斑的技术最为关键。置于塔顶的吸热器吸收聚焦太阳辐射热后产生高压蒸汽，由于蒸汽热容低，易发生传热恶化，对于吸热器的性能要求比较高，要能承受较大的能流密度和频繁的热冲击。

典型的塔式水/蒸汽太阳能热发电试验电站有美国的 Solar One、西班牙的 CESA-1 和 PS10。图 5-9 所示为美国 Solar One 试验电站示意图。

PS10 由西班牙 Solucar 公司建造，如图 5-10 所示，额定发电功率为 10MW。

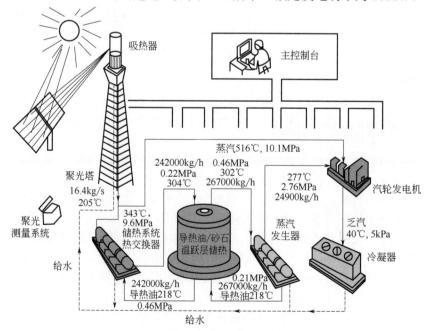

图 5-9　Solar One 试验电站示意图

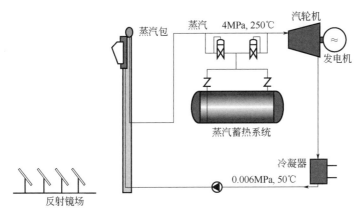

图 5-10　PS10 水/蒸汽 10MW 太阳能电站示意图

（3）塔式空气系统

以空气作为塔式太阳能热发电系统的吸热与传热介质具有以下优点：从大气来，到大气去，取之不尽，用之不竭，不污染环境；没有因相变带来的麻烦；允许很高的工作温度；易于运行和维护，启动快，无需附加的保温和冷启动加热系统。基于以上优点，很多早期的塔式太阳能发电站采用了空气作为吸热与传热介质。空气系统的应用也很灵活，高温空气既可与水/蒸汽换热驱动汽轮机发电，也可直接驱动燃气轮机发电；既可用于燃气轮机的空气预热，也可用于燃料重整等，如图 5-11 和图 5-12 所示。

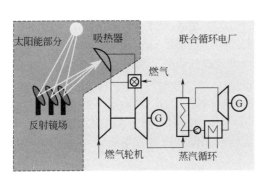

图 5-11　太阳能空气预热系统

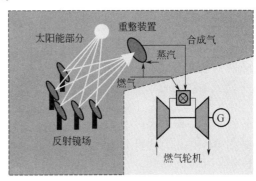

图 5-12　太阳能燃料重整发电系统

5.2.3.3　槽式太阳能热发电技术

槽式太阳能热发电系统的聚光反射镜从几何上看是将抛物线平移而形成的槽式抛物面，它将太阳光聚焦在一条线上。在这条焦线上安装有管状集热器，以吸收聚焦后的太阳辐射能，因此槽式聚焦方式也常称为线聚焦。槽式抛物面一般依其焦线按正南北方向摆放，因此其定日跟踪只需一维跟踪。槽式太阳能热发电系统的聚光比一般在 10～100 之间，大多在 50 左右，温度可达 400℃ 左右。由于槽式的聚光比小，要维持高温时的运行效率，必须使用真空管作为吸热器件。但高温真空管的制造技术要求高，难度大。

与塔式太阳能热发电系统相比，槽式太阳能热发电系统除聚光和集热装置有所不同外，两者在系统构成和工作原理等方面基本上都是一样的，都是通过汽轮机将热能转化为电能。由于槽式系统结构简单，温度和压力都不高，技术风险较低，因此较早实现了商业化的大规模应用。最著名的商业化槽式电站为位于美国加州莫哈维沙漠地区的 SEGS I 电站系统（图 5-13）。

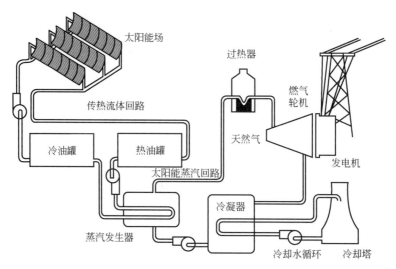

图 5-13　SEGS Ⅰ 电站的系统示意图

槽式抛物面太阳能发电站的功率为 10～1000MW，是目前所有太阳能热发电站中功率最大的。

5.2.3.4　碟式太阳能热发电技术

碟式太阳能热发电系统一般由旋转抛物面反射镜、吸热器、跟踪装置以及热功转换装置等组成。碟式反射镜可以是一整块抛物面，也可由聚焦于同一点的多块反射镜组成，因此碟式聚焦方式也常称为点聚焦，其聚焦比可高达 500～1000，焦点处可产生 1000℃ 以上的高温。整个碟式发电系统安装于一个双轴跟踪支撑装置上，实现定日跟踪，连续发电。碟式系统的吸热器一般为腔式，与斯特林发电机相连，构成一个紧凑的吸热、做功、发电装置。整个装置安装于抛物面的焦点位置，吸热器的开口对准焦点。

由于聚焦比大，工作温度高，碟式系统的发电效率高达 30%，高于塔式和槽式。但单元容量较小，一般为 30～50kW，比较适用于分布式能源系统，也可将多个单元系统组成一簇，集中向电网供电，因此具有很好的应用前景。但其核心部件斯特林发电机技术难度较大，在我国仍处于研发阶段。

3 种太阳能热发电系统的主要性能参数、优缺点、发展现状及技术经济指标见表 5-4。

表 5-4　3 种太阳能热发电系统比较

发电方式	抛物槽式	塔式	碟式
发电规模	1～100MW	1～100MW	1～10MW
用途	可并网发电：中温段、高温段加热	可并网发电：高温段加热	小容量分散发电、边远地区独立系统供电
优点	（1）已商业化； （2）太阳能集热装置效率达到 60%，太阳能转化为电能的效率为 21%； （3）温度达到 500℃，年均净发电效率 14%； （4）在所有的太阳能发电技术中用得最少； （5）可混合发电； （6）可有储能	（1）较高的转化效率，有中期前景（在加热温度达到 565℃ 时太阳能集热装置效率 46%，太阳能转化为电能的效率达 23%）； （2）运行温度可超过 1000℃； （3）可混合发电； （4）可高温储能	（1）高的转化效率，峰值时太阳能净发电效率超过 30%； （2）可模块化； （3）可混合发电

续表

发电方式	抛物槽式	塔式	碟式
缺点	使用油作为传热介质,限制了运行温度,目前已达到400℃,只能产生中等品质的蒸汽	性能、初投资和运营费用需证实,商业化程度不够	可靠性需要加强,预计的大规模生产的成本目标尚未达到

太阳能热气流发电、太阳能池热发电及向下反射式太阳能热发电等在技术上各有优势,但目前均处于试验研究阶段。

5.2.3.5　提高太阳能热发电效率的措施

（1）提高聚光集热装置及光热转换装置的转换效率

太阳能热发电三种方式的不同之处在于聚光集热装置及光热转换装置的形式不同。

槽式太阳能热发电系统采用的是槽型抛物面聚光集热器,将众多的槽型抛物面聚光集热器串并联排列,通过真空管光热转换器,将光能转换为热能,并以油为传热介质载体,输送至蒸汽发生器,加热水产生过热蒸汽,驱动汽轮机发电机组发电。

塔式太阳能热发电系统是利用众多的平面反射镜阵列,将太阳辐射反射到置于高塔顶部的太阳能接收器上,并通过光热转换器将光能转换为热能,加热水产生过热蒸汽,驱动汽轮机组发电。

碟式太阳能发电系统是由多个碟式太阳聚焦镜组成的阵列,将太阳光聚焦产生 860℃以上的高温,通过安装在焦点处的光热转换器将热能传递给载热介质空气,并输送到蒸汽发生器或蓄热器,加热水产生过热蒸汽,驱动汽轮发电机组发电。

除上述因素外,减小聚光集热装置的余弦效应也可以提高光热转换效率。如碟式和塔式热发电采用双轴跟踪系统,余弦效应明显小于单轴跟踪的槽式热发电,尤其是碟式的全方位双轴跟踪,余弦效应几乎接近 0。

因此,要提高太阳能热发电的光热转换效率,就要尽量采用几何聚焦比较高的聚光集热装置,以及耐高温的载热介质和换热效率较高的光热转换装置。同时还要尽量采用双轴跟踪方式,以减小余弦效应,使光能利用最大化。

（2）提高太阳能热发电系统载热介质的传输效率

太阳能热发电系统均是通过某种载热介质将光能转化来的热能传输至蒸汽发生器。在热能传输过程中,由于管道的散热损失,导致了部分热能的损失。根据传热学原理,介质的温度越高,与传输管道外的环境温差越大,越容易散热,热能损失也越大。因此,需要采取更好的保温材料及保温措施,尽量减少载热介质的散热损失,以提高载热介质的传输效率。

（3）提高太阳能热发电系统蒸汽发生器的效率

太阳能热发电系统蒸汽发生器效率的计算方法不同于燃煤电站的锅炉,其计算公式为:

$$h = \frac{单位时间蒸汽发生器出口新蒸汽的热能}{单位时间进入蒸汽发生器的热介质热能}$$

提高碟式太阳能热发电系统蒸汽发生器效率的措施包括以下几项:

① 采用新型的开口翅片管技术。由于碟式发电系统采用的载热介质为空气,较常规燃煤锅炉的烟气干净得多,因此在设计时无需考虑蒸汽发生器积灰堵灰等问题,在省煤器的设

计上可采用开口翅片管技术，这相当于增加了省煤器的换热面积，与直接采用光管相比，效率可提高 30% 以上。

② 尽量提高加热介质的进口参数。提高蒸汽发生器入口热空气的参数，相当于提高加热介质的入口焓值，增大加热面两侧的传热温差，可增强传热效果，提高传热效率。因此，蒸汽发生器入口的空气温度越高，设备效率越高。

③ 降低加热介质的出口参数。降低蒸汽发生器加热介质的出口参数，可增大加热介质的焓降，同时减小尾部排放损失，从而提高蒸汽发生器的热转换效率。由于热空气不像燃煤锅炉的烟气含有 SO_2 成分，可不用考虑蒸汽发生器的尾部烟道腐蚀问题，因此可尽量降低蒸汽发生器的排风温度，以减小排放损失。

受蒸汽发生器给水温度的限制，蒸汽发生器的排风温度不可能无限度降低。常规火电厂由于考虑蒸汽发生器尾部烟道低温硫酸腐蚀，排烟温度一般设计在 160℃ 以上，对应的给水温度约为 150℃。由于碟式太阳能热发电系统使用热空气作为加热介质，基本不含硫化物，因此可不考虑此限制，在蒸汽发生器及汽轮机发电系统的设计过程中，可采用尽量降低给水温度的办法来降低蒸汽发生器出口的排风温度。

蒸汽发生器给水需要进行充分除氧。目前给水除氧主要采用化学除氧和热力除氧两种方法。热力除氧方式的除氧效果好，更适用于该系统。但采用热力除氧方式，蒸汽发生器给水温度要达到 104℃ 以上，此时蒸汽发生器出口的排风温度要高于 120℃，这就限制了蒸汽发生器排风温度的降低。为了解决这一问题，保证在不影响蒸汽发生器给水除氧效果的前提下仍能进一步降低蒸汽发生器出口的排风温度，可对系统进行优化改进，从而使蒸汽发生器给水温度降低到约 60℃，排风温度降至约 75℃。

槽式热发电对加热介质采用闭式循环的方式，完全消除了蒸汽发生器的冷端损失，可大大提高蒸汽发生器的效率，从而提高整个系统的效率。

（4）提高太阳能热发电系统汽轮发电机组的效率

提高汽轮发电机组的效率主要有以下几种方法：

1）提高汽轮机的进汽参数，降低排汽参数

提高汽轮机的进汽参数，降低排汽参数，相当于增大蒸汽在汽轮机中的焓降，即提高蒸汽的做功能力，这是提高汽轮机功率和效率非常有效的手段。

汽轮机排汽参数的降低对汽轮机效率的提高影响较大，但排汽参数一般受当地气候条件如气压、温度、湿度等的影响，不可能降得很低。因此，当汽轮机的进汽量和排汽参数一定时，提高汽轮机的进汽压力和温度就成为提高效率的最有效措施。对于同样装机容量的汽轮发电机组，汽轮机的进汽压力和温度越高，则汽轮发电机组的效率越高，发同样电量时所需的蒸汽量越少。

对于非再热纯凝机组，热电转换效率 h 的计算公式为：

$$h = \frac{汽轮发电机组的发电功率}{单位时间进入汽轮机的新蒸汽的热能}$$

2）提高汽轮发电机组的装机容量

汽轮机的热电转换效率随汽轮机进汽量的提高而提高。而提高进汽量，就是要尽量提高机组的单机装机容量。当进汽压力和温度相同时，汽轮机的热电转换效率随汽轮机进汽量（即机组容量）的提高而提高。

3）采用再热式机组

对于再热机组，进入汽轮机的总热能不仅包括进入汽轮机的新蒸汽的热能，还应包括进入汽轮机的再热蒸汽的热能，因此其热电转换效率 h 的计算公式为：

$$h = \frac{汽轮发电机组的发电功率}{单位时间进入汽轮机的新蒸汽的热能 + 单位时间进入汽轮机的再热蒸汽的热能}$$

采用再热，相当于减少了汽轮机的部分冷源损失，即部分蒸汽在汽轮机高压缸内做功后，不经过冷凝器冷凝，直接进入蒸汽发生器进行再热，然后再进入汽轮机进行做功，从而提高了系统的整体效率。

通常，再热机组的效率要比相同容量的非再热纯凝机组高 3%～5%，但目前采用再热形式的机组多为 50MW 以上的较大机组，小机组因采用再热形式不太容易实现，因此很少采用。

5.2.3.6　太阳能热发电的发展障碍与方向

目前太阳能热发电的主要问题是成本高、效率低。槽式和塔式太阳能热发电的成本是常规能源发电成本的 3～5 倍，其主要原因有以下三个方面：发电成本的 80% 来自初投资，而其中超过一半的投资来自大面积的光学反射装置和昂贵的接收装置，这些装置的制造和安装成本较高；太阳能热发电系统的发电效率低，年太阳能净发电效率为 10%～16%，在相同的装机容量下，较低的发电效率需要更多的聚光集热装置，增加了投资成本，并且目前还缺乏这类电站的运行经验，整个电站的运行和维护成本高；由于太阳能供应不连续、不稳定，需要在系统中增加蓄热装置，大容量的电站需要庞大的蓄热装置，造成整个电站系统结构复杂，成本增加，比如 50MW 槽式 7.7h 蓄热需要 28500t 蓄热工质。

对于上述问题，可从以下几个方面着手解决：提高系统中关键部件的性能，大幅度降低太阳能热发电的投资成本，快速进入商业化；寻求新的太阳能热发电集成方式，对系统进行有机集成，实现高效的热能转化，在初参数较高的情况下，实现规模化热发电；将太阳能与常规的能源系统进行合理互补，较小的规模仍可高效利用；通过热化学反应过程实现太阳能向燃料的化学能转化，然后通过燃气轮机等装置高效发电，实现太阳能向电能的高效转化。

5.2.4　太阳能热气流发电技术

太阳能热气流发电系统主要由太阳能集热棚、导流烟囱和涡轮发电机组三部分构成。集热棚采用透光且隔热的材料制成，用于吸收太阳辐射能量使棚内空气温度升高；位于集热棚中央的烟囱，高耸达数百米至上千米，烟囱上下自然压差有数十毛（1 毛=133.3Pa），在烟囱的抽吸和集热棚内热空气压力的联合作用下，烟囱引导棚内空气形成强大气流，驱动涡轮机带动发电机发电，其运行原理如图 5-14 所示。

太阳能热气流发电的能源直接来自太阳辐射，发电系统的做功工质来自空气，系统运行简便。由于烟囱为圆筒状高耸建筑，是形成气流的关键部分，又是发电系统的重要标志，因此太阳能热气流发电又称太阳能烟囱发电。

太阳能热气流发电的单元规模可达到 50～300MW，是实现太阳能大规模开发的重要途径。太阳能热气流发电具有以下基本特点：

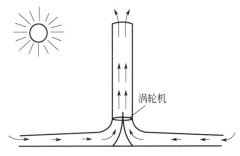

图 5-14　太阳能热气流发电基本原理图

① 发电系统是集热棚、烟囱、涡轮发电机等传统技术的集成，建造集热棚和烟囱的材料是玻璃、水泥、砂石和钢材等常规材料；

② 集热棚地表或棚内装设的特殊蓄热装置（如水箱等）在太阳充足时吸收的大量热量，在天阴或夜间仍会不断释放，形成气流继续发电，因此，可以提高供电连续性；

③ 这种电站不需要燃料，也不需要冷却水，只占用沙漠和戈壁滩等荒芜土地，因此，电站的建设成本不高，一次性投资与建造同容量水电站相当，但不存在侵占耕地、破坏资源及库区移民等问题；

④ 电站运行不产生任何污染，还可利用其温室效应等改善局域环境，使社会效益更为显著。

5.2.4.1 太阳能热气流发电与其他发电类型的比较

太阳能热气流发电与其他主要发电类型的比较如表 5-5 所示。表 5-6 则给出了太阳能热气流发电与风力发电、光伏发电的性能比较。

表 5-5 主要发电形式的社会经济比较

发电类型	火电	水电	核电	太阳能热气流发电
初始能源	化石燃料	水位能	核裂变能	太阳能
做功工质	水蒸气	水	水蒸气	空气
能源性质	不可再生	可再生	不可再生	可再生
资源规模	大	有限度	有限度	大
资源寿命	有限	无限	有限	无限
建设费用	低	较高	高	适中
运行费用	高	低	高	低
建设周期	短	长	较长	短
占地性质	占用少量耕地	大面积淹没耕地	占用少量耕地	充分利用荒漠化、沙化土地
社会影响	较小	大量移民，影响大	心理影响大	无
环境影响	大气污染	生态地质影响	核废料污染	友好、有利
发电性质	稳定	季节变化	稳定	昼夜变化

表 5-6 太阳能热气流发电与风力发电、光伏发电性能比较

发电类型	光伏发电	风力发电	太阳能热气流发电
单元容量	小	中	大
开发规模	小	中等	可大规模开发
建设费用	高	较高	适中
发电性能	受气候和昼夜影响，不能连续发电	受气候影响，波动很大	存在气候和昼夜峰谷波动，但仍能继续发电

由上可以看出，与其他各发电类型相比，太阳能热气流发电虽具有明显优势，但其固有的发电特性昼夜波动，使它缺少火电和水电所特有的适应负荷变化和稳定系统的品质，应与其他发电类型互补和兼容。由于它建在边远的荒漠化、沙化地区，远离负荷中心，与系统的联接及输送电力的方式，可考虑采用直流输电。

5.2.4.2 太阳能热气流发电的环境效应

太阳能与风能存在天然的季节互补性、气候互补性和昼夜互补性。实施联合开发，必将降低发电容量的峰谷波动，提高供电稳定性和电能品质，从而提升资源利用效益。众所周知，所有荒漠化、沙化地区的生态环境都非常脆弱。土地表层干旱松散是沙化的内因，频繁强劲的大风吹蚀是沙化外因，因此成功的治理经验是：造林种草，防风治沙，形成良性循环的生态系统。采用太阳能热气流发电，可以使大面积的荒漠化、沙化地表被集热棚覆盖，切断了

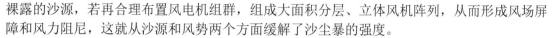

裸露的沙源，若再合理布置风电机组群，组成大面积分层、立体风机阵列，从而形成风场屏障和风力阻尼，这就从沙源和风势两个方面缓解了沙尘暴的强度。

此外，由于太阳能热气流电站的导流烟囱高耸入云，其所产生的强烈上升热气流与高空冷气流相会，形成雷雨云，增加了局部降雨的机会。而在地下水较富集地区，更可利用部分电能抽水浇灌，因而实现荒漠绿化也是完全可能的。

5.2.4.3　我国发展太阳能热气流发电的可行性

大力开发利用新能源和可再生能源，是我国优化能源结构，改善环境，促进经济社会可持续发展的重要战略措施之一，尤其对解决边疆、海岛、偏远地区以及少数民族地区的用能问题，具有十分重要的作用。

据国家林业局发布的第二次全国荒漠化、沙化土地监测结果，在我国 960 万平方公里的国土面积中，荒漠化土地面积 267.4 万平方公里，占国土面积的 27.9%，沙化土地面积 174.31 万平方公里，占国土面积的 18.2%，这些不毛之地主要分布在我国的西部和北部。另据中国科学院地理湖泊研究所报道，在我国西部 680 万平方公里的土地面积中，沙漠和戈壁滩面积达 126 万平方公里，其中新疆的荒漠面积约占全疆面积的一半，而青藏高原约有 2/3 以上的土地为高寒和永久冻土地区，面积达 150 万平方公里。但是，正是这些广袤地区，太阳能资源极其丰富。这就为我国大规模开发太阳能热气流发电提供了物资资源条件，并为 21 世纪上半叶乃至中叶即聚变能实现之前扭转我国能源困境提供了一条有效途径。

若按 200MW 太阳能热气流电站的数据推算，1 万平方公里的荒漠化面积即可提供 1 亿万千瓦的太阳能热气流发电，年发电量 3000 亿度，相当于 5.5 个三峡电站。按我国水力总资源 6.76 亿千瓦，水能总资源 1.923 亿千瓦时每年推算，也只相当于 6.5 万平方公里荒漠化土地面积提供的太阳能热气流发电量，该面积仅占我国荒漠化土地面积的 2.4%，或沙化土地面积的 3.7%。

另外，太阳能热气流发电站占地虽然较大，但一般可建在那些不可耕种的土地上，所以可不考虑土地占用费。随着电站容量增加，单位容量建设投资费用迅速降低。Schlaich 教授研究预测，对于这种大型太阳能发电站，初期建设成本可以降到大约 5000～8000 元/kW 左右，1 千瓦时的电运行成本约为 0.1～0.25 元。一次性投资预计与建造同容量水电站相当，但不存在侵占耕地、破坏资源及库区移民等问题，也不产生任何污染，并可以改善局域环境。

大规模开发太阳能热气流发电，应同时大幅度提高电力在我国终端能源结构中的比例，落实以电力为中心的能源建设方针；充分利用节余的燃煤，转型发展煤的液化、气化以弥补我国油、气资源不足，提高国家的能源（石油）安全；发展基于太阳能热气流发电的电解制氢和海水淡化，可进一步缓解我国油、气、水资源的压力。

5.2.5　太阳能热利用的其他应用

除了太阳能采暖、太阳能热发电（包括太阳能热气流发电）外，太阳能热利用在其他领域也得到了广泛的应用。

5.2.5.1　太阳能热水器

太阳能热水器通常由平板集热器、蓄热水箱和连接管道组成。按照流体流动的方式，可将太阳能热水器分成 3 大类：闷晒式、直流式和循环式。

（1）闷晒式

闷晒式的特点是水在集热器中不流动，闷在其中受热升温，故称闷晒式。这种热水器结

构十分简单，当集热器中的水升温到一定值时即可放水使用。

（2）直流式

直流式热水器由集热器、蓄热水箱和相应的管道组成。水在这种系统中并不循环，故称直流式。为使集热器中出来的水有足够的温度，水的流量通常都较小。

（3）循环式

循环式太阳能热水器是应用最广的热水器。按照水循环的动力，又可分为自然循环和强制循环。由于自然循环压头小，对于大型太阳能热水系统，通常需要采用强制循环，由泵提供水循环的动力。

5.2.5.2　太阳能干燥

自古以来，人们就广泛采用在阳光下直接曝晒的方法来干燥各种农副产品。采用这种传统的干燥方法，产品极易遭受灰尘和虫类的污染，产品质量受到严重影响，干燥时间也较长。太阳能干燥不但可以节约燃料，缩短干燥时间，而且由于采用专门的干燥室，能够保持干净卫生，必要时还可采用杀虫灭菌措施，既可提高产品质量，又可延长产品贮存时间。

按干燥器（或干燥室）获得能量的方式，太阳能干燥器可分为集热器型干燥器、温室型干燥器和集热器-温室型干燥器。集热器型干燥器是利用太阳能空气集热器，先把空气加热到预定温度后再送入干燥室，干燥室视干燥物品的类型而多种多样，如箱式、窑式、固定床式或流动床式等。温室型干燥器的温室就是干燥室，它直接接受太阳的辐射能。集热器-温室型干燥器则是上述两种形式的结合，其温室顶部为玻璃盖板，待干燥物品放在温室中的料盘上，既直接接受太阳辐射加热，又依靠来自空气集热器的热空气加热。

太阳能干燥器结构简单，配以简单的辅助热源，即可连续工作，不但在农村有广阔的前途，而且在城市农副产品加工中也可使用。

5.2.5.3　太阳能海水淡化

地球上的水资源中海水占97%，随着人口的增长和大工业的发展，城市用水日趋紧张。为了解决日益严重的缺水问题，海水淡化越来越受重视。

太阳能海水淡化装置中最简单的是池式太阳能蒸馏器，如图5-15所示。它由装满海水的水盘和覆盖在其上的玻璃或透明塑料盖板组成。水盘表面涂黑，底部绝热。盖板成屋顶式，向两侧倾斜。太阳辐射通过透明盖板，被水盘中的水吸收，蒸发成蒸汽。上升的蒸汽与较冷的盖板接触后凝结成水，顺着倾斜盖板流到集水沟中，再注入集水槽。池式太阳能蒸馏器是一种直接蒸馏器，直接利用太阳能加热海水而使之蒸发，结构简单，但淡水生产效率也低。

多效太阳能蒸馏器是一种间接太阳能蒸馏器，主要由吸收太阳能的集热器和海水蒸发器组成，并利用集热器中的热水将蒸发器中的海水加热蒸发。

在干旱的沙漠地区，将咸水淡化和太阳能温室结合起来的太阳能咸水淡化温室非常有前途，如图5-16所示。这种装置采用特殊的滤光玻璃，只阻挡阳光中的红外线，而让可见光和紫外线透过，以供植物光合作用之需。白天用盐水喷洒在滤光玻璃板上，吸走由于吸收红外线所产生的热量，然后流回热水池中。夜晚贮存的热水重新循环，向温室提供热量。洒在玻璃板上的盐水有一部分蒸发，产生的蒸汽凝结在温室外墙板的反面，然后顺板流入淡水回收池中。从海水或咸水中制取的淡水除用来灌溉温室中的植物外，还可用于其他方面。

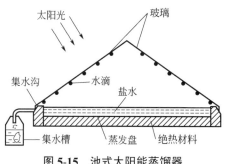

图 5-15　池式太阳能蒸馏器

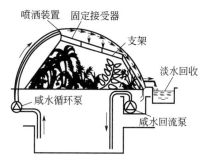

图 5-16　太阳能咸水淡化温室

5.2.5.4　太阳炉

太阳炉是利用聚光系统将太阳辐射集中在一个小面积上而获得高温的设备。由于太阳炉无杂质，可以获得 3500℃左右的高温，因此在冶金和材料科学领域中备受重视。

透镜点火是最早的太阳炉。法国科学家拉瓦锡就曾用一个透镜系统来熔化包括铂在内的各种材料。但透镜材料的吸收与透镜成像的像差都会造成太阳辐射的损耗，因此不易获得更高的温度。此后，科学家采用更好的聚光方法和精确的太阳跟踪系统，使太阳炉获得更大的功率和更高的温度。1952 年在法国南部比利牛斯山建立了世界上第一个大型太阳炉，入射到太阳炉中的太阳辐射约为 70kW。20 世纪 70 年代法国又在该地建造了世界上最大的巨型太阳炉，输出功率 1000kW，最高温度达 4000K，每年吸引了许多国家的科学家来此进行高温领域的科学研究。

聚光器是太阳炉必不可少的主要部件，通常都采用抛物面镜面作聚光器。性能优良的聚光器必须几何形状精确，表面反射率高。世界上最大的定日镜型太阳炉聚光器是由 9500 块大小为 45cm×45cm、背面镀银的平面镜按抛物面形状排列组成的。为了跟踪太阳，太阳炉还必须有精确的光电跟踪和伺服系统。

由于太阳炉能获得无污染的高温，并可迅速实现加热和冷却，因此是一种非常理想的从事高温科学研究的工具。例如，利用太阳炉熔化高熔点的金属，如钽、铌等；熔化氧化物制取晶体；进行高温下物性的研究等。

5.2.5.5　太阳能制冷和空调

利用太阳能作为动力源驱动制冷或空调装置有较好的前景，因为夏季太阳辐射最强，也是最需要制冷的时候。这与太阳能采暖正好相反，越是冬季需要采暖的时候，太阳辐射越弱。

太阳能制冷可以分为两大类：一类是先利用太阳能发电，再利用电能制冷；另一类是利用太阳能集热器提供的热能驱动制冷系统。最常用的太阳能制冷系统有吸收式制冷和吸附式制冷。

太阳能吸收式制冷系统一般采用 LiBr-水或氨水作工质。图 5-17 为太阳能氨水吸收式制冷系统。这种系统要求热源有较高的温度，一般要求采用真空管集热器或聚光集热器。太阳能 LiBr-水吸收式制冷系统对热源的温度要求较低，在 90～100℃即可，特别适合于利用太阳能，一般平板型集热器和真空管集热器均可达到这一温度。

太阳能吸附式制冷的原理和普通吸附式制冷的原理一样，与吸收式制冷相比，其结构简单，但制冷量较小，适合于作太阳能冰箱。

图 5-18 是太阳能热水、采暖和空调综合系统的示意图。

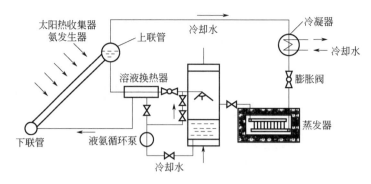

图 5-17　太阳能氨水吸收式制冷系统

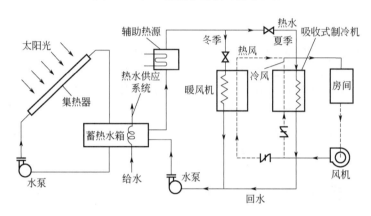

图 5-18　太阳能热水、采暖和空调综合系统的示意图

5.2.5.6　太阳池

太阳池是一种人造盐水池，它利用具有一定盐浓度的池水作为太阳能的集热器和蓄热器，为大规模地廉价利用太阳能开辟了一条广阔的途径。目前太阳池在采暖、空调和工农业生产用热方面都已得到实际应用，并取得了良好的效果。

由于水对太阳辐射中的长波是不透性的，因此到达太阳池水面的长波部分（红外线）在水面以下几厘米就被吸收了，而短波部分（可见光和紫外线）可穿过清水层达到太阳池涂黑的池底，并被池底吸收。太阳池中盐水的作用是利用一定的盐浓度梯度，阻止底层水和表层水之间的自然对流。由于水体和池底周围土壤的热容量非常大，太阳池就变成了一个巨大的太阳能集热器和蓄热体。为了进一步改善太阳池的性能，通常在池中加上透明塑料制的下隔层，以进一步阻止池中水的自然对流。在池的顶部也增加上隔层，用以防止池表层水的蒸发并避免风吹的影响。建造良好的太阳池，其底层水可接近沸腾温度。图 5-19 为太阳池示意图。

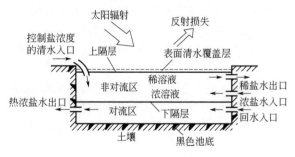

图 5-19　太阳池示意图

太阳池的贮热量很大，许多国家都利用太阳池为游泳池提供热量或为健身房供暖，或用于大型温室，其中利用太阳池发电是最为

吸引人的。图 5-20 为太阳池发电系统的原理示意图。它的工作过程是先把池底层的热水抽入蒸发器，使蒸发器中低沸点的有机工质蒸发，产生的蒸汽推动汽轮机做功；排汽再进入冷凝器冷凝；冷凝液通过循环泵抽回蒸发器，从而形成循环。太阳池上部的冷水则作为冷凝器的冷却水，因此整个系统十分紧凑。

太阳池发电的成本远低于其他太阳热发电方法，其价格还可同燃油电站竞争，因此将有较大发展。

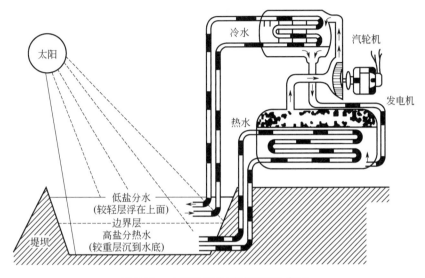

图 5-20　太阳池发电系统原理示意图

5.3　太阳能的光电利用

太阳能的光电利用也称太阳能光伏发电，是一种将太阳光辐射能直接转换成电能的太阳能利用方法，是利用太阳能电池的光伏效应，将太阳辐射能转换为电能，再经过能量存储、能量变换控制等环节，向负载提供合适的直流或者交流电能。

5.3.1　太阳能光伏发电的原理

光伏发电是利用半导体界面的光生伏特效应，将光能直接转化为电能的一种技术。太阳能电池芯片是具有光电效应的半导体器件，半导体的 P-N 结被光照后，吸收的光激发被束缚的高能级状态下的电子，使之成为自由电子，这些自由电子在晶体内各方向移动，余下空穴（电子以前的位置）。空穴也围绕晶体飘移，自由电子（-）在 N 结聚集，空穴（+）在 P 结聚集，当外部环路被闭合，则产生电流。太阳能电池的发电原理如图 5-21

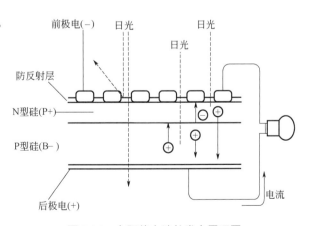

图 5-21　太阳能电池的发电原理图

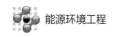

所示。

与常规能源发电相比，太阳能光伏发电技术具有以下优势：能量随处可得，不受地域限制；无机械转动部件，运行可靠，故障率低；维护简单，可以无人值守；应用场合广泛灵活，既可以独立于电网运行，也可与电网并网运行；无需架设输电线路，可以方便地与建筑物相结合；建设周期短，规模大小随意，发电效率不随发电规模的大小而变。

5.3.2 太阳能光伏发电系统分类

一套基本的太阳能光伏发电系统一般是由太阳能电池板、太阳能控制器、逆变器和蓄电池（组）构成。根据不同场合的需要，太阳能光伏发电系统一般分为独立供电的光伏发电系统、并网光伏发电系统和混合型光伏发电系统三种。

（1）独立供电的光伏发电系统

独立供电的太阳能光伏发电系统如图 5-22 所示。整个系统由太阳能电池板、蓄电池、控制器、逆变器组成。太阳能电池板作为系统的核心部分，其作用是将太阳能直接转换为直流形式的电能，一般只在白天有太阳光照的情况下输出能量。根据负载的需要，系统一般选用铅酸蓄电池作为储能环节，当发电量大于负载时，太阳能电池通过充电器对蓄电池充电；当发电量不足时，太阳能电池和蓄电池同时对负载供电。控制器一般由充电电路、放电电路和最大功率点跟踪（maximum power point tracking，MPPT）控制器组成。逆变器的作用是将直流电转换为与交流负载同相的交流电。

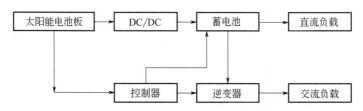

图 5-22 独立供电的太阳能光伏发电系统结构框图

（2）并网光伏发电系统

并网光伏发电系统如图 5-23 所示，光伏发电系统直接与电网连接，其中逆变器起很重要的作用，要求具有与电网连接的功能。目前常用的并网光伏发电系统具有两种结构形式，其不同之处在于是否带有蓄电池作为储能环节。带有蓄电池环节的并网光伏发电系统称为可调度式并网光伏发电系统，由于此系统中逆变器配有主开关和重要负载开关，使得系统具有不间断电源的作用，这对于一些重要负荷甚至某些家庭用户来说具有重要意义。此外，该系统还可以充当功率调节器的作用，稳定电网电压、抵消有害的高次谐波分量，从而提高电能质量。不带蓄电池环节的并网光伏发电系统称为不可调度式并网光伏发电系统。

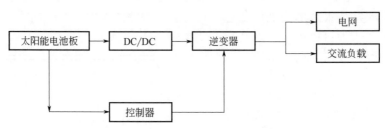

图 5-23 并网光伏发电系统结构框图

（3）混合型光伏发电系统

图 5-24 为混合型光伏发电系统，它与以上两个系统的不同之处是增加了一台备用发电机组，当光伏阵列发电不足或蓄电池储量不足时，可以启动备用发电机组，它既可以直接给交流负载供电，又可以经整流器后给蓄电池充电，所以称为混合型光伏发电系统。

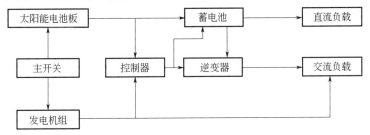

图 5-24　混合型光伏发电系统结构框图

5.3.3　太阳能电池的分类

太阳能电池质量轻、无活动部件、使用安全、单位质量输出功率大，既可用作小型电源，又可组合成大型电站，广泛应用于各行各业。太阳能电池可按材料分为如下几类。

① 单晶硅太阳能电池。硅系列太阳能电池中，单晶硅太阳能电池的转换效率最高，技术最成熟（一般采用表面织构化、发射区钝化、分区掺杂等技术），使用寿命也最长。但受单晶硅太阳能电池材料价格及繁琐的电池制备工艺的影响，其成本居高不下，并且要大幅度降低其成本是非常困难的。

② 非晶硅薄膜太阳能电池。非晶硅薄膜太阳能电池资源丰富、制造过程简单且成本低，便于大规模生产，普遍受到重视并得到迅速发展，但与单晶硅太阳能电池相比，其光电转换效率较低，稳定性较差。

③ 多晶硅薄膜太阳能电池。通常的晶体硅太阳能电池是在厚度 $350\sim450\mu m$ 的高质量硅片上制成的，为节省材料，人们采用化学气相沉积法制备多晶硅薄膜电池。先用低压化学气相沉积法在衬底上沉积一层较薄的非晶硅层，再将这些非晶硅层退火，得到较大的晶粒，然后再在这些晶粒上沉积厚的多晶硅薄膜，因此，再结晶技术是很重要的一个环节。多晶硅薄膜电池由于所使用的硅远比单晶硅少，无效率衰退问题，并且还有可能在廉价衬底材料上制备，其成本远低于单晶硅电池，而效率又高于非晶硅薄膜电池。

现在的太阳能电池以硅半导体材料为主，即多为单晶硅与多晶硅电池板。多晶硅太阳能电池性价比最高，是结晶类太阳能电池的主流产品，占现有市场份额的 70% 以上。非晶硅在民用产品中也有广泛的应用，如电子手表、计算器等，但它的稳定性和转换效率劣于结晶类半导体材料。

太阳能电池板从上至下分别由白玻璃、EVA（粘接膜）、减反射涂层、太阳能电池板芯片、TPT（聚氟乙烯复合膜）与外边框组成，如图 5-25 所示。

5.3.4　太阳能光伏发电系统的设计

为了有效地节省线缆成本、减少发电量在线缆上的损失，大规模光伏电站一般以 1 MWp 为一个小的发电单元，这个小的光伏发电单元叫做子方阵。在太阳能电池阵列子方阵设计时，应遵循以下原则：

太阳能电池板串联形成的组串，其输出电压的变化范围必须在逆变器正常工作的允许输

入电压范围内；每个子方阵的总功率应不超过逆变器的最大允许输入功率；太阳能电池板串联后，其最高输出电压不允许超过太阳能电池组自身要求的最高允许系统电压；各太阳能电池板至逆变器的直流部分通路应尽可能短，以减少直流损耗。

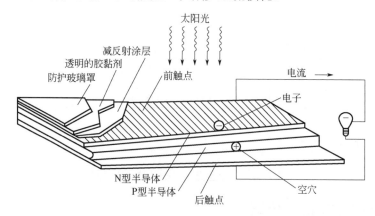

图 5-25　太阳电池的结构

太阳能光伏发电系统的设计一般分为以下几个程序：收集当地气象参数、计算负载分布情况、根据阵列倾斜面上的太阳辐射量确定光伏总功率、根据系统稳定性等因素确定蓄电池容量（离网）、选择控制器（离网）和逆变器等。

（1）收集当地太阳能辐照数据及气象数据

在进行光伏发电系统设计前，需要对项目建设地的太阳能辐照资源及气象资源情况进行了解，以便设计合理、安全、可靠，又尽可能满足负载要求。需要收集的基本资料包括地点、气候、纬度、经度、平均日照、平均温度、降雨量、湿度、浮尘量、风载荷和地质条件等。

在设计计算前，需要收集当地的太阳能辐照及气象资料，包括当地的太阳能辐射量以及温度变化等。一般来说，气象资料只能根据以往 10～20 年的平均值作为设计依据。即使能够从当地气象部门得到辐照及气象数据资料，一般也只能得到水平面的太阳辐射量，需要根据理论计算换算出太阳能电池板倾斜面的实际辐射量。对于在不能从当地或附近气象观测站获得太阳能辐照及气象资料的地方建设光伏发电项目时，一般参考美国国家航空航天局（NASA）气象数据库的资料，但根据以往设计经验以及和实际数据比较后发现，NASA 气象数据库的数据要比实际数据高约 20%。基于以上实际情况，只能依靠建立健全太阳能辐照资源及气象数据观测制度，广泛建设高精度观测站，方可解决这一问题。

（2）太阳能电池组件的选择

1）太阳能电池组件的选型

太阳能电池组件选择的基本原则是：在产品技术成熟度高、运行可靠的前提下，结合电站站址的气象条件、地理环境、施工条件、交通运输等实际因素，综合考虑对比确定组件形式。再根据电站所在地的太阳能资源状况和所选用的太阳能电池组件的类型，计算出光伏电站的年发电量，最终选择出综合指标最佳的太阳能电池组件。

2）太阳能电池类型的选择

商用太阳能电池的类型主要有：单晶硅太阳能电池、多晶硅太阳能电池、非晶硅太阳能电池、碲化镉电池、铜铟硒电池，见表 5-7。

表 5-7　太阳能电池分类汇总

种类	电池类型	商用效率/%	实验室效率/%	使用寿命/年	特点	目前应用范围
晶体电池	单晶硅	14～17	24.7	25	效率高；技术成熟	中央发电系统；独立电源；民用消费品市场
	多晶硅	13～15	20.3	25	效率较高；技术成熟	中央发电系统；独立电源；民用消费品市场
薄膜电池	非晶硅	6～8	13	25	弱光效应较好；成本相对较低	民用消费品市场；中央发电系统
	碲化镉	9～11	16.5	25	弱光效应好；成本相对较低	民用消费品市场
	铜铟硒	9～11	19.5	20	弱光效应好；成本相对较低	民用消费品市场；少数独立电源

　　单晶硅、多晶硅太阳能电池由于具有制造技术成熟、产品性能稳定、使用寿命长、光电转换效率相对较高的特点，被广泛应用于大型并网光伏电站项目。非晶硅薄膜太阳能电池稳定性较差、光电转换效率相对较低、使用寿命相对较短，但由于其拥有良好的弱光发电能力和温度特性，在某种程度上可减少电网的波动。

　　（3）太阳能电池组件的串并联设计

　　太阳能电池组件串并联设计的基本原则是：

　　① 太阳能电池组件串联的数量由逆变器的最高输入电压和最低工作电压以及太阳能电池组件允许的最大系统电压所确定。太阳能电池组件的并联数量由逆变器的额定容量确定。

　　② 目前，500MWp 逆变器的最高允许输入直流工作电压为 880V（随着逆变技术及大容量开关器件的发展，逆变器已经可以做到最大输入 1000V 的直流系统电压），MPPT 控制器的输入电压范围为 450～820V 或更宽。在进行光伏系统组件串、并联设计时，尽量保证在温度和辐照变化时，使光伏阵列电压工作在逆变器和 MPPT 控制器的范围内，保证光伏系统发电量最高。

　　③ 电池组件串、并联数量计算公式为：

$$\mathrm{INT}(V_{\mathrm{dc\,min}}/V_{\mathrm{mp}}) \leqslant N \leqslant \mathrm{INT}(V_{\mathrm{dc\,max}}/V_{\mathrm{oc}}) \tag{5-3}$$

　　式中，$V_{\mathrm{dc\,max}}$ 为逆变器输入电流侧最大电压；$V_{\mathrm{dc\,min}}$ 为逆变器输入直流侧最小电压；V_{oc} 为电池组件开路电压；V_{mp} 为电池组件最佳工作电压；N 为电池组件串联数。

　　④ 太阳能电池组件输出可能的最低电压条件。太阳辐射强度最小，这种情况一般发生在日出、日落时，组件工作温度最高。

　　⑤ 太阳能电池组件输出可能的最高电压条件。太阳辐射强度最大，组件工作温度最低，这种情况一般发生在冬季中午至下午时段。

　　（4）太阳能电池组件的排列方式

　　将一个或几个太阳能电池组件固定在一个支架单元上称为太阳能电池组串单元。一个太阳能电池组串单元中太阳能电池组件的排列方式有多种，但为了接线简单，线缆用量少，施工难度低，确定晶硅组件排列方式分为：将 20 块组件分成 1 行 20 列，每块纵向放置，再将 2 组 20 块组串纵向叠加放置；由于大尺寸薄膜组件可以两块或三块组件串联使用，因此其排列方式为 18 块或 24 块单排放置，既可以两块组件串联使用，也可以三块组件串联使用；小

尺寸薄膜组件视具体尺寸以方便安装、节省支架成本为好。

（5）太阳能电池阵列的运行方式

在太阳能光伏发电系统设计中，光伏组件方阵的安装形式对系统接收到的太阳总辐射量有很大的影响，从而影响到光伏供电系统的发电能力。光伏组件的安装方式有固定安装式和自动跟踪式两种。自动跟踪系统包括单轴跟踪系统和双轴跟踪系统。单轴跟踪（东西方位角跟踪和极轴跟踪）系统以固定的倾角从东往西跟踪太阳的轨迹，双轴跟踪系统（全跟踪）可以随着太阳轨迹的季节性变换而改变方位角和倾角。对于自动跟踪式系统，其倾斜面上能最大限度地接收太阳总辐射量，从而增加了发电量。

（6）太阳能电池阵列最佳倾角的计算

与光伏组件方阵放置相关的有两个角度参量：太阳能电池组件倾角和太阳能电池组件方位角。

太阳能电池组件的倾角是太阳能电池组件平面与水平地面的夹角。光伏组件方阵的方位角是方阵的垂直面与正南方向的夹角（向东偏设定为负角度，向西偏设定为正角度）。一般在北半球，太阳能电池组件朝向正南（即方阵垂直面与正南的夹角为 0°）时，太阳能电池组件的发电量是最大的。

电池阵列的安装倾角对光伏发电系统的效率影响较大，固定式电池阵列的最佳倾角是使并网光伏发电系统全年发电量最大时的倾角，也是使离网光伏发电系统全年月发电量较平均时的倾角。一般地，并网光伏发电系统的最佳倾斜角度为项目建设地的纬度，离网光伏发电系统根据建设地月度辐照之间的差异，在纬度的基础上加一个合适的角度作为其最佳倾斜角度。

（7）固定式阵列前后排间距计算

太阳能方阵必须考虑前、后排的阴影遮挡问题，应计算确定方阵间的距离或太阳能电池方阵与建筑物的距离。一般的确定原则是：冬至日当天 9：00 至 15：00 的时段内，太阳能电池方阵不应被遮挡。电池方阵间距或可能遮挡物与方阵底边的垂直距离应不小于：

$$L = \cos\beta \times H / \tan\left[\sin^{-1}\left(\sin\varphi\sin\delta + \cos\varphi\cos\delta\cos\omega\right)\right] \tag{5-4}$$

式中，L 为遮挡物与阵列的间距，m；H 为遮挡物与可能被遮挡组件底边的高度差，m；φ 为当地纬度，（°）；δ 为太阳赤纬度，（°）；β 为太阳方位角，（°）；ω 为时角，（°）。

（8）太阳能光伏专用防雷汇流箱

光伏专用防雷汇流箱能使多个太阳能电池组件的连接井然有序，维护、检查时将线路分离使操作容易进行，而且当太阳能电池阵列发生故障时可以把停电的范围缩小。因此，汇流箱通常安装在比较容易维护、检查的地方。汇流箱内装有直流输出开关、避雷元件、防逆流元件及端子板等。

避雷元件是防止雷电浪涌侵入到太阳能电池阵列或逆变器的保护装置。通常，在汇流箱内为了保护太阳能电池阵列，每一个组件串中都要安装避雷元件。有些场合，在太阳能电池阵列的总输出端上安装。避雷元件接地侧的接线要尽量短，可以一并接到接线箱的主接地端子上，如果测量太阳能电池阵列的绝缘电阻，可以暂时不考虑。

太阳能电池组件，如果树叶等附着在其上或因附近物体的遮挡几乎不发电，这时如果该太阳能电池组件构成太阳能电池阵列或组件串回路，那么在太阳能电池阵列的组串之间产生输出电压的不平衡，输出电流的分配发生变化。当这个不平衡电压达到一定值以上时，会受到其他组件串供给的电流，形成与原有方向相反的电流。为防止这种反向电流，需要这个组

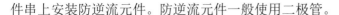

件串上安装防逆流元件。防逆流元件一般使用二极管。

（9）逆变器

逆变器也称逆变电源，是将直流电转换成交流电的变流装置。逆变器的分类方法很多。

按输入直流电源的性质可分为电压源型逆变器和电流源型逆变器。一般并网光伏发电系统中的逆变控制技术是有源逆变，其运行条件需依赖强大的电网支撑。为了获得更优的控制性能，并网逆变器采用输出电流源的方式并网。

按光伏系统的应用可分为独立光伏发电系统、光伏微网发电系统、并网光伏发电系统。逆变器控制技术是将光伏阵列输出的不稳定的直流电转换为满足电网参数要求的交流电，它是整个光伏发电系统的核心与基础。

逆变器的主要技术指标包括：

① 可靠性和可恢复性：逆变器应具有一定的抗干扰能力、环境适应能力、瞬时过载能力及各种保护功能，如故障情况下逆变器必须自动从主网解列。

② 逆变器输出功率：大功率逆变器在满载时，效率必须在 90% 或 95% 以上，中小功率的逆变器在满载时，效率必须在 85% 或 90% 以上。在 $50W/m^2$ 的日照强度下，即可向电网供电，即使在逆变器额定功率 10% 的情况下，也要保证 90%（大功率逆变器）以上的转换效率。

③ 逆变器输出波形：为使光伏阵列所产生的直流电逆变后向公共电网并网供电，就必须使逆变器的输出电压波形、幅值及相位与公共电网一致，以实现无扰动平滑电网供电，输出电流波形良好，波形畸变以及频率波动低于门槛值。

④ 逆变器输入电流电压的范围：要求直流输入电压有较宽的适应范围，由于太阳能光伏电池的端电压随负载和日照强度的变化范围较大，就要求逆变器在较大的直流输入电压范围内正常工作，并保证交流输出电压稳定，输出电压同步跟随系统电压。

5.4 太阳能光热利用过程中的环境问题

太阳能光热利用是一种有效的、经济性极高的太阳能利用方式，少量的、分散的太阳能光热利用几乎不会对环境产生影响，但大规模太阳能光热利用系统的镜场，从其选址建设到建成投运期间，都将对会环境产生较大的影响，导致严重的环境问题。

5.4.1 太阳能镜场建设施工期的环境问题

太阳能镜场建设期间，工程选址、施工占地、工程施工的各环节都会对周边环境产生污染和破坏，从而导致环境问题的发生。太阳能镜场建设期间环境问题的形成原因及危害如表 5-8 所示。

表 5-8 太阳能镜场建设期间环境问题的形成原因及危害

环境问题		形成原因	危　害
大气污染	扬尘	（1）土建施工造成地表裸露； （2）建筑材料运输和清除垃圾时产生扬尘	（1）影响环境卫生； （2）危害人体健康
水体污染	废水	运输车辆、施工机具的冲洗废水，润滑油、废柴油等油类、泥浆废水以及混凝土保养时排放的废水	（1）污染地表水； （2）污染地下水和土壤

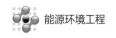

续表

环境问题	形成原因		危　害
固体废弃物污染	生活垃圾；弃土、建筑垃圾	（1）施工人员日常生活产生； （2）施工过程中产生	（1）腐烂，影响环境卫生；滋生蚊蝇，传播疾病； （2）破坏地表形态和土层结构，破坏植被
噪声污染	人类活动、交通运输工具、施工机械的机械运动		影响人类、鸟类的生活
土壤破坏	（1）使施工区地表土壤裸露面积增加； （2）表层熟土被挖出而未顺序回填		（1）增加了水土流失的可能性； （2）熟土被生土替代，降低了土壤的营养含量
生态平衡破坏	（1）施工车辆或机械对地表植物造成碾压和破坏； （2）分割或扰乱野生动物的栖息地、活动区域等，机械设备等产生的噪声对野生动物造成惊扰； （3）在河床上施工时，会增加水体中的泥沙量		（1）地表植被破坏； （2）危害野生动物； （3）影响水生生物的成活率、生长率

（1）大气污染

镜场的建设过程对土地的扰动较大，施工道路修建、场地平整、材料堆放、基础开挖、管道敷设、管沟回填等施工活动会对项目区内的土壤和植被造成严重的破坏，产生严重的环境问题。具体表现为：施工占地不仅损坏施工现场的植物以及地表，表层的土壤裸露出来会出现扬尘，从而导致局域地区的大气污染。容易产生扬尘的建筑材料在运送过程中，要是没有采取合理的遮盖手段，也容易出现扬尘。清除施工垃圾时也会出现扬尘。类比调查发现，进行的施工活动会导致一些区域在其相应的环境空间中，可能存在一定浓度的颗粒物，如果空气过于干燥，当风力较大时，施工现场表层的浮土可能扬起，其影响范围可超过施工现场边缘以外 50m 远。

（2）水体污染

进行土建施工时，运输车辆、施工机具的使用，必然会产生废水。废水主要包括运输车辆、施工机具的冲洗废水，润滑油、废柴油等油类，泥浆废水以及混凝土保养时排放的废水。这些废水不经处理而直接排放会对地表水体造成严重污染。地表水作为农业生产的主要灌溉水源，一旦污染会直接造成农作物污染以及影响水体的自净作用，危害水生生物的生存，污染物质被水生生物吸收后，能在水生生物中富集、残留，并通过食物链进入家畜及人体中，最终危及人体健康。另外，被污染的地表水还会由于渗流作用而导致土壤污染和地下水污染。

（3）固体废弃物污染

太阳能镜场施工产生的固体废弃物包括施工人员产生的生活垃圾、施工产生的弃土和建筑垃圾等。

生活垃圾在自然条件下较难被降解，长期堆积形成的垃圾山，不仅会影响环境卫生，而且会腐烂变质，产生大量的细菌和病毒，极易通过空气、水、土壤等环境媒介而传播疾病；垃圾中的易腐物在自身降解期间会产生水分，径流水以及自然降水也会进入到垃圾中，当垃圾中的水分超出其吸收能力之后，就会渗流并流入到周围的地表水或者土壤中，从而对地表水及地下水带来极大的污染。另外，垃圾在长期堆放过程中会产生大量的沼气，极易引起垃圾爆炸事故，给人们造成极大的损失。

建筑垃圾在自然条件下基本不会降解，长期堆积会破坏地表形态和土层结构，破坏植被。

（4）噪声污染

施工过程中，人类活动、交通运输工具、施工机械的机械运动产生的噪声可能对邻近的鸟类栖息地和觅食的鸟类产生一定影响，导致施工区域及周边区域中分布的鸟类数量减少、多样性降低。

（5）土壤破坏

太阳能镜场建设中的管沟开挖、管道敷设、管沟回填等施工环节会对项目区内的植被及土壤造成严重的影响，具体表现为：地表土壤的裸露面积增加，增加了水土流失的可能性；表层熟土经过翻、挖等作业流程被深层的生土所替代，大大降低了土壤的营养含量；极易对植物根系造成毁灭性破坏，导致项目区内植被数量或种类的减少，不利于维持生态系统的平衡性等。

（6）生态平衡破坏

太阳能镜场施工对生态系统的破坏表现在两个方面：一是对野生动物的影响；二是对野生植物的影响。

对陆生动物的影响：镜场施工会分割或扰乱野生动物的栖息地、活动区域等；在施工过程中，运输车辆与施工机械会产生不同程度的噪声，对野生动物造成惊扰等。产生噪声的主要施工机械包括推土机、搅拌机、起重机及挖掘机等，这些噪声都只暂时存在于施工期，因此其对陆生生物的影响是可控的。但如果施工场地离住宅区较近，则可能需严格控制施工噪声，避免夜间施工。

对水生动物的影响：如果太阳能镜场建设在河床上，施工会增加水体中的泥沙量，进而对水生生物的成活率、生长率等造成影响，降低鱼类对疾病的抵抗能力。

对野生植物的影响：施工车辆或机械对野生植物造成碾压和破坏，且被破坏的植被在短时间内是无法正常恢复的，进而对该项目区的生态稳定性造成严重影响。

一般而言，生物多样性的不同是与本地的气候条件尤其是降雨量密切相关的。一般镜场最理想的选址为沙漠地带、戈壁地带和滩涂地带，这些地方日照充足，几乎全天无云层遮挡，野生动物较少，生物量很少，且不占用人类耕地，几乎不用考虑镜场建设对当地生态的影响。草原或者灌木林生态区也是常见镜场的选址区，这些地方生态环境比较脆弱，镜场的建设要做更为充分的环境评估，防止对当地的生态环境造成过度的破坏。

5.4.2　太阳能镜场运营期内的环境问题

除了建设期间会产生环境问题，太阳能镜场在运营期间也会产生环境问题。运营期间环境问题的形成原因及危害如表 5-9 所示。

表 5-9　太阳能镜场运营期间环境问题的形成原因及危害

环境问题	形成原因		危　害
水体污染	生活废水	运行、维护人员日常生活产生	污染地表水体
固体废弃物污染	生活垃圾；废弃材料	（1）运行、维护人员日常生活产生；（2）维修更换产生	破坏地表形态和土层结构，破坏植被，造成土壤污染
光污染	镜场在太阳光照射下产生的强烈反射光		影响人类、动物的生活
热污染	热量聚集产生的"热岛"效应		（1）加快水蒸腾作用，使植物枯萎；（2）高温导致鸟类死亡
生态系统破坏	（1）分割或扰乱野生动物的栖息地；（2）改变镜场覆盖区的土地类型		（1）影响动物的生存和繁衍；（2）影响局部环境的气候，改变生物多样性

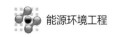

（1）水体污染

一般情况下，太阳能镜场在运营期间不会产生生产废水，但运行、维护人员在日常生活中会产生生活污水。这些生活污水直接排放，就会对地表水体造成污染。如果太阳能镜场选址在生态环境较为脆弱的地方，由生活污水导致的水体污染会更加严重。

（2）固体废弃物污染

与上述的水体污染类似，太阳能镜场在运营期间也不会产生固体废弃物，仅有运行维护人员日常生活产生的生活垃圾及镜场维护检修时更换产生的废弃材料。这些生活垃圾和废弃材料如果不及时清运，长期堆积就会破坏地表形态和土层结构，破坏植被，并会进一步对堆放的土壤造成污染。

（3）光污染

太阳能镜场在太阳光照射后会产生强烈的反射光，从而造成光污染。光污染对人类的视觉造成巨大的影响，如果附近有居民住宅，这些反射光投射到窗户上，会使人心烦眩晕从而影响正常的生产生活。光污染也会对动物的栖息造成严重影响，强烈的光污染可导致动物失明。

（4）热污染

太阳能镜场在运行过程中将太阳光聚集，产生大量的热量。这些产生的热量会使局部地区的环境温度升高，从而形成"热岛"现象。

热污染会对环境造成严重的影响：会使局域范围内的空气变得干燥，水气循环改变，植物的蒸腾作用加剧，土壤持水能力减弱，从而导致植物枯死。由于镜场上空的温度非常高，如果有鸟类进入该范围，可能会因高温而导致死亡。

（5）生态系统破坏

太阳能镜场需要占用大量的土地，会分割或扰乱野生动物的栖息地、活动区域等；会改变镜场覆盖区的土地类型，并影响局部环境的气候，还可造成雨量减少和生态变迁，从而改变生物多样性。

5.5　太阳能光热利用过程中环境问题的对策

由上节可知，对于太阳能光热利用，无论是其选址建设阶段，还是建成投运期间，都会产生环境问题。不同环境问题产生的原因及可能导致的危害也各不相同，为减轻太阳能光热利用对环境造成的影响，应针对各环境问题的形成原因，采取相应的对策。

5.5.1　太阳能镜场建设施工期环境问题的对策

由表 5-8 可知，太阳能镜场建设阶段可能产生的环境问题包括选址在生态环境比较脆弱地区对生物多样性的破坏，施工建设产生的大气污染、水体污染、固体废弃物污染、噪声污染、土壤破坏及生态平衡破坏。针对各环境问题形成的原因，可分别采取如下控制措施。

（1）大气污染控制

镜场建设期间造成大气污染的主要原因是各种扬尘，包括施工导致现场植被破坏和土壤裸露产生的扬尘；建筑材料运送和施工垃圾清运时产生的扬尘。为控制施工期间各种扬尘对环境的影响，应对施工场地进行合理的规划控制，尽量采用滚动施工以减少施工占地，并在施工过程中采取不间断洒水的方法避免扬尘；增大对地表植被的保护，减少地表裸露面积。在运送建筑材料和清理施工垃圾时，应先洒水抑尘，减少清理过程的扬尘；在装车后，尽量覆盖防尘网或篷布，减少运输过程的扬尘。

（2）水体污染控制

太阳能镜场建设期间导致水体污染的原因是各种废水的无序排放。要防止或减缓水体污染，就需对生产中产生的各类废水组织排放，在施工现场设置沉淀池等，沉淀后回用于生产；对于无法重复使用的废水应进行分类收集、集中处理，使其达到排放或回用标准。

（3）固体废弃物污染控制

太阳能镜场施工期间造成固体废弃物污染的原因是施工人员产生的生活垃圾和施工过程产生的弃土和建筑垃圾。一般地，由于太阳能镜场的建设期一般不会太长，生活垃圾的产生量不会太多，可用垃圾桶收集后运至附近垃圾中转站集中处置；对于生产过程中产生的弃土或建筑垃圾，应及时清运至指定地点，以减轻其对环境的影响。

（4）噪声污染控制

施工过程中各种运输工具和施工机械产生的噪声是形成噪声污染的主要原因。如果施工期较短，产生的噪声污染是局部的、短期的、可逆的，当工程建设完成后，其影响基本可以消除。但如果施工期较长，则需采取必要的防噪、减噪、隔噪措施，尽量降低噪声污染对环境的影响。

（5）土壤破坏控制

太阳能镜场建设期间造成土壤破坏的原因是各施工环节对土壤的扰动。为减缓施工过程对土壤的破坏，应采用先进技术和设备，尽量减少施工占地面积，采取积极有效的措施，防止施工对地表及植被的破坏；事先规划好施工程序，将挖土按指定地点和顺序堆放，地面作业完成后分别填回深层生土和表层熟土，努力恢复原有土壤结构，以保证土壤内部的营养含量；对施工活动中所产生的建筑废料进行清理，避免因这些材料的难降解性对土壤造成影响。

（6）生态平衡保护

为了尽量减少太阳能镜场施工对生态平衡的破坏，在施工中，应实行滚动式开发，将占地面积缩小至最低限度。积极开展绿化工作，注意施工后的地表修复和绿化，在工作空间内，种植草坪和树木可起到美化环境和保护土壤结构的双重作用。

1）野生动物保护措施

良好的植被生长条件是野生动物生存的基础，因此在地面工程建设完成后，应开展树木或草木种植工作，改善项目区域的植被条件，以便为野生动物的生长与繁衍创造一个良好的环境。

2）野生植被的保护

主要采用自然恢复与人工恢复相结合的方式，其中人工恢复主要是结合地形地貌、湿度、温度等条件，选择性地种植生长速率较快的本土植物，以在短时间内恢复该区域的植被生长体系，减少地面工程建设对原地面植被的影响。

综上所述，对于太阳能镜场建设期间引发的环境问题，可采取如表 5-10 所示的对策。

能源环境工程

表 5-10　太阳能镜场建设期间环境问题的形成原因及对策

环境问题		形成原因	对　策
大气污染	扬尘	（1）土建施工造成地表裸露； （2）建筑材料运输和清除垃圾时产生扬尘	（1）减小施工占地，施工期间不间断洒水抑尘； （2）清理前洒水抑尘，运输中覆盖防尘
水体污染	废水	运输车辆、施工机具的冲洗废水，润滑油、废柴油等油类，泥浆废水以及混凝土保养时排放的废水	（1）组织排放，回用于生产； （2）分类收集，集中处理，达标排放或回用
固体废弃物污染		（1）施工人员日常生活产生生活垃圾； （2）施工过程中产生弃土、建筑垃圾	（1）经垃圾桶收集后运至中转站集中处理； （2）及时清运至指定地点
噪声污染		人类活动、交通运输工具、施工机械的机械运动	施工期短的，可不控制；施工期长的，采取防噪、减噪、隔噪措施
土壤破坏		（1）使施工区地表土壤裸露面积增加； （2）表层熟土被挖出而未顺序回填； （3）建筑垃圾长期堆放	（1）减少占地，保护地表植被； （2）挖土定点堆放，顺序回填； （3）及时清理建筑垃圾
生态平衡破坏		（1）施工车辆或机械对地表植物造成碾压和破坏； （2）分割或扰乱野生动物的栖息地、活动区域等，机械设备等产生的噪声对野生动物造成惊扰； （3）在河床上施工时，会增加水体中的泥沙量	（1）减少占地，保护地表植被； （2）减少噪声，保护野生动物； （3）减小对河流的扰动，保护水生动物

5.5.2　太阳能镜场运营期内环境问题的对策

由表 5-9 可知，太阳能镜场运营期间产生的环境问题主要是水体污染、固体废弃物污染、光污染、热污染和生态系统破坏，各环境问题产生的原因各不相同。因此，为了消除或减缓太阳能镜场运营过程中对环境的影响，需针对各环境问题产生的原因，采取相应的对策。

（1）水体污染控制

太阳能镜场运行期间造成水体污染的主要原因是运行、维护人员在日常生活中产生的生活污水。如果太阳能镜场选址在生态环境较为脆弱的地方，由生活污水导致的水体污染会更加严重。因此，为消除生活污水对地表水体造成的污染，可将其收集后运至指定地点集中处理，也可在运行地设置简易处理装置，对其进行初步处理后用于植物灌溉。

（2）固体废弃物污染控制

太阳能镜场在运营期间产生固体废弃物污染的原因是运行维护人员日常生活产生的生活垃圾及镜场维护检修时更换产生的废弃材料。为了消除固体废弃物污染，应将生活垃圾及废弃材料收集后运至指定地点集中处理。

（3）光污染控制

太阳能镜场产生光污染的原因是太阳光照射在镜场后产生的反射光。对于太阳能热利用过程，光污染无法避免，因此只能在选址规划时尽量远离居民点，减轻光污染对周边居民的影响。为了减轻光污染对动物的影响，可在镜场周边设置栅栏等，阻止动物进入镜场，同时设置稻草人等警示器械，防止飞鸟进入镜场。

（4）热污染控制

太阳能光热利用就是利用镜场将太阳光聚集而产生大量的热量，所以太阳能镜场在运行

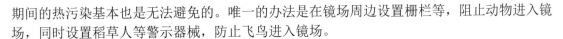

期间的热污染基本也是无法避免的。唯一的办法是在镜场周边设置栅栏等，阻止动物进入镜场，同时设置稻草人等警示器械，防止飞鸟进入镜场。

（5）生态系统保护

对于大规模的太阳能光热利用，太阳能镜场需要占用大量的土地，镜场覆盖区域的植物生长会改变，进而影响动物的栖息与活动，从而造成生态系统破坏，改变生物多样性。对此，可通过对镜场覆盖区采取定期清理的方法，减少次生植物，尽量维护原生态系统的平衡。

综上所述，对于太阳能镜场运营期间产生的环境问题，可采取表 5-11 所示的对策。

表 5-11　太阳能镜场运营期间环境问题的形成原因及对策

环境问题	形成原因		对　　　策
水体污染	生活废水	运行、维护人常日常生活产生	将生活废水收集后集中处理，或现场简单处理后用于浇灌
固体废弃物污染	生活垃圾；废弃材料	（1）运行、维护人员日常生活产生；（2）维修更换产生	收集后运至指定地点集中处理
光污染	镜场在太阳光照射下产生的强烈反射光		增设围栅，阻止动物进入；设置警示，阻止飞鸟进入
热污染	热量聚集产生的"热岛"效应		增设围栅，阻止动物进入；设置警示，阻止飞鸟进入
生态系统破坏	（1）分割或扰乱野生动物的栖息地；（2）改变镜场覆盖区的土地类型		对镜场覆盖区进行定期清理，减少次生植物，维护原生态系统

5.6　太阳能光电利用过程中的环境问题

太阳能光电利用是利用太阳能电池的光伏效应，将太阳光辐射能直接转换成电能的一种新型发电技术。尽管相比于传统的发电技术，光伏发电技术要清洁得多，但从全生命周期来看，从太阳能电池的制造到光伏电站的选址建设以及最后的回收处理，每个阶段都会产生严重的环境问题。

5.6.1　太阳能电池生产过程中的环境问题

目前用的太阳能电池大多为晶体硅太阳能电池，其生产过程比较复杂，生产工艺的每个阶段都会产生环境问题，对环境造成一定的影响。表 5-12 是太阳能电池生产过程中环境问题的形成原因及危害。

表 5-12　太阳能电池生产过程中环境问题的形成原因及危害

环境问题	形成原因		危　　害
大气污染	废气	焦炭还原法生产过程中产生的 CO、SiC、CO_2、C_2H_6 等气体	（1）影响环境卫生；（2）危害人体健康
	粉尘	工业硅提纯过程中产生的硅颗粒	
固体废弃物污染	废弃坩埚	多晶硅铸造和单晶硅拉直过程中不能重复利用的坩埚	造成土地污染
水体污染	废液	电池片加工过程中产生的三氯氢硅和四氯化硅	污染地表水和地下水

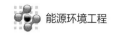

（1）大气污染

太阳能电池生产过程产生大气污染的主要原因是焦炭还原产生的废气及工业硅提纯产生的粉尘。

工业硅的生产一般采用焦炭还原 SiO_2 的方法，工业硅的产率为 80%～85%。在这个过程中，CO、SiC、CO_2、C_2H_6 等气体会释放出来，从而造成大气污染。通过鼓入氧气，每生产 1kg 工业硅就会产生 60kg CO_2、1.6kg H_2O、0.008kg SiO_2 和 0.028kg SO_2，而且生产的工业硅还无法满足太阳能电池的纯度要求，必须进一步提纯。改良西门子法是目前主流的生产方法，理论上可得到 60% 的高纯硅，但实际上只能得到 15%～30% 的高纯硅，大部分的硅随烟气排放至大气，因此会对大气造成粉尘污染。

（2）固体废弃物污染

多晶硅铸造常采用定向凝固法，单晶硅常采用直拉法，在这些过程中，因为坩埚不能重复利用，因此带来了大量的废弃污染物。大量废弃物的长期堆积将会对堆积土地造成严重的污染。

碲化镉（CdTe）薄膜电池如果处理不当，也会产生污染。燃料敏化太阳能电池中的 TiO_2、CIGS 太阳能电池中的原材料，都会对环境产生污染。

（3）水体污染

在多晶硅太阳能电池片的加工过程中会产生大量的三氯氢硅和四氯化硅，这些对人的身体是很有害的，如果工艺不成熟或处理设施不配套，排入水体将会对地表水体造成严重的污染，并通过渗流作用对地下水造成，产生严重的后果。

5.6.2　光伏电站建设施工过程中的环境问题

光伏电站施工期间对生态的影响与光热利用镜场施工期间对生态的影响基本相同，也可采取相同的措施将施工期间对生态的影响降到最低。

5.6.3　光伏电站运营过程中的环境问题

除了建设施工期间会对环境造成污染，太阳能光伏电站在运营期间也会产生环境问题，各种环境问题的形成原因及其危害如表 5-13 所示。

表 5-13　太阳能光伏电站运营期间环境问题的形成原因及危害

环境问题	形成原因	危　害
大气污染	中心电池板在火灾等意外事故中产生有毒物质排入大气	污染大气；危害人体健康
水体污染	运行人员产生的生活污水和电池面板冲洗水	污染地表水体
土壤破坏	变压油溅落或泄漏至土地	改变土壤的性质和结构，使土壤的生产力减弱或消失
生态系统破坏	占地改变土地特性	破坏原有生态平衡
视觉污染	太阳能电池面板产生反射光	对人类的视觉造成巨大影响
噪声污染	运行过程中产生的电磁噪声和各种振动	影响身体健康，降低工作效率
电磁污染	运行过程中产生工频电磁场	影响身体健康
固体废弃物污染	生命周期结束后报废的太阳能电池和蓄电池	对局部环境造成污染

（1）大气污染

在光伏发电系统的正常运行期内没有气体或液态污染物的产生，也没有放射性物质，基本不产生固体废弃物。但在大规模中心电池板中，如果因散热不良而发生火灾等意外事故，可能产生一些有毒物质，这些有毒物质排放至大气，就会造成大气污染，对公众和运营人员的健康造成风险。

（2）水体污染

太阳能光伏电站产生水体污染的原因是运行人员产生的生活污水及电池面板清洗水。这些生活污水和清洗水如果不经处理而直接排放，就会对地表水体造成污染。

（3）土壤污染

为了防止变压器内各部件与空气接触受潮而引起绝缘能力降低，往往需要在变压器内充满绝缘强度比空气大的变压器油。一旦发生事故，变压器油可能泄漏，溅落或泄漏到地面的变压器油会使土壤的性质和结构发生改变，造成严重的土地污染，使土壤的生产力减弱或完全消失。发生火灾等事故时会加剧其严重性。

（4）生态系统破坏

由于电厂中间纵横的通道和电气设备以及间隔交错的面板阵列，造成电厂占地面积比直接覆盖的区域大 2.5 倍。通常商业太阳能发电设备的密度为 $35\sim50MWp/km^2$。土地占用对自然生态系统的影响取决于特定因素，如地形地貌、光伏发电系统覆盖区的土地类型、自然景区或者与敏感生态系统的距离，以及生物多样性。合理的规划、布置可使土地占用对自然生态系统的影响降至最低。

（5）视觉污染

太阳能电池面板为多晶硅电池组件，表面为钢化玻璃结构，太阳光照射后会产生反射光，从而导致光污染，对人类的视觉造成巨大的影响，如果附近有居民住宅，这些反射光投射到窗户上，会使人心烦眩晕从而影响正常的生产生活。

（6）噪声污染

噪声主要来源于变压器产生的电磁噪声、变压器硅钢片的磁致伸缩引起的铁心振动、冷却风扇和变压器油泵在运行时产生的振动。处于噪声环境中，会导致员工心理烦躁，造成疲劳，降低工作效率。

（7）电磁污染

太阳能光伏电站运行期间产生电磁污染的原因是各种电压等级的输电线及各种用电器产生工频电磁场，这种低频的工频电磁场已被国际癌症机构定为可疑致癌物。尽管目前光伏电站的电气设备及线路电压等级产生的电磁对环境的影响较小，基本不需要考虑，但未来超大型光伏电站的建设仍需考虑工频电磁场可能的影响。

（8）固体废弃物污染

随着科技技术的发展和环境保护意识的增强，太阳能的利用得到了广泛重视，其应用领域不断扩大，目前已有大量的光伏电站投入建设使用。等其生命周期结束后，大量报废的晶体硅光伏组件，将会造成严重的污染。

另外，太阳能光电利用是一个完整的发电放电系统，用于蓄放电的蓄电池如果报废后不回收处理而直接丢弃，会对局部环境造成严重的污染。

5.7 太阳能光电利用过程中环境问题的对策

由前节可知，太阳能光电利用的各环节都会产生环境问题，因此，如何对光伏发电的全生命周期进行良好的过程控制，减少现有资源的开发，解决光伏电站运行期间存在的环境问题，对于促进太阳能光电利用产业的发展，进而推动解决人类能源问题和环境问题具有重要意义。

5.7.1 太阳能电池生产过程中环境问题的对策

由表 5-12 可知，太阳能电池生产过程中产生的环境问题主要是大气污染、固体废弃物污染和水体污染，因此，可针对各环境问题产生的原因采取相应的对策。

（1）大气污染控制

太阳能电池生产过程产生大气污染的主要原因是焦炭还原产生的废气及工业硅提纯产生的粉尘。对于焦炭还原过程产生的废气，可采取燃烧的方法去除其中的有机废气；对于工业硅提纯过程产生的粉尘，可采用分离、水洗的方法将其去除并回收利用。

（2）固体废弃物污染控制

太阳能电池生产过程中产生固体废弃物的原因是坩埚不能重复利用而废弃。为控制固体废弃物污染，可将废弃的坩埚定期清理至指定地点，集中处理。

（3）水体污染

太阳能电池生产过程产生水体污染的原因是生产过程中产生的大量三氯氢硅和四氯化硅，因此，应对这些废液进行组织排放、分类收集和无害化处理。

综上所述，为减轻太阳能电池生产过程中各环境问题的影响，可采取表 5-14 所示的对策。

表 5-14 太阳能电池生产过程中环境问题的形成原因及对策

环境问题		形成原因	对　策
大气污染	废气	焦炭还原法生产过程中产生的 CO、SiC、CO_2、C_2H_6 等气体	采用燃烧的方法对废气进行处理
	粉尘	工业硅提纯过程中产生的硅颗粒	采用分离、水洗的方法对废气进行处理
固体废弃物污染	废弃坩埚	多晶硅铸造和单晶硅拉直过程中不能重复利用的坩埚	定期清理至指定地点集中处理
水体污染	废液	电池片加工过程中产生的三氯氢硅和四氯化硅	组织排放、分类收集和无害化处理

5.7.2 光伏电站运营过程中环境问题的对策

由表 5-13 可知，太阳能光伏电站运行过程中存在的环境问题较多，不同环境问题产生的原因也各不相同，因此可针对产生的原因，对各环境问题采取相应的控制措施。

（1）大气污染控制

正常运行过程中，太阳能光伏发电系统不会产生大气污染，只有在大规模中心电池板发生火灾等意外事故时，才会产生有毒物质而导致大气污染。因此，要控制太阳能光伏电站运行期间的大气污染，就必须在设计和建设时采取合理手段控制大规模中心电池板的通风散热，以减少发生火灾等意外事故的概率。

（2）水体污染控制

为控制太阳能光伏电站运行导致的水体污染，须对生活污水及电池面板清洗水进行分类收集、集中处理，使其达标排放，最好是处理后能回用于电池面板清洗，既减少了废水的排放，又节约了水资源。

（3）土壤污染控制

太阳能光伏电站运行期间产生土壤污染的原因是变压器油的事故性泄漏，为防止土壤污染，必须设计合理的事故油池，使意外泄漏的油流入事故油池，从而避免造成土壤污染。

（4）生态系统破坏控制

可通过合理的规划、布置，尽量减少太阳能光伏电站的占地，使其对自然生态系统的影响降至最低。

（5）视觉污染控制

为消除太阳能光伏电池板反射光引起的视觉污染，可在光伏电站规划设计时加强美学设计，最好的方式是将光伏发电系统融合安装到建筑中，进一步增强建筑的美学和实用性能。

（6）噪声污染控制

一般地，光伏站场内的电气设备较小，不会产生太严重的噪声污染。对于离市区较近的电站，可以采用变压器内加缓冲装置、周围加隔音层等措施降低噪声。

（7）电磁污染控制

要降低光伏电站的辐射效应，可从以下方面着手：输电线路设计要调查线路经过的居民点，了解当地通讯线路的走势，避开重要电子设施，如电视发射塔、移动通信发射塔和基站、电话程控塔、机场导航台等；选用设备的干扰水平要低，并与可以造成干扰的设备保持防护间距，输电线要适当抬高架设高度，减小输电线的线下场强。

（8）固体废弃物污染控制

将报废的太阳能光伏电池和蓄电池收集并运送至指定地点，一方面进行无害化处理，将其对环境的影响降至最低，同时进行资源化利用，回收其中的有用物质。

综上所述，对于太阳能光伏电站运营期间的各种环境问题，可采取表 5-15 所示的对策进行有效控制，将其对环境的影响降至最低。

表 5-15　太阳能光伏电站运营期间环境问题的形成原因及对策

环境问题	形成原因	对　　策
大气污染	中心电池板在火灾等意外事故中产生有毒物质排入大气	确保中心电池板通风，避免发生意外
水体污染	运行人员产生的生活污水和电池面板冲洗水	分类收集、集中处理，达标排放，尽量回用
土壤污染	变压油溅落或泄漏至土地	设计事故油池
生态系统破坏	占地改变土地特性	合理规划设计，尽量减少占地
视觉污染	太阳能电池面板产生反射光	将电池板与建筑融合，增强建筑美学与实用性
噪声污染	运行过程中产生的电磁噪声和各种振动	加缓冲装置、周围加隔音层
电磁污染	运行过程中产生工频电磁场	采取屏蔽措施
固体废弃物污染	生命周期结束后报废的太阳能电池和蓄电池	进行无害化处理与资源化利用

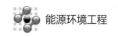

参考文献

［1］朱玲，周翠红. 能源环境与可持续发展［M］. 北京：中国石化出版社，2013.

［2］杨天华，李延吉，刘辉. 新能源概论［M］. 北京：化学工业出版社，2013.

［3］卢平. 能源与环境概论［M］. 北京：中国水利水电出版社，2011.

［4］尹纪欣，朱长军. 太阳能的利用及其发展趋势［J］. 新乡学院学报（自然科学版），2009，26（1）：28-29.

［5］周敏. 浅论太阳能光伏发电［J］. 价值工程，2009（9）：106-109.

［6］孟浩，陈颖健. 我国太阳能利用技术现状及其对策［J］. 中国科技论坛，2009（5）：96-101.

［7］KHALIGH A，ONAR O C. 环境能源发电：太阳能、风能和海洋能［M］. 闫怀志，卢道英，闫振民，等译. 北京：机械工业出版社，2013.

［8］关兴民. 风能太阳能开发利用［M］. 北京：气象出版社，2018.

［9］郑瑞澄. 太阳能利用技术［M］. 北京：中国电力出版社，2018.

［10］朱宁，李继民，王新红，等. 太阳能供热采暖技术［M］. 北京：中国电力出版社，2017.

［11］郑瑞澄，袁莹. 太阳能热利用与建筑一体化［M］. 北京：中国建筑工业出版社，2014.

［12］王如竹，代彦军. 太阳能制冷［M］. 北京：化学工业出版社，2006.

［13］何梓年，李炜，朱敦智. 热管式真空管太阳能集热器及其应用［M］. 北京：化学工业出版社，2011.

［14］刘鉴民. 太阳能热动力发电技术［M］. 北京：化学工业出版社，2012.

［15］张耀明，邹宁宇. 太阳能热发电技术［M］. 北京：化学工业出版社 2015.

［16］国网能源研究院有限公司. 中国新能源发电分析报告［M］. 北京：中国电力出版社，2018.

［17］邵理堂，李银轮. 新能源转换原理与技术：太阳能［M］. 镇江：江苏大学出版社，2016.

［18］FOSTER R，GHASSEMI M，COTA A. 太阳能——可再生能源与环境［M］. 北京：人民邮电出版社，2010.

［19］王岗，全贞花，赵耀华，等. 太阳能-热泵复合供热系统［J］. 化工学报，2017，68（5）：2132-2139.

［20］邱国栋，许振飞，位光华，等. 太阳能与空气源热泵集成供热系统研究进展［J］. 化工进展，2018，37（7）：2597-2604.

［21］周玉成，宋明亮，马岩，等. 太阳能储能地板设计及传热模型仿真分析［J］. 林业科学，2018，54（11）：158-163.

［22］郝文刚，陆一锋，赖艳华，等. 直接式太阳能干燥系统的热性能分析及应用［J］. 农业工程学报，2018，34（10）：187-193.

［23］杨林，张欣，由进俊，等. 太阳能燃气互补供热系统实验研究［J］. 太阳能学报，2018，39（8）：2260-2266.

［24］刘茜，李华山，卜宪标，等. 太阳能有机朗肯-闪蒸循环工质选择［J］. 化工进展，2018，37（5）：1781-1788.

［25］赵晴，赵力，王志，等. 槽式太阳能集热管非均匀受热研究［J］. 太阳能学报，2018，39（6）：1526-1532.

［26］郝梦琳，高丽媛，杨宾，等. 槽式太阳能集热系统的实验研究［J］. 工程热物理学报，2018，39（11）：2507-2511.

［27］张维蔚，王甲斌，田瑞，等. 热管式真空管太阳能聚光集热系统传热特性分析［J］. 农业工程学报，2018，34（3）：202-209.

［28］米维军，贾燕，赵永虎，等. 太阳能制冷在多年冻土热稳定维护中的传热效果研究［J］. 铁道学报，2018，40（5）：116-122.

［29］王志锋. 太阳能热发电站设计［M］. 北京：化学工业出版社，2012.

［30］王慧富，吴玉庭，张晓明，等. 槽式太阳能热发电站的模拟优化［J］. 太阳能学报，2018，39（7）：1788-1796.

［31］李元媛，熊亚民，杨勇平. 太阳能燃气联合循环发电系统能效优化与给水控制分析［J］. 工程热物理学报，2019，40（1）：1-9.

［32］孙如军，卫江红. 太阳能热利用技术［M］. 北京：冶金工业出版社，2017.

［33］陆建锋. 太阳能热利用系统故障诊断研究与应用［D］. 杭州：杭州电子科技大学，2018.

［34］潘冬洋. 太阳能热利用系统数据采集器研制［D］. 杭州：杭州电子科技大学，2018.

［35］邵理堂，刘学东，孟春站．太阳能热利用技术［M］．镇江：江苏大学出版社，2014．

［36］曲世琳，彭莉，吴晓琼，等．太阳能热利用中相变蓄热装置优化设计研究［J］．太阳能学报，2015，36（7）：1705-1709．

［37］刘爽．聚风发电与聚光发电太阳能热利用联合系统的研究［D］．南宁：广西大学，2017．

［38］达卉莉．绿色建筑对太阳能热利用综合效益评价研究［D］．西安：西安科技大学，2015．

［39］刘亮，温彦，孙玉杰，等．太阳能热利用技术现状和建议［J］．中国新技术新产品，2015（10）：90．

［40］张链，田刚，陈子坚，等．可移动式太阳能热利用系统的设计与开发［J］．煤气与热力，2016，36（11）：30-33．

［41］何梓年．太阳能热利用［M］．合肥：中国科技大学出版社，2009．

［42］诺顿．太阳能热利用［M］．饶政华，刘刚，廖胜明，等译．北京：机械工业出版社，2018．

［43］伍纲，杨其长，张义，等．太阳能热利用技术在我国温室中的应用现状［J］．太阳能，2018（12）：5-8．

［44］马承伟，赵淑梅，程杰宇，等．日光温室太阳能热利用技术的能效分析［J］．农业工程技术，2017，37（27）：10-15．

［45］耿杰雯，李仁星，董珊珊．季节性太阳能热利用技术在设施农业中的应用研究［J］．建设科技，2018（21）：63-67．

［46］周李庆．太阳能热发电技术分析［J］．西藏科技，2018（8）：78-79．

［47］王建斌．试论我国太阳能热发电技术的发展［J］．科技资讯，2018，16（8）：30-31．

［48］王鼎，时雨，胡婧婷，等．太阳能热发电技术综述及其在我国适用性分析［J］．电网与清洁能源，2016，32（9）：151-156．

［49］冯志武．我国太阳能热发电技术路线探讨［J］．山西化工，2018，38（5）：43-47．

［50］范洁，杜凤丽，孙建朝．太阳能热发电最低投资定量分析［J］．华电技术，2018，40（10）：69-72，79．

［51］曾广博，岳永魁，王宣淇．太阳能热发电产业技术路径与发展环境研究［J］．中国能源，2017，39（8）：43-47．

［52］李雪如．生物质辅助太阳能热发电控制研究［D］．北京：华北电力大学，2015．

［53］张娜，王成龙，梁飞，等．聚光型太阳能热发电系统能流特性概述［J］．激光与光电子学进展，2018（12）：48-67．

［54］林晨，王伟，杜炜，等．太阳能热发电集热器建模及仿真应用［J］．太阳能学报，2018，39（10）：2772-2778．

［55］胡金亮，靳宣强，张纪同，等．聚光式太阳能热发电关键技术研究［J］．现代制造技术与装备，2018，（6）：22-24．

［56］彭烁，洪慧，金红光．三重循环构成的太阳能热发电系统［J］．工程热物理学报，2013，34（12）：2203-2207．

［57］陈伟，凌祥，李洋，等．太阳能热发电系统中透平膨胀机的性能研究［J］．太阳能学报，2017，38（8）2245-2252．

［58］顾煜炯，耿直，张晨，等．聚光太阳能热发电系统关键技术研究综述［J］．热力发电，2017，46（6）：6-13．

［59］王熙，郭树锋，赵文强，等．基于吸振器的太阳能热发电定日镜振动抑制研究［J］．噪声与振动控制，2018，38（A1）：353-357．

［60］马月婧，潘利生，魏小林，等．太阳能热发电超临界 CO_2 布雷顿循环性能理论研究［J］．太阳能学报，2018，39（5）：1255-1262．

［61］毛衍钦，蒲文灏，杨晨辉，等．超临界 CO_2 布雷顿循环的太阳能热发电系统分析［J］．能源化工，2018，39（5）：25-30．

［62］张强．热泵技术在太阳能热发电中的应用［D］．北京：华北电力大学，2017．

［63］杜艳秋．碟式太阳能热利用系统腔式吸热器光热性能研究及优化［D］．呼和浩特：内蒙古工业大学，2016．

［64］魏毅立，孟玲，徐再远，等．焦距优化的碟式太阳能热发电聚光器建模分析［J］．电源技术，2018，42（2）：267-270．

［65］郘旖旎．大型碟式太阳能热发电系统热性能及经济性分析［D］．南京：东南大学，2013．

［66］甘少聪．碟式斯特林太阳能热发电系统碟面阵列的最优布局方法［D］．杭州：浙江工业大学，2017．

［67］丁生平．碟式太阳能热发电系统性能研究［D］．济南：山东大学，2015．

［68］陈玉娇，李科群，倪康康，等．槽式太阳能热发电系统㶲分析［J］．太阳能学报，2017，38（12）：3210-3215．

［69］张晨．中低温槽式太阳能热发电储热系统关键技术研究［D］．北京：华北电力大学，2018．

［70］洪家荣．槽式太阳能热发电全系统热性能建模与仿真分析［D］．哈尔滨：哈尔滨工业大学，2018．

［71］张瑞雪，高胜东，韩振宇，等．槽式太阳能热发电跟踪控制系统设计［J］．机床与液压，2016，44（23）：89-91，147．

［72］李博，苑晔．槽式太阳能热发电系统数值模拟研究［J］．华电技术，2018，40（7）：14-17，77．

[73] 徐蕙. 槽式太阳能热发电集热场控制系统研究 [D]. 北京: 中国科学院大学, 2016.

[74] 耿直, 顾煜炯, 余裕璞, 等. 槽式太阳能热发电储热系统控制策略研究 [J]. 自动化仪表, 2018, 39 (10): 32-37.

[75] 胡叶广. 塔式太阳能热发电系统的多级反射式聚光镜场的研究 [D]. 哈尔滨: 哈尔滨工业大学, 2018.

[76] 朱含慧, 王坤, 何雅玲. 直接式 S-CO$_2$ 塔式太阳能热发电系统光-热-功一体化热力学分析 [J]. 工程热物理学报, 2017, 38 (10): 2045-2053.

[77] 李心, 赵晓辉, 李江烨, 等. 塔式太阳能热发电全寿命周期成本电价分析 [J]. 电力系统自动化, 2015, 39 (7): 84-88.

[78] 汪泽远. 塔式太阳能热发电吸热系统动态过程建模与模拟 [D]. 北京: 华北电力大学, 2017.

[79] 许佩佩, 刘建忠, 周俊虎, 等. 塔式太阳能热发电接收器的研究进展 [J]. 热能动力工程, 2014, 29 (3): 223-230, 238.

[80] 安德森, 黄湘, 孙海翔, 等. 新型布雷登塔式太阳能热发电系统 [J]. 发电技术, 2018, 39 (1): 37-42.

[81] 闫晓宇, 马迪, 布仁, 等. 新型塔槽耦合太阳能热发电系统研究 [J]. 内蒙古电力技术, 2018, 36 (3): 1-6.

[82] 罗国权, 梁大镁, 朱园红. 帆式太阳能热发电工程设计研究 [J]. 低碳世界, 2018 (11): 75-76.

[83] 刘天乐. 太阳能热发电用高温熔盐的熵产及腐蚀性研究 [D]. 哈尔滨: 哈尔滨工业大学, 2018.

[84] 孙华, 苏兴治, 张鹏, 等. 聚焦太阳能热发电用熔盐腐蚀研究现状与展望 [J]. 腐蚀科学与防护技术, 2017, 29 (3): 282-290.

[85] 崔海亭, 李宁, 赵华丽, 等. 太阳能热发电系统蓄热装置的模拟研究 [J]. 流体机械, 2016, 44 (5): 77-82.

[86] 杨小平, 杨晓西, 徐勇军. 太阳能热发电系统蓄热过程熵产分析 [J]. 工程热物理学报, 2014, 35 (5): 854-857.

[87] 乐东. 太阳能热发电蓄热系统建模与控制策略研究 [D]. 西安: 西安建筑科技大学, 2016.

[88] 魏高升, 邢丽婧, 杜小泽, 等. 太阳能热发电系统相变储热材料选择及研发现状 [J]. 中国电机工程学报, 2014, 34 (3): 325-335.

[89] 李宁. 太阳能热发电系统中蓄热装置传热性能研究 [D]. 石家庄: 河北科技大学, 2016.

[90] 范飞, 张梅, 苗剑, 等. 太阳能热发电技术中熔盐过热器的结构设计 [J]. 化工机械, 2018, 45 (2): 176-179, 199.

[91] 张恒睿. 太阳能光伏发电技术现状及改进措施 [J]. 农村电气化, 2019 (1): 53-55.

[92] 吴迎新, 田李剑. 太阳能光伏发电现状研究及问题分析 [J]. 技术与市场, 2019 (1): 116.

[93] 常青. 太阳能光伏发电的发展趋势探究 [J]. 建筑工程技术与设计, 2018 (29): 2409.

[94] 奎明玮, 柴向春. 太阳能光伏发电应用的现状及进展 [J]. 中国新通信, 2018, 20 (20): 222.

[95] 季健翔. 太阳能光伏发电技术现状分析 [J]. 智能城市, 2018, 4 (21): 92-93.

[96] 郭少平. 太阳能光伏发电发展现状及前景 [J]. 山东工业技术, 2018 (16): 163.

[97] 杨伟彬. 太阳能光伏发电技术及应用 [J]. 山东工业技术, 2018 (16): 86.

[98] 许利学, 陈圣金, 吴星亮. 太阳能光伏发电系统设计与研究 [J]. 建筑工程技术与设计, 2018 (10): 2764.

[99] 郑树枝. 太阳能光伏发电效率的影响因素 [J]. 科学与财富, 2018 (1): 295.

[100] 朱欢欢. 太阳能光伏发电并网技术研究 [D]. 宜昌: 三峡大学, 2015.

[101] 刁颖, 陶国彬, 王中钰, 等. 自动跟光太阳能光伏发电系统设计 [J]. 电子设计工程, 2017, 25 (12): 93-96, 100.

[102] 张智博. 碟式斯特林太阳能光热发电装置中的光追踪控制系统研究 [D]. 重庆: 重庆大学, 2016.

[103] 严祥安, 何伟康, 刘耀武, 等. "光陷阱" 复合式太阳能发电系统 [J]. 纺织高校基础科学学报, 2016, 29 (1): 72-76.

[104] 张曦, 康重庆, 张宁, 等. 太阳能光伏发电中长期随机特性分析 [J]. 电力系统自动化, 2014, 38 (6): 6-13.

[105] 西灯考. 太阳能光伏发电系统的电解质质量研究 [D]. 长春: 长春工业大学, 2018.

[106] 任成伟, 宗庆云. 太阳能光伏发电系统在城铁车中的应用研究 [J]. 山东工业技术, 2019 (1): 48.

[107] 李东山. 太阳能光伏发电系统中关键控制问题的研究 [D]. 洛阳: 河南科技大学, 2017.

[108] 宋小红. 太阳能光伏发电项目经济评价研究 [D]. 西安: 西安建筑科技大学, 2017.

[109] 李博文. 冷却型太阳能光伏发电系统的实验研究 [D]. 天津: 天津大学, 2017.

[110] 李瑞. 智能家居太阳能光伏发电系统设计与研究 [D]. 长春：长春工业大学，2017.

[111] 史春玉. 太阳能光伏发电 PSD 跟踪技术研究 [D]. 淄博：山东工业大学，2017.

[112] 颜鲁薪. 太阳能光伏发电系统集成与施工 [M]. 西安：西北工业大学出版社，2015.

[113] 王秀敏，姜利亭，熊日辉，等. 基于太阳能光伏发电系统的直流电源分析与设计 [J]. 浙江大学学报（理学版），2016，43（1）：103-107，114.

[114] 卢倩楠. 绿色建筑中太阳能光伏发电系统的设计研究 [D]. 西安：长安大学，2016.

[115] 孟大为，李灏男，张忠智. 太阳能光伏发电国外储能技术最新进展 [J]. 科技创新导报，2018，15（18）：134-136.

[116] 于冉冉，刘联胜，葛明慧，等. 太阳能温差发电系统的性能 [J]. 浙江大学学报（工学版），2018，52（4）：769-77.

[117] 李君，朱家玲，崔志伟，等. 太阳能与地热能耦合发电系统性能研究 [J]. 太阳能学报，2018，39（11）：2997-3004.

[118] 刘焕磊，陈冬，杨天锋，等. 太阳能燃气轮机发电技术综述 [J]. 热力发电，2017，47（2）：6-15，62.

[119] 刘星月，吴红斌. 太阳能综合利用的冷热电联供系统控制策略和运行优化 [J]. 电力系统自动化，2015，39（12）：1-6.

[120] 杨增辉，王云峰，李明，等. 变压强化传质太阳能吸附制冷特性研究 [J]. 太阳能学报，2018，39（10）：2745-2752.

[121] 潘学萍，张源，鞠平，等. 太阳能光伏电站等效建模 [J]. 电网技术，2015，39（5）：1173-1178.

[122] WENHAM S R，GREEN M A，WATT M E，等. 应用光伏学 [M]. 上海：上海交通大学出版社，2008.

[123] 杨贵恒，张海星，张颖超，等. 太阳能光伏发电系统及其应用 [M]. 北京：化学工业出版社，2014.

[124] 杨金焕，袁晓，季良俊. 太阳能光伏发电应用技术 [M]. 第 3 版. 北京：电子工业出版社，2017.

[125] 张泠，王喜良，刘忠兵，等. 太阳能光伏新风系统性能研究 [J]. 华中科技大学学报（自然科学版），2018，46（2）：13-16.

[126] 荣翔，邓林龙，张美林. 薄膜太阳能电池的进展和展望 [J]. 材料导报，2018，32（A2）：13-16.

[127] 张秀清，杨艳红，张超. 太阳能电池研究进展 [J]. 中国材料进展，2014，33（7）：436-441.

[128] 李佳艳，蔡敏，武晓玮，等. 多晶硅太阳能电池片的回收再利用研究 [J]. 无机材料学报，2018，32（9）：987-992.

[129] 赵长青. 太阳能光伏发电中的电气自动化的应用 [J]. 技术市场，2018，25（12）：178.

[130] 舒聪. 太阳能光伏发电项目风险管理 [D]. 北京：中国人民大学，2015.

[131] 吴驰凯，唐可伟. 太阳能光伏发电系统可靠性分析 [J]. 中国设备工程，2018（6）：213-214.

[132] 马小芳. 太阳能光伏发电系统设计及安装要点分析 [J]. 科学与信息化，2018（34）：18.

[133] 傅静平，孔荣荣，蒲娟. 太阳能光伏发电并网技术的应用分析 [J]. 建筑工程技术与设计，2018（29）：766.

[134] 潘垣，辜承林，周理兵，等. 太阳能热气流发电及其对我国能源与环境的深远影响 [J]. 世界科技研究与发展，2003，25（4）：7-12.

[135] 雷舒尧，李楠，李舒宏，等. 不同太阳能热水系统的全生命周期环境影响和能源效益分析 [J]. 太阳能学报，2018，39（4）：957-964.

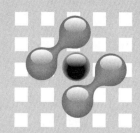

第 **6** 章 风能的开发利用与环境问题及对策

风是由于太阳照射到地球时地球表面各处受热不同产生温差所引起的大气运动而形成的。风能是指空气相对于地面做水平运动时所产生的动能。风能的大小取决于风速和空气密度。

风能也是太阳能的一种转化形式，到达地球的太阳能约有 2%转化为风能，据估计，全球风能的储量约为 2.74×10^9MW，其中可开发利用量约为 2×10^7MW，比全球可开发利用水能的总量还要大 10 倍。全球每年燃烧煤炭获得的能量，还不到每年可利用风能的 1%。

6.1 风及风能资源

风能是一种可再生、无污染、取之不尽、用之不竭的能源，因此称为绿色能源。

6.1.1 风的形成

风是由太阳辐射热引起的。太阳照射到地球表面，地球表面各处受热不同而产生温差，从而引起大气的对流运动形成风。地球南北两极接受太阳辐射能少，所以温度低，气压高；而赤道接受热量多，温度高，气压低。另外，地球昼夜温度、气压都在变化，这样由于地球表面各处的温度、气压变化，气流就会从压力高处向压力低处运动，形成不同方向的风，并伴随不同的气象条件变化。

地球上各处的地形、地貌也会影响风的形成，如海水由于热容量大，接受太阳辐射能后，表面升温慢，而陆地热容量小，升温比较快。于是在白天，由于陆地空气温度高，空气上升而形成海面吹向陆地的海陆风；反之，在夜晚，海水降温慢，海面空气温度高，空气上升而形成陆地吹向海面的陆海风。地球上的风的运动方向如图 6-1 所示。

同样，在山区，白天太阳使山上空气温度升高，山谷冷空气随热空气上升向上运动，形成"谷风"。到夜间，由于空气中的热量向高处散发，空气密度增加而沿山坡向下移动，形成"山风"。

6.1.2 风的变化

风向和风速是两个描述风的重要参数。风向是指风吹来的方向，如果风是从北方吹来的，就称为北风。风速表示风移动的速度，即单位时间内空气流动所经过的距离。风向和风速这两个参数都是在变化的。

（1）风随时间的变化

风随时间的变化，包括每日的变化和季节的变化。通常一天之中风的强弱在某种程度上可以看作是周期性的。如地面上夜间风弱，白天风强；高空中正相反，是夜里风强，白天风弱。这个逆转的临界高度约为 100～150m。由于季节的变化，太阳和地球的相对位置也发生变化，使地球上存在季节性的温差。因此风向和风的强弱也会发生季节性的变化。

我国大部分地区风的季节性变化情况是：春季最强，冬季次之，夏季最弱。当然也有部分地区例外，如沿海温州地区，夏季季风最强，春季季风最弱。

（2）风随高度的变化

从空气运动的角度，通常将不同高度的大气层分为 3 个区域，如图 6-2 所示。

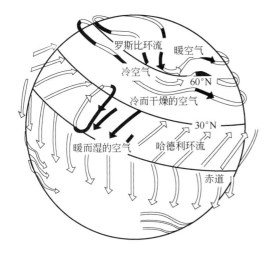

图 6-1　地球上风的运动方向　　　　　图 6-2　大气层的构成

离地 2m 以内的区域称为底层；2～100m 的区域称为下部摩擦层，二者总称为地面境界层；100～1000m 的区段称为上部摩擦层，以上 3 个区域总称为摩擦层。摩擦层之上是自由大气。地面境界层内空气流动受涡流、黏性和地面植物及建筑物等的影响，风向基本不变，但越往高处风速越大。各种地面不同情况下，如城市、乡村和海边平地，其风速随高度的变化如图 6-3 所示。

（3）风的随机性变化

如果用自动记录仪来记录风速，就会发现风速是不断变化的，一般所说的风速是指平均风速。通常自然风是一种平均风速与瞬间激烈变动的紊流相重合的风。紊乱气流所产生的瞬时高峰风速也叫阵风风速。图 6-4 表示阵风和平均风速的关系。

（4）风向观测

风向是不断变化的，观测陆地上的风，一般采用 16 个方位；观测海上的风，一般采用 32 个方位。通常用"风玫瑰图"来表示一个给定地点一段时间内的风向分布。它是一个圆，圆上引出 16 条放射线，分别代表 16 个不同的方向，每条直线的长度与这个方向的风的频度成正比。静风的频度放在中间。风玫瑰图上还指出了各风向的风速范围。

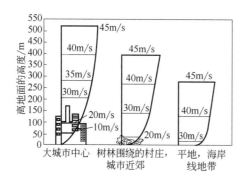

图 6-3　不同地面上风速随高度的变化

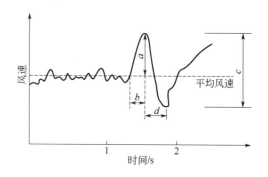

图 6-4　阵风和平均风速的关系

a—阵风振幅；*b*—阵风的形成时间；

c—阵风的最大偏移量变；*d*—阵风消失时间

6.1.3　风能的基本特征

各地风能资源的多少，主要取决于该地每年刮风的时间长短和风的强度。风能的基本特征包括风速、风级、风能密度等。

（1）风速

风的大小常用风的速度来衡量，风速是指单位时间内空气在水平方向上所移动的距离。专门测量风速的仪器有旋转式风速计、散热式风速计和声学风速计等。它计算在单位时间内风的行程，常以 m/s、km/h 等来表示。因为风是不恒定的，所以风速经常变化，甚至瞬息万变。风速是风速仪在一个极短时间内测到的瞬时风速。若在指定的一段时间内测得多次瞬时风速，将它平均计算，就得到平均风速。例如日平均风速、月平均风速或年平均风速等。

风速仪设置的高度不同，所得风速结果也不同，它是随高度升高而增强的。通常测风高度为 10m。根据风的气候特点，一般选取 10 年风速资料中年平均风速最大、最小和中间的三个年份为代表年份，分别计算该三个年份的风功率密度然后加以平均，其结果可以作为当地常年平均值。风速是一个随机性很大的量，必须通过一定长度时间的观测计算出平均风功率密度。对于风能转换装置而言，可利用的风是在"启动风速"到"停机风速"之间的风速段，这个范围的风能即"有效风能"，该风速范围的平均风功率密度称为"有效风功率密度"。

（2）风级

风级是根据风对地面或海面物体影响而引起的各种现象，按照风力的强度等级来估计风力的大小。早在 1805 年，英国人蒲福就拟定了风速的等级，国际上称为"蒲福风级"。在没有风速计时，可以根据它来粗略估计风速。自 1946 年以来，世界气象组织对风力等级又做了一些修订，由 13 个等级改为 18 个等级，实际上应用的还是 0～12 级的风速，所以最大的风速就是人们常说的 12 级台风。

（3）风能密度

风能密度是指单位时间内通过单位横截面积的风所含的能量，单位常以 W/m^2 来表示。

风能密度是决定一个地方风能潜力的最方便、最有价值的指标。风能密度与空气密度和风速有直接关系，而空气密度又取决于气压、温度和湿度，所以不同地方、不同条件下的风能密度是不可能相同的。通常海滨地区地势低、气压高、空气密度大，在适当的风速下就会产生较高的风能密度；而在海拔较高的高山上，空气稀薄、气压低，只有在风速很高时才会有较高的风能密度。即使在同一地区，风速也是时刻变化着的，用某一时刻的瞬时风速来计算风能密度没有任何实践价值，只有长期观察搜集资料才能总结出某地的风能潜力。

风能密度可按以下公式进行计算：

$$W = \frac{\rho \sum N_i V_i^3}{2N}$$

式中，W 为平均风能密度，W/m^2；V_i 为等级风速，m/s；N_i 为等级风速 V_i 出现的次数；N 为各等级风速出现的总次数；ρ 为空气密度，kg/m^3。

6.1.4　风能的特点

风能与其他能源相比有明显的优点，例如，不需要开采、采购、运输，不浪费资源，但是也有很多突出的局限性。

（1）风能的优点

风能的蕴藏量巨大，是取之不尽、用之不竭的可再生能源；风能是太阳能的一种转化形式，只要有太阳存在，就可以不断地、有规律地形成风，周而复始地产生风能；风能在转化成电能的过程中，不产生任何有毒气体和废物，不会造成环境污染；分布广泛，无须运输，可以就地取材。在许多交通不便，缺乏煤炭、石油、天然气的边远地区，资源难以运输，这给当地居民的生活造成很多不便，而风能便体现出不可比拟的优越性，可以就地取材，开展风力发电。

（2）风能的局限性

在各种能源中，风能的含能量极低，这给利用带来一定程度的不便。由于风能来源于空气的流动，而空气的密度很小，风能的能量密度很低；风能是不稳定的，由于气流瞬息万变，风随季节变化明显，有很大的波动，影响了风能的利用；另外，由于地理纬度、地形地势不同，会使风力有很大的不同，即便在相邻的地区由于地形不同，其风力也可以相差甚大。

6.1.5　风能资源分布

（1）全球风能资源概况

全球风能资源丰富，其中仅是接近陆地表面 200m 高度内的风能，就大大超过了目前每年全世界从地下开采的各种矿物燃料所产生能量的总和，而且风能分布很广，几乎覆盖所有国家和地区。

欧洲是世界风能利用最发达的地区，其风能资源非常丰富。欧洲沿海地区风能资源最为丰富，主要包括英国和冰岛沿海、西班牙、法国、德国和挪威的大西洋沿海，以及波罗的海沿岸地区，其年平均风速可达 9m/s 以上。整个欧洲大陆，除伊比利亚半岛中部、意大利北部、罗马尼亚和保加利亚等部分南欧地区以及土耳其地区以外（该区域风速较小，在 4～5m/s 以下），其他大部分地区的风速都较大，基本在 6～7m/s 以上。

北美洲地形开阔平坦，其风能资源主要分布于北美洲大陆中东部及其东西部沿海以及加勒比海地区。美国中部地区，地处广袤的北美大草原，地势平坦开阔，其年平均风速均在 7m/s 以上，风能资源蕴藏量巨大，开发价值很大。北美洲东西部沿海风速达到 9m/s，加勒比海地区岛屿众多，大部分沿海风速均在 7m/s 以上，风能储量也十分巨大。

（2）我国风能资源概况

我国风能资源非常丰富，仅次于俄罗斯和美国，居世界第三位。根据国家气象局气象研究所估算，从理论上讲，我国地面风能可开发总量达 32.26 亿千瓦，高度 10m 内实际可开发量为 2.53 亿千瓦。我国风能资源丰富的地区主要集中在北部、西北、东北草原和戈壁滩，以及东南沿海地区和一些岛屿上，涵盖福建、广东、浙江、内蒙古、宁夏、新疆等省区。

我国风能资源可划分为以下几个区域：

① 最大风能资源区，东南沿海及其岛屿。这一地区，有效风能密度大于等于 200W/m² 的等值线平行于海岸线，沿海岛屿的风能密度在 300W/m² 以上，有效风力出现时间百分率达 80%～90%，大于等于 3m/s 的风速全年出现时间 7000～8000h，大于等于 6m/s 的风速也有 4000h 左右。但从这一地区向内陆，则丘陵连绵，冬半年强大冷空气南下，很难长驱直下，夏半年台风在离海岸 50km 时风速便减小到 68%。所以，东南沿海仅在由海岸向内陆几十公里的地方有较大的风能，再向内陆则风能锐减。在不到 100km 的地带，风能密度降至 50W/m² 以下，反为全国风能最小区。但在福建的台山、平潭和浙江省的南麂、大陈、嵊泗等沿海岛屿上，风能却很大。其中，台山的风能密度为 534.4W/m²，有效风力出现时间百分率为 90%，大于等于 3m/s 的风速全年累计出现 7905h。换言之，平均每天大于等于 3m/s 的风速有 21.3h，是我国平地上有记录的风能资源最大的地方之一。

② 次最大风能资源区，位于内蒙古和甘肃北部。这一地区终年在西风带控制之下，而且又是冷空气最先入侵的地方，风能密度为 200～300W/m²，有效风力出现时间百分率为 70% 左右，大于等于 3m/s 的风速全年有 5000h 以上，大于等于 6m/s 的风速有 2000h 以上，从北向南逐渐减少，但不像东南沿海梯度那么大。风能资源最大的虎靳盖地区，大于等于 3m/s 和 6m/s 的风速的全年累计时数分别可达 7659h 和 4095h。这一地区的风能密度虽比东南沿海小，但分布范围较广，是我国连成一片的最大风能资源区。

③ 大风能资源区，位于黑龙江和吉林东部以及辽东半岛沿海。风能密度在 200W/m² 以上，大于等于 3m/s 和 6m/s 的风速全年累计时数分别为 5000～7000h 和 3000h。

④ 较大风能资源区，位于青藏高原、三北地区的北部和沿海。这个地区（除去上述范围）的风能密度在 150～200W/m² 之间，大于等于 3m/s 的风速全年累计时数为 4000～5000h，大于等于 6m/s 的风速全年累计时数为 3000h 以上。青藏高原大于等于 3m/s 的风速全年累计时数可达 6500h，但由于青藏高原海拔高、空气密度小，所以风能密度相对较小，在 4000m 的高度，空气密度大致为地面的 67%，也就是说，同样是 8m/s 的风速，在平地的风能密度为 313.6W/m²，而在 4000m 的高度却只有 209.3W/m²。所以，如果仅按大于等于 3m/s 和 6m/s 的风速的出现小时数计算，青藏高原应属于最大区，而实际上这里的风能却远较东南沿海岛屿的小。

⑤ 最小风能资源区，位于云贵川、陕西南部、河南、湖南西部、福建、广东、广西的山区以及塔里木盆地。有效风能密度在 50W/m² 以下，可利用的风力仅有 20% 左右，大于等于 3m/s 的风速全年累计时数在 2000h 以下，大于等于 6m/s 的风速在 150h 以下。在这一地区中，尤以四川盆地和西双版纳地区风能最小，这时全年静风频率在 60% 以上，如绵阳 67%、

巴中 60%、阿坝 67%、恩施 75%、德格 63%、耿马孟定 72%、景洪 79%。大于等于 3m/s 的风速全年累计时数仅 300h，大于等于 6m/s 的风速仅 20h。所以，这一地区除高山顶和峡谷等特殊地形外，风能潜力很低，无利用价值。

⑥ 可季节利用的风能资源区，是除较大风能资源区和最小风能资源区以外的广大地区。有的在冬、春季可以利用，有的在夏、秋季可以利用。这些地区的风能密度在 50～100W/m²，可利用风力为 30%～40%，大于等于 3m/s 的风速全年累计时数在 2000～4000h，大于等于 6m/s 的风速在 1000h 左右。

除上述地区外，全国还有一部分地区风能缺乏，表现为风力小，难以被利用。

6.2　风能的利用方式

风能利用就是将风的动能转换为机械能，再转换成其他形式的能量。我国是世界上最早利用风能的国家之一。公元前数世纪，我国人民就利用风能提水、灌溉、磨面，用风帆推动船舶前进。工业革命后，特别是到了 20 世纪，由于煤炭、石油、天然气的开发，农村电气化的逐步普及，风能利用呈下降趋势，风能技术发展缓慢，直到 20 世纪 70 年代中期，能源危机才使人们重新重视风力机的研究和发展。近 30 年来风能利用技术已取得了显著的进步。目前，风能的利用形式主要有以下几种。

6.2.1　风力发电

利用风力发电已越来越成为风能利用的主要形式，受到世界各国的高度重视，而且发展速度最快。风力发电通常有 3 种运行方式：一是独立运行方式，通常是一台小型风力发电机向一户或几户提供电力，它用蓄电池蓄能，以保证无风时的用电；二是风力发电与其他发电方式（如柴油机发电）相结合，向一个单位和一个村庄，或一个海岛供电；三是风力发电并入常规电网运行，向大电网提供电力，常常是一处风场安装几十台甚至几百台风力发电机，这是风力发电的主要发展方向。

尽管风力发电具有很大的潜力，但目前它对世界电力的贡献还很小，这是因为风力发电的大规模发展仍受到许多因素的影响，如风力机的效率不高，寿命还有待延长，风力机在大型化上仍存在某些困难，风力发电的高投资和发电成本仍高于常规发电方式，由于风能资源区远离主电网，联网的费用较大等。另外，公众和政府部门对风力发电的认识也在某种程度上影响风力发电的发展，如认为建风力发电场妨碍土地在其他方面的使用。

6.2.2　风力泵水

风力泵水从古至今一直得到较普遍的应用。到 20 世纪下半叶，为解决农村和牧场的生活、灌溉和牲畜用水以及节约能源，风力泵水机有了很大的发展。

现代风力泵水机根据用途可分为三类：第一类是高扬程小流量的风力泵水机，采用活塞式水泵，用于提取深井地下水，适用于北方，主要用于草原、牧区，为人畜提供饮水；第二类是低扬程大流量的风力泵水机，它与螺旋泵相配，主要用于提取河水、湖水或海水等地表水和浅层地下水，适用于南方地区，主要用于农田灌溉、水产养殖或制盐；第三类是中扬程中流量的风力泵水机，适用范围更广，可配套微滴灌系统，用于天然草场和饲料基地的灌溉。

① 用中扬程中流量风力泵水机替代电力（燃油）灌溉设备。生态建设中水是各制约因

素的核心，传统灌溉中，深井配套大功率水泵，将会随着国家电价的提高而转嫁到农牧民的经营成本中，大型喷灌机组的使用使这一问题更显得突出，而用风能取代传统能源，使用费用会大幅度降低，产出的产品才具有竞争力。

② 以小管井配小型风力泵水机取代深井配大泵。随着退耕还林还草、划区轮牧等项目的实施，农牧民多数需要几亩到几十亩的饲草基地，再辅以小型饲草加工机械即可维持生产，无须开采深层地下水，只需将雨季存于浅水层的地表水利用到小管井内，完全摆脱了靠天吃饭的困境。这些低成本能源既减轻了劳动强度，又保证国家项目的实施效果。

③ 用小型风力发电机灌溉天然草场，可提高产草量。如用风力泵水机，除满足牲畜饮水外，还可以灌溉一定面积的天然草原，效益很好。

④ 用风力泵水机配微灌滴灌替代大型喷灌。传统的漫灌不但浪费水资源，还会提高地下水位，导致土壤返碱，肥力流失。喷灌虽然可节约一半的水量，但在干旱地区还有明显不足，如半固定移动式喷灌，虽然设备投资较低，但地下铝管频繁移动，使操作者觉得很麻烦，管材也容易损坏。大型喷嘴机组使用效率虽然高，但其运行成本高，成为这些现代化设备普遍推广使用的一大障碍。

节水灌溉技术在推广使用，基本上是按全移动全固定—半移动半固定—小型柴油机喷灌—喷灌机组—微喷灌—滴灌—渗灌等技术的先后顺序推广使用的。从对微灌、滴灌的设计计算结果来看，一些性能较高、流量较大的风力泵水机完全能满足作物的灌溉定额。

6.2.3　风力助航

利用风帆获得风能作为船舶推进动力是自古以来所共知的事，可将风帆装置应用于现代化的内燃机船上作为辅助动力，从而达到节能的目的，近几十年来又引起造船界和航运界的重视。20 世纪 60 年代初，德国开始着手研究万吨级大型风帆助推运输船，他们设计了六桅的风帆助推船"DYNA"号，该船总长 160m 左右。特别当国际油价昂贵的时期，船主对此类船具有浓厚的兴趣。1980 年，德国又为印度尼西亚开发了一种风帆助推货船来往于印度尼西亚国内各岛之间，开展贸易活动。航运大国日本近几十年来也致力于风帆助航船的研究，目前已有 10 多艘风帆助航船投入运营，并已在万吨级货船上采用电脑控制的风帆助航，节油率达 15%。法国的地中海海运社建造了一批风帆助航的客船，船长有 53m 的，也有 134m 的，后者共建造三艘姐妹船，1988 年相继竣工。其后，又建造了全长为 187m，号称世界最大级的风帆助航客船"La Fayette"号航行于加勒比海域。上述这些船只大多利用电子计算机自动操帆。由于节能的需要，在现代科技进步的基础上，风帆又重新用于现代机动船上，继续为人类服务。

我国沿海海岸线漫长，大中型港口 20 多个，北至营口、大连，南达香港，南北航线航程达 1700 多海里（1 海里=1.852 千米），航线所经海域，风力资源丰富，沿海省市在油料不足的情势下，也正在积极设计建造这种节能船舶。

在设计这种"机主帆辅"的船舶时，为了达到一定的节能，究竟应该取用多大面积的帆，怎样型式的帆，才能获得理想的动力增益，是设计中要解决的问题。

6.2.4　风力致热

随着人民生活水平的提高，家庭用能中对热能的需求越来越大，特别是在高纬度的欧洲和北美，家庭取暖、煮水等的能耗占有极大的比例。为解决家庭及低品位工业热能的需要，风力致热有了较大的发展。"风力致热"是将风能转换成热能，目前有 3 种转换方法：一是风力机发电，再将电能通过电阻丝发热，变成热能，虽然电能转换成热能的效率是 100%，但风能转化成电能的效率却很低，因此从能量利用的角度看，这种方法是不可取的；二是由风力机将风能转换成空气压缩能，再转换成热能，即由风力机带动离心压缩机，对空气进行绝热压缩而放出热能；三是将风力机直接转换成热能，这种方法致热效率最高。

风力机直接转换成热能也有多种方法，最简单的是搅拌液体致热，风力机带动搅拌器转动，使液体（水或油）变热，如图 6-5 所示。"液体挤压致热"是用风力机带动液压泵，使液体加压后再从狭小的阻尼小孔中高速喷出而使工作液体加热。此外还有固体摩擦致热和涡电流致热等方法。

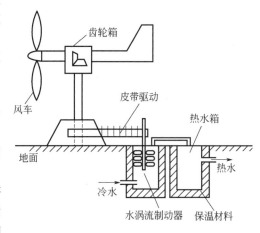

图 6-5　风力致热装置示意图

6.3　风力发电技术

虽然风能的利用有很多形式，但最主要的用途是风力发电。风力发电是将风的动能通过风力机转换成机械能，再带动发电机发电，转换成电能。

6.3.1　风力机

风力机又称风车，是一种将风能转换成机械能、电能或热能的能量转换装置。风力机的类型很多，按照其收集风能的结构形式及在空间的布置，可分为水平轴风力机、垂直轴风力机和特殊风机三大类，应用最广的是前两种类型的风机，其中水平轴风力机的应用远多于垂直轴风力机。

小型水平轴风力发电机的基本构成如图 6-6 所示。其工作原理是：风轮在风力作用下旋转，将风的动能转化为机械能，发电机在风轮轴的带动下旋转发电。

风力发电机一般由风轮、发电机（包括传动装置）、调向器（尾翼）、塔架、限速安全机构和储能装置等构件组成，大中型风力发电系统还有自控系统。

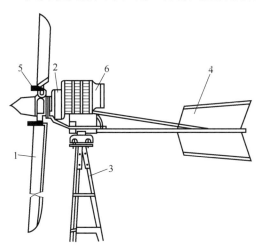

图 6-6　小型水平轴风力发电机的基本构成
1—风轮（集风装置）；2—传动装置；3—塔架；
4—调向器（尾翼）；5—限速调速装置；
6—做功装置（发电机）

（1）风轮

风轮的作用是集风，将流动空气具有的动能转变为风轮旋转的机械能。一般由 2～3 个叶片和轮毂组成。小型风力机的叶片通常采用优质木材加工制成，表面涂上保护漆，其根部与轮毂相接处使用良好的金属接头并用螺栓拧紧，采用玻璃纤维或其他复合材料蒙皮的

风力机则效果更好。大、中型风力机使用木制叶片时，不像小型风力机那样每个叶片由整块木料制作，而是用很多纵向木条胶接在一起，以便于选用优质木料，保证质量。有些木料叶片的翼型后缘部分可填塞质量很轻的泡沫塑料，表面再包以玻璃纤维形成整体。采用泡沫塑料填塞的优点不仅可以减轻重量，而且能使翼型重心前移（重心移至前缘1/4弦长处最佳），从而减轻叶片转动时所产生的不良振动，这对于大、中型风力机叶片非常重要。

为了更好地减轻叶片重量，有的叶片采用一根金属管作为受力梁，以蜂窝结构、泡沫塑料或轻木作中间填充物，外面再包上一层玻璃纤维。为了更好地降低成本，有些中型风力机的叶片采用金属挤压件，或者利用玻璃纤维或环氧树脂抽压成型，但整个叶片无法挤压成渐缩形状，即宽度、厚度等难以变化，从而很难达到高效率。有些小型风力机为了达到更经济的效果，叶片用管梁和具有气动外形的较厚的玻璃纤维蒙皮做成，或者用铁皮或铝皮预先做成翼型形状，然后在中间加上铁管或铝管，并用铆钉装配而成。

总的来说，除部分小型风力机的叶片采用木质材料外，中、大型风力机的叶片今后都倾向于采用玻璃纤维或高强度的复合材料。

轮毂是风轮的枢纽，也是叶片根部与主轴的连接件，风力机叶片都要装在轮毂上，所有从叶片传来的力，都通过轮毂传递到传动系统，再传到风力机驱动的对象。同时轮毂也是控制叶片桨距（使叶片做俯仰转动）的所在，因此在设计中应保证足够的强度，并力求结构简单化，在可能条件下（如采用叶片失速控制），叶片采用定桨距结构，也就是将叶片固定在轮毂上（无俯仰转动），这样不但能简化结构设计，提高寿命，而且能有效地降低成本。

（2）发电机

根据定桨距失速型风机和变速恒频变桨距风机的特点，国内目前装机的发电机一般分为异步型和同步型两类。小功率风力发电机多采用同步或异步交流发电机，发出的交流电经过整流装置转换成直流电。

根据叶片形式的不同，风力发电机分为水平轴发电机和垂直轴发电机两种类型。

（3）调向器

调向器的作用是尽量使风力发电机的风轮随时都迎着风向，最大限度地获得风能，一般采用尾翼控制风轮的迎风朝向。常用的调向器主要有以下3种：

① 尾舵。主要用于小型风力发电机，它的优点是能够自主地对准风向，不需要特殊控制。但由于尾舵调向装置结构笨重，因此很少应用于中型以上的风力机。

② 侧风轮。在机舱的侧面安装一个小风轮，其旋转轴与风轮主轴垂直，如果主风轮没有对准风向，侧风轮会被风吹动，从而产生偏向力，并通过蜗轮蜗杆机构使主风轮转到对准风向为止。

③ 风向跟踪系统。为了达到更好的对风效果，对于大型风力发电机组，一般采用电动机驱动的风向跟踪系统。整个偏航系统由电动机、减速机构、偏航调节系统和扭缆保护装置等部分组成。偏航调节系统包括风向标和偏航系统调节软件。风向标的主要作用是对应每一个风向都有一个相应的脉冲输出信号，并通过偏航系统软件确定其偏航方向和偏航角度，然后将偏航信号放大传送给电动机，通过减速机构转动风力机平台，直到对准风向为止。如果机舱在同一方向偏航超过3圈以上时，则扭缆保护装置开始动作，执行解缆，直到机舱回到中心位置时解缆停止。

（4）限速安全装置

安装限速安全装置是为了保证风力发电机的安全运行。风轮转速过高或发电机超负荷都会危及风力发电机的安全运行。限速安全装置能保证风轮的转速在一定的风速范围内运行。除了限速装置外，风力发电机还设有专门的制动装置，在风速过高时可以使风轮停转，保证特大风速下风力发电机的安全。

限速装置有各种各样的类型，但从原理上看大致有以下三类：使风轮偏离风向超速保护、利用气动阻力制动和改变叶片的桨距角调速。

① 偏离风向超速保护。对于小型风机，为了简化结构，其叶片一般固定在轮毂上。在遇上超过设计风速的强风时，为了避免风轮超速转动甚至叶片被吹毁，常采用使风轮水平或垂直旋转的办法，以便偏离风向，从而达到超速保护的目的。这种装置的关键是把风轮轴设计成偏离轴心一个水平或垂直的距离，从而产生一个偏心距。同时安装一副弹簧，一端系在与风轮构成一体的偏转体上，一端固定在机座底盘或尾杆上，并预调弹簧力，使在设计风速内风轮偏转力矩小于或等于弹簧力矩。当风速超过设计风速时，风轮偏转力矩大于弹簧力矩，使风轮向偏心距一侧水平或垂直旋转，直到风轮受力力矩与弹簧力矩相平衡，风速恢复到设计风速以内时，风轮偏转力矩小于弹簧力矩，使风轮向轴侧水平或垂直旋转，恢复到设计的绕轴心运转状态。极限状态下，如在遇到强风时，可使风轮转到与风向相平行，以达到停转，保护风力机不被吹毁。

② 利用气动阻力制动。该装置将减速板铰接在叶片端部，与弹簧相连。在正常情况下，减速板保持在与风轮轴同心的位置，当风轮超速时，减速板因所受的离心力对铰接轴的力矩大于弹簧张力的力矩，从而绕轴转动成为扰流器，增加风轮阻力，起到减速作用。当风速降低后它们又回到原来位置。

③ 变桨距调速。采用变桨距方式除了可以控制转速外，还可以减小转子和驱动链中各部件的压力，并允许风力机在很大的风速下运行，因而应用相当广泛。在中小型风力机中，采用离心调速方式比较普遍，即利用桨叶或安装在风轮上的重锤所受的离心力来进行控制。当风轮转速增加时，旋转配重或桨叶的离心力随之增加并压缩弹簧，使叶片的桨距角改变，从而使受到的风力减小，以降低转速。当离心力等于弹簧张力时，即达到平衡位置。

（5）塔架

风力机的塔架是风力发电系统重要的基础平台，除了要支撑风力机的重量，还要承受吹向风力机和塔架的风压以及风力机运动中的动载荷，应满足很高的刚度要求。它的刚度和风力机在转动过程中由于振动产生的动载荷有密切关系。如果说塔架对小型风力机的影响还不太明显的话，对大、中型风力机的影响就不容忽视了。水平轴风力发电机的塔架主要分为管柱型和桁架两类。管柱型塔架可从最简单的木杆，一直到大型钢管和混凝土管柱。小型风力机的塔杆为了增加抗弯矩的能力，可以用拉线来加强；中、大型风力机的塔杆，为了运输方便，可以将钢管分成几段。一般说来，管柱形塔架对风的阻力较小，特别是对于下风向风机，产生紊流的影响要比桁架式塔架小。桁架式塔架常用于中、小型风力机上，其优点是造价不高，运输也方便，但这种塔架会使下风向风力机的叶片产生很大的紊流。

（6）风力机的效率

风力机的效率主要取决于风轮效率、传动效率、储能效率、发电机和其他工作机械的效率。图 6-7 给出了各种不同用途风力系统各主要构成部分的能量转换及储存效率。

6.3.2　风力发电系统的类型

风力发电系统分为两类：一类是并网的风电系统；另一类是独立的风电系统。并网的风

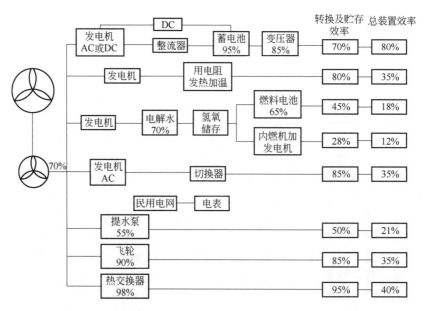

图 6-7 风能利用装置中各主要部分的能量转换及储存效率

电系统的风电机组直接与电网连接。由于涡轮风机的转速随着外来的风速而改变，不能保持一个恒定的发电频率，因此需要有一套交流变频系统相配套。由涡轮风机产生的电力进入交流变频系统，通过交流变频系统转换成交流电网频率的交流电，再进入电网。由于风电的输出功率是不稳定的，为了防止风电对电网造成冲击，风电场装机容量占所接入电网的比例不宜超过 5%～10%，这是限制风电场向大型化发展的一个重要的制约因素。而且由于风电输出功率的不稳定性，电网系统内还需配套一定的备用负荷。

　　独立的风电系统主要建造在电网不易到达的边远地区。同样，由于风力发电输出功率的不稳定性和随机性，需要配置充电装置，在涡轮风电机组不能提供足够的电力时，为照明、广播通信、医疗设施等提供应急动力。最普遍使用的充电装置是蓄电池，风力发电机在运转时，一边为用电装置提供电力，同时将过剩的电力通过逆变器转换成直流电，向蓄电池充电。在风力发电机不能提供足够电力时，蓄电池再向逆变器提供直流电，逆变器将直流电转换成交流电，向用电负荷提供电力。因此，独立的风电系统是由风力发电机、逆变器和蓄电池组成的系统。另一类独立风电系统为混合型风电系统，除了风力发电装置之外，还带有一套备用的发电系统，经常采用的是柴油机。风力发电机和柴油发电机构成一个混合系统。在风力发电机不能提供足够的电力时，柴油机投入运行，提供备用的电力。一种新概念的混合风电系统是由风力发电机和氢能生产组成的系统。当风力发电机提供的电力有过剩时，用这些电力来电解水制氢，并将产生的氢储存起来。当风力发电不能提供足够的电力供应时，由储存的氢通过燃料电池发电。当然，目前这种概念的混合风电系统在经济上尚无现实性。当风力发电用于可间歇使用的用电设备时，就可以避免采用储能装置，而充分发挥风力发电的效益。例如，可将风力发电用于从地下抽水或排灌。有风力时，产生电力驱动水泵运行，进行抽水或排灌，没有风力时，水泵即可停止运行。

（1）海上风力发电

　　海上风力发电是目前风能开发的热点，建设海上风电场是目前国际新能源发展的重要方向。与陆地相比，海上的风更强更持续，而且空间也广阔。大海上没有密密麻麻的建筑，也没有连绵不绝的山峦，风在大海上没有任何阻挡。此前，不少国家已经在海边建造了一些风力发电站，但是，更多的风力资源不是在海边，而是在茫茫大海上，风吹到海边的时候力量已经减弱了不少。然而，要利用大海上的这些风力资源也很不容易，因为没有建造风力发电机的地基。

丹麦对海上风机基础的设计和投资进行了研究，认为钢结构比混凝土结构更适合做较大海上风电场的风机基础，而且至少在水深 15m 或更深的深度下才会带来经济效益。挪威开发了可以漂浮在海中的发电机支柱，所用材质与陆基风力发电机大致相同，但其在海水下的部分被安装在一个 100 多米的浮标上，并通过三根锚索固定在海下 120~700m 深处，以便它随风浪移动，迎风发电。建造时不能在陆地上组装完再安装到海上，而是通过轮船上的吊车在海上搭建组装而成，并根据实际情况及时调整。

悬浮式风力发电技术不仅仅是为了充分利用海上风力资源，更重要的是为日渐增多的海上活动提供能源，军事雷达工作、海运业、渔业和旅游业都会从中获益。漂浮风场将会给许多国家提供额外的能源，尤其是那些没有多余地方安置风场，或是陆地上没有足够风能资源的地区。如果以后世界海洋上的各个区域都能分布一些悬浮式风力发电机，远洋轮船、深海远程潜艇、远程科学考察船等就可以在大海上直接获取电能，而不必找一个港口去补充能源，这些轮船或潜艇也可以减少能源的负重。另外，开发海底石油和矿藏的工程队也将从海上风力发电站获得充分的电能。有了电能保障，一些远海旅游项目也可以开发起来。

总之，海上悬浮风力发电技术将为人类开发海洋提供有力的能源支持。预测到 2020 年，仅欧洲海上风电总装机容量将达到 7000 万千瓦。中国海上风能的量值是陆上风能的 3 倍，具有广阔的开发应用前景。中国海上风力发电场建设目前还是空白，但必将由陆上到海上，这也为中国风电创造了一个相当长的景气周期。

（2）高空风力发电

传统风力发电设备一般都是通过固定塔架将风力发电主要设备架设到塔架顶部，受多种因素限制，塔架高度目前只能达到 100m 左右，使风能利用受到限制；采用尺寸庞大的螺旋桨风动机结构，其庞大复杂的机电设备使制造、安装和维修很困难；转速很低的螺旋桨风动机难以实现对发电机的直接驱动。此外，百米左右高度的低空风功率密度一般在 $100W/m^2$ 级别范围内，风力资源有限。而根据相关的研究数据估计，在离地面 5000~12000m 的高空中有足够世界使用的风能，风功率密度可高达 $10kW/m^2$ 以上。如果这些风能能够全部转化为电能，则可以满足全世界百倍的电力需求。更为重要的是，最理想的高空风力资源刚好位于人口稠密的地区，比如北美洲东海岸和中国沿海地区。然而，高空风力发电面临着技术难度大、成本投入高两个主要问题，制约了高空风力发电的发展。

高空风力发电设备主要有以下 3 种形式。

1）自升塔架导流体风力发电设备

如图 6-8 所示，自升塔架导流体风力发电设备是将主要风力发电设备用自升塔架举升到高度 200m 以上的高空，以充分利用受高度影响的风能。

2）气球悬挂高空风力发电设备

如图 6-9 所示，气球悬挂高空风力发电设备是将主要风力发电设备用气球悬挂到高度 300~500m 的高空，以充分利用受高度影响的风能。

3）高空风力发电场系统设备

如图 6-10 所示，采用绳索系留巨型浮升气球将多套单机风电机组组成的空中风电设备悬挂到高度 1000m 以上的高空，以充分利用超高风功率密度区域的风力资源。高空风力发电场系统设备采用内部环形结构梁和外部环形结构梁作为安装空中风电设备的整体基础结构。内

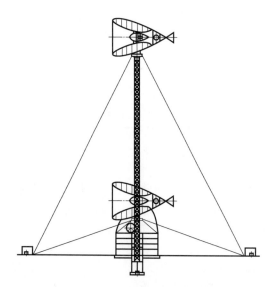

图 6-8　自升塔架导流体风力发电设备

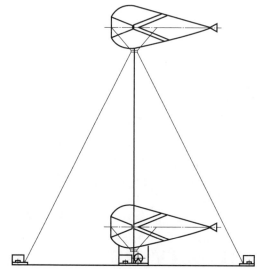

图 6-9　气球悬挂高空风力发电设备

部环形结构梁和外部环形结构梁之间用连接辐条构成整体刚性结构。多套单机风电机组上下对称均布设置在外部环形结构梁上。内部环形结构梁限定浮升气球的垂直中心线位置。浮升气球内设置多个密封弹性气球，凭靠其形状的可塑性，充气后充满整个浮升气球的内部空间。这种分仓结构可保证个别气球漏气时，整体浮升气球仍可继续工作，以防其突然坠落。

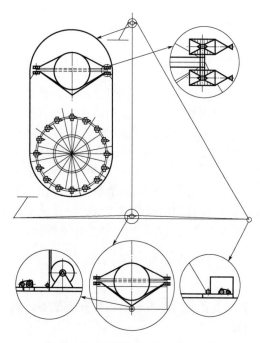

图 6-10　高空风力发电场系统设备

高空风力发电技术具有以下特点：

① 摒弃了传统风力发电中使高度受到限制的固定塔架，将主要风力发电设备举升或浮升到高空，以充分利用受高度影响的风能。主要风力发电设备的高度可以根据需要调整，使空中风电设备到达最佳高度，捕捉到随机的高风功率密度风能。

② 空中风电设备的安装和维修均可在地面支架平台上进行，简化了安装程序和设备，规避了飓风的侵扰破坏。

③ 采用沿周边布置的多根系留绳，使空中风电设备保持在既定的垂直中心线上，不产生飘动。具有恒定输出扭矩的系留绳卷扬设备保证与主升降设备同步运行。

④ 风电机组具有收缩导流进气管和内部导流功能，用以提高风速。

⑤ 设置机前气流导向板，将气流从轴向引导为沿涡轮转动的圆周切向，以较理想的角度吹向涡轮叶片，推动涡轮转动，获得最佳风能利用效果，提高风力发电效率。同时，设置机后气流导向板和扩散导流排气管，以改善气流空气动力特性，提高涡轮发电设备的效率。

⑥ 涡轮在高风速推动下具有较高的旋转速度，可省去一般风力发电设备必须配置的复

杂的增速和调速装置的问题，可直接驱动发电机，从而大大简化风力发电设备，缩小风力发电设备的尺寸，提高设备制造、安装和维修的工艺性。

⑦ 采用体积较小的多叶片涡轮结构风动机，取代现有风力发电体积庞大的螺旋桨风动机，便于制造、运输、安装和维修。

⑧ 风电机组具有便于加工制造的圆桶形外壳，采用悬吊辐条结构将其与内部的收缩导流进气管、直线导流管、扩散导流排气管等薄壳结构连接成轻体的整体结构。

⑨ 采用液力耦合器连接涡轮和发电机，改善了涡轮发电设备的起动性能。

⑩ 采用高压"交—直—交"方式进行电力整流输变电。提供的电能通过输电缆输送到地面，输电缆由电缆卷筒收放。电能的传输也可以通过微波转换装置实现。

⑪ 风电机组具有尾翼和回转装置，可随风向调整方位，获得最佳迎风效果。设计有水平机翼，以稳定姿态和增加辅助升力。多套单机风电机组组成的空中风电设备悬挂到高空，达到充分利用超高风功率密度区域的风力资源的目的。

⑫ 缩小了单机风电机组的尺寸，提高了机组在高风速环境中的风载荷承受能力；增加了单机风电机组的发电能力，实现大功率大型风力发电场，是利用高空超高风功率密度区域的风力资源的一个新的尝试。

（3）低风速风力发电

平原内陆地区的风速远远低于山区及海边，但由于其面积广大，因此也蕴含着巨大的风能资源。由于目前风力发电量增长迅速，而适合安装高风速风机的地点有限，因此要实现风力发电的可持续发展，就必须开发低风速风力发电技术。

所谓低风速，指的是在海拔 10m 的高度上年平均风速不超过 5.8m/s，相当于 4 级风。要在此条件下使发电成本合乎要求，必须对风机进行必要的改进，主要措施包括：在不增加成本的前提下，对机组的控制策略进行系列优化，通过加大风轮直径，优化叶片的气动外形，提高机组的效率及寿命；降低额定转速，在保持机组功率等级不变的条件下，大幅提高机组性能；尽量增加塔架高度，好处是可以提高风速。

（4）涡轮风力发电

新西兰研制出一种新型风力发电用涡轮机，这种涡轮机用一个罩子罩着涡轮机叶片，以产生低压区，使它能够以相当于正常速度 3 倍的速度吸入流过叶片的气流。风洞测试结果表明，有罩的涡轮机比无罩的涡轮机输出功率大 6 倍以上。涡轮机材质为高强度纤维强化钢材，在不增加重量的情况下，弯曲时承受的应力比普通钢材高 3 倍。该风力发电机安装有 7.3m 长的叶片，整机可达 21 层楼的高度，每台涡轮机的额定功率达 3MW，其中一台由新西兰电力公司使用，另一台属于南澳大利亚芒特甘比尔公司管理。专家预测，新型涡轮机发出的电力相当于传统涡轮的 6 倍，10 台这种新型风力涡轮发电机可为 1.5 万个家庭提供每年所需的电能，如安装在海面巨大的漂浮平台上，由于海上的风力强、刮风多，效果更好。

6.3.3　风力发电的发展趋势

从目前的技术成熟度和经济可行性来看，风能是除太阳能外最具竞争力的可再生能源，全球风能产业的前景相当乐观，各国政府不断出台的可再生能源鼓励政策，将为未来几年风能产业的迅速发展提供巨大动力。随着科学技术的发展与风力发电的日益普及，目前风力发电正向两个方向转变：一是功率由小变大，陆上使用的单机最大发电量已达到 2MW；二是由一户一台扩大到联网供电；三是由单一风电发展到多能互补，即"风力-光伏"互补和"风

力机-柴油机"互补。

风力发电呈现出如下趋势：装机容量和发电量不断增加；风电机组型式多元化；关键部件技术不断进步；风电场技术日益发展；风电开发由陆基向海基发展；风能应用技术不断扩充；恶劣气候环境下的风电机组可靠性得到重视；公共技术服务平台逐步完善。今后，风电的发展方向为以下几方面。

（1）多兆瓦级风电机组设计和制造技术

随着风电市场需求的增加，风电机组功率已从兆瓦级向多兆瓦级发展。多兆瓦级风电机组一般是指 3MW 级以上的风电机组，主要考虑用于海上风电场。与兆瓦级风电机组相比，其尺寸、重量和高度的变化不仅表现在量的方面，也表现在质的方面，因此，在风电机组设计和制造技术方面都有一些新的发展。

（2）风电并网技术

并网发电是风能利用的主要形式，保证风电场向电网输电的电能品质是电网稳定安全运行的需要，也是风能持续发展的重要条件。

（3）风能与其他能源互补发电系统

风所自然具有的随机性、波动性以及不可控性，使得风电的出力波动极大。当风电的容量占到电网总容量一定比例时，这种波动会对电网的频率与电压稳定性造成不良的影响。为了消除大规模风电开发对电网稳定性造成的不良影响，国内外提出了多种能源互补发电系统，如风电-水电互补发电系统，风电-太阳能互补发电系统，风电-柴油机互补发电系统，风能储能系统。

① "风水"互补发电系统指的是风力发电系统与水力发电系统的有机结合与调度，当风电场对电网的出力随机波动时，水电站可快速调节发电机的出力，对风电场的出力进行补偿。另外，在资源分布上有天然的时间互补性。

② "风柴"互补发电系统指的是利用柴油发电机和风力发电机组成的互补发电系统，主要用于解决边远地区如孤立岛屿与村落的供电，而且柴油发电机的单机容量都很小（常为几十千瓦级），效率比较低，发电成本较高，一般只能用于独立的小电网或孤立电网中，很少应用于并网发电。因此，风柴互补发电系统很难用于风能的大规模开发利用。

③ "风光"互补发电系统是一种多能互补的发电方式。但由于太阳能和风能一样具有不稳定、不连续的缺点，并网发电时也会产生与当前风电发展相似的一系列问题。另外，太阳能的能量密度较低，因此太阳能电站同样需要占用大片的土地。同时，现阶段太阳能发电的成本还非常的高，所以很难进行大规模的开发。

6.4 风能利用过程中的环境问题

风能是一种洁净的可再生能源，如果不考虑风能利用中所用材料（如钢铁、水泥等）在生产过程中对环境的污染，通常认为风能利用对环境是无污染的，因此大力开发利用风能对节能环保具有重要意义。另外，随着科学技术的进步，风能设施日趋进步，其生产成本不断降低，在适当地点，风力发电的成本已低于其他发电机。但由于人们对环境的要求越来越高以及环境保护的含义越来越广，在风能利用的全生命周期中，不同阶段都存在环境问题，从而对环境产生影响。

6.4.1　风电场施工期间的环境问题

风电场施工期间，工程选址、施工占地、工程施工的各环节都会对周边环境产生污染和破坏，从而导致环境问题的发生。风电场建设期间环境问题的形成原因及危害如表 6-1 所示。

表 6-1　风电场建设期间环境问题的形成原因及危害

环境问题	形成原因		危　害
大气污染	扬尘	（1）土建施工造成地表裸露； （2）建筑材料运输和清除垃圾时产生扬尘	（1）影响环境卫生； （2）危害人体健康
土壤破坏	施工使地表裸露，植被破坏		土壤肥力受损，易导致水土流失
水体污染	废水	运输车辆、施工机具的冲洗废水，润滑油、废柴油等油类，泥浆废水以及混凝土保养时排放的废水	（1）污染地表水； （2）污染地下水和土壤
固体废弃物污染	生活垃圾； 弃土、建筑垃圾	（1）施工人员日常生活产生； （2）施工过程中产生	（1）腐烂，影响环境卫生，滋生蚊蝇，传播疾病； （2）破坏地表形态和土层结构，破坏植被
生态平衡破坏	（1）陆上风电场：破坏地表植被，扰乱野生动物的栖息地； （2）湿地风电场：导致土壤结构和地表植被改变； （3）海上风电场：水中悬浮泥沙增多，植物光合作用减弱		（1）地表植被数量或种类减少，危害野生动物； （2）改变底栖生物的生存环境，导致其消亡； （3）影响水生生物的成活率、生长率
噪声污染	人类活动、交通运输工具、施工机械的机械运动		影响人类生活；鸟类数量减少，多样性降低

（1）大气污染

陆上风电场在建设过程中，施工作业面一般较大，施工期间的挖土与回填土工程，如道路修建、土地平整、风机基础工程、箱式变电工程、电缆沟工程等，对土地的扰动较大，将破坏地表形态和土层结构，造成地表裸露。如果空气过于干燥，当风力较大时，施工现场表层的浮土可能扬起，从而造成大气污染。

另外，容易产生扬尘的建筑材料在运送过程中，如果没有采取合理的遮盖手段，也容易出现扬尘。清除施工垃圾时也会出现扬尘。这些扬尘也会造成大气污染。

（2）土壤破坏

陆上风电场在施工期间的挖土与回填土工程，如道路修建、土地平整、风机基础工程、箱式变电工程、电缆沟工程等，将破坏地表形态和土层结构，造成地表裸露，植被破坏，土壤肥力受损，在洪水季节易导致水土流失。

（3）水体污染

由于在施工期进行土建工作，运输车辆、施工机具的使用，必然会产生废水。废水主要包括运输车辆、施工机具的冲洗废水，润滑油、废柴油等油类，泥浆废水以及混凝土保养时排放的废水。这些废水直接排放就会对地表水体造成严重的污染。地表水作为农业生产的主要灌溉水源，一旦污染会直接造成农作物污染以及影响水体的自净作用，危害水生生物的生存，污染组分被水生生物吸收后，能在水生生物中富集、残留，并通过食物链进入家畜及人体中，最终危及人体健康。另外，被污染的地表水还会由于渗流作用而导致土壤污染和地下水污染。

（4）固体废弃物污染

风电场施工期间产生的固体废弃物包括施工人员产生的生活垃圾、施工产生的弃土和建筑垃圾等。

生活垃圾在自然条件下较难被降解，长期堆积形成的垃圾山，不仅会影响环境卫生，而且会腐烂变质，产生大量的细菌和病毒，极易通过空气、水、土壤等环境媒介而传播疾病；垃圾中的腐烂物在自身降解期间会产生水分，径流水以及自然降水也会进入到垃圾中，当垃圾中的水分超出其吸收能力之后，就会渗流并流入到周围的地表水或者土壤中，从而给地下水以及地表水带来极大的污染。另外，垃圾在长期堆放过程中会产生大量的沼气，极易引起垃圾爆炸事故，给人们造成极大的损失。

建筑垃圾在自然条件下基本不会降解，长期堆积会破坏地表形态和土层结构，破坏植被。

（5）生态平衡破坏

陆上风电场建设过程中，表层熟土经过翻、挖等作业流程被深层的生土所替代，大大降低了土壤的营养含量；极易对植物根系造成毁灭性破坏，导致项目区内植被数量或种类的减少；施工可能会分割或扰乱野生动物的栖息地、活动区域等；在施工过程中，运输车辆与施工机械会产生不同程度的噪声，对野生动物造成惊扰等。

在湿地生态系统中建设风电场，施工过程会导致土壤结构和地表植被改变，改变底栖生物的生存环境，导致风电场范围内底栖生物的消亡。

对于海上风电场，除将造成底栖动物全部丧失外，在风机塔架基础结构的施工过程中，还会引起周围一定范围内悬浮泥沙增加（>10mg/L），造成藻类等植物光合作用减弱。与此同时，施工过程中产生的振动和噪声对海洋生物也会产生一定的影响，如对亲鱼培育产生严重影响，造成出苗率低、畸形苗多等问题，但目前尚未见深入的科学研究方法和可信的科学结论。

（6）噪声污染

由于人类活动、交通运输工具、施工机械的机械运动，相应施工过程中产生的噪声可能对邻近的鸟类栖息地和觅食的鸟类产生一定影响，导致施工区域及周边区域中分布的鸟类数量减少、多样性降低。

6.4.2　风电场运营期间的环境问题

除了建设施工期间会产生环境问题，风电场在运营期间也会产生环境问题。运营期间环境问题的形成原因及危害如表 6-2 所示。

表 6-2　风电场运营期间环境问题的形成原因及危害

环境问题	形成原因		危　害
水体污染	生活污水	运行、维护人常日常生活产生	污染地表水体
固体废弃物污染	生活垃圾；废弃材料	（1）运行、维护人员日常生活产生；（2）维修更换产生	破坏地表形态和土层结构，破坏植被，造成土壤污染
气候变化	（1）改变局部地域的气象条件、陆表和大气的热交换过程；（2）使全球表面经向风速、温度、云、感热、潜热、短波和长波辐射都发生变化，间接影响降雨量的变化		（1）改变局部地域的气候；（2）改变全球气候

续表

环境问题	形成原因	危　害
生态系统破坏	（1）风机运行噪声和风机转动对动物造成伤害； （2）对植被覆盖率、地上、地下生物量和枯落物含量产生消极影响； （3）增加了扰动区域的土壤容重、pH 值和总孔隙率； （4）改变温度、土壤湿度，影响碳、氮循环	（1）影响动物的生存和繁衍； （2）影响植物生长，改变生物多样性； （3）降低土壤电导率、含水量、全盐量，降低土壤养分； （4）改变植物群落和土壤微生物群落
噪声污染	运行过程中产生的机械噪声和气动噪声	影响人类、动物的生活
视觉污染	风机庞大，或数量多	扰乱人们生活
辐射污染	风力发电机、变电站、输电线路产生电磁干扰	影响电子通讯设备，对经济或国防建设带来损失

（1）水体污染

一般情况下，风电场在运营期间不会产生生产废水，但运行、维护人员在日常生活中会产生生活污水。这些生活污水直接排放，就会对地表水体造成污染。如果风电场选址地的生态环境较为脆弱，如沙漠、戈壁、滩涂等地，由生活污水导致的水体污染会更加严重。

（2）固体废弃物污染

与水体污染类似，风电场在运营期间也不会产生固体废弃物，仅有运行维护人员日常生活产生的生活垃圾及维护检修时更换产生的废弃材料。这些生活垃圾和废弃材料如果不及时清运，长期堆积就会破坏地表形态和土层结构，破坏植被，并会进一步对堆放的土壤造成污染。

（3）气候变化

风电场的建设与运行会通过改变风速、风向、地面温度和水气循环途径，从而导致气候变化。

1）对局部地域气候的影响

风电场可以改变局域的气象条件、陆表和大气的热交换过程，其中风电场对蒸散发、风速及地面温度的影响受到了广泛关注。蒸散发受风电场的影响可能最为严重，学者们较早进行了相关研究。在研究方法上，主要从区域尺度评价风电场对蒸散发的影响，由于风电场的观测数据很少公布，大面积的实地蒸散发观测也具有较大的难度，因此目前多利用气候模型模拟的方法判断大型风电场对蒸散发的影响趋势，取得了非常好的效果。研究表明，风电场对局域蒸散发的影响可达到 300mm/a 以上。

在探讨风电场对局域风速的影响方面，主要通过模型模拟方法。风力发电机运行过程中，会吸收气流的动量，使下游地区风速明显减小 20%～40%，影响范围可达 30～60km，随着风电场规模增加而扩大。有报道表明，京津冀爆发的大面积雾霾很大程度上是由于近些年风速的减小，而风速的减小很可能与内蒙古风电场大规模建设相关，但由于缺少完整可信的研究体系，这一结论的争议尚很大。

在对地表温度的影响方面，Somnath 等通过在美国加利福尼亚风电场上、下风处各设立一个观测塔，实测发现风电场会对上、下风处的气温产生影响，且气温变化特点不同，但受限于观测成本和方法，无法从区域尺度上验证。Zhou L M 等首次利用遥感数据从区域尺度上监测了美国得克萨斯州风电场地表温度的变化趋势发现，风电场的建设，使附近地表增温达 0.72℃。

另外，对风电场周围的实验观测表明，风速、地表温度、湍流的变化可能影响大气湿度和温室气体（如 CO_2、CH_4 和 N_2O）在近地面边界层的浓度分布，甚至使降雨量增加。

上述现象可能发生相互作用，通过对局域气象因子的长期改变，最终影响局部地域的气候条件。

2）对全球气候变化的影响

风电场对气候的影响不只是局域的，还有大范围的气候效应。大型风电场设置会造成全球大气能量损失，使得全球表面经向风速、温度、云、感热、潜热、短波和长波辐射都发生变化，间接影响降雨量的变化。由于风电场对全球气候变化的影响观测困难，目前主要以 NCAR 和 GFDL 等模型模拟方法来评价其对全球气候变化的影响。Wang 等利用 NCAR 模型，模拟到 2100 年全球使用风能占总能源的 10%以上时，风电场对全球气候的影响，研究结果表明：陆地风电场设置使全球陆地年平均气温升高 0.15℃，沿海风电场对全球年平均气温没有影响；南北半球中低纬度大部分地区变暖，其中许多地区变暖在 1℃ 以上；风电场造成全球大部分网格点上动能减小，盛行风速明显减弱，多数网格点气温上升；风电场的设置改变了近地层的感热和潜热通量以及动量和风速，从而间接改变了降水量和云量。

3）对气候影响的原因分析

Armstrong 等将风电场对大气造成上述影响的可能原因进行了分析。温度和蒸散量在白天是个不稳定的大气边界，在晚上是一个稳定的大气边界。理论上风电场会使得下风处的近地表下层空气出现白天"减温增湿"、晚上"增温减湿"的现象，上风处恰好相反。风电场通过改变风速、湍流、垂直混合、蒸发、陆表和大气的热交换过程，进而改变大气边界层条件，最终影响陆表气象，进一步影响气候状况。

4）不确定性分析

目前，有关风电场对局域气候的影响存在很大的争议。首先，并不是所有研究都表明风电场会对气候产生影响。例如 Vautard 利用一个复杂的区域气候模型对欧洲部分地区的风电场进行研究，结果表明，风电场不会对区域气候产生显著影响，风电场对气候的影响要比欧洲绝大部分地方的自然气候变化小得多。另外，从目前探讨风电场对局域气候影响的方法来看，一般采用气候模型模拟的方法，但由于气候模式的不确定性、风电场模拟试验设计的不确定性，以及模拟结果验证的复杂性，大面积建立风电场的全球气候效应尚有很大不确定性，争议也较大。再者，已有研究还缺乏对下述因素的考虑：风力发电机的型号、高度、密度、空间分布形式和数量的差异性；风电场及其周边的气候条件、地表类型及地形因素的异质性对结果的影响，研究仅集中在气候条件、地表类型相同或相似的风电场，缺少在不同风电场中的对比研究；观测时空尺度的不一致性，忽略时空尺度的差异可能会产生相悖的影响，还需要针对不同地形区域、不同地表类型区域和不同气候背景下的风电场进行长期观测，这种长期观测尺度可能长达几十年，甚至更长。

（4）生态系统破坏

风电场对生态系统的影响主要表现在对动物、植被、土壤及生态系统碳、氮循环的影响等方面。

1）对动物的影响

风电场对动物的影响研究主要围绕陆地及海上 2 个场景进行。相对于风电场建立之前，陆地风电场内鸟类及蝙蝠等飞行动物的活动会迅速下降，这主要是由于风机运行的噪声和风机转动对动物的伤害。

每台风机产生的噪声值约为 96～104dB 之间，对噪声比较敏感的动物就会选择回避；风机的运行常常会对鸟类造成伤害，如鸟被叶片击中。很多学者通过统计鸟类栖息地的数量和面积、迁徙路线、种群数量等方式评价风机对鸟类和蝙蝠的影响，发现转动的风机以及架空的输电线会导致鸟类和蝙蝠撞击伤亡，大多数鸟类和蝙蝠会主动避免在此区域栖息和觅食。因此对一些特殊地区，如鸟类大规模迁徙的路线上，应充分考虑对鸟类的影响，在选址上予以避开。

但也有研究指出，风机转动对鸟类确实存在驱赶作用，但对鸟类的数量影响不大，与死于飞机、汽车、建筑物、通讯塔、架空电线等人造机器或设备下的鸟数量相比，死于风机下的鸟数量微不足道。目前，探讨鸟类活动与环境因子的相关性研究很多，但在风电场内特定环境下，进行鸟类活动与环境因子相关性的研究较少，而风电场内影响鸟类活动的环境因子更为复杂，如地形地貌、天气状况、风机高度与排列、植被层次结构、鸟类可捕食的鼠虫数量、人为干扰等。风电场内鸟类活动与哪些环境因子之间具有显著相关关系，这些相关因子是否具有普遍性，还有待于今后进一步的研究。

海上风电设施对动物的影响方面，可分为两个方面：因风机植入海底的部分相当于人造岛礁，为鱼类提供更为安全的庇护场所，从而会增加鱼的种类；但风力发电机运行过程中产生的振动和噪声可能会对近海鱼类活动和繁殖产生消极影响，但影响程度和鱼类的品种相关。

2）对植被的影响

目前，探讨风电场对植被的影响主要在小尺度内进行，一般采用生态学调查方法，实地分析风电场建设前后的植被变化。一般认为，风电场的运行会对风电场区域内植被覆盖率、地上及地下生物量和枯落物含量产生消极的影响，受限于风电场建成历史短的限制，以及生态学地面调查方法的空间尺度限制，研究时间还局限于风电场建立前、后两期的对比，研究范围仅限于风电场附近 2～3km 范围。但从风电场对局域气候影响范围看，风电场对植被的影响范围也绝不会仅限于上述范围内；由于植被对风电场的响应具有滞后性，仅通过风电场建立前后植被样地的对比，尚不能准确反映风电场对植被的影响。所以评价风电场对植被的影响，还需考虑更大的空间范围、更长的连续时间尺度。

李国庆等以内蒙古灰腾梁风电场为例，利用遥感数据分析了风电场 50km 范围内建设前 9 年和建成后 7 年植被的变化情况，研究发现：

① 风电场对风电场区域内外植被的影响机制是不同的，且和风向密切相关，风电场区域内不利于植被的生长，而上、下风区域却有利于植被的生长，其中下风处更甚。

② 距离风电场中心 30～40km 的下风区很可能是受风电场影响最为明显的区域。但这是在假设地表放牧干扰相似的情况得出的结论，"放牧干扰相似"是李国庆等通过野外的宏观观测与牧户调查得出的，还需要通过布设大量的样地来验证这一结论。

另外，目前尚未见风电场对森林、湿地植被影响相关的研究，还需进行该方面的研究工作，以发现风电场对"草原生态系统""湿地生态系统"和"森林生态系统"植被影响机制的"相似性"与"相异性"。为此，将经典的生态学调查方法与遥感技术相结合，也许会更容易、更真实地揭示风电场对植被的影响机制。

3）对土壤的影响

目前，探讨风电场对土壤的影响，主要通过对风电场及周边土壤样品的采样和分析。有研究表明：风电场的建设增加了扰动区域的土壤容重、pH 值和总孔隙率，降低了土壤电导率、含水量和全盐，同时也降低了土壤养分。但是否会对风电场占地范围之外的土壤产生影响，影响范围和强度有多大，目前尚无相关研究。值得注意的是，风电场对局域气候的影响，势必造成土壤温室气体排放的变化，对土壤的碳、氮等元素的循环过程产生重大影响。另外，风电场通过对降雨的影响间接改变土壤水分的输入量。也有研究假设风电场会改变土壤的水分蒸发，但目前这一结论并未得到实验的验证。在风电场占地范围之外，由于土壤对外部的

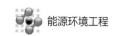

干扰是滞后且缓慢的，风电场对土壤的影响可能需要 20～25 年甚至更长的时间才能表现出来。从已有的研究结果看，由于目前尚未形成长时间连续序列的土壤观测资料，实地验证困难，通过模型模拟风电场对土壤的影响可能成为唯一可行的手段。由于中国风电历史更短，在长时间尺度上研究风电场对土壤的影响更为罕见。

4）对碳、氮循环的影响

与风电场对植被、土壤的影响相比，从整个陆地生态系统范围探讨风电场对碳、氮循环的影响就更为复杂。风电场主要通过对局域微气象的影响，对生态系统的碳、氮循环产生影响，最终形成对全球变化的反馈。风电场的直接影响主要表现在通过对温度、土壤湿度的影响，导致植物群落组成和生产力、土壤微生物活性发生变化；风电场的间接影响主要体现在通过对植物群落组成和生产力的影响，进而改变土壤理化条件和土壤的碳、氮输入，最终改变土壤微生物群落的变化，对全球变化产生反馈。

但就陆地生态系统碳、氮循环而言，这个过程本身就微妙而复杂，涉及的因素庞杂。目前主要的问题是：在现有气候变化模型不足以准确揭示风电场对局域甚至全球气候变化影响的情况下，进一步开展讨论风电场对碳、氮循环的影响及对全球变化的反馈就更加困难。揭示风电场对陆地生态系统碳、氮循环的影响需要长期的深入研究，而科学理解风电场对陆地生态系统碳、氮循环的影响，是衡量风电利弊的关键。

（5）噪声污染

相对风电场对气候及环境的影响，风电场产生的噪声对人类生活的影响迅速、直接，最令人难以忍受。

风机运行时产生的噪声包括轮毂活动部件运动产生的机械噪声和风轮机叶片与周围空气摩擦产生的气动噪声，其中电机和齿轮箱是造成机械噪声的主要原因，而齿轮箱是最主要的噪声源，齿轮的制造水平也决定了噪声的大小。分析表明，风轮直径小于 20m 的风机，机械噪声是主要的。当风轮直径更大时，气动噪声就成为主要的噪声。这些噪声的产生都与风速密切相关。

目前，很多学者已经开展了类似研究，均表明风机转动过程中所产生的低频噪声会对人类生活造成影响，特别是在人口稠密地区，噪声问题更加突出。Pedersen 探讨了风力涡轮机的声压水平与邻居的幸福感之间的关系，结果显示在风力涡轮机的存在下，人更加容易被激怒，而且会出现头痛等症状。他通过构建加权声音变量和疾病之间的回归关系，判断风机噪声对人类身体健康的影响。Punch 等和 Arezes 等在对这方面的文献进行回顾总结时发现，风力涡轮机的低频空气动力噪声会引起睡眠障碍和听力损失，同时也会伤害前庭系统。但风电场产生的噪声影响距离一般不会超过 4km。

现有研究存在的主要问题是：从研究方法上看，通过定量方式评价噪声的大小和距离的关系相对容易，但评价噪声对人类的影响程度却极其复杂，因为这种影响和人群对噪声的耐受程度及年龄相关。从研究区域上看，上述研究多集中在荒漠、草原、高山、森林等人类聚集不明显的区域。在这些区域，风电噪声对人类生活的影响并不明显，但在近海及海岛风景区，尤其是中国东部沿海，人类聚集密度大，能源紧缺，风电是当地能源的重要补充形式，风力涡轮机转动的噪声对人类活动影响尤为显著。由于目前还缺少完备的风电噪声评价体系，和对当地居民合理的补偿机制，因而造成的"人-风"之间的矛盾非常突出，在该类区域探讨风电与人类活动协调发展最为迫切。

（6）视觉污染

风力机或因其庞大，或因其数量多（大型风力电场风力机可多达数百台），势必对视觉景观产生影响，在人口稠密和风景秀丽区域更是如此。对这一问题，处理得好，会产生正面影响，使风力机变成一个景观；而处理不好，则会产生严重的负面效应。因此在风景区和文化古迹区，安装风力机尤应慎重。

风轮机对视觉影响的主要参数有景观的类型、风轮机的布置、风轮机的尺寸、风轮机的数量以及风轮机的颜色等。在风和日丽的条件下，风力发电机组会产生晃动的阴影，在清晨和傍晚时分，阴影对人产生的影响最大，而且阴影会随天气和季节的变化而变化。转动的风力机桨产生的阴影会使人心烦意乱，产生眩晕感，严重扰乱人们的正常生活，造成视觉污染。

（7）辐射污染

风电场辐射源主要有风力发电机、变电站、输电线路 3 个部分。风力发电机在 150m 以外对人体所产生的电磁干扰几乎可以忽略不计，但风力发电机叶片是由具有强反射能力的金属材料制成的，对无线电信号的电磁干扰影响很大，主要表现在对电视广播、微波通信、飞机导航等无线通信的影响上，只有当波长大于风轮机总高度的 4 倍以上时，通信信号才基本不受影响。架设的高压输电线路处于工作时，相对地面将产生静电感应，形成一个交变电磁辐射场，对无线电形成干扰。相对于风力发电机和输电线路所产生的电磁辐射，变电站所产生的电磁辐射更容易人为控制和降低。当变电站进出线采用地下电缆时，运行时产生的电磁辐射对周围环境的影响几乎可以忽略不计。

评价风电场建成后对周围环境的辐射影响研究较多，但在风电场建设前的环评阶段，对其电磁辐射效应的考虑却显得不足。例如，风电场及其附属设施所产生的电磁辐射可能会抬高地区电磁环境的背景噪声，会导致军用雷达等用频系统的效能难以有效发挥；由于涉及多个部门的协调工作，环评阶段对这一因素考虑尚不全面，将有可能给国家经济及国防建设带来重大损失。

6.5　风能利用过程中环境问题的对策

由上节可知，从全生命周期来看，风能利用，尤其是风力发电，无论是风电场的建设阶段，还是建成投运期间，都会产生环境问题。不同环境问题产生的原因及可能导致的危害也各不相同，为减轻风能利用对环境的影响，应针对各环境问题的形成原因，采取相应的对策。

6.5.1　风电场施工期间环境问题的对策

由表 6-1 可知，风电场建设期间产生的环境问题主要是大气污染、土壤破坏、水体污染、固体废弃物污染、生态平衡破坏和噪声污染，各环境问题产生的原因各不相同，因此，应针对各环境问题形成的具体原因，针对性地采取控制措施，以将其对环境的影响降至最低。

（1）大气污染控制

风电场建设期间造成大气污染的主要原因是各种扬尘，包括施工导致现场植被破坏和土壤裸露的扬尘；建筑材料运送和施工垃圾清运时产生的扬尘。为控制施工期间各种扬尘对环境的影响，应对施工场地进行合理的规划控制，尽量采用滚动施工以减少施工占地，并在施工过程中采取不间断洒水的方法避免扬尘；增大对地表植被的保护，减少地表裸露面积。在运送建筑材料和清理施工垃圾时，应先洒水抑尘，减少清理过程的扬尘；在装车后，尽量覆盖防尘网或篷布，减少运输过程的扬尘。

（2）土壤破坏控制

陆地风电场建设期间造成土壤破坏的原因是各施工环节对土壤的扰动，造成地表裸露，

植被破坏，土壤肥力受损，在洪水季节易导致水土流失发生。为减缓施工过程对土壤的破坏，应采用先进技术和设备，尽量减少施工占地面积，采取积极有效的措施，防止施工对地表及植被的破坏；事先规划好施工程序，将挖土按指定地点和顺序堆放，地面作业完成后分别填回深层生土和表层熟土，努力恢复原有土壤结构，以保证土壤内部的营养含量；对施工活动中所产生的建筑废料进行清理，避免因这些材料的难降解性对土壤造成影响。

（3）水体污染控制

风电场建设期间导致水体污染的原因是各种废水的无序排放。要防止或减缓废水对水体的污染，就需对生产中产生的各类排水实现组织排放，在施工现场设置简易处理装置，对其进行初步处理后回用于生产；对于无法重复使用的废水应进行分类收集、集中处理，使其达到排放或回用标准。

（4）固体废弃物污染控制

风电场施工期间造成固体废弃物污染的原因是施工人员产生的生活垃圾和施工过程产生的弃土和建筑垃圾。一般地，由于风电场的建设期一般不会太长，生活垃圾的产生量不会太多，可用垃圾桶收集后运至附近垃圾中转站集中处置；对于生产过程中产生的弃土或建筑垃圾，及时清运至指定地点，以减轻其对环境的影响。

（5）生态平衡保护

为了尽量减少施工对生态平衡的破坏，在陆上风电场施工中，应实行滚动式开发，将占地面积缩小至最低限度；积极开展绿化工作，注意施工后的地表修复和绿化；在工作空间内，种植草坪和树木可起到美化环境和保护土壤结构的双重作用。对湿地生态系统中建设的风电场，在施工前应仔细规划，实施"小范围动工、多轮次施工"的方法，尽量减小对底栖生物生存环境的破坏。

1）野生动物保护措施

良好的植被生长条件是野生动物生存的基础，因此在陆上风电场地面工程建设完成后，应开展树木或草木种植工作，改善项目区域的植被条件，以便为野生动物的生长与繁衍创造一个良好的环境。

在海上风电场的施工过程中，应避免施工活动产生的污水或废油等污染物进入水中，同时采用先进的施工设备，尽量减少因施工而造成的海水泥沙增多和机械振动对水生生物的影响。

2）野生植被的保护

主要采用自然恢复与人工恢复相结合的方式，其中人工恢复主要是结合地形地貌、湿度、温度等条件，选择性地种植生长速率较快的本土植物，以在短时间内恢复该区域的植被生长体系，减少地面工程建设对原地面植被的影响。

3）林业生态系统保护

施工道路尽量利用林业项目区内现有的道路，若由于地面工程建设需要新修施工道路时，应尽量缩短其长度；针对林业项目区内需要特别保护或珍惜的树种，可在施工前安排人员对其进行移栽；对林业项目区内整个施工用地面积进行严格控制，减少林木的砍伐量等。

针对林业地段遭到破坏的植被，应采用种植树木的方式修复，对于树木种植成活率较低的地方，可适当种草或浅根系经济林木；在保证林地原有生态系统组成不变的前提下，在布局上可采用交错分布的种植方式，以促进植物种类的多样性发展，进而形成一个稳定性较强的生态体系；相关检疫部门应对种植所选的树种、树苗等进行病害方面的检疫，防止引入病害。

（6）噪声污染控制

施工过程中各种运输工具和施工机械产生的噪声是形成噪声污染的主要原因。如果施工期较短，产生的噪声污染是局部的、短期的、可逆的，当工程建设完成后，其影响基本可以消除。但如果施工期较长，则需采取必要的防噪、减噪、隔噪措施，尽量降低噪声污染对环境的影响，可考虑从减少减轻建设中的振动和摩擦以达到降噪效果，另外合理安排工程作业时间，错开居民休息与工程高噪声作业时间段。

综上所述，对于风电场建设期间产生的环境问题，可采取表 6-3 所示的各种对策，尽量降低各环境问题导致的不良影响。

表 6-3　风电场建设期间环境问题的形成原因及对策

环境问题	形成原因	对策
大气污染	（1）土建施工造成地表裸露产生的扬尘； （2）建筑材料运输和清除垃圾时产生的扬尘	（1）减小施工占地；施工期间不间断洒水抑尘； （2）清理前洒水抑尘，运输中覆盖防尘
土壤破坏	施工使地表裸露，植被破坏	（1）减少占地，保护地表植被； （2）挖土定点堆放，顺序回填； （3）及时清理建筑垃圾
水体污染	运输车辆、施工机具的冲洗废水，润滑油、废柴油等油类，泥浆废水以及混凝土保养时排放的废水	（1）组织排放，回用于生产； （2）分类收集，集中处理，达标排放或回用
固体废弃物污染	（1）施工人员日常生活产生的生活垃圾； （2）施工过程中产生的弃土、建筑垃圾	（1）经垃圾桶收集后运至中转站集中处理； （2）及时清运至指定地点
生态平衡破坏	（1）陆上风电场：破坏地表植被；扰乱野生动物的栖息地； （2）湿地生态系统：导致土壤结构和地表植被被改变； （3）海上风电场：水中悬浮泥沙增多，植物光合作用减弱	（1）陆上风电场：减少占地，保护地表植被，减少噪声，保护野生动物，减少砍伐量，补种树木； （2）湿地生态系统：减少占地，滚动施工； （3）海上风电场：减小扰动，保护水生动物
噪声污染	人类活动、交通运输工具、施工机械的机械运动	施工期短的，可不控制；施工期长的，采取防噪、减噪、隔噪措施

6.5.2　风电场运营期间环境问题的对策

由表 6-2 可知，风电场运营期间产生的环境问题包括水体污染、固体废弃物污染、气候变化、生态系统破坏、噪声污染、视觉污染和辐射污染，可根据各环境问题产生的原因，针对性地采取措施，将其对环境的影响降到最低程度。

（1）水体污染控制

风电场运营期间造成水体污染的原因是运营、维护人员在日常生活中产生的生活污水。如果风电场选址在生态环境较为脆弱的地方，由生活污水导致的水体污染会更加严重。因此，为消除生活污水对地表水体造成的污染，可将其收集后运至指定地点集中处理，也可在运营地设置简易处理装置，对其进行初步处理后用于植物灌溉。

（2）固体废弃物污染控制

风电场在运营期间产生固体废弃物污染的原因是运营维护人员日常生活产生的生活垃圾及风机维护检修时更换产生的废弃材料。为了消除固体废弃物污染，应将生活垃圾及废弃材料收集后运至指定地点集中处理。

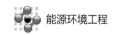

（3）气候变化控制

风电场的建设与运行会通过改变风速、风向、地面温度和水气循环途径，从而导致气候变化。风电场的建设与运行不可避免地会导致气候变化，只要有风电场存在，导致气候变化是必然的，但可通过对比分析风力发电机的高度、密度、空间分布形式、数量和所在区域地形地貌等，对比其对气候变化的影响，从而尽可能降低风电场建设运行对气候变化的影响。

（4）生态系统保护

风电场建设与运行对生态系统的破坏主要表现在风电场占地对地表土壤、植被、动物等的影响，可分别采取如下保护措施。

① 水土保持措施。工程措施包括设置截水沟、排水沟、挡墙、表土剥离工程等，植被措施包括土地整治、种植当地植物、幼林抚育等。此外，还可以采取临时拦挡、覆盖措施。

② 植被及植物保护措施。严格在施工征地红线范围内施工，临时占地尽可能避让植被覆盖率较高的林地，施工过程中要注意保护好表层土壤，对剥离土要妥善堆存，施工结束后用于施工迹地的植被恢复。

③ 鸟类保护措施。合理安排施工时间，避开鸟类迁徙和繁殖期；合理进行选址选线，避免发生鸟类撞击事件；加强环保宣传和教育，避免人为伤害鸟类事件发生。

④ 景观保护措施。风电项目对景观造成的不利影响主要集中在施工初期，应加强施工扬尘防治，优化施工工序、时间和方式，尽量减少施工造成的地表裸露，并结合工程水土保持工作及时做好植被恢复。

（5）噪声污染控制

风机运行产生的噪声包括轮毂活动部件运动产生的机械噪声和风轮机叶片与周围空气摩擦产生的气动噪声，这些噪声的产生都与风速密切相关。但风电场产生的噪声影响距离一般不会超过 4km。在规划风电场时，要充分考虑到噪声对附近居民的影响。对于风电机组对周边居民影响较小的情况，可不采取措施。如果噪声太大，影响了周边居民的生活，则应采取必要的防噪、减噪、隔噪措施。可将风电场建立在风能资源丰富而人口分布稀少的沙漠、山口等地区，以有效降低噪声对居民的影响。

（6）视觉污染控制

风轮机对视觉影响的主要参数有景观的类型、风轮机的布置、风轮机的尺寸、风轮机的数量以及风轮机的颜色等。可在风电场规划设计时加强美学设计，将风力机的型式、布置点等与当地景观结合考虑，让风力机融为当地景观的一部分。

（7）辐射污染控制

风电场运行期间产生辐射污染的原因是风力发电机、变电站、输电线路在工作中产生的工频磁场和交变电磁辐射场。

要降低风电场的辐射效应，今后需要重点考虑以下几个因素：风力发电机的电磁辐射要控制在设计环节，设计和制造时要选择防磁、防辐射的材料，减少风机转动对无线电信号的干扰；在风电场建设的环评阶段，必须考虑风力发电机的参数及相关无线电系统参数，多部门协调工作，减少对军用雷达等用频系统的干扰；输电线路设计要调查线路经过的居民点，了解当地通讯线路的走势，避开重要电子设施，如电视发射塔、移动通信发射塔和基站、电话程控塔、机场导航台等；选用设备的干扰水平要低，并与可以造成干扰的设备保持防护间距，输电线要适当抬高架设高度，减小输电线的线下场强。

综上所述，对于风电场运营期间产生的各种环境问题，可采取表 6-4 所示的对策，将其对环境的影响尽量降低。

表 6-4　风电场运营期间环境问题的形成原因及对策

环境问题	形成原因	对　　策
水体污染	运行、维护人员日常生活产生的生活废水	将生活废水收集后集中处理，或现场简单处理后用于浇灌
固体废弃物污染	（1）运行、维护人员日常生活产生的生活垃圾； （2）维修更换产生的废弃材料	收集后运至指定地点集中处理
气候变化	（1）风电场改变局部地域的气象条件、陆表和大气的热交换过程； （2）大型风电场使全球表面经向风速、温度、云、感热、潜热、短波和长波辐射都发生变化，间接影响降雨量的变化	对比分析风力发电机的高度、密度、空间分布形式、数量和所在区域地形地貌等，对比其对气候变化的影响
生态系统破坏	（1）风机运行噪声和风机转动对动物造成伤害； （2）对植被覆盖率、地上、地下生物量和枯落物含量产生消极的影响； （3）增加了扰动区域的土壤容重、pH 值和总孔隙率； （4）改变温度、土壤湿度，影响碳、氮循环	（1）减少占地，加强水土保护； （2）减少噪声，保护野生动物； （3）加强植被及植物保护； （4）加强鸟类保护
噪声污染	运行过程中产生的机械噪声和气动噪声	（1）施工期短的，可不控制；施工期长的，采取防噪、减噪、隔噪措施； （2）选址在人口分布稀少的沙漠、山口等地区
视觉污染	风机庞大，或数量多	加强美学设计，将风力机的型式、布置点等与当地景观结合考虑，让风力机融为当地景观的一部分
辐射污染	风力发电机、变电站、输电线路产生电磁干扰	（1）设计和制造时要选择防磁、防辐射的材料； （2）建设时考虑风力发电机的参数及相关无线电系统参数； （3）输电线路避开重要电子设施； （4）选用设备干扰水平低，输电线适当抬高架设高度

参考文献

[1] 朱玲，周翠红. 能源环境与可持续发展 [M]. 北京：中国石化出版社，2013.

[2] 杨天华，李延吉，刘辉. 新能源概论 [M]. 北京：化学工业出版社，2013.

[3] 卢平. 能源与环境概论 [M]. 北京：中国水利水电出版社，2011.

[4] 张志英，赵萍，李银凤，等. 风能与风力发电技术 [M]. 第 2 版. 北京：化学工业出版社，2010.

[5] 王建录，赵萍，林志民，等. 风能与风力发电技术 [M]. 第 3 版. 北京：化学工业出版社，2015.

[6] 黄群武，王一平，鲁林平，等. 风能及其利用 [M]. 天津：天津大学出版社，2015.

[7] KHALIGH A，ONAR O C. 环境能源发电：太阳能、风能和海洋能 [M]. 闫怀志，卢道英，闫振民，等译. 北京：机械工业出版社，2013.

[8] MATHEW S，PHILIP G S. 风能转换技术进展 [M]. 金鑫，李军超，杜静，等译. 北京：机械工业出版社，2013.

[9] 孙毅. 风力发电技术 [M]. 长沙：中南大学出版社，2016.

[10] 毕亚雄，赵生校，孙强，等. 海上风电发展研究 [M]. 北京：中国水利水电出版社，2017.

[11] 陈小海，张新刚. 海上风力发电机设计开发 [M]. 北京：中国电力出版社，2018.

[12] BIANCHI F D，BATTISTA H D，MANTZ R J. 风力机控制系统原理、建模及增益调度设计 [M]. 刘光德译. 北京：

机械工业出版社，2009.

[13] 关兴民. 风能太阳能开发利用 [M]. 北京：气象出版社，2018.

[14] 董良杰. 风能工程 [M]. 北京：中国农业出版社，2016.

[15] NELSON V. 风能——可再生能源与环境 [M]. 李建林，肖志东，等译. 北京：人民邮电出版社，2010.

[16] BURTON T，JENKINS N，SHARPE D. 风能技术（第二版）[M]. 武鑫译. 北京：科学出版社，2013.

[17] 曼韦尔，麦高恩，罗杰斯. 风能利用——理论、设计和应用 [M]. 袁奇，何家兴，刘新正，译. 西安：西安交通大学出版社，2013.

[18] 帕达洛斯，瑞本纳克，佩雷拉. 风力发电系统手册（上）[M]. 郭书仁译. 北京：中国三峡出版社，2017.

[19] 帕达洛斯，瑞本纳克，佩雷拉. 风力发电系统手册（下）[M]. 郭书仁译. 北京：中国三峡出版社，2017.

[20] 曾军，陈艳峰，杨苹，等. 大型风力发电机组故障诊断综述 [J]. 电网技术，2018，42（3）：849-860.

[21] 李丹，印颖宁，冯廷晖. 风力发电系统警报信号故障诊断 [J]. 太阳能学报，2017，38（11）：3138-3143.

[22] 沈艳霞，杨雄飞，越芝璞. 风力发电系统传感器故障诊断 [J]. 控制理论与应用，2017，34（3）：321-328.

[23] 金晓航，孙毅，卓继宏，等. 风力发电机组故障诊断与预测技术研究综述 [J]. 仪器仪表学报，2017，38（5）：1041-1053.

[24] 龙霞飞，杨苹，郭红霞，等. 大型风力发电机组故障诊断方法综述 [J]. 电网技术，2017，41（11）：3480-3491.

[25] 姜兆宇，贾庆山，管晓宏. 多时空尺度的风力发电预测方法综述 [J]. 自动化学报，2019，45（1）：51-71.

[26] 张磊，朱凌志，陈宁，等. 风力发电统一模型评述 [J]. 电力系统自动化，2016，40（12）：207-215.

[27] 杨良，王议锋，孟准. 小型并网风力发电系统控制策略 [J]. 电工技术学报，2017，32（10）：252-263.

[28] 张志刚，苏耀国，樊鹏，等. 直驱永磁风力发电系统机侧谐波的抑制 [J]. 中南大学学报（自然科学版），2018，49（6）：1424-1431.

[29] 唐西胜，苗福丰，齐智平，等. 风力发电的调频技术研究综述 [J]. 中国电机工程学报，2014，34（25）：4304-4314.

[30] 何成兵，王建冲，宋磊，等. 新型液压传动风力发电机组综述 [J]. 噪声与振动控制，2018，38（A1）：130-133.

[31] 晁晓洁，李静毅，张涛然. 液压型风力发电机组最佳功率自动控制仿真 [J]. 计算机仿真，2019，36（1）：146-149.

[32] 陈宝林. 永磁同步风力发电控制系统的研究 [D]. 西安：西安科技大学，2018.

[33] 段立滨. 风力发电机组性能优化及功率提升方法研究 [D]. 北京：华北电力大学，2018.

[34] 汤卓凡. 飞轮储能在风力发电系统中的应用研究 [D]. 北京：华北电力大学，2018.

[35] 刘志亮，马成，朱文昌，等. 一种公、自转组合式风力发电系统的研究与设计 [J]. 水力发电，2018，44（5）：98-100.

[36] 李书文，郭明，祝磊. 小型风力发电机组叶片模态分析 [J]. 太阳能学报，2016，37（5）：1114-1118.

[37] 彭超. 风力发电机组地震动力响应分析 [J]. 太阳能学报，2016，37（12）：3189-3194.

[38] 柴建云，赵杨阳，孙旭东，等. 虚拟同号发电机技术在风力发电系统中的应用与展望 [J]. 电力系统自动化，2018，42（9）：17-25，68.

[39] 汪致洵，林湘宁，丁苏阳，等. 适应于海岛独立微网的交直流混合风力发电系统及其优化调整策略 [J]. 中国电机工程学报，2018，38（16）：4692-4704，4974.

[40] 刘先正，王兴成，温家良，等. 风力发电机组动力学建模与分析 [J]. 电力系统自动化，2015，39（5）：15-19，41.

[41] 吕俊霞，焦欣欣. 基于直接功率控制的风力发电系统研究 [J]. 电气传动，2018，48（11）：58-62.

[42] 程友良，薛占璞，渠江曼，等. 考虑能源利用率的风力发电技术结构改进研究 [J]. 科技通报，2018，34（5）：192-198.

[43] 张海霞，潭阳红，周野. 风力发电系统变流器故障诊断 [J]. 电机与控制学报，2015，19（9）：89-94.

[44] 张有明. 风力发电机组噪声测试系统设计与实现 [D]. 呼和浩特：内蒙古工业大学，2018.

[45] 廖炜昊，黄连忠，林虹兆，等. 风力助航的双帆干扰研究 [J]. 可再生能源，2016，34（8）：1216-1220.

[46] 金世国，闫冰. 风力助航在船舶航行中的优化建模研究 [J]. 舰船科学技术，2016，38（12）：46-48.

[47] 林煜翔. 风力助航船舶襟翼帆的设计研究 [D]. 大连：大连海事大学，2003.

[48] 李元奎，张英俊，岳兴旺，等. 面向风帆助航的海洋风力资源分析方法 [J]. 中国航海，2013，36（3）：90-94.

[49] 刘伊凡，黄连忠，李元奎，等. 风帆助航船舶的典型航线可用风力资源分析 [J]. 大连海事大学学报，2016，42（1）：

51-56.

[50] 史战国. 风帆助航船舶典型航线能效营运指数研究 [D]. 大连：大连海事大学，2011.

[51] 张瑞瑞，包国治，李永正，等. 改进型帆翼参数对载荷特性影响分析 [J]. 中国造船，2017，58（3）：136-145.

[52] 陈再发，钱善柏. 风帆助航船舶操纵性及营运能效探析 [J]. 浙江国际海运职业技术学院学报，2018，14（3）：1-5.

[53] 杨龙霞. 风帆助航远洋船的翼帆性能及其机桨配合研究 [D]. 上海：上海交通大学，2013.

[54] 梁大龙. 风帆助航船机舱通风实时特性分析方法研究 [D]. 大连：大连海事大学，2011.

[55] 林宗虎. 风能及其利用 [J]. 自然杂志，2008，30（6）：309-314.

[56] 宋俊. 风能利用 [M]. 北京：机械工业出版社，2014.

[57] 胡以怀. 新能源与船舶节能技术 [M]. 北京：科学出版社，2015.

[58] 崔爽. 季风洋流对于中国沿海风帆助航船舶的影响 [J]. 中国水运，2011，11（11）：22-23.

[59] 赵江滨，王立明，袁成清，等. 一种基于主导风向的风帆偏航控制系统 [J]. 交通信息与安全，2010，28（6）：95-97，120.

[60] 金浩，胡以怀，唐娟娟，等. 风力致热型海水淡化装置及参数设计 [J]. 可再生能源，2017，35（5）：747-752.

[61] 刘洋，胡以怀. 搅拌式风力致热装置的参数设计 [J]. 太阳能学报，2014，35（10）：1977-1980.

[62] 谢红振，马昕霞，李永光. 搅拌式风力致热性能研究 [J]. 上海电力学院学报，2018，34（3）：236-238，244.

[63] 胡以怀，金浩，冯是全，等. 垂直轴风力机在风力致热中的应用研究 [J]. 科技通报，2017，33（12）：1-8.

[64] 王祖明，王祖敏，王文蔚. 加大风力致热及其储能技术的开发力度 [J]. 上海节能，2018（1）：9-12.

[65] 李凯，胡以怀，曾存，等. 涡流法在风力致热中的应用研究 [J]. 科学技术创新，2018（8）：1-2.

[66] 金浩，胡以怀，张华武，等. 基于Φ型垂直轴风力机的风力致热装置设计 [J]. 上海节能，2018（10）：804-810.

[67] 王士荣，沈德昌. 风力提水与风力致热 [M]. 北京：科学出版社，2012.

[68] 苏文娟，李永光. 搅拌式风力致热实验研究 [J]. 上海电力学院学报，2016，32（3）：274-276，292.

[69] 金浩，胡以怀，虞驰程，等. 搅拌液体风力致热装置的热力学分析 [J]. 节能，2016，35（8）：66-69，93.

[70] 张永志. 风力致热——土壤源热泵系统的模拟研究 [D]. 包头：内蒙古科技大学，2013.

[71] 张永志，顾洁. 风力致热——地理管地源热泵系统特性分析和研究 [J]. 暖通空调，2013，43（4）：105-108，71.

[72] 任飞，王存堂，谢方伟，等. 液压式风力致热系统中节流阀致热特性仿真 [J]. 流体传动与控制，2015（3）：1-6.

[73] 袁玫. 搅拌式风力致热装置性能仿真及实验研究 [D]. 北京：中国农业大学，2011.

[74] 陈垂灿. 基于涡流法的风力致热系统应用研究 [D]. 南宁：广西大学，2011.

[75] 陈垂灿，陈家权，刘晓红. 涡流法在风力致热上的应用 [J]. 电网与清洁能源，2011，27（2）：71-73.

[76] 赵建柱. 风力致热的研究与试验 [D]. 北京：中国农业大学，2006.

[77] 李华山，冯晓东，刘通. 我国风力致热技术研究进展 [J]. 太阳能，2008（9）：37.

[78] 黄应红. 风力致热装置控制技术的研究 [D]. 北京：中国农业大学，2004.

[79] 王士荣. 风力致热技术及其应用 [J]. 农村能源，2002，20（2）：28-29.

[80] 赵知章. 风力致热的方法及实验研究 [D]. 西安：西安交通大学，2003.

[81] 黄应红，张红，赵建柱，等. 液压式风力致热器及其控制方法 [J]. 可再生能源，2004，22（1）：39-40.

[82] 李国斐，张红. 搅拌式风力致热系统应用研究 [J]. 潍坊学院学报，2004，4（6）：83-85.

[83] 吴士荣，吴书远，武刚. 液压式风力致热与蓄热装置 [J]. 可再生能源，2002，20（4）：29-31.

[84] 泰威德尔，高迪. 海上风力发电 [M]. 张亮，白勇，译. 北京：海洋出版社，2012.

[85] 李伟栋. 海上风力发电系统设计 [D]. 长沙：湖南大学，2017.

[86] 余聪，王辉，黄守道，等. DC/DC并网变流器在海上风力发电中的应用研究 [J]. 电力电子技术，2018，52（1）：18-21，50.

[87] 王迪，常山，杨龙. 海上风力发电液力调速控制系统分析 [J]. 舰船科学技术，2018，40（11）：82-87.

[88] 孙凌云. 海上风力发电基础形式及关键技术 [J]. 绿色环保建材，2019（1）：234-235.

[89] 袁培银，赵宇，王平义，等. 海上风力发电平台概念设计及系泊系统特性研究 [J]. 舰船科学技术，2017，39（4）：

79-83.

[90] 高震，范景涛，李广帅. 海上风力发电技术及研究 [J]. 建筑工程技术与设计，2018（12）：636.

[91] 谢洪放. 漂浮式海上风力发电机组载荷控制研究 [D]. 沈阳：沈阳工业大学，2017.

[92] 谢源，高志飞，汪永海. 海上风力发电机组远程监测系统设计 [J]. 测控技术，2016，35（4）：27-30，34.

[93] 张殿诚. 海上风力发电的输电技术分析 [J]. 经济技术协作信息，2018（22）：88.

[94] 张海峰. 海上风力发电技术 [J]. 资源节约与环保，2017（6）：15-16.

[95] 范定成. 海上风力发电机组变桨距控制技术研究 [D]. 长沙：湖南大学，2016.

[96] 王书勇，王岳峰. 海上风力发电机组集中润滑系统的研究 [J]. 机械管理与开发，2018，33（9）：1-3.

[97] 解鹏飞. 海上风力发电机组可靠性问题的思考 [J]. 建筑工程技术与设计，2018（13）：5047.

[98] 田利，郭文潞，尹彦涛，等. 海上风力发电塔架直、间接作用的研究状态及展望 [J]. 工业建筑，2016，46（5）：131-138.

[99] 汪锋. 海上风力发电机组电控系统设计和可靠性研究 [J]. 北京：华北电力大学，2016.

[100] 刘文锋，陈建兵，李杰. 大型海上风力发电高塔随机最优减震控制 [J]. 土木工程学报，2012，45（A2）：22-26.

[101] 李利飞. 海上风力发电安装船总体技术研究 [D]. 天津：天津大学，2014.

[102] 刘永刚. 海上风力发电复合筒型基础承载特性研究 [D]. 天津：天津大学，2014.

[103] 俞增盛. 高空风力发电技术及产业前景综述 [J]. 上海节能，2017（7）：379-382.

[104] 孙衢，孙煜. 高空风力发电机组预测函数控制研究 [J]. 中国科学技术大学学报，2012，42（5）：372-377.

[105] 李泉洞，滕凯芝. 高空风力发电技术 [J]. 起重运输机械，2011（2）：45-47.

[106] 和月磊. 直驱式永磁电机在高空风力发电中的应用研究 [D]. 哈尔滨：哈尔滨工业大学，2011.

[107] 高文飞. MY1.5-89 低风速风力发电机组载荷计算及控制策略研究 [D]. 西安：西安交通大学，2017.

[108] 柴建云，张舒杨. 低风速风力发电机组造价与度电成本分析 [J]. 清华大学学报（自然科学版），2011，51（3）：356-360.

[109] 杨海燕，陈波，张蕾，等. 低风速风力发电机组电气联调测试系统的设计 [J]. 机械工程师，2017（1）：200-201.

[110] 黄宜森，顾金，刘松超. 1.5MW 低风速风力发电机组主传动系统设计及动力学分析 [J]. 可再生能源，2012，30（1）：21-26，32.

[111] 孙虹，王明，许国强，等. 低风速风力发电机组风场监控系统的设计 [J]. 电子技术与软件工程，2014（17）：143-145.

[112] 张纪杰. 一种应用于城区低风速环境下的小型风力发电并网逆变系统 [J]. 山东电力技术，2017，44（8）：13-18.

[113] 杨晓红，葛海涛. 基于模糊控制的风力发电机组低风速时最大风能追踪控制仿真研究 [J]. 机械设计与制造，2012（8）：207-209.

[114] 吴正泳. 低风速条件下风力发电机组的初步研究 [D]. 北京：华北电力大学，2008.

[115] 玛安妮. 适用于低启动风速高效率垂直轴风力发电机构的研发 [D]. 昆山：昆山科技大学，2010.

[116] 文贤馗，陈雯，钟晶亮，等. 面向废弃能量收集的风电-压缩空气储能耦合发电系统 [J]. 节能，2019，38（2）：107-110.

[117] 杨良，王议锋，孟准. 小型并网风力发电系统控制策略 [J]. 电工技术学报，2017，32（10）：252-263.

[118] 韩东伟，刘月茹，朱鑫鑫. 涡轮风力发电机组监控系统 [J]. 自动化应用，2012（4）：68-69，74.

[119] 李会轩. 低速风力涡轮级叶片与波瓣混合的改型设计 [D]. 哈尔滨：哈尔滨工业大学，2016.

[120] 王述洋，张臣. 风力发电机风速放大器的研究与优化设计 [J]. 可再生能源，2016，34（9）：1348-1355.

[121] 胡良权，陈进格，沈昕，等. 结冰对风力机载荷的影响 [J]. 上海交通大学学报，2018，52（8）：904-909.

[122] 杨从新，何攀，张旭耀，等. 轮毂高度差或上游风力机偏航角对风力机总功率输出的影响 [J]. 农业工程学报，2018，34（22）：155-161.

[123] 贾娅娅，练继建，王海军. 风轮仰角对风力机气动性能的影响研究 [J]. 太阳能学报，2018，39（4）：1135-1141.

[124] 郭辉，岳良明，王海文. 大型水平轴风力机风轮模型风洞试验 [J]. 太阳能学报，2018，39（1）：53-257.

［125］陈进，陈刚，谢翌. 考虑变形的风力机叶片结构优化［J］. 太阳能学报，2018，39（4）：1119-1126.

［126］李国强，张卫国，陈立，等. 风力机叶片翼型动态试验技术研究［J］. 力学学报，2018，50（4）：751-765.

［127］叶昭良，王晓东，康顺. 水平轴风力机偏航气动性能分析［J］. 工程热物理学报，2018，39（15）：985-991.

［128］孙大刚，郭进军，李占龙，等. 风力机穿孔型阻尼抑颤叶片结构研究［J］. 太阳能学报，2018，39（10）：2962-2969.

［129］缪维跑，李春，阳君. 偏航尾迹特性及对下游风力机的影响研究［J］. 太阳能学报，2018，39（9）：2462-2469.

［130］杜鹏程，汪建文，白叶飞，等. 离心载荷作用下风力机叶片表面应力分析［J］. 工程热物理学报，2018，39（9）：1965-1969.

［131］高深，赵旭，杨光，等. 对旋风力机气动耦合设计［J］. 太阳能学报，2017，38（6）：1468-1474.

［132］张兆德，张鑫文，徐超. 大型风力机叶片气动噪声研究［J］. 太阳能学报，2017，38（5）：1346-1353.

［133］单丽君. 风力机设计与仿真实例［M］. 北京：科学出版社，2012.

［134］谢金平. 风力机特性模拟技术的研究［D］. 温州：温州大学，2018.

［135］张晓蕊，刘利琴，王凤东，等. 海上浮式垂直轴风力机的气动特性研究［J］. 哈尔滨工程大学学报，2017，38（6）：859-865.

［136］李涛. 风力发电的环境价值分析［J］. 环境与发展，2017，29（10）：39，41.

［137］李国庆，李晓兵. 风电场对环境的影响研究进展［J］. 地理科学进展，2016，35（8）：1017-1026.

［138］赵茜. 陆上风电项目环境影响与措施分析［J］. 节能，2018，37（4）：19-21.

［139］赵吴鹏. 风电工程环境影响评价及应对措施［J］. 能源研究与管理，2016（3）：10-12.

［140］孙玉婷，粘新悦，闵锦忠，等. 中国沿海风能分布特性及其影响因子的数学模拟［J］. 大气科学学报，2017，40（6）：823-832.

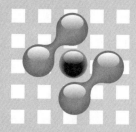

第 **7** 章　生物质能的开发利用与环境问题及对策

生物质能是太阳能以化学能形式贮存在生物质中的能量形式，即以生物质为载体的能量。它直接或间接地来源于绿色植物的光合作用，可转化为常规的固态、液态和气态燃料，取之不尽、用之不竭，是一种可再生能源，同时也是唯一一种可再生的碳源。

生物质具有利用转化成本较低、易普及、储量巨大、分布广泛的特点，同时其能源化利用不产生温室气体，可以作为一种碳平衡的能源来源加以利用。因此，采用合适的技术手段将生物质转化为高附加值的能源来加以利用，有可能用于替代或者减轻对化石能源的过分依赖，对于有效降低温室气体排放、保障国家能源安全和可持续发展都具有重要意义。在化石能源渐趋枯竭，可持续发展、保护环境和循环经济模式逐渐被接受的时候，世界开始将目光聚焦到可再生能源，特别是生物能源上。

生物质能是人类赖以生存和发展的重要能源，是仅次于煤炭、石油和天然气而居于世界能源消费总量第四位的能源。目前，生物质能在世界能源总消费量中占14%，因而在整个能源系统中占有重要地位。预计到21世纪中叶采用新技术生产的各种生物质替代燃料将占全球总能耗的40%以上。

7.1　生物质的分类及生物质能的特点

生物质是指通过光合作用而形成的各种有机体，包括所有的动植物和微生物。光合作用利用空气中的二氧化碳和土壤中的水，将吸收的太阳能转化为碳水化合物和氧气。地球上生物质种类极其丰富，据科学家估计，全球生物物种有3000万～5000万之多，丰富的生物多样性赋予我们的星球斑斓绚丽的色彩。

7.1.1　生物质的分类

生物质能是太阳能以化学能形式蕴藏在生物质中的一种能量形式，是以生物质为载体的能量。它直接或间接来源于绿色植物的光合物用，可转化为常规的固态、液态和气态燃料，取之不尽，用之不竭，是一种可再生能源。生物质能是太阳能的一种表现形式，在植物生长过程中吸收太阳能及大气中的 CO_2，构成了生物质中碳的循环。

目前主要的能源——煤、石油和天然气等化石能源也是由生物质能转变而来的。据估计，地球上每年植物光合作用固定的碳达 $2.0×10^{14}$t，含能量 $3×10^{21}$J，每年通过光合作用贮存在植物的枝、茎、叶中的太阳能相当于全世界每年耗能量的 10 倍。生物质遍布世界各地，蕴藏量极大，仅地球上的植物每年生产的能量就相当于目前人类消耗矿物质能的 20 倍，或相当于世界现有人口食物能量的 160 倍。虽然生物质能数量巨大，但目前人类将其作为能源的利用量还不到其总量的 1%。未被利用的生物质，为完成自然界的碳循环，其绝大部分由自然腐解将能量和碳素释放，回到自然界中。随着人类对生物质能的重视以及研究开发的逐步深入，其应用水平及使用效率必将进一步提高。

世界上生物质资源数量庞大，形式繁多，对于生物质如何进行分类，有着不同的标准。依据来源的不同，可将生物质分为林业废弃物、农业废弃物、禽畜粪便、城市固体废物和生活污水与工业有机废水等。近年来，出现了专门为生产能源而种植的能源作物，成为生物质队伍里的一支生力军。

生物质主要包括以下几个方面。

（1）林业废弃物

林业废弃物是指森林生长和林业生产过程产生的废弃物，主要包括薪材、在森林抚育和间伐作业中的零散木材、残留的树枝、树叶和木屑等；木材采运和加工过程中的枝丫、锯末、木屑、梢头、板皮和截头等；林业副产品的废弃物，如果壳和果核等。由于我国一些地区农民燃料短缺，专门用作燃料的薪炭林太少，所以常以材林充抵生活燃料，这就属于"过耗"，近年来过耗现象已趋减少。

（2）农业废弃物

农业废弃物是农业生产的副产品，也是我国农村的传统燃料，主要包括农业生产过程中的废弃物，如农作物收获时残留在农田内的农作物秸秆（玉米秸、高粱秸、麦秸、稻草、豆秸和棉秆等）；农产品加工业的废弃物，如农业生产过程中剩余的稻壳等。目前全国农村用作能源的秸秆消费量约 $2.86×10^8$t，但大多数还是低效利用，即直接在柴灶上燃烧，其转化效率仅为 10%～20%。随着农村经济的发展和农民收入的增加，改用优质燃料（液化气、电炊、沼气、型煤）的家庭越来越多，各地均出现收获后在田边地头放火烧秸秆的现象，既危害环境，又浪费资源。目前我国农业废弃物的利用率和前几年相比不仅没有提高，反而有所降低，许多地区废秸秆量已占总秸秆量的 60% 以上，因此，加快秸秆的优质化转化利用势在必行。

（3）畜禽粪便

畜禽粪便是畜禽排泄物的总称，它是其他形态生物质（主要是粮食、农作物秸秆和牧草等）的转化形式，包括禽畜排出的粪便、尿及其与垫草的混合物。禽畜粪便除青藏一带牧民用其直接燃烧（炊事、取暖）外，更多是将其制作有机肥料，或经厌氧发酵制取沼气后再做有机肥料，开发和推广集约化养殖禽畜粪便的资源化利用技术，通过收集、转化、干燥、粉碎、脱臭、包涂等工序，将之转变为工业规模的高效生物肥料，可有效减少环境污染，且可替代相当数量的化肥，同时还可缓解我国高效有机肥料供应不足的矛盾。

（4）城市固体废物

城市固体废物主要是由城镇居民生活垃圾、商业和服务业垃圾、少量建筑垃圾等废弃物

所构成的混合物，组成成分比较复杂，受当地居民生活水平、能源结构、城市建设、自然条件、传统习惯以及季节变化等因素影响。随着城市规模的扩大和城市化进程的加速，中国城镇垃圾的产生量和堆积量逐年增加。目前中国城镇垃圾热值在 4.18MJ/kg 左右，垃圾中的无机物（炉灰、塑料、玻璃、金属等）将随着我国城市化率、煤气供应率和集中供暖率的上升而减少，城市垃圾的有机质比例将迅速上升，利用相应的无害化处理技术，可得到有效能源如沼气、电能等。

（5）生活污水和工业有机废水

生活污水主要由城镇居民生活、商业和服务业的各种排水组成，如冷却水、洗浴排水、盥洗排水、洗衣排水、厨房排水、粪便污水等。一般城市污水含有 0.02%～0.03%固体与 99%以上的水分，下水道污泥有望成为厌氧消化槽的主要原料。工业有机废水主要是酒精、酿酒、食品、制药、造纸及屠宰等行业生产过程中排出的废水，其中都富含有机物。

（6）能源植物

能源植物是指以提供制取燃料原料或提供燃料油为目的的栽培植物的总称，种类很多，可分为四类：一是以制酒精为目的的一年生或多年生作物，如玉米、甘蔗、甜高粱、甘薯等；二是以生产燃料油（如生物柴油、烃类物质）为目的的植物，如油菜、续随子、绿玉树、三角戟、三叶橡胶树、麻疯树、汉加树、白乳木、油桐、小桐子、光皮树、油楠、霍霍巴树、乌桕、油橄榄等；三是用于直接燃烧的植物，如专门提供薪柴的薪炭林；四是可供厌氧发酵的藻类或其他植物。

总之，生物质资源不仅储量丰富，而且可以再生。据估计，作为植物生物质的最主要成分——木质素和纤维素每年以约 $1640\times10^8 t$ 的速度不断再生，如以能量换算，相当于目前石油年产量的 15～20 倍。如果这些能量能得到利用，人类就相当于拥有了一个取之不尽、用之不竭的资源宝库。而且，由于生物质来源于 CO_2（光合作用），燃烧后产生 CO_2，但不会增加大气中的 CO_2 的含量，因此与矿物质燃料相比，生物质更为清洁，是未来世界理想的清洁能源。

7.1.2 生物质能的特点

生物质由 C、H、O、N、S 等元素组成，是空气中的 CO_2、水和太阳光通过光合作用的产物，其挥发分高，C 活性高，S、N 含量低（S 质量分数为 0.1%～1.5%，N 质量分数为 0.5%～3.0%），灰分低（0.1%～3.0%）。生物质能既不同于常规的矿物能源，又有别于其他新能源，它兼有两者的特点和优势，是人类最主要的可再生能源之一，具有以下特点。

① 生物质能资源的大量性和普遍性。生物质是一种到处都有的、普遍而廉价的能源，取材容易，生产过程简单，利用形式多样。

② 生物质能是一种理想的可再生能源，可保证能源的永续利用。生物质能由于通过植物的光合作用可以再生，与风能、太阳能等同属可再生能源，只要太阳辐射存在，生物质能就永远不会枯竭。

③ 生物质能的清洁性。在科学合理使用的情况下，生物质能不但不会污染环境，而且还有益于环境，对于改善大气酸雨环境，减少大气中二氧化碳含量，从而减轻温室效应都有极大的好处。

由于生物质的形式繁多，本章主要论述农业废弃物和林业废弃物这两类生物质（合称农林废弃物）的利用方法及其利用过程中的环境问题与对策。

7.2　生物质能的转化利用途径

生物质能存在于生物质内，是唯一可运输、储存的可再生能源。但生物质种类繁多，性质各异，利用技术也呈现复杂和多样的特点。表 7-1 列举了各种生物质能转化利用技术。

表 7-1　生物质能转化利用技术

	燃烧供热	直接燃烧技术	炉灶燃烧技术
			锅炉燃烧技术
		成型燃料燃烧技术	
	热化学液化	热解液化	
		水热液化	
生物质能转化利用技术 热化学转化	热化学气化	热解气化	
		气化剂气化	
		水热气化	
	热化学炭化	热解炭化	
		水热炭化	
生物转化	生物液化	发酵制乙醇	
	生物气化	发酵产沼气	

7.2.1　热化学转化

热化学转化，是指在一定温度条件下，将生物质中所蕴含的化学能转化为热能或高品质能源物质。

（1）直接燃烧

直接燃烧是采用特定的燃烧方法及相适应的炉型使生物质与氧气发生燃烧反应，同时放出热量。直接燃烧的目的是利用其燃烧放出的热值，因此采用的炉型应尽可能使生物质燃尽，放出更多的热量。

由于生物质直接燃烧的热利用效率低，而且在燃烧过程中会产生大量的烟气和粉尘，因此已逐渐被热化学液化、热化学气化和热化学炭化等热化学转化技术取代。

（2）热化学液化

热化学液化是在一定的温度和压力条件下，将生物质经过一系列化学加工过程，使其转化成生物油的热化学过程。根据热化学液化过程的不同技术路线，生物质的热化学液化可分为热解液化和水热液化。

热解液化是以追求液体产物产率为目标的生物质热解过程，以生物油为主要产品。

水热液化是在合适的催化剂、一定的温度和压力的条件下，以水为媒介，将生物质转化为生物油、半焦和干气。水热液化所得生物油的含氧量在 10% 左右，热值比热解液化的生物油高 50%，物理和化学稳定性更好。

（3）热化学气化

热化学气化是在一定的温度条件下，将生物质转化成小分子气体的热化学过程。根据加工过程的不同技术路线，生物质的热化学气化可分为热解气化、气化剂气化和水热气化。

热解气化是以追求气体产物产率为目标的生物质热解过程。

气化剂气化简称气化，是采用某种气化剂，将生物质原料转化成含有 CO、CH_4、H_2 和 C_nH_m 等的可燃气体。

水热气化是以水为溶剂，在合适的催化剂和一定的工艺条件下，使生物质中的大分子物质发生裂解生成小分子的可燃气。

（4）热化学炭化

生物质热化学炭化是指在一定温度条件下将生物质物中的有机组分进行热分解，使二氧化碳等气体从固体中被分离，同时又最大限度地保留生物质中的炭值，从而形成一种焦炭类的产品，通过提高其炭含量而提高其热值。根据加工过程的不同，生物质的热化学炭化可分为热解炭化和水热炭化。

热解炭化是以追求固体产物产率为目标的生物质热解过程，其实质是在缺氧或少氧的情况下对生物质进行干馏，因此也称干馏炭化。

水热炭化是在一定的温度和压力条件下，将生物质放入密闭的水溶液中反应一定时间以制取焦炭的过程，实际上水热炭化是一种脱水脱羧的煤化过程。

7.2.2　生物转化

生物转化是依靠微生物或酶的作用，对生物质能进行转化，生产出如乙醇、氢、甲烷等液体或气体燃料。根据转化产物的形态，生物转化可分为生物液化和生物气化。

（1）生物液化

生物质生物液化是指在微生物或酶的作用下，将生物质转化为乙醇、丁醇等液体燃料。

（2）生物气化

生物质生物气化是指在微生物或酶的作用下，通过厌氧发酵将生物质转化为沼气或氢气等可燃气体。其中，厌氧发酵制沼气的技术已非常成熟，得到了普遍的应用。

7.3　生物质的预处理

农林废弃物的生长分布非常松散，要实现其能源化利用，就要对分散的生物质资源进行收集，并根据后续利用技术的特点将其加工成符合使用要求的原料。一般地，农林废弃物资源经收集后，还需对其进行干燥、粉碎、成型等预处理，使其含水率、尺寸符合后续利用方法的要求。

7.3.1　生物质的收集

农林废弃物类生物质，具有质量轻、体积大、分布面积广、收获具有季节性等特点，导致了生物质资源的利用难度大，大大限制了生物质利用的范围，并且生物质利用成本很高，异地利用成本则更高。要形成规模化、工业化，就必须在原材料供应上保障，满足其持续平衡、规模化、标准化特点。生物质原料收集就必须规模化、专业化、机械化，采用合适收集技术，建立合理、高效、低成本的收集储运体系。

（1）树皮、废纸及木材加工废料的收集

树皮、废纸及木材加工废料属于木质生物质，堆放在加工企业的废料场内，不受季节性影响，可以长年进行收购。对于砍伐时丢于林地的树枝叶和树根，可委托木材加工企业在收购木材时代为收购，实现同步收集和运输，并将其运输至加工企业废料场内，从而实现经济、科学的收集。

（2）水稻、玉米等软质秸秆的收集

水稻、玉米等软质秸秆属于农作物秸秆，所以在收集时需要与收购季节保持同步。水稻和玉米等软质秸秆由于种植区域十分广泛，而且所有权分属于家家户户，如果直接向农户采购需要耗费大量的人力和物力，效率也较低。可以采用经纪人制度，通过经纪人提前对收购进行计划和组织，由经纪人提供稳定、可靠的收购服务，不仅有利于有效地降低收购成本，而且还确保了收集的计划性。

（3）其他生物质燃料的收集

在对一些蔗渣及稻壳等生物质进行收集时，由于其堆积密度大、流动性好及具有较为均匀的物料颗粒，不需要进行二次处理即可以直接进行使用，而且在运输和储存上也较为便利，收集工作相对也较为简单，与相关加工企业签订收购协议就可以直接进行。

由于生物质具有较强的分散性和季节性特点，在收集过程中具有一定的难度。所以观念上不能以经济价值衡量，要以长远的眼光看待，要着眼于减少污染、增加社会效益。政府政策支持和相关技术进步具有重要意义，在这一工作上政府应起主导作用，推动生物质能源综合利用工作更快更好的发展。

7.3.2　生物质的运输

目前我国农林业均为分散单户种植，未形成规模化生产，机械化水平较低，无法利用国外成熟的大型机械进行收储。应根据生物质特性和储存方式的不同确定不同的运输方式，采用分散收集、集中存储的运行模式，将符合后续转化利用所要求的生物质原料直接送往收购点或利用点储存，不符合利用要求的生物质原料必须先经破碎或成型后再送往收购点和利用点储存。

生物质的特性各异，也决定了其各自的运输方式。目前，较常见的农林生物质运输方式是：个体收购者或农民将收割后留在田间的秸秆集中到田头或房前屋后的空地上，通过农用车送到就近收购站，在收购站打捆或粉碎后，清除其中夹杂的砖头土块，对含水的生物质进行风干，有利于后续利用工序的质量保证。当后续利用工厂需要时，用载重车辆运往工厂的原料堆场。由于生物质密度小、体积大，运输车辆载重量受到限制，因此运输车辆的需求量较大。为了减少运输成本，对生物质原料需求量较大的转化利用工厂都配有大车厢专用自卸汽车从收购站运往工厂。

由于生物质收集途径很多，每个转化利用工厂的原料来源、运输条件、转化利用方式不同，因此采用的运输方式需要根据实际情况调研确定。目前常采用的运输方式有：

① 船运。在河流较发达地区，采用船运是一种较经济的运输方式。可将生物质原料采用船运，到厂后用负压气力管道输送至原料堆放仓库。气力管道运输方案是稻壳运输最经济、环保的一种方式，且有利于将稻壳中的土块、石头分离出来，避免后续工段的锅炉底渣系统因大块而卡住。但该系统不适应粉碎后秸秆的运输，由于秸秆之间相互牵连搭桥，很容易产生堵管，输送能力大大降低。秸秆一般采用胶带输送机从船头送到厂内原料堆场。

② 车运。有些原料长距离运输，特别是木材加工废弃料及农产品加工废弃物的运输，为了减少环境污染及运输成本，可将其装袋后用载重车运往转化利用工厂。但在后续利用的解袋过程中会产生较大的扬尘，工作环境恶劣。

7.3.3 生物质粉碎

生物质能的利用是将生物质所含的化学能转化为热能或高品位的能源载体（燃料油或燃料气）。根据化学反应动力学和热传递理论，对生物质进行破碎预处理能够提高其热转化效率。一方面，减小生物质粒径能够增加颗粒的比表面积，有利于化学反应过程的传热和传质，减少物料在反应器内的停留时间，提高反应器的处理能力，降低颗粒内部的温度梯度，提高产率。另一方面，生物质能量密度低，热值变动范围较大，通过破碎预处理，能使生物质给料均匀、炉前进料热值波动小，使生物油产率和成分保持稳定，提高生物质的热处理效率和污染控制效率。因此生物质能转化利用设备对原料的尺寸都有一定的要求，要满足设备对生物质原料的尺寸要求，必须事先对生物质原料进行粉碎处理。

生物质既包括木质素含量高的棉秆、树枝，相对硬度较大，呈现脆性，也包括纤维素及半纤维素含量高的稻草、玉米秸秆等，韧性较强，故生物质宜采用挤压、剪切、磨削和冲击等多种方式进行破碎。

（1）挤压破碎

挤压破碎是破碎设备的工作部件对物料施加挤压作用，物料在压力作用下被破碎。挤压磨、颚式破碎机等均属这类破碎设备，物料在两个工作面之间受到相对缓慢的压力而被破碎。因为压力作用较缓和、均匀，故物料破碎过程较均匀。这种方法通常多用于脆性物料的粗碎，但纲领式破碎机也可将物料破碎至几毫米以下。挤压磨磨出的物料有时也会呈片状粉料，通常作为细粉磨前的预破碎设备。

（2）挤压-剪切破碎

挤压-剪切破碎是挤压和剪切两种基本破碎方法相结合的破碎方式，雷蒙磨及各种立式磨通常采用这种破碎方式。

（3）研磨-磨削破碎

研磨和磨削本质上均属剪切摩擦破碎，包括研磨介质对物料的破碎和物料相互间的摩擦作用。振动磨、搅拌磨以及球磨机的细磨仓等都是以此为主要原理。与施加强大破碎力的挤压和冲击破碎不同，研磨和磨削是靠研磨介质对物料颗粒表面的不断磨蚀而实现破碎的，因此有必要考虑研磨介质的物理性质、填充率、尺寸、形状及黏性等。

（4）冲击破碎

冲击破碎包括高速运动的破碎体对被破碎物料的冲击和高速运动的物料向固定壁或靶的冲击。这种破碎过程可在较短时间内发生多次冲击碰撞，每次冲击碰撞的破碎都是在瞬间完成的，破碎体与被破碎物料的动量交换非常迅速。

对于一般木屑、树皮等尺寸较大的生物质，都要进行粉碎作业，而且常常进行两次以上粉碎，并在粉碎的工序中间插干燥工序，以提高粉碎效果，增加产率。

锤片式粉碎机是粉碎作业应用最多的一种粉碎机。对于树皮、碎木屑等生物质原料，锤片机能够较为理想地完成粉碎作业，粉碎物的粒度大小可通过改换不同开孔大小的凹板来实现。但对于较为粗大的木材废料，一般先用木材切片机切成小片，再用锤片式粉碎机将其粉碎。

7.3.4　生物质干燥

有些生物质能转化利用方法对原料的含水率有较严格的要求，而刚收获生物质原料的含水率一般都较高，因此，为满足后续转化利用方法对含水率的要求，必须事先对生物质原料进行干燥处理。

干燥是利用热能将物料中的水分蒸发排出，获得固体产品的过程，简单来说就是加热湿物料使水分气化的过程。对于生物质，有两种干燥方式：自然干燥和人工干燥。自然干燥一般没有什么特殊要求，但人工干燥需要很好地控制干燥温度。一般地，林木废弃物中含有大量的纤维素、半纤维素、木质素、树脂等物质，在较高温度下，木质素开始软化，而且林木废弃物的着火点较低，高温条件下容易发生火灾危险，因此将干燥温度控制在 80℃ 左右比较适宜。

（1）自然干燥

自然干燥就是让原料暴露在大气中，通过自然风、太阳光照射等方式去除水分。这是最古老、最简单、最实用的一种生物质干燥方法。原料最终水分与当地的气候有直接关系，是由大气中水分含量决定的。

自然干燥不需要特殊的设备，成本低，但容易受自然气候条件的制约，劳动强度大、效率低，干燥后生物质的含水量难以控制。根据我国的气候情况，生物质自然干燥水分一般在 8% 左右。

自然干燥不需要设备，也不消耗能源，如果没有特殊要求，生物质的干燥应尽量采用自然干燥技术。

（2）人工干燥

人工干燥技术就是利用干燥机，靠外界强制热源给生物质加热，从而将水分气化的技术。这种干燥机是根据所需物料产量、水分含量而专门设计的，并能准确地控制水分。不同种类的生物质，其干燥技术也不尽相同，现在主要有流化床干燥技术、回转圆筒干燥技术、筒仓型干燥技术。对于一般的农林废弃物类生物质原料，可以采用筒仓型干燥机进行干燥。

1）流化床干燥技术

在流化床装置中，经过准确计算的热气流经均压布风板均匀分布后，穿过床内的物料，使物料颗粒悬浮于气流之中，形成流化状态。呈流化状态的物料颗粒在流化床内均匀地混合，并与气流充分接触，进行十分强烈的传热和传质。流化床干燥装置可以轻易地输送加工材料，干燥过程中可避免局部原料过热，因而对热敏性产品适应性强。尽管物料颗粒剧烈运动，但是产品处理仍比较温和，无明显的磨损。装置出口的气体温度一般低于产品最高温度，因此具有极高的热效率。该系统比较适合于流动性好、颗粒度不大（0.5～10mm）、密度适中的生物质原料，如稻壳、花生壳及一些果壳等，但不适合于黏度较高的物料。

2）回转圆筒干燥技术

回转圆筒干燥机是一种连续运行的直接接触干燥机，由一个缓慢转动的圆柱形壳体组成，壳体倾斜，与水平面有较小的夹角，以利于物料的输送。湿物料由高端进入回转圆筒，干燥后的物料由低端排出。在回转圆筒内，干燥介质与生物质原料并流或者逆流，沿轴向流过圆筒。当物料没有热敏性或要求较高脱水率时，通常采用逆流方式。并流方式通常用于热敏性物料或不要求有较高脱水速率的干燥。生物质原料在滚筒内的流速主要是根据生物质原料的含水量以及颗粒度等来确定。这种装置适用于流动性好、颗粒度为 0.05～5mm 的物料，如稻壳、花生壳、造纸废弃物、粉料以及一些果壳等。

3）筒仓型干燥技术

筒仓型干燥机结构比较简单，把原料堆积在筒仓内，利用热风炉的热风带走原料中的水

分。原料在仓内相对静止，与其他方法相比较，其干燥效率比较低，对原料水分的控制也比较困难。现在常用的筒仓式干燥机不能连续进出料，但装置对原料的适应性较好，基本适用于各种农林废弃物类生物质原料。

7.3.5 生物质成型

由于生物质原料的能量密度较低，其转化利用受到限制，如能通过某种方式将其能量密度提高，则可大大拓展生物质能的应用领域。生物质成型燃料技术则可实现这一目标。

生物质成型燃料是将松散、细碎、无定型的生物质原料在一定机械加压作用下（加热或不加热）压缩密度较大的棒状、粒状、块状等成型燃料。成型燃料具有加工简单、成本较低、便于储存和运输、易着火、燃烧性能好以及热效率高等优点，可作为炊事、取暖的燃料，也可作为工业锅炉和电厂的燃料，对生物质资源丰富的贫油、贫煤国家来说，是一种发展前景非常可观的替代能源。

根据成型压力的大小，生物质致密成型可分为高压致密（>100MPa）、中压致密（5～100MPa）和低压致密（<5MPa）；根据是否添加黏结剂，可分为加黏结剂和不加黏结剂的成型工艺；根据物料加热方式的不同，致密成型可以分为常温成型、热压成型和炭化成型；根据原料是否需要进行干燥预处理，可分为干态成型与湿压成型。目前，常见的生物质致密成型工艺主要是湿压成型、热压成型和炭化成型三种。

影响生物质成型过程及产品性能的主要因素有原料种类、粒度和粒度分布、含水率、黏结剂、成型压力与模具尺寸及加热温度等。通常情况下，这些影响因素在不同成型方式和条件下的表现形式也不尽相同。

典型生物质成型燃料的特性指标及其对后续使用性能的影响见表7-2。

表 7-2 典型生物质成型燃料的特性指标及其对后续使用性能的影响

指标	对成型燃料的影响作用	指标	对成型燃料的影响作用
含水率	存储性、热值、自燃性	重金属含量	污染环境，影响灰分的使用和处理
热值	利用性、功能性	灰分含量	含尘量，灰分的处理费用
Cl	HCl、二噁英和呋喃排放，对过热器的腐蚀性	灰分熔点	使用的安全性
N	NO、HCN 和 N_2O 的排放	堆积密度	运输和存储的成本、配送方案的设计
S	SO_2 的排放	实际密度	燃烧特性（包括传热速率和气化特性）
K	对过热器的腐蚀作用，降低灰分熔点	颗粒燃料尺寸	可流动性、搭桥的趋势
Mg、Ca 和 P	提高灰分熔点，影响灰分的使用		

（1）燃料密度

成型燃料的密度（又称松弛密度）是指生物质成型块在出模后，由于弹性变形和应力松弛，压缩密度逐渐减小，过一段时间后密度趋于稳定时成型块的密度。它是决定成型燃料物理性能和燃烧性能的一个重要指标，同时对成型燃料的另一指标——耐久性有直接的影响。成型燃料的密度增大，其耐久性也将增大。生物质成型燃料的密度与生物质的种类及致密成型的工艺条件密切相关，由于不同生物质含水量不同，组分不同，在相同压缩条件下所达到的密度也有明显的差异。成型燃料的最显著特点是其密度有了很大提高，一般比生物质原料提高几倍至十几倍。此外，致密成型燃料形状规则，尺寸均匀，方便储运及使用。

成型燃料的密度有颗粒密度和堆积密度之分。颗粒密度是生物质颗粒或单块成型燃料的质量与体积之比，它是衡量成型燃料机械强度的重要指标。成型燃料的颗粒密度越大，机械强度越好。品质良好的生物质成型燃料的颗粒密度可以达到 $1000 \sim 1200 kg/m^3$。堆积密度（容积密度）是将生物质成型燃料充满一定容积的容器，是成型燃料总质量与容器容积之比。生物质成型燃料的容积密度越大，则单位容积的生物质成型燃料的热值越高，储藏和运输效率越高。

（2）耐久性

耐久性作为评价成型燃料品质的一个重要特征，主要体现在成型燃料的不同使用性能和储藏性能。耐久性又可分为抗变形性（主要指强度、抗破碎性、抗滚碎性）和抗吸湿性等几项性能指标，可通过不同的试验方法来检验。耐久性也是成型燃料的黏结性能的体现，主要由成型燃料的压缩条件及松弛密度决定。

（3）热值

生物质成型燃料的热值因原料的种类和成型工艺的不同有较大差异。就某一种成型燃料而言，尽管其高位热值不会比其原料的高位热值有多少变化，但其低位热值因成型时加热，原料水分散失比较多而比原料的低位热值高。一般而言，成型燃料的颗粒密度和容积密度越高，单位体积成型燃料所含的热值就越高。另外，在颗粒燃料成型时，有时往原料中添加少量添加剂，如沥青等，这样既可降低成型机的功率，也可提高成型燃料的热值。

（4）燃烧特性

生物质成型燃料的燃烧性能优于薪柴，能量密度与中值煤相当，成型燃料的燃烧特性较成型前有明显改善，且储存、运输、使用方便，干净卫生，可代替矿物能源应用于生产和生活领域。

生物质成型燃料密度大，限制了挥发物的逸出速度，延长了挥发物的燃烧时间，燃烧反应大部分只在生物质致密成型燃料的表面进行。一般炉灶供给的空气充足，没有燃烧的挥发分损失很少，黑烟明显减少。成型燃料挥发物逸出后剩余的炭结构紧密，运动气流不能将其分开，在燃烧过程中可清楚地观察到蓝色火焰包裹着明亮的炭块，炉温提高，燃烧时间延长。成型燃料在整个燃烧过程中的需氧量趋于平衡，燃烧稳定。总而言之，成型燃料的燃烧性能较生物质原料有了明显的改善，燃料的利用率（或热效率）得到了有效的提高。

7.4　生物质的燃烧

生物质燃烧是最简单的生物质能利用方式，是利用不同的技术和设备将贮存在生物质中的化学能转化为热能而加以利用。生物质直接作为燃料燃烧具有如下优势：生物质燃烧所释放出的 CO_2 大体相当于其生长时通过光合作用所吸收的 CO_2，因此可以认为是 CO_2 的零排放，有助于缓解温室效应；生物质的燃烧产物用途广泛，灰渣可加以综合利用；生物质燃料可与矿物质燃料混合燃烧，既可减少运行成本，提高燃烧效率，又可降低 SO_x、NO_x 等有害气体的排放浓度；采用生物质燃烧设备可以以最快速度实现各种生物质资源的大规模减量化、无害化、资源化利用，而且成本较低，因而生物质直接燃烧技术具有良好的经济性和开发潜力。

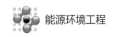

7.4.1　生物质的燃烧过程

生物质的燃烧过程是强烈的放热化学反应，燃烧的进行除了要有燃料本身之外，还必须有一定的温度和适当的空气供应。生物质的燃烧过程可分为以下四个阶段。

① 预热和干燥阶段。当温度达到 $100℃$ 时，生物质进入干燥阶段，水分开始蒸发。水分蒸发时需要吸收燃烧过程中释放的热量，会降低燃烧室的温度，减缓燃烧进程。

② 挥发分析出及木炭形成阶段，又称干馏。当已经干燥的燃料持续加热，挥发分开始析出。试验表明，木屑和咖啡果壳在 $160\sim200℃$ 时挥发分开始析出，约 $200℃$ 时析出的速度迅速增快，超过 $500℃$ 后质量基本保持不变，表明干馏阶段已经结束。

以上两个阶段，燃料处于吸热状态，为后面的燃烧做好前期准备工作，称为燃烧前准备阶段。

③ 挥发分燃烧阶段。生物质高温热解析出的挥发分在高温下开始燃烧，为分解燃烧。同时，释放出大量热量，一般可提供占总热量 70%份额的热量。

④ 固定碳燃烧阶段。在挥发分燃烧阶段，消耗了大量的 O_2，减少了扩散到炭表面氧的含量，抑制了固定碳的燃烧；但是，挥发分的燃烧在炭粒周围形成火焰，提供碳燃烧所需的热量，随着挥发分的燃尽，固定碳开始发生氧化反应，且逐渐燃尽，形成灰分。生物质固定碳含量较低，在燃烧中不起主要作用。

以上各阶段虽然是依次串联进行的，但也有一部分是重叠进行的，各个阶段所经历的时间与燃料种类、成分和燃烧方式等因素有关。

7.4.2　生物质直接燃烧技术

生物质直接燃烧分炉灶燃烧和锅炉燃烧。炉灶燃烧操作简便、投资较省，但燃烧效率普遍偏低，从而造成生物质资源的严重浪费，一般适用于农村或山区分散独立的家庭用炉；锅炉燃烧采用先进的燃烧技术，把生物质作为锅炉的燃料燃烧，以提高生物质的利用效率，适用于相对集中、大规模地利用生物质资源，主要缺点是投资高，而且不适于分散的小规模利用，生物质必须相对比较集中才能采用本技术。生物质燃料锅炉的种类很多，按照锅炉燃用生物质品种的不同可分为木材炉、薪柴炉、秸秆炉、垃圾焚烧炉等；按照锅炉燃烧方式的不同又可分为层燃燃烧、流化床燃烧、悬浮燃烧等。

图 7-1 层燃过程

（1）生物质层燃技术

在层燃方式中，生物质平铺在炉排上形成一定厚度的燃料层，进行干燥、干馏、燃烧及还原过程。层燃过程如图 7-1 所示，由下而上分为灰渣层、氧化层、还原层、干馏层、干燥层、新燃料层。

氧化层区域：通过炉排和灰渣层的空气被预热后和炽热的木炭相遇，发生剧烈的氧化反应，O_2 被迅速消耗，生成了 CO_2 和 CO，温度逐渐升高到最大值。还原层区域：在氧化层以上 O_2 基本消耗完毕，烟气中的 CO_2 和木炭相遇，发生反应（$CO_2+C\longrightarrow2CO$），烟气中 CO_2 逐渐减少，CO 不断增加。由于是吸热反应，温度将逐渐下降。温度在还原层上部逐渐降低，还原反应也逐渐停止。再向上则分别为干馏层、干燥层和新燃料层。生物质投入炉中形成新燃料层，然后加热干燥，析出挥发分，形成木炭。

采用层状燃烧炉燃烧生物质燃料，燃料通过料斗送到炉排上时，不可能均匀分布，容易在炉排上形成料层疏密不均，从而导致布风不匀。薄层处空气短路，不能用来充分燃烧，厚层处需要大量空气用于燃烧，但由于这里阻力较大，因而空气量较燃烧所需的空气量少，这种布风将不利于燃烧和燃尽。

由于生物质的挥发分很高，在燃烧的开始阶段，挥发分大量析出，需要大量空气用于燃烧，如这时空气不足，可燃气体与空气混合不好将会造成气体不完全燃烧损失急剧增加。同时，由于生物质比较轻，容易被空气吹离床层而带出炉膛，这样造成固体不完全燃烧损失很大，因而燃烧效率很低。另外，当生物质燃料含水率很高时，水分蒸发需要大量的热量，干燥及预热过程需要较长时间，所以生物质燃料在床层表面很难着火，或着火推迟，不能及时燃尽，造成固体不完全燃烧损失很高，导致加热装置燃烧效率、热效率均较低，实际运行的层状燃烧装置的热效率有的低达 40%。一旦燃尽，由于灰分很少，不能在炉排上形成一层灰以保护后部的炉排不被过热，从而导致炉排被烧坏。

目前国内外大多采用倾斜炉排的生物质燃料燃烧炉，炉排有固定和振动两种。这种堆积燃烧型炉结构简单，但热效率低，燃烧时温度难以控制，劳动强度大。

（2）生物质流化床燃烧技术

流化床燃烧是基于气固流态化的一项燃烧技术，其适应范围广，特别适合含水率较高的生物质燃料。而且流化床燃烧技术可以降低尾气中氮与硫的氧化物等有害气体含量，保护环境，是一种清洁燃烧技术。

流化床燃烧具有混合均匀、传热和传质系数大、燃烧效率高、有害气体排放少、过程易于控制、反应能力高等优点，因此越来越受到人们的关注。然而，单独的生物质形状不规则，呈线条状、多边形、角形等，当量直径相差较大，受到气流作用容易破碎和变形，在流化床中不能单独进行流化。以锯末为例，气流通入到以纯锯末为流化物的流化床中，床中将出现若干个弯曲的沟流，大部分气体从中溢出，无法实现正常的流化。通常加入廉价、易得的惰性物料如沙子、白云石等，使其与生物质构成双组分混合物，从而解决了生物质难以流化的问题。

采用流化床燃烧方式时，密相区主要由媒体组成，生物质燃料通过给料器送入密相区后，首先在密相区与大量媒体充分混合，密相区的惰性床料温度一般在 850～950℃之间，具有很高的热容量，即使生物质含水率高达 50%～60%，水分也能迅速蒸发干，使燃料迅速着火燃烧。加上密相区内燃料与空气接触良好，扰动强烈，因此燃烧效率显著提高。

生物质燃料媒体流化床的一个关键问题是如何选择媒体种类与尺寸，如何得到流化速度。Azner 在直径 14cm、30cm 的流化床中系统研究了谷类秸秆、松针、锯末、不同尺寸的木块切片与砂、硅砂、流化催化裂化催化剂（FCC）构成的双组分混合物的最小流化速度，发现硅砂适宜尺寸为 200～297μm，白云石在 397～630μm，FCC 在 65μm。混合物的最小流化速度随生物质占混合物的体积比在 2%～50% 之间缓慢上升，达到 50% 后急剧上升，而达到 75%～80% 时混合物体系不再流化。已有的预测混合物最小流化速度的关联式都与各单个组分的最小流化速度有关，而单一生物质的流化速度无法得到，造成原有的关联式不能应用。而且，不同生物质双组分的流化曲线形状差异很大，也不易得到通用预测式。因此，应通过试验确定生物质与惰性颗粒双组分混合物的最小流化速度。

目前采用流化床燃烧生物质已工业化。瑞典先将树枝、树叶、森林废弃物、树皮、锯末和泥炭的碎片混合，再送到热电厂，在大型流化床锅炉中燃烧利用。其生物质能达到 55kW·h，占总能耗的 16.1%。虽然生物质的含水率高达 50%～60%，锅炉的热效率仍可达 80%。美国爱达荷能源公司生产的媒体流化床锅炉，其供热 $(1.06～1.32)×10^6$kJ/h。该系列锅炉对生物质的适应性广，燃烧效率高达 98.5%，环保性能好，可在流化床内实现脱硫，装有多管除尘器和湿式除尘器，烟气排烟浓度在标准状态下小于 24.42mg/m³。我国哈尔滨工业

大学开发的 12.5t/h 甘蔗流化床锅炉、4t/h 稻壳流化床锅炉、10t/h 碎木和木屑流化床锅炉也得到应用，燃烧效率可达 99%。

（3）生物质悬浮燃烧技术

生物质悬浮燃烧方法是利用机械动力或风力将粉碎后的生物质燃料（稻壳、细碎秸秆等）分散，然后在空气中燃烧。在悬浮燃烧中，对生物质需要进行预处理，要求颗粒尺寸小于 2mm，含水率不超过 15%。先粉碎生物质至细粉，再与空气混合后一起切向喷入燃烧室内形成涡流，呈悬浮燃烧状态，这样可增加滞留时间。悬浮燃烧系统可在较低的过剩空气下运行，可减少 NO_x 的生成。生物质颗粒尺寸较小，高燃烧强度会导致炉墙表面温度升高，这会较快损坏炉墙的耐火材料。另外，该系统需要辅助启动热源，辅助热源在炉膛温度达到规定要求时才能关闭。

生物质悬浮燃烧炉主要有以下几种。

1）生物质多室燃烧装置

其结构如图 7-2 所示，采用了变截面炉膛、多室燃烧、顶部进料、底部不通风等措施，燃料从紊流度最大部位进入燃烧室，使大、小颗粒燃料分离。

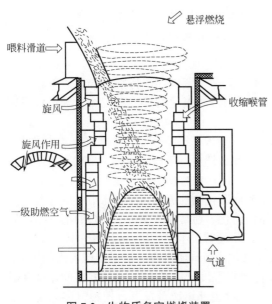

图 7-2 生物质多室燃烧装置

旋风作用使小颗粒燃料与大颗粒燃料分离，并处于悬浮燃烧状态，较重燃料颗粒才能落到炉底料堆。因无细小颗粒，空气与辐射热能穿透料堆，40%的燃料在悬浮状态下完成燃烧。细小颗粒燃料不进入床底燃料堆，便于空气流通和辐射热传递，使燃料能快速干燥和燃烧。在炉底不通空气的情况下，也能获得较高的燃烧率。

二级助燃空气从喉管处切向进口引入，产生旋流，使燃料和空气充分混合。一级助燃空气从炉膛下部反射墙上的小孔引入。收缩喉管加强空气的速度和紊流度。各室气道的调节门分开，便于控制和各室清理。

2）生物质同心涡旋燃烧装置

其结构如图 7-3 所示，由炉膛、液压柱塞进料器、切向进风装置等组成，其特点是炉箅在炉底一侧，底部不进风，空气从上部切向进入，排气采用喷射原理，并利用空气层隔热。

工作时，助燃空气从顶部的进气口切向进入炉膛，形成向下运动的旋涡，在下降过程与火焰中的挥发分气体和燃料微粒相混合。由于外部旋涡的作用，内部火焰也形成一个向上的强烈涡流。在涡流作用下，火焰中未燃烧的燃料颗粒和灰粒被向外分离，进入外层旋涡后被重新带回炉底。

同心旋涡的作用：一方面是增加挥发分气体和空气的混合程度，延长燃烧时间，使燃料充分燃烧；另一方面是利用离心分离原理，减小烟气中的灰粒。

燃料从炉膛一侧由柱塞推入，在炉箅上逐渐由入口向出灰口运动。在运动中依次完成脱水、挥发分燃烧和固定碳燃烧三个过程。由于炉底不通风，加之同心旋涡的净化作用，烟气比较洁净。试验结果表明，烟气平均温度为 500℃，最高达 700℃，热效率为 50%～80%，平均值为 64%，排气无味、清洁。

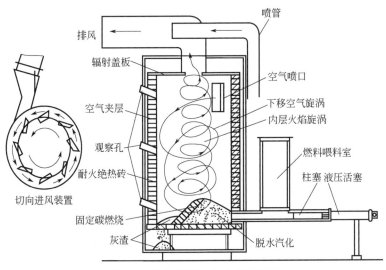

图 7-3　生物质同心涡旋燃烧装置

3）生物质两级涡旋燃烧装置

其结构如图 7-4 所示，由第一燃烧室、第二燃烧室、进料装置等组成。其特点是有两级涡旋燃烧室、切向进气、底部进料并预热空气等。燃料进入第一燃烧室，完成脱水、挥发分汽化、固定炭燃烧。挥发分气体进入第二燃烧室后才开始燃烧。

4）生物质倾斜炉排涡旋燃烧装置

其结构如图 7-5 所示，采用倾斜炉排使进料更容易。燃烧过程在一个主燃烧室和两个辅助

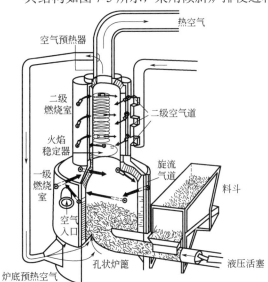

图 7-4　生物质两级涡旋燃烧装置

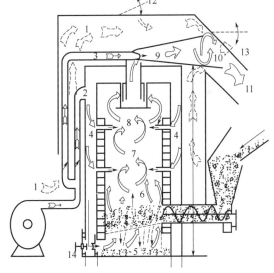

图 7-5　生物质倾斜炉排涡旋燃烧装置

1—环境空气；2—助燃空气；3—空气喷嘴；4—预热空气；
5—炉底空气；6—一级燃烧和热解；7—二级燃烧和涡流；
8—三级燃烧和涡流；9—喷流嘴；10—烟气与空气混合；
11—混合空气送入干燥机；12—通风门；
13—排气门；14—排灰门及炉底进气控制装置

燃烧室中完成。进入燃烧室的空气经炉壁预热到 93～205℃。排气采用喷射原理,可避免泄漏,且进风、排气共用一个风机。试验表明,一级燃烧室的温度可达 750～800℃,二级燃烧室的温度可达 850～1350℃。出口烟气温度控制在 100～150℃,进入干燥机前温度降为 80～100℃。

7.4.3 生物质成型燃料燃烧技术

作为固体燃料的一种,生物质成型燃料的燃烧过程也要经历点火、燃烧等阶段。

(1)点火过程

生物质成型燃料的点火过程是指生物质成型燃料与氧分子接触、混合后,从开始反应到温度升高至激烈的燃烧反应前的一段过程。实现生物质成型燃料的点火必须满足:生物质成型燃料表面析出一定浓度的挥发物,挥发物周围要有适量的空气,并且具有足够高的温度。生物质成型燃料的点火过程是:在热源的作用下,水分被逐渐蒸发逸出生物质成型燃料表面;生物质成型燃料表面层燃料颗粒中的有机质开始分解,有一部分挥发性可燃气态物质分解析出;局部表面达到一定浓度的挥发物遇到适量的空气并达到一定的温度,便开始局部着火燃烧;随后点火面逐渐扩大,同时也有其他局部表面不断点火;点火面迅速扩大为生物质成型燃料的整体,火焰出现;点火区域逐渐深入到生物质成型燃料内部一定深度,完成整个稳定点火过程。

影响点火的因素有:点火温度、生物质的种类、外界的空气条件、生物质成型燃料的密度、生物质成型燃料的含水率、生物质成型燃料的几何尺寸等。

生物质成型燃料由高挥发分的生物质在一定温度下挤压而成,其组织结构限定了挥发分由内向外的析出速率,热量由外向内的传递速率减慢,且点火所需的氧气比原生物质有所减少,因此生物质成型燃料的点火性能相比原生物质有所降低,但远远高于型煤的点火性能。从总体趋势分析,生物质成型燃料的点火特性更趋于生物质点火特性。

(2)燃烧机理

生物质成型燃料的燃烧机理属于静态渗透式扩散燃烧,燃烧过程就从着火后开始,包括如下几个阶段:生物质成型燃料表面可燃挥发物燃烧,进行可燃气体和氧气的放热化学反应,形成火焰;除了生物质成型燃料表面部分可燃挥发物燃烧外,成型燃料表层部分的炭处于过渡燃烧区,形成较长火焰;生物质成型燃料表面仍有较少的挥发分燃烧,更主要的是燃烧向成型燃料更深层渗透。焦炭进行扩散燃烧,燃烧产物 CO_2、CO 及其他气体向外扩散,行进中 CO 不断与 O_2 结合成 CO_2,燃料表层生成薄灰壳,外层包围着火焰;燃烧进一步向更深层发展,在层内主要进行炭燃烧($C+O_2 \longrightarrow CO$),在成型燃料表面进行 CO 的燃烧(即 $CO+O_2 \longrightarrow CO_2$),形成比较厚的灰壳。由于生物质的燃尽和热膨胀,灰层中呈现微孔组织或空隙通道甚至裂缝,较少的短火焰包围着成型块;灰壳不断加厚,可燃物基本燃尽,在没有强烈干扰的情况下,形成整体的灰球,灰球表面几乎看不出火焰而呈暗红色,至此完成了生物质成型燃料的整个燃烧过程。

(3)生物质成型燃料的燃烧特性

由于生物质成型燃料是经过高压而形成的块状燃料,其密度远大于原生物质,其结构与组织特征决定了挥发分的逸出速率与传热速率都大大降低,点火温度有所升高,点火性能变差,但比型煤的点火性能要好,从点火性能考虑,仍不失生物质的点火特性。燃烧开始时挥发分慢慢分解,燃烧处于动力区,随后挥发分燃烧逐渐进入过渡区与扩散区。如果燃烧速率适中,能够使挥发分放出的热量及时传递给受热面,使排烟热损失降低,同时挥发分燃烧所需的氧量与外界扩散的氧量很好地匹配,挥发分能够燃尽,又不过多地加入空气,炉温逐渐升高，减少了大量的气体不完全燃烧损失与排烟热损失。挥发分燃烧后，剩余的焦炭骨架结构紧密，运动的气流不能使骨架解体悬浮，骨架炭能保持层状燃烧，能够形成层状燃烧核心。这时炭的燃烧所需要的氧与静态渗透扩散的氧相当，燃烧稳定持续，炉温较高，从而减少了固体与排烟热损失。在燃烧过程中可以清楚地看到炭的燃烧过程，蓝色火焰包裹着明亮的炭块，燃烧时间明显延长。

总之，生物质成型燃料的燃烧速率均匀适中，燃烧所需的氧量与外界渗透扩散的氧量能够较好地匹配，燃烧波动小，燃烧相对稳定。

7.5　生物质热化学液化制液体燃料

虽然生物质可通过直接燃烧或成型后燃烧将其化学能转化为热能而实现利用，但由于生物质的能量密度低，限制其应用领域，而且生物质中含有较高的碱金属，在高温燃烧过程中发生的积灰结渣会给燃烧装置的正常运行带来许多问题。另外，生物质燃烧会产生大量的排烟与灰尘，对环境造成污染。如能将生物质转化为能量密度较高且使用方便的液体燃料（生物油），不仅可以直接用于现有锅炉等设备的燃烧，而且可通过进一步改性加工使液体燃料的品质接近柴油或汽油等常规动力燃料的品质，从而大大拓展生物质能的应用领域。目前，生物质制取液体燃料的技术主要有生物质快速热解液化和生物质水热液化。

7.5.1　生物质快速热解液化

生物质热解通常是指在无氧环境下，生物质被加热升温引起分子分解产生焦炭、可冷凝液体和气体产物的过程。一般地，以液体产物为目标的热解，也称液化；以气体产物为目标的热解，称为气化；以固体产物为目标的热解，又称为炭化。

根据反应温度和加热速率的不同，生物质热解工艺可分成慢速、常规、快速或闪速几种。表 7-3 总结了生物质热解的主要工艺类型。

表 7-3　生物质热解的主要工艺类型

工艺类型		滞留期	升温速率	最高温度/℃	主要产物
慢速热解	炭化	数小时～数天	非常低	400	炭
	常规	5～30min	低	600	气、油、炭
快速热解	快速	0.5～5s	较高	650	油
	闪速（液体）	<1s	高	>650	油
	闪速（气体）	<10s	高	>650	气
	极快速	<0.5s	非常高	1000	气
	真空	2～30s	中	400	油
反应性热解	加氢热解	<10s	高	500	油
	甲烷热解	0.5～10s	高	1050	化学品

慢速裂解工艺具有几千年的历史，是一种以生成木炭为目的的炭化过程，低温和长期的慢速裂解可以得到30%的焦炭产量；低于600℃的中等温度及中等反应速率（0.1～1℃/s）的常规热裂解可制成相同比例的气体、液体和固体产品；快速热裂解的升温速率大致在10～200℃/s，气相停留时间小于5s；相比于快速热解裂热的反应条件，闪速热裂解更为严格，气

相停留时间通常小于 1s，升温速率要求大于 1000℃/s，并以 100～1000℃/s 的冷却速率对产物进行快速冷却。但是闪速热裂解和快速热裂解的操作条件并没有严格的区分，有学者将闪速热裂解也归纳到快速热裂解一类中，两者都是以获得最大液体产物收率为目的而开发的。

生物质快速热解过程中，生物质原料在缺氧的条件下，被快速加热到较高反应温度，从而引发了大分子的分解，产生了小分子气体和可凝性挥发分以及少量焦炭产物。可凝性挥发分被快速冷却成可流动的液体，称之为生物油或焦油。生物油为深棕色或深黑色，并具有刺激性的焦味。通过快速或闪速热裂解方式制得的生物油具有以下的共同物理特征：高密度（约 1200kg/m³）、酸性(pH 值为 2.8～3.8)、高含水率(15%～30%)以及较低的发热量(14～18.5MJ/kg)。

生物质快速热解工艺中，常通过控制反应温度来实现生物油产量的最大化，但由于制取的液体产物对温度非常敏感，长时间停留在较高温度的反应区将发生二次分解过程。综合而言，快速热裂解制油通常需要满足三个基本条件：很高的加热和传热速率，使物料能迅速升温；反应温度控制在 500℃ 左右；短气相停留时间以减少二次反应。依据产物用途的不同，气相停留时间还存在一定的差别，为生产低黏度的燃料油，气相停留时间不应超过 2～3s；为生产化工原料，停留时间不能超过 1s，偏离这些条件都会降低油的产量和品质。对于大多数生物质物料而言，热解温度控制在 500℃ 左右，气相停留时间小于 1s 的情况下，液体产物的收率都是最大的。

7.5.1.1　生物质热解工艺过程

以液体产物产率最大化为目标的生物质（如木屑、秸秆等）快速热解过程的工艺流程如图 7-6 所示，包括物料的干燥、粉碎、热解、产物炭和灰分的分离、气态生物油的冷却和生物油的收集等几个部分。

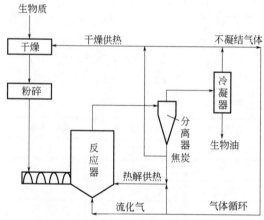

图 7-6　生物质快速热解过程的工艺流程

（1）干燥

为避免原料中过多的水分被带到生物油中，对原料进行干燥是必要的。一般要求物料含水率在 10%以下。

（2）粉碎

为了提高生物油的产率，必须有很高的加热速率，因此要求物料有足够小的粒度。不同的反应器对生物质粒径的要求不同：流化床反应器要求粒径为 2～3mm，循环流化床反应器要求粒径为 1～2mm，旋转锥反应器所需的粒径为 2～3mm，烧蚀反应器处理的生物质粒径可以达到 2cm，而真空热解反应器更是可以高达 2～5cm。采用的物料粒径越小，加工费用越高，因此，物料的粒径需在满足反应器要求的同时综合考虑加工成本。

（3）热解

热解生产生物油技术的关键在于要有很高的加热速率和热传递速率、严格控制的中温以及热解挥发分的快速析出。只有满足这样的要求，才能最大限度地提高产物中油的比例。

（4）产物炭与灰分的分离

几乎所有的生物质中的灰都留在了产物炭中，炭从生物油中的分离较困难，产物炭会在二次热解中起催化作用，并且在液体生物油中产生不稳定因素。所以，对于要求较高的生物油生产工艺，快速彻底地将炭和灰分从生物油中分离是必须的。

（5）气态生物油的冷凝

热解挥发分由生产到冷凝阶段的时间和温度影响着液体产物的质量及组成，热解挥发分的停留时间越长，二次热解生成不可冷凝气体的可能性越大。为了保证油产率，需快速冷凝挥发产物。

（6）生物油的收集

生物质热解反应器的设计除需保证对温度的严格控制外，还应在生物油收集过程中避免由于生物油中多种重组分的冷凝而导致管路堵塞。

7.5.1.2　生物质快速热解过程的影响因素

生物质快速热解是一个追求生物油产率最大化的复杂过程，影响热解进行及其产物的因素很多，基本上可以分为两大类：一类是与反应条件有关的，主要是反应温度、升温速率、固体和挥发分滞留时间等；另一类是与原料特性有关的，主要有生物质的种类、组成和颗粒尺寸等。

（1）温度的影响

生物质热解受多方面因素的影响，其中反应温度起着主导作用，而其他一些诸如加热速率、停留时间等因素的影响也可归结为生物质颗粒达到反应温度的升温速率和生物质颗粒以及挥发性产物在反应温度区停留的时间。

在生物质快速热解过程中，热解温度越高，炭的产率越少，不可冷凝气体产率越高，并随着温度提高趋于一定值，生物油产率在 450～550℃ 范围内为最高。这是由于生成气体反应所需的活化能最高，生成生物油次之，生成炭最低。提高热解温度，有利于热解气体和生物油的生成，随着挥发分析出的一次反应进行得更为彻底，炭产率就更低。但热解温度过高时，快速热解产物气相中的生物油部分会在高温下继续裂解成小分子并生成不可冷凝气体、焦炭和二次生物油，使生物油的产率降低。相反，热解温度太低时，快速热解过程中气相产物的产量降低，焦炭产量增加，生物油产率降低。

反应温度也会影响液体产物的化学组成，所以液体中的 H/C 比例和氧含量都会受到影响。高温下 H/C 和 O/C 的比例会下降，这表示在高温下一次热解产物发生了二次热解或缩合、聚合反应等，从而将含氧有机挥发分转变为氧含量少和热稳定性好的有机物如苯和萘等。同时，反应温度也会对裂解气的成分分布产生一定的影响。二次热解生成的小分子烃如 CH_4、C_2H_4 和 C_2H_6 等，都是不可凝的可燃气体，它们的生成促进了大分子烃类化合物进行脱氢和氢化反应，进而 CH_4 的含量逐渐增加。但温度进一步升高，CH_4 会发生裂解导致其含量逐渐降低。在温度低于 570℃ 以前 CO_2 的含量随着温度的升高而迅速下降，在温度高于 570℃ 以后 CO_2 的含量大致在 14%～18% 范围内变化。对于 CO 来说，其含量在 660℃ 以下随温度的升高而升高，达到最高值后开始下降，最终稳定在 28%～30% 的范围内。

（2）升温速率的影响

Kilzer 和 Broido 在研究纤维素热解机理时指出，低升温速率有利于炭的形成，而不利于焦油产生。提高升温速率可以缩短物料颗粒达到热解所需温度的响应时间，有利于热解。但同时颗粒内外的温差变大，传热滞后效应会影响内部热解的进行。

Liang 等对纤维素类生物质在加热速率分别为 10℃/min、40℃/min、80℃/min 和 160℃/min

的热解研究表明，对应的分解温度范围分别是 250～630℃、250～780℃、250～820℃和 250～960℃。研究表明，随着升温速率的提高，物料失重、失重率、热解速率和热解特征温度（热解起始温度、热解速率最快的温度、热解终止温度）均向高温区移动，挥发分停留时间相对增加，加剧了二次热解，使生物油产率下降。在一定的热解时间内，降低加热速率会延长热解物料在低温区的停留时间，生物质颗粒内部温度不能很快达到预定的热解温度，促进纤维素和木质素的脱水和炭化反应，导致炭产率增加。升温速率提高，缩短生物质颗粒内部在低温阶段的停留时间，减少了纤维素和木质素中的缩聚反应，碳骨架很难形成，从而降低焦炭生成概率，增加生物油的产率，这也是在快速热解制取生物油技术中要快速升温的原因。所以要使生物油产率高，升温速率一般控制在 10^2～10^4K/s。

升温速率受反应器结构和颗粒粒径的影响，实现快速热解最常用的反应器是流化床、引流床、旋转锥和喷动床，它们的结构都可以实现很高的升温速率。

（3）滞留时间的影响

滞留时间在生物质热解反应中有固相滞留时间和气相滞留时间之分，而通常所说的是气相滞留时间。气相滞留时间近似于反应器容积与气体体积流量之比，而固相滞留时间没有一个明确的概念，在一般情况下是指生物质固体颗粒在反应器中滞留的时间。在给定温度和升温速率的条件下，颗粒的固相滞留时间越长，生物质热解的转化率就越高，生物质的转化也就越接近完全，产物中气体所占的比例越多，而固体所占的比例越少。气相滞留时间对生物质热解产物分布具有一定的影响。

生物质在快速热解初始阶段，在颗粒外热解产生的气态产物容易离开颗粒，其中分子比较大的生物油部分在气相阶段还能进一步断裂、缩合、环化、脱氢芳构化等，形成焦炭、二次生物油和不可冷凝气体产物，从而导致生物油产率下降。在颗粒内部热解生成的气相产物从颗粒内部移动到外部受到颗粒空隙率和气相产物动力黏度的影响，当气相产物离开颗粒后，其中的生物油和其他不可冷凝气体分子还将发生进一步断裂。气相滞留时间越长，发生二次裂解反应的程度就越严重，从而转化为 H_2、CO 和 CH_4 等不可冷凝气体，导致液态产物迅速减少，气体产物增加。所以为了获得最大生物油产率，在快速热解过程中产生的气相产物应迅速离开反应器以减少生物油分子进一步断裂的时间。

（4）压力的影响

在较高的压力下，气相滞留时间增长，降低了气相产物从颗粒内逃逸的速率，增加了气相产物分子进一步断裂的可能性，使 CO、CO_2、CH_4 和 C_2H_4 等小分子气体产物的产量增加。在低压下，气相产物可以迅速地从颗粒表面和内部离开，从而限制了气相产物分子进一步的断裂，增加了生物油的产率。

提高反应压力可以减少生物质热解所需的活化能，提高热解反应的速率。但较高的压力对生物油的生成是不利的，压力的增加将会使挥发分的析出延迟，析出时间延长将使得生物油在颗粒内裂化和重整反应的概率变大而使得其产量降低，加压热解可显著增高炭产量，而在真空下进行生物热解制油时，即使升温速率较慢，也能得到较高产量的液体产物，这可能是由于在低压或真空时一次热解产物被快速移出反应器的缘故。因此生物质快速热解制油系统应在常压或减压条件下运行。

（5）原料特性的影响

对于纤维素类生物质，因其种类、分子结构不同，组分也不同，热解特点和产物也不同。原料的粒径及形状特性对生物质热解行为和产物组成也会造成重要的影响。

1）原料组分特性的影响

从组分上看，生物质的主要成分有纤维素、半纤维素和木质素。原料来源不同，种类不同，这三种成分的含量就不同，热解产物的分布也不同。研究表明，纤维素和半纤维素热解的固体残留物很少，对生物质热解贡献最多的是挥发分产物，而且生成的生物油不稳定，易发生二次反应。木质素主要是生成气体和焦炭以及生物油中分子量较大的部分，可以认为木质素是生物质热解过程中产生焦炭的主要来源，其生成的生物油相对较稳定。王琦等考察了生物质种类对热解生物油产率和性质的影响，生物质中三大组分的含量和其自身的独特性质对生物油的产率和产物分布有较大的影响。林业废弃物（樟子松和花梨木）由于较高的纤维素含量和较低的木质素含量相对应地表现出了最高的生物油产率和相对较低的焦炭产率；农业废弃物（稻壳和稻秆）的生物油产率相对较高，但略低于林业废弃物；草本类生物质竹子中三大组分的含量近似于林业生物质，所以其热解产物在分布上与林业生物质比较类似，而作为饲料使用的象草热解的生物油产率不高；海藻中有利于热解焦炭生成的组分脂肪、蛋白质和木质素的含量高达 80% 以上，直接导致了海藻热解产物以焦炭为主，生物油产率低。

生物质中各结构组成的含量及其特征对快速热解的生物油产率和组分影响较大。生物质的工业分析中 H/C 原子比值越高，越有利于气态烷烃或轻质芳烃的生成；而 O/C 原子比值越高则越有利于形成气态挥发物。热解过程中 H 和 O 元素的脱除易于 C 元素，主要是由于生物质中的含氧官能团（羰基和羧基）在较低的温度下就发生了脱羧反应，这也是热解气体中 CO、CO_2、H_2 的含量和热解生物油组分中极性物质成分（酚类）含量高的原因。

2）生物质粒径的影响

生物质颗粒粒径在热质传递过程中起着重要的作用，粒径的改变将会影响颗粒的升温速率乃至挥发分的析出速率，从而改变生物质的热解行为。

Maschio 研究了颗粒粒径对生物质热解特性的影响，对于粒径小于 1mm 的生物质颗粒，热解过程主要受内在动力速率所控制，此时可忽略颗粒内部热质传递的影响，而当颗粒粒径增大和反应温度升高时，则热解过程同时受物理和化学现象所控制。大颗粒物料（大于 1mm）比小颗粒传热能力差，热量是从颗粒外面向内部传递的，颗粒内部升温迟缓，在低温区的停留时间延长，颗粒的中心会发生低温解聚，热解产物中固相炭的含量较大，影响热解产物的分布。另外，较大粒径颗粒的热解过程中还不能忽略由于二次反应所带来的影响，Koufopanos 的研究也表明，随着生物质内挥发物滞留期的增加，二次反应的作用也增加，而且随着颗粒尺寸的增大，越有利于这种作用，在一定温度时要达到一定转化程度的时间也增长。因此，在快速热解过程中，所采用物料粒径应尽可能小，以减少炭的生成量，从而提高生物油的产率。粒径在超过某一范围时，随着颗粒粒径的增大，不可冷凝气体的产量会有所增加，其增加是以生物油的减少为代价的，这主要是较大粒径颗粒内气相产物的扩散路径相对较长，从而造成气相产物的滞留时间的增长。

在相同粒径下，颗粒形状不同，颗粒中心温度达到充分热解温度所需的时间和产气率也不同。例如，粉末状的颗粒所需时间较短，圆柱状次之，而片状所需时间最长。与圆柱状颗粒相比，粉末状颗粒的产气率提高了 36.2%，转化率达到 67.3%，炭产率降低了 32.3%，而液态物产率仅降低了 5.6%。但粉末状颗粒因粒径较小，析出的挥发物在穿过物料层时所遇到的阻力大，影响热解气的产量。实际控制过程取决于这两种因素的综合作用。

因此，物料特性、加热方式及热解炉等众多因素共同决定了热解过程的最优热解反应温度；生物质的种类、密度、热导率将与热解温度、升温速率、反应压力等外部特性共同作用，影响热解过程。针对产物目标的不同，应综合考虑生物质热解的影响因素，以便选择合适的操作条件。

7.5.1.3 热解产物

（1）气体

热解气体的形成方式为：热解形成焦炭的过程中，少量的（低于干物质质量 5%）初级气体随之产生，其中 CO、CO_2 约占 90% 以上，还有一些烃类化合物。在随后的热解过程中，部分有机蒸气裂解成为二次气体。最后得到的热解气体实际上是初级气体和其他气体的混合物。

热解产生的气体含有 CO、CO_2、H_2、CH_4 及饱和或不饱和烃类化合物（C_nH_m）。热解气体可作为中低热值的气体燃料，用于原料干燥、过程加热、动力发电或改性为汽油、甲醇等高热值产品。

（2）生物炭

热解过程所形成的另一个主要产品是生物炭。生物炭颗粒的大小很大程度上取决于原料的粒度、热解反应对生物炭的相对损耗以及生物炭的形成机制。当热解目标是获得最大生物炭产量时，通过调整相关参数，一般可获得相当于原料干物质 30% 的生物炭产量。生物炭可作为固体燃料使用。

（3）液体

热解液是高含氧量、棕黑色、低黏度且具有强烈刺激性气味的复杂流体，含有一定的水分和微量固体炭。快速热解所得到的热解液通常称之为生物油（bio-oil，bio-crude）或简称为油（oil），而把传统热解产生的热解液称为焦油（tar）。生物油的理化特性对生物油的储存和运输具有重要的参考价值，并直接影响到生物油的应用范围与利用效率。

7.5.2 生物质水热液化

液化是把固体状态的生物质经过一系列化学加工过程，使其转化成液体燃料（主要是指汽油、柴油、液化石油气等液体烃类产品）的清洁利用技术。水热液化是以水作为溶剂的加热液化技术，属于水热处理领域的一个分支。

7.5.2.1 水热处理的特点

有机废弃物水热处理过程的一般工艺流程如图 7-7 所示，各类有机废弃物原料先需要经过预处理，包括研磨、压榨、浸渍等过程，用泵加压后进入反应器中，原料浆经过高温高压反应后进入减压分离装置，形成了最终产物生物油、水相、生物炭和气体。

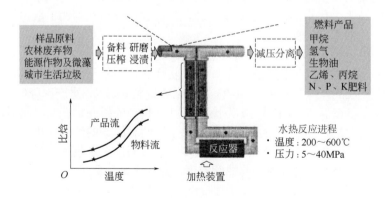

图 7-7　水热处理过程的一般工艺流程示意

水作为一种良好的环境友好型溶剂，基于其在临界点附近的诸多特性，利用水热技术处理有机废弃物具有以下优点：

① 由于水热反应是在水中进行的，因此该过程无需进行干燥预处理，不必考虑样品水分含量的高低，可直接进行转化反应，节约了能量，尤其适用于含水率较高的有机废弃物，如餐厨垃圾等。

② 水作为反应介质可以运输、处理有机废弃物中的不同生物质组分。高温高压水可以溶解有机废弃物中的大分子水解产物及中间产物。此外，高压的环境也避免了由于水分蒸发而带来的潜热损失，大大提高了过程的能量效率。

③ 有机废弃物的转化速率快且反应较为完全。亚临界状态和超临界状态下的水的密度、扩散系数、离子积常数和溶解性能等特性发生了极大的改变，有利于生物质大分子水解以及中间产物与气体和催化剂的接触，减小了相间的传质阻力。

④ 产物分离方便。由于常态水对有机废弃物转化所得产物的溶解度很低，大大降低了产物分离的难度，节约能耗和成本。

⑤ 产物清洁，不会造成二次污染。较高的反应温度可使有机废弃物中任何有毒有害组分在较短的时间内发生水解，因此产物基本不含有毒有害物质。

总体来说，有机废弃物水热反应过程大致可分为以下几个步骤：生物质在水中溶解；生物质主要化学组分（纤维素、半纤维素和木质素）解聚为单体或寡聚物；单体或寡聚物经脱羟基、脱羧基、脱水等过程形成小分子化合物，小分子化合物再通过缩合、环化而形成新的化合物。其中目前研究较多的是生物质主要组分的解聚过程，以及单体或寡聚物的脱氧机理。基于不同的操作参数及所得不同比率的目标产物，可将水热处理技术分为水热液化技术、水热气化技术和水热炭化技术，如图 7-8 所示。

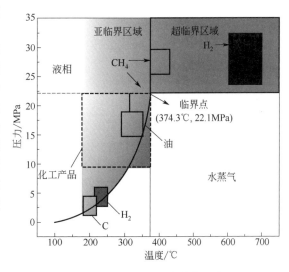

图 7-8　水热转化技术产物分布

7.5.2.2　生物质水热液化工艺

水热液化工艺中，虽然包括低分子化的分解反应和分解物高分子化的聚合反应等过程，它的反应机理大致相同，但运行过程、操作参数以及产率和产品性质都存在差别。图 7-9 所示为一个较为典型的现代生物质水热液化的工业示范装置示意图。该过程通常主要包括：先对生物质原料进行研磨、粉碎等预处理，而后配制成生物质浆液；经过预热后进入反应器进行水热反应；最后将产物冷凝并分离收集。由于高温高压水蒸气的热导率较高，该反应系统通过利用反应器出口物料加热原料浆液的方法进行回热交换利用，从而进一步降低能耗。

图 7-9　生物质水热液化工艺流程简图

有代表性的工艺主要有 PERC 工艺（pittsburg energy research center，匹兹堡能源中心）、LBL（lawrence berkely laboratory，劳伦斯-伯克利实验室）、HTU 工艺（hydrothermal upgrading，水热处理）及 CWT（changing world technologies，美国改变世界技术公司）工艺等。

（1）PERC 工艺

PERC 工艺流程如图 7-10 所示。将干燥的木材（水分 4%）粉碎（35 目）后，在 300～370℃和 20MPa 的 CO/H_2 下，同时加入 4%～8%原料质量的 Na_2CO_3 作催化剂，制取生物油，收率大概在 45%～55%。

然而，由于生物质原料中的许多固体物质难以溶解，反应底物的黏度随着装置的连续运行而变得越来越大，由此带来了一系列的技术问题，在 1981 年后该装置就难以运行。

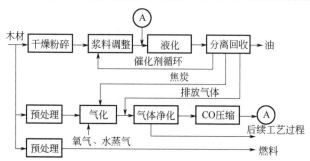

图 7-10　PERC 工艺流程图

（2）LBL 工艺

与 PERC 法相比，LBL 工艺最大的特点是采用预水解的方法代替了 PERC 法中的木材干燥粉碎以及用液化油混合的工序，其余操作条件基本相同。其工艺流程如图 7-11 所示，先将生物质原料在硫酸溶液中水解，温度 180℃，压力 1MPa，硫酸用量为木材质量 0.17%的条件下水解 45min，而后用 Na_2CO_3 中和。处理后的浆液混匀后进入反应器，在 330～360℃和 10～24MPa 下反应，最后得到类似沥青的产物：密度 1.1～1.2kg/m³、含氧 15%～19%、含氢 6.8%～8%、含碳 74%～78%。商业规模下的油收率大约为干基木材的 35%，能量收率大约为 54%（以高位发热量为基准）。

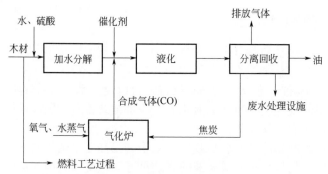

图 7-11　LBL 工艺流程图

然而到了 20 世纪 80 年代，由于石油价格的回落，更多的研究转向诸如乙醇之类的汽油添加剂，在美国，关于生物质液化的研究（包括 PERC 和 LBL 法）被暂搁置。

（3）HTU 工艺

由壳牌公司开发的生物质水热液化技术（Hydrothermal upgrading，HTU）如图 7-12 所示。

具体操作为：生物质与水一起通过高压泵打入反应器中，反应温度为 330～350℃，压力为 12～18MPa，反应时间为 5～20min，在此条件下获得 45%的生物油（按原料的干燥无灰基计算）、25%的气体产物（其中 90%以上为 CO_2）以及约 10%的水溶性有机物（乙酸、甲醇等）。进一步的分析表明，所制得生物油的热值在 30～35MJ/kg 之间，H/C 比约为 1∶1，含氧量为 10%～18%，整个过程的热效率为 74.9%（理论最大值为 78.6%）。生物油可进一步分离为重质和轻质组分，可分别用于不同的机械装置，也可通过加氢脱氧技术精制提炼。

HTU 工艺的特点是木材在无催化剂条件下，用水热方法加以液化。由于碱性催化剂的作用可以抑制从油向焦炭的聚合，加强油的稳定性，HTU 工艺在没有催化剂参与的情况下，通过控制反应时间来控制聚合反应的进行，得到的油在室温下为固体，但一加热就成为流体具有流动性。

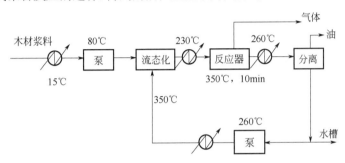

图 7-12　HTU 工艺流程图

（4）CWT 工艺

CWT 公司于 1999 年建立了一套处理量为 7t/d 的生物质水热液化工业装置，到 2004 年，扩大到 250t/d，这也是迄今为止规模最大的水热液化装置，主要用于将食品废弃物（主要是动物内脏）转化为生物油、活性炭以及可以制造化肥的浓缩矿物质，这一工艺被称为 CWT 工艺，又称为 TDP（thermal-depolymerization process）工艺，其流程如图 7-13 所示。该工艺总体上分为两个阶段：第一阶段为水热液化阶段，原料浸泡成浆液后进料，加热至 250℃左右，水在该温度下蒸发达到其饱和蒸气压约 4MPa（相比于其他水热工艺，该过程压力较低），反应后，固液产物进行分离，液相产物首先通过闪蒸除去水分，然后进入下一反应阶段。第二阶段首先对闪蒸除水后的剩余物质进一步加热到 500℃下进行反应，而后进入冷却器，将生物油冷凝成液态后收集。由此可见，CWT 工艺在一定程度上实现了生物质的多联产，在第一阶段可以回收矿物质原料，可进一步通过加工制成肥料利用；在第二阶段可以得到燃料气、焦炭和生物油，其中生物油组分主要是含 15～20 碳链的烃类化合物，与常规的柴油具有一定的相似度。此外，CWT 公司宣称原料中 15%～20%的能量即可用于维持整个工厂的设备运转，即原料中 85%的能量将保留于最终产品中。

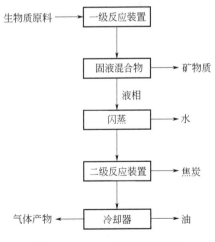

图 7-13　CWT 工艺流程示意

7.5.2.3　水热液化过程的影响因素

有机废弃物的水热液化是以水为反应介质，以有机废弃物为原料，制取生物油的热化学

转化过程，通常反应温度为 270～400℃，压力为 10～25MPa。在此状态下水通常处于亚临界状态/超临界状态，水在反应中既是重要的反应物又充当着催化剂，其主要产物包括生物油、焦炭、水溶性物质及气体。

有机废弃物水热液化的产率、产物分布以及生物油品质受多种因素的综合影响，主要包括原料特性、反应温度、反应压力、停留时间、催化剂、升温和冷却速率、气氛等。

（1）原料特性

不同组分在相同反应条件下的液化效果是不同的，当加热生物质时，随着温度的升高，生物质中三种主要组成物（纤维素、半纤维素和木质素）以不同的速度先后进行软化、分解，且产物各不相同，因此生物质的种类直接影响到生物油的产率及品质。

水热液化对各种生物质原料的适应性非常强，绝大多数生物质均可用来作为水热液化的进料，包括农林废弃物、畜禽粪便、生活垃圾以及污水废水、污泥等。

对于干燥的生物质原料，生物油产率指制得的生物油占初始投料的质量百分比；对于含水的生物质原料，生物油产率是指制得的生物油占初始投料中挥发分含量的百分比。在生物质的三种主要成分中，以木质素对制油效果的影响最大。

除生物质组分对反应的影响外，原料粒径的大小也会对生物质液化反应产生一定的影响。一般来说，颗粒的减小可以加速生物质的升温并增大比表面积，从而加速水解反应；然而，过于追求小颗粒会延长颗粒原料的研磨时间，使得能耗大幅上升。因此，粒径在液化效率和能耗之间存在一个最佳值，应在提高生物油产率的同时将能耗控制在一定范围内。

然而，在水热液化中，多数学者认为粒径对反应的影响是有限的，这是因为在亚临界以及超临界条件下，水的传热性能极佳且可以溶解大部分有机质，突破了原有的传热障碍，所以无需对原料进行过多的研磨粉碎处理。

（2）反应温度

反应温度是有机废弃物能源转化过程中的一个重要影响因素。由于有机废弃物来源广泛，组分复杂，各组分在高温高压水中的热稳定性存在明显差异。随着反应温度的变化，反应路径也会随之变化。一般而言，反应温度越高，聚合物降解形成液相产物越容易，生物油的产率也越高。进一步提高温度将促进有机废弃物碎片降解形成气相产物，导致气体和挥发性有机物的增加，不利于生物油的产生。在某一临界温度之下，形成液相产物的反应过程将优于形成气相产物的反应过程，而在某一临界温度之上，趋势则刚好相反。

（3）反应压力

在达到相同温度的条件下，压力的提高可以减小热量的投入，这是因为溶剂的相变焓随着压力的升高而急剧减小，而在超临界条件下则为零。在压力对反应的影响方面，主要体现在高压阶段，尤其是临界区域。一般而言，随着液化反应体系的压力升高，水的密度变大，溶解性增强，并能有效地渗透进生物质组分的分子中，有利于水解反应的进行；而在达到超临界状态后，压力的影响变得更加显著，此时压力的微小变化将造成流体密度、黏度等性质的极大变化，从而对反应常数产生显著的影响；同时，由反应平衡原理可知，较高的压力可以抑制气体产物的生成，从而更有利于获得液体产物。此外通过改变压力不仅可以改变反应速率，还可以控制产物的溶解度，实现不同相的分离，以得到目标产物。

需要指出的是，压力的选取还要考虑经济成本，过高的压力对反应促进程度减弱，更有研究表明，在超临界区域，密度的增大会产生"水笼"效应，抑制 C—C 键的断裂，从而不利于生物质组分的分解；同时，过高的压力使得能耗显著升高，并对设备提出了更高的要求，导致运行和维护成本的上升。所以综合考虑反应效率与经济性，一般水热液化体系的压力多控制在 15～35MPa。

（4）停留时间

停留时间是影响水热转化过程的又一重要因素。近年来，对各类垃圾的水热转化过程研究集中在使用间歇式反应器。在利用此反应器进行水热转化的研究中，至少有 3 种不同的方法来计算反应时间。第 1 种是先将反应器放入流沙浴中或加热炉中升温，在达到设定温度时开始计算时间。在这种情况下，在达到计算反应时间开始之前，垃圾中的部分组分已经发生了反应，如水解。第 2 种计算反应时间的方法是考虑了加热和冷却过程所需要的时间，与第一种反应时间计算方法相比，此种情况下的反应时间被过度延长。第 3 种计算反应时间的方法是同时考虑到了时间和温度，通过定义强度系数来应用此方法，比前两者更精确。目前，研究中多以第 1 种方法来考察反应时间对液化过程的影响。

Qu 等研究发现，随着反应时间的延长，生物油产率急剧下降，这主要是由于中间产物的缩合和再聚合形成了固体。对气体产物进行分析表明，随着时间的延长，氢气含量增加。因此，如果选用此类间接高压反应釜进行液化时，为得到较高的液体产率，建议反应时间不超过 10min。

（5）催化剂

添加催化剂能提高产物的产率并提高过程的效率。按催化剂的类型可分为均相催化剂和非均相催化剂。在水热液化中一般使用均相催化剂（如碱性催化剂、有机酸等）来增加液体产物的产率。

研究结果表明，碱性催化剂能够提高液化过程中的转化率，因此可以增加生物油的产量及品质。此外，碱性催化剂能够提高液化过程中的脱氧反应，因此生物油中氧含量降低，有利于后续生物油加氢脱氧工艺的进行。

与均相催化剂相比，非均相催化剂的缺陷是随着液化反应的持续进行，尤其是在连续或半连续反应装置中，非均相催化剂会出现结焦情况而滞留在反应器中，导致催化剂性能显著下降。因此，在使用非均相催化剂过程中，需要考虑催化剂的失活问题及失活效率。

（6）升温和冷却速率

在生物质的快速热解中，为获得较高的生物油产率，选择适宜的升温速率是很重要的。生物质快速热解是通过快速加热的方式将生物质中各组分加热到适宜的温度范围内，经过较短的停留时间后将热解产生的有机物蒸气快速冷却而得到生物油，此过程可有效地避免二次反应如缩合和二次裂解反应的发生。类似地，在水热处理过程中同样会发生复杂的二次反应，研究升温速率对水热处理过程的影响十分重要。

水热反应的研究通常是在传统的密闭高压反应釜中进行。通过比较前人的研究发现，采用电加热方式对生物质浆液进行升温时，反应器的加热速率较慢，一般在 3～10℃/min 之间，而采用电感加热和流沙浴加热方式的反应器则可以得到更高的升温速率。选取适宜的加热速率可以克服传统反应器加热方式的局限性，从而提高生物油的产率。

（7）气氛

气氛在水热液化中的作用主要是稳定小分子物质，防止其进一步缩合、环化或再聚合，从而减少焦炭的生成。

生物质水热液化既可以在还原性气体（CO、H_2）中进行，也可以在惰性气体（N_2、Ar）或者空气中进行，目前基本公认还原性气体更有利于生物质的降解，提高液相产物的收率，并改善产物的性质。

从生物质原料的元素角度讲，引进 H_2 等氢源是有一定必要的，因为生物质原料的 H/C 比约为 1.4，而所需的液体燃料的 H/C 比通常约为 2，为调节 H/C 比，加氢过程势在必行。具体来说，H_2 可以与反应物中的含氧官能团发生加氢和氢解反应。通过加氢反应，不饱和的化学键可以转变为饱和的化学键；通过氢解反应，化学键中的氧原子可通过与氢原子反应生成水而被除去，从而提高产物油的热值。因此，在氢气的作用下，加压液化生成的产物具有更小的化学极性并与实际的燃料油更相似，也更易被萃取出来。

与 H_2 气氛不同，引入 CO 气氛主要是配合与加强催化剂的作用，以水热液化中常用的碳酸盐催化剂为例，CO 与可其反应生成氢自由基，这些自由基增强和稳定了生物质分解出来的活性中间产物，从而抑制残渣的生成，提高生物油的产率；此外，某些生物质在液化过程中会产生 H_2，而 CO 会与 H_2 在催化剂（铁、镍等）的作用下发生费托合成反应 [式（7-1）]，生成烷烃（生物油成分），从而提高生物油的产率。

$$(2n+1)H_2+nCO \longrightarrow C_nH_{2n+2}+nH_2O \qquad (7-1)$$

CO 作为反应气氛的另外一个优点在于，相对于 H_2 来说更为便宜，可降低生物质液化的成本，但 CO 属于剧毒气体，在实际应用中应加倍注意防护措施。

7.5.2.4 水热液化的产物

水热液化的最终产物包括生物油、水相、生物炭和气体。

（1）产物分离

水热液化产物的分离一般较为复杂，其分离方法主要有萃取和精馏两种，前者按所用萃取剂分为丙酮、四氢呋喃（THF）和甲苯萃取等。而精馏所采用的馏程也各不相同。目前多数研究者采用萃取分离。

丙酮萃取工艺流程一般如图 7-14 所示，液化产物首先经过水洗得到水不溶物，进而用丙酮萃取，溶于丙酮的即被定义为生物油，不溶物定义为残渣。

华东理工大学的彭文才等开发了一种多溶剂共同萃取工艺，如图 7-15 所示。该工艺先后

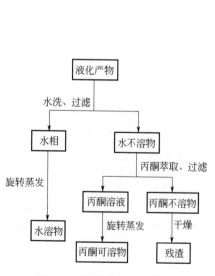

图 7-14　丙酮萃取工艺流程

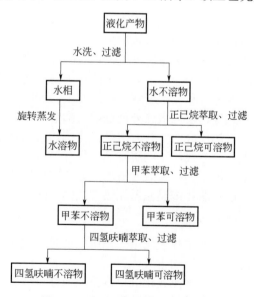

图 7-15　多溶剂共同萃取工艺流程

采用三种不同的溶剂进行萃取，依次为正己烷、甲苯和四氢呋喃，从而将产物进一步细分，其中正己烷可溶物定义为生物油，甲苯可溶物定义为沥青烯（主要含一些大分子物质），四氢呋喃可溶物定义为前沥青烯（主要为小分子物质）。

产物分离方法的不同必然造成产物性质的不同，目前还没有一种被广泛认可的分离工艺，所以产物组成的分析一般都要针对其特定的分离方法而言。另外，不同的研究对液相产物的称谓也各不相同，如生物油（bio-oil）、生物原油（bio-crude）、生物汽油（bio-gasoline）和生物柴油（bio-diesel）等，对应的产率计算方式也各不相同，因此不能仅从产率的数值大小来比较液化工艺的优劣。

（2）产物组成

通常来说，生物质水热液化液相产物中主要含有烷烃、烯烃、芳香化合物、酚类和羧酸等，含氧量为 10%～20%，热值为 30～60MJ/kg。经过水热液化后，原料中 97% 的能量被保留了下来。同时，原料中原本含有的大量氧元素（66%～80%）在反应过程中转变为 H_2O 和 CO_2 的形式脱除，也正是因为如此高的脱氧率损失了产物的部分质量，所以一般相对于热解液化，水热液化的液相产物收率较低。

（3）产物精制

水热液化的主要目标是获得可替代燃料油的液体产物，但需要进行后续的油品精制和改良处理，目标是脱除液相产物中的氧元素，以及将大分子降解为小分子（与石油成分更相近），以期获得具有高热值的石油替代物。

总体上生物油精制过程参照的主要是原油精制工艺，主要包括加氢裂化和加氢脱氧，该过程通常需要借助于催化剂（Cu、Ni 等负载于 Al_2O_3、SiO_2 上），在温度 250～400℃和压力 10～18MPa 以及一定的氢气流量（100～700L/L 生物油）下进行。这与原油精制技术有一定的相似性，但目标不同，原油精制过程的主要目标是脱除 N 和 S 元素，而生物油精制的主要目标是脱除氧元素，一般来说，脱氧的难度比脱氮和脱硫的难度更高。

7.6　生物质热化学气化制气体燃料

与生物质热化学转化制液体燃料类似，以生物质为原料，也可通过热化学转化技术制得气体燃料。目前用于生物质制气体燃料的热化学转化技术有气化剂气化和水热气化。

7.6.1　生物质气化剂气化

生物质气化剂气化是以生物质为原料，以氧气（空气、富氧或纯氧）、水蒸气或氢气等作为气化剂（或称气化介质），在高温条件下通过热化学反应制取可燃气的过程，简称生物质气化。生物质气化气的主要有效成分是 CO、H_2 和 CH_4 等，称为生物质燃气。气化和燃烧过程是密不可分的，燃烧是气化的基础，气化是部分燃烧或缺氧燃烧。固体燃料中碳的燃烧为气化过程提供了能量，气化反应其他过程的进行取决于碳燃烧阶段的放热状况。实际上，气化是为了增加可燃气的产量而在高温状态下发生的热解过程。气化过程和常见的燃烧过程的区别是：燃烧过程中供给充足的氧气，使原料充分燃烧，目的是直接获取热量，燃烧后的产物是二氧化碳和水蒸气等不可再燃烧的烟气；气化过程只供给热化学反应所需的那部分氧气，而尽可能将能量保留在反应后得到的可燃气体中，气化后的产物是含氢、一氧化碳和低分子烃类的可燃气体。

生物质气化都要通过气化炉完成，其反应过程很复杂，随着气化炉的类型、工艺流程、反应条件、气化剂的种类、原料的性质和粉碎粒度等条件的不同而不同，但不同条件下的生物质气化过程基本上包括下列反应：

$$C+O_2 = CO_2 \tag{7-2}$$
$$CO_2+C = 2CO \tag{7-3}$$
$$2C+O_2 = 2CO \tag{7-4}$$
$$2CO+O_2 = CO_2 \tag{7-5}$$
$$H_2O+C = CO+2H_2 \tag{7-6}$$
$$2H_2O+C = CO_2+2H_2 \tag{7-7}$$
$$H_2O+CO = CO_2+H_2 \tag{7-8}$$
$$C+2H_2 = CH_4 \tag{7-9}$$

7.6.1.1 生物质气化技术的分类

生物质气化有多种形式，按制取燃气热值的不同可分为：制取低热值燃气方法（燃气热值低于 16.7MJ/m³）、制取中热值燃气方法（燃气热值为 16.7～33.5MJ/m³）和制取高热值燃气方法（燃气热值高于 33.5MJ/m³）；按照气化剂的不同，可将其分为干馏气化、空气气化、氧气气化、水蒸气气化、水蒸气-空气气化和氢气气化等，如图7-16所示。

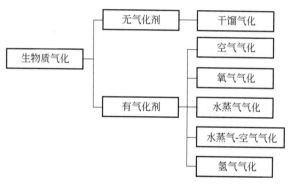

图 7-16　生物质气化技术的分类

（1）干馏气化

干馏气化属于热解的一种特例，是指在缺氧或少氧的情况下，生物质进行干馏的过程（包括木材干馏）。主要产物为醋酸、甲醇、木焦油抗聚剂、木榴油、木炭和可燃气。可燃气的主要成分是二氧化碳、一氧化碳、甲烷、乙烯和氢气等，其产量和组成与热解温度和加热速率有关。可燃气的热值为 15MJ/m³，属中热值燃气。

（2）空气气化

以空气作为气化剂的气化过程，空气中的氧气与生物质中的可燃组分发生氧化反应，提供气化过程中其他反应所需的热量，并不需要额外提供热量，整个气化过程是一个自供热系统。但空气中 79%的氮气不参与化学反应，且会吸收部分反应热，致使反应温度降低，阻碍氧气的扩散，从而降低反应速率。氮气的存在还会稀释可燃气中可燃组分的浓度，降低可燃气的热值。可燃气的热值一般为 5MJ/m³ 左右，属于低热值燃气，但由于空气随处可得，不需要消耗额外能源进行生产，所以空气气化是一种极为普遍、经济、设备简单且容易实现的气化形式。

（3）氧气气化

氧化气化是以纯氧作为气化剂的气化过程。在此反应过程中，合理控制氧气供给量，可以在保证气化反应不需要额外供给热量的同时，避免氧化反应生成过量的二氧化碳。同空气气化相比，由于没有氮气参与，提高了反应温度和反应速率，缩小了反应空间，提高了热效率。同时，生物质燃气的热值提高到 18MJ/m³，属于中热值燃气，可与城市煤气相当。但是，生产纯氧需要耗费大量的能源，因此不适于在小型的气化系统中使用。

（4）水蒸气气化

水蒸气气化是以水蒸气作为气化剂的气化过程。气化过程中，水蒸气与炭发生还原反应，生成一氧化碳和氢气，同时一氧化碳与水蒸气发生变换反应和各种甲烷化反应。典型的水蒸气气化结果为：H_2（20%～26%）；CO（28%～42%）；CO_2（16%～23%）；CH_4（10%～20%）；C_2H_2（2%～4%）；C_2H_6（1%）；C_3 以上成分（2%～3%），燃气热值可达到 17～21MJ/m^3，属于中热值燃气，水蒸气气化的主要反应是吸热反应，因此需要额外的热源，但反应温度不能过高，且不易控制和操作。水蒸气气化经常出现在需要中热值气体燃料而又不使用氧气的气化过程，如双床气化反应器中有一个床是水蒸气气化床。

（5）水蒸气-空气气化

主要用来克服空气气化产物热值低的缺点。从理论上讲，水蒸气-空气气化比单独用空气或水蒸气作为气化剂的方式优越，因为减少了空气的供给量，并生成更多的氢气和烃类化合物，提高了燃气的热值，典型燃气的热值为 11.5MJ/m^3。此外，空气与生物质的氧化反应，可提供其他反应所需的热量，不需要外加热系统。

（6）氢气气化

氢气气化是以氢气作为气化剂的气化过程。主要气化反应是氢气与固定碳及水蒸气生成甲烷的过程。此反应的燃气热值可达到 22.3～26MJ/m^3，属于高热值燃气。氢气气化反应的条件极为严格，需要在高温高压下进行，一般不常使用。

7.6.1.2　生物质气化装置

气化炉是生物质气化反应的主要设备。在气化炉中，生物质完成了气化反应过程并转化为生物质燃气。针对其运行方式的不同，可将气化炉分为固定床气化炉和流化床气化炉。

（1）固定床气化炉

固定床气化炉是将切碎的生物质原料由炉子顶部加料口投入气化炉中，物料在炉内基本上是按层次地进行气化反应。反应产生的气体在炉内的流动要靠风机来实现，安装在燃气出口一侧的风机是引风机，它靠抽力（在炉内形成负压）实现炉内气体的流动；靠压力将空气送入炉中的风机是鼓风机。固定床气化炉的炉内反应速率较慢。根据气流运动方向的不同，固定床气化炉可分为下吸式（下流式）、上吸式（上流式）、横吸式（横流式）和开心式四种类型。

1）上吸式固定床气化炉

生物质由上部加料装置装入炉体，然后依靠自身的重力下落，由向上流动的热气流烘干、析出挥发分，原料层和灰渣层由下部的炉栅所支承，反应后残余的灰渣从炉栅下方排出。气化剂由下部的送风口进入，通过炉栅的缝隙均匀地进入灰渣层，被灰渣层预热后与原料层接触并发生气化反应，产生的生物质燃气从炉体上方引出，如图 7-17（a）所示。

上吸式气化炉的主要特征是气体的流动方向与物料运动方向是逆向的，所以又称逆流式气化炉。因为原料干燥层和热解层可以充分利用还原反应气体的余热，可燃气在出口的温度可降低至 300℃以下，所以上吸式气化炉的热效率高于其他类型的固定床气化炉。

2）下吸式固定床气化炉

其特征是气体和生物质的运动方向相同，所以又称顺流式气化炉。下吸式气化炉一般设置高温喉管区，气化剂通过喉管区中部偏上的位置喷入，生物质在喉管区发生气化反应，可燃气从下部被吸出，如图 7-17（b）所示。下吸式气化炉的热解产物必须通过炽热的氧化层，因此，挥发分中的焦油可以得到充分分解，燃气中的焦油含量大大低于上吸式气化炉。它适用于相对干燥的块状物料（含水率低于 30%）以及含有少量粗颗粒的混合物料，且结构较为简单，运行方便可靠。由于下吸式气化炉燃气中的焦油含量较低，特别受小型发电系统的青睐。

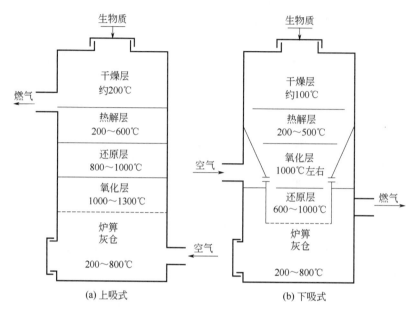

图 7-17　固定床气化炉

3）横吸式固定床气化炉

其特征是空气由侧向供给，产出气体从侧向流出，气流横向通过气化区，如图 7-18 所示，一般适用于木炭和含灰量较低物料的气化。

4）开心式固定床气化炉

它是由我国研制并应用的，类似于下流式固定床气化炉，不同的是，它没有缩口，同时它的炉栅中间向上隆起，如图 7-19 所示。这种炉子多以稻壳作为气化原料，反应产生灰分较多。在工作过程中，炉栅缓慢地绕它的中心垂直轴做水平的回转运动，目的在于防止灰分堵塞炉栅，保证气化反应连续进行。

（2）流化床气化炉

流化床气化炉多选用惰性材料（如石英砂）作为流化介质，首先使用辅助燃料（如燃油或天然气）将床料加热，生物质随后进入流化床与气化剂进行气化反应，产生的焦油也可在流化床内分解。流化床原料的颗粒度较小，以便气固两相充分接触反应，反应速率快，气化效率高。如果采用秸秆作为气化原料，由于其灰渣的灰分熔点较低，容易发生床结渣而丧失流化功能，因此，需要严格控制运行温度，反应温度一般为 700～850℃。流化床气化炉可分为鼓泡床气化炉、循环流化床气化炉、双床气化炉和携带床气化炉。

1）单流化床气化炉

它是最基本、最简单的气化炉，只有一个反应器，气化剂从底部气体分布板吹入，在流化床上同生物质原料进行气化反应，生成的气化气直接由气化炉出口送入净化系统中，如

图 7-20。单流化床气化炉的流化速度较低，适用于颗粒粒度较大物料的气化，而且一般情况下必须增加热载体，即流化介质。由于其存在飞灰和炭颗粒夹带严重等问题，一般不适合小型气化系统。

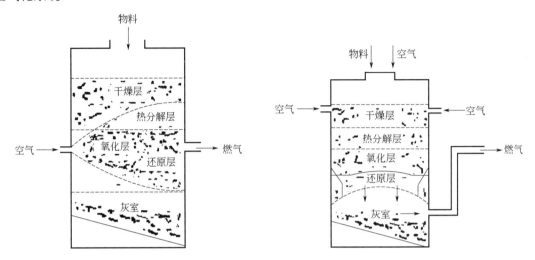

图 7-18　横吸式固定床气化炉示意　　　图 7-19　开心式固定床气化炉示意

2）循环流化床气化炉

其工作原理如图 7-21 所示。循环流化床气化炉与单流化床气化炉的主要区别是：在气化气出口处设有旋风分离器或袋式分离器，将燃气携带的炭粒和沙子分离出来，返回气化炉中再次参加气化反应，提高碳的转化率。循环流化床气化炉的反应温度一般控制在 700～900℃。它适用于较小的生物质颗粒，在大部分情况下可以不必加流化载体，所以运行最简单，但它的炭回流难以控制，在炭回流较少的情况下容易变成低速率的携带床。

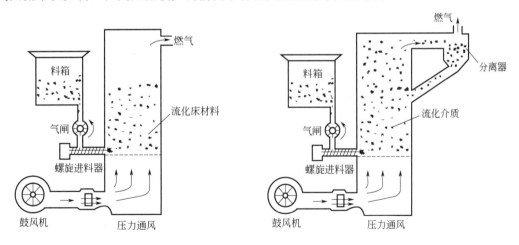

图 7-20　流化床气化炉示意　　　　　图 7-21　循环流化床气化炉

3）双床气化炉

其原理如图 7-22，它分为两个组成部分，一部分是气化炉，另一部分是燃烧炉。气化炉中产出的燃气经分离后，沙子和炭粒流入燃烧炉中，在这里炭粒燃烧将沙子加热，灼热的沙子再返回到气化炉中，以补充气化炉所需的热量。两床之间靠热载体即流化介质进行传热，所以控制好热载体的循环速度和加热温度是双流化床系统最关键也是最难的技术。

4）携带流化床气化炉

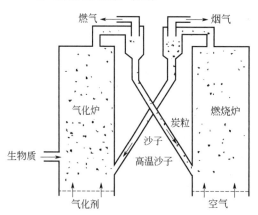

图7-22　双床气化炉的原理

它是流化床气化炉的一种特例，它不使用惰性材料作为流化介质，气化剂直接吹动炉中的生物质原料，属于气流输送。该气化炉要求原料破碎成细小颗粒，其运行温度可高达 1100～1300℃，产生气体中焦油成分及冷凝物含量很低，碳转化率可达 100%。但由于运行温度高易烧结，因此选材较困难。

无论是固定床气化炉还是流化床气化炉，在设计和运行中都有不同的条件和要求，了解不同气化炉的各种特性，对正确合理设计和使用生物质气化炉至关重要。表7-4 表示了各种气化炉对不同原料的要求。表7-5 给出了各种气化炉使用不同气化剂的产出气体热值情况。

表 7-4　气化炉对原料的要求

气化炉类型	下吸式固定床	上吸式固定床	横吸式固定床	开心式固定床	流化床
原料种类	秸秆、废木	秸秆、废木	木炭	稻壳	秸秆、木屑、稻壳
尺寸/mm	5～100	20～100	40～80	1～30	<10
适度/%	<30	<25	<7	<12	<20
灰分/%	<25	<6	<6	<20	<20

表 7-5　各种类型气化炉产出气体热值对照表

气化剂	下吸式	上吸式	横吸式	开心式	单流化床	双流化床	循环床	携带床
空气	低热值气体	低热值气体	低热值气体	低热值气体	低热值气体	中热值气体	低热值气体	低热值气体
氧气	中热值气体	中热值气体	中热值气体	—	中热值气体	—	中热值气体	中热值气体
水蒸气	—	—	—	—	—	中热值气体	—	—

7.6.2　生物质水热气化

生物质水热气化技术是近年来发展起来的一种高效制气技术，通常反应温度为 400～700℃，压力为 16～35MPa。与传统的热化学转化方法相比，利用超临界水热气化制氢显著地简化反应流程，降低了反应成本。水热气化产物中氢气的体积分数可以超过 50%，并且不会产生焦炭、焦油等二次污染物。另外，对于含水量较高的生物质，如餐厨垃圾、有机污泥等，水热气化反应也省去了能耗较高的干燥过程。一般来说，经水热转化后所得的气体产物成分主要包括 H_2、CH_4、CO_2 以及少量的 C_2H_4 和 C_2H_6。对于含有大量蛋白质类物质的生物质，产生的气体中还会含有少量的氮氧化物。

根据工艺形式的不同，生物质水热气化可分为连续式、间歇式和流化床三种主要工艺。连续式适用于研究气化制氢特性、气化过程中的动力学特性；间歇式反应装置相对简单，适用于几乎所有的反应物料，可用于研究生物质气化制氢的机理和催化剂的筛选；流化床工艺得到的气体转化率相对较高，焦油含量低，但是工艺成本较高，设备复杂不易操作。

东京科技大学、日本东京大学、广岛大学等高校的多位教授经全面分析比较后表明，超临界水气化技术在经济上比传统的生物质厌氧发酵、裂解、热解等气化技术有显著优势。在超临界水气化过程中，由于 CO_2 能被高压水所吸附，可实现与 H_2 的初步分离，由此得到的高压富氢气体可在高压下与膜分离及变压吸附技术进行集成，实现 CO_2 的富集分离、H_2 的提纯与资源化利用。当此气体作为燃料电池的原料时，能够大幅度提高系统能量的综合利用率。

7.6.2.1　水热气化过程的影响因素

（1）反应温度

由于生物质来源广泛，组分复杂，各组分在高温高压水中的热稳定性存在明显差异。随着反应温度的变化，反应路径也会随之变化。一般而言，反应温度越高，聚合物降解形成液相产物越容易，生物油的产率也会随之提高。进一步提高温度将促进生物质碎片降解形成气相产物，导致气体和挥发性有机物的增加，不利于生物油的产生。在某一临界温度之下，形成液相产物的反应过程将优于形成气相产物的反应过程，而在某一临界温度之上，趋势则刚好相反。

（2）催化剂

添加催化剂能提高产物的产率并提高过程的效率。按催化剂的类型可分为均相催化剂和非均相催化剂。

近年来，非均相催化剂（如金属催化剂、活性炭、氧化物等）多数应用于超临界水气化过程中，目的在于在较低温度下水热处理有机废弃物，增加气体的生成速率。同时，催化剂可以改变反应方向，使得反应向目标产物的方向发生。

（3）停留时间

停留时间是影响水热转化过程的又一重要因素。

对气体产物进行分析表明，随着停留时间的延长，液体产率明显下降，而气体产率随之增加，气体中氢气含量增加。因此，如果选用间接高压反应釜进行气化，为得到较高的气体产率，应采用相对较长的停留时间。

7.6.2.2　农林废弃物超临界水气化

刚收获的农林废弃物，如新鲜植物、农作物等，其含水率普遍较高，一般都高于70%，有的甚至能达到85%以上，普通的气化需要先将其干燥至含水率小于10%，这是一个既耗能又耗时的过程，而使用超临界水气化技术对有机废弃物进行气化和能源化利用就可避免这一过程。

以农林废弃物为原料，采用超临界水气化技术制气，可通过控制反应过程的条件而分别制得以氢气或甲烷为主要成分的混合燃气。

（1）农林废弃物超临界水气化制氢

南京工业大学廖传华团队的罗威采用图 7-23 所示的间歇式超临界水气化工艺流程，对松木屑进行超临界水气化制氢实验研究，以氢气产量为主要指标，考察了反应温度、反应压力、停留时间、物料浓度、物料粒径、催化剂对制氢过程的影响。结果表明：在一定条件下，温度对制氢效果有很显著的影响。随着温度的升高，氢气产量会大幅度的提高；当温度低于450℃时，主要发生甲烷化反应，CH_4 产量较多。当温度高于450℃时，水蒸气重整反应逐渐增强，

从而 H_2 产量会大幅度提高；压力对制氢效果影响不大；停留时间在一定范围内对制氢效果有一定影响；物料浓度低，对氢气产量有利；物料粒径对气化结果影响不大。此外，还发现松木屑超临界水气化制氢实验的显著影响因素为反应温度、停留时间和物料浓度，非显著影响因素为反应压力和物料粒径。各因素对制氢过程的影响大小为：反应温度>物料浓度>停留时间，松木屑超临界水气化制氢实验的最优方案为反应温度 500℃，反应压力 26MPa，停留时间 50min、木屑质量分数 8%，木屑粒径 8~16 目。在该条件下，得到 H_2 产量为 3.29mol/kg。当反应温度 500℃，反应压力 26MPa，停留时间 50min，木屑质量分数 8%，木屑粒径 8~16 目时，Ni、Fe、K_2CO_3、Na_2CO_3、$CuSO_4$ 对制氢过程的催化活性大小为：Ni>Fe>K_2CO_3>Na_2CO_3>$CuSO_4$。质量分数为 2% 的 Fe 在制氢过程中不仅能促进水气转化反应，大幅提高 H_2 产量，而且还能使木屑几乎完全气化。

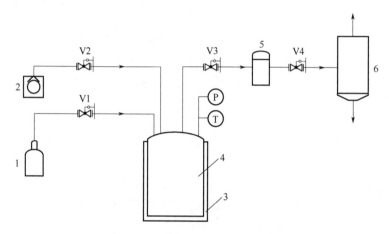

图 7-23　间歇式超临界水气化工艺流程图

1—氩气瓶；2—恒流泵；3—加热器；4—反应釜；5—冷却器；6—气液分离器；V1~V4—减压阀

（2）农林废弃物超临界水气化制甲烷

南京工业大学廖传华团队的刘理力采用图 7-23 所示的间歇式超临界水气化工艺流程，以安徽产松木屑为原料，主要考察了反应温度、反应压力、松木屑浆料浓度、反应持续时间、粒径、催化剂以及催化剂浓度对气化过程的影响。结果表明：在非催化条件下，反应温度、反应压力、松木屑浆料浓度对甲烷气体产量以及松木屑气化效率有一定影响，反应持续时间以及粒径对气化过程的影响不大。甲烷气体产量随着反应温度的升高呈现先上升后下降的趋势，在温度为 450℃时，甲烷气体产量最高；压力对甲烷气体产量的影响不如温度的影响大，呈现的趋势和温度一样，先上升后下降，在 32MPa 时甲烷气体产量最高。松木屑浆料浓度和甲烷气体产量成反比，5%质量浓度的松木屑浆料效果最好。非催化条件下的优化操作参数为：反应温度为 457℃，反应压力为 32MPa，松木屑浆料浓度为 4.6%，反应持续时间为 5min，以及粒径为 2~4 目。在此条件下，CH_4 的气体产量为 3.44mol/kg，此时 CH_4 的摩尔分数为 26.01%，所得气体的热值为 14.17MJ/m³，松木屑的气化效率为 25.01%。采用碱性催化剂能促进甲烷化反应的进行，采用金属类催化剂不仅能提高甲烷的气体产量，还能提高氢气的气体产量。催化剂浓度对甲烷气体产量的影响非常大，在 KOH 浓度为 5%条件下，CH_4 的气体产量达到 6.88mol/kg，CH_4 的摩尔分数达到 38.53%，所得气体的热值达到 17.83MJ/m³，松木屑的气化效率达到 42.42%。

7.7　生物质热化学炭化制固体燃料

生物质热化学转化制固体燃料，也称生物质炭化，是以生物质为原料，通过热化学转化反应制备固体燃料（生物炭）。根据炭化过程的运行特点，可将生物质炭化过程分为热解炭化和水热炭化。

7.7.1　生物质热解炭化

热解是指在一定温度条件下，控制其操作条件（最主要是加热温度及升温速率），使生物质中的有机组分分解产生气体、液体和固体，具体组成和性质与热解的方法和反应参数有关。如果热解是以追求固体产物的产率为目标，此时即为热解炭化，其过程的实质是在缺氧或少氧的情况下对生物质进行干馏，因此也称干馏炭化。

7.7.1.1　热解炭化的原理与特征

根据农林废弃物炭化过程的温度变化、热解速率和生成产物量等特征，炭化过程可以分为四个阶段。当温度在 200℃ 以下时，此过程基本为干燥过程，木材中所含水分依靠外部供给的热量进行蒸发，木质材料的化学组成几乎没有变化。预炭化阶段的温度为 150～275℃，木质材料热分解反应比较明显，木质材料的化学组成开始发生变化，其中不稳定的组分，如半纤维素分解生成二氧化碳、一氧化碳和少量醋酸等物质。以上两个阶段都要外界供给热量来保证热解温度的上升，所以又称为吸热分解阶段。炭化阶段的温度为 275～400℃，在这个阶段中，木质材料急剧进行热分解，生成大量分解产物。生成的液体产物中含有大量醋酸、甲醇和木焦油，生成的气体产物中二氧化碳含量逐渐减少，而甲烷、乙烯等可燃性气体逐渐增多。这一阶段放出大量反应热，所以又称为放热反应阶段。温度上升到 450～500℃，这个阶段依靠外部供给热量进行木炭的煅烧，排出残留在木炭中的挥发性物质，将产生具有一定固定碳含量和细微多孔结构的木炭，碳元素的比例超过 80%，而生成液体产物已经很少。

生物质热解炭化是复杂的多反应过程，实际上这四个阶段的界限很难明确划分，由于炭化设备各个部位受热量不同，木质材料的热导率又较小，因此，设备内木质材料所处的位置不同，甚至大块木材的内部和外部，也可能处于不同热解阶段。

生物质热解炭化的工艺特点可概括为三个方面：

① 较小的升高温率，一般在 30℃/min 以内。相对于快速热解方式，慢速加热方式可使炭的产率提高 5.6%。

② 较低的热解终温。500℃ 以内的热解终温有利于生物炭的产生和良好的品质保证。

③ 较长的气体滞留时间。根据原料种类不同，一般要求在 15min 至几天不等。

7.7.1.2　热解炭化的主要产物

根据形态的不同，农林废弃物热解炭化的主要产物可分为固体产物、液体产物和气体产物。

（1）固体产物

农林废弃物热解炭化的固体产物称为木炭。与原料相比，析出挥发分以后的木炭中含有较多的固定碳，而氧和氢元素含量大大降低。碳元素的含量反映了木材炭化的深度，也是木炭的重要质量指标。尽管在较低的温度下木炭产率很高，但由于挥发分尚未充分析出，碳元素的含量较低，而氧和氢元素的含量较高，这时炭化程度很低，达不到商业木炭的标准。从

提高木炭质量的角度，应该选择500～600℃的炭化温度。

（2）液体产物

农林废弃物热解炭化生成的气体经冷凝分离后可以得到木醋液和不可冷凝的可燃气体。木醋液是一种棕黑色的液体，其成分十分复杂，除了含较大量的水分外，还含有酸类、醇类、酚类、酮类、醛类、碱类等200种以上的各种有机物，这些化合物中有些溶于水，有的不溶于水。

阔叶材炭化得到的木醋液澄清时分为两层，上层是澄清的木醋液，下层为沉淀的木焦油。澄清木醋液是黄色到红棕色的液体，有特殊烟焦气味，含有80%～90%的水分和10%～20%的有机物。沉淀木焦油是黑色、黏稠的油状液体，含有大量的酚类物质。

（3）气体产物

农林废弃物热解炭化产生的不可凝气体的主要成分是CO_2、CO、CH_4、C_2H_4、H_2等，热值较高。低温炭化时，气体析出量较少，气体的主要成分是CO_2和CO；随着炭化温度升高，不但气体产量上升，而且气体中的CO_2含量不断减少，从300℃开始，CO也逐渐减少，H_2、CH_4和C_2H_4等组分却随着炭化终温的升高而逐渐增加，在700℃时的热值达到了16MJ/m³。

7.7.1.3 热解炭化的影响因素

热解炭化是农林废弃物燃烧中最基础的热化学处理方式，能将农林废弃物转化为生物炭、燃料和化学品。影响农林废弃物热解炭化过程的因素较多，主要有原料（种类、粒径、全水分）、热解反应参数（热解温度、升温速率、热解压力、全反应气氛、反应时间）以及参与反应的催化剂。

（1）原料种类

1）种类

原料的种类、粒径、全水分等对农林废弃物的热解炭化都有一定影响。农林废弃物中通常含有一定量的灰分，这些灰分在热解后，绝大部分都残留在生物炭中，所以原料灰分含量越大，热解后的生物炭产量通常越大，这也是原料种类对生物炭产量影响的主要原因。总体而言，在同等反应条件下，农作物生物炭的产量高于木材类生物炭。

原料类型对热解炭的元素组成、灰分及挥发分含量、比表面积及孔隙结构等影响显著。一般来说，与草本植物相比，木质材料制备的热解炭总碳元素（C）含量较高，比表面积较大，孔隙结构更发达；原料的灰分含量高，制备的热解炭灰分含量也较高，虽然对应的比表面积较低，却可以提供更多的矿物质养分元素，如氮（N）、磷（P）、硫（S）等。

2）粒径

原料粒径对生物炭的产量有一定影响，在一定范围内随原料尺寸增大，生物炭产量降低，但影响效果并不明显。另外，原料尺寸增加，液体产量会有所增加，生物炭产量会显著降低，这主要是因为原料粒径越大，反应器中装填密度越小，受传热等因素影响，热解不完全。

3）全水分

原料含水量对热解炭化过程的反应机制具有重要影响，并且水分过多会降低生物炭产量。这是因为，农林废弃物原料中的含水量对热解的4个阶段（干燥阶段、预热阶段、挥发分析出阶段和炭化阶段）都有重要影响，所含的水分在热解过程中会吸收大量的热量，水分含量越高，干燥阶段所需能量越多，热解升温速率下降，热解反应会延迟，但同时会促进原料的热解。另外，随着水分含量的增大，生物炭产量减小，这主要是水分析出会引起一些物理效应：由于水分的存在，农林废弃物原料组分的玻璃态转化温度会降低90℃左右。在特定

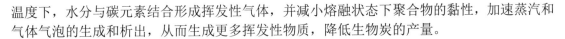

温度下，水分与碳元素结合形成挥发性气体，并减小熔融状态下聚合物的黏性，加速蒸汽和气体气泡的生成和析出，从而生成更多挥发性物质，降低生物炭的产量。

（2）反应参数

1）热解温度

农林废弃物热解炭化的温度对生物炭的产量、性质有很大影响。热解温度越高，生物炭产量越小，但高温能优化生物炭性质，如芳香化结构增强、比表面积增加、孔隙率提高、吸附能力提升。

炭化温度升高，木炭产量会逐渐下降，但其分子结构变得更加规则，分子间晶面间距逐渐增大，有利于孔隙结构的扩展和比表面积的提高；高温热解产生的较高的灰分能够赋予木炭更高的反应活性；同时，较高的反应温度有利于降低木炭中挥发分的含量，减小木炭粒径，提高石墨化程度，从而提高木炭的密度和机械强度。但是当反应温度过高时（>900℃），过度烧蚀导致孔壁受到严重破坏，孔结构发生变形，反而会降低木炭的比表面积。此外，木炭表面存在大量官能团，如羧基、羰基、酚羟基、酯键等，其中酸、醇和酮类等热稳定性较差的官能团会随着温度的升高而逐渐消失。

热解温度不仅是影响生物炭产量和性质的主要因素，还是热解炭化过程中能源消耗的一个主要原因。农林废弃物的热解同时包含吸热和放热两类反应，不同成分热解所需的温度范围不同：半纤维素的热解温度范围为 200～260℃，纤维素的热解温度范围为 240～350℃，木质素的热解温度范围为 280～500℃。在实际生产中，应综合考虑能源消耗、生产效率、产品质量等因素，选择最优的热解温度。

2）升温速率

升温速率对热解炭化过程的机制及所得生物炭的性质都具有重要的影响。提高升温速率会降低生物炭的产量，但可以增加生物炭的孔隙结构。

升温速率直接影响热解炭化过程的木炭产率。与追求高液体产物产率的快速热解不同，以追求高焦炭产率为目的的热解炭化是慢速热解，其热解过程的升温速率对焦炭产率的影响非常显著，随着升温速率的增加，热解反应移向高温区，失重率增加，降低生物炭的产量。另外，较高的升温速率会使挥发分分解、软化，但是却没有足够的时间从木炭表面脱离，从而增加生物炭的孔隙结构。但如果原料中氢、氧元素的含量较高，则不利于孔隙结构的扩展和比表面积的提升。

3）热解压力

热解压力对热解过程有较大影响，升高压力会减小生物质的活化能，提高热解速率，增加生物炭产量。

4）反应气氛

保护气的气体流量对生物炭产量的影响较显著。随着气体流量的增加，生物油产率增大，不可冷凝气产率变化不明显，炭产率下降。主要原因是：气体流量增大使农林废弃物原料颗粒气固两相界面上产生的气体浓度降低，产生的热解气体能够立刻脱离颗粒表面，同时产生的热解气体在反应器内停留时间缩短，有利于提高生物油产率，降低炭的产率。惰性保护气的种类对生物炭产量及性质的影响不大。

5）反应时间

在生物质快速热解液化中，生物质颗粒原料反应时间越短，液体产物所占的比例就越高，热解所得生物炭所占的比例越小。因此颗粒原料在反应器内的停留时间，即热解反应时间是一个非常重要的参数。

在恒定热解温度和升温速率等条件下，反应时间的延长会增加生物炭的产量，对生物炭的灰分含量及元素组成也有一定影响。反应时间越长，生物炭的灰分含量越大，挥发分含量越小，C/N 值减小，K 和 P 含量增加。

（3）催化剂

不同的催化剂种类与掺加量对热解炭化过程的影响不同。

对于铁元素催化剂，随着催化剂含量的增大，液体和其他产物的产量增加，而生物炭产量减小。钾盐催化剂对生物质中半纤维素的低温段分解过程和纤维素的整个热解过程都存在催化效果，并能促进脱水和交联反应，从而导致生物炭产率提高和残炭有序化，体现为生物炭产量增大，残炭分解活化能提高。

7.7.1.4 热解炭化反应设备

针对前述农林废弃物热解炭化反应的特点，要产出质量和活性都符合要求的优质炭，热解炭化反应设备应具备如下特点：温度易控制，炉体本身要起到阻滞升温和延缓降温的作用；反应是在无氧或缺氧条件下进行，反应器顶部及炉体整体密封条件必须要好；对原料种类、粒径要求低，无需预处理，原料适应性要强；反应设备容积相对较小，加工制造方便，故障处理容易，维修费用低。

农林废弃物热解炭化设备主要包括两种类型，即窑式热解炭化炉和固定床式热解炭化反应炉。其中窑式热解炭化炉在传统土窑炭化工艺的基础上已出现大量新的炉型，而固定床式炭化设备按照传统方式的不同又可分为外热式和内燃式，另外一种再流通气体加热式热解炭化炉，也很有代表性。

7.7.2 生物质水热炭化

生物质水热炭化是在温度为 150～400℃，压力为 1400～27600kPa 的条件下，将生物质原料放入密闭的水溶液中反应一定时间以制取焦炭的过程，实际上水热炭化是一种脱水、脱羧的煤化过程。与传统的裂解炭化相比，水热炭化的反应条件相对温和，脱水、脱羧是一个放热过程，可为水热反应提供部分能量，因此水热炭化的能耗较低。另外，生物质水热炭化产生的焦炭含有大量的含氧、含氮官能团，焦炭表面的吸水性和金属吸附性相对较强，可广泛用于纳米功能材料、炭复合材料、金属/合成金属材料等。基于其简单的处理设备和方便的操作方法，其应用规模可调性相对较强。

7.7.2.1 农林废弃物类生物质的水热炭化

农林废弃物中一般都含有纤维素、半纤维素、木质素、蛋白质、无机盐、脂肪及低分子糖类等，所以其水热炭化基本上都要经历水解、脱水脱羧、芳香化及缩聚等步骤，在水热的初期阶段都会发生水解反应，而水解所需的活化能比大部分裂解反应的低，所以有机废弃物的水热降解所需温度较低。低分子有机物在 150～180℃发生水热炭化；半纤维素在 150～190℃发生醚键的断裂，生成低聚糖及单糖；纤维素因为含有线型分子，炭化温度一般在 220℃以上；木质素中的芳醚需要在 300℃以上才能裂解聚合。由于植物中纤维素和半纤维素占较大部分，木质素含量较少，直接根据木质素的炭化条件进行的操作过程需耗费较多能量。因此，通过控制反应温度、反应时间等条件，可以将生物质中的木质素和纤维素分步炭化，以便节约能耗。

Kumar 等采用两步水热法，在温度 150～190℃，停留时间 20min，碳酸钾存在的条件下对生物质进行水热炭化。通过控制其 pH 将半纤维素和木质素从纤维素中分离出来，将余液在 200℃进一步炭化以制备炭产品。木质素和半纤维素被抽离后，纤维素的反应性和表面积都得以增加，糖类转化率和水解速率都有所提高。美国 Hoekman 等在 215～295℃的水热温度下研究了木质素类生物质固、液、气三相产物的性质和分布，发现在温度为 225℃时糖类的回收率最高，在温度为 255℃时炭的能量密度最高。由此可见，通过对反应温度和停留时间的控制，生物质中的组分可完全反应并达到产物分离和提纯的目的。

常见的农林废弃物如玉米秸秆、稻草、花生壳等被广泛用于制备生物炭，现在人们还在不断开发各种农林资源用于生物质的转化研究。研究表明，棕榈壳、桉树皮、橄榄渣、水葫芦等不同原材料水热炭化制备的生物炭，随反应温度的升高和反应时间的延长，其碳和灰分含量、芳香性的 C—C 和 C—H 官能团含量增加，而 O 含量和比表面积则随反应温度升高而降低，反应温度在水热转化中占主导因素。孙克静等研究了几种不同农林废弃物制备的水热生物炭，发现水热木屑生物炭更适于作为吸附剂使用。Yu 等以不同炭化方式处理果壳废弃物，对比了所得产物的产率及热值。结果发现，300℃时水热生物炭的产率（31.4%）及热值（25.8MJ/kg）均高于 600℃时裂解生物炭的产率（27.8%）及热值（22.0MJ/kg），因此推测相比于高温裂解法，低温水热法更有利于废弃生物质的炭化。

催化剂在水热反应中具有重要的作用，使用金属离子等催化剂，不仅可以加快水热炭化的速率，还可以改善产物的结构与性质。王栋等在玉米芯水热炭化过程中添加氯化铝和氯化锌，在较低的温度下即可生成碳含量较高（44.26%～63.72%）且呈球形结构的生物炭，推测是由于生物质中的含氧基团可与铝离子和锌离子发生作用，O—H、C—O 等结构被破坏，从而促进水热炭化过程。罗光恩等以水葫芦和水浮莲为研究对象，在无添加额外水的反应釜中考察了反应温度（150～280℃）和反应时间（0～60min）等水热条件的影响。结果表明，两种生物质在最高温度和最长反应时间内获得的固体产量并不是最小的，这主要是因为在水热反应中，不仅存在大分子物质的降解转化，同时还存在合成等副反应。某些降解反应中形成的产物，在较高温度或较长反应时间下可以通过一系列副反应形成不溶于水的物质，故而固体产物的质量又稍有增加。曾淦宁等以铜藻为原料，固液比为 1∶4，在 180℃下水热反应 2h 制备生物炭，产率为 51.4%，比表面积为 26.6m²/g，与裂解法相比，水热法制备的铜藻基生物炭表面含氧、含氮官能团含量更丰富，这些官能团的存在使得其亲水性更强，同时水热生物炭的灰分含量更低，碳回收率和产率更高。Sevilla 等利用含氮丰富的微藻在 180℃下水热反应 24h 制得了含氮量在 0.7%～2.7%的微米球结构生物炭，经过 KOH 活化后比表面积达到 1800～2200m²/g。

农林废弃物中的水生生物质具有来源广泛、含水率高、不占农业用地、生长周期短、产量高、预处理成本低等优点，被认为是最适宜采用水热法制备生物炭的废弃生物质原料，是未来生物质能利用的重心。

7.7.2.2　农林废弃物水热炭化过程的影响因素

通常，水热炭化进程受物料种类、水热温度和压力、反应时间、液固比、预增压、催化剂等诸多因素影响，影响过程也较为复杂。

（1）物料种类

物料种类不同，所得炭化产物的性质也各不相同。水热炭化反应过程中，一般伴随着 C 的富集和 H、O 的减少，H/C 和 O/C 比值相应降低，因此，常用这两个比值作为原材料炭化程度指标。一般说来，水热反应制备的生物炭（简称湿生物炭）的 H/C 和 O/C 比值远高于热解生物炭（简称干生物炭），说明前者的炭化程度低于后者。此外，在一定温度范围内，干生

物炭的产率随着炭化温度的升高而降低，与之相同，湿生物炭的产率也随着反应温度的升高而降低，即反应温度越高，更多的干物质转化为气体或液体。这可能是因为升高反应温度，水的介电常数减小，电离常数增加，其性质更接近非极性的有机溶剂，增强了大分子有机物质的溶解析出，不利于缩合或聚合反应。

（2）水热温度和压力

在水热反应体系中，水作为水热反应的介质，其蒸气压变高、密度变小、表面张力变小、黏度变小、离子积变高，活性增强，可促进水热反应的进行。根据阿伦尼乌斯方程，反应速率常数随温度的增加呈指数函数递增，因此，水热条件下物质反应性能明显增加的主要原因是，水的电离常数随反应温度和压力的上升而增加，进而水的离子积随温度和压强的增加迅速增大，常温常压不溶于水的矿物或有机物在水热条件下也能诱发离子反应或促进水解反应。

在工业成分分析指标中，水分和灰分属于无机组成成分，挥发分和固定碳属于有机组成成分。随着水热炭化终温的提高，生物炭中灰分增加，挥发分减少，这主要是由于水热炭化温度越高，挥发分中有机物的水热反应进行得越充分，并转化为无机物质或水溶性物质，使挥发分损失量增加，部分不稳定有机质转化为二氧化碳，导致灰分质量分数提高。

（3）水热时间

水热炭的生成一方面是通过轻质油产物的缩合聚合形成新的聚合物，另一方面则是未反应的纤维素和木质素。水热焦炭的能量密度同时随温度的升高和停留时间的延长而增大，热值也随温度的升高而增大。

（4）液固比

水是生物质水热炭化反应重要的反应物、溶剂，且具有催化作用，它能促进生物质大分子氢键的断裂并使生物质在水热环境中发生脱水、脱氧、脱氢和缩聚等一系列的化学反应，部分以可溶物（如低聚糖、小分子有机酸和酚类化合物等）形式进入水中，水的溶解度直接与水溶有机物的分布相关，也影响生物质的水热反应路径。同时，作为溶剂，水在生物质大分子碎片脱离母体的过程中起到传热和传质的决定性作用。当液固比较低时，生物质主要组分（纤维素和半纤维素）水解所形成的单糖和低聚糖等可溶物可能部分吸附于多孔的固体水热焦内部或沉积于其表面，造成水热焦得率略高，而当液固比增加时，会有更多糖类等水溶物进入液相。

（5）预增压

水热炭化需要水不断汽化，增加反应体系的压力，使温度升高，一般升温时间较长，同时由于反应釜需要耐受较高的压力，釜体一般较厚，传热速率受到影响，导致水热反应升温时间延长，能耗较高。采用预增压技术可克服常压沸腾后通过自增压缓慢升温的过程，使这一阶段的升温耗时明显低于常压，大幅节约升温时间，提高电加热效率，加快水热炭化进程，但不会显著改变炭产物的吸附性能。

（6）催化剂

对于农林废弃物类生物质的水热炭化过程，在无盐类添加的水热体系中，温度是影响生物炭的主要因素；在金属盐类添加的水热体系中，氯化铝和氯化锌对玉米芯的水热炭化均起着积极作用。其中，氯化铝的作用明显大于氯化锌。

7.7.2.3　生物炭的燃烧特性及能源化利用

水热生物炭的燃烧特性不同于高温热解生物炭。由于炭化温度低，水热生物炭产率和能量产率均大于高温热解生物炭，热值低于高温热解生物炭，但仍然接近于褐煤。由于水热生物炭中挥发分含量较高温热解生物炭多，因此其综合燃烧特性大于高温热解生物炭，同时由于经过水热炭化后，生物质的疏水性得到了提高，能量密度得到了提升。因此，以固体燃料为目的的水热生物炭优于高温热解生物炭。

生物炭除了具有炭材料的吸附能力强、化学性质稳定和再生能力强等优点外，它还具有发达的孔隙结构、高的比表面积、稳定的芳香族结构和丰富的表面官能团，这些特征使生物炭在能源领域具有广泛的应用前景。

（1）在碳燃料电池中的应用

直接碳燃料电池可以将燃料炭的化学能直接转化为电能，具有污染物排放少、碳燃料能量密度高和原料来源广的优点。生物炭较高的比表面积、丰富的含氧官能团能促进电池的阳极反应，良好的导电性能以及较低的灰度能降低欧姆极化，延长电池使用寿命，因此生物炭是直接碳燃料电池理想的阳极材料。

（2）在生物炭能源中的应用

生物质本身虽然可作为一种直接燃料使用，但其具有较高的含水量、较低的能量密度以及庞大的体积，这些缺点都限制了生物质燃料的直接应用。先将生物质原料转化为生物炭，再将生物炭作为燃料使用，既能避免生物质燃料的弊端，还充分利用了生物质资源，并有望借此解决全球能源危机。

但是，生物炭粉末不易储藏与运输，在作为燃料使用时浪费严重。可将生物炭粉末经过二次加工制备成型生物炭燃料，成型燃料与炭粉末相比具有较高的堆密度与强度，无粉尘污染，且在储藏、运输、使用过程中较粉末炭更方便，利用率更高。

7.8　生物质生物转化技术

生物质生物转化是在一定条件下，依靠酶或微生物的作用，将生物质原料转化为产品的过程。根据产品的形态，生物质生物转化可分为生物质生物液化和生物气化。

7.8.1　生物质生物液化

生物液化是将生物质通过生物转化制取液态产品，最典型的是生物质发酵制乙醇。

燃料乙醇是乙醇的深加工产品，作为替代燃料，燃料乙醇具有以下特点：

① 可作为新的燃料替代品，减少对石油的消耗。乙醇作为可再生能源，可以直接作为液体燃料或者同汽油混合使用，可以减少对化石能源石油的依赖，保障本国能源的安全。

② 辛烷值高，抗爆性能好。作为汽油添加剂，可以提高汽油的辛烷值。通常车用汽油的辛烷值一般要求为 90 或 93，乙醇的辛烷值可以达到 111，所以向汽油中加入燃料乙醇可以大大提高汽油的辛烷值，且乙醇对烷烃类汽油组分（烷基化油、轻石脑油）辛烷值调和效果好于烯烃类汽油组分（催化裂化汽油）和芳烃类汽油组分（催化重整汽油），添加乙醇还可以有效提高汽油的抗爆性。

③ 作为汽油添加剂，可以减少矿物燃料的应用以及对大气的污染。乙醇的氧含量高达34.7%，可以较甲基叔丁基醚（MTBE）以更少的添加量加入汽油中。汽油中添加 7.7%乙醇，氧含量达到 2.7%；如添加 10%乙醇，氧含量可以达到 3.5%，所以加入乙醇可以帮助汽油完全燃烧，以减少对大气的污染。使用燃料乙醇取代四乙基铅作为汽油添加剂，可以消除空气中铅的污

染；取代 MTBE，可以避免对地下水和空气的污染。另外，除了提高汽油的辛烷值和含氧量，乙醇还能改善汽车尾气的质量，减轻污染。一般当汽油中乙醇的添加量不超过 15%时，对车辆的行驶性能没有明显的影响，但尾气中烃类化合物、NO_x 和 CO 的含量明显降低。

生物质发酵液化制乙醇就是以淀粉质（玉米、小麦等）、糖蜜（甘蔗、甜菜、甜高粱秆汁液等）或纤维质（木屑、农作物秸秆等）生物质为原料，经发酵、蒸馏制成乙醇，再进一步脱水并添加变性剂（车用无铅汽油）变性后成为燃料乙醇。若采用小麦、玉米、稻谷壳、薯类、甘蔗和糖蜜等生物质发酵生产乙醇，其燃烧所排放的 CO_2 和作为原料的生物质生长所消耗的 CO_2 在数量上基本持平，这对减少大气污染和抑制温室效应意义重大。

从工艺角度来看，生物质中只要含有可发酵性糖（如葡萄糖、麦芽糖、果糖和蔗糖等）或可转变为发酵性糖的原料（如淀粉、菊粉和纤维素等）都可以作为乙醇的生产原料。然而从实用性的角度考虑，目前在生产中所采用的原料可分为以下几类。

① 糖类原料，包括甘蔗、甜菜和甜高粱等含糖作物以及废糖蜜等。甘蔗和甜菜等糖类原料在我国主要作为制糖工业原料，很少直接用于生产乙醇。废糖蜜是制糖工业的副产品，含相当数量的可发酵性糖，经过适当的稀释处理和添加部分营养盐分即可用于乙醇发酵，是一种低成本、工艺简单的生产方式。

② 淀粉质原料，包括甘薯、木薯和马铃薯等薯类和高粱、玉米、大米、谷子、大麦和燕麦等粮谷类。

③ 纤维素原料，包括农作物秸秆、林业加工废弃物、甘蔗渣及城市固体废物等。纤维素原料的主要成分包括纤维素、半纤维素和木质素。纤维素结构与淀粉有共同之处，都是葡萄糖的聚合物，使用纤维素原料生产乙醇是发酵法生产乙醇的基本发展方向之一。

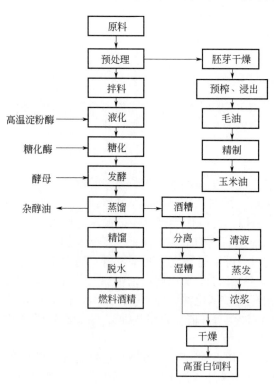

图 7-24　淀粉质原料生产乙醇的工艺流程

④ 其他原料，主要指亚硫酸纸浆废液、各种野生植物、乳清等。野生植物虽然含有可发酵性物质，但从经济的角度看，不具备真正成为酒精工业化生产原料的条件，不在非常时期，不应用它作为原料。乳清产量不大，短期内在我国不会成为重要的酒精生产原料。

乙醇可通过微生物发酵由单糖制得，也可将有机废弃物中的淀粉和纤维素物料水解成单糖后制得，而对于木质纤维素需要大得多的水解程度方能制得，这是利用的主要障碍，而淀粉水解则相对简单，并已有很好的工艺。

7.8.1.1　淀粉质原料制取燃料乙醇

淀粉质原料制取燃料乙醇是以含淀粉的农副产品为原料，经过原料预处理、蒸煮、糖化、发酵和蒸馏等工序，原料经过除杂、粉碎、蒸煮转变为糊精，利用 α-淀粉酶和糖化酶将淀粉转化为葡萄糖，再利用酵母菌产生的酒化酶等将糖转变为酒精和二氧化碳的生物化学过程。以薯干、大米、玉米、高粱等淀粉质原料生产乙醇的工艺流程如图 7-24 所示。

（1）淀粉类原料的预处理

淀粉质原料在收获过程中会带入一些杂质，若不将这些杂质去除，会影响后面的正常操作，因此，在原料投入生产之前要先进行预处理。一般说来，淀粉质原料的预处理主要包括除杂与粉碎两个工序。

1）原料的除杂

淀粉质原料中，往往掺杂有小铁钉、泥块、杂草、石块等杂质，在运输过程中又会带入一些金属类杂质。如果除杂不彻底而直接用于乙醇生产，可能会导致粉碎机被打坏、泵机磨损、管路堵塞，影响正常的发酵等，从而影响正常运转。另外，泥沙等杂质沉淀也会影响正常发酵过程。

原料除杂一般包括筛选和磁选。筛选多用振动筛去除原料中较大的杂质和泥沙；磁选是用磁铁去除原料中的磁性杂质，如铁钉、螺母等。对于不同的杂质，要配备不同的筛板，以保证最大限度地降低原料中的杂质，而且磁铁上的杂质要定期清除，以防聚集过多影响除杂效果。

2）原料的粉碎

谷物或薯类原料的淀粉都是植物体内的储备物质，常以颗粒状态存在于细胞之中，受着植物组织与细胞壁的保护，既不溶于水，也不易和淀粉水解酶接触。因此，需经过机械加工，将植物组织破坏，使其中的淀粉释出，这样的机械加工就是将原料粉碎。粉碎处理可以使原料颗粒减小，增加原料的受热面积，有利于淀粉颗粒的吸水膨胀、糊化，提高热处理效率，缩短热处理的时间。另外，粉末状原料加水混合后容易流动输送，很大程度上减轻投料时的体力劳动。当采用连续蒸煮方法时，各种原料都必须经过粉碎。若采用间歇蒸煮方法，原料可以不经过粉碎而直接呈块状投入蒸煮锅内进行高压蒸煮。原料粉碎方法可分为干法粉碎和湿法粉碎两种。

目前我国大多数酒精厂采用的是干法粉碎，而且都采用二级粉碎。首先，原料经过除杂工序后进行粗碎，将大块物料破碎成小块物料。粗碎后的物料通过一定尺寸的筛孔后，再送去细粉碎，将小块物料粉碎成符合要求的粉末状物料，细碎后的原料颗粒一般应通过 1.2～1.5mm 的筛孔。粗碎常用的设备是轴向滚筒式粗碎机，也可以用锤式粉碎机。干法粉碎的缺点是原料粉碎过程中粉尘飞扬，车间环境恶劣；当原料含水较多时，粉碎机的筛网容易被堵塞，粉碎效果降低，同时导致耗电量大大增加。

湿法粉碎是指粉碎时将蒸煮所需要的用水与原料一起加到粉碎机中进行粉碎。此种粉碎方法常用于粉碎湿度比较大的原料，优点是原料粉末不会飞扬，既可以减少原料的损失，又可以改善劳动条件，还可省去通风除尘设备。缺点是湿法粉碎所得到的浆料只能立即直接用于生产，不宜贮藏。另外，湿式粉碎的耗电量要比干粉粉碎高出 8%～10%，而且粉碎机易堵塞。一般说来，湿式粉碎不够经济，因此干式粉碎应用更为广泛。

（2）粉碎后原料的蒸煮糊化

各种植物原料中的淀粉，通过粉碎、细胞破裂，加水搅拌膨胀后，释出大量淀粉和可溶性物质。然后通过蒸煮，使原料中的细胞组织彻底破裂，淀粉充分糊化，把颗粒状的淀粉变成溶解状的糊液。这时的可溶性糊液才能更好地被淀粉酶利用。由于原料内外附着大量微生物，通过 100℃以上的蒸煮起到了灭菌的作用，这样有效防止了生产中的杂菌污染。通过蒸煮，原料醪液黏度下降，有利于醪液输送和下一工序的操作；而且有利于排除原料中含有的某些低沸点有害物质，如甲醇、氰化物等，对提高产品的质量有较好的作用。

1）蒸煮过程中原料的变化

淀粉是一种亲水胶体，当淀粉与水接触时，水在渗透压的作用下通过渗透薄膜而进入到

淀粉颗粒里面，淀粉颗粒吸收水分后就会发生膨胀现象，使淀粉的巨大分子链发生扩张。这个过程使得原料的体积膨大，质量增加，因此这种现象称为膨化作用。

淀粉在蒸煮的过程中，从 40℃开始膨胀速率加快，当温度升至 60～80℃时，淀粉颗粒体积膨胀 50～100 倍，此时，各分子之间的联系削弱，淀粉颗粒分开，这种现象叫做淀粉糊化。淀粉糊化后变成非常黏稠的半透明液体。使淀粉颗粒解体为溶解状态的温度称为糊化温度。糊化温度与淀粉颗粒大小、加水量和预热温度及时间等有关。各种粉碎原料的糊化温度要比相应品种的纯淀粉高一些，因为原料中存在糖类、氮化合物、电解质等物质，它们会增加渗透阻力，降低水的渗透作用，从而使得膨胀速率变慢。马铃薯淀粉的糊化起始温度最低，为 50℃。

糊化后，当温度继续上升到 130℃左右时，支链淀粉也几乎全部溶解，网状组织被彻底破坏，淀粉溶液变成黏度较低的流动性醪液，这种现象称为液化。

蒸煮过程中原料不仅发生物理变化，还有一些物质同时发生化学变化。

① 纤维素和半纤维素。纤维素是植物细胞壁的主要组成部分，当蒸煮温度在 160℃以下时，纤维素结构并不发生化学变化，但由于吸水会发生软化。在温度为 160℃，pH 为 5.8～6.3 的溶液中，半纤维素会发生部分水解。

② 果胶。果胶物质由半乳糖醛酸或半乳糖醛酸甲酯组成，是植物细胞壁的组成部分，也是细胞间层的填充剂。在蒸煮时，果胶质生成甲醇。果胶质的含量随原料样品的不同而异，薯类原料中的果胶质比谷类中的高，因此在蒸煮时，薯类原料生成的甲醇量比谷类原料多。当蒸煮压力增加、时间延长时，甲醇的生成量增加，但是甲醇有毒性，与甲醇蒸气接触，会引起头痛、疲劳、呼吸困难等症状。因此，在以薯类为原料进行发酵时，应设法降低蒸煮压力，控制甲醇的生成量。

③ 淀粉和糖。在淀粉本身淀粉酶的催化下，淀粉原料在高温蒸煮时形成一部分糖，但是这些糖分在蒸煮时易受到压力和温度的作用而发生变化，使得可发酵性糖受到损失。各种不同的原料在蒸煮过程中，糖分的分解也有所不同。例如，甘薯中主要含有 β-淀粉酶，主要生成麦芽糖及少量的单糖；马铃薯中含有的糖类主要是葡萄糖、果糖以及少量的蔗糖；谷类原料中以蔗糖为主。原料在蒸煮过程中糖的含量会有所增加。

在高压蒸煮过程中己糖脱去三分子水，主要分解为 5-羟甲基糠醛，5-羟甲基糠醛不稳定，进一步分解为戊酮酸和甲酸。同时生成的部分 5-羟甲基糠醛缩合，生成色素物质。5-羟甲基糠醛中较活泼的羟甲基断裂生成糠醛和甲醛。蒸煮过程中戊糖和己糖一样会脱水生成糠醛，但是糠醛比 5-羟甲基糠醛稳定。

④ 蛋白质及脂肪。当热处理温度从 50℃上升到 100℃时，大麦中的蛋白质发生了凝结作用和变性作用，可溶性氮量减少；当温度继续升高时，蛋白质又发生溶胀作用，可溶性氮量又会增加。在大麦蒸煮时，蛋白质态氮随温度仍是先降低后增加；而玉米蒸煮时，蛋白质态氮随温度的变化趋势与大麦蒸煮时相反。蛋白质分子是不能水解的，所以氨基态氮仍残留于溶液中没有发生变化。脂肪在原料蒸煮过程中的变化较小。

2）影响蒸煮质量的主要因素

① 料水比和料温。在料浆中添加适量的水，有利于减少糖与氨基酸反应，同时能够减少醪液的焦化现象，醪液黏度将减小，对酵母发酵有利；如果加水过多，会使料浆过稀，造成工厂生产能力下降，蒸汽消耗增加；反之，如果加水少则料浆过浓，蒸煮醪液黏度大，流动性差，易导致局部过热，造成糖分损失，不利于管道输送及酵母发酵。

另外，调制料浆时，合理的水温可以防止料浆糊化，避免料浆成团不均匀，避免蒸煮不良。而且能充分利用工艺余热，缩短蒸煮时间，减少蒸汽消耗。

② 蒸煮压力、温度与时间。蒸煮压力、温度和时间有着密切的关系。采用较高压力时，时间可以短一些；反之延长蒸煮时间时，压力可以低一些。但过高的压力会增加糖的破坏率，同时某些副反应进行剧烈，例如蒸煮醪液中甲醇含量增加。而且过高的压力与温度会增加蒸汽的消耗。

确定合理的蒸煮条件，应综合考虑使用的原料、设备来规范工艺操作，确定合理的控制参数，使蒸煮醪液的质量指标、能源消耗指标兼顾。

3）蒸煮工艺

常用的蒸煮工艺有高压蒸煮工艺，中温、低温蒸煮工艺和无蒸煮工艺。由于高压蒸煮方式耗能较大，已经逐渐被淘汰，中温、低温蒸煮工艺和无蒸煮工艺已经基本上取代了原来的高温高压蒸煮工艺。

中温蒸煮工艺是在醪液中加入高温液化酶，然后在蒸煮设备中用蒸汽加热到 105℃，保持 45min。

低温蒸煮工艺是在醪液中加入中温液化酶，例如米根酶和 α-淀粉酶，调节醪液 pH 值，加热至 88℃，相比于高温高压蒸煮节约了大量蒸汽；蒸煮醪液从 88℃降温至 60℃，所用的冷却水量也大大减少。

无蒸煮工艺是充分利用现有的酶制剂，在酶的催化下使淀粉高效地分解。醪液制备好后，再加入适量的果胶和纤维素酶，即送去糖化。这种方法消耗的能量少，设备投入少，但从目前的技术水平看，具有发酵时间长、糖化酶用量大、需要添加其他的辅助酶和易染杂菌等问题，所以，从综合经济效益来看，并不如低温蒸煮工艺。

（3）淀粉糖化

淀粉质原料经加压蒸煮后得到的蒸煮液中（或者无蒸煮工艺中的醪液中），淀粉变成了糊精，但还不能直接被酵母菌利用发酵生成酒精，因此糊化醪液在发酵前必须加入一定数量的糖化剂（液体曲、糖化酶），使淀粉、糊精水解生成酵母能发酵的糖类。淀粉转变为糖的这一过程称为糖化，糖化后的醪液称为糖化醪。

糖化的目的是将淀粉水解成可发酵性糖，但在糖化工序内不可能将全部淀粉都转化为糖，相当一部分淀粉和糊精要在发酵过程中进一步酶水解，并生成可发酵性糖。后面这个过程在乙醇生产中称为"后糖化"，前面的糖化工序则称为"前糖化"，简称"糖化"。美国大部分企业已取消了糖化工序，直接进入边糖化边发酵工序，此方法工艺简捷，可以避免 60℃糖化罐中耐高温产酸杂菌的危害，而且可以有效地解决营养过度造成的酵母菌过快生长，同时消耗大量糖分产生乙醇又影响了酵母菌代谢的问题。

1）糖化的原理

淀粉质原料的糖化过程，就是将淀粉液化的产物进一步水解为葡萄糖的过程，并为发酵提供含糖量适量并保持一定酶活力的无菌或极少数菌的醪液。在进行糖化的过程中，往往需要酸或酶作为糖化剂，因此，工业上常采用的方法有酸法糖化、酶法糖化和酸酶结合法。

酸法糖化又称酸解法，它是以酸（无机酸或有机酸）为催化剂，在高温高压下将淀粉水解转化为葡萄糖的方法。酸解法的淀粉颗粒不宜过大，而且大小也要均匀，颗粒过大会造成水解不彻底。在淀粉的水解过程中，颗粒结晶结构被破坏，α-1,4-葡萄糖苷键和 α-1,6-葡萄糖苷键被水解生成葡萄糖，α-1,4-葡萄糖苷键的水解速率大于 α-1,6-葡萄糖苷键。此种方法具有生产工艺简单、水解时间短、设备生产能力大等优点，但水解作用是在高温、高压和一定酸浓度下进行的，所以对设备的要求较高，必须耐腐蚀、耐高温高压，而且同时存在副反应，淀粉水解生成的葡萄糖受酸和热的催化作用，会发生复合反应和分解反应，造成葡萄糖的损失而使淀

粉的转化率降低，但是淀粉在糖化过程中因葡萄糖分解而造成的损失不多，约在1%以下。

酶法水解是用淀粉酶将淀粉水解为葡萄糖的过程。淀粉糖化反应是在糖化酶的作用下发生的。淀粉糖化的具体过程分为两步：第一步是α-淀粉酶水解淀粉分子内部的α-1,4-葡萄糖苷键，将淀粉切断成长短不一的短链糊精及低聚糖，淀粉的可溶性增加，淀粉糊的黏度迅速下降，此过程称为"液化"；第二步是利用糖化酶将糊精或低聚糖进一步水解转变为葡萄糖，称之为"糖化"。淀粉的"液化"和"糖化"都是在微生物酶的作用下进行的，因此这种方法也称为双酶水解法。

酶解法的优点是反应条件温和，不需要在高温高压的条件下进行，因此对设备的要求低；而且可在较高淀粉乳浓度下水解；由于微生物酶制剂中菌体细胞的自溶性，糖液的营养物质较丰富，发酵培养基的组成可以简化；而且酶解的专一性强，淀粉水解的副反应少，因而水解糖液纯度高，淀粉的出糖率高；产品的颜色浅、较纯净、无苦味、质量高，有利于糖液的精制。缺点是反应时间较长，设备较多，而且酶本身是蛋白质，容易造成糖液过滤困难。

酸酶结合水解法是集酸法及酶法制糖的优点而形成的生产工艺。根据淀粉原料性质又分为酸酶水解法和酶酸水解法。酸酶水解法是先将淀粉水解为糊精或低聚糖，然后再用糖化酶将其水解成葡萄糖的工艺，如玉米等谷物类原料颗粒坚硬，可以先用酸水解到一定程度后再加酶糖化，酸酶法水解液化速度快。酶酸法是用α-淀粉酶将淀粉液化到一定程度，然后再用酸水解为葡萄糖的工艺。此种方法克服了酸解法对原料颗粒大小的要求，可采用粗原料淀粉。

2）影响糖化的因素

糖化是乙醇生产过程中的一个重要过程，糖化过程中很多因素会影响到糖化的效率、糖化醪液的质量，如糖化剂的选择，糖化温度和糖化醪液的pH。为了确保糖化的效率和糖化醪液的质量，这些因素都要加以控制。

① 糖化剂的选择。乙醇生产使用的糖化剂应含有丰富的糖化酶和有利于乙醇生产的酶系。根据原料特点和酶作用机理，乙醇生产选用的糖化剂应包含适量的α-淀粉酶、糖化型淀粉酶等，还应具有较好的耐热性和耐酸性，不产生非发酵性糖类，以及生产制作容易、使用方便、成本低廉等优点。目前多数使用专业厂家生产的液体曲较为方便。

② 糖化温度的控制。淀粉酶对淀粉的糖化作用，随着温度的升高反应速率加快。一般酶反应过程温度升高10℃，反应速率增加2～3倍。但是当温度过高时，酶蛋白就会逐渐变性而使作用减弱，甚至丧失活性。温度过低，则易染杂菌，所以应选择合适的温度进行糖化。各种酶的反应有其合适的温度，糖化酶在30～70℃均有活性，通常黑曲霉糖化温度在58℃左右，黄曲霉为50～55℃。

③ 醪液的pH值。糖化酶作用的最适宜pH值为4.0～5.0，pH值过高或过低都会使酶失去活性而丧失活力，影响淀粉的糖化，降低乙醇产率。糖化时间不宜过长，在20～30min时糖化率约为47%～56%，如果过长，不但所增加的糖量有限，而且会影响后续发酵过程中的后糖化能力，这对淀粉利用率的提高不利；也容易在转移葡萄糖苷酶的作用下，使可发酵性糖转变为其他糖类，造成损失；而且还会降低糖化设备的利用率，因此糖化时间一般宜用15～25min。

3）糖化工艺

糖化过程的工艺流程一般为：蒸煮醪液冷却至糖化温度；加糖化剂，使蒸煮醪液糖化；淀粉糖化；物料的巴氏灭菌；糖化醪液冷却至发酵温度；用泵送往发酵车间。目前我国乙醇生产中糖化主要采用两种工艺方法：间歇糖化工艺和连续糖化工艺。

间歇糖化工艺即全部糖化过程都在一个设备——糖化锅中进行。我国乙醇厂最常用的方法是：首先清洗糖化锅，在糖化锅内放入一部分水，使水面达到搅拌桨叶高度，然后放入蒸煮醪，边搅拌边开冷却水冷却。蒸煮醪放完并冷却到62～63℃时，加入糖化剂，搅拌均匀后，静止进行糖化 15~30min，再开冷却水和搅拌器，将糖化醪冷却到 28~30℃，然后用泵送至发酵车间。糖化剂的用量随糖化剂的糖化力而异，一般而言，固体曲用量是原料量的 2%~7%，液体曲用量是糖化醪量的 10%~20%。

连续糖化法是连续地将蒸煮醪冷却到糖化温度送至糖化锅内进行糖化，然后用连续泵将冷却至发酵温度后的糖化醪送入发酵罐。连续糖化一般不需加水，它的浓度就能满足工艺的要求。其余各项工艺指标控制基本上和间歇糖化相同，糖化时间较短些，糖化效率为 28%~40%。连续糖化工艺目前采用的有三种形式，混合冷却连续糖化、真空冷却连续糖化和二级真空冷却连续糖化法。

混合冷却连续糖化的特点是利用原有的糖化设备，前冷却和糖化工序仍在糖化锅中进行，新增加的喷淋冷却或套管冷却设备完成后冷却过程；真空冷却连续糖化的特点是在进入糖化锅之前在真空蒸发器内瞬时冷却至 60℃；二级真空冷却连续糖化不仅前糖化，而且糖化醪从 60℃糖化冷却到发酵温度 30℃都是采用真空蒸发冷却方法，前糖化和后糖化分别在一级和二级真空蒸发器中进行。

（4）糖发酵

淀粉质原料经过蒸煮，使淀粉呈溶解状态，又经过糖化酶的作用，部分生成可发酵性糖。在糖化醪中接入酵母菌，在酵母的作用下，将糖分转变为乙醇和 CO_2，获得乙醇产品。

在酒精发酵过程中，其主要产物是乙醇和二氧化碳，但同时也伴随着产生 40 多种发酵副产物。按其化学性质分，主要是醇、醛、酸、酯 4 大类化学物质。按来源分，有些是由于酵母菌的生命活动引起的，如甘油、杂醇油、琥珀酸的生成，有些则是由细菌污染所致，如醋酸、乳酸、丁酸。对于发酵产生的副产物，应加强控制和在蒸馏过程中提取，以保证酒精的质量。

7.8.1.2　木质纤维素原料制燃料乙醇技术

木质纤维素是地球上最丰富的可再生资源，是农林废弃物的主要组分，也是城市生活垃圾、工业废水、污泥等有机废弃物的重要组分，因此，充分利用含有木质纤维素的有机废弃物作为生产燃料乙醇的原料，一方面可以扩展燃料乙醇的原料来源，对当前的能源结构是一种有效的补充；另一方面还可对有机废弃物进行充分利用，减轻有机废弃物就地焚烧等初级处理对环境造成的压力。

无论何种有机废弃物，其所含的木质素、半纤维素对纤维素的包裹作用以及纤维素本身的结晶状态，使得天然形态的纤维素很难像淀粉那样经蒸煮糖化后被微生物发酵转化为乙醇，一般需要通过预处理、水解糖化和乙醇发酵 3 个关键步骤，才能将木质纤维素类有机废弃物高效转化为乙醇，具体的流程如图 7-25 所示。预处理过程可以破坏纤维素的结晶结构，除去木质素，扩大水解过程中催化剂与有机废弃物中有机质表面的接触面积；水解是在酸或者酶的催化作用下将原料转化为以己糖、戊糖为代表的可发酵糖；发酵是利用各种微生物发酵单糖生成乙醇。

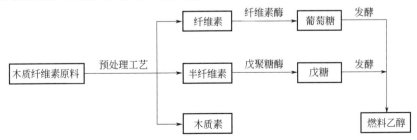

图 7-25　木质纤维素原料制乙醇的生产流程

（1）木质纤维素原料的预处理

由于纤维素被难以降解的木质素所包裹，且纤维素本身也存在晶体结构，阻止纤维素酶接近纤维素表面，使酶难以起作用，所以纤维素直接酶水解的效率很低。因此，需要采取预处理措施，除去木质素、溶解半纤维素或破坏纤维素的晶体结构。

预处理是木质纤维素生物质生产燃料乙醇的关键技术，直接影响到最终乙醇的产率。经济有效的预处理技术必须满足以下要求：促进糖的形成，或者提高后续酶水解形成糖的能力；避免碳水化合物的降解或损失；避免副产物形成而阻碍后续水解和发酵过程；具有成本效益。

目前纤维素原料的预处理方法有很多种，主要可以分为：物理法、化学法、物理化学法和生物法等，如图7-26。

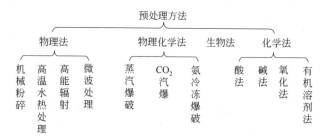

图 7-26　木质纤维素原料预处理方法

物理法预处理主要能够增大生物质原料的比表面积、孔径，降低纤维素的结晶度和聚合度，常用的物理方法主要包括机械粉碎、高温水热处理、高能辐射以及微波处理。化学预处理是目前应用最广泛的预处理方法，是以酸、碱、有机溶剂等作为物料的预处理剂，从而降低纤维素的结晶度，除去木质素。酸法预处理可以根据所用酸的浓度不同分为稀酸法和浓酸法。物理化学预处理方法是对木质纤维素原料进行蒸汽爆破和化学试剂相结合的预处理方法，两种方法结合使用可以达到更好的预处理效果。这类预处理方法主要包括蒸汽爆破法、氨纤维冷冻汽爆法、CO_2汽爆法。生物预处理法是利用可以高效分解木质素的微生物来降解木质素，从而提高纤维素和半纤维素的酶糖转化率。

（2）水解糖化

纤维素的糖化有酸法糖化和酶法糖化，其中酸法糖化包括浓酸水解法和稀酸水解法。

浓硫酸法糖化率高，但采用了大量硫酸，需要回收重复利用，且浓酸对水解反应器的腐蚀是一个重要问题。可通过在浓酸水解反应器中加衬耐酸的高分子材料或陶瓷材料来解决。利用阴离子交换膜透析回收硫酸，浓缩后重复使用。该法操作稳定，适于大规模生产，但投资大，耗电量高，膜易被污染。

稀酸水解工艺比较简单，也较为成熟。稀酸水解工艺采用两步法：在较低的温度下进行稀酸水解，将半纤维素水解为五碳糖；在较高温度下进行酸水解，将残留固体（主要为纤维素结晶结构）加酸水解以得到葡萄糖。稀酸水解工艺的糖产率较低，而且水解过程中会生成对发酵有害的物质。

酶法糖化是利用纤维素酶水解糖化纤维素，纤维素酶是一个由多功能酶组成的酶系，具有多种酶可以催化水解纤维素生成葡萄糖，主要包括内切葡聚糖酶、纤维二糖水解酶和β-葡萄糖苷酶，这三种酶协同作用，催化水解纤维素，使其糖化。纤维素分子是具有异体结构的聚合物，酶解速率较淀粉类物质慢，并且对纤维素酶有很强的吸附作用，致使酶解糖化工艺中酶的消耗量大。

（3）酶水解发酵工艺

纤维素发酵生成酒精有直接发酵法、间接发酵法、混合菌种发酵法、连续糖化发酵法和固定化细胞发酵法等。直接发酵法的特点是基于纤维分解细菌直接发酵纤维素生产乙醇，不需要经过酸解或酶解前处理。该工艺设备简单、成本低廉，但乙醇产率不高，会产生有机酸等副产物。间接发酵法是先用纤维素酶水解纤维素，酶解后的糖液作为发酵碳源，此法中乙醇产物的形成受到末端产物、低浓度细胞以及基质的抑制，需要改良生产工艺来减少抑制作用。固定化细胞发酵法能使发酵器内细胞浓度提高，细胞可以连续使用，使最终发酵液的乙醇浓度得以提高。固定化细胞发酵法的发展方向是混合固定细胞发酵，如酵母与纤维二糖一起固定化，将纤维二糖基质转化为乙醇，此法是纤维素生产乙醇的重要手段。

7.8.1.3　燃料乙醇的脱水

生物法生产燃料乙醇大部分是以甘蔗、玉米、薯干和植物秸秆等农产品或农林废弃物为原料酶解糖化发酵制造的，其生产工艺与食用乙醇的生产工艺基本相同，所不同的是需增加浓缩脱水后处理工艺，使水的体积分数降到 1%以下。由于在乙醇生产过程中水的存在，使得乙醇与水形成二元共沸物，而采用普通精馏方法所得乙醇中水的体积分数约 5%。要使乙醇中水的体积分数达到 1%以下，可采用渗透汽化、吸附蒸馏、特殊蒸馏、加盐萃取蒸馏、变压吸附和超临界液体萃取等工艺。脱水后制成的燃料乙醇再加入少量的变性剂就成为变性燃料乙醇，和汽油按一定比例调和就成为乙醇汽油。

7.8.2　生物质生物气化

生物质气化是将生物质通过生物转化制取气态产品，最典型的是生物质发酵制沼气。

沼气是由有机物质（粪便、杂草、作物、秸秆、污泥、废水、垃圾等）在适宜的温度、湿度、酸碱度和厌氧的情况下，经过微生物发酵分解作用产生的一种可以燃烧的气体，由于这种气体最早是在沼泽中发现的，因此称为沼气。在自然界中，除含腐烂有机物质较多的沼泽、池塘、污水沟、粪坑等处可能有沼气外，也可以人工制取。用作物秸秆、树叶、人畜粪便、污泥、垃圾、工业废渣、废水等有机物质作原料，仿照产生沼气的自然环境，在适当条件下进行发酵分解即可产生沼气。

沼气是一种混合气体，其组成不仅取决于发酵原料的种类及其相对含量，而且随发酵条件及发酵阶段的不同而变化。当沼气池处于正常稳定发酵阶段时，沼气的体积组成大致为：CH_4（60%～70%）、CO_2（30%～40%），此外还有少量的 CO、H_2、H_2S、O 和 N_2 等气体。沼气最主要的性质是其可燃性，主要成分是 CH_4。CH_4 是一种无色、无味、无毒的气体，比空气轻一半，是一种优质燃料。H_2、H_2S 和 CO 也能燃烧，不可燃成分包括 CO_2、N_2 和 NH_3 等气体。一般沼气因含有少量的 H_2S，在燃烧前带有臭鸡蛋味和烂蒜气味。沼气燃烧时放出大量热量，热值为 $21.52MJ/m^3$（CH_4 含量 60%，CO_2 含量 40%），约相当于 $1.45m^3$ 煤气或 $0.69m^3$ 天然气的热值，属中等热值燃料。因此，沼气是一种燃烧值高、很有应用和发展前景的可再生能源。

生物质发酵气化制沼气是利用生物质厌氧发酵生成沼气而实现生物质能源化利用的过程。

7.8.2.1　沼气的发酵原理

沼气发酵是一个（微）生物作用的过程。各种有机质，包括农作物秸秆、人畜粪便以及工农业排放废水中所含的有机物等，在厌氧及其他适宜的条件下，通过微生物的作用，最终转化为沼气，完成这个复杂的过程，即为沼气发酵。沼气发酵产生三种物质，一是沼气，以 CH_4

为主，是一种清洁能源；二是消化液（沼液），含可溶性 N、P、K，是优质肥料；三是消化污泥（沼渣），主要成分是菌体、难分解的有机残渣和无机物，是一种优良有机肥，并有土壤改良功效。

沼气发酵的基本过程是指固态有机物经沼气发酵变为沼气的过程，通常分为液化、产酸、产甲烷三个阶段，其中液化阶段和产酸阶段合称不产甲烷阶段。因此，沼气发酵过程也可分为 2 个阶段，即不产甲烷阶段和产甲烷阶段。沼气发酵的三个阶段见图 7-27。

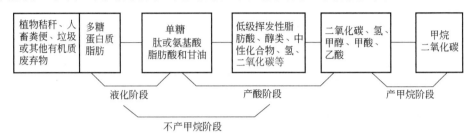

图 7-27 沼气发酵的三个阶段

第一阶段是液化阶段，也称水解发酵阶段。各种固形有机物通常不能进入微生物体内被微生物所利用，但是许多微生物能分泌各种胞外酶（大多是水解酶类）。

第二阶段是产酸阶段。进入细胞的各种可溶性物质，在各种胞内酶的作用下，进一步分解代谢，生成各种挥发性脂肪酸，其中主要是乙酸（CH_3COOH），同时也有氢、二氧化碳和少量其他产物。由于有机酸的生成是其主要特点，因此称为产酸阶段。

第三阶段是由产甲烷菌所完成的产甲烷阶段。产甲烷菌分解乙酸形成甲烷和二氧化碳，或利用氢还原二氧化碳形成甲烷，或转化甲酸形成甲烷。在形成的甲烷中，约 30%来自氢还原二氧化碳，70%来自乙酸的分解。因此，乙酸（盐）的降解在甲烷形成过程中具有重要作用，是主要的代谢途径。和液化阶段相比，这一阶段进行得较快，不过不同的基质生成甲烷的速率也不同。

7.8.2.2 沼气发酵的影响因素

沼气发酵是一个复杂的生物学和生物化学过程，为了达到较高的沼气生产率、污水净化效率或废弃物处理率，需要最大限度地培养和积累厌氧消化细菌，使细菌具有良好的生活条件。且微生物的生命活动要求具备适宜的条件，因此控制发酵过程的正常运行也需要一定的条件，主要包括温度、酸碱度、发酵原料、原料碳氮比、氧化还原电势、有害物质的控制及搅拌等因素。

① 严格的厌氧环境。沼气菌群中的产甲烷菌是严格厌氧菌，对氧特别敏感，它们不能在有氧环境中生存，即使有微量的氧存在，其生命活动也会受到抑制而死亡，发酵受阻，因此严格的厌氧环境是沼气发酵的先决条件。厌氧程度一般用氧化还原电位（或称氧化还原电势）来表示。常温沼气发酵条件下，适宜的氧化还原电位为-350～-300mV。因此，建造一个不漏水、不漏气的密闭沼气池（罐）是人工制取沼气的关键。

② 发酵温度。温度是沼气发酵的一个关键因素。在一定温度范围内，沼气微生物的代谢活动随温度上升而愈加旺盛。40～50℃是沼气微生物高温菌和中温菌活动的过渡区间，它们在这个温度范围内都不太适应，因而此时产气速率会下降。当温度增高到 53～55℃时，沼气微生物中的高温菌活跃，产沼气的速率最快。

通常产气高峰一个在 35℃左右，另一个在 54℃左右。这是因为在这两个最适宜的发酵温度有两种不同的微生物参与作用的结果。前者称中温发酵，后者称高温发酵。中温和高温发酵要进行保温，且需补充热源，农村一般难以采用。农村沼气池都属常温发酵，发酵温度随气温变化而变化。由于农村沼气池都是埋地的水压式池，因此，沼气温度实际上受地温影响，虽在短时间内气温变化大、变化快，但由于大地热容量大，地温不会随气温变化而明显变化，而是相对稳定的，变化慢、变化小。

③ 发酵原料。在厌氧发酵过程中，原料既是产生沼气的底物，又是沼气发酵细菌赖以生存的养料来源。良好的沼气发酵原料包括各种畜禽粪便，如猪、马、牛等家畜与家禽饲养场的粪便等，各种农作物秸秆、杂草、树叶等，以及农产品加工的残余物、废水，如酒精、丙酮、丁醇、味精、柠檬酸、淀粉、豆制品等生产的废水。此外，城市有机垃圾及生活污水也可作为原料进行厌氧发酵处理。表 7-6 为不同原料的产沼气量。

表 7-6　发酵原料的产沼气量

原料种类	产沼气量/（m³/t 干物质）	甲烷含量/%	原料种类	产沼气量/（m³/t 干物质）	甲烷含量/%
牲畜厩肥	260～280	50～60	树叶	210～294	58
猪粪	561	—	废物污泥	640	50
马粪	200～300	—	酒厂废水	300～600	58
青草	630	70	碳水化合物	750	49
亚麻秆	359	—	类脂化合物	1440	72
麦秆	432	59			

④ pH 值。发酵料液的酸碱度（pH 值）影响沼气微生物的生长和分解酶的活性，对沼气发酵的产气量以及沼气中的甲烷含量都有极大的影响。一般不产甲烷微生物对酸碱度的适应范围较广，而产甲烷细菌对酸碱度的适应范围较窄，只有在中性或微碱性的环境里才能正常生长发育。所以，沼气池里发酵液的 pH 值在 6.5～7.5 为宜。

⑤ 菌种的选择与富集培养。沼气发酵中菌种数量的多少和质量的好坏直接影响沼气的产生。实际操作中，要视发酵原料的不同决定是否需要接种。在处理废水时，由于废水中含有的沼气菌数量比较少，所以开始时必须接种。对于粪便和其他发酵原料，沼气发酵微生物可由原料带入沼气池。菌种来源广泛，沼气池的沼渣、沼液，粪坑底的污泥，屠宰场的阴沟污泥都是很好的接种物。有时需要的接种量很大，一时又难以采集到，可以采取富集培养的方法：选择活性较强的污泥，加入要发酵的原料，使之逐渐适应，然后，逐步扩大到需要的数量。接种量一般为发酵料液的 15%～30%，质量好的菌种可少些，反之宜多些。

⑥ 原料碳氮比。沼气发酵过程是培养微生物的过程，发酵原料或所处理的废水应看做是培养基，因而必须考虑微生物生长所必需的碳、氮、磷以及其他微量元素和水及维生素等，其中发酵原料的 C/N 值尤为重要。发酵原料的 C/N 值，是指原料中有机碳素和氮素含量的比例关系。沼气发酵过程对原料的 C/N 有一定的范围要求，一般将发酵原料的 C/N 比值控制在（25：1）～（30：1）。C/N 较高时，发酵启动慢，消化慢，总产气量高，这一现象在料液浓度高时尤为明显。表 7-7 为农村常用原料的 C/N 值。

表 7-7　农村常用原料的 C/N 值

原料种类	碳素含量/%	氮素含量/%	C/N	原料种类	碳素含量/%	氮素含量/%	C/N
干麦秸	46	0.53	87：1	野草	11	0.54	26：1
干稻米	42	0.63	67：1	鲜羊粪	16	0.55	29：1
玉米秸	40	0.75	53：1	鲜牛粪	7.3	0.29	25：1
树叶	41	1.00	41：1	鲜猪粪	7.8	0.60	13：1
大豆秧	41	1.30	32：1	鲜人粪	2.5	0.65	3.9：1
花生秧	11	0.59	19：1	鲜马粪	10	0.24	24：1

⑦ 添加剂和抑制剂。添加剂是能促进有机物分解并提高沼气产量的物质。添加剂的种类很多，包括一些酶类、无机盐类、有机物和其他无机物等。抑制剂是对沼气发酵微生物的生命活动起抑制作用的物质。抑制剂包括酸类、醇类、苯、氰化物及去垢剂等。此外，各类农药，特别是剧毒农药，都具有极强的杀菌作用，即使是微量，也可能破坏正常的沼气发酵过程。

⑧ 搅拌。沼气池在不搅拌的情况下，发酵料会分成三层：上层结壳，中层清液，下层沉渣，这不利于微生物与发酵物料的均匀接触，妨碍发酵产气。为了打破发酵料分层，提高原料利用率，加快发酵速率，提高产气量，应该进行必要的搅拌。但搅拌过多过猛时，会打乱微生物的群落，影响微生物的生长繁殖，所以料液的搅拌次数不宜过多，搅拌强度也不宜过大。搅拌方式有人工搅拌、机械搅拌、气搅拌和液搅拌四种，后三种需要一定的设备，多在大中型处理工业有机废水的沼气工程中应用。人工搅拌方式比较适合农村户用小型沼气池。

7.8.2.3 沼气发酵工艺

由于沼气发酵的有机物种类多、温度差别大、进料方式不同，沼气发酵工艺类型较多。

① 按发酵温度，分为常温发酵、中温发酵和高温发酵三种工艺类型。

常温发酵（或自然温度发酵）。发酵温度不受人为控制，随季节变化，发酵产气速率随四季温度升降而升降，夏季高，冬季低。但所需条件简单，所以广大农村沼气池都属这一类型。

中温发酵。发酵过程中控制温度恒定在 36～38℃之间。不同研究者提出了不同的温度范围，一般介于 30～40℃之间。中温发酵中微生物比较活跃，有机物降解较快，产气率较高。这类发酵适合于温暖的废水废物处理，与高温发酵相比，产气率要低些，但热散失少。

高温发酵。发酵温度维持在 45～55℃。其特点是沼气微生物特别活跃，有机物分解消化快，产气率高，滞留时间短，适于处理高温的废水废物，如酒厂的酒糟废液、豆腐厂废水等。

② 按投料方式，分为连续发酵、半连续发酵和批量发酵 3 种工艺类型。

连续发酵工艺的特点是连续定量地添加新料液，排出旧料液，以维持稳定的发酵条件，维持稳定的有机物消化速率和产气率。它适于处理来源稳定的工业废水和城市污水等。

半连续发酵的特点是定期添加新料液，排出旧料液，补充原料，以维持比较稳定的产气率。我国农村的户用水压式沼气池基本上属于这一类。半连续发酵的工艺流程如图 7-28 所示。

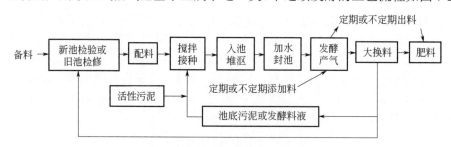

图 7-28 半连续发酵的工艺流程

批量发酵工艺的特点是成批原料投入发酵，运转期间不添加新料，当发酵周期结束后出料，再更新投入新料发酵。批量发酵的产气率不稳定，开始时产气率上升很快，达到产气高峰后维持一段时间，以后产气率逐渐下降。它用于研究一些有机物沼气发酵的全过程，用于城市垃圾坑填式沼气发酵等。

③ 按沼气发酵阶段，分为两步发酵、一步发酵 2 种工艺类型。

一步发酵工艺（一步法）的产酸与产甲烷阶段在同一装置内进行。通常的发酵工艺都属于一步发酵工艺，即原料的水解（液化）阶段、产酸阶段、产甲烷阶段都在同一个环境条件下进行。我国广大农村的沼气池属这一类。

两步发酵工艺（两步法）的产酸阶段与产甲烷阶段分别在两个装置中进行，给予最适条件。"上一步"的产物给"下一步"进料，以实现沼气发酵全过程的最优化，因此它的产气率高，甲烷含量和 COD 去除率也较高。

④ 按发酵装置的形式，可分为多种沼气发酵工艺，如常规全混合式消化器、厌氧接触工艺、厌氧滤器、上流式厌氧污泥床以及折流式、管道式消化器等。

7.8.2.4　典型的农村户用沼气池池型

根据当地使用要求和气温、地质等条件，我国农村户用沼气池有固定拱盖的水压式沼气池、大揭盖水压式沼气池、吊管式水压式沼气池、曲流布料式沼气池、顶返水水压式沼气池、分离浮罩式沼气池、半塑式沼气池、全塑式沼气池和罐式沼气池。形式虽然多种多样，其中最具代表性的典型池型有底层出料水压式沼气池、曲流布料式沼气池、分离浮罩式沼气池和强旋流液搅拌沼气池等。

（1）水压式沼气池

水压式沼气池占农村沼气池总量的 85%以上。根据水压间放置位置的不同，可分为侧水压式沼气池和顶水压式沼气池，如图 7-29 所示。根据出料管设置位置的不同，可分为中层出料水压式沼气池和底层出料水压式沼气池。北方农村多采用底层出料水压式沼气池。

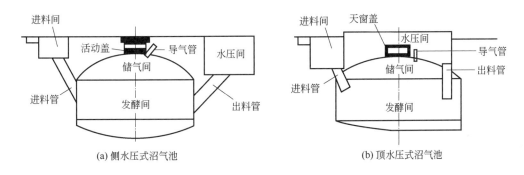

(a) 侧水压式沼气池　　　　　　　　　(b) 顶水压式沼气池

图 7-29　水压式沼气池

底层出料水压式沼气池由发酵间、水压间、储气间、进料管、出料口通道、导气管等部分组成。进料管一般设在畜禽舍地面，由设在地上的进料管与沼气池相连通。收集的粪便及冲洗污水经进料管进入沼气池发酵间。进料口的设定位置应该和出料口及池拱盖中心的位置在一条直线上，如果条件受限或者建两个进料口时，每个进料口、池拱盖、出料口的中心点连线的夹角必须大于 120°，以保持进料流畅，便于搅拌，防止排出未发酵的料液，造成料液短路。水压式沼气池具有构造简单、施工方便、使用寿命长、力学性能好、材料适应性强、造价较低等优点。缺点是气压易随产气多少上下波动，影响高档炉具的使用。

（2）曲流布料式沼气池

曲流布料式沼气池的结构如图 7-30 所示。当原料进入池内时，用分流挡板进行半控或全控布料，以形成多路曲流，并增加新料散面，这样就提高了池容产气率和负载能力。池中央下部设置破壳装置，并利用内部压力和气流产生搅拌作用，缓解上部料液结壳。设置连续搅拌装置，简单方便。原料利用率、产气率和沼气负荷优于常规水压式沼气池，操作简单。

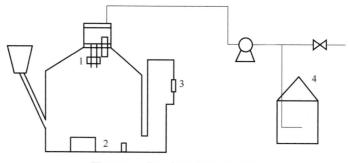

图 7-30   曲流布料式沼气池示意

1—破壳装置；2—曲流布料挡板；3—湿式流量计；4—集气罩

（3）分离浮罩式沼气池

分离浮罩式沼气池由发酵池和储气浮罩组成，如图 7-31 所示。浮罩式沼气池的工作原理与水压式沼气池的工作原理很类似，发酵间产生沼气后，沼气通过输气管输送到储气罩，储气罩升高。使用沼气时，沼气由储气罩的重量压出，通过输气系统输送到使用单位。不同点在于水压池的储气间由浮罩代替，发酵间所产沼气通过输气管道输送到储气柜储藏和使用。

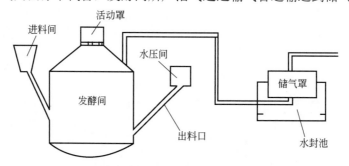

图 7-31   分离浮罩式沼气池示意

分离浮罩式沼气池的特点是有较高的产气率、气压恒定、使用方便、设备要求低，但建池成本较高，占地面积大，施工周期长，施工难度大，沼气使用成本偏高。

（4）强旋流液搅拌沼气池

强旋流液搅拌沼气池是一种高效户用沼气池，如图 7-32 所示，由进料口、进料管、发酵间、储气室、活动盖、水压间、旋流布料墙、抽渣管、活塞、导气管、出料通道等部分组成，特点是搅拌力强、清渣容易、可克服发酵盲区和料液的"短路"。

7.8.2.5 大中型沼气工程

大中型沼气工程，是指沼气发酵装置或日产气量应该具有一定规模的沼气发酵工程。实践证明，大中型沼气工程技术是治理畜禽养殖业污染的有效措施。

如果单体发酵容积为 50～500m³，或多个单体发酵容积各大于 50m³，或日产气量为 50～1000m³，达到其中某一项指标的为中型沼气工程；如果单体发酵容积之和大于 1000m³，或日产气量大于 1000m³，达到其中某一项规定指标，即为大型沼气工程。人们习惯把中型和大型沼气工程放到一起评述。

一个完整的大中型沼气发酵工程，无论其规模大小，都包括了原料（废水）的收集、预处理、消化器（沼气池）、出料的后处理、沼气的净化、储存和输配以及利用等环节，如

图 7-33 所示。

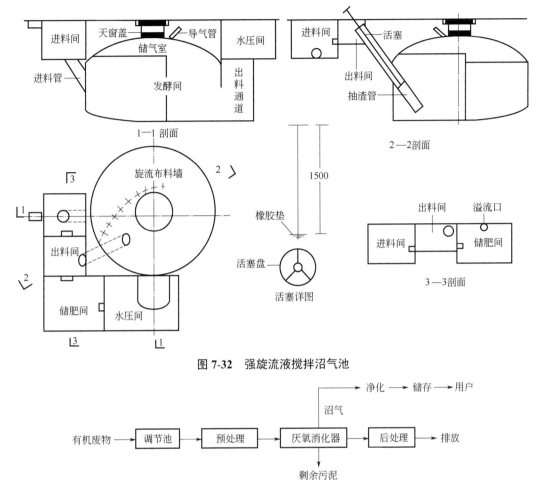

图 7-32　强旋流液搅拌沼气池

图 7-33　沼气发酵基本工艺流程

① 原料的收集。充足而稳定的原料供应是沼气发酵工艺的基础，不少沼气工程因原料来源的变化而被迫停止运转或报废。原料的收集方式又直接影响原料的质量，如一个猪场采用自动化冲洗，其 TS 浓度一般只有 1.5%～3.5%，若采用刮粪板刮出，则原料浓度可达 5%～6%，如手工清运则浓度可达 20%左右。因此，在畜禽场或工厂设计时就应根据当地条件合理安排废物的收集方式及集中地点，以便就近进行沼气发酵处理。

收集的原料一般要进入调节池储存，因为原料收集的时间往往比较集中，而消化器的进料常需要在一天内均匀分配，所以调节池的大小一般要能储存 24h 的收集量。在温暖季节，调节池常可兼有酸化作用，这对改善原料性能和加速厌氧消化有好处。

② 原料的预处理。粪便污水的预处理阶段，需要选用适宜的格栅及去除杂物的分离设施。杂物分离设施可选用斜板振动筛或振动挤压分离机等。固液分离是把原料中的杂物或大颗粒的固体分离出来，以便使原料废水适应潜水污水泵和消化器的运行要求。淀粉厂的废水前处理设施可选用真空过滤、压力过滤、离心脱水和水力筛网等设施，也可选用沉淀池（罐）等设施。以玉米为原料的乙醇厂废水前处理，可选用真空吸滤机、板框压滤机、锥篮分离机

和卧式螺旋离心分离机等；以薯干为原料的乙醇厂废水前处理，可先经过沉沙池再进入卧式螺旋离心机。

③ 消化器（沼气池）。消化器或称沼气池是沼气发酵的核心设备，微生物的生长繁殖、有机物的分解转化、沼气的生产都是在消化器里进行的，因此消化器的结构和运行情况是一个沼气工程设计的重点。消化器的工艺类型，根据消化器水力停留时间（HRT）、固体停留时间（SRT）和微生物停留时间（MRT）的相关性，分为三大类，如表7-8所示。在一定HRT条件下，设法延长SRT和MRT是厌氧消化器科技水平提高的主要方向。不同的厌氧消化器适用于处理不同的有机废水和废物，根据所处理废物的理化性质的不同采用不同的消化器是大中型沼气工程提高科技水平的关键。

表 7-8　厌氧消化器的类型

类型	滞留期特征	消化器举例
常规型	MRT=SRT=HRT	常规消化器、连续搅拌罐、塞流式（PFR）、完全混合式（CSTR）
污泥滞留型	（MRT和SRT）>HRT	厌氧接触式（ACR）、升流式厌氧污泥床反应器（UASB）、升流式固体反应器（USR）、膨胀颗粒污泥床（EGSB）、折流式反应器（ABR）、内循环厌氧反应器（IC）
附着膜型	MRT>（SRT和HRT）	厌氧滤器（AF）、纤维填料床（PFB）、复合厌氧反应器（UBF）、厌氧流化床（FBR）、厌氧膨胀床（EBR）

④ 出料的后处理。出料的后处理是大型沼气工程不可缺少的组成部分。后处理的方式多种多样，可直接作为肥料施用，或者将出料先进行固液分离，固体残渣用作肥料，清液经曝气池等氧化处理而排放。

⑤ 沼气的净化、储存和输配。沼气在使用前必须经过净化，使沼气的质量达到标准。沼气的净化一般包括沼气的脱水、脱硫及脱二氧化碳。图7-34为沼气净化工艺流程示意图。

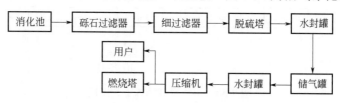

图 7-34　沼气净化工艺流程示意图

沼气发酵时会有水分蒸发进入沼气，水的冷凝会造成管路堵塞，有时气体流量计中也会充满了水。由于微生物对蛋白质的分解或硫酸盐的还原作用也会有一定量的H_2S气体生成并进入沼气。H_2S是一种腐蚀性很强的气体，可引起管道及仪表的快速腐蚀。H_2S本身及燃烧时生成的SO_2对人也有毒害作用。因此，大中型沼气工程，特别是用来进行集中供气的工程必须设法脱除沼气中的水和H_2S。中温35℃运行的沼气池，沼气中的含水量为$40g/m^3$，冷却到20℃时沼气中的含水量只有$19g/m^3$，也就是每立方米沼气在从35℃降温到20℃时的过程中会产生21g冷凝水。脱水通常采用脱水装置进行。

沼气中的H_2S含量在$1\sim12g/m^3$之间，蛋白质或硫酸盐含量高的原料发酵时沼气中的H_2S含量就较高。根据城市煤气标准，煤气中H_2S含量不得超过$20g/m^3$。H_2S的脱除通常采用脱硫塔，内装脱硫剂进行脱硫。因脱硫剂使用一定时间后需要再生或更换，所以最少要有两个脱硫塔轮流使用。

沼气的储存通常用浮罩式储气柜，以调节产气和用气的时间差别，储气柜的大小一般为日产沼气量的 1/3～1/2，以便稳定供应用气。沼气的输配是指将沼气输送分配至各用户，输送距离可达数千米，输送管道通常采用金属管。采用高压聚乙烯塑料管作为输气干管，不仅避免了金属管和锈蚀，并且造价较低。气体输送所需的压力通常依靠生产沼气所提供的压力即可满足，远距离输送可采用增压措施。

7.9　生物质能开发利用过程中的环境问题

随着化石燃料的日益紧缺，以及其燃烧释放出的大量温室气体、有毒有害物质等所导致的全球变暖和各种生态环境问题的出现，促使各国政府积极探索开发各种新能源，以缓解全球性资源危机和生态环境问题。生物质能由于其资源丰富，具有可持续性、可减少温室气体排放等优点而在全球得到迅速推广，已成为继石油、煤和天然气三大常规能源之后的世界第四大消费能源，并且呈不断增长的趋势。

然而，从全生命周期来看，生物质能的开发利用过程中也存在较为严重的环境问题，因此必须对其产生环境问题的各个环节进行深入分析，并采取针对性的应对措施。

7.9.1　生物质能源植物种植过程中的环境问题

为应对化石能源的日趋耗竭及碳排放导致的全球气候变暖，世界各国争相发展生物质能源产业。目前，世界范围内生物质能源植物种植的主要土地类型可分为三类：耕地、自然植被、边际土地；生物质能源植物物种包括粮食作物、非粮作物、外来物种、转基因作物和本地高产物种；种植方式主要包括单一种植和混合种植。随着生物质能需求量的日益增长，为满足生物质原料的供给，一方面是扩大生物质能源植物的种植面积，另一方面是提高生物质能源植物的单产，从而提高生物质的产量。但随着生物质能源植物种植面积和种植种类的不断扩大，由此带来的生态环境安全问题也逐渐受到人们的广泛关注。生物质能源植物种植过程中环境问题的形成原因及危害如表 7-9。

表 7-9　生物质能源植物种植过程中环境问题的形成原因及危害

环境问题	形成原因	危害
生物入侵与生物多样性破坏	（1）盲目引进外来物种； （2）大面积种植直接或间接侵占了大片自然或半自然生态系统； （3）大规模单作，土壤耕翻、无节制施用杀虫剂、除草剂等	（1）引起外来物种入侵，增加转基因生物安全风险； （2）造成生物原生栖息地的退化和消失； （3）导致某些物种消亡
草原功能破坏	草原种植了生物质能源植物	草原功能丧失，影响当地经济发展，破坏生态平衡
水资源影响	规模化种植高耗水的生物质能源植物	"与粮争水"，影响粮食安全
生态环境影响	（1）生物质能源植物播种、收获等环节造成土地扰动； （2）荒草地种植生物质能源植物	（1）破坏地表植被； （2）土壤次生盐碱化

（1）生物入侵与生物多样性破坏

为保证生物质能源植物的产量，通常需要施肥和喷洒农药。大量研究表明，全球生物质能源植物的大面积种植对生物多样性造成了严重影响，影响方式主要有以下多种：为了增加生物质能源植物的单产，盲目引进外来高产物种，则会引起外来物种入侵，甚至增加转基因

生物安全风险等；大面积种植生物质能源植物不但直接或间接侵占了大片自然或半自然生态系统，造成生物原生栖息地的退化和消失，而且还易造成生态系统单一并改变生态系统结构与功能，造成生物多样性丧失；生物质能源植物大规模单作，土壤耕翻、无节制地施用杀虫剂、除草剂等，也可能导致某些物种消亡，也造成生物多样性的丧失。

（2）对草原功能的破坏

草原是我国西、北部干旱地区维护生态平衡的主要植被，草原畜牧业是牧区经济的支柱产业，同时，草原是我国少数民族的主要聚居区，是牧民赖以生存的基本生产资源。

草原的功能是发展畜牧业、调节气候、涵养水源、保持水土、防风固沙、保护生物多样性。尽管某些生物质能源作物也能实现草原的部分功能，但生物质能源作物规模化发展从本质上与草原的功能不同，因此，如在草原种植生物质能源植物，就会部分或全部破坏草原功能。

（3）对水资源的影响

在自然降水不足的干旱和半干旱地区，灌溉水是除土地外限制粮食生产的另一决定因素，规模化种植大量消耗水的"非粮"生物质能源植物，即便"不与民争粮、不与粮争地"，也会通过"与粮争水"而影响粮食安全。因此，从保护水资源、维持草原生态和草原永续利用的角度，应禁止在草原上集约化、规模化种植一年生生物质能源作物，即使利用这类地区的荒草地种植生物质能源植物，也应立足于包括多年生草本和灌木在内的旱生植物。

（4）对生态环境的影响

草原地区降水量小、多风、蒸发量大，特别是土壤贫瘠的荒草地、沙地、盐碱地，植被覆盖率低，植物生长缓慢，生态脆弱，土壤风蚀严重，是沙尘暴的主要原因。因此国家要求"对有利于改善生态环境的、水土流失严重的、有沙化趋势的已垦草原，实行退耕还草"，强调"要坚持生态效益优先，兼顾农牧民生产生活及地方经济发展，加快推进退耕还草工作"。

1）植被覆盖

尽管荒草地、沙地等植被覆盖率较低，但土壤表面由地衣、苔藓、细菌和土壤颗粒组成的土壤生物痂皮或沙壳可以减少土壤风蚀。这层沙壳和土壤生物痂皮很脆弱，在人畜踩踏、机械碾压后会受到破坏。一年生生物质能源作物在种植过程中，播种、收获会造成土壤扰动，破坏土壤表面的保护层和植被。同时，集约化、规模化的能源作物种植中，施用除草剂会破坏原生植被，作物收获后地表裸露。

2）土壤退化

荒草地土壤养分含量低，集约化种植生物质能源植物需大量施用化肥，但这类土壤由于有机质含量低、质地粗、土壤保肥性差，容易造成 N、P 对地表水和地下水污染，如灌溉不当会造成地下水位抬升，使地下水矿化度高，从而引起土壤次化盐渍化。因此，从保护生态环境出发，在沙地、荒草地特别是已经实施退耕还林还草的地区，应禁止种植一年生生物质能源植物。

7.9.2 生物质原料预处理过程中的环境问题

由于生物质能源植物生长分布松散，而且能量密度较低，要实现其能源化利用，就要对分散的生物质能源植物进行收集，并根据后续利用技术的特点将其加工成符合要求的原料。本章根据生物质能的转化利用过程，将生物质原料的收集、运输、粉碎、干燥和成型都归为生物质预处理过程。

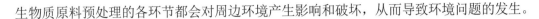

生物质原料预处理的各环节都会对周边环境产生影响和破坏，从而导致环境问题的发生。

7.9.2.1　生物质原料收集过程中的环境问题

生物质原料的收集，尤其是农林废弃物的收集，是指从农作物收割完毕开始，将生物质原料从种植地转移至农户的过程。

由于生物质分布散落、密度小、体积大，收集过程相当耗费人力，而生物质原料的收购价格往往不高，因此在惰性的驱使下，往往会存在种植地收获不完全的现象，仍有大量生物质原料遗留在地头田间，甚至还会有部分被随意抛弃在房前屋后路边。遗留在地头田间的生物质原料在自然过程中会被不断分解而回归自然，几乎不会造成任何环境问题，而且会增加土地的肥力。但被随意抛弃在房前屋后路边的生物质原料会对农村居民产生视觉污染，如遇长时间雨水天气，生物质原料会腐烂而对环境造成影响。

从种植地到农户的运输过程，由于路径较短、运输量相对较小，因此大多由农民自行运输，运输工具五花八门，有小型车辆如翻斗车、农用拖拉机等，有人力平板车、手推车，甚至是人力的肩挑背驮等。在这些过程中会产生大量的生物质原料洒落，这些洒落的生物质原料与被随意抛弃在房前屋后路边的生物质原料一样会造成视觉污染和因腐烂而对环境造成影响。

另外，在某些经济相对较为发达的地区，因收集生物质原料付出的劳动力与获得的收益不成正比，导致农民不愿花力气收集，常常会出现将生物质原料就地焚烧或弃入河道沟渠的现象，这将会对当地环境造成严重的污染。

（1）随意抛弃生物质原料造成的环境问题

随意抛弃的生物质原料零散堆放在居民的房前屋后路边，会对居民产生视觉污染，影响居民心情，降低周边居民的幸福感；如果堆放过多，还会影响交通；如遇长期阴雨天气会腐烂，腐烂的生物质会加速农村道路的破坏。

（2）生物质原料焚烧造成的环境问题

刚收获的生物质原料含水量较多，如果堆放过程中通风不良，会发生自燃，从而对当地的环境甚至人民生命财产安全造成巨大的影响。另外，因为收集生物质原料需花费大量的人力与物力，如果不能激发农民收集生物质原料的积极性，大量的生物质原料会被"一烧了事"，这就是以前广大农村地区普遍发生的秸秆焚烧事件。无论自燃还是焚烧，由于生物质原料的含水量较大，会产生大量的黑烟和粉尘，同时还会产生 NO_x 等有害气体，从而造成严重的大气污染，轻则降低可见度，重则使相当范围内的大气质量恶化。

（3）生物质原料弃入河道沟渠造成的环境问题

同样地，如果不能有效激发农民收集生物质原料的积极性，部分农民会将生物质原料弃入河道沟渠。弃入河道沟渠的生物质原料会堵塞河流，在夏季汛期会引发不必要的内涝灾害。另外，弃入河道沟渠的生物质原料长期浸泡在水中会沤烂，使河水变黑，从而引起地表水污染。

综上所述，生物质原料收集过程中环境问题的形成原因及其危害如表 7-10 所示。

表 7-10　生物质原料收集过程中环境问题的形成原因及其危害

环境问题	形成原因	危害
视觉污染	生物质原料零散堆放在房前屋后路边	影响视觉和心情，降低幸福感
大气污染	生物质原料堆放过程中的自燃或人为焚烧	（1）降低可见度； （2）恶化大气质量
地表水污染	生物质原料弃入河道沟渠后发生沤烂，形成黑水	污染地表水

7.9.2.2 生物质原料运输过程中的环境问题

生物质原料的运输主要指将生物质原料从农户运输到储存站的过程。相对于生物质原料收集过程中从种植地到农户的运输，从农户到储存站的运输过程具有运输量大、运输路途远等特点，因此大多采用机动车辆进行运输。另外，由于生物质原料具有体积松散、堆积密度小的特点，为了减少运输量，往往在运输之前采用机械对生物质原料进行压实预处理。经压实后，不仅能增加单位车辆的运输量，而且能有效减少甚至杜绝运输过程中的洒落。因此，生物质原料运输过程产生的环境问题主要是运输车辆的燃油排放和压缩机械的耗电排放对大气环境造成的污染。

（1）运输车辆的燃油排放

生物质原料运输过程中运输车辆的燃油排放是指运输车辆在完成运输任务过程中因消耗燃油产生的废气排放。当前，用于生物质原料运输的车辆大多以柴油为燃料，如果柴油不完全燃烧，则会产生一氧化碳、硫氧化物、氮氧化物等废气，从而对大气造成污染。

（2）压缩机械的耗电排放

压缩机械的耗电排放是指将生物质原料进行压缩，以减少运输量而耗电所折算的排放量。有研究表明，秸秆不压缩运输的能耗占秸秆总能量的 2.31%，压缩后再运输的能耗占秸秆能量的 2.52%，压缩后再运输的能耗略高于不压缩直接运输的能耗，但两者相差不大，其原因是压缩环节产生的能耗与压实后运输环节的能耗下降量大体相抵。另外，通过压缩机械将生物质原料压缩后再运输可有效减少运输过程中的抛洒问题，两相权衡，对于远距离运输，采用压缩机械将生物质原料压实后运输具有优势。

7.9.2.3 生物质原料破碎过程中的环境问题

生物质原料的破碎是针对生物质原料的特性，利用特定的机械，将其破碎至一定的尺寸或粒径，以满足后续转化利用过程的要求。生物质原料破碎过程中环境问题的形成原因及其危害如表 7-11 所示。

表 7-11 生物质原料破碎过程中环境问题的形成原因及其危害

环境问题	形成原因	危害
大气污染	生物质原料破碎过程中产生的扬尘	降低局域范围内的大气质量
	破碎机械运行过程中排放的废气	增加大气中有害气体
	破碎机械的耗电排放	增加电耗，从而增加火力发电的排放

（1）扬尘污染

一般说来，生物质原料的种类不同，所适用的破碎机械也各异。但无论何种破碎机械，在进行生物质原料的破碎时，都须将生物质原料抄动、扬起，由于生物质原料在收获过程中会夹带泥土、砾石等，因此在生物质原料的破碎过程中，不可避免地会产生大量的扬尘，从而造成严重的大气污染。

（2）破碎机械的排放

为实现生物质原料的破碎，所用的破碎机械必须由动力驱动，有的用电力驱动，有的用柴油机驱动。无论何种驱动方式，都会排放废气，从而对大气造成污染。

1）柴油机的排放

用柴油机驱动时，柴油机在运行过程中就会排放废气，从而对大气造成污染。

2）电力驱动的排放

采用电力驱动时，虽然电力是清洁能源，但从全生命周期角度来看，必须考虑其耗电排放。

7.9.2.4　生物质原料干燥过程中的环境问题

生物质原料的干燥是将生物质原料中的含水率降至后续加工过程的要求。虽然采用自然干燥也可使生物质原料的含水率达到后续生产的要求，但干燥时间长、效率低，因此一般都是采用人工干燥的方法进行生物质原料的干燥。

生物质原料人工干燥的过程是根据生物质原料的特性，采用特定的干燥设备，使生物质原料与热空气接触发生热质传递，从而将生物质原料中所含的水分去除，以达到后续处理工艺的要求。生物质原料在干燥过程中产生的环境问题主要是大气污染，包括扬尘污染和有害气体污染，各种大气污染的形成原因及其危害如表 7-12 所示。

表 7-12　生物质原料干燥过程中环境问题的形成原因及其危害

环境问题	形成原因	危　害
扬尘污染	生物质原料所夹杂的泥土等杂质在干燥过程中随尾气排出	增加大气中可吸入颗粒物的浓度，危害人体健康
有害气体污染	热风炉燃料燃烧过程排出的有害气体	影响环境，危害人体健康

（1）扬尘污染

在干燥过程中，随着生物质原料含水率的不断降低，生物质原料表面的润湿性减弱，原本黏附在生物质原料表面的泥土等杂质脱离生物质原料，成为游离状态。为加强生物质与热空气之间的热质传递，需对生物质原料进行搅动，这些游离的泥土等杂质也被不断扬起，在干燥设备内部形成严重的扬尘。当生物质原料的含水率达到后续工艺过程的要求时，干燥过程就会停止，此时，设备内的扬尘就会随干燥尾气排入大气，从而造成扬尘污染，使大气中可吸入颗粒物的浓度大幅增加，对周边居民的身体健康造成严重影响。

（2）有害气体污染

为了实现生物质原料的干燥，一般采用由热风炉产生的热空气作为干燥介质。工业上应用最多的热风炉是燃煤热风炉和燃油热风炉。无论哪种热风炉，燃料燃烧过程均会排放一系列的有害气体（具体参见煤、石油等章节），从而对大气造成污染，严重影响当地的环境和人体健康。

7.9.2.5　生物质成型加工过程中的环境问题

生物质成型加工是将松散、细碎、无定形的生物质原料在一定的机械加压作用下（加热或不加热）加工成棒状、粒状、块状等成型燃料，以提高燃料的能量密度等。生物质成型加工过程中产生的环境问题主要是大气污染和噪声污染，各环境问题的形成原因及其危害见表 7-13。

能源环境工程

表 7-13 生物质成型加工过程中环境问题的形成原因及其危害

环境问题	形成原因	危害
大气污染	生物质原料夹杂的泥土等杂质造成的扬尘污染	可吸入颗粒物浓度提高，危害人体健康
	压缩机械运行过程产生的燃油尾气	大气中有害气体浓度增加，危害人体健康
	加热过程中燃料燃烧产生的尾气	大气中有害气体浓度增加，危害人体健康
噪声污染	压缩机械运行过程中产生的噪声	对操作人员的身心造成影响

（1）大气污染

生物质成型加工过程中产生的大气污染包括：生物质原料夹带泥土造成的扬尘污染、压缩机械运行过程中因燃油排放废气而产生的废气污染、加热过程中燃料燃烧产生的尾气污染。

1）扬尘污染

与生物质原料的干燥过程一样，生物质成型加工过程中，其所夹带的泥土等杂质也会在原料的搅动、传输过程形成扬尘污染，使大气中可吸入颗粒物浓度提高，对操作人员及周边居民的身体健康造成影响。

2）废气污染

为了实现生物质原料的成型加工，需采用压缩机械对原料施加机械压力。受生产条件的限制，压缩机械大多采用燃油驱动，因此在运行过程中不可避免会排放有害气体，尤其在负荷超载时，有害气体的排放量更多，从而对环境造成严重污染。

3）尾气污染

根据生物质原料的特性，有些生物质原料的成型加工需采用热压法，即在对生物质原料施加机械压力的同时，还需对其进行加热，大多采用燃料燃烧烟气直接加热的方法。在燃料的燃烧过程中，不可避免地会产生燃烧尾气，从而造成大气污染。

（2）噪声污染

要实现生物质原料的成型加工，必须采取压缩机械对其施加机械压力，使松散、细碎的生物质原料聚集、黏合在一起，压缩机械在运行过程中不可避免地会产生噪声，对操作人员及周边居民造成影响。

7.9.3 生物质燃烧过程中的环境问题

生物质是一种清洁可再生能源，具有总量大、来源广、污染小等优点，越来越受到人们的重视。生物质锅炉及燃烧器是生物质燃料燃烧利用的主要设备，燃烧过程中的主要环境问题是烟气污染物。

生物质燃烧产生的污染物主要分为未燃尽污染物和燃尽污染物两类。由于燃烧技术的进步，设备燃烧效率不断提高，未燃尽污染物的问题并不明显，污染问题主要来自完全燃烧产生的污染物，如 NO_x、SO_2、颗粒物、酸性气体（HCl）、多环芳烃、二噁英等，污染物的性质及其排放量与燃料种类密切相关。生物质燃烧过程中环境问题的形成原因及危害如表 7-14 所示。

表 7-14 生物质燃烧过程中环境问题的形成原因及其危害

环境问题	形成原因	危害
大气污染	生物质中所含的氮及空气中的氮在高温下氧化形成的氮氧化物	（1）形成酸雨和酸雾，危害人体健康、森林和农作物；（2）产生温室效应

环境问题	形成原因	危　害
	生物质中所含的硫与空气中的氧发生反应而生成的硫氧化物	形成酸雨或酸性尘
	生物质燃烧过程中产生的固体小颗粒	（1）影响环境卫生； （2）危害人体健康
大气污染	生物质燃烧器启动、预运行和停止阶段发生不完全燃烧而产生的一氧化碳	危害人体健康
	生物质中所含的氯被氧化生成酸性气体	形成气溶胶沉积，腐蚀设备
	原料在高温条件下释放的二噁英及燃烧过程中合成的二噁英	对大气环境及人体健康产生危害
	生物质中部分有机物不完全燃烧而产生的多环芳烃类	有致癌作用

（1）氮氧化物

燃料燃烧过程中 NO_x 的生成有 3 种途径，即热力型 NO_x、瞬态型 NO_x 和燃料型 NO_x。生物质的燃烧温度很难达到 1300℃以上，基本不产生热力型 NO_x，80%的 NO_x 来自燃料中 N 的氧化（燃料型 NO_x），也有少量是在特定条件下由空气中的 N 转化而成（瞬态型 NO_x）。NO_x 的排放量主要与生物质燃料中 N 的含量有关。通常，燃料中 N 含量越高、O/N 比值越大，NO_x 排放量越高。生物质燃烧过程中 NO_x 的释放峰值有两个，分别出现在挥发分的析出燃烧阶段和焦炭燃烧阶段，且第一个峰值大于第二个。由于生物质燃料中氮元素的含量较低，因此燃烧产生的 NO_x 比煤要少得多，例如稻草和木材燃烧释放的 NO_x 量分别为煤燃烧 NO_x 释放量的 1/3 和 1/2。

（2）二氧化硫

硫是植物生长的主要营养元素之一，在植物的新陈代谢中发挥着重要的作用。生物质中的硫主要是机体结构中的有机硫和以硫酸盐形式存在的无机硫，燃烧时主要以 SO_2 和碱金属、碱土金属硫酸盐的形式存在，其中硫酸盐沉积在设备表面或存在于灰渣中，SO_2 则在燃料挥发分的析出及燃烧阶段释放出来，且燃料中 80%～100%的 S 转化成了 SO_2。绝大多数生物质燃料中的硫含量都很低，所以燃烧后排放的 SO_2 浓度也比较低，在富氧等合适的燃烧条件下，某些生物质燃料燃烧的烟道气中甚至检测不到 SO_2。

（3）颗粒物

燃料燃烧排放的颗粒物（尤其是细颗粒物质）对人体健康具有潜在危害，应该引起关注。生物质中的钾等低熔点金属元素在燃烧过程中会以蒸气形式释放出来，燃烧结束后大部分以无机盐形式凝结成渣，也有一小部分以气溶胶形式进入环境。以无机盐形式凝结成渣是颗粒物形成的一个重要途径。

生物质燃料燃烧产生的烟尘成分复杂，包括含碳烟灰、挥发性有机物（VOC）、多环芳烃及由复杂有机和无机组分组成的气溶胶等，其中 $PM_{2.5}$ 所占比例较大。颗粒物的主要成分是 K_2SO_4，主要元素有 K、S、Cl、Zn、Na、Pb。

生物质燃料燃烧排放的颗粒物远少于煤，如松木和玉米秸秆燃烧后排放的颗粒物比传统煤燃烧减少 70%。但在高温富氧条件下还原性气氛增强时，挥发分会大量析出并燃烧，颗粒物产生量会有一定增加。

（4）一氧化碳

在生物质燃烧的整个过程中，一氧化碳是燃料不完全燃烧的产物，通常将其作为燃烧效率指示气体。一般在燃烧器启动、预运行及停止阶段，由于进气量小、温度低等原因使得一氧化碳浓度较高；而在正常运行过程中，一氧化碳产生量明显降低。以落叶松和麦秆为例，启动过程中的一氧化碳排放量分别为 630mg/m³ 和 2125mg/m³，而正常运行时的一氧化碳排放

量明显降低，分别为 29.16mg/m³ 和 555.37mg/m³。

（5）其他污染物

1）氯化物

生物质中含氯 0.2%～2%，稻草类生物质中氯含量相对较高。生物质中的氯多以无机态存在，燃烧产物多为 HCl，可与 K、Na 等金属反应，在冷却过程中形成蒸汽，继而变成气溶胶沉积，腐蚀设备。通常，热解阶段发生 R-COOH+KCl 反应，氯以 HCl 形式释放，当温度高于 700℃时，析出的氯主要来自半焦燃烧时 KCl 气化挥发。

2）二噁英

生物质燃料燃烧排放的二噁英主要来源于原料释放及二噁英合成两个方面，500～700℃时二噁英大量生成；温度高于 850℃时，98%的二噁英便会分解，但当温度在 250～450℃时，会进行再合成。燃料中 Cl、Cu、S 等元素的存在会影响二噁英的产生量，如 Cl、Cu 会促进二噁英产生，S 则会抑制二噁英的产生。

3）多环芳烃类污染物

多环芳烃（PAHs）是由于部分有机物不完全燃烧而产生的一类环境污染物，大部分有致癌作用。PAHs 的主要代谢产物是含有羟基的酚类化合物，其亲电代谢物可与活性氧相互作用而破坏人体蛋白质、酯类及 DNA，致使人体氧化损伤。

生物质燃料不完全燃烧会产生少量的 PAHs，其在气相中多以小分子量化合物的形态存在，在颗粒物中则以大分子量化合物为主。虽然生物质燃烧后的总 PAHs 排放量远低于煤（0～250μg/g），但仍不可忽视。

7.9.4 生物质热化学液化过程中的环境问题

生物质热化学液化是将低品位的生物质原料转化为高品位的液体燃料或化学品，是生物质能高效利用的主要方式之一。生物质液化产品易存储、运输，为工农业大宗消耗品，不存在产品规模和消费的地域限制问题，不含硫及灰分，既可以精制改性生产清洁替代燃料，弥补石化汽油、柴油和燃料油的不足，也可以作为化工原料生产许多高附加值的化学品，还可用于发电，具有广阔的发展前景。

按照机理，生物质热化学液化制液体燃料技术分热解液化和水热液化。无论哪种技术，其在生产过程中均会对环境产生一定的影响。

7.9.4.1 生物质热解液化过程中的环境问题

生物质热解液化是在一定的温度条件下将生物质原料中所含的大分子有机物分解为小分子液体燃料的过程。热解液化适用于低含水生物质，因此原料在液化前必须经过干燥。另外，生物质热解液化制得液体燃料的同时，不可避免地产生半焦、灰渣等固体产物、木醋液等液体副产物及不凝结气体等。虽然这些固体产物、液体副产物和气体都可利用，但如果处理不当，大量排放就会对环境造成影响。生物质热解液化过程中环境问题的形成原因及危害如表 7-15 所示。

表 7-15　生物质热解液化过程中环境问题的形成原因及危害

环境问题	形成原因	危　害
大气污染	生物质中所含的氮在高温下形成的氮氧化物	（1）形成酸雨和酸雾，危害人体健康、森林和农作物； （2）产生温室效应

环境问题	形成原因	危　害
大气污染	生物质中所含的硫在高温条件下生成的硫氧化物	形成酸雨或酸性尘
	生物质中所含的碳不完全氧化而生成的一氧化碳	危害人体健康
	生物质热解过程中产生的固体小颗粒	(1) 影响环境卫生； (2) 危害人体健康
	生物质中所含的氯氧化而成酸性气体	形成气溶胶沉积，腐蚀设备
	原料在高温条件下释放的二噁英	对大气环境及人体健康产生危害
	生物质中部分有机物不完全氧化而产生的多环芳烃	有致癌作用
土壤污染	露天堆放的半焦和灰渣被雨水冲淋而导致	(1) 占用土地； (2) 灰渣中的有害杂质造成土地污染
水体污染	露天堆放的半焦和灰渣被雨水冲淋而导致	(1) 直接污染地表水； (2) 在渗流作用下污染地下水
	热解副产物木醋液的直接排放	

（1）大气污染

生物质原料在热解液化过程中得到液体燃料的同时，也会产生不凝性气体，其组分为氮氧化物、硫氧化物、一氧化碳、固体小颗粒、氯氧化物、二噁英和多环芳烃类物质。这些物质都会造成大气污染。

1）氮氧化物

生物质原料热解液化过程中的 NO_x 主要来自原料中 N 的氧化，其排放量与生物质原料中 N 的含量有关。产生的 NO_x 属不凝性气体，随尾气一同排出。NO_x 对人体、动植物的生长及自然环境有很大的危害，主要表现在以下方面。

① 危害人体健康。NO 具有一定毒性，很容易和血液中的血色素结合，使血液缺氧，引起中枢神经麻痹症。大气中的 NO 可氧化为毒性更大的 NO_2。NO_2 对呼吸器官黏膜有强烈的刺激作用，引起肺气肿和肺癌；在阳光作用下 NO_x 与挥发性有机化合物反应能生成臭氧，臭氧是一种有害的刺激物。NO_x 参与光化学烟雾的形成，其毒性更强。

② 危害森林和农作物。大气中 NO_x 对森林和农作物的损害是很大的，可引起森林和农作物枯黄，产量降低，品质变劣。NO_x 还可生成酸雨和酸雾，对农作物和森林的危害很大。

③ 产生温室效应。NO_x 也是一种温室气体，大量排放会产生温室效应。

2）硫氧化物

生物质原料中所含的有机硫和无机硫在高温热解条件下会转化生成硫氧化物。硫氧化物属不凝性气体，随尾气一同排出，从而对大气造成污染。硫氧化物的危害主要表现在：

① 腐蚀金属。排入大气中的二氧化硫气体在金属飘尘的触媒作用下，也会被氧化成 SO_3，遇水形成硫酸雾，硫酸雾凝结于金属表面，对金属具有强烈的腐蚀作用。

② 形成酸雨。硫酸雾若遇雨水淋落即形成硫酸雨。硫酸雾凝结于微粒表面，使一些微粒相互黏结，长大成雪片状的酸性尘。锅炉低负荷运行时，烟气温度低于烟气露点产生的低温腐蚀硫酸物和未保温的金属烟囱及烟道内的酸蚀金属硫酸盐等脱落成块状或片状物质，随烟气排入大气，也成为酸性尘。

一般来说，绝大多数的生物质原料中硫含量都很低，所以热解后排放的 SO_2 浓度也比较低。

3）颗粒物

要实现生物质原料的热解液化，生物质原料的加热速率要求非常高，而且停留时间要求

较短，即生物质原料在热解设备内的运动速度很快，这样在热解过程中就会产生大量的粉尘或微粒，并随尾气一同排出。

在热解过程中，生物质原料中的低熔点金属元素如钾等会在高温条件下释放出来，大部分以无机盐形式凝结成渣，这是颗粒物形成的一个重要途径。同时，挥发性有机物（VOC）、多环芳烃等会被吸附在颗粒物表面，使颗粒物对环境和人体的危害增大。

4）一氧化碳

生物质的热解液化是一个不完全氧化过程，因此一氧化碳的产生是不可避免的。一氧化碳是一种有毒气体，直接排放会对操作人员和周边居民的身体健康造成严重影响。

5）氯化物

生物质原料中一般都含有氯元素，并且多以无机态存在，在热解液化过程中会发生迁移。通常，热解阶段发生 R-COOH+KCl 反应，氯以 HCl 形式释放，然后与 K、Na 等低熔点金属反应，在冷却过程中形成蒸汽，继而变成气溶胶沉积，腐蚀设备。

6）二噁英

生物质热解液化过程中产生的二噁英主要来源于原料释放。生物质原料中 Cl、Cu、S 等元素的存在会影响二噁英的产生量，例如 Cl、Cu 会促进二噁英产生，S 则会抑制二噁英的产生。因此，针对不同产地的生物质原料，应根据其不同的组分特性具体分析。

7）多环芳烃类污染物

生物质原料在热解过程中会产生少量的多环芳烃（PAHs），其在气相中多以小分子量化合物的形态存在，在颗粒物中则以大分子量化合物为主。

大部分 PAHs 有致癌作用。PAHs 的主要代谢产物是含有羟基的酚类化合物，其亲电代谢物可与活性氧相互作用而破坏人体蛋白质、酯类及 DNA，致使人体氧化损伤。

（2）土壤污染

生物质原料由有机物和无机物两部分组成，在热解液化过程中，大分子的有机物被分解形成液体燃料，同时产生半焦和灰渣。生物质原料的种类不同，其半焦和灰渣的产生量也不同。由于在热解过程中去除了碳等有机组分，因此灰渣中杂质的浓度将增高很多倍，而且经过热解过程的高温煅烧与粉碎，有害物质可能变为更易溶于水的状态，如果任意堆放，在雨水的冲淋作用下，有害物质会渗流进入土壤，从而造成土壤污染。

（3）水体污染

生物质热解过程中造成水体污染的原因主要是两个方面：一是露天堆放灰渣被雨水冲淋产生的；二是热解副产物木醋液直接排放造成的。

露天堆放的灰渣在雨水的冲淋下，其中的有害物质进入水体，将对地表水造成严重污染。地表水作为农业生产的主要灌溉水源，一旦污染会直接造成农作物污染以及影响水体的自净作用，危害水生生物的生存，污染被水生生物吸收后，能在水生生物中富集、残留，并通过食物链把有毒物带入家畜及人体中，最终危及人体健康。被污染的地表水还会由于渗流作用而导致土壤污染和地下水污染。

另外，生物质原料在热解液化过程中会产生一种称为木醋液的液体副产物。如果直接排放，也会对水体造成严重的污染。

7.9.4.2 生物质水热液化过程中的环境问题

与热解液化相比，生物质水热液化适用于高含水生物质，原料不需经过能耗巨大的干燥过程，因此可节省大量的能源。同时，生产过程也不会产生热解液化过程中的那些有害气体，从而避免对大气环境造成污染，因此，生物质水热液化具有节能、清洁的优点。但生物质水热液化过程会产生大量的废水，同时还有低浓度木醋液和湿半焦，从而对环境造成影响。生物质水热液化过程中环境问题的形成原因及危害如表 7-16 所示。

表 7-16　生物质水热液化过程中环境问题的形成原因及危害

环境问题	形成原因	危害
土壤污染	热解后的湿半焦堆放过程中有害成分经沥滤进入土壤	造成土地污染
水体污染	低浓度木醋液直接排放	（1）直接污染地表水；
	生产废水直接排放	（2）在渗流作用下污染地下水

（1）土壤污染

生物质原料由有机物和无机物两部分组成，在水热液化过程中，大直径的生物质原料经粉碎、研磨后变成小颗粒固体，经水热反应后，大分子的有机物被分解形成液体燃料，产生的半焦与水混合形成湿半焦。这些湿半焦呈黏糊状，其中混杂有生物质原料所带入的泥土等杂质及反应后残留的有害元素，如果随意堆放，其中所含的有害物质就会经沥滤而进入土壤，从而造成土壤污染。

（2）水体污染

生物质原料经水热液化后，其中的有害杂质大多迁移至水中，从而产生废水。如果产生的废水不经处理而直接排放，其中的有害物质进入水体，将对地表水造成严重污染。地表水作为农业生产的主要灌溉水源，一旦污染会直接造成农作物污染以及影响水体的自净作用，危害水生生物的生存，污染物被水生生物吸收后，能在水生生物中富集、残留，并通过食物链把有毒物质带入家畜及人体中，最终危及人体健康。被污染的地表水还会由于渗流作用而导致土壤污染和地下水污染。

另外，生物质原料在水热液化过程中会产生一种称为木醋液的液体副产物，这些木醋液混在水中，导致其浓度较低，增加了利用的难度。如果直接排放，也会对水体造成严重的污染。

7.9.5　生物质热化学气化过程中的环境问题

生物质热化学气化是以生物质为原料，通过热化学转化方法制备气体燃料。目前常用的生物质热化学气化技术分气化剂气化（通常简称气化）和水热气化。无论哪种技术，其在生产过程中均会对环境产生一定的影响。

7.9.5.1　生物质气化过程中的环境问题

生物质气化是采用气化剂，由固体燃料转化生产气体燃料的热化学处理技术，在气化反应器中进行干燥、热解、燃烧和还原反应，生成含有 CO、CH_4、H_2 和 C_nH_m 等可燃气体。

气化适用于低含水生物质，原料在进行气化前必须干燥。另外，生物质气化过程中不可避免会产生半焦、灰渣和焦油。虽然这些副产物都可加以利用，但如果处理不当，大量排放就会对环境造成影响，尤其是焦油。焦油在高温下可以裂解，与气化气一起呈气体状态，但在低于 200℃ 的情况下就开始凝结为液体，成为黑色黏稠油状物，影响气化设备系统的稳定和安全运行，造成能量浪费，降低气化效率，而且焦油成分中的多环芳香族在净化及燃烧时

产生的二次污染物会对人类的生存环境和健康构成严重危害。

生物质气化过程中环境问题的形成原因及危害如表 7-17 所示。

表 7-17　生物质气化过程中环境问题的形成原因及危害

环境问题	形成原因	危　害
大气污染	生物质中所含的氮在高温下形成的氮氧化物	（1）形成酸雨和酸雾，危害人体健康、森林和农作物； （2）产生温室效应
	生物质中所含的硫在高温条件下生成的硫氧化物	形成酸雨或酸性尘
	生物质气化过程中产生的固体小颗粒	（1）影响环境卫生； （2）危害人体健康
	生物质中所含的氯氧化而成	形成气溶胶沉积，腐蚀设备
	原料在高温条件下释放的二噁英及燃烧过程中合成的二噁英	对大气环境及人体健康产生危害
	生物质中部分有机物不完全氧化而产生的多环芳烃	有致癌作用
土壤污染	露天堆放的半焦和灰渣被雨水冲淋而导致	（1）占用土地； （2）灰渣中的有害杂质造成土地污染
水体污染	露天堆放的半焦和灰渣被雨水冲淋而导致	（1）直接污染地表水； （2）在渗流作用下污染地下水
	水洗焦油废水直接排放	

（1）大气污染

生物质气化的产物不仅有可燃气，还含有由生物质原料中迁移而来的有害组分，如氮氧化物、硫氧化物、固体小颗粒、氯氧化物、二噁英和多环芳烃类物质。这些组分在后续的气化气燃烧过程中会造成大气污染。

1）氮氧化物

生物质原料气化过程中的 NO_x 主要来自原料中 N 的氧化，其排放量与生物质燃料中 N 的含量有关。NO_x 会危害人体健康，影响动植物的生长，危害森林和农作物，并导致温室效应。

2）硫氧化物

生物质原料中所含的有机硫和无机硫在高温条件下会转化生成硫氧化物。大量硫氧化物排入大气会形成酸性气体和酸雨，从而对设备和建筑物造成腐蚀，影响其使用寿命。

一般来说，绝大多数的生物质原料中硫含量都很低，所以气化后排放的 SO_2 浓度也比较低。

3）颗粒物

生物质气化过程会产生大量的粉尘或微粒。与此同时，生物质原料中的低熔点金属元素如钾等会在高温条件下释放出来，大部分以无机盐形式凝结成渣，但也有一小部分被吸附于粉尘或微粒上并随气化气一同排出，从而造成大气污染。

4）氯化物

生物质原料中一般都含有氯元素，并且多以无机态存在，在气化过程中会发生 R-COOH+ KCl 反应而迁移，氯以 HCl 形式释放，然后与 K、Na 等低熔点金属反应，在冷却过程中形成蒸汽，继而变成气溶胶沉积，腐蚀设备。

5）二噁英

生物质气化过程中产生的二噁英主要来源于原料释放。生物质原料中 Cl、Cu、S 等元素的存在会影响二噁英的产生量，例如 Cl、Cu 会促进二噁英产生，S 会抑制二噁英的产生。因此，针对不同产地的生物质原料，应根据其不同的组分特性具体分析。

6）多环芳烃类污染物

生物质原料在气化过程中会产生少量的多环芳烃（PAHs），其在气相中多以小分子量化合物的形态存在，在颗粒物中则以大分子量化合物为主。

大部分 PAHs 有致癌作用。PAHs 的主要代谢产物是含有羟基的酚类化合物，其亲电代谢物可与活性氧相互作用而破坏人体蛋白质、酯类及 DNA，致使人体氧化损伤。

（2）土壤污染

生物质原料由有机物和无机物两部分组成，在气化过程中，大分子的有机物被分解形成气体燃料，同时产生半焦和灰渣。生物质原料的种类不同，其半焦和灰渣产生量也不同。由于在热解过程中去除了碳等有机组分，因此灰渣中杂质的浓度将增高很多倍，经过高温煅烧与粉碎，有害物质可能变为更易溶于水的状态，如果任意堆放，在雨水的冲淋作用下，其中所含的有害物质会渗流进入土壤，从而造成土壤污染。

（3）水体污染

生物质气化过程中造成水体污染的原因主要是两个方面：一是灰渣露天堆放；二是气化气水洗后产生的含焦油废水。

1）灰渣导致的水体污染

露天堆放的灰渣在雨水的冲淋下，其中的有害物质进入水体，将对地表水造成严重污染。地表水作为农业生产的主要灌溉水源，一旦污染会直接造成农作物污染以及影响水体的自净作用，危害水生生物的生存，污染物被水生生物吸收后，能在水生生物中富集、残留，并通过食物链把有毒物质带入家畜及人体中，最终危及人体健康。

另外，被污染的地表水还会由于渗流作用而导致土壤污染和地下水污染。

2）焦油水洗废水导致的水体污染

生物质气化过程不可避免会产生焦油。焦油不完全燃烧会引起多环芳香烃和焦炭的产生，多环芳香烃具有致癌的危险性。温度降低后焦油会凝结为细小液滴，对后续的设备和管道系统造成堵塞。

为消除气化气中所含焦油对设备及后续气化气利用的影响，一般采用对气化气进行水洗的方法，此过程会产生大量的焦油废水，其中含有酚及酚类化合物、苯系物、杂环和芳香族化合物等有机物，COD 浓度一般为 2000mg/L，高的可达 5000～10000mg/L，散发出强烈的刺激性气味，直接排放就会对水体造成严重污染，并危害人类健康。

7.9.5.2　生物质水热气化过程中的环境问题

与气化技术相比，生物质水热气化适用于高含水生物质，原料不需经过能耗巨大的干燥过程，因此可节省大量的能源。同时，生产过程也不会产生气化过程中的那些有害气体，因此，生物质水热气化具有节能、清洁的优点。但生物质水热气化过程会产生大量的废水和湿半焦，从而对环境造成影响。生物质水热气化过程中环境问题的形成原因及危害如表 7-18 所示。

表 7-18　生物质水热气化过程中环境问题的形成原因及危害

环境问题	形成原因	危　害
土壤污染	热解后的湿半焦堆放过程中形成	(1) 占用土地； (2) 灰渣中的有害杂质造成土地污染
水体污染	生产废水直接排放	(1) 直接污染地表水； (2) 在渗流作用下污染地下水

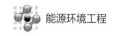

（1）土壤污染

生物质原料由有机物和无机物两部分组成，在水热气化过程中，大直径的生物质原料经粉碎、研磨后变成小颗粒固体，经水热反应后，大分子的有机物被分解形成气化气，产生的半焦与水混合形成湿半焦。这些湿半焦呈黏糊状，其中混杂有生物质原料所带入的泥土等杂质及反应后残留的有害元素，如果随意堆放，其中所含的有害物质就会经沥滤而进入土壤，从而造成土壤污染。

（2）水体污染

生物质原料经水热气化后，其中的有害杂质大多迁移至水中，从而产生废水。如果产生的废水不经处理而直接排放，其中的有害物质进入水体，将对地表水造成严重污染。地表水作为农业生产的主要灌溉水源，一旦污染会直接造成农作物污染以及影响水体的自净作用，危害水生生物的生存，它被水生生物吸收后，能在水生生物中富集、残留，并通过食物链把有毒物质带入家畜及人体中，最终危及人体健康。

另外，被污染的地表水还会由于渗流作用而导致土壤污染和地下水污染。

7.9.6 生物质热化学炭化过程中的环境问题

生物质热化学炭化，是以生物质为原料，通过热化学转化技术制备固体燃料（主要是生物炭）的过程。目前应用的生物质热化学炭化技术主要分两种：生物质热解炭化和生物质水热炭化。

7.9.6.1 生物质热解炭化过程中的环境问题

生物质热解炭化是在一定的温度条件下，将满足含水率要求的生物质原料进行热解，通过控制其操作条件（最主要是加热温度及升温速率），使生物质中的有机组分分解产生气体、液体和固体，并以追求固体产物的产率为目标的过程。热解炭化的主要产物可分为固体产物、液体产物和气体产物，虽然这些液体副产物和气体都可利用，但如果处理不当，大量排放就会对环境造成影响。生物质热解炭化过程中环境问题的形成原因及危害如表 7-19 所示。

表 7-19　生物质热解炭化过程中环境问题的形成原因及危害

环境问题	形成原因	危害
大气污染	生物质中所含的氮在高温下形成的氮氧化物	（1）形成酸雨和酸雾，危害人体健康、森林和农作物； （2）产生温室效应
	生物质中所含的硫在高温条件下生成的硫氧化物	形成酸雨或酸性尘
	生物质中所含的碳经不完全氧化而生成的一氧化碳	危害人体健康
	生物质热解过程中产生的固体小颗粒	（1）影响环境卫生； （2）危害人体健康
	生物质中所含的氯氧化而成酸性气体	形成气溶胶沉积，腐蚀设备
	原料在高温条件下释放的二噁英	对大气环境及人体健康产生危害
	生物质中部分有机物不完全氧化而产生的多环芳烃	有致癌作用
土壤污染	产物炭中的有害成分在堆放过程中被雨水冲淋而导致	（1）占用土地； （2）疏松多孔的产物炭吸附的有害杂质造成土地污染
水体污染	产物炭中的有害成分在堆放过程中被雨水冲淋而导致	（1）直接污染地表水； （2）在渗流作用下污染地下水

（1）大气污染

生物质原料在热解炭化过程中得到固体燃料的同时，也会产生大量的不凝性气体，其组分为氮氧化物、硫氧化物、一氧化碳、固体小颗粒、氯氧化物、二噁英和多环芳烃类物质。这些物质都会造成大气污染。

1）氮氧化物

生物质原料热解炭化过程中的 NO_x 主要来自原料中 N 的氧化，其排放量与生物质燃料中 N 的含量有关。一般来说，生物质原料中 N 含量越高、O/N 比值越大，NO_x 排放量越高。

NO_x 会危害人体健康，影响动植物的生长，危害森林和农作物，并导致温室效应。

2）硫氧化物

生物质原料中所含的有机硫和无机硫在高温热解条件下会转化成硫氧化物。大量硫氧化物排入大气会形成酸性气体和酸雨，从而对设备和建筑物造成腐蚀，影响其使用寿命

一般来说，绝大多数的生物质原料中硫含量都很低，所以热解后排放的 SO_2 浓度也比较低。

3）颗粒物

生物质热解过程会产生大量的粉尘或微粒，与此同时，生物质原料中的低熔点金属元素如钾等会在高温条件下释放出来，大部分以无机盐形式凝结成渣，但也有一小部分被吸附于粉尘或微粒上，直接排放就会造成大气污染。

4）一氧化碳

生物质的热解炭化是一个不完全氧化过程，因此一氧化碳的产生是不可避免的。一氧化碳是一种有毒气体，直接排入大气会对操作人员和周边居民的身体健康造成严重影响。

5）氯化物

生物质原料中一般都含有氯元素，并且多以无机态存在，在热解炭化过程中会发生 R-COOH+KCl 反应而迁移，氯以 HCl 形式释放，然后与 K、Na 等低熔点金属反应，在冷却过程中形成蒸汽，继而变成气溶胶沉积，腐蚀设备。

6）二噁英

生物质热解过程中产生的二噁英主要来源于原料释放。生物质原料中 Cl、Cu、S 等元素的存在会影响二噁英的产生量，例如 Cl、Cu 会促进二噁英产生，S 会抑制二噁英的产生。因此，针对不同产地的生物质原料，应根据其不同的组分特性具体分析。

7）多环芳烃类污染物

生物质原料在热解过程中会产生少量的多环芳烃（PAHs），其在气相中多以小分子量化合物的形态存在，在颗粒物中则以大分子量化合物为主。

大部分 PAHs 有致癌作用。PAHs 的主要代谢产物是含有羟基的酚类化合物，其亲电代谢物可与活性氧相互作用而破坏人体蛋白质、酯类及 DNA，致使人体氧化损伤。

（2）土壤污染

生物质原料由有机物和无机物两部分组成，在热解炭化过程中，大分子的有机物被分解形成固体燃料。生物质原料和工艺条件不同，固体燃料的产量也不同。炭化过程产生的固体燃料具有孔隙疏松、吸附性强等特性，因而吸附了大量生物质原料本身所夹带的低熔点金属（以可溶性的金属盐存在），如果任意堆放，在雨水的冲淋作用下，所含的有害物质会渗流进入土壤，从而造成土壤污染。

（3）水体污染

生物质热解炭化过程中造成水体污染的原因主要是露天堆放的产物炭在雨水的冲淋下，其中的有害物质进入水体，对地表水和地下水造成严重污染。

能源环境工程

7.9.6.2 生物质水热炭化过程中的环境问题

生物质水热炭化是在一定的温度和压力条件下，将生物质原料放入密闭的水溶液中进行生物制炭的过程。与传统的热解炭化相比，水热炭化的反应条件相对温和，能耗较低。但生物质水热炭化过程会产生大量的废水，同时还有低浓度木醋液，从而对环境造成影响。生物质水热炭化过程中环境问题的形成原因及危害如表 7-20 所示。

表 7-20　生物质水热炭化过程中环境问题的形成原因及危害

环境问题	形成原因	危　害
土壤污染	热解制得的湿燃料堆放过程中形成	（1）占用土地； （2）湿燃料中的有害杂质造成土地污染
水体污染	低浓度木醋液直接排放	（1）直接污染地表水； （2）在渗流作用下污染地下水
	生产废水直接排放	

（1）土壤污染

在水热炭化过程中，大直径的生物质原料经粉碎、研磨后变成小颗粒固体，经水热反应后制得固体燃料，但这些固体燃料与水混合形成湿燃料，其中含有生物质原料所带入的泥土等杂质及反应后残留的有害元素，如果随意堆放，其中所含的有害物质就会经沥滤而进入土壤，从而造成土壤污染。

（2）水体污染

生物质原料经水热炭化后，除得到湿燃料外，部分有害杂质也会迁移至水中，从而产生废水。如果产生的废水不经处理而直接排放，其中的有害物质进入水体，将对地表水造成严重污染。地表水作为农业生产的主要灌溉水源，一旦污染会直接造成农作物污染以及影响水体的自净作用，危害水生生物的生存，污染物被水生生物吸收后，能在水生生物中富集、残留，并通过食物链把有毒物质带入家畜及人体中，最终危及人体健康。另外，被污染的地表水还会由于渗流作用而导致土壤污染和地下水污染。

另外，生物质原料在水热炭化过程中也会产生木醋液，这些木醋液混在水中，导致其浓度较低，增加了利用的难度。如果直接排放，也会对水体造成严重的污染。

7.9.7 生物质生物转化过程中的环境问题

生物质生物转化是在一定条件下，依靠酶或微生物的作用，将生物质原料转化为产品的过程。目前，生物质生物转化主要包括生物液化制乙醇和生物气化制沼气。

7.9.7.1 生物质生物液化制乙醇过程中的环境问题

以生物质为原料制取燃料乙醇，是生物质能源利用的新途径，在经济性、社会性方面具有巨大的优势，有利于缓解传统化石能源危机，具有较好的应用前景，是目前国内外大力推广的一种清洁能源生产模式。但从全生命周期来看，以生物质为原料制取燃料乙醇的过程也存在许多的环境问题，其中最大的问题是生物质原料的来源。

（1）生物质原料来源对环境的影响

从生产成本角度来看，用于发酵制取乙醇的原料最好是淀粉、糖类原料，但绝大多数淀粉和糖类原料同时也是粮食的主要组成部分，尤其是我国人口众多，需要的粮食基数非常巨大，既没有大量廉价的甘蔗，部分依靠进口的玉米更不可能用来大力发展燃料乙醇，同时粮食安全问题越来越引人关注，因此纯粹以粮食类作物作为原料，就会造成"与人争粮"的矛盾。

长期以来，我国的非粮乙醇原料主要以木薯为主，但由于需求量巨大，如果大面积种植就会导致"与粮争地"的矛盾。但如果不大面积种植，原料供应不足，就会导致价格攀升过快，从而失去成本优势。为此，应大力发展以其他非粮作物为原料的燃料乙醇生产技术。

在所有非粮作物中，纤维素普遍存在于农林废弃物等生物质原料中，具有来源广泛、价格低廉等特点，因此发展纤维素乙醇技术，既可促进生物乙醇产业的发展，又可解决废弃生物质原料的处理、处置问题，更能保障国家能源安全与粮食安全，具有重大的现实意义。但需提高技术水平。

（2）生产过程对环境的影响

生物质生物液化制燃料乙醇过程中环境问题的形成原因及危害如表 7-21 所示。

表 7-21　生物质生物液化制燃料乙醇过程中环境问题的形成原因及危害

环境问题	形成原因	危　害
水体污染	转化过程中产生的大量有机废水	对受纳水体造成严重污染
大气污染	煤炭燃烧过程排放的有害气体	污染大气，影响环境，危害人体健康
土壤污染	生物质原料自带的有害元素迁移进入发酵残液，使其成为有机废弃物	（1）直接污染地表水；（2）在渗流作用下污染土壤

1）水体污染

生物质生物液化制燃料乙醇过程的转化率较低，大约只有 8%～10%（国内）和 18%～20%（国外），资源消耗量大（10～12t 秸秆或木材只能生产 1t 燃料乙醇，同时还要消耗水 80～120t、煤炭 500～800kg、电能 190～235kW·h）。对于转化过程中产生的大量有机废水，如果直接排放，就会对受纳水体造成严重的污染。

2）大气污染

由于生物质生物液化制燃料乙醇需消耗大量的煤炭，煤炭的作用是通过燃烧给发酵过程提供热量，因此在燃烧过程中会放出大量的有害气体，从而造成大气污染。

3）土壤污染

在生物质生物液化制燃料乙醇过程中，除产生燃料乙醇外，还会产生大量的发酵残渣，其中含有由生物质原料迁移而来的有害元素，并与水混合在一起，增加了其利用的难度。如果不能得到有效利用，就成为一种高浓度有机废弃物，直接排放不仅会污染地表水，还会由于渗流作用而污染土壤。

7.9.7.2　生物质生物气化制沼气过程中的环境问题

生物质生物气化产沼气是以生物质为原料，采用微生物发酵方法生产沼气的过程。利用废弃的生物质原料经生物气化制沼气能够有效缓解能源紧缺问题，减少温室气体排放量，并消除因生物质堆放或焚烧而带来的环境问题，而且所产的沼气是一种清洁能源，因此具有广阔的应用前景。然而，从全生命周期来看，生物质生物气化产沼气过程也存在各类环境问题，如表 7-22 所示。

表 7-22　生物质生物气化制沼气过程中环境问题的形成原因及危害

环境问题	形成原因	危　害
温室效应	生产过程中泄漏的沼气及副产的 CO_2	加剧温室效应，加剧全球气候变暖
安全问题	泄漏的沼气在通风不畅时积累达到爆炸极限	导致火灾、爆炸等事故

续表

环境问题	形成原因	危　害
水体污染	大量沼液直接排放	（1）污染地表水； （2）在渗流作用下污染地下水
土壤污染	大量沼渣直接外排堆放，有害成分进入土壤	改变土壤的结构与成分

（1）温室效应

生物质生物气化制沼气过程的沼气处理单元和辅助单元在操作不当时会发生沼气的泄漏。沼气的主要成分甲烷是一种温室效应非常明显的温室气体，泄漏进入大气会加剧温室效应，进而加快全球气候变暖的进程，而且这种影响作用具有累积效应，即影响随着年限的增加而增加。

另外，生物质生物气化制沼气的过程在生产沼气的同时也会副产大量的 CO_2，CO_2 也是一种温室气体，其大量排放也会加剧全球气候变暖。

（2）安全问题

如前所述，生物质生物气化制沼气过程的沼气处理单元和辅助单元在操作不当时会发生沼气的泄漏，如果泄漏量较大，而且通风不畅，就会使泄漏的沼气在局部地区积累，当浓度达到其爆炸极限时，就会导致火灾、爆炸等事故，从而对环境造成影响。

（3）水体污染

生物质生物气化制沼气过程会产生大量的沼液，沼液成分复杂，属高浓度难降解有机废液，直接排放会对受纳水体造成严重的污染，而且这种污染会通过渗流作用进一步污染地下水，从而导致严重的水体污染事故。

（4）土壤污染

除沼液外，生物质生物气化制沼气过程还会产生大量的沼渣。与沼液相比，沼渣的成分更为复杂，直接外排堆放，沼液中所含的有害物质会渗流进入土壤，从而造成土壤污染。

7.10　生物质能开发利用过程中环境问题的对策

由上节可知，虽然生物质能是一种清洁能源，但从全生命周期来看，其开发利用过程中也存在较为严重的环境问题，因此必须针对各环境问题的产生原因，采取相应的控制对策。

7.10.1　生物质能源植物种植过程中环境问题的对策

由表 7-9 可知，生物质能源植物种植过程中产生的环境问题包括生物入侵与生物多样性破坏、草原功能破坏、水资源影响及生态平衡破坏，主要是由人类片面追求生物质能源植物高产而不科学地种植所致。因此，从发展生物质能源和保护环境的角度出发，应科学合理地种植生物质能源植物。

具体讲，针对生物质能源植物种植过程中产生的环境问题，可采取如下的对策。

（1）生物入侵与生物多样性破坏的对策

由前述可知，导致生物入侵的原因是为了增加生物质能源植物的单产而盲目引进外来物种而造成的。导致生物多样性破坏的原因是大面积种植、大规模单作，土壤耕翻，无节制地施用杀虫剂、除草剂等使部分物种灭亡。因此，可采取如下措施应对。

1）加强生物安全评估，保护区域生态安全

外来入侵物种已成为全球威胁生态系统安全和生物多样性的主要因素之一。目前，国际上还很少有成功控制外来入侵物种的案例，因此，在引种外来生物质能源植物前，必须开展生态影响评估，并建立生物安全监测与监督体系，以确保生物质能源植物种植的经济效益与生态安全双赢机制。

2）制定可持续发展的生物质能源生产管理规范

政府或者相关组织应通过制定和执行一些标准与措施，规范生物质能源植物的种植与管理，从而限制在富碳或者生物多样性区域种植生物质能源植物，以减少对生物多样性的影响。如欧盟委员会制定了用于新能源来源的规范标准（EU-RES-D），对生物质能源的原料来源进行了严格的规范，即欧盟区域内种植的生物质能源植物应以可持续农业生产为主，减少对农田耕地及其周边林草地的破坏；禁止毁林种植生物质能源植物，以最大限度减少对生物多样性的影响。瑞士设定了严格的标准，所有来源于油棕、谷物以及大豆的生物质能源全部被禁止，而且所有其他的生物质能源仅仅在通过科学评估后才可以使用。

3）合理规划，避免在生物多样性脆弱区种植生物质能源植物

在全球尺度上，自然保护专家用不同方法识别了生物多样性保护的重要区域，例如国际保护生物多样性热点区或者 WWF（世界自然基金会）的 200 个全球生态区域，但这些区域往往在生产生物质能源的决策时被忽略。在国家层面也识别了重要生物多样性（尤其是分布有濒危和本地物种的）地点，还包括一些没有法定保护的地点，如中国确定了 35 个生物多样性保护优先区并建立了占国土面积约 15% 的自然保护区网络。通过合理规划，可以避免生物质能源植物种植对生物多样性、生态系统及高保护价值区的负面影响。

4）积极开发新技术，提高生物质原料的利用效率

积极开发新技术，提高生物质原料的利用效率，相当于减少生物质能源植物的种植面积，从而可有效应对由于大规模种植生物质能源植物而引起的生物入侵和生物多样性破坏。

目前的生物质能源主要通过分解提炼植物中的糖类（或淀粉类）、油脂和木质纤维素得到乙醇类和生物柴油类燃料，现在越来越多地关注应用先进技术分解植物木质纤维素成糖类，再提炼成乙醇燃料或者生物柴油。木质纤维素主要来源于木本植物和多年生草本植物，如森林和农业废弃物都可通过先进技术被转化为生物质能源，从而减少大面积毁林垦荒对原生态环境的破坏，达到既提高生物质能源植物产量，又能保护当地生物多样性的目标。如利用农业废弃土地或退化的农业用地种植多样化的 C3、C4 多年生草本植物作为生物质能源原料，与单一种植玉米或大豆相比，不但可以减少水资源消耗和农业面源污染，而且可明显增加单位面积土地的生物量（10 年生物量增加 238%），提高土壤与植物根系的固碳功能，减少碳释放，同时逐渐恢复自然或半自然生境，增加生物多样性，经济效益和环境效益均远大于单一化的农业耕种模式。

这些技术及其配套的种植方式比其他传统生物质能源植物种植方式能产生更多的能源，并能更有效地保护生物多样性，但在大尺度上采用时仍需要进一步研究。

（2）草原功能破坏的对策

草原功能破坏的原因是在草原地区种植了生物质能源植物，而生物质能源植物虽然可实现草原的部分功能，但其与草原植物的生存方式不同，在草原食物链上所处的环节也不同。因此要防止生物质能源植物对草原功能的破坏，应禁止在草原上种植任何种类的生物质能源植物。

通过科学的管理，利用农业废弃土地种植生物质能源植物，不但可以增加生物量，而且

可以改善生物生境，增加生物多样性。

（3）水资源影响的对策

从保护水资源、维持草原生态和草原永续利用的角度，应禁止在草原上集约化、规模化种植一年生生物质能源植物，利用这类地区的荒草地也应立足于种植包括多年生草本和灌木在内的旱生植物。

（4）生态环境保护

为解决"食物、能源、环境"三者之间的矛盾，生物质能源植物的种植应采用以下几种模式：

1）利用农业废弃土地

利用农业废弃土地种植多年生生物质能源草本植物，既可以最大限度减少与粮争地的矛盾，又可减少因收获地表生物质而造成碳释放与生物多样性丧失的风险，而且，通过科学的轮作和多种生物质能源植物的随机混合套种等措施，不但可以有效增加生物的栖息地，提高生物多样性，而且能改善系统的组成与结构，提高生态系统服务功能，如减少水土流失、改善地表水环境、提升土壤环境质量、提高土壤生物量、增加土壤碳汇功能等。

2）有效利用农作物废弃物

全球每年产生大量的农作物秸秆、枯叶等废弃物，这些废弃物中含有丰富的 C、N、P 等营养元素，除保留适当数量的秸秆返回追肥外，提高这些农作物废弃物原料的能源转化率是可持续发展生物质能源的一条最重要途径。

3）科学利用灌丛和森林废弃物

不同类型的灌丛和森林每年也产生大量的枯枝落叶，科学利用这些枯枝落叶转化成生物质能源，不但可提高林木能源的转化率，而且可减少森林火灾的危险系数。

4）生物质能源植物与农作物混合种植

采用一种生物质能源植物与一种农作物间种或多种生物质能源植物与多种农作物混合种植的体系，不但能减少生物质能源植物与粮食之间争地的矛盾，而且能优化农田生态环境，增加野生生物栖息地，提高生物多样性。

综上所述，对于生物质能源植物种植过程中的环境问题，可采取表 7-23 所示的对策。

表 7-23　生物质能源植物种植过程中环境问题的形成原因及对策

环境问题	形成原因	对　　策
生物入侵与生物多样性破坏	（1）大面积种植直接或间接侵占了大片自然或半自然生态系统； （2）大规模单作，土壤耕翻，无节制地施用杀虫剂、除草剂等	（1）加强生物安全评估，保证区域生态安全； （2）制定生产管理规范； （3）合理规划，禁止在生物多样性脆弱地区种植； （4）提高生物质原料的利用效率
草原功能破坏	草原种植了生物质能源植物	草原上禁止种植任何生物质能源植物
水资源影响	规模化种植大量耗水的生物质能源植物	（1）禁止在草原上集约化、规模化种植一年生生物质能源植物； （2）荒草地种植包括多年生草本和灌木在内的旱生植物
生态环境影响	（1）生物质能源植物播种、收获等环节造成土地扰动； （2）生物质能源植物与粮争地	（1）利用农业废弃地； （2）有效利用农作物废弃物； （3）可持续利用灌丛和森林废弃物； （4）生物质能源植物与农作物混合种植

7.10.2　生物质原料预处理过程中环境问题的对策

针对生物质原料各种预处理过程中环境问题产生的原因，可分别采取相应的控制对策。

7.10.2.1　生物质原料收集过程中环境问题的对策

表 7-10 所示生物质原料收集过程中各环境问题产生的原因，究根结底是农民缺乏认真收集生物质原料的积极性，因此，可采取措施激发农民的积极性，使农民能认真对待生物质原料收集。

① 从经济角度出发，可提高生物质原料的收购价格，以补偿农民在生物质原料收集过程中所付的人力、物力，激发其积极性与自觉性。

② 从政策角度出发，制定相应的政策，禁止焚烧生物质原料，也禁止将生物质原料弃入河流、沟渠，从源头上消除因生物质原料焚烧而导致的大气污染和弃入河流沟渠而导致的内涝与地表水污染。

③ 在有条件的地区采取机械化收割与收集一体的模式，尽量减轻农民收集生物质原料的劳动强度。

④ 为避免生物质原料在堆放过程自燃的发生，最好是采用空心垛的堆放方式，以保证堆垛的良好通风。另外，每逢雨雪天气，必须对堆垛进行覆盖保护，以免雨水漏入堆垛。

7.10.2.2　生物质原料运输过程中环境问题的对策

为了减轻生物质原料运输过程中运输车辆燃油排放和压缩机械耗电排放对环境的影响，可分别采取如下措施。

（1）运输车辆燃油排放的控制

对于生物质原料运输过程中运输车辆燃油排放对大气环境的污染，其实，在广袤的农村地区（生物质原料的收集与运输主要发生在农村或城郊结合部），这一污染相对于农村大气的自净能力几乎可以忽略不计。但为了从根本上减轻运输车辆燃油排放对大气的污染，可采取如下措施：

① 收集时将生物质原料尽量集中，以减少运输车辆空驶的里程；

② 采用高品质的燃油，减少其燃烧过程中废气的排放量。

（2）压缩机械耗电排放的控制

为了减少压缩机械的耗电排放，在实行峰谷电价的地区，可进行错峰用电。

7.10.2.3　生物质原料破碎过程中环境问题的对策

由表 7-11 可知，生物质原料破碎过程中的环境问题主要是由扬尘、柴油机排放和耗电排放引起的大气污染，可针对其形成的原因，分别采取相应的控制措施。

（1）扬尘污染控制

生物质原料破碎过程中产生扬尘污染的原因是生物质原料所夹带的泥土。可采取如下的控制对策：

① 在破碎前对生物质原料进行筛选，去除其所夹带的泥土，从源头上减少扬尘；

② 采取湿法破碎，即在破碎前对生物质原料喷水，增加生物质原料表面的润湿性，使泥土等杂质黏附在生物质原料上，从而避免扬尘。但采用湿法破碎会增加破碎后生物质原料

的含水率，从而增大后续干燥工段的负荷。

（2）柴油机排放控制

在采用柴油机进行生物质原料破碎时，为了控制柴油机的排放，可采用高品质的柴油，减少柴油燃烧过程中尾气的产生量；根据所破碎生物质原料的特性选用适当功率的柴油机，避免"小马拉大车"时产生的大量排烟。

（3）耗电排放的控制

为了减少破碎机械的耗电排放，在实行峰谷电价的地区，可进行错峰用电。

综上所述，对于生物质原料破碎过程中环境问题可采取表 7-24 所示的相应对策。

表 7-24　生物质原料破碎过程中环境问题的形成原因及对策

环境问题	形成原因	对　策
大气污染	生物质原料破碎过程中产生的扬尘	（1）对生物质原料进行筛选，去除夹带的泥土； （2）采用湿法破碎
	破碎机械运行过程中排放的废气	（1）采用高品质的柴油； （2）选用适当功率的柴油机
	破碎机械的耗电排放	错峰运行

7.10.2.4　生物质原料干燥过程中环境问题的对策

由表 7-12 可知，生物质原料干燥过程中产生的环境问题主要是大气污染，包括扬尘污染和有害气体污染，可针对各污染问题产生的原因采取应对措施。

（1）扬尘污染控制

为控制干燥过程中的扬尘污染，首先可在干燥过程进行前对原料进行筛选，尽量清除其所夹带的泥土。对于初始湿度较大、泥土含量较多的生物质原料，可采用振动筛加水冲洗的方式去除其所含的泥土等杂质。另外，应对干燥设备排出的尾气进行过滤或水洗处理，将其中所含的小颗粒粉尘进行捕集，以减少向大气的排放量。

（2）有害气体污染控制

生物质原料干燥过程中的有害气体主要来自热风炉燃烧燃料，为了减少有害气体的产生量，应尽量采取燃用清洁燃料的热风炉，如将燃煤、燃油热风炉改为燃气热风炉，甚至直接燃用生物质原料。如果受条件限制，无法改用燃气热风炉和燃生物质原料，则应对燃烧尾气进行合理处理，以减轻有害气体对大气的污染。

综上所述，生物质原料干燥过程中环境问题的形成原因及对策如表 7-25 所示。

表 7-25　生物质原料干燥过程中环境问题的形成原因及对策

环境问题	形成原因	对　策
大气污染	生物质原料所夹杂的泥土等杂质在干燥过程中随尾气排出	（1）对原料进行筛选，减少其杂质含量； （2）对干燥尾气进行过滤或水洗处理，捕集小粉尘
	热风炉燃料燃烧过程排出的有害气体	（1）热风炉采用清洁燃料，如天然气或生物质； （2）对燃烧尾气进行处理

7.10.2.5　生物质成型加工过程中环境问题的对策

由表 7-13 可知，生物质成型加工过程产生的环境问题主要是大气污染和噪声污染，针对各环境问题产生的原因，可采取如下的应对措施。

（1）大气污染控制

对于生物质成型加工过程中产生的扬尘污染、废气污染和尾气污染，可采取如下应对措施。

1）扬尘污染控制

为控制成型加工过程中的扬尘污染，首先可在成型加工前对原料进行筛选，尽量清除其所夹带的泥土。

2）废气污染控制

生物质成型加工过程中的有害气体主要来自压缩机械的燃油排放，为了减少燃油燃烧时有害气体的产生量，应尽量采用高品质的燃油，同时根据待处理生物质原料的特性选用合适型式与功率的压缩机械，避免"小马拉大车"现象的发生。

3）尾气污染控制

对于需采用热压法进行的生物质成型加工过程，为了减少有害气体的产生量，应尽量选用燃用清洁燃料的热风炉，如将燃煤、燃油热风炉改为燃气热风炉，甚至直接燃用生物质原料。如果受条件限制，无法改用燃气热风炉和燃生物质原料，则应对燃烧尾气进行合理处理，以减轻有害气体对大气的污染。

（2）噪声污染控制

生物质成型加工过程中的噪声污染主要是压缩机械运行过程产生，因此，可根据噪声产生的根源，分别采取隔噪、降噪等措施，尽量减小噪声对环境和操作人员的影响。

生物质成型加工过程中环境问题的形成原因及对策如表 7-26 所示。

表 7-26 生物质成型加工过程中环境问题的形成原因及对策

环境问题	形成原因	对　　策
大气污染	生物质原料夹杂的泥土等杂质造成的扬尘污染	对原料进行筛选，减少其杂质含量
	压缩机械运行过程产生的燃油尾气	（1）采用高品质的柴油； （2）选用适当功率的柴油机
	加热过程中燃料燃烧产生的尾气	（1）热风炉采用清洁燃料，如天然气或生物质； （2）对燃烧尾气进行处理
噪声污染	压缩机械运行过程中产生的噪声	采取隔噪、减噪措施

7.10.3 生物质燃烧过程中环境问题的对策

由表 7-14 可知，生物质燃烧过程会产生 NO_x、SO_2、颗粒物、酸性气体（HCl）、多环芳烃、二噁英等污染物，从而造成严重的大气污染。针对各污染物产生的原因，可分别采取如下的控制措施。

（1）NO_x 的控制

生物质燃烧过程中 NO_x 的排放量主要与生物质燃料中 N 的含量有关。虽然生物质燃料燃烧排放的 NO_x 远低于燃煤，但仍可通过燃料分级、低氧燃烧、空气分级和烟气再循环等方法进一步削减 NO_x 的产生，将其对环境的影响降到最低。

（2）SO_2 的控制

绝大多数生物质燃料中的硫含量都很低，所以燃烧后排放的 SO_2 浓度也比较低，在富氧等合适的燃烧条件下，某些生物质燃料燃烧的烟道气中甚至检测不到 SO_2。

（3）颗粒物的控制

虽然生物质燃料燃烧产生的颗粒物低于煤，但也必须采取有效措施进行控制。Base 和 Glosfume 研究出一种先进的陶瓷过滤技术，烟气通过内联风机过滤器时，颗粒物被截留，过滤后的清洁气体通过陶瓷管排出，$PM_{2.5}$ 和 PM10 的去除率高达 96%。

（4）CO 的控制

生物质燃烧器正常运行时的 CO 排放量非常低，仅在启动、预运行及停止阶段，由于进气量小、温度低等原因使得 CO 浓度较高。因此，保证充分燃烧及较强供氧能力基本就可将 CO 排放量维持在正常水平。

（5）氯化物的控制

降低燃烧温度、缩短燃烧时间、减弱氧化性气氛、增加颗粒直径等措施均可抑制 HCl 分解和析出。此外，在生物质燃料中加入一定量的 CaO 也可以减轻氯的逸出。

（6）二噁英的控制

二噁英是一种有毒有害物质，具有强致癌作用，因此在生物质燃料燃烧时有必要考虑二噁英排放问题。通常采取将燃烧后烟气温度迅速降至 200℃ 以下等措施控制二噁英在烟道中再合成。

（7）多环芳烃类污染物的控制

虽然生物质燃烧后总 PAHs 排放量远低于煤（$0 \sim 250\mu g/g$），但仍不可忽视。除生物质自身性质外，优化燃烧条件、提高燃烧效率、改进燃烧设备等方法均可有效减少 PAHs 的产生量。此外，在生物质燃料中添加硫酸铵溶液或者直接加入元素硫也会显著降低 PAHs 的排放浓度。

综上所述，生物质燃烧过程中环境问题的形成原因及对策如表 7-27 所示。

表 7-27　生物质燃烧过程中环境问题的形成原因及对策

环境问题	形成原因	对　策
大气污染	生物质中所含的氮与空气中的氮在高温下氧化形成	通过燃料分级、低氧燃烧、空气分级和烟气再循环等方法
	生物质中所含的硫与空气中的氧发生反应而生成	生物质自身的含硫量较低，基本不必控制
	生物质燃烧过程中产生的固体小颗粒	对排放尾气进行过滤等处理
	生物质燃烧器启动、预运行和停止阶段发生不完全燃烧	保证充分燃烧及较强供氧能力
	生物质中所含的氯氧化而成	降低燃烧温度、缩短燃烧时间、减弱氧化性气氛、增加颗粒直径
	原料在高温条件下释放的二噁英及燃烧过程中合成的二噁英	将燃烧后烟气迅速降温
	生物质中部分有机物不完全燃烧而产生的多环芳烃	优化燃烧条件、提高燃烧效率、改进燃烧设备

7.10.4　生物质热化学液化过程中环境问题的对策

生物质热化学液化是以低品位的固体生物质为原料制备高品位的液体燃料或化学品，是生物质能高效利用的主要方式之一。按照机理，生物质热化学液化技术分热解液化和水热液化。无论哪种技术，其生产过程中均会对环境产生一定的影响。

7.10.4.1　生物质热解液化过程中环境问题的对策

由表 7-15 可知，生物质热解液化过程会造成严重的大气污染、土壤污染和水体污染等环境问题。为控制其造成的环境污染，可针对各环境问题产生的原因，采取相应的对策。

（1）大气污染控制

生物质原料在热解液化过程中排放的尾气中含有氮氧化物、硫氧化物、一氧化碳、固体小颗粒、氯氧化物、二噁英和多环芳烃类等有害物质，直接排入大气会造成严重的大气污染。为减轻对大气的污染，应在尾气排入大气前进行适当的处理，尽量减少有害物质的含量。

常用的处理方法是将排放的尾气进行焚烧处理，使其中的有机组分在高温条件下氧化分解；然后再采用水洗等方法进一步去除有害组分。

（2）土壤污染控制

生物质热解液化过程中土壤污染的形成原因是露天堆放的半焦和灰渣在雨水的冲淋作用下有害杂质进入土壤。因此，为控制土壤污染，产生的半焦和灰渣不能随意堆放，必须堆放在指定地点，堆放点的地面应进行防渗处理，防止有害杂质进入土壤。同时，尽量堆放在室内，当不具备条件而堆放在室外时，应在堆上覆盖篷布等，杜绝雨水的冲淋。

实质上，半焦可用作固体燃料、土壤改良剂、肥料缓释增效的载体以及高性能活性炭等；灰渣富含钾、硅、镁、铁等作物所需元素，可用于肥料。因此，最好的土壤污染控制方法是实现半焦与灰渣的资源化利用，减少其堆放占用的土地，从源头上消除其堆放过程中的污染。

（3）水体污染控制

生物质热解液化过程中造成水体污染的原因是露天堆放的半焦与灰渣被雨水冲淋及生产过程产生的木醋液直接排放。对于由半焦和灰渣被雨水冲淋而导致的水体污染，可采取和土壤污染控制相同的手段进行控制。对于热解过程中产生的木醋液，从功用角度看，是一种很好的化工原料，可用于制取化学品，因此可对其实现资源化利用。如果受技术条件和经济性限制，无法实现资源化利用的，应将其收集后集中进行处理。

生物质热解液化过程中环境问题的形成原因及对策如表 7-28 所示。

表 7-28　生物质热解液化过程中环境问题的形成原因及对策

环境问题	形成原因	对　　策
大气污染	生物质原料中所含的氮在高温下形成的氮氧化物	（1）对排放的尾气先进行焚烧处理，减少有害组分的含量； （2）再采用水洗等方法进行净化
	生物质原料中所含的硫在高温条件下生成的硫氧化物	
	生物质原料中所含的碳经不完全氧化而生成的一氧化碳	
	生物质热解过程中产生的固体小颗粒	
	生物质中所含的氯氧化而生成酸性气体	
	生物质原料在高温条件下释放的二噁英	
	生物质中部分有机物不完全氧化而产生的多环芳烃	
土壤污染	露天堆放的半焦和灰渣被雨水冲淋而导致	（1）指定堆放点，地面进行防渗处理，顶部遮盖防雨； （2）实现资源化利用

续表

环境问题	形成原因	对　策
水体污染	露天堆放的半焦和灰渣被雨水冲淋而导致	(1) 指定堆放点,地面进行防渗处理,顶部遮盖防雨; (2) 实现资源化利用
	热解后副产物木醋液直接排放	(1) 实现资源化利用; (2) 收集后集中进行处理

7.10.4.2　生物质水热液化过程中环境问题的对策

生物质水热液化是以水为媒介,以生物质为原料制备液体燃料的技术,适用于高含水生物质。生产过程中不可避免会产生大量的废水,同时还有低浓度木醋液和湿半焦,从而对环境造成影响。由表 7-16 可知,生物质水热液化过程的主要环境问题是土壤污染和水体污染,因此可根据各环境问题产生的原因,针对性地采取控制措施。

(1) 土壤污染控制

生物质水热液化过程造成土壤污染的原因是湿半焦在堆放过程中有害成分进入土壤。因此,应将产生的湿半焦堆放在指定地点,堆放点的地面应进行防渗处理,防止有害杂质进入土壤。

实质上,半焦可用作固体燃料、土壤改良剂、肥料缓释增效的载体以及高性能活性炭等,最好的土壤污染控制方法是实现湿半焦的资源化利用,减少其堆放占用的土地,杜绝因渗滤而产生的土壤污染。但由于生物质水热液化过程产生的湿半焦中含有生物质原料本身夹带的泥土等杂质,使其利用难度加大,因此应进一步开发适合水热液化湿半焦的资源化利用技术。

(2) 水体污染控制

生物质水热液化过程会产生大量的废水和低浓度木醋液,直接排放会对受纳水体造成严重的污染。

为了减缓生物质水热液化对环境的影响,必须针对废水的特征组分,采取相应的处理技术,对其进行处理后达标排放或回用,具体处理方法可参考相关书籍(《物理法水处理过程与设备》《化学法水处理过程与设备》《生物法水处理过程与设备》)。对于低浓度木醋液,应开发低浓度高效清洁综合利用技术,提高其附加值。如果受技术和经济条件限制,无法实现资源化利用,应对其进行无害化处理。今后,应积极开发全过程无水相变的生物质连续水热液化工艺和设备,消除废水的产生。

综上所述,生物质水热液化过程中环境问题的形成原因及对策如表 7-29 所示。

表 7-29　生物质水热液化过程中环境问题的形成原因及对策

环境问题	形成原因	对　策
土壤污染	热解后的湿半焦堆放过程中形成	(1) 定点堆放; (2) 堆放点进行地面防渗处理;开发资源化利用技术
水体污染	生产废水直接排放	针对废水的特征组分采取相应的技术处理后达标排放或回用
	低浓度木醋液直接排放	开发高效清洁综合利用技术

7.10.5　生物质热化学气化过程中环境问题的对策

生物质热化学气化是以生物质为原料,通过热化学转化方法制备气体燃料。目前常用

的生物质热化学气化制气体燃料技术分气化剂气化（一般简称气化）和水热气化。

7.10.5.1　生物质气化过程中环境问题的对策

由表 7-17 可知，生物质气化过程中产生的环境问题主要是大气污染、土壤污染和水体污染，针对各环境问题产生的原因，可分别采取相应的手段进行控制。

（1）大气污染控制

由于生物质气化气中含有由生物质原料本身迁移而来的有害物质，在后续的燃烧过程中会产生大量的污染气体，从而对大气造成污染。为控制大气污染，需对气化气进行净化处理。常采用的净化处理为水洗，即采用碱性溶液将气化气中所含的酸性气体（氮氧化物、硫氧化物、氯化物等）和固体颗粒（包括所吸附的金属）进行去除。

（2）土壤污染控制

生物质气化过程导致土壤污染的主要原因是产生的半焦和灰渣在堆放过程中被雨水冲淋而使有害杂质进入土壤。因此，为控制土壤污染，产生的半焦和灰渣不能随意堆放，必须堆放在指定地点，堆放点的地面应进行防渗处理，防止有害杂质进入土壤。同时，尽量堆放在室内，当不具备条件而堆放在室外时，应在灰渣堆上覆盖篷布等，杜绝雨水的冲淋。

实质上，半焦可用作固体燃料、土壤改良剂、肥料缓释增效的载体以及高性能活性炭等；灰渣富含钾、硅、镁、铁等作物所需元素，可用于肥料。因此，最好的土壤污染控制方法是实现半焦、灰渣的资源化利用，从源头上消除其堆放过程中的污染。

（3）水体污染控制

生物质气化过程中造成水体污染的原因主要是两个方面：一是露天堆放的半焦和灰渣在雨水冲淋下渗流出的废水；二是气化气水洗后产生的含焦油废水。因此可从以下两方面入手控制水体污染。

1）露天堆放的半焦和灰渣导致的水体污染控制

对于由露天堆放的半焦和灰渣在雨水冲淋下导致的水体污染，可采用与土壤污染控制相同的手段。

2）水洗废水导致的水体污染控制

为了控制水洗废水对水体的污染，应对水洗废水进行无害化处理，使其达标排放或根据工艺过程对水质的要求进行处理后回用。具体处理方法可参考相关书籍（《物理法水处理过程与设备》《化学法水处理过程与设备》《生物法水处理过程与设备》）。

工程实际中，为了消除焦油对后续设备和管道的影响，并减少或避免水洗废水的产生，对于生物质气化过程中产生的焦油，可分别采用物理净化方法和化学转化方法对其进行处理。物理净化方法是将已经生成的气化气焦油从气相向冷凝相进行转移、脱离，进而达到与气化气分离、减少气化气中焦油含量的目的，包括旋风分离、湿式净化和干式净化等方法。化学转化法是气化过程中在高温和加入催化剂等工艺条件下，使气化气中的焦油再次发生物质转化化学反应，达到减少气化气中焦油的目的，包括化学高温热解转化和化学催化裂解转化。

焦油物理净化方法由于具有简单、操作方便等优点，在气化技术发展初期得以应用。在焦油化学转化方面，由于气化气焦油的产生受生物质原料（种类、大小和湿度等）、气化条件（加热速率、温度、压力和停留时间等）、气化反应器（类型、结构和运营状况等）以及催化剂（种类、添加量和添加方式等）等综合因素影响，国内一些科研工作者经过大量的理论与

 能源环境工程

实验探索，得出科学结论：提高气化温度、增加停留时间、采取合适的空气当量系数以及增加反应器的高度等措施均有利于焦油化学转化；石灰石、镍基催化剂、木炭是有效的催化剂，减小催化剂粒径有助于焦油裂解转化。

综上所述，生物质气化过程中环境问题的形成原因及对策如表 7-30 所示。

表 7-30　生物质气化过程中环境问题的形成原因及对策

环境问题	形成原因	对　　策
大气污染	生物质中所含的氮在高温下形成的氮氧化物	对气化气进行水洗处理，以消除其中的酸性污染气体和固体颗粒物
	生物质中所含的硫在高温条件下生成的硫氧化物	
	生物质气化过程中产生的固体小颗粒	
	生物质中所含的氯氧化而成酸性气体	
	原料在高温条件下释放的二噁英	
	生物质中部分有机物不完全燃烧而产生的多环芳烃	
土壤污染	露天堆放的半焦和灰渣被雨水冲淋而导致	（1）指定堆放点，地面进行防渗处理，顶部遮盖防雨； （2）实现资源化利用
水体污染	露天堆放的半焦和灰渣被雨水冲淋而导致	（1）指定堆放点，地面进行防渗处理，顶部遮盖防雨； （2）实现资源化利用
	含焦油水洗废水直接排放	（1）对水洗废水进行无害化处理，实现达标排放或回用； （2）用物理净化法和化学转化法进行焦油净化，减少水洗废水的产生量

7.10.5.2　生物质水热气化过程中环境问题的对策

由表 7-18 可知，生物质水热气化过程产生的环境问题主要是由生产过程产生湿半焦和废水导致的土壤污染和水体污染，因此，可根据各环境问题的产生原因，采取相应的对策。

（1）土壤污染控制

生物质水热气化过程中，除大分子的有机物被分解形成气化气外，还会产生的半焦，这些半焦与水混合形成湿半焦。为控制土壤污染，产生的半焦不能随意堆放，必须堆放在指定地点，堆放点的地面应进行防渗处理，防止有害杂质进入土壤。

（2）水体污染控制

生物质原料经水热气化后，其中的有害杂质大多迁移至水中，从而产生废水，直接排放将对地表水和地下水造成严重污染。

为了减缓生物质水热气化过程对水体的污染，必须针对废水的特征组分，采取相应的处理技术，对其进行处理后达标排放或回用。具体处理方法可参考相关书籍（《物理法水处理过程与设备》《化学法水处理过程与设备》《生物法水处理过程与设备》）。此外，还应积极开发全过程无水相变的生物质连续水热气化工艺和设备，消除废水的产生。

生物质水热气化过程中环境问题的形成原因及对策如表 7-31 所示。

表 7-31 生物质水热气化过程中环境问题的形成原因及对策

环境问题	形成原因	对　策
土壤污染	热解后的湿半焦堆放过程中形成	（1）指定堆放点，地面进行防渗处理，顶部遮盖防雨； （2）实现资源化利用
水体污染	生产废水直接排放	对废水进行无害化处理，实现达标排放或回用

7.10.6 生物质热化学炭化过程中环境问题的对策

生物质热化学炭化，是以生物质为原料，通过热化学转化技术制备固体燃料（主要是生物炭）的过程。目前应用的生物质热化学炭化技术主要分两种：生物质热解炭化和生物质水热炭化。

7.10.6.1 生物质热解炭化过程中环境问题的对策

生物质热解炭化是在一定的温度条件下，将满足含水率要求的生物质原料进行热解，通过控制其操作条件（最主要是加热温度及升温速率），尽量提高固体产物产率的过程。由表 7-19 可知，生物质热解炭化过程的主要环境问题是大气污染、土壤污染和水体污染，可针对各环境问题的产生原因，针对性地采取相应的控制措施。

（1）大气污染控制

生物质热解炭化过程导致大气污染的主要原因是生物质原料中所含的有害杂质迁移至气体中而产生的，因此，要控制大气污染，需对气体进行净化处理。常采用的净化处理为水洗，即采用碱性溶液将气化气中所含的酸性气体（氮氧化物、硫氧化物、氯化物等）和固体颗粒（包括所吸附的金属）进行去除。

（2）土壤污染控制

生物质热解炭化过程中，由大分子有机物被分解形成的固体燃料具有较强的吸附能力，会将生物质原料本身所夹带的低熔点金属（以可溶性的金属盐存在）和有害气体成分吸附，如果随意堆放，势必占用大量的土地资源，同时在雨水的冲淋作用下，所含的有害物质渗流进入土壤，从而造成土壤污染。

为控制土壤污染，产生的固体燃料不能随意堆放，必须堆放在指定地点，堆放点的地面应进行防渗处理，防止有害杂质进入土壤。

（3）水体污染

生物质热解炭化过程中造成水体污染的原因是露天堆放的产物炭在雨水的冲淋下，其中的有害物质进入水体，对地表水和地下水造成严重污染。为控制由此而产生的水体污染，生产的固体燃料应尽量堆放在室内，如果不具备条件而堆放在室外，应在堆上覆盖篷布等，杜绝雨水的冲淋。

综上所述，生物质热解炭化过程中环境问题的形成原因及对策如表 7-32 所示。

表 7-32 生物质热解炭化过程中环境问题的形成原因及对策

环境问题	形成原因	对　策
大气污染	生物质中所含的氮在高温下形成的氮氧化物	对气体进行水洗处理，以消除其中的酸性污染气体和固体颗粒物
	生物质中所含的硫在高温条件下生成的硫氧化物	
	生物质中所含的碳经不完全氧化而生成的一氧化碳	

续表

环境问题	形成原因	对　　策
大气污染	生物质热解过程中产生的固体小颗粒	对气体进行水洗处理,以消除其中的酸性污染气体和固体颗粒物
	生物质中所含的氮氧化而成酸性气体	
	原料在高温条件下释放的二噁英	
	生物质中部分有机物不完全氧化而产生的多环芳烃	
土壤污染	固体燃料中的有害成分在堆放过程中渗入土壤	指定堆放点,地面进行防渗处理
水体污染	固体燃料在堆放过程中被雨水冲淋而导致	(1)室内堆放; (2)如堆放在室外,顶部遮盖防雨

7.10.6.2　生物质水热炭化过程中环境问题的对策

由表 7-20 可知,生物质水热炭化过程中产生的环境问题主要是由湿燃料堆放产生的土壤污染和废水与低浓度木醋液直接排放产生的水体污染,针对各环境问题的形成原因,可分别采取相应的对策。

(1)土壤污染控制

在水热炭化过程中,制得的固体燃料与水混合形成湿燃料,并含有由生物质原料所带入的泥土及由生物质原料中迁移而来的有害元素,如果随意堆放,其中所含的有害物质就会经沥滤而进入土壤,从而造成土壤污染。

为控制土壤污染,产生的湿燃料不能随意堆放,必须堆放在指定地点,堆放点的地面应进行防渗处理,防止有害杂质进入土壤。

(2)水体污染控制

生物质原料水热炭化过程会产生大量的废水,其中含有由生物质原料自身迁移而来的有害元素,直接排放就会引起地表水体污染和地下水污染。

为了减缓生物质水热炭化对环境的影响,必须针对废水的特征组分,采取相应的处理技术,对其进行处理后达标排放或回用。具体处理方法可参考相关书籍(《物理法水处理过程与设备》《化学法水处理过程与设备》《生物法水处理过程与设备》)。此外,还应积极开发全过程无水相变的生物质连续水热炭化工艺和设备,消除废水的产生。

另外,对于生物质水热炭化过程中产生的低浓度木醋液,应大力开发其资源化利用技术。如果受技术和经济性限制,无法实现其资源化,则需对其进行无害化处理后再排放,以避免对受纳水体的污染。

生物质水热炭化过程中环境问题的形成原因及对策如表 7-33 所示。

表 7-33　生物质水热炭化过程中环境问题的形成原因及对策

环境问题	形成原因	对　　策
土壤污染	热解后的湿燃料堆放过程中形成	指定堆放点,地面进行防渗处理
水体污染	低浓度木醋液直接排放	(1)开发资源化利用技术; (2)如无法利用,则进行无害化处理
	生产废水直接排放	对废水进行无害化处理,实现达标排放或回用

7.10.7　生物质生物转化过程中环境问题的对策

生物质生物转化技术是指在酶或微生物的作用下,将生物质原料转化生产所需的产品。

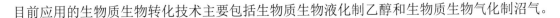

目前应用的生物质生物转化技术主要包括生物质生物液化制乙醇和生物质生物气化制沼气。

7.10.7.1 生物质生物液化制乙醇过程中环境问题的对策

生物质生物液化制燃料乙醇是实现生物质资源能源化利用的新途径，在经济性、社会性方面具有巨大的优势，有利于缓解传统化石能源危机，具有较好的应用前景，但也存在两个方面的问题：首先是生物质原料的来源问题，由于制取燃料乙醇所需的生物质量巨大，如何满足原料的供应是限制该技术发展的最大问题；其次是生产过程中产生的一系列环境问题。

（1）生物质原料来源的对策

纯粹以粮食类作物作为原料，会造成"与人争粮"的矛盾。即使是以非粮类作物为原料，但由于其需求量非常巨大，从而导致"与粮争地"的矛盾。从原料供给及经济、环境效益来看，利用含纤维素较高的农林废弃物发展纤维素乙醇技术，是比较理想的工艺路线，既可促进生物乙醇产业的发展，又可解决农林废弃物的处理问题，更能保障国家能源安全与粮食安全，具有重大的现实意义，但需提高技术水平。

（2）生产过程中环境问题的对策

由表 7-34 可知，生物质生物液化制燃料乙醇过程中的环境问题主要是水体污染、大气污染和土壤污染，针对各环境问题产生的原因，可分别采取相应的控制对策。

1）水体污染控制

生物质生物液化制燃料乙醇过程造成水体污染的原因是生产过程产生的大量有机废水，为控制水体污染，需对各生产环节产生的废水进行分类收集，并针对废水的特征污染因子，采取合适的技术对其进行达标处理后排放，或根据生产过程中用水节点对水质的要求，将其处理后回用，以尽量减轻直接排放对水体的污染。具体处理方法可参考相关书籍（《物理法水处理过程与设备》《化学法水处理过程与设备》《生物法水处理过程与设备》）。

同时，还应积极研发新技术，不断提高生物质转化效率、处理能力和目标产物的产率；开发先进的提纯分离技术，提高能量和用水效率。

2）大气污染控制

生物质生物液化制燃料乙醇生产过程造成大气污染的原因是煤炭燃烧排放的有害气体，应对煤炭燃烧后的尾气实现组织排放，并进行脱硫、脱硝等净化处理，使其达到排放标准，减轻对大气的污染程度。或者改用清洁能源提供热量，减少或完全消除煤炭的使用量。

3）土壤污染控制

生物质生物液化制燃料乙醇过程导致土壤污染的原因是生物质发酵过程中产生的发酵残渣。为减轻其对土壤的污染，应积极开发实现发酵残渣资源化利用的新技术。如果受经济性限制，无法实现资源化，则需对其进行无害化处理，消除其中造成土壤污染的有害组分。

综上所述，生物质生物液化制燃料乙醇过程中环境问题的形成原因及对策如表 7-34 所示。

表 7-34　生物质生物液化制燃料乙醇过程中环境问题的形成原因及对策

环境问题	形成原因	对　　策
水体污染	转化过程中产生的大量有机废水	（1）对有机废水进行无害化处理； （2）开发新技术，提高转化效率，减少废水产生量
大气污染	煤炭燃烧过程排放的有害气体	（1）对燃烧尾气进行组织排放和净化处理； （2）改用清洁能源
土壤污染	生物质原料自带的有害元素迁移进入发酵残渣，使其成为有机废弃物	（1）积极开发资源化利用新技术； （2）如无法资源化利用，则进行无害化处理

7.10.7.2 生物质生物气化制沼气过程中环境问题的对策

针对表 7-22 所示的生物质生物气化制沼气过程中各环境问题产生的原因，可分别采取如下对策。

（1）温室效应控制

生物质生物气化制沼气过程中温室效应的产生原因是沼气泄漏和副产的二氧化碳直接外排。为防止温室效应加剧，一方面应改进生产工艺和设备，尽量避免生产过程中沼气的泄漏。另一方面对副产的二氧化碳进行捕集再利用，杜绝其直接外排。

二氧化碳的捕集再利用一般是先采用吸收剂对产生的二氧化碳进行吸收捕集，然后再对吸收后的富液进行解吸，从而得到浓度较高的二氧化碳气体，实现其资源化利用。二氧化碳的捕集效果取决于所用吸收剂的吸收效果。因此寻找合适的二氧化碳吸收剂是减轻二氧化碳排放对环境问题影响的关键。

（2）安全问题控制

生物质生物气化制沼气过程的安全问题是由泄漏沼气的浓度达到其爆炸极限而引起的，为杜绝安全隐患，首先应采取措施提高系统和设备的可靠性，避免泄漏事故的发生；其次是保证通风，使意外泄漏的沼气能被及时吹散，不致积累达到其爆炸极限；三是生产厂区内应禁止明火和火花，操作人员禁止穿戴化纤类衣服，禁止发生铁器撞击；在生产厂区周边一定范围内禁止有高温源。

（3）水体污染控制

生物质生物气化制沼气过程导致水体污染的原因主要是产生的大量沼液直接外排而造成的。为防止水体污染，应大力开发沼液的资源化利用技术，消除沼液中的有机物排放对受纳水体的污染。如果受技术和经济性限制，无法实现资源化利用的，则需对其进行无害化处理。

（4）土壤污染控制

生物质生物气化制沼气过程导致土壤污染的原因主要是产生的大量沼渣直接外排堆放而造成的。为防止土壤污染，应大力开发沼渣的资源化利用技术。如果受技术和经济性限制，无法实现资源化利用，则需将排放的沼渣定点堆放，堆放点作地面防渗处理，防止沼渣中的有害成分渗流进入土壤。

综上所述，生物质生物气化制沼气过程中各环境问题的形成原因及对策如表 7-35 所示。

表 7-35 生物质生物气化制沼气过程中各环境问题的形成原因及对策

环境问题	形成原因	对　　策
温室效应	生产过程中泄漏的沼气及副产的 CO_2	（1）改进工艺和设备，杜绝沼气的泄漏； （2）对副产的二氧化碳进行捕集再利用
安全问题	泄漏的沼气在通风不畅时积累达到爆炸极限	（1）避免泄漏； （2）保证通风； （3）厂区禁止明火和火花； （4）厂区一定范围内禁止有高温源
水体污染	大量沼液直接排放	（1）开发沼液资源化利用技术； （2）进行无害化处理
土壤污染	大量沼渣直接外排堆放，有害成分进入土壤	（1）开发沼渣资源化利用技术； （2）进行无害化处理

参考文献

[1] 廖传华，周玲，等. 污泥稳定化与资源化的化学处理方法 [M]. 北京：中国石化出版社，2019.

[2] 廖传华，耿文华，张双伟. 燃烧技术、设备与工业应用 [M]. 北京：化学工业出版社，2018.

[3] 廖传华，周玲，朱美红. 输送技术、设备与工业应用 [M]. 北京：化学工业出版社，2018.

[4] 朱玲，周翠红. 能源环境与可持续发展 [M]. 北京：中国石化出版社，2013.

[5] 杨天华，李延吉，刘辉. 新能源概论 [M]. 北京：化学工业出版社，2013.

[6] 卢平. 能源与环境概论 [M]. 北京：中国水利水电出版社，2011.

[7] 任学勇，张扬，贺亮. 生物质材料与能源加工技术 [M]. 北京：中国水利水电出版社，2016.

[8] 袁振宏. 生物质能高效利用技术 [M]. 北京：化学工业出版社，2014.

[9] 袁振宏，吴创之，马隆龙. 生物质能利用原理与技术 [M]. 北京：化学工业出版社，2016.

[10] 骆仲泱，王树荣，王琦，等. 生物质液化原理及技术应用 [M]. 北京：化学工业出版社，2012.

[11] 陈冠益，马文超，颜蓓蓓. 生物质废物资源综合利用技术 [M]. 北京：化学工业出版社，2014.

[12] 陈冠益，马文超，钟磊. 餐厨垃圾废物资源综合利用 [M]. 北京：化学工业出版社，2018.

[13] 汪苹，宋云，冯旭东. 造纸废渣资源综合利用 [M]. 北京：化学工业出版社，2017.

[14] 周全法，程洁红，龚林林. 电子废物资源综合利用技术 [M]. 北京：化学工业出版社，2017.

[15] 尹军，张居奎，刘志生. 城镇污水资源综合利用 [M]. 北京：化学工业出版社，2018.

[16] 赵由才，牛冬杰，柴晓利. 固体废弃物处理与资源化 [M]. 北京：化学工业出版社，2006.

[17] 解强，罗克浩，赵由才. 城市固体废弃物能源化利用技术 [M]. 北京：化学工业出版社，2019.

[18] 李为民，陈乐，缪春宝，等. 废弃物的循环利用 [M]. 北京：化学工业出版社，2011.

[19] 杨春平，吕黎. 工业固体废物处理与处置 [M]. 郑州：河南科学技术出版社，2016.

[20] 孙可伟，李如燕. 废弃物复合成材技术 [M]. 北京：化学工业出版社，2005.

[21] 郭明辉，孙伟坚. 木材干燥与炭化技术 [M]. 北京：化学工业出版社，2017.

[22] 马志强，谢磊，朱永跃. 我国生物质能开发利用现状及对策建议 [J]. 生产力研究，2009（14）：106-107，118.

[23] 张百良，王吉庆，徐桂转，等. 中国生物能源利用的思考 [J]. 农业工程学报，2009，25（9）：226-231.

[24] 蒋剑春. 生物质能源应用研究现状与发展前景 [J]. 林产化学与工业，2002，22（2）：75-80.

[25] 袁振宏，罗文，吕鹏梅，等. 生物质能产业现状及发展前景 [J]. 化工进展，2009，28（10）：1687-1692.

[26] 张春风，李培，曲来叶. 中国生物质能源植物种植现状及生物多样性保护 [J]. 气候变化研究进展，2012，8（3）：220-227.

[27] 胡理乐，李俊生，罗建武，等. 生物质能源植物种植对生物多样性的影响 [J]. 生物多样性，2014，22（2）：231-241.

[28] 张宝贵，谢光辉. 干旱半干旱地区边际地种植能源作物的资源环境问题探讨 [J]. 中国农业大学学报，2014，19（2）：9-13.

[29] 王贤平，王德元，陈汉平，等. 生物质资源收集系统研究 [J]. 太阳能学报，2011，32（11）：1666-1670.

[30] 邢爱华，刘罡，王垚，等. 生物质资源收集过程成本、能耗及环境影响分析 [J]. 过程工程学报，2008，8（2）：305-313.

[31] 宋姣，杨波. 生物质颗粒燃料燃烧特性及其污染物排放情况综述 [J]. 生物质化学工程，2016，50（4）：60-64.

[32] 余有芳，尚鹏鹏，盛奎川. 生物质燃烧烟气排放特性与污染控制 [J]. 农业工程，2017，7（2）：50-54.

[33] 陈晓娟. 生物质气化中焦油的产生及处理方法 [J]. 资源节约与环保，2016（1）：46-46.

[34] 鲍振博，靳登超，刘玉乐，等. 生物质气化中焦油的产生及处理方法 [J]. 农机化研究，2011（8）：172-176.

[35] 田原宇，乔英云. 生物质液化技术面临的挑战与技术选择 [J]. 中外能源，2014，19（2）：19-24.

[36] 王维维. 十字花科植物籽的热解液化研究 [D]. 天津：天津大学，2012.

[37] 陆强. 生物质选择性热解液化的研究 [D]. 合肥：中国科学技术大学，2010.

[38] 姜伟，朱丽娜，赵仲阳，等. 生物质热解液化技术及应用前景 [J]. 粮油加工（电子版），2015（12）：91-94.

[39] 郝许峰，孙绍晖，赵科，等. 生物质快速热解液化新技术 [J]. 当代化工，2015，44（10）：2345-2348.

[40] 王静，石燕，杨宏曼，等. 木质素共溶剂热解液化动力学研究 [J]. 南京师范大学学报（工程技术版），2017，17（4）：86-92.

[41] 朱锡锋，李明. 生物质快速热解液化技术研究进展 [J]. 石油化工，2013，42（8）：833-837.

[42] 朱锡锋，朱昌朋. 生物质热解液化与美拉德反应 [J]. 燃料化学学报，2013，41（8）：911-916.

[43] 辛善志，杨海平，米铁，等. 木聚糖与果胶热解液化特性研究 [J]. 太阳能学报，2015，36（8）：1939-1946.

[44] 姜小祥，李静丹，王静，等. 生物质三组分在聚乙二醇辅助热解液化过程中的协同作用 [J]. 林产化学与工业，2017，37（6）：117-124.

[45] 薄采颖，周永红，胡立红，等. 超（亚）临界水热液化降解木质素为酚类化学品的研究进展 [J]. 高分子材料科学与工程，2014，30（11）：185-190.

[46] 邱庆庆. 海带水热液化制备小分子有机酸的研究 [D]. 哈尔滨：哈尔滨工业大学，2015.

[47] 陈宇. 低脂微藻催化水热液化及过程原位分析的研究 [D]. 北京：清华大学，2016.

[48] 曲磊，崔翔，杨海平，等. 微藻水热液化制取生物油的研究进展 [J]. 化工进展，2018，3（8）：2962-2969.

[49] 张冀翔，王东，蒋宝辉，等. 厨余垃圾水热液化制取生物燃料 [J]. 化工学报，2016，67（4）：1475-1482.

[50] 朱张兵，王猛，张源辉，等. 鸡粪发酵液培养的小球藻水热液化制备生物原油及其特性 [J]. 农业工程学报，20117，33（8）：191-196.

[51] 陈永兴，魏琦峰，任秀莲. 海藻残渣水热液化制备乙醇酸的研究 [J]. 离子交换与吸附，2017，33（2）：168-178.

[52] 郑冀鲁，孔永平. 肉质废物水热液化制备液体燃料 [J]. 化工学报，2014，65（10）：4150-4156.

[53] 方丽娜，陈宇，刘娅，等. 藻类水热液化产物生物油分离纯化及组分分析 [J]. 化工学报，2015，66（9）：3640-3648.

[54] 马其然，郭洋，王树众，等. 蓝藻水热液化制取生物油过程优化研究 [J]. 西安交通大学学报，2015，49（3）：56-61.

[55] 李润东，谢迎辉，杨天华，等. 源头改性对玉米秸秆水热液化制备生物油的研究 [J]. 太阳能学报，2016，37（11）：2741-2746.

[56] 王伟，闫秀懿，张磊，等. 木质纤维素生物质水热液化的研究进展 [J]. 化工进展，2016，35（2）：453-462.

[57] 陈裕鹏，黄艳琴，阴秀丽，等. 藻类生物质水热液化制备生物油的研究进展 [J]. 石油学报（石油加工），2014，30（4）：756-763.

[58] 王东. 高压反应釜水热液化制备生物油的实验研究 [D]. 北京：中国石油大学，2016.

[59] 许玉平. 水生植物水热液化及液化油改性提质 [D]. 焦作：河南理工大学，2016.

[60] 李可. 以水热液化法将水生植物转制生物质油品 [D]. 台北：台湾大学，2016.

[61] 尹连伟. 生物质水热液化研究 [D]. 青岛：山东科技大学，2013.

[62] 朱哲. 生物质水热液化制备生物油及其性质分析的研究 [D]. 天津：天津大学，2015.

[63] 胡见波，杜泽学，闵恩泽. 生物质水热液化机理研究进展 [J]. 石油炼制与化工，2012，43（4）：87-92.

[64] 赵楠楠. 藻类水热液化有机产物分析 [D]. 武汉：中国地质大学，2013.

[65] 方丽娜. 微藻水热液化制备生物油的过程控制及分析的研究 [D]. 石河子：石河子大学，2015.

[66] 陈裕鹏. 藻及其蛋白质模型化合物水热液化实验研究 [D]. 北京：中国科学院大学，2014.

[67] 张良. 亚临界条件下水葫芦的水热液化研究 [D]. 上海：复旦大学，2012.

[68] 伍超文. 生物质水热液化过程及动力学研究 [D]. 上海：华东理工大学，2012.

[69] 彭文才. 农作物秸秆水热液化过程及机理的研究 [D]. 上海：华东理工大学，2011.

[70] 伍超文，吴诗勇，彭文才，等. 不同气氛下的纤维素水热液化过程 [J]. 华东理工大学学报（自然科学版），2011，37（4）：430-434.

[71] 马智明. 市政湿污泥亚/超临界水热液化制生物油实验研究 [D]. 沈阳：沈阳航空航天大学，2018.

[72] 刘芳奇. 城市污泥的溶剂萃取及其残渣水热液化研究 [D]. 上海：华东理工大学，2016.

[73] 王艳. 市政污泥直接超临界热解液化实验与机理研究 [D]. 天津：天津大学，2014.

[74] 陈忠. 污泥和油菜饼粕超临界甲醇联合液化的产油率及残渣重金属的风险研究 [D]. 长沙：湖南大学，2016.

[75] 林桂柯. 微藻和污泥水热液化实验研究 [D]. 西安：西安交通大学，2017.

[76] 刘芳奇，吴诗勇，黄胜，等. 污泥的正己烷亚/超临界萃取及其产物特征 [J]. 华南理工大学学报（自然科学版），2016，42（4）：460-466.

[77] 孙衍卿，孙震，张景来. 污泥水热液化水相产物中氮元素变化规律的研究 [J]. 环境科学，2015，26（6）：2210-2215.

[78] 覃小刚. 污泥水热液化性能及其产物特性研究 [D]. 重庆：重庆大学，2015.

[79] 陈红梅. 城市污泥与油茶饼粕亚/超临界液化行为研究 [D]. 长沙：湖南大学，2015.

[80] 周磊，韩佳慧，张景来，等. 污泥直接液化制取生物质油试验研究 [J]. 可再生能源，2012，30（3）：69-72.

[81] 张竞明. 污泥燃料化方法浅析 [J]. 甘肃科技，2011，27（11）：74-75，85.

[82] 黄华军，袁兴中，曾光明，等. 污水厂污泥在亚/超临界丙酮中的液化行为 [J]. 中国环境科学，2010，30（2）：197-203.

[83] 李细晓. 城市污泥在超临界流体中的液化行为研究 [D]. 长沙：湖南大学，2009.

[84] 李桂菊，王子曦，赵茹玉. 直接热化学液化法污泥制油技术研究进展 [J]. 天津科技大学学报，2009，24（2）：74-78.

[85] 姜勇，董铁有，丁丙新. 含油污泥热化学处理技术 [J]. 安全与环境工程，2007，14（2）：60-62.

[86] 李桂菊，王昶，贾青竹. 污泥制油技术研究进展 [J]. 西部皮革，2006，28（8）：32-35.

[87] 罗虎，李永恒，孙振江，等. 木薯生料发酵生产燃料乙醇的工艺优化 [J]. 生物加工过程，2018，16（4）：80-85.

[88] 黄伊婷，黄清妹，杨亚会，等. 大型藻类发酵燃料乙醇的研究进展 [J]. 中国酿造，2017，36（8）：26-30.

[89] 彭明星. 玉米秸秆生产燃料乙醇的实验研究 [D]. 南阳：南阳师范学院，2017.

[90] 于斌，潘忠，许克家，等. 陈化水稻生产燃料乙醇发展趋势和现状 [J]. 中国酿造，2018，37（2）：19-23.

[91] 李振宇，李顶杰，黄格省，等. 燃料乙醇发展现状及思考 [J]. 化工进展，2013，32（7）：1457-1467.

[92] 杜瑞卿，李来福，刘莹娟，等. 木薯同步糖化发酵生产燃料乙醇工艺参数优化 [J]. 食品工业，2018（2）：147-151.

[93] 杨双峰. 一氧化碳厌氧发酵生产燃料乙醇 [D]. 北京：北京化工大学，2018.

[94] 沈剑. 燃料乙醇在美国 [J]. 中国石化，2018（9）：64-65.

[95] 付晶莹，江东，郝蒙蒙. 中国非粮燃料乙醇发展潜力研究 [M]. 北京：气象出版社，2017.

[96] 孙叶，郑兆娟，徐明月，等. 酿酒酵母发酵高浓度乳清粉生产燃料乙醇 [J]. 生物加工过程，2018，16（1）：89-94.

[97] 蔡灵燕. 秸秆酶解及炼制燃料乙醇的研究 [D]. 银川：宁夏大学，2016.

[98] 王灿，潘忠，许克家，等. 陈稻谷全粉碎技术加工燃料乙醇的现状与展望 [J]. 当代化工，2019，48（1）：193-195.

[99] 王闻，庄新妹，袁振宏，等. 纤维素燃料乙醇产业发展现状与展望 [J]. 林产化学与工业，2014，34（4）144-150.

[100] 吴文韬，鞠美庭，刘金鹏，等. 青贮对柳枝稷制取燃料乙醇转化过程的影响 [J]. 生物工程学报，2016，32（4）：457-467.

[101] 张元晶，魏刚，吉利娜，等. 废纸制造燃料乙醇的酸法预处理研究 [J]. 化工新型材料，2016，44（7）：55-57，60.

[102] 贾瑞强. 混合原料燃料乙醇生产的浓醪发酵工艺研究 [D]. 杭州：浙江大学，2016.

[103] 高月淑，许敬亮，张志强，等. 甘蔗渣高温同步糖化发酵制取燃料乙醇研究 [J]. 太阳能学报，2014，35（4）：692-697.

[104] 赵龙骏，段钢. 浅论我国燃料乙醇的发展趋势 [J]. 现代食品，2018，5（9）：182-186.

[105] 柏争艳. 玉米秸秆发酵制备燃料乙醇生产工艺研究 [D]. 杭州：浙江大学，2016.

[106] 韩伟，张全，王晨瑜，等. 非粮燃料乙醇研究进展 [J]. 山西农业科学，2014，42（1）：103-106.

[107] 杨焕磊. 利用农业固体废弃物转化燃料乙醇关键技术研究 [D]. 广州：华南理工大学，2017.

[108] 仇磊，李纪红，李十中. 燃料乙醇产业发展现状 [J]. 化工进展，2013，32（7）：1721-1723.

[109] 杨剑，张成，张小培，等. 纤维素的催化水热气化特性实验研究 [J]. 广东电力，2018，31（5）：15-20.

[110] 刘少通. 长链脂肪酸在超临界水中的水热气化反应研究 [D]. 上海：华东师范大学，2017.

[111] 曾其林. 废水超临界水热气化过程建模及优化 [D]. 电力科学与工程，2012，28（2）：29-33.

[112] 索扎伊. 基于 Aspen Plus 的水热液化——气化系统过程模型与能量平衡分析 [D]. 北京：中国农业大学，2017.

［113］郭烈锦，陈敬炜. 太阳能聚焦共热的生物质超临界水热化学气化制氢研究进展［J］. 电力系统自动化，2013，37（1）：38-46.

［114］王智化，葛立超，徐超群. 水热及微波处理对我国典型褐煤气化特性的影响［J］. 科技创新导报，2016，13（6）：171-172.

［115］黄建兵，朱超. 热气化生物质制氢催化剂及热力学分析研究［J］. 科技创新导报，2016，13（10）：164-165.

［116］陈善帅，孙向前，高娜，等. 超临界水体系中纤维素模型物的高效气化［J］. 造纸科学与技术，2018，37（3）：37-41.

［117］何选明，王春霞，付鹏睿，等. 水热技术在生物质转化中的研究进展［J］. 现代化工，2014，34（1）：26-29.

［118］高英，石韬，汪君，等. 生物质水热技术研究现状及发展［J］. 可再生能源，2011（4）：77-83.

［119］李涛. 生物质合成气制燃料乙醇的技术现状及思考［J］. 精细化工及中间体，2012（11）：7-10.

［120］倪娜. 城市生活垃圾资源化存在的问题及对策探讨［J］. 中国环境管理，2009（1）：50-53.

［121］周恩毅，齐刚. 我国城市生活垃圾资源化处理的现状和对策探讨［J］. 西安邮电学院学报，2010，15（4）：109-111，160.

［122］廖传华，米展，周玲，等. 物理法水处理过程与设备［M］. 北京：化学工业出版社，2016.

［123］廖传华，朱廷风，代国俊，等. 化学法水处理过程与设备［M］. 北京：化学工业出版社，2016.

［124］廖传华，韦策，赵清万，等. 生物法水处理过程与设备［M］. 北京：化学工业出版社，2016.

［125］刘旭，王岱，蔺雪芹. 中国生物质能产业发展制约因素解析和对策建议［J］. 能源与产业，2014，16（2）：20-26.

［126］ZHAO H Y，LI D，BUI P，et al. Hydrodeoxygenation of guaiacol as model compound for pyrolysis oil on transition metal phosphide hydroprocessing catalysts［J］. Applied Catalysis A：General，2011，391（1-2）：305-310.

［127］CECILIAA J A，BUI P，ZHAO H，et al. New Transition Metal Phosphide Synthesis using Phosphite Precursors – Catalytic Application on the Hydrodeoxygenation of 2-Methyltetrahydrofuran［C］. First International Congress on Catalysis for Biorefineries（CatBior），Torremolinos-Málaga，Spain，2011.

［128］LI D，BUI P，ZHAO H Y，et al. Rake mechanism for deoxygenation of ethanol over a supported Ni_2P/SiO_2 catalyst［J］. Journal of Catalysis，2012，（290）：1-12.

［129］BUI P，LI D OYAMA S T，Deoxygenation of Biofuel Model Compounds（Ethanol and 2-Methyltetrahydrofuran）On Silica Supported Nickel Phosphide［C］. The American Institute of Chemical Engineers（AIChE）Annual Meeting，2012.

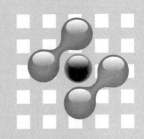

第 8 章 水能的开发利用与环境问题及对策

水资源是人类不可缺少、无法替代的重要自然资源。水不仅可以直接被人类利用，还是能量的载体。水所蕴含的能量称为水能。水能通常是指水体的动能、势能和压力能等。从广义上讲，水能包括河流水能、潮汐水能、波浪能、海洋能等能量资源，狭义上水能指河流的水能资源，是常规能源、一次能源。目前人们最易开发和利用的较成熟的水能也是河流水能，本章所讨论的水能也仅针对河流水能。

水能利用的最主要方式是水力发电。通常，水力发电作为利用水能的有效方式，可以代替煤炭、石油、天然气等化石能源，可以避免燃烧矿物燃料而产生的对人类生存环境的污染，并实现对水资源的综合利用——兴水利、除水害，兼而取得防洪、航运、农灌、供水、养殖、旅游等经济和社会效益。建设水电站还可同时带动当地的交通运输、原材料工业乃至文化、教育、卫生事业的发展，成为振兴地区经济的前导。电能输送方便，可减少交通运输负荷。水电站还有启动快、停机快的特点，对变化的电力负荷适应性很强，可以为电力系统提供最便利有效的调峰、调频和备用手段，保证电网运行的安全性。

8.1 水能开发利用的原理与原则

水能利用是指充分合理地利用江河水域因上、下游落差所蕴藏的能量。

8.1.1 水能开发利用的原理

水能开发主要是开发利用水体蕴藏的能量。由于地球的引力作用，物体从高处落下，可以做功，产生一定的能量。根据这个原理，水总是由高处往低处流，挟带着泥沙冲刷着河床和岸坡，同样在流动过程中具有能量，可以做功。水位越高，流量越大，产生的能量也越大。天然河道的水体，具有位能、压力能和动能三种机械能。水能利用主要是指将水体中所含的位能通过动能转换成为电能。

8.1.2 水资源开发利用的原则

水能利用是水资源综合利用的重要环节。水资源是国家的宝贵财富，它有多方面的开发

利用价值。与水资源关系密切的部门有水力发电、农业灌溉、防洪与排涝、工业和城镇供水、航运、水产养殖、水生态环境保护、旅游等。因此，在开发利用河流水资源时，要从整个国民经济可持续发展和环境保护的需要出发，全面考虑，统筹兼顾，尽可能满足各有关部门的需要，贯彻"综合利用"的原则。

水资源综合利用的原则是：按照国家对生态环境保护、人水和谐、社会经济可持续发展的战略方针，充分合理地开发利用国家的水资源，来满足社会各部门对水的需求，又不能对未来的开发利用能力构成危害，在环境、生态保护符合国家规定的条件下，尽可能获取最大的社会、经济和生态环境综合效益。为此，应力争做到"一库多用""一水多用""一物多能"等。例如：水库防洪与兴利库容的结合使用；一定的水量用于发电或航运（只利用水能或浮力而不耗水），再用于灌溉或工业和居民给水（用水且耗水）；水工建筑要有多种功能，如蓄水泄水底孔（或隧洞）兼有泄洪、下游供水、放空水库和施工导流等多种作用。因此，综合利用不是简单地相加，而是有机地结合，综合满足多方面需要。

由于综合利用各有关部门自身的特点和用水要求不同，这些要求既有一致的方面，又有矛盾的方面，其间存在着错综复杂的关系。因此，必须从整体利益出发，在集中统一领导下，根据实际情况，分清综合利用的主次任务和轻重缓急，妥善处理相互之间的矛盾关系，才能合理解决水资源的综合利用问题。

8.2　径流调节

径流是指流域表面的降水或融雪沿着地面与地下汇入河川，并流出流域出口断面的水流。河川径流的来源是大气降水。降水的形式不同，径流形成的过程也不一样，一般可分为降雨径流和融雪径流。在我国，河流主要以降雨径流为主，冰雪融水径流只在局部地区或某些河流的局部地段发生。

8.2.1　径流的形成

根据径流途径的不同，径流分为地面径流和地下径流。降雨开始后，一部分降雨被滞留在植物的枝叶上，称为植物截流，其余落到地面的雨水向土中下渗，补充土壤含水量并逐渐向下层渗透。下渗水如能到达地下水面，便可通过各种途径渗入河流，成为地下径流。位于不透水层之上的冲积层中的地下水，它具有自由水面，称为浅层地下径流；位于两个不透水层之间的地下水为深层地下水，其水源很远，流动缓慢，流量稳定，称为深层地下径流。两者都在河网中从上游向下游、从支流到干流汇集到流域出口断面，经历了一个流域汇流阶段。习惯上把上述径流形成过程概化为产流过程和汇流过程两个阶段。

（1）产流过程

降雨开始时，一部分雨水被植物茎叶所截留。这一部分水量以后消耗于蒸发，回归大气中。落到地面的雨水除下渗外，有一部分填充低洼地带或塘堰，称为填注。这一部分水量有的下渗，有的以蒸发形式被消耗。当降雨强度小于下渗能力时，降落到地面的雨水将全部渗入土壤；当降雨强度大于下渗能力时，雨水除按下渗能力入渗外，超出下渗能力的部分便形成地面径流，通常称为超渗雨。下渗的雨水滞留在土壤中，除被土壤蒸发和植物散发而损耗掉外，其余的继续下渗，通过含气层、浅层透水层和深层透水层等产流场所形成壤中流、浅层地下径流和深层地下径流，向河流补给水量，如图 8-1 所示。由此可见，产流过程与流域的滞蓄和下渗有密切的关系。

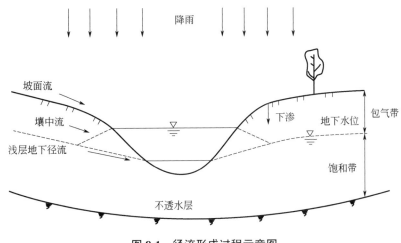

图 8-1 径流形成过程示意图

（2）汇流过程

降水形成的水流，从它产生的地点向流域出口断面汇集的过程称为流域汇流。汇流可分为坡面汇流及河网汇流两个阶段。

1）坡面汇流

坡面汇流是指降雨产生的水流从它产生的地点沿坡地向河槽的汇集过程。坡面汇流习惯上被称作坡面漫流，是超渗雨沿坡面流往河槽的过程，坡面上的水流多呈沟状或片状，汇流路线很短，汇流历时也较短。这种水流被称为地面径流，暴雨的坡面漫流容易引起暴涨暴落的洪水。

2）河网汇流

河网汇流是指水流沿河网中各级河槽出口断面的汇集过程。显然，在河网汇流过程中，沿途不断有坡面漫流和地下水流汇入。对于比较大的流域，河网汇流时间长，调蓄能力大，当降雨和坡面漫流停止后，它产生的径流还会延长很长的时间。

8.2.2 河川径流的基本特性

（1）多变性

由于地区的气候、降水特性、自然地理条件及人类活动等众多因素的影响及错综的变化，使得江河中的水流变化无常。最典型的就是径流的年际变化，有的年份水量大，属丰水年；有的年份水量小，属枯水年。其中，水量越贫乏的地区，丰枯年间的水量相差越大。径流随时间变化的特性，可用流量过程线表示。

（2）周期性

由于气候和降水总随着季节而周期性地变化，因而河川径流具有季节性的周期变化。河流中洪水期与枯水期交替出现，周而复始，有明显的年循环性，其周期大约是一年。当然河川径流的周期性变化不能理解为机械地重复和物理上严格的周期运动。因为洪、枯水期的长短，起讫时间，水量大小等，在不同的年份里也各不相同。至于河川径流的多年变化，其丰水年、平水年、枯水年交替出现的规律一般不很明确。某些河流有丰水年或枯水年连续出现

的现象，也只能定性地看出一些倾向和趋势，尚无法确定其多年周期性变化规律。

（3）地区性

河川径流还有明显的地区性规律。在同一水文区域内，同一时期相邻河流的径流变化具有一定的相似性或称为水文同步性。而自然地理条件不属一个水文区域的河流，即使两河相隔较近，水文现象也差别很大，其径流变化并无相似性。

8.2.3　径流调节的涵义

广义的径流调节是指整个流域内，人类对地面及地下径流的自然过程的有意识地改造或干涉。如水利工程以及农业、林业的水土改良设施等，这些措施改变了径流形成的条件，都起着调节径流的作用，有利于防洪兴利。

狭义的径流调节是通过修建水库，重新控制和分配河川径流在不同季节和地区上的河流流量（蓄洪济枯）。即通过建造和运用水资源工程（枢纽等），将汛期多余水量蓄存在水库里，待枯水季缺水时水库供出水量，以补天然来水量之不足；在地区上根据需要进行水量余缺调配，如引滦济津和南水北调工程。地区间的径流调配调节，其影响范围和经济意义更大。

8.2.4　径流调节的作用

河川径流在一年之内或者在年际之间的丰枯变化都是很大的。我国河流年内洪水季节的水量往往要占全年来水总量的70%～80%。河川径流的剧烈变化，给人类带来了很多不利的后果：汛期大洪水容易造成灾害，而枯水期水少，不能满足兴利需要。因此，无论是为了消除或减轻洪水灾害，还是为了满足兴利需要，都要求采取措施，对天然径流进行控制和调节。

为兴利而提高枯水径流的水量调节，称为兴利调节；另一种是利用水库拦蓄洪水，削减洪峰流量，以消除或减轻下游洪涝灾害的调节，称为洪水调节。

利用水库调节径流是河流综合治理和水资源综合开发利用的一个重要技术措施。通过径流调节，才能控制河流，消除或减轻洪灾和干旱灾害，更有效地利用水资源，充分发挥河流水资源在国民经济建设中的重大作用。

综上所述，径流调节的作用就是协调来水与用水在时间分配上和地区分布上的矛盾，以及统一协调各用水部门需求间的矛盾。

8.2.5　径流调节的分类

（1）按调节周期划分

按调节周期分，即按水库一次蓄洪循环（兴利库容从死库容到正常蓄水位库容再到死库容）的时间来分，包括无调节、日调节、周调节、年调节和多年调节等。

1）日调节

在一昼夜内，河中天然流量一般几乎保持不变（只在洪水涨落时变化较大），而用户的需求要求往往变化较大。如图8-2（a）所示，水平线 Q 表示河中天然流量，曲线 q 为负荷要求发电引用流量的过程线。对照来水和用水可知，在一昼夜里某些时段内来水有余（如图8-2（a）上横线所示），可蓄存在水库里；而在其他时段内来水不足［如图8-2（a）上竖线所示］，水库放水补给。这种径流调节，水库中的水位在一昼夜内完成一个循环，即调节周期为24h，叫日调节。

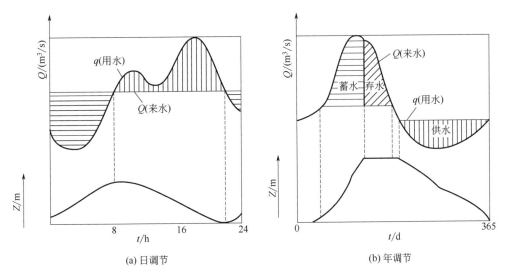

图 8-2　径流调节示意图

日调节的特点是将一天内均匀的来水按用水部门的日内需水过程进行调节，以满足用水的需要。日调节所需要的水库调节库容不大，一般小于枯水日来水量的一半。

2）周调节

在枯水季节里，河中天然流量在一周内的变化也是很小的，而用水部门由于假日休息，用水量减少，因此，可利用水库将周内假日的多余水量蓄存起来，在其他工作日去用。这种调节称为周调节，它的调节周期为一周。它所需要的调节库容不超过两天的来水量。周调节水库一般也同时进行日调节，这时水库水位除了一周内的涨落大循环外，还有日变化。

3）年调节

在一年内，河中天然流量有明显的季节性变化，洪水期流量很大，枯水期流量很小，一些用水部门如发电、航运、生活用水等年内需求比较均匀，因此，可利用水库将洪水期内的一部分多余水量蓄存起来，到枯水期放出以补充天然来水不足。这种对年内丰、枯季的径流进行重新分配的调节就叫做年调节。它的调节周期为一年。

图 8-2（b）为年调节示意图。图上表明，只需一部分多余水量将水库蓄满（图中横线所示），其余的多余水量（斜线部分）为弃水，只能由溢洪道弃走。

年调节所需的水库容积相当大，除特大河流外，一般当水库调节库容达到坝址处河流多年平均年水量的 25%～30%时，即可进行完全年调节。年调节水库一般都可同时进行周调节和日调节。

4）多年调节

根据来水与用水条件，当水库容积大，丰水年份蓄存的多余水量，不仅用于补充年内供水，而且还可用以补充紧邻枯水年份的水量不足，这种能进行年与年之间的水量重新分配的调节，叫做多年调节。这时水库可能要经过几个丰水年才蓄满，所蓄水量分配在几个连续枯水年份里使用完。因此，多年调节水库的调节周期长达几年，而且不是一个常数。多年调节水库同时也可进行年调节、周调节和日调节。

除特大河流外，通常人们用水库库容系数 β 来初步判断某一水库属何种调节类型。水库库容系数 β 为水库调节库容 V_n 与多年平均年水量（W_0）的比例。即 $\beta = V_n/W_0$。具体可参照以下经验系数：当 $\beta \geq 30\%～50\%$ 时，多属多年调节；当 $3\%～5\% < \beta < 25\%～30\%$ 时，多属年调节，当 $\beta < 2\%～3\%$ 时，多属日调节。

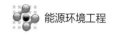

（2）按水库相对位置和调节方式划分

1）补偿调节

当水电站依靠远离上游的水库来调节流量，且区间有显著入流，而入流不受水库控制，这时上游水库的放水不是直接按照电站用水要求排放，为了充分利用区间入流，水库的放水按区间入流大小给予补充放水，即水库放水加上区间来水恰好等于或接近于下游用水的要求。这种视水库下游区间来水流量大小控制水库补充放水流量的调节方式，称为补偿调节。

2）缓冲调节

以水力发电为例，由于上游水库放水流到水电站的时间较长，补偿难以做到及时、准确，可在电站处建一小水库进行修正，起到缓冲作用，称为缓冲调节。

3）梯级调节

在同一条河流上，自上而下如阶梯状布置多座水库，称为梯级水库。水库之间存在着水量的直接联系（对水电站来说有时还有水头的影响，称为水力联系），对其调节，称为梯级调节。其特点是上级水库的调节直接影响下游各级水库的调节。在进行下级水库的调节计算时，必须考虑到流入下级水库的来水量是由上级水库调节和用水后而下泄的水量与上下两级水库间的区间来水量两部分组成。梯级调节计算一般自上而下逐级进行。当上级水库调节性能好，下级水库调节性能差时，可考虑上级水库对下级水库进行补偿调节，以提高梯级总的调节水量。

4）反调节

在河流的综合利用中，为了缓解上游水库进行径流调节时给下游各用水部门带来的不良影响，例如发电厂与下游灌溉或航运在用水量的时间分配上存在矛盾，如水力发电用水年内比较均匀，水库为发电进行日调节造成下泄流量和下流水位的剧烈变化而对下游航运带来不利影响；上游水电站年内发电用水过程与下游灌溉用水的季节性变化不一致等，可在下游适当地点修建水库对上游下泄的水力发电放水流量进行重新调节，以满足灌溉或航运用水量在时间分配上的需要，这种调节称为反调节，又称再调节。河流综合利用中，修建反调节水库有助于缓解这些矛盾。

8.3　水力发电技术

水力发电是利用河川、湖泊等位于高处具有位能的水流至低处，利用流水落差来转动水轮机将其中所含的位能和动能转换成水轮机的机械能，再以水轮机为原动机，带动发电机把机械能转换为电能的发电方式，如图 8-3 所示。

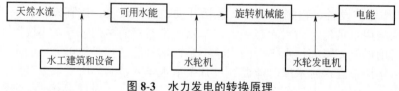

图 8-3　水力发电的转换原理

8.3.1　水力发电系统

水力发电站是把水能转换为电能的工厂。为把水能转换成电能，需修建一系列水工建筑物，一般包括由挡水、泄水建筑物形成的水库和水电站引水系统、发电厂房等，在厂房内安装水轮机、发电机和附属机电设备，水轮发电机组发出电能后再经升压变压器、开关站和输电线路输入电网。水工建筑物和机电设备的总和，称为水力发电系统，简称水电站，图 8-4 所示是水电厂示意图。

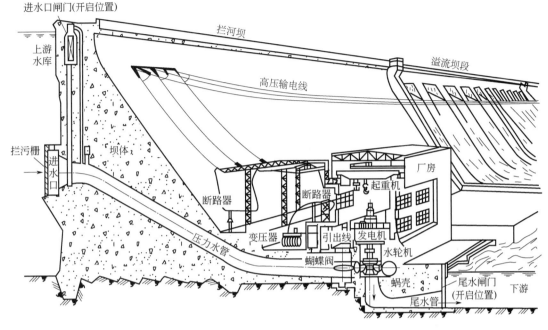

图 8-4　水电厂示意图

水力发电系统的基本构成包括：

① 水库。用于储存和调节河水流量，提高水位，集中河道落差，取得最大发电效率。水库工程除拦河大坝外，还有溢洪道、泄水孔等安全设施。

② 引水系统。用以平顺地传输发电所需流量至电厂，冲动水轮机。

③ 水轮机。将水能转换成机械能的水力原动机，主要用于带动发电机发电，是水电站厂房中的动力设备。通常将它与发电机一起统称为水轮发电机组。

④ 尾水渠。将从水轮机尾水管流出的水流顺畅地排至下游。尾水渠中水流的水势比较平缓，因为大部分水能已经转换为机械能。

⑤ 传动设备。水电站的水轮机转速较低，而发电机的转速较高，因此需要通过皮带或齿轮传动增速。

⑥ 发电机。将机械能转换为电能的设备。

⑦ 控制和保护设备、输配电设备。包括开关、监测仪表、控制设备、保护设备以及变压器等，用于发电和向外供电。

⑧ 水电站厂房及水工建筑物。

8.3.2　水电资源开发的方式

水电站出力由落差和流量两个要素构成，所以水能资源的开发方式就表现为集中落差和引用流量。根据引用流量的方式进行分类，水电资源开发分为径流式开发、蓄水式开发和集水网道式开发。利用水能资源发电，除了径流量外，水流要有一定的落差，即发电水头。在通常情况下，发电水头通过一定的工程措施将分散在一定河段上的河流自然落差集中起来而形成。河段水能资源的开发，按照集中落差方法的不同，一般有筑坝式开发、引水式开发、

混合式开发、梯级开发等基本方式。

（1）按引用流量的方式分类

1）径流式开发

在水电站取水口上游没有大的水库，不能对径流进行调节，只能直接引用河中径流发电，所以径流式水电站又称无调节水电站。无调节水电站的运行方式、出力变化都取决于天然流量的大小，丰水期由于发电引用流量受到水电站最大过流能力的限制，因无水库蓄水，只能出现弃水，而枯水期因流量小而出力不足。这类水电站适于在不宜筑坝建库的河段采用。

2）蓄水式开发

在取水口上游有较大的水库，这样就能依靠水库按照用电负荷对径流进行调节，将丰水期时满足发电所需之外的多余水量存蓄于水库，以补充枯水期时发电水量的不足，所以蓄水式水电站又称有调节水电站。堤坝式、混合式和有日调节池的引水式水电站都属此类。调节径流的能力取决于有效库容、多年平均年径流量和天然径流在时间上分布的不均衡性，按照调节径流周期长短，可分为日调节水电站、年调节水电站和多年调节水电站。

3）集水网道式开发

有些山区地形坡降陡峻，小河流众多、分散且流量较小，经济上既不允许建造许多分散的小型水电站，又不可能筑高坝来全盘加以开发。因此在这些分散的小河流上根据各自条件选点修筑些小水库，在它们之间用许多引水道来汇集流量，集中水头，形成一个集水网系统，如图8-5所示，其布置形式因地而异，这类开发修筑的水电站称集水网道式水电站。

（2）按集中落差的方式分类

1）筑坝式开发

在河道上拦河建坝抬高上游水位，造成坝上、下游水位落差，这种开发方式称为堤坝式开发，该方式中引用的河水流量越大，大坝修筑得越高，集中的水头越大，水电站的发电量就越大，但水库淹没造成的损失也越大。筑坝式开发如图8-6所示。

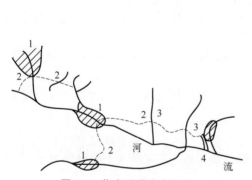

图8-5 集水网道式水电站

1—水库；2—引水道；3—小河取水闸；4—水电站厂房

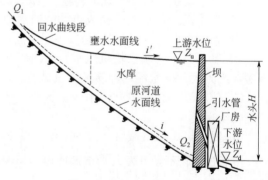

图8-6 筑坝式开发示意图

利用堤坝式开发修建起来的水电站，统称为堤坝式水电站。在堤坝式水电站中，根据当地地形、地质条件，常常需要对坝和水电站厂房的相对位置作不同的布置。按照坝和水电站厂房相对位置的不同，堤坝式水电站厂房可分为河床式、坝后式、坝内床、溢流式等多种形式。在小型水电站中，最常见的是河床式和坝后式这两种类型。

2）引水式开发

在河流的某些河段，如地势险峻、水流湍急的河流中上游，或河道坡降较陡的河段上，由于地形、地质条件限制，不宜采用堤坝式开发时，可采用纵比降很小的人工引水建筑物（如明渠、隧洞、管道等）从河道中引水，使水通过坡降平缓的引水道引到河段下游，在引水道末端与下游河水位之间获得集中落差，构成发电水头，再经压力管道引水到水电站进行发电。这种集中落差的方式，称为引水式开发，相应的水电站称为引水式水电站，如图 8-7 所示。

　　3）混合式开发

混合式开发兼有前两种方式的特点，该方式在河道上修筑水坝，形成水库集中落差和调节库容，并修筑引水渠或隧洞，形成高水头差，建设水电站厂房，如图 8-8 所示。

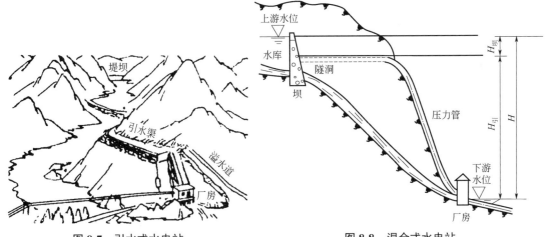

图 8-7　引水式水电站　　　　　　　图 8-8　混合式水电站

这种混合式水电开发方式既可用水库调节径流，获得稳定的发电水量，又可利用引水获得较高的发电水头，在适合的地质地形条件下，它是水电站较有利的开发方式。在有瀑布、河道大弯曲段、相邻河段距离近且高差大的地段，采用混合式开发更为有利。

　　4）梯级开发

前述的几种水能开发方式都是一个河段的水能开发方式。水电开发易受地形、工程地质、淹没区域损失、施工导流、施工技术、工程投资等因素限制，当一条河流的全长（从河源到河口）超过一个开发段所能达到的最大长度时，往往不宜集中水头修建一级水库来开发水电。为更好地利用水资源，一般把河流分成若干个河段，将河流分段分别建设堤坝，分段利用水头，建设梯级式水电站，如图 8-9 所示，所以这种开发方式称为梯级开发。梯级开发的水电站称为梯级水电站。

　　5）特殊开发——抽水蓄能式

这类水电站的特点是上、下游水位差是靠特殊方法形成的，抽水蓄能发电是水能利用的另一种形式，它不是开发水力资源向电力系统提供电能，而是以水体作为能量储存和释放的介质，对电网的电能供给起重新分配和调节的作用。图 8-10 是抽水蓄能水电站示意图。

8.3.3　水电站的类型

不同水能开发方式修建起来的水电站，其建筑物的组成和布局也不相同，因此水电站也随之分为堤坝式、引水式、混合式和梯级式水电站等类型。水电站除按开发方式分类外，还可以按其是否有调节天然径流的能力而分为无调节水电站和有调节水电站两种类型。

（1）堤坝式水电站

在河道上修建拦河坝（或闸），抬高水位，形成落差，用输水管或隧洞把水库里的水引至厂房，通过水轮发电机组发电，这种水电站称为堤坝式水电站。适用于坡降较缓，流量较大，并有筑坝建库条件的河道，其主要组成部分是堤坝、溢洪道和厂房。根据水电站厂房的位置、地质条件的差别，主要分为河床式（如图8-11）和坝后式（如图8-12）两种基本形式。

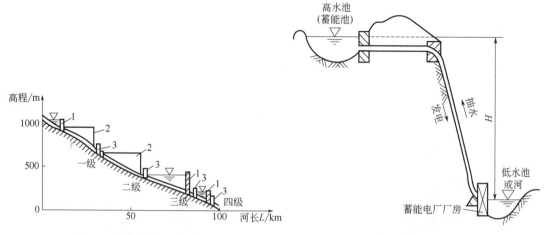

图 8-9　水电梯级开发示意图

1—坝；2—引水道；3—水电站厂房

图 8-10　抽水蓄能水电站示意图

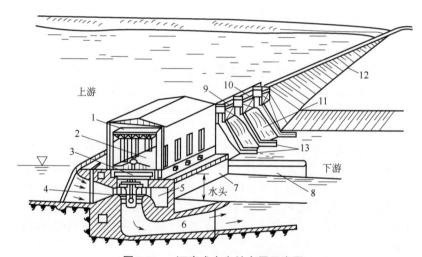

图 8-11　河床式水电站布置示意图

1—起重机；2—主机房；3—发电机；4—水轮机；5—蜗壳；6—尾水管；7—水电站厂房；

8—尾水导墙；9—闸门；10—桥；11—混凝土溢流坝；12—土坝；13—闸墩

堤坝式开发水电的优点是：水库能调节径流，发电水量利用率稳定，并能结合防洪、供水、航运，其综合开发利用程度高。但工程建设工期长、造价高，水库的淹没损失和对生态环境的影响大，因此应综合规划，科学决策。现在世界上堤坝式水电站发电的最大引水流量依次为：我国的三峡水电站 $30294.8 \mathrm{m}^3/\mathrm{s}$、葛洲坝水电站 $17953 \mathrm{m}^3/\mathrm{s}$、巴西伊泰普水电站 $17395.2 \mathrm{m}^3/\mathrm{s}$。

1）河床式水电站

河床式水电站一般修建在平原地区低水头或河流中、下游河道纵向坡度平缓的河段上，在有落差的引水渠道或灌溉渠道上，也常采用这种形式。在这里，由于地形限制，为避免造成大量淹没，只能建造高度不大的坝（或闸）来适当抬高上游水位。其适用的水头范围，在大中型水电站上一般约在 25m 以上；在小型水电站上有 8～10m 以下。由于水头不大，河床式水电站的厂房就直接建在河床或渠道中，与坝（或闸）布置在一条线上或成一个角度，厂房本身承受上游的水压力而成为挡水建筑的一部分，如图 8-11 所示。河床式水电站通常是一种低水头大流量水电站，目前我国总装机容量最大的河床式水电站是湖北省葛洲坝水电站，其总装机容量为 2715MW。

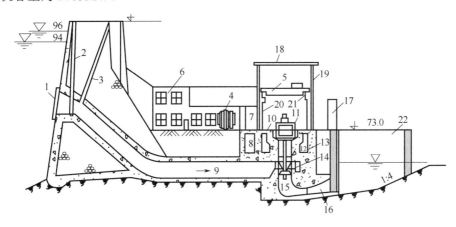

图 8-12　坝后式水电站布置示意图

1—拦污栅；2—快速闸门；3—通气管；4—主变压器；5—桥式吊车；6—副厂房；7—母线道；8—电缆道；9—压力水管；
10—发电机层楼板；11—发电机；12—圆筒式机墩；13—水轮机层地面；14—混凝土蜗壳；15—水轮机；
16—尾水管；17—尾水闸门起吊架；18—平屋顶；19—墙（柱）；20—立柱；21—吊车梁；22—尾水导墙

2）坝后式水电站

坝后式水电站的厂房布置于挡水坝段后面，即挡水坝的下游侧，水头由坝造成，厂房建筑与坝分开，不承受水压力，水流经过一短的压力管道引到厂房发电，称为坝后式水电站，如图 8-12 所示。这种形式的电站一般修建在河流的中、上游山区峡谷河段。由于淹没相对较小，它与河床式水电站的坝可以筑得高些，所集中的落差高达数十米。此时上游水压力大，厂房不足以承受水压，因此不得不将厂房与大坝分开，将电厂移到坝后，让大坝来承担上游的水压。适宜在河床较窄、洪水较大的河段上修建。坝后式水电站不仅能获得高水头，而且能在坝前形成可调节的天然水库，有利于发挥防洪、灌溉、发电、水产等方面的效益，因此是我国目前采用最多的一种厂房布置方式。

目前，坝后式水电站最大水头已达 300 多米，前苏联建成的罗项坝，坝高 323m；瑞士大狄克逊重力坝，坝高 285m；俄罗斯英古里拱坝，坝高 272m。我国最高的大坝是四川省二滩水电站大坝，混凝土双曲拱坝的坝高 240m。三峡水电站是世界上装机容量最大的水电站，也是总装机容量最大的坝后式水电站，其装机容量为 18.2GW。

（2）引水式水电站

在河流的某些河段上，由于地形、地质条件的限制，不宜采用堤坝式开发时，可以修建人工引水建筑物（如明渠、隧洞等）来集中河段的自然落差。如图 8-13 所示，沿山腰开挖了一条引水渠道，由于引水渠道的纵坡（一般取 1/110～1/300）远小于该河段的自然坡度，所以在引水渠道末端形成了集中的落差。河段的天然坡度越大，每千米引水渠所能集中的落差也越大。由于引水式开发不存在淹没和筑坝技术上的限制，水头可极高，但引用流量因受引

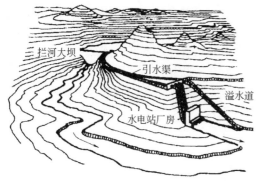

图8-13 无压引水式水电站示意图

水渠道截面尺寸和径流条件限制，一般较小。这种开发适宜河道上游坡度比降大、流量较小的山区性的河段。我国的小水电多为引水式水电站，一般位于山高坡陡、河谷狭窄、耕地比较分散的山区、半山区。

引水式水电站按引水道及其水流状态不同，可分为无压引水式水电站和有压引水式水电站两种类型。

1）无压引水式水电站

无压引水式水电站的引水建筑物是无压的，如明渠、水槽、无压隧洞等，其主要建筑物有坝、进水口、沉沙池、引水渠（洞）、日调节池、压力前池、压力水管、厂房、尾水渠。这种水电站用引水渠道从上游水库长距离引水，与自然河床产生落差。渠首与水库水面为无压进水，渠末接倾斜下降的压力管道进入位于下游河床段的水电站厂房，水流经水轮机以后，再经尾水渠排入原河道。无压引水式水电站只能形成 100m 左右的水位差。如果使用水头过高，则在机组紧急停机时，渠末水位起伏较大，水流有可能溢出渠道，不利于安全。由于是用渠道引水，工作水头又高，因此这种水电总装机容量不会很大，属于小型水电站。

2）有压引水式水电站

引水式水电站的引水建筑物是压力隧道或压力水管时，称为有压引水式水电站，如图8-14所示。其建筑物的组成一般有深式进水口、压力隧道、调压井、压力管道、厂房和尾水渠等。隧道首在水库水面以下有压进水，隧道末接倾斜下降的压力管道，进入位于下游河床的厂房。这种水电站适合于坡降较大、流量小、河道有弯曲的地形，多建在山区河道上，受天然径流的影响，发电引用流量不会太大，多为中、小型电站。

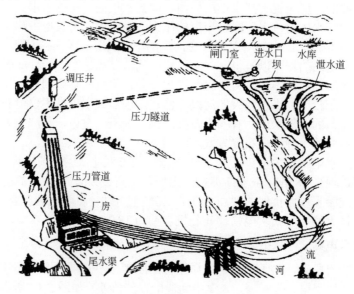

图8-14 有压引水式水电站示意图

（3）混合式水电站

同时用拦河筑坝和修建引水建筑物两种方式来集中河段落差，水头一部分由堤坝所造成，一部分由引水建筑物所造成的水电站，称为混合式水电站。多数混合式水电站都与防洪、灌溉相结合，筑坝所形成的水库可用来调节水量，引水建筑物则可在增加坝高的条件下增加水头，所以它具有上述两种开发方式的优点。这种开发方式，一般适用于坝址上游地势平坦，人口、耕地较少，宜于筑坝形成水库，而下游坡度又较陡或有较大河湾的地区，可在这些地区河道坡降平缓的狭窄河道建坝。这样，既可用水库调节径流，获得稳定的发电水量，又能利用引水获得较高的发电水头。在蓄水坝的一端，沿河岸开挖坡降较平的引水渠，将水引到一定地点，再用压力水管把水输向低端建站处，其布置如图 8-15 所示。我国鲁布格水电站（装机容量 600MW，水头 372m）就是目前最大的混合式水电站。

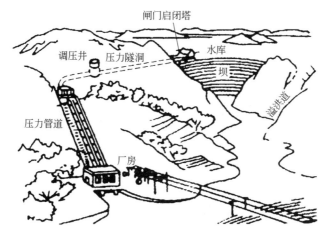

图 8-15　混合式水电站布置图

图 8-16 所示的安徽省毛尖山水电站就是一座混合式水电站。该站通过拦河建坝（土石混合坝）取得 20m 左右水头，又通过开挖压力引水隧洞，取得 120 多米水头，电站总静水头达138m，装机容量 2.5MW。由于压力隧洞很长，因此在隧洞末端设置了调压井。

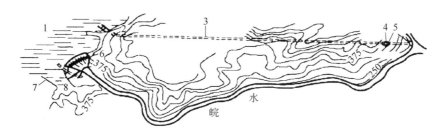

图 8-16　安徽省毛尖山水电站总体布置图
1—水库；2—进水口；3—发电引水洞；4—调压井；5—地面厂房；6—大坝；7—溢洪道；8—导流洞

（4）梯级式水电站

由于一条长数百千米甚至数千千米的河流，其落差通常达数百米甚至数千米，不可能将所有的落差都集中在一个水电站上，而且水电开发受地形、地质、淹没损失、施工导流、施工技术、工程投资等因素的限制，往往不宜集中水头修建一级水库来开发水电。因此，必须根据河流的地形、地貌和地质等条件，合理地将全河流分成若干个河段来开发利用。对于小型水电站，划分河段通常约在 10km 以内，如此自上而下开发，水电站一个接一个，犹如一级级的阶梯，这种开发方式的水电站称为梯级水电站，如图 8-17 所示。

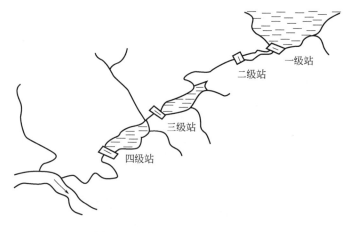

图 8-17　梯级式水电站布置示意图

当然，同一河流的多个梯级电站之间在水资源和水能的利用上是互相制约的，因此，水电梯级开发，需要对梯级开发的每一级和整个梯级从技术、经济、施工条件、淹没损失、生态环境等方面进行单独和整体的综合评价，选择最佳开发运行方案，并确定开发次序，逐步实施，实现梯级开发水电的可持续利用。

8.4　水电站的机电设备

水电站的机电设备包括水轮机、电力设备和附属设备。

8.4.1　水轮机

水轮机是水电站的关键设备，它是将水能转换成机械能的水力原动机，主要用于带动发电机发电，是水电站厂房中主要的动力设备。通常将它与发电机一起统称为水轮发电机组。

（1）水轮机的分类

水流的能量包括动能和势能，而势能又包括位置势能和压力势能。根据水轮机利用水流能量的不同，可将水轮机分为两大类，即单纯利用水流动能的冲击式水轮机和同时利用动能和势能的反击式水轮机。

冲击式水轮机主要由喷嘴和转轮组成。来自压力钢管的高压水流通过喷嘴变为极具动能的自由射流。它冲击转轮叶片，将动能传给转轮而使转轮旋转。按射流冲击转轮方式的不同，又可分为水流与转轮相切的水斗式（或称切击式）、水流斜侧冲击转轮的斜击式以及水流两次冲击转轮的双击式三种，如图 8-18 所示。后两种形式结构简单，易于制造，但效率低，多用于小型水电站中。水斗式水轮机是目前应用最广的一种冲击式水轮机，其结构特点是在转轮周向布置有许多勺形水斗。这种水轮机适用于高水头、小流量的水电站。

反击式水轮机的转轮是由若干具有空间曲面形状的刚性叶片组成。当压力水流过转轮时，弯曲叶片迫使水流改变流动方向和流速，水流的动能和势能则给叶片以反作用力，迫使转轮转动做功。反击式水轮机也可按转轮区的水流相对于水轮机主轴方位的不同分为混流式、轴流式、斜流式及贯流式 4 种。

混流式水轮机是广泛应用的一种反击式水轮机。水流开始进入转轮叶片时为径向，流经转轮叶片时改变了方向，最后为轴向从叶片流出，如图 8-19 所示。它的结构简单，运行稳定，效率高，适应的水头范围为 2～670m，单机出力自几十千瓦到几十万千瓦，适用于小流量电站。

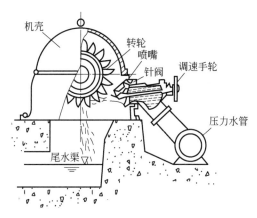

(a) 水斗式水轮机

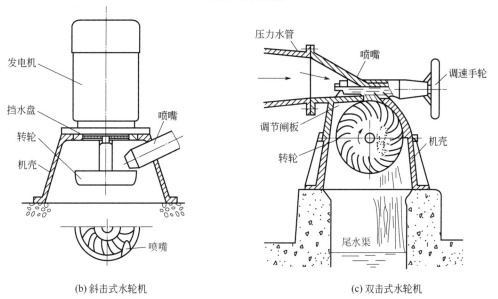

(b) 斜击式水轮机　　　　　　　　　　　　(c) 双击式水轮机

图 8-18　典型冲击式水轮机

　　轴流式水轮机是另一种采用较多的反击式水轮机，其特点是进入转轮叶片和流出转轮叶片的水流方向均为轴向，如图 8-20。根据转轮的特点，轴流式水轮机又可分为转桨式和定桨两种。定桨式水轮机运行时叶片不能随工况的变化而转动，改变叶片转角时需要停机进行。其结构简单，但水头和流量变化时其效率相差较大，不适宜于水头和负荷变化较大的水电站，多用于负荷变化不大、流量和水头变化不大（工况较稳定）的小水电站。转桨式水轮机在运行时叶片能随工况的变化而转动，进行双重调节（导叶开度、叶片角度），因此能适应负荷的变化，平均效率比混流式水轮机高，且高效率区宽。它多用在低水头和负荷变化大的大中型水电站。我国葛洲坝水电站的 125MW 和 170MW 的机组就是采用这种水轮机。

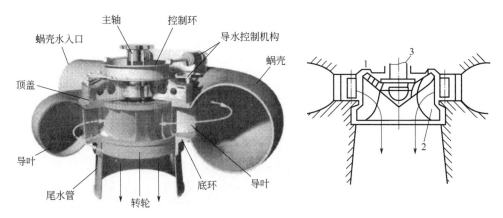

图 8-19   混流式水轮机

1—导叶；2—转轮叶片；3—发电机

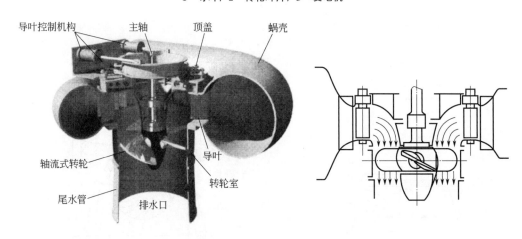

图 8-20   轴流式水轮机

斜流式水轮机是一种新型水轮机。它的叶轮轴线与主轴线斜交，水流经过转轮时是斜向的，如图 8-21。其转轮叶片随工况变化而转动，高效率区宽，可做成转桨式或定桨式。它兼有轴流式水轮机运行效率高和混流式水轮机强度高、抗汽蚀的优点，适于高水头下工作。而且斜流式水轮机是可逆机组，既能作为水轮机，又能作为水泵，因此特别适宜于在抽水蓄能电站中应用。

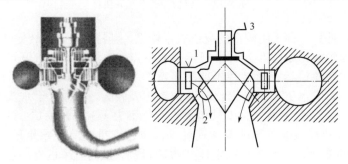

图 8-21   斜流式水轮机

1—导叶；2—转轮叶片；3—主轴

贯流式水轮机是适用于低水头水电站的另一类反击式水轮机。当轴流式水轮机主轴水平或倾斜放置，且没有蜗壳，水流直贯转轮，水流由管道进口到尾水管出口都是轴向的，这种形式的水轮机就是贯流式水轮机，如图 8-22。根据水轮机与发电机的装配方式，它又可分为全贯流式和半贯流式。全贯流式发电机的转子安装在转轮外缘，由于转轮外缘线速度大，且密封困难，因此目前已较少采用。半贯流式水轮机有轴伸式、竖井式、灯泡式等形式，其中以灯泡贯流式应用最广，它是将发电机布置在灯泡形壳体内，并与水轮机直接连接［图 8-22（a）］。这种形式结构紧凑，流道平直，效率高。

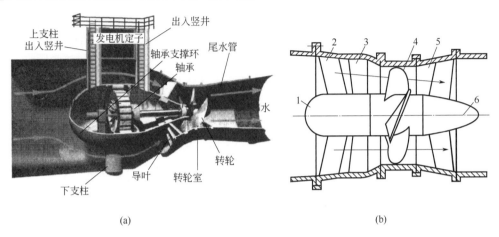

图 8-22　贯流式水轮机

1—导水锥；2—前支架；3—导叶；4—转轮；5—后支架；6—泄水锥

（2）水轮机的工作参数

水轮机的工作参数反映水轮机工作过程的基本特征，是选择水轮机的主要技术依据。水轮机的主要工作参数有以下几个。

① 比转速（n_s）。水轮机的比转速 n_s 是指当工作水头 $H=1\mathrm{m}$，发出的功率 $N=1\mathrm{kW}$ 时，水轮机所具有的转速。某系列水轮机的比转速由下式确定：

$$n_s = \frac{7}{6} \times \frac{n\sqrt{N}}{H^{5/4}} \qquad (8\text{-}1)$$

式中，n 为水轮机的转速，r/min；N 为水轮机的功率，kW；H 为水轮机的工作水头，m。

比转速 n_s 是水轮机的重要综合参数，代表着水轮机的系列特征，它对于同系列的水轮机为常数，对于不同系列的水轮机则不同。

② 工作水头（H）。水轮机蜗壳进口断面与尾水管出口断面之间的单位为 kW。工作水头是水轮机做功的有效水头，它还包括设计水头、最大水头、最小水头等参数。设计水头指水轮机发出额定功率时的最小水头。水电站上游水位最高而下游水位最低时为最大水头，反之为最小水头。

③ 流量（Q）。指单位时间内水轮机所耗用的水量，即水轮机的流量，单位为 $\mathrm{m^3/s}$。水轮机发出额定出力时所需的流量则称为设计流量。

④ 功率（N）。指水轮机在单位时间内所能传递的机械功，也称出力。

⑤ 水轮机效率（η）。指水轮机输出功率与输入功率之比，单位为%。

⑥ 水轮机直径（D）。即水轮机的标称直径，单位为厘米。不同类型水轮机的标称直径

的表示方法不同。

（3）水轮机的牌号

根据我国《水轮机型号编制规则》规定，水轮机牌号由三部分组成，每一部分用短横线"-"隔开。第一部分由汉语拼音字母和阿拉伯数字组成，拼音字母表示水轮机形式，阿拉伯数字表示转轮型号（采用该转轮的比转速），可逆式水轮机在水轮机形式后加"N"表示；第二部分由两个汉语拼音字母表示，前者表示主轴装置方式，后者表示引水室特征；第三部分是以厘米为单位的转轮标称直径（不同类型的水轮机转轮标称直径所指不同）。对冲击式水轮机，第三部分表示为：水轮机转轮标称直径/（作用在每一个转轮上的喷嘴数目×射流直径）。

各种形式水轮机的转轮标称直径（简称转轮直径，常用 D_1 表示）规定如下：

① 混流式水轮机的转轮直径是指其转轮叶片进水边的最大直径。

② 轴流式、斜流式和贯流式水轮机的转轮直径是指与转轮圆叶片轴线相交处的转轮室内径。

③ 冲击式水轮机的转轮直径是指转轮与射流中心线相切处的切圆直径。

（4）水轮机的调速设备

为保证供电质量，根据电力用户的要求，发电机的频率应保持不变，因此必须使转速保持不变。调速设备的作用就是根据发电机负荷的增减，调节进入水轮机的流量，使水轮机的出力与外界的负荷相适应，使转速保持在额定值，从而保持频率不变。调速设备的分类方法有几种，按操作方式可分为手动和自动两大类。按调整流量的方式可分为单调和双调两类。自动调速器按工作机构动作方式的不同，又可分为机械液压式和电气液压式两大类。机械液压式调速器又可分为压力油槽式和川流式两种。

以自动调速设备为例，它通常由敏感、放大、执行和稳定四种主要元件组成。敏感元件负责测量机组输出电流的频率，并与频率给定值进行比较，当测得的频率偏离给定值时，发出调节信号。放大元件负责把调节信号放大，执行元件根据放大的信号改变导水机构的开度，使频率恢复到给定值；稳定元件的作用是使调节系统的工作稳定，如图 8-23 所示。

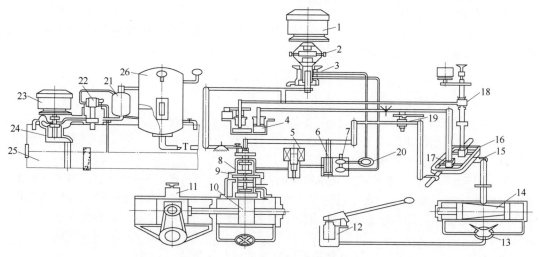

图 8-23　XT-100 型调整器系统图

1—离心飞摆电动机；2—离心飞摆；3—引导阀；4—缓冲器；5—紧急停机电磁阀；6—开度限制阀；7—切换阀；

8—辅助接力器；9—主配压阀；10—接力器；11—锁定装置；12—手动油泵；13—手动切换旋塞；14—反馈锥体活塞；

15—框架；16—残留不均衡度机构；17—缓冲强度调整机构；18—变速机构；19—开度限制机构；

20—滤油器；21—中间油箱；22—补气阀；23—油泵电动机；24—油泵；25—油箱；26—压力油箱

8.4.2　水轮发电机

水轮发电机是水电站的主要设备之一，它将旋转的机械能转换成电能。水轮发电机按其轴的装置方式分为立轴和卧轴两种，随水轮机装置形式而定。

（1）立轴水轮发电机

发电机按推力轴承与转子的相对位置，可分为悬式和伞式两种。悬式发电机的推力轴承位于转子之上的上机架上，发电机有两个导轴承，分别位于上机架和下机架上，上导轴承位于推力轴承之下。伞式发电机的推力轴承位于转子之下的下机架上，这种发电机有一个或两个导轴承。具有两个导轴承时与悬式发电机的布置相同，具有一个导轴承时，可安置在上机架的中央，也可放在下机架的中央，即在推力轴承的区域内。

伞式发电机可减小机组高度，减轻机组重量，在检修发电机转子时，可不拆除推力轴承，这样可减少发电机检修的工作量和缩短检修时间，相应地提高了机组的利用率。但只有在大容量、低转速时采用伞式发电机才是合理的，而小型水轮发电机一般采用悬式结构，如图 8-24 所示。

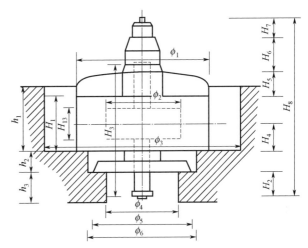

图 8-24　悬式水轮发电机外形安装尺寸图

立轴水轮发电机组主要由定子、转子、推力轴承、上导轴承、下导轴承、上部机架、下部机架、通风冷却装置、制动装置及励磁装置等部件构成，如图 8-25 所示。

定子是产生电能的主要部件，由机座、定子铁芯、定子绕组等组成。

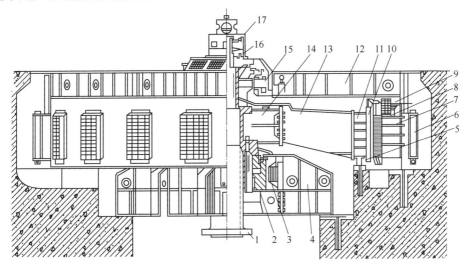

图 8-25　立轴水轮发电机组

1—转轴；2—推力轴承；3—导轴承；4—下机架；5—制动器；6—冷却器；7—定子机座；8—定子铁芯；9—定子绕组；
10—磁极；11—磁轭；12—上机架；13—转子支臂；14—转子中心体；15—励磁机；16—副励磁机；17—永磁发电机

转子是产生磁场的转动部分，包括有转轴、转子中心体、转子支臂、磁轭等。推力轴承用来承受机组转动部分的总重和作用在水轮机组的轴向水压力。

上、下导轴承的作用是使转子置于定子中心位置，限制轴向摆动。上、下机架用来装置推力轴承和励磁部件及上、下导轴承。

通风冷却的作用是控制发电机的温升。冷却方式有空气冷却、氮气冷却和导线内部冷却。

励磁装置的作用是向发电机转子提供直流电源，建立磁场。

（2）卧式水轮发电机

小型高速混流式水轮发电机组和小型冲击式水轮发电机组做成卧轴结构，如图 8-26 所示。卧轴水轮发电机一般由转子、定子、座式滑动轴承、飞轮及制动装置等组成，卧式水轮发电机常用于中小型水电站。

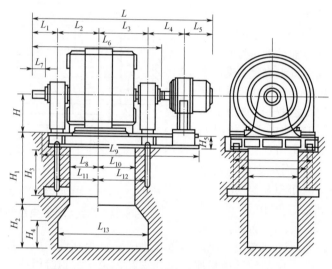

图 8-26　TSW 系列水轮发电机外形安装尺寸图

（3）贯流式水轮发电机

贯流式水轮发电机也是卧轴装置，但为特殊的结构形式。目前国内贯流式水轮发电机组一般为灯泡式结构，发电机装在一个密封的壳体内部，压力水绕过外壳。发电机定子是灯泡体的组成部分，其形式与发电机的直径有关。

8.5　水能计算

水能计算又称水能设计，是水电站规划设计中的一项综合性工作。工程规模的大小不仅决定着水能利用的程度，而且决定了工程的投资。因此，在掌握水能计算基本方法的基础上，结合电力系统特点与要求以及水电站的工作特点和运行方式，综合比较、分析确定水电站的主要参数是水能计算的主要内容。

8.5.1　水能计算的目的和任务

确定水电站的出力和发电量这两种动能指标的计算称为水能计算。在水电站建设和运行的不同阶段，水能计算的目的和任务是不同的。在运行阶段，各主要参数指标已定不变，这时需要考虑各个实际因素，如天然入库径流、国民经济各部门的用水要求以及电力系统的负荷等情况，不同的运行方式对水电站的出力及发电量影响较大，此时水能计算的目的主要是计算水电站各时段的出力和发电量，确定水电站在电力系统中的最优运行方式，以增加系统的经济效益。在工程的规划设计阶段，进行水能计算主要是为选定水电站及其水库的有关参数（如水电站装机容量、正常蓄水位、死水位等）提供依据，即先根据地形、地质、淹没条件，对可能考虑的水库正常蓄水位拟定几个方案，然后计算出各方案的动力指标，以便进行技术经济分析，从中选出最有利的方案。这时由于参数尚待选择，在计算时要作某些简化考虑，如机组效率取某一常数，对水电站的工作方式作些简化，如按等流量或等出力调节等，待这些参数选定后，再作进一步的修正计算，确定最终的动力指标。这些就是水能计算的主要内容，其主要任务是：

① 确定水电站的动能指标，包括保证出力、多年平均年发电量和装机容量。

② 配合水工和机电设计，确定水电站的正常蓄水位、死水位及水电站的主机设备等。

③ 对水电站的经济效益进行计算和分析。

8.5.2　水能计算的基本方程

河水具有位能，由上游流向下游，如图 8-27 所示。河水能量消耗于克服沿途的摩擦阻力、挟带泥沙和冲刷河床，河流上、下游断面上单位质量水体的能量 E_A、E_B 可根据伯努利方程分别表示如下。

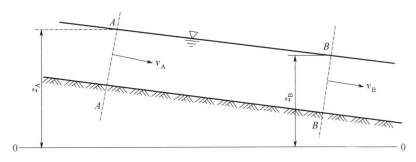

图 8-27　河段水能计算图

$$E_A = z_A + \frac{p_A}{\gamma} + \frac{\alpha_A v_A^2}{2g} \tag{8-2}$$

$$E_B = z_B + \frac{p_B}{\gamma} + \frac{\alpha_B v_B^2}{2g} \tag{8-3}$$

上、下游断面之间的能量差为：

$$\Delta E = E_A - E_B = z_A - z_B + \frac{p_A}{\gamma} - \frac{p_B}{\gamma} + \frac{\alpha_A v_A^2}{2g} - \frac{\alpha_B v_B^2}{2g} \tag{8-4}$$

估算河段水能时，取间距较小的两个计算断面，可近似认为两个断面的大气压力水头和流速水头相等，即：

$$\frac{p_A}{\gamma} = \frac{p_B}{\gamma} \tag{8-5}$$

$$\frac{\alpha_A v_A^2}{2g} = \frac{\alpha_B v_B^2}{2g} \tag{8-6}$$

则有：

$$\Delta E = E_A - E_B = z_A - z_B = H_m \qquad (8\text{-}7)$$

式中，H_m 为上、下游断面之间的水位差，称为落差或水头，m。

上、下游断面之间的水流功率为：

$$N_{h1} = \varphi Q H_m \qquad (8\text{-}8)$$

式中，Q 为河流的常年径流量，m^3/s；φ 为出力系数。

上、下游断面之间的水能蕴藏量为：

$$W_{h1} = N_{h1}t = \varphi Q H_m t \qquad (8\text{-}9)$$

式中，t 为时间，h。

由于 1kW=102kg·m/s，水体的容重ρ 为 1000kg/m^3，因此变换量纲可得河流水能计算的基本方程式：

$$N_{h1} = \frac{1000}{102} Q H_m = 9.81 Q H_m \qquad (8\text{-}10)$$

$$W_{h1} = N_{h1}t = 9.81 Q H_m \frac{t}{3600} = 0.00272 V H_m \qquad (8\text{-}11)$$

式中，W_{h1} 为河段水流理论发电能量，kW·h；N_{h1} 为河段水流理论出力，kW；V 为水体容积，m^3，$V=Qt$；H_m 为河段落差，m；Q 为河流的常年径流量，m^3/s；t 为时间，s。

水电站水能计算的目的是要确定水电站实际的平均出力和平均发电量，为确定水电站的设计方案及装机容量提供依据。实际出力和发电量需考虑水轮机组、发电机组和传动设备的运行摩擦阻力损失，并加入效率系数η，可按水力发电或水能利用基本方程式（8-12）和式（8-13）计算：

$$N_p = \frac{N_{h1}}{n} = \frac{1}{n} 9.81 \eta Q H_m = 9.81 \eta Q_p H_m \qquad (8\text{-}12)$$

$$W_p = N_p t = 9.81 \eta Q H_m \frac{t}{3600} = 0.00272 \eta V_p H_m \qquad (8\text{-}13)$$

式中，W_p 为水电站平均发电量，kW·h；N_p 为水电站平均出力，kW；V_p 为发电引用平均水体容积，m^3；H_m 为设计发电工作水头，m；Q_p 为 n 个时段发电引用平均流量，m^3/s；n 为计算时段数；η 为水电站机组的工作效率系数，大型水电站一般采用 0.82～0.90。

8.6 水能开发利用过程中的环境问题

水能资源最显著的特点是可再生、无污染。首先，水力是可以再生的能源，能年复一年的循环使用，而煤炭、石油、天然气都是消耗性的能源，随着开采时间的延长，其剩余量将越来越少，甚至完全枯竭。其次，水电的操作、管理人员少，一般不到火电的 1/3 人员，因此运营成本较低，积累多，投资回收快，大中型水电站一般 3～5 年就可收回全部投资。再者，水能没有污染，是一种干净的能源，可按需发电，而且修建的水电站一般都有防洪灌溉、航运、养殖、生态、旅游等综合经济效益，相关工程可同时改善地区的交通、电力供应和经济。可见，开发利用水能对江河的综合治理和综合利用具有积极作用，对促进国民经济发展，改善能源消费结构，缓解由于消耗煤炭、石油资源所带来的环境污染有重要意义，因此世界各国都把开发利用水能放在能源发展战略的优先地位。

我国可开发利用的水能资源潜力很大，水能开发利用的前景较为广阔。虽然水能是清洁能源，但从水能开发利用的全生命周期来看，为开发利用水能而修建水库的过程及水库建成后水轮发电机组运行过程中都会产生环境问题，尤其是对河流流域生态产生严重影响。因此，必须正确分析并认清水库建造过程与建成之后对环境可能造成的影响，才能有针对性地提出防治与保护措施。

8.6.1　水库修建过程中的环境问题

修建水库是水能开发利用的关键。水库的修建在促进水资源开发与水能利用方面具有不可替代的作用，但其所造成的生态环境问题也日益突显出来。

水库建设期间，工程选址、施工占地、工程施工的各环节都会对周边环境产生污染和破坏，从而导致环境问题的发生。水库建设期间环境问题的形成原因及危害如表 8-1 所示。

表 8-1　水库建设期间环境问题的形成原因及危害

环境问题	形成原因	危　害
大气污染	（1）土建施工造成地表裸露而产生扬尘； （2）建筑材料运输和清除垃圾时产生扬尘	（1）影响环境卫生； （2）危害人体健康
土壤破坏	施工使地表裸露，植被破坏	（1）土壤肥力受损； （2）易导致水土流失
水体污染	运输车辆、施工机具的冲洗废水，润滑油、废柴油等油类，泥浆废水以及混凝土保养时排放的废水	（1）污染地表水； （2）污染地下水和土壤
固体废弃物污染	（1）施工人员日常生活产生生活垃圾； （2）施工过程中产生弃土、建筑垃圾	（1）腐烂，影响环境卫生，滋生蚊蝇，传播疾病； （2）破坏地表形态和土层结构，破坏植被
生态平衡破坏	（1）地面施工使地表裸露，植被破坏； （2）截流填坝使水中悬浮泥沙增多	（1）地表植被数量或种类减少，危害野生动物； （2）水的透光性与溶氧能力变差，破坏水生动物的生存空间
噪声污染	人类活动、交通运输工具、施工机械的机械运动	（1）影响人类生活； （2）鸟类数量减少，多样性降低

（1）大气污染

水库（尤其是大型水库）在建设过程中，施工作业面一般较大，施工期间的大量土建工程，如道路修建、炸山取石等，会严重破坏当地的地形地貌，使地表形态和土层结构遭到破坏，造成地表裸露。如果空气过于干燥，当风力较大时，施工现场表层的浮土可能扬起，从而造成大气污染。

另外，在容易产生扬尘的建筑材料的运送过程中，如果没有采取合理的遮盖手段，也容易出现扬尘。清除施工垃圾时也会出现扬尘。这些扬尘也会造成大气污染。

（2）土壤破坏

为了充分利用河流的高差，并降低施工的成本，水库大多选址在河流两侧的山地之间。相对而言，山区的生态环境原本就较为脆弱，而水库施工期间的炸山取石和挖土修路等工程，造成地表裸露，岩层松动，使原本较为脆弱的当地生态遭到严重破坏，在洪水季节易导致水土流失现象发生。另外，施工过程中会导致地表熟土层被破坏，土壤肥力受损，植物生长环境发生变化，影响植物生长，进而影响土壤层的代谢。

（3）水体污染

水库修建的主要目的是截流造坝，其土建工作量非常巨大，建设期间大量运输车辆、施工机具的使用，必然会产生废水。废水主要包括运输车辆、施工机具的冲洗废水，润滑油、废柴油等油类，泥浆废水以及混凝土保养时排放的废水。大多情况下，这些废水都处于无组织排放状态，直接排放会对受纳水体造成严重污染。地表水作为农业生产的主要灌溉水源，一旦污染会直接影响水体的自净作用并造成农作物污染，危害水生生物的生存，有毒有害的污染物质被水生生物吸收后，能在水生生物中富集、残留，并通过食物链带入家畜及人体中，最终危及人体健康。水库大多修建在河流的上游流域，受到污染的地表水会通过河流进一步污染下游河段，使污染面逐渐扩大，危害范围也随之增大。另外，被污染的地表水还会由于渗流作用而导致土壤污染和地下水污染。

（4）固体废弃物污染

修建水库的土建工作量非常巨大，一个水库的修建往往需要大量的人力物力才能完成，因此在水库修建过程会中产生大量的生活垃圾、弃土和建筑垃圾等固体废弃物，从而对当地环境造成严重污染。

生活垃圾在自然条件下较难被降解，长期堆积形成的垃圾山，不仅会影响环境卫生，还会腐烂变质，产生大量的细菌和病毒，极易通过空气、水、土壤等环境媒介而传播疾病；垃圾中的难腐物在自身降解期间会产生水分，径流水以及自然降水也会进入到垃圾中，当垃圾中的水分超出其吸收能力之后，就会渗流到周围的地表水或者土壤中，从而给地表水和地下水带来极大的污染。另外，垃圾在长期堆放过程中会产生大量的沼气，极易引起垃圾爆炸事故，造成极大的损失。

建筑垃圾在自然条件下基本不会降解，长期堆积会破坏地表形态和土层结构，破坏植被。

（5）生态平衡破坏

水库建设过程中，由于取土的需要，局域范围内的表层熟土被大量挖走，不仅降低了土壤的营养物含量，使植物存活困难，而且在挖土过程中极易对植物根系造成毁灭性破坏，导致项目区内植被数量或种类减少；施工会扰乱和破坏野生动物的栖息地、活动区域等。

在截流填坝过程中，大量土石倾入河道，会导致一定水域内悬浮泥沙含量大幅增加，使藻类等植物的光合作用减弱，改变河道内底栖生物的生存环境，破坏水生动物的生存空间。

（6）噪声污染

水库修建工期一般较长，在修建过程中，人类活动、交通运输工具和施工机械的运行都会产生不同程度的噪声，这些噪声会对野生动物造成惊扰，并对邻近的鸟类栖息地和觅食的鸟类产生一定影响，导致施工区域及周边区域中分布的野生动物与鸟类的数量减少、多样性降低。与此同时，施工过程中产生的振动和噪声对水生生物也会产生一定的影响，如对亲鱼培育产生严重影响，造成出苗率低、畸形苗多等问题，但目前尚未见深入的科学研究方法和可信的科学结论。

8.6.2 水库建成后的环境问题

建国以来，我国逐步建设了大量水库和枢纽。至2018年底，我国已建成水库9.9万座，在流域主要干、支流形成了规模庞大的水库群。通过水库调度，充分发挥了防洪、供水、发电、灌溉、航运、生态等综合效益，但水库蓄水后对水文情势、水环境、水生态、河流形态、区域气候等亦产生了一定影响，如表8-2所示。

表 8-2　水库建成后环境问题的形成原因及危害

环境问题	形成原因	危　害
影响流域水文情势	对水流造成阻隔，库区内水位上升，水域面积增大	下泄流量、水位等发生变化，原有天然河道水流特性基本丧失
	地下水补、径、排关系发生变化	地下水位上升，引发次生盐碱化
影响流域水环境	水库底物发生厌氧分解，水体透明度增加	库区藻类植物增加，水体富营养化
	水库蓄水后改变水动力特性	水库水体盐分上升
	水库蓄水改变地下水水质	地下水污染
影响流域生态及生境	阻断鱼类洄游通道	影响水生生物繁殖，导致种群减少
	部分生物（如钉螺）栖息地点增加	地区性疾病（如血吸虫病）蔓延
影响河流形态	泥沙沉积	下游河道受到冲刷
水库淹没及移民	水库蓄水淹没影响	文物等搬迁以及移民安置问题
影响区域气候	裸地或植被地表改为水面，改变表面的反射率和表面糙率	温度、降水、湿度、辐射、雾、风等变化

（1）对水文情势的影响

水库建成后对水流造成阻隔，使库区内水位显著上升，水域面积增大，水深加深，水流变缓，从而使库区从天然河道转为人工缓流型湖库，并对水库下游水文情势产生一定影响，包括下泄流量、水位变化等。受水库调节作用，下游河道水位及流量基本受人为控制，原有天然河道水流特性基本丧失。水库建成后与上下游已建水库形成水库群，水库群联合调度使径流过程趋向均匀，进而对河流水文情势产生一定影响。

另外，因流域内地表水和地下水存在密切水力关系，拦河筑坝使下游区域地下水补给减少。但与此同时，水库满足受水区内供水，从而使地下水开采量逐渐减少，地下水位出现回升。因此，不同区域地下水位变化呈现不同特征。此外，水库蓄水导致库区附近区域地下水位升高，使地下水补、径、排关系发生变化，导致排水不畅，从而出现盐碱化等现象。

（2）对水环境的影响

水库建设后，库区水体流速明显减小，悬浮物浓度明显降低，水体透明度升高。库区水流减缓不利于污染物扩散，局部水域污染物浓度将有所升高。受水库回水顶托影响，支流回水区末端形成水流相对静止的库湾，导致水体失去自净能力，从而可能发生富营养化。多座水库将产生累积影响，对局部河段产生不利影响。沉积在库底的有机物不能充分氧化而处于厌氧分解，致使水体 CO_2 含量明显增加；而且由于库内水流速度减小，会增加其透明度，利于藻类进行光合作用，导致藻类大量生长。同时，水库蓄水后，长期的蒸发使水量降低，盐分累积导致水库水体盐分上升，下渗后和地下水交汇使盐分升高。另外，水库运行期间地下水水位升高，包气带空间缩小，而饱水带空间增大，使包气带中存在生活垃圾、工业垃圾和建筑垃圾等人工回填废弃物。当水位上升后便与地下水进行直接接触，一定程度上对地下水产生污染。

能源环境工程

（3）对流域生态及生境的影响

水库蓄水过程中，难免占用河道周边一定范围土地，影响原有生态系统，使部分陆生植物生存地受到影响，栖息地自然生境遭到破坏。大坝建成后，阻隔了鱼类洄游通道，影响了水生生物的生活环境，直接影响水生物种的后代繁殖。由于上游水域面积扩大，可能使某些生物（如钉螺）栖息地点增加，为一些地区性疾病（如血吸虫病）蔓延创造了条件。另一方面，因修堤筑坝等工程建设，使洪泛区湿地景观显著减小、生物多样性缩减等。另外，大量砂石被水库大坝拦截，使河床底部无脊椎动物丧失生存环境。此外，水库水温分层现象导致水库下泄低温水，可能使河道中鱼类产卵期推迟，影响鱼类发育，甚至可能形成新的水生生态系统，影响原来生态系统的水生生物。

（4）对河流泥沙及自身形态的影响

水库建成初期，泥沙沉积在水库死库容内，使下泄河水含沙量远小于挟沙能力，造成下游河道冲刷。如果淤积中含有重金属、有毒物质，将会形成二次污染源。以三峡大坝为例，大坝修建成后，下游河床淤积明显降低，冲刷效果日益突出，对护岸工程也造成了一定的影响。特别是下游荆江河段，分流分沙量逐渐减少，以致使监利站的年均流量由 $10100\mathrm{m^3/s}$ 增大到 $13000\mathrm{m^3/s}$，河床冲刷和局部河势的调整将会对两岸岸线和护岸工程的结构稳定带来严重的影响。

（5）水库淹没及移民的影响

水库建成后，受水库蓄水和回水等影响，区域内土地、林场、矿产资源、居民点、城市集镇、工矿企业、交通线路、文物古迹等均可能淹没；同时，库岸受风浪冲击、水流侵蚀，以及岩石抗剪强度减弱及水位涨落引起库岸地下水动水压力变化影响，易发生坍塌、滑坡等问题，相关受影响的居民点、集镇、企业、交通线路和文物古迹等需要搬迁，将涉及到移民安置问题，社会影响较大。

（6）对区域气候的影响

水库建成蓄水对库区和库周局地气候产生一定影响。首先裸地或植被地表改为水面之后，将显著改变表面的反射率和表面糙率，进而影响区域热循环和风速。其次，下垫面由热容量小的陆地变为热容量大的水体后，引起区域温度变化。通常，春季气温回升，水体升温要吸收大量热量，使库周升温较慢，夏季气温变低。秋冬季节气温下降，水库储存大量热量，水温下降比气温缓慢，水体在降温过程中向大气以潜热和显热的形式输送大量热量，使空气增温，使得冬季气温变高。另外，大面积水体通常改变邻近区域降水空间分布，空气湿度将有所增加，稍有辐射降温，空气便达到饱和产生凝结，可能增多大雾日数。另外由于水库气温与陆地气温的热力差异，使水域沿岸形成"水陆风"。白天水面温度低于陆地，产生指向陆地的气压梯度，风由水库吹向沿岸；夜间相反，风由陆地吹向水面，形成风向日变化。由于水面光滑，摩擦力小，风从陆面吹向水面时，风速会增大。

8.7　水能开发利用过程中环境问题的对策

由上节可知，虽然水能是清洁能源，但从水能开发利用的全生命周期来看，为开发利用水能而修建水库的过程及水库建成后水轮发电机组的运行过程都会产生环境问题。因此，必须正确分析并认清水库建造过程与建成之后对环境可能造成的影响，才能有针对性地提出防治与保护措施。

8.7.1　水库修建过程中环境问题的对策

由表 8-1 可知，水库修建过程中产生的环境问题主要是大气污染、土壤破坏、水体污染、固体废弃物污染、生态平衡破坏和噪声污染，各环境问题产生的原因各不相同，因此，应针对各自的形成原因，针对性地采取控制措施，以将其对环境的影响降至最低。

（1）大气污染控制

水库修建过程造成大气污染的主要原因是各种扬尘，包括施工导致现场植被破坏和土壤裸露的扬尘；建筑材料运送和施工垃圾清运时产生的扬尘。为控制施工过程中各种扬尘对环境的影响，应对施工场地进行合理的规划控制，尽量采用滚动施工以减少施工占地，并在施工过程中采取不间断洒水的方法避免扬尘；增大对地表植被的保护，减少地表裸露面积。在运送建筑材料和清理施工垃圾时，应先洒水抑尘，减少清运过程的扬尘；在装车后，尽量覆盖防尘网或篷布，减少运输过程的扬尘。

（2）土壤破坏控制

水库修建过程造成土壤破坏的原因是各施工环节对土壤的扰动，造成地表裸露，植被破坏，土壤结构破坏，在洪水季节易导致水土流失发生。为减缓施工过程对土壤的破坏，应采用先进技术和设备，尽量减少施工占地面积；采取积极有效的措施，对施工结束区域进行表层熟土回填，努力恢复土壤结构，以保证土壤内部的营养含量，并尽量移栽易活植物，实施土壤保持；对施工活动中所产生的建筑废料进行清理，避免因这些材料的难降解性对土壤造成影响。

（3）水体污染控制

水库修建过程导致水体污染的原因是各种废水的无序排放。要防止或减缓废水对水体的污染，就需对生产中产生的各类排水实现组织排放，在施工现场设置沉淀池等，沉淀后回用于生产；对于无法重复使用的废水应进行分类收集、集中处理，使其达到排放或回用标准。

（4）固体废弃物污染控制

水库修建过程造成固体废弃物污染的原因是施工人员产生的生活垃圾和施工过程产生的弃土和建筑垃圾。由于水库的建设期一般较长，生活垃圾的产生量非常大，因此在建设期间应设置垃圾处理设施，对产生的生活垃圾进行无害化与稳定化处理，缓解其对环境造成的破坏。对于生产过程中产生的弃土或建筑垃圾，应及时清运至指定地点分类堆放，并根据大坝修建的需要实现资源化利用。

（5）生态平衡保护

为尽量减少水库修建对生态平衡的破坏，在进行陆上作业时，应合理规划施工程序，应尽量减少占地；实行滚动式开发，将占地面积缩小至最低限度；积极开展绿化工作，注意施工后的地表修复和绿化；在工作空间内，种植草坪和树木可起到美化环境和保护土壤结构的双重作用。

对于水下作业，应尽量减少施工对水体的扰动，降低水中泥沙的量。

（6）噪声污染控制

在水库修建过程中，大量运输车辆和施工机械产生的噪声是形成噪声污染的主要原因。由于水库的施工期较长，应采取必要的防噪、减噪、隔噪措施，尽量减少减轻施工中的振动

和摩擦，以降低噪声污染对环境的影响。

综上所述，对于水库修建过程产生的环境问题，可采取表 8-3 所示的各种对策，尽量降低各环境问题导致的不良影响。

表 8-3　水库修建过程中环境问题的形成原因及对策

环境问题	形成原因	对　　策
大气污染	土建施工造成地表裸露而产生的扬尘	（1）减小施工占地； （2）施工期间不间断洒水抑尘
	建筑材料运输和清除垃圾产生的扬尘	清理前洒水抑尘，运输中覆盖防尘
土壤破坏	施工使地表裸露，植被破坏	（1）减少占地，保护地表植被； （2）挖土定点堆放，施工结束后熟土回填； （3）及时清理建筑垃圾
水体污染	运输车辆、施工机具的冲洗废水，润滑油、废柴油等油类，泥浆废水以及混凝土保养时排放的废水	（1）组织排放，回用于生产； （2）分类收集，集中处理，达标排放或回用
固体废弃物污染	施工人员日常生活产生的生活垃圾	对生活垃圾进行无害化和稳定化处理
	施工过程中产生的弃土、建筑垃圾	建筑垃圾清运至指定地点，根据情况实现资源化利用
生态平衡破坏	（1）地面施工使地表裸露，植被破坏； （2）截流填坝使水中悬浮泥沙增多	（1）规划施工程序，减少占地，施工后地表修复； （2）尽量减少施工对水体的扰动
噪声污染	人类活动、交通运输工具、施工机械的机械运动	采取防噪、减噪、隔噪措施

总体上讲，为了尽量降低修建水库对环境的影响，水库修建过程应遵循如下原则。

① 做好保护规划，落实保护措施。修建水库可以防洪、发电，也可以改善水的供应和管理，增加农田灌溉，但同时也有不利之处，如受淹地区城市搬迁、农村移民安置会对社会结构、地区经济发展等产生影响。如果整体、全局计划不周，社会生产和人民生活安排不当，还会引起一系列的社会问题。另外，自然景观和文物古迹的淹没与破坏，更是文化和经济上的一大损失，应当事先制定好保护规划和落实保护措施。

② 从生态环境角度出发完善水库施工管理制度。水库施工，首先要选用绿色环保的施工材料，施工中产生的废弃物要经过处理再排放，保证废弃物的排放在国家规定的标准范围内，对生态进行有效保护，保持生态环境的自运行和恢复能力。施工过程中以及施工完毕后，需要长期对当地以及全流域的生态环境做跟踪监测，及时反馈信息，及时解决发现的问题，通过各种手段保护生态环境。

③ 从生态环境角度出发落实水利工程施工监控工作。建立科学完善的环境管理制度，严厉打击环保超标的施工行业，无论多大的工程，一旦施工环保超标，必须停工整改，严格检查污物物和废弃物的排放，超标污染物和废弃物要回收处理再排放，一旦发生违规排放，要严厉处罚，提高环境破坏成本。

④ 提高生态环境的承载能力。为尽量减少水库修建给生态环境带来的影响，一方面要尽可能做好各个环节的施工管理工作，另一方面要提高生态环境的承载能力。水库修建过程中，改变河流径流以及水文条件前，要保证河流自身的需水量，保证不给河流生态环境带来影响。这就需要做到因地制宜，建设之前要充分做好论证分析工作，对水库的承载能力进行深入研究，确定最佳的建设规划。

⑤ 加强对施工现场的管理。要想最大程度上降低施工过程中对环境产生的污染和对环境的影响，要尽量制定出合适的解决方案和改善对策。监督管理者需要加强监督力度，学会

应用科学的方法严格对施工进行管理，加强施工工作者对环境保护的认识程度，科学控制好废弃物、垃圾以及污水等工业废物。合理科学安排生产设备及施工材料的放置保存，更加有效地避免出现噪声污染，严格控制与保护施工周围环境的水土资源，保证水库工程的社会效益最大化，实现社会效益、经济效益和环境效益的共赢。

8.7.2　水库建成后环境问题的对策

针对大型水库建成后可能产生的主要不利影响，通过采取表 8-4 所示对策措施，减缓不利影响。

表 8-4　水库建成后环境问题的形成原因及对策

环境问题	形成原因	对　策
影响流域水文情势	对水流造成阻隔，库区内水位上升，水域面积增大	（1）划分事权，落实以行政首长负责制为核心的水库安全责任制； （2）形成多层次、多元化的水库运行管理机制； （3）强化水资源统一调度与管理
	地下水补、径、排关系发生变化	
影响流域水环境	水库底物发生厌氧分解，水体透明度增加	（1）强化水资源统一调度与管理； （2）加强生态流量管控； （3）完善生态补偿机制
	水库蓄水后改变水动力特性	
	水库蓄水改变地下水水质	
影响流域生态及生境	阻断鱼类洄游通道	（1）增殖放流； （2）恢复栖息地生态环境
	部分生物（如钉螺）栖息地点增加	
影响河流形态	泥沙沉积	开展水库环境影响评价后评估，及时解决有关问题
水库淹没及移民	水库蓄水淹没影响	维护水库移民合法权益，保护移民及当地居民的人群健康
影响区域气候	裸地或植被地表改为水面，改变表面的反射率和表面糙率	加强完善库区气象要素监测站网，加强气象要素监测。

（1）合理划分事权，落实水库运行管理责任

水库建设涉及经济、社会、资源、环境等重大问题，是关系国计民生的重要基础设施，应合理划分事权，逐级落实责任，落实以行政首长负责制为核心的水库安全责任制，确保水库安全、高效运行。建立健全水库运行管理机构，落实管护责任和运行管理维护经费，确保工程良性运行和效益发挥。针对大型水库建设项目普遍具有社会公益性较强、投资较大、财务收益较低的特点，明确政府与市场、中央与地方的权责。合理确定供水水价、上网电价，提高工程收益，积极发挥市场作用，拓宽投融资渠道，形成多层次、多元化的运行管理机制。

（2）强化水资源统一调度与管理

通过水库调度可调节下游河道水量，改善下游河道生态环境状况。首先，将水库群水资源统一调度纳入流域远长期规划管理，按照 "径流情景-需求预测-规划调度-方案评估-反馈修正" 的技术构架，进行不同径流情景下的规划调度方案制定，使流域梯级水资源调度规范化、标准化。其次，完善梯级水库群水资源统一调度管理体制，在流域层面建立水库统一调度的管理机构，健全技术协调、利益补偿、信息共享、公众参与和风险控制等的水资源统一调度运行机制。最后，建立梯级水库群水资源分级分类管理体系，落实梯级水库群水资源统一调度主体责任，并健全水量调度等相关法律法规，从流域整体出发减缓梯级开发影响。

（3）加强生态流量管控，完善生态补偿机制

注重维护河流良好的水生态系统，处理好经济社会发展与水资源和水环境承载能力的关系，工程可行性研究阶段和水库工程调度运行方案中均应统筹考虑水库下泄河流生态用水，保证河道生态基流，最大程度地降低工程对生态环境的不利影响。同时，应在工程底部设置放水设备，确保机组全部停机时也能下泄最低生态流量，同时确保下游河段需水。另外，为协调兴利与生态环境保护，需要局部利益服从整体利益，短期利益服从长期利益，应对受损方建立生态补偿机制，明确补偿情况界定、补偿原则、补偿标准、补偿制度及其实施方式等。

（4）做好增殖放流，恢复栖息地生态环境

流域梯级开发中应加强水生生物栖息地、产卵场保护和相关自然保护区的管理，完善管理机构和管护设施，禁止保护区内水能资源开发。同时，恢复和保护水生生物和珍稀水生物种及其栖息地、产卵场，对栖息场所或生存环境受到严重破坏的珍稀濒危水生野生物种，应采取迁地保护措施。根据不同流域生态特点开展增殖放流工作，制定增殖放流活动的管理规范，明确放流种类、数量、规格和放流时间，增加流域生物多样性。针对鱼类生态习性及水力条件，因地制宜修建鱼道或升鱼机等过鱼设施。建立水生生物多样性及生物资源监测预警体系，开展水生生物多样性监测，对流域珍稀水生物的种群结构特征等定期调查。

（5）注重生态环境保护，严格水库环境影响评价后评估

水库建设均应编制水土保持及环境影响评价报告，对水库可能产生的环境影响进行剖析、预测和评估，提出预防或减轻减缓不良影响的对策和办法。同时需配套建造的水土保持、环境维护设施。在水库建成后，应开展水库环境影响评价后评估，对水库建设运行的不利影响及其减缓对策措施效果进行评估，对比项目决策初期效果与实施结果，评估环境影响减缓对策的有效性，进一步改进水库生态环境保护措施，对不符合国家和当地环境规划、保护目标、环境标准，以及相关设施运行不完善或不达标的，应给予暂停发电上网、缴纳罚金等处罚，切实处理好工程建设与生态环境保护的关系。

（6）统筹库区经济社会发展，确保移民安置长治久安

优化工程布局和方案，控制占地规模，尽可能减少移民人数。对于水库建设产生的移民问题，坚持以人为本，严格按照法律法规和政策，维护水库移民合法权益；维护库区内少数民族文化习俗和宗教信仰；尽量避让或减少规划实施对重要矿产资源的压覆影响；保护景观文物，避让或减少对景观文物的破坏。要把群众是否满意、社会是否稳定作为工作成效的标准，确保库区和移民安置区社会长治久安。发电效益较好的水库，可用发电效益对移民进行长效补偿。

（7）做好调查评价与监测，确保工程运行安全

重视生态环境现状调查，尤其是珍稀生物生境、生物多样性保护关键地区等生态环境敏感区（点）的调查，深入了解珍稀生物的生态习性以及影响珍稀生物的控制性因素，系统分析水库建设对环境敏感区的影响。加强水库建设可能影响的重要生态环境敏感区水生态环境的监测、环境风险评价和地质灾害危险评估，及时采取相应的对策措施。针对可能发生的环境风险问题，制定突发环境事件的风险应急管理措施。将大坝安全监测与水质监测及预警预报系统有机结合，制定防范预案。同时，加强完善库区气象要素监测站网，全面掌握水库区域气候效应机制。

总体上，通过强化水库运行管理、推进水资源统一调度、落实环评后评估、开展调查评价和监测等综合措施减缓水库建成后的环境影响，实现资源开发与经济社会协调发展。

参考文献

[1] 李海涛，陈志成，郎黎明. 龙头桥水库工程对局地气候的影响 [J]. 黑龙江水利科技，2006，34（1）：41-42.

[2] 张建云，王国庆. 气候变化与水库大坝安全 [J]. 中国水利，2008（20）：17-19.

[3] 王卫. 水库对河流生态系统的影响——以大凌河白石水库为例 [D]. 北京：中国人民大学，2008.

[4] 吴隆杰. 基于渔业生态足迹指数的渔业资源可持续利用测度研究 [D]. 青岛：中国海洋大学，2006.

[5] 王祎萍，吴保德，贾三满，等. 南水北调工程对北京地区生态环境变化的影响研究 [J]. 青岛：中国地质灾害与防治学报，2009（02）：74-79.

[6] 袁啸，铁柏清，陈喆，等. 长沙水利枢纽工程蓄水前湘江长沙段水质评价 [J]. 水资源保护，2012，28（03）：59-63.

[7] 夏玲玉. 丹江口水库库湾水体氮磷对景观背景的响应 [D]. 武汉：华中农业大学，2017.

[8] 丁胜祥，陈桂亚，宁磊. 长江流域控制性水库联合调度管理研究 [J]. 人民长江，2014，45（23）：6-10.

[9] 王波，黄薇. 国内外流域管理体制要点及对长江生态管理启示 [J]. 人民长江，2010，41（24）：13-16.

[10] 王国庆，张建云，贺瑞敏，等. 三峡工程对区域气候影响有多大 [J]. 中国三峡，2009，16（6）：30-35.

[11] 赵越，周建中，许可，等. 保护四大家鱼产卵的三峡水库生态调度研究 [J]. 四川大学学报（工程科学版），2012，44（4）：45-50.

[12] 郑章荣. 回顾性环境影响评价的特点及方法 [J]. 中国科技博览，2009，28：206-207.

[13] 卿足平. 四川水电工程建设对水生生物资源影响及保护措施探讨 [J]. 中国水产，2008，(05)：12-14.

[14] 邹家祥，李志军，刘金珍. 流域规划环境影响评价及对策措施 [J]. 水资源保护，2011，27（05）：7-12.

[15] 罗小勇，傅慧源，李斐，等. 长江流域综合规划的实施对流域环境影响概述 [J]. 人民长江，2013，44（10）：96-100.

[16] 徐志，马静，贾金生，等. 水能资源开发利用程度国际比较 [J]. 水利水电科技进展，2018，38（1）：63-67.

[17] 叶舟. 水能资源优化配置机理研究 [M]. 北京：中国水利水电出版社，2017.

[18] 顾永和，席静，王静，等. 水能资源利用技术的研究综述 [J]. 山东化工，2019，48（1）：53，64.

[19] 石品，眭辉锁，王伟，等. 浅议水能资源的利用 [J]. 建筑工程技术与设计，2018（14）：4772.

[20] 顾圣平，田富强，徐得潜. 水资源规划及利用（第二版）[M]. 北京：中国水利水电出版社，2016.

[21] 陈贺，冯程，杨林，等. 水能资源开发适宜性评价 [M]. 北京：化学工业出版社，2015.

[22] 钱伯章. 水力能与海洋能 [M]. 北京：科学出版社，2010.

[23] 张超. 水电能资源开发利用 [M]. 第 2 版. 北京：化学工业出版社，2014.

[24] 曾宪强，毋光荣，郭玉松. 水利水电工程物探技术应用与研究 [M]. 郑州：黄河水利出版社，2010.

[25] 夏可风. 2013 水利水电地基与基础工程技术 [M]. 北京：中国水利水电出版社，2013.

[26] 沈振中，王润英，刘晓青，等. 水利工程概论 [M]. 北京：中国水利水电出版社，2011.

[27] 李鸿雁，曹永强，王刚，等. 水利水电工程概论 [M]. 北京：中国水利水电出版社，2012.

[28] 邱林，王文川，赵晓慎. 工程水文及水利水电规划 [M]. 北京：科学出版社，2012.

[29] 国网浙江省电力有限公司组编. 水电及新能源调度运行管理 [M]. 北京：中国电力出版社，2018.

[30] 郑洪，艾克明，欧阳福生. 水利水电工程水力设计与研究 [M]. 北京：中国水利水电出版社，2010.

[31] 彭士标. 水力发电工程地质手册 [M]. 北京：中国水利水电出版社，2011.

[32] 李雷，张昌兵，唐巍. 水力发电系统面向对象建模与运行特性分析 [J]. 四川大学学报（工程科学版），2015，47（A1）：24-30.

[33] 汤鑫华. 水力发电的综合利用价值及其评价 [M]. 北京：中国科学技术出版社，2015.

[34] 周昆雄，张立翔，曾云. 长隧道水力发电系统水机电耦联暂态分析 [J]. 水力发电学报，2016，35（2）：81-91.

[35] 贺成龙. 水力发电的能值转换率计算方法 [J]. 自然资源学报, 2016, 31 (11): 1958-1968.

[36] 王兴民. 浅析水力发电的现状及相关技术应用 [J]. 中国科技纵横, 2018 (10): 156-157.

[37] 刘晓能. 水力发电机组的安全稳定运行探讨 [J]. 电工技术, 2018 (12): 50-51, 54.

[38] 张宪林. 浅谈我国水力发电的现状与发展趋势 [J]. 建筑工程技术与设计, 2018 (28): 3540.

[39] 张金凤, 喻德辉, 方玉建, 等. 阿基米德螺旋叶片式水力发电设备简介与展望 [J]. 中国农村水利水电, 2017 (2): 115-119.

[40] 边玉国, 李双科. 蜂窝式水力发电探究 [J]. 水利规划与设计, 2017 (9): 1-3, 10.

[41] 殷桂梁, 张圣明. 微型水力发电机组系统建模与仿真 [J]. 电网技术, 2012, 36 (2): 147-152.

[42] 闫大海. 综述微机继电保护在水力发电中的应用 [J]. 电子世界, 2018 (15): 191, 193.

[43] 何家宁. 水力发电自动化系统存在问题及控制策略 [J]. 大科技, 2018 (19): 119-120.

[44] 何家宁. 水力发电系统设备状态检测的重要性及应用 [J]. 科技创新与应用, 2018 (18): 172-173, 175.

[45] 马洁, 潘孟, 王博. 水力发电自动化系统存在问题及其控制措施 [J]. 建筑工程技术与设计, 2018 (15): 3017.

[46] 赵天明. 微机继电保护在水力发电中的应用 [J]. 通信电源技术, 2018 (4): 127-128, 130.

[47] 李爱丽. 水力发电设备的运行状态故障及检修探索 [J]. 数字化用户, 2018 (26): 61.

[48] 卫成刚. 探究风电、光伏发电与水力发电的结合设计 [J]. 资源节约与环保, 2018 (12): 154-155.

[49] 罗敏. 小型水力发电机组调速系统的研究与设计 [D]. 南昌: 南昌大学, 2015.

[50] 樊世英. 大中型水力发电机组的安全稳定运行分析 [J]. 中国电机工程学报, 2012, 32 (9): 140-148.

[51] 毛霞, 赵爱菊. 水利工程建设对周边环境的影响——以鲁布革水电站为例 [J]. 价值工程, 2018, 37 (4): 182-183.

[52] 罗龙海, 王玮, 陈洋. 大型水电站施工期环境保护与管理——以白鹤滩水电站为例 [J]. 水电与新能源, 2018, 32 (2): 70-74.

[53] 徐欣荣. 水电站建设对水环境的影响及保护措施——以霍山县漫水河水电站为例 [J]. 环境与发展, 2018, 30 (6): 218-219.

[54] 胡晓勤. 六库水电站建设与生态环境保护的关系 [J]. 环境与发展, 2018, 30 (8): 188-189.

[55] 仵西林. 水利工程地下水环境影响评价 [J]. 水能经济, 2018 (1): 83-83.

[56] 祝江. 水库建设对生态环境影响的评价 [J]. 水能经济, 2016 (6): 97, 99.

[57] 宋楠. 张家河梯级水电站建设生态环境影响与对策探析 [J]. 中国水能及电气化, 2016 (5): 33-36.

[58] 朱玲, 周翠红. 能源环境与可持续发展 [M]. 北京: 中国石化出版社, 2013.

[59] 杨天华, 李延吉, 刘辉. 新能源概论 [M]. 北京: 化学工业出版社, 2013.

[60] 卢平. 能源与环境概论 [M]. 北京: 中国水利水电出版社, 2011.

[61] 王浩. 中国水资源问题与可持续发展战略研究 [M]. 北京: 中国电力出版社, 2010.

[62] 杨倩. 水能资源开发与生态环境保护 [J]. 小水电, 2010 (2): 58-61.

[63] 尹明友. 浅议水能资源开发与生态环境保护问题 [J]. 小水电, 2010 (2): 62-65.

[64] 李飞燕, 涂兴怀, 刘永豪. 水利水电工程建设对生态环境影响的分析 [J]. 水利电力科技, 2009, 35 (1): 11-14.

[65] 林海燕. 水利水电工程建设中的生态环境问题探讨 [J]. 物流与采购研究, 2009 (10): 58-59.

[66] 孙宏亮, 王东, 吴悦颖, 等. 长江上游水能资源开发对生态环境的影响分析 [J]. 环境保护, 2017, 45 (15): 37-40.

[67] 张松松. 水力发电对生态环境的影响探讨 [J]. 科学技术创新, 2018 (20): 24-25.

[68] 丁恒, 郭诵忻. 论水力发电对生态环境的影响 [J]. 建筑工程技术与设计, 2018 (22): 4860.

[69] 刘钊. 水力发电工程与环境保护的分析 [J]. 中国科技投资, 2018 (3): 53-54.

[70] 胡志峰, 马晓茜, 李双文, 等. 水力发电技术的生命周期评价 [J]. 环境污染与防治, 2013, 35 (6): 93-97.

[71] 杨梦斐, 李兰. 水力发电的生命周期温室气体排放 [J]. 武汉大学学报 (工学版), 2013, 46 (1): 41-45.

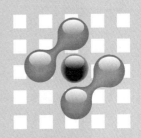

第**9**章 海洋能的开发利用与环境问题及对策

　　海洋能通常是指一种蕴藏在海水中，并通过海水自身呈现的可再生清洁能源，它既不同于海底或海底下储存的煤、石油、天然气、热液矿等海底能源资源，也不同于溶存于海水中的铀、氘等化学能源资源；狭义上，它是潮汐能、波浪能、海水温差能、海（潮）流能和盐差能的统称。更广义的海洋能还包括海洋上空的风能、海洋表面的太阳能以及海洋生物质能等。

　　从成因上看，海洋能是由太阳辐射加热海水、天体（主要是月球、太阳）与地球相对运动中对海水的万有引力、地球自转力等因素的影响下产生的，因而是一种取之不尽、用之不竭的可再生能源。人们在一定的条件下可以把这些海洋能转换成电能、机械能或其他形式的能，供人类使用。开发海洋能不会产生废水、废气，也不会占有大片良田，更没有辐射污染，因此，海洋能被称为 21 世纪的绿色能源，是具有开发价值的能源。

9.1　海洋能的分类及其特点

　　海洋总面积有 $3.61 \times 10^8 km^2$，约占全球总面积的 71%，海洋储水量约为全球总水量的 97%，太阳恩赐给地球的热能大部分都被海水吸收和储存，因此，海洋是最大的太阳能收集器，海水中的海洋能蕴藏量十分巨大。据计算，全世界海洋能的理论可再生量超过 $760 \times 10^8 kW$，其中，温差能约为 $400 \times 10^8 kW$，盐差能约 $300 \times 10^8 kW$，潮汐能大于 $30 \times 10^8 kW$，波浪能约 $30 \times 10^8 kW$。仅 6000 万 km^2 的热带海洋一天也能吸收相当于 2500 亿桶石油热量的太阳辐射能，若将其中的 1%转化为电力，也将有 $140 \times 10^8 kW$ 的装机容量。

9.1.1　海洋能的分类

　　海洋能是海洋本身所具有的能量，其分类方法很多，按能量的储存形式可分为机械能（也称流体力学能）、热能和物理化学能；按能量的表现形式包括潮汐能、波浪能、海流能、温差能、盐差能等，其中海水温差能是一种热能，潮汐能、海（潮）流能、波浪能都是机械能，河口水域的海水盐差能是物理化学能。

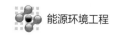

（1）潮汐能

潮汐是地球与月球、太阳做相对运动中产生的作用于地球上海水的引力，使海水形成周期性的涨落潮现象，因海水涨落及潮水流动所产生的能量称为潮汐能，其主要利用方式是发电。全世界海洋的潮汐能约有 $3×10^6$MW，若用来发电，年发电量可达 $1.2×10^{12}$kW·h。我国潮汐能蕴藏量丰富，约 $1.1×10^5$MW，年可发电量近 $2.75×10^{11}$kW·h，其中可开发的约为 $3.58×10^4$MW，年发电量为 $8.70×10^{10}$kW·h。目前世界上最大的潮汐电站是法国的朗斯潮汐发电站，我国的江夏潮汐实验电站为国内最大。我国有 11 个省、市、自治区有潮汐能资源，其中，浙江和福建两省的蕴藏量最大，且港湾地形优越，潮差较大，有利于开发；其他蕴藏量较多的省有山东、广东、辽宁等。

（2）波浪能

波浪能指海洋表面波浪所具有的动能和势能，是由风引起的海水沿水平方向周期性运动所产生的能量。波浪的能量与波高的平方、波浪的运动周期及迎波面的宽度成正比。波浪能的缺点是它是海洋能源中能量最不稳定的一种能源，其优点是资源丰富，例如，大浪对 1m 长的海岸线所做的功，每年约为 100MW。波浪能丰富的欧洲北海地区，其年平均波浪功率密度为 20～40kW/m，我国海岸大部分的年平均波浪功率密度为 2～7kW/m。全球海洋的波浪能达 $7×10^7$MW，可供开发利用的波浪能为 $(2～3)×10^6$MW，年发电量可达 $9×10^{13}$kW·h。我国波浪能约有 $7×10^4$MW，其中浙江、福建和台湾沿海是波浪能丰富的地区。

（3）海水温差能

海水温差能又称海洋热能，是海洋表层海水和深层海水之间水温之差的热能。在热带和亚热带海区，由于太阳照射强烈，海水表面大量吸热，温度升高，而在海面以上 40m 内，90%的太阳能被吸收，所以 40m 水深以下的海水温度很低。热带海区的表层水温高达 25～30℃，而深层海水的温度只有 5℃，表层海水和深层海水之间存在的温差，蕴藏着丰富的热能资源。另外，接近冰点的海水大面积地在不到 1000m 的深度从极地缓缓地流向赤道，这样，就在许多热带或亚热带海区终年形成 20℃以上的垂直海水温差，利用这一温差可以实现热力循环并发电。世界海洋的温差能达 $5×10^7$MW，而可能转换为电能的海洋温差能仅为 $2×10^6$MW。

（4）海（潮）流能

海流能是指海水流动的动能，主要是指海底水道和海峡中较为稳定的流动，以及由于潮汐导致的有规律的海水流动能量。相对于海浪能而言，海流能的变化要平稳且有规律得多。潮流能随潮汐的涨落每天两次改变大小和方向。一般来说，最大流速在 2m/s 以上的水道，其海流能均有实际开发的价值。我国的海流能属于世界上功率密度最大的地区之一，其中辽宁、山东、浙江、福建和台湾沿海部分水道的海流能功率密度为 15～30kW/m²，特别是浙江舟山群岛的金塘、龟山和西候门水道，平均功率密度在 20kW/m² 以上，开发环境和条件很好。

（5）盐差能

盐差能是指海水和淡水之间，或者两种盐浓度不同的海水之间的化学电位能，主要存在于江河入海口含盐量高的海水和江河流的淡水之间。盐差能是海洋能中能量密度最大的一种可再生能源。通常，海水（3.5%盐度）和河水之间的盐差能有相当于 240m 水头的位差能量。这种位差可以利用半渗透膜在盐水和淡水交界处实现，利用这一水位差就可以直接由水轮发电机发电。全世界海洋可利用的盐差能约为 $2.6×10^6$MW。我国盐差能的蕴藏量约为 $1.1×10^5$MW，主要集中在各大江河的出海处。

9.1.2　海洋能资源的特点

蕴藏于海水中的海洋能具有其他能源无法具备的如下特点。

① 能量密度低，但蕴藏量大。海洋能单位体积、单位面积、单位长度所拥有的能量较小，要想得到大能量，就得从大量的海水中获得，但海洋总水体中的蕴藏量巨大。

② 非耗竭、可再生性。海洋能来源于太阳辐射与天体间的万有引力，只要太阳、月球等天体与地球共存，海洋就会永不间断地接受着太阳辐射和月亮、地球的作用，海水潮汐、海流和波浪等运动就会周而复始，永不休止，这种能源就会再生，就会取之不尽，而且海洋能的再生不受人类开发活动的影响，因此不可能耗竭。

③ 能量多变，不稳定，利用较为困难。海洋能有稳定与不稳定能源之分。较稳定的海洋能为温差能、盐差能和海流能。不稳定能源分为变化有规律和变化无规律两种。属于不稳定但变化有规律的海洋能有潮汐能和潮流能。人们根据潮汐与潮流的变化规律，编制出各地逐日逐时的潮汐与潮流预报，预测未来各个时段的潮汐大小与潮流强度。潮汐电站与潮流电站可根据预报表安排发电运行。既不稳定又无规律的是波浪能。

④ 海洋能属于清洁能源。海洋能开发，对环境污染影响很小。海洋能发电不向大气排放有害气体和热，不存在常规能源和原子能发电存在的环境污染问题。

⑤ 开发环境严酷，一次性投资大，转换装置造价高。开发海洋能资源都存在能量密度低、海水腐蚀、海生物附着、大风、巨浪、强流等环境动力作用影响等问题，致使转换装置设备庞大，要求材料强度高、防腐性能好、投资大、造价高，因而开发利用海洋能的技术难度大。现阶段海洋能的利用效率不高，经济性较差。

9.1.3　海洋能开发利用的意义

海洋能的开发技术就是利用海洋的潮汐能、波浪能、海流（潮流）能及温差能等，使其发生转换进行发电或产生热力的技术。20 世纪 70 年代，人们认识到，矿物燃料开始枯竭，开发新能源已经刻不容缓。除了核能与太阳能外，海洋能的开发与利用引起了世界各国的普遍关注。从 20 世纪 80 年代以来，不少工业发达国家都在积极研究开发海洋能源，不同形式的能量有的已被人类利用，有的已列入开发利用计划。

在《联合国气候变化框架公约》以及哥本哈根世界气候大会的背景下，我国政府于 2009 年 11 月 25 日率先公布了控制温室气体排放的行动目标，即到 2020 年单位国内生产总值的二氧化碳排放比 2005 年下降 40%～50%，并将其作为约束性指标纳入国民经济和社会中长期发展规划，制定了新能源和可再生能源产业发展规划，制定并颁布了《中华人民共和国可再生能源法》。开发利用海洋能是实现这一行动目标的重要途径之一。初步估计，我国近海海洋能理论装机容量的总和超过 27.5 亿千瓦，是 2009 年我国电力总装机容量的 3 倍。海洋能的开发利用可有效缓解东部沿海特别是海岛地区的能源紧缺问题，对于优化我国能源结构、促进清洁能源开发、应对气候变化、发展低碳经济等具有重要意义。

生产电力的发电方式主要包括潮汐能发电、波浪能发电、潮流能发电和温差能发电等。在开发潮汐能、波浪能等海洋能方面，欧洲各国走在了世界前列。

9.2　潮汐能发电技术

潮汐是指海洋水体在太阳、月亮等天体引力的作用下而产生的一种周期性的海水自然涨

落现象。海水的垂直涨落运动称为潮汐，海水的水平运动称为潮流。人们通常把潮汐和潮流中所包含的机械能统称为潮汐能。

由于电能具有易于生产、便于传输、使用方便、利用率高等一系列优点，因而利用潮汐的能量来发电目前已成为世界各国利用潮汐能的基本方式。潮汐发电是海洋能发电的一种，是海洋能利用中发展最早、规模最大、技术较成熟的一种。

9.2.1　潮汐能发电技术的原理

潮汐能发电是利用潮水涨、落产生的水位差所具有的势能来发电的，其发电原理与一般的水力发电差别不大。从能量转换的角度来说，潮汐能发电首先是把潮汐的动能和位能通过水轮机转变成机械能，然后再由水轮机带动发电机，把机械能转换为电能。具体来说，潮汐能发电就是在海湾或有潮汐的河口建一个拦水坝，把靠海的河口或海湾同大海隔开，造成一个天然的水库，在大坝中间留一个缺口，并在缺口中安装上水轮发电机组，在涨潮时，海水从大海通过缺口流进水库冲击水轮机旋转，从而带动发电机发电；在落潮时，海水又从水库通过缺口流入大海，从相反的方向带动发电机组发电。这样，海水一涨一落，电站就可源源不断地发电。潮汐发电的原理如图 9-1 所示。

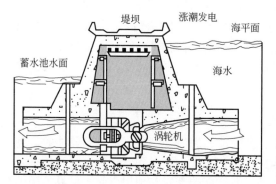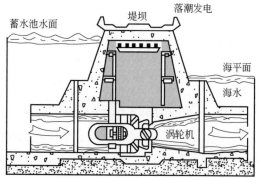

图 9-1　潮汐发电的原理图

潮汐能发电技术的优点主要有：

① 潮汐能是一种清洁、不污染环境、不影响生态平衡的可再生能源。

② 它是一种相对稳定的可靠能源，潮汐的涨落具有规律性，可以做出准确的长期预报，很少受气候、水文等自然因素的影响，因而供电量稳定可靠，可长年发电。

③ 潮汐发电不需要淹没大量农田构成水库，因此不存在人口迁移、淹没农田等复杂问题。

④ 潮汐电站不需要筑造高大水坝，即使发生地震等自然灾害，水坝受到破坏，也不至于对下游城市、农田、人民的生命财产等造成严重的灾害。

⑤ 潮汐能开发是一次能源和二次能源相结合，不消耗化石燃料，不受一次能源价格的影响，而且运行费用低，是一种经济能源，但也和河川水电站一样，存在一次投资大等特点。

⑥ 机组台数多，不需要设备用机组。

9.2.2　潮汐能发电的方式

潮汐能发电是利用水的能量使水轮发电机发电，问题是如何利用海潮所形成的水头和潮流量去推动水轮发电机运转。潮汐流量虽然很大，但它的水头很低，所以发电机的转速并不高，因此，用于发电的潮汐必须是幅度足够大（至少要几米高），海岸边地形必须能储蓄大量的海水，并可以进行土建施工的地方。

潮汐能发电按能量形式的不同可分为两种：一种是利用潮汐的动能发电，就是利用涨落潮水的流速直接去冲击水轮机发电；另一种是利用潮汐的势能发电，就是在海湾或河口修筑拦潮大坝，利用坝内外涨、落潮时的水位差来发电。

（1）单库潮汐电站

单库式的潮汐电站是最早出现且简单的潮汐电站，通常这种电站只有一个大坝，其上建有发电厂及闸门，其示意图如图 9-2 所示。

目前，单库潮汐发电站有两种主要的运用方式，即双向运行和单向运行。

1）单库单向式潮汐电站

单库单向式潮汐电站也称单效应潮汐电站，是指电站仅建一个水库调节进出水量，以满足发电的要求，且电站只沿一个水流方向进行发电，通常是单向退潮发电。在整个潮汐周期内，电站的运行按下列 4 个工况进行，如图 9-3 所示。

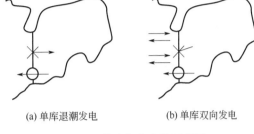

(a) 单库退潮发电　　　　(b) 单库双向发电

图 9-2 单库潮汐电站示意图

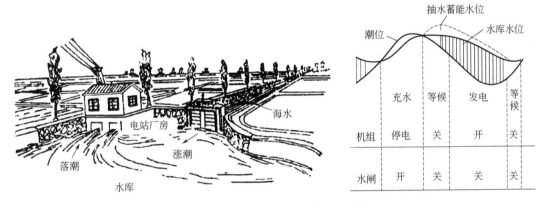

图 9-3 单库单向式潮汐电站的布置及运行工况

① 充水工况：电站停止发电，开启水闸，潮水经水闸和水轮机进入水库，至水库内外水位齐平为止。

② 等候工况：关闭水闸，水轮机停止过水，保持水库水位不变，海洋侧因落潮而水位下降，直到水库内外水位差达到水轮机组的启动水头。

③ 发电工况：开动水轮发电机组进行发电，水库的水位逐渐下降，直到水库内外水位差小于机组发电所需要的最小水头为止。

④ 等候工况：机组停止运行，水轮机停止过水，保持水库水位不变，海洋侧水位因涨潮而逐步上升，直到水库内外水位齐平，转入下一个周期。

这种电站只能在落潮时单向发电，所以每日发电时间较短，发电量较少，在每天有两次潮汐涨、落的地方，平均每天仅可发电 1～2h，潮汐能得不到充分利用，一般电站效率仅为 22%。

单向运行方式也可是涨潮单向发电，但这一方式的发电量比退潮发电的少，因为涨潮发电运行时的库水位上涨速度比退潮发电运行时的库水位下降速度快，因此较少被电站采用。

2）单库双向式潮汐电站

单库双向式潮汐电站也只有一个库，但是在涨潮、落潮时沿两个水流方向均可发电。只是在平潮（即水库内外水位相等）时才不能发电。单库双向式潮汐电站有等候、涨潮发电、充水、等候、落潮发电、泄水 6 个工况。其电站布置及运行工况如图 9-4 所示。

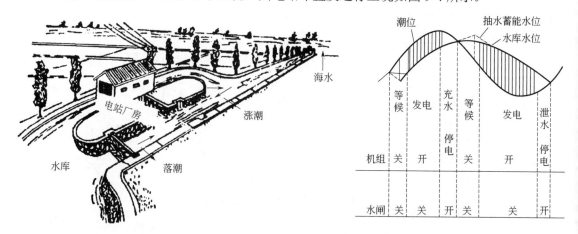

图 9-4　单库双向式潮汐电站的布置及运行工况

（2）双库式潮汐电站

为了克服单库方案发电不连续的问题，采用双库方案。双库方案有两种，即双库连接方案和双库配对方案，如图 9-5 所示。

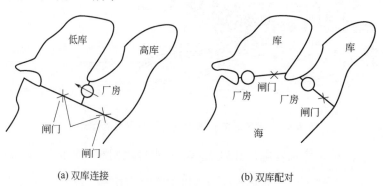

(a) 双库连接　　　　　　　　(b) 双库配对

图 9-5　双库式潮汐电站示意图

双库式潮汐电站连接方案如图 9-5（a）所示，两库之间建发电厂，一个水库设有进水闸，仅在潮位比库内水位高时引水进库；另一个水库设有泄水闸，仅在潮位比库内水位低时泄水出库。这样，前一个水库的水位便始终较后一个水库的水位高，因此前者称为上水库或高水位库，后者则称为下水库或低水位库。水轮机进水侧在高水位库，出水侧在低水位库，其电站布置及运行工况如图 9-6 所示。

为了增加发电量，应选两库中较小的一个为高位水库。高位水库闸门在高潮位时打开，让潮水进入，以保持其高水位；当海潮由高潮位下落至一定值时，此闸门关上，防止库水流出。这样，高水位库与低水位库之间终日保持着水位差，水流即可终日通过水轮发电机组不间断地发电。这种形式的电站需建 2 座或 3 座堤坝、2 座水闸，工程量和投资较大，但由于可连续发电,因此其效率较单库单向式潮汐电站要高 34% 左右。此外,这种电站易于和火电、水电或核电站并网,进行联合调节。

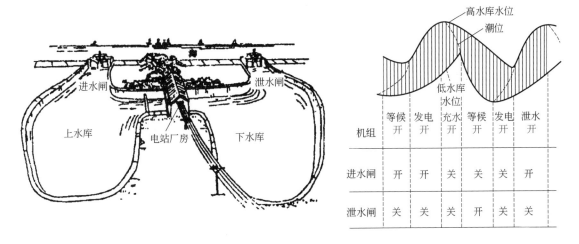

机组	等候开	发电开	充水开	等候开	发电开	泄水开
进水闸	开	开	关	关	关	开
泄水闸	关	关	关	开	关	关

图 9-6 双库单向式潮汐电站的布置及运行工况

双库式潮汐电站配对方案如图 9-5(b)所示。双库配对方案的实质就是将两个单库电站配对使用,相互补充,克服单库电站的缺点。由于灵活性是这一方案的主要优点,因此参加配对的两个电站应设置为双向运行方式。根据电网需求的不同,配对的方式有多种。

(3)发电结合抽水蓄能潮汐电站

为了使涨潮进水时获得更高的库水位,可以采用泵水的方法,即在海潮位达到最高而又未开始进行退潮正向发电之前,用泵从海侧向库侧泵水,使库位进一步提高,以增加退潮时的发电量。虽然泵水需要耗电,但由于泵水时的扬程低于发电时的落差,发电量比耗电量多,所以此法是有利的。另外,水位的提高有利于增强电站的灵活性,延长发电时间。若泵水功能由水轮机来完成,即选用多工况水轮机,如法国朗斯潮汐电站所用的 6 工况水轮发电机(双向发电、双向泵水、双向泄水)运行起来较方便,且可减少大坝费用。具体做法如下:

① 对于单向发电,涨潮时开闸进水;平潮时将水抽入水库,这时是低水头抽水,耗电小;落潮时放水发电,因增加了有效水头、水量,发电量得到了提高。

② 对于双向发电,涨潮时进水发电;平潮时将水抽入水库,以增加出水发电的有效水头;落潮时放水发电,泄水完毕时将水库内残存的水往海中抽,以增加进水发电的有效水头,这时也是低水头抽水,耗电省。

以上形式的电站各有特点和利弊,在建设时,要根据当地的潮型、潮差、地形、电力系统的负荷要求、发电设备的组成情况以及建筑材料和施工条件等技术经济指标综合进行考虑,慎重加以选择。

9.2.3 潮汐电站的组成

潮汐电站是由几个单项工程综合而成的建设工程,主要由拦水堤坝、水闸和发电厂三部分组成。有通航要求的潮汐电站还应设置船闸。

(1)拦水堤坝

拦水堤坝建于河口或港湾地带,用来将河口或港湾与外海隔开,形成一个潮汐水库。其

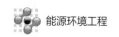

作用是利用堤坝构成水库内、外的水位差，并控制水库内的水量，为发电提供条件。堤坝的种类繁多，按所用材料的不同可分为土坝、石坝和钢筋混凝土坝等。近年来，利用橡胶坝的结构形式和采用爆破方法进行基础处理的施工方法日渐增多，取得了较好的效果。

1）土坝

土坝分为单种土质坝和多种土质坝两种。单种土质坝施工比较简单，但如果单种土数量不够，就只能采用多种土料。如果单种土壤是非黏性土，阻水性能差，则必须在坝内筑一道黏性土壤的心墙，以起到挡水的作用。如果坝建于非黏性土壤的基础上，还应在心墙之外再设置板桩或深的齿墙，使之与不透水的黏土层或岩石层连接，以达到从上到下都起挡水作用的目的。如不透水层很深，则可将隔水墙沿坝的上游坡脚向上游方向水平延伸，以增强坝的阻水能力。土坝可以采用当地的土料，结构简单，投资较少，对地基要求不高，岩基和土基均能适应，但在雨期长的地区则施工比较困难。土坝的横断面如图 9-7 所示。

2）石坝

石坝分为堆石坝和干砌石坝两种。堆石坝横断面示意图如图 9-8 所示。

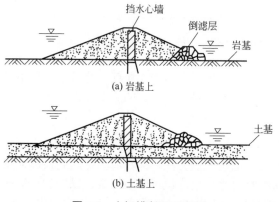

图 9-7 土坝横断面示意图

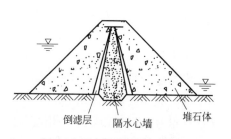

图 9-8 堆石坝横断面示意图

堆石坝的横断面和土坝差不多，也是靠堆石的自然坡度来维持稳定。断面的两边是用不同大小的石块堆积而成的，以使坝体稳定。坝的中间要设置隔水心墙，或设置沿上游边坡倾斜的隔水墙。隔水墙有的由混凝土或钢筋混凝土建造，也有的由黏土填筑而成。采用黏土隔水墙时，应在墙的上、下游两面均设置颗粒由小到大分层排列的倒滤层，以防止黏性土壤颗粒被渗水冲走。当堆石坝较高时，要求应有岩石基础，以防止不均匀沉降导致的隔水墙破坏。

干砌石坝对于石块的大小和形状要求较高，劳动力需要量也较大，并且需要较多有经验的砌石工，不便于机械化施工，因而造价较高，一般很少采用。

3）钢筋混凝土坝

这种坝有的筑成平板式挡水坝，有的筑成重力式挡水坝。平板式挡水坝是把钢筋混凝土的挡水板支撑于两端的支撑墩上建成的，它要求各支撑墩间没有不均匀沉降，因而最好建于岩石基础上，在土基上建造时需设置坝的底板，以尽量减少支撑墩间的不均匀沉降。平板坝的示意图如图 9-9 所示，适用于单向水位的挡水工程。重力式挡水坝主要依靠坝体本身的质量来维持稳定，如果全用混凝土，则

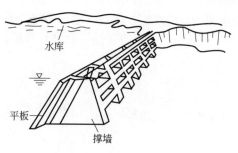

图 9-9 平板坝

混凝土用量太大，经济性不好，因此目前多采用制成钢筋混凝土箱形结构的方法，然后在箱

内填放石块或砂卵石，以增大其自身质量。

4）浮运式钢筋混凝土沉箱堵坝

上述几种坝型都要在坝址周围先造围堰挡水，以便施工，因此增加了工程量，提高了造价，工期也较长。为解决这些问题，近年来研究开发出了浮运式钢筋混凝土沉箱堵坝，并已在工程上广为采用。这种坝是在岸上预制好钢筋混凝土箱式结构，然后将其浮运至建坝地点，沉放到预先处理好的河床坝基上面，接着在沉箱之间用挡水板及砂土等填充物将它们连接成一个整体。这种坝也是依靠坝身的质量来维持稳定的，因而严格地说，也属于重力坝，只是建造方法不同。这种坝不需建造围堰，可在坝基上直接浇灌，施工较简便，因而工程量、资金、劳动力均较少，工期也较短。另外，采用围堰施工对防洪、排涝、防潮、航运等会有一定的影响，而采用浮运式沉箱建坝对上述各方面的干扰均较少，因而在目前这种坝是比较先进的。

（2）水闸

水闸用来调节水库的进出水量，在涨潮时向水库进水，在落潮时从水库往外排水，以调节水库的水位，加速涨、落潮时水库内、外水位差的形成，从而缩短电站的停机时间，增加发电量。水闸的另一作用是在洪涝和大潮期间用来加速库内水量的外排，或阻挡潮水入侵，控制库内最高、最低水位，使水库迅速恢复到正常的蓄水状态，同时满足防洪、防涝、挡潮、抗旱、航运等多方面的水利要求。水闸的闸墩、闸底板等一般均采用钢筋混凝土制成，但当闸孔不宽、闸内外水位差不大且当地石料较多时，也可采用浆砌块石建造。这种闸目前多采用平底的宽顶堰形式，这种形式泄流比较稳定，施工也较方便。闸门可用木材、钢材和钢筋混凝土制造，闸门形式一般有平面和弧形两种，结构比较简单。闸的施工方法主要有现场浇筑和预制浮运两种。

（3）发电厂

发电厂是直接将潮汐能转换为电能的机构。发电厂的设备主要有水轮发电机组、输配电设备、起吊设备、中央控制室和下层的水流通道及阀门等。其中最关键的设备是水轮发电机组。潮汐电站的水轮发电机组有3种基本形式。

1）竖轴式机组

竖轴式机组将轴流式水轮机和发电机的轴竖向连接在一起，垂直于水面。这种形式的机组由于将水轮机置于较大的混凝土蜗壳内，发电机置于厂房的上部，因而厂房面积较大，工程投资偏高，且进水管和尾水管弯曲较多，水能损失大，效率低。竖轴式机组如图9-10所示。

2）卧轴式机组

卧轴式机组即将机组的轴卧置。这种形式的机组进水管较短，并且进水管和尾水管的弯度均大大减少，因而厂房的结构简单，水流能量损失也较大，其性能比竖轴式机组优越。但卧轴式机组仍然需要很大的尾水管，因此所需厂房仍然较长。卧轴式机组如图9-11所示。

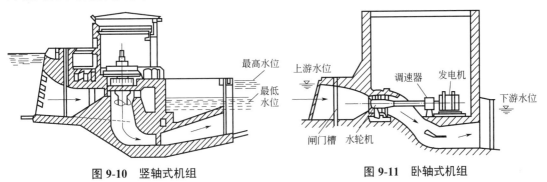

图9-10　竖轴式机组　　　　　　　图9-11　卧轴式机组

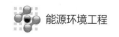

3）贯流式机组

贯流式机组是为了提高机组的发电效率、缩小输水管的长度以及减小厂房的面积而在卧轴式机组的基础上发展起来的一种新机组。贯流式机组主要有两种：一种是灯泡贯流式机组（如图 9-12 所示），即把水轮机、变速箱、发电机全部放在一个用混凝土做成的密封灯泡体内，只有水轮机的桨叶露在外面；另一种是全贯流式机组（如图 9-13 所示），它将发电机的定子装于水道的周壁，水轮机、发电机的转子则装在水流通道中的一个密封体内，因而在水流通道中所占的体积较灯泡贯流式机组小，操作运行方便，但其发电机转子与定子之间的动密封技术难度大，使得设备不易制造。全贯流式机组的优点是：机组的外形小，质量轻，造价低；厂房的面积可以大大缩小，甚至不用厂房；进水管道和尾水管道短而直，因而水流能量损失小，发电效率高，目前在国外被广泛采用。

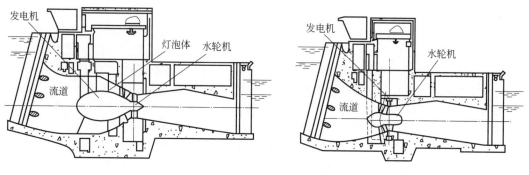

图 9-12　灯泡贯流式机组　　　　　图 9-13　全贯流式机组

目前制约潮汐能发电的因素主要是成本因素，由于常规电站的廉价电费的竞争，建成投产的商业用潮汐电站不多。然而，由于潮汐能蕴藏量的巨大和潮汐能发电的许多优点，人们还是非常重视潮汐能发电的研究和试验。潮汐能发电是一项潜力巨大的事业，经过多年来的实践，在工作原理和总体构造上基本成型，可以进入大规模开发利用阶段。

9.3　波浪能发电技术

波浪能是由大气层和海洋在相互影响的过程中，在风和海水重力作用下形成永不停息、周期性上下波动的波浪，这种波浪具有一定的动能和势能。波浪能是一种可再生能源，它的大小与波高的平方和波动水域的面积成正比。

9.3.1　波浪能发电技术的原理

波浪能发电的原理是将波力转换为压缩空气来驱动空气透平发电机发电。解决波浪能发电的关键是波浪能转换装置。波浪能发电的能量转换过程主要有三个阶段：第一阶段是吸能装置；第二阶段是能量传递机构，其目的是要把低速、低压，即低品位的波能转变成高品位的机械能；第三阶段是发电机系统等。图 9-14 所示是波浪能转换流程示意图。

（1）第一级转换

第一级转换是将波能转换成装置实体所特有的能量，因此，要有一对实体，即受能体和固定体。受能体必须与具有能量的海浪接触，直接接受从海浪传来的能量，通常转换为本身的机械运动；固定体相对固定，它与受能体形成相对运动。

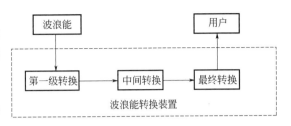

图 9-14　波浪能转换流程示意图

波力装置有多种形式，如浮子式、鸭式、筏式、推板式、浪轮式等，它们均为第一级转换的受能体。图 9-15（a）～（d）是几种常见的受能体示意图。此外，还有海蚌式、软袋式等受能体，如图 9-15（e）～（h）所示，是由柔性材料构成的。水体本身也可直接作为受能

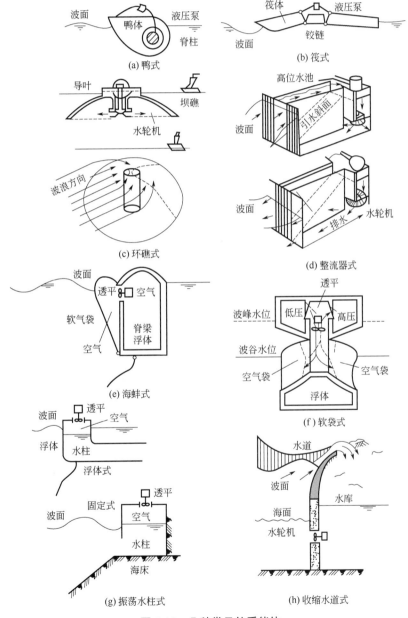

图 9-15　几种常见的受能体

体，而设置库室或流道容纳这些受能水体，例如波浪越过堤坝进入水库，然后以位能形式蓄能。但是通常的波能利用，大多靠空腔内水柱振荡运动作为第一级转换。

根据第一级转换原理的不同，波能利用形式可分为活动型、振荡水柱型、水流型、压力型四类。常见的几种波能转换形式如表9-1。

表 9-1　常见的几种波能转换形式

类型	一级转换	研制国家	原理及特征
活动型	鸭式	英国	浮体似鸭，液压传动，转换效率90%，用于发电
	筏式	英国	铰接三面筏，随波摆动，液压传动，用于发电
	海蚌式	英国	软袋浮体，压缩空气驱动发电机发电
	浮子式	英国	浮筒起伏运动，带动油泵，用于发电
振荡水柱型	鲸鱼式	日本	浮体似鲸鱼，振荡水柱驱动空气发电机发电
	海明号	日本	浮力发电船，12个气室，长80m，宽12m
	浮标灯	日本、英国、中国	浮标中心管水柱振荡，汽轮机发电
	岸坡式	挪威	多共振荡水柱，汽轮机发电
水流型	收缩水道	挪威	采用收缩水道将波浪引入水库，水轮机发电
	推板式	日本	波浪推动挡板，液压传动，用于发电
	环礁式	美国	波浪折射引入环礁中心，水轮机发电
压力型	柔性袋	美国	标床上固定气袋，压缩空气，汽轮机发电

根据装置在海上的不同布置及其吸能效果，大体可分成点吸式、衰减式、截止式三类。

1）点吸式

单个的浮体锚泊在离岸较远、水较深的海域，浮体随着波浪运动而上下垂荡和摆荡，当浮体的垂荡固有频率或纵摇固有频率与波浪运动的频率相同时，浮体运动的幅度异常增大，像无线电波一样，让该频率能与波浪的最高能量发生共振，达到最大的吸能效果。在宽造波水池里，可以看到单点的浮体迎面来的入射波的波峰线是以浮体为圆心的弧线，这说明浮体吸收的不单单是浮体迎面宽度的波浪能，而是更大角度范围的波浪能，即点吸式的浮体有聚波的功能。

2）衰减式

多个单元漂浮的波浪能转换装置连接成一线，像木排一样面向外海面，多数是迎着来波方向布置，也可以是顺着来波方向布置。大部分入射波的波浪能被装置吸收，少部分入射波绕到装置后面的水域，使装置后面水域的波浪相对平静，有消波的作用。

3）截止式

多个单元的波浪能转换装置连成一线坐立在离海岸不远的水域，像防波堤一样阻挡从外海来的波浪，或者是坐立在海边的岩石上，大部分入射波能被装置吸收，少部分被反射回大海。

从波浪能发电的过程来看，第一级收集波能的形式是先从漂浮式开始，要想获得更大的发电功率，用岸坡固定式收集波能更为有利，并设法用收缩水道的办法提高集波能力。所以大型波力发电站的第一级转换多为坚固的水工建筑物，如集波堤、集波岩洞等。

在第一级波能转换中，固定体和浮体都很重要。由于海上波高浪涌，第一级转换的结构体必须非常坚固，要求能经受场强的冲击和耐久性。浮体的锚泊也十分重要。

（2）中间转换

中间转换是将第一级转换与最终转换相连接。由于波浪能的水头低，速度也不高，经过第一级转换后，往往还不能达到最终转换的动力机械的要求。在中间转换过程中，将起到稳向、稳速和增速的作用。此外，第一级转换是在海洋中进行的，它与动力机械之间还有一段距离，中间转换能起到传输能量的作用。中间转换的种类有机械式、液压式、气动式等。早期多采用机械式，即利用齿轮、杠杆和离合器等机械部件。

液压式波浪能发电主要是采用鸭式、筏式、带转臂的推板等，将波浪能均匀地转换为液压能，然后通过液压马达发电。这种液压式的波浪能发电装置在能量转换、传输、控制及储能等方面比气动式使用方便，但是其机器部件较复杂，材料要求高，机体易被海水腐蚀。

气动式波浪能发电的转换过程是通过空气泵，先将机械能转换为空气压能，再经整流气阀和输气道传给汽轮机，如图 9-16 所示，即以空气为传能介质，这样对机械部件的腐蚀较用海水作介质大为减少。目前多用气动式，因为空气泵是借用水体作活塞，只需构筑空腔，结构简单。同时，空气密度小，限流速度高，可使汽轮机转速高，机组的尺寸较小，输出功率可变。在空气的压缩过程中，实际上是起着阻尼的作用，使波浪的冲击力减弱，可以稳定机组的波动。近年来采用无阀式汽轮机，如对称翼形转子、S 形转子和双盘式转子等，在结构上进一步简化。

（3）最终转换

为适应用户的需要，最终转换多为机械能转换为电能，即实现波浪能发电。这种转换基本上是用常规的发电技术，但是作为波浪能用的发电机，首先要适应有较大幅度变化的工况，一般小功率的波浪能发电

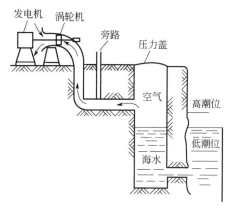

图 9-16　气动式波浪能发电示意图

都采用整流输入蓄电池的办法，较大功率的波力发电站一般与陆地电网并联。

最终转换若不以发电为目的，也可直接产生机械能，如波力抽水或波力搅拌等。也有波力增压用于海水淡化的。

9.3.2　波浪能发电的类型

目前已经研究开发比较成熟的波浪能发电装置基本上有三种类型。

（1）振荡水柱型

用一个容积固定的、与海水相通的容器装置，通过波浪产生的水面位置变化引起容器内的空气体积发生变化，压缩容器内的空气（中间介质），用压缩空气驱动叶轮，带动发电装置发电。

（2）机械型

利用波浪的运动推动装置的活动部分——鸭体、筏体、浮子等，活动部分压缩（驱动）油、水等中间介质，通过中间介质推动转换发电装置发电。

（3）水流型

利用收缩水道将波浪引入高位水库形成水位差（水头），利用水头直接驱动水轮发电机

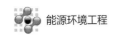

组发电。

这三种类型各有优缺点，但有一个共同的问题是波浪能转换成电能的中间环节多，效率低，电力输出波动性大，这也是影响波浪能发电大规模开发利用的主要原因之一。把分散的、低密度的、不稳定的波浪能吸收起来，集中、经济、高效地转化为有用的电能，装置及其构筑物能承受灾害性海洋气候的破坏，实现安全运行，是当今波浪能开发的难题和方向。

9.3.3　波浪能发电装置

目前研究的波能利用技术大都源于以下几种基本原理：利用物体在波浪作用下的升沉和摇摆运动将波浪能转换为机械能、利用波浪的爬升将波浪能转换成水的势能等。绝大多数波浪能转换系统由三级能量转换机构组成。其中，一级能量转换机构（波能俘获装置）将波浪能转换成某个载体的机械能；二级能量转换机构将一级能量转换所得到的能量转换成旋转机械（如水力透平、空气透平、液压电动机、齿轮增速机构等）的机械能；三级能量转换通过发电机将旋转机械的机械能转换成电能。有些采用某种特殊发电机的波浪能转换系统，可以实现波能俘获装置对发电机的直接驱动，这些系统没有二级能源转换环节。

根据一级能源转换系统的转换原理，可以将目前世界上的波能利用技术大致划分为：振荡水柱（oscillating water column，OWC）技术、摆式技术、筏式技术、收缩波道技术、点吸收（振荡浮子）技术、鸭式技术、波流转子技术、虎鲸技术、波整流技术、波浪旋流技术等。不管哪种形式的波浪能技术，其发电装置的主要组成部分如图 9-17 所示，主要组成部分包括浮体、波浪能接收器、波力放大器、原动机-发动机、电器控制与自动控制设备。

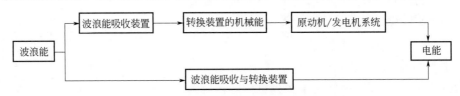

图 9-17　波浪能发电装置的主要组成部分

浮体用于安装发电设备，使装置能浮于海面，为漂浮式的波浪能发电装置所必须。浮体必须具有一定的容积和浮力，结构要坚固，能耐海水腐蚀，外形能适应波浪环境；还要能够承载全部发电设备，使整个装置浮动于海面之上。

波浪能接收器用于接收或吸收波浪的能量。由于波浪能是一种散布在海面的低密度能量，因此该部件尺度要足够大，或组成阵列，以吸收较多的波浪能。波浪能接收器实收波浪能的效率高低是衡量整个装置性能优劣的主要指标。

波力放大器是将波浪能接收器吸收的分散波浪能变成集中能量的设备。一般波浪的冲压力只有 $(2\sim4)\times10^4$Pa，必须变成 $(1.47\sim1.96)\times10^7$Pa 以上，才能冲击发动机，使之旋转。通常用气筒、油压泵、水压泵等来完成。例如，在气柱振荡式波浪能发电装置中，需要把流经空气涡轮的气流速度加大，最多从 1m/s 左右提高到 100m/s，才能驱动空气涡轮高速旋转，带动发电机发电。

原动机-发电机的作用是完成波浪能向电能的转换，原动机可用空气涡轮、油马达、水轮机等。发电机可用交流发电机，也可用直流发电机。

电器控制与自动控制设备主要用来保证整个装置在无人看管的条件下正常运行，例如在恶劣的海况条件下运转、防护海水的侵蚀、在潮湿环境中保持电器设备的良好绝缘性能等。

现已开发的将波浪能转化为电能的技术主要有以下几种类型：

（1）OWC 技术

OWC 波能装置利用空气作为转换的介质。该系统的一级能量转换机构为气室，其下部开口在水下，与海水连通，上部也开口（喷嘴），与大气连通；在波浪力的作用下，气室下部的水柱在气室内作上下振荡，压缩气室的空气往复通过喷嘴，将波浪能转换成空气的压能和动能。该系统的二级能量转换机构为空气透平，安装在气室的喷嘴上，空气的压能和动能可驱动空气透平转动，再通过转轴驱动发电机发电。

OWC 波能装置的优点是转动机构不与海水接触，防腐性能好，安全可靠，维护方便；其缺点是二级能量转换效率较低。

近年来建成的 OWC 波能装置有：英国的 500kW 固定式 LIMPET（land installed marine powered energy transformer）、葡萄牙的 400kW 固定式电站、中国的 100kW 固定式电站、澳大利亚的 500kW 漂浮式装置。

（2）筏式技术

图 9-18 为筏式波能装置示意图，它由铰接的筏体和液压系统组成。筏式装置顺浪向布置，筏体随波运动，将波浪能转换为筏体运动的机械能（一级转换）；然后驱动液压泵，将机械能转换为液压能，驱动液压电动机转动，转换为旋转机械能（二级转换）；通过轴驱动电机发电，将旋转机械能转换为电能（三级转换）。筏式技术的优点是筏体之间仅有角位移，即使在大浪下，该位移也不会过大，因此抗浪性能较好；缺点是装置顺浪向布置，单位功率下材料的用量比垂直浪向布置的装置大，可能提高装置成本。

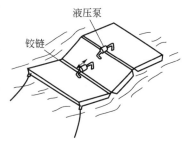

图 9-18　筏式波能装置示意图

采用筏式波浪能利用技术的有英国 Cork 大学和女王大学研究的 McCabe 波浪泵波力装置和苏格兰海洋马力（Ocean Power Delivery）公司的 Pelamis（海蛇）波能装置。

McCabe 波浪泵由 3 个宽 4m 的钢浮体铰接而成，其中间浮体较小，但其下有一块板，可以增加附加质量，使中间浮体运动幅度相对较小，以增大前后两端浮体相对中间浮体的角位移。该装置可以为海水淡化装置提供能量，也可用来发电。

漂浮在海上呈蛇形的 Pelamis 发电装置酷似一条海蛇，其工作原理是将金属海蛇的嘴垂直于海浪方向，其关节依靠海浪推动相互铰接的金属圆筒，像海蛇一样随着海浪上下起伏；铰接处的上下运动与侧向运动的势能将推动金属圆筒内的液压活塞作往复运动，从而使高压油驱动发电机。

海蛇装置为改良的筏式装置。该装置不仅允许浮体纵摇，也允许艏摇，因而减小了斜浪对浮体及铰接结构的载荷。装置的能量采集系统为端部相铰接、直径 3.5m 的浮筒，利用相邻浮筒的角位移驱动活塞，将波浪能转换成液压能。装置由 3 个模块组成，每个模块的装机容量为 250kW，总装机容量为 750kW，总长为 150m，放置在水深为 50～60m 的海面上。

（3）收缩波道技术

收缩波道装置由收缩波道、高位水库、水轮机、发电机组成。该装置喇叭形的收缩波道为一级能量转换装置。波道与海连通的一面开口宽，然后逐渐收缩通至高位水库。波浪在逐渐变窄的波道中，波高不断被放大，直至波峰溢过收缩波道边墙，进入高位水库，将波浪能转换成势能（一级转换）。高位水库与外海间的水头落差可达 3～8m，利用水轮发电机组可以发电（二级、三级转换）。其优点是一级转换没有活动部件，可靠性好，维护费用低，在大浪时系统出力稳定；不足之处是小浪下的系统转换效率低。

目前建成的收缩波道电站有挪威 350kW 的固定式收缩波道装置以及丹麦的 Wave Dragon。

（4）点吸收（浮子）技术

点吸收式装置的尺度与波浪尺度相比很小，利用波浪的升沉运动吸收波浪能。点吸收式装置由相对运动的浮体、锚链、液压或发电装置组成。这些浮体中有动浮体和相对稳定的静浮体，依靠动浮子与静浮体之间的相对运动吸收波浪能，如图 9-19 所示。

目前建成的点吸收式装置有英国的 Aqua Buoy 装置、阿基米德波浪摆、Power Buoy 以及波浪骑士装置。

（5）鸭式技术

鸭式装置是一种经过缜密推理设计出的一种具有特殊外形的波能装置，其效率高，但该装置抗浪能力还需要提高，其结构如图 9-20 所示。

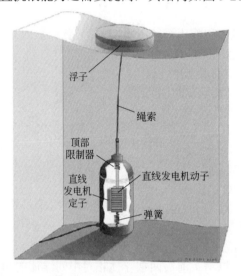

图 9-19　点吸收装置示意图

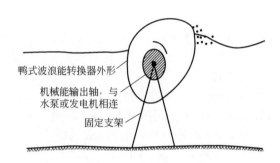

图 9-20　鸭式装置示意图

该装置具有一垂直于来波方向安装的转动轴。装置的横截面轮廓呈鸭蛋形，其前端（迎浪面）较小，形状可根据需要随意设计；其后部（背浪面）较大，水下部分为圆弧形，圆心在转动轴心处。装置在波浪作用下绕转动轴往复转动时，装置的后部因为是圆弧形，不产生向后行进的波；又由于鸭式装置吃水较深，海水靠近表面的波难以从装置下方越过，跑到装置的后面，故鸭式装置的背后往往为无浪区。这使得鸭式装置可以将所有的短波拦截下来，如果设计得当，鸭式装置在短波时的一级转换效率接近于 100%。

（6）浮筒技术

浮筒技术是将由浮筒组件构成的浮筒长阵固定在离岸几英里的大海中，那里波涛汹涌，能量充沛。各家新能源公司在传统技术基础上设计、开发的浮筒技术各不相同。

（7）防波堤及岸边技术

防波堤及岸边技术是利用海浪的落差效应，基于振荡水柱原理开发的防波堤涡轮机。其工作原理是：当海水涌向岸边时，由波浪引起固定在岸边的波动装置部分浸没，底部开口的中空舱室内的表面水体发生振荡，这种振荡不断地对舱室上方的空气柱进行加压与减压，由此造成的压力差去驱动涡轮发电机，把动能转化为电能。

（8）漂浮平台技术

漂浮平台技术将其收集能量的触手伸向迎面涌来的波浪，将波浪汇集到前部的坡道上，由此增大波浪在坡道上的浪高，有助于海水越过坡道后进入其后的水库。通过水流驱动底部的涡轮机而实现发电。

9.3.4　波浪能发电的应用

波浪能发电主要应用于以下几个方面。

（1）海上波力发电航标

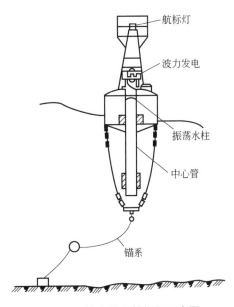

海上航标用量很大，其中包括浮标灯和岸标灯塔。因为需要航标灯的地方往往波浪也较大，一般航标工人也难以到达，所以航运部门对设置波力发电航标较感兴趣。目前波力航标的价格已低于太阳能电池航标，很有发展前景。

波力发电航标灯是利用灯标的浮桶作为第一级转换的吸能装置，固定体就是中心管内的水柱。由于中心管伸入水下 4～5m，水下波动较小，中心管内的水位相对海面近似为静止。当灯标浮桶随流漂浮时产生上下升降，中心管内的空气就受到挤压，气流则推动汽轮机旋转，并带动发电机发电。发出的电不断输入蓄电池，蓄电池与浮桶上部的航标灯接通，并用光电开关控制航标灯的关启，以实现完全自动化，航标工只需适当巡回检查，使用非常简便。图 9-21 为波力发电航标灯示意图。

图 9-21　波力发电航标灯示意图

（2）波力发电船

波力发电船是一种利用海上波浪发电的大型装置，实际上是漂浮在海上的发电厂，它可以用海底电缆将发出的电输送到陆地并网，也可以直接为海上加工厂提供电力。日本建造的海明号波浪发电船，船体长 80m，宽 12m，高 5.5m，大致相当于一艘 2000t 级的货轮。该发电船的底部设有 22 个空气室，作为吸能固定体的空腔。每个空气室占水面面积 $25m^2$，室内的水柱受船外海浪作用而升降，使室内空气受压缩或抽吸。每 2 个空气室安装 1 个阀箱和 1 台空气汽轮机和发电机。共装 8 台 125kW 的发电机组，总计装机容量 1000kW，年发电量 $1.9 \times 10^5 kW \cdot h$。日本又在此基础上研发出冲浪式浮体波力发电装置，如图 9-22 所示。

（3）岸式波力发电站

为避免采用海底电缆输电和减轻锚泊设施，一些国家正在研究岸式波力发电站。

日本建立的岸式波力发电站，采用空腔振荡水柱气动方式，如图 9-23 所示。电站的整个气室设置在天然岩基上，宽 8m，纵深 7m，高 5m，用钢筋混凝土制成。空气汽轮机和发电机装在一个钢制箱内，置于气室的顶部。汽轮机为对称翼形转子，机组为卧式串联布置，发电机居中，左右各一台汽轮机，借以消除轴向推力。机组额定功率为 40kW，在有效波高 0.8m 时开始发电，有效波高为 4m 时，出力可达 4kW。为使电力平稳，采用飞轮进行蓄能。

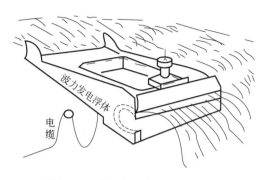

图 9-22　冲浪式浮体波力发电装置

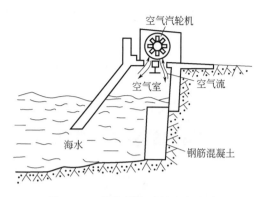

图 9-23　日本的岸式波力发电站

9.4　温差能发电技术

温差能也称海洋热能，是由于深部海水与表面海水温度差而产生的能量。利用表面海水与深海海水之间的温差来驱动发电设备发电，进而将太阳辐射热能转换成电能的技术被称为海洋温差能发电（ocean thermal energy conversion，OTEC）。除了产生清洁的可再生能源，通过 OTEC 循环还能得到多种有用的副产品，其中包括从深水中萃取出的锂、铀以及通过电解处理得到的淡水和氢气。

9.4.1　温差能发电技术的原理和方式

海洋温差能发电的基本原理是利用海洋表面的温海水（26～28℃）加热某些低沸点工质并使之汽化，或通过降压使海水汽化以驱动汽轮机发电。同时利用从海底提取的冷海水（4～6℃）将做功后的乏汽冷凝，使之重新变为液体。

海洋温差能发电的主要方式有三种，即开式循环系统、闭式循环系统和混合式循环系统。

（1）开式循环系统

开式海洋温差能发电系统的原理如图 9-24 所示。在开式循环系统中，由温海水直接充当

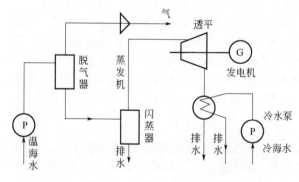

图 9-24　开式海洋温差能发电系统的原理

传热液体介质，将表层的温海水引入真空状态下的蒸发器中，使其快速蒸发为高压蒸汽。高压蒸汽经绝热膨胀后进而驱动低压涡轮机。之后，低温海水将蒸汽冷凝。闪蒸器和冷凝器之间的压差和焓降都非常小，所以必须把管道的压力损失降到最低。

开式循环过程中要消耗大量的能量：在温海水进入真空室前，需要开动真空泵将温海水中的气体除去，造成真空室真空；在淡水生成之后，需要用泵将淡水排出系统（开式循环系统内的绝对压力小于2.4kPa，而系统外的绝对压力不小于 98kPa，因此排出 $1m^3$ 淡水需要的能量大于 95.6kJ）；冷却的冷海水需要从深海抽取。这些都需要从系统产生的动力中扣除。当系统存在如效率不高、

损耗过大、密封性不好等问题时，就会造成产能下降或耗能增加，系统扣除耗能之后产生的净能量就会下降，甚至为负值。因此，降低流动中的损耗，提高密封性，提高每个泵的工作效率，提高换热器的效率，就成为系统成败的关键。

开式循环的优点在于产生电力的同时还产生淡水；缺点是用海水作为工质，沸点高，汽轮机工作压力低，导致汽轮机尺寸大（直径约 5m），机械能损耗大，单位功率的材料占用大，施工困难等。

（2）闭式循环系统

闭式海洋温差能发电系统的原理如图 9-25 所示。在闭式循环系统中，需提取表层温度较高的海水用来蒸发一种低沸点的传热流体介质，如氨、丁烷、氟氯烷等，该流体进入热交换器被加热蒸发后，在涡轮机内绝热膨胀，进而驱动涡轮发电机。发电后的流体流入冷凝器，通过水泵抽取深层海水进行降温冷凝。低沸点工质在封闭循环系统中不断循环。闭路循环式发电可大大提高进、排气之间的压力差和涡轮机的工作效率。大型海洋温差能发电装置一般采用轴流式透平。

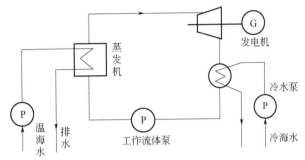

图 9-25　闭式海洋温差能发电系统的原理

闭式循环系统以低沸点工质作为工作介质，在温海水的温度下可以在较高的压力下蒸发，又可以在比较低的压力下冷凝，提高了汽轮机的压差，从而可使整个装置特别是透平机组的尺寸大大缩小。海洋温差能发电用的透平与普通电厂用的透平不同，电厂透平的工质参数很高，而海洋温差能发电用透平的工质压力和温度都相当低，降低了机械损耗，提高了系统转换效率；缺点是不能在发电的同时获得淡水。

从耗能来说，闭式系统与开式系统相比，在冷海水和温海水流动上所需的能耗是一致的，不一致的是工质流动的能耗以及汽轮机的机械能耗，闭式系统在这两部分的能耗低于开式系统。

（3）混合式循环系统

混合式海洋温差能发电系统的原理如图 9-26 所示。混合式循环系统兼有开式循环和闭式循环的特点，开始时类似开式循环，将温暖的海面水引进真空容器闪蒸成蒸汽，蒸汽进入热交换器，使低沸点工质气化来转动涡轮机发电，如同封闭循环一样。它以闭式循环发电，同时生产淡水。

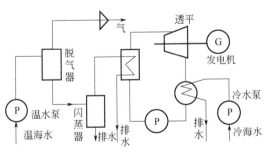

图 9-26　混合式海洋温差能发电系统的原理

混合式循环系统保留了开式循环获取淡水的优点，让水蒸气通过换热器而不是大尺度的汽轮机，避免了大尺度汽轮机的机械损耗和高昂造价；采用闭式循环获取动力，效率高，机械损耗小。

这三种循环系统中，技术上以闭式循环方案最接近商业化应用。开式和闭式循环海洋热能电站均可安装在船上就地利用电能制造可运送到陆地的产品。如建在岸边，则需要有一条较长的通过水下陡峭斜坡的冷水管。

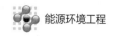

（4）卡琳娜循环系统

卡琳娜循环采用的工质是氨水混合物，其工作流程如图 9-27 所示，通过蒸发器的氨水混合物（一部分变成蒸汽）被气液分离器分离成蒸汽和液态氨水两部分，蒸汽进入汽轮机工作，液态氨水于回热器中对即将进入蒸发器的氨水混合物进行预热，然后与从透平出来的乏汽混合后在凝结器中被冷海水冷却，随后被工质泵打入预热器预热后进行下一个循环。卡琳娜循环比普通的朗肯循环多了 1 个分馏的系统，这样就可以通过改变氨水和水的成分使汽化过程和换热过程更匹配，减小端差，提高系统的循环效率。但是由于回热蒸馏的效果并不明显，故卡琳娜循环并不宜运用于实际海洋温差发电系统。

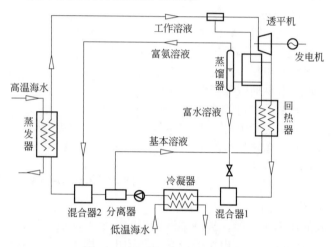

图 9-27 卡琳娜循环系统流程图

（5）上原循环系统

上原循环系统的流程如图 9-28 所示。系统由 1 个主循环和 2 个支路循环（回热循环）组成，主循环和朗肯循环相似。其中 1 个支路从分离器开始，从蒸发器出来的氨水工质（主溶液）在分离器中被分成汽相和液相 2 部分，汽相部分进入汽轮机做功，液相部分经过 1 次回热进入吸收器，与汽轮机乏汽混合为浓度稍低于主溶液的次溶液。另一支路则开始于第 1 个汽轮机的出口，从一次汽轮机乏汽中抽出小部分对次溶液进行回热，大部分进入第 2 个汽

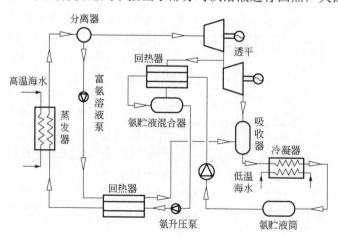

图 9-28 上原循环系统流程图

轮机继续做功，然后两者在储液筒中重新混合为主溶液结束本次循环。与朗肯循环相比，上原循环具有以下几个优点：采用抽气回热循环，提高了循环热效率，该循环中抽出的蒸汽被用于加热工质，只有吸热做功过程，没有放热过程，热效率为 100%；蒸发器面积变小，抽气回热循环的运用使得蒸发器的热负荷减小；冷凝器体积减小（蒸发器中被冷凝的乏汽减少）。但上原循环系统较复杂，设备占地面积大，耗费也比较大。

（6）国海循环系统

近年来，我国国家海洋局第一海洋研究所提出了一个新的海洋温差发电循环——国海循环，如图 9-29 所示。该系统的工质为氨水混合物，工质进入加热器，被加热后进入分离器，在分离器被分离成氨气和贫氨溶液，氨气经过透平做功后抽出一部分经过回热器 2 加热基本溶液，贫氨溶液在回热器 1 中预热从凝结器出来的混合工质。国海循环系统中回热器 1 在回热器 2 之前，使贫氨溶液与基本溶液间的热传递效果更好，从而做功的氨气更多，系统效率提高。另外，采用抽气回热循环使蒸发器面积和冷凝器体积减小。

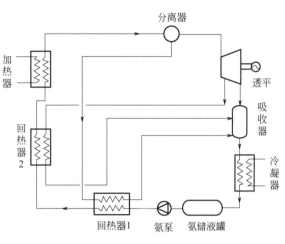

图 9-29　国海循环系统流程图

9.4.2　温差能发电技术的优缺点

海洋热能转换电站与波浪能和潮汐能电站的不同之处在于它可提供稳定的电力。同矿物燃料电站或核电站相比，温差能电站的运行与维护保养费用低，工作寿命长。如果不是维修问题，这种电站可以无限期地工作，并且适合于基本负荷发电。这种发电过程无废料，不但不会制造空气污染、噪声污染，整个发电过程几乎不排放任何温室气体，而且还有其他的好处，即能产生副产品淡水，可供使用。开式循环电站本身就是一台海水淡化器，冷凝后的水基本上是无盐的，并且可以很容易地与冷却水分开。开式或闭式循环电站发电时，从海洋深处抽取的用于冷却的海水是富营养水，可用于海洋养殖。

但由于海水温差不大，温差能发电的效率很低，一般只有2%左右，目前还难以达到4%以上。与此同时，在建设海水温差能发电站时还存在许多困难，如发电设备庞大，伸向海底深层的冷水管很长，技术难度大，同时还涉及耐压、绝热、防腐材料，以及热能的利用等许多问题。

海洋温差能电站附近的海洋环境会受到影响。尽管这种影响要比矿物燃料电站或核电站的影响小得多，但研究结果表明，对某些方面会有影响，如排放的羽状热水流造成的温度结构异常，进水管工作时生物被吸入管内，排放水中营养物的重新分布和生物生产力的增加，以及工作介质溢漏后对生物的潜在毒害等。

9.5　其他海洋能利用技术

除了前述的潮汐能发电、波浪能发电及温差能发电技术外，海洋能利用技术还包括盐差能发电、海流能发电。近年来，又开发一种能源岛的海洋能利用技术。

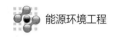

9.5.1 盐差能发电

盐差能是指海水和淡水间或两种含盐浓度不同的海水之间的化学电位差能。海水属于咸水,它含有大量的矿物盐,河水属于淡水,因此,当陆地河水流入大海的交界区域,与咸淡水相混时就会形成盐度差和较高的渗透压力,淡水会向咸水方向渗透,直至两者的盐度平衡,在两种水体的接触面上新生一种物理化学能,利用这种能量发电就是海洋盐差能发电。利用大海与陆地河口交界处水域的盐度差所潜藏的巨大能量一直是科学家的理想。据估计,世界各河口区的盐差能达 3×10^{10} kW,能利用的就有 2.6×10^9 kW,因此开发盐差能将是新能源利用的发展方向之一。

理论和实际都证明,在两种不同浓度的盐溶液中间放置一个渗透膜,浓度低的溶液就会向浓度高的溶液渗透,直到膜两侧盐浓度相等为止,根据这一原理,可以人为地从淡水水面引一股淡水与深入海面几十米的海水混合,在混合处将产生相当大的渗透压力差,该压力差将足以带动水轮机发电。据测定,一般海水含盐浓度为 3.5% 时,所产生的渗透压力相当于 25 个标准大气压,而且浓度越大,渗透压力也越大。例如在死海,其渗透压力甚至相当于 5000m 的水头。图 9-30 就是根据上述原理设计的一种盐差能发电的方案。

盐差能发电的基本方式是将不同盐浓度的海水之间的化学电位差能转换成水的势能,再

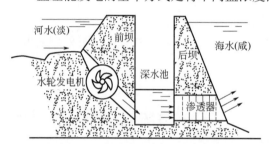

图 9-30 利用盐差能发电的示意图

利用水轮机发电。美国康涅狄格大学博士诺曼提出一种利用渗透压力式的盐差能发电方案。该方案是利用半透膜隔开咸、淡水,由于淡水能逐步渗入容器,而盐分子透不过,利用这一原理可以使海水容器的水柱上升,甚至高达 250m,从而形成势能,在容器中间开洞,使水喷出(或从溢流口流出),推动水轮机发电。这种技术被认为是逆渗透过程,其实质是从淡水的流动中获取能量,该技术一般应用于海水淡化和水处理。

关于盐差能发电有多种设想方案,目前正在研究的盐差能发电装置为渗透压式盐差能发电系统、蒸汽压式盐差能发电系统、化学式盐差能发电系统和渗析式盐差能发电系统,但均处于研发阶段,实用性的盐差能发电站还未问世,大规模利用盐差能发电还有一个相当长的过程。

渗透法发电较早的一批设想是利用渗透膜两侧的河水和海水之间的水位差驱动水轮机发电,即利用离子交换膜将海水和淡水隔开,产生电动势并导出电流。还有许多科学家建议,利用死海海水含盐量高(25%以上),地中海海水含盐量比死海低得多,且比死海海平面高出500m 的有利条件,将地中海海水引向死海,在海水流动的过程中发电。但这一工程要在海上建造高达 200m 的拦水建筑,特别是建造大面积、长寿命而昂贵的渗透膜较困难,而且其存在过流、防蚀、防垢、防砂等问题。

反渗析法采用阴、阳离子渗透膜相间的浓淡电池,是目前盐差能利用中最有希望的技术,但是它需要面积大而且昂贵的膜。美国有两个小组,瑞典有一个小组都在积极从事研究。

目前,世界上只有以色列建了一座 150kW 的盐差能发电的实验装置。Satrkraft 公司从 1997年开始研究盐差能利用装置,2003 年建成世界上第一个专门研究盐差能的实验室,2008 年设计并建设一座功率为 2~4kW 的盐差能发电站。

9.5.2 潮流能发电

在月球和太阳引潮力作用下,海水作周期性的运动,包括海面周期性的垂直升降和海水

周期性的水平流动。垂直升降部分所具有的能量为潮汐的位能，其富集点出现在可以使潮汐波发生放大的、长 30km 以上的河口或海湾的端部。前述的潮汐能发电等技术主要就是利用潮汐的潮差能。水平流动部分所具有的能量被称为潮流（tidal stream）能，潮流能的功率密度与流速的三次方和海水的密度成正比。

与其他可再生能源相比，潮流能具有以下几个特点：较强的规律性和可预测性；功率密度大，能量稳定，易于电网的发、配电管理，是一种优秀的可再生能源；潮流能的利用形式通常是开放式的，不会对海洋环境造成大的影响。

潮流能的主要利用方式是发电。潮流能发电装置作为一种开放式的海洋能量捕获装置，不像潮汐能电站那样需搭建大坝，也无需巨额的前期投资。利用该装置发电时，由于叶轮转速慢，各种海洋生物仍可以在叶轮附近流动，同时它不会产生大的噪声，不影响人们的视觉环境，因此可保持良好的地域生态环境。潮流能发电装置根据其透平机械的轴线与水流方向的空间关系，可分成水平轴式和垂直轴式两种结构，又分别可称为轴流式（axial flow）和错流式（cross flow）结构。

（1）垂直轴式潮流能发电系统

在垂直轴式潮流能发电装置方向，国外的研究起步较早。加拿大 Blue Energy 公司是国外较早开展垂直轴潮流能发电装置研究的单位。其中著名的 Davis 四叶片垂直轴涡轮机就是以该公司的工程师来命名的，如图 9-31 所示。

到目前为止，该公司一共研制了 6 台试验样机并进行了相关的测试试验，最大功率等级达到 100kW。长期试验研究发现，在样机中使用扩张管道装置可以将系统的工作效率提高至 45% 左右。

（2）水平轴式潮流能发电系统

与垂直轴式结构相比，水平轴式潮流能发电装置具有效率高、自启动性能好的特点，若在系统中增加变桨或对流机构则可使机组适应双向的潮流环境。

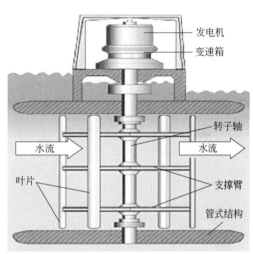

图 9-31　Davis 四叶片垂直涡轮机剖面图

9.5.3　海流能发电

海流亦称洋流，就是海水的运动，即海洋中的海水朝一个方向不断流动，主要指海底水道和海峡中较为稳定的流动以及由于潮汐导致的有规律的海水的水平流动。这种海水运动通常由两种因素引起。

① 海面上常年吹着方向不变的风，如赤道南侧常年吹着不变的东南风，其北侧则是不变的东北风。风吹动海水，使水表面运动起来，而水的黏性又将这种运动传到海水深处。随着深度增加，海水流动速度降低；有时流动方向也会随着深度的增加而逐渐改变，甚至出现下层海水流动方向与表层海水流动方向相反的情况。在太平洋和大西洋的南北两半部以及印度洋的南半部，占主导地位的风系造成了一个广阔的、按逆时针方向旋转的海水环流，在低纬度和中纬度海域，风是形成海流的主要动力。

② 不同海域的海水，其温度和含盐度常常不同，它们会影响海水的密度。海水温度越高，含盐量越低，海水密度就越小。这种两个邻近海域海水密度的不同也会造成海水环流。

世界著名的海流有大西洋的墨西哥湾暖流、北大西洋海流、太平洋的黑潮暖流、赤道潜流等。墨西哥湾海流和北大西洋海流是北大西洋里两支相连的最大的海流，它们以每小时 1～2 海里的流速贯穿大西洋，从冰岛和大不列颠岛中间通过，最后进入北冰洋。太平洋的黑潮暖流的宽度约为 100 海里，平均厚度约 400m，平均日流速在 30～80 海里之间，其流量相当于全世界所有河流总流量的 20 倍。赤道潜流是一支深海潜流，总长度达 8000 海里，宽度在 120～250 海里之间，流速为每小时 2～3 海里。海水流动会产生巨大的能量，据估计，全球海流能高达 $5 \times 10^9 kW$。

海流能是指海水流动的动能，海流的动能非常大。海流能发电是利用海流的冲击力使水轮机高速旋转，再带动发电机发电。海流能发电和一般水力发电的原理类似，也是利用水轮机，其装置很多，以降落伞集流式、螺旋桨式和贯流式三种较为突出。降落伞集流式是利用强大的海流动力，带动相连的多级降落伞环绕涡轮机快速旋转，使发电机发电。螺旋桨式发电是利用海流的能量冲击流线型的水轮机叶片，使之高速旋转发电。贯流式海流发电是使海流进出口都呈喇叭形，以提高水轮机的效率。

作为能源，海流比陆地上的水力更可靠，不像水力那样会受枯水和洪水等水文因素的影响。与其他海洋能发电技术相比，利用海流能发电技术的研究目前仍处于初级阶段。海流能发电技术的应用虽潜力巨大，但也存在着不少问题，既涉及复杂、昂贵的维护工程，也可能对脆弱的海洋生态系统造成潜在的破坏。

9.5.4　能源岛

能源岛是指一系列的漂浮式海上平台。每一座能源岛都安装有波浪能发电小设备、风电机、太阳能聚热板，甚至还包括一座小型的 OTEC 发电厂。这些设备将最大限度地获取可再生能源。

能源岛颠覆了传统 PES 的抽水蓄能工作方式。当电力供给大于电力需求时，海水将从水面低于海平面 32～39.62m 堤坝围住的泄湖中由泵抽回大海，相反，如果电力供给小于电力需求时，则将海水再次引入泄湖，利用内外水位差驱动发电机。

9.6　海洋能开发利用过程中的环境问题

为缓解能源供应紧张和应对全球气候变化，开发利用清洁可再生能源已成为今后全球经济发展的必由之路。对于沿海国家和地区而言，海洋能的开发利用无疑是解决能源问题的重要途径之一。近十几年来，世界各沿海国家对开发利用海洋能源愈发重视，海洋能利用技术不断发展。目前，海洋能的利用形式仍以发电为主，要将海洋能转化为电能，就需要安装发电装置。对离岸的海洋能发电来说，为了将转化的电能传输回陆地，在海底还需要铺设电缆等输电设施。因此，虽然海洋能本身是一种清洁无污染的能源，但开发利用海洋能的装置、技术方法和活动等却会对海洋环境产生一定的影响。这些影响体现在海洋能开发利用装置的安装、施工、运行和到期后处理等各个环节中。

9.6.1　潮汐能开发利用过程中的环境问题

通过潮汐能发电，可以大大减少对煤炭的使用。燃烧煤炭会对环境造成严重的污染，然而潮汐能发电代替煤炭发电，可以降低空气中二氧化硫和悬浮颗粒物的排放量，还能够有效预防台风的侵害。

（1）减少煤炭燃烧，降低空气中二氧化硫、二氧化碳的排放量

潮汐能发电替代煤炭发电，可大大节省煤炭资源，增加煤炭的储备量，为煤炭资源的再生提供了宝贵的时间，并且降低了煤炭发电的成本投入。据统计，空气中减少 1t 二氧化硫的排放，就会节省 2000 元的经济损失，减少 1t 悬浮物颗粒的排放就会节省 1850 元的经济损失，空气中排放 1t 碳就会损失近 200 元。相关专家表示潮汐能发电站要比热电站对空气的影响小得多，能够大大降低二氧化碳的排放量，潮汐能发电站可以有效地降低投入成本。

（2）削弱风暴的影响，为沿岸百姓提供便利

潮汐能发电站的建立可以削弱当地的风暴影响，能够降低风浪和流速，使海面上的泥沙和悬浮物能够迅速下沉，大大提高了沿岸堤防的防御功能，在渔民进行打渔和运输的过程中，潮汐能发电站可以为其提供便利的停靠点。还能够加强光合作用的效益，为海洋生物提供完美的生活环境。有资料显示，潮汐能发电站可使台风造成的损失减小 5%，养殖业损失减少 10%。

（3）有效进行温度调节，改变盐度和气候

当潮汐能发电站进行发电时，谐振条件不会因此发生改变，潮水涨落过程中，水位会发生变化，降低临海的水流变动，使潮流和潮波的状态发生改变，在夏季会使海水的表面温度升高，在冬季使海水表面温度降低，海水的含盐度也随之改变，结冰情况也会随之改变。光射深度变浅，使海底生物改变洄游路线，也会使地下水位发生变化，对沿岸的农田排水起到一定的作用，对周围环境的气候造成影响。

然而，从全生命周期来看，潮汐能发电站的建设和运行过程也会对环境产生一定的影响，因此应对各环境问题的产生原因进行分析，为减缓其对环境的影响提供指导。

9.6.1.1　潮汐能发电站建设过程中的环境问题

潮汐能发电的首要问题是解决如何利用海潮所形成的水头和潮流量去推动水轮发电机运转，要建设潮汐能发电站，首先必须完成拦水堤坝的建设，然后安装发电装置。但拦水堤坝的建设会对环境造成严重的影响。潮汐能发电站建设期间环境问题的形成原因及危害如表 9-2 所示。

表 9-2　潮汐能发电站建设期间环境问题的形成原因及危害

环境问题	形成原因	危害
大气污染	运输车辆、施工机具燃油产生的燃油废气	（1）影响环境卫生； （2）危害人体健康
	炸山取石过程产生的扬尘	
	土石方运输和垃圾清运过程产生的扬尘	
水体污染	运输车辆、施工机具的冲洗废水，润滑油、废柴油等油类，泥浆废水以及混凝土保养时排放的废水	（1）污染地表水； （2）通过水生生物富集后，影响人体健康
固体废弃物污染	施工人员日常生活产生的生活垃圾	腐烂，影响环境卫生，滋生蚊蝇，传播疾病
	施工过程中产生弃土、建筑垃圾	破坏地表形态和土层结构，破坏植被
生态平衡破坏	炸山取土使山体植被破坏，山体稳定性降低	植被数量和种类减少，易引发泥石流等灾害
	土石方的倾入改变局域内的环境	影响水生生物的成活率与生长率
噪声污染	人类活动、交通运输工具、施工机械的机械运动产生噪声	（1）野生动物与鸟类数量减少，多样性降低； （2）水生生物出苗率低、畸形增多

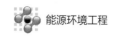

（1）大气污染

拦水堤坝建设过程中，需要的土石方量较大，施工所在地受自然条件的限制无法满足土石方的需求，大多需从外地运输过来。在此过程中，各种运输车辆、施工机具的运行都需耗用燃油，绝大多数都是以柴油为动力，在运行过程中会不可避免地产生硫氧化物、氮氧化物等燃烧尾气，在空气流动不畅的季节，排放的尾气会在大气中积聚，导致酸雨并加剧温室效应，从而对大气环境造成严重的污染。

另外，建设拦水堤坝所需的土石方大多采用炸山取土石的方法完成，此过程中会严重破坏当地的地形地貌，使地表形态和土层结构遭到破坏，造成地表裸露，如果空气过于干燥，当风力较大时，施工现场表层的浮土可能扬起，从而造成大气污染。

再者，通过炸山取得的土石料在运抵堤坝建设现场的运输与装卸过程中，如果没有采取合理的遮盖手段与抑尘措施，也容易出现扬尘。清除施工垃圾时也会出现扬尘。这些扬尘也会造成大气污染。

（2）水体污染

修建拦水堤坝的目的是将河口或港湾与外海隔开，形成一个潮汐水库，提高水库内、外的水位差并控制水库内的水量，为发电提供条件。通常，修建拦水堤坝的土建工作量非常大，建设期间大量运输车辆、施工机具的使用，必然会产生废水。废水主要包括运输车辆、施工机具的冲洗废水，润滑油、废柴油等油类，泥浆废水以及混凝土保养时排放的废水。大多情况下，这些废水都处于无组织排放状态，直接排入河口或港湾会对水体造成严重污染，影响水体的自净作用，危害水生生物的生存，污染物质被水生生物吸收后，能在水生生物中富集、残留，并通过食物链进入家畜及人体中，最终危及人体健康。如果拦水堤坝修建于河口处，则河口及河道内的淡水是农业生产的主要灌溉水源，一旦污染会直接造成农作物污染。

（3）固体废弃物污染

拦水堤坝的土建施工量非常巨大，一个水库的修建往往需要大量的人力物力才能完成，因此在修建过程会中产生大量的生活垃圾、弃土和建筑垃圾等固体废弃物，从而对当地环境造成严重污染。

生活垃圾在自然条件下较难被降解，长期堆积形成的垃圾山，不仅会影响环境卫生，而且会腐烂变质，产生大量的细菌和病毒，极易通过空气、水、土壤等环境媒介而传播疾病。垃圾中的腐烂物在自身降解期间会产生水分，径流水以及自然降水也会进入到垃圾中，当垃圾中的水分超出其吸收能力之后，就会渗流并流入到周围的地表水或者土壤中，从而给地下水以及地表水带来极大的污染。另外，垃圾在长期堆放过程中会产生大量的沼气，极易引起垃圾爆炸事故，给人们造成极大的损失。如果垃圾弃入海中，不仅会漂浮在海面上，造成严重的视觉污染，而且有部分会被海洋动物吞食，对海洋动物造成伤害。

建筑垃圾在自然条件下基本不会降解，长期堆积会破坏地表形态和土层结构，破坏植被。如果建筑垃圾被抛入海内，就会造成海水污染和空气污染，从而影响海湾内生物的生存。

（4）生态平衡破坏

修建拦水堤坝的土石方需求量巨大，一般采用炸山的方法解决土石方供应。炸山取土，首先将山体的表层熟土大量挖走，大大降低山体土壤的营养含量，使植物存活困难，而且在挖土过程中极易对植物根系造成毁灭性破坏，导致项目区内植被数量或种类的减少；炸山会使山体岩层的稳定性破坏，增大山体滑坡的可能性，在洪水季节还会引发泥石流等灾害；施工会扰乱野生动物的栖息地、活动区域等。

拦水堤坝通常建于河口或港湾地带，用来将河口或港湾与外海隔开。通常，河口或港湾处由于水流速度相对较小，沉积层较厚，底栖生物种群较多。建坝过程中，大量土石方的倾入会导致一定范围水域内悬浮泥沙大幅增大，造成藻类等植物的光合作用减弱，改变底栖生物的生存环境，破坏水生动物的生存空间，影响水生生物成活率与生长率，导致其数量和种类减少。

另外，在进行潮汐电站的建设过程中，会造成海湾和大海的水流转换，这会影响到海区内生态系统的正常发展，迫使一些生物重新成立组群。

（5）噪声污染

潮汐能发电站的建设工期一般较长，在修建过程中，由于人类活动、交通运输工具、施工机械的机械运动，施工过程中会产生不同程度的噪声。这些噪声会对野生动物造成惊扰，并对邻近的鸟类栖息地和觅食的鸟类产生一定影响，导致施工区域及周边区域中分布的野生动物与鸟类数量减少、多样性降低。

与此同时，施工过程中产生的振动和噪声对水生生物也会产生一定的影响，如对亲鱼培育产生严重影响，造成出苗率低、畸形苗多等问题，但目前尚未见深入的科学研究方法和可信的科学结论。

9.6.1.2　潮汐能发电站运行过程中的环境问题

潮汐能发电站建成后，即可利用控制的水位差实现潮汐发电。虽然潮汐能发电站转化的电能是清洁能源，但运行过程中却会对生态环境造成较大的影响，如表 9-3 所示。

表 9-3　潮汐能发电站运行期间环境问题的形成原因及危害

环境问题	形成原因	危　害
改变海域潮汐	潮汐电站的建立改变了潮汐涨落的规律	增加了憩流的时间，降低了潮汐的能量
	潮汐电站将海湾截断	降低潮流速度，改变潮流分布
	潮汐电站建成后发生共振	改变相邻海域的潮差
泥沙淤积加重	海水交换减少和流体动力改变	使海底生态系统改变
库区水环境破坏	有径流量和含沙量较大的河流注入	使水库的水环境稳定性降低
	无径流量和含沙量较大的河流注入	库水含沙量降低，浮游和底栖生物增加
生态平衡破坏	使海湾潮间带面积缩小，影响海域的生物群落生长环境	潮间带的生态系统发生位置改变和生物生存量减少
	使海洋鱼类的洄游受阻	生物数量和种类减少
噪声污染	发电装置产生的噪声使哺乳动物受到惊吓	影响哺乳动物的生存
	通过食物链影响其他生物	改变生物数量和种群结构

（1）对附近海域的潮汐造成影响

① 改变潮汐涨落规律。潮汐能发电站的建立会使潮汐改变涨落的规律。潮汐能发电站水库在进行储水和放水的过程会对潮汐的涨落造成影响，使涨潮时间变短，落潮时间变长，大大增加了憩流的时间，使原来的涨潮落潮规律改变。

② 影响潮流分布。潮汐能发电站会将海湾中断拦截，进出海湾的水不能像原来进出海湾的水呈一个面流动，而是需要经过特定的输水渠道才能实现循环。所以，在靠近电站厂房附近水域的流速将加大，而水库两侧的流速则会明显降低，从而使原有的潮流分布得到改变。

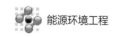

③ 潮汐能发电站建成后可使附近沿海的潮差受影响，同时可能会由于共振原因，使相邻海域的潮差发生变化，进而对沿岸的生态环境造成较大的影响。

（2）泥沙淤积情况加重

潮汐能发电站建成后，海湾水交换的减少及流体动力总形势的变化，库内外原有的泥沙动力平衡被改变，导致广阔的海湾沿岸的底沙沉积物重新分配，岸滩和海底可能产生新的冲淤状态。泥沙再沉积使海湾大部分海底生态系统改组，而生态重新调整需要多年的时间。

（3）破坏库区水环境的稳定性

电站水库与海域水交换的减少，加大了水库对陆地过程的依赖性（淡水径流、热交换等）。当库区有径流量和含沙量较大的河流注入时，将使水库的水温、盐度、含沙量的量值及分布产生变化，从而降低水库水环境的稳定性。当库区无径流量和含沙量较大的河流注入时，将使库水的含沙量降低，而最终将有利于浮游和底栖生物的生长。

（4）对动植物栖息和鱼类洄游等生物生存环境的影响

潮汐性质的改变和泥沙淤积等可能使海湾潮间带的面积缩小，影响海域生物群落的生长环境，这将使潮间带的生态系统发生位置改变和生物生存量减少，并将直接影响海产品养殖产量，也可能导致某些鸟类失去部分作为觅食的缓坡滨海地带。同时，潮汐能发电站大坝的修建使海洋鱼类的洄游受阻，而且在通过水轮机时部分洄游鱼群可能受到伤害。

（5）发电装置的噪声污染

潮汐能发电装置产生的噪声、环境振动和电磁场会影响海洋生物，特别是哺乳动物。有研究表明，在较大的噪声环境中（如大于 150dB）鱼群会出现惊吓而警觉的反应，其迁徙活动也会受到影响。Simmonds 和 Brown 研究了 28 种鲸鱼的行为，虽然数据有限，但足以证明海洋能装置的噪声已影响到鲸鱼的生存。

潮汐能发电装置不仅会直接影响某种或某些海洋生物，还会通过食物链影响其他海洋生物，甚至区域生态系统。例如，随着潮汐的涨落，潮汐能发电站附近海域的海鸟数量也会随之增加或减少。

9.6.2　波浪能开发利用过程中的环境问题

开发利用波浪能的主要方式是波浪能发电，其原理是采用波浪能转换装置将波浪能转换为压缩空气来驱动空气透平发电机发电。与潮汐能发电不同，波浪能发电不需要修建拦水堤坝，只需将波浪能发电装置放置在特定的水域即可，因此不像潮汐能发电站那样存在建设期间的环境问题。然而，波浪能发电站在运行期间也会引发环境问题。

（1）改变水质环境

波浪能发电装置进行能量转换首先影响的就是波高、波长和流速。当波浪与波浪能发电装置相遇后，两者之间发生能量传换，波浪的一部分能量被转换给波浪能发电装置，因此波浪的波高、波长和流速等水动力因素就会发生改变，从而导致发电装置所在海域的水动力环境也随之改变。这种影响不仅发生在波浪能发电装置所在海域，甚至会波及更远的海域。

水动力因素的改变，势必会影响波浪能发电装置周边海域的水质环境。当波浪的波高、波长和流速发生改变后，其所携带的泥沙等杂质就会发生沉积，使局域水体中悬浮物颗粒减少，同时引起水体中溶解氧、金属的浓度和病原体等的含量发生变化，进而改变海底的沉积环境。

无论是水动力环境还是水质和沉积环境发生变化，对海洋生物来说，都意味着原有栖息环境发生改变，从而会影响海洋生物的生存和繁衍。

（2）噪声污染

波浪能发电装置产生的噪声、环境振动和电磁场会影响海洋生物，特别是哺乳动物。如果噪声较大，就会使哺乳动物受到惊吓而警觉，破坏其体内的分泌系统，从而出现死亡等现象。如果噪声过大，而且持续时间长，哺乳动物的迁徙活动也会受到影响。

波浪能发电装置不仅会直接影响某种或某些海洋生物，还会通过食物链影响其他海洋生物，甚至区域生态系统。例如，波浪能装置的上下起伏会引起鱼类的聚集或迁移，附近海域的海鸟数量也会随之增加或减少。这一情况与轮船航行过程中海鸟的跟踪聚集类似。

9.6.3　海流能开发利用过程中的环境问题

海流能开发利用的主要方式也是发电。海流能发电是利用海流的冲击力使水轮机高速旋转，再带动发电机发电。

9.6.3.1　海流能发电站建设过程中的环境问题

海流能发电和传统水力发电的原理类似，也是利用水轮机发电，但传统水力发电是利用水位的高差实现发电的，因此需要修建大坝，而海流能发电是利用海流的动能实现发电的，不需要修建大坝，只需将水轮机安装在指定海域内即可。因此，其建设过程的施工量相对较小，但由于在海域内施工，施工难度较大，其引发的环境问题也不可忽略。其建设期间环境问题的形成原因及危害如表9-4所示。

表9-4　海流能发电站建设期间环境问题的形成原因及危害

环境问题	形成原因	危　害
大气污染	运输船舶、施工机械燃油产生的燃油废气	（1）影响环境卫生； （2）危害人体健康
水体污染	运输车辆、施工机具的冲洗废水，润滑油、废柴油等油类；	影响海水自净能力，通过水生生物富集后，影响人体健康
	施工人员日常生活产生的生活垃圾	造成视觉污染，伤害海洋生物
	施工过程中产生弃土、建筑垃圾	影响海洋生物的生存

（1）大气污染

海流能发电站的建设工作是在海域中完成的，所需的各种建设材料、施工机械等都必须由船舶进行运输和承载，而施工机械、运输船舶的运行都需耗用燃油，绝大多数都是以柴油为动力，在运行过程中会不可避免地产生硫氧化物、氮氧化物等尾气，在空气流动不畅的季节，排放的尾气会在大气中积聚，导致酸雨并加剧温室效应，从而对大气环境造成严重的污染。

（2）水体污染

修建海流能发电站时，运输船舶和施工机械的运行过程都会产生废水，包括施工机械的冲洗废水，润滑油、废柴油等油类，施工人员生活产生的各种生活垃圾，建设过程产生的建筑垃圾等。由于在海域内作业，如果管理和控制不严格，直接将废水和垃圾排放至海水中，就会造成水体污染。

废水直接排入海中，会影响海水的自净作用，危害水生生物的生存。废水的有害污染物被水生生物吸收后，能在水生生物中富集、残留，并通过食物链进入家畜及人体中，最终危及人体健康。

生活垃圾弃入海中，不仅会漂浮在海面上，造成严重的视觉污染，而且有部分会被海洋动物吞食，对海洋动物造成伤害。建筑垃圾被抛入海内，就会造成海水污染和空气污染，从而影响海洋生物的生存。

9.6.3.2　海流能发电站运行过程中的环境问题

海流能发电站建设完毕，将海流能发电装置（即水轮机）安装完成后，即可投入运行。虽然海流能发电站能生产清洁的电能，但其在运行过程中也会引发环境问题。

（1）改变水质环境

海流能发电装置进行能量转换首先影响的就是海流的流速和流量。当海流与水轮机相遇后，海流的流动受阻，海流的能量传递给水轮机，因此海流的流速就会发生改变。与此同时，由于海流的流动受阻，部分海流以涡流的形式绕过水轮机，引起水轮机所在海域的流量也发生变化，从而导致发电装置所在海域的水动力环境也随之改变。这种影响不仅发生在水轮机所在海域，甚至会波及更远的海域。

水动力因素的改变，势必会影响水轮机周边海域的水质环境。当海流的流速和流量发生改变后，其所携带的泥沙等杂质就会发生沉积，使局域水体中悬浮物颗粒减少，同时引起水体中溶解氧、盐度、营养盐浓度、金属浓度和病原体等的含量发生变化，进而改变海底的沉积环境。

无论是水动力环境还是水质和沉积环境发生变化，对海洋生物来说，都意味着原有栖息环境发生改变，从而会影响海洋生物的生存和繁衍。

（2）噪声污染

水轮机在发电过程中产生的噪声、环境振动和电磁场会影响海洋生物，特别是哺乳动物。如果噪声较大，就会使哺乳动物受到惊吓而警觉，破坏其体内的分泌系统，从而出现死亡等现象。如果噪声过大，而且持续时间长，哺乳动物的迁徙活动也会受到影响。

水轮机不仅会直接影响某种或某些海洋生物，还会通过食物链影响其他海洋生物，甚至区域生态系统。例如，水轮机的运转会引起鱼类的聚集或迁移，附近海域的海鸟数量也会随之增加或减少。

9.6.4　温差能开发利用过程中的环境问题

海洋温差能是由于深部海水与表面海水温度差而产生的能量，其主要利用方式也是发电。海洋温差能发电除了产生清洁的可再生能源外，还能得到多种有用的副产品，包括从深水中萃取出来的锂、铀以及通过电解处理得到的淡水和氢气。

虽然海洋温差能资源是一种无污染、无碳排放的绿色清洁能源，但从全生命周期来看，在其建设和运行过程中仍会产生一系列的环境问题，需引起人们足够的重视。

9.6.4.1　温差能发电站建设过程中的环境问题

要实现海洋温差能发电，首先需建造温差能发电站，但由于温差能发电设备庞大，伸向海底深层的冷水管很长，同时还涉及耐压、绝热、防腐材料等，因此建设难度很大，在建设过程中不可避免地会产生一些环境问题，如表9-5所示。

表 9-5　温差能发电站建设过程中环境问题的形成原因及危害

环境问题	形成原因	危害
大气污染	运输车辆、施工机具燃油产生的燃油废气	（1）影响环境卫生； （2）危害人体健康
	易扬尘建筑材料运输和垃圾清运过程产生的扬尘	
水体污染	运输车辆、施工机具的冲洗废水，润滑油、废柴油等油类，泥浆废水以及混凝土保养时排放的废水排入海中	（1）影响海水自净能力； （2）通过水生物富集后，影响人体健康
固体废弃物污染	施工人员日常生活产生的生活垃圾弃入海域	漂浮海面，影响视觉，伤害海洋生物
	施工过程中产生的建筑垃圾弃入海域	污染海水和空气，影响海洋生物的生存
生态平衡破坏	修建道路时对地表及植被的破坏	植被数量和种类减少，野生动物栖息地破坏
	铺设取水管路时对海域环境的破坏	改变底栖物生存环境，减少水生生物的数量与种类
噪声污染	人类活动、交通运输工具、施工机械的运行产生噪声	（1）野生动物与鸟类数量减少，多样性降低； （2）水生生物出苗率低、畸形增多

（1）大气污染

海水温差能发电设备庞大，因而发电站的规模也较大，建设发电站所需建筑材料较多。为了降低工程投资，发电站应建在尽可能离海面近、但能避免海水涨潮危险的滩涂地带，所需建筑材料均需从外地运输过来。在此过程中，各种运输车辆、施工机具的运行都需耗用燃油，绝大多数都是以柴油为动力，在运行过程中会不可避免地产生硫氧化物、氮氧化物等燃烧尾气，在空气流动不畅的季节，排放的尾气会在大气中积聚，导致酸雨并加剧温室效应，从而对大气环境造成严重的污染。

易扬尘的建筑材料在运抵施工现场的运输与装卸过程中，如果没有采取合理的遮盖手段与抑尘措施，也容易出现扬尘。清除施工垃圾时也会出现扬尘。这些扬尘也会造成大气污染。

（2）水体污染

温差能发电站的施工量非常巨大，所需各类建筑材料较多，建设期间大量运输车辆、施工机具的使用，必然会产生废水。废水主要包括运输车辆、施工机具的冲洗废水，润滑油、废柴油等油类，泥浆废水以及混凝土保养时排放的废水。大多情况下，这些废水都处于无组织排放状态，而且因为紧邻海域，如果管理松懈、控制不严，往往会将这些废水直接排放至海中，造成水体污染。

废水直接排入海中，会影响海水的自净作用，危害水生生物的生存。废水中的有害污染物被水生生物吸收后，能在水生生物中富集、残留，并通过食物链把有毒物质带入家畜及人体中，最终危及人体健康。

（3）固体废弃物污染

温差能发电站的土建施工量非常巨大，往往需要大量的人力物力才能完成，因此在修建过程会中产生大量的生活垃圾、弃土和建筑垃圾等固体废弃物。如果管理不善、控制不严，直接弃入海中，就会导致严重的污染：生活垃圾不仅会漂浮在海面上，造成严重的视觉污染，而且有部分会被海洋动物吞食，对海洋动物造成伤害。建筑垃圾会造成海水污染和空气污染，从而影响海洋生物的生存。

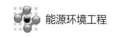

（4）生态平衡破坏

实现海洋温差能发电的发电站一般都建在离海面近、但能避免海水涨潮危险的滩涂地带，为了便于建设材料的运输及取水管的铺设，首先需修建道路。由于海边滩涂地带本身的生态环境较为脆弱，修建道路过程中不可避免地对表层土、植被等造成破坏，导致项目区内植被数量或种类减少，野生动物的栖息地、活动区域消失等。

另外，在铺设深海取水管道时，必然会使施工区域的水环境受到扰动，使区域内的悬浮泥沙大幅增大，造成藻类等植物的光合作用减弱，改变底栖生物的生存环境，破坏水生动物的生存空间，影响水生生物的成活率与生长率，导致其数量和种类减少。

（5）噪声污染

在建设过程中，由于人类活动、交通运输工具、施工机械的机械运动，施工过程中会产生不同程度的噪声。这些噪声会对野生动物造成惊扰，并对邻近的鸟类栖息地和觅食的鸟类产生一定影响，导致施工区域及周边区域中分布的野生动物与鸟类数量减少、多样性降低。

与此同时，施工过程中产生的振动和噪声对水生生物也会产生一定的影响，如对亲鱼培育产生严重影响，造成出苗率低、畸形苗多等问题，但目前尚未见深入的科学研究方法和可信的科学结论。

9.6.4.2　温差能发电站运行过程中的环境问题

温差能发电站建设完成后，即可通过大功率水泵将深海处的低温水取出与表面海水进行能量交换而实现发电。虽然产生的电能是清洁能源，但运行过程中深海低温水的取用与排放、工作介质的泄漏、发电装置的运行噪音等均会对生态环境产生影响，如表 9-6 所示。

表 9-6　温差能发电站运行过程中环境问题的形成原因及危害

环境问题	形成原因	危　害
破坏海洋浅层生态平衡	深层冷海水引入到表层暖海水，改变了浅层水中气体和矿物质浓度	造成浮游生物大量生长并引起藻华
改变局部垂直温盐结构	利用后废水排放而引起局部海域的温盐结构改变	影响海域的生态系统
伤害海洋生物	取水泵对海洋生物的直接物理伤害	威胁海洋生物的安全
	取水泵的噪声、振动和电磁场对海洋生物的间接伤害	影响海洋生物的生存和迁徙

（1）破坏海洋浅层生态平衡

海洋温差能发电过程中将低温富营养的深层冷海水引入了日照丰富的温暖表层海水中，如果这部分海水没有得到合理的管控和利用，会直接改变浅层水体溶解的气体和矿物质浓度，造成海洋浮游生物的大量生长并引起藻华，从而破坏海洋浅层生态平衡。

（2）改变局部垂直温盐结构

大型温差能发电站将利用后的废水排放到某一深度海水中，如此大规模的海水转移，很可能会改变大洋局部的垂直温盐结构，这对于排水口附近一定范围内的生态系统也会造成不可逆转的影响，长此以往可能引起难以评估的环境效应。

（3）伤害海洋生物

大功率水泵取水口的水流速度快，可能会导致大型海洋生物撞击取水装置，对海洋生物的安全构成威胁；而一些小型海洋生物，如幼鱼、浮游生物等，可能会被吸入热交换系统，温盐密度和压力的急剧变化对这些生物而言无疑是灭顶之灾。

另外，取水泵在运行过程中产生的噪声、环境振动和电磁场会影响海洋生物，特别是哺乳动物。如果噪声较大，就会使哺乳动物受到惊吓而警觉，破坏其体内的分泌系统，从而出现死亡等现象。如果噪声过大，而且持续时间长，哺乳动物的迁徙活动也会受到影响。

9.7　海洋能开发利用过程中环境问题的对策

由上节可知，虽然海洋能本身是一种清洁无污染的能源，但从全生命周期来看，各种海洋能利用技术在其开发利用过程的各个环节会对海洋环境产生一定的影响。为确保科学合理的开发海洋能资源，减少甚至避免对海洋环境的影响，应根据各环境问题的产生原因，针对性地采取控制手段。

9.7.1　潮汐能开发利用过程中环境问题的对策

由前节可知，在潮汐能发电站的建设和运行过程中都会产生环境问题，从保护环境出发，应针对各环境问题产生的原因，针对性地采取控制与保护措施。

9.7.1.1　潮汐能发电站建设过程中环境问题的对策

由表 9-2 可知，潮汐能发电站建设过程中的环境问题主要是大气污染、水体污染、固体废弃物污染、生态平衡破坏及噪声污染，针对各污染的产生原因，可分别采取相应的对策。

（1）大气污染控制

对于潮汐能发电站建设过程中由运输车辆、施工机具燃用柴油排放废气所造成的大气污染，应分别从提高燃油品质和提高燃烧效率两方面入手，减少燃油产生的废气。

为控制施工期间各种扬尘对环境的影响，应对施工场地进行合理的规划控制，尽量采用滚动施工以减少施工占地，并在施工过程中采取不间断洒水的方法避免扬尘；增大对地表植被的保护，减少地表裸露面积。在运送建筑材料和清理施工垃圾时，应先洒水抑尘，减少清理过程的扬尘；在装车后，尽量覆盖防尘网或篷布，减少运输过程的扬尘。

（2）水体污染控制

水库修建过程导致水体污染的原因是各种废水的无序排放。要防止或减缓潮汐能发电站建设过程中废水对水体的污染，就需对生产中产生的各类排水实现组织排放，在施工现场设置临时处理设施，将废水处理后回用于生产；对于无法重复使用的废水应进行分类收集、集中处理，使其达到排放或回用标准。

（3）固体废弃物污染控制

潮汐能发电站建设过程造成固体废弃物污染的原因是施工人员产生的生活垃圾和施工过程产生的弃土和建筑垃圾。由于其建设期一般较长，生活垃圾的产生量非常大，因此在建设期间应设置临时垃圾处理设施，对产生的生活垃圾进行无害化与稳定化处理，缓解其对环境造成的破坏。对于生产过程中产生的弃土或建筑垃圾，及时清运至指定地点，根据大坝修建的需要实现资源化利用。

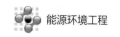

（4）生态平衡保护

为了尽量减少水库修建对生态平衡的破坏，在进行陆上作业时，应合理规划施工程序，实行滚动式开发，将占地面积缩小至最低限度；积极开展绿化工作，注意施工后的地表修复和绿化；在工作空间内，种植草坪和树木可起到美化环境和保护土壤结构的双重作用。

对于水下作业，应尽量减少施工对水体的扰动，降低水中泥沙的量。

（5）噪声污染控制

在潮汐能发电站建设过程中，大量运输车辆和施工机械产生的噪声是形成噪声污染的主要原因，需采取必要的防噪、减噪、隔噪措施，尽量降低噪声污染对环境的影响。可考虑减少减轻施工中的振动和摩擦以达到降噪效果。

综上所述，对于潮汐能发电站建设过程产生的环境问题，可采取表9-7所示的各种对策，尽量降低各环境问题导致的不良影响。

表9-7 潮汐电站建设期间环境问题的形成原因及对策

环境问题	形成原因	对策
大气污染	运输车辆、施工机具燃油产生的燃油废气	提高燃油品质和提高燃烧效率
	炸山取石过程产生的扬尘	（1）减小施工占地，施工期间不间断洒水抑尘；
	土石方运输和垃圾清运过程产生的扬尘	（2）清理前洒水抑尘，运输中覆盖防尘
水体污染	运输车辆、施工机具的冲洗废水，润滑油、废柴油等油类，泥浆废水以及混凝土保养时排放的废水	（1）组织排放，回用于生产；（2）分类收集，集中处理，达标排放或回用
固体废弃物污染	施工人员日常生活产生的生活垃圾	对生活垃圾进行无害化和稳定化处理
	施工过程中产生弃土、建筑垃圾	清运至指定地点，根据情况实现资源化利用
生态平衡破坏	炸山取土使山体植被破坏，山体稳定性降低	合理规划，尽量减少施工面积
	土石方的倾入改变局域内的环境	尽量减少对水体的扰动，降低水中泥沙的量
噪声污染	人类活动、交通运输工具、施工机械的机械运动产生噪声	采取防噪、减噪、隔噪措施

9.7.1.2 潮汐能发电站运行过程中的环境问题

根据表 9-3，针对潮汐能发电站运行过程中各环境问题的产生原因，可分别采取如下对策。

（1）潮汐涨落规律和水库水交换降低的利用

对于潮汐能发电站运行过程所导致的潮汐涨落规律的改变及水库水交换的降低，可以发掘这一影响的有利方面，创造良好的休闲及通航条件。例如，水交换的降低可使透明度提高和混浊度下降，混浊度降低可提高初级生产力，为鱼类和鸟类提供更多的食物。

（2）泥沙淤积防控

由于潮汐能发电站的建立，导致潮汐的流量与流速均发生改变，水库内外原有的泥沙动力平衡被改变，从而导致泥沙淤积，进而改变生态系统的组成。对此，可采用常规水力发电站的冲沙方法，定期进行冲沙，减缓泥沙淤积可能造成的不良影响。同时利用生态系统自动恢复的能力，做好潮汐电站的运行工况和生物群落维持工作。

（3）库区水环境的保持

潮汐能发电站的建设，由于拦水堤坝的修建导致库内、外水交换减少，使水库的水环境发生改变。针对这种情况，在今后的潮汐能发电站设计与建设过程中，可以不采用围堰法，而采用浮运施工法施工，从而避免其不良影响。

（4）对洄游鱼类的保护

由于拦水堤坝的建造会阻断鱼类洄游的通道，这对洄游鱼类的繁衍非常不利。针对这种影响，可借助音响方法，将鱼从水轮机输水道驱走，避免鱼类经过水轮机时被击伤。

（5）发电装置的噪声污染控制

对于潮汐能发电装置产生的噪声污染，应尽量采取措施提高发电机的制造水平，降低其运行过程中产生噪声的水平，最好是在设备制造时进行降噪处理，从源头上减轻噪声。

总之，在潮汐能发电站建设前做好细致的评估和合理规划，并在后期的运行维护中做好生态保护，可以大大降低不利影响。

在权衡潮汐能发电站对周围环境的影响后，可以得出结论：虽然潮汐能发电站对生态环境有影响，但其有利作用也占明显的优势。国内外潮汐能发电站的建设和运行经验表明，潮汐能开发利用可能带来的环境问题可以通过设计和管理等方式来减少其影响，而且潮汐能是一种可再生能源，其对环境的影响远小于煤炭和核能给环境造成的污染，因此，潮汐能发电具有十分广阔的发展前景。

9.7.2　波浪能开发利用过程中环境问题的对策

与潮汐能开发利用过程相比，波浪能开发利用相对较为简单，因此其开发利用过程中产生环境问题的环节也相对较少，尤其是不存在建设期间的环境问题。针对波浪能发电站运行过程中所产生的环境问题，可参考潮汐能发电站运行过程中环境问题的对策，采取相应的手段进行防控。

9.7.3　海流能开发利用过程中环境问题的对策

与潮汐能开发利用相似，海流能开发利用的主要方式也是发电，也需要建设电站，因此在其建设与运行过程中均会产生环境问题。针对海流能发电站建设与运行过程中的环境问题，可参考潮汐能发电站建设与运行过程中环境问题的控制方法进行控制。

9.7.4　温差能开发利用过程中环境问题的对策

与潮汐能发电相似，海洋温差能开发也需建设发电站，在其建设与运行过程中也会出现与潮汐能发电相类似的环境问题，因此也可采取与潮汐能发电相同的手段进行环境问题的控制。但温差能发电有其自身特点，产生的环境问题也与潮汐能发电不完全相同，最大的差别是温差能的利用会改变海水的温盐结构，从而引起生态系统的破坏。对此，可通过合理管控并结合海水养殖，创造温差能利用系统排水的附带效应。对于可能造成的海水温盐结构变化，可以采用海洋平台进行流动式作业，减小对某一特定水域水体的影响；也可考虑用其调节局部海水温度，例如全球变暖带来的海水升温使举世闻名的大堡礁珊瑚礁群出现了大规模的白化。在这一背景下，以温差能排放的低温冷海水来调节浅层水温、缓解大堡礁的升温困境，具有一定的研究价值。由此可见，在实际工程中，应该针对温差能可能引起的环境影响做好充分评估和预防，尽可能减少温差能开发利用所导致的负面环境效应。

参考文献

[1] 钱伯章. 水力能与海洋能 [M]. 北京：科学出版社，2010.

[2] 罗续业，夏登文. 中国海洋能近海重点区资源特性与评估分析 [M]. 北京：海洋出版社，2015.

[3] 褚同金. 海洋能资源开发利用 [M]. 北京：化学工业出版社，2005.

[4] 张明亮. 海洋能资源开发利用 [M]. 沈阳：辽宁人民出版社，2017.

[5] 夏登文. "十三五"海洋能开发利用战略研究 [M]. 北京：海洋出版社，2017.

[6] 麻常雷，夏登文，王萌，等. 国际海洋能技术进展综述 [J]. 海洋大学学报，2017，36（4）：70-75.

[7] 国家海洋技术中心著. 海洋能技术进展 [M]. 北京：海洋出版社，2016.

[8] 肖钢，马强，马丽. 大能源：海洋能 [M]. 武汉：武汉大学出版社，2015.

[9] 麻常雷，夏登文，王海峰. 国内外海洋能进展及前景展望研究 [M]. 北京：海洋出版社，2017.

[10] 国家海洋技术中心编著. 中国海洋能技术进展 [M]. 北京：海洋出版社，2015.

[11] 刘玉新，王海峰，王冀，等. 海洋强国建设背景下加快海洋能开发利用的思考 [J]. 科技导报，2018，36（14）：22-25.

[12] 彭洪兵，吴姗姗，麻常雷，等. 我国海洋能产业空间布局研究 [J]. 海洋技术学报，2017，36（4）：88-94.

[13] 游亚戈，李伟，刘伟民，等. 海洋能发电技术的发展现状与前景 [J]. 电力系统自动化，2010，34（14）：1-12.

[14] 奥博曼. 加拿大海洋能发电概述 [J]. 水利水电快报，2018，39（2）：49-50.

[15] 郑金海，张继生. 海洋能利用工程的研究进展与关键科学问题 [J]. 河海大学学报（自然科学版），2015，43（5）：450-455.

[16] 王燕，刘邦凡，赵天航. 论我国海洋能的研究与发展 [J]. 生态经济，2017，33（4）：102-106.

[17] 李思超，王世明，胡海鹏，等. 海洋能发电装置的分析和展望 [J]. 科技视界，2017（20）：109-111.

[18] 阎耀保. 海洋波浪能综合利用——发电原理与装置 [M]. 上海：上海科学出版社，2013.

[19] KHALIGH A，ONAR O C. 环境能源发电：太阳能、风能和海洋能 [M]. 闫怀志，卢道英，闫振民，等译. 北京：机械工业出版社，2013.

[20] 张雅洁，赵强，褚温家. 海洋能发电技术发展现状及发展路线图 [J]. 中国电力，2018，51（3）：94-99.

[21] 林伟豪，张天明. 新型海洋能发电装置设计与应用 [M]. 天津：天津大学出版社，2018.

[22] 林伟豪，汪曙光. 海洋可再生能源发电装置：折叠水轮机与联合应用 [M]. 天津：天津大学出版社，2018.

[23] 凌长明，陈明丰，徐青，等. 潮汐能聚能增压方案的热力学性能分析 [J]. 中国电机工程学报，2015，35（4）：906-912.

[24] 吴国颖，林奇峰，周大庆. 一种新型潮汐能水轮机的性能分析 [J]. 可再生能源，2017，35（9）：1417-1422.

[25] 王准. 考虑潮波作用的潮汐能贯流式水轮机的水力特性研究 [D]. 西安：西安理工大学，2018.

[26] 许雪峰，杨万康，HULSBERGEN K H，等. 动态潮汐能大坝水头数值计算 [J]. 水力发电学报，2015，34（11）：143-147.

[27] 刘邦凡，栗俊杰，王玲玉. 我国潮汐能发电的研究与进展 [J]. 水电与新能源，2018，32（11）：1-6.

[28] 武贺，王鑫，李守宏. 中国潮汐能资源评估与开发利用研究进展 [J]. 海洋通报，2015，34（4）：370-376.

[29] 赵建春，陈国海，周鹏飞. 动态潮汐能工程对区域海洋水动力环境的影响分析 [J]. 太阳能学报，2015，36（12）：3108-3114.

[30] 袁广民，朱日程. 浅谈潮汐能终端储能装置行业发展现状 [J]. 技术与市场，2018，25（12）：95，97.

[31] 赵帅帅，陈成军，洪军，等. 偏心叶片式潮汐能发电装置的设计及其仿真 [J]. 科学技术与工程，2014，14（8）：131-135.

[32] 李晨晨. 潮汐能发电技术与前景研究 [J]. 科技创新与应用，2015（2）：128.

[33] 张晓君，程振兴，张兆德. 潮汐能利用的现状与浙江潮汐能的发展前景 [J]. 中国造船，2010，51（A1）：144-147.

[34] 王妍炜, 蔡金栋, 蔡建清. 斯旺金湾的潮汐能开发 [J]. 水利水电快报, 2014, 35 (4): 33-35.

[35] 梁亮, 金南兰, 倪勇强. 浙江省潮汐能资源调查及应用研究 [J]. 浙江水利科技, 2013 (4): 17-18, 24.

[36] 姜波, 丁杰, 武贺, 等. 渤海、黄海、东海波浪能资源评估 [J]. 太阳能学报, 2017, 38 (6): 1711-1716.

[37] 胡聪, 毛海英, 尤再进, 等. 中国海域波浪能资源分布及波浪能发电装置适用性研究 [J]. 海洋科学, 2018, 42 (3): 142-148.

[38] 官建安, 李成龙, 张军. 波浪能发电装置的防腐蚀措施 [J]. 腐蚀与防护, 2019, 40 (1): 38-42.

[39] 孙崇飞, 罗自荣, 朱一鸣, 等. 波浪能点吸收器结构设计与数值优化 [J]. 农业机械学报, 2018, 49 (9): 406-413.

[40] 周能萍, 吴峰. 基于风浪和灰色模型的波浪能发电系统输出功率短期预测 [J]. 电力自动化设备, 2018, 38 (5): 58-63.

[41] 郑崇伟, 李崇银. 关于海洋新能源选址的难点及对策建议——以波浪能为例 [J]. 哈尔滨工程大学学报, 2018, 39 (2): 2000-2006.

[42] 李松剑, 潘卫明, 刘靖飙, 等. 浮力摆式波浪能发电装置时域研究 [J]. 太阳能学报, 2017, 38 (2): 543-550.

[43] 王文胜, 游亚戈, 盛松伟, 等. 波浪能装置弹性系泊系统抗台风的设计与研究 [J]. 哈尔滨工程大学学报, 2017, 38 (10): 1505-1510.

[44] 顾煜炯, 谢典. 一种振荡浮子式波浪能发电装置的实验研究 [J]. 太阳能学报, 2017, 38 (2): 551-557.

[45] 冯亮, 李昕, 史宏达, 等. 波浪能发电平台系泊系统耦合动力响应及水动力分析 [J]. 中国海事大学学报 (自然科学版), 2019, 49 (3): 171-178.

[46] 万勇, 范陈清, 戴永寿, 等. 山东半岛周边近岸海域波浪能开发潜力研究 [J]. 太阳能学报, 2018, 38 (12): 3311-3318.

[47] 赵青, 唐友刚, 曲志森, 等. 非坐底浮力摆波浪能装置运动的特性试验 [J]. 哈尔滨工程大学学报, 2018, 39 (2): 254-260.

[48] 张柯元, 张怀平. 新型波浪能发电形式的探索与应用 [J]. 电子测试, 2019 (2): 103-104.

[49] 肖晓龙, 肖龙飞, 杨立军. 串联直驱浮子式波浪能发电装置能量捕获研究 [J]. 太阳能学报, 2018, 39 (2): 398-405.

[50] 范飞, 朱志夏, 梁丙臣. 波浪能资源评估方法研究 [J]. 太阳能学报, 2015, 35 (6): 1358-1362.

[51] 余志文. 悬臂式振荡浮子波浪能捕获装置的优化设计 [D]. 北京: 华北电力大学, 2018.

[52] 熊玮. 远洋鱿钓船波浪能发电装置设计研究 [D]. 舟山: 浙江海洋大学, 2018.

[53] 范亚宁, 彭伟, 郑金海. 多功能型波浪能装置研究进展 [J]. 可再生能源, 2018, 36 (4): 617-625.

[54] 谢典. 海上波浪能与风能互补发电系统的关键技术研究 [D]. 北京: 华北电力大学, 2018.

[55] 杨景. 漂浮摆波浪能开发装置关键技术的研究 [D]. 杭州: 浙江大学, 2018.

[56] 张朝辉. 小型离网浮力摆式波浪能发电系统研究 [D]. 天津: 天津理工大学, 2018.

[57] 程朵朵. 波浪能磁流体发电机功率变换系统研究 [D]. 南京: 南京航空航天大学, 2018.

[58] 潘桂凰. 应用于航标的波浪能发电装置研究 [D]. 舟山: 浙江海洋大学, 2018.

[59] 任铭, 张超, 刘畅. 小型网状波浪能发电装置的设计及初步试验结果 [J]. 可再生能源, 2018, 36 (9): 1409-1414.

[60] 周丙浩. 纵摇浮子式波浪能转换装置研究 [D]. 哈尔滨: 哈尔滨工程大学, 2018.

[61] 马增武. 摆式波浪能发电装置设计与研究 [D]. 宜昌: 三峡大学, 2017.

[62] 李灿. 浮标波浪能转换装置模型设计及台架试验研究 [D]. 哈尔滨: 哈尔滨工程大学, 2018.

[63] 杨倩雯. 波浪能发电监控系统研究 [D]. 上海: 上海海洋大学, 2017.

[64] 鲍经纬, 林勇刚, 刘宏伟, 等. 浮力摆式波浪能发电装置试验系统研究 [J]. 太阳能学报, 2016, 37 (3): 564-569.

[65] 林礼群, 姜家强, 吴必军, 等. 漂浮式波浪能直线发电原理试验研究 [J]. 太阳能学报, 2016, 37 (3): 564-569.

[66] 张亚群, 游亚戈, 盛松伟, 等. 鹰式波浪能发电装置水动力学性能分析及优化 [J]. 船舶力学, 2017, 21 (5): 533-540.

[67] 顾煜炯, 谢典, 耿直. 波浪能发电技术研究进展 [J]. 电网与清洁能源, 2016 (5): 64-68.

[68] 张理, 李大树, 岳娟, 等. 我国海洋温差能开发的基本路线 [J]. 中国造船, 2017, 58 (A1): 54-62.

[69] 张继生, 唐子豪, 钱方舒. 海洋温差能发展现状与关键科技问题研究综述 [J]. 河海大学学报 (自然科学版), 2019,

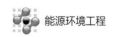
47（1）：55-64.

[70] 张晓宇. 海洋温差能发电系统中关键设备的性能研究 [D]. 大连：大连理工大学，2017.

[71] 薛海峰，刘延俊，侯云星，等. 海洋温差能闭式循环的研究进展 [J]. 海洋技术学报，2018，37（6）：109-121.

[72] 徐莹，何宏舟. 海洋温差能发电研究现状及展望 [J]. 能源与环境，2016（2）：17-18，21.

[73] 李大树，陈荣旗，张理. 海洋温差能发电热力循环技术进展 [J]. 工业加热，2016，45（4）：6-9，13.

[74] 岳娟，于汀，李大树，等. 国内外海洋温差能发电技术最新进展及发展建议 [J]. 海洋技术学报，2017，36（4）：82-87.

[75] 苏佳纯，曾恒一，肖钢，等. 海洋温差能发电技术研究现状及在我国的发展前景 [J]. 中国海上油气，2012，24（4）：84-98.

[76] 王兵振，张巍，段云棋. 小型温差能发电装置发电特性分析与试验 [J]. 太阳能学报，2018，39（12）：3302-3310.

[77] 吴春旭，林礼群，王幸，等. 闭式海洋温差能发电系统的工质研究 [J]. 太阳能学报，2016，37（4）：1064-1070.

[78] 王冠杰，朱永强，王欣. 集成多种能源的混合式海洋温差能发电系统研究 [J]. 太阳能学报，2017，38（8）：2297-2302.

[79] 张淑荣，孙业山，王明涛，等. 海洋温差能 ORC 系统多目标函数优化研究 [J]. 可再生能源，2017，35（4）：621-626.

[80] 王兵振，张巍，刘华江，等. 小型温差能发电样机运动特性仿真研究 [J]. 海洋技术学报，2018，37（1）：108-112.

[81] 陈凤云. 海洋温差能发电装置热力学性能与综合利用研究 [D]. 哈尔滨：哈尔滨工程大学，2016.

[82] 安宁. 海底热液温差能发电微型汽轮机技术研究 [D]. 杭州：浙江大学，2016.

[83] 杨军. 形状记忆合金海洋温差能发电装置的研究 [D]. 杭州：浙江大学，2015.

[84] 徐莹，何宏舟. 海洋温差能发电研究现状及展望 [J]. 能源与环境，2016（2）：17-18，21.

[85] 刘伟民. 15kW 温差能发电装置研究及试验 [J]. 中国科技成果，2014，15（6）：17.

[86] 岳娟，刘伟民，张理，等. 单工质朗肯循环海洋温差能发电系统优化研究 [J]. 海洋技术学报，2014，33（4）：31-38.

[87] 王迅，李赫，谷琳. 海水温差能发电的经济和环保效益 [J]. 海洋科学，2008（11）：84-87.

[88] 王燕，刘邦凡，段晓宏. 盐差能的研究技术，产业实践与展望 [J]. 中国科技论坛，2018（5）：50-57.

[89] 刘媛媛. 盐差能的提取与应用的研究 [D]. 温州：温州大学，2016.

[90] 赵严，胡梦青，阮慧敏，等. 逆向电渗析法海水盐差能发电工艺研究 [J]. 过滤与分离，2015，25（1）：5-8，33.

[91] 刘伟民，麻常雷，陈凤云，等. 海洋可再生能源开发利用与技术进展 [J]. 海洋科学进展，2018，36（1）：1-18.

[92] 李斌，伍联营，张伟涛，等. 盐差发电系统的模拟优化 [J]. 过程工程学报，2017，17（5）：1097-1101.

[93] 王燕，刘邦凡，赵天航. 论我国海洋能的研究与发展 [J]. 生态经济，2017，33（4）：102-106.

[94] 田明. 反电渗析法海洋盐差能发电过程研究 [D]. 石家庄：河北工业大学，2015.

[95] 王婉君，朱永强，夏瑞华. 集成于海水淡化系统的盐差能发电系统性能分析 [J]. 可再生能源，2016，34（7）：1101-1106.

[96] 董亚魁. 盐差能发电测控系统设计与开发 [D]. 青岛：中国海洋大学，2015.

[97] 贾红星. 基于压力延迟渗透原理的盐差能发电技术研究 [D]. 青岛：中国海洋大学，2014.

[98] 赵严，胡梦青，阮慧敏，等. 逆向电渗析法海水盐差能发电工艺研究 [J]. 过滤与分离，2015，25（1）：5-8，33.

[99] 刘伯羽，李少红，王刚. 盐差能发电技术的研究进展 [J]. 可再生能源，2010，28（2）：141-144.

[100] 胡以怀，纪娟. 海水盐差能发电技术的试验研究 [J]. 能源工程，2009（5）：18-21.

[101] 张雅洁，赵强，褚温家. 海洋能发电技术发展现状及发展路线图 [J]. 中国电力，2018，51（3）：94-99.

[102] 刘伟民，麻常雷，陈凤云，等. 海洋可再生能源开发利用与技术进展 [J]. 海洋科学发展，2018，36（1）：1-18.

[103] 邓会宁，冯妙，田明，等. 反电渗析法海水淡化副产浓水盐差能利用 [J]. 化学工业与工程，2018，35（6）：54-61.

[104] 邓会宁，田明，杨秀丽，等. 反电渗析法海洋盐差能电池的结构优化与能量分析 [J]. 化工学报，2015，66（5）：1919-1924.

[105] 谢玉东，王勇，马鹏磊. 水翼振荡运动捕获潮流能的机理研究 [J]. 浙江大学学报（工学版），2018，52（1）：65-72.

[106] 朱海峰，巫绪涛，曹猛猛. 潮流能发电平台的水动力特性的参数影响研究 [J]. 合肥工业大学学报（自然科学版），2018，41（6）：817-821.

[107] 张亮，尚景宏，张之阳，等. 潮流能研究现状2015——水动力学 [J]. 水力发电学报，2016，35（2）：1-15.

[108] 王世明，任万超，吕超. 海洋潮流能发电装置综述 [J]. 海洋通报，2016，35（6）：601-608.

[109] 汤金桦，李春，李润杰. 垂直轴潮流能涡轮水动力特性研究 [J]. 水资源与水工程学报，2017，28（1）：130-135.

[110] 张琳，李志川，徐海波. 潮流能发电装置方案设计和选型中的工程要点分析 [J]. 船海工程，2018，47（A1）：62-66.

[111] 杨忠良，许雪峰，施伟勇. 海峡内最大可开发潮流能计算 [J]. 太阳能学报，2017，38（6）：1706-1710.

[112] 李佐. 三相潮流能发电系统设计与实现 [D]. 哈尔滨：哈尔滨工程大学，2018.

[113] 叶青，朱永强，王冠杰. 潮流能发电装置输电特性综合评估研究 [J]. 太阳能学报，2016，37（11）：2929-2936.

[114] 杨俊友，王海鑫，邢作霞，等. 孤岛模式下潮流能发电系统协调控制策略 [J]. 电工技术学报，2015，30（14）：551-560.

[115] 陈俊华，李浩，唐辰，等. 低流速水平轴潮流能发电装置桨叶的研究 [J]. 太阳能学报，2015，36（10）：2511-2517.

[116] 王葛，潘京大，张兴东，等. 水平轴潮流能发电装置结构对其水动力性能的影响 [J]. 海洋通报，2018，37（4）：475-480.

[117] 廖微. 小型潮流能发电关键技术研究 [D]. 天津：国家海洋技术中心，2016.

[118] 陈翔. 漂浮式潮流能发电装置振动响应 [D]. 镇江：江苏科技大学，2017.

[119] 卢好阳. 一种小型垂直轴潮流能发电装置的设计与研究 [D]. 上海：上海海洋大学，2016.

[120] 王世明，杨志乾，田卡，等. 双向直驱式潮流能发电轮机性能实验研究 [J]. 海洋工程，2017，35（3）：119-124.

[121] 周旭. 双向潮流能发电装置设计与试验研究 [D]. 哈尔滨：哈尔滨工业大学，2016.

[122] 黄凤跃. 双水翼联动捕获潮流能发电系统设计与水动力分析 [D]. 济南：山东大学，2017.

[123] 朱海峰. 潮流能发电平台的水动力特性及动力响应的数值模拟研究 [D]. 合肥：合肥工业大学，2017.

[124] 刘海滨. 平行式双水翼潮流能发电系统能量转换与动态特性研究 [D]. 济南：山东大学，2017.

[125] 盛传明，徐宝，周欢，等. 海流能水平轴水轮机水动力性能研究 [J]. 太阳能学报，2017，38（5）：1220-1226.

[126] 盛传明，徐宝，周欢，等. 海流能水平轴水轮机尾流场流速研究 [J]. 太阳能学报，2018，39（2）：390-397.

[127] 杨世明，杨志乾，田卡. 新型海流能发电装置控制系统的研究 [J]. 测控技术，2018，37（2）：98-100.

[128] 徐超. 海流能驱动型制淡水技术研究 [D]. 杭州：浙江大学，2018.

[129] 周述庆. 海流能发电模拟测试平台研究 [D]. 株洲：湖南工业大学，2016.

[130] 顾亚京. 并网型海流能发电机组控制系统关键技术研究 [D]. 杭州：浙江大学，2018.

[131] 童军杰，钟碧良，马晓茜. 叶片结构对双通道海流发电装置的影响 [J]. 水力发电，2016，42（7）：87-92.

[132] 白旭，仇北平，乐智斌. 圆柱体涡激振动海流能捕获效率影响参数分析 [J]. 可再生能源，2017，35（5）：784-790.

[133] 黄大伟. 波浪能和海流能转换器及其发电装置若干问题的研究 [D]. 杭州：浙江工业大学，2017.

[134] 王世明，杨志乾，杨倩雯，等. 新型海流能发电控制系统设计 [J]. 海洋技术学报，2017，36（4）：53-56.

[135] 吴涛. 海流能发电装置的优化设计 [D]. 南京：东南大学，2014.

[136] 林勇刚，李伟，刘宏伟，等. 水下风车海流能发电技术 [J]. 浙江大学学报（工学版），2008，42（7）：1242-1246.

[137] 朱玲，周翠红. 能源环境与可持续发展 [M]. 北京：中国石化出版社，2013.

[138] 杨天华，李延吉，刘辉. 新能源概论 [M]. 北京：化学工业出版社，2013.

[139] 卢平. 能源与环境概论 [M]. 北京：中国水利水电出版社，2011.

[140] 靳双龙，陈建. 中国近海海上新能源开发环境风险综合区划 [J]. 海洋科学，2018，42（3）：63-76.

[141] 印萍，林良俊，陈斌，等. 中国海岸带地质资源与环境评价研究 [J]. 中国地质，2017，44（5）：842-856.

[142] 刘相相，艾社芳，王关锁. 潮汐能开发对环境的影响分析 [J]. 低碳世界，2017（6）：29-30.

[143] 林磊，刘东艳，刘哲，等. 围填海对海洋动力与生态环境的影响 [J]. 海洋学报，2016，38（8）：1-11.

[144] 沈东芳，杨会，程泽梅，等. 潮汐能开发对环境影响分析探讨 [J]. 资源节约与环保，2014（4）：27.

[145] 王颖婕. 论我国潮汐能开发利用中的环境责任 [D]. 青岛：中国海洋大学，2012.

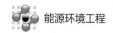

［146］黄翠，李琦，吴迪，等．实施潮汐能、波浪能战略环境影响评价框架设计研究［J］．海洋开发与管理，2015，32（9）：22-24.

［147］于灏，张震，王芳，等．海洋能开发利用的环境影响研究［J］．海洋开发与管理，2014，31（4）：69-74.

［148］孟洁，张榕，孙华峰，等．浅谈海洋能开发利用环境影响评价指标体系［J］．海洋技术，2013，32（3）：129-132，142.

［149］PATEL S．海洋能源的利用与开发［J］．上海电力，2009，22（1）：32-38.

［150］杨鹏程，章学来，王文国，等．海洋温差发电技术［J］．上海电力，2009，22（1）：38-41.

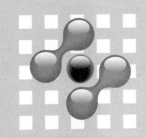

第 **10** 章　地热能的开发利用与环境问题及对策

地热能是指储存于地球内部的热量。直接利用地热能不受白昼和季节变化的限制，在许多方面具备了与太阳能、风能竞争的优势。地热能利用已有数千年的历史，人类很早前就开始利用地热能，但真正认识地热资源并进行较大规模的开发利用却是始于 20 世纪中叶。20 世纪 70 年代初期，全球出现石油危机，再加上自然环境日趋恶化，常规能源储量日渐减少，许多国家为寻找可替代能源，掀起了一个开发新能源和可再生能源的热潮。地热能以资源覆盖面广、对生态环境污染小、运营成本低等优势而受到世人的青睐。目前，全球潜在的地热资源总量为 1401EJ，而利用的只有 2EJ，占潜能的 0.14%，所以地热资源开发利用的潜力巨大。

10.1　地热的产生

地球是一个巨大的热库，它既有源源不断产生的热能，也有自身储存丰厚的热能，所以是一种巨大的自然能源。它通过火山爆发、温泉以及岩石的热传导等形式不断地向地表传送和流失热能。火山喷发时的岩浆、从地下涌流和喷发出的热水和蒸汽以及大面积有地温异常的放热地面等，都是不断将地球内部热能带到地表的载体，出露地表就形成强烈的各种类型的地热显示，未出露的就形成具备动力开发的地热田。

10.1.1　地球内部的结构

地球内部由地壳、地幔以及地核三部分组成，如图 10-1 所示。其中，地壳由土层和坚硬岩石构成，成分为镁铝和硅镁盐；地幔由温度 1100～1300℃的岩浆构成；地核由铁、镍等金属构成，其温度高达 2000～5000℃。在约 2800km 厚的铁-镁硅酸盐地幔上有一薄层（厚约 30km）的铝-硅酸盐地壳，地幔下面是液态铁-镍地核，其内还含有一个固态的内核。在 10～70km 厚的表层地壳和地幔之间有个分界面，称为莫霍不连续面，莫霍界面会反射地震波。从地表到深 100～200km 的部分为刚性较大的岩石团。由于地球内圈和外圈之间存在较大的温度梯度，所以其间有黏性物质不断循环。

地壳和地幔最简单的模型如图 10-2 所示。大洋壳层厚约 6～10km，由玄武岩构成，大洋

壳层会延伸到大陆壳层下面。大陆壳层则是由密度较小的钠钾铝-硅酸盐的花岗石组成，典型厚度为 35km，但是在造山地带其厚度可能达 70km。地壳好像一个"筏"放在刚性岩石圈上，岩石圈又漂浮在黏性物质构成的软流圈上。由于软流圈中的对流作用，会使大陆壳"筏"向各个方向移动，从而导致某一大陆板块与其他大陆板块或大洋板块碰撞或分离。它们就是造成火山爆发、造山运动、地震等地质活动的成因。图中的箭头表示了板块和岩石圈的运动及其下面黏性物质的对热流。

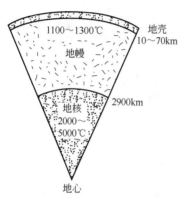

图 10-1　地球内部结构图

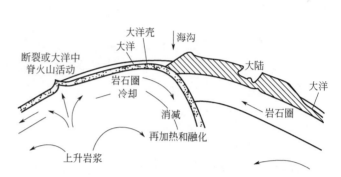

图 10-2　地壳和地幔最简单的模型的示意图

10.1.2　地球内部的能源

地球内部的热能是地球发展的内在动力。地球热源分为外部热源和内部热源两个部分。外部热源包括太阳辐射和来自月球与太阳的引力、宇宙射线及陨石坠落产生的热能；内部热源包括天然核反应物、外成-生物作用、人类经济活动、放射性衰变产生的热能等地壳热能，以及地球的残余热、地球热物质重力分异热和地球转动热。

地球内部热源中，经常起作用的全球性热源有放射性元素衰变热、地球转动热以及外成-生物作用释放的热能。天然核反应物产生的热源是一种间接起作用的局部热源。至于地球的残余热、地球热物质重力分异热以及人类经济活动所产生的热，均归属混合热源类。

地热能是来自地球内部的熔岩，并以热力形式存在的天然能量，是一次能源。地热能是导致火山和地震爆发的能量，它源于地球的熔融岩浆和放射性物质的衰变。地下水的深入循环和来自极深处的岩浆侵入到地壳后，把热量从地下深处带至近表层。高温的熔岩将附近的地下水加热，这些加热了的水最终会渗出地面而形成温泉。运用地热能最简单和最合乎经济效益的方法就是直接取用这些热源。

地热能储量比目前人们所利用能量的总量多很多，大部分集中分布在构造板块边缘一带，该区域也是火山和地震多发区。地热能不但是无污染的清洁能源，而且如果热量提取速度不超过补充的速度，那么地热能也是可再生的。

10.2　地热能的分类和分布

能够被直接感知的地热能有：一是微温地面或放热地面，有水汽释放时，地面上容易形成特殊的晨雾；二是温泉和热泉，包括与它相关的各种泉塘和热水湖；三是沸泉；四是湿喷汽孔；五是间歇喷泉，包括泥火山；六是干喷汽孔；七是水热爆炸；八是火山喷发。

10.2.1　地热能的分类

（1）按赋存状态分类

地热能按其在地下的赋存状态，可分为蒸汽型、热水型、干热岩型、地压型和岩浆型 5 大类。

① 蒸汽型地热能是指以温度较高的干蒸汽或过热蒸汽形式存在的地下储热，是最理想的地热资源。形成这种地热田要有特殊的地质结构，即储热流体上部被大片蒸汽覆盖，而蒸汽又被不透水的岩层封闭包围。这种地热资源最容易开发，可直接送入汽轮机发电，可惜蒸汽田很少，仅占已探明地热资源的 0.5%。

② 热水型地热能是指以热水形式存在的地热田，通常既包括温度低于当地气压下饱和温度的热水和温度高于沸点的有压力的热水，也包括湿蒸汽。90℃ 以下的称为低温热水田，90～150℃ 的称为中温热水田，150℃ 以上的称为高温热水田。中、低温热水田分布广、储量大，我国已发现的地热田大多属于这种类型。

③ 干热岩型地热能。干热岩是指地层深处普遍存在的没有水或蒸汽的热岩石，其温度范围很广，在 150～650℃ 之间。干热岩的储量十分丰富，比蒸汽、热水和地压型资源大得多。目前大多数国家都把这种资源作为地热开发的重点研究目标。

④ 地压型地热能是埋藏在深为 2～3km 的沉积岩中的高盐分热水，被不透水的页岩包围。由于沉积物的不断形成和下沉，地层受到的压力越来越大，可达几十兆帕，温度处在 150～260℃ 范围内。地压型热水田常与石油资源有关。地压水中溶有 CH_4 等烃类化合物，形成有价值的副产品。

⑤ 岩浆型地热能是指蕴藏在地层更深处，处于黏弹性状态或完全熔融状态的高温熔岩。火山喷发时常把这种岩浆带至地面。据估计，岩浆型地热资源约占已探明地热资源的 40% 左右。

上述 5 类地热资源中，目前应用最广的是热水型和蒸汽型。

（2）按温度分类

地热能按温度分类可分为高温地热能、中温地热能和低温地热能三类。

① 高温地热能是指温度高于 150℃ 的地热能，主要用于发电。20 世纪 70 年代后期，我国开始利用高温地热资源发电，先后在西藏羊八井、郎久建工业性地热发电站。高温地热发电成本较低，如羊八井地热电厂的上网电价仅 0.41 元/(kW·h)，具有较强的商业竞争力，但用于发电的地热流体要求有较高的温度。由于发电所使用的地热蒸汽因分离不彻底而含有水，因而具有较高的含盐量，易导致设备的腐蚀与结垢，且大量 80℃ 废水排放到地面，造成液体的严重亏空诱发地面沉降，需要建立回灌开发系统。

② 中温地热能指温度在 90～150℃ 范围内的地热能，主要用于供暖、工业干燥、脱水加工等。

③ 低温地热能指温度低于 90℃ 的地热能，主要用于温室、家庭用热水、水产养殖、饲养牲畜、土壤加温以及脱水加工等。

中低温地热能可被直接利用，例如地热供暖、医疗保健、洗浴和旅游度假、养殖、农业温室种植和灌溉以及工业生产等。

（3）按地热区或地热田的形成要素分类

按照地热区或地热田的形成要素，结合我国大陆所处的大地构造环境和地热地质条件，

可将我国的地热资源划分为岩浆型、隆起断裂型和沉降盆地型三大基本类型。

① 岩浆型地热资源。属于高温的岩浆型地热资源只会出现在板缘地带上。岩浆型进一步可划分为火山型和岩浆型。我国著名的腾冲热海地热田和西藏羊八井地热田分别是火山型和岩浆型的典型代表。

羊八井地热田位于拉萨市西北 90km 的羊八井区西侧,念青唐古拉山山前一断陷盆地之中,盆地海拔 4250～4500m。藏布曲河自西南向东北纵贯羊八井盆地,河水补给主要来自冰雪融水。

羊八井地热田的钻探工程始于 1975 年,至 1994 年钻成勘探和生产井共 70 余口,深度范围从几十米至 2006.8m,探测井下温度 140～329.8℃,第一台地热发电站试验机组于 1977 年 9 月试运行成功,至 1991 年共装机 25.18MW,藏布曲河水成了地热电站理想的冷源。经过钻取的地热流体采用两级扩容,综合热效率为 6%,发出的电力至 1981 年开始通过 110kV 高压输电线路送往拉萨电网,成为我国第一个具有一定规模的地热发电站。

② 隆起断裂型地热资源。属于中低温的隆起断裂型地热资源,它只会出现在板块内部地热带上,这类地热田区出露的水热活动显示一般以温泉为主,热源主要靠地下水循环对流传热。有代表性的热田有广东邓屋,福建的福州、漳州,陕西临潼,等。

邓屋地热田位于广东省丰顺县汤坑镇南 2km,为板内东南沿海地热带上著名的低温热田之一。在地质构造上属于粤东隆起区,热田位于两组断裂交汇处,地面出露有 7 处温泉。瑶前坝温泉水温最低,为 39℃,邓屋热田水温最高,为 88℃。1968～1970 年钻探进尺约 10000m,钻井 64 个,一般井深在 100～300m,最深进尺也仅为 800m。

地热田位于燕山期花岗岩组成的中、低山谷中,谷地被第四纪冲积坡积物所覆盖,厚 2～20m,由淤泥质土和砂砾石组成,温泉自地形低洼或切断较大的沟谷处溢出。第四纪盖层之下的基底,由燕山期中粒或细粒黑云母花岗岩组成。花岗岩体裂隙中常见有经热液蚀变的矿物——蜡石、绿泥石等。

③ 沉降盆地型地热资源。中国大陆主要的低温地热田均属板内沉降盆地型地热资源。此类资源可进一步划分为断陷盆地型和坳陷盆地型两类。这些地热资源区,一般地表无显示,热储温度低,无特殊热源,只靠正常的地温梯度增温。

任丘地热田出露在冀中坳陷任丘潜山构造带上,属浅层地热田。面积约 100km²,热田主要热储层有两层,上层为第三系明化镇储热,储层为中粗砂及中细砂,局部含砾石组成,埋深一般为 750～1000m,水温 36～49℃,产水量每天 1000～1500t,高质量的生产井日产热水可达 2500t。热异常区平均地温梯度每百米为 3.36℃。热水水化学类型为重碳酸盐-钠型或重碳酸盐-氯化物-钠型水。中国地热资源的基本类型和形成特征见表 10-1。

表 10-1　中国地热资源的基本类型和形成特征

地热资源基本类型	地热地质			地热特征		
	地质构造背景	盖层	热储	地表显示	热储温度/℃	地温梯度/(℃/100m)
火山型	板块边缘与第四火山活动异常区,构造活动异常	各种火山岩、沉积岩或矿物沉淀及水热蚀变发生自封闭	砂、砂砾岩、粗砂岩或各种火成岩	沸泉、喷泉、喷气孔,水热爆炸、硅化及蚀变带	150～300	10～30 以上
岩浆型	板块碰撞边缘,构造活动异常强烈	各种火山岩、沉积岩或矿物沉淀及水热蚀变发生自封闭	各种火成岩、沉积岩或松散沉积	沸泉、喷泉、喷气孔,水热爆炸、硅化及蚀变带	150～330	10～30 以上

地热资源基本类型	地热地质			地热特征		
	地质构造背景	盖层	热储	地表显示	热储温度/℃	地温梯度/(℃/100m)
隆起断裂型	板内基岩隆起区，活动性深断裂发育	绝大多数无盖层，少数为薄层第四系松散沉积	花岗岩为主，火山岩、变质岩和沉积岩次之	一般为温泉	40～150	一般2～3，最高10
断陷盆地型	板内中新生代沉降盆地，地壳活动相对稳定，基底断裂发育	巨厚中新生代碎屑沉积	震旦、寒武、奥陶纪等碳酸盐类岩层，晚第三纪砂岩	无显示或显示微弱，盆地边缘有温泉出露	70～100（热储深度2000m）	一般3～4，最高6～8
坳陷盆地型	板内中新生代沉降盆地，地壳活动相对稳定	巨厚中新生代碎屑沉积	中生代沉积岩、砂岩	无显示或显示微弱，盆地边缘有温泉出露	50～70（热储深度2000m）	一般2～3，最高3.5

10.2.2　地热能的分布

地热能集中分布在构造板块边缘一带，该区域也是火山和地震多发区，据估计，每年从地球内部传到地面的热能相当于100PW·h。据美国地热资源委员会的调查，世界上18个国家有地热发电，总装机容量为5827.55MW，装机容量在100MW以上的国家有美国、菲律宾、墨西哥、意大利、新西兰、日本和印度尼西亚。

世界地热资源主要分布于以下5个地热带。

① 环太平洋地热带。世界最大的太平洋板块与美洲、欧亚、印度板块的碰撞边界，即从美国的阿拉斯加、加利福尼亚到墨西哥、智利，从新西兰、印度尼西亚、菲律宾到中国沿海和日本。世界上许多地热田都位于这个地热带，如美国的盖瑟斯、墨西哥的普列托、新西兰的怀拉基、中国台湾的马槽、日本的松川和大岳等地热田。

② 地中海、喜马拉雅地热带。欧亚板块与非洲、印度板块的碰撞边界，从意大利直至中国的滇藏，如意大利的拉德瑞罗地热田、中国西藏的羊八井和云南的腾冲地热田均属这个地热带。

③ 大西洋中脊地热带。大西洋板块的开裂部位，包括冰岛和亚速尔群岛的一些地热田。

④ 红海、亚丁湾、东非大裂谷地热带。包括肯尼亚、乌干达、刚果民主共和国、埃塞俄比亚、吉布提等国的地热田。

⑤ 其他地热区。除板块边界形成的地热带外，在板块内部靠近边界的部位，在一定的地质条件下也有高热流区，可以蕴藏一些中低温地热，如中亚、东欧地区的一些地热田和中国的胶东、辽东半岛及华北平原的地热田。

我国地热资源大部分以中低温为主，主要分布在东南沿海和内陆盆地区，如松辽盆地、华北盆地、江汉盆地、渭河盆地以及众多山间盆地区。现已发现的中低温地热系统有3000多处，总计天然放热量相当于750万吨标准煤。全国已发现的高温地热系统有255处，主要分布在西藏南部和云南、四川的西部。

我国地热资源丰富，一个重要标志是目前国内已发现的温泉区有3000多处。中国温泉分布有两大特点，其一，我国温泉分布不论从数量、密度还是显示强度来讲，均以藏南、川西和滇西地区以及台湾地区为最。以福建、广东、海南三省为主体的东南沿海地区为另一温泉分布密集地带，西北地区温泉稀少，华北、东北地区除胶东半岛和辽东半岛外，温泉也不多，滇东南、黔南和桂西之间地区的温泉更是寥寥无几。上述事实说明，我国温泉的分布具

有明显的地域性和地带性。其二，我国从南方到北方，从长白山至天山，从东南沿海到青藏高原之所以广泛出露如此之多的温泉，是与地质构造、地壳热状况以及区域水文地质条件密切相关的。

（1）高温地热资源分布

我国高温地热资源主要分布在西藏南部、四川西部、云南西部以及台湾省。这是由于上述地区地热地质的特殊条件所形成的。我国地处亚欧板块的东部，夹在印度板块、太平洋板块和菲律宾海板块之间。新生代以来，我国西南侧和东侧发生了重大的构造热事件。在西南侧，由于印度板块与欧亚板块的碰撞，形成藏南地区聚敛型大陆边缘活动带；在东侧，由于亚欧板块与菲律宾海板块的碰撞，形成台湾中央山脉聚敛型大陆边缘活动带。上述板块边界以及其邻近地区的特性虽有差异，但均为当今世界上构造活动最强烈的地区之一，并共同呈现高热流异常和具有产生强烈水热活动的必然产物。具体呈现在两条沿板块边界展布的高温温泉密集带，一条为喜马拉雅地热带，又称藏滇地热带；一条是台湾地热带。

1）喜马拉雅地热带

该地热带位于喜马拉雅山脉主脊以北和冈底斯-念青唐古拉山系以南的区域，向东延伸到横断山区，经川西甘孜后转折向南，包括滇西腾冲和三江（怒江、澜沧江和金沙江）流域地区。该带西端经巴基斯坦、印度以及土耳其境内有关高温水热区，并向南到印度尼西亚与环太平洋地带相接。可见，喜马拉雅地热带是绵延上万公里的地中海地热带的重要组成部分。

著名的雅鲁藏布江深大断裂带，为大陆板块碰撞的结合带，也称为地缝合线，这条长2000km 的缝合线南部，发育有我国最新的蛇绿岩带（年龄 1200 万年）。据推断，从白垩纪开始至始新世，印度板块北移和欧亚板块的地壳开始接触并全面碰撞，引起了上部地壳中大规模断裂作用和岩浆作用，形成地壳重熔区。岩石圈的现代断裂作用和褶皱作用及其伴随的岩浆活动和地壳重熔，为喜马拉雅地热带提供了强大的热源和良好的通道，使它成为我国大陆唯一的最为强烈的地热活动带。

目前我国大陆所有的高温显示，包括沸泉、间歇喷泉、水热爆炸都出露在该带上，所有著名的高温地热田也都分布在该带上。本带在西藏和滇西地区已考察到的水热区分别达到653 个和 670 个，几乎占全国温泉总数的 44%，地热带出露的温泉在西藏海拔 4800m 的查布间歇喷泉区，水温为 96.4℃，在云南金平县海拔 160m 的勐坪，最高水温为 102.2℃，在羊八井 k4002 钻井测得的最高温度为 329.8℃。

2）台湾地热带

台湾地热带位于太平洋板块和亚欧板块的边界，属环太平洋地热带的一部分，但不具有该地热带的典型意义。在著名的台湾大纵谷深断裂带内，蛇绿岩带发育，说明断裂已深入上地幔。岛上地壳活动活跃，第四纪火山活动强烈，地震频繁，是我国东南部海岛地热活动最强烈的一个带。台湾及其邻近岛屿有温泉 103 处，其中达到或略高于当地沸点的沸泉有 8 处。地热带出露于地表显示中，测到的大屯水热区喷汽孔的最高温度为 120℃，测到的七星山附近马槽钻井的最高温度为 293℃，热流体中的蒸汽含量高达 30%，虽然流体水温高，但由于矿化度较高（每升达 5～12g），水质的碱度偏低，具有强烈的腐蚀性（pH＜3），给开发利用带来极大的困难。台湾于 1981 年和 1985 年在清水和土场建造的小型地热发电站，均因腐蚀结垢的困扰而停产，目前仅用于浴疗。

（2）低温地热资源分布

我国低温地热资源广泛分布于板块内部中国大陆构造隆起区和构造沉陷区。

1）板内构造隆起区

隆起区发育有不同地质时期形成的断裂带，已经多期活动，有的在最近时期活动性仍比较强烈，它们多数能够成为地下水运移和上升的良好通道。大气降水渗入地壳深处，经过深循环在正常地温梯度下受热增湿，常常在相对低洼的场所，包括山前或山间盆地、滨海盆地以及深切的河谷、沟谷底部沿着活动性断裂涌流于地表形成温泉。根据地壳隆起区温泉的密集程度，目前划分为东南沿海地热带和胶辽半岛地热带。

① 东南沿海地热带。该地热带位于太平洋板块与欧亚板块交接带以西中国大陆的内侧，包括濒临东海和南海的福建、广东和海南，是我国大陆东部地区温泉分布最密集的地带。其中广东有 257 处，福建有 174 处，海南有 30 处。温泉水温一般均在 40～80℃之间，其中以广东阳江新洲温泉为本带水温之最，高达 97℃，接近当地高程的沸点，钻井记录到的最高温为福建漳州一口地热井，在深 90m 的井底测到 121.5℃，井口水温 105℃。

② 胶辽半岛地热带。该地热带包括胶东半岛和辽东半岛及沿郯庐大断裂中段两侧的地区，出露温泉共有 46 处，这里新构造运动活跃，地震频繁。本带多为低温水热系统，只有 4 个中温水热系统，即辽宁鞍山的汤岗子-西荒地、盖平的熊岳、山东招远的汤东和即墨温泉区，井口的最高温度为 98℃。

2）大陆构造沉降区

大陆构造沉降区系指地表无地热显示的赋存于我国广泛发育的中、新生代沉积盆地中的地下热水资源区。我国大陆中、新生代盆地有 319 个，总面积 417 万平方公里，其中大型盆地（面积大于 10 万平方公里）有 9 个，中型盆地（1 万～10 万平方公里）有 39 个，其余多为小型山间盆地，约占陆地面积的 42%。按我国板块构造的演化历史，结合板块构造活动性质，可将我国中、新生代沉积盆地划分为以下基本成因类型：裂谷断裂型盆地，我国东部的华北盆地、松辽盆地等均属于此类；克拉通型，我国中部的鄂尔多斯和四川盆地等属此类。上述盆地已经被证实有开发利用的热水资源。这一类型的热水资源的赋存和分布有以下一些特点。

① 大型盆地有利于热水资源的形成与赋存。大型盆地沉积层巨厚，其中既有大量由粗屑物质组成的高孔隙度和高渗透性的储集层，又具有大量由细颗粒物质组成的隔层，同时还具备有利于热水聚存的水动力环境。此外，大型盆地有足够的空间规模，使水动力环境能呈现出分带的特点，外环带为径流交替带，内带为径流缓滞带。径流到盆地的地下水，首先经过的是外环带，外环带一般地处盆地边缘的较高地形，进到内带后转为较长距离的水平运移，这就为地下水创造能充分吸取围岩热量的环境。与此相对应的规模较小的盆地，特别是狭窄的山间盆地，则不具备上述的水动力环境，而是处于地下水的相互交替过程中，形成以低温为主的地下水流，即使在一定的深度内，地热水温也不会很高。

② 热背景值高低决定盆地赋存热水温度的高低。热背景值的高低主要指大地热流值的高低。大地热流是沉积盆地储层的供热源，从这个意义上讲，区域地热背景值对于盆地热水聚存有极其重要的作用。目前全国大地热流值测定数据显示，我国的东部、中部和西北部的沉积盆地背景值虽然不完全一样，但差异甚小，均在地热正常区域范围之内（40～75MW/m²）。这就预示着在一定的深度范围内，不可能有高温地热资源的形成，而只能是小于 90℃的低温热水，也许会有少部分超过 90℃的中温热水存在。然而，我国东部热背景值略高于中部和西北部，仍导致东部的热水资源优于中部和西北部。

③ 热水储层发育和沉积建造岩层特征密切相关。热水储层的发育，一般指其是否有良好的渗透性和孔隙率。具有良好的渗透性和孔隙率的储层，要取决于盆地沉积建造岩层相的特征。盆地中堆积或沉积形成的致密层就不可能成为良好的热水储层。反之，如果能够形成

有一定厚度，且岩性较粗，或在结构上呈现砂岩与泥质层，这样的沉积建造亦可能成为良好的热水储层。我国的华北盆地、江汉盆地、苏北盆地的上第三系就属于这种良好的热储层。该类地层又如西北的柴达木盆地，在渐新世至上新世时期的坳陷发展阶段，堆积了一层相当厚的河湖相碎屑岩沉积。在盆地中心，坳陷持续至第四纪，第四系为厚的盐湖建造，因此这里要赋存低盐度热水的可能性就很小。

④ 部分盆地深部基岩热储系统发育。通过地球物理勘探发现并证实某些盆地在沉积盖层之下的深部基岩热储系统发育。华北盆地最典型，盆地的基岩热储为中、上元古界和下元古界的碳酸盐地层组成，在隐伏的基岩隆起带构成良好的热水田，诸如天津地热田、北京地热田、河北牛驼镇地热田等。为此，对某些未曾开发的沉积盆地，可以从已知的基岩热储发育和形成的特点，来推测在地处同一陆台之上发育起来的另一些盆地中理应也有深部基岩热储的可能。对裂谷型盆地，如果其基岩隆起幅度与上覆盖层厚度具备理想的条件，则盖层的地温梯度会高于正常梯度，可以形成局部地段的地温异常，很可能成为开发盆地热水的优选区。

10.3 地热能开发利用的方式

人类很早以前就开始利用地热能，例如，利用温泉洗浴、医疗，利用地下热水取暖，建造农作物温室，水产养殖及烘干谷物等。但真正认识地热资源并进行较大规模的开发利用，却是始于 20 世纪中叶。跟太阳能、风能相比，地热资源具有不受季节影响，又不受周围环境变化影响的特点，利用率很高，除了机器的检修外，一年四季都可以运行，所以达到了 72%～75%的利用率，是所有清洁能源当中利用率最高的。地热能源不像核能和其他能源，它是非常安全的能源，其不足之处在于分布不均匀，东南沿海以及青藏高原的高温资源较为丰富，但是大部分的国土面积只有低温资源，高温资源较少。

地热能的利用可分为地热发电和直接利用两大类。对于不同温度的地热流体，可能利用的范围如下：200～400℃，直接发电及综合利用；150～200℃，双循环发电、制冷、工业干燥、工业热加工；100～150℃，双循环发电、供暖、制冷、工业干燥、脱水加工、回收盐类、罐头食品；50～100℃，供暖、温室、家庭用热水、工业干燥；20～50℃，沐浴、水产养殖、饲养牲畜、土壤加温、脱水加工。

为提高地热利用率，现在许多国家采用梯级开发和综合利用的办法，如热电联产联供、热电冷三联产、先供暖后养殖等。

10.3.1 地热发电

地热发电是地热利用的最重要方式。高温地热流体应首先用于发电。我国高温地热资源（温度高于150℃）主要集中在西藏南部、云南西部和台湾东部，目前已有 5500 个地热点，45 个地热田，热储温度均超过 200℃。如果能将其全部转化为电能，将会对我国能源结构产生巨大影响。

地热发电和火力发电的原理是一样的，都是利用蒸汽的热能在汽轮机中转变为机械能，然后带动发电机发电。所不同的是，地热发电不像火力发电那样要装备庞大的锅炉，也不需要消耗燃料，它所用的能源就是地热能。地热发电的过程，就是把地下热能首先转变为机械能，然后再把机械能转变为电能的过程。

意大利的皮也罗·吉诺尼·康蒂王子于 1904 年在拉德雷罗首次把天然的地热蒸汽用于发电。地热发电是利用液压或爆破破碎法把水注入岩层，产生高温蒸汽，然后将其抽出地面推动涡轮机转动使发电机发出电能。在这一过程中，将一部分没有利用到的蒸汽或者废气，经过冷凝器处理还原为水送回地下，这样循环往复。1990 年安装的发电设备发电能力达到 6000MW，直接利用地热资源的总量相当于 4.1Mt 油当量。

要利用地下热能，首先需要有载热体把地下的热能带到地面上来。目前能够被地热电站利用的载热体，主要是地下的天然蒸汽和热水。按照载热体类型、温度、压力和其他特性的不同，可把地热发电的方式划分为蒸汽型地热发电和热水型地热发电两大类。

（1）蒸汽型地热发电

蒸汽型地热发电是把蒸汽田中的干蒸汽直接引入汽轮机组发电。但在引入发电机组前，应把蒸汽中所含的岩屑和水滴分离出去，如图 10-3 所示。这种发电方式最为简单，投资费用也较低，但干蒸汽地热资源十分有限，还不到已探明地热资源的 1%，且多存在于较深的地层，开采技术难度大，因此发展受到限制，一般适用于超过 0.1MPa 压力的干蒸汽，而且电站容量小。

蒸汽型地热发电主要有背压式和凝汽式两种系统。

1）背压式发电系统

如图 10-4 所示，工作时，首先把干蒸汽从蒸汽井中引出，先加以净化，经过分离器分离出所含的固体杂质，然后就可把蒸汽送入汽轮机做功，驱动发电机发电。做功后的蒸汽，可直接排入大气，也可用于工业生产中的加热过程。这种系统大多用于地热蒸汽中不凝结气体含量较高的场合，或者拟综合利用排汽于生产和生活的场合。

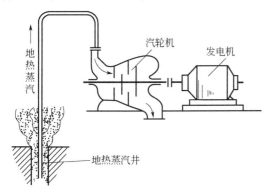

图 10-3　蒸汽型地热发电系统

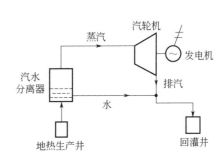

图 10-4　背压式发电系统示意图

2）凝汽式发电系统

为提高地热电站的机组出力和发电效率，通常采用凝汽式汽轮机发电系统，如图 10-5 所示。在该系统中，由于蒸汽在汽轮机中能膨胀到比大气压还低的压力，因而能做出更多的功。做功后的蒸汽排入凝汽器，并在其中被循环水冷却成凝结水，然后排走。在凝汽器中，为保持很低的冷凝压力，即真空状态，因此设有两台具有冷凝器的射汽抽气器来抽气，把由地热蒸汽带来的各种不凝结气体和外界漏入系统中的空气从凝汽器中抽走。

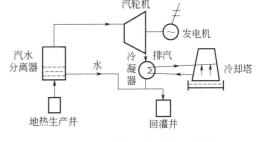

图 10-5　凝汽式发电系统示意图

蒸汽型地热发电有一次蒸汽法和二次蒸汽法两种。一次蒸汽法直接利用地下的干饱和（或稍具过热度）蒸汽，或者利用从汽、水混合物中分离出来的蒸汽发电。二次蒸汽法有两种含义，一种是不直接利用比较脏的天然蒸汽（一次蒸汽），而是让它通过换热器汽化洁净水，再利用洁净蒸汽（二次蒸汽）发电；第二种含义是，将从第一次汽水分离出来的高温热水进行减压扩容生产二次蒸汽，但压力仍高于当地大气压力，和一次蒸汽分别进入汽化机发电。

一次蒸汽法多采用凝汽式汽轮机循环系统。这种发电系统适用于低于0.1MPa压力的蒸汽田，这时井口流体为汽水混合物。经净化后的湿蒸汽进入汽水分离器，分离出的蒸汽进入汽轮机中膨胀做功。蒸汽中夹带的不凝结气体随蒸汽经汽轮机积聚在凝汽器中，通过抽气器抽除，以保持凝汽器中的真空度。

二次蒸汽法中用得较多的是减压扩容蒸汽循环系统。减压扩容蒸汽循环系统适用于湿蒸汽田和热水田。若地热井口流体是热水，将首先进入减压扩容器，扩容器中维持着比热水低的压力，得到闪蒸蒸汽并送往汽轮机做功。若流体是湿蒸汽，将进入汽水分离器，分离出的蒸汽送往汽轮机做功，分离出的水则进入减压扩容器，得到的闪蒸蒸汽也送往汽轮机做功。

（2）热水型地热发电

地热田中的水，按常规发电方法是不能直接送入汽轮机去做功的，必须以蒸汽状态输入汽轮机做功。目前对温度低于100℃的非饱和状态地下热水发电，有两种方法。一种是减压扩容法。利用抽真空装置，使进入扩容器的地下热水减压汽化，产生低于当地大气压力的扩容蒸汽，然后将汽和水分离、排水、输汽充入汽轮机做功，这种系统称"闪蒸系统"。低压蒸汽的比容很大，因而使汽轮机的单机容量受到很大限制，但运行过程比较安全。另一种是利用低沸点物质，如氯乙烷、正丁烷、异丁烷和氟利昂等作为发电的中间工质，地下热水通过换热器加热，使低沸点物质迅速气化，利用所产生气体进入发电机做功，做功后的工质从汽轮机排入凝汽器，并在其中经冷却系统降温，又重新凝结成液态工质后再循环利用。这种方法称"中间工质法"，这种系统称"双循环系统"或"双工质发电系统"。这种发电方式安全性较差，如果发电系统的封闭稍有泄漏，工质逸出后很容易发生事故。

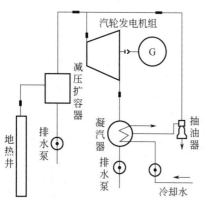

图10-6　闪蒸发电系统

1）闪蒸发电系统

闪蒸发电系统如图10-6所示。当高压热水从热水井中抽至地面，由于压力降低部分热水沸腾并"闪蒸"成蒸汽，蒸汽送至汽轮机做功。分离后的热水可继续利用后排出，当然最好是再回注入地层。

闪蒸发电系统又可分为单级闪蒸法发电系统、两级闪蒸法发电系统和全流法发电系统等。两级闪蒸发电系统，可比单级闪蒸发电系统增加发电能力15%～20%；全流法发电系统，可比单级闪蒸法和两级闪蒸法发电系统的单位净输出功率分别提高60%和30%左右。采用闪蒸法的地热电站，基本上是沿用火力发电厂的技术，即将地下热水送入减压设备——扩容器中，产生低压水蒸气，送入汽轮机做功。在热水温度低于100℃时，全热力系统处于负压状态。这种电站设备简单、易于制造，可以采用混合式热交换器。缺点是设备尺寸大、容易腐蚀结垢、热效率较低。由于直接以地下热水蒸气为工质，因而对于地下热水的温度、矿化度及不凝结气体含量等有较高的要求。

2）双循环发电系统

双循环发电系统也称双工质发电系统，如图10-7所示。这是20世纪60年代以来国际上兴起的一种地热发电新技术。这种发电方式不是直接利用地下热水所产生的蒸汽进入汽轮机做功，而是通过热交换器，利用地下热水来加热某种低沸点的工作流体，使之沸腾而产生蒸汽。蒸汽进入汽轮机做功后进入凝汽器，再通过热交换器从而完成发电循环，地热水则从热交换器回流注入地下。因此，在这种发电系统中采用两种流体：一种是采用地热流体作为热源，另一种是采用低沸点工质流体作为一种工作介质来完成将地下热水的热能转变为机械能。常用的低沸点工质有氯乙烷、正丁烷、异丁烷、氟利昂-11 和氟利昂-12等。这种发电方法的优点是：热效率高，设备紧凑，汽轮机的尺寸小，特别适合于含盐量大、腐蚀性强和不凝结气体含量高的地热资源。缺点是：不像扩容法那样可以方便地使用混合式蒸发器和冷凝器；大部分低沸点工质的传热性能都比水差，采用此方法需有相当大的金属

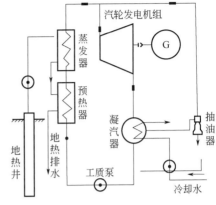

图 10-7 双循环发电系统

换热面积；低沸点工质的价格较高，有些低沸点工质还有易燃、易爆、有毒、不稳定、对金属有腐蚀等特性。发展双循环系统的关键技术是开发高效的换热器。

　　双循环地热发电系统又可分为单级双工质地热发电系统、两级双工质地热发电系统和闪蒸与双工质两级串联发电系统等。采用两级利用方案，各级蒸发器中的蒸发压力要综合考虑，选择最佳参数。如果这些数值选择合理，那么在地下热水的水量和温度一定的情况下，一般可提高发电量 20%左右。

　　地热发电存在的机组效率低、系统复杂、运行维护繁琐、生产井结垢、材料腐蚀等问题，从某种意义上讲是制约其发展的重要因素。目前地热发电设备有如下发展趋势：小功率积木式机组，功率一般为 3～5MW 或更小，安装容易，若出现资源衰退可马上迁移；运用低沸点有机工质的朗肯循环发电机组，适用于热源为 85～130℃的地热水，从热力学观点看，应采用低沸点的循环系统，热效率可达 2.8%～8.5%。

　　20 世纪 90 年代中期，以色列奥玛特公司把上述地热蒸汽发电和地热水发电两种系统合二为一，设计出一个新的低热发电系统，被命名为联合循环地热发电系统。联合循环地热发电系统的最大优点是可以适用于大于 150℃的高温地热流体（包括热卤水）发电，经过一次发电后的流体，在不低于120℃的工况下，再进入双工质发电系统，进行二次做功，这就充分利用了地热流体的热能，既提高了发电的效率，又能将以往经过一次发电后的排放尾水进行再利用，大大地节约了能源。

　　地热电站与常规电站相比，除了可以减少污染物（特别是 CO_2）的排放外，另一个突出的优点是占地面积远小于采用其他能源的电站。在世界各国鼓励可再生能源利用的政策影响下，地热发电将有一个很大的发展。

10.3.2　地热直接利用

　　近年来，国外对地热能的非电力利用也就是直接利用十分重视。因为进行地热发电，热效率低，温度要求高。所谓热效率低，就是说由于地热类型的不同，所采用的汽轮机类型的不同，热效率一般只有 6.4%～18.6%，大部分的热量被白白地消耗掉。所谓温度要求高，是指利用地热能发电对地下水或蒸汽的温度要求一般要在 150℃以上，否则，将严重影响其经济性。而地热能的直接利用，不但能量的损耗要小得多，并且对地下热水的温度要求也低得多，在 15～180℃的温度范围均可利用。在全部地热资源中，这类中、低温地热资源是十分

丰富的，远比高温地热资源大得多。但是，地热能的直接利用也有其局限性，由于受载体介质——热水输送距离的制约，一般来说，热源不宜离用热的城镇或居民点过远，否则，投资多、损耗大、经济性差。

目前地热能的直接利用发展十分迅速，已广泛用于工业加工、民用采暖和空调、洗浴、

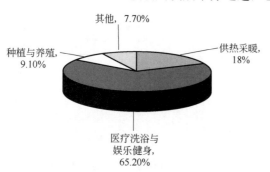

医疗、农业温室、农田灌溉、土壤加温、水产养殖、畜禽饲养等各个方面，取得了良好的经济技术效益，节约了能源。图 10-8 为我国地热能直接利用分布比例。

图 10-8　我国地热能直接利用分布比例

地热能直接利用中所用的热源温度大部分都在 40℃以上，如果利用热泵技术，温度为 20℃或低于 20℃的热液源也可以被当作一种热源来使用。

热泵的工作原理如图 10-9 所示，与家用电冰箱相同，只不过电冰箱实际上是单向输热泵，而地热热泵则可双向输热。冬季，它从地球提取热量，然后提供给住宅或大楼；夏季，它从住宅或大楼提取热量，然后又提供给地球蓄存起来（空调模式）。不管是哪一种循环，水都是加热并蓄存起来，发挥了一个独立热水加热器的全部或部分的功能。由于电流只用来传热，不用来产热，因此地热泵将可以提供比自身消耗高 3～4 倍的能量，它可以在很宽的地热温度范围内使用。在美国，地热泵系统每年以 20%的增长速度发展，而且未来还将以两位数的良好增长势头继续发展。据美国能源信息管理局预测，到 2030 年，地热泵将为供暖、散热和水加热提供高达 68Mt 油当量的能量。

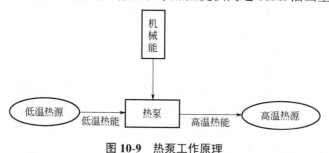

图 10-9　热泵工作原理

（1）地热供暖

将地热能直接用于采暖、供热和供热水，是仅次于地热发电的地热利用方式。因为这种利用方式简单、经济性好，备受各国重视，特别是位于高寒地区的西方国家，其中冰岛开发利用最好。该国早在 1928 年就在首都雷克雅未克建成了世界上第一个地热供热系统，现今这一供热系统已发展得非常完善，每小时可从地下抽取 7740t 的 80℃热水，供全市 11 万居民使用。

我国利用地热能供暖和供热水发展也非常迅速，在京津地区已成为地热利用中最普遍的方式。例如，早在 20 世纪 80 年代，天津市就有深度大于 500m，温度高于 30℃的热水井 356口，其热水已广泛用于工业加热、纺织、印染、造纸和烤胶等。

使用地热采暖系统可直接传输热量，绝不会造成污染，尤其是在改造传统设备的基础上，通过热交换器，地热水无须直接进入通暖管道，只留干净的水在管道中循环，基本解决了腐蚀和结垢的问题。采用地热供暖，其费用只是采用燃油气锅炉的 10%，燃煤锅炉的 20%。

（2）地热工业应用

地热在工业中的利用十分广泛，供热、制冷、干燥、脱水等均可使用地热。地热给工厂供热，如用作干燥谷物和食品的热源，用作硅藻土、木材、造纸、制革、纺织、酿酒、制糖等生产过程的热源也大有前途。目前世界上最大两家地热利用工厂就是冰岛的硅藻土厂和新西兰的纸浆加工厂。

（3）地热农业应用

地热在农业中的应用范围十分广阔，如利用温度适宜的地热水灌溉农田，可使农作物早熟增产；利用地热水养鱼，在 28℃ 水温下可加速鱼的育肥，提高鱼的出产率；利用地热建造温室，育秧、种菜和养花；利用地热给沼气池加温，提高沼气的产量等。

将地热能直接用于农业在我国日益广泛，北京、天津、西藏和云南等地都建有面积大小不等的地热温室。各地还利用地热大力发展养殖业，如培养菌种，养殖非洲鲫鱼、鳗鱼、罗非鱼、罗氏沼虾等。例如，湖北英山县有 300m 深热水井 5 口，建造温室 1129m^2，温水养鱼 2000m^2 并进行育种和培育水生饲料。现在全国地热养殖池已达 300×10^{4}m^2。

（4）地热医疗应用

地热在医疗领域的应用有诱人前景，目前热矿水被视为一种宝贵的资源，世界各国都很珍惜。由于地热水从很深的地下提取到地面，除温度较高外，常含有一些特殊的化学元素，从而使它具有一定的医疗效果，如含碳酸的矿泉水供饮用，可调节胃肠、平衡人体酸碱度；含铁矿泉水饮用后，可治疗缺铁性贫血症；含氢泉水、硫化氢泉水洗浴可治疗神经衰弱和关节炎、皮肤病等。

由于温泉的医疗作用及伴随出现的特殊的地质、地貌条件，使温泉常常成为旅游胜地，吸引大批疗养者和旅游者。在日本就有 1500 多个温泉疗养院，每年吸引 1 亿人到这些疗养院休养。

我国利用地热治疗疾病历史悠久，含有各种矿物元素的温泉众多，因此充分发挥地热的医疗作用，发展温泉疗养行业是大有可为的。

10.3.3　地热发电的进展

地热能的增长是世界经济、政治力量（主要是油价攀升和倡导利用可再生能源的意识）与先进技术相结合的结果。其中，先进技术使得地热能更容易利用（例如，电站效率的提高和低温热流体的利用）。技术创新主要包括以下方面。

① 将闪蒸发电与双工质循环技术相结合的新型发电设备。这些设备得到了越来越多的应用，该技术有利于提高低热资源的采收率。

② 精细设计的双工质循环电站。该技术可以利用温度更低的地热流体，从而使得可采地热资源更多、更加广泛。一个成功的实例是美国阿拉斯加 Chena 电站，利用 250kW 的有机朗肯循环装置，可以用一个地热流体温度仅为 74℃ 的地热储发电。

③ 储层改造技术。目前世界上第一个商业化增强地热系统（EGS）已在德国兰道建成，该工程始于 2008 年。目前，世界范围内有多个 EGS 项目正在开发中，仅在美国就有 6 个。

（1）复合型地热电站

多年来，地热电站在一定程度上可以说是大同小异，形成这一现象的原因可能是早期部分闪蒸发电站的成功，后来就沿袭这些成功的方案。根据在美国地热田的经验，与世界其他地区一样，55MW 的电站在美国被认为是"标准"规模。基于当时普遍的热储温度，汽轮机入口压力通常约 600kPa。

然而在不久之前，电站的设计策略出现了较大的变化，新西兰 Rotokawa 的联合循环电

站就是一个很好的例子，这是第一批依靠闪蒸发电站排汽作为双工质循环电站进汽的电站之一。该电站由具有较高入口压力（2550kPa）的背压汽轮机和 3 个双工质装置组成。与盖瑟地热田的 8kg/（kW·h）或萨尔瓦多的阿瓦查潘地热田的 9kg/（kW·h）相比，这种联合循环机组的蒸汽消耗仅为 5kg/（kW·h），是非常有利的。如今，双工质与闪蒸装置的结合也应用于一些其他项目中。

目前，地热新技术已经不仅仅是不同地热发电技术的结合。在过去几年中，科学家对地热发电与其他资源的结合也产生了浓厚的兴趣，例如在萨尔瓦多阿瓦查潘地区，地热能和太阳能技术的结合，还有在美国内华达州由 ENEL 绿色电力公司在 2011 年 8 月开始的 Stillwater 项目。地热能与太阳能的结合为热流体温度的进一步提高提供了更多的可能，甚至可以使太阳辐射的间歇问题得以解决。

在未来，地热能在综合利用方面，例如冰岛的电力和热水供应相结合的项目等，一定会产生越来越多的新技术。

（2）中低温发电技术

双工质发电装置的广泛使用拓宽了地热资源用于发电的温度范围。尽管目前尚未普及，但已有一些较为成功的实例，在阿拉斯加的 Chena 电站可以从温度仅为 74℃的地热水中发电。Chena 电站距离最近的电力传输线至少有 100km，因此除此之外仅能依赖柴油机发电。事实上，许多在阿拉斯加远离电网的社区都可以通过采用类似的地热发电获得便利和经济效益，从而摆脱代价高昂的柴油发电。地热发电在岛屿社区中也具有同样的优势。

随着低温发电变得切实可行，利用油田伴生地热资源发电开始受到国际上的高度重视。先导工程项目已经在美国怀俄明州和中国华北油田相继展开。怀俄明的有机朗肯循环装置自 2008 年 9 月开始运行。全球石油工业每天产水高达 3 亿桶（540000kg/s），许多油田的储层温度都在地热发电站的运行范围内。油田通常也是用电大户，所以本地发电是十分有利的。

资源温度的重要性比表面上看起来更为复杂，尽管简单来说温度越高越好，但在资源获取方面仍然存在一个"黑洞"，当温度处于一个特定的范围时，自喷井生产能力大幅下降，而另外一方面，井下水泵只在特定的温度范围内才有效。桑亚尔等对这个"黑洞"进行了简单的解释，在 190～220℃存在一个温度缺口，在此范围内不论泵采还是自喷都不是完全有效的。

上述地热资源的温度"黑洞"问题是目前地热工业需要面对的一项重要的技术挑战。

（3）增强地热系统技术

尽管目前正在不断勘探和开采新的常规地热田，但实际上发现大的常规地热田的可能性在逐渐减小。世界上不可能再找出一个像盖瑟这样的地热田。因此，对地热发展的期望就聚集在了增强地热系统（EGS）上。

麻省理工学院 Tester 等的报告（MIT 报告）对美国的增强地热系统进行了深入的探讨，这份报告使得政治和经济投资方面都更加青睐于增强地热系统。美国已经展开了至少 6 个 EGS 项目，同样，其他国家的 EGS 项目也相继展开。尽管对于 EGS 的定义仍争论不止，但根据这些定义，第一个商业性的 EGS 开发项目已经在德国兰道于 2008 年开始投入生产。

追溯到 20 世纪 70 年代，在美国新墨西哥州芬顿希尔地区的一些"研究型"EGS 项目中，已经对干热岩进行了成功改造。然而，只有在项目数量不断增加的情况下，才能对 EGS 的认识和了解更加深刻，进而推广 EGS。2011 年 8 月，Wyborn 就 EGS 的经验发表了一个总结报告，对不同环境下的 EGS 项目进行了详细地比较。

另外，对花岗岩和其他岩石（一般为砂岩或者火山岩）中的 EGS 项目进行比较也非常具有启发性。通常，花岗岩的 EGS（最常见）增产经验不同于裂缝性砂岩和火山凝灰岩。

Zimmermann 等研究报道了一个特殊的储层改造实例，该项目位于德国 Groβ Schönebeck 地区。该项目中，压裂液分别注入砂岩和火山岩两种不同的地层中，不像一般花岗岩中产生的是未支撑的滑移裂缝，该增产措施形成了支撑裂缝，可能是张力缝。

Zimmermann 等的总结报告也包括了随后的酸化处理，通过水力压裂，井的产能指数从增产前的 2.4m³/(h·MPa) 增至约 10.1m³/(h·MPa)，通过酸化压裂后增至 15m³/(h·MPa)。实施增产措施后，流量约为 16kg/s。

据 Rivas 和 Torres 报道，在萨尔瓦多柏林地区也进行过火山岩（而不是花岗岩）中的水力压裂。实施措施后，注入能力略有提高，大约由 0.24m³/(h·MPa) 提高至 0.30m³/(h·MPa)。虽有微震，但震级不大。

尽管 EGS 的发展前景不可估量，但仍然存在一些技术问题需要突破。值得注意的是，MIT 报告关于 EGS 地热能对美国能源结构的重要影响有一个重要假设，即单井流量要求达到约 80kg/s（L/s）。目前只有一个 EGS 项目（兰道）基本上达到了这一流量。通过更好地控制压裂过程，如通过采用导流剂制造多重裂缝，在储层中建立更多通道将有利于改善井的生产能力，这些工作目前正在进行中。

（4）其他新的地热发电技术

近几年，除了上述新型或先进的地热发电技术外，也出现了一批其他新的或者高效率的地热发电技术。例如，2012 年 Mendive 等报道了一个成功在井口直接进行地热发电的系统，该井口电站位于肯尼亚的大峡谷，距首都内罗毕西北约 140km，该井的井底地层温度约 270℃，单井地热发电功率 2.4MW，已于 2012 年 1 月正式发电。

毫无疑问，在井口直接安装地热发电系统具有热损失小、热利用系数高、不需要长距离蒸汽输送管道、成本相对较低等优势。但是，大功率井口地热电站的实例并不多。上述较大功率井口地热电站的成功运行证明了井口直接地热发电这一概念在技术上和经济上的可行性。

同样在 2012 年，Hawkins 等报道了采用永磁轴承的集成发电模块，该模块包括转子、定子和永磁轴承，发电功率为 125kW。采用永磁轴承可以较大幅度地减少摩擦损失、不需要润滑油，从而提高热利用系数和发电效率。采用模块化制造和安装方式可以大幅度减少地热发电站的设计、制造与安装时间。目前，地热发电滞后于太阳能、风能发电的主要原因之一是地热发电站的设计、制造、安装难以模块化，该集成发电模块的实现与现场应用可能是解决上述问题的途径之一。

另外值得一提的是在钻井理论和技术方面的进展。目前，地热发电尤其是增强地热的关键问题是钻井成本过高。Tsuchiya 等于 2012 年提出了"减压热裂钻井"的概念和理论，其主要机制是在较低的压力下，通过注入温度很低的流体使岩石从高温突降到低温时，岩石将产生大量的微裂缝，最终提高钻井的速度、降低钻井成本。减压热裂钻井需要使用冷泥浆，其基本的操作过程为：钻井遇到热储即高温岩石时，注入温度很低的钻井泥浆，使得钻孔周围岩石的温度突然下降，此时，进行常规的水力压裂，产生一些较大的主裂缝。然后，降低压力，在温差增加、压力降低的情况下，由于热应力的产生，岩石将产生许多微裂缝。之后，可以继续开始钻井，由于大量微裂缝的存在，钻井速度将大幅度提高。

如前所述，目前利用油田伴生地热资源发电开始受到国际上的高度重视，其中地热发电的效益与原油生产的效益相比要小得多，如何使石油公司重视油田伴生地热发电是关键。在这方面，中国华北油田的先导性试验具有重要意义，其试验结果表明：油井提温后井口产液温度和原油的产量都有大幅度的提高。如果地热发电的同时还能够增加原油的产量，发电后的余热还可以进行原油伴输，石油公司无疑会对油田伴生地热发电非常重视。可以预计，上述先导性试验的成功将有利于促进油田伴生地热发电的发展。

基于新型发电技术以及储层改造技术的应用，地热能未来可以在更多的地区得到利用。

10.4 地热能开发利用过程中的环境问题

与常规能源相比，地热能具有资源稳定、储量巨大、再生迅速、节能环保、冬夏两用、开发方便等特点，逐步得到较为广泛的应用，并取得了显著的经济、社会和环境效益。但地热能的开发利用过程中仍会对环境造成影响，主要包括对地下水、地表水、生态、土壤、大气以及声环境等造成的影响。不同地区由于地热能的类型及开发利用方式不同，对环境的影响也不同，因此需要将地热资源开发利用过程视为一体，基于地热工程整个生命周期来分析地热资源开发利用过程中的环境影响，为地热资源开发利用过程中的环境保护提供科学依据。

10.4.1 地热资源的开发利用过程

根据地热资源所处深度，可将地热能划分为浅层地温能、深层地热能和干热岩等类型。浅层地温能是指蕴藏在地表以下一定深度（一般为 200m）范围内的岩土体以及地下水中具有开发利用价值的地温热能，该热能可通过热泵技术进行开发利用，主要用于夏天制冷和冬天供暖；干热岩是一种埋藏于地面 1km 以下且温度大于 200℃，内部不存在流体或仅有少量流体的岩体；深层地热能是介于浅层地温能和干热岩之间的地热能。

（1）浅层地温能的开发利用过程

浅层地温能开发利用主要有地下水源热泵和土壤源热泵两种方式。热泵机组主要由压缩机、冷凝器、蒸发器、膨胀阀、调节阀控制系统和换热器组成，在能量转换时需要消耗一定的辅助能量（一般为电能），在压缩机和机组内部制冷剂的共同作用下，从环境（地下水、土壤）中吸取低品位热能，然后转换为高品位热能释放至循环介质中加以利用。地下水源热泵系统的热源为地下热水，冬季热泵机组从生产井提供的地热水中吸收热量，提高热能品位后，对建筑物供暖，取热后的地热水回灌地下；夏季则生产井与回灌井交换，将室内余热转移到低位热源中，实现降温或制冷。土壤源热泵系统的原理与地下水源热泵系统大体相同，区别在于前者的热源为土壤。

由于土壤源热泵系统和大部分地下水源热泵系统都是能量循环利用模式，即只取热不取水，所以浅层地温能的整个开发过程对环境的影响相对较小，主要是热泵机组运行过程中产生的噪声，以及勘查、钻井过程中占用场地造成的生态破坏和土壤扰动等环境问题，如图 10-10 所示。

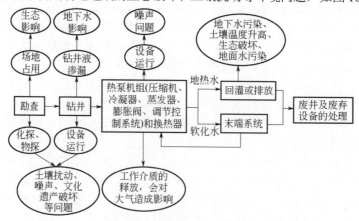

图 10-10 浅层地温能开发利用技术流程及其对环境的影响

（2）深层地热能的开发利用过程

深层地热能的开发利用可分为直接利用和间接利用两种方式。间接利用主要指发电，用于发电的地热流体一般要求在 180℃甚至 200℃以上才比较经济。直接利用对水温要求相对较低，包括供暖、洗浴和养殖等。地热供暖工程包括地上部分和地下部分，地上部分主要为地热站，其中安装除砂器、除铁罐、换热板、循环泵和补给水箱等配套装置，通过运输管道将热能输送给用户；地下部分包括水泵抽水和地热尾水回灌，受地质条件限制，有些地区难以回灌，尾水直接或进行多级利用后排放到城市污水管道。地热发电工程需要安装发电机组、凝汽器和工质泵等。地热水洗浴工程比较简单，直接将地热水通过运输管道送往用户，从经济角度考虑往往与地热供暖工程共用一套生产井和部分运输管道，或者将地热尾水用于洗浴。

在深层地热能开发利用过程中，如能实现完全回灌，则对环境的影响较小，主要是产生噪声和对大气环境的影响；若不能实现回灌，则对环境的影响较大，尤其是对生态环境的影响较大（如图 10-11 所示）。此外，在地热工程结束时，还须对地热废井和废弃装置进行妥善处理。

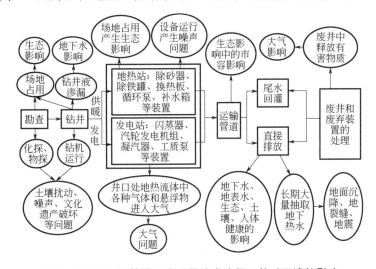

图 10-11　深层地热能开发利用技术流程及其对环境的影响

10.4.2　对地下水环境的影响

地热资源的开发利用对地下水环境的影响主要体现在水质、地质（资源问题）和水温（热污染）三个方面。

（1）水质问题

深层地热水的水质因地而异，其成因决定了地热水矿化度较高，往往富含微量元素和重金属元素。如图 10-10 和图 10-11 所示，随尾水排放、异层回灌或钻井阶段井壁套管破裂，高矿化地热水会进入浅层地下水并与之混合，导致浅层地下水水质改变。

对于浅层地温能资源，采用热泵系统进行开发时，由于热泵工程需水量大，同一场地有时需要施工多口开采井，水井位置不同，地下水质也不尽相同。即使同一口井，不同含水层间也存在一定的差异，取水段若贯穿多个含水层，则会导致地下水多层混合；若浅部含水层受到污染，而深层含水层水质良好，将会产生串层污染。同井不同层水质的混合、不同井水质的混合或井组采灌功能的相互转换，都会使地下水的水质发生一定的变化；同层回灌则对地下水水质影响较小。若回灌系统密封性差，地下水的水质也会因氧化作用发生改变；另外，

金属出水管或回灌管还有可能与空气发生细菌锈蚀、电偶缝隙锈蚀、氧浓差锈蚀等而污染地下水。意外的井管破裂也有可能使地表污水或污染物直接通过破损处渗入含水层污染地下水。已有水质监测数据表明，我国北方某些地热开发区浅层地下水中的矿化度和含氟量较高。

（2）地质问题

深层地热资源往往埋藏深，地下热水补给缓慢且补给量小，若长期无回灌的持续开采必将造成地下水的水位持续下降，不仅会造成地热资源浪费，而且会导致地热资源枯竭，并产生地面沉降或塌陷等一系列次生地质灾害。

地下水源泵系统是从开采井汲取地下水，利用热泵技术从中提取冷热量，然后再将水回灌入地下，实现室内环境与地下环境之间的能量交换。若同层回灌且采灌量基本平衡，则不会对地下水的水位产生明显的影响；若开采量不能全部同层回灌或为异层采灌，则局部会出现地下水降落漏斗，对地下水水位影响程度的大小取决于工程消耗水量的多少和地下水补给条件的优劣。若地下水不能全部回灌，则会以开采井为中心产生一个小范围的地下水位降落漏斗，停采后，水位缓慢回升；此区域若地下水长时间、高强度开采而又得不到及时补充，区域水位将单趋势大幅度下降，严重的还会引发地面沉降和地面裂缝。

（3）热污染问题

地热水经过一级或梯级多次利用后温度降低，但相对于地下水而言其尾水温度仍较高，如我国西藏羊八井热田尾水温度为 $70\sim80℃$，华北地区的天津、河北雄县地热尾水达 $40℃$ 以上，当地热尾水渗入地下后，由于其温度较高，会打破地下水原有的温度场平衡，导致局部地下水水温升高。其中主要含水层中地下水受温度影响最大，并且随着热泵运行时间的推移，温度的变化幅度会逐渐加大，影响范围也不断向外扩展。换热功率大，地下水径流条件好，冷热负荷以地下水为载体由主要含水层迅速向外扩散，扩散速率和影响程度以沿地下水流向为最大。若采灌井间距过小，即使回灌井位于开采井的下游，由于开采井取水形成局部降落漏斗，漏斗伸向回灌井方向，回灌井温度的变化也可能会影响开采井周围，使得热泵机组利用地下水的温差减小，影响系统换热效率，当利用温差小于 $3℃$ 时，节能效果和应用效果会明显降低。只有确定合理的采灌井间距，才能避免地下水流形成"热短路"，保障工程制冷或供暖效果。

10.4.3　对大气环境的影响

地热水中往往含 H_2S、CO_2 等气体，排放到大气中会影响周围的大气环境。H_2S 气体对人体危害较大，浓度低时能麻痹人的嗅觉神经，浓度高时可致人窒息而死。CO_2 是地热气体中的主要成分，含量可高达 $80\%\sim95\%$，若任意排放，会加剧温室效应。此外，热泵机组中冷凝器和蒸发器所用的工作介质（如二氟一氯甲烷，俗称 R22）排放到大气中也会影响臭氧层。

地热工程施工过程中的扬尘也会影响大气环境，扬尘主要来自平整土地、打桩、挖土填方、建造建筑物、材料运输和搅拌等过程，尤其在干燥无雨的有风天气，扬尘对大气污染较严重，主要表现为增加大气中的总悬浮颗粒物（TSP）的含量。

10.4.4　对地质环境的影响

（1）地埋管热泵对地质环境的影响

地埋管热泵系统运行过程中，不断地向周围的岩土体和地下水中释放热量或冷量，从而使埋管区内及周围一定范围内地质环境的温度发生改变，而变化幅度的大小则受多方面因素的影响，地源热泵工程需求冷热负荷大、地埋管换热量大，热泵机组连续运行、单一制冷或单一供暖、埋管间距小、地下水渗流条件差，此种条件下的地下环境不利于冷热负荷的消散，地质环境温度的变化幅度则会较大，反之则较小。

单个地埋管换热器对地下环境温度的影响，以换热器为中心，靠近中心的地下环境温度变化幅度大，沿径向远离换热器的地下环境温度变化幅度减小，直至不受影响。间距过小，相邻换热器的热影响相互叠加，温度变化幅度增大。因此，地埋管工程设计时，在场地空间条件允许的前提下，埋管间距应尽可能大，最大限度地减少或避免管群区换热器间的相互干扰，将温度影响控制在可接受的温变幅度内。

地下水渗流有利于减弱或消除由地埋管换热而引起的冷热负荷累积效应，冷热负荷以地下水为载体向下游传递，并逐渐消散，渗流速度越快，冷热负荷消散越快，地下环境温度变化相对越小。

（2）防冻剂对环境的影响

实际地埋管热泵系统密闭管路中的循环介质通常是水。有的工程室外管路埋设深度小于该区的冻土层厚度，或上覆保护（温）层厚度较薄，冬季管内循环水存在上冻的可能，从而造成水流不畅，局部堵塞，甚至管道冻裂。为防止此类事故，一般向循环水中加注适量的防冻剂，还有的工程直接全部采用防冻剂，循环液在管路中闭式循环。通常情况下，热泵系统运行不会对地下环境造成污染，但一旦出现地埋管壁破裂或者接缝开裂，循环液在泵压下向外喷射，直接对周围的土壤环境和水环境造成严重的污染。另外，管道安装调试时也有可能发生局部泄漏。防冻液大多是有机物，地面泄漏还可采用移除的方式将污染物清除，若泄漏点位于地下，一旦污染则极难治理。

10.4.5 对地表水生态环境的影响

地热资源利用过程中对地表水的污染主要体现在水质和水温两个方面，而受水水体水质和水温的改变将会引发一系列生态环境问题，如图 10-12 所示。

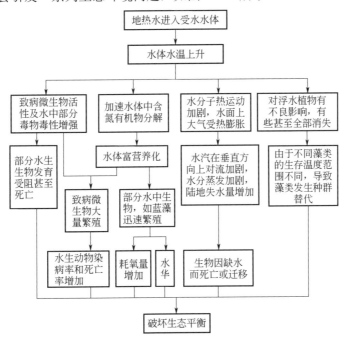

图 10-12 水体热污染产生的生态环境问题

一方面，地热水利用后仍含有大量余热，尾水温度甚至可达 40℃ 以上，地热尾水排入地表水体后，受水水体的温度升高，这会加速水中含氮有机物分解，导致地表水体富营养化；同时有机物分解会消耗水中大量的溶解氧，导致水体缺氧，影响水生生物正常生长；此外，地表水体水温升高还将使水分子热运动加剧，水汽在垂直方向上的对流运动加速，水体周围土体中水分蒸发加速而造成土体失水，导致陆生动植物因生活环境改变而大量死亡或迁移，破坏了原有的生态平衡。另一方面，地热水含有氟、重金属和其他有害元素，地热尾水与受水水体混合后会影响受水水体水质，但影响程度在我国南北方有所差异，如福州郊县永泰鳗鱼场地热水养鱼后尾水排入附近的小溪，经监测表明溪水中氟化物的含量仅为 0.56mg/L，远小于地热水中氟化物的含量 15～15.7mg/L，而北京小汤山地区的地热尾水直接排放入附近的葫芦河，河水中氟的含量由 0.84mg/L 增加到 2.43mg/L。这主要是因为南方地区雨水充沛且河水流量大，有限的地热水排入水体后由于降雨和流动水的稀释作用，氟和其他溶解性有害元素的含量明显降低，其影响不显著；而北方地区利用地热水供暖主要集中在冬季，该季节尾水排放量大且河水量较少，这会导致有些地方的地热水排放量与河水量几乎相当，此种情况下地表水体受污染的程度相对较大。而受水水体水质的改变则会影响到鱼类及微生物等的生存。

与此同时，地热水在长期的开发利用过程中，必然会向周围大气和水体排放大量的热量，使水体和空气的温度上升，影响环境和植物的生长和生存，破坏水体生态平衡，还会在排水管道中滋生细菌。

另外，在地热资源开发勘查与评价阶段，以及钻井过程和地热站建设过程等都会占用场地，破坏周围的植被，从而影响所在地栖息动物的生活环境。

10.4.6　对土壤环境的影响

地热水中矿化度较高，随着尾水或农业灌溉用水而进入土壤，使土壤溶液浓度提高，其浓度达到一定程度后，会导致植物根系吸水困难，甚至会出现植物体内水分反渗现象。此外，土壤中盐分增加，会影响微生物活动，如硝化细菌、根瘤菌等，致使土壤中养分不能有效转化为植物可直接利用的成分，这些均会造成农作物减产。从长远角度来看，高矿化度地热尾水长期排放，使盐分在土壤中日渐积累，尤其在蒸发强烈的干旱地区，会造成土壤盐渍化。

地热资源开发利用也会引起地温变化，从而导致一系列环境问题，如图 10-13 所示。浅层地表范围内地温受地下水影响较大，当地下热水在近地表运动时，由于其热导率和热容量均很大，很容易影响和控制岩土层温度，使地温保持在较低的温度水平上，并处于平衡状态。当地下热水超采引起水位大幅度下降时，浅层土体因失去了水的动态控制与调节作用而使得原有的地温动态平衡被打破，地温升高。而地温升高将会导致土壤热污染，进一步导致农作物减产、土壤农药污染加剧等环境问题。

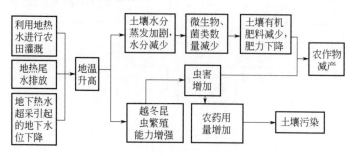

图 10-13　土壤热污染产生的环境问题

另外，浅层地温能开采阶段地的埋管铺设和深层地热能开采阶段的钻井过程均会造成土壤扰动，在地埋管附近，土壤与外界长期的热量交换过程会引起局部土壤温度发生改变，而土壤温度的改变会进一步影响到微生物及动植物的生存。

10.4.7 地质灾害问题

长时间大量抽取地下热水而无回灌，必将导致地下水位持续下降，孔隙水压力减小，有效应力增加，致使土层压密或盖层破裂，引起地面沉降，在岩溶地区还可能会导致地面塌陷。如新西兰怀拉基地热田，在 1964~1974 年内地面沉降量为 4.5m，影响范围达 65km^2，并且还发生了水平位移。地热资源往往位于现代火山和近代岩浆活动区域或近代地壳构造运动活跃地区，地热资源开发利用大部分是在区域地震活动性强的地带进行的，大量开采地下热水改变了地下应力场，可能诱发地震，世界上许多地热田附近已经观测到低于里氏 4 级的轻微地震。而我国地热田多年观测结果显示开发利用地热资源对地震影响微乎其微，因为开采地热资源而引发的明显地震非常少，即使有也十分轻微，不会对地面造成很大影响，但考虑到开发时间尺度问题，在未来更长时间内是否会引发较大震级的地震活动尚不确定。另外，在高温水热区，对浅层地热储层进行地热钻探过程中由于压力的突然降低将会诱发水热爆炸，如 1997 年 12 月西藏羊八井地热田 ZK316 井发生强烈水热爆炸。

10.4.8 其他环境问题

地热开发利用过程中的噪声污染主要来自各种施工机械和车辆运输产生的噪声。施工过程中不同阶段会使用不同的机械设备，使施工现场具有强度较高、无规则、不连续等特点的噪声。噪声强度与施工机械的功率、工作状态等因素有关，而采取一定的防治措施，如基础减振、隔声窗等，可将噪声污染降低甚至避免。

我国地热水中氟含量普遍较高，高氟水对人体有危害，利用这种水饮用、灌溉或水产养殖以及尾水地面排放都会给环境带来不利影响。另外，伴生的天然气从水中脱离后将会导致地热井起火爆炸，如果输送给用户也很容易引起火灾，进行洗浴时也可能出现天然气中毒的危险情况。

地热流体中，一方面含有医疗、工农渔业利用中的有用成分；另一方面又含有害元素，特别是地热流体中溶解盐含量较高，溶解性总固体含量一般均高于地下水和地表水，对农作物及养殖有一定的危害。尤其是地热水中含有的砷、铬、铅等元素，会在鱼体和农作物中富集，并通过食物链进入人体进而影响人类健康。

地热尾水排放后在下水道处常年保持较高温度，使蚊子、苍蝇和臭虫终年不断，不仅影响附近居民生活，还会造成环境医学条件的变化，包括妇女和婴儿死亡率和传染率（特别是肠道疾病）的增加，寄生虫病、非传染病和遗传变异概率增加。

地热田内分布有大面积的热水沼泽、喷气口和温泉等地热地质景观，大量开采地热水会对其产生影响，甚至会使这些地热地质景观消失。

10.5 地热能开发利用过程中环境问题的对策

由前节可知，无论是浅层地温能还是中深层地热能，其开发利用过程均会产生多种环境问题，各环境问题产生的原因与危害各不相同，但都会对生态环境造成严重的影响，因此，应根据各环境问题的产生原因，针对性地采取控制措施，以减轻对其环境的影响。

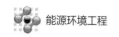

10.5.1　地下水环境问题的对策

为防止地热资源开发利用过程中可能出现的地面沉降问题，更好地保护地热资源，保持含水层的水位和压力并防止尾水的任意排放对地面的污染，应进行尾水回灌工作，一般要求单个抽水井配置一个回灌孔。

回灌是解决地热水水位下降和促使地热水资源循环利用的有效方法之一，其方法就是在抽取地热水的同时，在井口周围相关位置向地下注入一定比例的水量，从而使地下水水位保持相对稳定。

10.5.2　热污染问题的对策

针对地热能开发利用过程中产生的热污染，可采用梯级多次利用的方式，尽量实现地热资源的充分利用，如利用地热尾水养殖、洗浴或温室种植和尾水回灌。地热回灌是一种避免地热废水直接排放引起热污染和化学污染的措施，对维持地热储量、保证地热田的开采具有重要的作用。只有确定合理的采灌井间距，才能避免地下水流形成"热短路"，保障工程制冷或供暖效果。

但值得注意的是，回灌对地层条件有一定要求，同时由于地热尾水温度的改变使某些矿物质发生沉淀，会对热储层或回灌井造成破坏。

10.5.3　生态环境问题的对策

针对生态环境问题，钻井完成后要及时恢复当地植被以及加强尾水回灌，不能回灌的地区则采取必要的地热尾水处理措施，使尾水排放温度不应大于$30℃$。在广大农村地热区可利用水生植物系统（如三棱草、芦苇和香蒲等）净化地热尾水，在水质达到标准后分别用于灌溉、养殖、种植。对含天然气的地热水进行汽水分离，燃气通过分离后进入储气罐，由储气罐引出供提温加热炉用，可把地热井产出的水温提高，保证使用安全，在很大程度上提高了地热水的使用率，同时对大气环境起到保护作用。

10.5.4　大气环境问题的对策

针对大气环境问题，地热蒸汽中对环境影响较大的是H_2S、CO_2气体，可采用物理或化学的方法将其除去，如用蒸汽转化法、燃烧法、生产商业性硫等方法去除H_2S，通过地热井蒸汽分离生产商业性的CO_2用于温室蔬菜栽培。为了减少施工过程中的扬尘，应及时清理堆放在场地上的弃土、弃渣，不能及时清运的要适时采取洒水等措施进行灭尘。

10.5.5　政策层面的对策

为了解决地热资源开发利用过程中的环境问题，除采取上述的技术方案外，还需以地热系统理论为指导，将资源-环境-经济作为一个整体系统，从政策层面出发，进行统一部署、统一规划和综合管理。

（1）加强监控与管理

政府相关部门应加强监控与管理，严格地热工程的审批制度，强调地热资源开发利用过程中的监测网络和回灌系统建设以及综合利用，使地热资源能够合理有序地开发利用，减少盲目开发对地热资源造成的浪费以及过量开采所导致的潜在地质灾害影响的积累。

加强地热水的动态监测是保证地热水持续、稳定开发，科学管理和有效保护的基本手段。

在地热资源规划中，应以地热水的动态监测数据为依据，规划控制分区，对不同的分区分别进行合理开发保护、深度开发利用、深入勘探研究以及地热资源普查和地热资源远景调查等。在各规划分区中，按照地热水水位的动态变化，分别制定地热水开采强度指标和地热水年开采总量指标，实行动态管理。

目前，虽然我国地热资源的开发利用发展较快，但存在着开发利用程度低、回灌水量小、缺乏地热资源信息管理系统等问题，应对全国地热田进行勘查，对浅层地热资源进行调查和监测，开展全国地热资源现状调查评价和区划工作，为将来的大规模开发利用奠定基础。

（2）推广集约化新技术，提高利用率

解决地热资源的可持续发展问题，一个重要途径就是提高地热能利用的集约化水平，极大地提高地热利用率。在富热地区，开发梯级高效利用集约化技术，降低地热尾水排放温度，提高资源利用率，解决环境热污染问题。开采出来的地热水第一梯次是经过换热器换热后供散热器采暖用户采暖，第二梯次是将散热器采暖系统的排水供地板辐射采暖用户采暖。从两梯次之间提取部分排水作为生活热水使用。由第二梯次系统排出的地热水，进入热泵机组进行温度的提升后再供地板辐射采暖用户采暖。梯级高效利用集约化技术可将地热利用率提高90%以上。

参考文献

[1] 王社教. 地热能 [M]. 北京：石油出版社，2017.

[2] 唐志伟，王景甫，张宏宇. 地热能利用技术 [M]. 北京：化学工业出版社，2018.

[3] 朱玲，周翠红. 能源环境与可持续发展 [M]. 北京：中国石化出版社，2013.

[4] 杨天华，李延吉，刘辉. 新能源概论 [M]. 北京：化学工业出版社，2013.

[5] 卢平. 能源与环境概论 [M]. 北京：中国水利水电出版社，2011.

[6] 舟丹. 我国地热资源储量分布 [J]. 中外能源，2016（12）：55.

[7] 舟丹. 世界地热资源储量丰富 [J]. 中外能源，2016（12）：59.

[8] 张英，冯建赟，何治亮，等. 地热系统类型划分与主控因素分析 [J]. 地学前缘，2017，24（3）：190-198.

[9] 胡俊文，闫家泓，王社教. 我国地热能的开发现状、问题与建议 [J]. 环境保护，2018，46（8）：45-48.

[10] 王永昌. 中深层地热能梯级利用系统研究 [D]. 济南：山东建筑大学，2016.

[11] 马峰，王潇媛，王贵玲，等. 浅层地热能与干热岩资源潜力及其开发前景对比分析 [J]. 科技导报，2015，33（19）：49-53.

[12] 李德威，王焰新. 干热岩地热能研究与开发的若干重大问题 [J]. 地球科学——中国地质大学学报，2015，40（11）：1858-1869.

[13] 王贵玲，张薇，梁继运，等. 中国地热资源潜力评价 [J]. 地球学报，2017，38（4）：449-450，134.

[14] 冉宇进，张浩. 浅层地热能资源调查及开发利用 [J]. 冶金与材料，2018，38（5）：1-2.

[15] 吴丹子，黄冬蕾，石健，等. 拉萨羊八井地热电站地热能景观概念规划 [J]. 风景园林，2014（6）：74-77.

[16] 周阳，穆根胥，刘建强，等. 典型地貌单元浅层地热能资源量赋存规律 [J]. 地质科技情报，2018，37（4）：232-238.

[17] 汪集暘，邱楠生，胡圣标，等. 中国油田地热研究的进展和发展趋势 [J]. 地学前缘，2017，24（3）：1-12.

[18] 罗兰德·洪恩，李克文. 世界地热能发电新进展 [J]. 科技导报，2012，30（32）：60-66.

[19] 李亚，张伟，吴方之，等. 基于再热的两级闪蒸地热发电系统优化 [J]. 太阳能学报，2018，39（9）：2486-2492.

[20] 王延欣，王令宝，李华山，等. 甘孜地热发电热力计算及优化 [J]. 哈尔滨工程大学学报，2016，37（6）：873-877.

[21] 邱卓莹，王令宝，李华山，等. 甘孜地热发电能量分析与㶲分析 [J]. 新能源进展，2015，3（3）：207-213.

[22] 邱卓莹. 甘孜地热发电热力计算及防垢初步研究 [D]. 北京：中国科学院大学，2016.

[23] 王建永，王江峰，王红阳，等. 有机朗肯循环地热发电系统工质选择 [J]. 工程热物理学报，2017，38（1）：11-17.

[24] 刘建，张旭，程文龙. 工质及隔离层对废弃油井单井地热发电的影响 [J]. 太阳能学报，2017，38（8）：2286-2291.

[25] 谢和平，昂然，李碧雄，等. 基于热伏材料中低温地热发电原理与技术构想 [J]. 工程科学与技术，2018，50（2）：1-12.

[26] 卢志勇，朱家玲，张伟，等. Kalina 地热发电热力循环效率影响因素分析 [J]. 太阳能学报，2014，35（2）：326-331.

[27] 付文成，朱家玲，张伟，等. Kalina 地热发电循环模型建立及热力性能分析 [J]. 太阳能学报，2017，38（7）：1144-1150.

[28] 李克文，王磊，毛小平，等. Kalina 地热发电循环分析 [J]. 科技导报，2012（35）：46-50.

[29] 刘茂宇. 地热发电技术及其应用前景 [J]. 中国高新区，2018（3）：20.

[30] 伍亚. 基于有机朗肯循环梯级换热的地热发电系统热力性能分析 [D]. 南京：南京航空航天大学，2017.

[31] 赵宏，戴定. 世界地热发电产业概览 [J]. 中国核工业，2017（12）：51-52.

[32] 畅妮妮，朱家玲. 中低温地热发电三角循环研究进展简述 [J]. 地热能，2018（5）：17-22.

[33] 王心悦，余岳峰，胡达，等. 全流-双循环地热发电系统分析 [J]. 上海交通大学学报，2013，47（4）：560-654，571.

[34] 赵军，余岳峰. 全流式地热发电系统性能分析及在双级系统中的应用 [J]. 动力工程学报，2016，36（12）：1017-1022.

[35] 骆超，马春红，刘学峰，等. 两级闪蒸和闪蒸-双工质地热发电热力学比较 [J]. 科学通报，2015，59（11）：1040-1045.

[36] 马小康，谢琼蓉，杨柏俊. 地热发电系统之研析 [J]. 石油季刊，2016（1）：63-74.

[37] 刘继芬，王景甫，马重芳，等. 中低温地热发电循环参数的优化 [J]. 化工学报，2011，62（A1）：190-196.

[38] 周康，赵国斌，Hassan Jafari，等. 超临界二氧化碳热动力技术应用于地热发电的研究与展望 [J]. 上海节能，2018，（2）：109-113.

[39] 严雨林，王怀信，郭涛. 中低温地热发电有机朗肯循环系统性能的实验研究 [J]. 太阳能学报，2013，34（8）：1360-1365.

[40] 骆超，马伟斌. 单级和两级地热发电系统能量转换分析 [J]. 科技导报，2014，32（14）：35-41.

[41] 刘超，徐进良. 中低温地热发电有机朗肯循环工质筛选 [J]. 可再生能源，2014，32（8）：1188-1194.

[42] 梁昌文. 利用废弃油井和高温溶腔进行地热发电的数值模拟 [D]. 合肥：合肥工业大学，2015.

[43] 罗承先. 世界地热发电开发新动向 [J]. 中外能源，2016（5）：21-28.

[44] 马括，麦巧曼，楼波，等. 基于 Ebsilon 的中低温地热发电系统分析 [J]. 节能，2017，36（11）：31-33，2.

[45] 胡冰. 低温地热发电系统水平管降膜蒸发器传热性能实验研究 [D]. 北京：中国科学院大学，2015.

[46] 陈从磊，徐孝轩. 全球地热发电现状及展望 [J]. 太阳能，2015（1）：6-10.

[47] 查永进，冯晓炜，葛云华，等. 高温地热发电钻井技术进展 [J]. 科技导报，2012，30（32）：51-54.

[48] 骆超，龚宇烈，马伟斌. 地热发电及综合梯级利用系统 [J]. 科技导报，2012，30（32）：55-59.

[49] 李太禄. 中低温地热发电有机朗肯循环热力学优化与实验研究 [D]. 天津：天津大学，2014.

[50] 周韦慧. 美国地热发电现状与政府的推进政策 [J]. 当代石油化工，2015（10）：41-46.

[51] 曲勇，骆超，龚宇烈. 中低温地热发电系统的研究 [J]. 可再生能源，2012，30（1）：88-92.

[52] 骆超，马伟斌，龚宇烈. 两级地热发电系统热力学性能比较 [J]. 可再生能源，2013，31（10）：80-85.

[53] 刘凤钢，胡达，伍满，等. 地热发电的投资经济分析 [J]. 中外能源，2014（11）：24-30.

[54] 郑克棪，陈梓慧. 地热供暖世界现状及中国清洁供暖的地热选择 [J]. 河北工业大学学报，2018，47（2）：102-107.

[55] 鲍义强. 地热供暖中应注意的几个问题 [J]. 电力需求侧管理，2018（2）：34-35.

[56] 郑庆力，樊文宾，付辉安，等. 建筑地热供暖节能施工技术 [J]. 建筑工程技术与设计，2018，（14）：2256.

[57] 苗杉. 我国地热供暖促进政策研究——以河北省雄县为例 [D]. 北京：华北电力大学，2016.

[58] 吴丽枝. 某地热供暖工程项目进度控制研究 [D]. 北京：北京理工大学，2016.

[59] 赵鹏飞. 基于某地热供暖系统换热站位置对系统经济性影响分析 [D]. 西安：西安工程大学，2017.

[60] 丁自富，宋卫娟，彭旭. 河南油田地热供暖系统的工艺设计 [J]. 油气田地面工程，2014，33（10）：57-58.

[61] 李晋芝. 我国地热供暖现状及展望 [J]. 山西建筑, 2016, 42 (34)：129-130.

[62] 张召平. 地热供暖操作培训教程 [M]. 北京：石油工业出版社, 2018.

[63] 茹洪久, 赵苏民. 地热供暖经济性主控因素分析——以天津地区为例 [J]. 中国国土资源经济, 2018, 31 (7)：41-45.

[64] 沈健. 天津市地热供暖单井回灌整合技术改造方法探析 [J]. 地热能, 2018 (1)：13-15.

[65] 李飞, 尹恒, 田恬, 等. 西藏地区地热供暖系统优化换热技术研究 [J]. 建筑, 2017 (11)：40-42.

[66] 邢伟. 浅析地热供暖及其在天津的发展 [J]. 山西建筑, 2017, 43 (24)：133-135.

[67] 高巧娜, 阚建东. 采用地热水生态调控养殖南美白对虾高产试验 [J]. 河北渔业, 2018 (7)：12-14.

[68] 张效新. 利用黄河水配兑地热深井水设施口化养殖凡纳滨对虾技术 [J]. 齐鲁渔业, 2016, 33 (2)：16-18.

[69] 余利锋. 地热水产养殖温度监控系统研究 [D]. 武汉：华中农业大学, 2008.

[70] 王文彬. 利用地热资源养殖全雄罗非鱼技术 [J]. 齐鲁渔业, 2012, 29 (12)：26-27.

[71] 李树刚, 孙永来, 常本金, 等. 地热尾水和养殖废水的水质调控方法 [J]. 天津农林科技, 2013 (4)：15-16.

[72] 阮全和. 火鹤鱼地热水工厂化养殖研究 [J]. 科学养鱼, 2006 (1)：22.

[73] 余利锋, 肖新棉, 潘林. 地热水养殖温度调控系统设计 [J]. 北京水产, 2007 (4)：43-45.

[74] 余利锋, 肖新棉, 雒华杰. 地热水产养殖水温调节的流体控制分析 [J]. 北京水产, 2007 (3)：25-26.

[75] 王震. 黄河滩区罗非鱼养殖技术 [J]. 科学养鱼, 2018 (6)：20.

[76] 李丽, 赵阳, 王琰, 等. 利用水源热泵开采浅层地热能的问题分析 [J]. 信息记录材料, 2017, 18 (5)：60-61.

[77] 刘杰. 浅层地热能开发利用地质环境影响与监测系统建设研究 [J]. 山东国土资源, 2018, 34 (1)：49-55.

[78] 徐燕. 浅谈地热开发及其环境的影响 [J]. 节能环保, 2016 (10)：169-169.

[79] 尤伟静, 刘延锋, 郭明晶. 地热资源开发利用过程中的主要环境问题 [J]. 安全与环境工程, 2013, 20 (2)：24-29, 34.

[80] 李志恒, 卢建荣, 杜风林, 等. 德州市浅层地温能资源潜力评价 [J]. 山东国土资源, 2017, 33 (5)：42-46.

[81] 程向明, 张玉瑾. 地源热泵多年长期运行工况对土壤温度场的影响 [J]. 苏州科技学院学报（自然科学版）, 2016, 33 (3)：71-75.

[82] 张春一, 晋华, 刘虎, 等. 渗流对竖直地埋管换热器换热性能的影响 [J]. 水电能源科学, 2015, 33 (10)：108-111.

[83] 闫岩, 汪旭, 杨锐, 等. 我国浅层地温能开发利用应注意的一些问题及对策建议 [J]. 西部资源, 2014 (6)：201-204.

[84] 张宇雷, 吴凡, 管崇武, 等. 环渤海地区热能资源分布及海水养殖水体调温模式研究 [J]. 江苏农业, 2014, 42 (6)：229-231.

[85] 边巴仁青. 西藏玉寨地热流体医疗热矿水评价 [D]. 武汉：中国地质大学, 2013.

[86] 张国良, 张晓明, 王泽山, 等. 地热能在供热供暖和医疗洗浴方面的应用 [J]. 煤炭技术, 2009, 28 (6)：188-190.

[87] 张戈, 赵学良, 王玉力, 等. 辽宁省海城市西荒地地热资源及医疗价值初探 [J]. 资源调查与环境, 2008, 29 (1)：24-29.

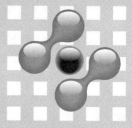

第**11**章 氢能的开发利用与环境问题及对策

氢能是最理想的清洁能源，具有资源丰富、燃烧热值高、清洁无污染、适用范围广等特点。从未来能源的角度来看，氢是高能值、零排放的洁净燃料，特别是以氢为燃料的燃料电池，具有高效性和环境友好性，大力开发氢能的制取、储存和利用技术是今后新能源发展的重要方向。

11.1 氢气的性质及氢能的特点

氢是自然界分布最广的一种元素，它在地球上主要以化合态存在于化合物中，如水、石油、煤、天然气以及各种生物的组成中。

11.1.1 氢气的性质

氢气是无色、无味和无毒的可燃性气体，但它同氮气、氩气、二氧化碳等气体一样，都是窒息气，可使肺缺氧。氢气是最轻的气体，它黏度最小，热导率最高，化学活性、渗透性和扩散性强，因而在氢气的生产、储运和使用过程中都易造成泄漏。它还是一种强还原剂，可同许多物质进行不同程度的化学反应，生成各种类型的氢化物。

由于氢气具有很强的渗透性，所以在钢设备中具有一定温度和压力的氢会渗透溶解于钢的晶格中，原子氢在缓慢的变形中引起脆化作用。它还可与钢中的碳反应生成甲烷，降低了钢的机械性能，甚至引起材质的损坏。通常在高温、高压和超低温度下，容易引起氢脆或氢腐蚀。因此，使用氢气的管道和设备，其材质应按具体使用条件慎重进行选择。

氢的着火、燃烧性能是它的主要特性。氢气的着火温度在可燃气体中虽不是最低的，但由于它的着火能仅为 $20\mu J$，所以容易着火，甚至化学纤维织物摩擦产生的静电比氢的着火能大几倍。因此，在氢的生产中应采取措施尽量防止和减少静电的积聚。

由于 H—H 键键能大，氢气在常温下比较稳定，除氢气与氯气在光照条件下化合以及氢与氟在冷暗处化合之外，其余反应均需在较高温度下才能进行。虽然氢气的标准电极电势比铜、银等金属低，但当氢气直接通入这些金属的盐溶液中后，一般不会置换出这些金属。在较高的温度下，特别是存在催化剂时，氢气很活泼，能燃烧，并能与许多金属、非金属发生反应。氢的化学性质表现为以下几项。

（1）氢气与金属的反应

氢原子核外只有一个电子，它与活泼金属如钠、锂、钙、镁作用而生成氢化物，可获得一个电子，呈-1 价。它与金属钠、钙的反应为：

$$H_2+2Na \longrightarrow 2NaH \tag{11-1}$$

$$H_2+Ca \longrightarrow CaH_2 \tag{11-2}$$

在高温下，氢可将许多金属氧化物置换出来，使金属还原，如氢气与氧化铜、氧化铁的反应式为：

$$H_2+CuO \longrightarrow Cu+H_2O \tag{11-3}$$

$$4H_2+Fe_3O_4 \longrightarrow 3Fe+4H_2O \tag{11-4}$$

（2）氢气与非金属的反应

氢气可与很多非金属如氧、氯、硫等反应，均失去一个电子，呈+1 价，反应式为：

$$H_2+F_2 \longrightarrow 2HF（爆炸性化合） \tag{11-5}$$

$$H_2+Cl_2 \longrightarrow 2HCl（爆炸性化合） \tag{11-6}$$

$$H_2+I_2 \longrightarrow 2HI \tag{11-7}$$

$$H_2+S \longrightarrow H_2S \tag{11-8}$$

$$2H_2+O_2 \longrightarrow 2H_2O \tag{11-9}$$

在高温时，氢可将氯化物中的氯置换出来，使金属和非金属还原，其反应式为：

$$SiCl_4+2H_2 \longrightarrow Si+4HCl \tag{11-10}$$

$$SiHCl_3+H_2 \longrightarrow Si+3HCl \tag{11-11}$$

$$TiCl_4+2H_2 \longrightarrow Ti+4HCl \tag{11-12}$$

（3）氢气的加成反应

在高温和催化剂存在的条件下，氢气可对碳碳双键和碳氧双键起加成反应，将不饱和有机物（结构中含有—C≡C—或—C≡C—等）变为饱和化合物，将醛、酮（结构中含有 C=O 基）还原为醇。如一氧化碳与氢气在高压、高温和催化剂存在的条件下可生成甲醇，其反应式为：

$$2H_2+CO \longrightarrow CH_3OH \tag{11-13}$$

（4）氢原子与某些物质的反应

在加热时，通过电弧和低压放电，可使部分氢气分子解离为氢原子。氢原子非常活泼，但存在时间仅为 0.5s，氢原子重新结合为氢分子时要释放出高的能量，使反应系统达到非常高的温度。工业上常利用原子氢结合所产生的高温在还原气氛中焊接高熔点金属，其温度可达 3500℃。锗、锑、锡不能与氢气化合，但它们可以与原子氢反应生成氢化物，如原子氢与砷的化学反应式为：

$$3H+As \longrightarrow AsH_3 \tag{11-14}$$

原子氢可将某些金属氧化物、氯化物还原成金属，也可还原含氧酸盐，其反应式为：

$$2H+CuCl_2 \longrightarrow Cu+2HCl \tag{11-15}$$

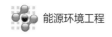

$$8H+BaSO_4 \longrightarrow BaS+4H_2O \tag{11-16}$$

（5）毒性及腐蚀性

氢无毒、无腐蚀性，但对氯丁橡胶、氟橡胶、聚四氟乙烯、聚氯乙烯等具有较强的渗透性。

氢气在自然界中的含量很大，但很少以纯净的状态存在于自然界，通常以化合物的形式存在。纯氢气在自然环境状态下以气态存在，只有经过高压处理才以液态存在。氢原子与其他物质结合在一起形成化合物的种类很多，但能作为能源载体的含氢化合物的种类却并不是太多。

11.1.2　氢能的特点

氢气（H_2）与氧气（O_2）反应生成水的时候会释放出能量，这种能量就是氢能。

严格地说，氢能是指相对于 H_2O 的 H_2 和 O_2 所具有的能量。但是 O_2 大量存在于地球的大气中，一般不被看作能量，因此我们所说的氢能就是 H_2 所承载的能量。$1mol\ H_2$ 承载的能量在数值上等于 $1mol\ H_2$ 与 $1/2mol\ O_2$ 反应释放的能量减去 $1mol$ 液态水具有的能量。

$$H_2+0.5O_2 \longrightarrow H_2O+Q \tag{11-17}$$

在标准状态（101.325kPa、25℃）下，反应的标准焓变 $\Delta H^{\theta}=-285.83kJ$，标准吉布斯自由能变化 $\Delta G^{\theta}=-273.18kJ$。$\Delta H^{\theta}$ 代表反应释放的全部能量，也就是说反应可以向外界提供 285.83kJ 的热能；ΔG^{θ} 代表反应可以向外界提供用于做功的那部分能量，如果组成燃料电池，则可以向外界提供 273.18kJ 的电能。

氢能具有以下特点：

① 氢的资源丰富。在地球上的氢主要以混合物的形式存在，如水、甲烷、氨、烃类等。而水是地球的主要资源，地球表面 70% 以上被水覆盖；即使在陆地上，也有丰富的地表水和地下水。

② 氢的来源多样性。可以由各种一次能源（如天然气、煤和煤层气等化石燃料）制备；也可以由可再生能源，如太阳能、风能、生物质能、海洋能、地热能或二次能源（如电力）等获得。地球各处都有可再生能源，而不像化石燃料那样有很强的地域性。

③ 燃烧热值高。氢的热值高于所有化石燃料和生物质燃料。

④ 氢能是最环保的能源。利用低温燃料电池，由化学反应将氢气转化为电能和水，不排放 CO_2 和 NO_x。使用氢气作为燃料的内燃机，可显著减少污染物排放。

⑤ 燃烧稳定性好。容易做到比较完善的燃烧，燃烧效率很高，这是化石燃料和生物质燃料很难与之相比的。

⑥ 氢气具有可存储性。与电能和蒸汽相比，氢气可以大规模存储。可再生能源具有时空不稳定性，可将其制成氢气存储起来。

⑦ 氢的可再生性。氢气进行化学反应产生电能（或热能）并生成水，而水又可以进行电解转化成氢气和氧气，如此周而复始，进行循环。

⑧ 氢气是安全的能源。氢气不会产生温室气体，也不具有放射性和放射毒性。氢气在空气中的扩散能力很强，在燃烧或泄漏时可很快地垂直上升到空气中并扩散，不会引起长期的未知范围的后继伤害。

11.1.3　氢的制备方法

传统的使用氢能的流程是先在制氢工厂生产出氢气，然后通过不同的方法储运，将其输送至用户。现阶段技术比较成熟、应用比较广泛的制氢技术主要有：化石燃料制氢、分解水制氢技术和生物质制氢技术，其中以煤、石油或天然气等化石燃料作为原料来制取氢是过去采用最多的方法。自从天然气大规模开采后，现在氢的制取 96% 都是以天然气为原料。天然气和煤都是宝贵的燃料和化工原料，用它们来制取氢显然摆脱不了人们对常规能源的依赖。各种制氢的途径及应用见图 11-1 所示。

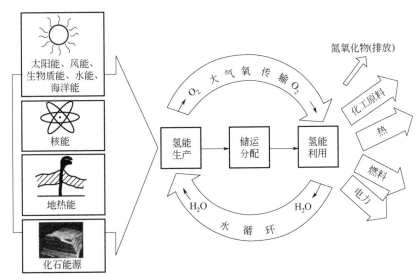

图 11-1　各种制氢的途径及应用

图 11-2 是目前世界制氢产业状况。可以看出，可再生能源或可再生资源制氢所占份额仍很小，化石燃料制氢在将来很长一段时间内仍将占主导地位。

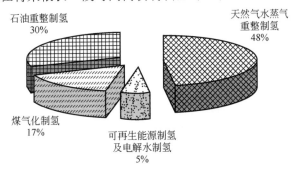

图 11-2　世界制氢产业状况

11.2　化石燃料制氢

　　早在 18 世纪时，城市煤气中的氢就是从化石燃料中获得的，20 世纪 40 年代以前，美国生产的氢有 90% 是通过水煤气反应获得的。到目前为止，以煤、石油、天然气等化石燃料为原料制取氢气是制取氢气的主要途径。

11.2.1　煤制氢

　　煤制氢技术可分为直接制氢和间接制氢。煤的直接制氢包括：煤的干馏，在隔绝空气的

条件下，在900～1000℃制取焦炭，副产品焦炉煤气中含氢气55%～60%、甲烷23%～27%、一氧化碳6%～8%，以及少量其他气体；煤的气化，煤在高温、常压或加压下，与气化剂反应，转化成气体产物，气化剂为水蒸气或氧气（空气），气体产物含有氢气等组分，其含量随不同气化方法而异。煤的间接制氢过程，是将煤首先转化为甲醇，再由甲醇重整制氢。

图11-3所示为煤气化制氢技术工艺流程。煤气化制氢主要包括造气反应、水煤气变换反应、氢的提纯与压缩三个过程。气化反应如下：

$$C(s)+H_2O(g) \longrightarrow CO(g)+H_2(g) \tag{11-18}$$

$$CO(g)+H_2O(g) \longrightarrow CO_2(g)+H_2(g) \tag{11-19}$$

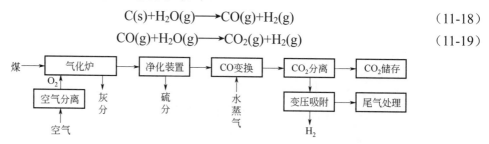

图11-3　煤气化制氢技术工艺流程

煤气化是一个吸热反应，反应所需的热量由氧气与碳的氧化反应提供。按煤料与气化剂在气化炉内流动过程和接触方式不同分为固定床气化、流化床气化、气流床气化及熔融床气化等。图11-4所示为几种典型煤气化炉的结构简图；按原料煤进入气化炉时的粒度不同分为块煤（13～100mm）气化、碎煤（0.5～6mm）气化及粉煤（<0.1mm）气化等；按气化过程所用气化剂的种类不同分为空气气化、空气/蒸汽气化、富氧空气/蒸汽气化及O₂/蒸汽气化等；按煤气化后产生灰渣排出气化炉时的形态不同分为固态排渣气化、灰团聚气化及液态排渣气化等。

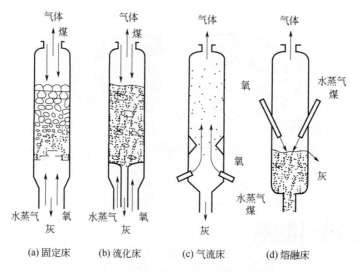

图11-4　几种典型煤气化炉的结构简图

我国是煤炭资源十分丰富的国家，目前，煤在能源结构中的比例高达70%左右，未来相当长一段时间，我国能源结构仍将以煤为主，因此利用煤制氢是一条具有中国特色的制氢路线。煤制氢的缺点是生产装置投资大，制氢过程还排放大量的温室气体二氧化碳。要想使煤制氢得到推广应用，应设法降低装置投资和使二氧化碳得到回收和充分利用，而不是排向大气。

11.2.2　气态化石燃料制氢

天然气和煤层气是主要的气态化石燃料。气体燃料制氢主要是指天然气制氢。天然气的主要成分是甲烷，天然气制氢的主要方法有天然气水蒸气重整制氢、天然气部分氧化重整制氢、天然气催化裂解制氢等。

经地下开采得到的天然气含有很多组分，其主要成分是甲烷，其他成分有水、其他的烃类化合物、硫化物、氮气与碳氧化物。因此，在天然气进入管道之前，先要去除硫化物等杂质。进入管网的天然气一般含有甲烷 75%～85% 与一些低碳饱和烃、二氧化碳等。天然气配入一定比例的氢气，混合气在对流段预热到一定温度，经钴、钼催化剂加氢后，用氧化锌进行脱硫，再进入蒸汽转化炉在一定条件下进行甲烷水蒸气重整制氢反应。在该工艺中所发生的基本反应如下：

$$CH_4+H_2O \longrightarrow CO+3H_2-206kJ \tag{11-20}$$

$$CO+H_2O \longrightarrow CO_2+H_2+41kJ \tag{11-21}$$

$$CH_4+2H_2O \longrightarrow CO_2+4H_2-165kJ \tag{11-22}$$

转化反应和变换反应均在转化炉中完成，反应温度为 650～850℃，反应器的出口温度为 820℃ 左右。若原料按下式比例进行混合，则可得到 CO：H_2O=1：2 的合成气：

$$3CH_4+CO_2+2H_2O \longrightarrow 4CO+8H_2+659kJ \tag{11-23}$$

可见，天然气水蒸气重整制氢反应是强吸热反应，因此该过程具有能耗高的缺点，燃料成本占生产成本的 52%～68%。另外，该过程反应速率慢，而且需要耐高温不锈钢管材制作反应器，因此该法具有初投资高的缺点。

图 11-5 所示为蒸汽重整制氢流程。原料（天然气等）首先经过脱硫工序，采用 Co-Mo 或 Ni-Mo 加氢催化剂，在 360℃ 的温度下，使有机硫转化为 H_2S，然后用 ZnO 除去；蒸汽重整温度为 800～900℃，催化剂为 Ni；重整气经过转化反应后，合成气中 CO 体积含量不超过 3%；经变压吸附（PSA）提纯后，氢气纯度高达 99.999%，CO 质量分数低于 $1×10^{-6}$。

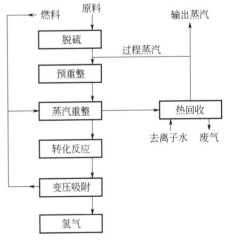

图 11-5　蒸汽重整制氢流程图

在天然气部分氧化重整制氢中，氧化反应需要在高温条件下进行，有一定的爆炸危险，不适合在低温燃料电池中使用。天然气与氧进行部分氧化反应时，当氧质量分数不大时（10%～12%），在 15～30MPa 下主要生成甲醇、甲醛和甲酸；当氧含量为 35%～37% 时，在 1300℃ 温度下，反应区气体很快冷却，则可以加热得到乙炔；再增加氧含量时，则反应产物主要是一氧化碳和氢气；如果用大量过量氧气进行反应时，得到的产物仅为二氧化碳和水蒸气。

天然气部分氧化制氢过程的主要反应为：

$$CH_4+0.5O_2 \longrightarrow CO+2H_2+35.5kJ \tag{11-24}$$

反应平衡常数为：

$$K_p=\frac{p_{CO}\,p_{H_2}^2}{p_{CH_4}\,p_{O_2}^{0.5}} \tag{11-25}$$

天然气部分氧化重整是制氢的重要方法之一，与水蒸气重整制氢方法相比，变强吸热过程为温和放热过程，因此具有能耗低的优点，还可以采用廉价的耐火材料搭砌反应器，可显著降低初投资。但该工艺具有反应条件苛刻和不易控制的缺点，还需要大量的纯氧，需要增加昂贵的空分装置，增加了制氢成本。将天然气水蒸气重整与部分氧化重整联合制氢，比起部分氧化重整具有氢浓度高、反应温度低等优点。

在天然气催化热裂解制氢中，首先将天然气和空气按理论完全燃烧比例混合，同时进入炉内燃烧，使温度逐渐上升到1300℃时停止供给空气，只供给天然气，使之在高温下进行热解，生成氢气和炭黑。其反应式为：

$$CH_4 \longrightarrow C+2H_2 \tag{11-26}$$

天然气裂解吸收热量使炉温降至1000～1200℃时，再通入空气使原料气完全燃烧升高温度后，再次停止供给空气进行热解，生成氢气和炭黑，如此往复间歇进行。该反应用于炭黑、颜料与印刷工业已有多年的历史，而反应产生的氢气则用于提供反应所需要的一部分热量，反应在内衬耐火砖的炉子中进行，常压操作。该方法技术较简单，经济上也还合适，但是氢气的成本仍然不低。

11.2.3　液体燃料制氢

液体原料具有容易储存、加注和携带，能量转化效率高，能量密度大和安全可靠等优势，尤其是甲醇和乙醇既可以从化石燃料中获取，也可以从生物质中得到，符合可持续发展的要求，因此这类液体原料的制氢和纯化技术是近期乃至中长期最现实的燃料电池氢源技术。常用的液体原料制氢工艺有生物油制氢、甲醇制氢、乙醇制氢、二甲醚制氢、轻质油水蒸气转化制氢、重油部分氧化制氢等。

11.2.3.1　生物油制氢

生物油是生物质通过快速热裂解制备得到，与化石燃料相比，典型的生物油含有大量的水、悬浮物以及更高的密度和黏度，热值是矿物油的一半，同时其性能不稳定，在存储过程中容易发生缩合聚合而变质。

（1）生物油水蒸气重整制氢

水蒸气重整制氢是原料在催化剂催化下与水蒸气发生重整反应制备出富含氢气的混合气体。国内外对于水蒸气重整制氢有大量的研究，主要包括不同活性成分、不同碱金属添加剂、积炭、反应温度、水油比、空速以及不同的反应器等。

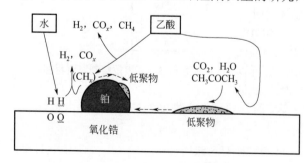

图 11-6　乙酸水蒸气重整制氢用双金属
Pt/ZrO$_2$ 催化剂的反应机理

Kazhuhiro Takanabe 等以 Pt/ZrO$_2$ 为催化剂研究乙酸水蒸气重整制氢的反应机理，如图 11-6 所示。研究结果表明 Pt 和 ZrO$_2$ 分别对 HAc 和 H$_2$O 有活化作用；在 Pt 的表面，HAc 分解成 H$_2$、CO、CO$_2$ 和 CH$_4$ 气相，同时产生积炭覆盖在 Pt 的表面，而 ZrO$_2$ 能够吸附 H$_2$O，使得在 ZrO$_2$ 表面产生大量的羟基，重整反应发生在 Pt 和 ZrO$_2$ 的边界面上。

闫常峰等以 Ni/CeO$_2$-ZrO$_2$ 为催化剂研究乙酸和生物油水溶性组分水蒸气重整制氢，反应温度为 650℃，S/C=3，液体体积时空速率（LHSV）为 2.8h⁻¹，乙酸水蒸气重整制氢产率达到最高为 83.4%和最低的甲烷产率为 0.39%；反应温度为 800℃，W/B=4.9，Ni 和 Ce 的质量分数分别为 12%和 7.5%时，生物油重整制氢达到最高的氢气产率为 69.7%。研究了乙酸水蒸气重整制氢反应过程中催化剂 Ni/CeO$_2$-ZrO$_2$ 的稳定性和失活的原因，结果发现催化剂失活的主要原因是在反应过程中由于 CO 歧化反应和酮基化反应而不断形成的积炭覆盖在 Ni 活性位表面。

1）贵金属催化剂

贵金属催化剂对于生物油及其模拟化合物重整制氢具有高反应活性，其具有一定的强度，贵金属表面容易吸附反应物，利于形成"活性中间化合物"。

Domine 等以 Pt 和 Rh 基催化剂比较生物油水蒸气重整制氢和逐步裂解制氢，发现 Pt 基催化剂重整制氢具有更高的氢气产率，这是因为在高 S/C 时，Pt 基催化剂有利于促进水气转化反应，逐步裂解制氢反应能够很好地控制积炭的形成，有利于催化剂性能稳定。

2）稀土金属、碱金属改性的催化剂

无论是贵金属催化剂还是 Ni 催化剂都存在着由于高温烧结以及积炭而引起的催化剂失活的问题。稀土金属、碱金属改性催化剂能够改变载体的酸碱性，可一定程度地抑制高温下活性成分烧结以及抑制 CO 歧化反应等产生积炭覆盖活性位而导致催化剂失活。为了提高氢气产率和催化剂寿命，同时降低 CO 和 CH$_4$ 的产率，稀土金属或碱金属改性催化剂是一种有效途径。

Medrano 等制备出 Ca、Mg 碱金属改性的 Ni/Al$_2$O$_3$ 催化剂，雾化装置可以减少生物油进入反应床过程积炭的形成；以 Mg 改性的 Ni/Al$_2$O$_3$ 为催化剂，生物油水蒸气重整制氢产率与生物油的转化率最大，而以 Ca 改性的 Ni/Al$_2$O$_3$ 为催化剂，产物中 CO、H$_2$ 的含量更高和 CO$_2$ 的含量较低。降低空速虽然对积炭的形成影响不大，但可有效降低 CO、CH$_4$ 的含量。少量的氧气能够有效减少覆盖在催化剂表面的积炭。Remón 用 Co 和 Cu 改性的 Ni/Al-Mg-O 催化剂研究生物油水蒸气重整制氢，结果发现相比于固定床反应器，催化剂在流化床反应器中具有高的稳定性；Cu 改性的 Ni/Al-Mg-O 催化剂性能并没有发生明显变化；而 Co 改性的 Ni/Al-Mg-O 催化剂有利于消除积炭，提高催化剂的稳定性。Beatriz Valle 等比较了 Ni/α-Al$_2$O$_3$ 和 Ni/La$_2$O$_3$-α-Al$_2$O$_3$ 两种催化剂对生物油水溶性组分水蒸气重整制氢的影响，Ni/La$_2$O$_3$-α-Al$_2$O$_3$ 催化剂表现出更高的氢气产率和稳定性，添加 La$_2$O$_3$ 有利于降低 CH$_4$ 和短链烷烃的形成，促进载体对水蒸气的吸附作用，增强水气转换反应，同时抑制积炭在催化剂表面的形成和生长。这是由于金属表面氧空位缺陷的产生，O^{2-}通过更低价位的 La^{3+}在 Ni 金属表面迁移。

（2）生物油部分氧化重整制氢

部分氧化制氢技术是反应物在有或者没有催化剂存在的前提下与氧气发生氧化反应，这可以满足高温反应及其平衡时所需要的能量。然而过量的氧气会促使原料充分氧化，最终形成 CO$_2$ 和 H$_2$O，如式（11-27）所示。

$$C_nH_mO_k+O_2 \longrightarrow CO_2+H_2O \tag{11-27}$$

Agrell 采用微乳液化和浸渍法制备出两种粒径不同的 Pd/ZnO 催化剂,研究表明随着温度的提高，两种不同方法制备的 Pd/ZnO 催化剂甲醇部分氧化制氢的氢气产率都提高；Pd 粒径的大小对甲醇的转化率影响并不明显；CO 的产率随着 Pd 粒径的增加而提高，而 H$_2$ 和 CO$_2$ 的产率随着 Pd 粒径的减小而提高;浸渍法制备的催化剂 CO 产率更高。Rade 等采用 TG-FTIR 技术在固定床微反应器中研究催化剂 Cu/ZnO/Al$_2$O$_3$ 生物油部分氧化制氢反应机理，研究表明

存在着两种反应机理：第一种是氧气吸附在 Cu 活性位的表面上，直接与同时吸附的甲醇发生反应，当反应温度为 180℃、氧气和甲醇比小于 0.5 时，主要副产物为甲酸甲酯和 CO，而当反应温度大于 220℃、氧气和甲醇比大于 0.5 时，主要副产物为甲醛，此时的催化剂保持还原状态；第二种是吸附的氧气促使 Cu 氧化成 Cu_2O，此时反应副产物具有更高含量的甲醛。

（3）自热重整制氢

自热重整制氢技术结合了部分氧化制氢和水蒸气重整制氢两种技术，原料、氧气以及水蒸气经过氧化和重整耦合反应生成氢气，如式（11-28）所示：

$$C_nH_mO_k+O_2+H_2O \longrightarrow CO_2+H_2+CO \tag{11-28}$$

它的优点在于理论上反应过程不需要提供热量，氧化反应是放热反应，水蒸气重整反应是吸热反应，氧化反应所产生的热量可以满足水蒸气重整反应的进行，然而自热重整制氢产率低，限制了其进一步发展。

Vagia 等对生物油及其模拟化合物自热重整制氢的热力学进行分析研究，比较了一套完整体系的甲烷自热重整制氢和生物油自热重整制氢，制备 1kmol 的氢气需要 0.245kmol 的生物油或者 0.317kmol 的甲烷，根据能量守恒，相比于甲烷自热重整系统，生物油自热重整系统需要略高点能量。Khila 等对乙醇水蒸气重整制氢、部分氧化制氢以及自热重整制氢三种制氢方法的能量、热力学进行分析，结果表明产生 1mol 氢气，三种不同方法所需要乙醇的物质的量分别为 0.24mol、0.25mol 和 0.23mol。

（4）生物油重整制氢反应器

反应器类型是影响生物油重整制氢十分重要的因素之一。对于热敏性生物油以及积炭易于形成的生物油重整制氢反应过程，固定床反应器往往只适用于实验室的基础研究，而不适宜生物油重整制氢工业化生产，而流化床反应器和微反应器能够保证其连续、稳定操作。

Aingeru Remiro 等设计两个串联反应器在线监测生物油水溶性组分水蒸气重整制氢反应，第一个反应器是分离由热解木质素缩合聚合形成的固体碳，反应器要有足够大的体积，保证固体碳源能够顺利从反应器中取出，避免堵塞反应管道；第二个反应器是水蒸气重整制氢装置，在线监测生成气体中各组分含量及变化情况。

11.2.3.2 甲醇制氢

甲醇（CH_3OH）的沸点是 64.7℃，燃点为 470℃，辛烷值为 106，燃烧高位热值为 19.92MJ/kg，比乙醇少 25%左右，是汽油的 50%左右。

甲醇制氢的主要方法有部分氧化重整（partial oxidation of methanol，POM）、水蒸气重整（steam reforming of methanol，SRM）和自热重整（auto-thermal reforming，ATR）三种。

（1）甲醇水蒸气重整制氢

甲醇水蒸气重整制氢是甲醇与水蒸气在一定的温度、压力和催化剂存在的条件下，同时发生甲醇分解反应和水气转化反应，生成氢气、二氧化碳及少量的一氧化碳，同时由于副反应的作用会产生少量的甲烷、二甲醚等副产物。

甲醇水蒸气重整制氢的工艺流程如图 11-7 所示，反应温度通常为 250~300℃，反应压力为 1~5MPa，水蒸气与甲醇的物质的量之比为 1.0~5.0。

甲醇分解反应为：

$$CH_3OH \longrightarrow CO+2H_2 \tag{11-29}$$

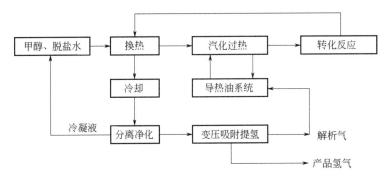

图 11-7　甲醇水蒸气重整制氢工艺流程图

水气转化反应为：

$$CO+H_2O\longrightarrow CO_2+H_2 \tag{11-30}$$

总反应为：

$$CH_3OH+H_2O\longrightarrow CO_2+3H_2 \tag{11-31}$$

反应后的气体产物经过换热、冷凝、吸附分离后，冷凝液循环使用，未冷凝的裂解气体再进一步处理，脱去残余甲醇与杂质后送到氢气提纯工序。甲醇裂解气体主要成分是 H_2 和 CO，其他杂质成分是 CH_4、CO 和微量的 CH_3OH，利用变压吸附技术分离除去杂质组分，即可获得纯氢气。

甲醇水蒸气重整制氢技术具有工艺简单、技术成熟、初投资小、建设周期短、制氢成本低等优点，目前已经商业化，正在为许多中小型用氢场所提供氢气，但甲醇分解制氢不宜用于燃料电池电动车上。由于燃料电池的 Pt 电极对 CO 特别敏感，同时甲醇低温分解的产品混合气中含有大于 30%（摩尔分数）的 CO，而燃料电池要求阳极气体 CO 含量小于 50×10^{-6}。要对如此大比例的 CO 进行转化或除去，首先要经低温水煤气变换将其转化为 H_2，变换气中还含有 1%～3% 的 CO，再通过低温选择氧化将其去除，最终得到 CO 含量低于 50×10^{-6} 的高纯 H_2。然而，这一系列过程的完成需要一个大的转化装置或后续处理装置，车载燃料电池的空间很难满足这一要求。

（2）甲醇部分氧化制氢

部分氧化是利用燃料在氧气不足的情况下发生氧化还原反应，将甲醇中的碳氢进行分离。部分氧化属于放热反应，不需要外部供热可节省能量，而且可在较低温度下进行反应，但它的缺点是反应时需要纯氧，成本较高，若用空气进行反应，产物中氢气含量就会下降，增加了净化难度。

甲醇部分氧化制氢的优点在于它是放热反应，反应速率快、条件温和，易于操作、启动，无需外部供热而且氧气直接来自空气，有利于制氢装置的便携化。缺点是使用空气作原料，空气中氮气的存在和反应本身的特点使反应产物中的含氢量低于 50%，不利于燃料电池的运行。而且产物中的 CO 含量高，需要复杂的后续分离装置。

（3）甲醇自热重整制氢

甲醇自热重整制氢是将吸热的水蒸气重整和放热的部分氧化重整耦合在一起，克服了催化剂易被烧结以及反应器需外部供热的缺陷，理论上能够获得的氢气浓度为 75%。

甲醇在空气、水和催化剂存在的条件下，温度处于 250～330℃ 时进行自热重整，其反应焓变为零，氧化反应放出部分热量，可以加快重整反应速率，从而减少启动时间。部分甲醇

通过燃烧供热给甲醇重整，整个系统在点燃后可迅速加热至所需的操作温度。

（4）甲醇重整制氢反应器及性能

甲醇重整制氢反应器的型式、尺寸等直接影响着甲醇制氢的效率。反应器的热量传递、质量传递和反应动力学都是反应器的主要限制条件。

1）微通道反应器

微通道反应器体积小、质量轻、结构紧凑、比表面积大，其中流体流动边界层的厚度比常规反应器中主流流体形成的边界层厚度要小得多，从而减少换热器或催化剂表面的热量传输和组分扩散阻力，以及热质传递时间，传递作用比在常规尺度的设备中提高了2~3个数量级。在对动力学的研究中，由于微通道反应器只需要填装很薄的一层催化剂，可以极大减小内扩散的限制，并且具有非常好的导热性。

微通道反应器优点多，但产物气体需要提纯过滤，其设计制造成本较高。

2）板式反应器

板式反应器体积较小，大幅度降低了传热阻力，从原理上说只需在原有基础上简单增加反应腔的个数就可以达到增加产氢规模的要求，在扩大制氢规模方面有很大的优势。集成个数越多越有利于能量利用，系统效率也会相应变高，规整的外观有利于移动氢源的利用。但是催化剂的负载是一个尚未解决的问题，反应器要求催化剂涂层和隔板紧密附着，并且能够在高温状态下长期运行而不脱落。

3）膜式反应器

甲醇水蒸气重整制氢在传统反应体系中所得到的产物是氢气和其他气体的混合物，如果要应用在汽车的质子交换膜燃料电池中就必须对氢气进行纯化，以除去混合气体中的CO，避免发生燃料电池的中毒。膜式反应器可以将氢气直接从产品气中分离出来，从而获得较低浓度CO、高纯度氢气。

4）管式反应器

管式反应器的特点是长径比大，内部无任何特殊的结构，一般用于连续操作的过程。其结构简单，加工方便，催化剂的填充和更换非常方便，能够快速地筛选催化剂，进行平行测试。

11.2.3.3 乙醇制氢

乙醇制氢途径主要包括乙醇水蒸气重整、乙醇部分氧化和乙醇自热重整，其中水蒸气重整是目前最常用的乙醇制氢方法。

（1）乙醇水蒸气重整制氢

乙醇水蒸气的重整是一个非常复杂的过程，其中可能存在的反应有：

水蒸气重整反应：

$$C_2H_5OH+3H_2O \longrightarrow 2CO+6H_2 \tag{11-32}$$

$$C_2H_5OH+H_2O \longrightarrow 2CO+4H_2 \tag{11-33}$$

乙醇脱水反应：

$$C_2H_5OH \longrightarrow C_2H_4+H_2O \tag{11-34}$$

乙烯聚合反应：

$$C_2H_4 \longrightarrow 积炭 \tag{11-35}$$

乙烯重整反应：

$$C_2H_4+2H_2O \longrightarrow 2CO+4H_2 \tag{11-36}$$

乙醇热分解反应：

$$C_2H_5OH \longrightarrow CO+CH_4+H_2 \tag{11-37}$$

乙醇脱氢反应：

$$C_2H_5OH \longrightarrow C_2H_4O+H_2 \tag{11-38}$$

乙醛脱羰基反应：

$$C_2H_4O \longrightarrow CO+CH_4 \tag{11-39}$$

乙醛重整反应：

$$C_2H_4O+3H_2O \longrightarrow 2CO+5H_2 \tag{11-40}$$

乙醇酮基化反应：

$$2C_2H_5O \longrightarrow C_3H_6O+CO+3H_2 \tag{11-41}$$

丙酮重整反应：

$$C_3H_6OH+5H_2O \longrightarrow 3CO_2+8H_2 \tag{11-42}$$

CO 甲烷化反应：

$$CO+3H_2 \longrightarrow CH_4+H_2O \tag{11-43}$$

CO_2 甲烷化反应：

$$CO_2+4H_2 \longrightarrow CH_4+2H_2O \tag{11-44}$$

甲烷裂解积炭：

$$CH_4 \longrightarrow 2H_2+C \tag{11-45}$$

CO 歧化反应：

$$2CO \longrightarrow CO_2+C \tag{11-46}$$

水气转化反应：

$$CO+H_2O \longrightarrow CO_2+H_2 \tag{11-47}$$

甲烷水蒸气重整反应：

$$CH_4+H_2O \longrightarrow CO+3H_2 \tag{11-48}$$

高温有利于主反应向右进行，也有利于减少副产物的生成，提高氢气选择性。最佳反应温度介于850～950K；水醇比（H_2O/C_2H_5OH）越高，越有利于主反应向正方向进行，并可减少积炭；减小系统压力有利于乙醇和水的转化，使氢气产率提高，因此，高温、低压和高水醇比有利于提高氢气的产率和选择性，但高温和低压工况会促使 CO 的产生，而甲烷因其与氢气竞争氢原子，导致氢气的选择性降低，是不被希望生成的副产物。

乙醇水蒸气重整制氢的主要影响因素是反应操作条件及催化剂种类，要提高氢气的产量，就要尽量减少副产物的生成及提高催化剂的抗积炭性能。在不同的金属催化剂上，乙醇水蒸气重整反应路径如图 11-8 所示，一般认为：

① 乙醇在具有酸性活性位的催化剂上倾向于先发生脱水反应生成乙烯[反应式(11-34)]。部分乙烯会发生聚合反应生成积炭［反应式（11-35）］，导致催化剂失活，部分乙烯快速发生重整反应生成 CO、H_2［反应式（11-36）］，CO 会通过水煤气变换反应［反应式（11-47）］生

成 CO_2 和 H_2。

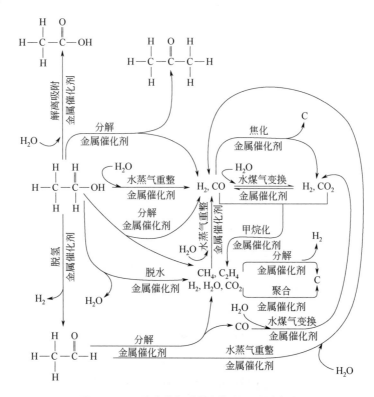

图 11-8　乙醇水蒸气重整制氢的反应路径图

② 在碱性催化剂上，乙醇倾向于发生脱氢反应生成乙醛 [反应式（11-38）]，乙醛进一步发生脱羧基反应 [反应式（11-39）] 生成 CH_4 和 CO 或者发生缩合反应 [反应式（11-41）] 生成丙酮，部分乙醛也会发生重整反应 [反应式（11-40）]。水煤气变换反应 [反应式（11-47）]、CH_4 水蒸气重整反应 [反应式（11-48）] 也会同时发生，部分 CO 在富氧条件下可以直接氧化生成 CO_2。

③ 由于反应体系中存在水蒸气和氢气，所以水气转化及其逆反应在整个反应温度区间内都有可能发生，该反应对氢气的选择性有较大的影响。

④ 反应过程中积炭主要是由反应式（11-35）、式（11-45）和式（11-46）产生。

如前所述，高温（>773K）有利于制氢反应的进行，因此目前乙醇制氢多采用高温工况，但高温也有利于 CO 的产生，因此需要在后续采用水气转化或变压吸附以降低 CO 含量至满足燃料电池的需要，这就增加了制氢成本和反应系统的体积，降低了热效率。因此近年来低温（300～400℃）乙醇制氢技术得到了发展。低温乙醇重整在适当催化剂的条件下可实现尾气中零 CO 含量，但同时低温工况有助于 CH_4 的产生甚至积炭，从而降低了 H_2 的选择性和寿命，因此开发合适的低温催化剂是目前低温乙醇制氢研究的重点。

（2）乙醇部分氧化制氢

部分氧化是利用燃料在氧气不足的情况下发生氧化还原反应，将乙醇中的碳氢进行分离。部分氧化属于放热反应，不需要外部供热，可节省能量，而且可以在较低温度下进行，但它的缺点是反应时需要纯氧，成本较高，若用空气进行反应，产物中氢气含量就会下降，增加了净化难度。

乙醇部分氧化（partial oxidation of ethanol，POE）制氢过程中的主要反应如下：

乙醇完全燃烧反应：

$$C_2H_5OH+3O_2\longrightarrow 2CO_2+3H_2O \tag{11-49}$$

乙醇部分氧化反应：

$$C_2H_5OH+0.5O_2\longrightarrow 2CO+3H_2 \tag{11-50}$$

乙醇脱氢反应：

$$C_2H_5OH\longrightarrow C_2H_4O+H_2 \tag{11-51}$$

乙醇分子内脱水反应：

$$C_2H_5OH\longrightarrow C_2H_4+H_2O \tag{11-52}$$

乙醇分子间脱水反应：

$$2C_2H_5OH\longrightarrow C_2H_5OC_2H_5+H_2O \tag{11-53}$$

乙醇热分解反应：

$$C_2H_5OH\longrightarrow CO+CH_4+H_2 \tag{11-54}$$

$$C_2H_5OH\longrightarrow 0.5CO_2+1.5CH_4 \tag{11-55}$$

一氧化碳和二氧化烷的甲烷化反应：

$$CO+3H_2\longrightarrow CH_4+H_2O \tag{11-56}$$

$$CO_2+4H_2\longrightarrow CH_4+2H_2O \tag{11-57}$$

C_2H_4 聚合炭化反应：

$$C_2H_4\longrightarrow 聚合物\longrightarrow 2C+2H_2 \tag{11-58}$$

CH_4 分解反应：

$$CH_4\longrightarrow C+2H_2 \tag{11-59}$$

CO 歧化反应：

$$2CO\longrightarrow CO_2+C \tag{11-60}$$

水气转化反应：

$$CO+H_2O\longrightarrow CO_2+H_2 \tag{11-61}$$

由上述各反应可以看出，乙醇在低温下部分氧化的副产物除 H_2O 和 CH_4 外，还有少量的 CH_3CHO、CH_3COOH、CH_3OCH_3 等化合物，其在高温下还会产生固体碳，催化剂表面积炭严重可造成其失活。

Haryanto 等研究发现，不同催化剂上 POE 反应有不同的反应途径，其中催化剂-乙醇的界面作用决定了反应的历程。一般认为 POE 过程的机理主要有如下两种：

① 脱氢-分解-氧化机理。研究发现在金属 Rh 和 Ni 上乙醇以乙氧基形式吸附形成金属-乙醛中间体，乙醛会继续和表面的氧作用生成乙酸盐形式，这个中间体的 C—C 键很容易断裂，然后进行分解生成 CH_4 和 CO_2；乙醛也会直接进行裂解生成 CH_4 和 CO。CO 发生水煤气变换反应生成 CO_2 和 H_2，CH_4 发生重整反应生成碳的氧化物和 H_2。当然也有部分 CO 在表面富氧的条件下直接氧化为 CO_2。

② 脱水-分解-氧化机理。乙醇脱水生成乙烯和氢气，部分乙烯快速发生重整反应，生成 CO 和 H_2。CO 发生氧化反应生成 CO_2。乙烯可以脱氢生成乙炔，也可以发生聚合-炭化作用生成积炭。固体炭在 O_2 存在的条件下很容易被氧化生成 CO。

（3）乙醇自热重整制氢

乙醇自热重整是乙醇在氧化气氛下进行水蒸气重整，将吸热的蒸汽重整和放热的部分氧化结合到一起，通过控制水和氧气的量和反应温度使整个反应处于热量平衡状态。其优点是效率高、热量得到充分利用且反应条件温和。

乙醇自热重整过程的反应式可表示如下：

$$C_2H_5OH + 2H_2O + 0.5O_2 \longrightarrow 5H_2 + 2CO_2 \tag{11-62}$$

$$C_2H_5OH + H_2O + O_2 \longrightarrow 4H_2 + 2CO_2 \tag{11-63}$$

氧化重整制氢热力学分析表明，在低温和低水醇比条件下主要发生乙醇分解反应，高温和高水醇比条件则有利于乙醇水蒸气重整反应；温度对副产物的生成有较大的影响，氧气的适量加入可以降低 CO 和 CH_4 的含量；较适宜的自热重整反应操作条件为：温度为 500～1300K，压力为 0.1～0.5MPa，水醇比（H_2O/C_2H_5OH）为 6，氧醇比（O_2/C_2H_5OH）为 0.9。

11.2.3.4　二甲醚制氢

二甲醚（CH_3OCH_3）是一种常温下的无色气体，具有轻微醚香气味，熔点为 -141.5℃，沸点为 -24.9℃，易冷凝，易气化，相对密度为 0.66，溶于水和乙醇、丙酮等有机溶剂。在 0.5MPa 下，可以压缩为液体。含氢量高、无毒、易压缩、环境友好，是理想的替代燃料。

二甲醚重整制氢的方法有三种：二甲醚水蒸气重整制氢、部分氧化重整制氢和自热重整制氢。

（1）水蒸气重整制氢

二甲醚水蒸气重整制氢的反应过程主要分两步进行，第一步是二甲醚水解成甲醇：

$$CH_3OCH_3 + H_2O \longrightarrow 2CH_3OH \tag{11-64}$$

第二步是甲醇水蒸气重整生成氢气：

$$CH_3OH + H_2O \longrightarrow 3H_2 + CO_2 \tag{11-65}$$

总的化学反应方程式为：

$$CH_3OCH_3 + 3H_2O \longrightarrow 6H_2 + 2CO_2 \tag{11-66}$$

二甲醚水蒸气重整制氢的产物中氢含量较高，适合燃料电池使用，同时因为操作简单，是目前最常用的燃料电池供氢方式。缺点是由于反应是吸热反应，需要从外部提供热量。升高温度对二甲醚的转化有利，但升高温度也会加速逆水气转化等副反应的发生，从而使 CO 浓度升高，不利于将其作为氢气原料供应于质子交换膜燃料电池（PEMFC）。加大水蒸气与二甲醚的比例，可降低 CO 的浓度，但同时也增加了能量消耗。因此，为了节约能源和降低产物中的 CO 产量，可以通过合适的催化剂尽可能地降低反应温度。

（2）部分氧化重整制氢

部分氧化重整是原料在氧气不足的情况下发生氧化还原反应，生成 CO 和 H_2。二甲醚部分氧化重整反应为：

$$CH_3OCH_3 + 0.5O_2 \longrightarrow 2CO + 3H_2 \tag{11-67}$$

该反应为放热反应，无需外部供热，但反应速率快，放热量大，容易在催化剂层中产生局部"热点"，致使催化剂失活。且产物中 CO 含量高，氢气含量低，可以作为固体氧化物燃料电池的原料，不适用于质子交换膜燃料电池，通常由通入空气作为氧化剂，大量 N_2 的引入

导致 H_2 浓度的进一步降低，因此燃料电池效率较低。

（3）自热重整制氢

自热重整将部分氧化重整和水蒸气重整进行耦合，反应无需外部供热。此方法可以得较高的氢产量，同时又克服了反应床层中"热点"问题，研究目的是作为燃料电池的供氢方式用于燃料电池汽车供氢站。但是，该技术也存在一定的难度，其反应体系复杂，要求精确调节氧气、水蒸气和二甲醚之间的比例，控制较为复杂。

11.2.3.5　轻质油水蒸气转化制氢

轻质油水蒸气转化制氢是在催化剂存在的情况下，温度达到 $800\sim820℃$ 时进行如下主要反应：

$$C_nH_{2n+2}+nH_2O\longrightarrow nCO+(2n+1)H_2 \tag{11-68}$$

$$CO+H_2O\longrightarrow CO_2+H_2 \tag{11-69}$$

用该工艺制氢的体积浓度可达 74%，生产成本主要取决于轻质油的价格。但由于我国轻质油价格高，该工艺的应用受到一定的限制。

11.2.3.6　重油部分氧化制氢

重油包括常压渣油、减压渣油及石油深度加工后的燃料油，部分重油燃烧提供氧化反应所需的热量并保证反应系统维持在一定的温度。重油部分氧化制氢在一定的压力下进行，可以采用催化剂，也可以不采用催化剂，这取决于所选原料及工艺。催化部分氧化通常是以甲烷和石脑油为主的低碳烃为原料，而非催化部分氧化则以重油为原料，反应温度在 $1150\sim1315℃$。重油部分氧化包括烃类化合物与氧气、水蒸气反应生成氢气和碳氧化物，典型的部分氧化反应如下：

$$C_nH_m+0.5nO_2\longrightarrow nCO+0.5mH_2 \tag{11-70}$$

$$2C_nH_m+nO_2\longrightarrow 2nCO+mH_2 \tag{11-71}$$

$$H_2O+CO\longrightarrow CO_2+H_2 \tag{11-72}$$

重油的碳氢比很高，因此重油部分氧化制氢获得的氢气主要来自水蒸气和一氧化碳，其中蒸汽制取的氢气占 69%。与天然气蒸汽转化制氢相比，重油部分氧化制氢需要配备空分设备来制备纯氧，这不仅使重油部分氧化制氢的系统复杂化，而且还增加了制氢的成本。

11.3　电解水制氢

水是氢的主要存在形式之一，电解水制氢是目前应用较广且比较成熟的方法之一。电解水制氢技术的优点是工艺比较简单，完全自动化，操作方便；其氢气产品的纯度也极高，一般可达到 99%～99.9%，并且由于主要杂质是 H_2O 和 O_2，无污染，特别适合对一氧化碳要求极为严格的质子膜燃料电池使用。加压水电解制氢技术的开发成功，减少了电解槽的体积，降低了能耗，成为电解水制氢的趋势。

电解水制氢的效率一般为 75%～85%，其工业过程简单，无污染，但耗电量大，因而其应用受到一定的限制，电解水制氢技术目前只占氢气总量的约 4%。为了提高电解效率，在设备方面，可采用固体高分子离子交换膜，既作为电解质，又作为电解池阴阳极的隔膜；在工艺方面，采用高温高压有利于电解反应的进行。但目前电解水制氢的能耗仍然较高，一般为 $5kW \cdot h/m^3$。

11.3.1　电解水制氢的原理

纯水是电的不良导体，所以电解时需向水中加入强电解质以提高导电性，但酸对电极和电解槽有腐蚀性，盐会在电解过程中产生副产物，因此一般多以碱溶液作为电解液。水电解制氢的原理见图 11-9。

图 11-9　碱性电解槽示意图

阴极反应：$\qquad 4e^- + 4H_2O \longrightarrow 2H_2 + 4OH^-$　　（11-73）

阳极反应：$\qquad\qquad\qquad 4OH^- \longrightarrow O_2 + 2H_2O + 4e^-$

（11-74）

碱性电解液常用 KOH 或 NaOH 溶液。水分子得电子析出氢及 OH^-，Na^+ 或 K^+ 在电解液的浓度下，其析出电位要比氢析出电位负得多，因此阴极上 H^+ 先放电，析出氢；在阳极上因为没有别的负离子存在，因此 OH^- 先放电析出氧。$1mol\ H_2O$ 电解得到 $1mol\ H_2$ 和 $0.5mol\ O_2$。

11.3.2　电解水制氢的工艺流程

电解水制氢过程是氢与氧燃烧化合成水的逆过程，因此只要提供一定形式的能量就可使水分解。世界各地的电解水制氢技术，其工艺流程经过不断的改进和完善，已基本相同，其工艺流程如图 11-10 所示。

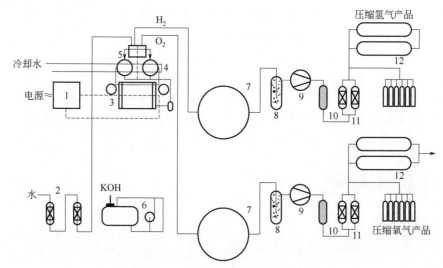

图 11-10　电解水制氢工艺流程示意图
1—整流装置；2—离子净化器；3—电解槽；4—气体分离及冷却设备；
5—气体洗涤塔；6—电解液储罐；7—气罐；8—过滤器；9—压缩机；
10—气体精制塔；11—干燥；12—高压氢气氧气贮存及装瓶

在电解槽中经过电解产生的氢气或氧气连同碱液分别进入氢气或氧气分离器。在分离器中经气液分离后得到的碱液经冷却器冷却，再经碱液过滤器过滤，除去碱液中因冷却而析出的固体杂质，然后返回电解槽继续进行电解。电解出来的氢气或氧气经气体分离器分离、气体冷却器冷却降温，再经捕滴器除去夹带的水分，送纯化或输送到使用场所。

上述工艺中的碱液循环方式可分为强制循环和自然循环两类。自然循环主要是利用系统中液位的高低差和碱液的温差来实现。强制循环主要是用碱液泵推动碱液循环，其循环强度可调节。强制循环过程又可分为三种流程。

（1）双循环流程

双循环流程是将氢分离器分离出来的碱液用氢侧碱液泵经氢侧冷却器、过滤器、计量器后送到电解槽的阴极室，由阴极室出来的氢气和碱液再进入氢分离器。同样，将氧分离器分离出的碱液用氧侧碱液泵经氧侧冷却器、过滤器、计量器后送到电解槽的阳极室，由阳极室出来的氧气和碱液再进入氧分离器。这样各自形成一个循环系统，其工艺流程如图 11-11 所示。

采用双循环流程电解水制氢的优点是获得的氢气、氧气纯度可达 99.5%以上，能满足直接使用的要求。缺点是流程复杂，设备仪器仪表多，控制检测点也多，造价高。当对氢气和氧气的纯度要求高于 99.9%时，流程外需另设氢气和氧气的纯化后处理系统。

（2）混合循环流程

混合循环流程是由氢分离器和氧分离器出来的碱液在泵的入口处混合，由泵经过冷却器、过滤器、计量器后同时送到电解槽的阴极室和阳极室内。这种循环方式为世界上多数国家生产的水电解制氢设备所采用，其工艺流程如图 11-12 所示。

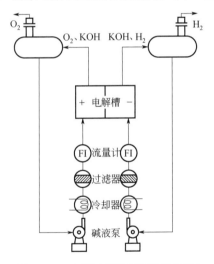

图 11-11　电解液双循环流程示意图

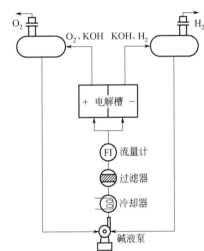

图 11-12　电解液混合循环流程示意图

（3）单循环流程

在单循环流程中没有氢分离器，碱液由泵经冷却器、过滤器、计量器后直接送到电解槽的阳极室（阴极室无碱液），由阳极室出来的碱液在氧分离器中进行气液分离。其工艺流程如图 11-13 所示。

11.3.3　电解水制氢的主要设备

水电解制氢装置一般由水电解槽、氢分离器、氧分离器、碱液冷却器、碱液过滤器、气

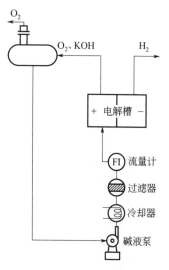

图 11-13 电解液单循环流程示意图

体冷却器、电解液循环泵、压力调整器、测量及控制仪表和电源设备等单体设备组成。其中分离器和气体冷却器有立式和卧式两种。碱液冷却器有置于分离器内的，也有单独设置的，置于分离器内的多为蛇管冷却器，单独设置的有列管式、蛇管式和螺旋板式。碱液过滤器多为立式，内置滤筒。各厂家生产的这些设备大同小异，没有明显的区别，差异最大的是电解槽。

水电解槽是水电解制氢装置中的主体设备，由若干个电解池（电解小室）组成，每个电解池由阴极、阳极、隔膜及电解液构成。在通入直流电后，水在电解池中被分解，阴极和阳极分别产生氢气和氧气。电解槽先后经历了几次更新换代：第一代是水平式和立式石墨阳极石棉隔膜槽；第二代是金属阳极石棉隔膜电解槽；第三代是离子交换膜电解槽。电解槽的发展过程是电极和隔膜材料的改善以及电解槽结构改进的过程。在目前的水电解制氢工艺中主要采用碱性电解槽、聚合物薄膜电解槽和固体氧化物电解槽三类。

（1）碱性电解槽

碱性电解槽是最古老、技术最成熟，也是最经济、最易于操作的电解槽，是目前广泛使用的电解槽，尤其是应用于大规模制氢工业中，但其电解效率在碱性电解槽、聚合物电解槽和固体氧化物电解槽这三种电解槽中最低。

碱性电解槽由直流电源、电解槽箱体、阴极、阳极、电解液和隔膜组成。通常电解液是 KOH 溶液，浓度为 20%～30%（质量分数）；隔膜由石棉组成，主要起分离气体的作用；两个电极由金属合金组成，如骨架 Ni、Ni-Mo、Ni-Cr-Fe，主要起电催化分解水，分别产生氢和氧的作用。电解槽工作温度为 70～100℃，压力为 100～3000kPa。在阴极，两个水分子被分解为两个 H^+ 和两个 OH^-，H^+ 得到电子而生成氢原子，并进一步生成氢分子，而两个 OH^- 则在阴、阳极之间电场力的作用下穿过多孔的横隔膜到达阳极，在阳极失去两个电子而生成一个水分子和 1/2 个氧分子。

目前广泛使用的碱性电解槽结构主要有单极式电解槽和双极式电解槽两种，如图 11-14 所示。

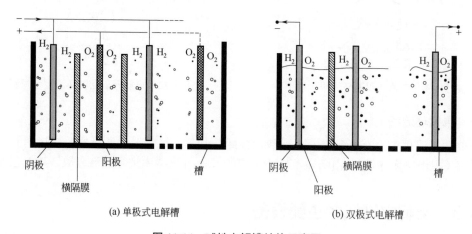

(a) 单极式电解槽   (b) 双极式电解槽

图 11-14 碱性电解槽结构示意图

在单极式电解槽中，电极是并联的，电解槽在大电流、低电压下操作；而在双极式电解槽中，电极是串联的，电解槽在高电压、低电流下操作。双极式电解槽结构紧凑，减小了因电解液电阻而引起的损失，从而提高了电解槽的效率。另外，双极式电解槽也因其紧凑的结构而增大了设计的复杂性，从而导致制造成本高于单极式电解槽。由于目前更多的是强调电解效率，因此工业用电解槽多为双极式电解槽。

为了进一步提高电解槽的电解效率，需要尽可能地减小提供给电解槽的电压，增大通过电解槽的电流。减小电压可以通过发展新的电极材料、新的横隔膜材料以及新的电解槽结构来实现。由于聚合物良好的化学、机械稳定性，以及气体不易穿透等特性，其将取代石棉材料而成为新的横隔膜材料。零间距结构则是一种新的电解槽结构。由于电极与横隔膜之间的距离为零，有效降低了内部阻抗，减少了损失，从而增大了效率。零间距结构电解槽如图 11-15 所示，多孔的电极直接贴在横隔膜的两侧。在阴极，水分子被分解成 H^+ 和 OH^-，OH^- 直接通过横隔膜到达阳极，生成 O_2。因为没有了传统碱性电解槽中电解液的阻抗，所以有效增大了电解槽的效率。此外，提高电解槽的效率还可以通过提高操作参数，如反应温度来实现，温度越高，电解液阻抗越小，效率越高。

电极材料作为电化学反应的场所，其结构的设计、催化剂的选择及制备工艺的优化一直是电解水技术的关键，它对降低电极成本、提高催化剂的利

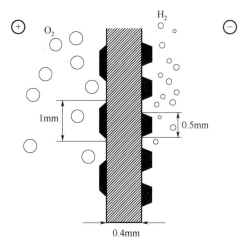

图 11-15　零间距结构电解槽示意图

用率、减少电解能耗起着极其重要的作用，同时又影响其使用性，即能否大规模工业化。

评价碱性电解槽电极材料的优良与否，电极材料的使用寿命和水电解能耗是关键因素。当电流密度不大时，主要影响因素是过电位；电流密度增大后，过电位和电阻电压降成为主要能耗的因素。

碱性电解槽结构简单，操作方便，价格便宜，比较适合于大规模的制氢，但缺点是效率只有 70%～80%。为了进一步提高电解槽的效率，开发出了聚合物薄膜（proton electrolyte membrane，PEM）电解槽（简称 SPE）和固体氧化物电解槽（solid oxide electrolyzer，SOEC）。

（2）聚合物薄膜电解槽

聚合物具有良好的化学和机械稳定性，并在电极与隔膜之间的距离为零，提高了电解效率。聚合物薄膜电解槽是基于离子交换技术的高效电解槽，其工作原理如图 11-16 所示。

PEM 电解槽主要是由两个电极和聚合物薄膜组成的，质子交换膜通常与电极催化剂构成一体化结构。在这种结构中，以多孔铂材料作为催化剂的电极紧贴在交换膜表面。薄膜由 Nafion 组成，包含有 SO_3H。水分子在阳极被分解为氧和 H^+，而 SO_3H 很容易分解成 SO_3^- 和 H^+。H^+ 和水结合成 H_3O^+，在电场作用下穿过薄膜到达阴极，在阴极生成氢。

PEM 电解槽不需电解液，只需纯水，比碱性电解槽安全、可靠。使用质子交换膜作为电解质，具有良好的化学稳定性、高的质子传导性、良好的气体分离性等优点。由于较高的质子传导性，PEM 电解槽可以在较高的电流下工作，从而增大了电解效率，并且由于质子交换膜较薄，减少了欧姆损失，也提高了系统的效率，目前 PEM 电解槽的效率可以达到 85%或以上。但由于在电极中要使用铂等贵金属，Nafion 也是很昂贵的材料，因此 PEM 电解槽目

前还难以投入大规模的使用。为了进一步降低成本，目前的研究主要集中在如何降低电极中贵金属的使用量以及寻找其他的质子交换膜材料。

（3）固体氧化物电解槽

固体氧化物电解槽由于在高温下工作，部分电能由热能代替，效率很高，并且制作成本也不高，其基本原理如图 11-17 所示。高温水蒸气进入管状电解槽后，在内部的负电极处被分解成 H^+ 和 O^{2-}，H^+ 得到电子生成 H_2，而 O^{2-} 则通过电解质 ZrO_2 到达外部的阳极，生成 O_2。

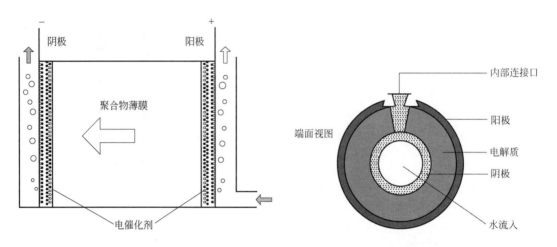

图 11-16　聚合物薄膜电解槽示意图　　　　图 11-17　固体氧化物电解槽示意图

固体氧化物电解槽目前是三种电解槽中效率最高的，由于反应的废热可以通过汽轮机、制冷系统等被利用起来，使得总效率达到 99%。其缺点是由于工作温度高（1000℃），对材料和使用的要求较高。适于做固体氧化物电解槽的材料主要是氧化钇稳定的氧化锆（YSZ），这种材料并不昂贵，但由于制造工艺比较复杂，使得固体氧化物电解槽的成本也高于碱性电解槽。其他可降低成本的制造技术，如电化学气相沉积法（EVD）和喷射气相沉淀法（JVD）正处于研究之中，有望成为以后固体氧化物电解槽的主要制造技术。此外，研究中温（300～500℃）固体氧化物电解槽以降低温度对材料的限制也是发展趋势。

在上述三种电解槽中，以碱性电解槽技术最为成熟，成本也较低，但效率只有 51%～62%；离子交换膜电解槽的效率提高到 74%～79%，但由于采用了较贵重的材料，成本比较高，目前只有小规模的应用；固体氧化物电解槽目前还处于早期的发展阶段，从目前的实验来看，其效率可达 90% 以上，但由于反应需在 1000℃ 左右的高温下进行，对材料等有一定特殊的要求。电解水技术的发展方向是进一步提高离子交换膜电解槽和固体氧化物电解槽的效率，大幅度降低成本，使这两种电解槽能够得到大规模的应用。

电解水制氢效率高，制得的氢气纯度高，大多数商业电解池的电解效率均超过 75%。电解池没有运动部件，也不需要任何复杂的零部件，制氢成本很大程度上是所消耗电力的费用，因而与发电方式有直接关系。电解水制氢在水电和核电资源丰富的国家和地区会发挥巨大作用，但从能量转换的全过程来看，如果按照"核能→热能→机械能→电能→氢化学能"的模式进行，因转换步骤多，尤其受热功转换的限制，总效率一般低于 20%。即使热功转换效率提高到 40%，电解效率 80%，总效率也仅有 32% 左右。

11.4　太阳能分解水制氢

　　随着新能源的崛起，以水为原料，利用太阳能大规模制氢已成为世界各国共同努力的目标。太阳能指直接使用太阳的热能和光能，其中利用太阳热能的制氢方法有太阳能热化学分解水制氢和太阳能热化学循环制氢两种，利用太阳光能的制氢方法有太阳能光伏发电电解水制氢、太阳能光电化学过程制氢、光催化水解制氢以及太阳能光生物化学制氢等方法。

11.4.1　太阳能热化学分解水制氢

　　太阳能热化学分解水制氢利用的是太阳的热能。利用太阳能将水直接在高温下加热分解产生氢无疑是最简单的热化学制氢方法，但反应温度要达到 4700K 左右。Kogan 等的实验研究表明，在温度高于 2500K 时，水的热分解才比较明显，温度越高，水的分解效率越高，但此时系统的压力也非常高。在此高温高压条件下，太阳能集热高温的获取、高温反应器、高温产物分解等材料和工艺问题都很难解决。典型的研究内容是如何提高高温反应器的制氢效率和开发更为稳定的多孔陶瓷膜反应器。

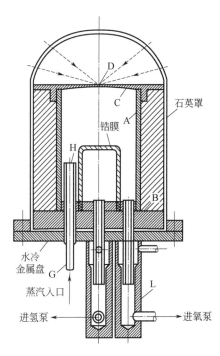

图 11-18　太阳能直接热裂解反应器截面图

　　太阳能直接热裂解反应器的截面图如图 11-18 所示，即水蒸气通过图中 G 处进入反应器，太阳光经过 D 处的透镜集热器对水蒸气加热，产生的氢气通过氧化锆陶瓷膜渗透后排出，而氧气则直接从反应器出口排出。反应器的温度至少要达到 2100℃才能维持稳定的运行，因而该技术的主要缺点是反应器的材料问题。氧化锆是制造多孔陶瓷膜的主要原料，它的烧结温度在 1700～1800℃之间。当温度逐渐提升时，其烧结过程仍然继续进行，从而导致多孔结构的破坏，使孔道关闭，气体的透气性降低。如何阻止烧结或者把烧结过程延迟到工作温度之外成为该技术继续发展的关键。

11.4.2　太阳能热化学循环制氢

　　太阳能热化学循环制氢是利用太阳热能的另一种方法。20 世纪 60 年代初，Funk 等提出了多步骤热化学循环分解水制氢的方法。在该方案中，热量并不是在很高的温度下集中供给纯水使之单步分解，而是在不同阶段、不同温度下供给含有中间介质的水分解系统，使水沿着多步骤的反应过程最终分解为 H_2 和 O_2。整个反应过程构成一个封闭的循环系统，在热化学反应过程中只消耗水和热，其余物质在循环制氢过程中并不消耗，可以循环使用。反应的通式如下：

$$M_xO_y \longrightarrow xM+0.5yO_2 \tag{11-75}$$

$$xM+yH_2O \longrightarrow M_xO_y+yH_2 \tag{11-76}$$

总的反应式仍为：

$$H_2O \longrightarrow H_2+0.5O_2 \tag{11-77}$$

　　根据反应物的不同，可以分为金属氧化物体系、含硫体系、卤化物体系、杂化循环等体

系。这些体系均可在低于1273K的温度下分解水产生H_2和O_2，预测的制氢效率分别达52%和48%。但这些过程都比较复杂，且依然存在气体分离和材料腐蚀等方面的难题。图 11-19 所示为碘-硫循环（简称I-S循环）过程。

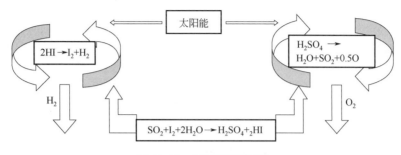

图 11-19　I-S 循环示意图

该过程的化学方程式如下：

$$SO_2+I_2+2H_2O \xrightarrow{400K} H_2SO_4+2HI \tag{11-78}$$

$$H_2SO_4 \xrightarrow{1000\sim1200K} H_2O+SO_2+0.5O_2 \tag{11-79}$$

$$2HI \xrightarrow{500\sim800K} I_2+H_2 \tag{11-80}$$

11.4.3　太阳能光伏发电电解水制氢

太阳能光伏发电电解水制氢是利用光伏发电，然后电解水制取氢气。太阳能光伏发电电解水制氢过程的原理和设备同普遍电解水制氢类似。

太阳能光伏发电电解水制氢系统如图 11-20 所示。光伏阵列由 192 块 M75 光伏组件构成，分成 12 个子阵列，形成 24V 直流电源，为电解槽电解水制氢提供动力。由于太阳能电池的发电量受到昼夜、季节、气候变化的影响，一般情况下难以和负荷相匹配。为了适应光伏电池的伏安特性，根据需要配备合适的最大能量输出跟踪器（MPPT），解决输出电压与所需电压相匹配的问题，以保证光伏电池始终工作在最大能量输出点。电解水制氢的电解槽仍主要采用碱性电解槽、离子交换膜电解槽和固体氧化物电解槽。随着光伏电池效率的提高和成本的降低以及电解

图 11-20　太阳能光伏发电电解水制氢系统

槽技术的成熟，利用太阳能转化的电能进行电解水制氢将成为氢能源开发的重要方面。

11.4.4　太阳能光电化学过程制氢

太阳能光电化学过程制氢是利用太阳的光能结合电化学过程制氢。

太阳能光电化学过程制氢由光化学电池实现。光电化学电池（photo-electrochemical cell，PEC）由光阳极、光阴极以及电解质组成，通过光阳极吸收太阳能并将光能转化为电能。光阳极通常为光半导体材料，受光激发后可以产生电子-空穴对。光阳极和光阴极组成光电化学电池，在电解质存在下光阳极吸光后在半导体带上产生的电子通过外电路流向光阴极，水中

的质子从光阴极上接收电子产生氢气。理论上，光电极组成有三种情况：光阳极为 n 型半导体，阴极为金属；光阳极为 n 型半导体，阴极为 p 型半导体；光阴极为 p 型半导体，阳极为金属。

图 11-21 所示是太阳能光电化学电池分解水制氢示意图。它包括一个光阳极（一般是金属氧化物）和光阴极（一般是 Pt），在电解液中，氧化和还原反应分别在阳极和阴极发生。

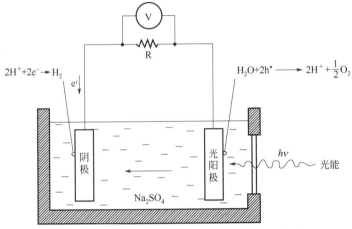

图 11-21　太阳能光电化学电池分解水制氢示意图

11.4.5　太阳能光催化水解制氢

太阳能光催化水解制氢也是利用太阳光的光能进行催化水解制氢，其关键是光电催化材料研究。经过多年的研究进展，光催化剂由最初的只能吸收紫外线的半导体 TiO_2 发展到可吸收可见光的多种类型的催化剂。在紫外线照射下能分解水制氢的催化剂有 TiO_2、SrO_2、$Na_2Ti_6O_{13}$、$BaTi_4O_9$、$K_2La_2TiO_{10}$、$K_4Nb_6O_{17}$、ZrO_2 等；在可见光照射下，电子供体在 CH_4O 存在时可以产生氢气，电子受体在 $AgNO_3$ 存在时可产生氧气的催化剂有 Bi_2InNbO_7、CdS、ZnS、$Bi_2W_2O_3$ 等。它们分别属于不同的体系。

11.4.6　太阳能光生物化学制氢

太阳能光生物化学制氢是通过微生物特有的产氢酶系把水分解为氢气和氧气的过程。根据所用的微生物、产氢原料及产氢机理，太阳能光生物制氢可以分为两种类型：绿藻和蓝细菌（也称为蓝绿藻）在光照、厌氧条件下分解水产生氢气，通常称为光解水产氢或蓝绿藻产氢；光合细菌在光照、厌氧条件下分解有机物产生氢气，通常称为光解有机物产氢、光发酵产氢或光合细菌产氢。

绿藻光解水制氢是在厌氧条件下，绿藻以光和 CO_2 作为唯一能量来源，将水分解为氢气的过程。绿藻光解水制氢工艺有一个优点，即使光照强度较低，厌氧条件下利用氢气作为电子供体的固定 CO_2 的过程中，太阳能利用效率仍能达到 22%。但是氢化酶对氧气极为敏感，因此需要更多研究来克服直接生物光解水过程中氧气的抑制效应。

蓝细菌一种好氧的光养细菌，蓝细菌光解水制氢是蓝细菌通过光合作用中心，在氢化酶的催化作用下，从水中直接制取氢气。为了克服氧气对氢化酶的抑制效应并实现连续运行，可在不同阶段和空间进行氧气和氢气的分离。

光发酵制氢是不同类型的光合细菌（PSB）在光照条件下利用有机物作供氢体兼碳源进行光合作用，通过发酵作用将有机基质转化为 H_2 和 CO_2 的反应。

11.4.7　太阳能光电热复合耦合制氢

太阳能光电热复合耦合制氢是利用太阳光的光热效应和光电效应分解水制氢的过程。这个体系主要包含：采光及聚光；低带隙（热）、高带隙（电）光谱解析；低带隙的光用来加热水至一定温度及压力，高带隙的光引起光伏效应或光电化学电荷转移；驱替水分解的电压的匹配。图 11-22 是太阳能复合/耦合制氢流程示意图。与传统的取热太阳能集热器不同的是，该系统可以使用单独的太阳能集热器，所以该方法提供了一个太阳能高效利用的途径。

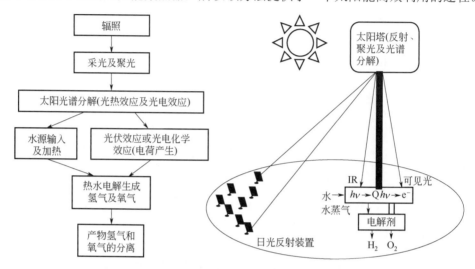

图 11-22　太阳能复合/耦合制氢流程示意图

同直接热分解法、热化学循环法等比较，复合/耦合体系相对克服了一些温度的限制，并吸取了光热法、光伏法、光电化学法制氢的优点。理论上，如果仅利用太阳光中的红外区部分给传统太阳能电池供热，在热力学上显然是不够的，因此研究光伏法及光电化学法制氢时一般不考虑太阳能热效应的影响。然而，复合体系利用了全部波长太阳光的能量，从而提高了太阳能的利用效率。

11.5　生物质热化学制氢

生物质热化学制氢是将生物质通过热化学反应转化为富氢气体，具有成本低、效率高的特点，被国际能源机构（IEA）认为在近中期内最具有经济与技术上的生命力。生物质热化学制氢包括生物质热解制氢、生物质气化制氢、生物质超临界转化制氢。

11.5.1　生物质热解制氢

生物质热解是在 0.1～0.5MPa 并隔绝空气的情况下加热到 600～800K，将生物质转化为液体油、固体以及气体（H_2、CO、CO_2 及 CH_4 等）产物。传统的热解制氢过程一般包括三个部分：生物质原料的热解、热解产物的气化和焦油等大分子烃类物质的催化热解，通过控制不同的热解温度以及物料的停留时间来达到制取氢气的目的。其流程如图 11-23 所示。

生物质热解产物以气态、液态和固态三种形式存在。气相产物包括 H_2、CH_4、CO、CO_2 等；液相产物为焦油和生物油，生物油是在常温下以液态形式存在的混合有机物，包括醇、酮及有机酸等；固态产物为生物质焦、炭及其他惰性材料。其反应可表示如下：

$$生物质 \longrightarrow H_2+CO+CH_4+焦油+焦炭+其他产物 \tag{11-81}$$

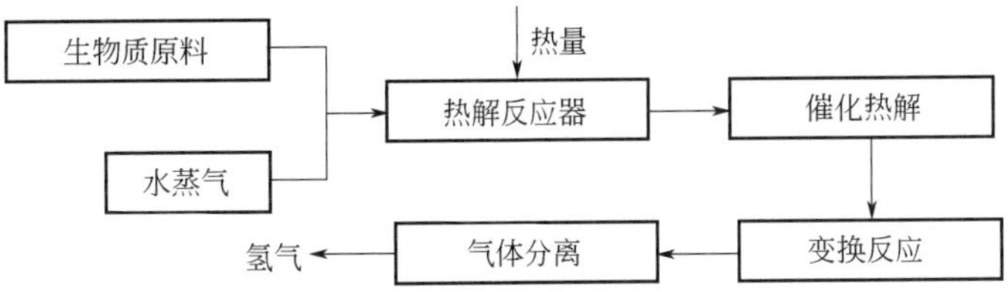

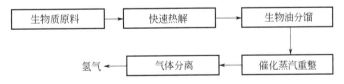

图 11-23　生物质热解制氢流程

与此同时，甲烷和其他烃类物质也经生物质中水蒸气重整产生了更多的氢气：

$$CH_4+H_2O \longrightarrow 3H_2+CO \tag{11-82}$$

并伴随水气转化反应：

$$CO+H_2O \longrightarrow H_2+CO_2 \tag{11-83}$$

经过水蒸气重整反应和水气转化反应，气体中的氢含量增加。最后，这些由生物质热解产生的富氢气体可经变压吸附分离满足需要的高纯度氢气。

生物质快速热解制氢有两种主要方式，分别为一级热解反应和二级热解反应。

一级热解反应是生物质在某一反应器内被直接快速热解（>5s）后，获得富氢气体的过程。一级热解制氢反应在隔绝氧气的条件下进行，低温时（温度低于 250℃）的主要产物是 CO_2、CO、H_2O 及焦炭；温度升高至 400℃ 以上时，发生解聚、缩聚、重聚、裂化、侧链、支链反应，生成 CO_2、CO、H_2O、H_2、CH_4、焦炭及焦油等；温度继续升高至 700℃ 以上并有足够的停留时间，出现二次反应，即焦油裂解为氢、轻烃及炭等产物。

二级热解反应是生物质经一级热解之后，热解产物再进入第二级反应器发生焦油裂化和蒸汽重整反应生成富氢气体的过程，如图 11-24 所示。与一级热解制氢相比，二级焦油裂解和蒸汽重整可保证焦油、大分子烷烃等长链烃的分解，增加产品气中氢气的体积份额（可达 55% 以上）。二级热解制氢过程中，由于焦油难以气化，需要在反应器中加入白云石和镍基催化剂，并需要一定的水、氧气和高温。白云石和镍基催化剂可分别在 1073～1173K 和 973～1073K 的温度下促进焦油裂解。此外，Y 分子筛催化剂、K_2CO_3、$NaCO_3$、$CaCO_3$ 及其他金属氧化物催化剂如 Al_2O_3、SiO_2、TiO_2、Cr_2O_3 等也得到广泛应用。

图 11-24　生物质热解油重整制氢过程

生物质热解制氢具有如下优点：过程中不加入空气，避免了氮气对气体的稀释，提高了气体的能量密度，降低了气体分离的难度，减少了设备体积和造价；生物质在常压下进行热解和二次裂解，避免了苛刻的工艺条件；以生物质原料自身能量平衡为基础，不需要用常规能源提供额外的工艺热量；有较宽广的原料适应性。

除了生物质原料的种类外，温度、升温速率、停留时间和催化剂是生物质热解过程中非常重要的控制参数。高温、快速升温、延长挥发相的停留时间有利于提高氢的产率，这些参

数可以通过选择不同的反应器和传热模式来调节。流化床反应器具有更好的传热速率，是较为理想的生物质热解制氢反应器。

11.5.2　生物质气化制氢

生物质气化制氢是在 $800\sim900℃$ 的高温下，将生物质在气化炉中进行气化热解，得到富氢可燃气体并进行净化处理而获得产品氢气。其原理是在一定的热力条件下，借助部分空气（或氧气）、水蒸气或其混合气的作用，使生物质的高聚物发生热解、氧化、还原、重整反应，热解伴生的焦油进一步热裂化或者催化裂化为小分子烃类化合物，获得含 CO、H_2 和 CH_4 的气体。

（1）生物质气化制氢工艺选择

以气化介质分类，用空气作气化介质进行的生物质气化具有投资省、操作可行性强的优点，在工业应用中比较广泛。这种气化技术产生的可燃气中氢气体积含量只有 $8\%\sim14\%$。氧气气化具有工艺简单、技术成熟、运行稳定的优点，主要缺点是需要一套相应的制氧设备，即使采用较简单的变压吸附法或膜分离法，一次投资仍很大。水蒸气气化的优点是反应生成的 H_2、CH_4 较多，CO_2、CO 等含量相对较少，有利于可燃气的进一步处理，但由于生物质气化重整的理想温度需在 $700℃$ 以上，且主要气化反应即焦炭与水蒸气的反应要求具有较高的温度，所以要使气化达到较好的效果，水蒸气的温度必须控制在 $700℃$ 以上。

空气（氧气）-水蒸气气化是以空气和水蒸气同时作为气化介质的气化过程，从理论上分析，它是比单用空气（氧气）或水蒸气都优越的气化方法：一方面，它是自供热系统，不需要复杂的外供热源；另一方面，气化所需的一部分氧可由水蒸气提供，减少氧气的消耗量，并生成更多的 H_2。

因此，以氢气或富氢气体为目的的产物的生物质气化工艺多以水蒸气或空气-水蒸气为气化剂，通过碳与水蒸气反应、水煤气转化反应以及烃类的水蒸气重整反应等过程，既减少炭黑的生成，又提高了可燃气中的 H_2 含量，产品气中氢含量可达到 $30\%\sim60\%$。

典型生物质木屑的质量组成为：C（48%）、O（45%）、H（60%）及少量的 N、S 及矿物质，其分子式可表示为 $CH_{1.5}O_{0.7}$，以此为依据可计算氢的理论产率。如果生物质与含氢物质（如水等）反应，则氢产率比生物质最大氢含量高6%。生物质水蒸气气化反应方程式可表示为：

$$CH_{1.5}O_{0.7}+0.3H_2O\longrightarrow CO+1.05H_2-74kJ/mol \tag{11-84}$$

$$CO+H_2O\longrightarrow CO_2+H_2-42kJ/mol \tag{11-85}$$

根据上述反应方程式可计算出每千克生物质的最大产氢量为165g。

生物质气化制氢过程如图 11-25 所示，具有以下优点：工艺流程和设备比较简单，在煤化工中有较多工程经验可以借鉴；充分利用部分氧化产生的热量，使生物质裂解并分解一定量的水蒸气，能源转换效率高；有相当宽广的原料适应性；适合于大规模连续生产。

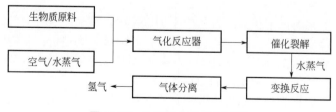

图 11-25　生物质气化制氢过程

（2）生物质气化反应器

以气化装置分类，生物质气化反应器主要有上吸式气化炉、下吸式气化炉及循环流化床气化炉等。上吸式气化炉可适用于含水率较高生物质的气化，当含水率达 40%时，仍能正常工作，而且结构简单，操作可行性强，但可燃气中的焦油含量较高，连续加料有一定困难，并且当湿物料从顶部下降时，物料中的部分水分被上升的热气流带走，使产品气中氢气的含量减少。下吸式气化炉在提高产品气中氢气含量方面具有优越性，但其结构复杂，可操作性差。循环流化床气化炉具有颗粒物料均匀、流化速度高、反应温度均匀、传热传质速率快以及含碳物料不断循环等优点，相对于其他气化炉来说，无论是在产品气中氢气含量还是操作性方面，都是一种较理想的气化制氢形式。

生物质催化气化系统主要包括两大部分，一是生物质气化部分在流化床气化炉（或其他形式气化炉）内进行，二是气化气催化变换部分在装有镍基催化剂的固定床内进行。生物质由螺旋给料器输送至预热过的流化床，在流化床内发生热解反应产生热解气、焦油和焦炭等，热解固体产物再与从底部进来的空气和水蒸气等发生化学反应产生气化气，气化气则从流化床上部进入旋风分离器，将炭粒分离，然后进入焦油脱除反应床，进行焦油的初步催化裂解，经焦油裂解后的气化气再进入装有镍基催化剂的固定床进行进一步的催化裂解及水气转化反应。

理论上讲，所有的生物质气化过程（如固定床、移动床、鼓泡流化床、循环流化床、喷动床、转炉或者这几种形式的组合）都可以用于生产纯氢气，但大部分工艺并非专为生产氢气而设计，所以在中试中合成气含有大量的 CO、CH_4 及 C_2，将其应用于生产氢气，可以适当增加反应物料中的水蒸气/生物质比，以强化烃类水蒸气重整反应及水气转化反应，从而增加氢气含量，降低 CO、CH_4 及 C_2 含量。

11.5.3　生物质超临界水气化制氢

生物质超临界水气化制氢是近年来发展起来的一种高效制氢技术，是利用水在临界点（374℃，22.1MPa）附近的特殊性质，可实现生物质的完全气化，并将水中的部分氢释放出来，产物中氢气的体积分数可达到 50%，并且不生成焦油、焦炭等杂质。对于含水量高的湿生物质可直接气化，无需高耗能的干燥过程。

（1）反应机理

木质纤维素生物质是植物的非食用部分，由纤维素、半纤维素和木质素组成。木质纤维素生物质可分为农林废弃物、能源作物和废纸。木质纤维素在植物细胞壁形成一个复杂网络，依靠共价键、分子间的桥联和范德华力结合在一起。木质纤维素生物质一般包括 30%~60%的纤维素、20%~40%的半纤维素和 15%~25%的木质素。生物质气化定义为生物质在高温（>700℃）条件下与一定量的氧或蒸汽反应生成 H_2、CO、CO_2 和 CH_4，而超临界水气化以超临界水（374.2℃、22.1MPa）作为介质。可见，超临界水气化与传统热化学气化的区别主要在于气化介质不同，前者采用超临界水做介质，而后者采用惰性气体或蒸汽。生物质超临界水气化制氢的总反应如下所示：

$$CH_xO_y+(2-y)H_2O \longrightarrow CO_2+(2-y+x/2)H_2 \tag{11-86}$$

$$CH_xO_y+(1-y)H_2O \longrightarrow CO+(1-y+x/2)H_2 \tag{11-87}$$

纤维素水解：

$$(C_6H_{10}O_5)_n+nH_2O \longrightarrow nC_6H_{12}O_6 \tag{11-88}$$

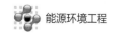

葡萄糖重整反应：

$$C_6H_{12}O_6 \longrightarrow 6CO + 6H_2 \tag{11-89}$$

木质素水解：

$$(C_6H_{10}O_3)_n + nH_2O \longrightarrow nC_6H_{12}O_4 \rightarrow 酚类物质 \tag{11-90}$$

酚类水蒸气重整：

$$酚类物质 + H_2O \longrightarrow CO + CO_2 + H_2 \tag{11-91}$$

水气转化反应：

$$CO + H_2O \longrightarrow CO_2 + H_2 \tag{11-92}$$

CO 甲烷化反应：

$$CO + 3H_2 \longrightarrow CH_4 + H_2O \tag{11-93}$$

CO$_2$ 甲烷化反应：

$$CO_2 + 4H_2 \longrightarrow CH_4 + 2H_2O \tag{11-94}$$

加氢反应：

$$CO + 2H_2 \longrightarrow CH_4 + 0.5O_2 \tag{11-95}$$

图 11-26 是生物质（木质纤维素）超临界水气化反应流程简图。在初始阶段，生物质降解为糖和愈创木酚类、焦性木酚类、焦性儿茶酚类等酚类。纤维素和半纤维素水解产生 C_5 和 C_6 糖类；木质素降解为酚类，包括愈创木酚类、焦性木酚类、焦性儿茶酚类。在超临界水气化阶段，上述降解产物进一步转化为简单化合物，包括酸（羧酸、琥珀酸、乙酸等）、醇类（香豆、松柏、芥子等）、酚类、芳族化合物和醛。在非均相催化剂的帮助下，通过水气转化、甲烷化、加氢反应，生成 H_2、CO、CO_2 和 CH_4。生物质超临界水气化的目标产物是氢，所以需要抑制甲烷化反应[式（11-93）和式（11-94）]，而尽可能促进水气转化反应[式（11-92）]。

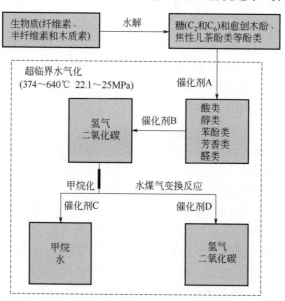

图 11-26 生物质超临界水气化反应流程简图

注：催化剂 A（如 Ni，Ru，Rh，Pt，Pd，Ni/Al$_2$O$_3$，Ni/C，Ru/Al$_2$O$_3$，Ru/C 和 Ru/TiO$_2$）；催化剂 B（如 Ni，Ru，Pt 和活性炭类）；催化剂 C（如 Ni，Rh，Ru，Pt 和活性炭）和催化剂 D（如 Ni，Ru，NaOH，KOH，K$_2$CO$_3$）

（2）生物质超临界水气化的反应装置

生物质超临界水气化制氢装置有多种，可分为间歇式反应装置和连续式反应装置两大类。间歇式反应装置简单，适用于所有的反应物料，可以用于生物质气化制氢机理的研究和催化剂的筛选。连续式反应系统在研究气化过程的动力学特性、气化制氢特性方面应用广泛。

南京工业大学廖传华团队的罗威采用图 11-27 所示的间歇式超临界水气化反映装置工艺流程，对松木屑进行超临界水气化制氢技术进行了实验研究，以氢气产量为主要指标，考察了反应温度、反应压力、停留时间、物料浓度、物料粒径、催化剂对制氢过程的影响。

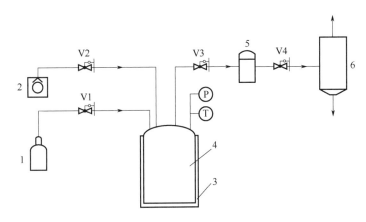

图 11-27　间歇式超临界水气化反应装置工艺流程图

1—氩气瓶；2—恒流泵；3—加热器；4—反应釜；

5—冷却器；6—气液分离器；V1~V4—减压阀

结果表明：在一定条件下，温度对制氢效果有很显著的影响。随着温度的升高，氢气产量会大幅度的提高；当温度低于 450℃时，主要发生甲烷化反应，CH_4 产量较多。当温度高于 450℃时，水蒸气重整反应逐渐增强，从而 H_2 产量会大幅度提高；压力对制氢效果影响不大；停留时间在一定范围内对制氢效果有一定影响；物料浓度低，对氢气产量有利；物料粒径对气化结果影响不大。此外，还发现松木屑超临界水气化制氢过程的显著影响因素为反应温度、停留时间和物料浓度，非显著影响因素为反应压力和物料粒径。各因素对制氢过程的影响大小为：反应温度>物料浓度>停留时间，松木屑超临界水气化制氢过程的最优工艺条件为反应温度 500℃、反应压力 26MPa、停留时间 50min、木屑质量分数 8%、木屑粒径 8～16 目。在该条件下，得到 H_2 产量为 3.29mol/kg。当反应温度 500℃、反应压力 26MPa、停留时间 50min、木屑质量分数 8%、木屑粒径 8～16 目时，Ni、Fe、K_2CO_3、Na_2CO_3、$CuSO_4$ 对制氢过程的催化活性大小为：Ni＞Fe＞K_2CO_3＞Na_2CO_3＞$CuSO_4$。质量分数为 2% 的 Fe 在制氢过程中不仅能促进水气转换反应，大幅提高 H_2 产量，而且还能使木屑几乎完全气化。

11.5.4　固体热载体法生物质气化制氢

传统的生物质制氢工艺往往需要外部热源（如水蒸气重整、热解等），采用空气作为气化介质（如自热重整），其他组分的引入降低了产气品质，而采用氧气则大大增加了制氢成本。因此，一些研究者提出了采用固体热载体法催化气化生物质制氢的技术。固体热载体不仅可以为吸热的气化反应提供热量，而且也可以作为催化剂或氧载体等促进生物质气化，如

图 11-28 所示，在气化器内，生物质在热载体提供的显热或化学热和催化剂的作用下，水蒸气气化为富氢气体，然后热载体（催化剂等）和气化产生的焦炭送入燃烧器，焦炭燃烧加热的热载体再次返回气化器，形成循环反应。金属氧化物或金属等均可作为热载体，一种热载

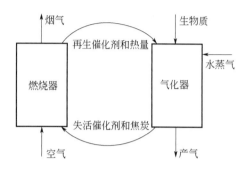

图 11-28　固体热载体法
生物质催化气化制氢工艺原理图

体法为 $CaCO_3/CaO$ 的煅烧和捕集 CO_2 形成了化学链式反应，该反应不仅为吸热气化过程提供了显热和化学热，而且在气化过程中捕集了 CO_2，促进了生物质的气化转化；另一种热载体法为金属与金属氧化物化学链式反应，金属氧化物不仅为气化提供了反应需要的热量，而且提供了气化需要的氧气，从而获得富氢气体，即化学链式重整制氢。

以生物质为原料的化学链式制氢技术在制取高纯度 H_2 的同时将 CO_2 捕集，可以有效控制 CO_2 排放，大大降低了 H_2 制取与利用过程中的污染，符合未来向"零碳"能源发展的趋势，被视为一种理想的能源转化利用方式，但目前该技术还基本处于概念设计和试验阶段，仍有待于进一步研究。

化学链是将某一特定化学反应通过化学介质的作用分多步完成的过程。化学反应中，反应的产物或副产物作为其他反应的原料或反应物，经过若干个反应后又能够通过这些反应恢复至原始状态，这样的一些化学反应构成的循环过程或链式过程称作化学链。Ryden 和 Lyngfelt 等提出了化学链重整（chemical looping reforming，CLR）制氢，以氧化还原反应原理为基础，选择合适的载氧体在两个反应器之间循环交替制取氢气。利用水蒸气与载氧体反应制氢，该技术仅涉及了金属、H、O 等元素，不会产生杂质气体。

为了获得纯净的 H_2，通常需要进行 H_2 和 CO_2 的分离，一种基于化学链反应和蒸汽金属制氢的化学链重整制氢技术可无需额外进行 H_2 和 CO_2 的分离，系统明显简化，从而可以降低成本。其原理如图 11-29 所示。该系统由两个反应器组成，还原反应器中金属氧化物被通入的燃料气体还原，之后载氧体被循环送回水蒸气氧化反应器，其中 H_2O 与金属或被还原的金属氧化物反应生成 H_2。如果还原气体完全反应，则还原反应器出口气体中只包含 CO_2 和 H_2O，水蒸气反应器出口为 H_2 和过量的 H_2O。因此，只要将 H_2O 进行冷凝即可在无需分离过程的情况下获得纯净的 H_2 和 CO_2。

载氧体具有以下要求：在燃烧反应器中将燃料完全转化为 CO_2 和 H_2O，否则未燃烧的燃料需要用纯氧进行完全转化；能够和燃料生成还原性金属氧化物或金属单质，且被还原的金属氧化物应具备较高的产氢性能；具有良好的经济性和稳定性。此外，该技术要实现工业应用，高温高压是其必要条件。提高温度可以提高产氢量，但高温时载氧体会由于

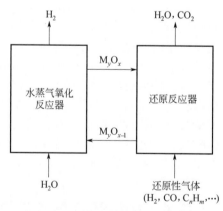

图 11-29　化学链重整制氢过程原理

烧结而发生失活现象，降低其反应性能。高压也可能会促进颗粒表面的碳沉积，从而影响制取的 H_2 纯度。因此，开发高活性、高选择性、高耐磨性及抗积炭性能的载氧体是该技术成功运行的关键。

11.6　生物质生物法制氢

生物法制氢是产氢微生物通过光能或发酵途径生产氢气的过程，是把自然界储存于有机化合物中的能量通过产氢细菌等生物的作用转化为氢气，生成氢气反应是在常温、常压和接近中性的温和条件下进行的碳中立反应，比热化学方法和电化学方法耗能少。生物法制氢可分为光反应和暗发酵反应两种生物途径，如直接生物光解水制氢（绿藻）、间接生物光解水制氢（蓝藻细菌）、暗发酵制氢（发酵细菌）和光发酵制氢（光合细菌）。

11.6.1　直接生物光解水制氢

直接生物光解水制氢与植物的光合作用过程相关，是在厌氧条件下，绿藻以光和 CO_2 作为唯一能量来源，将水分解为氢气的过程。微藻类通过光合作用中心，从水中直接制取氢气，将光能以氢能形式转化为可储存的化学能。该方法是从可再生资源中制取清洁能源，生能过程清洁无污染且原料水资源丰富可持续。该反应方程式大体如下：

$$2H_2O + 太阳能 \xrightarrow{光合作用中心} H_2 + O_2 \tag{11-96}$$

在绿藻直接生物光解反应中，光合器官捕获光子，产生的激活能分解水产生低氧化还原电位还原剂，该还原剂进一步还原氢酶中质子（H^+），与环境中释放的电子结合形成氢气。

绿藻直接生物光解制氢工艺有一个优点，即使光照强度较低，厌氧条件下利用氢气作为电子供体的固定 CO_2 的过程中，太阳能利用效率仍能达到 22%。但是氢化酶对氧气极为敏感，因此需要更多研究来克服直接生物光解水过程中的氧气抑制效应。

11.6.2　间接生物光解制氢

间接生物光解制氢是蓝细菌通过光合作用中心，从水中直接制取氢气，将光能以氢能形式转化为可储存的化学能的生物过程。蓝细菌是一种好氧的光养细菌，存在两种不同的蓝细菌菌群，绝大多数蓝细菌由固氮酶催化放氢；另一类是氢化酶催化放氢。

间接生物光解制氢途径由以下几个阶段组成：通过光合作用，培养生物质资源（蓝细菌等）；所获得的碳水化合物（蓝细菌等）的浓缩；藻进行黑暗厌氧发酵，产生少量 H_2 和小分子有机酸，该阶段与发酵细菌作用原理和效果相似，理论上，1mol 葡萄糖生成 4mol 氢气和 2mol 乙酸；暗发酵产物转入光合反应器，蓝细菌进行光照厌氧发酵（类似光合细菌），乙酸彻底分解产生 H_2。以上各阶段的反应式可大致表示如下：

$$6H_2O + 6CO_2 + 光 \longrightarrow C_6H_{12}O_6 + 6O_2 \tag{11-97}$$

$$C_6H_{12}O_6 + 2H_2O \longrightarrow 4H_2 + 2CH_3COOH + 2CO_2 \tag{11-98}$$

$$2CH_3COOH + 4H_2O + 光 \longrightarrow 8H_2 + 4CO_2 \tag{11-99}$$

总反应式为：

$$12H_2O + 光 \longrightarrow 12H_2 + 6O_2 \tag{11-100}$$

间接生物光解制氢过程中，碳水化合物被氧化放出氢气，为了克服氧气对氢化酶的抑制效应并实现连续运行，可在不同阶段和空间进行氧气和氢气的分离。

11.6.3　光发酵制氢

光发酵制氢是不同类型的光合细菌（PSB）以光为能量来源，通过发酵作用将有机基质

转化为 H_2 和 CO_2 的反应。光合细菌在光照条件下利用有机物作供氢体兼碳源进行光合作用，而且具有随环境条件变化而改变代谢类型的特性。光合细菌还可在厌氧条件下，以光为能源，利用小分子有机酸（如乙酸、丁酸、乳酸等）作为碳源，进行转化制氢。

利用光合细菌进行生物法制氢有如下优点：可以利用多种基质进行细菌生长和氢气生产；基质利用率高；在不同环境条件下仍具有较强代谢能力；能够吸收利用较大波谱范围的光，能承受较强的光强；由于副产物中没有氧气产生，因此不存在氧气的抑制问题。总的来说，光发酵制氢能使有机组分彻底转化为氢气，氢气生产由需 ATP 固氮酶驱动，ATP 通过光合作用过程中对光的捕捉得到。

光合细菌生物制氢过程同藻类制氢过程一样，是太阳能驱动下的光合作用的结果，但是光合细菌只有一个光合作用中心，利用捕获的太阳能进行 ATP 生产，高能电子通过能量流还原铁氧化还原蛋白，还原后的铁氧化还原蛋白及 ATP 在固氮酶的作用下驱动质子氢。有机物不能直接从水中接收电子，因此有机酸等常被用来作为基质。

11.6.4 暗发酵制氢

暗发酵制氢又称厌氧发酵法生物制氢，在厌氧条件下，利用厌氧化能异养菌将有机物转化为有机酸进行甲烷发酵，氢作为副产品获得。相比光发酵制氢，暗发酵制氢具有许多优点：主要利用有机底物的降解获取能量，无需光源，产氢过程不依赖于光照条件，工艺控制条件温和、易于实现；发酵制氢微生物的产氢能力普遍高于光合产氢细菌；发酵制氢细菌的生长速率较快，可快速为发酵设备提供更丰富的产氢微生物，且兼性发酵制氢细菌更易于保存和运输，使得发酵法生物制氢技术更易于实现规模化生产；可利用的底物范围广，包括葡萄糖、蔗糖、木糖、淀粉、纤维素、半纤维素等，且底物产氢效率明显高于光合法制氢，因而制氢的综合成本较低；由于不受光源限制，在不影响过程传质及传热的情况下，制氢反应器的容积可达到足够大，从而从规模上提高单套装置的产氢量。

（1）暗发酵制氢的微生物

微生物种类是影响发酵制氢的重要因素，不同种类的微生物对同一有机底物的产氢能力不同，即使同一种微生物不同菌株的产氢能力也存在差异。目前用于厌氧发酵制氢研究的微生物可分为纯菌株和混合菌种两个方面。

纯菌株产氢研究中，厌氧产氢菌发酵制氢具有较高氢气产率，但对环境要求严格而不易操作；兼性菌同样具有较高产氢能力，并且对环境有良好的适应性，操作运行方便而易推广。就目前来看，纯菌株培养主要是进行发酵制氢的理论研究，包括产氢菌的分类、适应的环境、代谢功能以及产氢能力等，在实际应用中难以实现。

在发酵制氢中，将同属或异属菌种进行共同培养，建立合理的菌群组成结构，利用多种菌种的协同作用弥补单一菌种由于环境对其造成的影响，创造互为有利的生态条件，实现协同产氢，可最大程度提高产氢效率。利用混合菌种制氢有许多优点：混合菌群发酵产氢的能力较强，尤其是高效产氢菌的混合较单一纯菌株产氢量有较大提高；混合菌群不存在纯菌株系统存在的杂菌污染问题，无需对混合发酵菌预先进行灭菌处理，若利用的混合菌种为厌氧活性污泥，则可通过培养形成沉降性能良好的絮体，避免菌体在连续流状态下流失；运行操作简单，便于管理，提高了生物制氢工业化生产的可行性。

（2）暗发酵制氢的原理

在微氧或厌氧条件下，许多微生物在代谢过程中可将质子还原为氢气而消除初级代谢所产生的剩余还原力。细菌首先氧化降解底物以提供生物合成的结构单元以及生长所需的能量，这一氧化过程所产生的电子需要被消耗掉以保持细胞内的平衡。在好氧环境下，氧气被还原为水，而在厌氧或缺氧环境下，其他物质需要充当电子受体，如质子，被还原生成氢气。目前常见的暗发酵制氢主要有三种途径：丙酮酸脱羧途径、甲酸裂解途径和 NADH/NAD$^+$ 平衡调节途径。

11.6.5　生物法水气转换制氢

水气转化是 CO 与 H_2O 转化为 CO 和 H_2 的反应，反应方程式为：

$$CO(g)+H_2O(l)\longrightarrow CO_2(g)+H_2(g) \tag{11-101}$$

水气转化属放热反应，高温不利于氢的生成，然而高温有利于动力学速率提高。目前发展的水气转换工艺是一个两级的高温高压催化过程。使用热催化能氧化残留的 CO，但也不可避免地会氧化 H_2。利用光合细菌进行生物水气转换能在环境温度下催化上述反应，且反应平衡有利于 H_2 的产生。生物水气转化法操作温度低、反应速率快、没有平衡限制，提供了一种替代传统合成气转换制氢的新途径。

11.7　氨分解制氢

由于氨分子中只含氮与氢，因此，氨分解制氢具有工艺简单、氢气纯度高等优势而倍受重视。与其他现有制氢工艺相比，氨分解制氢具有产氢量高、安全性好、流程简单、价格低廉、相关技术成熟等优点，符合中小规模制氢灵活而经济的原则，有良好的应用前景。

11.7.1　氨分解制氢的优点

氨分解制氢技术有如下主要优点：

① 相关技术成熟。氨的合成、运输、利用技术及其基础设施十分成熟，这为氨分解制氢技术的推广应用提供了较好的背景支持。

② 价格低廉。与汽油、天然气和氢气相比，氨的市场价格一直相对较低，因此以氨为原料分解制氢具有经济优势。此外，氨分解制氢工艺的大规模推广应用必将推动合成氨工业的飞速发展，而规模化生产又将继续降低氨分解制氢的成本。

③ 储氢量高。氨分解制氢体系的质量储氢量理论值是 17.6%，高于电解水（11.1%）、甲醇水蒸气重整（12%）、汽油水蒸气重整（12.4%）、氢化物水解（5.2%～8.6%）等制氢体系。

④ 易于储存。在室温下，8～10 个大气压即可使氨液化。

⑤ 安全性好。在标准状态下，氨-空气体系的爆炸极限较窄，仅为 16%～27%（体积比），远远优于氢-空气体系（18.3%～59%）。

⑥ 环境友好。经燃料电池单元综合利用后，尾气仅为 N_2 和 H_2O 并可直接排空，全过程不会产生有害气体。

⑦ 流程简单。由于制氢过程不生成 CO，因此不需要烃类制氢装置所必需的水气转化、选择氧化等单元，制氢流程简单，设备的质量和体积均较小，符合中小规模制氢灵活而经济的原则。

氨分解反应主要采用高温催化裂解，氨分解反应式如下：

$$NH_3 \Longleftrightarrow 0.5N_2+1.5H_2 \tag{11-102}$$

该平衡体系仅涉及 NH_3、N_2 和 H_2 三种物质。由于该反应弱吸热且为体积增大反应，所以高温、低压的条件有利于氨分解反应的进行。根据热力学理论计算结果可知，常压、500℃时氨的平衡转化率可达 99.75%，但由于该反应为动力学控制的可逆反应，再加上产物氢气在催化剂活性中心的吸附抢占了氨的吸附位，产生"氢抑制"，从而导致氨的表面覆盖度下降，表现为转化率降低。目前，国内外的氨分解装置大多采用提高操作温度（700～900℃）的方法来获得较高的氨分解率，这在很大程度上提高了运行成本，降低了市场竞争力。

11.7.2 氨分解制氢的工艺流程

氨分解制氢工艺包括氨分解部分以及变压吸附提纯氢气部分。

两塔式变压吸附纯化氨分解制氢工艺流程如图 11-30 所示。液氨经预热器蒸发成气氨，然后在一定温度下，通过填充有催化剂的氨分解炉，氨气即被分解成含氢 75%、含氮 25% 的氢氮混合气。分解温度约在 650～800℃，分解率可达 99% 以上，分解后的高温混合气经冷却至常温，进入变压吸附系统。分解后的高温混合气先由吸附塔 1 底部进入塔内，在塔顶得到较高纯度的氮气与氢气，同时解吸塔 2 在大气压下降压解吸。部分产品气进入缓冲罐，直到等压为止。继之两塔交换操作，塔 2 吸附，塔 1 解吸，交替工作和再生，以保证连续生产。根据需要，通过变压吸附可分离得到高纯氢气和高纯氮气。

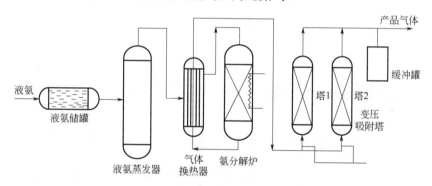

图 11-30 两塔式变压吸附纯化氨分解制氢工艺流程图

11.7.3 氨分解制氢的主要装置

氨分解制氢工艺中最重要的设备是氨分解炉。目前一般氨分解装置为承压式氨分解反应器，如图 11-31 所示，由反应罐、电热元件、保温层和外罐组成。反应罐是一个内、外壁有通道相通的直立罐，外壁绕有电热元件，罐内装有镍型催化剂。当气氨进入分解器时，先经反应罐外壁的电热元件加热，再由反应罐底部进入装有催化剂的反应罐内。由于气体的流通阻力很小，反应罐内、外壁的气压几乎相等，两边的压力相互抵消，使反应罐处于不承压的状态下工作。

氨分解反应器根据加热带的位置，可分为外热式和内热式。图 11-32 所示是一种外热式的分解炉，即加热带在反应部分的外面。图 11-33 所示是内热式的分解炉。

内热式氨分解炉内气体反应如下：氨气经氨管从环形喷管上的小孔喷出，进入反应管往下流动时被加热开始分解。当氨气由反应管下部孔板进入反应管内与催化剂相遇时，分解就得以迅速而充分进行。气体从反应管上端弯管经汇流管流出。这时流出的气体就是分解得到的 H_2 和 N_2 的混合气体。对于两种加热方式的反应器进行试验对比发现，内热式具有残液量少和比外热式节省 25% 左右电量的优点。

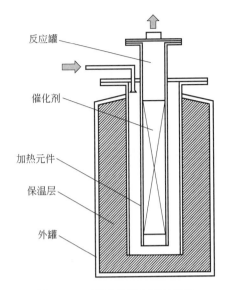

图 11-31 承压式氨分解反应器

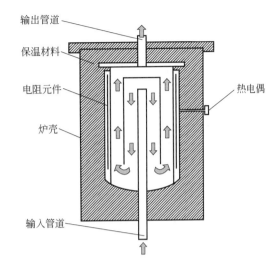

图 11-32 外热式氨分解炉

图 11-34（a）所示是将氨分解制氢与钯膜氢分离原位（in-suit）集成的氨分解反应器，即采用膜反应器模式。图 11-34（b）所示是将氨分解制氢与钯膜氢分离非原位集成的氨分解反应器，即氨分解器-膜分离器模式。

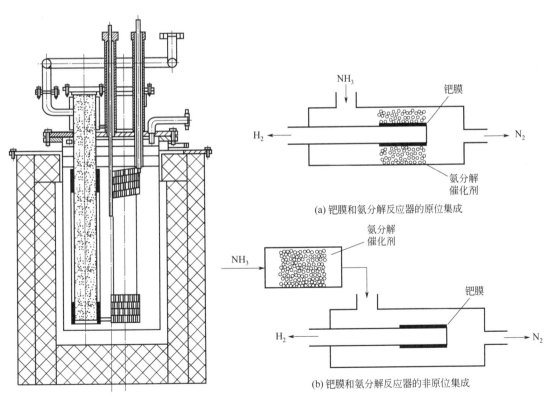

图 11-33 内热式氨分解炉

图 11-34 钯膜和氨分解反应器的原位集成与非原位集成

膜反应器模式的主要优点是将产物氢原位分离出反应体系，既可以使化学平衡向生成产物氢的方向移动，又可以通过降低流速的方法延长反应物与催化剂的接触时间，有利于反应的进一步发生。此外，产物氢气及时从反应体系分离出去，减少了与反应物分子 NH_3 竞争吸附的概率，也有利于反应物 NH_3 在催化活性位上的吸附、解离。其缺点是钯膜的利用效率较低，即在反应器入口附近的富氨区，氢气的浓度较小，没有足够的渗透推动力，导致钯膜分离氢的效率降低。

11.8 氢气的纯化、储存、运输和安全性

无论采用何种原料何种方法，所得产品气中氢的含量都较低，必须进行纯化，以得到高纯氢。另外，氢在一般条件下为气态，其单位体积所含的能量较少，无法满足工业应用对能量密度的要求，必须经过压缩或低温液化或其他方法提高其能量密度后，方能储存和使用。

11.8.1 氢气的纯化

用于精制高纯氢的方法主要有冷凝-低温吸附法、低温吸收-吸附法、变压吸附法、钯膜扩散法、金属氢化物法以及这些方法的联合使用。

（1）冷凝-低温吸附法

纯化分两步进行：首先，采用低温冷凝法对含氢气体进行预处理，除去其中的杂质、水和二氧化碳等。此过程需在不同温度下进行二次或多次冷凝分离，得到氢气含量相对较高的富氢气；再采用低温吸附法精制，将富氢气预冷后进入吸附塔，在液氮蒸发温度（约-196℃）下用吸附剂除去各种杂质。工艺多采用两个吸附塔交替操作。净化后 H_2 的纯度可达 99.999%～99.9999%。

（2）低温吸收-吸附法

纯化仍需分两步进行：首先，根据原料氢中杂质的种类，选用适宜的吸收剂，如甲烷、丙烷、乙烯、丙烯等，在低温下循环吸收和解吸氢中的杂质。然后再经低温吸附法，用吸附剂除去其中的微量杂质，制得纯度为 99.999%～99.9999%的高纯氢。

（3）变压吸附法

变压吸附（PSA）是利用气体组分在吸附剂上吸附特性的差异以及吸附量随压力变化的原理，通过周期性的压力变化过程实现气体的分离。PSA 技术具有能耗低、产品纯度高、工艺流程简单、预处理要求低、操作方便可靠、自动化程度高等优点，在气体分离领域得到了广泛应用。

11.8.2 氢气的储存

氢气是气体，它的输送与储存比固体煤、液体石油更困难。氢的储存是制约氢经济的瓶颈之一，储氢问题不解决，氢能就无法推广应用。目前，氢的储存方式主要有以下几种。

（1）加压气态储存

氢气可以像天然气一样用低压储存，使用巨大的水密封储罐。但由于氢气的密度太低，所以应用不多。

气态压缩高压储氢是最普遍和最直接的储氢方式，通过减压阀的调节就可以直接将氢气释放出。国际上已经有 35MPa 的高压储氢罐，我国使用容积为 40L 的钢瓶在 15MPa 储存氢气。为使氢气钢瓶严格区别于其他高压气体钢瓶，我国氢气钢瓶的螺纹和其他气体钢瓶的螺纹相反，是顺时针方向旋转的，而且外部涂以绿色漆。

然而，高压储氢钢瓶只能储存 $6m^3$ 的氢气，大约 0.5kg，不到容器质量的 2%（即使是供太空使用的钢瓶储氢质量也仅为 5%），运输成本太高，还要考虑氢气压缩的能耗和相应的安全问题。

为提高储氢量，目前正在研究开发一种微孔结构的储氢装置。它是一微型球床，薄壁（$1\sim10\mu m$）、微孔（$10\sim100\mu m$）的微型球可用塑料、玻璃、陶瓷或金属制造，氢气储存在微孔中。

（2）低温液氢储存

常压下，液氢的熔点为-253℃，气化相变焓约为 921kJ/kmol。在常压和-253℃下，气态氢可液化为液态氢，液态氢的密度是气态氢的 845 倍，热值是相同质量汽油的 3 倍。

液化储氢技术是将纯氢冷却到 20K，使之液化后，装到低温储罐中储存。为了避免或减少蒸发损失，储罐做成真空绝热的双层壁不锈钢容器，两层壁之间除保持真空外，还放置薄铝箔，以防止辐射传热。现有一种间壁充满中空微珠的绝热容器，这些中空微珠由 SiO_2 制成，直径约为 $30\sim150\mu m$，中间是空心的，壁厚 $1\sim5\mu m$，部分微珠上镀有厚度为 $1\mu m$ 的铝。由于这种微球的热导率极小，颗粒又非常细，可完全抑制颗粒间的对流换热。将部分镀铝微球（一般约为 3%～5%）混入不镀铝的微珠中，可有效切断辐射传热。这种绝热容器不需要抽真空，绝热效果远优于普通高真空的绝热容器，是一种理想的液氢储存桶，美国宇航局已广泛采用这种储氢容器。

液化储氢技术具有储氢密度高的优点，对于移动用途的燃料电池具有十分诱人的应用前景。但由于氢的液化十分困难，导致液化成本较高；其次是对容器绝热要求高，使得液氢低温储罐体积约为液氢的 2 倍，因此目前只有少数汽车公司推出的燃料电池汽车样车上采用该储氢技术。

（3）金属氢化物储存

氢与氢化金属之间可进行可逆反应，当外界有热量加给金属氢化物时，它就分解为氢化金属并放出氢气；反之，氢和氢化金属构成氢化物时，氢就以固态结合的形式储于其中。金属氢化物储存就是利用氢与氢化金属之间的这种可逆反应而储存氢气的。金属是固体，密度较大，在一定的温度和压力下，表面能对氢起催化作用，促使氢元素由分子态转变为原子态而钻进金属的内部，而金属就像海绵吸水那样能吸取大量的氢。需要使用氢时，加热金属氢化物即可将氢从金属中"挤"出来。利用金属氢化物储存氢气比压缩储氢和液化储氢两种方法方便得多。

用来储氢的氢化金属大多是由多种元素组成的合金。储氢合金有多种：按主要金属元素可分为稀土系、镁系、锆系、钙系等；按金属成分的数目可分为二元、三元和多元系；如果把构成储氢合金的金属分为吸氢类用 A 表示，不吸氢类用 B 表示，可将储氢合金分为 AB_5 型、AB_2 型、AB 型和 A_2B 型。合金的性能与 A 和 B 的组合关系有关。

带金属氢化物的储氢装置有固定式和移动式之分，它们既可作为氢燃料和氢物料的供应来源，也可用于吸收废热和储存太阳能，还可作氢泵或氢压缩机使用。

（4）碳材料储氢

碳的比表面积和孔隙体积是决定氢气吸附性能的两个因素。从微观结构来看，决定吸附

性能的因素还有孔隙尺寸分布，尤其是孔径和孔容分布，这是决定碳材料储氢的核心性能。活性炭物理性能很大程度上决定了其在气体分离中的吸附特性。

活性炭只能储存液态氢，不能储存气态氢。在一定温度和压力条件下，在储氢罐中加入一定量的活性炭可以提高系统氢能的储存密度。通过改变吸附剂的比表面积和多孔结构，可以获得最大的储氢能力。经球磨处理 80h 的石墨能吸附 7.4%的氢气，XRD 分析结果显示，吸附氢后石墨的层间距加大。

（5）纳米碳储氢

美国人 R. F. Carl 和 R. E. Smalley、英国人 H. W. Kroto 因发现碳元素在石墨、金刚石之外还有第三种形式[当时称其为巴基球（Bucky-ball）]而获得 1996 年的诺贝尔化学奖。研究巴基球发现，作为分子结构延伸的中空管状物，命名为巴基管（Bucky tube），后来将直径只有几个纳米的微型管命名为碳纳米管（carbon nanotubes）。碳纳米管分为单壁碳纳米管、双壁碳纳米管和多壁碳纳米管（20～50 层管壁）。

流体在大于其分子大小的微孔内，密度将增大，微孔内可能储存大量气体。多壁碳纳米管对表面张力小的流体具有毛细作用，孔径更小的纳米级微孔具有更强的毛细作用。这些推断引起人们对新型碳材料储氢的关注。研究发现，氢以分子形式吸附于碳纳米管中的空间位置，最大储氢量受碳纳米管内氢分子间的斥力限制，单壁碳纳米管的储氢量随碳纳米管直径增加而增大，多壁碳纳米管的最大储氢量不受直径影响。由于活性炭活性强，利用碳纳米管储氢已展现良好的前景。由于碳纳米管的储氢量大，随着其成本的进一步降低，这种储氢方法有可能实用化。

碳纳米管电化学储氢研究处于起步阶段，主要研究方法有铜粉复合定向碳纳米管电化学储氢和沉积纳米铜定向多壁碳纳米管电化学储氢等。

（6）有机化合物储氢

有机化合物储氢是一种利用有机化合物催化加氢和催化脱氢反应储放氢的方式。某些有机化合物可作为氢气载体，其储氢率大于金属氢化物，而且可以大规模长途输送，适于长期性储存和运输，为燃料电池汽车提供了良好的氢源途径。例如苯和甲苯的储氢量分别为 7.14%和 6.19%。硼氢化钠（$NaBH_4$）、硼氢化钾（KBH_4）、氢化铝钠（$NaAlH_4$）等络合物通过加水分解反应可产生比其自身含氢量还多的氢气，如氢化铝钠在加热分解后可放出总量高达 7.4%的氢。这些络合物是很有发展前景的新型储氢材料，但为了使其能得到实际应用，还需探索新的催化剂或将现有的钛、锆、铁催化剂进行优化组合以改善材料的低温放氢性能，处理好回收再生循环系统。

11.8.3　氢气的运输

氢气可以像其他燃料一样，采用储罐车和管道运输。小规模运输可采用储罐车，大规模输送则需采用管道。研究表明，用管道输氢要比先将氢能转换成电能再输送电的成本低，这是因为，通过电网输送电力时，由于电网不能蓄电，电力必须及时用掉，而氢则可保持在管道内。此外，管道输氢不需要像输电塔那样占用土地，也不会像输电塔那样影响景观。与天然气管道输送相比，氢气的管道输送成本要高出 50%，主要原因是压缩含能量相同的氢气所需要的能量是天然气的 3.5 倍。经过压力电解槽或天然气重整中的 PSA 工序，可获得压力为 2～3MPa 的氢气，最多可使压缩过程的成本降低 5 倍。

11.8.4　氢的安全性

与常规能源相比，氢有很多特性：宽的着火范围、低的着火能、高的火焰传播速度、大的扩散系数和浮力。氢的这些特性导致其在储存、运输和使用过程存在如下安全性问题。

（1）泄漏性

氢是最轻的元素，比液体燃料和其他气体燃料更容易泄漏。在燃料电池汽车（FCV）中，它的泄漏程度因储气罐的大小和位置的不同而不同。在层流情况下，氢气的泄漏率比天然气高 26%，而在湍流情况下，氢气的泄漏率是天然气的 2.81 倍。

从高压储气罐中大量泄漏时，氢气会达到声速度（1308m/s），泄漏得非常快。但由于天然气的容积能量密度是氢气的 3 倍多，所以虽然氢气的体积泄漏率大于天然气，但天然气的泄漏能量大于氢气。

（2）氢脆

氢脆是指高压氢气可以渗入容器材料的内部，改变材料的机械性能，引起材料脆化的现象。氢脆会导致容器破裂，引发安全事故，因而备受关注。氢脆可分为内部氢脆、外部氢脆和氢反应脆化。内部氢脆发生在材料加工时，氢进入材料内部，导致材料结构失效。内部氢脆在温度 173～373K 之间都会发生，但在室温下最为严重。外部氢脆主要发生在材料处在氢环境的情况下，比如储氢瓶，吸收或吸附的氢会改变材料的机械属性，引起脆化。外部氢脆主要取决于氢环境施加在材料上的力（如氢气压力）的大小。外部氢脆同样在室温条件下最为严重。氢反应脆化则是指氢与金属中的元素发生反应，生成了新的微观结构相，比如氢与金属中的碳反应生成甲烷气泡，气泡的积累将会导致材料力学属性骤变，引起各种失效事件。

（3）扩散性

发生泄漏后，氢气会迅速扩散。与汽油、丙烷和天然气相比，氢气具有更大的浮力和更大的扩散性。氢气的密度仅为空气的 7%；氢气的扩散系数是天然气的 3.8 倍，丙烷的 6.1 倍，汽油气的 12 倍。所以即使用在没有风或不通风的情况下，它们也会向上升，在空气中可以向各个方向快速扩散，迅速降低浓度。

（4）爆炸性

氢气是一种最不容易形成可爆炸气雾的燃料，但一旦达到爆炸下限，氢气最容易发生爆燃。氢气火焰几乎看不到，在可见光的范围内，氢燃烧放出的能量也很少，因此，接近氢气火焰的人可能感受不到火焰的存在。此外，氢燃烧只产生水蒸气，而汽油燃烧时会产生烟和灰，增加对人的伤害。

（5）可燃性

在空气中，氢的燃烧范围很宽，而且着火能量很低。氢/空气混合燃烧的范围是 4%～75%（体积比），着火能仅为 20μJ，而其他燃料的着火范围要窄得多，着火能也要高得多。因为氢的浮力扩散性很好，可以说氢是最安全的燃料。

11.9　氢能的利用

氢能源的利用体系如图 11-35 所示，主要应用在工业、交通、航空航天、储能、发电、民用等领域。

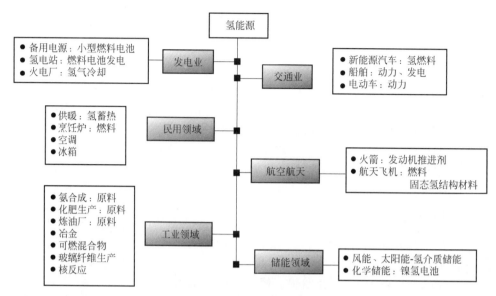

图 11-35　氢能源的利用体系

11.9.1　氢能在工业中的应用

氢气是现代炼油工业和化学工业的基本原料之一，以多种形式应用于化学工业，现代工业中全球每年用氢量超过 5500 亿立方米。石油和其他化石燃料的精炼需要氢，如烃的增氢、煤的气化、重油的精炼等；化工中制氢、制甲醇也需要氢。其中，氢气在合成氨中的用量最大，世界上约 60% 的氢是用于合成氨工业的，我国的比例更高，约占总消耗量的 80% 以上。石油炼制工业的用氢量仅次于合成氨，氢气主要用于石脑油、粗柴油、燃料油的加氢脱硫，改善飞机燃料的无火焰高度和加氢裂化等方面。

11.9.2　氢能在航空器上的应用

早在二战期间，氢即用作 A-2 火箭发动机的液体推进剂。1960 年液氢首次用作航天动力燃料，1970 年美国发射的"阿波罗"登月飞船使用的起飞火箭也是用液氢作燃料。对现代航天飞机而言，减轻燃料自重，增加有效载荷变得更为重要。氢的能量密度很高，是普通汽油的 3 倍，这意味着燃料的自重可减轻 2/3，这对航天飞机是极为有利的。现今的航天飞机以氢作为发动机的推进剂，以纯氧作为氧化剂，液氢装在外部推进剂桶内，每次发射需用 $1450m^3$，重约 100t。当前，人们正在研究一种"固态氢"的宇宙飞船，固态氢既作为飞船的结构材料，又作为飞船的动力燃料。在飞行期间，飞船上所有的非重要零件都可以转作能源而"消耗掉"，这样飞船在宇宙中就能飞行更长的时间。在超声速飞机和远程洲际客机上以氢作动力燃料的研究已进行多年，目前已进入样机和试飞阶段。

11.9.3　氢能在交通运输领域的应用

氢作为重要的能源载体，将会通过燃料电池而应用于未来的交通领域，可作为汽车、公共汽车、火车、船舶等交通工具和叉车、铲车的动力源，而汽车将是开发的重点。美国、德国、法国、日本等汽车早已推出以氢作燃料的示范汽车，并进行了几十万公里的道路运行试验。

氢能源汽车又分为氢动力汽车和氢燃料电池汽车。氢动力汽车是在传统内燃机的基础上改造之后直接使用氢为燃料产生动力的内燃机，氢的燃烧不会产生颗粒和积炭，但是进气比例与汽油不同。氢动力汽车的研发早在 19 世纪中就开展了，日本和美国在这方面起步较早，而德国后来居上，特别是宝马氢能 7 系日用车的推出标志着氢燃料车开始走向应用。我国在 2007 年完成了氢内燃机，并制造了自主的氢动力车"氢程"。未来氢燃料车的发展除了储氢技术外，还要加强加氢站等配套设施的建设。

相比较而言，燃料电池汽车的开发更为简单，目前各大国外汽车公司都有燃料电池汽车的产品在研发生产。韩国现代的燃料电池汽车技术已发展到第三代，性能已经完全满足实际生活中的应用，在 2015 年实现大规模生产。我国在北京奥运会和上海世博会上都使用了上海神力科技的氢燃料电池车，其他知名车企如福特、通用、奔驰、宝马等都有各自的氢燃料电池汽车产品。

试验证明，以氢作燃料的汽车在经济性、适应性和安全性三方面均有良好的前景，但目前仍存在储氢密度小和成本高两大障碍。前者使汽车连续行驶的里程受限制，后者主要是由于液氢供应系统费用过高而造成的。

11.9.4　氢能在生活中的应用

随着氢能技术的发展和化石能源的缺少，氢能利用迟早将进入家庭，它可以像城市煤气一样通过氢气管道送往千家万户，然后分别接通厨房灶具、浴室、氢气冰箱、空调机等，并且在车库内与汽车充氢设备连接，从而省掉现有的煤气管线、暖气管线甚至电力管线。

（1）移动装置上的应用

随着燃料电池的发展，它们正成为不断增加的移动电器的主要能源。微型燃料电池因具有使用寿命长、质量轻和充电方便等优点，比常规电池具有得天独厚的优势。如果要使燃料电池能在"膝上型电脑"、移动电话和摄录机等设备中应用，其工作温度、燃料的可用性以及快速激活将成为主要参数，目前大多数研究工作均集中在对低温质子交换膜燃料电池和直接甲醇燃料电池的改进。这些燃料电池以直接提供的甲醇-水混合物为基础工作，不需要预先重整。使用甲醇，直接甲醇燃料电池要比固体电池具有极大的优越性，其充电仅仅涉及重新添加液体燃料，不需要长时间地将电源插头插在外部的供电电源上。当前这种燃料电池的缺点是低温下生成氢所需的铂催化剂的成本较高，电力密度较低。目前，美国正在试验以直接甲醇燃料电池为动力的移动电话，德国则在实验以这种能源为动力的"膝上型电脑"。

（2）居民家庭的应用

对于固定应用而言，设计燃料电池的技术就简单得多。燃料电池能生产 50kW 的电能，绝大部分都是用于固定的使用对象，也可用于居民应用（大都小于 50kW）。低温质子交换膜燃料电池或磷酸燃料电池几乎可以满足私人住户和小型企业的所有热电需求。但这些燃料电池目前还不能供小型应用，美国、日本和德国仅有少量家庭用质子交换膜燃料电池提供能源。燃料电池应该能够为单个私人住户或几家住户提供能源，通过设计可以满足居民对能源的所有要求，或者是他们的基本负荷，高峰时的需求由电网提供。

（3）家庭用电及供暖

氢能将来可以作为主要能源用于家庭用电及供暖。可以建立多座氢站并铺设管道，把氢气输送至居民家里。这些建筑设施内设有"燃料舱"，氢气与氧气在其中混合，可以发电并产生热水，用于家庭用电及供暖。

11.9.5　氢能在储能发电中的应用

氢能的一个重要应用就是氢储能发电，可以用来解决电网削峰填谷、新能源稳定并网问题，提高电力系统的安全性、可靠性、灵活性，并大幅度降低碳排放，推进智能电网和节能减排、资源可持续发展战略。氢储能系统是通过将新能源发电（太阳能、风能、潮汐能等）产生的多余电量用来电解水制氢，并将氢气储存，在需要时通过燃料电池发电。氢能发电具备能源来源简单、丰富、存储时间长、转化效率高、几乎无污染排放等优点，是一种应用前景广阔的储能及发电形式。此外，还可作为分布式电站和应急用电源，应用于城市配电网、高端社区、示范园区、偏远山区、重要活动等场合。

11.10　氢燃料电池

氢燃料电池是氢能利用的最理想方式，它是电解水制氢的逆反应，将氢的化学能通过化学反应转换成电能。燃料电池可用作电力工业的分布式电能、交通部门的电动汽车电源和微小型便携式移动电源等。

半个世纪以来，许多国家尤其是发达国家相继开发了第一代碱性燃料电池（AFC）、第二代磷酸型燃料电池（PAFC）、第三代熔融碳酸盐燃料电池（MCFC）、第四代固体氧化物燃料电池（SOFC）和第五代质子交换膜燃料电池（PEMFC）。

不同种类的燃料电池处于不同的发展阶段，质子交换膜燃料电池已有商业示范，应用于固定电站、电动汽车和便携式电源。磷酸燃料电池是发展较早的一种燃料电池，全世界已建立几百个固定的分散式电站，为电网提供电力，或作为可靠的后备电源，也有的为大型公共汽车提供了动力。目前，20kW 级的熔融碳酸盐燃料电池电站和 10kW 级的固体氧化物燃料电池均有示范装置在运行。碱性燃料电池是最早研发的一种燃料电池，现正逐步退出市场。

11.10.1　氢燃料电池的主要特点

氢燃料电池具有如下特点：

① 燃料电池的效率高。燃料电池中转换为电能的那部分能量占燃料含有能量的比值称为燃料电池的效率。不同燃料电池的效率不同，氢燃料电池的理论能量转换效率可由氢、氧和水的热力学数据计算出。燃料电池的反应过程不涉及燃烧，因此其能量转换效率不受卡诺循环限制，理论能量转换效率可达 80%以上，但由于电池内阻和电极工作时产生的极化现象，实际效率在 50%～70%之间。即便如此，也比汽轮机和柴油机的效率（一般为 40%～50%）高得多。

② 减少大气污染。与火电厂相比，燃料电池的最大优势是减少了大气污染。

③ 能适用于特殊场合。氢燃料电池发电之后的产物只有水，可用于航天器兼作宇航员的饮用水。燃料电池无可动部件，因此操作时很安静。

④ 高度的可靠性。燃料电池由多个单个电池堆叠而成，这种结构使得维护十分方便。

⑤ 比能量高。对于封闭体系的电池，如镍氢电池或锂电池，与外界没有物质交换，比能量不会随时间变化。燃料电池由于不断补充燃料，随着时间延长，其输出能量也越多。

⑥ 辅助系统。燃料电池需要不断提供燃料，并移走反应生成的水和热量，因此需要复杂的辅助系统，若不采用氢而采用其他含有杂质的燃料，还必须有净化装置或重整装置。

11.10.2　燃料电池的分类

燃料电池可按工作温度或电解质进行分类，也可按使用的燃料进行分类。电解质决定了电池的操作温度和在电极中使用的催化剂种类以及燃料种类。通常按电解质种类将燃料电池分成碱性燃料电池、磷酸燃料电池、熔融碳酸盐燃料电池、固体氧化物燃料电池和质子交换膜燃料电池。

（1）碱性燃料电池（AFC）

AFC 是最早获得应用的燃料电池。图 11-36 为碱性燃料电池的原理图。通常用氢氧化钾或氢氧化钠作为电解质，导电离子为 OH^-，燃料为氢。

阳极反应：　　　$H_2+2OH^- \longrightarrow 2H_2O+2e^-$　　　标准电极电位为-0.828V　　　（11-103）

阴极反应：　　　$0.5O_2+H_2O+2e^- \longrightarrow 2OH^-$　　　标准电极电位为 0.401V　　　（11-104）

总反应：　　　　$0.5O_2+H_2 \longrightarrow H_2O$　　　理论电动势为-1.29V　　　（11-105）

AFC 通常以 Pt-Pd/C、Pt/C、Ni 或硼化镍等对氢具有良好催化电化学氧化活性的电催化剂制备的多孔气体电极为氢电极，采用对氧电化学还原反应具有良好催化活性的 Pt/C、Ag、Ag-Au、Ni 等为电催化剂制备的多孔气体扩散电极为氧电极。对于 Bacon 型中温碱性燃料电池，多采用双孔结构的镍电极，即用镍作为电催化剂。对于在航天中应用的碱性燃料电池，由于要求高比功率和高比能量，为达到高电催化活性，多采用高分散的贵金属作电催化剂。中国科学院大连化学物理研究所研制了碱性石棉膜型燃料电池，采用 Pt-Pd/C 作氢电极催化剂，银为氧电极催化剂，以无孔炭板、镍板、镀镍、镀银、镀金的各种金属（如铝、镁、铁等）板为双极板材料，在板面上可加工各种形状的气体流动通道构成双极板。使用石棉膜作为隔膜。饱浸碱液的石棉膜有两个作用：一是利用其阻气功能分隔氧化剂和还原剂；二是为 OH^- 的传递提供通道。

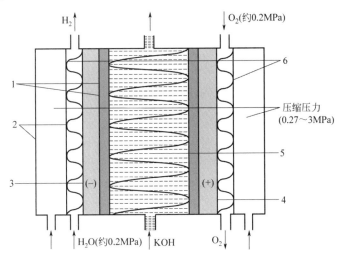

图 11-36　碱性燃料电池原理图

1—隔膜；2—连接片；3—阳极；4—阴极；5—电解质；6—支撑网

AFC 的优点是：效率高，因为氧在碱性介质中的还原反应比在酸性介质中的高；因为是碱性介质，可以用非铂催化剂；因为工作温度低，且为碱性介质，可采用镍极做双极板。

AFC 的缺点是：因为电解质是碱性，易与 CO_2 生成 K_2CO_3、Na_2CO_3，严重影响电池性能，所以必须除去 CO_2，这给其在常规环境中的应用带来很大的困难；电池的水平衡问题很

复杂，影响电池的影响定性。

（2）磷酸型燃烧电池（PAFC）

PAFC 以磷酸为电解质，使用天然气或者甲醇等为燃料，在约 200℃温度下使氢气与氧气发生反应，得到电力与热，其原理如图 11-37 所示。

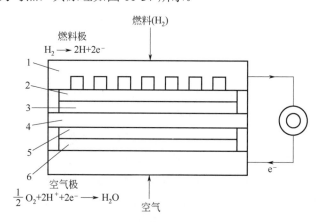

图 11-37 磷酸型燃料电池原理示意图
1—通道板；2—燃料极；3,5—催化剂层；4—电解质；6—空气极

在燃料极，阳极表面的 H_2 在催化剂作用下分解成氢离子与电子，氢离子经过电解质膜到达阴极，与空气中的氧气反应生成水，水随电极尾气排出。PAFC 的电极反应如下：

阳极反应： $\qquad H_2 \longrightarrow 2H^+ + 2e^-$ （11-106）

阴极反应： $\qquad O_2 + 4H^+ + 4e^- \longrightarrow 2H_2O$ （11-107）

电池总反应为电解水的逆过程：

$$2H_2 + O_2 \longrightarrow 2H_2O \qquad (11\text{-}108)$$

酸性电池中，由于酸的阴离子特殊吸附等原因，导致氧的电化学还原速率比在碱性电池中慢得多，因此为减少阴极极化、提高氧的电化学还原速率，不但必须采用贵金属（如铂等）作电催化剂，而且反应温度需提高，PAFC 的工作温度一般在 190~210℃。酸的腐蚀性比碱强得多，除贵金属以外，目前开发的各种金属与合金在酸性介质中都发生严重腐蚀。PAFC 的主要技术突破是采用炭黑和石墨作为电池的结构材料，它不仅具有高的电导率，而且成本相对较低，在酸性条件下具有较高的抗腐蚀能力。PAFC 的电极由载体和催化剂层组成，采用化学附着法将催化剂沉积在载体表面，电化学反应就发生在催化剂层上。

PAFC 通常采用碳化硅多孔隔膜，在 PAFC 的工作条件下，碳化硅是惰性的，具有良好的化学稳定性，饱浸磷酸的碳化硅起到了离子传导作用，为减少其电阻，它必须具有尽可能大的孔隙率，一般为 50%~60%，为确保浓磷酸优先充满碳化硅隔膜，它的平均孔径应小于氢、氧气体扩散电极的孔径；同时，饱浸磷酸的碳化硅隔膜还应起到隔离氧化剂和燃料的作用。通常采用模铸工艺由石墨粉和酚醛树脂制备 PAFC 的带流场的双极板。作为 PAFC 的双极板，最重要的是它的电导率、与电极之间的接触电阻和在电池工作条件下的稳定性。

（3）熔融碳酸盐燃料电池（MCFC）

它以碳酸锂（Li_2CO_3）、碳酸钾（K_2CO_3）及碳酸钠（Na_2CO_3）等碳酸盐为电解质，在燃料极（阳极）与空气极（阴极）中间夹着电解质，工作温度为 600~700℃。碳酸盐型燃料电池所使用的燃料范围广泛，以天然气为主的烃类化合物均可。

熔融碳酸盐型燃料电池发电时，向燃料极供给燃料气体（H_2、CO），向空气极供给氧、空气和 CO_2 的混合气体。空气极从外部电路接受电子，产生碳酸离子，碳酸离子在电解质中移动，在燃料极与燃料中的氢进行反应，在产生 CO_2 和水蒸气的同时，向外部负载放出电子。MCFC 的电极反应为：

阴极反应：
$$O_2+2CO_2+4e^- \longrightarrow 2CO_3^{2-} \qquad (11\text{-}109)$$

阳极反应：
$$2H_2+2CO_3^{2-} \longrightarrow 2H_2O+2CO_2+4e^- \qquad (11\text{-}110)$$

电池总反应：
$$2H_2+O_2 \longrightarrow 2H_2O \qquad (11\text{-}111)$$

由电极反应可知，MCFC 的导电离子为 $2CO_3^{2-}$。与其他类型燃料电池的区别是，在阴极，二氧化碳是反应物；在阳极，二氧化碳是产物。

MCFC 使用 NiO 多孔阴极，孔隙既提供气体通路，又能提供电子输送通路。NiO 阴极在熔盐中的溶解是制约 MCFC 商业化的最大障碍，实现 MCFC 工业化的目标之一是使其工作寿命达 40000h 以上，但在 MCFC 长期运行中，NiO 阴极会在熔融碳酸盐中逐渐溶解生成 Ni^{2+}，扩散到电解质基板，并被阳极端的燃料气还原成金属镍，造成短路，从而缩短电池的使用寿命。为了抑制阴极材料溶解，在阴极中还需添加碱性添加剂。在阳极和阴极中间的电解质板是由 Li_2CO_3 和 K_2CO_3 组成的混合碳酸盐。MCFC 对材料的孔隙率、孔径有着较高的要求，其电解质板的平均孔径要小于 $1\mu m$，远远低于阳极、阴极的平均孔径。根据毛细管原理，只有如此，熔盐才能浸满电解质，从而防止电解质两侧气体对穿。

隔膜是 MCFC 的核心，它必须具备强度高、耐高温熔盐腐蚀、浸入熔盐电解质后能够阻挡气体通过的优点，并且具有良好的离子导电性能。早期的 MCFC 曾采用氧化镁制备隔膜，这类隔膜容易破裂。

双极板通常采用不锈钢或镍基合金钢制成，目前使用最多的是 316L 不锈钢和 310 不锈钢双极板。对于小型电池组，其双极板采用机械加工方法制造；对于大型电池组，其双极板以冲压方法进行加工。

（4）固体氧化物燃料电池（SOFC）

它利用氧化物离子导电的稳定氧化锆（$ZrO_2+Y_2O_3$）等作为电解质，其两侧分别为多孔的燃料极和空气极。SOFC 对燃料极（阳极）供给燃料气（H_2、CO、CH_4 等），对空气极（阴极）供给氧气、空气，在燃料极与电解质、空气极与电解质的界面处发生化学反应。SOFC 固体电解质在高温下具有传递 O^{2-} 的能力，氧分子在催化活性的阴极上被还原为 O^{2-}，反应的方程式为：

$$O_2+4e^- \longrightarrow 2O^{2-} \qquad (11\text{-}112)$$

氧离子在电池两侧氧浓度差的驱动下，通过电解质中的氧空位定向迁移到阳极上，与燃料进行氧化反应：

$$2O^{2-}-4e^-+2H_2 \longrightarrow 2H_2O \qquad (11\text{-}113)$$

$$4O^{2-}-8e^-+CH_4 \longrightarrow 2H_2O+CO_2 \qquad (11\text{-}114)$$

电池总反应为：

$$2H_2+O_2 \longrightarrow 2H_2O \qquad (11\text{-}115)$$

$$CH_4+2O_2 \longrightarrow 2H_2O+CO_2 \qquad (11\text{-}116)$$

SOFC 的工作原理如图 11-38 所示。从结构上讲，SOFC 大体分为三类：管式、平板式、瓦楞式。

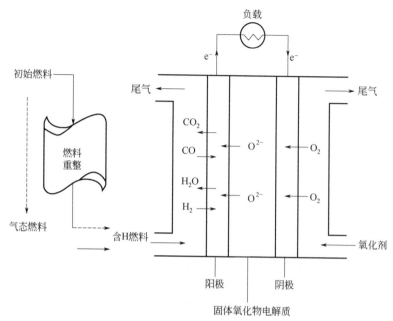

图 11-38 SOFC 工作原理示意图

管式 SOFC 电池由许多一端封闭的电池基本单元以串、并联形式组装而成。每个电池单元从里到外由多孔 CaO 稳定的 ZrO_2（简称 CSZ）支撑管、锶掺杂的锰酸镧（简称 LSMP）空气电极、YSZ 固体电解质膜和 Ni-YSZ 陶瓷阳极组成。CSZ 多孔管起支撑作用并允许空气自由通过到达空气电极。LSM 空气电极、YSZ 电解质膜和 Ni-YSZ 陶瓷阳极通常采用电化学沉积（EVD）、喷涂等方法制备，经高温煅烧而成。管式 SOFC 的主要特点是电池单元间组装相对简单，不涉及高温密封这一技术难题，比较容易通过并联和串联组合成大规模电池系统。但管式 SOFC 电池单元的制备工艺相当复杂，YSZ 电解质膜和双极连接膜的制备技术和工艺相当复杂，原料利用率低，造价较高。

平板式 SOFC 的空气电极/YSZ 固体电解质/燃料电极烧结成一体，形成夹层平板结构（简称 PEN 平板）。PEN 平板间由开有内导气槽的双极连接板连接，使 PEN 平板相互串联。空气和燃料气体分别从导气槽中交叉流过。为了避免空气和燃料的混合，PEN 平板和双极连接板之间采用高温无机黏结剂密封。平板式 SOFC 结构的优点是电池结构简单，平板电解质和电极制备工艺简单，容易控制，造价也比管式低得多。而且平板式结构由于电流流程短，采集均匀，电池功率密度也较管式的高。平板式 SOFC 的主要缺点是要解决高温无机密封的技术难题，否则连最小的电池也无法组装起来。其次，对双极连接材料也有很高的要求，需同 YSZ 电解质有相近的热膨胀系数、良好的抗高温氧化性能和导电性能。近年来，由于高温密封问题的解决，平板式 SOFC 电池发展迅速，电池功率规模也大幅提高。

瓦楞式 SOFC 的基本结构与平板式 SOFC 相同，两者的主要区别在于 PEN 不是平板而是瓦楞的。瓦楞式 PEN 本身形成气体通道而不需要用平板式中的双极连接板，更重要的是瓦楞型 SOFC 的有效工作面积比平板式大，因此单位体积功率密度大。主要缺点是制备瓦楞式 PEN 相对困难。由于 YSZ 电解质本身材料脆性很大，瓦楞式 PEN 必须经烧结一次成型，烧结条件控制要求十分严格。

SOFC 是最理想的燃料电池之一，它除了燃料电池高效、环境友好特点外，还具备以下优点：全固体结构，安全性高；工作温度高，电极反应迅速，不需要贵金属催化剂；高温余热利用价值高；燃料适应范围广，不仅可以用 H_2、CO，还可以直接使用天然气、气化煤气、烃类化合物以及其他可燃气作为燃料。

（5）质子交换膜燃料电池（PEMFC）

PEMFC 的电池反应与磷酸型燃料电池（PAFC）相同，它们的区别主要在于电池中的电解质、材料和工作温度不同。PEMFC 电池的工作原理见图 11-39。它不用酸与碱等，而用全氟磺酸型固体聚合物作为电解质，是一种以离子进行导电的固体高分子电解质膜（阳离子膜）。质子交换膜燃料电池是以氢或净化重整气为燃料，以空气或纯氧为氧化剂，并以带有气体流动通道的石墨或表面改性金属板为双极板的新型燃料电池。工作时阳极的 H_2 在催化剂的作用下形成 H^+，H^+ 通过质子交换膜到达阴极，与经电路到达的电子以及氧反应生成水。

电极反应如下：

阳极反应：
$$H_2 \longrightarrow 2H^+ + 2e^- \qquad (11\text{-}117)$$

阴极反应：
$$0.5O_2 + 2H^+ + 2e^- \longrightarrow H_2O \qquad (11\text{-}118)$$

电池总反应为：
$$H_2 + 0.5O_2 \longrightarrow H_2O \qquad (11\text{-}119)$$

膜的作用是双重的，既作为电解质提供氢离子通道，也作为隔膜隔离两极反应气体。优化膜的离子和水的传输性能及适当的水管理，是保证电池性能的关键。膜脱水会降低质子电导率，膜水分过多会淹没电极，这两种情况都将导致电池性能下降。

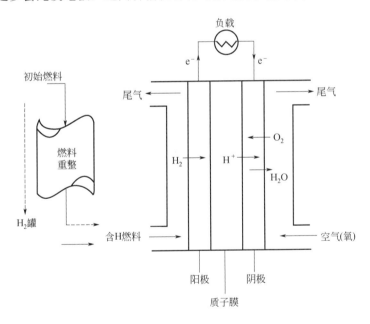

图 11-39　PEMFC 电池的工作原理

膜电极一般由扩散层和催化剂层组成。扩散层的作用是支撑催化剂层、收集电流，并为电化学反应提供电子通道、气体通道和排水通道；催化剂层则是发生电化学反应的场所，是电极的核心部分。传统的电极制备方法有涂膏法、浇铸法、溅射沉积法和滚压法等，上述工艺大多包括以下基本工序：制备炭载铂催化剂；制备催化剂薄层；质子交换膜的预处理和表

面改性；导电网或气体扩散层的制备；催化剂层；扩散层与质子交换膜的结合。采用上述方法均能减少电极的铂载量，提高铂的利用率。

PEMFC 具有高功率、高能量转换率、低温启动、环境友好等优点，最有希望成为电动汽车的动力源。对 PEMFC 的研究已成为目前电化学和能源科学领域内的一个热点，许多发达国家都在投巨资发展这一技术。目前的质子交换膜燃料电池一般都以氢为燃料，但由于氢的储存、运输有一定的问题，特别是当质子交换膜燃料电池大规模地在汽车上使用时，如用氢作燃料，现有的加油站设备要完全改变，这要耗费巨大的资金。因此，人们迫切希望能用液体燃料来代替氢作为质子交换膜燃料电池的燃料。

11.11 氢能开发利用过程中的环境问题

氢能是清洁能源，是指氢能在转化过程中只产生水，几乎不产生其他对环境有害的污染物，因此氢能的开发利用引起了国内外的高度关注。然而，氢能的清洁性是相对的，仅指其转化过程是清洁的，从全生命周期来看，无论何种氢能开发利用技术，其生产过程均会产生一些对环境不利的影响。

11.11.1 化石燃料制氢过程中的环境问题

到目前为止，以煤、石油、天然气等化石燃料为原料制取氢气是制氢的主要途径。

（1）煤制氢过程中的环境问题

我国以煤为主的能源结构，决定了煤制氢是我国主要的制氢途径。以煤为原料的制氢技术可分为直接制氢和间接制氢。

1）煤直接制氢过程的环境问题

煤直接制氢主要是煤气化制氢，制氢过程的关键是煤的气化过程，但煤气化过程中会产生污染。由于煤气化工艺不同，随之产生的污染物数量和种类也不同。例如，鲁奇气化工艺对环境的污染负荷远远大于德士古气化工艺，以褐煤和烟煤为原料产生的污染程度远远高于以无烟煤和焦炭为原料产生的污染物。

煤气化过程中产生的污染物主要包括废水和灰渣两个方面。

煤气化过程产生的废水主要来自发生炉煤气的洗涤和冷却过程。洗涤是对煤气进行净化与冷却的操作，当煤气与洗涤水接触时，煤气中的杂质就会转移至洗涤水中，从而产生洗涤废水。洗涤废水的产生量和组成随原料煤种、操作条件和废水系统的不同而变化。在用烟煤和褐煤作原料时，洗涤废水的水质相当恶劣，含有大量的酚、焦油和氨等。气化工艺不同，废水中杂质的浓度也大不相同。与固定床气化相比，流化床和气流床气化工艺的废水水质比较好。另外，气化过程是吸热反应，需在高温条件下进行。为保护气化设备，并使产生的气化气冷却，大多采用水进行冷却，因此就产生了大量的冷却废水。

除产生废水外，煤气化过程还会产生大量的灰渣，这些灰渣由煤中的灰分、惰性成分等组成，其中部分颗粒较小的灰渣在吹风阶段会以飞灰的形式排到大气，从而对当地大气环境造成严重的污染。

2）煤间接制氢过程的环境问题

煤间接制氢是先将煤转化为甲醇，再由甲醇重整制氢。煤转化为甲醇的过程包括造气、煤气净化、合成等工序，其中造气工序会产生大量由煤中无机矿物质、惰性成分及催化剂组成的残渣；净化工序会产生大量含有醇、酸、酮、醛等有机物的废水。

与气化制氢相同，煤间接制氢过程也是在高温条件下进行的，也会产生大量的冷却水。

另外，无论是直接气化制氢还是间接制氢，都会排放大量的温室气体二氧化碳。

（2）天然气制氢过程中的环境问题

以天然气为原料的制氢方法包括蒸汽重整制氢和部分氧化重整制氢。虽然天然气是一种清洁能源，但在这两种制氢过程中，都会产生如下的环境问题。

1）废水的污染问题

天然气制氢过程中废水的来源有两个方面：反应过程中副产物经洗涤净化而形成的有机废水和系统运行中的冷却废水。

无论是天然气的蒸汽重整还是部分氧化，由于存在反应平衡与选择性，反应原料都无法完全转化为氢气，在反应过程中生成甲醛和甲酸等副产物。对于这些副产物，可通过洗涤等净化手段将其去除，从而形成有机废水排放。同时，天然气制氢过程是吸热反应，需要高温条件下进行，为保护设备，使产生的混合气冷却，需使用大量的冷却水，从而产生冷却废水。

2）爆炸的危险

两种制氢过程都需在高温条件下进行，有一定的爆炸危险，如果不进行合理的控制，将会对周围的环境乃至人们的生命财产安全造成巨大影响。

（3）液体燃料制氢过程中的环境问题

液体燃料具有容易储存、能量转化效率高、能量密度大和安全可靠等优势，非常适合制氢。常用的液体燃料制氢工艺有甲醇制氢、乙醇制氢、二甲醚制氢、轻质油水蒸气转化制氢、重油部分氧化制氢等。

与煤制氢相比，液体燃料制氢过程相对清洁得多，不会产生大量的灰渣，但其制氢过程仍会产生大量的洗涤废水与冷却废水。

由于反应的平衡限制及选择性，液体燃料制氢过程也会生成多种中间产物，因此需对产生的气体进行洗涤净化，使中间产物转移至水相而去除，从而产生了洗涤废水。洗涤废水的成分随液体原料的种类及制氢方法的不同而不同，但主要都是中间有机产物。

所有的液体燃料制氢过程都是吸热反应，需在高温条件下进行，为保护设备，需采用冷却水对设备进行冷却保护，并使产生的混合气冷却，从而产生大量的冷却废水。

所有液体燃料制氢过程都需在催化剂的作用下才能取得较大的转化率，然而由于反应过程中积炭的形成，会导致催化剂失活而失效。催化剂的主要活性成分大都是贵金属，失效的催化剂如不经合适处理而随意堆放，将会造成严重的重金属污染问题。

11.11.2 水分解制氢过程中的环境问题

电解水制氢是目前应用较广且比较成熟的方法之一。根据分解水所用的方法，水分解制氢可分为电解水制氢和太阳能分解水制氢。

（1）电解水制氢过程的环境问题

对于电解水制氢，由于纯水是电的不良导体，需加入强电解质以提高导电性，一般多以氢氧化钾水溶液作为电解液，因而会导致碱液对环境的污染。另外，电解水制氢需采用贵金属制成的电极，而电极在使用过程中会不断耗损，以离子态转移至残液中，直接排放会对环境造成严重的重金属污染。

（2）太阳能分解水制氢过程的环境问题

太阳能分解水制氢是指直接使用太阳的热能和光能进行水分解而制氢，其中利用太阳热能的制氢方法有太阳能热化学分解水制氢和太阳能热化学循环制氢两种，利用太阳光能的制氢方法有太阳能光伏发电电解水制氢、太阳能光电化学过程制氢、光催化水解制氢以及太阳能光生物化学制氢等方法。

利用太阳能分解水制氢，由于所用的能源（太阳能）和原料（水）都来自大自然，不会对环境造成影响，因此与其他制氢方法相比，太阳能分解水制氢过程非常清洁。然而，对于太阳能热化学分解水制氢，由于过程需在高温条件下进行，因此需要对设备进行冷却保护，并使产生的混合气冷却，从而产生大量的冷却废水；对于太阳能光解制氢过程，由于利用光能转化为电能的过程需要使用太阳能电池，并且转化过程中需要使用催化剂，因此，从全生命周期看，太阳能光解制氢过程也会对环境产生相应的影响。

11.11.3　生物质热化学制氢过程中的环境问题

生物质热化学制氢是将生物质通过热化学反应转化为富氢气体，具有成本低、效率高的特点，被国际能源机构（IEA）认为是在近中期内最具有经济与技术上的生命力。生物质热化学制氢包括生物质热解制氢、生物质气化制氢、生物质超临界转化制氢。

其实，无论是何种制氢工艺，以生物质为原料的制氢过程首先都需要产生含氢组分的混合气，再对混合气进行分离提纯，从而制得符合使用要求的氢气。从本质上讲，以生物质为原料的制氢过程就是相应的生物质热化学处理过程与混合气分离提纯过程的耦合，热化学处理过程中产生的环境问题与第 7 章中生物质能开发利用过程中的环境问题相同，而后续混合气体分离提纯过程产生的环境问题与前述煤制氢过程产生的环境问题相同，均可参见前述章节的内容。

11.11.4　生物质生物法制氢过程中的环境问题

目前应用最为广泛的生物法制氢是生物质厌氧发酵制氢，从全生命周期来看，生物质厌氧发酵制氢过程中环境问题产生的原因及其对环境的影响与第 7 章中生物质生物气化制沼气过程相似，主要表现在如下几个方面。

① 发酵后混合气的泄漏易导致火灾、爆炸等事故，从而对环境造成影响。发酵气体中含有较高浓度的氢气和一氧化碳等易燃气体，如果装置发生泄漏，导致空气中氢气含量和一氧化碳含量达到其爆炸极限时，极易引起火灾和爆炸等事故。

② 发酵后的残液会对环境造成污染。生物质厌氧发酵制氢后的残液中含有大量未分解的有机物，有的甚至还含有一定量的由原料带入的重金属，如果不进行合理处理和利用，会对环境造成严重的影响。因此应大力开发发酵后残液的资源化利用技术。

11.11.5　氢气储运和使用过程中的环境问题

氢气可以像其他燃料一样，采用储罐车和管道运输。小规模运输可采用储罐车，大规模输送则需采用管道。无论采用何种运输方式，由于锰钢、镍钢以及其他高强度钢容易发生氢脆，导致氢的泄漏及燃料管道的失效，同时氢的扩散能力强、易气化着火，因此极易发生泄漏而导致火灾甚至爆炸。

对于氢的使用，除作为化工原料外，氢的主要使用方式是直接燃烧和作为燃料电池的原料实现电化学转换。氢的燃烧产物为水，不会带来环境污染，但由于氢具有较高的燃烧热值，可达到较高的燃烧温度，因此容易产生燃烧型 NO_x，从而对环境造成污染。

11.12　氢能开发利用过程中环境问题的对策

根据前节内容可知，各种氢能开发利用过程都会产生环境问题，如果对这些环境问题不加以控制，则背离了发展氢能这一清洁能源以保护环境的初衷。为此，可针对各开发利用过程中环境问题的产生原因，针对性地采取应对措施。

11.12.1　化石燃料制氢过程中环境问题的对策

（1）煤制氢过程中环境问题的对策

以煤为原料的制氢过程，无论是气化制氢还是间接制氢，均会产生灰渣、洗涤废水、冷却废水、温室气体排放，从而对环境造成严重的破坏。为降低煤制氢过程对环境的影响，应分别采取相应的措施，对产生的废弃物进行合理处理，使其达标排放或回用。

对于煤制氢过程产生的灰渣，可采用适当的建材化利用技术，将其转化为建筑材料，从而实现资源化利用。同时，对于灰渣的堆放场，应采取定期洒水或喷抑尘剂的方法，防止风吹扬尘；对于气化炉中排放的飞灰，应采用适当的分离技术将其从尾气中分离出来，防止对大气的污染。

对于洗涤、净化过程中产生的有机废水，可根据废水中特征污染因子的特性，采取有针对性的处理技术，使处理后的废水达标排放，或者使其水质达到洗涤净化工序所要求的水质后进行循环再用，既减少了废水对环境的影响，又节约了水资源，能取得良好的环境效益、节水效益和经济效益。

对于冷却废水，由于使用前后其水质没有变化，仅是温度升高，如果直接排放，将会对受纳水体等造成热污染。可对排放的冷却废水进行降温处理后循环利用。

对于排放的大量温室气体二氧化碳，应采取先进的捕集手段，并采用适当的方法对捕集的二氧化碳进行资源化利用，实现变废为宝，既减少温室气体的排放，又增加了碳资源。

（2）天然气制氢过程中环境问题的对策

以天然气为原料的制氢过程产生的环境问题主要是废水污染与爆炸危险，针对各问题产生的原因，可分别采取如下措施。

1）废水污染的控制

天然气制氢过程中废水的来源有两个方面：反应过程中副产物经洗涤净化而形成的有机废水和系统运行中的冷却废水。

针对洗涤、净化产生的有机废水，可根据其特征污染因子，采取合适的处理方法进行达标处理后排放，或使其满足洗涤所要求的水质后循环再用，从而减轻其对环境的影响。

对于大量的冷却废水，由于使用前后仅有温度的升高，水质没有任何变化，因此，可通过对其进行冷却降温处理后循环再用。

2）爆炸危险的控制

由于制氢过程需在高温条件下进行，有一定的爆炸危险。

对于爆炸的危险，可通过控制合理的反应条件，加强反应器的设计、制造及使用过程中的监管，加强对操作过程的监控，可有效防止爆炸的发生。

（3）液体燃料制氢过程中环境问题的对策

与煤制氢相比，液体燃料制氢过程相对清洁得多，不会产生大量的灰渣，但其制氢过程

仍会产生大量的洗涤废水、冷却废水和失活的催化剂，从而对环境造成污染。因此应采取相应的措施，对产生的废水、废催化剂进行合理处理，尽量降低其对环境的影响。

针对洗涤、净化产生的有机废水，可根据其特征污染因子，采取合适的处理方法进行达标处理后排放，或使其满足洗涤所要求的水质后循环再用，从而减轻其对环境的影响。

对于大量的冷却废水，由于使用前后仅有温度的升高，水质没有任何变化，因此，可通过对其进行冷却降温处理后循环再用。

对于失活的废催化剂，可采取合适的再生手段对其进行再生，从而循环使用。对于无法再生的废催化剂，一定要做好回收与处理，将其中价格昂贵的重金属进行提取回用，既避免对环境的严重污染，又实现了废催化剂的资源化利用。

11.12.2 水分解制氢过程中环境问题的对策

根据分解水所用的方法，水分解制氢可分为电解水制氢和太阳能分解水制氢。

（1）电解水制氢过程中环境问题的对策

对于电解水制氢过程，最主要的防止措施是对排放的废碱液进行合理处理，一方面对其进行中和，缓解碱性废液对环境水体的破坏；同时，采取合适的手段对其中的重金属成分进行去除处理，避免重金属对水体、土壤等的污染。

（2）太阳能分解水制氢过程中环境问题的对策

对于太阳能热化学分解水制氢，其主要的环境影响因子是冷却废水，但由于水在使用前后仅有温度的变化，没有水质的改变，因此可通过对使用后的冷却水进行降温后回用，既减少冷却水的产生量及其对环境造成的热污染，同时也可节约大量的水资源。

对于太阳能光解制氢过程，其主要的环境影响因子是太阳能电池的生产过程和因失活失效而产生的废催化剂。针对这两类影响因子，可分别采取前述太阳能光电利用中的环境问题对策及液体燃料制氢过程中的环境问题对策，尽可能降低其对环境的影响。

11.12.3 生物质热化学制氢过程中环境问题的对策

无论是何种制氢工艺，以生物质为原料的制氢过程都包括生物质热化学处理和混合气的分离提纯。对于生物质热化学处理过程中的环境问题，可采取前述有关生物质开发利用过程中的环境问题对策进行处理。对于混合气分离与提纯过程产生的环境问题，可采取前述煤制氢过程中的环境问题对策进行处理。

11.12.4 生物质生物法制氢过程中环境问题的对策

目前应用最为广泛的生物法制氢是生物质厌氧生物发酵制氢，针对其生产过程中产生的环境问题，可采取第7章中生物质生物气化制沼气过程中环境问题的对策进行防控。

11.12.5 氢气储运和使用过程中环境问题的对策

氢气储运过程中最大的环境问题是发生泄漏而导致火灾甚至爆炸。为此，应大力开发安全可靠的储氢材料，提高氢以化合态储存的比例，尽量做到氢储存、运输、使用的同步化，降低气态氢和液态氢的储运比例，从而确保氢储运过程的安全。

氢的燃烧产物为水，不会带来环境污染，但由于氢具有较高的燃烧热值，可达到较高的燃烧温度，因此容易产生燃烧型 NO_x，从而对环境造成污染。一般在使用过程中通过调节氢气和空气的比例，进行富氢混合气燃烧，可以抑制 NO_x 的产生。

参考文献

[1] 李星国. 氢与氢能 [M]. 北京：机械工业出版社，2012.

[2] 汪洋. 高效清洁的氢能 [M]. 兰州：甘肃科学技术出版社，2014.

[3] 朱玲，周翠红. 能源环境与可持续发展 [M]. 北京：中国石化出版社，2013.

[4] 杨天华，李延吉，刘辉. 新能源概论 [M]. 北京：化学工业出版社，2013.

[5] 卢平. 能源与环境概论 [M]. 北京：中国水利水电出版社，2011.

[6] 王赓，郑津洋，蒋利军，等. 中国氢能发展的思考 [J]. 科技导报，2017，35（22）：105-110.

[7] 吴素芳. 氢能与制氢技术 [M]. 杭州：浙江大学出版社，2014.

[8] 氢能协会. 氢能技术 [M]. 宋永臣，宁亚东，金东旭，译. 北京：科学出版社，2009.

[9] 蒋利军. 氢能的开发与应用 [J]. 民主与科学，2017（5）：21-23.

[10] 徐少杰. 氢能制造探析 [J]. 国际学术动态，2017（2）：20-21.

[11] 潘健民，魏运洋，李永峰，等. 氢能的重要性和制氢方法浅析 [J]. 环境保护，2008，36（18）：59-61.

[12] 顾钢. 国外氢能技术路线图及对我国的启示 [J]. 国际技术经济研究，2004，7（4）：34-37，6.

[13] 王寒. 世界氢能发展现状与技术调研 [J]. 当代化工，2016，45（6）：1316-1319.

[14] 朱俏俏，程纪华. 氢能制备技术研究进展 [J]. 石油石化节能，2015，5（12）：51-54.

[15] 刘臻. 煤基氢能关键技术和发展路线研究 [J]. 神华科技，2018，16（1）：64-69.

[16] 张彩丽. 煤制氢与天然气制氢成本分析及发展建议 [J]. 石油炼制与化工，2018，49（1）：94-98.

[17] 白清城，刘建忠，宋子阳，等. 废液对电解煤浆制氢的影响 [J]. 浙江大学学报（工学版），2019，53（1）：180-185.

[18] 管英富，王键，伍毅，等. 大型煤制氢变压吸附技术应用进展 [J]. 天然气化工（C1 化学与化工），2017，42（6）：129-132.

[19] 江凤月，任锦飞，朱书奔，等. 先进控制技术在煤制氢装置中的应用 [J]. 自动化仪表，2018，39（12）：84-89.

[20] 徐龙龙. 耐硫变换催化剂在壳牌煤制氢装置应用浅析 [J]. 内蒙古石油化工，2018，44（8）：4-7，37.

[21] 吴德民. 煤制氢联产羰基合成气工艺流程与控制方案分析 [J]. 化肥设计，2018，56（3）：21-24.

[22] 姜爱梅. 三氯化异氰尿酸在煤制氢循环水场的应用 [J]. 大氮肥，2018，41（5）：352-354，357.

[23] 赵代胜. 煤制氢绝热变换和等温变换技术方案研究 [J]. 煤化工，2016，44（2）：6-9，14.

[24] 赵岩，张智，田德文. 煤制氢工艺分析与控制措施 [J]. 炼油与化工，2015，26（3）：8-10.

[25] 胡庆斌. 煤制氢装置变换管道开裂失效分析和改进措施 [J]. 石油化工设备，2016，45（Z1）：53-59.

[26] 唐凤金，张宗飞，姜赛红，等. 基于煤制氢项目的锅炉方案与整体煤气化联合循环方案的比较 [J]. 化肥工业，2016，43（2）：57-60.

[27] 周月班. 大型煤制氢变换单元变换炉的布置与管道设计 [J]. 气体净化，2015，15（5）：27-30.

[28] 迟洋河. 天然气制氢装置优化改造 [D]. 大庆：东北石油大学，2016.

[29] 商欢涛，徐广坡. 天然气制氢工艺及成本分析 [J]. 云南化工，2018，45（8）：22-23.

[30] 冯宇. 天然气制氢装置紧急停车联锁系统的设计 [J]. 自动化与仪表，2018，33（3）：71-74，100.

[31] 张立恒. 浅谈天然气制氢工艺 [J]. 化工管理，2016（3）：212.

[32] 吴庆军. 天然气制氢工艺现状及发展分析 [J]. 建筑工程技术与设计，2017（19）：4840.

[33] 陈锦芳，葛文宇，王治道. 天然气制氢工艺介绍及成本分析 [J]. 煤气与热力，2017，37（12）：8-11.

[34] 李胜. 天然气制氢研究进展 [J]. 内蒙古石油化工，2016（5）：24-25.

[35] 朱宇. 天然气制氢工业现状及发展 [J]. 化学工程与装备，2016（7）：213-214.

[36] 刘春党. 天然气制氢过程中催化剂失活分析 [J]. 发明与创造，2018（17）：29-30.

[37] 陈恒志，郭正奎. 天然气制氢反应器的研究进展 [J]. 化工进展，2012，31（1）：10-18.

[38] 周学虎. 天然气制氢技术研究进展 [J]. 中国石油和化工标准与质量, 2015, 35 (23): 42-44.

[39] 薛瑶, 贾建成. 天然气制氢技术简介及应用中的关键问题 [J]. 广州化工, 2015, 43 (15): 191-192.

[40] 马清杰. 浅谈天然气制氢工艺 [J]. 中国石油和化工标准与质量, 2013, 33 (21): 32.

[41] 张与时. 探究轻油制氢技术在天然气制氢装置上的应用 [J]. 中国石油和化工标准与质量, 2014, 34 (11): 21.

[42] 郭常青, 翁洪康, 程菲菲, 等. 生物油制氢中催化剂与吸收剂研究 [J]. 工程热物理学报, 2011, 32 (9): 1605-1608.

[43] 翁洪康, 闫常峰, 胡蓉蓉, 等. 生物油制氢中 CO_2 吸收剂改性研究 [J]. 太阳能学报, 2011, 32 (11): 1692-1697.

[44] 翁洪康. 生物油制氢中钙基吸收剂的改性研究 [D]. 北京: 中国科学院研究生院, 2010.

[45] 林少斌. 纳米 SiO_2 负载的 Ni-Cu-Zn 的催化剂电催化水蒸气重整生物油制氢的研究 [D]. 合肥: 中国科学技术大学, 2010.

[46] 王兆祥, 朱锡锋, 潘越, 等. $C_{12}A_7$-K_{20} 催化水蒸气重整生物油制氢 [J]. 中国科学技术大学学报, 2016, 36 (4): 458-460.

[47] 仇松柏, 宫璐, 刘璐, 等. 在 Ni/HZSM-5 催化剂上低温水蒸气重整生物油制氢 [J]. 化学物理学报, 2011 (2): 211-217.

[48] 谢登印. 生物油催化重整制氢催化剂的改性研究及过程模型的建立 [D]. 广州: 华南理工大学, 2015.

[49] 张帆, 殷实, 冷富荣, 等. 基于生物炭载体催化剂的生物油重整制氢研究 [J]. 工程热物理学报, 2016, 37 (5): 1123-1128.

[50] 姚金刚. 生物油炭浆蒸汽催化气化制氢研究 [D]. 天津: 天津大学, 2017.

[51] 杨婕, 陈明强, 王一双, 等. 水蒸气催化重整混合型生物油模型物制氢研究 [J]. 现代化工, 2017, 37 (10): 68-72.

[52] 史晓波. 吸附强化生物油模化物催化重整制氢实验研究 [D]. 沈阳: 东北大学, 2014.

[53] 闫子文. 以高炉矿渣为热载体的生物油蒸汽重整制氢实验研究 [D]. 沈阳: 东北大学, 2017.

[54] 张安东. 生物油及其典型组分重整制氢实验研究 [D]. 淄博: 山东理工大学, 2015.

[55] 孔海平, 周慧珍, 雏廷亮. 生物油蒸汽催化重整制氢研究进展 [J]. 河南化工, 2014, 31 (12): 25-29.

[56] 包秀秀. 生物油轻质组分模型化合物重整制氢研究 [D]. 杭州: 浙江大学, 2017.

[57] 任志忠. 生物油催化重整制氢研究 [D]. 上海: 华东理工大学, 2012.

[58] 陈爱苹. 生物油轻质组分水相重整制氢的研究 [D]. 杭州: 浙江大学, 2017.

[59] 张帆. 基于催化剂开发的生物油催化重整制氢研究 [D]. 杭州: 浙江大学, 2017.

[60] 杨婕. 水蒸气催化重整生物油模型化合物制氢研究 [D]. 淮南: 安徽理工大学, 2017.

[61] 谢建军, 阴秀丽, 黄艳琴, 等. 生物油水溶性组分重整制氢研究进展及关键问题分析 [J]. 石油学报 (石油加工), 2011, 27 (5): 829-838.

[62] 郭龙. 生物油催化重整制氢及全生命周期评估研究 [D]. 杭州: 浙江大学, 2013.

[63] 杨青. 甲醇制氢工艺改进与优化 [D]. 成都: 成都理工大学, 2015.

[64] 马克东, 周毅, 毕怡, 等. 流型分布对甲醇制氢反应器性能的影响 [J]. 中国沼气, 2016, 34 (3): 14-19.

[65] 焦松坤. 基于甲醇制氢的微反应器仿真分析研究 [D]. 成都: 西南石油大学, 2014.

[66] 王周. 天然气制氢、甲醇制氢与水电解制氢的经济性对比探讨 [J]. 天然气技术与经济, 2016, 10 (6): 47-49.

[67] 王东军, 明利鹏, 王桂芝, 等. 国外甲醇制氢催化剂研究进展 [J]. 天然气化工 (C1 化学与化工), 2011, 36 (5): 73-76.

[68] 刘慧, 虞斌, 金天亮, 等. 热管式甲醇制氢反应器温度分布的模拟研究 [J]. 轻工机械, 2014, 32 (6): 44-47.

[69] 杨启明, 焦松坤. 对甲醇制氢微反应器的 CFD 模拟研究 [J]. 天然气化工, 2013, 38 (4): 49-51.

[70] 魏昆. 甲醇制氢反应器的模拟研究 [D]. 北京: 北京化工大学, 2009.

[71] 金天亮, 虞斌, 郝彪, 等. 热管式甲醇制氢反应器及其流场的研究 [J]. 轻工机械, 2013, 31 (5): 11-14.

[72] 杜彬. 甲醇制氢的研究进展 [J]. 辽宁化工, 2011, 40 (12): 1252-1254.

[73] 潘相敏, 余瀛, 严菁, 等. 甲醇制氢系统中燃烧催化剂的研究 [J]. 太阳能学报, 2006, 27 (8): 841-845.

[74] 杜泽宇, 朱明, 包喆宇, 等. 硅源对蒸氨法制备 Cu/SiO_2 催化剂催化甲醇裂解制氢的影响 [J]. 燃料化学学报, 2018,

46（6）：692-699.

[75] 庆绍军，侯晓宁，刘雅杰，等. Cu-Ni-Al 尖晶石催化甲醇水蒸气重整制氢性能的研究 [J]. 燃料化学学报，2018，46（10）：1210-1217.

[76] 王锋，刘艳云，陈泊宏，等. 操作参数对余热回收甲醇水蒸气重整制氢过程的影响 [J]. 化工学报，2018，69（A1）：102-107.

[77] 吴凯. 新型高效甲醇水相低温制氢催化剂 [J]. 化学进展，2017，29（8）：809-810.

[78] 王卫平，吕功煊. 纳米 CoFe₂O₄ 催化剂转化乙醇制氢 [J]. 分子催化，2009，23（6）：545-550.

[79] 李立业，崔文权，樊丽华，等. K₂La₂Ti₃O₁₀ 光催化分解乙醇制氢 [J]. 化工进展，2010，29（A1）：195-197.

[80] 袁丽霞. 电催化水蒸气重整生物油及乙醇制氢的基础应用研究 [D]. 合肥：中国科学技术大学，2008.

[81] 贾启云. 基于强化粗糙表面的乙醇制氢微反应器的研究 [D]. 广州：华南理工大学，2006.

[82] 王欢，郭瓦力，王洪发，等. Co-Fe 催化剂上乙醇制氢反应研究 [J]. 能源环境保护，2006，20（6）：29-32，35.

[83] 黄国钧，张幽彤，李静波. 乙醇氧化重整制氢的热力学研究 [J]. 工程热物理学报，2008，39（11）：2366-2371.

[84] 林启睿，许增栋，吴素芳. 纳米钙基吸附剂脱碳强化生物乙醇蒸气重整制氢工艺 [J]. 高校化学工程学报，2018，32（1）：161-167.

[85] 刘说，李思思，姜沐彤. 乙醇水蒸气重整制氢热力学分析 [J]. 可再生能源，2018，36（5）：656-661.

[86] 梅占强，何素芳，陈柯臻，等. 乙醇水蒸气重整制氢催化剂的研究进展 [J]. 环境化学，2017，36（10）：2126-2139.

[87] 李宝茹，殷雪梅，吴旭，等. Ni-Fe/蒙脱土催化剂催化乙醇水蒸气重整制氢的研究 [J]. 燃料化学学报，2016，44（8）：993-1000.

[88] 殷雪梅，谢鲜梅，吴旭，等. 有机蒙脱土负载镍催化剂上乙醇重整制氢 [J]. 燃料化学学报，2016，44（6）：689-697.

[89] 李健铭，郎林，杨文申，等. 生物乙醇重整制氢催化剂载体研究进展 [J]. 石油学报（石油加工），2013，29（5）：911-919.

[90] 张文涛. 乙醇水蒸气催化重整制氢的研究 [D]. 淮南：安徽理工大学，2015.

[91] 张米，张世红，张政. 乙醇水蒸气重整制氢模拟研究 [J]. 天然气化工（C1 化学与化工），2014，39（6）：70-72.

[92] 乔霄鹏. 锂基吸附强化乙醇水蒸气重整制氢的动力学研究 [D]. 武汉：华中科技大学，2016.

[93] 余阳，郭欣，刘亮. 掺钾硅酸锂吸附强化乙醇水蒸气重整制氢 [J]. 燃烧科学与技术，2019，25（1）：45-51.

[94] 王新雷，马奎，郭丽红，等. 蒸氨法制备铜硅催化剂的二甲醚水蒸气重整制氢性能 [J]. 物理化学学报，2017，33（8）：1699-1708.

[95] 海航，闫常峰，胡蓉蓉，等. 泡沫金属微反应器内二甲醚水蒸气重整制氢的研究 [J]. 太阳能学报，2015，36（4）：1004-1009.

[96] 臧云浩. 二甲醚水蒸气重整制氢高效催化剂研究 [D]. 广州：华南理工大学，2017.

[97] 臧云浩，党海峰，花开慧，等. 二甲醚水蒸气重整制氢催化剂的研究进展 [J]. 化工进展，2018，37（12）：4662-4668.

[98] 李静，张启俭，齐平，等. Pt/TiO₂ 催化二甲醚部分氧化重整制氢 [J]. 工业催化，2017，25（6）：19-23.

[99] 周双. 铜基和锌基二甲醚水蒸气重整制氢催化剂 [D]. 天津：天津大学，2016.

[100] 邵超. 二甲醚部分氧化重整制氢催化剂优化的研究 [D]. 锦州：辽宁工业大学，2015.

[101] 海航，闫常峰，胡蓉蓉，等. 助剂对泡沫金属微反应器内二甲醚水蒸气重整制氢的影响 [J]. 燃料化学学报，2016，41（10）：1210-1216.

[102] 张亮. 碳化钼催化剂的制备及其催化二甲醚重整制氢 [D]. 北京：中国科学院大学，2018.

[103] 周迎春，李昊，张启俭，等. 二甲醚蒸汽重整制氢 PdZn 系催化剂 [J]. 石油学报（石油加工），2011，27（4）：537-542.

[104] 牛海涛. 二甲醚部分氧化重整制氢催化剂作用的研究 [D]. 锦州：辽宁工业大学，2014.

[105] 张武高，陆伟东，闫应. 二甲醚水蒸气重整制氢试验 [J]. 农业机械学报，2010，41（2）：6-9，16.

[106] 王帅，王琦，宋晓姣，等. 生物甘油水蒸气重整制氢强化过程的参数评估 [J]. 哈尔滨工业大学学报，2018，50

（1）：102-106.

[107] 丌伟，张志凯，付明，等．木炭催化甘油重整制氢研究 [J]．太阳能学报，2016，37（6）：1504-1508.

[108] 文久利，刘显亮，王宇慧，等．膜反应器中生物质甘油制氢反应的热力学研究 [J]．江西师范大学学报（自然科学版），2017，41（3）：229-233.

[109] 唐强．熔融碱裂解甘油制氢研究 [D]．杭州：浙江工业大学，2012.

[110] 豆斌林，陈海生．水蒸气重整生物甘油制氢的研究进展 [J]．化工进展，2011，30（5）：967-972.

[111] 杨光星，赖超凤，李爽，等．甘油制氢研究进展 [J]．工业催化，2010，18（1）：1-6.

[112] 李敏．光催化剂的制备及光催化降解甘油制氢的研究 [D]．南昌：南昌大学，2007.

[113] 王琦．生物甘油自热重整制氢强化手段的研究 [D]．哈尔滨：哈尔滨工业大学，2017.

[114] 赵丽霞，罗从双，胡明江，等．生物质/甘油共气化制氢实验研究 [J]．太阳能学报，2014，35（7）：1225-1229.

[115] 王东，向文国，陈时熠，等．基于钙链制氢的双流化床气固流动特性 [J]．化工进展，2018，37（1）：39-43.

[116] 王迪，胡燕，高卫民，等．甲烷催化裂解制氢和碳纳米材料研究进展 [J]．化工进展，2018，37（A1）：80-93.

[117] 王培灿，雷青，刘帅，等．电解水制氢 MoS_2 催化剂研究与氢能技术展望 [J]．化工进展，2019，38（1）：278-290.

[118] 俞红梅，衣宝廉．电解水制氢与氢储能 [J]．中国工程科学，2008，20（3）：58-65.

[119] 迟军，俞红梅．基于可再生能源的水电解制氢技术 [J]．催化学报，2018，39（3）：390-394.

[120] 胡晓峰，余昆，彭大路，等．铝基复合材料水解制氢及其水解产物的吸附性能 [J]．材料导报，2018，32（21）：3720-3725.

[121] 赵冲，徐芬，孙立贤，等．铝基材料水解制氢技术 [J]．化学进展，2016，28（12）：1870-1879.

[122] 冀国超，赵笑飞．过渡金属磷化物在电解水制氢方向的研究进展 [J]．化工管理，2018（22）：69-71.

[123] 胡尚举，戴秀秀，牛博．响应曲面法优化电解水制氢工艺条件 [J]．制造业自动化，2018，40（5）：69-72.

[124] 佟珊珊，王雪靖，李庆川，等．基于碳纤维材料基底的电解水制氢催化剂的研究进展 [J]．分析化学，2016，44（9）：1447-1457.

[125] 瞿丽莉，郭俊文，史亚丽，等．质子交换膜电解水制氢技术在电厂的应用 [J]．热能动力工程，2019，34（2）：150-156.

[126] 牟树君，林今，邢学韬，等．高温固体氧化物电解水制氢储能技术及应用展望 [J]．电网技术，2017，41（10）：3385-3391.

[127] 陆玉正，王军，蒋川，等．具对称电极结构的中温固体氧化物电解池电解水制氢技术 [J]．农业工程学报，2017，33（9）：237-242.

[128] 刘金亚，张华，雷明镜，等．太阳能光伏电解水制氢的实验研究 [J]．可再生能源，2014，32（11）：1603-1608.

[129] 周俊琛，周权，季建保，等．复合半导体光电解水制氢研究进展 [J]．硅酸盐学报，2017，45（1）：96-105.

[130] 程新新．新型钌和钴配合物的制备及其光解水制氢的研究 [D]．郑州：郑州大学，2015.

[131] WANG Z，WANG L Z．高效光解水光电极设计的研究进展 [J]．催化学报，2018，39（3）：369-375.

[132] 路彦丽，王梦幻，张汀兰，等．改性 TiO_2 光催化水解制氢的研究进展 [J]．化工新型材料，2018，46（3）：10-13.

[133] 杨琦，苏伟，姚兰，等．生物质制氢技术研究进展 [J]．化工新型材料，2018，46（10）：247-250，258.

[134] 王建涛，李柯，禹静．生物制氢和氢能发电 [J]．节能技术，2010，28（1）：56-59.

[135] 袁振宏，吴创之，马隆龙．生物质能利用原理与技术 [M]．北京：化学工业出版社，2016.

[136] 陈冠益，马文超，颜蓓蓓．生物质废物资源综合利用技术 [M]．北京：化学工业出版社，2014.

[137] 李光源．生物质焦催化气化制氢和 CO 催化变换制氢的动力学研究 [D]．上海：华东理工大学，2018.

[138] 汪大千，姚丁丁，杨海平，等．Ni/C 催化剂对生物质气化制氢的影响 [J]．中国机电工程学报，2017，37（19）：5682-5687.

[139] 陈雅静，李旭兵，佟振合，等．人工光合成制氢 [J]．化学进展，2019，33（1）：38-49.

[140] 张洋，周雪花，张志萍，等．暗间歇时长对光合生物制氢的影响 [J]．太阳能学报，2016，37（5）：1321-1326.

[141] 沈灵斌．生物制氢技术的研究进展 [J]．低碳世界，2019，9（1）：27-28.

[142] 邱志珲，张婧卓，周启星，等. 基于生物电化学原理的生物制氢研究进展 [J]. 化工进展，2016，35（A1）：63-68.

[143] 贾璇，王勇，任连海，等. 湿热预处理对北京市典型餐厨垃圾生物制氢潜力的影响 [J]. 环境工程学报，2017，1（11）：6034-6040.

[144] ARSLAN C. 餐厨垃圾厌氧消化的生物制氢研究 [D]. 南京：南京农业大学，2016.

[145] 孙堂磊. 暗发酵生物制氢设备及工艺优化研究 [D]. 郑州：河南农业大学，2016.

[146] 张全国，王毅. 光合细菌生物制氢技术研究进展 [J]. 农业机械学报，2013，44（6）：156-161.

[147] 张奇. 生物制氢新技术发展前景研究 [J]. 中国化工贸易，2018，10（14）：81.

[148] 张丙学. 能源草光合生物制氢工艺优化实验研究 [D]. 郑州：河南农业大学，2015.

[149] 喻玮昱. 有机废弃物生物制氢研究 [J]. 化工管理，2017（25）：68.

[150] 任南琪，郭婉茜，刘冰峰. 生物制氢技术的发展及应用前景 [J]. 哈尔滨工业大学学报，2010，42（6）：855-863.

[151] 张旖旎. 对微生物制氢工艺的改良与调控研究 [J]. 资源节约与环保，2017（8）：17-18.

[152] 吴奕禄. 光合细菌与暗发酵细菌生物制氢的应用基础分析 [J]. 中国石油和化工标准与质量，2018（15）：132-133.

[153] 李峰哲，丁杰，赵兴丽，等. 两种类型 CSTR 生物制氢反应器的运行及产氢特性 [J]. 环境保护前沿，2018，8（3）：199-207.

[154] 冷岳阳，骆雪晴，李永峰. 有机负荷对连续生物制氢反应器氢的影响 [J]. 中国甜菜糖业，2018（2）：44-48.

[155] 彭方玥，郑阳，赵璐，李永峰. 水力停留时间 HRT 对 ABR 处理糖蜜废水生物制氢的影响 [J]. 中国甜菜糖业，2018（1）：43-46.

[156] 周芷若，郝东东，管宏伟，等. 生物制氢的原理及研究进展 [J]. 山东化工，2016，45（10）：40-41，47.

[157] 孙立红，陶虎春. 生物制氢方法综述 [J]. 中国农学通报，2014，30（36）：161-167.

[158] 李永峰，韩伟，杨传平. 厌氧发酵生物制氢 [M]. 哈尔滨：东北林业大学出版社，2012.

[159] 尤月月. 用于生物制氢的玉米秸秆协同预处理工艺实验研究 [D]. 郑州：河南农业大学，2015.

[160] 邱书伟，任铁真，李珺. 氨分解制氢催化剂改性研究进展 [J]. 化工进展，2018，37（3）：1001-1007.

[161] 邱书伟，程群淑，任铁真. 纳米氧化镍的制备及其氨分解制氢性能 [J]. 石油化工，2016，45（10）：1180-1185.

[162] 范清范，唐浩东，韩文锋，等. 氨分解制氢催化剂的研究进展 [J]. 工业催化，2016，24（8）：20-28.

[163] 燕昭利. 赤泥改性及其负载镍催化剂的氨分解制氢性能研究 [D]. 焦作：河南理工大学，2014.

[164] 刘艳. 用于燃料电池的氨分解制氢过程系统模拟与能效分析 [D]. 上海：华东理工大学，2012.

[165] 郭卫卫. 氨分解制氢生产工艺风险防控 [J]. 河南冶金，2013，21（5）：54-56.

[166] 梁静，李来平，张新. 氨分解制氢在钼加工行业的应用进展 [J]. 中国钼业，2011，35（1）：46-48.

[167] 苏玉蕾，王少波，宋刚祥，等. 氨分解制氢催化剂研究进展 [J]. 舰船科学技术，2010，32（4）：138-143.

[168] 苏玉蕾，王少波，宋刚祥，等. 氨分解制氢技术 [J]. 舰船防化，2009（6）：6-9.

[169] 徐冰，王洪明. 氨分解制氢装置工艺设备的技术改造 [J]. 玻璃，2005，32（2）：47，8.

[170] 贺连忠. 氨分解制氢工艺对浮法玻璃生产的影响浅析 [J]. 玻璃，2001，28（3）：17-18.

[171] 沈斌. 氨分解制氢在玻璃行业的应用 [J]. 玻璃，2001，28（2）：27-30.

[172] 刘维祥. 稳定氨分解制氢生产的技改措施 [J]. 中国玻璃，2001，26（5）：15-17.

[173] 王艳艳，徐丽，李星国. 氢气储能与发电开发 [M]. 北京：化学工业出版社，2017.

[174] 宋卫国. 氢能储存的重大突破 [J]. 前沿科学，2018，12（1）：23-24.

[175] 傅建龙. 新型氢能储备技术研究进展现状 [J]. 兰州当代化工，2018（10）：121-123.

[176] 刘美琴，李奠础，乔建芬，等. 氢能利用与碳质材料吸附储氢技术 [J]. 化工时刊，2013，27（11）：35-38.

[177] 林丽利，周武，葛玉振，等. 氢气的低温制备和存储 [J]. 前沿科学，2018，12（1）：41-44.

[178] 郑津洋，李静媛，黄强华，等. 车用高压燃料气瓶技术发展趋势和我国面临的挑战 [J]. 压力容器，2014，31（2）：43-51.

[179] 孙大林. 车载储氢技术的发展与挑战 [J]. 自然杂志，2011，33（1）：13-18.

［180］赵永志，花争立，欧可升，等. 车载低温高压复合储氢技术研究现状与挑战［J］. 太阳能学报，2013，34（7）：1300-1306.

［181］陈硕翼，朱卫东，张丽，等. 氢能燃料电池技术发展现状与趋势［J］. 科技中国，2018（5）：11-13.

［182］王菊. 全球氢能与燃料电池发展应用的现状与趋势［J］. 新能源经贸观察，2018，（4）：40-41.

［183］邢春礼，费颖，韩俊，等. 氢能与燃料电池能源系统［J］. 节能技术，2009，27（3）：287-281.

［184］汪广溪. 氢能利用的发展现状及趋势［J］. 低碳世界，2017，7（29）：295-296.

［185］谢欣烁，杨卫娟，施伟，等. 制氢技术的生命周期评价研究进展［J］. 化工进展，2018，37（6）：2147-2158.

［186］曹湘洪. 氢能开发与利用中的关键问题［J］. 石油炼制与化工，2017，48（9）：1-6.

［187］聂国印，聂旭春. 氢能时代的碳循环［J］. 现代化工，2015，35（5）：4-6.

［188］周理. 能源与环境问题评论［J］. 可持续能源，2016，6（4）：79-90.

［189］谭克峰. 煤制氢含氰废水的处理工艺研究［J］. 化工环保，2018，38（2）：191-195.

［190］廖传华，王重庆，梁荣. 反应技术、设备与工业应用［M］. 北京：化学工业出版社，2018.

［191］廖传华，朱廷风，代国俊，等. 化学法水处理过程与设备［M］. 北京：化学工业出版社，2016.

［192］廖传华，王万福，吕浩，等. 污泥稳定化与资源化的生物处理技术［M］. 北京：中国石化出版社，2019.

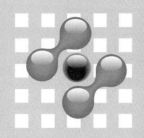

第 **12** 章　核能的开发利用与环境问题及对策

核能又称原子能，是通过质量转化而从原子核中释放的能量。原子能的释放，为人类社会提供了一种新的能源，推动社会进入原子能时代。原子能的释放是通过原子核反应实现的，是 20 世纪物理学对人类社会的最大贡献之一。

将核能转化为热能或转化为电能，都是核燃料通过核反应堆来实现的。

12.1　核燃料

核燃料，是指可在核反应堆中通过核裂变或核聚变产生实用核能的材料。重核的裂变和轻核的聚变是获得实用铀棒核能的两种主要方式。铀 235、铀 238 和钚 239 是能发生核裂变的核燃料，又称裂变核燃料。核燃料既能指燃料本身，也能代指由燃料材料、结构材料和中子减速剂及中子反射材料等组成的燃料棒。

与核武器中不可控的核反应不同，核反应堆能控制核反应的反应速率。对于裂变核燃料，当今一些国家已经形成了相当成熟的核燃料循环技术，包括对核矿石的开采、提炼、浓缩、利用和最终处置。大多数裂变核燃料包含重裂变元素，最常见的是铀 235 和钚 239。这些元素能发生核裂变从而释放能量。例如，铀 235 能够通过吸收一个慢中子（也称热中子）分裂成较小的核，同时释放出数量大于一个的快中子和大量能量。当反应堆中的中子减速剂将快中子转变为慢中子，慢中子再轰击反应堆中的其他铀 235 时，类似的核反应将能持续发生，即自持核裂变链式反应。目前商业核反应堆的运行都需要依靠这种持续的链式反应来维持，但不仅限于铀这种元素。

并不是所有的核燃料都是通过核裂变产生能量的。钚 238 和一些其他的元素也能在放射性同位素热电机及其他类型的核电池中以放射性衰变的形式用于少量地发电。此外，诸如氚（^{3}H）等轻核素可用作聚变核燃料。

目前在各种燃料中，核燃料是具有最高能量密度的燃料。例如，1kg 铀 235 完全裂变产生的能量约相当于 2500t 煤燃烧所释放的能量。裂变核燃料有多种形式，其中金属核燃料、陶瓷核燃料和弥散型核燃料属于固体燃料，而熔盐核燃料则属于液体燃料，他们分别有着各

自的特性，适用于不同类型的反应堆。

重核的裂变和轻核的聚变是获得实用铀棒核能的两种主要方式。铀235、铀233和钚239是能发生核裂变的核燃料，又称裂变核燃料。其中铀235存在于自然界，而铀233、钚239则是钍232和铀238吸收中子后分别形成的人工核素。从广义上说，钍232和铀238也是核燃料。氘存在于自然界，氚是锂6吸收中子后形成的人工核素。已经大量建造的核反应堆使用的是裂变核燃料铀235和钚239，很少使用铀233。由于核反应堆运行特性和安全上的要求，核燃料在核反应堆中的"燃烧"不允许像化石燃料一样一次燃尽。

为了回收和重新利用就必须进行后处理。核燃料后处理是一个复杂的化学分离纯化过程，包括各种水法过程和干法过程，目前各国普遍使用的是以磷酸三丁酯为萃取剂的萃取过程，即所谓的普雷克斯流程。

核燃料的后处理过程与一般的水法冶金过程的最大差别是它具有很强的放射性且存在发生核临界的危险，因此，必须将设备置于有厚重混凝土防护墙的设备室中，进行远距离操作，并需要采取防止核临界的措施。所产生的各种放射性废物要严加管理和妥善处置以确保环境安全。实行核燃料后处理，可更充分、合理地使用已有的核资源。

12.1.1 裂变核燃料

核燃料在反应堆内使用时，应满足以下要求：与包壳材料相容，与冷却剂无强烈的化学作用；具有较高的熔点和热导率；辐照稳定性好；制造容易，再处理简单。根据不同的堆型，可以选用不同类型的核燃料——金属（包括合金）燃料、陶瓷燃料、弥散体燃料和流体（液态）燃料等。

（1）金属燃料

铀是目前普遍使用的核燃料。天然铀中只含0.7%的铀235，其余为铀238以及极少量的铀234。天然铀的这个浓度正好能使核反应堆实现自持核裂变链式反应，因而成为最早的核燃料，目前仍在使用。但核电站（特别是核潜艇）用的反应堆要求结构紧凑和高的功率密度，一般要用铀235含量大于0.7%的浓缩铀。这可通过气体扩散法或离心法来获得。

气体扩散法是根据气体分子运动学说和气体扩散定律，当气体混合物在容器内时，轻分子的运动速度快，撞击器壁的机会多；重分子的运动速度慢，撞击器壁的机会少。如果器壁具有无数微孔，每孔只容许分子单独通过，则轻分子通过器壁的机会一定比重分子多。扩散结果是器内的轻分子相对地减少，富集器外；器内的重分子相对地增加，并富集于器内。因此可以得到一定程度的分离。这种方法主要用于分离同位素。对分子量相差很小的混合气体，需要连续进行多次才能达到所需要的分离程度。这种方法需要将大量的扩散机串联起来，耗电量巨大，仅电费就几乎占总成本的一半；而且建厂投资大，周期长。

金属铀在堆内使用的主要缺点是：同质异晶转变；熔点低；存在尺寸不稳定性，最常见的是核裂变产物使其体积膨胀（称为肿胀），加工时形成的织构使铀棒在辐照时沿轴向伸长（称为辐照生长），虽然不伴随体积变化，但伸长量有时可达原长的4倍。此外，辐照还使金属铀的蠕变速度增加（50～100倍）。这些问题通过铀的合金化虽有所改善，但远不如采用UO_2陶瓷燃料。

钚（Pu）是人工易裂变材料，临界质量比铀小，在有水的情况下，650g的钚即可能发生临界事故。钚的熔点很低（640℃），一般都以氧化物与UO_2混合使用。钚与铀组合可以实现快中子增殖，因而使钚成为重点研究的核燃料。

钍（Th）吸收中子后可以转换为易裂变的铀，它在地壳中的储量很丰富，所能提供的能量大约相当于铀、煤和石油全部储量的总和。钍的熔点很高，直到 1400℃才发生相变，且相变前后均为各向同性结构，所以辐照稳定性较好，这是它优于铀、钚的方面。钍在使用中的主要限制为辐照下蠕变强度很低，一般以氧化物或碳化物的形式使用。在热中子反应堆中利用 U-Th 循环可得到接近于 1 的转换比，从而实现"近似增殖"。但这种循环比较复杂，后处理也比较困难，因此尚未获得广泛应用。

（2）陶瓷燃料

包括铀、钚等的氧化物、碳化物和氮化物，其中 UO_2 是最常用的陶瓷燃料。UO_2 的熔点很高（2865℃），高温稳定性好。辐照时 UO_2 燃料芯块内可保留大量裂变气体，所以燃耗（指燃耗份额，即消耗的易裂变核素的量占初始装载量的百分比值）达 10%也无明显的尺寸变化。它与包壳材料锆或不锈钢之间的相容性很好，与水也几乎没有化学反应，因此普遍用于轻水堆中。但 UO_2 的热导率很低，核燃料的密度低，限制了反应堆参数的进一步提高。在这方面，碳化铀（UC）则具有明显的优越性。UC 的热导率比 UO_2 高几倍，单位体积内的含铀量也高得多。它的主要缺点是会与水发生反应，一般用于高温气冷堆。

（3）弥散体燃料

这种材料是将核燃料弥散地分布在非裂变材料中。在实际应用中，广泛采用由陶瓷燃料颗粒和金属基体组成的弥散体系，这样可以把陶瓷的高熔点和辐照稳定性与金属较好的强度、塑性和热导率结合起来。细小的陶瓷燃料颗粒减轻了温差造成的热应力，连续的金属基体又大大减少了裂变产物的外泄。由裂变碎片所引起的辐照损伤基本上集中在燃料颗粒内，而基体主要是处在中子的作用下，所受损伤相对较轻，从而可以达到很深的燃耗。这种燃料在研究堆中获得广泛应用。除陶瓷燃料颗粒外，由铀、铝的金属间化合物和铝合金（或铝粉）所组成的体系，效果也较好。

包覆颗粒燃料也是一种弥散体系。在高温气冷堆中，采用铀、钍的氧化物或碳化物作为核燃料，并把它弥散在石墨中。由于石墨基体不够致密，因而要在燃料颗粒外面包上耐高温的、坚固而气密性好的多层外壳，以防止裂变产物的外泄和燃料颗粒的膨胀。外壳是由不同密度的热解炭和碳化硅（SiC）组成的，其总厚度应大于反冲原子的自由程，一般在 100～300μm 之间。整个燃料颗粒的直径为 1mm。使用包覆颗粒燃料不仅可达到很深的燃耗，而且大大提高了反应堆的工作温度，是一种很有前途的核燃料类型。

（4）流体燃料

在均匀堆中，核燃料悬浮或溶解于水、液态金属或熔盐中，从而成为流体燃料（液态燃料）。流体燃料从根本上消除了因辐照造成的尺寸不稳定性，也不会因温度梯度而产生热应力，可以达到很深的燃耗。同时，核燃料的制备与后处理也都大大简化，并且还提供了连续加料和处理的可能性。流体燃料与冷却剂或慢化剂直接接触，所以对放射性安全提出了较严的要求，且腐蚀和质量迁移也是一个严重的问题。

12.1.2 聚变核燃料

聚变核燃料包括氘（^2H）、氚（^3H）和氦 3（^3He）等。尽管还有众多核素之间也能发生核聚变，但因为原子核所带电荷越多，则需要更高的温度引发核聚变，所以仅有质量最轻的几种核素才被视为聚变核燃料。虽然核聚变的能量密度甚至比核裂变的还要高，且人们已经制造出可以维持数分钟的核聚变反应堆，但将聚变核燃料用作能源仍只是理论上可行。

根据计算，1g 重氢（D，氘）和超重氢（T，氚）燃料在聚变中所产生的能量相当于 8t

石油，比 1g 铀 235 裂变时产生的能量要大 5 倍，因此氘和氚是核聚变中最重要的核燃料。

作为核燃料之一的氘，地球上的储量特别丰富，每升海水中即含氘 0.034g，地球上有海水 15×10^4t，因此海水中氘的含量可达 450×10^8t，几乎是取之不尽的。作为另一种核燃料的氚在海水里含量极少，因此不能像氘一样从海水中分离，只能从地球上藏量最丰富的锂矿中分离。此外还有另一种获得氚的方法，即把含氘、锂、硼或氮原子的物质放到具有强大中子流的原子核反应堆中，或者用快速的氘原子核去轰击含有大量氘的化合物（如重水），也可以得到氚。海水中锂的含量也非常多，多达 $0.17g/m^3$。

12.1.3　乏燃料

使用过后的核燃料是裂变产物、铀、钚以及稀有镧系核素的混合物。曾在核反应堆高温中反应的核燃料的化学组成往往是不均匀的，燃料可能会含有铂族元素（如钯）的纳米颗粒。在使用过程中，核燃料可能还会接近其熔点或出现开裂和膨胀等现象。乏燃料可能发生破裂，但是不溶于水，所以水环境下的二氧化铀仍能保留其晶格中绝大多数带有放射性的镧系元素和裂变产物。事故中的氧化物核燃料有两种可能的扩散方式：裂变产物能被转化为气体或以微小颗粒的形式分散。

12.2　核反应堆

核反应堆，又称原子反应堆或反应堆，是指装配了铀或钚等核燃料，使得在无需补加中子源的条件下，实现大规模可控制的自持式核裂变链式反应并释放能量的装置。从更广泛的意义来讲，反应堆覆盖裂变堆、聚变堆、裂变聚变混合堆，但一般情况下仅指裂变堆。

12.2.1　核反应堆的类型

根据用途，核反应堆可以分为以下几种类型：将中子束用于实验或利用中子束的反应，包括研究堆、材料实验等；生产放射性同位素的核反应堆；生产核裂变物质的核反应堆，称为生产堆；提供取暖、海水淡化、化工等用的热量的核反应堆，称为多目的堆；为发电而产生热量的核反应堆，称为发电堆；用于推进船舶、飞机、火箭等的核反应堆，称为推进堆。

另外，核反应堆根据燃料类型分为天然气铀堆、浓缩铀堆、钍堆；根据中子能量分为快中子堆和热中子堆；根据冷却剂（载热剂）材料分为水冷堆、气冷堆、有机液冷堆、液态金属冷堆；根据慢化剂（减速剂）分为石墨堆、重水堆、压水堆、沸水堆、有机堆、熔盐堆、铍堆；根据中子通量分为高通量堆和一般通量堆；根据热工状态分为沸腾堆、非沸腾堆、压水堆；根据运行方式分为脉冲堆和稳态堆；等等。核反应堆概念上可有 900 多种设计，但现实中非常有限。

12.2.2　核反应堆的工作原理

以压水堆核电厂为例，当铀 235 的原子核受到外来中子轰击时，一个原子核会吸收一个中子分裂成两个质量较小的原子核，同时放出 2～3 个中子。此裂变产生的中子又去轰击另外的铀 235 原子核，引起新的裂变。如此持续进行就是裂变的链式反应。链式反应产生大量热能，用循环水（或其他物质）带走热量才能避免反应堆因过热而烧毁。导出的热量可以使水变成水蒸气，推动汽轮机发电。由此可知，核反应堆最基本的组成就是裂变原子核+热载体。但只有这两项是不能工作的，因为高速中子会大量飞散，这就需要使中子减速，增加与原子核碰撞的机会；核反应堆要依人的意愿决定工作状态，这就要有控制设施；铀及裂变产物都有强放射性，会对人造成伤害，因此必须有可靠的防护措施。综上所述，核反应堆的合理结构应该是核燃料+慢化剂+热载体+控制设施+防护装置。

12.2.3　核反应堆的核心组件

（1）慢化剂

核燃料裂变反应释放的中子为快中子，而在热中子或中能中子反应堆中要应用慢化中子维持链式反应，慢化剂就是用来将快中子能量减少，使之慢化成为中能中子的物质。选择慢化剂要考虑许多不同的要求：首先是核特性，即良好的慢化性能和尽可能低的中子俘获截面；其次是价格、机械特性和辐照敏感性。有时慢化剂兼作冷却剂，即使不是，在设计中两者也是紧密相关的。应用最多的固体慢化剂是石墨，其优点是具有良好的慢化性能和机械加工性能，中子俘获截面小，价格低廉。石墨是迄今发现的可以采用天然铀为燃料的两种慢化剂之一，另一种是重水。其他种类慢化剂则必须使用浓缩的核燃料。从核特性看，重水是更好的慢化剂，并且因其是液体，可兼作冷却剂，主要缺点是价格较贵，系统设计需有严格的密封要求。轻水是应用最广泛的慢化剂，虽然它的慢化性能不如重水，但价格便宜。重水和轻水有共同的缺点，即产生辐照分解，出现氢、氧的积累和结合。

（2）控制棒

控制棒在反应堆中起补偿和调节中子反应性能以及紧急停堆的作用。制作控制棒的材料要求其热中子吸收截面大，而散射截面小。好的控制棒材料（如铪、镝等）在吸收中子后产生的新同位素仍具有大的热中子吸收截面，因而使用寿命很长。核电站常用的控制棒材料有硼钢、银-铟-镉合金等，其中含硼材料因资源丰富、价格低，应用较广，但它容易产生辐照脆化和尺寸变化（肿胀）。银-铟-镉合金的热中子吸收截面大，是轻水堆的主要控制棒材料。

（3）冷却剂

由主循环泵驱动，在一回路中循环，从堆心带走热量并传给二回路中的工质，使蒸汽发生器产生高温高压蒸汽，以驱动汽轮发电机发电。冷却剂是唯一既是在堆心中工作又在堆外工作的一种反应堆成分，这就要求冷却剂必须在高温和高中子通量场中是稳定的。此外，大多数适合的流体以及它们含有的杂质在中子辐照下将有放射性，因此冷却剂要用耐辐照的材料包容起来，用具有良好射线阻挡能力的材料进行屏蔽。理想的冷却剂应具有优良慢化剂的特性，有较大的传热系数和热容量，抗氧化以及不会产生很高的放射性。液态钠（主要用于快中子堆）和钠钾合金（主要用于空间堆）具有大的热容量和良好的传热性能。轻水在价格、处理、抗氧化和活化方面都有优点，但是它的传热特性不好。重水是好的冷却剂和慢化剂，但价格昂贵。气体冷却剂（如二氧化碳、氦）具有许多优点，但要求比液体冷却剂具有更高的循环泵功率，系统密封性要求也较高。有机冷却剂较突出的优点是在堆内的激活活性较低，这是因为全部有机冷却剂的中子俘获截面较小，主要缺点是辐照分解率较大。应用最普遍的压力堆核电站用轻水作冷却剂兼慢化剂。

（4）屏蔽层

为防护中子、γ射线和热辐射，必须在反应堆和大多数辅助设备周围设置屏蔽层，其设计要力求造价便宜并节省空间。对γ射线屏蔽，通常选用钢、铅、普通混凝土和重混凝土。钢的强度最好，但价格较高；铅的优点是密度高，因此铅屏蔽厚度较小；混凝土比金属便宜，但密度较小，因而屏蔽层厚度比其他的都大。

　　来自反应堆的 γ 射线强度很高，被屏蔽体吸收后会发热，因此紧靠反应堆的 γ 射线屏蔽层中常设有冷却水管。某些反应堆堆心和压力壳之间设有热屏蔽，以减少中子引起压力壳的辐照损伤和射线引起压力壳发热。

　　中子屏蔽需用有较大中子俘获截面元素的材料，通常含硼，有时是浓缩的硼 10。有些屏蔽材料俘获中子后放射出 γ 射线，因此在中子屏蔽外要有一层 γ 射线屏蔽。通常设计最外层屏蔽时应将辐射减到人类允许剂量水平以下，常称为生物屏蔽。核电站反应堆最外层屏蔽一般选用普通混凝土或重混凝土。

12.2.4　核反应堆的发展

　　随着科学技术的进步，核反应堆在半个多世纪中，从最早的原堆型电站已发展至第三代的轻水堆核电站，并将今后核电站的发展进行了描绘。

　　第一代（GEN-Ⅰ）核电站是早期的原型堆电站，即 1950—1960 年前期开发的轻水堆核电站，如美国希平港压水堆、英国的镁诺克斯石墨气冷堆等。

　　第二代（GEN-Ⅱ）核电站是 1960 后期到 1990 年前期在第一代核电站基础上开发建设的大型商用核电站，目前世界上的大多数核电站都属于第二代核电站，如苏联的压水堆 VVER/RBMK、加拿大坎杜堆（CANDU）等。

　　第三代（GEN-Ⅲ）是指先进的轻水堆核电站，即 1990 年后期到 2010 年开始运行的核电站。第三代核电站采用标准化、最佳化设计和安全性更高的非能动安全系统。如先进的沸水堆（ABWR）、AP600、欧洲压水堆（EPR）。

　　第四代（GEN-Ⅳ）是待开发的核电站，其目标是到 2030 年达到实用化的程度，主要特征是经济性高（与天然气火力发电站相比）、安全性好、废物产生量小，并能防止核扩散。

12.2.5　核反应堆的用途

　　核反应堆有许多用途，但归结起来，一是利用裂变核能，二是利用裂变中子。

　　核能主要用于发电，但它在其他方面也有广泛的应用，如核能供热、核动力等。

　　核能供热是 20 世纪 80 年代才发展起来的一项新技术，是一种经济、安全、清洁的热源，因而在世界上受到广泛重视。在能源消费结构中，用于低温（如供暖等）的热源，占总热耗量的一半左右，这部分热多由直接燃煤取得，因而给环境造成严重污染。在我国能源结构中，近 70% 的能量是以能热形式消耗的，而其中约 60% 是 120℃ 以下的低温热能，所以发展核反应堆低温供热，对缓解供应和运输紧张、净化环境、减少污染等方面都有十分重要的意义。核供热不仅可用于居民冬季采暖，也可用于工业供热，特别是高温气冷堆可以提供高温热源，能用于煤的气化、炼铁等耗热巨大的行业。核能既然可以用来供热，也一定可以用来制冷。清华大学在 5MW 的低温供热堆上已经进行过成功的试验。核供热的另一个潜在的大用途是海水淡化，在各种海水淡化方案中，采用核供热是经济性最好的一种。在中东、北非地区，由于缺乏淡水，海水淡化的需求是很大的。

　　核能又是一种具有独特优越性的动力。因为它不需要空气助燃，可用为地下、水中和太空缺乏空气环境下的特殊动力；由于它耗料少、能量高，是一种一次装料后可以长时间供能的特殊动力，例如，它可作为火箭、宇宙飞船、人造卫星、潜艇、航空母舰等的特殊动力，将来还可能会用于星际航行。现在人类进行的太空探索还局限于太阳系，飞行器所需的能量不大，用太阳能电池就可行了，如要到太阳系以外其他星系探索，核动力可能是唯一的选择。美国、俄罗斯等国一直在从事核动力卫星的研究开发，旨在把发电能力达上百万千瓦的发电设备装在卫星上。由于有了大功率电源，卫星在通信、军事等方面的威力将大大增强。1997

年 10 月 15 日美国宇航局发射了"卡西尼"号核动力空间探测飞船,它要飞往土星,历时 7 年,行程长达 35 亿公里。

核动力推进,目前主要用于核潜艇、核航空母舰和核破冰船。由于核能的能量密度大,只需要少量核燃料就能运行很长时间,这在军事上有很大的优越性。尤其是核裂变能的产生不需要氧气,因此核潜艇可在水下长时间航行。正因为核动力推进具有如此大的优越性,因此几十年来全世界已制造的用于舰船推进的核反应堆数目已达数百座,超过了核电站中的反应堆数目,但其功率远小于核电站反应堆。

核反应堆的第二大用途就是利用链式裂变反应中放出的大量中子。许多稳定的元素的原子核如果再吸收一个中子就会变成一种放射性同位素,因此反应堆可用来大量生产各种放射性同位素,广泛用于工业、农业、医学领域。现在工业、医学和科研中经常需用一种带有极微小孔洞的薄膜用来过滤,以去除溶液中极细小的杂质或细菌等。在反应堆中用中子轰击薄膜材料可以生成极微小的孔洞,达到上述技术要求。利用反应堆中的中子还可生产优质半导体材料。例如,在单晶硅中必须掺入少量其他材料(如磷等)才能变成半导体,过去一般是采用扩散方法,在炉子里让磷蒸气通过硅片表面渗进去,但这样做效果不太理想,硅中磷的浓度不均匀,表面浓度高内部浓度低。现在可采用中子掺杂技术,把单晶硅放在反应堆里受中子辐照,硅俘获一个中子后,经衰变后就成了磷。由于中子不带电,很容易进入硅片的内部,因此这种方法生产的硅半导体性质优良。利用反应堆产生的中子可以治疗癌症。许多癌组织对于硼元素有较多的吸收,而且硼又有很强的吸收中子能力。硼被癌组织吸收后,经中子照射,硼会变成锂并放出 α 射线。α 射线可以有效杀死癌细胞,治疗效果要比从外部用 γ 射线照射好得多。反应堆里的中子还可用于中子照相或中子成像。中子易于被轻物质散射,因此中子照相用于检查轻物质(如炸药、毒品等)特别有效,如果用 X 光或超声成像则检查不出来。

12.3　核能与核技术的应用

核能与核技术是核领域的两个主题。核能利用技术是指将核燃料发生裂变产生的能量加以利用的技术。目前,核能的利用包括核能发电、核武器及核动力等方面。核技术是除了包括核能利用技术外,还包括将核能及类核能服务于相关领域的技术,如同位素示踪、射线辐射等。

12.3.1　核反应堆发电

核电站是利用核分裂或核融合反应所释放的能量产生电能的发电厂。目前商业运转中的核能发电厂都是利用核分裂反应而发电。核电站一般分为两部分:利用原子核裂变生产蒸汽的核岛(包括反应堆装置和一回路系统)和利用蒸汽发电的常规岛(包括汽轮发电机系统),使用的燃料一般是放射性重金属铀和钍。

其工作原理是以核反应堆来代替火电站的锅炉,以核燃料在核反应堆中发生特殊形式的"燃烧"产生热量,使核能转变成热能来加热水生产蒸汽。利用蒸汽通过管路进入汽轮机,推动汽轮发电机发电,使机械能转变成电能。一般来说,核电站的汽轮发电机及电器设备与普通火电站基本相同,其微妙主要在于核反应堆。核反应堆,又称为原子反应堆或反应堆,是装置了核燃料以实现大规模可控裂变链式反应的装置。现有反应堆的类型有压水堆、沸水堆、重水堆、石墨气冷堆等。

核电站除了关键设备——核反应堆外,还有许多与之配合的重要设备。以压水堆核电站

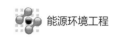

为例，这些重要设备包括主泵、稳压器、蒸汽发生器、安全壳、汽轮发电机和危急冷却系统等。它们在核电站中有各自的特殊功能。

与常规的火力发电相比，核电有着诸多优点：

① 核能发电不像化石燃料发电那样排放巨量的污染物质到空气中，因此核能发电不会造成空气污染，也不会产生加重地球温室效应的二氧化碳。

② 核能发电所使用的铀燃料，除了发电外，没有其他的用途。

③ 核燃料能量密度比化石燃料高几百万倍，因此核电厂所使用的燃料体积小，运输与储存都很方便。一座 1000MW 的核能电厂一年只需 30t 的铀燃料，一航次的飞机就可以完成运送。

④ 核能发电的成本中，燃料费用所占的比例较低，核能发电的成本不易受国际经济情势的影响，因此发电成本较其他发电方法稳定。

两种新的第四代核电反应堆正在研究或建设过程中。中美两国政府正在积极为这两种新反应堆的研发提供资金，而这两种新反应堆有望成为我们未来所利用的新技术。

（1）熔盐堆和钍基熔盐堆

第四代核裂变反应堆要想用于工业热过程，其主要的核反应堆冷却剂或甚至燃料本身是熔盐混合物。与水冷却反应堆相比，熔盐堆（molten salt reactors，MSR）可在更高温度下运行并获得更高的热效率，同时保持低蒸气压。MSR 是第四代计划中六类核反应器之一。

核燃料可以是固体燃料棒或溶解在冷却剂中。在许多设计方案中，溶解在冷却剂中的核燃料是四氟化铀（UF4），堆芯用石墨做慢化剂，液态熔盐在其中达到临界。一些固体燃料设计方案采用陶瓷燃料在石墨基质中均匀分布，熔盐则提供低压、高温的冷却方式。这种熔盐可以比压缩的氦气（第四代反应堆设计方案中另一种潜在的冷却剂）更有效地将热量带出堆芯，通过加热水来驱动涡轮机发电。如此设计，使得反应堆不会遭受切尔诺贝利和福岛发生的灾难性故障。因为设计方案使熔毁不太可能发生，在反应堆过热时，燃料会膨胀和冷却，并且熔融液体排入下面的罐中。因此，反应堆没有必要拥有精细昂贵的安全壳、冗余的安全系统，安全壳和安全系统增加了常规反应堆的尺寸和成本。由此降低了对泵送和管道的需求，并减小了堆芯的尺寸。当用完铀以及已经全面测试过设计方案时，可以使用钍，它是一种成本低和储量丰富的金属，一旦研究完成，钍基熔盐堆（molten salt thorium reactors，MSTR）技术应该可以在 2065 年之前大规模建设。

上海应用物理研究所正在积极开展 MSR 的研发，计划在未来几年内建设一座实验反应堆。其目标是到 2030 年启动工业规模的固体燃料电站，到 2035 年启动一座 100MW 的液体燃料示范反应堆。

（2）球床反应堆

球床反应堆（pebble-bed reactors，PBR）亦称卵石床反应堆。PBR 把燃料包装在热分解石墨组成的球状容器内，使用惰性的气体或接近惰性的气体作为冷却剂。它是一种超高温反应堆，是第四代计划中六类核反应堆之一。

PBR 的设计特点是具有称为卵石的球状燃料。这些网球大小的卵石由热分解石墨（用作慢化剂）制成，含有数千个称为 TRISO 的微小燃料颗粒。这些 TRISO 燃料颗粒用炭化硅陶瓷层作为扩散阻滞剂。在 PBR 中，数千个卵石构成反应堆堆芯，并且通过不与燃料成分起化学反应的气体如氦气、氮气或二氧化碳来冷却。

这种反应堆声称是被动安全的，也就是说它不再需要冗余主动的安全系统。因为反应堆被设计成能应对高温，所以它可以通过自然循环冷却，并且在事故情况下（可将反应堆的温度升高到1600℃）仍然幸免于难。由于其设计特点，反应堆温度高，可以得到比传统核电站（热效率高达

50%）更高的热效率，同时气体不像水那样溶解污染物或吸收中子，从而堆芯放射性液体少。

总的来说，MSR、MSTR 和 PBR 都是本质上安全的，可以省去现在反应堆中的许多安全装置。

12.3.2　核能的军事利用

核武器是指利用自持进行核裂变或聚变反应释放的能量，产生爆炸作用，并且具大规模杀伤破坏效应的武器的总称。其中主要利用铀 235（^{235}U）或钚 239（^{239}Pu）等重原子核的裂变链式反应原理制成的裂变武器，通常称为原子弹；主要利用重氢或超重氢等轻原子核的热核反应原理制成的热核武器或聚变武器，通常称为氢弹。

第二次世界大战后的冷战期间，美国和苏联之间开展了军备竞赛，储备了大量的核武器，全世界 99% 的核武器都集中这两个国家。中国、印度和巴基斯坦都在探究新的弹道导弹、巡航导弹和海基核武器投射系统；巴基斯坦通过发展战术核武器能力来降低核武器使用的门槛，以抵制印度常规军事威胁。朝鲜违反早先的无核化承诺，继续发展核武器。

12.3.3　核能用作动力

核动力是利用可控核反应来获取能量，从而得到动力、热量和电能。因为核辐射问题和现在人类还只能控制核裂变，所以聚变核能暂时未能得到大规模的利用。利用核反应来获得能量的原理是：当裂变材料（如铀 235）在受人为控制的条件下发生核裂变时，核能就会以热的形式释放出来，这些热量会被用来驱动蒸汽机。蒸汽机可以直接提供动力，也可以连接发电机来产生电能。世界各国军队中的大部分潜艇及航空母舰都以核能为动力。

12.3.4　核技术的日常应用

核技术的日常应用主要有以下几个方面：为核能源的开发服务，为大型核电站及微型核电池提供更精确的数据和更有效的利用途径；同位素的应用，这是应用最为广泛的核技术，包括同位素示踪、同位素仪表和同位素药剂等；射线辐照的应用，利用加速器及同位素辐射源进行辐照加工、食品消毒保鲜、辐照育种、探伤以及放射医疗；中子束的应用，除利用中子衍射分析物质结构外，还用于辐照、掺杂、测井、探矿及生物效应，如治癌；离子束的应用，大量的加速器是为了提供离子束而设计的，离子注入技术是研究半导体物理和制备半导体器件的重要手段，离子束则是无损、快速、痕量分析的主要手段，特别是质子微米束对表面进行扫描分析，对元素含量的探测极限可达 $1\times10^{-18}\sim1\times10^{-15}$g，是其他方法难以比拟的。

12.3.5　核能的发展前景

① 核电的经济性可与火电竞争。电厂每发单位千瓦时的电的成本是由建造折旧费、燃料费和运行费这 3 部分组成的，主要是建造折旧费和燃料费。核电厂由于考虑安全和质量，建造费高于火电厂，但燃料费低于火电厂，火电厂的燃料费约占发电成本的 40%~60%，而核电厂的燃料费只占 20% 左右。总的算起来，核电厂的发电成本是能与火电相竞争的。

② 发展核电有利于减轻交通系统对燃料运输的负担。1 座 1000MW 的燃煤火电机组每天需烧煤约 10000t，1 年约需 300 万吨，而 1 座 1000MW 的核电机组每年仅需核燃料 30t，可见核燃料运输量仅是煤运输量的十万分之一，大大减轻了交通运输的负担。

③ 以核燃料代替煤和石油，有利于资源的合理利用。煤和石油都是化学工业和纺织工业的宝贵原料，能用它们创造出多种产品，它们在地球上的储藏量是很有限的，作为原料，它们要比仅作为燃料的价值高得多。所以，从合理利用资源的角度来说，也应逐步发展以核

燃料代替有机燃料。

12.4 核废料的处理

核废料泛指在核燃料生产、加工和核反应堆用过的、不再需要的并具有放射性的废料，也专指核反应堆用过的乏燃料以后处理回收钚 239 等可利用的核材料后余下的不再需要的并具有放射性的废料。

12.4.1 核废料的类型

核废料按物理状态可分为固体、液体和气体 3 种，按比活度[也称为比放射性，指放射源的放射性活度与其质量之比，即单位质量（通常用重量表示）产品中所含某种核素的放射性活度]又可分为高水平（高放）、中水平（中放）和低水平（低放）3 种。

12.4.2 核废料的特征

核废料的特征是：放射性，核废料的放射性不能用一般的物理、化学和生物方法消除，只能靠放射性核素自身的衰变而减少；射线危害，核废料放出的射线通过物质时发生的电离和激发作用，对生物体会引起辐射损伤；热能释放，核废料中的放射性核素发生衰变时会放出能量，当放射性核素含量较高时，释放的热能会导致核废料的温度不断上升，甚至使溶液自行沸腾、固体自行熔融。

12.4.3 核废料的管理原则

核废料的管理原则是：尽量减少不必要的核废料并开展回收利用；对已产生的核废料进行分类收集并分别储存和处理；尽量减少容积以节约运输、储存和处理的费用；向环境稀释排放时必须严格遵守有关法规；以稳定的固化体形式储存以减少放射性核素迁移扩散。

12.4.4 处理核废料的必要条件

首先要安全、永久地将核废料封闭在一个容器里并保证数万年内不泄露出放射性。科学家们为达到这个目的，曾经设想将核废料封在陶瓷容器里面或者封在厚厚的玻璃容器里面。但科学实验证明这些容器存入核废料后，在 100 年以内效果很理想，但 100 年以后不能保证容器不会因经受不住放射线的猛烈轰击而发生爆裂，到那时放射线就会散发到周围环境中，后果将不堪设想。英国皇家科学院发现一种新型水晶可以经受得住放射线的强烈攻击，用它来生产储藏核废料的容器能更大程度地保证安全。然而要寻找到一种能够在几万年内都能忍受得住放射线辐射的物质，仍然是科学家们努力的方向。

其次要寻找一处安全、永久存放核废料的地点。这个地点要求物理环境特别稳定，能够长久地不受水和空气的侵蚀，并能经受住地震、火山、爆炸的冲击。科学家们通过实验证明了在花岗岩层、岩盐层以及黏土层，可以有效地保证核废料容器在数百年内不遭破坏。但数百年后这些存放地点会不会发生破坏是无法预料的。

12.4.5 核废料的处理方法

目前国际上通常采用海洋和陆地两种方法处理核废料。一般是先经过冷却、干式储存，然后再将装有核废料的金属罐投入选定海域 4000m 以下的海底或深埋于建在地下厚厚岩石层里的核废料处理库中。美国、俄罗斯、加拿大、澳大利亚等一些国家因幅员辽阔荒原广袤，一般采用陆地深埋法。

通常所说的核废料包括低放射性核废料和高放射性核废料两类，前者主要指核电站在发电过程中产生的具有放射性的废液、废物，占到了所有核废料的 99%，后者则是指从核电站反应堆芯中换出来的燃烧后的核燃料，因其具有高度放射性而俗称为高放废料。

中低放射性核废料危害较低，国际上通行的做法是在地面开挖深 10～20m 的壕沟，然后建好各种防辐射工程屏障，将密封好的核废料罐放入其中并掩埋一段时间后，这些废料中的放射性物质就会衰变成对人体无害的物质。这种方法经过几十年的发展，技术已经十分成熟，安全性也有保障。目前我国已经建成两个中低放射性核废料处理场。

高放废料则含有多种对人体危害极大的高放射性元素，其中一种被称为钚的元素只需 10mg 就能致人毙命。这些高放射性元素的半衰期长达数万年到十万年不等，如果不能妥善处置，将会给当地环境带来毁灭性的影响。20 世纪的冷战期间苏联出于成本等因素考虑，将核武器工厂的高放废料直接排入了附近的河流湖泊当中，造成了严重的生态灾难。

为了寻找安全处理高放废料的方法，人类从 20 世纪 50 年代起就开始了相关研究。经过多年的试验研究，目前世界上公认的最安全可行的方法就是深地质处置方法，即将高放废料永久地保存在地下深处的特殊仓库中。美国在 2010 年建成了世界上第一个深地质核废料处理库。核电发达的瑞典、芬兰、法国、日本等国也纷纷制订了建设深地质核废料处理库的计划。中国在这方面起步较晚，1986 年才开始相关技术的研究，但进展顺利，预计到 2030 年后将建成自己的深地质核废料处理库。

12.5　核能开发利用过程中的环境问题及对策

当前对环境造成污染的放射性核素大多来自核电站排放的废物，核电可能产生的放射性废物主要是放射性废水、放射性废气和放射性固体废物。1 座 1000MW 的核电站 1 年卸出的乏燃料约为 25t，其中主要成分是少量未燃烧的铀、核反应后的生成物——钚等放射性核素。核废料中的放射性元素经过一段时间后会衰变成非放射性元素。此外，还有铀矿资源的开发问题，由于铀矿资源的开发造成的废水、废渣等污染也不可忽视，对铀尾矿也必须进行妥善处理，如果处理不好，将会覆盖农田、污染水体，甚至对自然和社会都造成严重影响。一旦发生核事故或核泄漏，对人类和环境造成的影响都是灾难性的，只有加强核安全和辐射安全的管理，处理好放射性核废料，合理科学地利用核能，才能保证核能安全地开发利用。

12.5.1　环境影响

核电站对环境产生的影响有非放射性影响和放射性影响。

（1）非放射性影响

非放射性影响主要是指化学物质的排放、热污染、噪声及土地和水资源的耗用等，类似火电站对环境的影响。

核电站在运行过程中会对周围的水源和空气造成影响。核电站的运行会散发出巨大的热量，应对这种情况的传统方式是用水源散热，而且需要大量的水，因此我国的核电站大都是建在海边，尤其是大型核电站。另外，一旦发生事故，海边的放射性物质可以通过海水均匀辐射

出去，因此海边核电站产生的污染不会影响内陆地区，从而保证内陆地区的安全。

（2）放射性影响

核电站对环境的主要影响是产生放射性。电站核反应堆在运行过程中，核燃料裂变和结构材料、腐蚀产物及堆内冷却水中杂质吸收中子均会产生各种放射性核素，极少量的裂变产物可能通过核燃料元件包壳裂缝漏进冷却剂或慢化剂，排入环境。

众所周知，核发电的原材料是铀，而铀的提取过程中会产生大量的环境污染，铀矿开发的过程过去一直是比较保密的，铀的提炼过程会产生废水废渣进而污染空气、水源、土壤和生物，铀的开采产生的很多污染物都具有放射性，矿区及矿区附近都会受到一定程度的影响，长期下去会造成附近居民的健康问题。经过风化雨水的冲击，污染范围会逐步扩大，如果遇到洪水等自然灾害，就会使污染无限扩散而造成难以想象的后果。铀矿的开采也会间接影响开采地的经济发展，使其更加依赖铀矿来创造经济价值，随着铀矿的逐渐开采，造成恶性循环。

另外，核电站反应堆发生事故时，大量放射性物质会通过各种途径排入环境。反应堆排出的废液和废气中的放射性核素，通过各种途径，经过一系列复杂的物理、化学和生物的变化过程到达人体。

（3）对环境的冲击

核能发电对环境的冲击主要来源于核燃料循环、核物质运转以及核事故所带来的影响。

日常的健康风险和核分裂发电产生的温室气体都相对小于使用煤、油和天然气的发电。然而，若核能发电的围阻体失效的话却会有"灾难性的风险"，如此的状况在核反应炉中会出现燃料过热融化并且释放出大量的放射性物质进入环境。

1979年三哩岛事件和1986年切尔诺贝利核事故伴随着高昂的建设成本，结束了全球核能发电的快速成长。在2011年日本海啸导致的福岛第一核电厂事故大量释放出了放射性物质而被评定为国际核事件分级表中的第7级。大规模的放射线释出导致核电厂周边20公里以内的居民疏散，与现仍在运作的切尔诺贝利核事故30公里隔离区类似。

12.5.2 环境保护

为了减少核电站排放放射性物质的量，核电站排放的"三废"都要经过严格的治理。一般采用的方法是：

① 放射性废液，包括核电站运行时产生的工艺废液及洗涤废液，用蒸发、离子交换、凝聚沉淀、过滤等方法处理。达到排放标准后，排放至江、河、湖、海。浓缩液及高放射性废液，经浓缩后固化贮存。

② 放射性废气，包括来自一回路的除气过程的排气、废液蒸发、辅助系统的蒸汽以及其他除气过程的排气等，经过过滤、储存、衰减等过程，待其放射性水平达到允许值后，通过烟囱排入大气。

③ 固体废物，包括废液浓缩物，污染了的工具、衣物、净化系统用过的离子交换树脂等，通常按照它们的放射性水平高低分别装在金属桶或用水泥固化后放到废物库储存，并有严格的措施，防止它们受到水的浸蚀而造成对周围土地和水体的污染。

核电站本身除有完整的"三废"治理措施外，还要实行严格的环境管理，如对排出物的排放管理、监测制度以及对放射性废物的储存和运输的管理等，目的是把核电站放射性物质对环境的影响尽量减少到合理的程度。

12.5.3　核电站的安全及防护

广义的核安全是指涉及核材料及放射性核素相关的安全问题，目前包括放射性物质管理、前端核资源开发利用设施安全、核电站安全运行、乏燃料后处理设施安全及全过程的防核扩散等。狭义的核安全是指在核设施的设计、建造、运行和退役期间，为保护人员、社会和环境免受可能的放射性危害所采取的技术和组织上的措施的综合。该措施包括确保核设施的正常运行，预防事故的发生，限制可能的事故后果。

核电站是人类曾经设计的最复杂的能源系统，但不论如何设计、如何测试，任何复杂系统都不能保证永不出错。另外，核电站的生命周期非常长。从建造一个商业用核电站开始，一直到安全回收最后的放射性废物，可能需要 100~150 年的时间。

图 12-1 为核电站防护分层示意图，其中：第一层是自身具有惰性的二氧化铀，它的质量类似陶瓷；第二层是气密封闭包裹在燃料棒外的锆合金，即燃料包壳；第三层是核反应堆的压力容器，这个容器由钢制成，厚达十余厘米；第四层是核反应堆耐压、气密封闭的围阻体；第五层是核反应堆建筑（安全壳），这也是第二层的围阻体。

工作中的核反应堆包含有大量的放射性裂变物质，如果这些物质发生扩散，将会导致直接的辐射伤害，污染土壤和植物，同时可能被人和动物吸收。如果人暴露在足够强的辐射中，可能引起短期的疾病甚至致死，也有可能引起长期的癌症和其他疾病导致死亡。

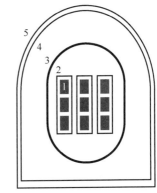

图 12-1　核电站防护分层示意图

核反应堆在很多方面都有可能出现故障。如果核反应堆中核物质的不稳定性产生了无法预测的行为，就可能出现无法控制的功率异常。正常情况下，根据设计，核反应堆的冷却系统会处理并带走异常产生的过多热量。然而，如果核反应堆同时发生冷却剂的故障，燃料就可能熔化，甚至是包容燃料的容器过热并熔化，这就导致反应堆熔毁。由于反应堆中产生的热量非常巨大，可以对反应堆的容器产生巨大的压力，从而导致反应堆发生蒸汽爆炸。切尔诺贝利核事故就是这个原因引起的。然而，切尔诺贝利的核反应堆在很多方面都是独一无二的，设计中使用了正的空泡系数，这意味着冷却系统故障会导致核反应堆功率迅速上升。苏联以外的所有的反应堆都使用了负的空泡系数，这是一种被动安全的设计。更重要的是，切尔诺贝利核电站缺少围阻体，而西方的反应堆都有这个结构，这样在发生事故时可以包容辐射。

参考文献

[1] 朱玲，周翠红. 能源环境与可持续发展 [M]. 北京：中国石化出版社，2013.

[2] 杨天华，李延吉，刘辉. 新能源概论 [M]. 北京：化学工业出版社，2013.

[3] 卢平. 能源与环境概论 [M]. 北京：中国水利水电出版社，2011.

[4] 乔玮，袁光钰. 核能，放射性与环境 [J]. 世界环境，2017（2）：32-35.

[5] 郭久亦，于冰. 世界核能概述 [J]. 世界环境，2017（2）：62-64.

[6] 陈亮，刘洋，姚波. 深远海核动力平台关键技术研究 [J]. 中国造船，2017，58（A1）：351-356.

[7] 孙中宁. 核动力设备 [M]. 第 2 版. 哈尔滨：哈尔滨工程大学出版社，2017.

［8］游尔胜，石磊，郑艳华，等. 球床堆在空间核动力系统中的应用［J］. 原子能科学技术，2015，49（Z1）：75-80.

［9］王天舒，余刃，刘笑凡. 核动力装置运行故障诊断系统设计研究［J］. 核动力工程，2018，39（2）：176-179.

［10］蔡立志，蔡琦，张永发. 核动力装置非能动系统可靠性及参数敏感性分析［J］. 核动力工程，2017，38（5）：91-95.

［11］孙松，于雷，袁添鸿，等. 小型核动力装置自然循环运行特性分析［J］. 原子能科学技术，2017，51（12）：2143-2148.

［12］苏著亭，杨继材，柯国土. 空间核动力［M］. 上海：上海交通大学出版社，2016.

［13］于俊崇. 船用核动力［M］. 上海：上海交通大学出版社，2016.

［14］蔡猛，袁江涛，孙俊忠，等. 船用核动力装置故障诊断仿真研究［J］. 计算机仿真，2018，35（7）：389-393.

［15］王晓龙，蔡琦，陈玉清，等. 基于特征事件序列的船用核动力系统故障诊断方法研究［J］. 原子能科学技术，2017，51（9）：1644-1651.

［16］兰洋，张玥. 美国海军核动力舰船反应堆装置的安全措施［J］. 核动力工程，2016，37（A1）：142-144.

［17］李勇，林原胜，谭思超，等. 海洋核动力平台堆舱非能动冷却特性［J］. 原子能科学技术，2017，51（4）：652-658.

［18］郭海宽，赵新文，蔡琦，等. 核动力设备可靠性数据的处理方法研究［J］. 核科学技术，2016，36（3）：419-423.

［19］朱成华，陈艳霞，郭健. 核动力平台模块划分技术研究［J］. 舰船科学技术，2018，40（1）：81-84，95.

［20］彭先觉. 核能未来之我见［J］. 科技导报，2012，30（21）：3.

［21］陈磊，阎昌琪，王建军，等. 核动力设备耦合优化设计研究［J］. 原子能科学技术，2013，47（3）：437-441.

［22］梁洁，蔡琦，王晓龙. 核动力系统神经网络故障诊断专家系统研究［J］. 原子能科学技术，2014，48（8）：1479-1485.

［23］余刃，陈智，杨怀磊，等. 核动力装置冷启堆自动控制方法研究［J］. 核动力工程，2016，37（1）：62-66.

［24］刘成洋，阎昌琪，王建军，等. 核动力二回路系统优化设计［J］. 原子能科学技术，2013，47（3）：421-426.

［25］杜祥琬，叶奇蓁，徐銤，等. 核能技术方向研究及发展路线图［J］. 中国工程科学，2018，20（3）：17-24.

［26］胡高杰，于雷，饶彧先. 核动力装置蝶式止回阀水力学特性的数值模拟［J］. 海军工程大学学报，2016，28（4）：26-30.

［27］李勇，林原胜，国占东，等. 摇摆条件对核动力装置凝汽器热阱瞬态流场特性影响研究［J］. 核动力工程，2017，3（1）：13-19.

［28］张世伟，沈双全，柳琳琳，等. 核动力管道抗震完整性试验及分析研究［J］. 核动力工程，2015，36（5）：41-44.

［29］蔡猛，宋修贤，孙俊忠，等. 船用核动力装置神经网络故障诊断技术研究［J］. 计算机仿真，2018，35（2）：282-286.

［30］李贵敬，肖宇鹏. 核动力装置热效率及总体积的双目标优化设计［J］. 核科学与工程，2018，38（1）：18-26.

［31］张琳，陈晓秋，李冰. 核动力厂选址假想事故源项的探讨［J］. 辐射防护，2015，35（4）：193-198，220.

［32］姜子英. 浅议核能、环境与公众［J］. 核安全，2018，17（2）：1-5.

［33］郝睿. 我国核能发展与环境保护的几点思考［J］. 环境管理，2018（9）：222-223.

［34］肖新建，康晓文，李际. 中国核电社会接受度问题及政策研究［M］. 北京：中国经济出版社，2016.

［35］韩自强，顾林生. 核能的公众接受度与影响因素分析［J］. 中国人口·资源与环境，2015，25（6）：107-113.

［36］范凯，黄文涛，王用超，等. 核动力装置退役后的低污染金属物处理［J］. 核动力工程，2017，38（A2）：115-118.

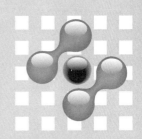

第 13 章 绿色发展与能源安全

2012 年，十八大报告中明确提出："大力推进生态文明建设。着力推进绿色发展、循环发展、低碳发展，形成节约资源和保护环境的空间格局、产业结构、生产方式、生活方式，从源头上扭转生态环境恶化趋势，为人民创造良好生产生活环境，为全球生态安全作出贡献。"随后，2015 年《中共中央关于制定国民经济和社会发展第十三个五年规划的建议》将绿色发展与创新、协调、开放、共享等发展理念共同构成五大发展理念。2017 年，中共十九大报告进一步明确指出："加快建立绿色生产和消费的法律制度和政策导向，建立健全绿色低碳循环发展的经济体系。"绿色发展已成为新时代我国生态文明建设的重要举措，通过践行绿色发展理念，不断创新绿色生产方式，将绿色发展理念融入新型工业化、信息化、城镇化、农业现代化等各方面的全过程之中，为生态文明建设提供坚实的物质基础。

能源作为国民经济和社会发展的重要物质基础，能源安全事关国家安全。而目前我国以煤炭等化石燃料为主的能源结构，依然存在取用水量大、污染物排放量高等特点，对资源环境持续高压力影响，导致区域生态环境持续恶化。因此，亟需以绿色发展理念为指导，调整能源结构，强化节能管理，控制能源生产的资源消耗和环境影响，实现能源生产与消费相协调、能源产业结构合理、能源生产方式绿色、能源消费方式高效的发展目标。

13.1 绿色发展

绿色发展是以效率、和谐、持续为目标的经济增长和社会发展方式。根据中共中央办公厅、国务院办公厅关于印发《生态文明建设目标评价考核办法》（厅字〔2016〕45 号）的通知要求，国家发展和改革委员会联合有关部门制定了《绿色发展指标体系》，涵盖资源利用、环境治理、环境质量、生态保护、增长质量、绿色生活、公众满意程度 7 个一级指标和 56 个二级指标，其中能源消费总量、单位 GDP 能源消耗降低、单位 GDP 二氧化碳排放降低、非化石能源占一次能源消费比例、二氧化硫排放总量减少、细颗粒物（PM$_{2.5}$）未达标地级及以上城市浓度下降、新增矿山恢复治理面积、战略性新兴产业增加值占 GDP 比例、绿色产品市场占有率（高效节能产品市场占有率）、新能源汽车保有量增长率等多个指标与能源生产密切相关。因此，能源产业绿色发展就是要统筹好能源开发和环境保护的关系，既要充分满足经济社会发展和人民群众美好生活用能需求，保持能源总量适度增长，又要坚决抑制不合理能源消费，最大限度减少能源生产和消费对环境的影响。2020 年，能源产业绿色发展目标主

要包括：

① 能源消费总量控制在 50 亿吨标准煤以内，煤炭消费总量控制在 41 亿吨以内。全社会用电量预期为 6.8 万亿~7.2 万亿千瓦时。

② 单位国内生产总值能耗比 2015 年下降 15%，煤电平均供电煤耗下降到每千瓦时 310 克标准煤以下，电网线损率控制在 6.5%以内。

③ 单位 GDP 二氧化碳排放比 2015 年下降 18%。非化石能源消费比例提高到 15%以上，天然气消费比例力争达到 10%，煤炭消费比例降低到 58%以下。发电用煤占煤炭消费比例提高到 55%以上。

④ 到 2021 年，北方地区清洁取暖率达到 70%，替代散烧煤（含低效小锅炉用煤）1.5 亿吨。供热系统平均综合能耗降低至每平方米 15 千克标煤以下，二氧化硫、氮氧化物、非化学有机物、颗粒物等大气污染物减排效果显著。

⑤ 保持能源供应稳步增长，国内一次能源生产量约 40 亿吨标准煤，其中煤炭 39 亿吨，原油 2 亿吨，天然气 2200 亿立方米，非化石能源 7.5 亿吨标准煤。发电装机 20 亿千瓦左右。能源自给率保持在 80%以上，增强能源安全战略保障能力，提升能源利用效率，提高能源清洁替代水平。

⑥ 能源公共服务水平显著提高，实现基本用能服务便利化，城乡居民人均生活用电水平差距显著缩小。

13.2 新时期能源政策

顺应新时代能源发展要求，加快推进能源绿色发展，在今后一段时期内我国能源政策将坚持壮大发展清洁能源产业的政策，不断优化国土空间开发布局，调整区域产业布局，培育壮大节能环保产业、清洁生产产业、清洁能源产业，全面推进资源节约和循环利用，实现生产和生活系统循环连接，倡导简约适度、绿色低碳的生活方式。具体而言，将在能源生产、能源消费、能源技术和能源体制多个方面推进清洁能源产业发展。

① 在能源生产方面，光伏、风电、生物质能、地热能等新能源已在我国取得了长足发展，能源结构不断优化。在新时期，为适应国际能源转型升级和国内能源形势日益严峻的形势，在进一步扩大新能源生产规模和比例的基础上，需要改变过去主要依靠基地式大发展的路径，重点转向户用分布式发展，形成新能源大规模集中利用与分布式生产、就地消纳有机结合的格局，逐步实现 2030 年非化石能源占一次能源消费比例达到 20%的目标，并为我国应对气候变化、保障能源安全提供基础保障。

② 在能源消费方面，不断加强传统能源的清洁化利用，通过能源结构的低碳化改良，加快传统能源技术进步，提高煤炭、石油、天然气等传统化石能源的清洁利用水平，推动能源行业高质量发展。为此，新时期在政策方面，应大力推进煤基醇醚燃料、煤制油、天然气替代等清洁化利用方式，多途径促进传统能源清洁、高效、循环发展。同时，将不断加强新能源汽车等新能源载体的研发，扩大新能源的利用途径，提高新能源的利用效率，控制新能源利用成本，实现以新能源驱动社会经济高速发展。

③ 在能源技术方面，重点将通过国家政策引导，在能源变革绿色低碳化方向领域布局核心和关键技术，逐步降低光伏发电、风电等新能源的开发利用成本，不断提高新能源的稳定性和可靠性，注重推进以储能为核心的多能互补能源体系建立，鼓励通过风光水火储多能有效结合，发挥不同类型能源优势，促进能源结构优化、环境污染降低，实现提供更清洁、

更廉价、更高质量的能源产品目标。

④ 在能源体制方面，考虑到我国传统能源主要是以国有经济为主体，新能源主要体现在民营经济参与，未来实现新能源对传统能源的替代需要充分协调好二者的关系。在政策上，应不断推进深化以市场化为导向的能源体制机制改革，逐步实现厂网分开、竞价上网等市场化机制；并结合中央关于混合所有制改革的重大部署，通过加强民营新能源企业与国有企业的混合所有制改革、鼓励传统能源企业主动介入新能源领域等方式，积极推动传统能源与新能源包容式发展。

13.3　能源管理

能源管理是指对能源生产、分配、转换和消耗的全过程进行科学计划、组织、检查、控制和监督，其重点在于制定科学合理的能源开发和节能策略。在能源开发方面，我国先后出台了《中华人民共和国可再生能源法》《中华人民共和国矿产资源法》《中华人民共和国电力法》《中华人民共和国煤炭法》等法律，以及《国务院办公厅关于加快煤层气（煤矿瓦斯）抽采利用的若干意见》（国办发〔2006〕47 号）、《关于促进煤炭安全绿色开发和清洁高效利用的意见》（国能煤炭〔2014〕571 号）、《光伏电站项目管理暂行办法》（国能新能〔2013〕329 号）、《国家能源局关于调控煤炭总量优化产业布局的指导意见》（国能煤炭〔2014〕454 号）等规章和文件，指导各类能源资源合理开发。同时已在不同行政区划层面制定了统一的能源发展规划，并针对煤炭、石油、电力、风电、水电、太阳能等不同能源种类制定了专项发展规划。

在节能管理方面，我国已出台《中华人民共和国节约能源法》《公共机构节能条例》《民用建筑节能条例》等能源节约法律法规，但节能工作涉及面广，是一项系统性、综合性工作，需要统筹多方面因素降低能源消耗、提高能源利用效率。目前，我国已发布《能源管理体系　要求》（GB/T 23331—2012），要求遵循系统管理，从能源管理全过程出发，通过例行节能监测、能源审计、能效对标、内部审核、组织能耗计量与测试、组织能量平衡统计、管理评审、自我评价、节能技改、节能考核等措施实现预期节能目标。同时，配套发布了《关于加强万家企业能源管理体系建设工作的通知》（发改环资〔2012〕3787 号），制定了《能源管理体系认证规则》，形成了规范合理的能源管理体系。同时要在能源审计、节能评估、合同节能管理、能源需求侧管理、节能产品认证和能源效率标识等方面强化能源管理。

（1）能源审计

能源审计是审计单位依据国家有关的节能法规和标准，对企业和用能单位能源利用的物理过程和财务过程进行检验、检查和分析评价，主要包括监督贯彻执行能源方针政策及评价，核实企业能源管理各种信息的可靠性、合理性和合法性。目前，能源审计根据委托形式一般分为两种。

① 受政府节能主管部门委托的形式。省政府或地方政府节能主管部门根据本地区能源消费的状况，结合年度节能工作计划，负责编制本省（市、自治区）或地方的能源审计年度计划，下达给有关用能单位并委托有资质的能源审计监测部门实施。

② 受用能单位委托的形式。在用能单位领导部门认识能源审计的重要意义和作用或在政府主管部门要求开展能源审计的基础上，能源审计部门与用能单位签订能源审计协议（合同），确定工作目标和内容，约定时间开展能源审计工作。或者是用能单位根据自身生产管理

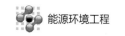

和市场营销的需要，主动邀请能源审计监测部门对其进行能源审计。

（2）节能评估

节能评估是实现项目从源头控制能耗增长、增强用能合理性的重要手段。依据国家和地方相关节能强制性标准、规范及能源发展政策在固定资产投资项目审批、核准阶段进行用能科学性、合理性分析与评估，提出节能降耗措施，出具审查意见，可以直接从源头上避免用能不合理项目的开工建设，为项目决策提供科学依据。

需要始终坚持节能评估和审查的前置性。根据《节约能源法》规定：国家实行固定资产投资项目节能评估和审查制度。不符合强制性节能标准的项目，依法负责项目审批或核准的机关不得批准或者核准建设；建设单位不得开工建设；已经建成的不得投入生产、使用。节能评估方法主要有政策导向判断法、标准规范对照法、专家经验判断法、产品单耗对比法、单位面积指标法、能量平衡分析法。

（3）合同节能管理

合同节能管理是以减少的能源费用来支付节能项目成本的一种市场化运行的节能机制。合同节能管理不是推销产品或技术，而是推销一种减少能源成本的财务管理方法。合同节能管理公司的经营机制是一种节能投资服务管理。节能服务公司与用户签订能源管理合同，约定节能目标，为用户提供节能诊断、融资、改造等服务，并以节能效益分享方式回收投资和获得合理利润，可以显著降低用能单位节能改造的资金和技术风险，充分调动用能单位节能改造的积极性，是行之有效的节能措施。合同节能管理的类型主要有如下几种：

① 节能效益分享型：节能改造工程前期投入由节能公司支付，客户无需投入资金。项目完成后，客户在一定的合同期内，按比例与公司分享由项目产生的节能效益。具体节能项目的投资额不同，节能效益分配比例和节能项目实施合同年度也将有所不同。

② 节能效益支付型：客户委托公司进行节能改造，先期支付一定比例的工程投资，项目完成后，经过双方验收达到合同规定的节能量，客户支付余额或用节能效益支付。

③ 节能量保证型：节能改造工程的全部投入由公司先期提供，客户无需投入资金，项目完成后，经过双方验收达到合同规定的节能量，客户支付节能改造工程费用。

④ 运行服务型：客户无需投入资金，项目完成后，在一定的合同期内，节能管理公司负责项目的运行和管理，客户支付一定的运行服务费用。合同期结束，项目移交给客户。

（4）能源需求侧管理

能源需求侧管理（demand side management，DSM）是国际上广泛采用的一种先进管理技术。DSM 是指电力（煤气、热力、水等）公司（供应方）采用行政、经济、技术措施，鼓励用户（需求方）采用各种有效的节能技术，改变电力、电量需求方式，在保持能源服务水平的情况下，共同降低（电）能消耗费和用电负荷，实现减少电力建设投资和一次能源对大气环境的污染，从而取得明显的经济效益、环境效益、社会综合效益。

最常见的为电力需求侧管理，是指电力用户通过提高终端用电效率和优化用电方式，在完成同样用电功能的同时减少电量消耗和电力需求，达到节约能源和保护环境的目的，实现低成本电力服务所进行的用电管理活动。

在具体实施过程中需进行综合资源规划，将需求方通过提高用电效率而减少的电量消耗和改变用电方式而降低的电力需求视为一种资源，同时参与电力规划，对供电方案和节电方案进行技术和经济筛选，经过优化组合形成社会、电力公司、电力用户等各方受益，成本最低，又能满足同样能源服务的一种新型资源规划方法。

（5）节能产品认证

节能产品认证制度是提高能源利用率、规范用能产品市场、减少资源消耗、保护环境最有效的途径。节能产品认证以其投入少、见效快、对消费者影响大等优点，已在世界范围内普及。目前世界上已有欧盟各国、美国、加拿大、澳大利亚、巴西、日本、韩国、菲律宾、泰国等 37 个国家和地区实施了节能产品认证制度，广泛应用于家用电冰箱、房间空气调节器、洗衣机等家用电器和计算机、传真机等办公设备，以及集中空调、锅炉、电动机等商业和工业设备。目前，我国节能认证已扩散到节水、环保等产品的认证工作。

依据《节约能源法》，国家发展和改革委员会与国家质量监督检验检疫总局于 1998 年 10 月在我国正式建立了节能产品认证制度，颁布了《中国节能产品认证管理办法》和节能产品认证标志，正式启动了我国节能产品认证工作，并采用了自愿认证原则。2003 年 8 月 20 日通过的《中华人民共和国认证认可条例》，对认证工作的范围、能力、资质、条件等方面进行了详细的规范。从 1999 年 4 月开始第一个产品家用电冰箱的节能认证发展至今，认证已涉及家用电器、照明电器、办公设备、机电产品、电力设备等领域 24 大类，200 余家企业 1500 多种产品获得节能产品认证证书。

（6）能源效率标识

能源效率标识是附在产品或产品最小包装上的一种信息标签，用于表示用能产品的能源效率等级等性能指标，为用户和消费者的购买决策提供必要的信息，以引导用户和消费者选择高效节能产品。为加强节能管理，推动节能技术进步，提高能源效率，加强能源效率标识管理是十分重要的。能源效率标识的名称为"中国能效标识"（China Energy Label，CEL），具有专有和专用的性质，包括以下基本内容：生产者名称或简称、产品规格型号、能源效率等级、能源的消耗量、执行的能源效率国家标准编号和其他相关内容。

国家对节能潜力大、使用面广的用能产品实行统一能源效率标识制度。我国制定并公布了《实行能源效率标识的产品目录》，确定统一适用的产品能效标准、实施规则、能源效率标识样式和规格。列入《目录》产品的生产者或进口商应当在使用能源效率标识后，向国家质量监督检验检疫总局、国家发展和改革委员会授权的机构备案能源效率标识及相关信息。

国家发展和改革委员会、国家质量监督检验检疫总局和国家认证认可监督管理委员会负责能源效率标识制度的建立并组织实施。地方各级人民政府节能管理部门、地方质量技术监督部门和各级出入境检验检疫机构，在各自的职责范围内对所辖区域内能源效率标识的使用实施监督检查。

13.4　节能减排的主要措施

节能降耗是我国全社会面临的一项重要任务。目前，我国的工业用能占整个能源需求的 70%，6 大高耗能产业（石油化工、炼焦及核燃料加工业；化学原料及化学制品制造业；非金属矿物制造业；黑色金属冶炼及压延加工业；有色金属冶炼及压延加工业；电力热力的生产及供应业）占整个工业能源需求的 70%，总体上 6 大耗能产业就占到整个能源消耗的近50%，是节能减排工作的重点。因此，要在石油化工、化工、建材、电力等高耗能行业重点领域寻求突破，采取更有效的措施。根据我国节能的中长期专项计划，相关举措包括严格执行节能降耗和污染减排目标责任制，健全评价考核机制；深入开展千家企业节能行动，全面实施低效燃煤锅炉改造、区域热电联产、余热余压利用、节约和替代石油等重点节能工程；

把能耗作为项目审批、核准和开工建设的强制性门槛；中央财政设立节能专项资金，引导和鼓励企业积极参与"能效领跑者"行动，支持高效节能产品推广、重大节能项目建设和重大节能技术示范；全面推行清洁生产，对严重超标排放企业实施强制性审核，限期完成改造等，可从产业结构调整，激励政策制定和实施，节能技术开发、示范和推广，节能新机制构建，重点用能单位节能管理，节能宣传、教育和培训，组织领导强化等方面进行概括。

（1）调整产业结构

国家发改委能源研究所能源效率中心指出，技术节能只能完成节能目标的30%左右，而结构节能更具节能潜力。因此，仅仅有技术节能远远不够，还需要通过调整产业结构，进而调整终端需求，实现节能目标。

加快调整产业结构、产品结构和能源消费结构，需要通过研究制定促进服务业发展的政策和措施，发挥服务业引导资金的作用，从体制、政策、机制、投入等方面采取有力措施，加快发展低能耗、高附加值的第三产业，重点发展低密集型服务业和现代服务业，扭转服务业发展长期滞后的局面，提高第三产业在国民经济的比例。通过建立和完善限制高耗能、高污染项目建设立项、产品出口政策，清理和纠正我国目前高耗能、高污染行业优惠政策，抬高节能环保市场准入标准，严格控制高耗能、高污染行业增长。通过建立和完善法律法规和实施必要的行政手段，加快淘汰落后产能，特别要加大淘汰电力、钢铁、建材、电解铝等高耗能行业落后产能的力度。再次是采取政策措施，促进服务业和高技术产业的发展速度，鼓励发展低能耗、低污染的先进生产能力。最后是大力发展可再生能源，积极推进能源结构的调整升级。

（2）严格环境影响评价

环境影响评价制度是指在进行建设活动之前，对建设项目的选址、设计和建成投产使用后可能对周围环境产生的不良影响进行调查、预测和评定，提出防治措施，并按照法定程序进行报批的法律制度。目前我国已专门颁布了《中华人民共和国环境影响评价法》，对环境影响评价的程序、主要内容、法律责任进行了明确。而且能源产业的发展对生态环境的影响较大，如煤炭等能源资源的大量开发和利用，不仅会严重破坏开采地的生态环境，而且会严重污染消费地的大气环境。为此，我国各大能源基地规划、各类能源生产建设项目均在项目实施前开展了环境影响评价工作，通过分析、预测和评估项目实施对环境可能造成影响，提出预防或者减轻不良环境影响的对策和措施，论证环境保护措施的技术、经济合理性，在控制大气污染物、废污水的排放方面取得了显著成效。

新时期，我国社会主要矛盾已经转化为人民日益增长的美好生活需要和不平衡不充分的发展之间的矛盾。人们对物质文化的需求达到了更高的层次，对环境保护、生态安全等方面的要求也日益提升。因此，传统的能源产业未来的发展趋势必定也会面临更加严峻的考验，在环境影响评价过程中需要针对性地提出更高要求。首先，需要将环境影响评价与能源产业相关排放标准、能源生产工艺技术变革等同步更新。在能源产业涉及的二氧化碳、颗粒物以及二氧化硫和氮氧化物排放标准变化时，在环境影响评价时着重考虑排放标准变化的污染物进行论证；在能源生产工艺技术发生变化时，需重新对技术工艺开展新环境影响评价，重点对比前后不同工艺技术的生产参数和污染物排放情况，同时评估新工艺技术的环境影响风险对企业效益减少的后果，从而使企业的投资有一个明确的方向。其次，传统能源产业的未来应以环境风险预防为主、能源生产为辅，由注重产能为主的发展模式转变为以环境为本位的发展需求，通过国家政策的扶持，加快传统能源产业的技术与设备改进，降低污染物的产生，提高设备对污染物处理的可靠性，促进能源产业在满足环境保护要求的前提下保证经济效益。

此外，随着国家能源战略转型的不断实施，太阳能、风能等新型能源的环境影响评价逐步成为重点。虽然新型能源相比传统化石能源均具有环境风险低的特点，可在环境保护方面节省较大一部分开支，但是新型能源产业具备了新的环境风险特征，其环境影响评价仍是难以省略的重要工作。如风电厂和光伏发电由于其发电能量密度低，它与传统发电项目相比需占用更多土地和空间，水土流失、地质灾害等环境风险更高；新型能源产业较传统能源产业需配套更多新型的装置设备，易造成配套装置的噪声和辐射污染等，使得环境影响更为复杂；新型能源产业布局存在远离城市，大规模布局在自然野外环境的特点，将大范围影响动植物生存环境等。因此，需要针对新型能源产业的环境风险特征针对性地进行环境影响评价，通过制定适用于新型能源的环境影响评价指标体系等手段，切实贯彻落实能源产业环境影响评价制度。

（3）强化能源开发水资源论证管理

水资源论证是根据国家相关政策、国家以及当地水利发展规划、水功能区管理要求，对建设项目取用水的合理性、可靠性与可行性，节水水平、取水与退水对周边水资源状况及其他取水户的影响进行分析论证。其是取水许可审批的前置条件，是能源产业合法合理用水的重要依据。自 2002 年发布《建设项目水资源论证管理办法》以来，能源产业中燃煤电厂、核电站、水电站、风电场、光伏电站的新建和改扩建项目均开展了水资源论证工作。目前，已制订了《建设项目水资源论证导则》（GB/T 35580—2017）、《火电建设项目水资源论证导则》（SL 763—2018），对能源产业相关建设项目水资源论证的分析和论证范围、论证分类分级指标、取用水合理性分析、取水水源论证、取水和退水影响论证做了详细的技术规定。而且，在 2013 年印发的《水利部办公厅关于做好大型煤电基地开发规划水资源论证的意见》（办资源〔2013〕234 号）中明确提出了《大型煤电基地开发规划水资源论证技术要求（试行）》，要求做好大型煤电基地水资源配置，促进煤电基地建设与区域水资源条件相适应。为此，我国先后开展了准东、鄂尔多斯、陕北、哈密多个大型煤电基地的规划水资源论证工作，对大型煤电基地发展规模根据区域水资源条件进行限制，控制能源生产取用水量，在保障能源基地可持续发展方面取得了显著成效。

新时期，为进一步贯彻绿色发展理念，必须不断强化能源产业水资源论证管理，通过水资源论证确保能源产业取水量在区域用水总量控制指标范围之内，促进能源产业布局与水资源条件相协调。强制能源产业采用节水型工艺技术和设备，逐步提高用水效率达到清洁生产标准要求。按照节水优先的治水方针，在电力等能源行业规划水资源论证中，以满足未来能源需求为目标，必须充分分析能源生产用水效率是否满足国家取水定额、节水型企业和清洁生产等相关标准要求，明确区域不同能源生产对水资源需求和影响差异，重点对比传统化石燃料和新能源生产的单位取水量、取用水对水资源的影响，论证能源产业结构布局与区域水资源时空分布的匹配性。在能源行业建设项目水资源论证中，需要避免用水合理性评价仅局限于项目整体分析的问题，深入到能源生产过程中的用水环节和设备，针对性地分析是否采用了节水工艺技术和设备，废污水是否充分回收处理后再利用，用水系统是否做到了清污分流、串级用水、一水多用、循环利用，切实通过水资源论证合理配置与优化水资源，控制不合理用水需求，提高用水效率和效益，加强水资源的保护。

（4）制定和实施强化节能的激励政策

随着我国经济体制逐步向市场化体制转变，节能减排政策也逐渐由初期的以行政性政策为主向以行政性与市场化相结合、强制性政策与鼓励性措施同时实施的模式转变，节能减排政策逐步与国际上先进的理念接轨。政府节能减排工作的重点也应该与国际接轨，适应市场经济体制的要求，建立和健全节能减排法律、法规体系；同时引导节能减排面向新的市场机制转变，促进节能减排市场机制的良性发展，使市场机制逐步发挥对我国节能减排的主导作用。首先，要深化能源价格改革，逐步理顺不同能源品种的价值，形成有利于节能、提高能源使用效率的价格激励机制。对国家淘汰和限制类项目及高耗能企业按国家产业政策实行差别电价，抑制高耗能行业的盲目发展，引导用户合理用能、节约用能。其次，我国目前在税收政策上，节能政策与资源可持续利用以及环境保护政策混在一起，也没有采用投资抵免、加速折旧、延期纳税等其他手段。这种政策的不足在于鼓励节能的针对性不强。从长远看，对消耗不可再生能源的产品，要设立一些新的税种，如环境污染税、碳税、能源消耗税等，对耗能大户由目前单一的行政处罚手段变为实行经济（税收）调节与行政处罚相结合的组合政策措施。

（5）加快节能技术开发、示范和推广

组织对共性、关键和前沿节能技术的科研开发，实施重大节能示范工程，促进节能技术产业化。建立以企业为主体的节能技术创新体系，加快科技成果的转化。引进国外先进的节能技术，并消化吸收。组织先进、成熟的节能新技术、新工艺、新设备和新材料的推广应用，同时组织开展原材料、水等载能体的节约和替代技术的开发和推广应用。重点推广列入《节能设备（产品）目录》的终端用能设备（产品）。鼓励依托科研单位和企业、个人，开发先进节能技术和高效节能设备。引入竞争机制，实行市场化运作，国家对高投入、高风险的项目给予经费支持。地方各级人民政府要采取积极措施，加大资金投入，加强节能技术开发、示范、推广和应用。

（6）推广以市场机制为基础的节能新机制

① 建立节能信息发布制度，利用现代信息传播技术，及时发布国内外各类能耗信息和先进的节能新技术、新工艺、新设备及先进的管理经验，引导企业挖潜改造，提高能效。

② 推行综合资源规划和电力需求侧管理，将节约量作为资源纳入总体规划，引导资源合理配置。采取有效措施，提高终端用电效率，优化用电方式和节约电力。

③ 大力推动节能产品认证和能效标识管理制度的实施，运用市场机制，引导用户和消费者购买节能型产品。

④ 推行合同节能管理，建立节能投资担保机制，促进节能技术服务体系的发展，克服节能新技术推广的市场障碍，促进节能产业化，为企业实施节能改造提供诊断、设计、融资、改造、运行、管理一条龙服务。

⑤ 推行节能自愿协议，即耗能用户或行业协会与政府签订节能协议。

（7）加强重点用能单位节能管理

落实《重点用能单位管理办法》和《节约用电管理办法》，加强对重点用能单位的节能管理和监督。组织对重点用能单位能源利用状况的监督检查和主要耗能设备、工艺系统的检测，定期公布重点用能单位名单、重点用能单位能源利用状况及国内外企业先进水平的比较情况，做好对重点用能单位节能管理人员的培训。重点用能单位应设立能源管理岗位，聘用符合条件的能源管理人员，加强对本单位能源利用状况的监督检查，建立节能工作责任制，健全能源计量管理、能源统计和能源利用状况分析制度，促进企业节能、降耗。

（8）通过节能宣传、教育和培训，提高节能意识

广泛、深入、持久地开展节能宣传，不断提高全民资源忧患意识和节约意识。将节能纳入中小学教育、高等教育、职业教育和技术培训体系。新闻出版、广播影视、文化等部门和有关社会团体，要充分发挥各自优势，搞好节能宣传，形成强大的宣传声势，曝光严重浪费资源、污染环境的用户和现象，宣传节能的典型。各级政府有关部门和企业，要组织开展经常性的节能宣传、技术和典型交流，组织节能管理和技术人员培训。在每年夏季用电高峰，组织开展全国节能宣传周活动，通过形式多样的宣传教育活动，动员社会各界广泛参与，使节能成为全体公民的自觉行动。

（9）加强组织领导，推动规划实施

节能减排是一项系统工程，需要有关部门的协调配合、共同推动。各地区、有关部门及企事业单位要加强对节能工作的领导，明确专门的机构、人员和经费，制订规划，组织实施。行业协会要积极发挥桥梁纽带作用，加强行业节能自律。通过加强政府部门—行业协会—高耗能企业间的沟通联系，将能源规划和节能要求落实到企业层面，将企业能源需求反馈到政府未来规划之中，形成良性的能源管理机制，实现能源供需两端发力落实节能目标。

通过以上措施，不断提高能源利用效率，综合保障能源供给水平，全面推动能源产业绿色发展，为经济社会发展提供坚实能源保障。

参考文献

[1] 许广月. 能源革命与绿色发展：理论阐发和中国实践 [M]. 北京：经济管理出版社，2018.

[2] 钱小军，周敛，吴金希. 新时代绿色低碳发展与转型 [M]. 北京：清华大学出版社，2019.

[3] 李金惠. 循环经济发展脉络 [M]. 北京：中国环境出版社，2017.

[4] 王军. 循环经济规划方法论 [M]. 长春：吉林出版集团股份有限公司，2016.

[5] 康丛凌，邵炜. 循环经济创造未来 [M]. 上海：上海世界图书出版公司，2018.

[6] 陆学，陈兴鹏. 循环经济理论研究综述 [J]. 中国人口·资源与环境，2014，24（5）：204-208.

[7] 张艳婧. 日本循环经济模式研究 [D]. 苏州：苏州大学，2017.

[8] 崔巍. 着力构建我国循环经济制度体系 [J]. 宏观经济管理，2017（8）：38-42.

[9] 朱玲，周翠红. 能源环境与可持续发展 [M]. 北京：中国石化出版社，2013.

[10] 谢克昌. 中国煤炭清洁高效可持续开发利用战略研究 [M]. 北京：科学出版社，2014.

[11] 杨天华，李延吉，刘辉. 新能源概论 [M]. 北京：化学工业出版社，2013.

[12] 卢平. 能源与环境概论 [M]. 北京：中国水利水电出版社，2011.

[13] 龙文滨，胡珺. 节能减排规划、环保考核与边界污染 [J]. 财贸经济，2018，39（12）：126-141.

[14] 段义民. 基于循环经济的 A 公司节能增效研究 [D]. 上海：华东理工大学，2018.

[15] 杨申仲. 企业节能减排管理 [M]. 第 2 版. 北京：机械工业出版社，2017.

[16] 丁辉，安金朝. 节能减排动力机制 [M]. 北京：经济管理出版社，2016.

[17] 李平辉. 化工节能减排技术 [M]. 第 2 版. 北京：化学工业出版社，2016.

[18] 张金华，邱耀雄，何建宗. 智慧电表设施的节能减排效益评估 [J]. 中国环境科学，2016，36（8）：2545-2553.

[19] 李佳雪，张国兴，胡毅，等. 节能减排政策制定部门的协同有效性——基于 1195 条节能减排政策的研究 [J]. 系统工程理论与实践，2017，37（6）：1499-1511.

[20] 钟崇伟. 基于节能减排的发电权交易优化 [D]. 南昌：南昌大学，2018.

[21] 贺思佳. 政府节能减排项目绩审研究 [D]. 北京：华北电力大学，2018.

[22] 齐亚伟. 节能减排，环境规划与中国工业绿色转型 [J]. 江西社会科学，2018，38（3）：70-79.

［23］韩中合，祁超，刘明浩．十三五规划"节能减排"目标实现路径研究［J］．干旱区资源与环境，2018，32（3）：23-27.

［24］范德成，李韶华，许珊．基于低碳经济的节能减排和能源结构优化［M］．北京：科学出版社，2018.

［25］牛晓耕，张国丰，孙丽欣．节能减排效应分析与节能减排潜力预测［J］．统计与决策，2016（8）：105-107.

［26］吴俊利，兰洲，张笑弟，等．关于电网供电能源节能减排规划仿真［J］．计算机仿真，2018，35（4）：70-73.

［27］郑季良，王希希．高耗能企业节能减排协同效应演变及预测研究［J］．科技管理研究，2018，38（4）：254-259.

［28］陆超凡．节能减排与中国工业绿色增长的模拟预测［J］．中国人口•资源与环境，2018，28（4）：145-155.

［29］余熙，赵海兰．节能减排路径——基于能源消费主体行为的视角［J］．现代管理科学，2018（3）：82-84.

［30］李佳雪．节能减排科技政策措施与目标的协同问题研究［D］．兰州：兰州大学，2018.

［31］张国兴，高秀林，汪应洛，等．政策协同：节能减排政策研究的新视角［J］．系统工程理论与实践，2014，34（3）：545-559.

［32］魏明邦．中国钢铁行业节能减排政策研究［D］．北京：华北电力大学，2017.

［33］胡惠娟．我国电力节能减排面临的问题和对策［J］．通讯世界，2019（1）：160-161.

［34］诸大建．生态文明与绿色发展［M］．上海：上海人民出版社，2008.

［35］张春霞．绿色经济发展研究［M］．北京：中国林业出版社，2002.

［36］修光利，侯丽敏．能源与环境安全战略研究［M］．北京：中国时代经济出版社，2008.

［37］李凯．能源规划环境影响评价技术思路探讨［D］．天津：南开大学，2006.

［38］邱宪锋．探究能源产业环境影响评价——以石油化工产业为例［J］．科技创新导报，2015（29）：184-185.

［39］沈志伟．新能源发电项目规划的环境影响评价指标体系［J］．华电技术，2012（12）：73-75，87.

［40］孙菲，王旭，陈天鹏，等．供给侧改革视域下黑龙江省传统能源产业绿色发展影响因素分析［J］．沈阳工业大学学报（社会科学版），2018，11（06）：34-40.

［41］郑景云，吴文祥，胡秀莲，等．综合风险防控：中国综合能源与水资源保障风险［M］．北京：科学出版社，2011.

［42］李少林，陈满满．中国清洁能源与绿色发展：实践探索、国际借鉴与政策优化［J］．价格理论与实践，2018（4）：56-59.

［43］万育生，张淑玲，陈庆伟．核电发展的水资源论证管理应对策略［J］．水利发展研究，2011（10）：38-41，58.

［44］管恩宏，高娟，王小军，等．强化大型煤电基地规划水资源论证工作的思考［J］．中国水利，2014（13）：19-22.